工程建设技术发展研究报告

建设部工程质量安全监督与行业发展司
中国土木工程学会

中国建筑工业出版社

图书在版编目(CIP)数据

工程建设技术发展研究报告/建设部工程质量安全监督与行业发展司. 中国土木工程学会. —北京：中国建筑工业出版社，2006
ISBN 7-112-08435-0

Ⅰ.工... Ⅱ.①建...②中... Ⅲ.土木工程—工程技术—技术发展—研究报告—中国 Ⅳ.TU

中国版本图书馆CIP数据核字(2006)第071996号

由建设部工程质量安全监督与行业发展司委托中国土木工程学会组织专家，撰写了《工程建设技术发展研究报告》。本书全面总结了我国在土木工程各领域所取得的进展和成就，包括在设计理论、施工技术、新设备、新工艺、新材料、关键技术、成套技术及管理等方面的创新与应用情况，提供了典型工程案例。涉及领域包括：桥梁工程、隧道工程、岩土工程、地下空间利用、道路工程、港口工程、大跨空间结构及高层建筑工程、混凝土及预应力混凝土技术、城市防灾减灾工程、住宅小区工程、城市给水排水工程、城市公共交通工程、城市燃气工程、计算机应用与信息化等，全面而客观地展示了我国工程建设技术领域的最新研究成果。

* * *

责任编辑：王　梅
责任设计：赵　力
责任校对：张景秋　关　健

工程建设技术发展研究报告
建设部工程质量安全监督与行业发展司
中国土木工程学会

*

中国建筑工业出版社出版、发行(北京西郊百万庄)
新　华　书　店　经　销
北京天成排版公司制版
北京二二〇七工厂印刷

*

开本：880×1230毫米　1/16　印张：33½　字数：1053千字
2006年7月第一版　　2006年7月第一次印刷
印数：1—2000册　　定价：**80.00**元
ISBN 7-112-08435-0
(15099)

版权所有　翻印必究
如有印装质量问题，可寄本社退换
(邮政编码 100037)

本社网址：http://www.cabp.com.cn
网上书店：http://www.china-building.com.cn

《工程建设技术发展研究报告》编委会成员

顾　　问：崔俊芝　范立础　凤懋润　钱七虎　王麟书　王梦恕
　　　　　王铁宏　项海帆　徐培福　袁　驷　张在明　周福霖

编 委 会：
主　　任：徐　波
副 主 任：张　雁　吴慧娟
成　　员：
　　　　　白　云　曹开朗　方东平　冯大斌　高　拯　郭陕云
　　　　　何星华　姜培顺　李　丹　李广信　李绍业　刘西拉
　　　　　刘　铮　年复礼　牛恩宗　阮如新　王　俊　吴　澎
　　　　　肖汝诚　徐　良　杨秀仁　袁建光　袁永华　赵宏彦
　　　　　张　汎　张　凯　张　凌　周　云

序　言

工程是人类为满足自身需求而有目的地改造与适应自然环境的活动。不论从国外还是国内看，无论从历史还是现实看，人类的工程实践活动都有许多成功的经验，也有一些不成功甚至完全失败的教训。

在世纪交替的十余年中，我国国民经济迅猛发展、基本建设规模空前，这无疑给我国工程建设技术的发展应用提供了无比广阔的空间，为我国工程建设者们施展才能提供了绝妙的机会，但我们也应清醒地认识到，我国工程技术的发展机遇与挑战并存。

我国目前正在进行的工程建设无论数量、类型、规模等方面在世界上都堪称是首屈一指，而且今后还将建设更多的工程。各种情况表明，我国工程建设需要树立新理念，尤其应当克服片面重技术因素、经济因素和短期利益，轻视与忽视综合效益、社会效益和长远效益的问题。这就迫切需要我们对过去十年我国工程建设技术发展情况加以全面认识，因此，对近十年来我国工程建设技术发展进行系统、深入地研究，具有很大的理论与实际意义。

为了全面总结我国工程建设技术进步发展成就，进一步明确我国建设行业技术未来发展方向，建设部工程质量安全监督与行业发展司委托中国土木工程学会组织专家，撰写了《工程建设技术发展研究报告》。本书全面总结了我国在土木工程各领域所取得的进展和成就，包括在设计理论、施工技术、新设备、新工艺、新材料、关键技术、成套技术及管理等方面的创新与应用情况，提供了典型工程案例。本书基本涵盖了土木工程学科领域的各个方面，内容包括：桥梁工程、隧道工程、岩土工程、地下空间利用、道路工程、大跨空间结构及高层建筑工程、混凝土及预应力混凝土技术、港口工程、城市防灾减灾工程、住宅小区工程、城市给水排水工程、城市公共交通工程、城市燃气工程、计算机应用与信息化等；本书可谓是比较全面而客观地展示了我国工程建设技术领域的最新研究成果。

本书凝聚了我国工程建设各领域专家的集体智慧，希望本书的出版能够为政府部门、科研机构、企业等提供良好的帮助，并为科技规划、技术政策的制订提供有益的参考。

由于时间紧迫，工作量巨大，在编写过程中，难免有一些疏漏和不完善之处，敬请读者加以指正。

编委会
2006 年 6 月 21 日

目 录

- *1* 工程建设技术发展研究综述
- *11* 桥梁工程篇
- *53* 隧道工程篇
- *101* 岩土工程篇
- *149* 城市地下空间利用篇
- *161* 道路工程篇
- *215* 大跨空间结构及高层建筑工程篇
- *253* 混凝土及预应力混凝土技术篇
- *283* 港口工程篇
- *313* 城市防灾减灾工程篇
- *365* 住宅小区工程篇
- *413* 城市给水排水工程篇
- *435* 城市公共交通工程篇
- *469* 城市燃气工程篇
- *497* 计算机应用与信息化篇

工程建设技术发展研究综述

中国土木工程学会

目 录

- 一、历史上最不平凡的十年 ·· 3
- 二、工程建设技术的发展趋势 ·· 4
  - （一）从单纯单体工程分析发展到对整个系统网络和环境的综合与控制 ················· 4
  - （二）从单纯使用阶段的安全设计发展到工程"全生命周期"综合与决策 ················· 5
  - （三）从单纯依靠专一学科深化到依靠多学科的交叉 ·· 5
  - （四）信息技术从全方位渗入 ·· 5
  - （五）工程材料的发展空前活跃 ·· 5
- 三、工程建设技术面临的挑战 ·· 6
- 四、对工程建设技术发展的建议 ·· 7
  - （一）健全法制系统、规范政府行为 ·· 7
  - （二）打破部门分割、统筹科学规划 ·· 8
  - （三）确保质量安全、抓紧教育培训 ·· 8
  - （四）加大科技投入、重视成果转化 ·· 8
  - （五）抓紧信息化建设、做好基础数据积累 ·· 9
- 五、结语 ·· 9

一、历史上最不平凡的十年

我国的工程建设是直接关系到 13 亿人口在 960 万平方公里土地上生存和发展的重大问题，是在新形势下体现中央提出的"以人为本"执政理念的重要领域。这本报告和 14 个分报告主要介绍从 1995 到 2005 年我国工程建设的各个技术领域所取得的丰硕成果。这些技术领域包括桥梁工程、道路工程、岩土工程、隧道工程、港口工程、城市地下空间利用、住宅小区工程，同时包括有关城市的防灾减灾、大跨空间结构及高层建筑、混凝土及预应力混凝土技术、城市公共交通、给水排水和燃气的建设及计算机应用与信息化等各方面。从这些报告中可以看出我们工作的信心、技术发展的趋势、今后面临的挑战。我们也愿意借这个机会，就我国工程建设今后发展提出一些建议。

从 1995 到 2005 年，我国工程建设经历了历史上最不平凡的十年。无论是从我国五千年历史上还是从全世界范围内，都是公认为规模最大、发展最快的。以高速公路的建设为例，我国仅仅用了十几年的时间，从零起步，跑步进入世界第二。从沈大高速公路、成渝高速公路开始，至 1999 年，我国高速公路总里程已达 11650km，名列世界第三位。2001 年底，我国高速公路总里程已达 19000km，跃居世界第二，仅次于美国。现在高速公路已超过 35000km。再以住宅建设为例，我国住宅建设发展规模和速度，在世界的住宅建设史上也是绝无仅有的。1978 年，全国城市住宅的累计总拥有量仅仅是 5.3 亿 m^2，而此后的二十年间，新建城市住宅达到 52 亿 m^2，增长了近十倍。尤其是上世纪最后五年，每年新建住宅由 1996 年的 3.95 亿 m^2 发展到 2000 年的 5.6 亿 m^2，包括农村的住宅建设，全国每年新建住宅都在 12～14 亿 m^2 的规模推进。本世纪初，按"十五计划"，预计五年间将新建城镇住宅 28 亿 m^2，实际上 2001 年新建的城镇住宅达 5.75 亿 m^2，已突破计划所预期的 5.6 亿 m^2 的平均指标。

实际上，这十年的发展形势是与我国城市化的进程密切相关的，是城市化发展进程中一个必然的结果。众所周知，一个国家城市化（我国的提法为"城镇化"）的水平是一个国家的发展水平的重要指标。一般发展中的国家，在发展的初级阶段，随着城市化的进程，国家和人均收入增长是缓慢的；当城市化达到一定水平后，国家和人均收入增长就会陡然加快，而且城市化的速度也随之加快。根据国际上，特别是亚洲一些国家和地区发展的规律统计，一个国家的人均收入增长从缓慢到加快的转折点大约在城市化率（城市人口占总人口的比例）30% 左右。从 1995 到 2005 年，我国正经历了这个转折点。我国在 1999 年，城市（镇）化率已达 30.9%，2000 年出现跳跃达 36.22%，最新的国家统计数字显示，2005 年我国城市（镇）化率已达 43%。估计到 2020 年，这个比率肯定超过 50%，到那时大致是世界城市化的平均水平。可以说，目前我国正处在城市（镇）化加速的起点，国家和人均收入增长加快，正是国家建设的大好时期。由于人口向城镇的流动，大量的居住建筑和公共设施需要建设，由于城镇的发展，城镇之间的交通联结要加强，大量的空港、铁路和大小公路网都要兴建。在这种发展形势下，能源的需求不可避免，从而导致兴建大量相关的基础设施。由国家统计局历年发布的国民经济与社会发展统计公告可知，近几年，国家基本建设投资占国内生产总值（GDP）的比例一直稳定在 15%～20% 左右，而且有稳步上升的趋势。可以预计，至少到 2020 年，中国将持续地进行世界上最大规模的工程建设。

工程建设最大的特点是它所涉及的技术有很强的"个性"。这个"个性"是指：工程建设与工程所在的地域、资源环境等条件有非常密切的联系。事实上，一个工程项目是不可能像一条连续生产线一样全部引进的。它可能采用国外的设计，但是设计规范一定要和本地的社会条件相协调或相符合。建筑材料也很难全部引进的，就是引进国外的先进的建筑材料，建筑工人基本上还要依靠本地解决。这个特点无疑给工程建设中的自主创新留有很大的空间。这也就注定，到 2020 年，我们工程建设的发展,仍然应该重点强调自力更生,大力提倡自主创新。在这个前提下再和国外先进技术的引进有机结合起来,才有可能实现我国工程建设技术的跨越式发展。

在这些报告中,汇总了从1995到2005年我国的工程技术人员和工人在工程建设方面的辛勤劳动的成果,这些成果大多以具体工程的形式体现出来。在建成的许多工程中有相当一批不愧是世界一流的。在这些可喜的成果中,我们应该有两个重要的启示:第一,任何工程技术的发展必须依靠社会对该类工程技术的需要。根据我国城市(镇)化的特殊需要,我们可以很自信地说:如果说在高新科技领域里我们与西方发达国家还有不小的差距,那么在工程建设这个领域已经可以看到,我们已经开始孕育了超过西方发达国家的势能。值得注意的是,这些报告中所介绍的一些工程项目不仅是在一些技术指标上可以与西方发达国家的同类工程相比,更可贵的是,它们中间的一些成果紧密地结合中国的实际,而不是盲从西方。这就是说,只要我们根据自己的发展规律,充分利用加速城市(镇)化的大好形势,认真吸纳世界上各国的先进经验,我国的工程建设技术会有广阔的发展天地。第二,在一些城市化进程基本完成的西方发达国家看来,工程建设似乎是一种"夕阳产业"。但是对正处在城市(镇)化加速的起点的中国来说,正是一个朝气蓬勃、前途光明的上升产业。在这种背景下工程建设领域可以同时为我国各种高新科技提供一个广阔的空间,成为它们发展的优良载体。这不仅可以促进我国高新科技的发展,而且可以使工程建设的各项技术更快适应信息时代的特点,得到长足的进步。

当然,在经济全球化的发展过程中,我们必须善于学习。总结发达国家的发展历程,他们有许多成功的经验,无疑是我们今后发展中可以借鉴的有利条件。但是,在认真学习发达国家成功经验的同时,也必须注意他们许多反面的教训。例如,国外在城市发展方面,那种在城市中建造高楼集中金融商业中心的发展模式,在2001年"911"事件以后,引起了很大的质疑。人们发现,高楼密集的中心地区不仅带来人口集中的严重的"城市病"(环境污染、交通堵塞等),而且还造成财富集中、风险集中。这对于我们正处于城市化加速起点的国家是很有参考价值的。又如,国外在发展私人小轿车方面也有教训,无序地发展私人小轿车造成能源的低效消耗、环境污染、交通堵塞。尽管采用了许多高科技的管理手段,现在已开始感到最有效和最有利于环保的还是发展公共交通,特别是轨道交通。这对我们也有很大的参考意义。更为相关的例子是,西方发达国家在它们的大建设时期,由于经验不足,大量的工程已出现了严重的耐久性问题。美国土木工程师学会(ASCE)2003年底公布了最新的调查结果显示:现在全美有29%以上的桥梁、1/3以上的道路老化,有2600个水坝不安全。估计在未来五年内,美国联邦政府需投入16000亿美元改善这种基础设施的不良状态。美国在大建设后仅仅50年,基础设施的问题已经如此严重!这就意味着,美国现在每年应该投入相当于我国目前每年在新建工程上投入资金的1.5~2.0倍来维护、修缮原有的基础设施和已建工程。因此重要的启示是,我们必须现在就特别重视工程耐久性问题。所以,在学习发达国家成功经验的同时,若能够避免发达国家已经走过的弯路,我们是完全可以实现所谓的工程"技术上的跨越",切实做到可持续发展。

在这些报告众多的建设成果中,我们可以看到工程建设技术的一些发展趋势,这些趋势正反映了国际范围内该领域的变化特点,现分述如下。

二、工程建设技术的发展趋势

(一)从单纯单体工程分析发展到对整个系统网络和环境的综合与控制

在世纪交替的十余年中,工程建设技术涉及的范围从空间域上有明显的拓宽,已经从单体分析(所谓 Project Level)发展到对系统网络的综合与控制(所谓 Network Level),并且进一步考虑对整个环境可持续发展的影响。例如，我国正在调整江河防洪策略，强调要在流域管理的大框架下部署防洪建设，统筹考虑防洪和抗旱问题，适度承担风险，从控制洪水向洪水管理转变，在防止水对人类的侵害的同时，也要防止人类对水的侵害，主动适应洪水、人与自然和谐的防洪战略。又如，城市防灾减灾必须从单体工程扩大到全城市区域统一综合规划，国家设计规范的安全贮备水平应该逐步与经济发展的水平接轨，桥梁的维修加固决策必须考虑对整个交通网络运行的影响。甚至为了克服在工程设计和施工中大量数据交换的低效率和部门之间的分割，大规模的计算机集成系统也在开始研制。

（二）从单纯使用阶段的安全设计发展到工程"全生命周期"综合与决策

所谓工程的"全生命周期"是包括工程建造、使用和老化的全过程。在不同的阶段，工程的风险来源不完全相同。建造阶段的风险来自于对未完成结构和它的支撑系统缺乏分析，以及对人为错误的失控；而老化阶段的风险是来自结构或材料功能在长期自然环境和使用环境下的逐渐退化。相对而言，工程使用阶段的平均风险率是最低的，其主要危险来自自然灾害和可能出现的人为灾害。以往的工程设计有的仅考虑在使用阶段工程的安全，现在除了要考虑使用阶段的安全之外，还要考虑工程建造阶段和老化阶段的安全。就使用阶段而言，仅考虑安全也是不够的，还要看结构的功能能否得到保证。对一些重大的桥梁隧道工程、港口道路工程和大跨及高层结构，目前总的发展趋势是要将建造、使用、老化三个阶段综合考虑，即按所谓"全生命周期"的观点来做最后决策。

（三）从单纯依靠专一学科深化到依靠多学科的交叉

从20世纪70年代开始，世界工程领域发展的特点是学科交叉，这和20世纪50年代强调细分专业、"非常专业化"的情况相比，出现了根本的变化。尽管这种"非常专业化"的影响在我国工程界仍很有影响，甚至有的地方由于政府部门之间的分割还有所加强，但学科方面的相互交流、领域方面的相互渗透已是必然的趋势。单纯偏重于单一学科（如力学）已经无法适应时代要求了，工程依靠的是多学科交叉。这种交叉体现在两个方面，一是在"层次"上，"工程分析"的结果不足以作为工程决策的惟一依据，在此之上的"系统工程"，甚至"社会工程"更加重要。例如近几年在工程结构领域里出现的有关"是否要大幅度提高我国设计安全设计标准"的辩论，大家已经意识到，要想取得比较一致的意见，必须从系统工程和社会工程的角度来探讨这个问题。交叉体现的另一个方面是在"内涵"上，从新型建筑材料的发展和结构耐久性受到的重视，大家可以清楚地发现，化学物理以及它们的基础——数学都变得十分重要。

（四）信息技术从全方位渗入

21世纪是信息的时代。信息化是计算机与互联网及信息技术发展的必然结果，它包括信息技术的产业化、传统产业的信息化、基础设施的信息化、生活方式的信息化等内容。工程的进行效率有赖于工程的各相关方面大量的技术和经济信息的高效处理、交换和表达。在工程建设中，技术方面的信息化已经展示了其特有的潜力。一方面，通过信息化，可以使传统的工作效率和质量提高、成本降低；另一方面，信息化作为手段，可以使得人们实现更加复杂的工程。目前的信息技术已从工程的规划设计到工程的施工、运行管理和维护全方位地渗入，它将成为工程技术在新世纪发展的特点。值得特别注意的是：在设计方面各工种计算机技术的集成和功能的扩大及在大型桥梁上各种健康监测系统的投入和运行。

（五）工程材料的发展空前活跃

工程材料是工程的基础。当前，工程材料的发展空前活跃。历史上，工程领域的每一个飞跃，都离不开材料的变革，而且往往使工程发生质的变化。从使用土、木、石料到使用钢材、混凝土，已实现了一次飞跃。人们正期望着未来将有适应时代要求的全新工程材料出现，一些新的苗头已经出现，突出反映在大跨结构中大量使用索膜结构，塑料纤维材料在结构加固方面的普及。尽管如此，从目前看，还未发现可以全面代替钢材和混凝土的工程材料。近20年来，我国是世界上水泥生产的第一大国，但是必须看到，生产水泥是一项高耗资源、高耗能、污染环境的行业。以石灰石为例，有报道我国已初步探明的储量约为450亿t，可开采利用的约250亿t，按目前的水泥生产量，35年以后，就会出现石灰石资源枯竭的问题，这是一个十分严重的问题。我国目前也是世界上第一的产钢大国，但技术升级却一直进展缓慢。在2020年以前，新材料的出现仍处在酝酿阶段，在这个阶段，传统材料的改性仍然是主要的任务，而这个工作的原则仍是节约能源和可持续发展。

面对这些报告众多的建设成果，我们应该对未来充满信心，但是我们也应该冷静地看到在我国发展工程建设技术所面临的各种挑战。我们不能只报喜不报忧，我们只有面对这些挑战，克服在前进道路上的各种困难，才能保证我们继续前进，这才是务实的态度，才真正体现出我们的自信心。

三、工程建设技术面临的挑战

21世纪由于信息技术的发展，形成经济全球化的趋势越来越明显。目前，尽管我国的经济一直保持持续的发展，但在国际上的科技排名并不高。2003年初，世界经济论坛发表的《2002年至2003年度全球竞争力报告》显示，在2002年度全球102个国家和地区经济增长竞争力排名中，中国才从2001年度的第39位上升到2002年度的第33位，而2003～2004年度的排名显示，中国的增长竞争力又落回到第44位。目前，由于世界大多数地区的经济增长陷于停滞，受中国市场劳动力"巨大潜力"的诱惑，外国公司竞相进入中国以抢占一席之地，他们纷纷将公司的制造部门转移到中国，形成了外国企业竞相与中国结合的所谓"中国蜜月"。面对这样的局面，如果我们不及时地抓紧建立自主的经济产业，仅仅得意于一时的国内生产总值（GDP）的增长，我们有可能在逐渐形成的整个世界生产链中定位在"加工厂"的地位。这样下去，发达国家将利用它们占据的大量知识产权和专利在这个生产链中占据有利地位，大量赢利，而我们只有靠廉价的劳力赚取微薄的利润。

必须看到，我国人口众多，给经济发展带来很大困难。西北地区与东南地区相比，人口分布密度很不均匀，平均收入可差20倍以上。我国就业难度之大，世界上没有哪一个国家能与之相比。这几年进城务工的农民不断增加，如何在城市化的过程中保证这部分弱势群体的生活和工作权益是一个非常重要的问题，也是我国城市化的重要特点。

必须看到，我国能源短缺，人均能源可采储量远低于世界平均水平。能源安全尤其是石油安全越来越突出。随着人均收入水平的提高，我国石油消费量显著增加，到2020年，我国石油对外依存度可能接近60%。尽管过去20年，我国实现了节能目标，GDP翻两番而能源消费仅翻一番，能耗不断下降，但与发达国家相比还有不少的差距。从能源利用效率来看，我国单位产品的能耗水平较高。在这种约束条件下，大规模的工程建设投入和工程材料的使用都必须时时处处注重能源的节约。

必须认识到，由于我国人口众多，赖以生存的水问题仍然存在。当前水利发展面临的主要问题是：江河防洪形势依然严峻，防洪减灾体系不够完善；水资源短缺导致供需矛盾尖锐；水生态环境恶化的趋势未得到有效遏制，已对我国国民经济和社会发展产生全局性影响。同时环境污染的问题仍无明显改善。根据国家最新的统计数据，2003年监测的340个城市中，有91个城市还未达到环境三级标准，占26.7%。颗粒物仍是我国城市空气中的主要污染物，部分城市的二氧化硫污染程度有所加重。

必须认识到，我国平均受教育水平偏低，直接影响到工程质量的保证与控制。资料显示，在众多的同类行业中，工程建设的人员素质是最低的，加之大量的农民涌入城市，从事大量繁重的体力劳动，他们本来不具备专业知识，又缺乏足够的培训和管理，很难把严格的技术质量要求贯彻到施工过程中。现在进城从事建筑业的农民工已占全国建筑业总人数的三分之二。对他们的关心、教育和培养是一件大事。否则，不但工程建设中工人的安全不能保证，而且工程质量也得不到保证，在这种条件下，很可能大建设的任务还未完成就要开始大维修的高潮。

问题越来越明显，在整个国家从社会主义计划经济向市场经济转轨的过程中，政府的职能亟待转变。政府要用政策引导市场，而不要代替市场去操作。目前，由于法制不健全，市场不规范，在资金转换、土地开发和企业转制过程中出现了大量的非法经营活动，一些政府官员也以权谋私、从中渔利，从而造成严重的环境污染、偷工减料，甚至工程事故。调查显示，在群众心目中，建设工程领域名列五大"腐败重地"之最！能不能杜绝此类活动不仅是事关国家法制建设的大事，也是保证我国工程技术健康发展、城市化进程顺利完成的大问题。在从社会主义计划经济向市场经济转轨的过程中，还应该注意的是，我国的国际招投标制度不够完善。特别是最近外国设计的工程在我国频频施工，他们迎合我国一些业主喜好标新立异的心理，在国外难以建造的却可以在中国中标；他们不按中国的规范，而我们又缺乏足够的科学依据去审核。这样下去，中国会变成外国工程技术发展的"试验场"，中国的建设市场也会被别人占领（这种现象已在东南亚出现）。这使我们在高科技领域追赶西方的同时，有可能失去在工程建设领域超越西方的宝贵机遇。

四、对工程建设技术发展的建议

在新世纪开始的20年，中国正处在城市化的加速期，工程建设无疑是整个国民经济发展的主要支柱之一，而工程建设技术就是这一支柱的重要基础。应该清醒地看到，我国能源短缺，环境资源压力不断加大，我国工程建设技术的整体水平，在工程实践、工程理论和工程计算方面，与国际先进水平相比都有一定的差距。即便是我们认为与国外差距较小的工程理论，也很难找到目前国际上较优秀的工程理论出自中国。在计算方面，除高层设计在国内比较普及外，大部分重要的应用软件是来自外国。在工程实践方面，我们在一些国家重点工程的施工技术方面可以达到很高的水平，甚至国际领先的水平。但是在整体上，从计划管理、工程设计到具体施工，从特大城市到中小城镇、农村，工程技术水平则存在很大的差距。我国在国际上知名的工程专家十分有限，这个现状与我国的人口总数和建设规模是不相称的。

同时也应当看到，尽管我国经济条件和技术人员有限，在一个局部、一个部门、一个单位很难一时建立起可以与发达国家竞争的条件，但是从整个国家讲，整体组织起来的实力并不差。只有加强统一的领导，同时做好科学的规划，才能变弱势为优势，迎接国际的挑战。

基于上面所述，工程建设技术发展应以中央提出的以人为本，全面、协调、可持续发展的科学发展观为根本的指导思想，在国家的统一领导下和科学规划的基础上，均衡发展，总体提高，重点突破，大幅提升我国工程技术在国际上的综合竞争力，发挥工程建设技术领域在整个国民经济发展中的主要支柱作用，以确保我国全面建设小康社会的历史进程顺利推进及其宏伟目标的如期实现。具体来说，必须紧密地结合我国工程建设实际提出的要求，必须考虑我国已具备的实际条件，必须考虑竞争的形势，必须针对不同的工程技术谨慎地集中兵力、选好突破点，必须照顾整个工程建设技术的均衡发展以增加我国的综合竞争力。

考虑到我国目前的财力、人力限制，总的要求应该是：以节约资源、符合可持续发展为指导思想，以质量安全控制为整个工作的中心。质量安全的概念不仅限于保证人员的安全，而且要保证工程功能的正常发挥，还要考虑到整个工程系统和网络的质量安全。为了实现这个总的要求，建议要强化一系列的保障措施，现分述如下。

（一）健全法制系统、规范政府行为

当前中国工程技术的发展面临良好的机遇和严峻的挑战，如果在健全法制系统和规范政府行为方面能有及时的措施和行动，定会给工程技术的发展提供优越的环境，否则将会严重地制约工程技术的发展。这是涉及在2020年前能否实现一系列发展

战略目标的首要问题。近几十年来在工程建设方面，政府还没能完全跳出原有的框框，经常是热衷于在最短时间内把工程搞大、搞表面、搞轰轰烈烈。为了工期不计成本，为了成本不顾质量，为了工期和成本不管安全和环保，这种非科学的工程管理行为时有发生。又如，近几年来出现的大量工程质量问题，除了建设市场不规范以外，还经常可以看到政府官员用各种形式插手、干预工程的方案，干预工程的实施单位的选定，甚至干预工程的完成时间。因此，政府部门必须充分认识工程管理的重要性和其内涵，并在法律上、学术上和工程实践上给予工程管理应有的地位。政府的职能是引导、支持和促进行业的发展，应是实现宏观管理，不是微观管理；政府应当主管政策、方针、战略，而不应当代替学术机构、学会抓具体的项目、抓培训、抓考试。所以，规范政府行为的关键是要健全法制系统，政府官员应依法行政。

（二）打破部门分割、统筹科学规划

我们需要一个科学的战略规划，首先要充分重视战略规划的重要性，要强调规划的严肃性，要克服"短期行为"和"部门分割"。一些重要的战略规划和战略举措往往由于部门分割和利益平衡被肢解而打折扣，难以形成合力。要花大力气去组织专家制定、完成规划，要充分考虑发展中的约束条件，充分考虑发展中的有利条件，实事求是地制定出一个20～50年的中长期的科学规划。它应该是结合国家需求、跨部门的、注重协调发展的规划，它不应该随着行政领导的更替而随便改动。以国家建设急需的大量水泥、钢材为例，各方的共识就是要提高材料强度，以大力减少能源消耗和环境的污染，而这个工作势必要有跨部门的统筹规划和强有力的组织保证。

（三）确保质量安全、抓紧教育培训

在确保工程安全方面，一般要从三个方面入手，国际上称三个E。一是工程技术(Engineering)，二是工程教育(Education)，三是法治(Enforcement)。不要以为，仅仅靠上级检查就可以解决所有问题。从战略高度看，教育是基础。新时代的工程建设技术所要求的人才既要懂技术，又要会管理，更要具备高素质和高道德水准。这方面工程教育的任务十分艰巨。目前，我国人才现状不容乐观。人才短缺严重，结构配置失衡：我国每万名劳动者中研发科学家和工程师仅11人，而发达国家这一数字接近或超过100人。在我国工程建设领域里，工人和技师的考核是最不严格的，相对素质是最低的。面对如此大规模的建设任务，如果不抓紧教育与培训，整个的工程安全和质量就得不到切实的保障，也很难完成国家城市化建设的任务。目前教育培训的重点应该是在那些大量收用农民工的经济发达的大城市和其周围地区。现在这些城市和地区的工人伤亡情况已清楚地显示，工人伤亡主要发生在农民工的群体中。现在抓农民工的技术培训工作不但很有必要，而且对这些城市和地区来说，也有可能。

（四）加大科技投入、重视成果转化

在21世纪，由于信息技术的强力推动，经济全球化的趋势越来越明显。我们要保持清醒的头脑，不要沉醉于经济增长的速度，要从战略上明确我们在世界经济浪潮中的定位。如果我们不突出自主创新，我们就有可能在一些重要的方面沦为西方发达国家的"加工厂"和产品的"市场"。在这方面，国家应加大科技的投入，特别是加大对能在国际市场上占有一席之地的、有自主创新知识产权的科技投入。这不但需要国家有加大科技投入的决心，也需要有准确的预测。

我国的高等学校是国家自主创新的重要力量，更是基础研究方面的主力。目前，我国的高等学校在成果的转化方面总是不通畅。原因一方面是高校的科研人员在重视成果转化方面的意识差，与生产相结合的决心不足，这是必须改进的地方。另一方面是一些部门领导参与决策，迷信"外国货"、忽视对自己知识产权的保护。我国的土木工程界比较早就明确认识到，中国的桥梁建设完全可以靠自己的力量完成，而且确实实现了。但是在土木工程的其他一些方面，如高层建筑，就不是这样，很多重要的工程是外国人出一个方案设计，其他都是中国单位来完成，从而卷走了中国大量的设计费。在我国进入WTO以后，我们必须有开放的市场，但是要增强建立我们自主产业、保护我们自己知识产权的意识。所以，这方面的重点是国家要加强对发展中介单位和建立中介环境的支持力度，同时要想方设法不断增强企业的技

术改造和综合创新能力。

工程技术标准（规范、规程）是技术成果转化的一个重要载体，是最广泛地推广先进适用技术、促进技术进步的主要途径，也是工程科技发展水平的标志。在工程技术领域，很多标准老化过时，亟需进行修订。在这方面，一定要加大投入，在加快修订更新周期的同时，特别要注重提高技术标准质量，既能保障先进适用技术的推广使用，又为技术的改造和创新留有足够的空间。

（五）抓紧信息化建设、做好基础数据积累

在新的世纪，必须抓紧信息化的建设。信息化对工程建设技术的促进作用，怎么估计都不会过高。工程信息化可以大大促进工程建设技术在空间域和时间域的拓宽。不仅在城市的综合防灾、减灾方面，而且在交通系统的组织和控制方面都体现了强大的优势，对一些重大的工程而言，不仅是在设计过程中，而且从建造到维护都有信息化（甚至智能化）的广阔应用空间。在这方面，我们与发达国家相比，的确也具备"迎头赶上"的契机，完全可以实现"技术上的跨越"。

相信随着时间的推移，我们会有大量的工程建设技术研究成果出现，但是必须强调的，也是我们至今忽视而没有采取断然措施的就是工程基础数据的积累。工程基础数据的积累有如工程方面的基础建设，是一个需要长期有组织的努力才能初见成效的工作。由于工程基础数据的积累是跨部门的，并且需要长期的工作积累，这就需要从国家的高度统一组织、统一规划，把这项基础工作抓紧抓好。这类工作已到了十分紧迫的时候，它将直接关系到工程技术领域中任何一项重大项目的成果。工程基础数据的积累的另一重要作用是为国家各类工程技术标准、规范、规程的制订提供依据。在这方面，除了前面提到的投入不足以及基础数据不足外，政府部门管得比较硬性、缺乏适应性、没有很好地发挥学会等组织的作用也是需要大力改进的。

五、结　　语

回顾过去的十年，我国工程建设经历了历史上规模最大、发展最快的十年。我们可以毫不犹豫地说，我们正在从事世界上最大的基本建设。展望未来，我们应该十分清醒，看到我们正面临着前所未有的机遇和挑战。我们必须抓紧时间，以强烈的责任感，根据国家建设的需要和工程技术发展的自身规律，努力奋斗。我们应时刻牢记，我们的自然资源并不富裕，人力资源并不优越，财力也十分有限。面临国际上激烈的竞争，我们更需要统一意志、统一安排、精诚团结、协同作战，而社会主义制度正提供了这种保证。

我们总结的是我国近十年的工程建设技术。我国工程建设技术发展的一个基本点，就是要同党的战略方针和国家的战略目标相协调统一。以此为基点，我们应该将2020年把我国全面建设成小康社会作为统一的战略目标。我们相信，中国工程建设技术必将在实现这一宏伟目标的奋斗历程中起到基础性的重要作用，作出关键性的贡献，同时得到空前的发展。

执笔人：刘西拉

桥梁及结构工程分会

桥梁工程篇

桥梁及结构工程分会

目　　录

- 一、桥梁工程建设发展概述 ··· 13
- 二、桥梁工程建设技术发展成就 ·· 17
  - （一）桥梁工程勘察设计水平的提高 ·· 17
  - （二）施工新技术与新材料的发展 ··· 19
  - （三）桥梁工程防灾和减灾技术的不断改进 ··· 25
  - （四）桥梁运营期间健康监测与管理技术日臻完善 ·· 32
- 三、桥梁工程建设技术发展趋势与展望 ··· 35
  - （一）2020 年桥梁建设发展目标 ·· 35
  - （二）未来桥梁技术发展趋势 ··· 37
- 四、典型工程图片 ·· 38
  - （一）悬索桥 ·· 38
  - （二）斜拉桥 ·· 42
  - （三）拱桥 ··· 47
  - （四）其他桥梁 ··· 50
- 参考文献 ··· 51

一、桥梁工程建设发展概述

1. 桥梁建设十年发展成就[1]

在 20 世纪 80 年代之前，我国还没有一座真正意义上的现代化大跨径悬索桥和斜拉桥。进入 20 世纪 90 年代以后，伴随着世界最大规模公路建设的展开，我国积极吸纳当今世界结构力学、材料学、建筑学的最新成果，桥梁建设得到极大发展，在长江、黄河等大江大河和沿海海域，建成了一大批有代表性的世界级桥梁。目前，在 187 万 km 的公路上，有各类桥梁 32 万多座、1337.6 万延米，其中长度超千米的特大型桥梁有 717 座。总体而言，我国桥梁建设水平已跻身于国际先进行列。

斜拉桥作为一种缆索承重体系，比梁式桥有更大的跨越能力，并具有良好的力学性能和经济指标，已成为大跨度桥梁最主要桥型，在跨径 200～800m 的范围内占据着优势，在跨径 800～1100m 特大跨径中也将扮演重要角色。我国已建成各种类型斜拉桥 100 多座，其中跨径大于 200m 的有 50 多座，已成为拥有斜拉桥最多的国家。多年来，我国在斜拉桥设计、施工技术、施工控制，斜拉索的防风、雨振等方面积累了丰富的经验。1991 年建成的上海南浦大桥——主跨为 423m 的结合梁斜拉桥开创了我国修建 400m 以上大跨度斜拉桥的先河，大跨径斜拉桥如雨后春笋般地发展起来。据统计，到 2004 年 9 月为止我国修建跨度大于 400m 的斜拉桥共有 23 座。目前在世界已建成的十大斜拉桥排名榜上，中国占了 7 座；跨度 600m 以上的斜拉桥世界上仅有 8 座，中国占了 6 座。另外，夷陵长江大桥（双跨 348m）是世界最大跨度的三塔混凝土梁斜拉桥。整体来说，我国斜拉桥设计施工水平已迈入国际先进行列，部分成果达到国际领先水平。目前，我国正在建设的江苏苏通大桥，其主跨均达到 1088m 以上，斜拉桥建设技术由此将要有新的突破。

悬索桥是特大跨径桥梁的主要形式之一，当跨径大于 800m 时，悬索桥方案几乎具有垄断地位。我国近时期内建成了汕头海湾大桥（主跨 452m）、西陵长江大桥（主跨 900m）、虎门大桥（主跨 888m）、宜昌长江大桥（主跨 960m）、江阴长江大桥（主跨 1385m）、名列世界第三位的润扬长江大桥（主跨 1490m）及名列世界第六位（公铁两用桥名列第一位）的香港青马大桥（主跨 1377m）等 12 座大跨度悬索桥。多年来，我们积累了丰富的悬索桥设计与施工经验，正满怀信心建设舟山西堠门大桥（主跨 1650m），我国悬索桥设计和施工水平已迈入国际先进水平行列。

斜拉桥和悬索桥混合而成的协作体系桥梁具有良好的经济性能、较高的结构刚度等特点，因此近年来也成为国内研究的一个热点。在工程实践方面，我国于 1997 年建成了跨径为 288m 的乌江大桥，并且在近年来的多项工程的设计阶段提出了协作体系方案，如伶仃东航道桥、润扬大桥、卢浦大桥等。

拱桥是我国历史悠久的一种桥型，近年来也有较大发展。2001 年建成的山西晋城丹河大桥（跨径 146m）是世界最大跨度的石拱桥。混凝土拱桥施工方面，我国根据工程条件的不同采用了缆索吊装架设法、拱架法、支架法、转体法、劲性骨架法等。目前，我国的山西丹河特大桥（主跨 146m 的石拱桥）、重庆万县长江大桥（主跨 420m 的混凝土拱桥）、重庆巫山长江大桥（主跨 460m 的钢管混凝土拱桥）、上海卢浦大桥（主跨 550m 的中承式钢箱拱桥）均保持着各类型拱桥的世界记录。据统计，世界上已建成 5 座跨径大于 300m 的混凝土拱桥，中国占了 3 座；自 20 世纪 90 年代以来，建成跨径大于 200m 的 20 余座钢管混凝土拱桥。2004 年建成的巫山长江大桥（主跨 460m）是一座创世界纪录的特大跨径钢管混凝土拱桥。

PC 连续刚构桥比 PC 连续梁桥和 PC "T" 形刚构桥有更大的跨越能力。我国于 1988 年建成的广东洛溪大桥（主跨 180m），开创了我国修建大跨径 PC 连续刚构桥的先例。十多年来，PC 梁桥在全国范围内已建成跨径大于 120m 的有 70 多座。近几年相继建成了虎门大桥副航道桥（主跨 270m）、泸州长江二桥（主跨 252m）、重庆黄花园大桥（主跨

250m)、黄石长江大桥(主跨245m)、重庆高家花园桥(主跨240m)、贵州六广河大桥(主跨240m)，近期还将建成一大批大跨径PC连续刚构桥。我国大跨径PC连续刚构桥型和PC梁桥型的建桥技术，已居世界领先水平。

中小跨度桥梁建设方面，也取得了令世人瞩目的成绩。随着高等级公路、一般公路及铁路的大规模建设，中小跨径的桥梁、立交桥等形式多样、工程质量不断提高，为交通运输提供了安全、舒适的服务。中小跨度桥梁中广泛采用了板梁桥、T形梁桥、连续箱形梁桥、T形刚构桥、连续刚构桥等桥型。板式桥是公路桥梁中量大、面广的常用桥型，它构造简单、受力明确，可以采用钢筋混凝土和预应力混凝土结构；可做成实心和空心，就地现浇为适应各种形状的弯、坡、斜桥。特别适用于建筑高度受到限制的情况和平原区高速公路上的中、小跨径桥梁，可以减低路堤填土高度，少占耕地和节省土方工程量。普通钢筋混凝土板梁跨径一般在13m以下，预应力混凝土板梁的经济跨径可以达到25m左右。预应力混凝土T形梁有结构简单、受力明确、节省材料、架设安装方便、跨越能力较大等优点，其最大跨径以不超过50m为宜，再加大跨径从受力、构造、经济上都不合理。箱形截面梁能适应各种使用条件，特别适合于预应力混凝土连续梁桥、变宽度桥。因为嵌固在箱梁上的悬臂板，其长度可以较大幅度变化，并且腹板间距也能放大，而且箱梁有较大的抗扭刚度，所以箱梁能在独柱支墩上建成弯斜桥；而且连续梁桥具有桥面接缝少、梁高小、刚度大、整体性强、外形美观、便于养护等优点。连续刚构可以多跨相连，也可以将边跨松开，采用支座，形成刚构-连续梁体系。一联内桥面无缝，改善了行车条件；梁、墩固结，节省了支座；合理选择梁与墩的刚度，可以减小梁跨中弯矩，从而可以减小梁的建筑高度。所以，连续刚构保持了T形刚构和连续梁的优点。连续梁桥和连续刚构桥的跨径适用范围较广，从20m到300m左右均可采用。除前文提到的较大跨度桥梁，国内建造了大量的百米及以下级的连续(刚构)桥梁。

2. 桥梁建设十年发展重要作用

20世纪90年代以来，随着我国国民经济的发展，桥梁建设进入了一个全面发展的阶段。近些年来，我国先后建造了近百座大跨度桥梁。在建设五纵七横主干公路的同时，我国开始了跨海工程建设。交通部规划的沿海高等级公路干线上有五个大型跨海工程，它们自北向南依次跨越渤海海峡、长江口、杭州湾、珠江口伶仃洋和琼洲海峡。杭州湾通道、东海大桥、湛江海湾大桥等都已全面开工，其他大型跨海工程也都正在或已经进行了可行方案研究。伴随着我国西部大开发重大战略举措的实施，在地形、地貌、水文条件复杂的西部地区，作为交通设施重要组成部分的桥梁工程建设也日新月异。另一方面，随着城市化程度的提高和经济的发展，城市交通模式趋于多样化，大中城市中高架轨道交通线的建设在我国也步入了快速发展的时期。这些重大桥梁工程建造费用巨大，在国民经济和社会生活中起着十分重要的作用，为我国桥梁建设事业的发展提供了极好的机遇。另外，国内在近期将迎来又一轮高速公路、高等级公路及高速铁路建设高潮，在这些工程中将遇到大量的常规工程，为中小跨度的桥梁发展、完善设计及建造技术提供了机遇。

3. 技术创新带动桥梁建设发展[2]

中国在1991年自主建成上海南浦大桥的鼓舞下，迎来了20世纪最后十年中大规模建设大桥的高潮。在整个20世纪90年代，中国建成了数以百计的大桥，其中比较著名的有以下15座：

1) 跨度216m的拱桁组合体系——九江长江大桥，1992；

2) 破纪录的上海杨浦大桥，1993；

3) 第一座采用混凝土桥面的悬索桥——汕头海湾大桥，1995；

4) 首次采用轻型前置式挂篮施工的铜陵长江大桥，主跨432m，1995；

5) 第一座钢箱梁悬索桥，主跨900m的西陵长江大桥，1996；

6) 第一座采用千吨级拉索的真正单索面斜拉桥——钱塘江三桥，1996；

7) 跨度突破300m的钢管混凝土拱桥——邕宁邕江大桥，1996；

8) 采用钢管混凝土拱作为劲性骨架施工、破纪录的钢筋混凝土拱桥——主跨420m的万县长江大桥，1997；

9) 主跨270m的PC连续刚架桥——虎门大桥辅航道桥，1997；

10) 第一座超千米的悬索桥——江阴长江大

桥，1999；

11) 第一座三跨连续悬索桥——厦门海沧大桥，1999；

12) 采用平行钢铰线拉索及混合桥面的斜拉桥——汕头礐石大桥，1999；

13) 公铁二用的矮塔斜拉桥，主跨312m的芜湖长江大桥，2000；

14) 主跨618m的武汉白沙洲长江大桥，2000；

15) 主跨360m的钢管混凝土拱桥——广州丫髻沙大桥，2000。

其中有半数为跨越长江的大桥。与此同时，在1997年回归的香港也建成了通往新机场的三座大桥，即青马大桥(1997)、汲水门桥(1997)和汀九桥(1998)。通过这些大桥的建设，中国桥梁界基本掌握了国外的先进桥梁技术，并在运用中结合国情，有所改进和局部的创新，取得了长足进步，缩小了和发达国家的差距，为21世纪更大规模的桥梁建设计划奠定了基础。进入21世纪后，沿长江的江苏省、湖北省和重庆市为发展经济建成了许多跨江大桥，其中包括一些破纪录跨度的大桥。下面将分述几座具有代表性的桥梁：

(1) 南京长江二桥(2001)

南京长江二桥是目前中国最大跨度的斜拉桥。最大跨度带来的最大塔高、最长拉索以及最大桥面宽度被认为是巨大的挑战。然而，尺度的突破如果没有达到现有技术的适用限度，就不一定要通过技术创新来克服障碍，通过认真的施工实践也能获得优质的成果。

南京二桥的塔墩采用"复合式基础"，即把双壁钢围堰、承台和钻孔桩群组成整体来抵抗船撞力，实际上采用如此大的跨度已经极大减少了船撞的几率。由于桥下通航净高较小，和首创平行上塔柱的日本多多罗桥相比，使塔的桥下高度和桥面以上的塔高之间的比例过小，造成"矮腿"的效果，影响了塔型的美观。

长拉索在全桥合龙后就出现了强烈的风雨激振，临时决定在拉索上加绕螺旋线后抑制了振动，这一经验为此后直接生产带螺旋条的成品索提供了重要的依据(图1-1)。

南京二桥的长悬臂施工控制，采用较先进的"神经网络控制技术"进行索力和标高的双控，取得了较高的合龙精度。钢箱梁的正交异性桥面板工

图1-1　螺旋线拉索

地接头采用钢面板焊接和U形纵肋栓接的形式，是一次新的尝试，具有推广价值。最后，钢桥面的铺装是长期没有解决的难题。南京二桥引进了美国的环氧沥青混凝土的铺装技术，通过力学分析和试验研究，实现了国产化配方的改进和设备研发，工程质量优良，填补了国内空白。经过多年的寒暑季节考验，在限制超载车辆条件下桥面运行情况良好，已在此后的多座大桥中推广应用。

(2) 上海卢浦大桥(2003)

主跨达550m的上海卢浦大桥是一座创世界纪录跨度的钢拱桥。300m以上拱桥一般都采用桁架拱以减小拼装重量以利悬拼施工。上海卢浦大桥大胆地采用了倾斜的箱形拱以获得"提篮拱"的美学造型。从侧倾稳定性的分析看，平行拱面也可获得足够的稳定安全系数，而在倾斜的拱面上进行重量达480t的拱肋节段悬拼，确实是巨大的挑战。卢浦大桥的施工单位采用巨型临时塔吊和扣索系统，并通过大量压重措施，同时引进了国外的吊装设备克服了困难，使拱肋得以合龙。在上海的软土地基上修建大跨度拱桥必须采用强大的系杆平衡拱的推力。在施工中将有多次体系转换，将临时扣索的拉力转移到水平的系杆拉索中去。施工全过程的控制技术应当是一项非常具有特色的创造性工作(图1-2)。

拱肋是一个钝体断面，虽然拱的空气动力稳定性是十分安全的，但在均匀流状态的风洞试验中观察到拱肋的强烈涡振。虽然城区的湍流强度较大可能会抑制涡振的发生，但仍通过计算流体力学方法选择了一种效果最好，又不影响美学的"隔离膜"气动抑振措施，在拱肋上预设了今后视需要安装隔离膜的连接装置(图1-3)。而且，在拱顶处的观光平台已部分地起到了对涡振的抑制作用。

图1-2 施工图

图1-3 隔离膜

从桥梁建成后的效果看,虽然多费了一些钢材和施工费用,经济指标并不好,但却证明了500m以上箱形拱桥也是可行的。与古典的桁架拱相比,箱形肋拱可能更具有现代气息。

(3) 润扬长江大桥(2005)

主跨1490m的润扬长江大桥南汊悬索桥是中国最大跨度悬索桥。在江阴长江大桥经验的基础上建造润扬长江大桥,应该说上部结构的难度不大,主要的挑战来自基础工程。50m深的北锚碇采用嵌岩的地下连续墙(图1-4)。虽然地下连续墙施工在建筑工地是成熟的技术,但对于平面尺寸为69m×50m的巨大桥梁基础仍是一个具有挑战性的任务。运用信息化的施工方式,对连续墙体和周围土体的各种信息进行实时的监控和正反演分析,保证了基础施工的快速和安全。

同样,南锚碇所采用的冰冻法技术是传统的煤矿竖井施工技术,但在大尺寸的桥梁基础中使用也是一项大胆的创举,承担了巨大的风险。施工中通过排除险情,终于获得了成功。桥塔施工中引进了国外的模板技术,大大提高了混凝土的外观和内在质量,取得了进步。由于选用的桥面高度较小,虽然可减少侧向风载,但也降低了扭转刚度,使抗风稳定性尚不能满足要求。首次采用中央扣和中央稳定板的措施解决了这一问题(图1-5)。

主缆的防腐首次引进了日本的干空气除湿新技术。此外,在锚碇、基础、索塔、桥墩和引桥箱梁等混凝土工程中都采用了添加粉煤灰的技术,提高了耐久性,可望保证大桥100年的使用寿命。

(4) 南京长江三桥(2005)

南京长江三桥采用人字形弧线的新颖塔型。应当承认这是从香港昂船洲大桥国际竞赛的第二奖方案中得到的启示。为了加快施工速度,桥面以上的塔柱采用钢结构,以便于在工厂精确制造,同时也带来了上下塔柱连接处钢混结合段的构造难题。经过研究,选择了在钢塔柱上开孔,与穿过的钢筋和现浇混凝土形成PBL剪力键,作为传递荷载的主

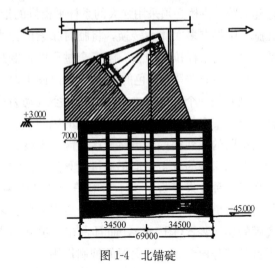

图1-4 北锚碇

图1-5 中央稳定板

要构件（图1-6）。矩形钢塔柱截面经过风洞试验选择了最佳的切角处理以抑制可能的驰振和涡振。可以说，南京三桥的钢桥塔是一项有创意的设计。

塔位处的水深超过40m，进行传统的钢套箱施工有较大的风险，通过精心组织顺利完成了基础施工。高215m的钢塔柱的空中安装，邀请了有经验的法国公司承担，顺利实现了封顶。虽然钢塔柱较一般混凝土塔顶费用高，但获得了施工速度快的回报。

(5) 上海东海大桥（2005）

东海大桥是我国第一座在广阔海域建造的大桥，具有里程碑意义，并将为今后的跨海大桥建设提供宝贵的经验，如正在建设的杭州湾大桥、拟建的港珠澳大桥以及计划中的渤海—琼州海峡工程。为了使洋山深水港尽早开港，提高上海航运中心的国际竞争力，在短短的三年半时间里，东海大桥建设者面对海上环境恶劣、大型预制构件的整体吊装以及保证100年使用寿命等挑战，克服了重重困难，按期完成了任务（图1-7）。

通过研制海上混凝土及各项防腐技术和设计措施，提高了在海洋环境下混凝土的耐久性。装备了2500t浮吊，将大型混凝土预制构件（承台、墩身、箱梁）的整体吊、运、装能力从过去不足千吨提高到2000t的较高水平，而且保证了工程质量（图1-8）。在海域施工必须采用GPS定位技术，建造大型耐风浪的施工平台，在施工管理上也要通过创新加以变革才能保证施工的顺利进行。

东海大桥的两座斜拉桥虽然跨度不大，但都采用具有创意的设计，主航道桥采用单索面和结合箱梁桥面配以倒Y形桥塔的布置（图1-9），而颗珠山桥则采用平行索面的结合梁桥面，桥塔的上横梁则采用轻型的钢管横撑。全桥统一的桥面铺装和新型伸缩缝为大型集装箱车通行提供了优良的行车条件。

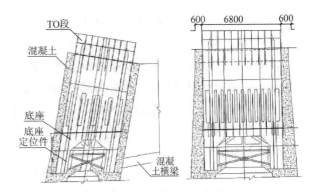

图1-6 钢塔连接构造

图1-7 全景图

图1-8 浮吊安装

图1-9 主航道桥

二、桥梁工程建设技术发展成就

（一）桥梁工程勘察设计水平的提高

1. 桥梁工程勘察技术的进步

GPS和桥梁CAD集成系统的应用推广，有效地降低了设计人员的劳动强度，测设精度得到较大提高。如：

(1) 江苏省交通规划设计院与同济大学测量系于 1993 年 11 月 23 日至 29 日利用 GPS 卫星定位技术，复测了原有的江阴长江公路大桥精密控制网全部网点的坐标和墩面高程，坐标与高程均达到了亚厘米级的精度，也证实原边角网除了一个支点有错外，达到了相当于城市二等控制网的精度。这表明，GPS 可用于建立或检测高精度工程控制网[3]。

(2) CAD 技术在桥梁测设中的应用，使得传统的桥梁设计手段、设计方法产生了重大变革，极大地促进了桥梁交通行业的技术进步，成为桥梁测设现代化的主要标志之一。目前我国具有代表性的桥梁 CAD 软件有[4]：

1) 高等级公路桥梁 CAD 系统 JTHBCADS；
2) 桥梁线性、非线性综合程序系统 BAP；
3) 桥梁集成 CAD 系统 BRCAD；
4) 桥梁博士系统。

2. 设计观念的变化

在桥梁设计中越来越重视桥梁美学设计。

1999 年，香港政府为主跨超千米的昂船洲大桥举行了桥梁设计竞赛，有 16 家国际知名的集团（每个集团都有几家公司联合）参与了竞赛，共提交了 27 个桥型方案。技术评定委员会和美学评定委员会分别进行打分，有 5 个方案进入了第二轮竞赛。通过更详细的评比，最后决出了前三名获奖者。从这次昂船洲大桥设计竞赛的评审过程中可以看到，桥梁的美学价值已成为国际桥梁竞赛的重要因素，有时甚至会超过技术指标。因为建造桥梁不仅是为了解决交通问题，更重要的是为了满足人们对环境的要求和艺术享受。

3. 设计理论框架（图 2-1）的提出

桥梁设计理论是包含桥梁概念设计、结构分析、结构设计与优化的综合性理论，是指导桥梁设计的基础。

(1) 概念设计理论

在桥梁概念设计阶段，桥梁的构想逐渐成形，设计师构想的概念经过反复推敲后，成为可以表现的雏形，这是构思与形象之间互相影响的一个复杂的矛盾过程。这个阶段设计师的任务就是要完成对桥梁的主要内容，包括功能和形式的安排有个大概的布局和设想；要考虑和处理桥梁与周围环境的关系，桥梁的总体布置，在城市桥梁中要根据周围环境的现状和发展的可能性，处理好桥梁对邻近建筑和周围环境的关系，是否适应未来城市交通和城市其他工程的发展等；还要解决桥梁内部各组成部分的合理布置，是否满足整体视觉要求、艺术效果，对特殊问题的解决要树立创新意识。

因此，概念设计必须在充分收集基础资料的前提下，确定设计的控制参数和设计原则；在综合考虑经济性能、施工方案、景观美学、抗风、抗震要求的前提下，开展结构创新和新体系构思，形成多种可行方案；在可靠的评估体系下对方案进行充分比选，最后形成桥型及总体布置。在这一过程中，还要给出桥型方案的构件尺寸和关键构造形式。这些参数的确定都必须建立在经验公式的基础上。而经验公式的取得，又必须通过已建桥梁的成功经验以及体系研究、参数研究成果归纳总结而得。

概念设计得到的是桥梁的雏形，突出的是合理性和创新性，它的准确定位对于整个项目的优劣成败起着关键作用。形成完整的概念设计理论，对于指导设计意义重大。

(2) 结构分析理论

概念设计完成后，就进入结构分析阶段，根据桥型及其总体布置，得到各种相关的力学响应，供设计使用。因此，桥梁分析理论与方法是桥梁设计理论的重要组成部分。

结构分析可分为动力分析、静力分析和稳定分析三个部分。动力分析包括抗风、抗震、车辆激振、船撞分析等。静力分析包括整体分析和局部应力分析。整体分析是为了得到结构在各种可能状态和工况下结构的整体力学响应，以检验桥梁结构的安全性，因此又包含了施工仿真分析、恒载成桥状态确定和成桥后最不利荷载响应计算等，为了得到桥梁结构的空间效应，还应包含三维应力仿真分析。局部应力分析则是为了获得局部构件关键节点处的力学响应，以检验构件或构造的安全性，局部应力分析是以整体分析为基础进行的。稳定分析包括整体稳定和局部稳定、极限承载力分析。整体和局部稳定用于检验结构和构件的刚度、安全性；极限承载力则是检验结构的强度和刚度抵抗外载的综合性能。

桥梁结构的设计将受控于动力、静力或稳定性中的一个或多个因素，当某个因素起到控制作用时，它将被仔细分析与研究，通过修改设计参数使

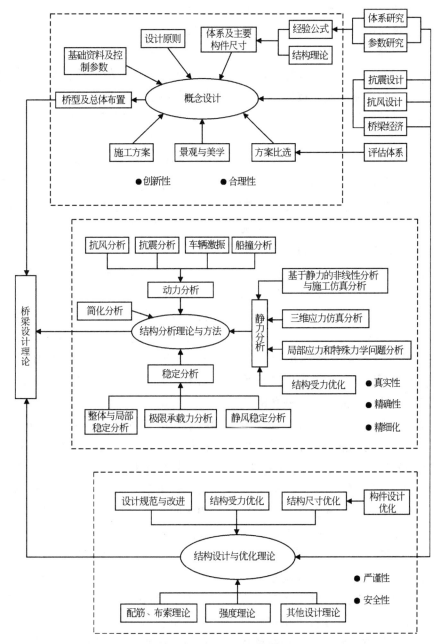

图 2-1 桥梁设计理论框架

结构满足安全要求。

(3) 结构设计与优化理论

结构设计与优化理论是桥梁设计安全性的标准，是优化桥梁设计的工具，是桥梁设计理论中的关键，其核心是设计规范和支持规范的理论基础，还包括优化设计理论。

4. 设计技术(手段)的改进

目前，我国桥梁设计从方案到初步设计和施工图设计均已采用计算机。例如：九五期间，中交第二公路勘察设计研究院主持研发了一套桥梁设计集成 CAD 系统 BID-Bridge。该系统是已通过国家鉴定、荣获 2003 年国家科技进步二等奖的"GPS、航测遥感、CAD 集成技术开发"课题系列成果之一，能够方便地完成常见桥梁的初步设计和施工图设计。上部构造类型包括简支空心板、简支 T 梁、简支或连续箱梁(单箱单室、单箱多室或多箱单室，等截面或变截面)，下部构造适用各种墩台形式(2000 余种)。

(二) 施工新技术与新材料的发展

十年来，在大规模的公路建设，尤其是高速公路建设，以及城市建设的带动下，我国桥梁施工技术得到了全面迅速的发展，整体的施工水平得到了提高，同时一大批世界级的桥梁相继建成，也向世界证明，我国桥梁施工技术已步入世界先进行列。我国桥梁施工技术的新发展具体体现在大跨度桥梁施工成套技术、城市长桥的预制和安装技术、海上长桥的施工技术、深水基础的施工技术等方面。

1. 大跨度桥梁施工成套技术

（1）大跨度斜拉桥

自南浦大桥、杨浦大桥以后，我国掀起了一个斜拉桥建设的高潮，目前在斜拉桥主跨跨度世界排名前10位的大桥中，我国占8位，因此，可以说我国已经系统全面地掌握了大跨度斜拉桥建设的技术。南京三桥是其中的典型代表。

南京三桥为钢塔钢箱梁双索面5跨连续斜拉桥，其跨径布置为(63+257+648+257+63)m，全长1288m。采用半漂浮结构体系，纵向设弹性约束，限制钢箱梁在活载及风荷载作用下的纵向漂移。主桥基础为长84m，宽29m的哑铃形高桩承台基础，主桥南北塔分别是30根大直径钻孔灌注桩基础。索塔为"人"字形，总高215m，设4道横梁。其中下塔柱及下横梁为钢筋混凝土，其他部分为钢结构。主梁为89段闭口流线形扁平钢箱梁。

深水基础、钢塔加工和制作、钢-混结合段施工是南京三桥施工的难点。南京三桥江床是不对称的V形断面，深泓在南侧，最深处在常水位下接近50m。根据实际地质和深水条件，南塔施工采用定位船和两条导向船固定钢套箱组成的浮动水上施工平台方案，北塔施工采用常规的无底套箱施工方案。南塔基础施工方案解决了深水条件下钢护筒打设精度、倾斜率对钻孔的影响，解决了钢护筒整体固定和局部受力过大等难题，采用的施工方案与常规钻孔灌注桩+套箱方案相比，在套箱使用、施工工序、水深条件、锚固方式等方面开展了创新性工作。在钢塔制作方面，在加工制作技术、变形控制技术、全阶段施工控制、大型精密设备使用、钢锚箱整体制作等方面取得了创新性成果。利用设置TMD的方法，解决了钢塔施工过程中风振的问题。在施工中使用了MD3600型大型塔吊设备，并且经受住了恶劣天气的考验，在高塔施工技术方面取得了突破。钢-混结合段在南京三桥中首次出现，在其受力机理、制作、施工定位以及防水施工等方面均无先例，通过模型试验研究、设计优化、工艺优化等方法，最终这些问题都得到了圆满解决。

（2）大跨度悬索桥

十年来，江阴大桥、润扬大桥等一批大跨度悬索桥相继建成，显示着我国悬索桥建设水平步入世界前列。其中2005年建成通车的润扬大桥南汊桥是这方面的典型代表。

润扬大桥南汊桥为跨径1490m的单孔双铰钢箱梁悬索桥，通航净空为50m。润扬大桥上部结构安装工程主要包括：主、散索鞍安装，主缆架设，索夹和吊索安装，钢箱梁吊装，主缆缠丝和涂装等。

主索鞍安装顺序：格栅定位安装→格栅填芯混凝土浇筑→下承板安装→安装板安装→上承板安装→鞍体吊装→鞍体连接并临时固定。主索鞍鞍体设计分两半进行安装。因主塔高近210m，为确保鞍体提升时不发生扭转，采用2台18t卷扬机进行抬吊。主索鞍安装时按设计要求向边跨侧预偏2033mm，在上部结构安装过程中逐步顶推到位。散索鞍吊装高度相对较低(40m)，采用1台25t卷扬机。安装方法同主索鞍。润扬大桥每根主缆由184束平行钢丝束股构成，索股两端为浇铸式锚头，每束索股通过锚头用拉杆与锚固系统连接。主缆索股经线形调整后按一定的排列顺序置入主索鞍和散索鞍鞍槽内固定。润扬大桥悬索桥桥面钢箱梁全宽38.7m，梁高3.0m，采用扁平流线型全焊结构。钢箱梁分为47个设计吊装节段，梁段吊装设计为四点八孔起吊，最大吊装重量达510余吨。润扬大桥钢箱梁采用2套740t液压提升跨缆吊机进行吊装作业。吊装期间，为控制桥塔的不平衡受力和索塔偏移量，在梁段吊装过程中，根据监测索塔偏移情况，分次对塔顶主索鞍实施顶推，确保塔的受力安全。

润扬大桥主缆在国内首次使用S形钢丝进行缠绕防护。主缆缠丝采用专用缠丝机，采用"先缠丝，后铺装"施工技术。根据日本悬索桥施工经验，主缆张力达到成桥状态时张力的80%，亦即当吊装完成35个钢箱梁节段后，即可进行缠丝作业，钢丝缠绕张力为2.5～2.8kN。考虑本桥设置主缆除湿系统，跨中位置预留有气夹，确定缠丝顺序为：从跨中和锚碇向塔顶方向后退缠丝，先缠两个边跨，再缠中跨。

润杨大桥南汊悬索桥上部结构安装工程采用了诸多新技术、新工艺和新设备,通过一桥四方联合对相关项目进行专题研究,并成功运用到具体施工实践当中。润扬大桥的成功建设,有力推动我国桥梁建设的发展。

(3) 大跨度拱桥

中国素有拱桥之乡的美誉,以赵州桥为代表的古代拱桥在世界桥梁建造史上留下了辉煌的记录。近十年我国在大跨度拱桥建设方面取得飞速进步,一批世界跨径记录诞生,拱桥的无支架施工技术日益成熟。卢浦大桥、丫髻沙大桥、万县长江大桥是其中典型的代表。

卢浦大桥为跨江中承式拱桥,全长750m,其中主跨550m,为目前世界第一。中跨拱肋共分27个节段吊装施工,安装高度76～110m,每一节段水平投影长度除合龙段为618m外,其余均为1315m。根据中跨拱肋成拱前的实际情况,考虑采用成熟的扣索法悬臂拼装的方法进行施工,这需要1个临时索塔将中跨拱肋成拱前的自重及临时施工荷载通过临时斜拉索转移到索塔上。由于拱肋线型是一个复杂的空间曲线,单段拱肋安装不仅要控制纵向线型,还要控制横向内倾,难度很大,因此悬臂拼装中采用上下游拱肋、永久风撑、临时风撑组合成1个吊装单元进行施工。但是吊装单元重达300t以上,吊装机具悬臂大,安装高度高,施工中采用了自制的配备渐进千斤顶的自锚式拱上吊机来完成中跨拱肋的安装。中跨拱肋施工的主要技术难点有:临时措施工作量大,包括临时索塔、斜拉索及锚箱、临时风撑,以及与拱上吊机相匹配的行走及锚固措施、安装操作脚手系统等;施工控制难度大,拱肋本身是一个复杂的空间结构,而且拱肋施工过程中还受气候、日照等外界条件的影响,这就要求浦东、浦西两侧拱肋在施工过程中 x、y、z 三向坐标始终控制在设计范围之内;合龙安装要求高,气温、风力、荷载等因素影响很大。

广州丫髻沙大桥主桥为$(76+360+76)$m三跨连续自锚中承式钢管混凝土拱桥。主跨一跨飞越珠江。主拱采用转体施工方案是本桥的一大特色。施工首先进行地面拼装,将主拱空钢管分为两个半跨,分别在两岸边上搭设支架组拼焊接。主拱在地面卧式拼装,与设计轴线成24°夹角,主拱高程由设计高程换算控制,岸上组拼时与桥轴线夹角为117°,边跨劲性骨架在设计高程搭设支架拼装。在拱座与承台间设置转动系统,转动系统采用中心支承与环道支承相结合的形式,中心支承直径200cm,环道宽110cm,直径33m,转体重量13685t。拱座浇注完后,在主拱上搭设64m高的钢管塔架(用钢量为500t)。把边拱作为平衡体系的平衡重,通过扣索(由钢绞线组成),把主拱、边拱连接起来,形成一个自平衡体系。整个转体过程由竖转、平转、合龙、松扣等几步组成。由于竖转时扣索力较大,边拱肋不能自身平衡,设计竖转时先把边拱锚在支架上,通过张拉扣索进行竖转,竖转角度24°,扣索1由19471t变化到19547t,扣索2由9725t变化到3770t。竖转扣索速度2.5m/h,时长约为12小时。平转体系由8台200t连续张拉千斤顶组成,平转牵引力按静摩擦10%、动摩擦3%～5%控制,最大设计平转牵引力1200t,张拉系统由左右4台200t连续千斤顶组成,转动速度6～8m/h,在约8个小时内完成。平转到位后,进行拱顶合龙。合龙时考虑到6根钢管焊接时间较长,温度变化较大,加之主拱内各钢管应力有微小差别,合龙时设置一临时合龙装置,选择最合适的温度合龙。合龙时进行钢管内应力的调整,保证扣索后主拱的轴线。主拱合龙后立即进行转盘封固,先将转盘临时连接,再进行混凝土封固,最后松扣索,完成主拱肋施工。

万县长江公路大桥全长856.12m,主桥及一孔净跨420m、矢跨比1/5的上承式钢筋混凝土箱形拱桥,钢管劲性骨架成拱。主要施工包括:劲性骨架加工、劲性骨架安装、主拱圈施工、桥面系施工等。万县长江公路大桥跨度居目前世界同类型桥梁之冠,并实现了36节段劲性骨架无支架缆索;大块翻模70天浇筑完成84.11m高的空心桥墩;C60高强泵送混凝土的成功研制和实施等技术创新,填补一批技术空白。

2. 城市长桥的预制和安装技术

城市建设的飞速发展,对城市交通系统提出了更高的要求。城市环线作为城市基础交通网络骨架,其建设也在不断加速,而高架桥模式的城市环线由于提高了城市土地的利用效率,因而在很多城市中得以采用。城市环线高架桥多为多跨梁桥,由于城市景观的要求,往往要求采用整体性较好的结构形式,以提升其景观效果;再考虑其施工和使用环境的特点，城市环线建设要求能够尽量少的影响城市交通，同时也需要缩短施工时间，尤其是现场施工时间。在这样的客观要求下，十年间，城市长桥的预制和安装技术迅速发展起来。节段施工和移动模架施工是城市长桥预制和安装技术的代表性成套技术。

(1) 节段拼装施工

桥梁节段预制拼装施工技术具有对环境交通影响小、对施工的地理位置要求低、施工工期短等优点，可基本实现无支架化施工，不影响现有交通，特别适合于对环境要求极高的城市桥梁的施工。沪闵高架二期工程于2003年12月建成通车，该工程主梁低面为弧形连续箱梁结构形式，立柱设计为树杈形。每一跨由9~11个节段拼成，单个节段长2.5~3m，主线节段梁宽达25.5m，高1.7~2.1m，最大重量110t。在节段现场拼装施工过程中，主线节段采用上行式架桥机，部分匝道节段拼装采用下行式架桥机。架桥机采用VSL1800t拼装式架桥机。沪闵高架的架桥机施工方案大幅度减少了施工对桥下道路交通的影响，产生了良好的社会和经济效益。

(2) 移动模架施工

移动模架作为一种新的施工工法20世纪70年代由挪威NRS公司首先设计使用。在我国，该工法较早运用于厦门海沧大桥，随后南京长江二桥、武汉军山大桥均成功地运用过该工法施工。移动模架是以移动式桁架或者梁体为主要支承结构的整体模板支架，可一次完成一跨梁体混凝土的浇筑，适用于跨度不大（一般跨度小于50m为宜）的连续多跨简支梁或连续梁桥的施工。移动模架施工一旦启动就可以连续进行，不必对梁下的地基进行特殊处理，特别适合在高墩和软基的情况下采用；由于每跨都是标准化施工，操作可以越来越熟练，有利于工程质量的稳定和提高。南京长江第二大桥（南汊桥）南、北引桥上部构造分别为(5×48+5×48)m十孔两联和(3×50+55+3×50)m七孔一联双箱单室等截面预应力混凝土连续箱梁。南北引桥均跨越防汛大堤和软弱河滩。如果采用传统的满堂支架现浇施工，需要对软土地基进行处理，工程量大、工期长、费用高，并且每跨施工需对支架进行预压并卸载以消除支架的非弹性形变和地基沉降。为了高标准、高质量地完成南京长江二桥引桥工程，施工单位引进了MSS系统，避免了大量的软基处理工作。南京长江第二大桥（南汊桥）南、北引桥采用的移动模架系统由主梁、横梁、鼻梁、推进台车（32t）、支撑托架、平台及爬梯、门吊、外模、内模组成，共重733t。MSS移动模架的适用范围为：桥跨30~60m；桥面最大宽度16.9m；上部构造重25t/m；最小平曲线半径400m；最大挠度$L/400$；钢材为Q345C/Q235；浇筑混凝土时风速不得大于22m/s（10级）；纵移时风速不得大于12m/s（6级）。

3. 海上长桥的施工成套技术

在海上建设大桥曾经是建桥人的梦想。进入新世纪，上海东海大桥、杭州湾大桥等跨海大桥相继开工。2005年，全长32km的东海大桥仅用3年就通车使用，创造了世界建桥史上的又一个奇迹。我国海上长桥的建设技术从无到有，令世界刮目相看。海上长桥施工的主要特点包括：1）工程数量巨大；2）作业环境恶劣，受风、雾、寒潮、潮汐及海流影响较大，可作业天数少；3）海水对结构腐蚀严重，结构耐久性要求高；4）跨海大桥的施工工期通常较短，要求一次性设备投入大。东海大桥、杭州湾大桥的建设在这些方面积累了丰富的经验。

(1) 东海大桥

东海大桥北起上海南汇区的芦潮港，跨越杭州湾的北部海域至浙江省小洋山上海深水港一期工程，总长约32km。全线可分为约2.3km的陆上段，海堤至大乌龟岛之间约25.5km的海上段，大乌龟至小洋山岛之间约3.5km的港桥连接段。大桥按双向六车道加紧急停车带的高速公路标准设计，桥宽31.5m，设计车速80km/h，设计荷载汽车—超20级、挂车—120，并按集装箱重车密排进行校验。

东海大桥非通航孔桥墩基础采用两种工程桩，在浅海段采用φ1.2mPHC管桩，其他桥位均采用φ1.5m的钢管桩。根据本工程的波浪、水流、地质状况等自然条件，非通航孔的全部承台桩均为斜桩，其斜率为4.5:1~6:1。由于在外海海面上进行沉桩，打桩船受外海的风、波浪、水流的影响很大，桩的定位全部采用GPS系统。非通航孔的分离式和整体式承台均采用钢筋混凝土套箱来施工。钢筋混凝土套箱在预制厂使用C40高性能混凝土浇制，然后在其内侧焊接钢结构底板，按现场墩位上桩的实际位置，割出稍大的孔，在套箱中部附近安装钢梁，用来吊装和在桩顶临时安装使用。非通航孔海上段的桥面结构为60m和70m预应力钢筋连续梁。施工方法是：先在地质坚硬的海岛上开辟预应力混凝土箱梁预制厂，在场地上简支预制60m、70m整孔箱梁，然后吊装到墩顶简支搁放，最后形成五跨一连的连续梁结构。

东海大桥主通航孔为跨径组合(73+132+420+132+73)m的迭合梁斜拉桥，基础施工是主通航孔施工的关键问题。主通航孔位于海上流速大、水深、浪高区域，为了给桩基和以后主塔及桥面零号段的施工创造一个小范围的稳定的施工区域，给承台套箱围堰的定位创造一个安全的可靠系统，并为海上施工过程中各作业船提供一个靠舷平台，施工人员建了个容易架设的小平台，这个平台既能抵抗台风季节的风力、波浪力等各种自然灾害的袭击，施工完毕后又能方便地拆除。主通航孔斜拉桥为双塔单索面叠合梁斜拉桥，每个主塔下有38根长110m，直径2500mm钢筋混凝土钻孔灌注桩。为了给钻孔灌注桩提供一个稳定安全的工作面，并给承台混凝土施工提供一个在海上环境下能干法施工，开发了整体钢结构承台导管套箱施工技术。

（2）杭州湾大桥

杭州湾跨海大桥起自嘉兴市郑家埭，跨越杭州湾海域后止于慈溪市水路湾，全长36km，其中大桥长35.67km。大桥工程包括北引线、北引桥、北航道桥、中引桥、南航道桥、海中平台、南引桥和南引线及交通工程等沿线设施。北航道桥为跨度70m+160m+448m+160m+70m钢桥双塔斜拉桥，南航道桥为跨度100m+160m+318m独塔钢箱斜拉桥。

海上引桥跨度均为70m(总长18.27m)，南岸滩涂引桥跨度50m(总长10.1km)。50m和70m梁均为厂制预应力混凝土箱梁，先简支后连续。两岸陆地和北岸滩涂采用跨长30~80m现浇连续箱梁。

基础采用大直径超长钢管桩，钢管桩直径分1500mm和1600mm两种。根据各区段的地质情况，桩长71~88m，最长桩重68t。数量多、直径大、超长超重是本钢管桩工程的特点。中引桥和南引桥除少数高墩外，均采用整体预制墩桥。预制桥墩高7.5~17.4m，重量240~440t。重量300t以下桥墩，采用驳船运输和吊重500t浮吊吊装，300t以上桥墩，采用吊重1000t固定式扒杆浮吊直接吊运安装。除南、北航道斜拉桥外，海上引桥上部结构全部采用跨度70m先简支后连续的预应力混凝土箱梁。全桥70m箱梁共计540片，海上分布长度达18.27km，梁总重2200t，采用运架一体船运输和架设。预制桥共计$44.8 \times 10^4 m^3$混凝土，湿接头等现浇混凝土约10000m³。南岸滩涂上部结构采用跨度50m先简支后连续预应力混凝土箱梁，共26联，404片，总长10.1km。箱梁采用集中预制、梁上运输和架桥机架设的施工方案。箱梁顶宽15.8m，底宽6.625m，梁高3.2m，梁重1430t。

4. 大型桥梁基础的施工技术

（1）大型群桩基础施工

桩基础是最为常用的桥梁基础形式。随着建桥技术的发展，目前我国已经掌握超大规模群桩基础施工技术，以苏通桥基础为代表的大型群桩基础工程已经成功实施。苏通长江大桥主5号墩为大桥南主塔墩，基础采用钻孔桩群桩基础。桩基为131根$D=2.8~2.5m$钻孔桩(护筒内径2.8m)，梅花形布置，按照摩擦桩设计，桩长114m。由于需要承受较大的水平力，考虑护筒与桩共同受力，承台为哑铃形，在每个塔柱下承台为51.35m×48.1m，其厚度由边缘的5m变化到最厚处的13.324m，顶部与塔柱的接触面垂直于索塔塔柱的中心线。两承台之间采用12.65m×28.1m系梁相连，系梁的厚度6m，承台设有4根备用桩位。苏通桥群桩基础施工克服了桥位地区气象条件差、水文条件复杂、基岩埋藏深及通航标准高等特点，通过4个月的艰苦奋战，大桥主5号墩的131根钻孔桩全部完成。

（2）大型冻结基础施工

润扬大桥中使用的大型排桩冻结法施工，是近年来我国在大型桥梁基础施工方面取得的又一项创新成果。鉴于悬索桥南锚锚区地质水文条件复杂，该项工程在施工招标阶段采取"带案招标"的方式。经过专家组对众多投标方案——沉井、地下连续墙、冻结、地下连续墙加冻结、排桩加冻结等方案的反复论证，最终确定采用冻结排桩基坑围护方案进行基坑施工。冻结排桩法施工方案基本思路是以人工制冷冻结含水地层，形成冻结帷幕墙体作为基坑的封水结构,以排桩及内支撑系统抵抗水土压力。排桩冻结法是一种全新的基坑施工工法,应用于桥梁基础工程在国内属于首次。南锚碇开挖总方量超过10万m^3,施工中利用人工冻结地层技术,在基坑四周形成冻结帷幕墙体,将地下水挡在墙外;同时,在冻土内侧浇筑140根钻孔灌注桩,以承受挡土压力,成功解决了施工过程中的基坑安全问题。润扬桥南锚碇冻结法施工创新在国际桥梁工程界产生了巨大反响,目前尚未检索到国外使用该工法进行敞开式、大面积、深基坑施工的实例。

(3) 大型沉井基础

沉井基础是最为常用的大型基础形式,早在南京长江大桥建设过程中,就已经采用了大型沉井基础。近十年间,我国沉井施工技术又得到了长足地发展。枝城长江大桥、九江长江大桥、江阴长江大桥等大桥工程中,均采用了沉井基础形式。江阴大桥北锚碇采用了空气幕沉井,沉井长69m,宽51m,高58m,是当时世界上最大的沉井。沉井平面分36个隔仓,竖向自下而上共11节,第1节为钢沉井,高8m;第2~11节,每节竖向高度5m,系钢筋混凝土沉井。由于北锚碇沉井基础尺寸很大,又要求施工中不对土体有过大的扰动,为保证施工中沉井本身的刚度,当第2节沉井浇筑达强度后,才同第1节沉井一起开始下沉。施工中,为了平衡下沉时各仓水位,每节沉井隔墙中有连通孔道;为控制下沉,在井壁内设有探测管和高压射水管;为穿过粉质黏土层,井壁外设置了空气幕;为了了解沉井在整个下沉中井壁摩擦力、侧压力、基底反力和混凝土应力等相应数据,在沉井上布设有侧面摩阻力计、侧压力计、刃口反力计、应变计等。

5. 桥梁施工监控与集成管理技术

(1) 施工监控技术

我国从20世纪80年代开始大量建造斜拉桥,且大部分为混凝土斜拉桥,施工控制问题得到了相当高的重视。林元培在1983年结合上海卯港大桥建设发表了施工控制的论文,同济大学项海帆教授20世纪80年代起指导研究生进行了施工控制的研究,并进行了大量的工程实践。目前在斜拉桥建设中进行专门的施工控制工作已经成为斜拉桥设计规范的条文要求。从斜拉桥施工控制成功的经验出发,桥梁工程师逐渐认识到对大跨度或复杂桥型桥梁进行施工控制工作的优点,并在大跨度混凝土连续梁-刚构桥、组合体系拱桥、悬索桥等桥型的施工中开展了施工控制工作,而且对桥梁在施工过程中状态的监测提高到了相当的高度,整个工作称之为施工监控。监控除了保证桥梁成桥时达到设计成桥理想状态外,还对施工中的最不利状态起到跟踪监视作用,保证桥梁施工的安全。十年间我国桥梁施工监控迅速发展,并日益规范,为大跨径桥梁的顺利建成提供了保证。以同济大学为代表的院校在积极配合实际工程开展桥梁施工控制工作的同时,还积极在相关理论上开展研究工作,逐渐形成了比较系统的桥梁施工控制理论及其实务体系。在关键的参数识别问题方面相继提出卡尔曼滤波方法、最优控制方法、灰色预测方法、人工神经网络法、无应力状态法、最小二乘法等方法,并在工程中得到应用。近年来,研究的重点逐渐转移到控制手段的自动化以及施工控制系统集成方面,一些半自动化的施工控制系统相继出现,一些专门服务于桥梁施工控制工作的程序也逐渐投入使用,我国桥梁施工控制水平在迅速提高。

(2) 施工过程的集成管理

参考其他大型基础设施建设的经验,大型桥梁工程中很早就在尝试对施工全过程进行全面的集成跟踪管理。但受到计算机硬件和网络硬件的限制,这方面的研究和应用进展一直很缓慢。直到近十年,随着网络技术的飞速发展和计算机应用的普及,这才有了显著的进步。在对施工过程集成管理应用研究前期,研究主要集中在引进国外先进的软件和成套管理方法上,但不久就发现,由于管理体系上的差异,国外项目管理软件在国内使用并不成功。在此基础上,国内一批软件公司进行了大胆地尝试,海德、同望等公司相继推出了充分考虑路桥工程特点、集成化程度比较高的项目管理软件,并在国内一些高速公路工程中得以应用,取得了较好的效果。近年来,将指挥部、施工现场的办公集成系统也逐渐集成进入项目管理系统。部分工程,如上海中环线、苏通大桥、东海大桥等还尝试利用Internet建立了项目门户网站,利用权限管理的方法,将面向公众的信息发布与项目信息管理集成起来,建立了公众与工程项目的沟通渠道,也提升了大型工程项目信息沟通的效率。

(三) 桥梁工程防灾和减灾技术的不断改进

1. 桥梁的抗震理论与减灾技术

最近十余年，地球上发生的多次地震对桥梁抗震设计理论产生了巨大的影响。1989 年美国加州 Loma Prieta 地震、1994 年美国加州 Northridge 地震、1995 年日本兵库县南部地震、1999 年的土耳其地震和中国台湾集集地震引起大量桥梁结构的破坏，切断了震区交通生命线，造成救灾工作的巨大困难，经济损失惨重，为此各国对桥梁抗震设计理论开始进行重新认识。我国在桥梁抗震设计理论和减震、隔震理论方面也进行了大量研究，取得了很大进展。这些进展主要表现在以下几方面：

(1) 大跨度桥梁抗震设计理论和设防标准

进入 20 世纪 90 年代以来，我国大跨度桥梁的建设逐渐进入高潮，迫切需要建立大跨度桥梁的抗震设计方法和理论。同济大学提出二水准设防、二阶段设计准则，对桥梁地震动态时程分析法和大跨度桥梁的抗震理论进行了系统研究，开发了桥梁抗震分析综合程序 IPSABS，可以根据用户的选择进行大跨桥梁结构的动力特性分析、反应谱分析以及线性和非线性时程反应分析。其中，非线性时程反应分析可以考虑影响大跨度桥梁结构地震反应的各种因素，包括多点激振、非比例阻尼问题、各种非线性因素以及桩—土—结构相互作用的影响。独立完成了上海南浦大桥、杨浦大桥、江阴长江公路大桥、润扬长江公路大桥、上海卢浦大桥、苏通长江大桥、南京长江二桥、南京长江三桥、广州丫髻沙特大拱桥、东海大桥等几十座大型桥梁的抗震设计、分析和研究。上海杨浦大桥抗震研究中，研究者对锚墩地震力影响及时提出意见，采用冲击销减震隔震原理改善了设计，这一结论意见的正确性为 1995 年日本神户地震中斜拉桥的锚墩支座破坏的震害所证实。

(2) 梁式桥和高架桥抗震设计理论

近年，我国学者对于梁式桥桥墩的恢复力滞回特性、损伤性能和延性抗震性能进行了大量试验研究，结合我国梁式桥桥墩的配筋和构造特点，根据试验结果，提出了桥墩延性能力计算公式和相应的延性抗震设计方法，出版了《桥梁延性抗震设计》的专著。这些研究成果已被《城市桥梁抗震设计规范》(征求意见稿) 和《公路桥梁抗震设计规范》(征求意见稿) 所采用。

进入 20 世纪 90 年代后，我国城市高架和复杂立交工程日益增多，根据近 20 年来美国和日本的震害教训，提出复杂立交桥空间耦连抗震设计方法 (以往，国内外分离为独立高架桥作抗震分析)，应用于上海市成都路三层独柱式立交桥的抗震设计和亚洲最大的莘庄立交工程抗震评估。

随着西部大开发的重大战略举措，西部地区桥梁建设得到了很快发展。西部多为山岭丘陵、强震地区，其桥梁结构的典型特点为高墩非规则桥梁。针对我国西部山区典型的高墩非规则梁式桥梁，系统研究了高墩非规则桥梁的抗震性能和抗震设计方法，提出了高墩非规则桥梁的抗震概念设计方法和减小相联非同向振动和伸缩缝处碰撞效应的措施和方法。

(3) 桥梁抗震规范的编写和修订

我国 1989 年颁布的《公路工程抗震设计规范》中桥梁抗震设计部分为一水平设防，采用基于强度的方法，并通过一个"综合影响系数"对弹性地震力进行修正采用，以考虑结构的弹塑性地震反应，由此得到设计地震力，进行以强度验算为主的一阶段设计。其中"综合影响系数"主要根据我国 20 世纪 70 年代发生的几次大震中不同桥梁结构体系震害的经验取值，在目前看来已存在很大的不确定性和模糊性。且《公路工程抗震设计规范》没有对抗震计算方法、抗震构造等提出明确的要求。

基于对震害的深入认识和国内外对桥梁抗震研究的成果，我国 2001 年初完成《城市桥梁抗震设计规范》的征求意见稿，提出三水平设防三阶段设计准则，强调结构动力概念设计、动态时程分析方法，增加了延性抗震设计、能力设计原则和减震隔震设计准则，加强了结构构造措施。它可以应用于梁桥、高架与立交桥、拱桥、斜拉桥和悬索桥，将是国内外适用范围最广的桥梁抗震设计规范。我国 2005 年完成的《公路桥梁抗震设计抗震规范》的征求意见稿，也提出三水平设防二阶段设计准则，增加了延性抗震设计、能力设计原则和减隔震设计准则。另外针对具体的特殊桥梁结构，编写了《双层高架桥抗震设计指南》和《悬索桥抗震设计指南》。

(4) 桥梁减震、隔震

进入 20 世纪 90 年代，桥梁减震、隔震技术和设计成为桥梁抗震研究的重点之一，我国对于叠层橡胶支座、铅芯橡胶支座的减震、隔震性能与原理进行了大量研究，研制的一、二代橡胶抗震支座和缓冲挡块都已获得国家专利，缓冲挡块已在汕头海湾二桥和天津新永定桥等工程中得到应用。2004年，又研制出了大吨位减震、隔震钢支座——双曲面球型减震隔震支座，这一支座不但具有延长结构自振周期、提供滞回耗能阻尼的特性，还具有自恢复能力，目前这一支座已在苏通长江大桥的引桥中应用。目前正在进行纤维增强材料（FRP）橡胶支座的开发。

最近几年，应用大吨位液压阻尼器减小大跨度桥梁的地震反应取得了很大进展。已建成的东海大桥主桥、卢浦大桥都采用了大吨位液压阻尼器减小结构地震反应，正在建设的苏通长江大桥、南京长江三桥等大型桥梁也将采用大吨位液压阻尼器减小结构地震反应。

（5）抗震试验研究能力

20世纪90年代以来，国家给予了很大的投入，使得我国的桥梁抗震试验研究能力得到了快速发展，许多大学和科研机构先后建成了大型抗震试验室，并购置了一批先进的试验设备。其中同济大学、国家地震局工程力学研究所等建成了多自由度振动台。其中重庆交通科研设计院建成了由一个固定台和一个可沿轨道移动的台组成的二台线型地震模拟振动台阵。同济大学、清华大学等引进了拟静力和拟动力试验系统。这些抗震试验设备为我国桥梁抗震研究作出了重要贡献。针对桥梁减震隔震支座，同济大学和广州大学建成了大吨位、高性能的支座动静电液伺服加载系统。目前同济大学正在筹备建设由四个振动台组成的多功能振动台实验室，这一实验室的建成将对我国的桥梁抗震的研究起到极大的推动作用。

2. 桥梁的抗风设计理论及风振控制

（1）桥梁抗风设计理论

1）三维桥梁颤振分析的全模态方法

通过早年对飞机机翼失事中观察到的气弹现象的研究，1935年T. Theodorsen采用势能原理推导除了一种分析理论。1940年的Tacoma桥风毁事故后不久，人们试图用机翼颤振理论来解释桥梁的风致振动。与Theodorsen理论相符合，R. H. Scanlan首先提出怎样通过自由振动法实验获得气动导数来代替分析函数，并于1971年首次应用于桥梁的空气动力学研究，现在该法已经在全世界得到了广泛的应用。随着气动导数的应用，大量和桥梁三维颤振相关问题的理论研究也在进行，例如，T. Miyata和H. Yamada，J. M. Xie和H. F. Xiang，T. A. Agar，A. Namini，A. Jain等。几乎所有的这些颤振分析都是使用基于模态叠加的频域分析方法，即通常称为多模态颤振分析法。其基本假定是在自激气动力作用下固有模态产生动态耦合。然而，值得指出的是这个假定存在一些基本问题，对于任一颤振模式，所选择的多个模态只是某种颤振形态的近似表达，不可能始终是正确的。总之，惟一精确的颤振分析方法应该包括所有的固有模态，对于大跨度斜拉桥特别重要。同济大学于1997年提出了一种更综合的方法能够考虑全模态参与的颤振分析理论，即全模态颤振分析法，被国际同行公认为频域内颤振分析的精确方法。以上海南浦大桥和瑞典高海岸桥为例的计算结果表明，该方法比多模态方法提高精度10%左右。

2）非线性空气静力稳定分析的理论与方法研究

为了弥补现有静风理论的不足，提出了准确描述静风荷载非线性特性的方法。在考虑风载随风速平方呈非线性增长的关系的同时，计入三分力系数变化引起的静风荷载非线性效应。并将该描述方法与空间稳定理论结合，建立了一套大跨度桥梁非线性风致静力稳定理论，为进行大跨度桥梁空气静力行为及失稳机理的研究提供理论依据。在综合考虑静风荷载非线性与结构几何、材料非线性的基础上，提出了一种采用增量与内外两重迭代相结合的方法，并能精确考虑斜拉索的垂度效应。该方法的提出为今后进行桥梁结构空气静力稳定性分析奠定良好的基础。推导了用于初步设计阶段悬索桥静风稳定验算的简便计算方法——级数法。在考虑静风荷载升力和升力矩共同作用的非线性影响的基础上，采用级数法实现了对大跨径悬索桥静风扭转发散问题的求解。计算表明，该方法具有输入数据少，计算速度快，易于编程的特点。以江阴长江大桥为例，采用该方法比精确的有限元方法快600倍。

3）二维颤振驱动机理分析及系统研究

1940年，Tacoma桥风毁后，桥梁空气动力学的理论和实验研究便开始展开,但直到最近,颤振稳定性发生的机理才得到较好的揭示。基于分步分析法,同济大学提出了一个耦合的二维单自由度颤振分析方法,该方法可以同时研究三自由度(竖弯、侧弯和扭转)系统振动参数(阻尼和频率)并可采用自由振动法获得气动导数。对图2-2中的5组13种主要断面形式采用2d-DCFA方法并将其简化为只有竖弯和扭转的二自由度系统进行了全面的研究。

对于第一、二组流线型平板断面、闭口箱梁、分离梁和钝体矩形断面,可以得出结论:越流线型的断面其竖向自由度参与得越多,其颤振临界风速也越高。第三组断面随着风嘴尖角的锐化,竖向自由度参与程度和颤振临界风速都逐渐降低。自由度和角度相同而风嘴形式不同的断面的颤振形态和颤振临界风速基本不发生变化。为了减少气动力,改善桥梁断面气动力状况有两种有效途径,开槽和加中央稳定板。开槽断面的竖向自由度的参与程度帮助增加了结构的颤振稳定性和颤振临界风速,而加有中央稳定板的断面使得竖向自由度有最佳的参与程度,但使得颤振临界风速逐渐降低。

4) 桥梁风振的概率性评价和可靠性分析

既然桥梁遭受风荷载作用的气动响应与来流流场的随机统计特性以及细长结构物的物理量的不确定性相关,就有必要并且具有实际意义采用基于可靠性方法给出一个颤振失稳、抖振响应和涡激振动在给定重现期内出现的概率而不是一个安全因子来定义桥梁的失效。

桥梁颤振可靠性分析模型可以用一个超越极限状态问题来表达,当在给定重现期内桥址处期望风速超过桥梁颤振临界风速时发生颤振失效。在桥梁颤振失效模式中,将设计风速效应作为荷载综合效应,将临界风速抗力作为结构综合抗力,并以结构综合抗力与荷载综合效应之差为零作为颤振失效模式的极限状态。

抖振响应常采用基于A. G. Davenport和R. H. Scanlan提出的传统理论进行,即找到一个作用于大跨度桥梁上的等效静风荷载以保证动风作用下的幅值刚好等于静风设计值。抖振是一个随机动力响应,因此可以采用一个更合理的方法来估计其最高水平的动力响应,以确保结构正常使用寿命内出现的概率是可以接受的。实际上,抖振响应以多种方式引起桥梁的破坏,并且这种破坏会积累,结构受力和应力的重调整和重分布取决于它们的破坏程度。为了简化结构破坏模式,提出了一个通用的首次超越模型来处理抖振失效,当抖振响应达到限值时即认为结构发生了破坏。

尽管涡振不像驰振那样会导致整个结构的发散振动,但当涡激频率和结构的固有频率特别是竖弯或扭转基频接近时,会引起相当大的振动幅值。这种振动同时具有自激振动和强迫振动的特点,会导致桥梁的疲劳破坏,也影响运营的舒适,因此有必要对引起涡致振动频率出现的两种不同指标进行概率评估,即涡致振动的累积期和首次出现振动的概率。

5) 数值风洞及其在桥梁抗风研究中的应用

计算流体动力学(CFD)的发展给风工程研究提供了一种新的手段。十多年前诞生的计算风工程(CWE)新领域发展十分迅速,其中最困难的课题就是用CFD方法研究土木工程中的气动弹性问题,如大跨桥梁的颤振、抖振和涡振问题。

同济大学紧跟丹麦的Walther和Larsen的开拓性工作开发了基于有限元法和离散涡法两种进行桥梁气动弹性问题分析的软件,成功地用于识别空气三分力系数、气动导数以及颤振临界风速的数值模拟,通过和风洞试验结果的对比,证明了方法的

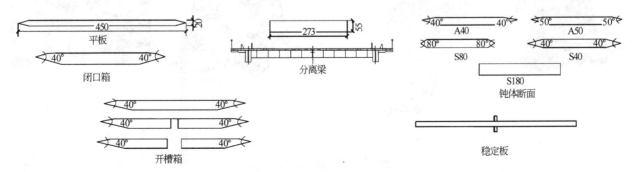

图2-2 不同的断面布置

可靠性和优越性。为南京二桥、润扬大桥、苏通大桥和上海卢浦大桥在初步设计阶段的气动选型以及为抑制有害振动必须采取气动措施的方案比较等研究工作发挥了重要的作用,也为桥梁数值风洞的建立奠定了基础。

数值风洞不仅可以部分地代替试验,为理论分析提供气动参数,而且,由于它在更精细的空气压力和流线层面上描述气流和振动结构的相互动力作用,因而可用于研究气动弹性现象的物理机制,同时避免因模型缩尺试验带来的雷诺数效应等失真问题,具有非常广阔的发展前景。图2-3~图2-5给出数值风洞部分应用实例。

(2) 大跨度桥梁风振控制

1) 桥梁主梁断面的颤振导数和气动导纳的识别方法

桥梁主梁断面的自激振动气动力可以用颤振导数来表述,颤振导数的识别是桥梁抗风研究的基础。采用最普遍、设备最简单的节段模型自由振动颤振导数测试的方法,提出了桥梁颤振导数识别的总体最小二乘法。该方法用交叉迭代的方式对竖向和扭转响应时程曲线进行非线性-线性总体最小二乘拟合。在两自由度体系的MITD法和总体最小二乘法基础上,发展了用于识别全部18个颤振导数的总体最小二乘法,并在识别程序中专门为噪声提供了"出口",利用跟踪技术将结构模态从噪声模态中检出,有效地提高了程序抗

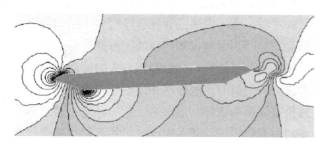
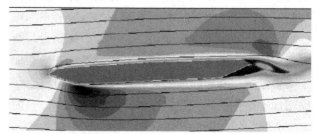

图2-3 南京二桥压力等值线和流线

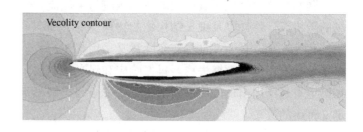

图2-4 苏通大桥流场染色粒子分布和速度分布

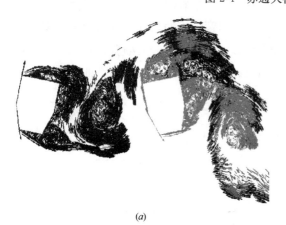

(a) (b)

图2-5 卢浦大桥数值风洞应用
(a)卢浦大桥原方案的流场;(b)卢浦大桥加气动措施后的流场

噪声的能力，提高了识别精度。目前该方法已用于土木工程防灾国家重点实验室承担的所有桥梁的抗风性能研究，图 2-6 为西堠门大桥节段模型的风洞试验照片。为实现桥梁节段模型强迫振动风洞试验，首先设计制造了一套风洞节段模型四点外悬挂驱动系统与相应的数据采集系统。该系统被用于桥梁断面同竖向和扭转相关的二维颤振导数的识别。在研制成功二维强迫振动装置后，又进行了三维强迫振动装置的开发和三维颤振导数的识别方法研究。

2）桥梁驰振控制及其方法

日本名古屋的 Yadagawa 桥是一座钢-混凝土复合桥梁，其主跨为 84.2m，两边跨 67.1m，复合桥面板由两个分离箱梁和预应力混凝土板组成，桥宽 7.5m，双向行车道。支座处钢梁高 3.2m，中跨跨中和桥的起点和终点处钢梁高 2.2m，显然为一个钝体断面，易引起驰振失稳。采用计算流体动力学原理进行的二维模拟分析表明：Yadagawa 桥在 40m/s 风速下可能发生驰振，为此又采用数值计算方法找到了两种有效的驰振控制措施，一是在分离双箱的两个内角处设置导流板，另一种方法则是在中间桥面板中央开槽。为了验证其有效性，通过全桥气弹模型实验对该桥展开了进一步的驰振型失稳实验研究，实验在 TJ-3 边界层风洞中进行，其实验段宽 15m、高 2m、长 14m，如图 2-7 所示。分别对原断面、开槽断面和加导流板等 3 种断面形式的模型进行了 1∶50 的全桥气弹实验。图 2-8(a)给出了在均匀流作用下 3 种断面桥梁跨中最大位移的测试结果；紊流场中桥面处的总变形参见图 2-8(b)。

3）桥梁涡振控制及其方法

上海卢浦大桥是一座主跨 550m 的中承式钢箱拱桥，两片倾斜的钢拱肋从拱底到拱顶高 100m，每片拱肋由四边形箱梁断面组成，拱肋 5m 宽，拱顶高 6m，拱底高 10m，其表现为一钝体断面。采用随机涡方法程序代码 RVM-FLUID 对平均高度 7.5m 的拱肋断面进行了二维模型分析，发现在折减频率 0.028Hz 或斯特罗哈数 $S_t=0.156$ 时会发生严重的涡激振动。为了改善该拱肋钝体断面的涡激振动性能，进行了 8 种气动措施的数值分析，计算比较了斯特罗哈数和相对幅值，其中有 4 种方法能够或多或少地减小涡振的幅值。在各种方法之中，最有效的方法是整体铺板方案，其幅值可减小 60%。

图 2-6 西堠门大桥节段模型风洞试验

图 2-7 Yadagawa 全桥气弹模型

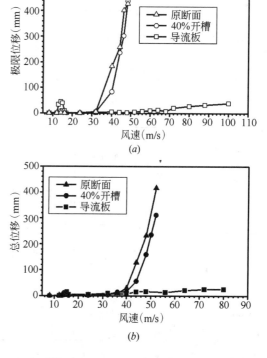

图 2-8 Yadagawa 桥的实验结果
(a)均匀流；(b)紊流

为了验证 RVM-FLUID 的数值结果，在 TJ-3 风洞中进行了卢浦大桥的全桥气弹模型实验，如图 2-9 所示。采用 1∶100 的全桥气弹模型分别模拟了包括最大悬臂、拱肋合龙以及成桥 3 种状态。该风洞实验包括 3 种结构状态：均匀流和紊流两种流场，改进措施 A——全桥铺板，措施 B——保证 30%透风率的铺板。表 2-1 列出了包括拱肋和主梁跨中($L/2$)以及四分点($L/4$)处竖弯和侧弯的最大位移实验结果。可以看出：措施 A 或者 B 能有效地将涡致振动的振幅降低至很小。

4) 桥梁颤振控制及其稳定板方法

东海大桥全长 32km，是世界上最长的跨海桥梁，连接上海国际航运中心的羊山深水港区和上海市大陆。主航道桥是一座 5 跨复合箱梁的斜拉桥，主跨为布置为 73m+132m+420m+132m+73m。尽管 420m 的主跨不算太长，但单索面系统具有较

图 2-9 卢浦大桥全桥气弹模型实验

图 2-10 东海大桥的气弹模型

卢浦大桥全桥气弹模型涡振试验结果 表 2-1

施工状态	攻角	控制措施	风速 (m/s)	频率 f_v(Hz)	频率 f_l(Hz)	幅值($L/2$) y_v(m)	幅值($L/2$) y_l(m)	幅值($L/4$) y_v(m)	幅值($L/4$) y_l(m)
MRC	0°	原断面	16.3	0.393	0.408	0.813	0.308	0.216	—
			26.3	0.393	0.408	0.656	0.272	0.176	—
		措施 A	17.5	0.393	0.408	0.590	0.237	0.166	—
			25.0	0.393	0.408	0.333	0.144	0.100	—
		措施 B	16.3	0.393	0.408	0.249	0.115	0.069	—
			42.5	0.883	0.408	0.374	0.195	0.262	0.082
CAR	+3°	原断面	31.3	0.679	0.441	0.115	—	0.634	—
			33.8	0.679	0.441	—	0.105	—	0.070
		措施 A	33.8	0.679	0.441	0.066	0.074	0.358	
		措施 B	31.3	0.679	0.441	0.047	0.055	0.359	
CBS	−3°	原断面	17.5	0.368		0.040		0.164	
			35.0	0.368		0.135		0.588	
		措施 A	17.5	0.368		0.067		0.070	
			32.5	0.368		0.047		0.239	
		措施 B	17.5	0.368		0.067		0.023	
			32.5	0.368		0.037		0.203	

弱的扭转刚度，导致扭弯频率比较小，约为1.65。以气动稳定性为重点，进行了1:100的全桥气弹模型风洞实验，如图2-10所示。第一阶段实验表明，原结构不能满足要求的颤振临界风速84.5m/s，必须考虑一些气动措施。经过第二阶段的多种措施的对比，实验证明其中有两种措施有效且能够略微提高颤振临界风速，虽然提高不多但已经足够了。第一种措施就是在桥面上增加高为0.8m的中央稳定板，见图2-11(a)；另外一种方法将检修道移动到靠近底板的箱梁斜腹板上，如图2-11(b)所示。这两种方法使得最小颤振临界风速分别增加到85.8m/s和90.2m/s，见表2-2。从这个项目得到一个有趣的结论：颤振稳定性可以通过多种不同的途径来实现，甚至是断面的一小部分发生改变。

对于那些使用流线型箱梁的典型悬索桥，甚至对于在稳定性要求更严格的西堠门大桥(80m/s)，在它们的气动稳定性方面，1600m的跨度好像是内在的极限。所以，在桥梁的初步设计中，有必要对主梁断面的气动外形进行选择。

对传统的单箱截面和另外3种修改过的断面进行了比选，4种断面都进行了1:80的节段模型风洞实验，见图2-12。实验在TJ-1边界层风洞中进行，该风洞工作段宽1.8m、高1.8m、长15m，如图2-13所示。颤振临界风速的实验结果综述如表2-3。除传统单箱截面外，剩下的3种断面都能满足颤振的稳定性要求风速80m/s，最后开槽断面作为方案设计选择断面。

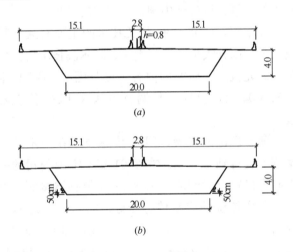

图 2-11 修改后东海大桥的断面
(a)加稳定板；(b)改变检修道位置

东海大桥的颤振临界风速(m/s)　　表 2-2

结构	−3°	0°	−3°	最小值	要求值
原断面	>176	145	81.4	81.4	84.6
加稳定板	>176	152	85.8	85.8	84.6
改变检修道位置	>176	154	90.2	90.2	84.6

5) 桥梁颤振控制及其中央开槽方法

浙江省舟山大陆连岛工程的西堠门大桥，是一个两跨悬索桥，三跨钢箱梁的跨径布置为578m+1650m+485m，它的最大跨径将在钢箱梁悬索桥中创造一个新的世界纪录。跨度为1624m的大海带桥颤振临界速度为62m/s，1490m的润扬大桥的颤振速度为63m/s，基于上述两座桥得来的经验，

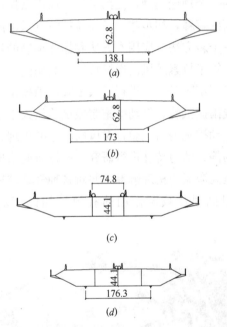

图 2-12 西堠门大桥断面
(a)传统单箱；(b)传统单箱加稳定板；
(c)6m开槽；(d)10.6m开槽

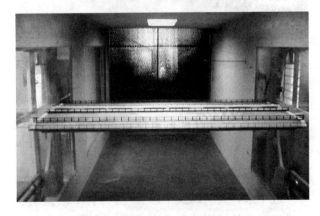

图 2-13 西堠门大桥节段模型实验

西堠门大桥的颤振临界风速(m/s)　表 2-3

断　面	$-3°$	$0°$	$-3°$	最小	要求
单　箱	68.2	45.8	47.5	45.8	80
单箱加稳定板	>90	>90	89.3	89.3	80
开槽(c)	88.4	>94	>94	88.4	80
开槽(d)	87.4	>94	>94	87.4	80

6) 斜拉索风雨激振机理及其制振方法

经过大量的试验探索，在同济大学 TJ-1 边界层风洞出口射流段成功再现了模拟降雨状态下拉索风雨激振的现象，试验结果具有较好的重复性，图 2-14 为实验装置的照片。通过试验细致研究了风速、拉索倾角、风向角、拉索模型频率和阻尼等重要参数对拉索风雨激振的影响。还建立了拉索风雨激振的一个理论模型，提出了拉索风雨激振机理的一个新的解释，初步建立了斜拉桥拉索风雨激振分析的一个新方法。应用本方法和据此编制的计算程序，计算了拉索的风雨激振特性。利用同济大学的直流风洞试验条件，进行了人工降雨雨振试验、人工水线雨振试验、气动措施制振试验及人工水线拉索和气动措施测力试验，对风雨激振的机理和气动措施的静、动力特性进行研究。通过研究给出了斜拉索风雨激振的机理解释，并对各种气动减振措施的作用机理及减振作用的有效性加以试验分析对比。

图 2-14 拉索风雨激振试验

（四）桥梁运营期间健康监测与管理技术日臻完善

1. 桥梁运营期间健康监测系统设计

近年来，大陆以及中国香港大约 40 座桥梁已经或将要安装健康监测系统（SHMS），而且主要是在 2000 年以后应用的。起初，中国的桥梁健康监测系统只是包含少量传感器的监测系统。经过几年的运行，根据桥梁管理部门的要求，它们中的一些已经得到了升级。最近，为新桥设计和安装健康监测系统似乎成了规范标准，几乎所有的大跨度桥梁都有一个健康监测系统。例如，苏通大桥在初步设计阶段已经有了初步的健康监测系统设计。以下回顾国内 SHMS 的研究状况，并给出未来的研究方向。

（1）传感，传输和系统整合技术

一些先进的监测技术，如光纤 Bragg 光栅（FBG）技术、GPS 技术、疲劳测量、电磁传感器（EM）、声发射技术（AE）和无线数据传输技术都在中国大陆引起了特别的兴趣。系统整合技术，如无线传感器网络系统正在研究过程中。这一节对其作整体的回顾，以反映中国传感技术的进步。

在中国，研究 FBG 相关技术的主要有武汉科技大学、南开大学、清华大学、哈尔滨技术研究所和上海光机所。研究的内容主要是围绕 FBG 技术的有关理论，包括波长调整方法和 FBG 传感器技术。

随着理论的发展，FBG 传感技术在土木结构量测上也得到了应用。在 2001 年，宝山公司的一根起重机轨道梁的应力采用 FBG 传感器量测，发现效果比传统的应变传感器好。2002 年，地基沉降引起的应力变化也采用 FBG 传感器量测。同时，深圳市民中心的支撑柱的应变也是采用的 FBG 传感器进行监测。2003 年，上海卢浦大桥成桥实验中采用 FBG 传感器监测应变，这是第一次在桥梁上的应用。深圳会议中心应用 FBG 传感器监测系统监测钢结构的应变和温度，整个系统共有 350 个传感器，所有的传感器在建设阶段都是实时监测。在青藏铁路工程中，FBG 传感器技术被用来量测基础的温度。

GPS 是对大跨度桥梁进行几何监测的合适技术。近年来，中国对 GPS 进行了一些研究，在桥梁监测系统中的应用也正在进行中。目前，在中国大陆已经有好几座桥梁运用 GPS 系统来监测桥梁施工阶段和运营阶段的变形。广东省虎门大桥为全长 4606m 的悬索桥，主跨 888m，传统的变形监测在这种情况下很难应用。一套 GPS 系统包含四部分，即基点、监测点、数据传输系统和监测中心。

虎门大桥采用法国的 AQUARrUS5000 技术，精度可以达到 10mm，同时它的采样频率可从 1Hz 至 10Hz 任意选择。济南黄河大桥是另外一座运用 GPS 系统进行长时间几何监测的桥梁。在中国香港，GPS 系统也被应用于青马大桥、汲水门大桥和汀九大桥。

疲劳测试可以记录钢构中的损伤变化周期。现在一些工程打算把这种航空航天技术运用到土木工程中，特别是用它来进行钢桁架桥梁的疲劳监测。由于商业的原因，到目前为止这种疲劳监测技术还没有详细的报道。

(2) 健康监测理论的研究和进展

桥梁健康监测主要是一个统计模型识别过程，主要涉及到三步：数据收集、数据处理以及状态评定。在中国最新的理论研究主要体现在以下三个方面：数据收集、信号处理、损伤评估方法。其中，信号处理技术包括时域分析、频域分析、时频分析；状态指标包括基本模态参数、动力测量结构参数、结构指纹响应。损伤评估方法包括：1)基于模型的方法，主要有反分析法、基于损伤评估的人工智能技术；2)无模型方法，主要有无模型损伤检测法、无模型损伤定位法等。

(3) 未来研究方向

与结构健康监测相关的研究课题正成为中国土木界最热的研究课题，因为经过国家基础建设高潮之后，基础设施的经营和维护将逐步变成主要的社会需要。中国自然科学基金已决定将结构健康监测作为重点支持的研究领域之一。交通部也已制定了几个研究计划，以便对桥梁进行检查、监测和维护。在中国科技部制订的中长期科技研发计划中，强调了对基础设施维护的研究，同时，国家财政在未来五年内(2006—2010)将向这一领域倾斜。中国土木工程界正在建立一个结构健康监测和维护的专门委员会，以整合和提高相关课题的研究和应用。

2. 桥梁管理系统

(1) 对桥梁管理系统的认识提高

20 世纪 90 年代中期以前，我国已经开始了桥梁管理系统的研究。四川省公路研究所、广东省公路研究所、交通部公路研究所和北京市公路管理局等单位从 20 世纪 80 年代初期开始陆续研发了各自的公路桥梁管理系统。这些桥梁管理系统都是基于数据库管理系统开发而成的，有一定的局限性。

随着计算机科学和土木工程检测技术十几年来的不断发展，近年来桥梁管理系统解决了桥梁养护管理单位以下主要矛盾：

1) 相对落后的管理方法、管理设备与飞速发展的现代桥梁结构理论、计算机信息技术之间的矛盾。

2) 大量桥梁养护需求与有限的桥梁维修养护费用之间的矛盾。

3) 传统桥梁养护被动修补的方法与桥梁管理系统化、规范化、科学化的主动管理，主动预测之间的矛盾。

目前大部分桥梁管理单位都意识到了以上矛盾，尽量避免桥梁管理的盲目性，已经建立或准备建立一整套完备适用的桥梁管理系统，以代替传统的管理手段。

(2) 桥梁管理系统的功能不断完善

经过十余年的发展，桥梁管理系统与数据库技术、地理信息系统、互联网技术、GPS 技术等先进的科学技术相结合，使得桥梁管理系统的应用更加广泛，功能更加全面，可靠性大大提高。其具体表现在以下几点：

1) 集成了大范围、多任务、海量存储功能的数据库系统，使 20 世纪 90 年代的桥梁数据库技术有很大的提高；

2) 将地理信息系统(GIS)平台作为桥梁管理系统的基础平台，使管理人员更直观地管理桥梁，并可以成功运用重车过桥路线等实用技术，这是桥梁管理的更有效手段；

3) 将 GPS、掌上电脑等技术应用于桥梁实时管理之中，使管理人员实现无纸化办公、现场办公，使桥梁管理速度大大加快；

4) 局域网、互联网等网络技术的发展使桥梁管理系统可以实现远程网络化管理，通过划分设置不同的行政区域，达到网络多级共同管理。

(3) CBMS2000 系统广泛推广

1990 年开始，交通部公路科学研究所经过十余年的研究，开发了适用于公路桥梁的桥梁管理系统，即 CBMS 系统，目前应用的版本为 CBMS2000。此外，还成立了交通部 CBMS 系统推广组，系统列入了交通部八五"通达计划"和国家经贸委、国家科委重点新技术推广项目，在全国 32 省市分 3 期组织推广实施。

CBMS2000 系统具有以下主要特点：

1) 系统采用微软的 SQL Server 数据库，集成了地理信息系统（GIS），采用 Borland C++进行系统开发，技术比较先进。

2) 主要子系统包括：数据管理子系统、统计查询子系统、桥梁评价子系统、费用模型子系统、维修计划子系统、GIS 功能子系统等六个子系统，功能比较全面。

经过十余年的推广，系统已经可以基本满足干线公路、高速公路、部分道路和桥梁的管理需求，并且在部分系统应用中显示出明显的经济效益。

（4）桥梁管理系统从公路应用扩展到城市桥梁管理系统

20 世纪 90 年代中期之前，桥梁管理系统都集中在高速公路、国道、省道的管理，某种意义上是公路桥梁管理系统。近十年来，各地不断发展城市桥梁管理系统和适用于大跨径桥梁、特殊结构桥梁管理的桥梁管理系统。这使得桥梁管理系统的应用更加广泛。主要的代表性桥梁管理系统包括：

1) 上海市城市桥梁管理系统是比较早的城市桥梁管理系统，开发从 1995 年开始，目前已经发展为集成市政设施的综合桥梁管理系统，并且在桥梁管理中应用了航拍投影图、智能 PDA 等多项先进技术。

2) 杭州市城市桥梁管理系统、常州市城市桥梁管理系统是由同济大学桥梁工程系开发的基于 GIS 的城市桥梁管理系统。该系统具有桥梁公共资料管理、静态信息管理、动态信息管理、技术状况评价、安全性能监测与评估、维修技术支持、重车过桥选线以及统计与分析等功能。

（5）桥梁管理系统状态评估功能大大改进

桥梁管理评估的传统方法是从桥梁各部分的状态等级到桥梁整体状态等级的评定，简单的处理方法是以累积的状态等级作为整体状态等级，或以结构各部分的最差状态等级作为整个结构的状态等级。这种简单的处理过于笼统，不能真实反映桥梁的整体状态。

经过近十年的发展，桥梁管理系统倾向于在大量原始评价信息基础上运用经验公式法、综合评判法、神经网络法及遗传算法等具有较高容错性和鲁棒性的评估算法进行综合评估，以确保评估的可靠性。这些状态评估方法综合考虑了以下因素：损伤类型及其对构件安全性和耐久性的影响；受损伤影响的构件对整个结构或部分结构的影响；检测构件中缺陷的最大严重性；损伤的范围以及预测损伤的蔓延范围。

（6）桥梁管理系统承载能力评估方法极大改进

承载力评估的一般方法以结构总体状态检测结果为依据，以现行设计规范为基础（制订专门的评估规范是发展的趋势），并同时考虑桥梁的实际特定信息，如：实际交通密度与组成、结构实际参数等。

由于结构评估中存在大量的不确定性，近十年来可靠度方法在承载力评估中的应用有较大发展。可靠度方法从结构概率安全性的角度出发评估结构的可靠度指标。可靠度评估的基本做法是，选择合适的荷载与抗力的随机模型，然后确定结构系统模型并分析系统的失效模式，计算系统失效概率 P_f 和可靠度指标 β。对于荷载的不确定性，目前较为先进的方法是采用随机模拟技术，如 Monte Carlo 法，构造一个虚拟的交通状况作为荷载模拟模型的基础。

（7）桥梁管理系统结构预测与决策模块方法进展

近年来桥梁管理系统中的退化预测是针对桥梁缺损状况的总体预测，其基本思路是在统计数据上的定量建模和概率分析。主要的预测方法有：回归模型法、马尔可夫链法、人工智能系统、灰色系统模型以及组合预测法等。退化预测分析目前仍是有待研究的课题，尤其是关于不同结构形式的退化预测尚需进一步探索和实践。

桥梁维修对策涉及到桥梁养护技术，技术经济分析等多方面因素，目前采用的系统方法主要有两类：系统化的经验方法和经济分析法。经济分析法是对可能备选方案进行寿命周期费用分析，从中选择经济上合理的对策，单经济方法的前提是已经借助系统化的经验方法获得了养护维修方案，同时预测寿命及寿命期内费用与效益，经济分析法的正确性依赖于以上分析的正确性。近年来，"生命周期费用"分析常被应用到最佳维护计划的选择过程中。

三、桥梁工程建设技术发展趋势与展望

我国桥梁建设取得了很大的成绩，但同时也存在如下一些亟待解决的问题：

第一，设计创新问题。多数设计存在缺乏创新、经济指标差以及设计不合理等问题，缺少采用新结构、新材料和新工艺的激励机制和以创新为主的评价标准；设计单位要做从可行性研究直至施工图的全套工作，不利于设计创新；在设计文件日益增厚的同时，对设计理念的陈述却很简略，缺少说服力；施工单位不做施工图，难以发挥其经验和设备的优势，也不利于施工技术的创新；工程指挥部包揽一切，评奖争名，挫伤了设计和施工技术人员的积极性。

第二，工程质量问题。与国外一座大桥动辄几十年的前期准备和研究相比，国内的桥梁设计周期和施工工期显得过短，由此常常带来遗憾，甚至留下隐患。近年来在桥梁建设中出现了几次重大的事故，甚至导致桥梁的坍塌。目前业主包工不包料甚至租赁设备造成层层分包的做法、材料市场存在假冒伪劣问题、施工监理和质监制度不完善等情况，极大影响了桥梁质量和使用的耐久性。有人预言中国桥梁的维修高潮会提前到来，这将是桥梁建设中极大的浪费。

第三，桥梁的美学问题。目前中国桥梁发展的规模和速度令世界称奇，但与此同时，匆忙建成的大桥是否给人以美感值得反思。中国桥梁对美学重视不够，给人以笨拙、呆板、粗糙的印象。人们对环境和景观要求日益提高，这就要求桥梁工程师要提高艺术素养，和建筑师合作，重视美学设计。

第四，主动参与国外大桥建设的积极性不够。今后要加强参与国际大桥设计竞赛和施工竞标，在和国外同行的竞争中确立中国桥梁的国际地位。

针对以上问题，我们提出了2020年桥梁建设发展目标以及未来桥梁技术主要发展的几个方向。

（一）2020年桥梁建设发展目标[1]

1. 科技水平进入国际先进行列

我国桥梁工程学科经过了"学习与追赶"、"提高和跟踪"两个发展时期，现正逐步进入"创新和赶超"时期。要想得到国际同行的认可，要想在国际桥梁界占有一席之地，必须提高工程的科技含量，创造自己的原创技术成果。以下按研究方向分别论述2020年科技发展目标。

（1）抗震方面。完善各类桥梁的抗震设计方法，开发桥梁抗震分析和设计用大型集成软件平台并争取实现我国"桥梁抗震规范"的软件化；研究纤维增强材料对方形、空心墩和桥梁节点的抗震性能的有效加固措施和方法；利用智能材料的自调节功能和良好的滞回耗能特性，开发新一代的桥梁减、隔震装置和支座。

（2）抗风方面。考虑巨大的静风变形、几何非线性、由结构运动和紊流引起的气动力非线性，寻找更为合适的理论分析方法和气动力表达式以及相应的新型实验技术；进行更多的实桥自然风和振动响应的现场实测以及结构风振响应的再分析，通过实测与分析的不断比较来检验所用理论的可靠性，并不断对其进行改进；通过各种手段（理论分析、CFD分析、PIV流迹试验等）对桥梁风致振动的机理以及许多现阶段只能通过风洞试验来验证的抗风设计中的流体和结构的互相作用机理作进一步的研究；进一步完善桥梁CFD技术，为建立"数值风洞"和更进一步的"桥梁抗风虚拟现实"奠定更科学和坚实的理论基础。

（3）健康监测方面。损伤识别和各种主动、被动控制技术的应用将使结构的养护和维修更为科学和及时，并提高结构的耐久性。通过对已有结构现场实测和非线性分析，可以对结构的状态进行正确的评估，并预告其剩余寿命；基本实现具有自动识别结构损伤和评定结构可靠性的监测系统，使大桥向智能化结构的方向不断发展。

（4）振动控制方面。完成由被动控制方式向主动控制方式的转化，更好地解决实际桥梁工程的振动问题；探索新型智能材料和装置在结构振动控制领域的应用；开发出新一代的振动控制装置并实现市场化。

(5) 预应力混凝土桥梁方面。进行新型预应力桥梁结构体系、新材料、新技术的应用和配套设备与产品的开发；逐步进行新型结构设计、施工标准与规范的制定；实现桥梁设计与施工的标准化、系列化，菜单式选择分跨、跨度，最后进行现场简单组装；大型工厂化预制节段和大型施工设备的整体化安装将成为桥梁施工法的主流，计算机远程控制的建筑机器人将逐渐代替目前工地浇筑或分割成小型块件的拼装施工，使工程质量和耐久性提高，工期缩短，操作人员减少，而且施工安全性也容易得到保证。

(6) 组合结构桥梁方面。逐步进行波纹钢腹板组合梁桥、钢桁架腹杆组合梁桥、钢管混凝土组合梁桥、钢管混凝土桁架桥、钢桁架与混凝土桥面板组合桁架梁、钢与混凝土混合梁斜拉桥等新型组合结构桥梁的研究与实施；对各种新型组合桥梁结构制定相应的设计规范。

(7) 铁路桥梁方面。对铁路桥梁进行动力仿真计算，开展桥梁与高速列车的车-桥-风耦合振动研究；对铁路钢桥，尤其是下承式或半穿式钢桁梁桥进行阻尼减振可行性分析；结合轨道结构方面的最新研究成果，提出更经济合理的轨道交通高架桥梁设计方案；进行高架桥梁降振减噪技术的系统研究。另外，我国即将展开大规模的高速铁路建设，为了使高速铁路桥梁具有高平顺性，以保证列车运行的安全性和旅客乘坐的舒适性，对桥梁竖向和横向刚度比普通铁路桥梁有更高的要求。对大跨度桥梁，甚至将成为控制设计的标准。因此，对高速铁路桥梁的刚度要求的研究也将成为近时期内研究的热点。

2. 设计和营建能力达到国际先进水平

21世纪我国进入建设跨海工程的高峰期。中国沿太平洋高速公路包括五个工程，从北到南依次为：渤海海峡、长江口、杭州湾、珠江口和琼州海峡。此外还有舟山连岛工程、台湾海峡工程等和大规模的城际高速铁路的建设。其中，全长 34.8km 的杭州湾通道、全长 32km 的东海大桥都已全面开工。这样大规模的桥梁建设在世界桥梁发展史上是罕见的。

(1) 拱桥：已经建成的上海卢浦大桥为跨径 550m 的钢箱拱桥，重庆市巫山长江大桥为主跨 460m 钢管混凝土拱桥。可以预见 2020 年国内拱桥的最大跨径在 550～700m 左右，我国钢管混凝土拱桥、钢箱拱桥、混凝土拱桥都可能保持世界跨度记录。

(2) 斜拉桥：苏通长江公路大桥为主跨 1088m 钢箱梁斜拉桥为世界最长的斜拉桥，即将开工建设的香港 Stonecutters 大桥为主跨 1018m 分离双箱斜拉桥，跨径也超过了 1000m。可以预见 2020 年斜拉桥的最大跨径将可能达到 1200m。苏通长江公路大桥与昂船洲大桥在世界斜拉桥排行榜中均位于前 5 名的位置。

(3) 悬索桥：珠江口连接香港、珠海、澳门的港珠澳大桥提出 1688m 悬索桥方案，青岛-黄岛连接工程和舟山连岛工程中都提出了跨径超过 1600m 的悬索桥方案，在跨越长江口的崇明越江通道工程中也提出了跨径 2300m 的悬索桥方案，可以预见 2020 年国内悬索桥的最大跨径有可能达到 2200m 左右，将处于世界前 6 名的位置。

3. 国际竞争能力得到提高

提高国际竞争力，首先要扩大对外交流，得到国际同行的认可，目标是：

(1) 主办有国际影响的刊物或出版英文年报；

(2) 主办国际性专题研讨会和争办顶级国际学会的系列会议；

(3) 开放试验室和数值模拟中心吸引国内外同行前来合作研究。

另外，引导和鼓励有能力的设计、科研、施工公司积极参与国际工程竞标，提高国际竞争能力。

4. 加强人才培养

树立传承启后的梯队建设与人才培养思想，以保证桥梁工程学科技术队伍的长期健康发展。高校及科研单位承担着培养高素质人才的重任，首先，充分发挥院士和学科带头人的传帮带优势，着力培养新一代学科和技术领头人。其次，以学术带头人为核心，按照研究方向优化合理配置学术和技术梯队，同时注意学术创新人才和管理人才的培养，加大优秀人才引进力度，进而提高桥梁学科的整体水平。第三，利用目前研究生招生规模扩大的有利时机，强化对研究生在基础、应用与实践各个环节的培养力度，提高研究生特别是博士生的培养质量。

在管理、设计、施工等生产实践单位，充分发掘高素质人才的潜力，根据人才的专长合理安排工作岗位，增大他们创造成果的机会；鼓励总结工作成果，发表高水平论文；鼓励创新，改进技术，创造新生产工艺；打破论资排辈的旧格局，建立规范的职务及职称晋升制度和直接与成果相关的分配制度，调动人员的积极性；重视人才再教育，通过单位内讲座、工程硕士、在职研究生等多种形式提高人员理论水平及工作技能。

(二) 未来桥梁技术发展趋势[1]

(1) 大跨度桥梁向更长、更大、更柔的方向发展，引发了对各种杂交组合体系、协作体系以及三向组合结构和混合结构等创新结构体系的研究，以充分发挥不同材料和体系各自的优点，并最终获得高经济指标、可靠的结构连接以及安全方便的施工工艺。

(2) 轻质高性能、耐久材料的研制和应用。新材料应具有高强、高弹模、轻质的特点，玻璃纤维和碳纤维增强塑料从最初作为加固补强材料向最终替代传统的钢材和混凝土两种基本建筑材料方向发展，从而引发桥梁工程材料的革命性转变。在这一过程中，高性能、轻骨料混凝土，超强度钢材和预应力钢材及其防腐工艺的进步也不会停止。

(3) 在设计理论方面，借助计算机和非线性数值方法的不断进步，使力学模型日益精细化，仿真度提高，可以在设计阶段逼真地描述大桥在地震、强风、海浪等恶劣自然条件下施工和运营的全过程，为决策提供动态的虚拟现实图像。

(4) 大型工厂化预制节段和大型施工设备的整体化安装将成为桥梁施工法的主流，计算机远程控制的建筑机器人将逐渐代替目前工地浇筑或分割成小型块件的拼装施工。在运用新技术的桥梁工程精细化施工中，工期的可操控性大大加强，操作人员可大批量减少，而且施工安全性也容易得到保证；材料、构件尺寸及质量等的可控性得到加强，使工程质量得到整体提高；同时有条件采用抗腐蚀性能良好的材料及采用标准化方法对结构进行防护性涂装，提高材料和结构的耐久性，延长桥梁的使用寿命。

(5) 大型深水基础工程。目前世界桥梁基础尚未超过100m深海基础工程，下一步需进行100～300m深海基础的实践。

(6) 桥梁的健康监测和旧桥加固。随着桥梁的长大化、轻柔化和行车速度的提高，大跨度桥梁在运营阶段可能出现结构振动过大以及构件的疲劳、应力过大、老化失效、开裂等问题，并由此危及桥梁的正常使用和安全。这就需要建立完善的健康监测系统，对容易发生损伤的部位及时做出诊断和警报，对桥梁结构的健康状况进行评定，并向养护部门提供维修或加固的决策，以保证桥梁的使用寿命；同时，我国在经历了二十几年交通事业的迅速发展时期之后，既有桥梁存在的荷载等级不足、年久失修等问题逐渐显现，旧桥的检测和加固的重要性也日益提高。通过正确评估旧桥的现有承载能力，以及研究发展旧桥的加固方法，可以延长桥梁结构的使用寿命，更好地保障交通的畅通，获得更大的经济效益。

(7) 重视桥梁美学及环境保护。桥梁是人类最杰出的建筑之一，著名的大桥都是一件件宝贵的空间艺术品，成为陆地、江河、海洋和天空的景观，成为城市标志性建筑。21世纪的桥梁结构必将更加重视建筑艺术造型，重视桥梁美学和景观设计，重视环境保护，达到人文景观同环境景观的完美结合。

(8) 大型桥梁工程的营建管理技术。随着工程规模的日益扩大，对管理者的要求也逐渐提高。对大型的复杂工程，各工序的前后衔接安排及工期控制，物力和财力的安排及调度，设计、施工、监理、工程控制等各方的工作关系协调等问题成为制约工程质量的重大因素。通过营建管理技术的研究，培养一批既有工程技术、又有管理经验的高素质工程主管人员，对提高大型桥梁工程的质量至关重要。

(9) 中小跨度桥梁方面。虽然中小跨度桥梁看似技术简单，但由于其数量巨大，因此即使是小的技术改进也能带来可观的经济效益。在今后的发展中，要加强标准图设计，节省设计资源；形成规模化、标准化构件预制、拼装，提高施工质量，降低施工费用；应用高强度材料，如高强度等级混凝土、高强度钢材（保证焊接性能）等，减轻结构自重，提高跨越能力。

(10) 桥梁设计、施工规范、标准的更新。近年来桥梁建设中出现了一些工程质量事故，对我国桥梁规范的适用范围提出了疑问。普遍的看法是目前的规范用于跨度小于200m的中小跨度桥梁还是合理的，是有试验依据的，但不适应近年来跨度迅速增大的桥梁工程，需要专门针对大跨度桥梁推出专门的规范。因此，应当加快中国桥梁规范的更新和修改周期，拨出专款进行专题研究，改变我国桥梁规范滞后于技术发展的被动局面。

四、典型工程图片[5]

(一) 悬索桥

1. 青马大桥(图4-1和图4-2)

该桥横跨青衣与马湾之间的海峡,连接香港大屿山国际机场与市区,是为国际机场而建的十大核心工程之一。桥梁全长2160m,主跨1377m,较长的边跨(长359m)为悬吊结构,较短的边跨(长300m)为非悬吊结构,主缆直径1100mm,建成时为世界最大跨度的公铁两用桥。加劲梁为钢桁与钢箱梁混合结构,横截面尺寸为41.0m×7.3m,建成时为世界最宽的悬索桥。上层桥面设有6条公路行车道,下层钢箱梁内通行铁路交通并设有2条台风时的应急车道,容许时速达135km的列车安全地通过。航空高度界限限制了桥塔的高度为206m,桥下通航净空为79m。大桥锚碇是两个大型的混凝土结构,青衣侧锚碇约重200000t,马湾侧锚碇约重250000t。主缆由直径5.38mm的镀锌高强钢丝组成,采用空中纺缆法架设。吊索由2ϕ76mm钢丝绳用特殊索箍固定在主缆上,吊索间距18m。主梁共分94个标准单元,每个单元长18m,宽41m,高7.6m。

该工程的主要新技术应用与科技创新:

(1) 当今世界上最长的一条能兼容铁路和公路的悬索结构双层两用悬索桥;

(2) 在项目论证、规划勘察、选线设计、施工控制放样等工程中使用了当时几乎世界最为先进的所有地球空间信息科学技术;

(3) 首创采用不锈钢覆面,使桥身更具流线型;主梁中央开槽,确保结构的气动稳定性。流线型主梁设计与中央开槽结合运用属首次;

(4) 在桥内安装了齐备的监测仪器,利用计算机分析监测结果,以观察和预测大桥及其构件的性能表现。

2. 江阴长江大桥(图4-3)

该桥是国家"两纵两横"公路主骨架中同江—三亚国道主干线及北京—上海国道主干线的跨江"咽喉"工程。桥梁全长3071m,主跨1385m,是我国第一座跨径超越千米的特大型钢箱梁悬索桥。

图4-1 青马大桥夜景

建成时在已建桥梁中位列中国第一、世界第四。桥面宽33.8m，桥下通航净高50m。主塔高190m，由钢筋混凝土塔柱和三道横系梁组成。南锚碇为嵌岩重力式锚碇，北锚碇为重力式锚碇深埋沉井基础。主缆垂跨比为1/10.5，采用预制平行索股法（PWS法）施工。吊索为预制平行镀锌钢丝束股，短吊索为钢丝绳，吊索间距16m。主梁为扁平钢箱梁，中间梁高3.0m，梁宽36.9m，标准节段长16m。

该工程的主要新技术应用与科技创新：

（1）针对北锚碇基础采用置于软弱土层上的整体式大沉井，提出了锚碇水平位移和沉降的变位限值以及控制变位的措施；北锚超大沉井下沉中采用了不排水下沉，采用高压水冲结合潜水钻破土、真空吸泥相配合的方法提高了工效，后期采用空气幕助沉及纠偏，保证了沉井顺利下沉和准确就位；主缆施工在国内首次采用往复循环交替牵引系统，并采用基准丝股调索，加设鱼雷夹具控制扭转，保证了主缆施工进度和架设质量；

（2）在大桥建设前期和施工过程中，共组织了37项科研工作，其中多个项目经江苏省科技厅组织科技成果鉴定，达到了国内领先、国际先进水平：

1）采用试验和理论分析相结合的多种研究方法和手段，解决了江阴大桥在施工和运营状态的抗风、抗震安全问题；

2）通过试验、现场监测、数值反演分析与计算，研究并解决了特大沉井基础的施工难题；

3）通过特大跨径悬索桥施工控制研究，建立了一套科学、有效的悬索桥施工与控制技术，为我国今后同类桥梁工程建设积累了成功经验；

4）通过大桥交通工程收费系统、监控系统、结构检测系统等的研究，解决了大桥联网收费、交通安全控制管理问题，提高了大桥的管理水平。

3. 汕头海湾大桥（图4-4和图4-5）

该桥位于汕头市东郊，汕头海港的出入口处，是国家规划建设的"两纵两横三条路段"公路主骨架中的同（江）三（亚）线上连接深汕、汕汾两段高速公路的重点工程。大桥的建设对密切港、澳与深、珠、汕、厦四个经济特区的联系起到了"桥梁"纽带作用。大桥全长2629m，主跨452m，是我国第一座大跨度现代悬索桥，也是目前世界上最大跨度

图4-2 青马大桥远景

图4-3 江阴长江大桥

图4-4 汕头海湾大桥

图4-5 汕头海湾大桥全景

的预应力混凝土主梁悬索桥。桥面净宽 23.8m,桥下通航净高 46m,主塔高 95.1m,钢筋混凝土结构,南、北锚碇均为重力式锚。主缆垂跨比为 1:10,采用 PWS 法编制。吊索采用镀锌钢丝捻制而成,吊索锚头采用冷铸锚,吊索间距 6m。主梁为菱形预应力混凝土箱梁,中间梁高 2.2m,全宽 24.72m,标准节段长 5.7m。主梁采用分节段预制、拼接、对号存放、现场吊装的方式进行施工。节段间用湿接头连接。

该工程的主要新技术应用与科技创新:

(1) 预应力混凝土加劲梁结构方案创当今世界之最,全流线外形预应力混凝土薄壁箱形结构领先于国内外;

(2) 采用综合的后张预应力体系:加劲梁在纵、横两个方向,同一结构内采用四种不同方式的预应力钢束;

(3) 本桥处于高震地区,地震烈度大于 8 度,设计时采用柔性索、隔震桁架、缓冲垫、减震墙等多层次隔震、减震措施,可保证该桥在遭遇地震时做到"小震不坏,中震可修,大震不倒",开创了特大型桥梁在抗震设防方面利用逐级柔性吸能缓解地震反应的新思想;

(4) 独立构思了低轨索索股架设小车加支辊工艺,降低了牵索高空作业中心,有利于安全操作;架设主缆的猫道取消了惯用的反拉抗风系,保证了航行安全;革新了主梁架设过程中鞍座复位技术,大大节约了施工费用;

(5) 独立研制了主缆挤紧机、缆载起重机、缆索缠丝机三项专用施工设备,填补了国内空白;

(6) 锚体设计充分利用天然岩体这一附加的覆盖重量为锚碇增加了额外的稳定保障,确保锚碇安全可靠、精巧省力。

4. 虎门大桥(图4-6)

该桥位于广东省珠江三角洲中部,是广州—深圳—珠海高速公路跨越珠江的一座特大型公路桥梁。大桥全长 15.76km,主桥长 4.606km,主航道桥为跨径 888.0m 加劲钢箱梁悬索桥,是我国当时已建成的规模最大的高速公路悬索桥。辅航道桥为跨径 150+270+150=570m 的预应力混凝土连续刚构桥,建成时居世界同类桥梁之首。主辅航道桥通航净高分别为 60m 和 40m,桥面为双向 6 个车道,宽 30m。工程于 1992 年 10 月 28 日动工兴建,1997 年 6 月 9 日竣工。

该工程的主要新技术应用与科技创新:

(1) 开发了一套完整的现代悬索桥结构分析程序;通过试验研究和工程实践,建立了系统而完整的悬索桥上部构造施工监测与控制技术;

(2) 通过我国最大尺度的气弹性风洞试验,对施工期间与成桥后的抗风性能进行了分析,验证了设计参数,提出了钢箱梁拼装过程中安全渡台风的技术措施,保证了大桥的抗风稳定性;

(3) 在国内率先采用扁平钢箱梁节段间全焊接的结构形式,解决了在箱梁吊装情况下焊缝间隙调整工艺和焊接技术难题;

(4) 首次在国内成功地设计、制作、架设了每股 127 丝的大型预制索股及大型铸焊组合型主、散索鞍;

(5) 首次在我国桥梁基础中采用地下连续墙防水技术,解决了悬索桥西塔基础岩面严重不平的技术难题;

(6) 研制出高水平的悬索桥施工专用设备,研制成功特大钢箱梁吊装的液压千斤顶提升式跨缆吊机。

5. 厦门海沧大桥(图4-7)

图 4-6　虎门大桥

图 4-7　厦门海沧大桥

该桥位于厦门市西海域,连接厦门东渡码头和大陆海沧开发区,是大陆与厦门本岛第二条重要的进出岛通道。大桥采用结构新颖美观的三跨连续全漂浮钢箱梁悬索桥桥型,按双向六车道设计,桥梁宽度32m,计算行车速度为80km/h。桥下通航净高55.0m,主塔高128.025m,由钢筋混凝土塔柱和两道横系梁组成。采用重力式锚碇,基础为浅埋箱形扩大基础。主缆垂跨比中跨为1/10.5,边跨为1/29.01,采用预制平行索股法施工,吊索为预制平行镀锌钢丝束股,吊索间距12m。主梁为闭口扁平流线形钢箱梁,中间梁高3.0m,全宽36.6m,标准节段长12m。主梁阶段吊装从跨中开始对称向两侧逐段施工。

该工程的主要新技术应用与科技创新:

(1) 首次研制开发了大跨度悬索桥主缆分段悬链线模型和相应计算方法,准确反映了主缆的受力和线形状态,并成功开发相应的有限元分析程序,具有较高的应用价值;

(2) 创造性地将短吊索下置到钢箱梁底部,有效解决了短吊索的变形和疲劳问题;

(3) 首次成功采用联板式同步控制滚轴型散索鞍;

(4) 首次采用倒坡箱形浅埋扩大基础作为锚碇基础并且基底置于全、强风化岩层上;

(5) 锚碇采用空腹三角形框架结构,为世界第二、亚洲第一次采用;

(6) 国内首次自行开发研制了锚碇预应力锚固系统;

(7) 索塔首次引进景观设计。

6. 宜昌长江公路大桥(图4-8)

该桥是沪蓉国道主干线在宜昌长江河段跨越长江经湖北省西段进入重庆市的特大型一级公路桥梁,是国家"九五"重点建设工程。主桥采用主跨960m单跨双铰钢箱梁悬索桥。宜昌长江公路大桥是我国完全依靠自身技术力量和建筑材料建成的最大跨径悬索桥。桥面全宽30m,净宽26m,桥下通航净空425×24m。主塔为门架式,高112.415m(北)、142.227m(南),由钢筋混凝土箱形截面塔柱和三道横系梁组成。锚碇为深埋式重力式锚碇。主缆垂跨比为1/10,采用预制平行索股法(PWS法)施工。吊索为骑跨式,吊索间距12.06m。主梁为鱼鳍式钢箱梁,中间梁高3.0m,全宽30m,梁高与跨度

图 4-8 宜昌长江公路大桥

比为1:320。主梁采用无支架缆载吊机拼装。

该工程的主要新技术应用与科技创新:

(1) 因地制宜,锚碇采用深埋重力式。优选结构形式,使锚碇混凝土用量为国内同类锚碇中最经济;

(2) 首次在锚碇大体积混凝土中采用层间加设金属扩张网,实施温控的信息化施工技术,总结出一套完整的悬索桥锚碇大体积混凝土综合防裂技术,使得宜昌大桥成为我国诸多大跨径悬索桥中首次未出现锚碇开裂的悬索桥,标志着锚碇大体积混凝土综合防裂技术设计取得了突破;

(3) 首次采用对悬索桥钢箱梁顶板进行加矮肋的设计,有效地减小荷载作用下桥面板的变形,改善钢桥面铺装的工作条件;

(4) 设计首次采用外置式吊索锚箱结构,提高了结构受力性能(如短吊索的疲劳等),改善了施工及养护条件,增强了钢箱梁的美观效果;

(5) 针对本桥人行道较宽的特点采用鱼鳍式钢箱梁(吊索设置于人行道与行车道之间),受力合理、节约材料;鱼鳍式钢箱梁为国内首次采用;

(6) 首次在"地区气候高温43.9℃,低温−14.6℃"这样恶劣的气候条件下,在大跨度悬索桥钢桥面铺装中成功地应用厚7cm的双层SMA钢桥面铺装技术;本桥通车以来,桥面铺装未出现病害,为国内悬索桥钢桥面铺装技术突破奠定了基础;

(7) 国内首次采用强度高、弹性模量高且稳定的中心配合绳芯(CFRC)钢丝绳作为吊索钢丝绳;同时,吊索锚头首次设计为可适当调节的锚杯,克服了传统吊索不能调节长度的缺点,保证了大桥线形达到设计要求,方便了施工控制;

（8）在施工猫道的设计中，采取增加横向天桥的道数而不是采用设风缆的办法来提高猫道的抗风稳定性，简化设计与施工，缩短工期，降低造价。

7. 润扬公路大桥（图 4-9）

该桥是江苏省规划的"四纵四横四联"公路主骨架和跨江公路通道的重要组成部分，是我国建桥史上工程规模最大、建设标准最高、投资最大、技术最复杂、技术含量最高的现代化特大型桥梁工程。南汊主桥采用主跨 1490m 单跨双铰钢箱梁悬索桥。该桥是我国目前建成的最大跨径悬索桥，位居世界第三。

图 4-9　润扬大桥

图 4-10　南浦大桥

图 4-11　南浦大桥夜景

（二）斜拉桥

1. 南浦大桥（图 4-10 和图 4-11）

该桥位于上海市南码头，是市区内跨越黄浦江连接浦西老市区与浦东开发区的重要桥梁，是上海市内环线的重要组成部分，也是振兴上海开发浦东的起步工程。该桥全长 8346m，主桥长 846m，浦东引桥长 3746m，浦西引桥长 3754m。主跨跨径 423m，一跨过江。桥下通航净空 46m，桥面宽 30.35m，其中 6 车道车行道宽 23.45m，两侧各设 2m 宽人行道，车行道与斜拉索、人行道间设防撞栏杆。设计荷载为汽超 20 级，全重 3000kN 平板车验算。主桥采用双塔双索面钢与混凝土结合梁斜拉桥。主桥塔高 150m，采用折线 H 形钢筋混凝土塔柱。塔柱每侧索面各 22 对斜拉索，双索面呈扇形布置，在塔柱中央设置一对垂直索，以代替梁下竖向支承，使主梁在纵向成为漂浮体系。结合梁的平面钢梁格由两个钢工字形主梁、车行道横梁、小纵梁（桥纵轴处）、钢人行道悬臂梁组成。钢主梁的中距为 24.55m，梁高 2.21m，之间设有纵向间距 4.5m 的工字形钢横梁。边跨设置辅助墩，主桥两段及边墩处设置 640mm 组合式大位移伸缩缝。大桥设有 4 部垂直电梯，供游人上桥游览观光。

该工程的主要新技术应用与科技创新：

（1）设计理论、技术措施、施工方法有效地控制叠合梁桥面裂缝的发生，解决了同类桥存在的结构裂缝问题；

（2）在国内首次进行了系统、全过程的风洞模型试验及完整的理论分析，使我国的桥梁抗风研究进入世界先进国家行列；

（3）首次采用了地震危险性分析估计地震动参数，开发了多功能大跨度桥梁非线性地震反应分析软件，定量评估结构地震反应，确定了结构抗震可靠度；

（4）施工中建立了系统的工程控制技术，开发了桥面吊机、施工架设平台、垂直提升系统、主塔施工斜爬模、多功能 600t 张拉千斤顶、高性能泵送混凝土等多项国内首创技术，并经联机检索，证明总体上达到国际先进水平；

（5）产品开发中首次采用国产拉索、直径 30mm（最大）高强度螺栓、大位移伸缩缝等，代替进口产品，且产品均达到国际最高标准，节约大量外汇。

2. 汀九桥（图 4-12）

该桥及其高架引道横跨蓝巴勒海峡，贯穿香港岛、九龙市区新界西北部。该桥为三塔独柱式斜拉桥，采用全漂浮体系，主跨为448m及475m，而两旁跨各为127m，供双程三线分隔车道，位居世界上同类斜拉桥之首。结构最突出点为三支单柱桥塔，桥面分别建于三支桥塔两侧，中有约5.5m空隙，使桥梁外观更为纤巧，并可增加桥身在强风吹袭时之稳定性，斜拉索布置为四个索面，线条美观，中央主塔位于海峡中央，由一人工岛保护。而中央主塔之纵向刚度，巧妙地引用纵向稳定索，由主塔顶分别连接两边塔桥面处，长达465m，是当今世界最长之拉索。而桥塔也利用横向稳定索增强横向刚度，以抵抗台风时极高风速。

图4-12 汀九桥

该工程的主要新技术应用与科技创新：

（1）斜拉索安装方法简单，其张拉法是把58根斜拉索逐根吊装和分别张拉，达到节约投资、缩短工期，又不用在工厂进行昂贵的预制工序的效果，是斜拉索张拉的创新技术；

（2）主梁结构标准宽度为18.8m，索距为13.5m，包含2根钢主梁，3根钢横梁及12件预制混凝土板块。为了加快安装，每节长13.8m、宽18.8m之钢桥身从装配厂直接用船运到工地，用特制吊机整体吊装，因而工序进展迅速，高峰期间，曾创下一个月内安装2680t钢构件，1200t斜拉索及11200m²混凝土桥面板的施工进度记录；

（3）在塔顶两边各安装巨形钢制锚箱（高31m，重190t），用以安放斜拉索的张拉端锚具，解决单柱塔顶拉索锚固空间问题。

3. 夷陵长江大桥（图4-13）

该桥位于湖北省宜昌市，跨越长江，是联系宜昌市南、北两岸的城市桥梁。桥位距葛洲坝水利枢纽大坝下游约7.6km，桥址区江面宽约800m，最大水深约23m。结合桥址区航道具体情况，设计大胆创新，提出三塔单索面斜拉桥方案，其2×348m的主跨为国内第一。桥梁全长3246m，主跨348m，桥面宽23m，桥下通航净高≥18m。主塔高126m，边塔高106.5m，主梁采用单箱三室截面，梁高3.0m，顶板宽23.0m，底板宽5.0m，两主跨主梁采用预制悬拼施工。

该工程的主要新技术应用与科技创新：

（1）采用了全封闭式平行钢绞线斜拉索（VSL SSI-2000）体系，解决了桥梁单根换索问题。采用无粘结钢绞线和夹片式锚具，疲劳试验性能

图4-13 夷陵长江大桥

可靠；

（2）斜拉桥合龙束兼用体内束及体外束。主梁跨中箱内底面设置外包PE管的钢绞线体外索，最长约115m。分三段锚固以减少钢绞线平均应变带来的不利影响。三段张拉力不等，分段单独受力，提高了使用效率；

（3）自行研制了先进的轻型多功能步履式液压控制悬臂架梁吊机，自重34t，前移经过索区方便，无极变速、起吊冲击力小，吊起的梁块可以前后移动50cm，在6个自由度方向对位调整方便；

（4）因地制宜采用斜坡式运梁码头（坡度1：5），通过牵引放在四轨双缆车上的特制槽形驳船上岸，装载预制梁块下河浮运到墩位，很好地解决了梁场位于繁忙的码头区的矛盾；

（5）采用了新型GR-38环氧结构胶，它既满足强度要求，又能在较低温度下固化，可操作时间长，早期强度高，价格低廉；

（6）首次在墩塔上应用具有国际先进水平的高科技涂料——氟碳漆。其漆膜坚固耐久、防护性能好；

（7）采用新型高强陶粒配制的轻集料混凝土应用于桥面结构，其单位重仅 1.9t/m³，比普通混凝土轻 0.5t/m³，减轻了建筑物自重。

4. 荆州长江大桥（图 4-14）

荆州长江公路大桥是交通部和湖北省"九五"重点建设工程。桥梁全长为 4398m，主桥由北汊通航孔桥、三八洲桥、南汊通航孔桥组成。该桥三个主桥北汊通航孔桥采用 200＋500＋200m 预应力混凝土肋板式斜拉桥，三八洲桥采用 100＋6×150＋100m 连续箱梁桥，南汊通航孔桥采用 160＋300＋97m 姊妹塔预应力混凝土斜拉桥。荆州长江大桥主跨 500m 的预应力混凝土斜拉桥是世界上首座跨度达 500m 的肋板式断面预应力混凝土斜拉桥，建设规模和技术难度居同类型桥梁世界之最。

该工程的主要新技术应用与科技创新：

（1）提出了经济合理、操作简便的 PC 斜拉桥合龙方案，解决了主梁在体系转换过程中发生纵飘的难题，避免了同类型桥梁在施工中出现的安全隐患，保障了大桥的顺利合龙；

（2）对长大斜拉索的起振机理，以及常用的减振措施进行了深入研究，提出以粘性剪切阻尼器的原理研究粘性剪切型拉索减振装置的思路，并付诸实施，取得了良好的减振效果；

（3）完全依靠我国自身技术力量和建筑材料建成了世界首座跨度达 500m 的预应力混凝土轻型断面的斜拉桥，为我国建桥技术发展作出了重要贡献，其设计主要负责人作为《公路斜拉桥设计规范》修编的主要成员，已将主要设计方法介绍到新编的《公路斜拉桥设计规范》中；

（4）跨度大，主梁采用双主肋断面，预应力布束空间受到限制，布束比较困难。预应力设计时根据各截面在施工阶段和成桥阶段应力变化情况，将部分后期束放在施工阶段张拉，有效地避免了后期张拉过长的预应力连续束，提高了预应力的效率，减少预应力束的数量，较好地解决布束空间受限的问题。

5. 杨浦大桥（图 4-15）

该桥位于上海市杨浦区宁国路地区，是市区内跨越黄浦江、连接浦西老市区与浦东开发区的重要桥梁，是上海市内环线的重要组成部分。该桥全长

图 4-14　荆州长江大桥

图 4-15　杨浦大桥

图 4-16　岳阳洞庭湖大桥夜景

图 4-17 岳阳洞庭湖大桥全景

8354m，主桥全长1172m，跨经组合为40m（过渡孔）＋（99m＋144m）（边跨）＋602m（主跨）＋（144m＋99m）（边跨）＋44m（过渡孔）。主跨跨径602m在建成时为世界之最。桥下净高50m，桥面总宽30.35m，车行道约23m，两侧人行道各2m，设计荷载为汽—20（局部超—20），挂—120，设计车速60km/h。主桥为双塔空间双索面钢-混凝土结合梁斜拉桥结构，塔墩固结，纵向为悬浮体系，并在横向设置限位和抗震装置。钢筋混凝土塔柱高200m，塔形呈钻石状，采用钢管桩基础。钢主梁采用箱形断面，梁高2.7m，主梁中距25m，之间设有纵向间距为4.5m的工字形钢横梁。每座索塔两侧各有32对拉索，全桥共256根。最大索长330m，拉索最大断面由313根φ7高强钢丝组成。上部结构为简支桥面连续体系，车道板采用预制钢筋混凝土板。辅助墩、锚墩、边墩均为柱式墩，采用了钢筋混凝土预制桩基础。

该工程的主要新技术应用与科技创新：

（1）提出新的结构稳定理论，解决了超大跨度桥梁的初始内力对活载的影响问题；

（2）采用钻石形桥塔，提高主梁抗扭自振频率，提高抗风稳定性，使抗风能力达80m/s；

（3）横断面设计为双主肋断面，以改善连接板设计，钢板厚度限制在60mm以下；

（4）索锚固在箱梁内，箱梁除承受顺桥向索力，还须承受横桥向索力；

（5）索与塔的锚固采用预应力方式锚固，并作了实物模型试验；

（6）根据景观需要，索套采用鹅黄色，在PE护套外再热挤2mmPV。

6. 岳阳洞庭湖大桥（图4-16和图4-17）

岳阳洞庭湖大桥位于岳阳市北门渡口下游1.35km处，是省道1804线上跨越洞庭湖口的一座特大型桥梁。大桥全长5747.82m，总投资84324万元人民币，为国内首座预应力混凝土不等高三塔连续主梁漂浮体系空间双索面斜拉桥，跨度组合为130m＋2×310m＋130m。

该工程的主要新技术应用与科技创新：

（1）首次对多塔斜拉桥这一新型结构体系的基本性能进行了系统研究，实现了混凝土斜拉桥由单塔、双塔结构向多塔结构的跨越。针对多塔斜拉桥总体刚度低这一关键技术难题，创造性地提出了跨中压重等一整套提高多塔结构整体刚度的新方法，以取代设置昂贵且景观效果差的超长稳定索和辅助墩的模式，并通过全桥模型试验进行了验证；

（2）首次提出恒载弯矩可行域的概念，作为多塔斜拉桥合理成桥状态的主梁恒载弯矩的控制范围，能快速地确定斜拉桥的最优成桥状态；

（3）颤振导数的准确测定，是桥梁抗风研究最重要的前沿课题之一。本项目在国内首次实现了风洞试验测定桥梁颤振导数的强迫振动法，为我国桥梁风洞试验技术作出了创造性的贡献。本项技术开发了可调频调幅的强迫振动装置、专用力传感器系统和实时数据采集与分析软件。测试稳定可靠，重现率达99%以上，速度提高10倍以上。利用本项技术在国际上首次发现了钝体截面的非线性响应，具有很高的学术价值；

（4）在国内首次开展拉索振动的定量观测研究，成功开发和安装了世界上第一个采用现代磁流变控制技术的拉索减振系统。该系统可使每根索都处于最佳减振状态，为拉索减振开辟了一个新的有效途径。经过对该减振系统一系列的试验研究，得到了该系统最佳电压、最优安装高度与支撑方式以及应具有的适当的自由度参数和较良好的景观效应；研究数据表明，磁流变阻尼器可使阻尼比提高3~6倍，加速度响应降低20~30倍。洞庭湖大桥上安装的该减振系统通过了4年多的运行监测，经受了多次大的风雨振考验，效果非常好；

（5）首次采用正装迭代法确定多塔斜拉桥施工控制参数，大大简化了计算过程，提高了效率。同时采用基于人工神经网络（ANN）的施工现场控制技术，及时、快捷、准确地对多塔斜拉桥的变位、索力、应变、温度场等进行有效控制，保证了主梁施工过程安全，提高了控制精度；

(6) 开发了适应多塔斜拉桥构造特点的系列施工技术,包括主动撑索塔施工新工艺、新一代前支点挂篮、无应力多跨同时合龙技术等,其中针对空间索开发的具有空间转动锚座和水平止推装置的新一代前支点挂篮,能自动地适应拉索空间角度变化、抵抗拉索产生的强大水平分力,设计新颖、构造巧妙、使用方便,具有重大的推广价值;

(7) 实现了多项原创性科技成果,其中多塔斜拉桥新型结构体系的研究、强迫振动法测颤振导数、斜拉索风雨振控制系统都处于国际领先水平,成果整体上达到了国际先进水平。

7. 南京长江第二大桥(图4-18)

该桥是国家"九五"重点建设项目,位于南京长江大桥下游11km处,大桥采用跨径(58.5+246.5+628+246.5+58.5)m,总长为1238m五跨连续钢箱梁,该跨径建成时居同类桥型中"国内第一,世界第三"。桥面宽32m(不含斜拉索锚固区)。2001年3月大桥建成通车,标志着我国大跨径斜拉桥设计、施工水平跃居世界领先地位,是我国桥梁建设史上一座新的里程碑。

该工程的主要新技术应用与科技创新:

(1) 大桥基础采用双壁钢围堰、承台、封底混凝土和钻孔桩组成的复合基础(直径36m、高65.5m的大型钢围堰和21根直径3m的钻孔桩深水基础,为当时国内最大的钢围堰和钻孔桩复合基础),共同抗御船撞力,从而大大减小了基础的桩数和钢围堰的直径,是对传统设计方法的一大突破;

(2) 引入斜拉索无应力索长控制理论,建立对大跨径全焊接钢箱梁安装施工实时控制体系。采用一次张拉到位,不再进行索力调整,斜拉索张拉力与主梁标高实施双控。最终合龙时线形平顺,轴线误差仅为1mm,主梁梁体应力、标高及桥轴线与设计值良好吻合,施工控制精度达到国际先进水平;

(3) 在钢桥面上首次采用环氧沥青混凝土铺装新技术,研究了环氧沥青混凝土钢桥面铺装结构分析、环氧沥青混合料的性能、铺装层与桥面板的结合性能、施工工艺等。技术试验研究项目多达46大项,100多个子项。对复合梁在低温、常温、高温及常规荷载和超载情况下的疲劳特性进行了全面系统地研究,实现了复合梁疲劳寿命超过1200万次,突破了其他类型钢桥面铺装材料的应用极限。

钢桥面铺装使用性能优良,达到国际领先水平,为我国桥梁钢桥面铺装技术开辟了一条新路;

(4) 大直径钻孔桩施工、大体积承台混凝土浇筑技术,确保了大直径超长桩混凝土、钢围堰封底和承台大体积混凝土的浇筑质量。自行研制的全导向钻杆保证了钻孔的垂直度、稳定性,解决了在高水位情况下超长钻杆(130m)自由度过大的问题,在1998年特大洪水期间,创下了在长江中下游深水基础施工没有停工一天的奇迹;

(5) 针对钢箱梁加工,提出了一整套钢箱梁拼装制造工艺流程的新思路:焊接、矫形自动化;装配板单元化;焊接变形综合控制;使我国钢箱梁制造技术达到了国际先进水平。

8. 东海大桥(图4-19)

东海大桥全线可分为约2.3km的陆上段、海堤至大乌龟岛之间约25.5km的海上段、大乌龟至小洋山岛之间约3.5km的港桥连接段,总长约为31km。大桥按双向六车道加紧急停车带的高速公路标准设计,桥宽31.5m,设计车速80km/h,设计荷载汽车—超20级,挂车—120并按集装箱重车密排进行校验。全桥设5000t级主通航孔一处,

图4-18 南京长江第二大桥

图4-19 东海大桥

通航净高 40m，净宽 400m，桥墩按万吨级防撞能力设计；设 1000t 级辅通航空一处，通航净高 25m，净宽 140m；设 500t 级辅通航孔两处，通航净高 17.5m，净宽分别为 120m 和 160m。该桥包括 2 座大跨度的海上斜拉桥、4 座预应力连续梁桥、大量的非通航孔桥和连接 2 个岛屿之间的一条海堤，是我国第一座真正意义上的跨海大桥。

（三）拱桥

1. 江界河大桥（图 4-20）

该桥主孔桥型为预应力混凝土桁式组合拱，边孔为桁式刚构，孔跨布置为（20＋25＋30＋330＋30＋20）m，全长 461m。主孔跨径 330m，居世界混凝土桁式桥梁之首。桥宽 13.40m，桥高 263m，采用了新桥型、新工艺。

该工程的主要新技术应用与科技创新：

（1）在桁架结构的关键部位——节点设计中，采用了空心节点，减轻了吊重和自重，在国内外桁式桥梁中尚属首例；

（2）进行了上弦断点位置、各杆件截面面积、刚度比、边孔桥型的优化设计，选择了最优方案；

（3）采用多点、分散的群锚及竖直桩锚与水平墙锚相结合的锚碇体系，确保了悬拼施工的安全；

（4）采用高强钢筋轧丝锚和高强钢丝镦头锚、弗式锚两种预应力体系，解决了两种体系的综合运用问题；

（5）采用以钢人字桅杆吊机作为吊装工具的桁架伸臂法悬拼架设，由两岸桥墩逐段悬拼至跨中合龙。全桥共有预制构件 108 件，最大吊装质量 120t，吊装工具为 1200kN 钢人字桅杆吊机。这种施工方法除具有施工设备少、操作简便、安全稳妥等优点外，在施工工艺上还有下列突破和创新：构件分段和悬拼程序新颖独特，有创造性；吊装质量达 120t，在超大、超长、超重构件的翻身、出肋、就位等的操作工艺上有创新；采用了临时扣挂、临时支撑、临时张拉等多种临时悬挂、稳定构件的工艺；摸索出了柔索悬挂高程控制的方法，使工程控制达到了很高的精度；对人字桅杆吊机进行了改进，使之功能更完善，并能整体纵、横向移动。

2. 邕宁邕江大桥（图 4-21）

该桥位于南宁市郊，该桥与桂东南公路网衔接，是服务大西南出海通道，发展广西经济的重要基础设施之一。大桥建成时跨度居当时世界同类型桥梁之首。大桥主桥结构为两条平行的钢管混凝土箱型截面拱肋，肋宽 3.0～4.0m，肋高 5.0～6.0m，跨度 312m，矢高 52m，矢跨比 1/6，桥面行车道宽 12m，人行道宽 2×3.45m，桥面总宽 18.9m。

该工程的主要新技术应用与科技创新：

（1）首次在 300m 以上跨度采用钢管混凝土作钢管拱桁架，施工安全、方便；

（2）目标函数控制技术：在大量施工仿真分析的基础上，结合国内外拱桥施工和实验观测成果（包括施工事故成果）和设计者的经验，制定出目标函数控制值。如稳定安全度控制目标，拱轴线在拱平面内、外的线形及最大偏差值控制目标，施工阶段应力控制目标等。结合施工优化设计，节省了工程造价，加快了施工进度；

（3）该项目开发了"千斤顶斜拉扣挂悬拼架设钢管拱桁架"和"千斤顶斜拉扣挂连续浇筑拱肋混凝土"两项新的设计施工技术，具有安全可靠、控制灵活方便、成拱精度高和机具设备简单等优点。经交通部科技成果鉴定认为"该项成果是国内外首创，居国际领先地位"。

图 4-20　江界河大桥俯瞰

图 4-21　邕宁邕江大桥

3. 北盘江大桥(图 4-22)

该桥是水柏铁路的控制性关键工程，是我国第一座铁路钢管混凝土拱桥。主桥为上承提篮式钢管混凝土拱，拱址中心跨度236m，矢高59m，矢跨比1/4，拱轴系数3.2。拱肋高5.4m，宽2.5m。拱肋横向内倾6.5°，拱趾处中心距19.6m，拱顶中心距6.156m。两条拱肋之间通过上下两层"米"字形和"N"字形钢管平联构成横向联结系。大桥主跨236m，是目前世界上最大跨度的单线铁路拱桥。大桥桥面至江面高280m，为国内最高的铁路桥。大桥钢管桁架拱肢解为长度8m左右的小构件运至工地，拼装焊接。

该工程的主要新技术应用与科技创新：

（1）作为我国第一座铁路钢管混凝土拱桥，北盘江大桥所采用的钢管混凝土和焊接管结构均填补了我国铁路桥梁上的应用空白；

（2）在铁路桥梁中首次采用上承式提篮拱桥型，拱上结构为带K形横联和钢筋混凝土空心刚架和钢筋混凝土Ⅱ形刚架；

（3）进行了钢管结构典型节点疲劳模型试验，对管结构的疲劳设计进行了验证，首次提出了铁路桥梁焊接管结构的有关设计规定。针对不同的疲劳应力幅，对连接上下弦的腹杆和横向联结系分别采用了管管相贯焊接和节点板连接方式，既保证了结构安全，又方便了施工。其中节点板栓接腹杆形式为我国钢管混凝土拱桥首次采用；

（4）采用自平衡体系的单铰平转法实现拱圈转体合龙，转体施工重量10400t，为当时世界上单铰转体施工最大重量。在世界上首次采用了钢与复合聚四氟乙烯滑片作为摩擦副的转体球铰，将球铰凹面向上，提高了球铰的承载能力和稳定性，转体球铰于2005年获得国家专利；

（5）拱圈管结构实现现场全方位焊接，工地焊缝长度达5600m，在我国乃至世界铁路桥梁建筑史上罕见。焊缝经100%超声波和20%X射线探伤，质量优良；

（6）科研成果《铁路大跨度钢管混凝土拱桥新技术研究》和北盘江大桥的建设为铁路大跨度桥梁的设计与施工积累了丰富的经验，对山区铁路跨越深山峡谷的大跨度桥梁的建设具有重要的参考价值，为今后山区大跨度铁路桥梁的建设提供了成功经验。

4. 万县长江大桥(图 4-23)

该桥是国家主干线上海—成都公路在重庆万州跨越长江的一座特大型公路桥梁。大桥主孔跨径420m，全长856m，桥面全宽24m，桥高147m(枯水位以上)。主拱轴线为悬链线，矢跨比1/5，拱轴系数1.6。拱圈为单箱三室截面，箱高7m，宽16m，拱箱标准段顶、底板各厚0.4m，腹板厚0.3m，拱脚段顶、底板各厚0.8m，腹板厚0.6m。拱上及引桥为同一孔跨贯通布置，共27孔30.668m预应力混凝土T梁，桥面连续。拱圈采用钢管混凝土劲性骨架外包C60高强混凝土复合结构。其中钢管混凝土劲性骨架先期是施工构架，在拱圈形成后它就成为拱圈内的劲性钢筋。大桥于1994年5月开工、1997年6月竣工，是当时世界上跨径和规模最大的钢筋混凝土拱桥。

该工程的主要新技术应用与科技创新：

（1）设计计算方法方面：提出了拱圈强度验算的非线性综合分析法，并通过了1/5节段模型试验验证；根据有限元基本原理，建立了施工过程非线性稳定性分析方法，并通过1/10全桥模型试验验证；根据劲性骨架混凝土拱桥的特点，提出了两级控制的施工控制方法，使大跨混凝土拱桥的施工控制技术走向科学化；通过研究变截面空心薄壁杆几

图 4-22 北盘江大桥远景

图 4-23 万县长江大桥

何特性、力学特性的变化规律,提出了变截面空心薄壁高立柱稳定计算的解析公式;

(2)施工工艺技术方面:根据四川省率先修建钢管混凝土拱桥的实践经验,提出了钢管混凝土劲性骨架的成拱方法,发展了大跨混凝土拱桥建造技术;发展了大吨位、多节段缆索吊装、扣挂悬拼技术;发展了桥用高强混凝土配制、生产、输送(长距离、大落差、双泵接力)工艺技术;根据传统的(拱圈混凝土浇筑)多点法,提出"六工作面"对称同步浇筑法,发展了拱圈混凝土的均衡浇筑技术;

(3)新材料、新结构措施应用方面:在桥梁领域首次采用钢管混凝土、C60高强混凝土为拱圈材料,并形成新的复合结构,为桥用高强材料和复合结构提供了新经验;针对大桥两岸地质特点,提出了组合式钢架桥台的创新设计;采用系列技术措施,解决了大跨混凝土拱桥上构造轻型化问题;针对万州地区酸雨严重的大气环境,采用了混凝土表面防护技术。

5. 广州丫髻沙大桥(图4-24)

该桥是广州市环城高速公路上跨越珠江的三跨连续自锚中承式钢管混凝土系杆桁架拱桥,分跨为76m+360m+76m,桥宽36.5m。边跨、主跨拱脚均固接于拱座,边跨设盆式支座,两边跨端部之间设钢铰线系杆,通过边跨半拱平衡主拱水平推力,系杆总长520m。主拱肋采用悬链线无铰拱,矢高76.45m,矢跨比1/4.5。拱肋中心距为35.95m,共设置6组"米"字、2组"K"字风撑。

该工程的主要新技术应用与科技创新:

(1)主拱拱肋采用六管桁式钢管混凝土拱肋截面,比普通四管式截面具有更好的整体工作性能和结构可靠性,增强了结构的稳定性和耐久性,系世界首创;

(2)创新设计了当时居世界同类桥梁第一主跨(360m)的中承桁式钢管混凝土拱肋,具有516m超长有竖曲线的体外索系杆;采用的拱桥桥面结构与国内、外同类结构相比具有重量轻、整体性好、施工方便的特点;

(3)首次提出了大跨度桁架式钢管混凝土拱桥的非线性稳定控制指标,可供其他类似桥梁借鉴;

(4)深入系统地研究了大跨度钢管混凝土拱桥的徐变特性,抗风、抗震性能,并编制了较为完善的《丫髻沙大桥钢结构制造及验收规定》,可为类似桥梁的设计与施工提供参考;

(5)设计研究的竖转结构体系、"变角度、变索力"的液压同步提升技术和平转、竖转相结合的施工控制技术是国际上大跨度拱桥施工技术的一个重大突破,成功地实施了超大吨位、超大尺寸拱肋"竖转+平转"施工技术方案,转体施工的实施规模(平转几何尺寸长×宽×高为258.1m×39.4m×86.3m)和综合转体重量(竖转重量2050t、平转重量13680t)居世界的首位。

6. 卢浦大桥(图4-25)

该桥主桥长750m,主跨跨径550m居世界第一,边跨跨径100m,矢跨比$f/L=1/5.5$。采用全钢结构中承式系杆拱桥。主桥为双向六车道,两边各设2m宽的观光人行道。通航净宽340m,通航净高46m(含2m富余高度)。

卢浦大桥的钢拱肋宛如在黄浦江上划出一道漂亮的彩虹,边跨桥面通过立柱与拱肋形成稳定的三角形体系,中跨桥面通过56对吊杆悬挂在拱肋上。拱肋结构为双肋提篮式钢箱截面,箱宽5m,高度从跨中6m增加到拱脚的9m。桥面以上两片拱肋由25道一字形风撑连接,桥面以下由8道K形风撑连接。拱脚主墩采用$\phi900$打入式钢群桩基础。

图4-24 广州丫髻沙大桥

图4-25 卢浦大桥

主桥加劲梁采用正交异性桥面板全焊钢箱梁，中跨钢箱为分离双箱，边跨为单箱多室。主梁高 3.0m，宽度 40m。中跨加劲梁的两端支承于中跨拱梁交汇处的横梁上，端支承为纵向滑动支座，横向和纵向设置阻尼限位装置。边跨加劲梁分别在中跨和边跨的拱梁交汇处与拱肋固接。主桥两边跨端横梁之间设置强大的水平拉索以平衡中跨拱肋的水平推力。全桥施工分为三个阶段：三角区拱、梁采用支架、悬臂施工法；中跨桥面以上拱肋采用斜拉扣挂法；中跨桥面采用悬索桥桥面加劲梁施工方法。

该工程的主要新技术应用与科技创新：

(1) 拱、梁、立柱均采用箱形断面全焊接工艺，建成时是世界上首座除合龙段接口一侧采用栓接外，其余现场接缝完全采用焊接工艺连接的特大型钢拱桥。设计制定的全焊钢拱桥的材料、加工、安装、焊接的技术标准和工艺要求等技术，填补了国内空白；

(2) 采用中承式系杆拱桥型，全桥近 2 万 t 的巨大的水平推力由 16 根水平拉索组成的系杆承担。每根水平拉索由 421 束 $\phi 7$ 的高强钢丝组成，拉索长达 761m，重达 110t，远超过现代特大型斜拉桥的拉索。该水平拉索的设计、制造、安装等技术解决了在软土地基中建造特大跨度拱桥的难题；

(3) 主拱为薄壁箱形结构，对于特大跨度拱桥的总体结构稳定分析需考虑其薄壁结构的特性和几何非线性的影响。总体稳定理论"一种非线性薄壁空间杆件及其稳定分析法"已申请发明专利，并成功编制了相应的计算软件；

(4) 斜拉、悬索、拱桥三种成熟桥型的组合式施工方法及施工控制技术，为国内外第一次采用，确保了拱肋的安全合龙，成功地实现了将特大跨度结构由斜拉体系转换成拱桥体系；

(5) 特大跨度拱桥设计施工关键技术研究达到了国内领先、国际先进水平，并拥有自主知识产权。

（四）其他桥梁

1. 芜湖长江大桥（图 4-26）

该桥为国家"九五"重点工程，是 20 世纪末我国在长江上修建的最后一座双层公铁两用桥。铁路桥全长 10520.97m，公路桥全长 5681.2m，其中公铁两用桥梁全长 2668.4m，正桥钢梁长 2193.7m，主跨 312m，其跨度和建设规模均超过武汉、南京和九江长江大桥。该桥总体布置制约条件较多，上部结构受通航净空、既有铁路编组站和邻近机场飞行净空等严格限制，结合地质、水文等复杂条件，主航道采用 180m＋312m＋180m 矮塔斜拉桥，副航道采用四联基本跨度为 144m 的连续桁梁桥。主跨 312m 矮塔斜拉桥突破了我国铁路重载桥梁 300m 跨度大关，板桁组合结构矮塔斜拉桥跨度在相同荷载和类似结构中居世界第一。

该工程的主要新技术应用与科技创新：

(1) 主跨钢梁最大跨径达 312m，建成时是国内公铁两用桥梁的最大跨度，所采用的钢桁梁斜拉桥在国内尚属首次；

(2) 正桥钢梁采用了我国最新研制的低合金结构钢——14MnNbq 钢，具有较好的综合性能，尤其是低温冲击韧性大幅度提高，代表了当前我国桥梁结构钢的最高水平，有着良好的社会经济效益；

(3) 正桥钢梁采用厚板（最大板厚 50mm）焊接全封闭整体节点、箱形截面。连接采用大直径（$\phi 30$）高强度螺栓。多维复杂受力的整体节点采取厂制，提高了节点的整体性，确保了结构质量，简化了现场安装作业，达到了世界桥梁建造的先进水平；

(4) 为适应铁路斜拉桥的需要，开发了 250MPa 高应力幅斜拉索；

(5) 矮塔斜拉桥主跨跨中精确合龙，表明我国桥梁施工控制技术达到了国际领先水平；

(6) 长江深水、厚覆盖砂层中，首次采用高桩承台大直径钻孔桩基础，拓宽了长江深水基础类型，工期短，投资省；

(7) 正桥公路钢筋混凝土桥面板与钢桁梁结合共同受力，在架设钢梁的同时安装预制好的钢筋混凝土桥面板，并通过湿接缝和剪力钉与钢桁梁结合，时为国内规模最大、跨度最大的板桁结合梁桥。

2. 洛溪大桥（图 4-27 和图 4-28）

该桥是跨越广州港出海南航道的一座特大桥，桥梁全长 1916.04m，主桥长 480m，跨径布置为 (65＋125＋180＋110)m。建成时位列当时同类桥型世界第六、亚洲第一。两岸引桥均为弯桥，引桥全长 1436.04m，北引桥平曲线半径 1000m，南引

图 4-26　芜湖长江大桥

图 4-27　洛溪大桥

图 4-28　洛溪大桥夜景

桥半径 600m，桥面纵坡 4%，采用跨径 16m 的普通钢筋混凝土 T 梁和跨径 30m 预应力混凝土 T 梁。洛溪大桥的建成是我国预应力桥梁建设的里程碑。

该工程的主要新技术应用与科技创新：

（1）实现了主桥要先进，引桥要经济的设计原则。选用不对称的连续结构，既方便施工、减少水中基础，又不破坏现有河堤，提高了航道利用率，使得整体上布局得当，外型美观大方，视野开阔；

（2）在国内首次采用双薄壁墩，提高了墩身的柔性，改善了主梁的受力性能；

（3）主墩上设有漏斗形钢围堰的人工防撞岛作为主墩的防撞设施。钢围堰设计采用二次碰撞原理设计，减少了钢围堰工程量，同时人工岛使下部桩基和承台施工变水中为水上施工，极大地改善了施工条件，加快了施工进度，这样构思独特的防撞岛结构也是国内首创；

（4）引进大吨位预应力体系和大型伸缩缝装置。使我国梁式桥跨越能力由最大跨径 120m 一跃发展到 180m；

（5）高墩爬升模板利用墩身结构钢筋作为爬升支承是国内首创，该模板的利用使施工简易、快速、省工省料，加快了施工进度；

（6）采用先浇的第一层（底板）混凝土与贝雷托架形成两种材料的组合梁，共同承受后浇的腹板和顶板自重，从而达到托架简便、经济，这种施工方案为国内桥梁首次采用，经济效果很好。

参考文献

［1］《2020 年的中国科学和技术》（土木工程）. 北京：中国土木工程学会，2004

［2］项海帆. 中外新建桥梁中的技术创新比较. 第十七届全国桥梁学术会议论文集. 北京：人民交通出版社，2006

［3］施一民，施可超. 江阴长江公路大桥 GPS 施工检测网的布测. 工程勘查. 1994，4：49～51

［4］李丽平，郭庆华，潘欣，丁文霞. 桥梁 CAD 软件的现状与发展趋势. 公路交通技术. 2004，1：43～45

［5］项海帆主编. 中国优秀桥梁. 北京：人民交通出版社，2006

执笔人： 肖汝诚、程进、葛耀君、李建中、石雪飞、孙利民

其他撰稿人： 张启伟、郭瑞、淡丹辉、季云峰

隧道工程篇

隧道及地下工程分会

目 录

前言 ······ 55
一、隧道工程和地下工程建设发展概述 ······ 55
 （一）铁路隧道 ······ 55
 （二）公路隧道 ······ 61
 （三）地铁隧道 ······ 64
 （四）其他用途的隧洞和地下工程 ······ 68
二、隧道工程建设技术成就 ······ 72
 （一）隧道工程勘察设计水平的进步和提高 ······ 73
 （二）隧道施工技术的进步和提高 ······ 74
 （三）隧道工程新设备、新材料、新技术的发展 ······ 87
 （四）隧道防灾救灾技术有了进一步发展 ······ 89
三、隧道工程建设技术发展趋势与前景 ······ 89
 （一）过江跨海隧道工程 ······ 90
 （二）输气输水隧洞工程 ······ 91
 （三）仓储、军工、LPG隧道工程 ······ 92
 （四）城市地下空间隧道工程 ······ 92
 （五）在建的铁路长大隧道工程 ······ 92
四、典型隧道工程图片 ······ 93
 （一）铁路隧道工程 ······ 93
 （二）公路隧道工程 ······ 96
 （三）地铁工程 ······ 97
 （四）城市过街道 ······ 98
 （五）其他地下工程 ······ 98
 （六）隧道工程施工机械 ······ 100

前 言

隧道及地下工程是人类利用地下空间而建造的土木工程，是人类挑战生存空间的一种重要方式。我国大陆自改革开放以来，隧道及地下工程快速发展，取得了令世界瞩目的成就，建成规模数量及发展速度在世界上名列前茅。随着城市化进程的加快，人们环保意识的加强，土地资源的开发利用向地下空间拓展已成为必然的发展方向。在北京、上海、天津、广州、深圳、南京等特大城市已建成运营城市地铁200多公里，而且在许多城市建成了相当数量的地下商场、地下管廊、停车场、人防设施等。目前，我国大陆上新建各类隧道、隧洞约以每年500km以上的速度在增长。正在规划、设计和建设的公路、铁路、城市轨道交通、南水北调、西气东输和水电工程、LGP工程等，也为隧道及地下工程事业的发展带来了新的、更大的机遇。截至2005年，我国在铁路、公路、水利水电等领域已建成隧道近万座，总延长达到6000多公里，已成为世界上名副其实的隧道及地下工程大国。

我国在隧道及地下工程方面已经取得快速发展和举世瞩目的成就，并成为世界上隧道数目最多、建设规模最大、发展速度最快的国家，而城市轨道交通也开始进入一个快速发展的新时期。

1. 隧道（洞）方面：我国大陆拥有铁路隧道7400余座，总长度达4200km；公路隧道拥有1970余座，总长度达1000km；分别是改革开放之初的4.7倍和13.5倍。铁路隧道和公路分别以每年约300km和150km的速度在增加。出现了单洞长度达20km多的特长交通隧道和单洞四车道的大断面隧道以及单洞长达85km的输水隧洞。新建的铁路和公路其隧道占线路的比重在增加，平均单座隧道的长度在增加。我国目前已投入运营的最长的双线铁路隧道是衡广铁路复线大瑶山隧道，14295m；已投入运营的最长的单线铁路隧道是西安安康铁路秦岭隧道，18460m，已建成的最长的公路隧道是西康公路秦岭隧道，18020m；已建成的最长的输水隧洞是引黄入晋工程南干渠7号洞，42570m。

2. 地下工程方面：建成了大批地下厂房、地下商场、地下仓库、地下娱乐场、地下图书馆和地下人防工程，还有地下停车场、地下飞机库、地下油库、地下热力通道、地下电力通道，等等，利用地下空间，节约地面资源，增添城市功能，方便人民生活，改善环境条件，实现建筑节能，创造了可观的社会效益和经济效益。

3. 城市轨道交通方面：北京、上海、南京、深圳、广州、天津、重庆、武汉、大连、青岛等大城市有400km的轨道交通投入使用或试用，2001~2004年4年间新增加的线路长度超过了前30年的总和，其中半数为地下铁道。哈尔滨、长春、沈阳、杭州、苏州、西安、成都等城市也已在筹备或开工建设城市轨道交通。总的看来，各城市因地制宜，相应规划，初步建立了以地下线、地面线、高架线、跨座式单轨等多种轨道形式并举的城轨交通模式。

一、隧道工程和地下工程建设发展概述

（一）铁路隧道

1. 铁路隧道工程建设发展概况

隧道工程在我国最早主要用于煤炭业和采矿业，后来逐步延伸到交通领域，特别是在铁路方面进展得较早、较快，从而带动了诸如地下铁路、地下商场、地下停车场等地下工程的发展。在我国，铁路隧道建设已有近120年的历史，解放前主要出现在帝国主义修建的一些铁路上，最早的是1888年台湾岛内的狮球岭隧道。中国人自行设计、自主施工的最早隧道是八达岭隧道。新中国成立以后，我国隧道工程出现了前所未有的崭新局面。近年，随着综合国力的增强和施工技术的不断进步，我国单个铁路隧道的长度则有增加的趋势。解放前最长的铁路隧道才3km，而现在我国已建成的最长的双线铁路隧道有14km多，最长的单线铁路隧道达到18.46km。目前一条全长27km的铁路隧道（石太客运专线太行山隧道）正在建设中。特别是铁路隧道的技术被用在城市建设上，使我国的隧道及地下工程开始有了新的起色。就隧道工程的修建技术水平而言，我国经历了20世纪50年代及以前的钢钎、铁锤和人力斗车为代表的手工操作时代；六七十年代以手持风钻、风动装岩机和电瓶机车、斗式矿车为代表的小型机具施工阶段；80年代以进口液压凿岩台车、履带或轮行式装载机、轨行式扒装机和大型运输汽车、组合列车为代表的大型机械化作业时期；90年代以西安至安康铁路使用大型全断面隧道掘进机（TBM）为代表的现代化施工水平出现。我国已拥有了世界上较为先进的设备，并掌握了其施工操作方法和技术，隧道修建的长度、速度、质量、科研理论均已接近世界先进水平。在克服不良地质修建长大隧道的能力上，我国所取得的成就也是非常突出的。60年代我们建成了号称"地质博物馆"的成昆铁路；70年代我们建成了位于岩溶发育地区的湘黔、枝柳和贵昆铁路；80年代我们建成了难度空前的衡广铁路复线和规模宏大的大秦重载铁路，特别是战胜了突泥涌水的地质灾害，通过了长达数百米的断层破碎带以及大量的软弱地层，成功地建成了长14295m的大瑶山隧道、6060m的南岭隧道和8700m的军都山隧道；90年代我们又建成了候月、宝中、京九、南昆和朔黄铁路，隧道工程所遇到的不良地质为煤层瓦斯、膨胀性围岩、古河槽及湿陷性黄土；进入21世纪初，新建成的内昆铁路桥隧占线路总长的比率为国内运营干线铁路之最。多座隧道通过滑坡体和岩堆。突出的如曾家坪子1号隧道，进口端三线大跨，车站伸入隧道内270余米，最大开挖宽度达20.6m，全部处于岩堆内，施工难度极大。目前施工已处于尾声的渝怀铁路占线路总长的比重超过内昆铁路，线路中段所经过的石灰岩地层岩溶极其发育，历史上曾被宣告为铁路修建的"禁区"。其中圆梁山隧道长11068m，大部分地段通过富水区和高压富水充填性溶洞区，灾害频发，被国内工程专家共认为是"世界级难题"。但是这只"拦路虎"已被隧道建设者们所制服。即将投入正式运营的青藏铁路，建设者们克服了高原缺氧恶劣条件，在多年冻土中完成了昆仑山隧道、风火山隧道，创造了又一世界之最。尽管我们在管理上、在施工安全上、在工程质量上、在隧道及地下工程的使用技术上、在工程的环保实施上、在大型和高科技施工设备及物资材料的制造上较发达国家还有不小的差距，还不能说是这方面的强国，但是从建设的规模、速度和技术难度水平来说却仍不失为是隧道和地下工程的大国。

2. 十年间铁路隧道建设典型工程实例

近十年来，由于国家、政府和隧道建设者的共同努力，建造了一批具有标志性和代表意义的隧道和地下工程。

（1）西安—安康线的秦岭隧道长18460m，由两座平行设置的单线隧道构成，线间距30m。它是我国已建成投入使用的最长铁路隧道，最大埋深1600m，是我国埋深最大的铁路隧道。隧道穿越地段的地质条件非常复杂，有高地应力、岩爆、地热、断裂带涌水、围岩失稳等不良地质灾害。Ⅰ线隧道采用TBM施工，Ⅱ线隧道先期作为Ⅰ线隧道的平行导坑，采用钻爆法施工。该隧道于2001年1月已投入运营。秦岭Ⅰ、Ⅱ线隧道的施工以"高起点、高标准、高速度、高质量；决策科学化，施工规范化，作业标准化，管理现代化"为指导方针，在20世纪末我国铁路隧道建设史上树立起一座跨世纪的丰碑。秦岭隧道施工中共设立涉及施工技术、地质研究、通风降温、弹性整体道床、特长隧道运营维护、环境保护综合治理等多方面的科研项目，解决了设计施工中的许多难题。隧道施工采用了技术先进的敞开式全断面掘进机（TBM），标志着我国铁路隧道施工机械化水平跨入了世界先进行列。2002年，秦岭隧道（含Ⅰ、Ⅱ线）获中国建筑工程鲁班奖，秦岭Ⅰ线隧道获第三届詹天佑土木工程大奖。

（2）侯马—月山铁路云台山Ⅱ线隧道长8178m，在云台山Ⅰ线隧道（长8144m）完工后的1994年6月开工，于1996年6月28日全隧主体完工，仅用25个月时间，提前工期近一年。从开工到完工施工持续稳产，平均月成洞327.12m，全隧最高月成洞达到517.3m。其中斜井工区正洞施工月均成洞141.9m，连续5个月突破200m成洞，最高达260.36m。连同Ⅰ线云台山隧道所通过地层极为复杂，有1885m的含煤层，瓦斯涌出量为0.35～4.03m³/min；有6120m的膨胀性围岩，失水缩裂，遇水泥化，易坍塌，成形难；还有长192m的古河槽地段，为土加碎石层。在难度极大的情况下，隧道建设者创造出了多项优异的施工记录。1999年云台山隧道（包括Ⅰ、Ⅱ线）获国家优质工程金奖。

（3）京九铁路五指山隧道长4465m，是全线最长隧道，双线电气化断面，重点工程之一，位于广东和平县境内，与江西比邻。隧道沿五指山脊穿行，通过地段主要为燕山中期粗黑云母花岗岩和紫红色凝灰质或钙质砾岩、夹砂岩，有断层数条，地质破碎，部分地段出现有害放射矿源。隧道中部构造发育为富水区，涌水量10000～12000m³/d。1993年5月五指山隧道开工，施工方案为双向平行导坑。施工中充分利用了平导超前的优势，正洞施工采用进口液压凿岩台车与多功能台架联合作业的方式，连续取得了17个月双口双百米的稳产成绩。隧道通风采用拉练式通风管，并辅以射流式通风技术，同时使用了水幕降尘器，湿式混凝土喷射机，解决了地温高、粉尘污染、放射线污染的问题。隧道施工历时25个月，平均月成洞178.6m。1995年7月隧道完工，提前计划工期2个月。全隧施工实现了"一短三快"（施工筹备期短，形成生产能力快，实现高产稳产快，收尾清工快），且全隧施工无一死亡。1998年，五指山隧道荣获中国建筑工程鲁班奖，2000年，五指山隧道获第一届詹天佑土木工程大奖。

（4）内昆铁路曾家坪子1号隧道长2563m，位于云南省大关县境内。曾家坪车站因受地形限制，昆明端站线及咽喉区413m设置在曾家坪子1号隧道内，其中270m为三线大跨，施工开挖宽度20.68m，高度13.83m，另143m为车站渡线段。隧道进口端覆盖层厚3～15m地质条件差、成分复杂，自上而下为砂黏土、块石土、泥质灰岩、泥岩和砂岩等。洞口大跨段50m位于严重风化、错落的岩堆体中，施工难度极大。隧道建设者根据隧道围岩状况进行了经验比较和理论计算分析，对各种施工方法进行了研究对比，确定隧道大跨段采用双侧壁导坑法施工。大跨断面施工共分成十六步按顺序展开，周密布置围岩变形和受力的量测，及时进行数值分析和反馈，用以指导施工。该隧道大跨段于1999年5月开工，2000年12月完工，做到了安全好，质量优，获第五届詹天佑土木工程大奖。

（5）青藏线的风火山和昆仑山隧道是世界上海拔最高的两座隧道，其中风火山隧道全长1338m，高程4905m；昆仑山隧道全长1686m，高程4666m，均为多年冻土隧道，于2003年铺通。这两座隧道成功地攻克了含土冰层、饱冰冻土、富冰冻土等多种罕见的不良地质体，标志着我国铁路隧道在制氧通风技术、隔热保温技术、低温喷混凝土技术、浅埋冻土隧道施工技术等方面均创造了世界纪录。

（6）渝怀铁路的圆梁山、武隆、歌乐山等隧道是典型的岩溶富水隧道，其中圆梁山隧道多次发生涌水突泥等地质灾害，毛坝向斜段实测隧道涌水压力达4.5MPa，被工程地质界称作"世界级难题"；武隆隧道全长9248m，隧道穿越溶洞暗河极发育区，2003年雨期最大涌水量达718×10⁴m³/d；歌乐山隧道全长4050m，位于重庆市区歌乐山森林公园下面，地表岩溶漏斗、洼地、落水洞、溶沟、溶槽等溶蚀现象发育，并且地表居住有6万多居民，水文地质环境极其复杂。这几座隧道在2004年2月前均已顺利贯通，标志着我国处理复杂岩溶隧道的能力又上升了一个台阶。

（7）兰武二线的乌鞘岭特长隧道全长20050m，为两条单线隧道，隧道间距40m。隧道洞身通过断层破碎带的长度约1400m，其中17断层为活动性断层，与隧道基本正交，洞身影响长度约785m，该隧道施工中可能会出现大变形、围岩失稳、突水涌泥、岩爆、高地温等地质灾害。采用长隧短打的施工方案，设置13座斜井、1座竖井共14个总长约20km的辅助坑道，其中7号斜井长3362m，大台竖井深516m，属我国铁路建设史上长度最长、工期最紧、设置辅助坑道最多的一条铁路隧道，2005年12月其主体已基本完工。

其他还有西安—南京铁路东秦岭隧道、磨沟岭隧道、桃花铺一号隧道，南昆铁路米花岭隧道、家竹箐隧道，朔黄铁路长梁山隧道、寺铺尖隧道，内昆铁路曾家坪子1号隧道，赣龙铁路蛟洋隧道，渝怀铁路武隆隧道、金洞隧道，神延铁路寺则河隧道等工程，都具有一定的代表意义。

3. 十年间铁路隧道工程建设的规模

截止到2003年底，我国已建成的铁路隧道总数达7400多座，总长度超过4200km，据初步估算，1996～2005年十年间所修筑的铁路隧道总数应有1300余座，总延长在1350km以上。今后一段时期，随着西部大开发和我国全面建设小康社会的宏伟规划，以及铁路客运专线建设高潮的到来，我国的铁路将迎来新的发展期，铁路隧道建设的数量、长度和复杂程度将超过历史上的任何时期。

（1）近十年中国铁路3km以上单线隧道一览表，见表1-1。

近十年中国铁路3km以上单线隧道一览表　　　表1-1

序号	隧道名称	所在线路	隧道长度(m)	建成年份	备注
1	秦岭Ⅰ线	西 康	18456	2000	
2	米花岭	南 昆	9392	1996	
3	金 洞	渝 怀	9108	2003	
4	云台山Ⅱ线	侯 月	8178	1996	
5	分水关	横 南	7252	1995	
6	桃花铺二号	西南铁路	7100	2002.6	
7	蛟 洋	赣 龙	7000	2002	
8	松 河	水 柏	6905	2000	
9	磨沟岭	西安南京	6113	2002	
10	寺则河	神 延	6216	2000	
11	大竹林	株六复线	6067	2000	位于贵昆线
12	黄莲坡	内 昆	5306	2000	
13	朱 嘎	内 昆	5194	2000	
14	家竹箐	南 昆	4990	1996	
15	白龙山	水 柏	4845	2000	
16	二排坡	南 昆	4767	1995	
17	分 水	达 万	4747	2001	
18	新 寨	内 昆	4409	2001	
19	天 池	西 康	4360	1999	
20	红岩坡	广 大	4302	1998	
21	青 山	内 昆	4271	2000	
22	新会龙场	宝成复线	4245	1997	
23	桃坪Ⅱ线	侯 月	4219	1996	竣工时长4214m
24	营盘山	南 昆	4140	1996	
25	狮子岩	西 康	4133	1999	
26	青龙背	内 昆	4104	2000	
27	闸 上	内 昆	4068	2000	
28	新东山	株六复线	3900	2001	位于湘黔线
29	堰 岭	西 康	3890	1999	

续表

序号	隧道名称	所在线路	隧道长度(m)	建成年份	备 注
30	银 山	水 柏	3888	2000	
31	枣子林	成 昆	3837	1998	系20世纪60年代所建,长3300m的枣子林隧道与那尔坝隧道以明洞连通而成
32	新花苗	株六复线	3834	2000	位于贵昆线
33	羊马河	神 延	3810	2000	
34	新雪峰山	湘黔复线	3809	1995	
35	猫猫关	广 大	3772	1998	
36	峡 山	赣 龙	3770	2003.4	
37	龙摩山	广 大	3761	1998	
38	黄沙岭	西安南京	3759	2002	
39	南 坪	阳 涉	3753	2000	
40	新茨冲	株六复线	3680	2000	位于贵昆线
41	三 仙	内 昆	3620	2000	
42	甘家坡	内 昆	3619	2000	
43	毛家坡	内 昆	3496	2000	
44	凉风坳	株六复线	3492	2000	位于湘黔线
45	小 河	西 康	3472	1999	
46	羊 寨	南 昆	3425	1996	
47	新多牛	东川支线	3404	1998	
48	羊八井一号	青 藏	3345	2004.6	
49	龙洞湾	内 昆	3318	2000	
50	普洱渡	内 昆	3305	2000	
51	雷音铺	达 万	3296	2000	
52	金竹林	内 昆	3249	2000	
53	黄荆坝	内 昆	3230	2000	
54	芦 岭	横 南	3214	1995	
55	弯 山	横 南	3190	1995	
56	康 牛	南 昆	3186	1995	
57	新大滩	宝成复线	3185	1996	
58	新熊家河	宝成复线	3164	1997	
59	关路坡	神 延	3159	2000	
60	红梁子	水 柏	3158	2000	
61	沙厂坪1号	南 昆	3104	1996	
62	炮台山	达 成	3098	1996	含为安设射流风机接建的引风洞20m

续表

序号	隧道名称	所在线路	隧道长度(m)	建成年份	备 注
63	手扒岩	内 昆	3058	2000	
64	盘龙山	南 昆	3006	1996	
65	黄土坡3号	内 昆	3005	2000	

说明：本表按隧道长度排序。均为截至2005年末建成者。

（2）近十年中国铁路1.5km以上的双线铁路隧道一览表，见表1-2。

近十年中国铁路1.5km以上双线隧道一览表　　　　表1-2

序 号	隧 道 名 称	所 在 线 路	隧道长度(m)	建 成 年 份
1	长梁山	朔 黄	12782	2000
2	寺铺尖	朔 黄	6407	1999
3	蛇口崀	神 朔	5804	1993
4	水泉湾	朔 黄	4925	1998
5	霍家梁	神 朔	4724	1995
6	五指山	京 九	4465	1995
7	雷公山	京 九	3679	1995
8	东 风	朔 黄	3296	1999
9	张家坪	朔 黄	2905	1999
10	白茅尖	朔 黄	2823	1999
11	新龙门	焦枝复线	2540	1995
12	下南坪	西 合	2309	2001
13	青云山	京 九	2270	1995
14	龙 宫	朔 黄	2043	1998
15	滴水崖	朔 黄	2005	1999
16	罗耕坪	京 九	1656	1995
17	会 里	朔 黄	1532	1999
18	西河1号	朔 黄	1525	1998

说明：本表按隧道长度排序。

（3）近十年中国铁路多线隧道一览表，见表1-3。

近十年中国铁路多线隧道一览表　　　　表1-3

序号	隧道名称	线数	所在线路	多线隧道长(m)	建成年份	备 注
1	沙厂坪2号	3	南 昆	155	1996	
2	曾家坪1号	3	内 昆	269	2000	进口段为由单线过渡到三线的喇叭口衬砌，隧道全长2563m
3	邓家湾1号	3	内 昆	138	2000	进口段为由单线过渡到三线的喇叭口衬砌，隧道全长251m

（4）我国建成铁路特长（10km以上）隧道一览表，见表1-4。

我国铁路建成10km以上特长隧道一览表　　　　表1-4

序 号	名 称	所在线路	长度(m)	线路数目	最大埋深(m)	施工方法	辅助导坑
1	乌鞘岭隧道	兰武二线	20050	双洞单线	1100	钻爆法	13斜2竖1横
2	秦岭隧道	西康线	18456	双洞单线	1600	钻爆法、TBM	1平导

续表

序 号	名 称	所在线路	长度(m)	线路数目	最大埋深(m)	施工方法	辅助导坑
3	大瑶山隧道	京广	14295	单洞双线	700	钻爆法	3斜1竖
4	长梁山隧道	朔黄线	12780	单洞双线	360	钻爆法	4斜
5	东秦岭隧道	西安南京线	11300	单洞双线	580	钻爆法	1平导
6	圆梁山隧道	渝怀线	11068	单线	780	钻爆法	1平导1横洞

(二) 公路隧道

1. 公路隧道工程建设发展状况

上个世纪后半叶的前30年我国所修建的公路等级低，线形要求不高，当公路翻越山岭时，大都采用盘山展线绕行。50年代，我国仅有30多座总长约2.5km的公路隧道。在六七十年代，我国干线公路上曾修建了百米以上的公路隧道。1964年修建的北京至山西原平公路(四级公路)，修建了两座200m以上的隧道，已是非常大的工程。进入80年代，我国公路隧道发展的速度加快，具有代表性的工程有深圳梧桐山隧道和珠海板樟山隧道，福建鼓山隧道，甘肃七道梁隧道等。据统计，1979年我国公路隧道通车里程仅为52km/374座，1993年我国的公路隧道通车里程为136km/682座，隧道平均长度分别为139m和199m，均以二级以下的短隧道为主。据统计，2000年我国隧道通车里程已达628km/1684座，隧道平均长度已达373m，其中特长隧道为54km/15座，长隧道为207km/135座，中隧道为255km/514座，短隧道为112km/1020座，公路隧道通车里程比1979年增长了12倍多，比1993年增长了4倍多。

我国公路隧道建设是在几乎空白的基础上得到发展的。1986年我国第一座设施先进的现代化大型公路隧道——鼓山双洞隧道在福州至马尾一级公路上建成。之后，又相继建设了中梁山、缙云山、六盘山、八达岭等一批具有现代化水平的大型公路隧道工程。据不完全统计，到2001年底，我国建成的千米以上的公路隧道已有140余座。截至2003年底，中国公路通车总里程已达172万km。我国大陆公路隧道拥有1970余座，总长度达1000km；分别是改革开放之初的4.7倍和13.5倍，从最近几年的建设规模和速度来看，单洞长度达10km以上的特长公路隧道和连拱、单洞双车道和四车道的公路隧道、双层水下公路隧道均脱颖而出。在发展速度方面，公路隧道建设以每年约以150km的速度在增长。多处长4~8km的山岭隧道即将建成或投入建设。目前，超过千米的特长隧道有18座，总长约66km。其中西安到安康高速公路穿越秦岭山脉的双向分离式四车道终南山特长公路隧道，设计全长18.4km，居世界第二、亚洲第一。中国已经成为世界上公路隧道最多、最复杂、发展速度最快的国家。

正在向西部延伸的中国公路网将使中国西部成为世界公路界关注的焦点。中国西部特殊的地域条件决定了公路隧道建设也将进入一个新的发展时期，一大批特长隧道将逐步开工建设。按照交通部规划，我国10年内将新建成40万km新路，"五纵七横"国道主干线将贯通。10年内，我国将再建设总长155km以上的公路隧道。除了正建设的终南山隧道全长18.4km外；湖南雪峰山隧道长7km多；西安汉中高速公路上穿越秦岭的三座特长隧道群总长34km，全线隧道总长100km；上海崇明岛和武汉的长江上将建设大型过江通道工程。

十年来，我国交通部门每年投入大量科研经费，已摸索出成套隧道施工技术。1998年通车的浙江省甬台高速公路大溪岭隧道，是我国自行设计施工，采用国产材料设备为主的现代化大型隧道，隧道内设置了照明、通风、防火、监控等完善的运营机电设施；长3.45km的北京八达岭高速公路潭峪沟隧道，单洞开挖宽度约15m，为我国3车道公路隧道修建积累了经验；沈大高速公路中一条隧道为单向4车道行车，单洞开挖宽度约20m；此外，我国应用暗挖、盾构和沉管等三种基本方法，建成了5条水下隧道，质量都达到了优良要求。上海的8车道沉管越江隧道即将建成，标志着我国在沉管隧道领域达到了国际先进水平。

2. 十年间公路隧道建设典型工程实例

近10年来，我国已修建了不少公路长隧道、特长隧道以及隧道群。其中，主要有：1995年建成的成渝高速公路上的中梁山隧道，长 3km 多，解决了我国长大公路隧道的通风问题；1999 年通车的四川省川藏公路上二郎山隧道，长 4km 多，是连接西藏与内地的重点工程；1999 年通车的四川广安地区华蓥山公路隧道，长 4.53km，是我国目前已通车的最长公路隧道。我国公路隧道建设是在几乎空白的基础上得到发展的。1986 年我国第一座设施先进的现代化大型公路隧道——鼓山双洞隧道在福州至马尾一级公路上建成。之后，又相继建设了中梁山、缙云山、六盘山、八达岭等一批具有现代化水平的大型公路隧道工程，我国已修建了不少长隧道、特长隧道以及隧道群，隧道占公路里程比重不断增大。同时，我国还修建了不少大跨度隧道、连拱隧道和小间距隧道。隧道建设技术不断提高和成熟，其中：

（1）1995 年建成的成渝高速公路上的中梁山隧道长 3.165km，缙云山隧道长 2.529km，解决了我国长大公路隧道的通风问题，在我国的现代化隧道建设中具有重要意义。

（2）1999 年 12 月通车的四川省川藏公路上的二郎山隧道长 4.176km，该隧道是连接西藏与内地的重点工程。该隧道的建成缩短运营里程 25.4km，提高了线路标准，避免了公路在海拔 3000m 以上的山区迂回，促进了地方经济的发展。

（3）1999 年 9 月全线通车的四川广安地区华蓥山公路隧道长 4.534km，是成都到上海高速公路中的广安至重庆高速公路的瓶颈工程，也是目前我国已通车的最长公路隧道。华蓥山公路隧道地质复杂，集溶洞、涌泥、突水、岩爆、高瓦斯和石油天然气于一身。

（4）1998 年 12 月实现单洞通车，并于 1999 年底实现双洞通车的全长 2×4.116km 的浙江省甬台高速公路大溪岭—湖雾岭隧道。该隧道为确保隧道运营通车后的通行能力及安全性，设置了照明、通风、防火监控等完善的运营机电设施，它是我国自行设计施工及采用国产材料设备为主的现代化大型隧道。

（5）全长 3.455km 的北京八达岭高速公路潭峪沟隧道，断面采用五心圆扁坦拱形式，单洞开挖宽度约 15m，为我国三车道公路隧道修建积累了经验。沈大高速公路改建工程中的一条隧道，单向四车道行车，单洞开挖宽度接近 20m。

（6）京珠高速公路五龙岭隧道为双连拱结构，总开挖宽度达 32.52m。在地质条件不利的条件下，采用三导坑分部开挖，挂网锚喷加刚拱架联合支护，成功地将我国隧道修建技术向前推进了一步。之后，我国福建省还用暗挖法修建了四条隧道。

（7）福建省的里洋隧道等，上下行隧道采用独立的结构形式，但其中间岩柱厚度约为 6m，突破了传统的单修隧道间岩柱厚度不小于 3D（D 为单洞跨度）的限制，在具体的工程条件下，极大地节约了工程造价。

此外，为了保护稀有动物和人类文化遗产，一些路线也采用了隧道方案。如：

（1）秦岭山区是大熊猫和金丝猴等珍稀动物的保护区，西安—汉中的高速公路在秦岭山区大量地采用了特长隧道群的方案，把人类活动对稀有物种的影响降到最低限度。

（2）南京的古城墙是国家级重点文物，为了解决进出中山门的公路交通问题，南京修建了富贵山隧道。

我国公路隧道大部分修建于最近十年内，初步估计，1996～2005 年十年间所修筑的公路隧道总数约 1300 余座，总延长应在 900km 以上。其中：

（1）近十年 3km 以上的中国公路隧道见表 1-5。

近十年中国公路 3km 以上的公路隧道一览表　　　　表 1-5

序号	隧道名称	线路名称	隧道长度(m)	断面(m²)	建成年份	备注
1	青沙山隧道	平安至阿岱高速公路	3340	净宽 9.25m，净高 5.0m	2002.12～	洞口海拔 3000m
2	铁山坪公路隧道	渝(重庆)长(寿)高速公路	5424	宽 15m，高 10m	～1999.9	双线 6 车道。出口段有 1200m 的软弱破碎围岩，覆盖层最薄处只有 28m
3	华蓥山公路隧道	四川广安至重庆高速公路	总长 9411.9；左线长 4705.95，右线长 4705.95		～1999.10	分离式双洞

续表

序号	隧道名称	线路名称	隧道长度(m)	断面(m²)	建成年份	备注
4	二郎山隧道	川藏公路	全长8596，(二郎山隧道4716)		1996.5～2001.1	二郎山隧道4176m，别托山隧道长101m，和平沟大桥长118m，洞口海拔2200m
5	新七道梁隧道	兰州至临洮高速公路	单洞全长4070		2001.12～2004.12	双向4车道，整体路基宽24.5m，分离式路基宽2×12.5m
6	青杠哨双线公路隧道	遵崇高速公路	左线3623、右线3547	高度8.9m		单线设计两车道
7	玄武湖东西向隧道、九华山隧道和玄武湖南北向隧道群	南京市	三条长度总长9000	断面宽45m		隧道山体段采用三联拱结构，双向六车道
8	鹧鸪山隧道	国道317线	4400		2001.4～2003.9	海拔4000m；高海拔、高地应力、低埋深
9	秦岭终南山公路隧道	内蒙古阿荣旗至广西北海、宁夏银川至湖北武汉	18000		2002～2005.4	双洞四车道
10	雪山隧道	台湾北宜高速公路	12900	隧道分东、西两个主洞		另有一座平行导洞，设有三对通风竖井，最深的达500余米；两个主洞之间有28个人行横洞和8个车行横洞，并与平行导洞相连
11	老山隧道	宁淮高速公路	全长3610；左线1425，右线长1800	左洞高5.0m，宽14.0m	～2005.6	三车道隧道跨度大；双向6车道，设置四处行车横洞、六处行人横洞以及四处紧急停车带
12	长江公路隧道	武汉	全长3630，其中隧道长3295		2004.11～	双向4车道，工期4年
13	铁峰山2号隧道	重庆万州至开县高速公路	左线6021；右线6022	宽10.4m，拱高6.92m		左右线分离的平行双洞，隧道左右线中线间距30m
14	广福隧道	粤境蕉岭—梅县城东段高速公路	左洞全长2111，右洞全长2101	净宽11.36m，净高7.01m；	2004.12	双洞分离式；左右隧道中线间距为35～45m。全洞设置2处车行横洞，3处人行横洞，2处紧急停车带

(2) 近十年3车道以上大断面的中国公路隧道见表1-6

近十年中国公路3车道以上大断面隧道一览表　　　　表1-6

序号	隧道名称	线路名称	隧道长度(m)	断面(m²)	开挖跨度×高度(m)	建成年份	车道数	备注
1	白花山隧道	广深珠高速公路	390	180	16.9×12.4	1995		正台阶开挖
2	中山门隧道	南京沪宁高速公路	2×100		15.2×9.7	1996		定设导坑环形开挖
3	大宝山隧道(双线)	京珠高速公路	1585		17.0×8.9	1996		导坑+全断面开挖法
4	马兰坝隧道	贵阳	60		14.57×8.00	1996		侧壁导坑开挖法
5	石佛寺1号隧道	八达岭高速公路	45		13.1×7.3	1998		NATM+弧形导坑开挖法
6	潭峪沟隧道	八达岭高速公路	3456		13.1×7.3	1998		全断面+分部开挖法
7	铁山坪隧道	渝长高速公路	2847		14.0×7.3	1998		双侧导坑、先拱后核法
8	靠椅山隧道	京珠高速公路	2981	165	17.04×12.24	1999		双侧壁导坑法
9	黄鹤山隧道	杭州环城公路	1470	165.2	16.368×10.44			双侧壁导坑+上下半断面+全断面法
10	鹅公岽隧道	深圳		150.62	16.596×11.3	1999		双侧壁导坑法
11	青岛车站	青岛车站			18.8×13.94			中短台阶+先拱后墙法
12	大阁山隧道	贵州凯里市	496		跨度22	2001	单孔双向四车道	国内单孔净跨最大
13	万松岭隧道	西湖风景区	809	171	17.874×12.026		四车道	建成后使用空间净宽15.2m，净高5.0m

(三) 地铁隧道

1. 中国地铁的发展概述

中国大陆第一次修建地铁开始于 1965 年 7 月的北京，至今已将 40 余年。但是在上个世纪的 60 年代末到 70 年代的十多年里，地铁建设几乎停顿了下来，没有什么进展，80 年代以前，仅北京和天津有不到 30km 的地铁在运营。80 年代～90 年代末的这一时期，中国开始了改革开放的进程，地铁的建设也由服务于战备转为服务于经济的发展，伴随着经济的发展，继北京、天津继续修建地铁外，上海和广州也修建了地铁工程，截止到 1999 年底全国大陆地区新增地铁里程 76.5km（值得一提的是，同一时期，我国香港地区修建地铁 77.2km）。2003 年底，我国地铁运营里程累计近 200km，北京、天津、上海、广州、深圳、武汉、重庆、大连、南京等大城市已建有地铁和城轨。目前杭州、苏州、沈阳、哈尔滨、长春、青岛、成都、西安等城市也已经开始或将要修建地铁，我国的地铁建设已步入快速发展阶段。

由此可知，我国已有地铁和城轨大部分形成于最近十年。

具体包括：

（1）北京地铁二期工程：复兴门—建国门环线段，总长 16.1km，于 1984 年通车试运行；北京地铁三期工程：复兴门—四惠东段，于 1999 年 9 月试运行，次年 6 月与老一线（苹果园—北京站段）贯通运营，成为贯穿北京市区的东西大动脉。

其所采用的车辆设备技术上也有所提高，三期工程引进 VVVF（变频调压）车辆技术，90 年代初引起国外技术设备，包括列车自动控制系统 ATC（ATS，ATP，ATO）通信技术设备、电动客车车门系统和电力自动化系统。

列车最高时速达 80km/h，平均 33km/h，行车密度大，高峰期列车运行间隔 3min，最大间隔 15min。日输送乘客 122 万人。一期工程自 1971～1983 年，运量年均递增 21%；二期工程 1984 年开通以来，与一期一起，两条线路总运量从 1984 年的 1.03 亿人次迅速增至 1997 年的 4.45 亿人次，年均递增 11.9%。

修建方法上，突破了原有浅埋明挖法的限制，于 1986 年在修建复兴门折返线时，首次在北京实施了浅埋暗挖法施工，该方法可概括为：管超前、严注浆、短开挖、强支护、快封闭、勤量测。即先对自稳能力差的土层进行注浆、加固，而后开挖；采用较强的支护手段，在初次支护结构稳定后，再进行二次衬砌（模筑混凝土）；每次采取小进度开挖；经常对地表沉降、拱顶下沉、周边收敛等进行量测，以保证施工安全。由于该法的优势，很快被推广到车站和区间的修建中。

另外，在车站的建设中还引进了盖挖法，这种方法既有明挖施工简单的特点，又有早封闭、减少断路影响交通的长处。

在区间的施工中，盾构法施工也得到了试验性的应用。

（2）天津地铁规划一号线中段：铁路西站—新华路，全长 7.4km，于 1984 年 12 月 28 日正式通车。

该线路车辆采用国产 DK8 型和日本东急车辆厂引进的东急（天津）-1000 型以及北京 TD1 型。信号系统采用集中式控制方式。

其运营方式为每天 17 小时，列车间隔高峰期为 9～10min，非高峰期 10～15min，最大开行对数为 6 对/h，年平均客运量 1150 万人次。

修建方法采用浅埋明挖法，特殊地段采用顶管法。洞体结构采用钢筋混凝土双孔中柱式矩形方涵。隧道顶部最小覆土厚度 1.43m，最大覆土厚 3.1m。

（3）上海地铁 1 号线：锦江乐园—上海火车站，全长 21km，16 座车站，工期为 1990 年 1 月～1995 年 4 月。

其技术设备为，采用德国 AFG 公司生产的 A、B、C 型三种车辆，列车诊断系统对车载设备可进行检测、诊断、评估、存储、显示和报警。可在 ATC（列车自动控制系统）控制下实现无人驾驶。

1 号线单向早高峰小时断面通过量可达 6 万人次，全天运行 18h，最小行车间隔 2min，行车速度为 35km/h。

（4）广州地铁 1 号线：芳村西朗—广州火车东站，路线长 18.6km，共设 16 站。于 1998 年末通车。

该线路以 20 世纪 90 年代初的世界水平为目标，引进通信、信号、接触网、电力监控、自动售检票、车辆设备监控、防灾报警和 1301 灭火系统等八个系统及车辆、供电、通风、空调等7项单机引进设备。车辆为德国 AEG 公司制造的交流传动车辆,信号采用 ATC 系统。

1号线日客运量44.64万人,最小行车间隔180s,即20对/h,远期客运能力为每天64.356万人,最小行车间隔120s,即30对/h。

车站的修建采用明挖法,盖挖逆作法。区间施工有明挖法、浅埋暗挖法和盾构法(包括泥水盾构法和土压平衡法)。

(5) 香港地铁:这一时期,我国香港地区分五期总共修建了四条线,其全长77.2km,设站38座。分别为:

观塘—中环线,15.6km,设15站,工期为1975年11月~1980年12月;

太子—荃湾线,长10.5km,设站10座,工期为1978年底~1982年5月;

港岛线(柴湾—上环),12.5km,设站14座,工期为1981年底~1986年5月;

观塘—鱼涌段,4.6km,设站2座;

新机场线:香港岛—赤角新机场,34km,设站7座。

香港地铁运作机制合理,是世界上惟一赢利的地铁运输系统。1996年周日平均客运量238万人次,1日最高客运量304万人次(全天24小时运营)。高峰时列车时间间隔105~150s,非高峰时为3~10min。

香港地铁车站采用随挖随铺法或钻挖法,部分采用盖挖法及化学注浆法;区间隧道,单线应用盾构法(压缩空气钻挖法),双线采用连续墙法(随挖随铺法)。

2. 重点地铁工程介绍

(1) 线路

1) 上海地铁

目前有地铁一号线、二号线,地铁线路呈十字交叉形状。未来上海轨道交通(包括地铁)的远景规划(20年以上)是800km。上海的轨道交通将被分作三个层次:第一层次是市域线,连接城市和中心城外新兴城市,规划中共有4条;第二层次是市区地铁线,一共8条;另外有5条轻轨线。

上海地铁一号线:上海地铁一号线是上海城市轨道交通网络中的南北主干道,工程南起莘庄,北到宝钢。目前已建成通车的一期工程是上海兴建的第一条城市轨道交通快速线;工程南起莘庄,北至上海火车站,工程正线全长21.35km。线路由莘庄起始,沿沪闵路一侧平行北上,在漕宝路前穿越漕河泾,沿漕溪路北上达徐家汇,转向东北沿衡山路到达淮海路,再向东到黄陂路,向北到上海市中心——人民广场后继续向北穿越苏州河后到达上海火车站。

近期建设的共和新路高架工程2003年贯通后,地铁一号线和目前已建地铁二号线将组成上海市区南北、东西相互垂直的轨道交通框架,两条轨道线路可在人民广场专用通道进行换乘。另外还可以在上海体育场、上海火车站站与建成的明珠线一期工程换乘。在建的明珠线二期工程2004年建成后,地铁一号线、地铁二号线和明珠线一二期工程将最终形成"申"字形的城市快速轨道交通体系。

上海地铁二号线:地铁二号线是上海地铁网络中的东西线路。规划西起虹桥机场,经过上海闹市区,在南京东路外滩穿越黄浦江到达浦东陆家嘴金融贸易区,再向东延伸至线路终点张江高科站;在龙阳路站可与在建的磁悬浮线换乘,直达浦东国际机场。地铁二号线一期工程西起中山公园站,东至张江高科站;全长18.6km。地铁二号线一期工程建成后,与地铁一号线在人民广场相交,形成上海地下轨道交通东西、南北的基本框架,缓解了上海地面公共客运交通系统的压力,同时加强了黄浦江的过江客运能力。

上海轨道交通明珠线一期:轨道交通明珠线一期南起上海南站,北至江湾镇。线路沿沪杭铁路内环线走向,穿越漕溪路立交桥和中山西路内环线高架后迅速起坡,由地面线引至高架线,高架继续沿沪杭四条正线,再下坡至地面。沿交通路穿过恒丰路立交桥,线路起坡由地面线过渡到高架线(地面线长约1.5km),穿越上海火车站北广场,跨过宝山路后,沿淞沪铁路上空运行至铁路江湾镇站。工程全长24.97km,其中地面线3.6km,高架线21.37km。沿线设19个车站,2000年已建成通车。

2) 广州地铁

广州地铁一号线:西南起芳村区的西朗,东至天河区的广州火车站东站。工程于1993年12月28日破土动工。1997年6月28日开通从西朗站至黄沙站的长5.4km的首期段,1998年12月28日一号线全线建成。1997年6月28日,香港回归祖国前夕，一号线西朗至黄沙首段5站开通。1998年12月28日，地铁一号线全线建成。1999年6月28日，地铁一号线全线开通运营，广州地铁一号线全长18.48km，设16个车站。

广州地铁二号线：1998年7月28日，地铁二号线海珠广场站动工。线路主要为南北走向，贯通城市中心区的海珠、越秀和白云三个区，线路全长为23.21km。其中高架线路长10.68km，地下线路长11.10km，地面线长0.27km，过渡段长1.16km。全线设20座车站，其中地下站10座，高架站9座，地面站1座。2002年12月29日，二号线首期段三元里到晓港站正式开通。2003年6月28日，广州地铁二号线全线（三元里—琶洲塔）对外开通试运营。

3）天津地铁

天津地铁老线：天津地铁线路是继北京之后全国第二条地下铁路，全长7.4km，设有8个车站，从1984年12月正式通车以来，平均每天运送乘客两万人次，在将近17年的时间里，天津地铁累计运送乘客1亿4千万人次，列车开行71万多列，安全行驶近500万km，从来没有发生任何重大事故，为缓解天津市的地面交通压力发挥了应有的作用。天津地铁共有八个车站：西站、西北角、西南角、二纬路、海光寺、电报大楼、营口道、新华路。

天津地铁一号线：地铁一号线是天津市城市快速轨道交通线网规划中的第一条线路，也是"十五"期间投资规模最大的一项城市基础设施工程。工程自刘园至双林，途经北辰区、红桥区、南开区、和平区、河西区及津南区6大行政区。全长26.2km，其中既有线路7.3km，新建线路18.9km。全线共有车站22座，其中地下车站13座，高架车站8座，地面车站1座。天津地铁一号线工程是现有地铁的改造和延伸，工程2002年11月22日起全面开工，计划用4年时间建成。

4）北京地铁

近几年，北京市委、市政府加大了地铁建设投资的力度，建设速度明显加快：于1999年12月开工的全长40.95km地铁13号线，仅用了三年多一点的时间就实现了全线贯通试运营。"八通线"于2001年12月开工，也仅用了两年的时间就实现18.95km线路的运营。随着一条条新线的落成，地铁运营线路也在迅速延伸，从1987年的40km、1999年的54km，迅速上升为2003年的114km，成为全国轨道交通运营里程最长的城市。

5）深圳地铁

深圳地铁一期工程：深圳地铁一期工程1998年4月获国家批准立项，1999年5月国家批准工程可行性研究报告，1999年10月完成初步设计。2001年一季度全线开工，深圳地铁一期工程由规划的1号线东段和4号线南段组成，其中金田站是地铁1号线与4号线的换乘站。一期工程正线总长19.468km，其中地面线0.62km，其余均为地下线；出入车辆段1.292单线km，1、4号线间西北联络线0.447单线km；车站18座，其中地下站17座，地面站1座；深圳地铁一期工程的总概算为105.85亿元，工程于2003年底建成。深圳地铁一期工程2004年全线建成试运行。深圳地铁1号线续建工程将从一期工程世界之窗站向西延伸至深圳宝安国际机场，全长23km，途中设15座车站。4号线续建工程将从少年宫站向北延伸至龙华镇，全长16km，途中9座车站。

6）南京地铁

南京地铁南北线一期工程：南京地铁南北线一期工程沿主城区中轴线建设，线路全长16.90km，其中地下线长10.40km，地面高架线长6.50km。地铁沿线共设车站13座，有8座是地下车站，5座为地面车站。地铁控制中心设在珠江路。

（2）车站

1）上海地铁

上海地铁一号线：全线设车站十六座，其中地面站五座为莘庄站、外环路站、莲花路站、锦江乐园站和新龙华站；地下站为漕宝路站、上海体育馆站、徐家汇站、衡山路站、常熟路站、陕西南路站、黄陂路站、人民广场站、新闸路站、汉中路站和上海火车站站。

上海地铁二号线：全长18.6km，设车站13座，车站依次是中山公园站、江苏路站、静安寺站、石门一路站、人民公园站、河南中路站、陆家嘴站、东昌路站、东方路站、杨高路站；其中除张江高科站为高架站外，其余全部是地下车站。地铁二号线地下车站采用地下连续墙围护，明挖法施工；地下车站宽20～25m，长约270m，分上、下两层。上为站厅层，下为站台层，每座车站设置

4~5个出入口。车站内设有良好的照明、通风、自动扶梯、导向等服务设施，为乘客提供最大限度的方便。另外，每座车站根据所处地理环境和历史文化背景，采用不同的装修，风格各异，光彩照人。车站区间由两条单线直径 5.5m 圆形隧道组成，盾构法施工，全线盾构隧道总长度达 24km；另外，在龙阳路车站一侧，设停车场一处，用于地铁车辆停放和一般维修。

上海轨道交通明珠线一期：沿线车站设置为上海南站站、石龙路站、龙漕路站、漕溪路站、宜山路站、虹桥路站、延安西路站、中山公园站、金沙江路站、曹杨路站、镇坪路站、中潭路站、上海火车站门、宝山路站、东宝兴路站、虹口足球场站、赤峰路站、汶水东路站、江湾镇站，车站间距平均为 1.36km。

2) 天津地铁

天津地铁一号线工程：自刘园至双林，途经北辰区、红桥区、南开区、和平区、河西区及津南区 6 大行政区。全长 26.2km，其中既有线路 7.3km，新建线路 18.9km。全线共有车站 22 座，其中地下车站 13 座，高架车站 8 座，地面车站 1 座。

3) 广州地铁

广州地铁四号线大学城专线：设置琶洲塔、官洲、大学城北、大学城南、新造等 5 座车站，全部为地下线路，总长约 11.1km。琶洲塔站位于新港东路和新港南路交汇处，由广州市第三建筑工程有限公司负责施工。该站是地铁二号线和轨道交通四号线的换乘站，采用二号线站台在上（侧式站台）、四号线站台在下（岛式站台）的"十"字换乘方式。

4) 北京地铁

北京地铁 5 号线（M5）：是北京市轨道交通线网规划中一条重要的南北向干线。线路南起丰台区宋家庄，北至昌平区太平庄北站，沿线穿过丰台区、崇文区、东城区、朝阳区和昌平区，线路全长 27.6km，其中地下线为 16.9km，共设车站 22 座，其中地下站 16 座，高架站 5 座，地面站 1 座；全线设车辆基地 2 处，太平庄设车辆段，宋家庄设停车场。

北京地铁 4 号线（M4）：是贯穿北京市中心城区西侧的南北走向线路，南起丰台区马家堡，北至龙背村，线路全长 28.162km，全部为地下线，设车站 24 座，其中地下站 23 座，地面站 1 座；全线设车辆段 2 处，在马家堡设车辆基地，在龙背村设停车场。

北京地铁 10 号线（M10）：是北京市轨道交通路网中一条由西北至东南的轨道交通半环线，线路经海淀、朝阳、丰台三个区。线路西部起点在海淀区蓝靛厂地区，南至丰台区宋家庄，线路全长 32.9km，其中地下线 32.05km，路堑及地面线 0.85km。该条线分两期建设，一期工程起点在海淀区的万柳站，终点在朝阳区的劲松站，线路全长 24.59km，全部为地下线，共设车站 22 座，一期工程在西北端万柳地区沿万泉河南北向设一处车辆段。二期工程起点在朝阳区的劲松站，经过南三环路分钟寺立交桥后，沿龙爪树路向南，再沿石榴庄路向西至丰台区宋家庄，线路全长 8.31km。

北京奥运支线：是北京市轨道交通网中的地铁 8 号线的一部分，起点为熊猫环岛站，沿北中轴路中间绿化带和奥林匹克公园中轴线向北，穿过北四环路、成府路、大屯路及辛店村路后，终点为森林公园南门，线路长 5.91km（包括联络线长度），全部为明挖地下线，设车站 4 座。

3. 国内大城市现已开通地铁简介

(1) 北京地铁

北京 1969 年第一条地铁线建成通车，是我国最先开通地铁的城市。迄今为止共有五条线：

一号线：北京火车站—苹果园站，全长 23.6km，1969 年通车；

二号线：北京环线，全长 19.9km，1984 年通车；

三号线：复兴门—八王坟，全长 13.5km，2000 年通车；

城市铁路：东直门—西直门，全长 40km，2002 年通车。

北京地铁"复八"线是 1 号线的中段，西起复兴门，经西单站、天安门西站、天安门东站、王府井站、东单站、建国门站、永安里站、大北窑站、热电厂站、八王坟站，至八王坟东站（复兴门站及建国门站于 20 世纪 70 年代建成，西单站于 1992 年 10 月试通车）。新建地下车站 9 座（其中包括改建建国门站），地面站 2 座。换乘站为复兴门站、西单站、天安门东站、东单站、建国门站、八王坟站。由复兴门站中心（B158＋77.58）算起至八王坟东站（B294＋07）全长 13.592km，其中地下线

10.979km，地面线 2.51km。全线平均站间距 1226m，最大站间距 1689m，最小站间距 774m。

(2) 天津地铁

20 世纪 80 年代，天津地铁第一条线利用人防设施，借鉴北京地铁模式建成通车，全长 7.4km，日客运量 3 万人次。途经西站前街、大丰路、西马路、南开三马路、南京路，全线共设八个车站，分别为：西站站、西北角站、西南角站、二纬路站、海光寺站、鞍山道站、营口道站、新华路站，该段地铁于 1970 年开工，1984 年建成并开始试运行，2001 年该线停止运营，共历时 31 年。将和新建设的一号线建设同期进行改造中。新建的天津地铁一号线，全长 26.188km，预计于 2005 年 12 月建成通车。

(3) 上海地铁

上海地铁规划 8 条线，迄今为止共有三条线投入运行。

一号线：火车站—莘庄，全长 21km，1995 年通车；

二号线：中山公园站—张江高科技园区，全长 19km，2000 年通车；

三号线：明珠线，全长 25km，2000 年底通车。

上海地铁运营里程达 65km，日客运量达 100 万人次。

上海地铁的运营和建设从一号线投运开始，由上海地铁总公司统一管理。2000 年，原上海地铁总公司进行改组，分别组建上海地铁运营有限公司和上海地铁建设有限公司，分别独立管理上海地铁的运营和建设。

(4) 广州地铁

广州地铁现有运营线路全长 36.78km，一号线于 1999 年建成通车，全长 18.5km，日均客运量达 24.68 万人次；二号线于 2003 年开通，日均客运量达 14.53 万人次；在建线路包括三号线、四号线大学城专线及珠江三角洲城际快速轨道交通广州至佛山段项目试验段。

(5) 香港地铁

香港地铁网络全长 87.7km，共有 50 个车站，每日乘客量超过 230 万人次，是世界上最繁忙的铁路系统之一。

(6) 南京地铁

南京地铁 1 号线一期工程南起奥体中心，北至迈皋桥，形成南京主城区中轴线的快速交通走廊。项目投资概算约 85 亿元，线路全长 21.72km，其中地下线 14.33km，地上线 7.49km，设 16 座车站（地上车站 5 座，分别为：线路南端的小行站、安德门站、中华门站，线路北端的红山动物园站、迈皋桥站；地下车站 11 座，由南向北依次为：奥体中心站、元通站、中胜站、三山街站、张府园站、新街口站、珠江路站、鼓楼站、玄武门站、新模范马路站和南京站站）。全线设车辆基地一处，位于小行；控制中心一处，位于珠江路。地铁一号线建造在地质复杂、道路狭窄、地下管线密集、交通繁忙的闹市中心，施工难度大，国产化率要求高。2005 年 9 月全线正式建成运营。

(四) 其他用途的隧洞和地下工程

1. 水工隧洞建设情况

按其输水目的不同，水工隧洞可分为引水发电隧洞、灌溉供水隧洞、城镇工业及生活供水隧洞、泄洪隧洞、排沙隧洞、施工导流隧洞等。随着我国国民经济和科学技术的发展，特别是随着改革开放，城镇工业迅速发展，城镇人口剧增，城镇生活用水和工业用水猛增，再加上近几年我国北方严重干旱和部分沿海城市海水倒灌，不得不兴建一系列本流域内和跨流域调水工程，如 20 世纪 80 年代初建成的引滦入津、引滦入唐工程，最近几年修建的引碧入连、引松入长、引额济克、引黄入晋工程等。这些工程往往都需要修建大量供水隧洞，仅最近几年兴建的城镇工业及生活供水隧洞就有 242.7km，占隧洞总数的比例由原来的 4.6% 增至 22%，相应引水发电隧洞所占比例由原来的 81.6% 减少到 64.6%。

80 年代兴建的最长的水工隧洞为引大入秦的盘道岭隧洞，单洞长度 15.728km，90 年代修建的引黄入晋总干和南干最长的隧洞单洞长度 42.57km。近期兴建的引黄入晋南干线工程全长 102.4km，其中隧洞 98.471km，占总长的 96.16%，其投资占工程总费用的 82.79%；在待建的一些引水工程中，其隧洞投资所占的比重也呈加大趋势。

我国已建的二滩水电站导流洞断面尺寸为 17.5m×23m，断面面积 $W=402.6m^2$；三峡工程地下厂房尾水洞尺寸为 $24m \times 36m$，$W = 876m^2$，均达同类水工隧洞之最；正在建设的引黄入晋总干北干 11 号洞，单洞长度 54.85km；正在修建的辽宁大伙房引水工程单洞长度 85km；天荒坪抽水蓄能电站压力隧洞设计水头 680m，刘家峡泄洪洞最大流速 40～45m/s，均达到国际先进水平。

水工隧道建设的发展可以概括为如下方面：

(1) 在设计理论上近年来有了长足的进步

视岩体具体特性，提出了不同计算理论。对于较破碎的散粒结构，仍可把岩体作为荷载，在充分考虑自然坍落拱作用下，按结构力学方法计算衬砌结构；对于较完整的岩体，则把围岩和衬砌均视为承载结构，共同承载。

围岩分类已成为人们正确认识岩体特性和指导设计的重要依据。围岩分类从单元素分类发展到多元素综合分类，从定性分析发展到半定量分析。合理开挖程序、及时支护已深入人心，喷锚柔性支护已成为相当主要的支护方式。加强施工监测，利用施工监测数据信息化设计已在水工隧洞设计中逐步推广。线性、非线性、粘弹性、有限元、边界元、离散元，以及块体计算理论和计算技术日趋完善，水工隧洞利用计算机进行设计和绘图正逐步推广。

目前我国有压隧洞混凝土衬砌设计多采用限裂设计，即允许钢筋混凝土有不大于允许值的裂缝。当内水压力较高，内水外渗可引起围岩软化、山坡失稳或其他渗流破坏时，就需严格控制衬砌开裂。鉴于混凝土干缩和温度等影响，在正常状态下很难保证混凝土不出现裂缝，为此就需要预先给衬砌施加压力，使其在工作状态时，抵消部分内水压力影响，保持衬砌受压或低拉应力状态，以减少运行时衬砌开裂和渗水。

(2) 在施工技术上近年来也有极大的提高

目前有压隧洞施加预应力方法有两种：一为灌浆式预应力混凝土衬砌，即通过对围岩和围岩与衬砌结合部位的高压灌浆，一方面使围岩得到固结，另一方面使围岩与衬砌间的缝隙被高压灌浆的结石充填而对衬砌施加预应力；二为后张法预应力混凝土衬砌，即通过张拉埋于衬砌中的钢筋或钢绞线对衬砌施加预压应力。

预应力衬砌在 20 世纪 50 年代最早应用于法国艾依里水电站，接着推广到德国、前南斯拉夫、意大利、奥地利和俄罗斯。1976 年我国开始在白山水电站进行灌浆式预应力衬砌试验研究，1977、1979 年分别在湖南黄岭水库压力隧洞和东北白山水库压力洞中应用。

黄岭水库压力洞洞径 1.8m，设计最大内水头 310m，首次用灌浆式预应力衬砌。

白山水库 1 号引水隧洞，设计水头 150m，洞径 7.5～8.6m，实际衬砌厚度 0.9m，每米断面布置 12 孔，孔距 2.5m，孔深 2.5～3.0m，最大灌浆压力 2.5MPa，先灌清水，当开环压力为 1.2～1.6MPa 时，环缝平均开度 0.65mm，这时改用水泥浆加压至设计压力 2.5MPa，持续 2h 后闭浆，衬砌切向预应力平均达 7MPa，预应力效果明显。自 1984 年建成以来一直正常运行，没有发生任何问题。

隔河岩水电站引水隧洞洞径 9.5m，洞长 446m，衬砌厚 0.9m。因地质条件复杂，围岩较差，需严格控制裂缝产生，防止内水外渗，故决定对帷幕以下 4 条共 602m 洞段采用有粘结后张法预应力钢筋混凝土衬砌。预留槽依次布置于隧洞下半圆两侧，锚索在两端实行同步张拉，控制吨位 2126.7kN，1643～1683kN 时锁定，切除外露钢绞线后灌浆并回填 C40 混凝土，投入运行以来一直工作正常。

小浪底排沙洞洞径 6.5m，衬砌厚 0.60m，设计内水压力 123m。为防止内水外渗影响围岩稳定，采用无粘结后张法预应力混凝土衬砌，由于该法系将钢绞线放入充满黄油的套管中埋入混凝土中，省去了穿线和部分灌浆工作，再加上黄油摩擦力小，减少了张拉工作量，减少了预留槽，方便施工。小浪底预应力混凝土排沙洞已经验收，并正经受工程运行考验。

预应力混凝土衬砌是一项新技术，由于该技术衬砌厚度可以减薄，可减少裂缝发生，减少隧洞渗漏，防止内水外渗所引起的渗流破坏，再加上该技术较常规钢筋混凝土衬砌可节约投资 20% 左右，正越来越引起人们的关注。

水电站的高压岔管一般都用钢岔管。当电站单机容量加大，水头增加后，相应钢板厚度加大，给施工、加工、安装运输都带来许多困难。如广州抽水蓄能电站，$8 \times 300MW$ 装机，设计水头 535m，主洞直径 8.0m，支洞内径 3.5m。若用钢板衬砌，最大板厚 57mm。考虑到内水压力小于实测最小地应力,采用钢筋混凝土衬砌,按限裂理论设计,衬砌厚60cm。1993年3月28日充水对岔管进行系统监测,在610m静水压力时各岔管工作正常,最近几年经历了最大动水压力考验,其工作也均正常。

天荒坪抽水蓄能电站,设计水头比广州抽水蓄能电站还高($H=680$m),也采用钢筋混凝土岔管,并获成功。这两电站的高压混凝土岔管建设成功,证明在大容量高水头水电站中采用钢筋混凝土岔管可以较好地解决钢板衬砌加工、运输、安装等困难,并可获得明显的经济效益。

为了提高围岩的完整性,减少渗漏量,防止水力劈裂破坏,除对隧洞上覆岩体厚度有一定要求外,一般水工隧洞均需对围岩进行固结灌浆。灌浆压力一般为1~1.5倍内水压力。对于低水头电站,灌浆压力2~4MPa就足够了,但对于水头较高的抽水蓄能电站,则必须进行高压固结灌浆。广州抽水蓄能电站为设计水头535m,其隧洞内圈(0.6~2.5m)灌浆压力为3MPa,外圈(2.5~5.0m)灌浆压力为6.5MPa。天荒坪设计水头680m,灌浆压力为9MPa,获得成功。

(3) 掘进机已在工程中逐步推广

掘进机施工是目前世界上隧洞掘进先进的施工方法,我国已先后在引大入秦、引滦入津、天生桥二级等工程中运用,现正在引黄入晋总干及南干工程中大力推广。目前,由于掘进机、盾构机施工造价高,一般适用于圆形断面长隧洞,施工组织和施工技术管理要求严格,因此,在我国水工隧洞的施工中应用尚不广泛。随着掘进机、盾构机技术的引进和吸收,其在水工隧洞建设方面的前景是乐观的。

(4) 高速水流隧洞衬砌抗冲蚀技术

我国建成的刘家峡、碧口、乌江渡等水电站泄洪隧洞,设计流速40~45m/s,二滩泄洪洞最大流速达50m/s。为了解决高速水流下抗冲蚀问题,采用了优化体型、严格控制表面不平整度,采用抗冲蚀材料、设置掺气槽等技术。

乌江渡左岸泄洪洞最大流量2160m³/s;最大流速43.1m/s,为减少冲蚀,在反弧段起点设一道坎、布置掺气槽,埋了4根$D=1.2$m通气管,20年来运行正常。实践证明掺气槽对防止空蚀破坏起到了很大作用。

小浪底排沙洞明流段最大流速37.8m/s,由于平均含沙量35kg/m³,汛期可达940kg/m³,因此该洞段为高流速高含沙洞段,为防止冲蚀,除采取掺气措施外,出口明流段采用掺硅粉浆的C70高强度混凝土,其抗冲性能有待于实践检验。

(5) 隧洞消能技术

对于高水头高流速隧洞常采用洞外挑流或消力池消能,为了综合利用导流洞,减少左岸山体洞群布置,小浪底采用孔板洞洞内消能,孔板洞采用龙抬头方式接导流洞,中闸室前压力洞段设三级孔板。为防止空化,环形孔板内径与压力洞洞径比分别为0.69、0.724和0.724,经三级孔板洞消能可削减40%能量(约59m水头),大大减少了衬砌受磨损的风险。鉴于小浪底排沙洞洞径14.5m,在这么大洞径的隧洞中采取孔板消能在国际上尚属首次,因此有许多经验需要总结。四川省沙牌水电站利用导流洞改造成漩流消能竖井式溢洪道,最大下泄流量240m³/s,总落差88m,属世界漩流式竖井消能的前列。试验证明,消能后残留最大压力水头38~40m,最大流速21.3m/s,总消能率达73%。

国民经济和科学技术的高速发展带动了水工隧洞建设事业的迅猛发展,也促进了水工隧洞技术的巨大进步。我们建设了一流水平的水工隧洞工程,还将承接南水北调等一大批规模更大、难度更大的水工隧洞工程,为了创造明天更大的建设成就,我们需要借助水工隧洞设计规范修编的机会,总结经验,吸取教训,把从实践中得到的认识上升到理论的高度,再来指导进一步的实践。我们相信,随着水工隧洞设计规范的进一步完善,我国的水工隧洞建设将登上新的台阶。

(6) 已建水工隧道概况

1) 小浪底工程

小浪底工程1991年9月开始前期工程建设,1994年9月主体工程开工,1997年10月截流,2000年元月首台机组并网发电,2001年底主体工程全面完工,历时11年,共完成土石方挖填9478万m³,混凝土348万m³,钢结构3万t,安置移民20万人,取得了工期提前,投资节约,质量优良的好成绩,被世界银行誉为该行与发展中国家合作项目的典范,在国际国内赢得了广泛赞誉。

小浪底工程导流系统主要由3条导流洞组成,每条洞长约1100多米,开挖面积约220~320m²。

根据施工需要布置了两条施工支洞,其断面为 9.1m×7.5m,城门洞型,其中 1 号支洞全长 481m,2 号支洞全长 549.6m,两条施工支洞成为导流洞开挖和混凝土浇筑的主要通道,它们将 3 条导流洞各分割成 3 段,共 12 个工作面。

2) 东深供水改造工程

这是继飞来峡工程之后,广东省治水的又一重大举措,是广东省第一个跨世纪的最大水利工程。东改工程一路翻山越岭,4 座渡槽腾空飞架,3 座泵站拔地挺起,7 条隧道穿山而过,工程设计过水流量为 100m³/s。本工程采用了最大直径(4.8m)现浇环形后张无粘结预应力混凝土地下埋管,是同类型世界最大。

3) 天生桥二级水电站引水隧洞

天生桥二级水电站为引水式电站,布置了 3 条引水隧洞,每条长 9.6km,内径为 8.7~9.8m。隧洞的地质条件恶劣,最大埋深 760m,地下水位高于洞顶最大达 600m。

4) 掌鸠河引水供水工程

掌鸠河引水供水工程位于云南省昆明市境内,是为解决昆明市近期和中远期城市供水问题而兴建的大型水利工程。该工程从云龙水库引水,输往昆明市第七自来水厂,设计供水规模近期为 4.63×10^3 L/s,远期为 6.94×10^3 L/s,输水线路总长 97.258km,其中隧洞 16 座,总长 85.655km。上公山隧洞是该引水供水工程中最长的一条隧洞,也是惟一的一条采用 TBM 施工的隧洞。该隧洞位于禄劝县境内,长 13.769km,设计直径 3.00m,由意大利 CMC 公司采用美国 Robbins 公司生产的 $\phi=3.665$m 的双护盾 TBM 进行开挖,于 2003 年 4 月正式开始掘进,于 2005 年底贯通。

5) 清江水布垭电站

清江水布垭导流洞位于湖北省巴东县水布垭镇境内。导流隧洞布置于左岸,分 1、2 号两条,其中 1 号洞身长 1180.36m,2 号洞身长 1181.76m,开挖断面除洞口及渐变段外,均为圆拱直墙形,拱部半径 8.2m,圆心角 166.3°,开挖断面最大为 23.9m×20.92m,最小为 15.88m×17.62m。

6) 龙滩水电站

龙滩水电站是红水河梯级开发中的骨干工程,右岸导流洞洞身段长 849.421m,隧洞断面为城门洞型,成型断面 16m×21m,最大水头 80m,最大流速 25m/s。根据不同的岩石类别,隧洞开挖断面面积从 387m² 到 463m² 不等,渐变段及堵头段断面面积分别达到 580m² 和 718m²,导流洞出口段 100m 开挖断面:宽×高=(18.7~17.9)m×(23.55~22.75)m,属特大断面型。

龙滩水电站右岸导流洞洞身段总长 849.421m,进口底板高程为 215.00m,出口底板高程为 214.15m,洞身坡降 $i=0.001$。导流洞洞身段开挖总量为 34.8342 万 m³,中、下层开挖量约 25 万 m³。混凝土衬砌厚度为 80~350cm,布置双层钢筋,过水断面面积为 309.5m²。混凝土总方量为 7.4383 万 m³。工期为 2001 年 6 月 18 日~2003 年 9 月 30 日。

2. LPG 储油气地下洞室

(1) 宁波 LPG 工程

中国宁波的 LPG 储存洞库工程由瑞典的 NCC 国际工程公司和日本的 Chiyoda 公司组成的联营体中标设计和修建,其中 Chiyoda 公司负责安装和管道工作,NCC 负责土木工程施工工作。

该储库工程共有 5 个储存洞室,总储存量为 50 万 m³。最大的储存洞室宽 20m,高 22m,长 290m,储存容量 12.5 万 m³。丁烷储库由两个这样的储存洞室组成。由于地质条件限制,丙烷储库被分为 3 个储存洞室,总储存容量为 25 万 m³。丙烷储存洞室的断面与上述丁烷储存洞室的断面相同。在该工程中,从地面到丁烷储库顶部的垂直距离为 65m,从地面到丙烷储库顶部的垂直距离为 125m。

交通隧道长 1000m,高 6.5m,断面面积 45m²。水幕洞总长约 1100m,位于两个储库洞顶上方 10m 处。水平水幕钻孔的总长度为 6km。这些水幕钻孔在总面积为 6hm² 的储库的上方形成伞形水幕。另外,还钻了一些垂直或接近垂直的水幕孔,以便向围岩中渗入充足的水,确保把储存的丁烷和丙烷分开。水幕孔的直径为 115~125mm,间距为 10m。水幕隧洞的尺寸为 4m×4m,断面面积 14.5m²,其断面大小仅能容纳钻渗水孔的钻孔设备。水幕洞开挖所需的炮孔采用手持风钻钻孔,采用这种方法的优点是进场时间短。

(2) 汕头 LPG 工程

汕头 LPG 工程是美国 CALTEX 燃气公司投资建设的,位于达濠区(半岛)。地下工程储气主洞(包括丙烷、丁烷两洞室)断面为 18m×20m,面积为 304m², 总容量达 20×10⁴m³。其中丙烷主洞位于海平面-135m, 丁烷主洞位于海平面-75m, 工程总开挖量为 27 万 m³。

汕头 LPG 液化石油储气洞库工程位于广东省汕头市广澳半岛南端海边，是我国第一座利用花岗岩洞室储存液化石油气的工程，工程于 1997 年 10 月 11 日开工，至 1999 年 11 月 10 日竣工。其工作原理是采用水幕技术在储气洞库的顶部形成一定厚度的水幕布局，保证地下水水位始终在临界水位以上。水幕的动态地下水水压与洞库储存的液化石油气外逸气压相平衡，达到把液化石油气（丁烷、丙烷）储存于裸岩洞库内的目的。工程分为丁烷和丙烷两个储气库区。由公用交通洞进入这两个库区，各储气库区的主要工程包括交通洞、水幕洞、储气洞、竖井、混凝土塞封和水平水幕等。储气洞的容量均为 10.3 万 m³。储气洞水平储气巷道为"卵"形，跨度 18m，高 20m，长 152m，面积 304m²。水平储气巷道分三步进行开挖：顶部、台阶Ⅰ、台阶Ⅱ。工程所处的广澳半岛由朱罗纪到白垩纪的岩浆质基岩组成，代表岩层为燕山早期第三次侵入的中、粗颗粒黑云母花岗岩。花岗岩岩体内穿插有后期侵入的细晶岩、粗面岩、闪长岩和煌斑岩岩脉。地下水属于基岩裂隙水，水量丰富，受大气降水补给，向海洋排泄。断裂比较发育，岩脉侵入普遍，地下水一般富集于断裂带或岩脉中，地下水分布不均一。

汕头 LPG 工程为水工隧洞工程，属于国际招标的项目，按照 FIDIC 条款进行管理，业主是美国加德石油公司，总承包商是韩国 LG 土木工程株式会社，采用国际上广泛应用的岩体质量 Q 分类法作为工程岩体分类的标准。

3. 人防工程

（1）穿越渭河隧道人防工程

宝鸡渭河隧道人防工程是陕西省的重点工程之一。这项大型平战结合人防工程，战时为交通疏散通道，平时为城市交通干道，工程概算为 9500 万元，位于市区斗中路与渭河南岸的石嘴头之间，长 1569m，宽 20m，双向四车道，其中隧道长 738m，下穿渭河河道。该工程 2003 年 11 月 16 日动工。在施工中，西安铁路工程集团公司的建设者采取明抽暗渗相结合的方法，使地下水降至工作面以下，保证了基底承载能力，工程质量达到了设计标准。2002 年 5 月 30 日上午在宝鸡完成。

（2）上海的人防工程

近几年，上海市已将原有地下防空洞改用作商场、娱乐场、餐饮、停车场等近 20 多种门类的民防工程 6000 多个，面积达 150 多万 m²，相当于 60 多个上海体育馆面积规模，成为市民出行、购物、娱乐的地下城。

二、隧道工程建设技术成就

隧道工程的建设和发展是我国 20 世纪最伟大的科技成就之一，它有力地促进了我国交通运输事业的发展。同时也带动了土木工程、水利工程等相关学科的发展，在我国国民经济建设中起到了重要的作用。在 20 世纪，尤其是 20 世纪最后 20 年，我国隧道工程的科技水平由落后状态而一跃进入世界先进行列。目前我国的隧道总长度及修建技术水平均为世界领先。

进入 90 年代中期，我国隧道修建技术达到了新的水平，已与世界接轨。这一时期的标志性工程是位于西康铁路的秦岭隧道，全长 18460m。在该隧道施工中，采用了目前最先进的全断面隧道掘进机技术，即 TBM 技术。以该隧道技术的发展为代表，证明了我国隧道修建技术已达到世界先进水平，这是一个新的里程碑。一位外国隧道专家得知秦岭隧道的贯通后感慨地说："就隧道修建的技术进步，中国用 20 年的时间走完了发达国家 50 年甚至 100 年走完的路程。"

近十余年来，我国随着高等级公路和高速公路建设的兴起，公路隧道的建设速度也很快。至今已建成的公路隧道 450 多座，总长超过 120km。其中长度在 1km 以上的有 80 座，超过 4km 的有 4 座。已建成的华蓥山隧道为我国目前最长的公路隧道，全长 4706m。

在水工建设方面，已建和在建的水工隧洞超过 400 条，总长约 400km。其中二滩水电站的导流洞长1100m、宽23m、高7.5m，是目前我国建造断面最大的水工隧洞。由于水工隧洞断面通常较小，而且多为圆形，因此采用隧道掘进机修建了多条隧洞。

此外，我国还分别在广州、宁波、香港、台湾等地修建了7座沉管隧道。

在20世纪的最后20年，我国的隧道建设技术水平得到了极大的提高，已进入世界先进行列。截至2005年，我国在铁路、公路、水利水电等领域已建成隧道近万座，总延长达到6000多公里，已成为世界上名符其实的隧道及地下工程大国。

（一）隧道工程勘察设计水平的进步和提高

1. 隧道工程勘察设计理念有了长足的进步

隧道工程是典型的岩土工程，它是处在各种地质环境中的地下结构物，它的结构体系是由围岩和各种支护结构构成。围岩既是造成荷载的主要来源，也是承受一定荷载的结构体，过去我们没有充分地认识到围岩的这些作用，而把重点放在衬砌承载上，显然与工程实际存在较大的距离。围岩既然是主要承载单元，那么在设计中就必须树立充分发挥围岩承载作用，即最大限度地利用周边围岩支护功能的基本理念。尽量减少对围岩的扰动，要"爱护"和"保护"围岩，这也是新奥法设计施工的灵魂。

近几年的隧道设计，很少采用传统的设计方法，而是根据围岩特征，采用不同的支护参数和类型，及时施作密贴于围岩的柔性喷混凝土和锚杆等初期支护，以控制围岩的变形和松弛；在软弱破碎围岩地段，实施超前预加固技术，使支护及早闭合，有效地发挥支护体系的作用；二次衬砌原则上是在围岩与初期支护变形基本稳定的条件下修筑，围岩与支护结构形成一个整体，提高支护结构的可靠度；尽量使隧道断面周边轮廓圆顺，避免棱角突变处应力集中等等。

2. 提高了对地质工作的认识

详细的地质勘察成果是隧道设计施工的主要依据。在隧道建设中对于地质工作重要性的认识，近几年有了明显的提高，对地质工作的投入也有了增长的趋势，特别是勘察期间的长隧道和特长隧道专项地质工作和施工期间的隧道施工地质工作，越来越受到大家的重视。

一方面，随着我国铁路、公路建设进度的加快，隧道的勘测设计时间比较短，在隧道工程设计之前，很难提供足够的时间和资金用于详细的地质勘察；另一方面，由于我们目前的勘察手段所限，很难准确探明整座隧道工程及水文地质情况，尤其是埋深大、长度长的复杂地质隧道。所以隧道地质勘察工作也应是分阶段进行的，不同阶段的地质勘察工作，运用不同的方法，解决不同的问题。为此，在施工阶段，要加强施工地质工作，搞好工作面前方超前施工地质预报。施工地质超前预报工作是修正、完善前期地质勘察工作成果的一种重要手段，一方面它可以完善设计地质资料，优化设计方案，指导施工决策科学化；另一方面可以对勘察遗漏的不良地质体给施工带来的困难给予及时的预报，指导工程施工，使工程得以顺利进行；同时超前施工地质预报可以降低地质灾害发生的机率，保证施工人员和设备的安全，使工程设计更准确、安全、合理、经济。这项工作在已经开工的宜万铁路隧道施工中，已经作为一项施工工序纳入工程建设全面实施。

3. 增强了环保意识

符合环境要求，体现可持续发展原则，是现代工程建设必须认真贯彻的一项基本原则。修建隧道工程，本身是开发利用地下空间、保护地表环境的一种积极措施。在以往的隧道工程中，有时也造成一些不利影响，例如：隧道修建过程中及修建后改变了地下水、地表水的原有条件，造成工程所在地周围的水环境变化，恶化了生态环境；隧道施工过程中因塌方、突泥涌水等事故造成地面塌陷；隧道弃渣处置不当堵塞河道、诱发泥石流、加大水土流失；因隧道施工或通车后行车的噪声影响恶化了当地的生活环境等。

现在的隧道设计，坚持减少对环境的破坏性影响，并尽可能使工程与环境相协调的原则。在地下水发育和可能造成地下水流失地段，采用"以堵为主、限量排放"的防排水设计理念，使隧道的修建，对原有的水环境影响最小；对有可能造成地表水流失，影响地表植被和居民正常生产生活的地方，增加水环境影响评价内容，并且设计有安全可靠的工程措施；重视了隧道施工中地质超前预报工作，将有可能发生涌水的地方采取预注浆等工程措施，减少突泥涌水等地质灾害的发生；对于隧道弃渣，采用永久挡护工程，并对弃渣场的坡面采取植被防护等措施，减少水土流失；因地制宜地设计多种新型的环保洞门结构形式，减少隧道洞口边仰坡的开挖，搞好环境保护工作等等。

4. 新奥法及浅埋暗挖法技术更加成熟

从20世纪60~70年代的钢钎大锤作业到80年代"新奥法"的推广，中铁隧道集团多次开创我国隧道施工的新纪元，丰富并发展既有施工技术和工艺，使我国隧道和地下工程施工纪录不断被刷新，与中铁十八局一起曾创造了18个月贯通我国第一长隧道——秦岭隧道(18.46km)的奇迹。由中铁隧道集团首创的"浅埋暗挖"系列工法经过推广，结束了我国地铁施工"开膛破肚"的历史，成功的修建了北京地铁复八线。

5. 运用了信息化设计和动态施工管理

隧道工程的地质条件复杂多变，要在工程设计阶段准确无误地预测岩体的基本情况及其在施工过程中的变化是不可能的。在隧道工程的实施过程中，只能是"理论导向、监测定量、经验判断"。以力学计算、施工监测、经验方法相结合为特点，建立隧道工程特有的设计施工程序。隧道建设可分为调查、设计、监测和施工四个环节，从勘察设计到施工各个环节允许有交叉、反复。在初步地质调查的基础上，根据经验方法，通过力学计算进行预设计，初步选定支护参数，然后还必须在施工过程中根据监控量测所获得的关于围岩稳定和支护系统工作状态的信息，对施工过程和支护参数进行调整。过去的工程实例已充分证明这种修改和调整是必要的，只按原设计进行施工的教条式作法将给工程带来巨大的浪费，甚至造成严重事故。监控量测包括信息采集、信息处理和信息反馈。

目前，在工程实施过程中对隧道围岩的支护衬砌实施全过程的监控量测，获得地质围岩条件、围岩净空收敛、围岩松弛变形、支护内力工作状态等各种施工信息进行采集，然后及时进行变更设计，对施工参数及时调整。信息化设计和动态管理在我国工程建设中得到了很好的运用。

（二）隧道施工技术的进步和提高

随着我国基础设施投入的加大，"九五"期间，我国隧道及地下工程修建数量增多，修建难度增加，技术创新的深度和广度较"八五"期间明显加大。"九五"期间隧道及地下工程方面的最大成就是建成了我国最长的铁路隧道——18.4km长的西康铁路秦岭隧道。为了配合秦岭隧道的建设，铁道部组织科研、设计、施工、教学等单位针对秦岭隧道建设急需解决的6大类24项科研课题进行联合攻关，取得了一批科研成果。这些研究成果有的已经直接应用到秦岭隧道的设计、施工中，有的将在今后运营维护中采用。秦岭隧道是我国"九五"期间科研投入最多的隧道工程项目，这些科研项目不仅为秦岭隧道的顺利建设"保驾护航"，而且也使我国山岭隧道的修建技术在"九五"期间上了一个新台阶。

"九五"期间，我国隧道及地下工程技术发展的主要特点是：

第一，隧道施工的机械化水平，特别是长大铁路隧道和城市地下铁道的机械化施工水平，有了显著的提高。在秦岭铁路隧道的修建过程中，引进了全断面隧道掘进机，从而结束了我国铁路隧道钻爆法施工"一统天下"的格局。在城市地下铁道的修建中，盾构机的应用日趋普遍，在施工速度和施工质量方面取得了较好的效果。

第二，困难地质条件下的隧道修建技术水平有了进一步提高，积累了更为丰富的克服高瓦斯、高地应力、大涌水等不良地质条件的经验。

第三，沉管隧道的修建技术又上新台阶。我国已经能够修建大型的沉管隧道。

第四，工程测试技术在隧道及地下工程中越来越受到重视。

第五，特长公路隧道（10km以上）和海底公路、铁路隧道已经开始建设。

第六，在隧道的修建过程中，环境保护已经开始提到议事日程。

第七，国内外技术交流增加，与国外先进水平的差距进一步缩小。

在科技产业化方面，由于干喷混凝土施工工艺粉尘含量高、回弹量大，而国外进口湿喷机价格昂贵，国内研究的国产湿喷机已取得了重要进展，这项科研课题在"九五"期间实现了科技产业化。目前，国内湿喷混凝土施工基本采用这种国产湿喷机。

我国修建铁路、公路隧道的基本方法有新奥法、盾构法、隧道掘进机（TBM）法和沉管法等。

——以锚喷支护及柔性衬砌为主要特征的新奥法（NATM），在我国起步较晚，铁路、城建等部门在引进新奥法相关技术方面做了大量工作，并取得了一定的成效。目前，我国公路隧道采用新奥法设计和施工比率已达50%左右。

——盾构掘进机方法一般用于沿海冲积层地层中开挖隧道。我国已成功采用盾构法进行了多条公路隧道施工，包括上海黄浦江3条穿江隧道等。

——全断面隧道掘进机方法（TBM），具有施工速度快、隧道成型好、机械化程度高，以及对周围环境影响小等优点。我国仅在铁路隧道、水工隧道施工中采用了TBM法。

——我国采用沉管隧道法施工的公路隧道，有广州珠江公路—铁路合用沉管隧道，宁波甬江公路沉管隧道等。其质量和防水性能都达到了较高的水平。建于上海的8车道沉管越江隧道即将建成，该隧道的建成标志着我国在沉管隧道领域达到了国际先进水平。

1. 长大隧道施工技术的发展

目前，世界各国已经在交通运输、水利水电及城市排污等领域建成近200条长度接近或超过10km的深埋长大隧道。20世纪80年代以来，我国铁路系统已经建成衡广复线大瑶山（14.3km）、朔黄线长梁山（12.8km）及西康线秦岭（18.4km）三条特长隧道；长度分别达到12.7km和11.1km的西安—南京铁路东秦岭特长隧道和重庆—怀化铁路圆梁山特长隧道也已建成。

成渝高速公路中梁山（3.1km）、北京八达岭高速公路潭峪沟（3.5km）、晋城—焦作高速公路牛郎河（3.9km）、甬台高速公路大溪岭（4.1km）、川藏公路二郎山（4.2km）、广渝高速公路华蓥山（4.7km）、渝合高速公路尖山子（4.0km）、云南大保高速公路大箐（3.0km）及台湾草屯快速路上的八卦山（5.0km）等大断面公路隧道作为国道主干线改造或高速公路建设的关键性控制工程，已经相继贯通或投入运营；我国大陆第一条符合国际隧协标准的公路特长隧道西安—安康高速公路秦岭终南山隧道（18.0km）也已贯通。

除此之外，水利水电行业已在甘肃"引大入秦"、贵州天生桥水电站、四川太平驿水电站、四川福堂水电站、云南曲靖及昆明跨流域调水等大型工程中建成一批长度超过10km的长隧洞。

有代表性的长大隧道工程有：

（1）铁路跨越式发展的标志性工程——乌鞘岭特长隧道

乌鞘岭隧道全长20.05km，穿越祁连山东麓，是增建兰新铁路兰（州）武（威）二线工程的首要控制工程，2003年初开工。隧道设计为两座单线隧道，线间距40m，工期安排为Ⅰ线两年半建成，Ⅱ线三年半竣工，客车行车时速160km/h，隧道限界满足双层集装箱运输要求，从根本上提高了线路的技术标准和通行能力。隧道洞身在海拔2400m以上，最大埋深1100m，穿越F4、F5、F6、F7四条区域性大断层组成的挤压构造带和长约3000m的高质密千枚岩地层，地质构造复杂、变异频繁，在高及极高地应力作用下，软岩严重变形，隧道围岩富水，严重阻碍快速掘进，影响施工安全。乌鞘岭隧道Ⅰ线全断面已于2005年4月22日贯通，Ⅱ线施工进展顺利，施工安全、质量得以保证，全隧建设已取得了决定性的胜利。

乌鞘岭隧道是中国隧道建设的一座丰碑，是铁路跨越式发展的标志性工程。在探知地质构造、创建快速规范施工和高效管理的过程中，铁路建设者们面对前所未有的挑战，殚精竭虑、合力攻关，在建设管理和技术创新上进行了积极有效的探索，为我国铁路长大山岭隧道的建设积累了丰富的经验，增加了技术储备。

（2）大型高速公路隧道——大溪岭—湖雾岭隧道

大溪岭—湖雾岭隧道为宁台温高速公路临海杨梅至乐清湖雾街段工程（简称州段一期工程）项目最大的单体工程。按照全面质量管理的方法和要求，建立健全质保体系，设计优秀。它是我国自行设计施工，采用国产材料设备为主的现代化大型隧道，隧道内设置了照明、通风、防火、监控等完善的运营机电设施。

隧道按重丘高速公路标准双洞单向行车，单洞双车道标准设计。隧道净宽11m，高7.08m（建筑限界净宽10.25m，高5m），隧道几何设计速度100km/h。洞内管理设施（如照明、通风标准）按隧道通行能力B级标准按80km/h标准设计。隧道土建设计（含通风竖井及设备洞室）按新奥法（NATM）修筑工艺设计，采用二次复合衬砌体系，并设置完善的防排水系统。隧道内装侧墙浅黄色釉面砖，拱部深棕色涂料。为实施有效的管理，在隧道南北洞口设管理区，山顶设竖井通风管理站。

大溪岭—湖雾岭隧道土建工程自1995年4月8日（台州段1月21日）开工，左线隧道（含接线）土建工程竣工于1998年2月14日（台州段8月30日）；左线隧道营运机电工程开工为1998年9月15日，竣工为1998年12月28日；经省交通主管部门质量鉴定及项目交工验收，隧道评定为优良工程。左线隧道于1999年1月通车。右线隧道土建工程竣工于1999年8月30日；营运机电工程竣工于1999年11月28日。经省交通主管部门质量鉴定及项目交工验收，隧道评定为优良工程，右线隧道于2000年1月通车。

(3) 快速掘进的特长公路隧道——重庆中梁山隧道

华（岩）（巴）福公路中梁山隧道穿越中梁山南麓，是重庆市突破中梁山屏障、加快主城区西进步伐的重要通道，为重庆市重点工程。

中梁山华福隧道是由九龙坡区投资8亿多元修建的华岩至巴福一级公路的控制性工程，东从大渡口区跳磴镇吴家院子穿越中梁山，西在九龙坡区石板镇余家湾出洞，按一级双洞4车道技术标准设计，其中左洞长3555m，右洞长3562m，隧道宽10.5m。

隧道施工区域内地质复杂，有危岩、瓦斯、溶洞煤层、涌水、断层破碎等不良地质灾害，施工难度极大。工程于2003年10月26日动工，仅用了10个月零13天就全线贯通，平均月掘进约330m。据有关专家称，在同类型的特长公路隧道建设中，华福隧道掘进进度居当时全国第一。

在施工中，华福公路建设指挥部以安全和质量为重，严格管理，没有出现一起安全责任事故和质量责任事故；从目前质量检测评定情况看，隧道各项指标均达优良。

华福隧道这一控制性工程贯通后，将加快华福公路的建设进度。这条全长14.026km，连接重庆市一环高速公路和二环高速公路的第一条快速通道，于2004年3月建成通车。

(4) 三车道高速公路——八达岭潭峪沟隧道

八达岭潭峪沟隧道全长3455m，是当时亚洲三车道高速公路隧道中最长的隧道，在世界排名第五。

该隧道由北京市市政设计研究总院设计，由铁道部十六局四处负责施工，工期近四年，总投资约3.3亿元人民币。

隧道地处北京北部之军都山，山峦起伏，海拔550～770m，地质构造复杂，挤压破碎带和断层多，地下水较丰富，Ⅱ、Ⅲ类围岩占60%以上。

隧道横断面设计为五心圆圆拱曲墙形式，净宽13.1m，净高7.3m，横坡1.5%，两侧设电缆槽及排水系统，隧道中心设排水盲沟。该隧道为单向行驶的三车道隧道，由延庆方向向昌平方向下坡行车，隧道纵坡为2.7%，两个洞门高差为93.2m，洞内为混凝土路面，隧道内设置有照明、信号、通讯、通风、供电、供水、消防和监测等系统。

在潭峪沟隧道中采用的防水层材料可靠，施工的铺设技术、工艺较先进，施工管理严谨，监理认真负责，实现了"无钉铺设"防水层，在LDPE防水板的焊缝工艺中更是大胆创新，使焊缝牢固可靠，从而保证了防水层的完整性，提高了隧道防水的可靠性，满足了设计和使用的要求，为今后隧道的安全使用奠定了良好的基础。同时也为国内类似隧道防水板的施工提供了一整套的新技术、新工艺和有益的经验。

(5) 大型高速公路隧道——雁门关隧道

"天下九塞，雁门为首"的雁门关，坐落在山西代州古城北部勾注山脊，是中国古代关隘规模宏伟的军事防御要塞，大同至运城高速公路的咽喉要道——雁门关隧道是内蒙古二连浩特至云南河口国道主干线上的重点控制性工程，2005年8月通过交通部和山西省组织的验收。

雁门关隧道宽10.5m、高5m，双洞总长10365m，设计为双向四车道。隧道穿越恒山山脉的21条地质大断层，软弱不良地质的比例占隧道总长度的78%，为我国山区高速公路隧道建设所罕见。由中铁十八局集团等单位承建的我国目前已经通车的最长的高速公路隧道——山西大（同）至运（城）高速公路雁门关隧道，荣获山西省建筑工程质量最高奖"汾水杯奖"。

(6) 川藏线改造咽喉工程——二郎山公路隧道

川藏公路二郎山隧道位于四川省雅安市和甘孜州交界的二郎山，它起于天全县龙胆溪川藏线，止于泸定县别托山川藏公路，全长8596m。其中，二郎山隧道4176m，别托山隧道101m，和平沟大桥

118m，道路等级为山岭重丘三级公路，洞口海拔 2200m。是川藏线改造咽喉工程。

二郎山隧道，早在 20 世纪 60～70 年代，有关部门就提出了兴建二郎山隧道的方案。1983 年，二郎山路段开始实行单向管制放行，但堵车断道仍时有发生。1995 年，二郎山隧道工程被列入国家"九五"计划重点建设项目。1996 年 5 月、6 月，二郎山隧道在东西两端正式开工。1999 年 12 月 7 日，二郎山隧道试放行通车，公路里程缩短 25km，只要一个多小时就可过二郎山，确保了川藏公路二郎山段的畅通。二郎山隧道打通后，从康定城到成都只需要 5 个小时。2001 年 1 月 11 日，二郎山隧道工程全面建成通车。

(7) 我国已经运营最长的高速公路隧道——美菰林隧道

京福高速公路美菰林隧道是中国目前已经贯通的最长的高速公路隧道，隧道建设项目是国家"十五"期间重点建设项目。

美菰林隧道位于福建省闽清县与尤溪县的交界处，双洞总长 11.2km，其中左线长 5563.37m，右线长 5580m，工程总投资 3.7 亿元人民币。施工中全面采用湿喷混凝土和混合通风技术，大大降低了粉尘污染，改善了施工作业环境，同时广泛采用新型防水材料等综合止水技术，有效防止了地下水的流失，保护了原始林区的生态环境。工程质量优良率达 95% 以上。北京至福州高速公路"咽喉"控制性工程的美菰林隧道提前一个月实现全隧道零误差贯通。

该隧道围岩破碎、地质结构极其复杂、施工难度大。从 2001 年 12 月底正式开工，曾连续 6 个月创造了单口单面月掘进达 268m 的全国高速公路长大隧道施工新记录。同时，该隧道的整体美观和防水效果良好，运用整体大模板台车进行隧道加宽带第二次衬砌混凝土作业，此工艺在福建省隧道建设史上还是第一次成功采用，该工艺在福建全省隧道建设中得到了推广应用。

2003 年 9 月 4 日下午，(北)京福(州)高速公路美菰林隧道右线贯通。

(8) 我国目前最长的公路隧道——秦岭终南山隧道

秦岭终南山隧道位于我国西部大通道内蒙古阿荣旗至广西北海国道上西安至柞水段，在青岔至营盘间穿越秦岭，隧道进口位于陕西省长安县石砭峪乡青岔村，出口位于陕西省柞水县营盘镇小峪街村，全长 18.4km，道路等级按高速公路，上下行双洞双车道设计，安全等级一级。设计行车速度每小时 60～80km，隧道横断面高 5m、宽 10.5m，双车道各宽 3.75m。上、下行线两条隧道间每 750m 设紧急停车带一处，停车带有效长度 30m，全长 40m；每 500m 设行车横通道一处，横通道净宽 4.5m，净高 5.97m；每 250m 设人行横通道一处，断面净宽 2m，净高 2.5m。隧道内路面为水泥混凝土路面。隧道衬砌除进出口 II 类围岩地段及悬挂风机地段采用模筑衬砌外，洞身其余地段结合地质条件设计为复合式衬砌。隧道运营通风设三竖井分段纵向式通风。监控系统包括：交通监视和控制系统、安全系统、通讯系统、设备管理、收费、计算机控制、中央控制室七个监控系统。防火系统做到检测、报警的迅速、可靠，一般设置易识别的手动与自动相结合的多通道报警系统，通过消防设施、避难设施等进行消防救援。

陕西秦岭终南山公路隧道有限责任公司为建设单位；铁道部第一勘察设计院承担设计，陕西省公路勘察设计院、重庆交通科研设计院参加；该工程由中铁一局、中铁五局、中铁十二局、中铁十八局进行施工；由重庆中宇监理咨询公司、西安方舟监理咨询公司、山西省交通工程监理总公司进行工程监理。由中铁十二局创造了钻爆法单口月掘进 429.5m 的国内纪录。隧道掘进的线位控制，光面爆破效果等工序的质量等都取得了好的效果。

秦岭终南山特长公路隧道是一座世界级的超长隧道，也是我国乃至亚洲目前最长的公路隧道，施工技术难度大，建设周期长。在设计、施工、通风、监控、防灾、防排水、运营管理等方面正进行大量的科学研究，保证了隧道的建设和科学的运营管理。它的建成进一步促进我国公路隧道建设水平的提高，是我国公路隧道建设史上的一个新的里程碑。

(9) 我国目前最长的高原公路隧道——鹧鸪山隧道

国道 317 线鹧鸪山隧道，位于四川省阿坝藏族羌族自治州理县与马尔康县交界处，全长 4448m，工程于 2001 年 6 月 1 日正式开工建设，2004 年 12 月正式竣工，并交付使用，总投资 5.5 亿元。

鹧鸪山隧道隧底海拔3400余米，是目前我国最长的高原公路隧道，最低气温达零下30多摄氏度，空气含氧量仅为海平面的60%，属典型的"高海拔、高严寒、低含氧"的高原特长公路隧道。隧道沿线地处断层破碎带，地质异常复杂，几乎集中了世界上高海拔地带隧道施工的所有疑难杂症，被隧道专家形象地称为"'生命禁区'的高原隧道病害博物馆"。

建成后的鹧鸪山隧道净宽9m，路面宽度为7.5m，行车速度可达每小时40km，缩短公路里程45km，原来爬山1h的车程可缩短为9min。同时，鹧鸪山隧道成功避开了鹧鸪雪山最危险的路段，确保了国道317线鹧鸪山段全年交通畅通，顺利连通了四川与甘肃、青海、西藏等省区。

(10) 大型高速公路隧道——华蓥山公路隧道

华蓥山隧道位于四川省华蓥山脉中段，是国道主干线成都到上海高速公路广安至邻水段的关键控制工程，隧道全长9411.9m，其中，左、右线等线为4705.95m，线间距40m，是当时已建成的全国最长的高速公路隧道。

该隧道地质构造复杂，隧道要穿越煤层、岩溶地质、断层、背斜高应力核部，并拌有瓦斯、天然气、石油气、硫化氢等多种有毒、有害气体，施工难度大。

华蓥山隧道设计为双洞单向行车隧道，隧道最大埋深770m，洞口成洞最小埋深仅2.8m，隧道纵坡设计为"人"字坡，西段为0.3%，东段为1.1191%；限界净高5.0m，限界净宽10.5m，紧急停车带限界净宽12.5m；隧道结构为复合式衬砌，采用单心圆曲墙等截面，大变形地段及软弱围岩段增设格栅钢架及中空注浆自进式锚杆加强初期支护；模筑混凝土采用防水混凝土和气密性混凝土（瓦斯设防段）；隧道防排水采用中央排水管方案；隧道衬砌防水采用复合防水板和弹簧盲管结构；隧道路面为C35混凝土刚性路面；运营通风采用悬挂式射流风机通风。

华蓥山隧道获2001年铁道部优质工程一等奖，四川省优秀设计一等奖和天府杯优质工程奖，2002年国家优质工程银奖。隧道于1999年通车。

(11) 杭州最长的公路隧道雪水岭隧道

杭州市桐庐县柴雅线公路雪水岭隧道是浙江省B类重点建设项目，是杭州最长的隧道，两车道，长1940m，路基长900m，坡度2.8%。雪水岭隧道工程总造价3484万元，其中，国债补助1000万元；其余为省市自筹资金。

雪水岭隧道于2003年5月动工。工程施工总承包方为中铁隧道集团有限公司。工程开挖期间，施工人员不仅克服了缺水、缺电、缺钱等困难，而且解决了岩爆、涌水等地质灾害所来的施工难题。

(12) 宁波甬江常洪隧道

宁波甬江常洪隧道是国内首个采用桩基法施工技术的越江公路隧道工程。

常洪隧道北接甬镇公路和329国道，南接宁波市区主干道通途路，工程包括隧道及两端接线公路两个部分，全长3541m，其中隧道长1053.2m，由上海隧道公司负责设计、施工。

常洪隧道虽是我国第三条越江沉管隧道，但在规模上远远超过了已有的宁波甬江隧道和广州地铁一号线越珠江隧道。针对宁波的地质特点，常洪隧道在沉管隧道建设中采用了中国首创的桩基法施工，即先在甬江底打好一排江底基桩，然后将一节节管段依次沉放到基桩上，确保隧道稳定。该技术的成功实施把中国隧道施工水平推向了新的高度。

2. 复杂地质、大断面隧道施工技术的发展

(1) 在隧道的洞口浅埋段和洞身断层破碎带的处理措施上有了进步

以往隧道施工在遇到断层破碎带、砂页岩互层、洞口浅埋段、强风化的围岩等不良地质情况时，塌方几乎是难以避免的，一般隧道可能有几次、十几次的塌方，多的达几十次甚至上百次的塌方，严重影响了施工安全和工程质量，施工进度指标不可能提高。现在遇到这些不良地质问题时，采用了超前预加固、预支护、地质预报等手段，有力地控制了围岩的变形，形成了相应的工法，减少了隧道穿越软弱破碎围岩进洞的难度，大大降低了塌方的机率。

(2) 采取多种有效措施，成功地控制了隧道的大变形

根据国内外隧道施工的实践经验总结，在下述条件下，施工过程中围岩有可能发生大变形现象。例如：挤压性围岩的挤压变形；膨胀性围岩的膨胀变形；断层破碎带的松弛变形；高地应力条件下的软弱围岩的大变形等。变形的共同特征是：断面缩小、基脚下沉、拱顶上抬或坍塌、拱腰开裂、基地

鼓起等。变形初期不仅变形的绝对值很大，而且位移速度也很大，如对围岩未加以控制或控制不及时，就会造成不可预计的后果。通过近几年的工程实践，根据不同的变形类型，分别采用了加强稳定掌子面的辅助措施、控制基脚变形的措施、防止断面挤入的措施、防止开裂的措施、充分考虑施工方案"三维"影响、建立日常量测管理体制和管理标准、加强施工地质测试等方法，成功地控制了围岩在隧道修建时的大变形。

(3) 积累了处理岩爆的丰富经验

在西康线秦岭特长铁路隧道、成昆线关村坝铁路隧道、四川太平驿水电站引水隧洞等高应力地区，都发生过不同程度的岩爆。通过这些工程的实践经验，以及总结我国公路、水电和国外一些隧道岩爆工区的处理措施，使岩爆这一灾害性较强的不良地质问题，有了比较成熟的处理方案，为今后铁路隧道中处理岩爆问题积累了丰富的经验。

3. 盾构和 TBM 技术的应用

(1) 桃花铺一号隧道

桃花铺一号隧道为新建铁路西安—南京线重点控制工程之一，隧道全长 7234m，采用直径为 8.8m 圆形断面，敞开式掘进机（TBM）施工。桃花铺一号隧道进口位于资峪河左岸的资峪乡，进口里程 DK194+170；出口位于南沟右岸，里程 DK201+404。隧道呈人字坡隧道。隧道最大埋深约 358m，对应里程 DK198+145。

西南线桃花铺一号隧道位于陕西省商洛地区，穿越资峪河与武关河的分水岭—桃花铺岭。隧道区属秦岭山区，地形起伏较大，相对高差 100～500m，最大高程为 824m，最大埋深 358m，隧道全长 7234m，为全线第二长隧。隧道从进口端采用 TBM 掘进机施工，掘进长度 6015m，洞室为直径 8.8m 的圆形断面。隧道洞身大部位于中泥盆系池沟组石英片岩夹大理岩（D2cdsc+Mb）中，岩性单一，岩质较坚硬。F2 断层为影响本隧道的主要区域大断层，隧道进口端约 800m 位于破碎带及影响带内，其余大部分洞身均位于断层上盘，为一近似单斜构造。隧道洞身多为基岩裂隙弱富水区，局部为基岩裂隙中等富水区，施工中最大涌水量为 3095m³/d，稳定涌水量为 925m³/d。

通过桃花铺一号隧道的施工，摸索总结出一套 TBM 在软弱围岩中掘进的有效方法，成功地解决了隧道围岩的坍塌失稳问题。TBM 掘进机为一种新的隧道施工方法，技术先进，科技含量高，对施工中隧道围岩的坍塌防治尚处于初级阶段。

(2) 上海双圆盾构隧道

双圆盾构隧道技术已在上海地铁新线杨浦 M8 线使用。双圆隧道施工技术系采用两个相交圆形盾构，一次可完成上、下线的隧道施工，比原单圆盾构的效率有所提高，将成为国内地下工程施工的主流形式。日本在盾构方面除单圆单体、双体母子型外，已开发了三联盾构；盾构断面类型有圆形、异形椭圆、长方形和任意形；从直线推进到转弯形，从倾斜形到垂直形掘进，具有形式样多、效率快、质量好、使用人工少、无污染、少噪声等优点。

(3) 国内直径最大越江隧道——上海翔殷路隧道

翔殷路隧道全长 2600m，双向 4 车道，设计时速 60～80km；而约 1530m 的江中圆隧道内，每隔 80m 建有应急逃生滑梯。作为设计、施工总承包单位，上海隧道工程股份有限公司采用两台直径为 11.58m 的泥水平衡盾构进行掘进施工，两台盾构保持约 350m 的距离，同向从浦东向浦西推进，南线隧道盾构于 2004 年 12 月顺利进入浦西的工作井内。

(4) 磨沟岭隧道 TBM 施工

1) 工程概况

磨沟岭隧道为西安—南京铁路十大重点工程之一，位于陕西省商南县和丹凤县交界处，由铁道部第一设计院设计，北京瑞特监理公司监理，中铁隧道集团 TBM 公司施工。隧道全长 6112m，隧道自西向东穿越武关河与清油河的分水岭——磨沟岭，自 DK226+494 进洞，进洞高程 485.41m，于清油河永青中学北侧 DK232+606 出洞，出洞高程为 481.60m，其中进口段 538m 位于 $R=1000$m 的曲线上，其余均位于直线上，洞身纵坡为 1936m 长的 3.5%～10.5% 上坡和 4176m 长 4% 下坡的人字坡，基本东倾，隧道最大埋深 315m。

2) TBM 施工情况

隧道设太阳坡进口、橡子沟斜井和清油河出口三个工点，五个工作面施工。其中进口工区承担了 DK226+494～DK227+352 隧道开挖施工，DK226+494～+670 衬砌施工，DK226+670～+726TBM 拆卸场施工任务。橡子沟斜井工区承担了 DK227+352～DK228+788 钻爆开挖施工，DK227+788～DK226+670 段二次衬砌施工任务。清油河出口承担了 DK227+788～DK232+608TBM 掘进机掘进施工，DK226+494～DK232+608 道床、沟槽施工。施工上采用国际上先进的 TBM 掘进机，它具备掘进、出渣、支护、喷混凝土、通风、除尘、降温等功能，实现了隧道掘进的工厂化施工，代表了目前世界隧道施工机械化的先进水平。

全隧于 2000 年 4 月刷坡、隧道开挖施工，于 2001 年 11 月进口与橡子沟贯通，2002 年 1 月 26 日全隧开挖贯通。2002 年 3 月开始二次衬砌施工，8 月中旬全隧二次衬砌完工。道床于 2002 年 4 月施工，8 月底完工。

3) 磨沟岭隧道施工特点，施工工序多、工期紧、任务重。TBM 设计为敞开式硬岩掘进机，适用于Ⅳ类及Ⅳ类以上围岩，而磨沟岭Ⅲ类及Ⅲ类以下的围岩 3467m 占 TBM 施工段的 71.9%，支护材料相应增加，TBM 的运输量及运输干扰增加。后期施工工作面多，其中二次衬砌施工 4 个工作面，2 台 1×2 台车承担 4649mTBM 施工段的衬砌任务，2 台普通台车承担预备洞及拆卸洞衬砌施工任务；整体道床、沟槽分 2 个工作面，进出口各承担 1056m、5058m 的道床、沟槽施工任务。

(5) 秦岭隧道 TBM 通过的不良地质段施工

秦岭隧道出口段 TBM 施工通过的不良地质类型主要有：断层构造带、节理密集带、构造裂隙富水带和高地应力岩爆等。出口段的断层破碎带主要有 f_{qs12}～f_{qs16}、f_{ss12}～f_{ss15}，均为逆断层，宽度 1～230m，断层带的主要岩性为糜棱岩、破碎混合片岩、断层泥砾等。

1) TBM 通过 f_{ss13}、f_{ss12} 断层带

DK78+120～DK78+200 与 DK78+960～DK79+120 两段分别处于 f_{ss13}、f_{ss12} 断层带中，受断裂带的影响，构造裂隙发育，岩体破碎。主要岩性为碎裂岩、构造片岩、糜棱岩、断层泥砾石等，岩石强度低，围岩稳定性差。其中 DK78+960～DK79+120 段处于构造裂隙富水区。该区域采用人工钻爆预处理，TBM 穿行通过的方法，即利用Ⅱ线平导开挖临时横通道进入Ⅰ线隧道进行预处理，避免 TBM 在该区域受阻，影响整个隧道的施工。

2) 其他各断层带中 TBM 施工

根据各断层带的围岩状况，采用不同的支护参数和类型，其中Ⅱ、Ⅲ类围岩段，采用钢架、锚、喷和网综合支护，部分Ⅱ类围岩段钢拱架上再焊厚 8mm 的钢板支护。各类围岩的初期支护参数如下。

Ⅱ、Ⅲ类围岩：喷混凝土厚 10cm；锚杆直径 $\phi22$，长 3m，间距 1m×1m，位于拱墙；钢筋网直径 $\phi8$，间距 25cm×25cm，位于拱墙；钢架为 1 榀/0.9m；预留变形量 5cm。

Ⅳ类围岩：喷混凝土厚 8cm；锚杆直径 $\phi22$，长 3m，间距 1m×1m，位于拱墙；钢筋网直径 $\phi8$；间距 25cm×25cm，位于拱墙；钢架为 1 榀/1.2m；预留变形量 5cm。

3) TBM 通过岩爆地段的施工

从地质条件看，混合花岗岩和混合片麻岩岩石的弹性能量指数和脆性指数都高，均具备发生岩爆的岩石条件。但实际在施工中，围岩岩爆主要出现在 DK77+130～DK77+860 和 DK76+130～DK76+790 两段，这是因为这两段围岩埋深大，断层、节理裂隙不发育，岩体完整性好，围岩的初始地应力及隧道开挖后形成的最大切向应力都较高，隧道开挖后已发生岩爆。发生岩爆的程度从轻微、中等到强烈不等，岩性以混合片麻岩为主，岩爆主要发生在洞室左拱部到左拱顶及右洞底。

强烈的岩爆可能造成开挖后的洞室变形很大，同时大量岩爆的岩体砸坏掘进机部件，砸伤施工人员等导致施工无法进行。为保证施工，对岩爆区段进行的处理是采用刚性支护，即采用Ⅰ18 钢架支护，锚、喷、网相结合，同时对拱架支护后的开裂岩体进行注浆加固。

秦岭隧道所用的掘进机为德国 WIRTH 公司生产的 TB880E 敞开式硬岩掘进机，开挖断面为圆形，开挖直径 8.8m，掘进行程 1.8m。它是集液压、电气、电子、机械于一体的先进的隧道掘进机。自身配有超前钻探、激光导向（ZED）、监控监测、通风除尘、围岩支护与加固（喷锚、钢拱架安装、岩石注浆）和数据采集（WADS）等自动化系统。

秦岭隧道Ⅰ线出口段 TBM 施工，在不同围岩类别（按铁路隧道围岩分类）中掘进情况有所不同，在同一类别围岩中，只有Ⅴ类围岩的岩爆段（总长 578m）与非岩爆段（545m）的掘进情况有较明显的差别（表 2-1）。

Ⅴ类围岩岩爆段与非岩爆段 TBM 掘进情况比较

表 2-1

序号	项　目	地　段	
		非岩爆段	岩爆段
1	掘进循环时间(min)	35～195	45～220
2	平均掘进循环时间(min)	79	110
3	平均日进尺(m)	11.0	8.7
4	最高日进尺(m)	25.1	18.7
5	平均每掘进 1m 换刀数(把)	0.8	0.9
6	平均每掘进 1m 安装钢拱架数(榀)	0.006	0.3

表 2-1 表明，TBM 在同是坚硬、完整的Ⅴ类围岩掘进中，岩爆段与非岩爆段相比，掘进循环时间长(一般需 2h)、刀具消耗多(平均每掘进 1.1m 要消耗 1 把刀，主要是刀具磨损，少数是被爆落的岩块砸坏)，这可能与围岩中的高地应力对 TBM 掘进有一定的影响有关。由于在岩爆地段刀具消耗多，刀具检查和刀具更换占时也相应较多；岩石支护工作量大(平均每掘进 3.2m 需安设 1 榀钢拱架)，占时多；清渣占时长，影响仰拱块拼装等原因，使 TBM 施工进度受到较大的影响，平均日进尺和最高日进尺都明显地较非岩爆段少。同时，由于岩爆发生的偶然性和突然性较大，给施工人员和机械设备的安全都带来很大的威胁。但在Ⅰ线隧道出口段 TBM 通过岩爆地段施工中，施工单位采取了一些有效的对策，使 TBM 掘进安全、顺利地通过总长度为 578m 的岩爆段。

4. 隧道通风技术、瓦斯、含毒气体及放射线矿源隧道施工

隧道施工，20 世纪 80 年代以前的多为全横向式通风或者半横向式通风，以欧洲的瑞士、奥地利和意大利为代表。而近 20 多年，特别是纵向通风方式出现后，公路隧道的通风方式基本分为两大派。欧洲仍以全横向、半横向居多，而亚洲以日本为代表全为纵向。近年来，随着汽车排污限制标准的提高，控制公路隧道通风量的因素已从 CO 逐渐过渡为烟雾浓度，加之双洞方案逐渐取代单洞方案，所以分段纵向通风方式已经占主导地位。在许多新修或者增修的复线长大公路隧道中，用分段纵向通风方式取代过去的半横向或全横向方式。

在长大隧道建设中，通风方案的优劣及通风运营效果的好坏，将直接关系到隧道的工程造价、运营环境、救灾功能及运营效益。目前，国内外关于长大隧道的通风方式，一般分为全横向、半横向、分段纵向和混合式。上述三种通风方案各有利弊。如全横向和半横向通风，隧道内的卫生状况和防火排烟效果最好，但是，初期的土建费用和后期的通风运营费用很大。纵向通风，土建工程量小，运营费用相对较低，且方式多样，但洞内的环境状况和防火排烟效果较差。

国内的通风方式，也经历了由最初的全横向、半横向向分段纵向逐渐过渡的过程。如上海的打浦路隧道(2.761km)、延安东路隧道右洞(2.261km)采用的是全横向。深圳的梧桐山隧道左线(2.238km)、延安东路隧道左洞(2.30km)为半横向。1989 年建成的七道梁隧道(1.56km)，在国内首次采用全射流纵向通风。而 1995 年建成的中梁山隧道(左洞 3.165km，右洞 3.103km)和缙云山隧道(左洞 2.528km、右洞 2.478km)，变原来的横向通风方式为下坡隧道全射流纵向通风，上坡隧道竖井分段纵向通风，在国内首次将纵向通风技术运用于 3.0km 以上的公路隧道。随后，铁山坪隧道(2.801km)、谭峪沟隧道(3.47km)、木鱼槽隧道(3.61km)、梧桐山隧道右洞(2.27km)、大溪岭隧道(4.1km)、二郎山隧道(4.61km)均采用了纵向或分段纵向通风方式。

目前，关于长大隧道的通风形式，采用双洞单向交通，分段纵向通风已经得到普遍共识。但是，在具体的方案设计过程中，分段通风的长度、竖井的位置、送风道和连通洞的长度及形状、风机的优化配置、洞口的相互污染、防火区段的划分、火灾发生时的排烟灭火、逃生避难洞的新风输送、隧道区域的环境保护、轴流风机和射流风机的开启、通风效果的检测和评估、运营通风的最佳控制等，这些问题都必须通过数值模拟、物理模拟以及现场检测逐一深入仔细研究解决。

(1) 秦岭隧道施工通风

特长隧道的通风是施工顺利进行的关键。秦岭特长隧道平导施工通风采用长管路独头压入式通风系统，单台风机通风最长距离为 6.2km，创造了当时单台风机通风的国内最好记录。在管道式施工通风方案中，经过对风机间隔串联方式、隔断串联方式及洞口集中布置方式的比较，风机洞口集中压入式是最经济合理的。这种方案不仅施工简单，管理

方便，系统宜于维护，而且节省了施工中的运营费用。在长管路通风系统中，风管直径应与风机的选择相配套，管内最大风速宜控制在 15m/s 左右。管内风速过大将过多地增加风机风压，并导致通风距离缩短；管内风速过小说明风管直径过大，增加了设备（风管）的费用，同样也不是经济的。另外，实现长管路通风的一个必要条件是必须降低管道的漏风和管道的摩擦阻力。

柔性风管具有管节长，接头少，重量轻，搬运、存储、安装方便等优点，缺点是强度及耐疲劳性较差，不能承受负压等。比较而言，柔性风管在选择制作材料方面余地较大，在对风管接头连接形式及加大管节长度等方面进行改进后，其性能、价格将大大优于刚性风管。

设计中平导施工通风要求风管百米漏风率为 1.63%，因此对通风管的漏风要求较高。根据国外厂商提供的有关资料，其风管（软风管）百米漏风率均为 0.5%~1.0% 之间，摩阻系数为 0.018，ϕ1.3m 风管耐压强度在 1220~2070mmH$_2$O。国内在多年的研究和试制过程中百米漏风率也有能达到 1% 的软风管，摩阻系数 0.015，但现场安装后，百米漏风率一般均在 1.5%~3.0% 之间。综合以上因素，平导通风管道采用 ϕ1.3m 的软风管，管内最大风速为 14.45m/s。

适合隧道钻爆法施工通风常用的低噪声轴流风机主要是日本的 MFA 和 PF 系列产品。大风量、高风压的风机见表 2-2。

大风量、高风压风机　　　　表 2-2

风机型号	风量(m³/s)	风压(mmH$_2$O)	功率(kW)
PF-110SW55	1200	400	110
MFA100P$_2$-SC$_3$	1000	500	110
MFA125P$_2$-SC$_4$HSM	2000	500	220

虽然近几年国内研制的大风量、高风压轴流风机有了较大的发展，但都处于起步阶段，整机性能有待实践的进一步考验。考虑平导施工距离较长，因此选用了 PF-100SW55 型对旋式轴流风机。

(2) 华蓥山公路隧道通风

华蓥山隧道位于四川省华蓥山脉中段，是国道主干线成都到上海高速公路广安至邻水段的关键控制工程，隧道全长 9411.9m。

该隧道地质构造复杂，隧道要穿越煤层、岩溶地质、断层、背斜高应力核部，并拌有瓦斯、天然气、石油气、硫化氢等多种有毒、有害气体，施工难度大。隧道的通风应用了一些新技术应用与科技创新。

1) 揭煤过煤工艺：隧道穿越的 K1 煤层为原始煤层，因煤层地质条件复杂（存在煤、瓦斯突出危险、煤层坍塌、涌水），施工中首先进行煤层瓦斯预测预报，采用钻孔方法准确探深，掌握煤层实际产状及厚度，瓦斯储存状态，为确定煤系地层施工方案提供依据。正确采取揭煤方式，左线采用马蹄形揭煤开挖方式。右线借鉴左线成功揭煤的经验，采用下导坑微超前，全断面施工的揭煤施工新工艺，即整体推进，分段揭煤，加强支护，稳步前进。为今后大断面隧道揭煤提供了可借鉴的经验。

2) 施工通风：长大隧道通风技术水平，对隧道的建设工期、现场管理以及施工设备的选型配套都有重要的影响。根据现场情况，华蓥山隧道采用大管径、长管路压入式通风方案，引进射流、低噪声节能变极多速风机和多功能引射器等新技术，设抗静电、阻燃的软风管（1300mm）向开挖面供风直至贯通（瓦斯监测安装了自动监测系统，实现瓦电连锁、风电连锁）。同时，首次将运营通风的射流通风技术应用在施工通风中，即采用射流风机产生的风流来加大风速，稀释瓦斯，使开挖面和回风流中的瓦斯浓度始终控制在安全浓度 0.3% 以下，创造了瓦斯隧道施工通风新模式，本通风技术在隧道通风领域达国内领先水平。

5. 隧道防排水技术、高压富水及溶岩隧道施工

公路隧道的防排水要求远高于铁路隧道，因为公路路面的任何湿滑、积水都会给行车带来不利和危险。在南方湿热地区，隧道内的漏水不仅会造成行车打滑，引起交通事故，而且长期漏水还会对路面产生损害。北京寒冷地区，漏水会使得洞内路面结冰打滑，同时洞顶的挂冰也会引起衬砌的开裂破坏。

防排水是公路隧道工程的重要环节之一，关系到结构安全和洞内行车安全。目前我国在隧道和地下工程防排水技术方面，有了很大的进步。从围岩注浆止水，衬砌结构防水，施工缝处理技术，到各种防排水材料、构件和设备等都取得了一些成果。但是，公路隧道尤其长大隧道建设起步较晚，其防排水技术还处于发展阶段，隧道工程还存在渗漏水

现象。

6. 隧道技术在市政工程中的运用发展

(1) 成都市天府隧道

成都市蜀都大道下穿天府广场的"天府隧道"，西起蜀都大道人民西路段西华门街交叉口，东至蜀都大道总府路沟头巷交叉口，全长约1098m，双向4车道。

天府隧道将从目前位于蜀都大道两个路口的天府地下商城、西华门街口的人防工程地洞上越过。

天府隧道工程处于成都市心脏地带，规模大，地面交通繁忙，人流众多、地下管道和线网十分复杂、涉及管理单位众多，施工难度非常大。而沿蜀都大道的电力隧道的保护、人民东路电信过街排管的保护、西华门和顺城大街人防工程的保护等也更增加了隧道的施工难度。此外，隧道在打基础埋桩时，也必须不能占用地铁一号线和地铁二号线的空间。打桩时的位置不能有丝毫差错。

为保护天府广场与展览馆之间过街行人的安全，将在隧道天府广场段的下面再修建两条人行通道，各宽约12m。具体位置大致在目前天府广场东西两角蜀都大道交叉口。人行通道将是天府广场地下位于隧道之下的第二层，将与隧道同步修建，但建成后暂时还不投入使用，将待天府广场综合改造完成后与隧道下的天府广场地下第二层空间的公共商业设施相连。

(2) 深圳向西路地下人行通道

深圳向西路地下人行通道工程设计主通道长49.34m，梯道总长130.4m。工程平面设计设一个主通道，四个梯道。主通道净宽6m，净高2.5m，采用割圆拱形断面；梯道净宽3.6m，净高2.5m，采用箱形断面。主通道纵坡为3.82%及3.72%，梯道坡度其中混行梯道坡度1：4、人行梯道1：2。主通道最大覆土厚约5.3m，最小覆土厚约4.3m，通道中部设水泵房，南侧2号梯道平段设配电房。

主通道依据"新奥法原理"设计，浅埋暗挖法施工。开挖采用CRD工法，辅以超前小导管注浆加固及砂层全断面注浆等施工措施。初支为小导管支护＋格栅钢架＋钢筋网＋喷射混凝土联合支护。二衬为模筑钢筋混凝土结构。初期支护与二衬之间设塑料防水层，梯道采用明挖施工，人工开挖基槽，直壁网喷及型钢临时支护，模筑钢筋混凝土二衬。

(3) 武汉洪山广场地下人行通道

武汉市武昌洪山广场是湖北省最大的绿化广场，其四周道路交通量较大，为解决市民和游人进出洪山广场的方便，在洪山广场四周规划了6条地下人行通道，为保证修建过程中不中断交通，采用新奥法原理和浅埋暗挖施工工艺进行施工。

武昌洪山广场地下人行通道位于武汉市洪山广场四周道路下，是市民和游客进入广场的主要通道。一处位于省科技馆前道路下，另一处位于洪山宾馆前道路下。省科技馆处地下人行通道平面布置呈"Z"形，覆土深度2.5m，洪山宾馆处地下人行通道平面布置呈"U"形，覆土深度1.5m，地下通道由主通道和出入口组成，主通道两侧均设单侧出入口，主通道长30m，出入口长15.6m。

主通道初期支护由超前小导管、超前注浆、格栅钢架、连接筋、网喷混凝土和回填注浆等组成，拱架间距50cm，主筋为4根$\phi22$，连接筋为$\phi22$，双层，间距30cm，钢筋网$\phi6.5$，网格间距100mm×100mm，喷射混凝土厚为30cm。二次衬砌为30cm厚现浇钢筋混凝土结构，主通道断面形式为马蹄形，净宽：4.0m，净高3.0m。

(4) 深圳市深南路与宝安南路交叉口地下通道

深南大道是深圳市东西向的主干道，交通流量大，其与宝安南路交叉路口位于市中心地带，车多人多，十分繁忙，地理位置及其周围建筑物十分重要。建筑物分别为：南面银行金融中心金城大厦；西北面是深圳市最高标志性建筑，高380m的地王大厦，东南面是湖北宝丰大厦，东北面是摄影大厦。深南大道、宝安路均是主干道，该路口交通量大，从香港等地开来的大货柜车（载重车）特别多。市政府、市建设局考虑到该路口位置的重要性及不影响其周围景观，决定把该处修建人行天桥方案改为修建地下过街道方案。由于该处管线特多，且在通道底部预留地铁位置，决定该通道必须从管线底部和地铁顶部通过。设计采用浅埋暗挖法施工，要确保管线与主干线地面交通正常进行，施工难度极大。

本工程位于深南路与宝安南路交叉路口，埋深最浅处仅1.2m，且最浅处位于交叉路口斑马线后方，路面正好是红灯停车的地方，重车多。当刹车起动时，动静载一起作用于隧道结构，对结构稳定非常不利。通道地下管线密集，纵横交错布置，有

10万V高压、1万V高压电缆及低压电缆；ϕ800、ϕ600、ϕ400给水管、污水管，煤气管，信号灯电缆管，管底埋深1.2～2.5m，控制隧道埋深，管道材质有钢管、铸铁管、水泥混凝土管、塑料管等，管线保护十分复杂。

工程平面设计结合深南路拓宽工程整体考虑，主通道呈工字形平面布置，为互通式结构。A通道净宽8.0m，高3.0m；B、C通道净宽6.0m，高3.0m，采用割圆拱形断面。主通道在路口四角都设2个梯道口，共8个梯道，方便行人。梯道净宽4.0m，高2.3m（交叉口段2.5m），箱形结构，梯道坡度沿深南路设置的四个梯道为1：4，沿宝安路设置的四个梯道采用1：2，梯道边入口采用敞口式。设备及管理房设在西南角，水泵房设在东北角。通道均设双侧排水沟，主通道沿纵向设坡，以利排水。

(5) 北京长安街39条地下过街道

为减少南北向行人、自行车对东西向机动车的干扰，改善长安街的交通状况，北京市政府决定沿长安街修建39条地下过街道，并把它列为1994年重点工程之一。应用新奥法原理设计，采用浅埋暗挖法施工。该工程具有施工环境特殊、结构跨度大（结构净跨10.0m、开挖跨度11.6m）、埋深浅（结构上覆土层厚0.6～1.0m）、小矢跨比（矢跨比仅为0.13）、路面活载作用频繁和土质差等显著特点。

过街道自地表向下依次为：0.5m左右的路面层（包括沥青碎石面层、基层和垫层），3.7～4.0m的人工堆积层即亚黏、亚砂填土层（个别地段有碎石填土层），其下为第四纪沉积的轻亚砂土、粉砂层，结构位于地下水位以上。过街道工程按照新奥法原理进行设计，采用"浅埋暗挖法"施工，支护结构采用复合衬砌形式，初期支护和二次衬砌间加设防水层。

工程施工所面临的主要困难：

1) 通常顶部多属人工堆积层即亚黏、亚砂填土层，采用注浆改良地层受到限制；

2) 结构过于扁平（矢跨比＝0.13），开挖过程中顶部土层成拱困难，自稳能力差；

3) 技术标准高——地表沉陷的控制值为30.0mm。

地下过街道的初步设计采用"盖挖逆作法"施工，考虑到由此将带来的巨大的社会负效应，北京市建委决定采用暗挖法施工。采用"浅埋暗挖法"，它既不干扰路面交通，能满足初步设计的使用功能，又具有巨大的社会效益。在软土地层中地下工程的"浅埋暗挖法"基本包括以下几种方案：

1) 管棚拱法；

2) 正台阶法；

3) 中壁法；

4) 眼镜工法（又称双侧壁导洞法）。

(6) 武汉中山广场地下过街道

武汉中山广场地下过街道所处地区为汉口最繁华的闹市商业区，地面上有立交桥、公园门楼、九条地下管线（包括污水箱涵、给水管线等），且近临公园人工湖。武汉中山广场地下过街道，覆土层最小厚度4m，开挖轮廓为9.4m×6.1m，最大埋深12m。所穿越地层主要为长江冲积一级阶地，解放前为老湖泊地带。该地段上层滞水丰富，地下承压水水头位于地面下1～3m。土层主要为杂填土、黏土、粉土夹粉质黏土、粉细砂夹粉土等。其中粉土夹粉质黏土层属过渡承压含水层，该层与长江、汉水有密切水力联系，含水量大。

(7) 郑州凤凰电缆隧道工程

郑州凤凰电缆隧道工程Ⅰ标段位于郑州市东区，隧道沿途穿越沈庄北路、沈庄路、商城东路、玉凤路等4条道路，其中K0＋700～K0＋730隧道穿越熊耳洞，在K0＋740～K1＋300段隧道要穿越4处1～3层房屋，隧道走向基本为南北向，全长1336m。

隧道覆土厚度在5～11m，该电缆隧道工程横断面设计为直墙、三心圆坦拱、平底马蹄形，开挖宽度为3.28m，开挖高度为3.93m。隧道支护为复合式衬砌：钢筋网＋连接筋＋格栅钢架＋喷混凝土C20混凝土＋防水层＋C20模筑混凝土，喷混凝土厚度25mm，模筑混凝土厚25mm。

(8) 福州961人防工程乌山主通道工程

福州961人防工程乌山主通道工程是福州市平战结合的重点市政工程，它位于福州市乌山大厦旁，下穿交通繁忙的乌山路、市政府保密局大楼、市政府统计局及市政府2、3、5号家属楼；隧道全长160m，其中进口端100m为土质地段，剩余60m为岩石地段，土质地段埋深2.5～20m不等，其上覆乌山路、市政府保密局大楼埋深仅为2.5～4m，按照业主规定：施工其间，乌山路交通不能中断，市政府保密局也要正常办公。设计规定地表最大下沉值不能超过3cm。该工程于1996年8月开工，1997年5月胜利完成洞室开挖及其初期支护1997年8月竣工。从开工到竣工，通道上覆地表最大下沉值仅为2.3cm，乌山路没有中断一天交通，市政府保密局、统计局一直都在进行正常工作。

(9) 兖州市兴隆庄煤矿地下通道

兖州市兴隆庄煤矿地下通道结构设计总长度为407.119m，由于通道横穿六条并排的运煤铁路专用线而不能影响正常的交通运输，须在铁路下面的50m范围内采用超浅埋暗挖法施工，通道覆土厚度仅有0.5m。暗挖通道开挖宽度为11.64m、高度为5.74m，采用坦拱、直墙式断面。

通道范围内地表层为杂填土（主要由煤矸石、煤粉等组成，含少量黏性土），厚度为2.0m左右；中间为粉土（部分地段为粉质黏土），厚度为2.5m左右；底层为黏土，厚度在1.5m左右。通道初支为格栅钢架+30cm厚C20网喷混凝土；二衬为50cm厚C25、S8防水钢筋混凝土；初支与二衬间敷设防水层。

由于铁路是矿区主要的运煤专用线，施工期间绝对不能受到任何影响。因此要求通道施工时，必须采取切实可行的技术处理措施，确保列车的正常安全运行。洞室开挖前进行了长管棚超前支护和铁路吊轨处理；洞内打设小导管注浆加固地层，防止围岩坍塌，控制路基沉降。按照"管超前、严注浆、短开挖、强支护、快封闭、勤量测"的原则进行短台阶法施工。为减少施工期间列车运行对地层的作用荷载，保障铁路行车的安全和洞室开挖过程中的稳定，对常用的五条铁路线分别采取了可靠的吊轨加固技术处理措施。施工中简化了施工步骤，优化了施工工艺，提高了施工进度，保证了施工工期。

(10) 广州东山口人行隧道工程

广州东山口人行隧道位于广州市东山区繁华地段农林下路与中山路主干道交叉口路面下，修建该人行隧道的目的主要是解决行人横过农林下路、中山一路、中山二路、东华北路、曙前路等五条交通要道交汇处时的混乱、拥挤状况。人行隧道埋深仅2m左右，工程范围及上方杂填土中地下管线繁多，下方则是正在运营的广州地铁一号线，两者立体相交，垂直距离仅为0.6m左右，几乎是一项工程跨在另一项工程之上。

人行隧道由四条主通道和九条梯通道组成，主通道施工采用暗挖法进行，为扁平直墙隧道，开挖断面宽度在9m左右，高度在4m左右，开挖总长在240m左右；车站方向的梯通道均与地铁车站出入口相驳接，施工方法同主通道，其余梯通道采用明挖法施工。

工程所处地段地质状况：自上而下依次为人工杂填土、坡积黏土、冲积淤泥质黏土、残积亚黏土。场地地下水为孔隙潜水，来源差，水量少，人工杂填土中的地表水和水管渗漏水是主要水源。

其工程特点为：

1) 位置重要：东山口人行隧道位于五条交通要道路面之下，运营地铁隧道之上，地处繁华市区，环境保护要求严格，要求地面沉降值<30mm；运营地铁隧道沉降及水平位移<20mm；运营地铁隧道变形相对曲率<1/2500。

2) 超浅埋：人行隧道由于需要从正在运营的地铁隧道上方通过，设计埋深较浅，距地表仅2m左右，仅为跨度的1/3~1/4，属超浅埋隧道。

3) 超近距离穿越正在运营的地铁区间：两主通道两跨地铁区间隧道，其结构底板仅高出地铁区间隧道拱顶仅0.6m左右，以如此近距离穿越正在运营的地铁区间隧道的工程实例还从未见过报导，而要对地铁区间隧道所造成的影响进行分析、预测就更加困难，因此，人行隧道过地铁区间隧道施工技术难度很大。

4) 市政地下管线密集：人行隧道范围及上方杂填土中埋藏的地下管线种类繁多，既有已废弃的、也有正在使用的，地下管线普遍存在位置不明、来历不明、年久失修、施工保护拆迁困难的实际问题。针对侵入结构净空的管线，有主的采取通知迁移，无主的只能摸索处理，严重地制约了工程进度。

5) 污水泄漏来源不明：由于人行隧道是在人工杂填土中掘进，埋深浅，由于松散的土中孔隙、空洞等为地下水存在提供了条件，加之路口处繁多的地下管线更为污水泄漏提供了途径（顺管而下），而且污水管普通存在接头咬合不紧、破烂等，从而导致了施工时地表水、污水严重泄漏进洞，且查不清来源，成为一大水害。

6）地面交通量大，动静荷载作用力大：隧道主通道上方正处于斑马线附近，车辆启动、刹车时，动、静荷载作用力大，时间长，对人行隧道的结构稳定性影响大，特别是对各通道相贯处影响最大，在此处应采取需要谨慎施工、加密初期支护等措施。

（11）常州市文化宫地下过街通道

常州市文化宫地下过街通道位于延陵路与和平路交叉口附近，分延陵路与和平路两条，通道净空尺寸为 12m×3.7m，其中延陵路通道长 57.7m；和平路通道长 48m，两端的明挖段长 23m，暗挖段 25m 长，地下过街道的防水采用结构自防水，即采用 S8 防水混凝土(C30、C40)。

场地周围分布有国家级 16 孔通讯光缆，ϕ600 煤气管道，ϕ300 自来水管道，ϕ300 污水管道，ϕ300 雨水管道及 1 万 V 高压电缆等。地下管线的材料大多数是非柔性的，对周围土体的水平位移及差异沉降比较敏感。

工程施工难点：

1）路面动载：延陵路、和平路为常州市交通主干道，白天交通繁忙，夜间车辆不断，尤其是夜间大型载重车辆多，更增大了施工的危险性和施工难度。

2）大管棚施工：大管棚施工质量控制的好坏是浅埋暗挖能否顺利进行和确保施工安全的关键之一，因此必须确保大管棚施工很高的精度要求。

3）通道断面型式特殊，跨度大，受力状态变化大。通道埋深浅且采用新型结构形式(矢跨比为 0)，跨度大(其开挖宽度为 13.1m)，结构受力条件差，特别是在支撑托换过程中结构受力状态变化相当复杂，且又是按照明挖设计的结构进行暗挖施工，这无疑都是施工过程中的重点、难点。

4）结构防火：该通道采用结构自防水，要求结构不渗不漏，而选择最佳混凝土配合比保证混凝土质量，加强振捣及养护则是防渗漏的关键。

（12）北京市高碑店热电厂市内供热管网工程

北京市高碑店热电厂市内供热管网工程是由亚洲银行贷款建设的北京市环境保护工程，是目前亚洲最大管径(D=1400mm)的热力工程。工程供热水网分三段施工，其西部为第三段，全长 365m。

供热水网第三段工程，采用五心拱型隧道，隧道净断面为 6600mm×5670mm(宽×高)，开挖断面 8100mm×7600mm(宽×高)，结构顶板埋深 2.5～5.5m。

工程施工难点：

1）区段位于繁忙交通路口：本工程地面是东四环路与广渠路交叉路口。此地段交通流量很大，是北京市南部的主要交通干道，施工期间不能中断交通。

2）地下管线多而且复杂：该区段有 19 条地下管线，煤气、蒸汽、氢气、上水、雨水、电信、电力等管线错综复杂。特别是在 4 点附近，管线密布集中且年久失修，给施工带来很大困难。

3）隧道断面大：由于隧道内要布置 4 根 1400mm 热力管道，所以隧道开挖断面大。

（13）长沙市芙蓉路电缆隧道

长沙市芙蓉路电缆隧道，全长 126380m，是全国最长的城市供电系统电缆专用的小断面隧道。该隧道断面形式采用三心拱，主干隧道净宽 2.2m，墙高 2.05m，净断面 5.62m²。隧道沿主干道芙蓉路南北贯穿长沙市，埋设于芙蓉路西侧人行道下，拱顶距地表 12.00～13.00m 不等。

（14）郑州电缆隧道工程

郑州电缆隧道工程是郑州市近几年发展的重点建设工程之一。自 1996 年开始已在郑州建成太康一期、二期电缆隧道、紫荆山电缆隧道、陇海变电缆隧道、大桥至碧沙电缆隧道、人民变电缆隧道，分布于郑州市二七区、管城区、中原区、金水区。根据郑州电缆隧道的发展趋势，郑州市将建成地下电缆隧道网，使地面供电系统全部转至地下，电缆隧道具有强大的发展前景。

施工主要特点：

1）施工场地狭窄，外界干扰大。电缆隧道均在市区施工，施工场地极难选取，而且场地面积小(最小面积≤150m²)。电缆隧道断面设计小，一般长×宽=2.4m×2.5m 左右，施工不能平行作业，工序间干扰大。

2）市区施工受市民各方面干扰也大。电缆隧道施工工期紧。

3）电缆隧道埋深浅，洞顶覆盖层在 1.0～13m 之间。地下管线错综复杂、埋深不一。经常从各种街道、地面建筑物、暗河、暗涵下穿过。

4）郑州市区地质地层为松散的第四系冲洪积的粉土、粉砂土，地质条件差，极易坍塌。部分地区地下水极其丰富。电缆隧道开始施工前，对地下水位高的地段实施降水，使地下水位降至隧道开挖底板以下。

（三）隧道工程新设备、新材料、新技术的发展

1. 运用 TBM 全断面隧道掘进机

我国公路隧道施工方法初期采用钻爆法，目前已普遍运用新奥法，而 TBM 全断面掘进机是将新奥法的钻爆、掘进和支护工序于一体的一种大型机械，它具有进度快、噪声低、洞内污染小、使用人工少、自动化程度高等多项先进技术的一种掘进方法的机械。我国铁路部门已从德国维尔特公司引进了两台这种机械，用于西安—安康线上的秦岭隧道。

诚然，这种机械的价格是昂贵的，所以目前我国大范围推广应用会受到限制，但在个别特大工程为保证合理工期、施工安全和质量、按期完成任务还是需要的。加上这种机械在西欧、日本等发达国家使用较多，而且今后我国工程界应与国际接轨，提高我们在国际上承包工程的竞争力，尽快培养掌握这种机械的技术力量也应该是有此需要。

TBM 法有时用小型掘进机在主隧道中首先开挖导洞，再用铣槽钻孔扩大加宽或用扩孔式 TBM 机扩大和扩建现有隧道。另外，TBM 掘进机一般用于岩石隧道，而在土质隧道中则采用更换刃具法进行转换，成为一种适用于土、石岩层的综合 TBM 掘进机，因而使用更为广泛。

我国公路隧道采用 TBM 掘进机施工，才刚刚起步，需要做的工作还很多，有待我们开拓一些科研项目。除制定一些操作、使用、维护、维修规范外，还应对原有机械进行改进从而研制出适合我国国情的系列 TBM 掘进机。

2. 采用人工冻结法施工技术

人工冻结法的基本原理是采用制冷的方法将工程结构周围的含水地层人为地冻结成具有一定强度的封闭冻土帷幕，以抵抗地压、阻止地层变形、隔断地下水与工程结构的联系，这样，使地下工程掘进工作得以顺利进行。

这种方法我国在 20 世纪 50 年代用于煤矿凿井中。由于人工冻结法具有安全可靠、经济和无污染等优点，已逐步用于市政工程，京、沪地铁，桥梁基础等工程。

这种方法对于今后城市公路隧道以及一些洞内抢险工程也有实用价值。不过我们在机械设备、施工队伍方面还需要借助于煤炭、铁道部门的帮助，并通过试点工程在使用中加以总结和改进。

3. 施工设备的发展

（1）形成了多种机械化配套快速施工模式，隧道施工进度大大加快。

近几年来，由于改革开放的深入和国民经济的发展，隧道施工技术和装备水平有了长足的进步和提高，使得隧道施工形成了钻爆作业线、出渣运输作业线、喷锚支护作业线、仰拱填充施工作业线、混凝土衬砌作业线和辅助工序作业线等成套的作业工序，隧道施工的进度大大加快。例如，秦岭隧道平行导坑，采用钻爆法施工，月平均独头掘进 250m，最高达 456m；正洞采用 TBM 掘进，单工作面平均月进度 312m，最高月进度 528m 和最高日进度 40.5m，这是全国铁路隧道施工最高记录；圆梁山隧道平行导坑，地质情况非常复杂，采用钻爆法施工，也取得了连续一年月平均进尺 326m 的好成绩；乌鞘岭特长隧道及其辅助坑道采用最先进的德国ⅠTC312 挖装机、意大利 PC-115 管棚钻机、瑞典阿利瓦 265 混凝土湿喷机等设备，更是创造了一个又一个的奇迹。

（2）辅助坑道的施工技术和装备水平得到加强，有力地协助了隧道正洞的施工。

2000 年以前，铁路隧道施工辅助坑道的选择，往往局限于平导、横洞和一些较短的斜井，很少采用深竖井和长斜井。乌鞘岭特长隧道由于工期的特殊要求采用长隧短打的建设方案后，对辅助坑道的设计提出了新的要求。根据乌鞘岭的地形和地质状况，乌鞘岭特长隧道共设计了 13 座斜井和 1 座竖井共 14 个辅助坑道方案，其中长度大于 2000m 的斜井 5 座，最长的达 3362m，竖井深 516m，均创造了铁路隧道建设之最。这些辅助坑道的设置有效地加快了隧道正洞的施工速度。

4. 通风设备的发展

通风技术得到了发展，隧道独头施工通风长度超过 9km。

秦岭特长铁路隧道的通风，选择了大直径、漏风小、风阻低的通风管道及大风量、高风压的强力风机，采用长管路独头压入式通风模式，改善和加

强了施工通风管理,成功地解决了独头通风长度9km的施工通风技术,使我国的长隧道施工通风技术得到了发展,为以后施工更长的隧道积累了经验。

隧道通风的另外一个关键是通风方式确定和方案的设计,其中包括分段长度、通风方式、斜竖井位置、局部效应、通风控制、防火区段划分、火灾时的排烟灭火、风机的优化配置等。

5. 防水材料的发展

随着北京地铁浅埋暗挖法的创立和推广,塑料板防水材料有了较大的发展,除了PVC、PE常用材料外,LDPE(高压聚乙烯)、HDPE(低压聚乙烯)、EVA(乙烯醋酸乙烯共聚物)、ECB(乙烯共聚物沥青)相继投入使用,铺设方法采用先铺垫层、再将塑料板热焊于固定垫层的暗钉圈上,形成了无钉铺设新工艺,接缝焊接采用了塑料防水板专用的热合焊接机双焊缝焊接。注浆防水材料在传统的水泥、水玻璃等浆材基础上,研发了新型的超细水泥浆、超细水泥-水玻璃浆。

排水材料使用先进的弹簧渗水盲沟和塑料丝盲沟代替了传统的片石盲沟、稻草盲沟。使用新型的遇水膨胀止水条、可卸式止水带代替了原有的中埋式止水带、背贴式止水带。

6. 钢纤维混凝土的应用

(1) 锚喷支护水平有了显著提高,初期支护质量得到加强

及时施作锚喷支护是保护围岩比较重要的一个手段。但由于以前施工设备和施工技术的原因,很难保证喷锚支护的工程质量,锚杆的施工工艺难以达到预计的效果,验收检验标准也不科学;喷混凝土以干喷和湿喷为主,回弹量很大,造成很多材料的浪费。随着近几年湿喷混凝土技术的推广和各种新型湿喷机的研制应用,使喷混凝土的回弹量大大降低,尤其是掺入部分纤维材料和外加剂,一次喷层厚度增大,同时也大大改善了喷混凝土的品质。另外,各种新型锚杆相继出现,克服了很多以前锚杆施工的质量通病,注浆效果大幅度提高,耐久性和可靠性也得以加强。

(2) 推广钢纤维喷射混凝土

普通混凝土中加入钢纤维后形成复合型材料,它可提高韧度、能量吸收能力、抗冲击能力和对裂纹控制能力。均匀分布的钢纤维使喷射混凝土任意截面均能承受拉应力,同时和围岩有极佳密贴,可通过应力重分布,充分发挥围岩的自承能力。它是理想的隧道围岩支护材料,特别适合大变形软弱的和有膨胀压力的岩层。钢纤维混凝土既可作为初期支护,又可作为永久衬砌,与挂网相比有其技术和经济上的优势。由于钢纤维喷射混凝土可沿围岩表面形成快速有效的支护并对岩面有更好的粘结,可提高施工的安全性,简化施工工序,加快施工进度。在经济方面,采用钢纤维混凝土的衬砌厚度比挂网混凝土节约30%,回弹量减少30%,工期可缩短20%~30%。

钢纤维混凝土技术在国际上已经成熟,应用也较广泛。我国钢纤维混凝土在铁路隧道已普遍使用,如西康线秦岭特长隧道,而在公路隧道还刚起步,如元墨公路、大保公路等隧道中曾使用于初期支护中。

7. 爆破器材的改进

隧道施工爆破一般使用铵梯炸药(主要成分为硝酸铵、梯恩梯和木粉)、铵油炸药(主要成分为硝酸铵、柴油和木粉)、乳化炸药(主要成分为硝酸铵和硝酸钠的混合氧化剂,以及少量乳化剂、添加剂和水等),火雷管,导火索,导爆管,电雷管。

20世纪90年代后期,隧道爆破普遍使用导爆管雷管和乳化炸药。导爆管有较好的抗电性能,能抗3万V以下的直流电,不被击穿;有很好的抗水性能,在水下80m处放置48h,仍然正常起爆与传爆。它的安全性能好,火焰和机械冲击不能激发导爆管,管身燃烧不能引爆导爆管。导爆管可以作为非危险品运输。乳化炸药具有良好的抗水性能和爆炸性能,其中2号岩石乳化炸药爆速不小于3200m/s,作功能力不小于260mL,猛度不小于12mm,殉爆距离不小于3cm,药卷密度为0.95~1.30g/cm^3,有效贮存期为6个月,安全性高。

现在隧道施工中广泛使用高精度多段非电毫秒雷管及低能导爆索,该套起爆系统使起爆技术更为安全、准确和可靠,加上采用乳化炸药,因爆破施工而出现隧道安全事故近年来愈来愈少。

8. 监测手段的发展

目前在隧道施工中采用隧道断面仪进行施工监测,可以对施工过程中支护结构应力状态进行动态监测,了解施工中各工况条件下的结构应力状态,及时反馈的信息来把握施工节奏,调整施工方法和修正有关支护参数,起到了动态设计、动态施工的

作用，使得隧道施工达到安全稳妥、万无一失有了保证。

（四）隧道防灾救灾技术有了进一步发展

隧道防灾救灾最大的困难是火灾的预防和救援，而火灾的预防和救援必须和通风方案综合考虑。防火区段的划分、消防措施的采取、火灾的准确检测与及时报警、逃生路线的设置、避难洞的预留、风机的配置、防火救灾预案的制定等。

我国现在可以通过隧道火灾模型，隧道火灾过程的数值模拟，隧道结构火灾损伤评价，隧道通风多元瞬态空气动力学数值模拟，隧道通风局部效应数学、物理模拟，隧道环境污染模型，污染的扩散过程数值模拟等制定有效的防灾救灾措施。

目前公路长隧道防火措施有：在土建方面，人行横洞、车行横洞畅通以及完善的安全设施（包括标志、标线、信号灯、可变限速牌等）；在机电设备方面，有照明、通风、消防（洞内消防栓、灭火器、消防水泵及洞外消防水池、消防车等）、紧急电话、广播、闭路电视；在管理工作方面，保持车距，限制车速，严格执行交通规则，建立消防组织，以保证发生事故时人、车可及时疏散，设备可应急使用，对火灾要及时加以扑灭而不能让其扩大。同时在洞外，要提前监视，不允许有问题的车辆进洞。

在防火新技术方面，近来有在洞内安置自动喷淋系统、先进的火灾检测设施及报警设备，这些设备对火灾反映灵敏并能准确指示火点，是长大公路隧道工程中值得推荐的新技术，同时还应将这些设施采取总体控制方式进行监控。

对防火工作，我们可选择一、两座特长隧道开展防火通风、安全设施及标准等内容的专题研究，可为我国公路长隧道提供实施效果最佳的技术支持。

三、隧道工程建设技术发展趋势与前景

根据中国铁路网中长期发展规划，到2020年，我国铁路的营运里程将达到10万km，从2004年起计划开工建设"四纵四横"的快速客运网，加快建设运煤通道和集装箱节点站。要达到这个目标，中国在今后的十几年，将要修建大约3万km的新建铁路，还有很多既有线的改造项目，为此，初步统计大约要修建2200座约2270多公里的铁路隧道，相当于北京至广州的铁路总长度，其中"十五"期末至"十一五"期初计划开工的项目中，隧道长度将超过1000km。这将为我们铁路隧道建设技术的发展，提供宝贵的机遇。同时也给我们广大隧道科技人员和工程建设者提出了一个崭新的课题，那就是如何提高我国铁路隧道的修建技术水平，把我国的铁路隧道建设成世界一流的隧道工程。

随着工程建设的不断发展，海峡铁路隧道，如琼州海峡隧道、渤海湾桥隧工程以及台湾海峡隧道的修建在21世纪将提到议事日程。广东、海南两省间由于琼州海峡相隔，目前仅用轮渡沟通。琼州海峡是国道主干线黑龙江至海南三亚的同三高速公路的必经之地，因此跨海工程是同三高速公路的"咽喉"。海峡最窄处近20km，水深40~85m，最深160m，海底地质条件复杂。由于琼州海峡有80多天为浓雾、暴风雨天气，桥梁方案难以保证全天候通行，而且由于水较深，通航净宽、净高有一定要求，超高桥墩、大跨桥梁、深基础施工困难，而修建隧道则不受气候的影响，可以保证全天候通行，且不会对所在海域造成污染，不干扰海面通航。因此，隧道方案比桥梁方案更具优势。但隧道方案也有一些难题需要解决，如防水问题、通风问题等。渤海湾桥隧工程，全长57km，前期研究已经开始。虽然从目前来看修建台湾海峡隧道的难度很大，但随着技术的进步和经济实力的增强，以及两岸关系的改善，这个工程在未来是可能实现的。目前正在考虑的我国最长公路隧道——18.8km长秦岭南山公路隧道的前期研究工作已经开始，主要解决通风、防灾、监控方面的问题。

南水北调西线工程是国家南水北调工程的重要组成部分，是从长江上游的通天河、雅砻江、大渡河调水到黄河上游的跨流域调水工程。从目前有代

表性的三个调水方案来看，最长的隧洞约 289km，最长洞段达 131km。除了隧洞长度外，工程所处的特殊地理条件也给隧洞的建设增加了难度，因此隧洞的建设将是工程的关键之一。

我国是世界上人口最多的国家。随着人口城市化进程的加速，我国人口在百万以上的大城市已有 35 个。北京和上海已成为人口超过千万的特大城市。因此，发展以地铁为骨干的城市轨道交通来解决这些城市的客运问题已成为城市经济建设和社会发展需求的必然趋势。我国目前已有 20 余座大城市正在建设或筹建地铁与轻轨交通。而城市地铁对施工技术的要求比山岭隧道"精细"，因此如何针对各城市的地质特点来"精益求精"地修建地铁，将是我们今后的任务。

随着今后如琼洲海峡隧道、渤海湾桥隧工程、秦岭终南山特长公路隧道、20 多个城市的地铁以及南水北调西线工程建设的兴起，预计一批重大的技术难题将被攻克，届时我国隧道及地下工程技术将会再上一个新台阶。

（一）过江跨海隧道工程

1. 上海的跨江隧道工程

上海市正计划 2010 年前在贯穿城市的黄浦江底建成 20 多座越江交通隧道，以便捷东西两岸的交通。计划完成后，上海将成为世界上拥有越江交通隧道数量最多的城市。按照规划，上海将从 2003 年开始建造 10 项越江隧道工程，加上已建成的 6 条公路隧道、4 条地铁隧道和 1 条观光隧道，和正在建设的 3 条公路隧道工程和 2 项地铁隧道工程，全部建成后，黄浦江越江交通隧道将达到 20 多条，数量超过世界上其他拥有越江隧道的任何一个城市。正在修建的几条越江隧道中，复兴东路越江隧道是中国国内第一条双管双层越江隧道，而外环越江隧道则是目前亚洲最大规模的水底公路通道。从施工技术上讲，中国大多采用了目前世界上最先进的盾构法施工，技术水平与国外相差无几。

上海崇明越江通道工程采用"南隧北桥"方案，是目前世界上最大的桥隧工程。工程建成后，驱车从浦东五号沟至崇明陈家镇，不到 30min。崇明越江通道工程起自浦东五号沟，接上海郊区环线，过长江南港水域，经长兴岛再过长江北港水域；止于崇明岛陈家镇，暂接陈海公路，全长 25.5km。经过对桥梁和隧道多方比选，综合地质、水文、河势、通航等建设条件，工程最终确定采用"南隧北桥"方案——以隧道形式穿越南港水域，长约 9km，设计时速为 80km；以桥梁形式穿越北港水域，长约 10km，设计方案为技术成熟的斜拉桥桥型，设计时速为 100km；长兴岛陆域及两端接线公路长约 6.5km；全线在浦东五号沟、长兴岛、陈家镇等 3 处设置互通式立交。项目总投资约 123.1 亿元。崇明越江隧道的隧道部分将采用盾构法施工，工程所需的盾构将是世界上最大的盾构，直径 15.43m。

2. 跨海隧道工程

在最近的 20 年至 30 年内，我国将考虑建造 5 条跨海隧道。这 5 条跨海隧道分别是大连到烟台的渤海湾跨海隧道，上海到宁波的杭州海湾工程，连接香港、澳门与广州、深圳和珠海的伶仃洋跨海工程，连接广东和海南两省的琼州海峡的跨海工程，连接福建和台湾的台湾海峡跨海工程。

台湾海峡最窄的地段是从福建福州市附近的平潭到台湾台北市附近的新竹，直线距离约 120km，海峡深度普遍在 80m 之内。计及隧道在两岸的延伸总长可能达 150km。这条线路的两端均靠近台湾和福建的政治、经济、文化中心。此外，从福建的厦门经金门、膨湖到台湾的台南以北，也是一个可供选择的方案。好处是中间有几个岛屿，不过线路要长得多。

专家们设想中的台湾海峡桥梁、隧道工程建设方案有北线、中线和南线三种，起点均在福建。其中最短的是北线隧道，起于福建的平潭，止于台湾的桃园海滨，长 125km；最长的是南线，即厦门—金门—澎湖—嘉义海滨，跨海总长约 207km；中线从福建莆田到台湾中部，因为此线的海底地质情况复杂，已很少再被提及。

3. 南京跨长江隧道

随着南京长江隧道的开工建设，南京开始新一轮过江通道规划的实施，长江南京段有望拥有 10 条过江通道，届时将形成一个涵盖公路、铁路、轨道交通专门道路的现代化城市交通网络。长江南京段已建和在建的过江通道已达到了 4 座，第五座通道长江四桥正在开展各项前期工作，即将开工建设。据了解，规划的其他的过江道路分别是三元口过江通道、上元门过江通道、纬三路过江通道、大胜关过江通道和江心洲过江通道等。

4. 南昌跨江隧道

南昌市计划投资 6 亿元打造该省首条江底隧道，此举将畅通昌南、昌北两城交通，极大地方便市民通行，且不影响赣江总体景观。该江底隧道暂名为红谷隧道，初步选址定为从老城区的江西省科技馆附近入江到红谷滩中心城区西奇国际酒店南面的红谷六路出江。该隧道建成后，将大大缩短昌南至昌北的通行时间。

5. 中国大陆首条海底隧道——厦门东通道（翔安隧道）

我国第一条海底隧道——厦门东通道工程已动工，预计 2010 年建成。项目全长 9km，跨海主体工程长约 6km，隧道最深在海平面下约 70m。该条海底隧道工程估计总投资在 30 亿元左右，将是厦门市所有工程中投资额最大的项目。该工程总长度约 9km，其中隧道全长 5900m，是一座兼有公路和城市道路功能的隧道。厦门东通道（翔安隧道是中国大陆第一座大断面海底隧道。隧道采用三孔形式修建，中间一孔为服务隧道，左、右两孔为行车主洞，中间设置 6 处行人横洞、5 处行车横洞。东通道由厦门岛向西与仙岳路相接，向东经五通码头跨海至内陆翔安区下店，与翔安大道相接；东通道按双向六车道设计，行车速度每小时 80km。

6. 大连到烟台的渤海湾跨海隧道

在近 20～30 年，将建造大连到烟台的渤海湾跨海隧道，解决两地联络交通问题。

7. 青岛胶州湾湾口海底隧道

青岛胶州湾湾口海底隧道南接黄岛区的薛家岛，北连青岛老市区团岛，下穿胶州湾湾口海域。项目总投资 31.86 亿元，其中土建工程投资 23.49 亿元。隧道工程全长 6170m，其中隧道长 5550m，穿越海域段 3300m，两端敞口段长 620m。隧道采用双向双洞六车道，中间设服务隧道，采用矿山法施工。隧道按时速 80km 的行车速度设计，工期为三年。

（二）输气输水隧洞工程（表 3-1，表 3-2）

中国主要江河已建和拟建的水利水电工程　　　　表 3-1

序号	江河名称	控制性大水库枢纽工程名称	序号	江河水库名称	控制性大水库枢纽工程名称
1	长江（干流及金沙江）	（1）三峡	5	乌江	（1）洪家渡
		（2）溪洛渡			（2）乌江渡
		（3）向家坝			（3）构皮滩
2	大渡河	（1）瀑布沟	6	牡丹江	莲花
		（2）龚嘴（二期加高）	7	第二松花江	（1）白山
3	雅砻江	（1）锦屏一级			（2）丰满
		（2）二滩	8	汉江	（1）安康
4	嘉陵江（白龙江）	（1）出家坝			（2）丹江口
		（2）碧口	9	清江	水布垭
		（3）宝珠寺	10	辽宁大伙房水库	大伙房输水洞（85km）
		（4）隔河岩			

21 世纪初中国在建和拟建的 200m 级高坝工程　　　　表 3-2

序　号	高坝枢纽名称	序　号	高坝枢纽名称
1	溪洛渡	7	瀑布沟
2	糯扎渡	8	构皮滩
3	龙滩	9	水布垭
4	小湾	10	苗家坝
5	拉西瓦	11	三板溪
6	锦屏一级	12	洪家渡

(三) 仓储、军工、LPG 隧道工程

现在越来越认识到地下空间利用的价值与好处，建立地下仓库既节约土地资源，又能保质期长，保质效果又好，例如地下仓储粮是我国粮库选用的一种仓型，具有仓容量大、储藏期长、投资少等特点。我国是一个人口众多的国家，建立地下仓储工程日渐迫切。

建立巩固的国防是我国现代化建设的战略任务，是维护国家安全统一和全面建设小康社会的重要保障。现代化的武器和高科技侦察手段，对部队的隐蔽性要求越来越高。建立地下隐蔽性高的掩体工事，是目前部队建设一项重要工作内容。

美国石油储存可用 3 个月，我国只能用 3 天。随着国际石油的紧张，我国决定进行石油储备。地下液化石油气储库(LPG)日益凸显其储量大又安全的优势。今后将有更多的 LPG 工程在我国建设。我国青岛龙泽燃气有限公司正在积极筹建的大型地下液化石油气储库项目，总投资为 5000 万美元，由中国石油华东设计院和法国 GEOSTOCK 公司合作设计，采用水封原理在地下 130m 处建设，是长江以北惟一的一座大型地下液化石油气储库。该储库建成后将为北京、河北、山东等周边地区提供优质能源，同时也为青岛周边二级储库提供优质的液化石油气。

(四) 城市地下空间隧道工程

中国隧道建设已进入快速发展期。由于具有不占用地面资源、可缓解地面交通、不影响景观、利于环保等优点，除了铁路隧道和公路隧道外，城市地铁、地下行人过道、地下商场的建设方兴未艾。作为世界最大的隧道市场，中国市场潜力正迅速释放。

与铁路公路隧道相比，城市地下隧道和地下空间的建设，对施工技术、环保、安全防灾等方面的要求更高。目前，国内大型掘进机仅有两台，盾构机只有 40 多台，很多工程仍沿用传统施工方法和施工设备。在有效利用地下空间、设计开发、施工建设、运营管理、防灾维护等方面，中国急需借鉴和引进国际先进的理念、技术和设备。

"十五"期间，中国建成了总长度 450km 左右的城市轨道交通线路。2020 年，中国将有超过 1000km 的地铁线。2050 年，轻轨和地铁线路将达 2000km，城市轨道交通系统将运载 50%～80% 的客流量。全国继续修建及准备修建地铁的城市有北京、南京、广州、上海、深圳、武汉、沈阳、成都、西安、重庆、杭州、苏州、大连、长春、青岛、哈尔滨等 20 多个城市，我国的地铁建设已步入快速发展阶段，规划线路总长超过 4000km，其中需要建设隧道的线路段占了相当比例。

(五) 在建的铁路长大隧道工程 (表 3-3)

我国铁路建成、在建的 10km 以上特长隧道一览表　　　表 3-3

序号	名称	所在线路	长度(m)	线路数目	最大埋深(m)	施工方法	辅助导坑
1	太行山隧道	石太线	27839	双洞单线	514	TBM	11 斜井
2	乌鞘岭隧道	兰武二线	20050	双洞单线	1100	钻爆法	13 斜 2 竖 1 横
3	秦岭隧道	西康线	18456	双洞单线	1600	钻爆法、TBM	1 平导
4	东陵井隧道	石太线	14820	双洞单线	292	钻爆法	6 斜井
5	大瑶山隧道	京广	14295	单洞双线	700	钻爆法	3 斜 1 竖
6	野三关隧道	宜万线	13833	单线	684	全断面、台阶法	1 平 1 竖
7	北天山隧道	精伊霍铁路	13610	单线	900	钻爆法	1 贯通平导
8	大别山隧道	合武铁路湖北段	13251	单洞双线		钻爆法	
9	霞浦隧道	温福铁路福建段	13124				
10	长梁山隧道	朔黄线	12780	单洞双线	360	钻爆法	4 斜
11	堡镇隧道	宜万线	11595	双洞单线	630	钻爆法	1 贯通平导
12	南梁隧道	石太线	11526	双、单变化			4 斜井
13	东秦岭隧道	西安南京线	11300	单洞双线	580	钻爆法	1 平导
14	圆梁山隧道	渝怀线	11068	单线	780	钻爆法	1 平导 1 横洞
15	金寨隧道	合武铁路安徽段	10682	单洞双线	350	钻爆法	1 竖井
16	齐岳山隧道	宜万线	10482	单线	670	钻爆法	1 贯通平导 1 斜井
17	大瑶山 1 号隧道	武广线	10080	单洞双线	650	钻爆法	1 平导 1 横洞 1 救援通道

目前我国可以称为隧道大国,但还不算是真正的隧道强国。所以我们应该看到发展中所存在的问题和不足,我国尤其是在隧道及地下工程技术的运用程度和建设管理水平上与先进国家相比,还有较大的差距。譬如工程决策缺乏长远的和全面的考虑,缺少环境保护和工程经济的合理比较;产业化程度低,施工机具、设备和建筑材料品种稀少,品质低劣;大型施工专用设备如盾构机、TBM 掘进机、液压凿岩台车及其关键配件等仍依赖于国外进口;建设管理十分落后,表现为工程质量水平不高,质量稳定性差,施工安全没有保证,人身事故率高;施工队伍专业化水平低,尤其施工现场上较高素质的管理技术人才奇缺,施工机械化水平、信息化水平普遍较低。这些与国家快速发展的经济形势对隧道及地下工程建设的需求是不相适应的。

根据我国与发达国家的这些差距,我们建议:国家及政府应给隧道及地下工程产业以适当的扶持。地下空间是非常重要的有限资源,应建立各级政府部门的管理职责,使其能够充分合理地使用,避免浪费。主要负责人在相关工程方案的选择和取舍上应从长远的和全面的观念去考虑,决不急功近利,造成不可弥补的重大失误。国家应将隧道及地下工程作为一个相当规模的、综合性的产业来发展,制定有利于这个产业发展的相应的法律、法规和政策,鼓励隧道及地下工程建设中所使用的高新技术设备和产品国产化。国家还应出台政策对相关行业、企业和单位进行改组整合,以有利于形成若干大的隧道及地下工程建设产业集团,实施专业化管理,避免恶性的无序竞争。隧道及地下工程事业的前途虽然光明远大,但它毕竟是个很艰苦的工作,很难留住人,尤其高级人才。国家教育部门和机构应高度重视各个土木院校隧道及地下工程专业的建设和人才的教育培养,使其能够源源不断地为国家基本建设事业输送新的力量。

机会空前,时不待我,政府与建设者应当齐心协力,加快实现隧道及地下工程的产业化,使我国早日跨入隧道强国的行列,给我国人民带来现代化交通的享受。

四、典型隧道工程图片

(一) 铁路隧道工程

西康铁路秦岭隧道工程(图 4-1):承担 25.743km 的施工。隧道2.5座,总长15452m,其中秦岭隧道是我国目前建成最长的单线铁路隧道,全长 18.46km。1997 年 3 月开工,2000 年 8 月铺通。获中国建筑工程鲁班奖、中国土木工程詹天佑大奖。

朔黄铁路寺铺尖隧道工程(图 4-2):寺铺尖隧道全长 6403 双线米,是全线第二长大隧道。1996 年 5 月开工,1999 年月 10 月完工。被评为"朔黄铁路样板工程",获中铁工程总公司优质工程。

焦枝复线新龙门隧道工程(图 4-3):长 2540 双线米,位于国家级文物龙门石窟保护区内。为保护文物,采用减震爆破,新奥法原理施工。1993 年 7 月开工,1995 年 12 月竣工。为全国"隧道及地下工程第八届年会"样板参观点。

侯月铁路云台山隧道(图 4-4):Ⅰ线长 8144m,Ⅱ线长 8178m。云台山隧道 1 线:1990 年 5 月开工,1995 年 12 月交付运营。云台山隧道Ⅱ线:1994 年 7 月开工,1996 年 6 月建成。荣获国家优质工程金质奖。

襄渝铁路狗磨湾隧道(图 4-5):长 1285m,分别由 884.45m 单线隧道、140m 渡线隧道及 260.55m 三线隧道组成。最大开挖断面高 13.2m、宽 22m。隧道跨度大,埋深浅,强偏压,紧临既有线。大跨度段采用抗滑桩保护下做明洞;偏压采用明洞暗挖,双侧壁导坑法施工。1990 年 6 月开工,1993 年 5 月竣工。获"大跨度隧道全断面开挖"国家级工法,获铁道部科技进步二等奖。

内昆铁路青山隧道(图 4-6):长 4268m,出口 699m 为双线加单线车站隧道。隧道有中等岩爆,地层含煤,并含有瓦斯,地下水发育,存在突发性涌水突泥,最高涌水量约 52664t/d。新奥法施工,模板台车衬砌。1998 年 11 月开工,2000 年 12 月建成。全线优质样板工程。

图 4-1　西康铁路秦岭隧道工程

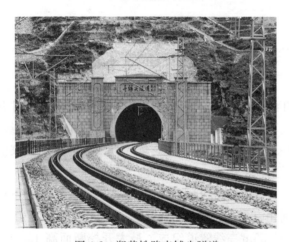

图 4-2　朔黄铁路寺铺尖隧道

图 4-3　焦枝复线新龙门隧道

图 4-4　侯月铁路云台山隧道

图 4-5　襄渝铁路狗磨湾隧道

图 4-6　内昆铁路青山隧道

图 4-7 西康铁路天池隧道

图 4-8 京九铁路五指山隧道

图 4-9 内昆铁路曾家坪 1 号隧道

图 4-10 兰武二线乌鞘岭隧道大台竖井

图 4-11 二郎山隧道

图 4-12 渝合高速公路北碚隧道

西康铁路天池隧道（图 4-7）：长 4360m，是全线第二长大隧道。隧道穿过 7 条断层带，按新奥法原理指导施工，复合衬砌。1997 年 3 月开工，2000 年 8 月份铺通。被评为全线"精品工程"。

京九铁路五指山隧道（图 4-8）：五指山隧道长 4455 双线米，是京九线最长的隧道。1993 年 5 月开工，1995 年 11 月铺轨通过。获中国建筑工程鲁班奖、中国土木工程詹天佑大奖。

内昆铁路曾家坪 1 号隧道（图 4-9）：长 2560m，其中进口 240m 为三线车站隧道及 105m 过渡线。最大开挖跨度 20.68m，最浅埋深 3m，岩性为泥质灰岩夹砂、页岩、砂岩，穿越断层破碎带，涌水量 4216t/d。采用双侧臂导坑法施工。2000 年 12 月建成。荣获詹天佑大奖。

兰武二线乌鞘岭隧道大台竖井(图4-10)：大台竖井长515.66m，井径5.5m。2003年5月开工，2004年11月完工。

(二) 公路隧道工程

二郎山隧道(图4-11)：位于四川省雅安市，全长1994m，高海拔、高寒、高压力地区。1996年7月开工，1999年11月建成。荣获中国建筑工程鲁班奖。

渝合高速公路北碚隧道(图4-12)：位于重庆市北碚区，上下行分离单向二车道，左线长4026m、右线长4045m。1999年6月开工，2001年5月建成。荣获中国建筑工程鲁班奖。

牛郎河隧道(图4-13)：位于山西省晋城市，全长7845m。净高6.8m，净宽10.54m。1997年12月开工，2000年4月竣工。荣获中国建筑工程鲁班奖。

广渝高速公路华蓥山隧道(图4-14、图4-15)：位于四川省邻水县，左线长4706m，右线长4706m。隧道瓦斯压力为1.44MPa，瓦斯含量为9.19m³/t，属倾出类型。采用有轨运输，多功能作业台车作业。

1997年5月开工，2000年7月竣工。荣获国家优质工程银奖、中国土木工程詹天佑大奖。

国道317线鹧鸪山隧道(图4-16)：位于四川省阿坝州，全长4423m。该隧道海拔4000m，是目前国内在建海拔最高的公路隧道。2001年4月开工，2004年7月完工。

杭州解放路新城隧道(图4-17)：位于浙江省杭州市，全长1260m。其中道路两段U形槽两段224m，五段明挖隧道444m和四段暗挖隧道242m，为城市双向四车主干道。2002年8月开工，2003年11月完工。

惠州至盐田港高速公路盐田坳隧道(图4-18)：位于广东省深圳市，上行1413m，下行1418m。按新奥法施工，复合式衬砌。一期工程下行隧道1992年1月开工，1993年12月竣工。二期工程上行隧道1994年4月开工，1996年8月竣工。获广东省优质工程。

梁万高速公路马王槽隧道(图4-19)：位于重庆市，全长5.4km。马王槽一号隧道左线1206m、右线1266m；2000年3月开工，2003年5月建成。

图4-13 晋焦高速公路牛郎河隧道
(获中国建筑工程鲁班奖)

图4-14 广渝高速公路华蓥山隧道(获四川省建设工程"天府杯"奖、国家优质工程金奖、詹天佑大奖)

图4-15 广渝高速公路华蓥山隧道内部

图4-16 国道317线鹧鸪山隧道

北京地铁天安门西站（图4-21）：位于人民大会堂西侧长安街下。全长226.1m，宽22.2m，高13.15m。结构为三拱二柱直边墙双层框架结构，最浅覆盖土仅1.02m。车站底部有2.5～3.5m在地下水位以下，施工难度大。采用"浅埋暗挖柱洞逆筑法"施工。1992年12月开工，1999年8月竣工。荣获北京市优质工程长城杯奖、中国建筑工程

图4-17　杭州解放路延伸工程新城隧道

图4-18　盐田坳隧道

图4-20　北京地铁天安门东站（获北京市优质工程长城杯奖、中国建筑工程鲁班奖、中国土木工程詹天佑大奖）

图4-21　北京地铁天安门西站（获北京市优质工程长城杯奖、中国建筑工程鲁班奖、中国土木工程詹天佑大奖）

图4-19　万梁高速公路马王槽一号隧道

（三）地铁工程

北京地铁天安门东站（图4-20）：全长218.3m，断面宽24.2m、高15.25m。工程主体结构为三跨两柱三层箱形的钢筋混凝土结构，站台为岛式，宽度16m。车站主体结构底板埋深16.5～17.2m，施工方法为"条形基础盖挖逆作法"。1992年12月开工，1996年1月竣工。荣获北京市优质工程长城杯奖、中国建筑工程鲁班奖、中国土木工程詹天佑大奖。

图4-22　广州地铁越秀车站（获中国土木工程詹天佑大奖）

鲁班奖、中国土木工程詹天佑大奖。

广州地铁越秀公园站(图 4-22)：包括越秀公园站及部分中山纪念堂至越秀公园站区间隧道。其中站台层全长 275.8m，区间 349.85m。2000 年 4 月开工，2001 年 12 月完工。荣获中国土木工程詹天佑大奖。

广州地铁 1 号线公园前车站(图 4-23)：全长 450.9m，是 1 号线与 2 号线的"十"字形交叉换乘站和广州地铁中心，也是目前国内和最大的地铁车站。主体结构交叉节点部分为地下三层五跨钢筋混凝土框架，车站围护结构采用人工钻孔桩和厚 80cm 地下连续墙。侧墙采用复合墙结构。1995 年 6 月开工，1997 年 8 月完成。荣获铁道部科技进步二等奖。

图 4-23　广州地铁 1 号线公园前车站

广州地铁 2 号线越秀公园至三元里区间(图 4-24)：该工程由地铁越秀公园站经广州火车站至三元里，两个区间双孔隧道及两条联络通道和泵房组成。区间总长 3926m，穿过广州火车站和数条断层，采用盾构掘进机施工。2000 年 4 月开工，2002 年 5 月完工。

上海地铁 2 号线石门一路站(图 4-25)：为两柱三跨岛式车站，全长 266m，基坑宽 19.94m，开挖深度 15.3m。车站围护采用 80cm 厚地下连续墙，"十"字钢板刚性接头。1997 年 6 月开工，1999 年 6 月建成。

图 4-24　广州地铁 2 号线越秀公园至三元里区间

南京地铁 TA15 标段(图 4-26)：由玄武门经许府巷至南京火车站共两个区间，折合单线总长 4574m。区间要穿越市内繁华地段，经过已建成的龙蟠路隧道地下连续墙，还有 500m 要从玄武湖底穿过。采用两台适合于软岩的隧道盾构掘进机施工。2002 年 2 月开工，2003 年 12 月完工。

(四) 城市过街道

北京长安街过街道(图 4-27)，深圳世界之窗过街道(图 4-28)，深圳地王大厦过街道(图 4-29)，常州广场过街道(图 4-30)。

图 4-25　上海地铁 2 号线石门一路站

(五) 其他地下工程

广东省汕头市 LPG 工程(图 4-31)：国内首座水帘幕密封海底地下储气工程。施工范围：①交通洞：包括共用段 190m，断面 39.7m²；丙烷支洞、丁烷支洞，共 1079m，断面 34.7m²。②水幕洞：为 514m；断面 14.28m²。③作业竖井：丙烷作业竖井深 156m，丁烷作业竖井深 82m；断面 12.56m²。

图 4-26　南京地铁 TA15 标段

图 4-27　北京长安街过街道

图 4-31

图 4-28　深圳世界之窗过街隧道

图 4-32

图 4-29　深圳地王大厦过街道

图 4-33　四川省汶川县太平驿水电站引水隧洞

图 4-30　常州广场过街道

图 4-34　郑州电缆隧洞

④主洞室：包括储藏主洞和联络洞，储藏洞长152m，断面为304m²；联络洞呈"王"字形，总长303m，断面36m²。1997年11月开工，1999年3月投入使用。

忠—武输气管道城陵矶长江隧道（图4-32）：位于湖北省监利县，全长2908m，其中钻爆法施工1045m，盾构法施工1711.4m。钻爆法施工标段为马蹄形断面，标准断面净空2.5m×2.5m，墙高1.25m，拱高1.25m。采用复合式衬砌，二次衬砌为模筑混凝土；盾构法施工标段为圆形断面，内径

图4-35 TBM掘进机

图4-36 盾构掘进机

图4-37 新型凿岩台车

图4-38 大型运输车辆

图4-39 全圆穿行式衬砌模板台车

图4-40 干式除尘机

2.4m，采用预制钢筋混凝土环片衬砌，衬砌圆环分5块，采用弯曲螺栓连接。2002年9月开工，2004年7月建成。

（六）隧道工程施工机械

主要隧道工程施工机械见图4-33～图4-40。

执笔人：郭陕云、常翔、陈智
其他撰稿人：翟进营、赵沛泽、刘树年、王莉莉

岩土工程篇

土力学及岩土工程分会

目 录

- 一、岩土工程及其发展概述 …………… 103
  - (一) 岩土工程学科认识的发展 ………… 103
  - (二) 岩土工程建设的发展 ……………… 103
- 二、岩土勘察与岩土工程信息化 ………… 105
  - (一) 岩土工程勘察 ……………………… 105
  - (二) 工程测量 …………………………… 106
  - (三) 水文地质 …………………………… 107
  - (四) 工程物探 …………………………… 107
  - (五) 岩土工程信息化 …………………… 108
- 三、建筑地基基础工程 …………………… 110
  - (一) 桩基础 ……………………………… 110
  - (二) 地基处理新技术 …………………… 111
  - (三) 基坑工程 …………………………… 112
- 四、水利水电工程中的岩土工程发展 …… 114
  - (一) 高土石坝工程 ……………………… 114
  - (二) 堤防工程 …………………………… 116
  - (三) 水利水电工程中的地下工程 ……… 118
  - (四) 水利水电工程中的岩质工程 ……… 118
- 五、铁路工程建设中的岩土工程发展 …… 119
  - (一) 铁路线路建设中的岩土工程 ……… 119
  - (二) 铁路桥梁中的岩土工程发展 ……… 121
  - (三) 地铁工程的岩土工程发展成就 …… 121
- 六、公路工程建设中的岩土工程发展 …… 123
  - (一) 概述 ………………………………… 123
  - (二) 路基与路堤工程 …………………… 123
  - (三) 公路桥梁与隧道建设中的岩土工程成就 …… 125
- 七、港口与海洋工程中的岩土工程发展 …… 127
  - (一) 概述 ………………………………… 127
  - (二) 港口工程建设中的岩土工程成果 … 127
  - (三) 海洋工程所涉及的岩土工程问题及研究成果 ………………………… 127
- 八、机场工程中岩土工程的发展 ………… 128
  - (一) 机场工程中的岩土工程问题 ……… 128
  - (二) 软土地基机场建设 ………………… 129
  - (三) 湿陷性黄土地区机场建设 ………… 129
  - (四) 盐渍土地基机场建设 ……………… 130
  - (五) 高填方土石地基机场建设 ………… 130
- 九、矿山工程中岩土工程 ………………… 132
  - (一) 概述 ………………………………… 132
  - (二) 黄淮地区煤矿矿井的井筒破坏及防治 …… 132
  - (三) 矿山工程地质灾害 ………………… 132
  - (四) 深部开采工程地质问题 …………… 133
- 十、环境岩土工程与古迹保护 …………… 133
  - (一) 概述 ………………………………… 133
  - (二) 我国的生活垃圾填埋工程 ………… 133
  - (三) 生活垃圾填埋工程中科技工作的成就 …… 134
  - (四) 文物建筑保护中的主要岩土工程成果 …… 135
- 十一、土工合成材料 ……………………… 138
  - (一) 土工合成材料的产品与应用 ……… 138
  - (二) 水利工程中的应用 ………………… 138
  - (三) 环境保护工程中的防渗 …………… 139
  - (四) 近海工程中的应用 ………………… 139
  - (五) 航道工程中的大型管袋 …………… 139
  - (六) 公路与铁路工程中的应用 ………… 140
- 十二、岩土设计计算软件建设 …………… 141
  - (一) 基础沉降与变形计算软件 ………… 141
  - (二) 基坑及支挡结构设计软件 ………… 141
  - (三) 堤坝变形与稳定分析软件 ………… 142
  - (四) 渗流计算软件 ……………………… 142
  - (五) 工程地质数据库 …………………… 142
- 十三、规范标准管理、注册制度与再教育 …… 142
  - (一) 规范与标准的制订与修订 ………… 142
  - (二) 岩土工程注册制度与再教育 ……… 143
- 十四、岩土工程发展趋势与展望 ………… 144
  - (一) 岩土工程与可持续发展 …………… 144
  - (二) 岩土工程发展的方向与重点 ……… 145
- 参考文献 …………………………………… 147

一、岩土工程及其发展概述

（一）岩土工程学科认识的发展

岩土工程被认为是由土力学、岩石力学和工程地质以及相应的工程和环境学科所组成的。它服务于不同的工程门类，建筑、水利、水电、交通、铁路、航空机场、水运、海洋、石油、采矿、环境、军事，甚至航天等各个工程领域都离不开岩土工程。它对于国民经济建设有着重要的影响。

实际上，岩土学科的学科范围远不止于此。环境岩土广义上包括"环境地质"中的大尺度问题，如温室效应、沙漠化、海水面上升对于沿海的影响、火山爆发、地震、海啸、滑坡、泥石流、水土流失、岩溶、崩岸、河道演变、土洞及地下水侵蚀引起的地面塌陷和开裂等。而狭义的环境岩土则主要指由于人类施工及活动对于小范围的岩土环境的影响和污染，例如岩土工程的施工和运行会引起环境问题，包括由于大型工程的施工、运行和失事引发的地质活动和地质灾害；过量开采地下水和基坑降水、爆破、打桩、振动、基坑与地下工程的开挖、矿山的采空区、堆土等引起地下水平衡破坏，地面和周围建筑物和地下设施的沉降变形和破坏；噪声和振动，粉尘和泥浆污染等。其次，是各种固体废弃物：生活垃圾、工业废料的处理问题；有毒有害的无机物和有机物对于岩土和地下水的污染问题也是环境岩土工程重要的课题，是对水资源与水环境有长远影响的重大战略问题，对国民经济的可持续发展有重要意义。因而，在可持续发展战略研究中，岩土工程起着重要的作用。

在我国轰轰烈烈地开展岩土工程建设的同时，经济发达国家已经将岩土学科的重点转入了资源、环境和生态等问题，对于大型土木水利工程的建设给予更多的质疑和限制；环境岩土受到极大重视；环境友好的地下空间利用开发受到欢迎。各国在这方面的差距固然部分是由于发展水平的差异所造成关心重点的不同，但是发达国家在其发展过程中得到的经验与教训是值得我们借鉴的。我国的决策阶层和岩土科学技术人员增强保护我国的水资源和岩土资源，保护环境和生态的意识是非常迫切和必要的。

21世纪初期是我国实现社会主义现代化第三步战略目标的关键时期，在此期间，经济结构将进一步优化，人口持续增长，城市化水平更快地提高，生态环境将面临严峻的考验，必须努力得到控制和改善。汲取国外发达国家的历史经验和教训，我国岩土工程除了进行一般的岩土工程设计施工外，也应当注意到环境岩土、岩土与生态环境、岩土与资源及岩土工程的可持续发展方面。我国20多年的空前的岩土工程实践取得了丰富的经验，在岩土理论与工程方面都取得很大成就。但是由于我国人口众多，包括水资源在内的天然资源短缺，环境污染严重，并有进一步加重的趋势。而不良的自然地理条件使我国大部分地区生态环境比较脆弱。近20年来高速发展的土木工程建设，大大促进了岩土工程的发展，提高了我国岩土工程理论和实践的水平。但对于自然环境和生态的干扰和影响也不容忽视。在今后20年我国的岩土工作者任重道远，改变传统的岩土工程理念，提高科技综合水平和管理水平，实现岩土工程的经济、安全和可持续发展将是迫切而艰巨的责任。

（二）岩土工程建设的发展

自从改革开放以来，尤其是近10年，我国各地的岩土工程无论在范围，还是在规模上都得到空前的发展，在国际上名列前茅。在建筑工程、水利水电工程、高速公路、铁路、港口、机场、近海工程、城市地下工程、军事工程的建设中，岩土工程是其中主要部分。特别是我国大型的水利水电工程，规模宏大，影响深远，为世界所瞩目。在这些工程实践中，我国的岩土工程的技术和科学研究也得到空前的发展。

近20多年，在各个行业的岩土工程都得到极大的发展。在铁路方面，"十五"期间国家在轨道交通建设中将有8000亿元投入。随着几次铁路提速，对于路基的稳定、变形、抗振的要求大大提高了，在铁路路基的改造加固方面，采用了许多新技术和新材料。其中青藏铁路的兴建提出和解决了许多前所未有的难题。格拉段全长1180km，海拔4000m以上有965km，多年冻土段550km。其中修建了世界上海拔最高的风火山隧道（海拔4906m），开凿了世界上冻土中最长的昆仑山隧道（全长1689m，海拔4600m），在可可西里无人区的高原冻土中建成了清水河特大桥（总长11.7km）。这标志着我国在冻土工程的研究和设计施工方面已进入世界先进的行列。上海于2002年完工的磁悬浮列车，对于上海软土地基的沉降要求极高，是对我国岩土工程的一个考验。目前我国建成的铁路隧道近7000座，总长度超过4000km，并且以每年300km左右的速度递增。铁路隧道的总长度和数量居世界各国之首。其中大瑶山隧道、米花岭隧道、秦岭隧道等长大隧道的开凿代表了我国隧道技术的水平。

在公路建设方面，到2004年底，全国高速公路通车里程达到3.4万km，位居世界第二位。而2002年一年我国在公路建设方面的投资突破3000亿元，建成高速公路5000多公里，新增公路通车里程5万多公里。高速公路对于地基的要求较高，在沿海地区的软黏土，黄河故道的可液化砂土，西部地区的湿陷性黄土和膨胀土等，都需要采用不同的地基处理方法。高速公路的地基处理成为岩土工程的重要课题。随着西部大开发进程的加快，这些地区高速公路的桥隧所占的比例大大提高，使公路隧道以每年150多公里的速度增加。目前建成的公路隧道总长近1000km。这些隧道的地质条件都十分复杂和困难。号称我国第一、世界第二的特长大公路隧道——陕西南山秦岭高速公路隧道，全长18km，双洞四车道隧道，车速达80km/h。

在城市地铁方面，目前我国正在运行地铁的城市有北京、上海、广州和天津，运行总长度100多公里；另有9个城市的地铁正在兴建中；"十五"计划期间，我国有2000亿元用于地铁建设。除北京外，目前上海、重庆、青岛、沈阳、武汉、长春等20多个城市都在筹建不同形式的轨道交通系统，拟建的轨道交通线路超过20条，总长度约1000多公里。

从20世纪80年代开始，我国的建筑业以前所未有的速度与规模发展起来。尤其是高层建筑的兴建方兴未艾。到20世纪末，世界上超过300m的高层建筑有21座，东南亚占10座，其中中国就有6座（大陆3座，香港地区2座，台湾地区1座）；奥运场馆兴建也遇到许多工程地质和地基基础问题。大小城市全面持久地大兴土木。其中地基基础工程是重要的组成部分。随着建筑物的高度和规模加大，越来越多地使用桩基础、复合地基。新的桩型和地基处理的技术不断有所创新和发展；以修建地下停车场为主的城市地下空间的开发利用也促进了城市地下工程。

在河口治理和海港建设中，广泛地修建各种防波堤；结合航道疏浚也进行了大面积的吹填造地。除了传统的桩、墙式防波堤以外，各种轻型结构也广泛应用。其中，长大土工充填袋在上海、江苏、天津和河北黄骅等港口得到应用，土工合成材料得到广泛应用，取得很大的效益。我国在软土和吹填土的真空预压排水渗流固结工程中广泛使用塑料排水带，其生产和使用量之多位居世界前列。

在我国兴建的水利水电中的岩土工程规模宏大，影响深远，三峡等巨型工程项目为世界所瞩目。在坝工、隧洞与地下工程、渠道、堤防等方面都兴建了不少闻名中外的大工程项目。

另外在航空机场、矿山建设、军事工程、能源工程、环境工程等各个方面，岩土工程都得到快速发展，起到重要作用。西部大开发的许多方面是以岩土工程为主的。西气东输工程途经新疆、甘肃、宁夏、陕西、山西、河南、安徽、江苏、上海等10个省市，长4200km，总投资1400亿元。其中铺设了长距离的管线，经过的地貌单元和特殊岩土类型极多，地形复杂。例如，面临湿陷性黄土、盐渍土、膨胀岩土、活动沙丘、地震、采空区等困难岩土工程的全面挑战，对于环境岩土和岩土设计施工都提出了许多问题。其中在南京板桥过江隧洞、重庆的忠县长江穿越隧洞、陕西的延水关隧洞过黄河，修建了多处过江河的隧洞。西电东送也是一项战略性的工程，遇到相似的岩土工程问题。

二、岩土勘察与岩土工程信息化

工程勘察是建筑工程和土木工程的重要组成部分，目前工程勘察包括岩土工程勘察、工程测量、水文地质和工程物探四个方面的内容，其主要业务是为城镇规划和工程建设的规划选址、可行性研究、设计、施工以及工程建成后的运营监测提供技术成果和技术服务。目前随着我国岩土工程体制的推行和工程建设要求的提高，从业单位的业务范围已经拓展到岩土工程勘察、设计、治理与监测的全过程。工程勘察的技术水平与成品质量直接影响整个工程建设的安全、质量、成本和周期，对国家建设和环境保护具有重要意义。

近年来，我国工程建设的项目多，规模大，地形地质条件复杂，工程勘察行业在全面建设小康社会的过程中任务繁重，迫切需要先进技术。随着我国综合国力明显提高，有条件对科技开发予以更多投入。加强技术开发，提高市场竞争力，已成为企业生存和发展的必由之路。

近20多年来正是国际上岩土工程专业领域经历巨大发展和变革的时期。岩土工程勘察的相关业务已经从传统的建筑地基基础、地下结构、地面土工结构、渗流控制和地基处理五个领域逐步向更加广阔的方向拓展。岩土工程除了在土木工程中起着关键作用之外，在环境工程和抵御地震、滑坡等重大自然灾害方面也起着重要作用。在这种比较广义的定位的指引下，我国不同行业和地区的工程勘察单位，在地质灾害评价的治理中，在建设场地的地震安全性评价中，以及在建设环境评价中也起着越来越重要的作用。

21世纪是知识经济的时代，用高新技术和先进适用技术改造传统产业，是技术进步的重要途径。信息技术对于岩土工程勘察、工程测量、水文地质和工程物探的技术进步都有重要意义。我们在这方面取得的成就也不容忽视。

（一）岩土工程勘察

1. 钻探取样技术、原位测试和室内试验技术

我国在钻探取样技术、原位测试和室内试验技术得到了大幅度的提高，保证了勘探资料的准确性和可靠性。重大工程的需求和科技进步的推动，极大地丰富了我国的勘察试验手段和技术能力。在此期间内，我国建设的长江三峡等水利电力工程，长江润杨大桥和若干重大桥梁工程，以秦岭隧道为代表的铁路和公路工程，所有的勘察工作，无一不是我国自己的勘察队伍完成的。仅就超高层建筑的地基勘察而言，在上海金茂大厦、北京国贸三期等工程中，钻孔和孔内原位测试深度超过百米，取得了可靠的深层土工数据；我们自主完成的广东岭澳核电站五个阶段的勘察工作，通过爆破试验和多种先进手段和技术方法，确定岩土的动静参数，其中120m的跨孔波速测试和钻孔弹模测试达到很高水平；杭州萧山国际机场工程包括长3600m、宽45m的主跑道，与主跑道等长的滑行道和联络道，以及21万m^2的站坪，工程规模宏大，地质条件复杂。勘察单位根据场地复杂的地质单元分布，利用综合手段进行现场勘察。还进行了标准贯入试验、静力触探试验、静载荷试验、CBR试验、地基变形模量和回弹模量试验、抽水试验、波速测试等现场试验，进行了三轴试验、高压固结试验、渗透试验、击实试验、室内CBR试验、水质分析有机质分析等室内试验。在此基础上对场地土层的变形特征和液化特性进行了深入的论证与评价，取得了巨大的经济效益和社会效益。

2. 提倡"理论导向、实测定量、经验判断、监测验证"的工作方法

重视理论对工程实践的指导作用，逐步做到技术与劳务的剥离，改变行业和各从业单位的技术结构和成品结构，提高成品的技术含量，加快推行岩土工程咨询体制。一些重大项目的成品报告和技术服务水平接近了国际先进水平。

这方面技术进步的一个重要标志，是国内很多勘察单位加强了岩土工程量化分析力度。发展了天然地基、桩基和地基处理的评价方法、特别是考虑地基基础和上部结构相互作用的沉降控制分析方法。在重大工程中使用物理模型和数值分析，重视模型参数的测定、选用和验证工作，提供合理的分析结果和优化的工程方案与建议。

在奥运会国家体育场、国家大剧院和北京市CBD区的若干重大工程中，都采用了天然地基或桩基础与上部结构的协同作用分析，量化地预测出建筑平面不同部位的沉降性状，提出基础内力分布特性和沉降差的控制方法，为保证工程安全，节约投资，起到重要作用。

其中，岩土工程检验、监测与反分析不仅对修正设计、指导施工、保证工程质量、积累工程经验有着极其重要的意义，同时也是发展岩土工程理论与方法的重要依据和基础。

3. 对地下水与特殊地质条件的勘察与研究

在岩土工程中，水这一因素对工程影响极大，这一问题在工程实践中被人们深刻认识。以北京地区为例，建立和完善了城市中心区地下水动态监测网和相应的信息系统，加强对地下水赋存、渗流、动态规律及其与工程相互作用的测试、研究、评价工作。提高了对基坑降水、人工回灌影响以及基础抗浮等工程问题的量化评价水平。地下工程中逐步从单纯的抽水降低地下水位，发展为地下水控制。

相关地区总结地区经验，制定了对土中水敏感的特殊岩土相应的技术措施或技术标准。在黄土分布地区、膨胀土地区和青藏高原的土木工程建设中作用显著。

4. 扩大技术服务领域

按照国家建设的需要和本行业的技术发展规律，扩大技术服务领域。很多勘察单位着力发展环境岩土工程与地质灾害评价工作，开拓评价、防治和抵御地震与滑坡等突发自然灾害的工程手段和能力。积极参与地基处理、基坑工程、地下空间开发、城市固体废弃物处理、污染运移控制等岩土工程评价、设计与治理工作。岩土工程单位参加了三峡库区滑坡、坍塌等地质灾害的分析、评价和治理工作的成果证明，这些单位的技术人员能够发挥对岩土工程规律掌握较为深入、分析评价水平比较高的优势，取得了良好的效果。

（二）工程测量

1. 工程测量中高新技术的应用

在工程测量方面应用高新技术，大大提高了整体水平，为城市规划和大型工程设计施工提供了信息保证。其中包括卫星定位系统、全站仪及数字水准仪，数字测图技术，集成式精密空间放样测设技术，基于地理信息系统、管理信息系统、设施管理和办公自动化技术等。

（1）三维工程控制网的建立

卫星定位系统、全站仪及数字水准仪快速建立高精度三维工程控制网，发展了先进实用的测量数据处理技术，工程控制测量的成果质量与作业效率得到很大提高。

（2）数字测图技术的应用

我国逐步推广应用了数字测图技术，发展了基于全站仪、卫星定位系统、数码相机等多种传感器在内的内、外业一体化数据采集与制图系统。对于大型工程建设场地，利用航摄影像、高分辨率卫星遥感影像或使用轻型飞机摄取影像，采用数字摄影测量或遥感图像处理系统生成大比例尺数字线划图、数字正射影像图、数字高程模型及三维景观模型，为工程勘察设计及竣工建档提供高质量、多形式的空间基础信息支持。

（3）集成式精密空间放样测设技术

逐步推广了基于智能化全站仪、激光、遥测、遥控和通讯等技术的集成式精密空间放样测设技术，以实现大型复杂工程设施快速、准确的空间放样测设和工程监测。

（4）基于地理信息系统、管理信息系统、设施管理和办公自动化等技术

基于地理信息系统、管理信息系统、设施管理和办公自动化等技术，收集大型和特殊工程建设与运营过程的空间及属性信息，建立工程数据库和工程档案信息管理系统，为工程维护、维修及管理提供信息支持和辅助决策支持。

2. 工程测量与城市规划

工程测量的技术进步，对城市规划与建设意义重大。南京市1:500、1:1000比例尺航测数字线划图、数据生产与建库是"南京市基础地理数据生产与建库项目"的一个重要组成部分。该项目利用航摄资料，使用JX4及VirtuoZo数字摄影测量系统制作南京市260km^2 1:500比例尺和140km^2 1:1000比例尺数字线划图，并通过数据编辑加工建立面向GIS的数据库，成果精度较高，满足规范和技术设计的要求。

3. 工程测量与重大工程的实践

工程测量专业的技术进步取得的成果和效益，在很多工程中、特别是重大工程中也得到了体现，比如，在西安安康铁路秦岭隧道工程地质勘察中，广泛应用遥感技术，开展大面积、多方案地区地质选线，为在丛山峻岭和极其复杂的地质背景、地形条件下确定最优越秦岭隧道方案起到关键性的作用。另一方面，利用测量手段进行重大工程的监测，是保证工程安全的重大措施。对黄河小浪底水利枢纽大坝外部变形测量，监测周期长达近10年，全部工作包含：基准网（点）的建立；近坝岸（边）坡外部变形观测；消力塘隔变形监测；进口高边坡变形监测和大坝变形观测等。第一级水平固定点位中误差、工作基准网（第二平面网）最弱点位中误差、第一级垂直固定网最弱点高程中误差、垂直工作基准网点每公里观测中误差平均等数据都达到了很高的精度，观测数据准确反映了大坝变形过程，保证大坝安全运行。该工程网形优化设计方案合理、先进、作业采用了"测量机器人"数字水准仪等先进、自动化程度高的仪器，成果精度和质量达到优级。

（三）水文地质

1. 理论与技术的进步

（1）水文地质勘察理论的发展

水文地质勘察理论得到很大发展。研究和发展在不同水文地质类型、不同地质条件下勘察和找水的理论、模式和方法；加强三水转化的机理及其表征参数以及地下水资源评价的理论与方法的研究；进行了多种方法综合评价；提高遥感地质调查在地质—水文地质调查中的比重，充分分析和利用遥感影像中蕴含的地质、地貌和水文地质信息。

（2）专题数据库的建立

加强区域水文地质资料的搜集、研究和管理，建立专题数据库。研究和推广地理信息系统在建立管理决策支持系统、地下水开发利用、资源评价与管理以及水文地质编图等方面的应用，实现分析过程和结果的可视化。

（3）地下水环境的综合评价与治理

发展和完善了地下水环境评价及预测的理论、方法和技术。提高水环境控制和综合治理（如地下水污染的防治、地下水超量开采引起的地面沉降、地表塌陷和地裂缝控制等）的能力与水平。开展城镇与工矿区地下水管理与综合治理的理论研究，推进了学科交叉。

（4）着手开发地下水探、采、灌集成技术

将水文地质勘察与地下水开采和人工回灌工程有机结合起来。利用含水层储水、储（冷、热）能的调节技术在若干工程中得到应用，起到示范性的作用。开发地下水监测、预测和控制一体化技术和装置，建立水资源和水环境监测系统。加强地下水规划、保护和管理，促进地下水资源的可持续开发利用。

2. 实际应用

以新疆乌鲁木齐市乌拉泊干河子调蓄型水源地供水水文地质勘察项目为例。该项目是新疆地区首个调蓄型的城市供水水源地，开采量为41000m^3/d。水源地勘察除采用常规的勘察手段外，还采用了红外遥感技术、氢氧同位素方法、人工地震、人工回灌试验，查明了地下水库的边界特征及库容大小，提出了"丰储旱用、两库联调"的新思路。在供水实践中，很有意义。水资源评价则采用MODFLOW数值模拟方法，对地表水和地下水联合调度进行了研究，提出了丰枯期的变化实施人工回灌及适时开采地下水的方案，符合当地水文地质条件，较好地解决了城市供水。

（四）工程物探

1. 工程物探技术应用水平的提高

工程物探技术逐步适应岩土工程勘察和水文地质勘察不断发展的要求，物探技术人员在工程实践中提高了自身的素质，特别是针对不同工程条件合理选用综合物探方法和对各种物理参数的解释能力。着重研究各种物探技术方法对不同地球物理前提的适用性，避免滥用。针对一般情况下岩土工程勘察勘探深度不大，但分辨率和定量解释精度要求高的特点，在面波、多道瞬态面波技术与多电极电法勘探（高密度电法）、地下管线探测等方面的技术、仪器和解释能力方面都得到了极大的提高。电磁、地震波成像技术的研究也在进行中。

2. 物探方法在各个领域的应用

（1）地基处理质量、路基及路面工程质量等检测中的应用

加强物探方法在地基处理质量、路基及路面工

程质量等检测中的应用研究，克服传统的地基检测方法在检测深度和广度上的局限性。发展土工结构和路面、跑道结构的无损检测方法。提出了《瑞雷波及高频电磁波在北京地区基础工程及工程勘察中的应用研究》等一系列的成果。

（2）地下空洞、地下采空区探测和复杂地质条件下隧道施工中的应用

开展了综合工程物探技术在地下空洞（洞穴）与地下采空区探测、复杂地质条件下隧道施工地质超前探测以及地热探测等工程中的研究与应用，并形成了许多成熟的探测技术方法。

（3）水文地质勘察中的应用

开展综合物探技术在水文地质勘察中的应用，研究提高各种物探手段勘察精度的方法。

（4）基桩动测技术中的应用

对基桩动测技术的研究取得了较大的进展，在基桩完整性检测中，逐步由定性向定量方向发展；在基桩承载力检测中，通过动、静试验的对比研究，提高了承载力的测试技术和数据处理的水平和精度。

（五）岩土工程信息化

1. 岩土工程中的信息化技术

岩土工程信息化是指运用信息技术，特别是计算机技术、网络技术、通信技术、控制技术、系统集成技术和信息安全技术等。目前我国岩土工程行业在引入网络技术、人工智能、专家系统和地理信息系统等先进的信息技术方面也取得了非常有益的研究和应用成果。

从20世纪90年代初期开始，国内岩土工程勘察企业逐步认识到信息化建设的重要性，加强了对企业信息化的领导，设置了信息化的专门机构，加大了对信息化建设的投入，加速了岩土工程勘察行业的信息化建设进程，大多数岩土工程勘察企业的生产部门和管理部门，建立了岩土工程勘察计算机辅助系统和企业管理信息系统，初步实现了岩土工程勘察业务的计算机辅助设计，提高了岩土工程勘察产品的质量和工作效率，并正在从较简单的计算机辅助绘图、统计计算和文字处理向集成化、智能化和三维可视化的方向发展。近十年来，岩土工程行业在引入网络技术、人工智能、专家系统和地理信息系统等先进的信息技术方面也取得了非常有益的研究和应用成果。目前，多数较大规模的勘察院都建立了局域网，实现了资源的共享，一些单位还建立了岩土工程数据库和基于地理信息系统的岩土工程资源信息系统，努力实现岩土工程信息资源的开发利用。各种先进的岩土工程分析计算方法的研制和引进也显著推动了岩土工程技术向前发展。从20世纪90年代后期开始，若干岩土工程商业化专业软件企业（包括高校企业）也顺应市场的需求而迅速组建起来，在公司规模、采用技术和提供系列产品方面都获得了持续的发展。同时，随着财务管理、工程项目管理和办公自动化等信息系统的建设，岩土工程勘察企业的管理水平也在不断地提高。

2. 计算机辅助岩土工程（CAGE）

在20世纪90年代中期，电力、水利等专业单位以及一些地方单位都在岩土工程勘察计算机辅助设计系统和专家系统方面开展工作，北京市勘察设计研究院结合行业的国内外计算机应用情况，通过在多年研究分析和专业信息系统开发的基础上，将岩土工程开发应用方向归结为"计算机辅助岩土工程（CAGE-Computer Aided Geotechnical Engineering）"的行业计算机应用方向，即岩土工程勘察领域中的计算机应用不仅仅是通过CAD技术提高工效和产品质量的问题，一个CAGE系统的输出的服务范围也不仅仅限于工程勘察过程和岩土工程施工设计与控制，而且包括规划决策、区域性岩土的工程特性分析研究和技术标准制定、基础工程的设计分析等。在十几年来的实践中，多数岩土工程勘察企业都围绕CAGE思想开展了信息技术的行业应用探索，很多岩土工程勘察单位把应用信息技术提高岩土工程勘察的技术水平、产品质量和工作效率作为努力方向，开发出一批实用的计算机辅助岩土工程勘察系统，如北京市勘察设计研究院研制的"城市建设工程勘察信息系统"、"工程勘察与地基评价计算机专家系统"，武汉市勘测设计研究院研制的"武汉市城市工程勘察岩土工程信息系统"等都取得了良好的应用效果，北京理正软件设计研究院开发的"工程勘察CAD"软件和上海华岩软件有限公司开发的"岩土工程勘察数据处理系统"等商业软件更加快了计算机辅助岩土工程勘察的普及速度，实现了岩土工程勘察从数据采集、统计分析、绘制图件、编辑报告等的计算机化，彻底摆脱了繁琐的手工作业，大大提高了岩土工程勘察的工作效

率和质量。目前，岩土工程勘察计算机辅助应用正在向集成化、一体化的方向发展，如中国地质大学等单位研制的"三峡库区地质灾害勘察信息系统"，实现了野外数据采集、室内综合整理、三维可视化分析等模块的集成和地理空间数据、地质灾害勘察数据及文档管理的一体化，为地质灾害勘察、监测、预警和治理一体化奠定了基础。深圳市勘察研究院等单位开发了基于自主图形平台的岩土工程勘察软件，可完全脱离对现有国外软件的依赖，拥有完全的自主知识版权，也代表了国内岩土工程勘察软件开发的方向。

3. 岩土工程勘察的网络化和管理信息化

10年来，网络技术的发展，特别是互联网技术的发展，也大大推进了岩土工程勘察企业的信息化进程。大多数岩土工程勘察企业都建立了自己的网站，作为宣传自身形象、收集信息和对外交流的平台。企业内部网的建立，也为企业的信息共享、信息流动和信息资源的发掘提供了基础。各级岩土工程勘察协会也通过互联网提供行业信息、提供从业人员的技术培训，在推进行业技术进步，提高岩土工程勘察从业人员素质方面发挥了重要作用。在岩土工程勘察企业内部，企业管理的信息化也在逐步开展。财务管理、人力资源管理、工程项目管理的信息化和办公自动化在提高企业的工作效率和管理水平等方面都占有重要位置。如中国有色金属工业西安勘察设计研究院建立的"管理信息系统"作为企业内部的协同工作平台，不仅有企业内部信息发布，内部电子邮箱、公文流转、文档共享等日常事务办公的功能，还通过管理信息系统加强了对贯彻ISO 9000标准的流程控制和对重大工程项目从投标、立项、合同、项目进度、资金使用和竣工等全过程进行了监控，也为领导层的辅助决策提供了基本信息。建设综合勘察研究设计院、北京市勘察设计研究院等单位也建立了相应的协同工作平台，采取以工程项目管理为主线，分步实施的办法，逐步实现企业内部的信息化管理。

4. 岩土工程信息资源的开发利用

从20世纪90年代初开始，国内的岩土工程勘察企业就开始考虑如何充分开发利用本企业多年来积累的丰富的岩土工程资源，十年来，很多岩土工程勘察企业都建立了基于数据库技术、地理信息系统(GIS)技术的岩土工程资源信息系统，如北京市勘察设计研究院的"北京工程地质信息系统"和"北京市区浅层地下水信息管理系统"、大庆油田设计院的"大庆油田工程勘察地理信息系统"以及上海、天津、武汉、深圳、青岛等地也建立了本地区的岩土工程地理信息系统。这些系统充分利用了岩土工程资源与地理空间位置有关的特性，实现了地形地貌数据、地层数据、水文地质数据、环境地质数据、地震地质数据等多种城市基础地质信息的整合，上海、青岛等地还建立了第四纪标准地层，不但大大方便了本单位岩土工程资料的管理、查询、共享和利用，在工程项目投标、初步勘察、工程咨询、利用已有工程勘察资源等方面发挥了很大的作用，还直接为城市规划和建设、地质灾害的防治和环境地质评价等方面提供了城市基础地质信息。如在2004年完成的"北京市总体规划修编"中，北京市勘察设计研究院就利用"北京岩土工程资源平台"提供的岩土工程资源，包括工程钻孔和深井钻孔提供的第四纪地层资料、北京浅层地下水监测网提供的地下水资料以及北京地区地质构造、活断裂分布、古河道分布等基础地质资料进行整合及分析，完成了北京市平原地区建设场地适宜性分区图、北京市活动断裂分布图、北京市地下水环境脆弱性分区图、北京市浅山区地质灾害分区图等成果，为北京市总体规划修编提供了基础地质方面的依据。

5. 岩土工程分析计算

由于计算机计算能力的迅速提高和分析计算方法的发展，岩土工程师解决问题的广度和深度已获得了长足的提高，从早期必须首先将工程问题最大限度地简化（理想概化）、通过有关边界和初值假定和简单计算求解工程问题，发展到了能够更全面地模拟比较复杂的实际工况，采用离散化的数值计算技术得到满足工程要求的数值解，考虑非线性、时效、动态过程和空间等影响，从而对诸多重大工程特性进行更好的预测分析。十年来，众多的高等院校、研究院所在利用有限元分析、神经元网络分析等分析方法通过自主开发或引进国外软件进行边坡稳定分析、天然地基沉降分析，桩基础分析、地下水渗流分析等方面都取得了很多成果，在三维地质建模、三维可视化研究和三维分析计算方面也取得了很大进展。

三、建筑地基基础工程

20世纪80年代以后,城市中高层建筑大量兴建,到20世纪末,世界上超过300m的高层建筑有21座,东南亚占10座,其中中国就有6座(大陆3座,香港地区2座,台湾地区1座),并且还有一些高层建筑在建或者拟建中。我国于1998年8月竣工的上海金茂大厦主楼88层,高达420.5m,建在浦东的软土地基上,是我国建成的最高的高层建筑,高度列世界第四。奥运工程大大推动了北京市的大型公用建筑的兴建,国家体育场、奥运篮球馆、奥运水上中心以及国家大剧院、首都机场扩建工程以及CBD区的高层建筑如银泰中心、国贸三期、CCTV(中央电视台)新址、北京电视台新址、中环世贸中心、光华世贸中心、世纪财富中心、建外SOHO等高层建筑鳞次栉比。这些工程实践提出了一系列地基基础问题。

(一) 桩基础

我国随着建筑物的高度和规模加大,越来越多地使用桩基础和复合地基,据估计,我国20世纪的最后十年,每年各种桩型的用桩量约5000万根,成为名副其实的用桩大国。由于超高层建筑和大型斜拉桥梁主塔的需要,所用的桩径和桩长不断扩大。其中钢管桩的最大桩径达1200mm,最长达83m;机械成孔灌注桩、墩每年约用50万根,最大直径达4000mm,最长达104m;预应力管桩最大桩径达1200mm,最长达65m;人工挖孔桩、墩最大桩径达4000mm,最长达53m。我国南京长江第二大桥塔墩采用了直径3m、深150m的大尺寸钻孔灌注桩。

1. 桩基设计新理念

(1) 减沉桩基(疏桩基础)

有时尽管天然地基的承载力可满足建筑物的要求,但可能沉降过大。这时可在基础下加桩,并且按控制地基沉降的原则进行桩基设计。这种以控制沉降为目的,直接用沉降量指标来确定桩数量的减沉桩基或疏桩桩基,可大幅度减少用桩量,具有较大经济效益。在这方面我国开展了深入的研究工作,并在实践中推广应用,在软土地区许多小高层建筑中的应用明显地提高了经济效益。

(2) 桩基的变刚度调平概念设计

对于高层建筑的地基基础,桩筏基础采用传统的均匀布桩会导致筏板的蝶形沉降和马鞍形的反力分布,或者主楼与群房间沉降差过大。针对这一问题,我国工程界在桩筏基础中提出"变刚度调平概念设计",即通过调整地基或基桩的刚度分布,使反力与荷载的分布相协调。可以使沉降变形区域均匀,这种变刚度调平概念设计是在地基(桩土)—基础—上部结构共同工作的计算分析基础上,变化地基与桩土的刚度,发展了长短桩结合、粗细桩结合、变桩距等手段,改变桩筏基础的整体刚度,也探索联合采用桩基、疏短桩、复合地基和天然地基,达到调平的目的。北京常青大厦等10余项高层建筑的基础就采用了优化的设计,取得了良好的经济技术效果。

2. 新桩型与桩基施工新技术

近年来各类扩底扩径桩的新形式与新的工艺有所发展。

复合载体夯扩桩造价低,承载力高,在国内很快被广泛地推广应用;DX多节挤扩灌注桩(图3-1)也是近年出现的新的桩型,它明显提高单桩承载力。它们应用在一定的地质和环境条件下具有明显的经济和技术优势。

上海金茂大厦主楼采用钢管桩桩径为914.4mm,厚20mm,有效长度65m,进入地面以下80m的⑨$_2$细砂层,429根;群房下钢管桩桩径为609.4mm,厚14mm,有效长度33m桩端持力层为⑦$_2$粉细砂层,640根。

为消除和减轻桩基施工对于环境的不利影响,在城区软土地区广泛采用静压桩,我国采用此法施工的桩长已达70m以上。为了消除泥浆护壁钻孔中循环泥浆对环境的污染,近年来也常采用套管钻进法或者用稳定液代替泥浆护壁的无套管钻进法施工。

桩身混凝土之后，采用后压浆方法置换桩底虚土和增加桩壁的摩阻力也是提高承载力的很有效的方法。奥运中心场馆的国家体育场建筑面积 25 万 m^2，观众席 10 万个，其中临时坐席 2 万个，为世界最大。24 根组合桩，每根组合柱承担的竖向荷载设计值达 40000～50000kN，水平荷载设计值 20000kN。内部看台设 3 层梯级升高的坐席层，地上 1～6 层，由呈辐射状布置的框架柱列支撑，竖向荷载设计值为 4000～20000kN。外围平台（裙房和纯地下部分）单柱荷载 4000～10000kN。采用后压浆钻孔灌注桩。桩径分别为 800mm 和 1000mm。桩端持力层为卵石圆砾⑨层，桩端进入持力层不小于 1m，桩长约 31～36m，总桩数约 2200 根。

3. 单桩承载力的测定和桩的检测

近年来 Osterberg 法（图 3-2）在我国的应用有所进展，称为"自平衡测桩法"。在我国的桥墩、码头等水下桩基得到应用，并且发展迅速。

图 3-1 DX 桩

（二）地基处理新技术

随着我国铁路提速、高速公路、机场和航道码头的大量修建，尤其是西部开发中的交通工程的兴建，软弱土与特殊土的处理成为关键技术问题。大规模的地基处理技术得到了广泛的应用，也取得和创造了丰富的经验，推动了复合地基的理论和设计的进展[5][6]。

1. CFG 桩复合地基

CFG 桩是水泥粉煤灰碎石桩的简称，它是一种高刚性和高粘结强度的桩，与桩间土和垫层一起形成复合地基。它是由中国建筑科学研究院研发的新技术，其工程造价较桩基低 1/3～1/2，同时它具有施工速度快、工期短、质量容易控制等优点，其经济效益和社会效益十分显著。该技术已经列入国家行业标准《建筑地基处理技术规范》。

近 10 年来，该技术已经在 23 个省市得到广泛应用，尤其在我国北方地区的 20～30 层的高层建筑中的应用越来越普遍。在北京地区利用 CFG 桩加固技术处理地基，已经修建超过 30 层的高层建筑达到几十栋。

2. 多元复合地基

在我国随着各种桩型的复合地基的推广应用，人们对于复合地基的机理和特定的认识逐渐加深，针对复杂的地基土层条件和建筑物及荷载条件，人

图 3-2 Osterberg 测桩法

另外的一类灌注桩施工的新技术是钻孔压灌法。这类灌注桩施工法可用于地下水以上，也可用于地下水以下，不必采用泥浆护壁，减少了对环境的污染，同时也避免了灌注桩通常存在的桩底虚土和孔壁的泥皮，从而明显提高了单桩的承载力。

在普通钻孔灌注桩成孔后预留注浆管，在浇筑

们综合应用不同类型和尺寸的桩，形成组合式的复合地基。例如长短桩复合地基就是其典型的代表。长短桩复合地基中长桩一般是刚性较大的桩型，如钢筋混凝土桩、素混凝土桩、CFG桩等；短桩则为碎石桩、水泥土桩等刚度较小的桩型。这种复合地基适用于有两个及两个以上的较好持力层时，或者存在软弱下卧层时，需要长桩穿过它以便减少沉降。

3. 土壤固化剂的应用

随着工程建设事业在深度和广度的延伸以及西部大开发的进展，大型电厂、高速公路、姑苏铁路、机场、码头等广泛兴建，而同时又常常不可避免地遇到软弱土、湿陷性土、泥炭土、膨胀土、多年及季节冻土、饱和粉细砂土等地基土情况，改善这些土的性质的一个有力的措施就是土的固化。

20世纪初，当时的发达国家在修建道路、机场和港口时，为了工程的需要，就采用了水泥、石灰等固化剂加固改良土壤，以后又研制开发出多种性能优异的土壤固化剂。与传统的水泥、石灰和粉煤灰比较，具有明显的优良性能。

国内也先后有十余家科研单位和大专院校对土壤固化剂开展研究工作，取得了一些实验室研究成果；有的单位通过引进和消化外来资料，通过自己的努力研制了一些国产品牌的土壤固化剂。如北京中土奥特富特科技发展有限公司、上海五科新型建材有限公司等生产的不同土壤固化剂直接用于工程，取得了良好的经济和社会效益。还有一些设计单位与建设单位结合进行了土壤固化剂的现场试验，如铁通第三、第四勘察设计院在新建铁路工程中进行了路基填筑现场试验，无锡市高速公路建设指挥部进行了土壤固化剂搅拌桩复合地基试验，都取得了成功。使用日本田熊公司开发的Aught-set固化剂，在公路、铁路、机场和码头都做了一些工程。例如宁夏的1089国道、京沪铁路基床土的改良等。在北京的六环路和奥运水上中心项目中，使用了水泥和粉煤灰加固粉细砂土。

4. 特殊土地基的处理

在城市建筑、水利水电、铁路公路、机场、码头、海洋工程、输油气管线工程等领域，都遇到过各类特殊土与软弱土地基。

在湿陷性黄土的处理方面，强夯加固法被普遍应用；各类挤密桩、桩基、化学加固方法的应用取得丰富经验；换填垫层和浸水预沉也有采用。

盐渍土地基在我国西部干旱地区分布广泛。在深入的试验研究和现场观测的基础上，探索了防止盐溶陷和盐胀的有效工程措施。防止盐溶陷有强夯、浸水预溶、预压、换土和演化处理等。防止盐胀的措施有换土垫层、地面设置隔热层和隔水层、化学处理、设置变形缓冲层等。

我国的膨胀土分布达10万km^2以上，例如南水北调的中线工程就经过较长的膨胀土地区。我国在这方面的研究和设计、施工实践方面都取得丰硕的成果。其处理的原则和方法有：换土、垫层、湿度控制（防水保湿）、土质改良和物理、化学改良方法等。

随着青藏铁路和一些高寒和高海拔地区的公路的成功兴建，南水北调西线工程的论证，使多年冻土的地基问题成为技术关键。我国在这方面的工程实践取得了很多经验和创造。在青藏铁路（格尔木—拉萨段）的实践中，总结出保持冻土天然上限或者稍有提高的工程措施：架空通风基础、填土通风管基础、用粗粒料垫高地基、热桩及热棒基础、保温隔热地板、人工制冷降低土温等。

（三）基坑工程

由于对抗震稳定和地下空间利用的考虑，城市高层建筑一般都带有多层地下室。深度超过20m的基坑已经屡见不鲜。例如北京的国家大剧院主题部分基坑深达26m，台仓部分达32.5m。与人民大会堂相邻，为基坑的支护、降水提出了严峻的课题。

1. 基坑支护的水土压力计算

基坑支护上的水土压力一直是重要技术问题。上个世纪末的关于水土压力分算与合算的争论，使人们认识到土中水渗流对荷载与抗力的影响。另一个重要的认识是对于基坑施工工程中土压力大小与分布的动态变化，逐步接受了压力计算和基坑设计的"增量法"。

在这种认识的基础上，在深基坑的施工中，上海的一些专家提出了基坑和地下工程施工的"时空效应法"，即在计算和监测的指导下，对工程实行信息化施工。这无疑是先进的理念。

2. 基坑支护结构的发展

20世纪80年代，基坑的支护一般采用护坡桩和地下连续墙,加上土层锚杆的支护方式。以后土钉墙被引入,以其造价低、工期短和易于施工等优点,而受到工程界的欢迎,被迅速推广应用,使用的范围也加大了。复合加强土钉墙、喷锚支护等形式被创造和推广。水泥土墙、逆作拱墙等也是近年来发展的新技术,在不同情况被使用和推广。随着工程经验的积累,目前更多地采用多种支护形式的组合。使经济技术方面更加合理和可靠。

图 3-3 是上海环球金融中心的基坑工程。该工程项目地上 101 层,地下 3 层,地面以上高度 492m。基坑面积 22468m², 土方 40 万 m³。开挖深度 19.25m,最大深度 25.98m,采用地下连续墙支护。

图 3-3 上海环球金融中心的基坑工程

3. 基坑工程的地下水控制

以前为保证地下水以下基坑的开挖,需要基坑内集水井排水或者基坑外井点降水。这种降水一方面是浪费了大量的地下水资源;另外可能引起周围环境的变化和相邻建筑物和道路的沉降。近年来我国加强了对环境和资源的认识,用"地下水控制(groundwater controlling)"的概念代替纯粹的"降水(dewatering)"的概念。积极推行帷幕隔水、引渗、回灌等方法,改进施工工艺、设备和技术,实行地下水控制。在进行基坑工程技术经济指标的比较和方案优选的过程中,将水资源和环境因素放到重要的位置,研究针对不同的工程水文地质分区,采取适当的行政和经济手段控制和减少耗水量。

国家大剧院的建筑平面由三部分组成:中心部分"202 区"为由椭圆穹形结构形成的主体建筑,平面东西向的椭圆长轴长 212.2m,南北向的短轴长 143.6m,穹顶高度 46m。穹形外围结构内的巨大空间包含了相互独立的歌剧院、戏剧院和音乐厅,区外有水池环绕;"202 区"的南北两侧分别为"201 区"和"203 区",该两区分别由地下通道、车库及其他配套设施组成,多为地下结构。项目总占地面积超过 8 万 m²,总建筑面积 19 万 m²。地下水分布自上而下:滞水、层间潜水和两层承压水(7、9 层),国家大剧院基坑全图见图 3-4。

从岩土工程的角度看,该工程的主要特点是:

(1) 工程规模宏大,为国家重点项目,又地处首都核心部位,基坑边线距人民大会堂西侧路仅 15m,场地及周边地区原有地下管线设施密布,客观条件决定了勘察、设计、施工必须慎之又慎;

(2) 占地面积 25500m² 的主体建筑,大部分基础埋深在 -26m,几个剧院的台仓部位基础最深达 -32.5m,对基坑支护和不均匀沉降控制形成了严峻的挑战;

(3) 场地地层分布沿竖向变化大,在相对隔水层之间分布有多层地下水含水层和非饱和带,形成了复杂的水文地质条件,基础部位的承压水头高 2~6m,再下面的含水层承压水头超过 15m,对岩土工程设计、施工和基础抗浮都提出了很多新的课题;

(4) 含水层渗透系数高,影响半径大,施工降水不得对人民大会堂和分布于场地北侧的地铁线路造成不良影响,为地下水的施工控制带来很大困难。

在支护与地下水控制方面,曾经比较了三个主要方案,针对不同的地下水赋存形式和土层分布,对于不同部位和不同深度,最后采用了方案 3。它分阶段、分部位采用不同的支护和地下水控制措施。

(1) 消防通道部分:开挖深度 13.58m,采用护坡桩+锚杆支护,地下水主要是上层滞水,采用基坑外抽、渗水井控制;

(2) "202 主体区":开挖深度 26.00m,涉及到第一层承压水,采用地下连续墙挡水+锚杆支护,地下水采用坑内疏干井控制;

(3) 歌剧院等台仓部分:开挖深度 32.50m,涉及到第二层承压水,采用薄壁地下连续墙挡水,地下水采用坑内疏干和坑外减压的措施。

图 3-4　国家大剧院基坑全图

四、水利水电工程中的岩土工程发展

(一) 高土石坝工程

1. 高土石坝建设

各类土石坝由于其地基适应性好、便于使用当地材料筑坝、造价较低、施工机具简单等优点而被较多采用。土石坝就其防渗结构来讲，可以分为土质防渗体坝与其他材料(混凝土、沥青、土工合成材料等)防渗体坝两种。近年来，作为土石坝的重要分支，混凝土面板堆石坝得到了快速发展，成为近代坝工的发展新趋势。随着巨型碾压机械的应用和地基处理技术的发展，可以大大减少地基与坝体的变形，大坝设计也不仅满足稳定要求，对于变形控制的要求也更严格。

我国已建成的水坝 90% 以上是土石坝，近 20 年是我国土石坝建设及其科技发展的黄金时代，从 1981 年至今，国家将高土石坝筑坝技术关键问题列入"六五"、"七五"、"八五"和"九五"科技攻关课题。对于鲁布革、小浪底、瀑布沟、天生桥、水布垭、三峡围堰与溪洛渡围堰等一系列高土石坝及围堰的填筑技术和设计理论进行全面系统的研究，取得了丰硕的成果。使我国土石坝设计理论、筑坝技术和设备跻身于世界先进水平，多次获得国家重大科技奖励。科技进步促使我国高土石坝的工程建设迅猛发展。已建成了以天生桥一级面板堆石坝(高 178m)、小浪底斜心墙堆石坝(高 154m)等为代表的高 100m 以上的土石坝 17 座。

黄河小浪底工程为斜心墙堆石坝(图 4-1)，最

图 4-1　高 154m 的小浪底斜心墙堆石坝

大坝高达154m，建在近80m深的覆盖层上，可以说是我国当前在土料防渗土石坝建设中最具代表性的工程。工程采用了最大深度达80m、宽1.2m的混凝土地下连续墙防渗，横向槽浇筑塑性混凝土，是国内最深最厚的防渗墙。小浪底大坝坝顶长1667m，填筑工程量5185万m^3，最大日填筑量达67061 m^3。其土石坝工程施工达到了世界先进水平。

在建的四川瀑布沟工程为黏土心墙堆石坝，坝高186m。即将建设的云南澜沧江糯扎渡工程为掺砾石黏土心墙堆石坝，坝高261.5m，是我国最高的土石坝工程。此外还有多座超过200m甚至可能超过300m的高心墙堆石坝正在论证中。

由于重型的碾压机械和滑模技术的推广，近年来，混凝土面板堆石坝在国内外得到了广泛的应用。目前，我国已经修建了面板堆石坝62座，其中100m以上的11座。已建成的天生桥一级水电站大坝的最大坝高178m，其总库容102.6亿 m^3。在已建成的面板堆石坝中，高度居世界第二，库容居世界第一。在建的位于清江上游的水布垭面板堆石坝最大坝高233m，总库容45.8亿 m^3，工程中土石方开挖2663.6万 m^3，土石方填筑1760.6万 m^3，建成后将居同类坝型的坝高世界第一。目前我国在建的混凝土面板堆石坝还有多座，超过百米以及接近200m的，如：贵州三板溪工程，坝高185.5m；青海黄河公伯峡面板堆石坝，坝高132.2m，地震设计烈度8度；新疆吉林台一级砂砾石面板堆石坝，坝高157m，地震设计烈度8度；四川紫坪铺工程，坝高156m；贵州洪家渡工程，坝高179.5m等。面板堆石坝如此迅速的发展并非偶然，它很好地体现了这些年我国大量科研成果的结晶和工程实践的成就。

沥青混凝土心墙防渗，已建成的百米级三峡茅坪溪工程为碾压式沥青混凝土心墙堆石坝，最大坝高104m。在建的四川冶勒工程坝高125.5m，河床不对称覆盖层厚大于420m。即将修建的新疆下半地工程，坝高80多米，基础覆盖层也有140多米。建成的天荒坪抽水蓄能电站上库为沥青混凝土面板坝，坝高72m，其库盆建在软弱基础上，采用了沥青混凝土面板进行全面防渗，为类似工程创造了很好的经验。在建的河北张河湾抽水蓄能电站上库（坝高57m）和山西西龙池抽水蓄能电站的上下库（下库坝高97m），均采用了这种防渗形式，这对今后沥青混凝土防渗技术的进一步发展与提高，具有重要的意义。

云南省雾坪水库黏土心墙堆石坝最大坝高49m，坝基为湖积软土。采用高置换率的振冲桩加固，建成了目前所知的软基上最高的大坝。

三峡二期围堰是在抛填砂和沉积砂上建成的。采用塑性混凝土和土工膜垂直防渗，成功地抵御了1998年的长江洪水，确保了大坝主体工程的施工。二期围堰最大填筑水深达60m，最大挡水水头超过75m，防渗墙最大高度74~84.5m，在世界围堰史上均属罕见。二期上、下游围堰土石方填筑总量约为1100万 m^3，其中80%以上为水下填筑，混凝土防渗墙面积约为8.4万 m^2，远超过国内外已建的同类工程规模。二期围堰从研究、建设到运用历时很长，从三峡工程再论证的1984年起到2002年7月下游围堰拆除止，总共达18年。其中11年基本上为试验研究与设计阶段。

2. 高土石坝与土的本构关系和数值计算

高土石坝由于工程浩大，影响深远，也由于它是由填土压实建成，其计算参数比原状土更容易确定，对其进行各种数值计算是必要和可能的。其数值计算与分析包括：稳定分析、渗流计算、应力变形计算（包括应力应变与渗流固结耦合的有效应力分析）、动力反应分析等。我国的小浪底斜心墙堆石坝、三峡二期围堰等大型土石坝工程都进行过科技攻关形式的多单位、多模型、多程序的分析计算，对于工程设计起到了重要的指导作用。

通过近20年的科技攻关课题研究，我国在高土石坝科研方面取得了丰硕的成果。在数值计算中，我国学者提出的多种模型都在土石坝计算中得到应用。在水力劈裂研究方面，黄文熙提出水力劈裂的准则。在坝坡稳定分析中，我国学者在理论和计算方面都取得高水平的成果，自主开发的程序得到广泛的应用。我国在高土石坝的本构关系模型理论研究方面，数值计算分析方面，筑坝技术方面并不落后于国际先进水平，丰富的工程实践使我国水利水电的岩土工作技术人员积累了宝贵的经验。

对于小浪底、瀑布沟等高堆石坝就利用多种本构模型，对多种工况进行了全面的计算分析和比较。除了使用Duncan的双曲线模型以外，我国学者自行研究提出的本构模型也都被用于计算，并在实践中被检验。另外对于在施工与蓄水期小浪底斜心墙中高塑性黏土区与防渗墙的衔接部位的超静孔隙水压力及水力劈裂可能性计算,采用了剑桥弹塑性模型及比奥固结论理进行有效应力的数值计算,取得重要的成果。对于初次蓄水的问题,提出建立了几种不同的堆石料湿化模型,对堆石坝的初次蓄水进行了全面的数值计算预测。

三峡二期围堰的数值分析工作从 1984 年到 2000 年,一直跟踪着设计工作的进程而不断发展和深入。通过三峡二期围堰数值分析工作,增加了数值分析方法在工程中的可信度,促进了有限元分析方法的发展。在长达 17 年的历程中,全国有 15 家有经验的单位和 60 多位专家先后参与了这项研究工作。三峡二期围堰数值分析的工作历程实际上也是我国数值分析在大坝工程中应用的发展过程。对于二期围堰中防渗墙的应力变形进行多方案、多模型的长期数值计算,与实测结果比较已非常接近了。说明计算得到的墙体位移分布基本上反映了位移实际情况。

高土石坝的稳定分析也是数值计算中的重要课题。土石坝的稳定问题是一个古老而重要的问题。除了在材料、坝坡、施工和地基处理等方面采取措施提高坝坡的稳定性之外,土石坝的稳定分析是工程设计施工的基础。在土石坝稳定分析中,各种基于极限平衡和极限分析的稳定分析方法仍然是规范推荐的最基本方法。各类条分法是成熟的和被广泛应用的方法,并且不断有所发展。我国颁布的《碾压土石坝设计规范》(SL 274—2001)规定对于薄心墙、薄斜墙和有软弱夹层的坝坡稳定分析采用摩根斯坦—普赖斯(Morgenstern-Price)法,这是很先进的方法。近年来有限元方法的稳定计算也有很快的发展,无论在安全系数的计算方法,还是在最优化搜索方面都有很大的进展。

3. 面板堆石坝技术问题

混凝土面板堆石坝为美国首创,60 年代引入了堆石薄层振动碾压技术以后,面板堆石坝有了长足的发展,特别是高坝增长很快,已达到 200m 量级。据 2000 年的不完全统计,世界各国已建和在建的面板坝总数已达 300 座左右,其中中国约占 1/3。坝高大于 100m 的,世界各国(不含中国)为 42 座,而中国为 30 座,最大坝高达到 233m(中国,水布垭,在建)。拟建的三板溪等高坝也为超高的面板堆石坝。国内已建和在建的坝高 150m 以上的混凝土面板坝工程见表 4-1。

在我国,目前水利水电科技人员通过数值计算、土工离心模型试验和实际工程观测分析,对于面板堆石坝的关键技术问题开展全面的研究。其中包括:坝体材料的分区优化,面板堆石坝的接缝和接触面的性能与模拟,面板开裂的机理及其防治,深覆盖层、河谷形状、坝体材料分区、压实标准和分期施工与蓄水等对于坝体与面板的应力与变形的影响。对高寒和高地震烈度地区修建高面板堆石坝等技术问题也在探索。应当说我国在高面板堆石坝的科学技术研究方面已经走在世界前列。

(二)堤防工程

我国筑堤防洪已有千余年的历史。历代修筑的各级堤防长达 27 万 km。其中长江堤防总长达 3 万 km,中下游主干堤防 3600km。它们基本上是长期历史的产物,规划布置不尽合理,地基地质条件复杂,质量参差不齐。1998 年洪水暴露出我国江河堤防的质量和管理水平尚有待提高。堤防管理已成为我

国内已建和在建的坝高 150m 以上的混凝土面板坝工程　　　　表 4-1

序 号	坝 名	坝高(m)	坝体积 ($\times 10^6 m^3$)	坝 料	面板面积 (m^2)	库 容 ($\times 10^6 m^3$)	泄洪流量 (m^3/s)	装机容量 (MW)	完成年份
1	水布垭	233	15.7	灰岩	127000	4580	18249	1600	在建
2	洪家渡	179.5	10.1	灰岩	75100	4590	6996	540	在建
3	三板溪	178.5		砂岩凝灰岩	94070	4170		1000	在建
4	天生桥一级	178	17.7	灰岩	180000	10260	21750	1200	2000 年
5	滩 坑	161	10.0	凝灰岩	68060	3530		600	在建
6	紫坪铺	156	11.7	灰岩、砂砾石	122000	1080	7008	697	在建
7	吉林台	152	9.2			2440	1753	460	在建

国江河防洪防汛工作的薄弱环节之一，不仅影响防洪减灾的科学决策，也影响到流域水利规划的合理制定。1998年以后，在堤防的防渗与稳定性研究方面，在堤防加固技术方面以及在堤防的安全评价和管理方面都有很大的进展和改善。

1. 堤防防渗与稳定的研究

结合多年和1998年防洪和堤防加固的实践，以水利部和国家防汛办为首进行了许多有意义的总结工作。我国启动了自然科学基金专设重大项目"洪水特性与减灾方法研究"（2000～2004）。进行了堤防的渗流计算分析；渗透破坏的模型试验与计算分析，渗流与抗滑稳定间的耦合分析；减压井的国内外调研、现场调查、室内试验等系列的工作。结合荆江大堤，对不同的堤身填土和二元、多元的地层构造及有限厚或者深厚的透水地层等不同组合，开展了堤防渗流规律和加固措施的研究。

科研人员对1998年洪水详细记录下来的"管涌"发生部位和特征状态进行认真的统计分析。对管涌发生距离的风险做出科学的论证，为长江干堤加固工程中保护区宽度这一重要指标的确定提供理论依据。据长江委多年险情统计，最为严重和普遍的汛期险情是渗透破坏（俗称"管涌"），它占总险情的60%以上，其中尤以堤基渗透破坏的危害为烈。1998年九江市溃堤等几大溃口，多由堤基"管涌"引起。另外，在汛期高洪水位下，堤身渗漏、散浸等险情十分严重。汛期堤身失稳（俗称"脱坡"、"跌窝"等）是另一种重要的险情，占险情的14.4%。

2. 我国堤防工程的加固技术

（1）垂直防渗设施

在数量巨大的堤防加固工程中，我国工程技术人员开发了一系列堤基垂直防渗和减压的新技术。深层搅拌水泥防渗墙技术使用地基土作为墙体的主要材料，使垂直防渗墙造价大大降低，在长江荆南大堤，完成了42km，总计面积达527746m²。使用射水法、拉槽法修建薄壁混凝土墙的技术相继在安徽同马大堤，湖北荆南、粑铺大堤等工程使用。此外，土工膜垂直防渗墙也获得了较多使用。这些垂直防渗措施在一些管涌多发的地区起到了保证大堤安全的关键性作用。

（2）减压井技术

减压井具有造价低、不影响地下水环境等优点，是防止管涌的有效措施。但淤堵问题长期以来一直影响着这一技术的推广。在长江大堤加固工程湖南段，新型的可拆卸、冲洗和更换的减压井问世，经过近两年的运行，效果良好。

（3）崩岸治理新技术

崩岸是威胁防渗安全的重大自然灾害。长江大堤的一些险工险段，每年河岸回缩达数十米至上百米。近年在崩岸治理方面的技术进步主要体现在以下两个方面。

（ⅰ）水下地形测量技术

近年来GPS定位和水下地形测量技术更新，中国水利水电科学研究院曾对长江堤防水下地形和抛石情况进行过一次全面的检测。采用回声测深仪，可保证水下地形误差在1cm以内，采用条带测深仪，可一次在50～200m范围内条带式形成水下地形图。采用地层剖面仪，可以区分抛石和原河床。这些新技术为了解水下河道的冲淤变化提供了强有力的手段，也为崩岸的早期检测和治理提供了技术保证。

（ⅱ）崩岸治理新技术

在崩岸治理方面，摆脱了以往单纯依靠抛石的作法，开发了水下铰链沉排、土工模袋和土木布砂袋等新工艺，护理范围达到水下20余米的长江深泓区。中国水科院在江西省江心洲、棉船洲这些崩岸重灾区建设的这些水下防护工程已经历三年多的考验，江岸一直保持稳定。

3. 堤防工程安全性评价

与大坝安全评价相比，国内外对于堤防工程安全评价的研究尚处于起步阶段，目前还没有形成一个适用的理论和方法。在国外，一些国家已经开始利用先进的计算机信息技术，对堤防信息进行管理和集成，为防汛调度提供决策依据。

我国目前也进行了这方面的研究，完成了堤防工程安全性评价指标体系及调查方法的构建，研究提出了长江堤防安全评价的三个层次，即：堤防工程的风险分析、单项工程的安全评价和堤防工程的安全性综合评价。建立了长江中下游堤防的工程安全调查和评价的指标体系，将工程措施和非工程措施因素反映在安全性评价的指标体系之中。将层次分析及模糊数学方法结合，提出了长江堤防工程安全性综合评价模型。对长江中下游堤防进行了风险分析，在对长江堤防破坏机理分析的基础上，采用可靠度理论推求了堤防失事概率，根据保护区社会经济情况分析堤防失事后果及其度量方法，从而构筑了适合于沉降堤防特点的风险分析框架。

(三) 水利水电工程中的地下工程

1. 水电站地下工程

水电站的引水隧洞、调压井和地下厂房都是规模巨大的地下工程。近年来我国已经建成的四川福堂水电站的引水隧洞长达 19.3km；四川的太平驿引水隧洞直径 9m，长 10.6km；我国已经建成的大断面水工隧洞（衬砌后净面积大于 140m²，或者跨度大于 12m）有 22 处，其中二滩的导流隧洞断面尺寸为 17.5m×23m，三峡二期的地下厂房尾水隧洞断面尺寸达 24m×36m，是尺寸最大的隧洞；天生桥二级电站的三条引水隧洞每条长约 10km，直径近 10m；大朝山水电站的地下厂房高 63m，宽 26.4m，长 234m；小浪底水电站地下主厂房高 61.44m，宽 26.2m，长 251.5m；二滩地下电站高 63.9m，宽 25.5m，长 280.3m。这些巨大的地下工程的建成表示我国在隧洞设计施工方面已达到较高的水平。

2. 调水工程

我国水资源十分短缺，并且分配不平衡。因而跨流域的调水工程是解决问题的重要途径之一。这些引水主要靠渠系、管道和隧洞，其中隧洞基本是无压的。青海到甘肃的引水工程干线全长 86.9km，共建隧洞 33 座，总长度 75.11km。最长的盘道岭隧洞洞长 15.72m，断面 4.2m×4.2m。地质条件十分恶劣，创造了最大月进尺 1300.8m、日进尺 65.6m 的隧洞掘进纪录。万家寨引黄入晋工程，输水总干线长 44.35km，其中隧洞 11 座，总长 42.3m；而南干线全长 101.7km，其中隧洞 7 座，总长 98.5km，南干线最长的 7 号洞长 42.9km，为我国已建的最长的水工隧洞。

南水北调工程是迄今为止世界上最大的水利工程。首先启动了东线和中线的第一期工程，主体工程投资达 1240 亿元。近期（2010 年前后）将从长江流域向北调水 400 亿 m³。这一工程涉及到的岩土工程关键技术包括：(1) 丹江口大坝加高 14.6m，左岸 1223m 土石坝地基处理和坝体加固；(2) 中线工程干渠全长 1420km，跨越 88 条河流，33 次穿越铁路，133 次与高等级公路交叉，其中穿越一部分膨胀土地区，如何防渗减噪是极为重要的课题；而越（穿）过黄河有渡槽和隧洞两个方案，是一个很大的难题；(3) 西线工程中涉及高寒、高海拔、深覆盖、低温永久冻土和复杂地质条件等问题。在寒冷、高海拔、复杂地质条件和高地震烈度地区要进行深达 400～500m 的勘察钻孔；穿越长江、黄河的分水岭——巴颜喀拉山的几十公里的长隧洞（一期工程包括总长度 244km 的引水隧洞）；在多年冻土中建设输水线路，将是对水利地下工程的考验。

(四) 水利水电工程中的岩质工程

1. 岩质地基基础

三峡工程左岸 1～5 号机组厂房坝段为坝后式厂房布置方案，由于 1～5 号机组坝段坝基前震旦纪闪云斜长花岗岩体中存在倾向下游的长大缓倾角结构面，这就构成了受此类缓倾角结构面控制、向下游临空面滑出的大坝深层抗滑问题。由于这一问题关系到三峡大坝安危，且解决的难度极大，所以长期以来一直作为三峡工程关键技术问题之一。

1995 年 10 月，三峡工程技术委员会决定左岸 1～5 号机组坝段的深层抗滑稳定计算统一采用上述地质概化模式。在此基础上，国内多家设计、科研单位对 1～5 号机组坝段抗滑稳定分析计算结果相近。在左厂 1～5 号机组坝段抗滑稳定的勘察设计过程中，为提高抗滑稳定安全度，采取了一系列工程和结构措施。

2. 岩质高边坡

水利水电工程中边坡的开挖与水库水位的升降都可能导致边坡的失稳。我国已建和在建的大型水利水电工程如三峡、二滩、李家峡、五强溪、隔河岩、小湾、天生桥二级河龙滩等涉及的天然边坡高达 400～1000m，工程边坡高达 200～400m，垂直开挖坡高近 100m。漫湾水电站、龙羊峡水电站、天生桥二级水电站、隔河岩水电站等都发生过规模较大的边坡失稳，造成很大损失。龙滩水电站进口倾倒蠕变体约 1300 万 m³ 需加固治理。三峡船闸设计总水头 113m，单向通航能力 5000 万 t，总开挖量 5587 万 m³。三峡船闸的岩质高边坡开挖的岩石坡高达 170m，其中双向直立边坡 68.5m。全、强风化带的坡角为 45°，弱风化带及其以下的梯段坡为 60°～73°，底部 40～60m 开挖为直立坡，剖面上整体成为不利的凸形坡。船闸高边坡的处理有以下主要措施：

(1) 疏干边坡内地下水，以利于边坡整体稳定、局部稳定，消除或消减闸墙外水压力；

(2) 适当补偿已卸荷的侧向作用力，限制岩体侧向卸荷作用的发展；

(3) 加固局部不利块体、反倾薄板状岩体，防止其失稳与变形。

永久船闸于1999年开挖完毕，随后边坡加固工作基本完成。船闸边坡形成以来，整体稳定性好，局部稳定岩体经处理后，均已稳定。船闸区最大的块体f_{1039}和f_5块体自锚索完成以来的深部变形测值稳定。锚索锚固力损失率与变化均不大，表明岩体变形已经终止。

长达5000余公里的长江三峡工程水库干支流库岸，跨越不同的地貌和在地构造单元，由结晶岩、碳酸盐岩、碎屑岩等类的松散堆积物组成了多种岸坡结构类型。边坡的变形破坏主要受控于岩土类型及其结合、边坡形态、结构型式及临空面的关系。三峡水库岸坡可划分为4大类：Ⅰ．土质岸坡；Ⅱ．碎屑岩岸坡；Ⅲ．碳酸盐岩岸坡；Ⅳ．结晶岩岸坡。

蓄水以后可对库区人民生命财产造成较大危害的有1168处崩滑体，需要避让或处理；有744处崩滑体目前较稳定，需监测预警；有578处相对稳定暂不处理。

五、铁路工程建设中的岩土工程发展

（一）铁路线路建设中的岩土工程

目前中国营业铁路总长超过7万km。东北地区形成了100余条干线和支线组成的网状铁路结构；关内广大地区形成了"六纵"、"六横"的12条大通道，共有铁路干、支线300余条。

1. 京九铁路

北京至九江铁路南北贯穿九省市，全长2397km。从20世纪70年代开始勘测设计，1973年长江大桥开工，1993年全线开工，1996年8月建成正式通车。该铁路是京广、京沪两大干线之间纵横南北的又一条长大干线。

京九铁路主要的工程地质问题为膨胀土、粉土、软土、岩溶、滑坡、崩塌岩堆及破碎软弱岩体。总结京九铁路的岩土工程的成果有：武穴—孔垄段软土路基、岐岭风化花岗涌水隧道、五道山放射性岩层隧道、孙口黄河大桥、九江长江大桥、赣江岩溶特大桥及150全线座隧道、816座桥梁和全线路基等各类工程的地质勘察、处理和施工。

2. 南昆铁路

南宁至昆明铁路，全长898km，80年代勘测设计，1990年12月开工，1997年3月建成。南昆铁路是中国一次建成的最长的电气化铁路。沿线膨胀岩土、岩溶、软土、煤层瓦斯等特殊地质和滑坡、崩塌、泥石流等不良地质极为发育，工程艰巨，技术难度很大。工程地质工作完成了263座隧道、463座桥梁和全线路基的地质勘察。突出的成果有：占全线总长43%的岩溶地段勘察和整治、总长70km的膨胀岩土整治；30处斜坡软土地基处理；7座煤层瓦斯隧道勘察和安全施工；边坡预加固技术；隧道施工超前地质预报技术；103m和183m高桥地质勘察技术等。

3. 西康铁路

西安至安康铁路，全长292km，1987年开始勘测设计，1994年12月开工，2001年1月建成。共完成了97座隧道、168座桥梁和全线路基地质勘察工作。

秦岭隧道Ⅰ、Ⅱ线隧道长均为18.456km，最大埋深1600余米。是目前我国已建成的长度最大、埋深最大的铁路隧道，也是首次引进掘进机施工（TBM）的硬质岩长隧道。工程总投资约30亿元，占西康铁路总投资的27%。地质勘察工作自1987年9月至1995年8月。工程于1994年12月开工，1999年9月竣工。

该隧道穿越北秦岭复杂地质构造带，主要岩性为古老变质岩和岩浆岩，发育有4条区域性大断裂，其中有2条属于全新世活动断裂。为了选好长隧道线位，在初测中专门超前一年多安排了"加深地质工作子阶段"，扩大面积，进行了一百多平方公里的区域工程地质和水文地质调查，采用了航空物探、地震、音频大地电磁等11种物探方法进行大面积勘探，钻孔深孔进行了地应力地温实测和水文地质试验，在勘探方法上开拓了铁路地质勘探大力采用各种高新技术方法的新技术模式，在促进铁路行业开展区域工程地质工作和地质选线方面，达到了全新水平。所选的长隧道方案经后期深化勘察、施工和近三年的运营考验，证明选线合理，地质资料准确度较高。

施工中Ⅱ线隧道作为Ⅰ线隧道的平行导坑、采用快速钻爆法开挖，同时开展了施工地质超前预报及测试；Ⅰ线隧道采用全断面掘进机（TBM）施工（图5-1）。

图5-1 施工中的秦岭隧道

由于选出了最优越岭方案和最佳长隧道位置，查明了长隧道的工程地质、水文地质条件；加之选择了合理的设计方案、采用了先进的施工技术，秦岭特长隧道提前一年建成通车，仅2001年安康铁路分局就实现利税2.2亿元。

4. 内江至昆明铁路

内江至昆明铁路，北端和南端的516km地段已建成；中段长358km，从1956年开始反复三次进行勘测设计，于1998年6月开工，2001年9月建成。该铁路由四川盆地南缘爬至云贵高原，地形、地质条件复杂，断裂构造发育，主要的工程地质问题有岩堆、崩塌、滑坡、岩溶、斜坡软土、高地震烈度、煤层瓦斯等。工程地质工作突出的成果有河谷和上高原地质选线：沿横江地段长140km，两岸巨型岩堆和危岩非常发育。通过地质选线，线路方案采取7次跨横江、内移做隧道、外移修顺河桥的"三绕避"原则，效果显著，建成后运营两年多尚未出现大的问题。

如果计入解放前的工作，由四川到云贵高原的内昆铁路，反反复复勘测设计和分段建设，历经50年，由于地质条件复杂建建停停，最终到了20世纪末，由于开展了以区域工程地质工作和综合勘探手段为特色的地质选线，得到较为圆满的解决。

5. 青藏铁路

青藏铁路，由西宁至拉萨全长1986km，一期工程西宁至格尔木长847km段于1958年至1984年建成，突出的工程地质成果是20世纪60~70年代完成的铁路盐湖、冻土试验研究。二期工程格尔木至拉萨段长1139km。从1956年以来，在60年代和70年代曾先后进行过两次勘测设计，第三次勘测设计于1996年开始，2001年6月开工建设。青藏铁路沿线地震基本烈度都等于或大于Ⅶ级地震，属高烈度地震区，并且约有140km地段位于Ⅷ级地震区。青藏铁路也有崩塌、岩堆、泥石流、风沙、饱和砂土液化、风吹雪、湿地等不良地质问题。

在40多年的勘测设计过程中，工程地质勘察工作主要针对高原多年冻土、活动性断裂、地震地质、水土保持、环境保护等问题开展不断深化的地质勘察和专题研究工作，基本搞清了青藏高原多年冻土工程地质问题的普遍性和特殊性，查明了活动性断裂的特征和分布，进行了重点工程场地地震安全性评价和全线地质灾害危险性评估，为青藏铁路开工建设打下坚实基础。

填筑路基要求一定高度限制，使冻土上限保持不变或略有上升，以保证路基稳定，此高度即为路基临界高度。青藏铁路多年冻土区路基试验工程的观测资料表明：采用了最小路基填筑高度的路堤，经过一个严冬以后上限上升，有的已达到原始地面，达到预期目的。

当路堤高度不满足最小填土高度时，则采取工程措施来弥补。包括采用片石通风路基、片石和碎石护坡、热棒路基等。

实践证明，为多年冻土区路基工程制定的设计原则是适宜的；按设计原则设计的路基能达到使多年冻土上限不变或略有上升，从而保证路基的稳定。同时也表明，我国的工程冻土技术完全有能力将青藏铁路建成世界一流的高原多年冻土铁路。

目前该段青藏铁路施工顺利，在攻克多年冻土区筑路这一世界性难题方面取得重大进展，精心地质选线，不断优化线位，在比较准确的工程地质资料的基础上，确定了科学的设计和施工原则，路基、桥涵、隧道工程已基本完成，建成这条世界上海拔最高、线路最长的高原铁路已胜利在望。

进入21世纪后，中国铁路仍将有更大的发展。中国铁路总的建设部署是建设快速客运网与大能力货运通道，其中非常重要的规划是加强西部与东部之间通道、南北大通道、西部地区对外开放通道及东部地区城际之间的铁路建设。

（二）铁路桥梁中的岩土工程发展

1957年，我国第一座长江大桥—9孔128m的公铁两用武汉长江大桥建成。1968年，采用四种不同的深水基础形式的主跨160m的公铁两用南京长江大桥建成。1980年，当时最大跨度桥梁，主跨174m的重庆长江大桥建成。1992年，采用拱桁组合体系，主跨216m的公铁两用九江长江大桥建成。2000年，用斜拉索加劲桁梁，主跨312m的公铁两用芜湖长江大桥建成。目前建成的长江铁路大桥有：攀枝花（金沙江）、宜宾、重庆、万州、枝城、九江、芜湖、南京等。

芜湖长江大桥是国家"九五"重点工程，技术复杂，工程规模浩大，其工程量是武汉长江大桥和南京长江大桥的总和。是一座公、铁两用特大型斜拉桥，是跨世纪的标志性建筑。铁路桥全长10520.97m，公路桥全长5681.25m，其中公、铁正桥长2193.70m。主桥为"180+312+180"低塔斜拉桥，水中基础首次采用3.00m大直径钻孔灌注桩，攻克了深嵌岩和厚砂层带来的施工难题。在深水基础中采用了直径达30.50m的双壁钢围堰，抽水深度达43.00m，是目前国内桥梁建设中抽水最深的深水基础。

大桥的勘察工作历经40年，从1958年的数个桥位的比选勘察到1999年勘察工作结束，物探手段从单一的电测深法，到遥感、水域浅层地震剖面法、水域地震反射法、水域及陆地的高密度电法、陆地瞬态多道采集面波勘探、水上钻孔PS波测试等，反映了物探手段逐步完善的进程。

在1995年开始的初勘和技勘中，针对桥址地质条件，开展桥址地质综合勘察模式研究与实践，采用"地质测绘—综合物探—钻探—原位测试—室内岩、土水试验分析—地质综合分析"的综合勘察模式，查明了桥址区工程地质、水文地质、地震地质条件。

（三）地铁工程的岩土工程发展成就

目前我国大陆正在运营地铁的城市有北京、上海、广州和天津，另有9个城市的地铁正在兴建中；"十五"计划期间，我国有2000亿元用于地铁建设。除北京外，目前上海、重庆、青岛、沈阳、武汉、长春等20多个城市都在筹建不同形式的轨道交通系统，拟建的轨道交通线路超过20条，总长度约1000多公里。

1. 北京地铁建设

北京地铁工程始于20世纪50年代，1965年7月1日北京地铁一线正式开工。该线由北京站至苹果园，全长24.171km，设17个车站和古城车辆段，1969年10月通车。二期环线地铁全长16.1km，设12个车站和太平车辆段，1971年3月开工，1979年建成，1984年9月通车。地铁复八线由复兴门经天安门至四惠东站，全长12.71km，设12个车站和四惠车辆段，1999年9月通车。城市铁路即地铁13号线，从西直门经回龙观到东直门，全长40.85km，设16个车站和回龙观车辆段，2003年1月通车。八通线即四惠东站至通县全长18.76km，设13个车站和土桥车辆段，于2003年12月通车。到2003年底北京地铁（包括城铁）通车的线路约113km。

近期计划及在建的地铁有：地铁5号线，由宋家庄经东单至太平庄，22个车站，全长27.7km。地铁4号线由马家堡经西单、西直门至颐和园龙背村，设23座车站，全长26.2km。此外还有地铁9号、10号线、奥运支线、亦庄轻轨、首都机场专线，以及三条京郊线即良乡线、顺义线和昌平线。预计到2008年，北京地铁通车里程可达300km。至2010年北京将建成以城市快速轨道交通为主的公共交通体系。

北京地铁复八线天安门西站、王府井站、东单站、西单站均采用了浅埋暗挖法，地层为第四纪松散岩层，地面车多、客流量大、震动大，顶部覆土仅有3～9m，而人工填土4～7m厚。要确保上部地下管线及附近高大建筑物的安全，防止地面沉陷量超限（30mm），是工程上的关键。要防止暗挖施工中的过量沉降，首先应做好工程地质勘察工作，对围岩稳定情况，做出正确评价。提出合理的支护方案。并在地铁施工中须进行拱顶及地面监测，发现问题及时调整支护措施。

以天安门西站为例，根据工程地质条件提出工程建议和监测方案，施工中采用预注浆加固地层，及时设格栅支护，拱顶开挖时在软弱地层采用大管棚护顶，管内灌注水泥砂浆。在保证拱边安全稳定的情况下进行开挖。开挖过程中，设置地表沉降观测点168个。观测结果表明，一般地表下沉量为20～24mm，水平位移最大7mm。区间拱顶最大下沉量26mm，一般为18～20mm。此外对人民大会堂等及地下水位进行了监测。

目前在建的地铁5号线、地铁4号线以及其他线路，在解决许多岩土工程难题中，取得很多经验和成绩。进入山区的地铁将面临许多新的问题，需增加工程地质调查与测绘等工作。

2. 上海地铁建设

地铁一号线南北向贯穿市中心，从锦江乐园经徐家汇、人民广场至上海火车站，全长16.3km，由长达13.37km地下隧道（含车站）及3.00km的地面线路及车辆段组成。全线共设13个车站，其中地下车站11个。地铁二号线西起中山公园，途经静安寺、人民广场，越黄浦江，过陆家嘴至龙东路，东端为车辆段，全长10.2km，设地下车站12个，两线相交于人民广场。

上海地铁于1962～1980年进行三次大规模试验（包括原位试验）。一号线勘探设计始于1985年，1991年1月开工，1995年4月全线试运营。二号线于1993年进行勘察设计，1996年开工，1999年全线试运营。一号线投资53.9亿元，二号线投资108.6亿元。

地铁一、二号线工程特点：①工程量大，隧道段长23.6km，其中地下车站总长达7700m，仅一号线车站及区间隧道土方量就达200万m³；②一、二号线绝大部分位于地下，所处地层大都为灰色淤泥质粉质黏土及黏土，土质软弱，建设难度大；③市区建筑林立，管线密集，车站基坑及隧道穿越，施工困难；④建设中通过严密监控，优化施工，较为理想地控制了施工引起的环境影响问题。

在上海地铁的建设中，地质勘察、基坑设计施工、隧道掘进、地基土的加固以及施工动态监控都取得了重要的经验和成就。

(1) 工程地质勘察

在一号线工作的基础上，二号线的勘察有所改进和提高。在资料汇总中侧重评价三个方面的内容：①勘察区段的工程地质条件，提高基坑稳定和变形的参数；②勘察区段的工程水文地质条件，包括：各土层的水平和垂直渗透系数，含水层的地下水位，土层含有薄砂层时可能的地下水流动情况；③基坑周围地下管线及结构物设施情况，了解其对地基变形控制的要求。

(2) 基坑设计施工

基坑围护多采用地下连续墙、钢支撑（钢管、工字钢及其组合）。井点降水，多数采用基坑内降水，维护墙设置隔水帷幕；少数采用基坑外降水，考虑对环境的影响。

(3) 隧道掘进

在软土地基中开挖选用压力平衡式盾构，用土舱压力来平衡工作面的水土压力。施工期间保持舱压力与前方的水土压力平衡，控制推进速度，稳定开挖面，达到控制沉降的目的。

(4) 地基土的加固

包括基坑地基的加固处理，隧道进出口的加固，穿越建、构筑物的加固、地铁区间联络通道的加固等。具体方法可根据条件采用搅拌桩、旋喷桩或者土体内灌浆等，黄浦江下隧道内采用冻结法加固地层。

(5) 施工动态监控

地铁施工中采用动态观测数据结合静态特征数据，经分析处理后确定施工参数，指导和控制施工。取得了很大成功和经验。监测对象包括：周围环境的地表和建筑物环境的沉降监测；基坑的支护位移与沉降、水压力与土压力监测；隧道的土体位移、土压力、管片的变形等。

在上海地铁施工中通过施工动态监控，预测预报，及时有效地指导了施工，提出了时空效应理论方法，做到了信息化施工，取得了巨大的经济效益和社会效益。

六、公路工程建设中的岩土工程发展

(一) 概述

在新中国成立至今的半个世纪里,我国公路交通的发展,经历了改革开放前 30 年的长期滞后阶段、改革开放后 10 年的起步发展阶段和 20 世纪 80 年代末直至今天的快速发展阶段。

20 世纪 80 年代末 90 年代初,中央明确把加快交通运输发展作为事关国民经济全局的战略性和紧迫性任务,公路交通迎来了大发展的历史时机。在过去的 20 多年中,我国的高速公路建设取得高速的发展。到 2004 年底,全国公路通车里程达到 187 万 km,比 1987 年增加 89 万 km,增长幅度达 91%;全国按国土面积计算的公路网密度达到 19.5km/100km², 东部发达地区超过 50km/100km², 接近中等发达国家水平。这期间高速公路从无到有,发展迅速,从 20 世纪 80 年代末开始起步,经历了 80 年代末至 1997 年的起步建设阶段和 1998 年至今的快速发展阶段(图 6-1)。到 2004 年底,全国高速公路通车里程达到 3.4 万 km,位居世界第二位。

2004 年 9 月交通部规划研究院提出了"国家高速公路网规划",确定的国家高速公路网布局方案可以归纳为"7918"网,采用放射线和纵横网格相结合的形式,由 7 条北京放射线、9 条纵向路线和 18 条横向路线组成,总规模约 8.5 万 km,因此还有约 5 万 km 的高速公路待建设。可以预见,我国公路岩土工程将随着高速公路的建设走上快速发展的阶段。

高速公路的快速发展对路基工程、桥梁工程、隧道工程提出了新的要求,促进了公路岩土工程技术水平的迅速提高,主要表现在下列方面。

(二) 路基与路堤工程

1. 勘察技术与土性评价理论

高速公路建设具有线性分布的特点,往往穿越较多的地质、地貌单元;同时高速公路对地基变形、稳定评价的要求较高,需要可靠的土性参数,这使得公路勘察技术水平取得了明显进步。遥感技术、GIS 技术在公路选线、边坡稳定评价、岩溶、采空区塌陷评价等方面得到了成功应用;瞬态瑞利波(SASW)、浅层地震、电法等地球物理勘探方法在地基液化评价、土层剖面确定、土层动力参数测试、地基处理效果评价等方面进行了较多的应用实践,具有快速、经济、可靠的特点。在软土地基勘察方面,土的强度指标和固结指标是两个重要指标,以前以室内试验为主要方法获得的指标与现场往往有很大的差异,为此,现场原位试验指标得到了重视,具有国际水平的多功能静力触探技术

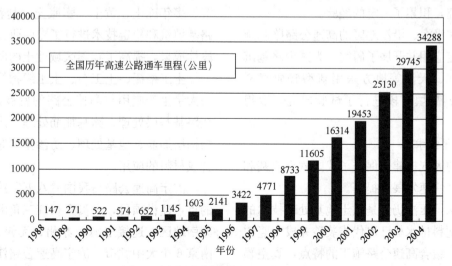

图 6-1 全国高速公路通车里程增长情况

(CPTU系统)和现场快速渗透测试技术(BAT系统)开始在江苏、浙江等发达地区应用,体现出明显的优势,具有较大的推广应用前景。

在土的物理力学性质评价方面,结合高速公路工程,关于软土的扰动评价、结构性模型研究、软土的流变特性研究、基于非饱和土力学理论的膨胀土、黄土特性研究、冻土工程特性研究等方面取得了可喜的进展,相应的室内试验设备较十年前有了非常大的进步。研究成果已在一些高速公路工程中起到了指导作用。

2. 路基填料稳定与压实控制技术

采用具有高液限、高塑性、高含水量特征的黏性土作为路基填料在我国东南部地区是一个经常遇到的问题,通过多年的实践提出了行之有效的室内击实试验的"半干半湿法"和现场填筑的二次掺灰法;膨胀土的石灰稳定技术得到了推广,施工技术日趋成熟;丘陵山区的高速公路建设,越来越多地采用填石路堤或土石混填路堤,对土石混合填料的物理力学性质、现场压实控制标准和检测技术进行了系统的研究,取得了较丰富的成果,基本满足了工程建设需要,同时,先进压实机械如冲击式压路机等的成功应用也为该类路基填筑质量的控制提供了保证。

工业废渣在路基工程中也得到了较多的应用。粉煤灰用作为路基填料已趋成熟;在对煤矸石工程力学性质进行大量研究和现场填筑试验的基础上,山东、江苏、山西、河南等地方成功采用煤矸石作为高速公路路基填料,既节约了土源又整治了环境;其他一些工业矿渣如铁矿渣、钢渣等的应用也开展了试验研究,积累了一定的经验。

吹填技术在沿海、沿江地区的高速公路路基施工中得到了一定应用并开展了研究。为减少路基沉降,江苏、浙江、天津等地方采用新型轻质材料EPS在桥头段、高填方段进行了试验研究,取得了成功的经验。

3. 地基处理技术

高速公路的大规模建设促进了我国软土地基和特殊地基技术的快速发展和提高。

传统的排水预压法仍然是软土地基处理技术的主要方法,但塑料排水板已取代袋装砂井成为竖向排水体的主体;结合高速公路施工的特点,真空预压法和真空—堆载联合预压法加固软土地基得到了较多应用,并对其加固机理、固结理论、施工控制标准等方面进行了较系统的研究,使该方法的整体水平跃上了一个新的台阶;水泥土搅拌桩复合地基的大量成功应用,完善了国内湿法搅拌桩的设计、施工技术,同时澄清了以前对干法搅拌桩(粉喷桩)的一些认识误区,使水泥土搅拌桩复合地基的加固机理和计算理论有了全面的提高;水泥土搅拌桩复合地基方面的另一个重要进展是新型搅拌桩复合地基的发展如粉喷桩与排水板有机结合的2D工法、长(排水)板短(搅拌)桩法、顶部直径扩大的钉形搅拌桩等;对于深厚软土地基处理,近几年发展了刚性桩复合地基,包括:PHC管桩、CFG桩、素混凝土桩等,对该类刚性桩复合地基的土拱效应、垫层效应、沉降计算等方面进行了初步研究,并在广东、江苏、浙江等地区的高速公路工程中得到应用;现浇大直径薄壁管桩也是处理软土地基的一项新技术,已在一些地方得到了成功应用,其加固机理、设计理论研究亦取得了相应进展。最近,对超软土如泥炭、沼泽地处理开始了试验研究,将是高速公路地基处理的一个新领域。

特殊地基处理技术的进展主要体现在大规模复杂采空区处治、岩溶地基处理、液化地基处理、多年冻土、黄土、膨胀土、盐渍土的综合稳定技术等。结合京福高速公路、太焦高速公路建设,对大规模复杂煤矿采空区的勘察评价、注浆处理、质量控制技术等进行了全面研究,取得了成功经验。采用强夯法、沉管碎石桩法加固地震可液化地基得到了推广应用。结合国家西部开发计划,2001年开始的"西部交通建设科技项目"对区域性分布的岩溶、多年冻土、黄土、膨胀土、盐渍土等的特性、路基填筑和稳定技术进行了专门研究,已取得了阶段性成果,提高了我国区域性土的研究水平。

土工格栅、土工布、土工织物等土工合成材料的大量生产应用与高速公路的发展是密切相关的。在路基基层处理、路基加筋处理、边坡防护、路面结构层加筋、地基处理、防渗排水等方面均有土工合成材料的应用。

沪宁高速公路是我国"八五"跨"九五"期间的重点建设项目,它贯穿长江三角洲经济最发达的苏南地区,连接上海、苏州、无锡、常州、镇江、南京6个大中城市。沪宁高速公路江苏段是江苏省第一条高速公路,也是我国早期建成的高速公路之一,建设里程合计 258.46km。其主要成果包括:软土处理技术保证了在软土地基上一次成功铺筑高速公路路面;成功地在水网地区大规模利用过湿黏土填筑高速公路路堤(平均填土 3.7m),路堤压实度达到重型击实标准;路面平整度、强度、摩擦系数等各项技术指标均达到当时国内最高水平。

4. 边坡防护技术

高速公路边坡防护技术随着新材料与生态保护的需要,正在由传统的稳定控制设计向稳定与景观同时控制设计的方面转变,防护形式也由圬工向生态防护转变。传统的边坡防护方式如边坡锚固、挡土墙、浆砌片石、混凝土骨架等设计、施工技术更加成熟;以土工合成材料应用为特点的边坡防护技术如加筋技术、三维植被网、土工膜袋防护等得到了快速发展;植物防护技术已引起了注意,开始应用研究。这些新型边坡防护技术和理念的应用为建设"生态高速"、"景观高速"提供了技术支持,宁杭高速公路就是成功一例。

5. 路基工程按变形控制设计理论

路基工程设计,一般必须进行路堤稳定和变形分析,在以往公路等级不高、行驶速度低的情况下,往往偏重于稳定性分析,对路基沉降无需严格控制。高速公路行驶速度快,对路面的横坡、纵坡要求高,这时路堤设计只满足稳定条件是远远不够的,在很多情况下特别是在软土地区应以变形作为控制条件。高速公路中出现的桥头跳车、横向开裂、构筑物损坏等均与此有密切关系。因此设计原则上由稳定控制转为变形控制,提出了按变形控制设计的思想。由此引起了高速公路软土地基变形规律的深入研究,包括交通荷载对软土地基变形的影响规律、复合地基固结理论、控制变形的地基处理新技术应用、高速公路动态设计方法的建立等,已取得了较丰富的成果。

6. 拼接工程的岩土工程设计理论与施工技术

我国经济的快速发展对高速公路的需求超过了许多高速公路原设计预测,沈大、沪宁、杭甬、京沪、广深等高速公路相继进行了拓宽或准备拓宽。为节省土地和投资,国内主要采用拼接形式。由于高速公路本身特点,拼接工程的设计、施工与质量控制是一个复杂而全新的课题。通过沈大、沪宁等高速公路的拓宽拼接工程实践,在地基处理新技术与设计方法、沉降变形计算理论与控制技术、土工合成材料应用等岩土工程领域取得了较系统的成果,也为公路岩土工程的发展提出了许多新的课题。

(三)公路桥梁与隧道建设中的岩土工程成就

长江下游江苏段 400km 河段 10 年内已经或即将出现 6 座大桥:南京长江大桥(一桥,正桥长 1577m,桥宽 19.5m,净高 24m);南京长江第二大桥(斜拉桥主跨 628m,是世界第三,中国第一);江阴大桥(悬索桥主跨 1385m,桥宽 33.8m,净高 52m,中国第一,世界第四);润扬大桥(桥长 4700m,南汊悬索桥主跨 1490m,锚碇纵长 69m,横长 53.4m,高-4~-43m,北汊斜位桥主跨 406m);苏通大桥(6500m,双塔斜拉桥,主跨 1088m,世界第一)。

1. 润扬大桥的基础工程

润扬大桥位处断裂交汇部位,工程地质条件比较复杂,对其研究具有重大意义。

应用优势面理论对其中规模大、地质情况比较复杂的润扬大桥区域稳定性和岩体质量及设计参数这两个主要环境岩土工程问题的系统研究,取得明确结论和完整成果,即认为优势结构面或优势断裂对区域稳定性和岩体质量起控制作用。通过对润扬大桥的系统研究,采用了一些新的研究方法,取得了一些新的进展。主要有:①用地质分析、系统分析和神经网络的方法,找出了桥址的优势断裂,并进行了分级评价;②建立了岩体质量的系统性研究方案,即岩体质量的系统分析(包括风险分析)和多方法系统求参数;③提出了合理的设计参数和关于工程设计与施工的建议,保证了该工程的顺利进行。

2. 南京长江第二大桥的基础工程

该桥位于原南京长江大桥下游 11km 的八卦洲,是由"二桥一路"(即南汊主航道桥、北汊桥及八卦洲引线)组成,全长 12.52km。其中南汊桥江面宽约 1570m,为五跨连续钢箱梁斜拉桥,主跨 628m,大桥全长为 2938m,在同类桥型中目前居国内第一、世界第三;北汊桥为预应力连续梁桥,主跨为 3m×165m,总桥长 2172m,在同类桥型中居亚洲第一。

南汊斜拉桥主桥是南京长江第二大桥的重点工程,尤其是南、北索塔大型深水基础设计对工程地质与地基基础设计参数的要求很高，而索塔基础是由钢围堰、钻孔桩、承台及封底混凝土组成，为共同受力的复合基础。该基础的钢围堰外径36m，内径33m，壁厚1.5m，最大高度达65.5m，刃角嵌入风化岩，内设基础钻孔桩21根，直径3.0m，桩最长达102m，是目前长江上已建和在建桥梁中最大型的钢围堰钻孔桩深水基础。

南京长江第二大桥从1997年10月6日下午开工建设至2001年2月28日全部建成验收、评审合格，历经40个月建成通车。评审专家认为南京长江第二大桥建设质量、管理水平国际一流。设计单位中交公路规划设计院获交通部一等奖。

目前南京长江三桥、苏通长江大桥地质详勘外业已结束，正在进行施工图设计中。

3. 公路隧道工程

随着西部大开发进程的加快，这些地区高速公路的桥隧所占的比例大大提高，使公路隧道以每年150多公里的速度增加。据2002年统计，我国已经通车的公路隧道为1782座，总长度为704km。目前建成的公路隧道总长度近1000km。这些隧道的地质条件都十分复杂和困难。号称我国第一、世界第二的特长大公路隧道——陕西南山秦岭高速公路隧道全长18km，双洞四车道隧道，车速达80km/h。到2002年末已经完成左洞，成洞进尺13.5km。

京珠国道主干线是我国"一纵两横"公路交通大动脉的纵向公路工程，靠椅山隧道是京珠国道主干线粤境高速公路的重点工程，也是京珠国道主干线重点和难点工程之一。该隧道分离为左、右线隧道，左线长2864m（ZK144+830～ZK147+694），右线长2820m（YK144+860～YK147+680），平均长2842m。设计洞高10m。

隧道勘察的难点及主要工程地质问题：①勘察区地形起伏变化大，山峰、山脊陡立，山坡坡度大，冲沟深切，相对高差360m，且植被发育，基岩露头少，大部分为第四系土层覆盖，工程勘察施工难度大。②隧道区地质条件复杂，断裂构造发育，大部分为陡倾断层倾角＞60°，特别是F_9构造带，其规模较大，岩石破碎，岩体稳定性差，属Ⅱ类围岩。该处正位于沟谷底，为地质、水文地质条件复杂地段。不得结构面，施工后山体一些部位易失稳。③隧道区水文地质条件差，其通过地段被左侧的1条小溪及右侧的2条近北西向小溪所包围，是一个完整的水文地质单元。地下水聚流或排泄部位，地下水丰富，一定条件下可产生突水现象。

4. 特大型跨海湾公路桥隧工程

近年来，随着国民经济的飞速发展，一大批的水陆连接工程正在前期准备与设计施工中，国内业已建成多座跨越长江、珠江、海湾的特大型公路桥梁，同时还有数座大桥正在进行项目前期研究和工程设计中。

跨越海湾的典型桥梁工程有青岛跨海大桥，跨越海域长度约24km；进行了可行性研究和初步设计的宁波象山港大桥，跨越海湾长度约7km；以及浙江绍兴—嘉兴杭州湾公路大桥，跨越钱塘江出海长度约12.6km；陆续设计和开工的舟山大陆连岛工程共由5座跨海大桥组成，跨越海域总长度近30km；2003年已开工建设的宁波到上海的杭州湾跨海大桥，跨越海域长度约36km；深圳到香港的深圳湾公路大桥，跨越海域长度约6km（2003年已开工），以及目前（2004年）正在进行工程可行性研究的连接香港、珠海和澳门三地的港珠澳大桥，跨越海域长度约40km，世界上跨越海湾最长的两座公路桥梁和斜拉桥主跨世界第一均在我国。

目前正在进行工程可行性研究和初步设计的特大型海底隧道有厦门东通道工程，连接湖里区五通—同安区刘五店，隧道总长约5.9km，穿越海域约4.2km，是国内第一条海底长大隧道工程；青岛胶州海湾口海底隧道工程，拟采用钻爆法施工，连接青岛团岛和经济开发区的薛家岛，隧道总长约5.5km，海域隧道约3.3km，是我国第二条长大海底隧道。

这些工程的特点和难点在于：工程建设场区为条带状场地，因此需跨越多种地貌单元和不同类型的地层组合结构；桥址（隧道）位于几米至几十米的海水以下，地质勘察和施工遇到特殊的困难，桥址区地质构造、不良地质具有相对隐蔽性；基础埋藏较深且规模庞大等。

七、港口与海洋工程中的岩土工程发展

(一) 概述

海洋工程分为近岸工程和离岸工程。近岸工程是指港口、管线、桥梁及岛礁工程,其工程形式主要有码头、防波堤、石油天然气的登陆管线,航务方面的灯塔、航标、观象台等,沿海各国都重视近岸和岛屿的开发,包括填海造地、修建人工岛等。而离岸工程又因其离岸的远近分为远海工程和近海工程。近海工程特指与海洋石油天然气相关的勘探平台、采油平台、单点系泊(集油工程)等,远海工程主要涉及深海油田开发(水深大于300m)、锰结核开采、碳水化合物的集放及CO_2储存等。如此众多的海洋工程,已经对工程地质学提出了挑战。

我国海域辽阔,渤海、黄海、东海、南海的自然海域总面积470余万km^2,属我国管辖海域约300万km^2,大陆岸线1.8万km、岛屿岸线长1.4万km,海岸类型多样,岛屿6500多个,滨海砂矿丰富,天然良港众多,海岸带经济发达。

(二) 港口工程建设中的岩土工程成果

目前我国基本形成了分布合理、门类齐全、设施配套比较完善、现代化程度较高的沿海港口体系。截至2000年,我国沿海港口拥有泊位3700个,其中万吨级深水泊位达到651个;全国港口完成货物吞吐量22.1亿t,其中沿海港口为12.9亿t。

改革开放以来沿海港口建设发展迅速。环渤海地区的大连、青岛等老港在扩建,又有塘沽、黄骅、东营、日照等一批新港在崛起,形成了"串珠式"港群。上海已制订了"第二次以港兴市"战略,金山深水大港的兴建,将与北仑、舟山、镇海、宁波及长江下游的20多个港口,构成"飞鸟型"港群,而成为东方第一大港。在东南沿海又出现了汕头、惠州、大鹏湾、防城等一批新港。特别是福建三都澳、广东东海岛大型深水港,也列入了即将兴建的计划。这些大型港建工程,包括很多人工海岸、大坝、人工半岛和人工岛的建造。

深圳赤湾港位于珠江口东岸、深圳蛇口南头半岛之顶端。在20世纪80年代初至90年代中期,赤湾港由中交第二航务工程勘察设计院、广东省航运规划设计院、中交第四航务工程勘察设计院、中国土木工程公司、中科院武汉岩土力学研究所、南京水利科学研究院等勘察、科研单位开展了大量的工程地质工作。各有关单位通过工程地质测绘、钻探、静力触探、标准贯入试验、十字板剪切试验、薄壁取土器对比试验、原位变形观测等技术方法和手段,进行了软土特性、风化岩特性、原位测试技术等方面的专项研究。据对52个大小勘察项目的不完全统计,赤海港区共完成:勘探点1858个、进尺29522m,取原状土样3070个、扰动样7682个,标准贯入试验9658次,海上静力触探试验29孔、377m,十字板试验20孔、185测点,另有相应的工程地质测绘和物探工作量。这些勘察工作量,对赤湾港区工程地质条件作了全面而深入的调查和研究,指出了软土、花岗岩类风化岩等是港口建设中较突出的工程地质问题,并提出了解决这些问题的对策和方法,有效地保证了赤湾港口建设的顺利施工。

赤湾港建设过程中所遇到突出的工程地质问题有如下几种:①软黏土作防波堤地基土的强度与变形问题;②花岗岩残积土及风化岩作码头水工建筑物天然地基及桩基础持力层的工程特性问题;③陆域坡、洪积层作建筑物天然地基基础持力层的工程特性问题。面对赤湾港软土与花岗岩残积土及风化岩的特殊岩土工程地质问题,有针对性地开展了系统的工程地质研究,很好地解决了赤湾港建设中的岩土工程问题。

(三) 海洋工程所涉及的岩土工程问题及研究成果

1. 海床稳定性

海洋工程多数位于海岸及大陆架上,水深多在200m以内,海底多平坦,适于建海洋石油平台、海底管线等构筑物。但有可能遇到冲沟及海槽地貌；各大江河入海口处，多为海陆交互相的巨厚沉积物，软土、古河道沙脊、沙波运动对工程的影响；油气开发面临复杂地层的困扰，易出现差异沉降等工程地质问题。滩涂地段经常导致码头等建筑物坐落在软基和松砂上，易出现整体稳定和基础沉降过大问题；海岛工程除上述问题外，还有岛屿自身形态问题，如边缘陡坡等会对工程造成影响等。其中，流、固、土耦合动力学理论，海底波输移特征、迁移速度及其观测技术，以及深水低位扇系等问题十分棘手。

2. 海洋工程地质勘测

海上勘探与陆地勘探最大的不同在于表层海水覆盖，不能直接看到海底土，必须借助地球物理的勘探手段。一般常用的有测深仪，能连续测出海底深度，连线后得到海底的地形图（等深线）；旁测声纳仪，能测出一定幅宽（20～50m）的海底地形起伏状态，与测深图一起用于海底地形变化的分析；浅层地震剖面仪和电火花剖面仪等根据频率和功率的不同可以得到海底一定深度的地层剖面图，再配合钻孔取样解译出各地层层位的变化；最后由钻孔船进行工程地质钻探。由于专用船造价和作业费用昂贵，一般钻孔中连续取芯，在软土和砂层处可在孔内做静力触探、十字板剪切和标准贯入、动力触探、旁压等多种原位试验。特别是海洋地质精细结构的探测和描述问题，不仅是石油勘探开发的基础，也是工程地质对海区地质构造背景认识的基础。

3. 海洋土的特殊性

海洋土一般为松散沉积物，由于地层自身压力和水头提供静水压力，土层会有一定的密实度。通常表层较软，呈流动状；5～10m处稍密，可做桩基的摩阻层；10～20m中密，下部地层无变化时可作勘探钻孔（可移动的插桩平台）的相对持力层；20～50m以下为密实层，多做采油平台（固定平台）桩基的持力层。不排除有些海域海底有古河道，即砂卵石层，一般厚度在3～5m时，就可做相对持力层。海底土由于初始压密阶段，多存在有胶结物质造成的结构性强度，使多数海洋土为灵敏度很高的黏土，对其工程性能的认识极其重要。特别是随着吸力式基础在策略式平台上的应用，基于这种基础形式中结构、土体、孔隙水和外部水体之间的相互作用的复杂性，动荷载下基础的承载和破坏机制问题十分突出。

在过去的几十年中，我国近岸工程遍布沿海，特别是各类码头、防波堤、航务工程以及公路桥隧工程等，积累了丰富的软土地基资料与成果。20世纪80年代随着海洋石油、天然气的勘探开发，离岸工程兴起，海洋工程科学研究应运而生，带动了海洋工程地质的研究。但海洋工程所涉及的工程地质问题是广泛的，需要进一步深化研究。

八、机场工程中岩土工程的发展

（一）机场工程中的岩土工程问题

机场工程的工程类型都与岩土工程有关，例如有场道工程、建筑工程、隧道工程、供油工程和排水工程等，其中场道工程，除要保证场道地基有足够的密实性和承载力外，还要求地基不产生过大的工后沉降，尤其是不均匀沉降；油罐地基对基础承载力的要求高，并要解决均匀沉降问题；而开挖与边坡稳定性是排水工程应考虑的重点。

20世纪，特别是近20年，我国机场建设覆盖面之广、数量之多、规模之大、标准之高前所未有。加上我国地域广阔，自然条件多变复杂，因此在机场建设实践中，碰到许多工程地质难题。东南沿海地区的济南、连云港、杭州、上海浦东、宁波、温州、深圳等城市的机场建在高含水量、高孔隙比和高流塑性的软土地基上；西南地区的桂林、贵阳、南宁、重庆、临沧、九寨沟的机场则为高填方地基，有的还存在岩溶；西北地区的西安、兰州、西宁、新疆那拉提等城市的机场建在不同类别与等级的湿陷性黄土地基上；而敦煌、克拉玛依的机场则以盐渍土地基为主；北方地区，黑河、哈尔滨、嫩江、满洲里等机场则以季节冻融或永冻土为地基；还有一些机场存在土洞、膨胀土、珊瑚礁等特殊地基问题。这些机场的建设和使用，遇到许多突出的工程地质问题，同时也在解决这些问题方面积累了十分宝贵的经验。正是由于机场的建设事业的蓬勃发展和带动，我国机场工程在解决岩土工程问题的对策与方法等方面，所取得的进步和成就都是十分显著的，有些方面已经达到或接近国际先进水平。

当前，机场工程碰到的各类突出工程地质问题中要解决的技术难点主要有三个方面：一是软土地基的沉降控制标准；二是一些特殊土地基处理方法；三是山区机场建设中的高填方稳定性。

随着航空事业的发展，需要修建更多更大的机场。我国沿海是经济发达地区，人多地少。地价昂贵，因而"下海"修建滨海与离岸机场势在必然。我国还是多山之国，尤其是西南、西北地区，因而"上山"修建山地机场也不可避免。目前，国际上已经出现高填方100m与深填海20m以上的机场，国内也有厦门机场与九寨沟机场，21世纪，这两类机场还会进一步增加。与此相应，场道地基的稳定、沉降及其处理问题会显得更加突出。

(二) 软土地基机场建设

总结十余年软弱土基建筑机场的经验，建立了以下基本学术思路：对于大面积、深厚层软弱土地基，在现有技术条件下将地基的沉降量控制在较小的范围内比较困难，在满足机场运行安全的前提下，应该允许地基发生一定的工后沉降（如工后沉降量小于30cm，不均匀沉降小于1.5‰），同时采用增强地表一定深度范围内土层强度、刚度的浅层地基处理方法，使地基与上部结构协调变形，从而有效地控制不均匀沉降。这种学术思路已成功地解决了福州长乐机场、杭州萧山机场、济南遥墙机场和上海浦东机场建筑所碰到的软弱土地基的沉降问题。

上海浦东国际机场位于上海市浦东新区和南汇县交界的滨海地带，一期建设工程已建成4000m×60m跑道一条、28万m²的航站楼及相应配套设施，并于1999年9月投入运营。

根据国家和上海市政府的发展战略目标，浦东国际机场作为"三港三网"建设中的一港，将在"十五"期间完成二期建设工程，以提高机场中转能力和国际通航能力，成为全国性航空客货集散中心，并最终建成国际大型航空枢纽机场。

上海浦东国际机场二期建设工程主要包括第二跑道和新航站区等工程，以新建圩、胜利塘为界，一期飞行区与二期飞行区分布于机场东西两侧。二期飞行区工程启动于1999年底，先后完成了场区吹砂造地、堆载预压、地基浅层处理和场道工程，于2005年投入使用，以满足机场发展的需要。

对于大面积、深厚层软土地基，在现有技术条件下将地基的沉降控制在允许的范围内往往是比较困难的，有必要研究在满足机场运行安全的前提下，允许地基发生一定量的沉降，同时采用增强地表一定范围内土层强度/刚度的浅层地基处理方法，使地基与上部结构协调变形，从而提高地基处理方法的有效性、经济性。

在一期飞行区工程建设中，由于实际工期紧，根据现场试验和综合分析比较，对飞行区地基采用垫层强夯法进行了处理，使地表一定深度土层的强度得到有效提高、整体变形协调性增强。

实践表明，强夯法可以提高地基土的强度，有效地解决浅层土的不均匀性问题，改善土基的整体变形协调性。由于强夯法本质上属于浅层处理方法，中、深部软土出现沉降变形是无法避免的。通过施工及运营过程中的观测，表明道面出现了一定量的沉降，但道面结构完好，飞机起降运行安全、正常。

上海浦东国际机场二期飞行区场地为促淤所形成，场地工程地质条件比一期飞行区差。在大量试验研究的基础上，相继开展了道面结构对地基沉降适应性、地基工后沉降控制指标以及结合道面结构形式进行地基处理方法等专题研究，最终形成了二期飞行区地基处理模式—堆载预压与浅层处理相结合的地基处理方法。

(三) 湿陷性黄土地区机场建设

总结西宁、西安、兰州等湿陷性黄土地区建设机场中的一些对策和方法，主要分为两类。一类是防排水处理措施，在选址时就要注意避开洪水威胁地段，避开湿陷等级很严重的地段及冲沟发育、尤其是深大冲沟地段，同时作好排水合理规划和设计；另一类是地基处理措施，一般采用垫层法、灰土挤密桩法和强夯法，其中强夯法处理湿陷性黄土地基效果好、价格低、设备简单、施工方便，处理深度为4~9m，并能有效提高土体的的压实度，因而十分适用于机场场道。西安咸阳机场、西宁曹家堡机场、兰州中川机场和新疆那拉提机场都采用强夯法处理湿陷。

(四) 盐渍土地基机场建设

盐渍土系指含有较多溶盐类的特殊土，对易溶盐含量大于0.5%，且具有吸湿、膨胀等特性的土称为盐渍土。近几年，我国成功地解决了敦煌机场和克拉玛依机场的盐渍土的问题。

盐渍土地基处理的主要目的是防止土基上部产生盐分聚集，而造成道面鼓胀。其主要措施有：

(1) 换填土层，一般应选择含盐量小于0.3%的土石作填土材料。

(2) 采用粗颗粒土石（如砂卵石或块碎石）作地基垫层，以隔断有害毛细水上升通道，改善持力层强度，并能解决地基土的盐胀和冻胀。

(3) 采用沥青砂或土工织物隔断毛细水上升通道及盐分聚集，同时应作好排水设计，防止积水浸湿地基及场地。

敦煌机场始建于1982年，跑道1800m×60m，站坪12m×60m；1987年6～8月扩建后，跑道2200m×30m，站坪面积13320m²，成为飞行区等级为3C的中小型机场。机场建成后从1984年春开始道面出现鼓胀变形，以后逐年严重，虽经多次修补和翻修，病害仍未彻底根除，严重影响敦煌机场的正常运行。1997年4～7月对道面进行了全面的翻修，翻修后跑道道面在道肩附近又出现鼓胀裂缝，并有向跑道中心发展的趋势。

敦煌机场改扩建工程于2000年正式启动，新建跑道2800m×45m，站坪396m×127m，飞行区等级为4C。新建跑道位于原跑道南侧300m处。为了在扩建工程中能采取合理、可靠的地基处理措施，以解决盐渍土地基问题，保证扩建后机场道面的正常使用，从1997年初开始，结合当年道面翻修工程，对扩建工程进行了比较系统的地基处理试验工作。试验安排了室内试验、现场模拟观测试验和工程实体模拟试验三个部分，室内试验从1997年6月开始至1998年12月底结束；现场模拟观测试验至1999年9月结束；工程实体模拟试验至2000年9月结束。

通过上述比较系统的试验研究，认识了敦煌机场硫酸盐渍土地基盐胀的主要影响因素，并结合机场原道面病害调查分析结果，基本掌握了敦煌机场硫酸盐渍土地基的盐胀机理和产生道面病害的主要原因。针对病害原因在敦煌机场改扩建工程中采取了相应的处理措施，即采取2m深度范围内换填并结合设置隔离层的方法进行处理。改扩建工程结束至今，机场道面情况良好，没有出现新的病害。

对工程范围内含盐量大的浅层地基土，进行换填处理。换填材料以粗颗粒的混山石为主，含盐量要求小于0.3%。混山石下面铺设一层低含盐量的砂砾石，以免施工时混山石刺破土工膜。混山石上面铺设一层级配碎石，并在地基顶面找平。所有换填材料均应控制含盐量小于0.3%，并碾压至设计要求的密实度。

在换填层底部、侧壁及换填层顶面设置防水隔离层。为避免施工时被刺破，防水隔离层选用二布一膜的复合土工膜，土工膜之间采用热焊法连接，复合土工膜将换填层包裹住并密封起来，在整个处理范围内形成连续的防水隔离层，以防止处理范围外的水盐侵入，避免再生盐渍化。

(五) 高填方土石地基机场建设

山区机场建设中的高填方地基可分为高填土地基、高填石地基和高填土石地基。随着国民经济和航空运输不断发展的需要，在山区修筑机场不可避免。由于山区的地形、地貌、地质条件复杂，又要满足飞机对机场的使用要求，在山区建设机场都将不同程度地遇到高填深挖。通常认为高填方地基是指在道槽区的填方高度10m或在土面区的填方高度20m的填筑地基。在道槽区，填方高荷载大，导致原土基较大沉降，同时填筑体的自身压缩沉降也较大，因而应特别防止土基的不均匀沉降，尤其要防止填挖交界处的不均匀沉降。在土面区，除不均匀沉降外，还有填方的边坡稳定与冲刷问题。因此，在高填方地基处理中，在道槽区应以消除不均匀沉降、提高压实度为原则。而在土面区，应以消除沉降、减小冲刷、提高边坡稳定性为原则。

云南临沧机场是典型的高填土地基，贵阳龙洞堡机场是典型的高填石地基，而九寨沟机场是典型的高填土石地基。

九寨黄龙机场位于阿坝州松潘县山巴乡（红星）东北5km的山坡上，距松潘县川主寺镇12km，距成都市355km，与九寨沟旅游区和黄龙旅游区的距离分别为 83km 和 52km。九寨黄龙机场为国内旅游支线机场，飞行区等级为 4C，机场跑道长度 3200m，宽度 45m，跑道方位为 16°，跑道道面高程 3430～3450m，设计机型为 B737-700、A319、D8Q-400 等。土石方工程量为 $5.29\times10^7 m^3$，填方 $2.50\times10^7 m^3$，最大填方高度达 102m，最大坡顶与坡脚高差 140m，跑道中心线的最大填方高度为 91.0m，地震基本烈度 8.1 度。本机场工程具有超高填方、大土石方量、强地震、高海拔、顺坡填筑及填筑材料选择余地小的特点，在国内机场中是土石方量最大、填方高度最高、地质条件最复杂的机场之一，该机场场区地处沟谷发育的高原山区，地形起伏大。这在国外也属罕见。因而存在如下重要技术问题：

（1）地基沉降变形问题：本机场最大垂直填方 102m，坡顶与坡脚最大高差达 140m，是国内机场建设中遇到的最高填方，其地基沉降问题比较突出。高填方地基的沉降包括两部分：一是在高填方巨大的附加荷载作用下，高填方下天然地基产生沉降变形，二是高填方体在其自重作用下发生压缩变形与沉降，此外，高填方还将产生较大的水平变形。

（2）高填方地基稳定性问题：坑填方地基的稳定性问题包括两个方面：一是高填方下及其一定影响范围内天然地基的稳定性问题，二是高填方与原地基交接面的稳定性问题。

（3）高填方填筑体的边坡稳定问题：高填方填筑体的边坡稳定性也是一个应引起重视的问题。由于填方高度很大，如何使设计既能满足高填方的边坡稳定性，又能使土石方的工程量最省，是一个值得研究的课题。

（4）高填方地基抗震问题：由于场区地震基本烈度为 8.1 度，属于强地震区，地震对高填方稳定性的影响很大，必须加以认真研究。

（5）冻融问题：场区年最低气温－24℃，最高气温 30.8℃，年最大温差达 55℃，这将对材料性能、强度产生非常不利的影响，从而影响填筑体的变形和稳定。

（6）排水影响问题：高填方改变了场区原有的排水系统，排水处理不当，将给高填方地基带来不利影响。

（7）工程环境问题：由于土石方工程规模很大，植物土层的处理及一部分弃土势必带来工程环境问题。跑道东侧的挖方区，破坏了原有植被层，需考虑水土流失问题。

针对四川九寨黄龙机场高填方地基的特点和技术难题，结合工程开展了"四川九寨黄龙机场高填方地基试验研究"的课题研究工作。课题研究共分环境工程地质研究、岩土特性试验研究、地基变形数值模型计算、离心模型试验研究、边坡稳定性分析研究、现场地基处理试验研究、现场变形监测研究等 7 个专题进行，课题研究紧密结合工程实践进行研究。

有关工程措施：

（1）对道槽区高填方采用强夯进行补强处理；

（2）在接坡和工作面搭接部位采用强夯处理进行补强，以解决接坡处薄弱部位的不利影响问题；

（3）为了在有限的间歇时间内能完成较多的沉降，从而减少使用期间的工后剩余沉降量，在高填方区的道槽区一定范围内进行堆载预压，堆载高度根据土石方施工完成阶段的沉降监测结果确定；

（4）有关沉降稳定期的要求：为减小道面结构施工后高填方地基的沉降量，土石方工程完工后原则上考虑预留至少两个雨季的沉降期。实际工程中，通过沉降观测来确定预留沉降期。

该工程为国内机场中土石方量最大、填方高度最高、地质条件最复杂的机场工程之一。施工现场气候高寒、多雨、多雪、而且复杂多变，有时在不同标段同时出现雨、阴、雪、晴等不同天气情况，一年中有效施工短暂。胶结石料爆破控制困难、土料含水量高，加上恶劣的气候条件，使施工难度很大。在这种困难条件下。在 2001～2003 年的两个年度，12 个可施工月份，完成了土石方总量 $5.3\times10^7 m^3$。

高填方地基是一个三维的、高度非线性的、时效的复杂系统，其稳定性受多种因素的影响，如土层分布与岩土特性、地基处理效果、填筑料的岩土特性、碾压密实度、填筑速率、工程措施、排水措施以及降水情况等，这些因素共同构成对高填方地基的稳定性影响系统，许多方面均需进一步研究。

九、矿山工程中岩土工程

(一) 概述

资源开发是人类赖以生存和发展的基础。矿山工程是利用在地质体内构筑成的露天开采和井工开采工程。露天开采是在地表浅层形成一个规模宏大的露天坑，包括露天矿边坡和坑底采场等。井工开采是在地下岩体深处构建一套由井筒、巷道、硐室和采场等组成的复杂地下岩体工程空间系统。包括土体和岩体在内的地质体就是矿山工程的结构物，矿山工程是典型的地质工程。与其他地质工程相比，矿山工程有着明显的特点。

20世纪80～90年代，由于矿山建设和开采中的工程地质问题的严重性和重要性，在国家历次科技攻关项目中均列有矿山工程地质的课题。在勘测、探测和监测技术方面、在理论创新和数值分析方面均有所突破，标志着我国矿山工程地质进入蓬勃发展阶段。中科院武汉岩土所、地质所等组织了全国十多家单位对金川露天矿以及金川地下开采进行了历时10余年的工作。对抚顺西露天矿等边坡变形破坏机理及治理对策进行了广泛深入的研究。矿山开采深度和强度的加大，随着开采安全性和环保性要求的强化，针对矿山工程地质中的难点和热点问题开展了深化研究。矿山工程地质定性评价、定量计算和三维监测相结合的综合评价发展，各类数值分析方法在矿山工程地质中的应用大为发展，矿山开采与地质环境相互作用效应被提出。它们标志着矿山工程地质进入了高层次深化阶段，特别是遥感(RS)、全球定位系统(GPS)、地理信息系统(GIS)以及地球动力学(Geodynamics)、地球物理(Geophysics)在矿山建设与开采中得到了充分的应用和长足的发展。

目前，RS、GPS和GIS技术相互渗透，共同发展为"三S"技术，在矿山勘测中起着越来越重要的作用。

从20世纪50年代开始，原岩应力场的反分析原理和方法就被提出，80年代得到迅速的发展。借助于原岩应力场分析，便可利用有限的实测数据，对矿井甚至整个矿区作大范围以及空间上的反演分析，可以获得矿区原岩应力场的总体概貌。将构造演化、构造应力场的地质力学解与大范围数值分析以及地应力量测资料综合考虑，也是揭示地应力分布规律的重要方法。

(二) 黄淮地区煤矿矿井的井筒破坏及防治

黄淮地区是我国东部大煤田，蕴藏着丰富优质的煤炭资源。这一地区的数十对矿井年产量超过全国年总产量的1/10，是华东地区重要的能源供给基地。由于黄淮地区的东部大煤田被第四系深厚冲积层所覆盖，厚度达150～600m，矿藏资源均采用井工开采，井筒就成为整个矿山生产的咽喉。自1987年7月以来，黄淮地区已有70多个立井井筒遭受了国内外罕见的严重破裂灾害，给国家造成了几十亿元的直接经济损失，给矿山的安全生产造成了极大的隐患。井筒破裂这一特殊的矿山地质灾害来势之猛、坏井之多、范围之广、危害之大为我国采矿业所未有，国际采矿史上所未见，对华东地区厚冲击层矿区的开发和开采构成了严重威胁。对这类重大地质灾害的成因、机制治理对策、技术措施的研究和工程实施成为80年代末以来矿山建井、工程地质和采矿界的焦点和热点。

十多年来对黄淮深厚第四系冲积层地区井壁破裂地质灾害形成和预防对策进行了深入系统的研究，通过现场调查、物理模拟试验、理论分析、工程监测、数值计算等手段，基本认识了大范围井壁破裂地质灾害形成的机理，从地质体和井壁两方面进行了预防和治理对策的研究，并进行大量工程应用实践，取得了丰富的研究成果，曾获得国家科技进步二等奖。

(三) 矿山工程地质灾害

矿山是人类工程活动对地质环境影响最为强烈的场所之一。因大规模采矿活动而使矿区自然地质环境发生变异，从而产生影响人类正常生活和生产的灾害性地质作用或现象，称为矿山地质灾害。矿山工程地质灾害种类繁多，发生频率高，损失巨大，而且伴随着矿山建设和生产的整个服务期间。例如，以地面沉陷、山体开裂、滑坡、崩塌、泥石流、采矿诱发地震等为代表的地表环境灾害，以矿井突水溃泥、地下水疏干、废水排放、水质污染为代表的水环境灾害，均存在于矿山工程中。采矿过程中能量交换和物质转移是影响矿山地质环境的主要原因，矿山地质灾害的种类、强度和时空分布特征取决于矿区的地质地理环境、矿床开采方式、选矿工艺等因素。数十年来，工程地质工作者对矿山地质灾害进行了广泛研究，取得了一批成果，为矿山防灾减灾做出了贡献。

（四）深部开采工程地质问题

随着20世纪的大工业生产发展，地球浅部矿物资源已经大为减少，甚至出现枯竭的情况，矿井的开采深度已越来越深。深部矿物资源的开发和生产是我国采矿工业今后发展的必然趋势。目前煤矿开采深度以每年8~12m的速度增加，东部矿井正以每10年100~250m的速度发展，可以预计在未来20年我国很多煤矿将进入到1000~1500m的深度。目前大批金属与有有色金属矿山也已进入采深超过1000m的深部开采阶段。深部煤炭与金属矿产资源开发给矿山工程地质提出了一系列技术和科学问题。

深部开采必然诱发出一系列工程灾害：①巷道持续的流变大变形成为深部巷道变形的主要特征；②采场矿压显现剧烈，采场失稳，发生破坏性冲击地压的频度增大；③随着开采深度的增加，采掘空间岩爆发生的危险性、次数及强度将大大增加；④瓦斯高度聚积，诱发严重的安全事故；⑤深部开采条件下，岩层温度将达到摄氏几十度的高温，如我国千米深井地温已达40℃，个别达50℃，南非某金矿3000m时地温达70℃，通风困难，作业环境恶劣，作业效率急剧下降；⑥矿山深部开采诱发突水的几率增大，突水事故趋于严重；⑦井筒破裂加剧；⑧煤自然生火、矿井火灾及瓦斯爆炸加剧。此外，深部开采对地表环境也往往造成严重损害。随着海洋资源的勘探和开发，海底采矿也将成为新的问题。

十、环境岩土工程与古迹保护

（一）概述

自从20世纪80年代以来，我国的人口、工业、能源利用及土木工程建设高速发展，这些活动给我们赖以生存的大气圈、水圈及岩土圈环境带来了巨大的负荷，环境问题已成为制约我国经济社会可持续发展的主要因素之一。为了解决岩土圈环境负荷问题，岩土工程中一门新兴分支学科——环境岩土工程——应运而生，它是利用岩土工程理论和技术来改善和解决人类活动和自然环境渐变对岩土圈环境造成的负荷，是岩土工程学科和环境科学与工程学科交叉的结果。该学科目前主要涉及以下四个方面：①高污染性固体废弃物（城市生活垃圾、工业危险废物、高水平放射性核废料等）的填埋处置；②低污染性固体废弃物（疏浚淤泥、劣质粉煤灰、高炉矿渣等）在土工中再利用；③地下水及土体污染评价、控制与修复；④自然环境渐变（如风化、地面沉陷、滑坡、海水入侵、环境振动等）对土工构筑物的破坏及其防护。近20年来，环境岩土工程在欧美等发达国家发展很快，已经从科学研究走向工程实践与应用阶段。我国的环境岩土工程学科发展目前尚处于研究阶段，工程实践和应用近十年刚刚起步，其中城市生活垃圾填埋工程在我国在环境岩土方面占主要地位。

（二）我国的生活垃圾填埋工程

我国的垃圾填埋场总的趋势是从分散、小型向集中、大型、生态方向发展。自从20世纪80年代以来，我国城市生活垃圾的产量每年以8%~10%的速度增长，目前全国城市生活垃圾年产量已达1.6亿t。与欧美发达国家类似，我国城市生活垃圾处置以填埋为主，目前已建成600多个垃圾填埋场。从1988年起我国开始制定和实施《城市生活垃圾卫生填埋技术规范》（2001年和2004年作了两次修订），标志着我国城市生活垃圾处置进入卫生填埋阶段。1991年建成的杭州天子岭一期垃圾填埋场是按建设部卫生填埋标准设计建造的首座大型垃圾卫生填埋场（图10-1）。该填埋场设计总容量为600万 m^3，使用年限13年，投入使用以来，已填埋处理垃圾500万t以上。目前，正在对该填埋场进行扩建，二期填埋场的设计总容量为2200万 m^3。

图10-1 杭州天子岭生活垃圾填埋场

一个卫生合格的填埋场应具备"防、堵、排、治"四大功能，分别对应于填埋场的封顶系统、渗滤液防渗系统、填埋气体和渗滤液导排系统及它们的后处理系统。位于填埋场底部和四周的防渗系统是防止垃圾渗滤液污染周边土体和地下水的屏障，是垃圾填埋场中最关键的组成部分。位于防渗系统之上的渗滤液导排系统的作用是控制渗滤液水头，以减少渗滤液通过防渗系统的渗漏，并增强填埋场边坡稳定性。气体导排系统的作用是控制填埋气体压力，并使填埋气体得到有效的收集和利用。封顶系统的作用是控制降雨入渗，以减少渗滤液产量。

（三）生活垃圾填埋工程中科技工作的成就

1. 垃圾堆体稳定分析及坡度设计

垃圾堆体的稳定是实现填埋场环保功能的前提。影响垃圾堆体稳定的主要因素包括垃圾堆体本身的抗剪强度特性、填埋场底部衬垫系统的界面特性、填埋场中渗滤液水头高度等。在垃圾抗剪强度特性方面，我国已针对国内垃圾的组分和特点开展了一些室内测试研究，获得了可供设计参考的强度参数取值范围（$c=0\sim50$kPa；$\varphi=17°\sim26°$）。我国还对杭州天子岭等重点填埋场中渗滤液水位进行监测，发现了国内填埋场中渗滤液水头普遍比欧美发达国家高的特点。在衬垫系统中界面的抗剪强度参数方面，目前的设计主要参考国外的测试成果。

垃圾堆体的稳定分析目前主要采用极限平衡法。浙江大学岩土工程研究所基于现场钻孔勘探和室内试验成果，对杭州天子岭一期和二期填埋场稳定性进行了深入分析，探讨了渗滤液水位、衬垫系统中界面特性、地震烈度等关键因素的影响[42]。分析结果表明：坡度为1:4的填埋体在静力和7度地震条件下均是稳定的。

2. 垃圾填埋场沉降计算及容量设计

垃圾堆体的压缩变形直接影响了填埋场容量的预测与设计，堆体的沉降可能导致填埋气体收集管道及封顶系统中防渗层破裂失效，并影响封场后土地的重新利用。垃圾堆体的沉降变形主要包括自重作用引起的主压缩、次压缩以及有机质降解引起的压缩，其中有机质降解引起的压缩比较复杂。最近10年，我国已在垃圾力学压缩特性和生物降解特性方面开展了大量室内测试工作，获得了主压缩系数和次压缩系数的取值范围（$C_c=0.3\sim0.4$；$C_\alpha=0.01\sim0.05$），并发现我国城市生活垃圾（以食品垃圾为主）具有与欧美发达国家垃圾不同的降解特征：即在填埋初期受甲烷化代谢控制，进入甲烷生成阶段后再受水解过程控制。另外，我国还对一些填埋场的沉降进行监测，发现封场后总沉降量可达初始填埋高度的25%。

垃圾填埋场现行的容量计算方法是基于对填埋后垃圾密度的经验假设。杭州天子岭填埋场一期工程的容量按 $0.8t/m^3$ 设计，然而经过14年的运营结果发现：由于垃圾堆体的显著沉降，填埋场实际容量明显大于按此密度计算得到的结果。根据此经验，正在扩建的杭州天子岭第二填埋场的容量按 $1.2t/m^3$ 计算。

3. 渗滤液防渗系统的设计

我国垃圾填埋场工程常用的渗滤液防渗系统包括两种类型：①水平防渗系统，包括天然黏土类衬里、改性黏土类衬里及人工合成衬里；②垂直防渗帷幕系统，一般用于山谷型填埋场。根据我国《生活垃圾卫生填埋技术规范》（CJJ 17—2004），天然黏土类衬里或改性黏土类衬里的厚度不小于2m，渗透系数不应大于 1.0×10^{-7}cm/s。人工合成衬里防渗系统由压实黏土层、HDPE土工膜、土工聚合膨润土垫(GCL)等组成,根据它们的不同组合形式分成复合衬里、单层衬里和双层衬里三种结构类型。我国平原型填埋场大多采用水平防渗系统,例如新建的上海老港垃圾填埋场采用土工合成复合衬里。

山谷型填埋场大多选址在具有相对独立水文地质单元的山谷中,因此采用垂直灌浆帷幕防渗系统。例如1991年建成的杭州天子岭垃圾填埋场一期工程,它是利用山谷中相对不透水的基岩来阻断渗滤液的竖向渗漏,并在截污坝下卧的风化岩体中施工垂直灌浆帷幕来防止垃圾渗滤液向下游渗漏。然而,10多年水质监测的结果表明:该填埋场下游的地下水还是受到轻微的污染。因此,正在一期填埋场基础上扩建的杭州天子岭二期填埋场将采用水平防渗系统与垂直灌浆帷幕相结合的防渗系统(图10-2),正在扩建的二期填埋场底部采用规范要求的人工复合衬里防渗系统,并在新建的垃圾坝下面布设第二道垂直防渗帷幕,以加强对一期填埋场所产生渗滤液的围堵。

在垃圾填埋场防渗材料方面,我国在黏性土选料和改性方面开展了大量的工作,各城市垃圾填埋场根据场地周边的土料条件因地制宜选用防渗系统材料和结构形式。目前我国各填埋场采用的HDPE土工膜和土工聚合膨润土垫(GCL)主要依赖国外进口,成本比较高。最近,晨阳无纺设备有限公司等成功开发土工聚合膨润土垫(GCL)生产线,为国内GCL的更广泛应用创造了条件。

4. 渗滤液导排系统的设计

目前我国渗滤液导排系统的设计基本上是参考欧美国家的经验。渗滤液导排系统主要由导流层、导流盲沟和收集管道组成的。导流层和导流盲沟是由砾石或卵石铺设而成的,厚度不小于40cm,渗透系数不小于1.0×10^{-3}cm/s。渗滤液收集管一般为高密度聚乙烯(HDPE)多孔管,干管直径不小于250mm,支管直径不小于200mm,开孔率应保证刚度和强度要求。

我国20世纪90年代设计的渗滤液导排系统中,常在渗滤液收集管外包裹土工织物反滤层。经多年的运行经验表明:该土工织物反滤层在高浓度的垃圾渗滤液长期作用下很容易发生生物淤堵和化学淤堵。因此,在最近几年设计导排系统中取消了土工织物反滤层。

5. 填埋气体导排系统的设计

为了防止填埋气体引起火灾和爆炸,垃圾填埋场必须设置有效的填埋气体导排系统。我国填埋气体导排系统的设计基本参照欧美国家的经验。目前常用的气体导排系统主要由一定间距竖井组成,导气竖井的水平间距应不大于50m。竖井通常采用穿孔管居中的石笼,石笼由级配砾石和土工格栅组成。为了避免垃圾堆体的显著沉降影响竖井的导气功能,其直径通常取60cm以上。对于填埋厚度大的填埋场,常用竖井和碎石盲沟相连而成的导排系统,并配备有真空抽气设备。碎石盲沟的厚度通常取40cm以上。

6. 封顶系统的设计

填埋场的封顶系统的设计应考虑到地表水径流、排水防渗、填埋气体的收集、植物类型、封顶系统本身的稳定性及土地利用等因素。封顶系统通常由植被层、排水层、防渗层和排气层(自上而下)组成的。排水层厚度为20～30cm,由粗粒料或多孔材料铺设而成的。防渗层常采用压实黏土(层厚20～30cm,渗透系数不大于1.0×10^{-7}cm/s)或由HDPE土工膜和膜上下保护层组成的人工合成防渗结构。

(四) 文物建筑保护中的主要岩土工程成果

1. 文物建筑保护中的主要岩土工程问题

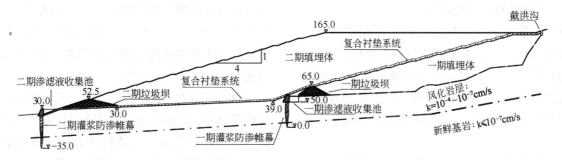

图10-2 杭州天子岭垃圾填埋场一期及二期工程渗滤液防渗系统

在我国遗存下大量石窟寺和土建筑遗址。石窟寺是开凿特定岩体上洞窟群，窟内制作精美的壁画、塑像和石刻像，最著名的有开凿在砂砾岩或砂岩体上的敦煌莫高窟、安西榆林窟、天水的麦积山石窟、永靖的炳灵寺、武威的天梯山、张掖的马蹄寺石窟群和新疆的伯兹克里克、克孜乐和库木吐拉石窟等，还有开凿在灰岩岩体上的河南洛阳龙门石窟、河北响堂山石窟和开凿在砂岩夹泥质、粉砂质页岩岩体上的山西大同云冈石窟。

古代土建筑是指利用原生土或主要以土作为建筑材料建造而成的建筑遗址。最著名的有西安半坡仰韶时期的原始村落遗址，临潼的秦兵马俑坑土建筑遗址，甘肃秦安的大地湾仰韶村落遗址，敦煌近郊的玉门关及河仓城、汉长城、安西的锁阳城遗址等，内蒙古额济纳旗的黑水城遗址，宁夏的西夏王陵，新疆吐鲁番的交河故城、高昌故城及楼兰的大批土建筑遗址。

这些文物建筑保护中的主岩土工程问题有：

（1）大气降水和地下水造成的石窟漏水和渗水问题

这是石窟中最普遍、危害最大的病害。大气降水沿裂隙入渗至洞窟，导致岩石软化、窟内文物遭到严重侵蚀。这类问题在地处半干旱区的山西大同云冈石窟普遍存在，在极度干旱的敦煌莫高窟、安西榆林窟也普遍存在。地下水侵蚀最严重的石窟有甘肃天水麦积山石窟和炳灵寺石窟、陕西彬县大佛寺石窟、大同云冈石窟、洛阳龙门石窟。

（2）石窟所处岩体边坡失稳问题

石窟寺所在边坡的岩体形成可能的滑移、崩塌、错落的分离体，导致石窟寺边坡岩体的失稳。这类问题普遍存在于各个石窟。最典型的有敦煌莫高窟、安西榆林窟、天水麦积山石窟和炳灵寺石窟、大同云冈石窟、洛阳龙门石窟。

（3）石窟岩体的风化问题

这类问题在不同的气候区有着不同的表现形式。在潮湿环境下，主要以化学和生物风化为主，如龙门石窟、大足石窟、乐山大佛、麦积山石窟等；在西部干旱区，则以风蚀作用强烈的物理风化为主，如敦煌莫高窟、安西榆林窟、新疆克孜尔石窟等。

（4）土建筑遗址保护中的工程地质问题

由于土建筑建造材料的特殊和气候适应性，这类建筑主要分布在干旱半干旱气候区的中国西部。正是因为上述特点，其在保护中面临的主要病害（问题）有：建筑物地基的失稳问题、集中式降雨导致的土体软化崩解破坏问题、强烈的风蚀作用导致的保护问题。

2. 加固措施

（1）莫高窟加固措施

该工程分4个阶段完成。第一阶段至第三阶段的加固工程可归纳为顶、挡和刷3个主要方面。

顶：莫高窟大部分洞窟的前室都是敞开式的，只有洞窟之间薄的岩墙支撑，靠外一侧呈半悬空状态，加之卸荷裂隙的切割，洞窟前室极为危险。所谓顶，就是采用浆砌块石砌体或钢筋混凝土梁柱对外悬岩体加以支撑。支顶的方法有效防止了洞窟前室的坍塌和剥落。

挡：所谓挡就是建造块石或混凝土重力挡墙以抵抗岩体的侧压力，防止崖体卸荷裂隙向外滑移和倾倒。挡的方法在莫高窟加固工程中广泛采用。挡墙设计力求简朴，体现了梁思成先生为莫高窟加固工程提出的"大智若愚"的思想，并采用砾石贴面，使挡墙与山体协调一致。

刷：一部分外悬危岩采用顶、挡措施加固之后，对外悬过多的岩体或没有必要支顶的零星危石，采用削方的办法给予清除。

第四阶段的主要工程内容为崖面的防风化加固和防止大气降水沿裂隙入渗的裂隙灌浆。这两项技术分别于20世纪80年代和90年代研制开发完成。鉴于莫高窟崖面的防风化加固工程量极大，此阶段的加固工程仅选了两段作为试验性加固，对渗水严重的洞窟实施了裂隙灌浆。

（2）榆林窟的加固措施

针对榆林窟存在的地质病害，结合新技术、新材料、新工艺，在我国文物保护所遵循的"修旧如旧，不改变原貌"的原则指导下，采用了以锚索技术加固裂隙岩体、用PS-F进行裂隙灌浆、用PS材料进行崖体防风化加固和窟顶建造防渗层等工程措施对榆林窟进行综合整治。

对石窟裂隙岩体的锚固工程，经过反复论证和比较及现场试验最后决定采用先进的锚索技术加固榆林窟的危岩和破碎岩体锚头和承压板封在岩体内，表面再用原岩物质加以修饰，贯彻了修旧如旧的原则，保持了榆林窟的原貌，把我国的文物加固技术提到了一个新的高度。

裂隙灌浆工程是榆林窟加固工程的重要组成部分，它不仅可以防止大气降水沿裂隙渗入洞窟内破坏壁画，而且与锚索工程相配合，增加岩土的完整性，特别是岩体的薄弱部分，使岩体的结构面得到较大的增强，最大限度地利用或提高岩土原有的力学性能，有效地增强岩体自身的抗破坏能力。

榆林窟崖体加固没有采用全部挂网喷涂混凝土的方式。挂网混凝土层只限用在崖面酥松破碎区及西崖底部可能遭受洪水冲刷的部位，对其他酥松不严重和并非裂隙密布的崖体，使用锚杆锚固，并考虑用PS材料渗透防止表面风化，避免一概挂网喷涂混凝土所造成的历史遗迹被遮盖，岩体内排水不畅和窟内湿度增大等弊病。

(3) 西夏陵的加固措施

西夏陵位于宁夏回族自治区银川平原西北部，总面积约 $50km^2$。1998年，西夏陵被列为全国重点文物保护单位。陵区文物古迹遗存众多，在 $50km^2$ 的范围内，布列有9座帝王陵，253座陪葬墓和数处建筑遗址，以及砖瓦、石灰窑址多座。

由于自然因素的影响，历经约800年的西夏陵产生了许多病害，也就是这些病害使得陵区的遗存逐渐地被破坏，甚至消失。现场调查分析认为，三号陵存在的主要病害类型有墙体坍塌、墙体、陵台表面冲沟发育，墙面片状剥离，干缩开裂等。

西夏陵三号陵保护工程是一项涉及岩土工程、考古发掘、古代遗址保护与管理、工程施工、环境治理等多学科的综合性的文物保护工程。针对三号陵目前存在的病害，总体加固保护工程有：

防坍塌加固。采用砌筑土坯或夯土的方法充填掏挖部位，达到加固稳定墙体的目的，加固后的外表面可用PS、黏土做旧，达到与其他墙体一致。存在裂隙的坍塌体，采用木锚杆锚固和裂隙灌浆相结合的办法进行加固处理，裂隙灌浆材料采用PS-F、PS-C系列。

冲沟整治，主要解决陵台及墙体冲沟的问题，冲沟将采用在沟底或沟两侧钻孔埋设木质锚杆、填筑改性土并进行做旧处理的方法实施治理。

防风化加固。遗址表面防风化加固研究已取得成功，但由于三号陵遗址表面风化病害较复杂，主要表现为风、雨蚀所产生的片状剥离等，而且分布广，陵区所有土遗址均不同程度地存在此类病害，因此需要针对具体情况采用不同的加固方法。干缩裂缝处理。采用PS系列灌浆材料进行灌浆的方法予以充填封闭。

在陵城内水流汇集的地方建排水沟，排水沟低于目前的地面，使水流在地面以下排出。

3. 排水与防渗

(1) 龙门石窟的排水防渗措施

龙门石窟位于洛阳市城南13km。石窟开凿于北魏迁都洛阳(公元494年)前后，历经东魏至北宋诸朝。据调查，象山和龙门山两山所存窟龛2100个，佛塔40多座，碑刻题记3600块，全部造佛10万余尊。丰富多彩的龙门石窟艺术，为研究我国古代佛教历史和雕刻艺术提供了重要的实物资料。

1400多年以来，龙门石窟除遭受人为破坏外，在自然力的作用下产生了较严重的地质病害(问题)，这些病害使石窟雕刻艺术品遭到较严重的破坏。大气降水沿裂隙入渗至洞窟，导致岩石软化、窟内文物遭到严重侵蚀。需要采取防渗排水措施。

防渗堵漏措施的目的是防止降水入渗，杜绝引起地质病害的最活跃因素对石窟艺术品的破坏。首先在奉先寺附近造两个试验洞，分别用硅橡胶和环氧树脂作填料，进行洞窟围岩的防渗堵漏试验，对比这两种材料的渗堵漏效果，选择出最适宜的防渗堵漏材料。然后，采用压力注浆的方法，封闭洞窟围岩岩体中的各种渗水通道。

除对洞窟围岩进行防渗灌浆外，为了杜绝雨水或地表径流入渗，在立壁顶部要进行防渗铺盖处理。

为防止暴雨后地表径流下泄对石窟艺术立壁岩体产生的冲刷和雨水渗入岩体，东、西山立壁顶部沿立壁走向和倾向要设立排水系统，汇集雨水，集中排泄。

(2) 云冈石窟的防渗措施

云冈石窟位于山西省大同市西郊武周山南麓，距大同市区约16km。其始凿于北魏和平初年(公元460年)，兴盛于5世纪60年代至90年代，延续到6世纪20年代，是我国早期石窟艺术的代表作及现存最大的古代石窟群之一。1961年被国务院列入第一批全国重点文物保护单位；2001年被联合国教科文组织列为"世界文化遗产"。

长期的风化作用对云冈石窟造成了严重破坏。

在东西长约 1km 的窟区内，现存主要洞窟 45 个，大小窟龛 252 个，雕像 5.1×10^4 尊，石雕面积 $1.8 \times 10^4 m^2$。不同程度的风化破坏现象随处可见。从 20 世纪 50 年代末期开始，人们即陆续开展了关于云冈石窟风化病害的研究和防治工作。

云冈石窟地区云冈组上段砂岩中的碳酸盐胶结物主要由含铁方解石和含铁白云石组成，其含量普遍在 10% 以上。与砂岩中碳酸盐胶结物化学风化有关的包括变色、条纹状切割、沙化等，它们对石窟的文物价值造成了严重的破坏。在岩石的破坏中水起着重要作用。减少水在裸露岩石孔隙裂隙中和岩石表面的活动，是延缓岩石自然风化的关键。石窟中水的来源大体有：窟顶降水入渗，凝结水，毛细水等。对水的防治，尤其窟顶降水入渗的防治是文物保护的关键。2004 年建设综合勘察研究院完成了对云冈石窟的全面勘察，并提出了防治设计方案。2005 年 7 月对窟顶的防治设计通过了项目评审，其中采用防排结合的方针，防渗主要采用 GCL，排水则用明排和暗排相结合的方法。窟顶防渗的施工于 2006 年初展开。

十一、土工合成材料

（一）土工合成材料的产品与应用

土工合成材料共分土工织物、土工膜、土工复合制品及土工特种材料四大类。我国发展至 1998 年，业已基本齐全，年用量始终在增加之中，其中以土工织物用量为最多，生产企业及分布也最多、最广，与国际格局也基本一致。

土工织物的功能表现在它的加筋、防渗、反滤、排水、隔离、防护方面，所以很多岩土工程中都得到应用。尤其是针刺型土工织物，1995 年的年用量达到 6000 多万 m^2，至 2003 年时年用量已超过 1.2 亿 m^2，它与织造型土式织物合在一起，其年用量（不包括防洪抢险用量）比其他类型土工合成材料的总和还要多。土工膜的应用已不是单纯用于水利工程防渗和屋面防水，而是扩展到公路、铁路的路床防渗，进而又大面积用于垃圾填埋及人工湖。10 年来应用领域不断扩大，用量也始终在增加。各种复合制品的用量和品种也日益增多。双向土工格栅是我国较晚开始生产的一种，但发展非常迅速，目前不仅在产量、品种上较多之外，在国际上，我国生产的幅宽已经达到领先水平，并且已有出口。我国的网格品种也比较丰富，用于植草护坡、平面排水的一应俱全。近几年刚兴起的土工织物膨润土衬垫，很快为我国企业所掌控，并有少数企业的产品较之国外产品并不逊色。总之近 10 年来，是我国土工合成材料生产和应用技术大发展的 10 年，我们岩土工程中的使用土工合成材料的项目，从 1995 年 3 万多项增加到目前约 10 万项左右。

（二）水利工程中的应用

1. 岸坡防护及地基的反滤排水

1998 年我国三大江河发生特大洪水时，土工织物袋在抢险中发挥了巨大的作用。广泛用于加高子堤，护坡防冲，抢险堵口。

洪水的高水头作用下的渗流，很容易造成护基渗透破坏。因此使用土工织物滤层作为反滤和减压井是很有效的。1998 年长江堤岸局部背水坡采用针刺土工织物作为反滤层，对于管涌采用减压井治理，均存在淤堵的问题。自 1999 年以来，不少科技人员在研究这个问题。一方面提出排水与保土准则的合理确定；另一方面在研究织物淤堵的基础上，开发各种新型的可拆卸、冲洗和更换的减压井。

在 1998 年洪水以后，各地在加固堤防中普遍使用土工合成材料。江苏仪征长江护岸工程中，长度 3440m，堤高 9.3m，顶宽 8m，1∶3 坡度，铺设土工织物反滤、垫层＋砌石护坡，使用 $54600m^2$ 土工布。江阴市长江护岸工程，使用土工模袋护坡面积一万多平方米。

2. 土石坝中的土工膜防渗

我国水利部 1998 年发布的 SL/T 225—98《土工合成材料应用技术规范》中规定：对于高于 50m 的挡水建筑物，采用土工膜防渗应经过论证。在我国，黑龙江 40m 高的蛤蟆通水库堆石坝上游采用复合土工膜心墙防渗，1990 年竣工，运行良好；甘肃省酒泉市夹山子水库 40m 高砂砾石坝上游面及全库盘采用土工膜防渗，铺设土工膜 55 万 m^2，1993 年竣工，亦运行良好。江西省源县堆石坝高 51m，采用复合土工膜防渗，1998 年竣工，由于脱焊较多，漏水 $0.18m^3/s$，需要修补。云南省楚雄地区老虎山梯级水电站塘房庙堆石坝坝高 48m，采用复合土工膜心墙防渗，2000 年建成后运行性态优良。三峡二期围堰的上部采用土工膜防渗，成功抵御了 1998 年洪水。

湖北省老河口市，汉江上的王甫洲水利工程包括电厂、土石坝、船闸、泄水闸、围堤等。其挡水前缘达 18.2km。砂石围堤长 12.64km，最大堤高 13m，一斜心墙+铺盖，采用复合土工膜防渗；主河道上土石坝，采用土工膜心墙+地基垂直混凝土防渗墙。共使用了两布一膜 32.4 万 m^2；一布一膜 75.3 万 m^2，土工织物 5.7 万 m^2。工程于 1998 年 6 月开工，1999 年 10 月完工，缩短了工期，节省了造价。

（三）环境保护工程中的防渗

在环保工程中，应用土工网板草护坡代替砌石护坡，避免了开山取石，经济节省，也美化环境。我国自 1996 年有了第一条三维网生产线以后，植草护坡有了迅速发展，尤其在海南省万泉河的入海口，三维网的植草成功，受过 3 次特大洪峰的冲击考验，是非常典型的成功实例。它不仅比块石护坡更加经济可靠，同时又为博鳌国际会议中心增添了风光。这一技术的发展随后在深圳、东莞乃至香港等地也得到推广和应用。近年来在三峡和宜昌地区将网格植草的技术应用到砂石场的风化、半风化和纯岩石坡面上，使岩面和风化面上也能绿起来。如今三峡工程即将完工，各料场已经在为边坡的防护和绿化进行准备，宜昌市及其周边的开山劈岭，也随时作全面的防护和绿化工作。

21 世纪以来，我国的垃圾填埋工程逐步兴起，各地人工湖的防渗，也为环境的改善提供了保障。除去土工膜的大量应用之外，由深圳、北京首先在垃圾场使用了土工织物膨润土（GCL）衬垫，如今不仅 GCL 的生产技术在提高，应用技术方面也在不断成熟。前不久郑州市东北部的一座人工湖，由于两侧面临两条污水沟，因而湖底和四周采用 GCL 防渗，是较为合理的选择。

（四）近海工程中的应用

在浅滩堤防工程中自 20 世纪 90 年代初应用长管袋充灌技术以后，用普通的编织布制成管袋，就地用泥浆泵由水下充灌成土袋，无需岸上取土，建造水坝、堤岸。在沿海一带的围海造陆和码头工程得到广泛应用。配合塑料排水带预压排水固结处理软基，取得成功。在 14 个沿海开放城市几乎或多或少都得到了应用。开始集中在南方多含沙的海边，以后才扩大到北方。在天津新港，2000 年之后，采用离岸稍远处采砂运（船）砂的办法，成功地筑成围堰或海堤防，同时也尝试了掺砂或加水泥的办法，增加了充灌堤身的成功率和速度，并一改过去采用块石及土工织物护坡的方式，而采土工模袋从水下迎水坡—堤顶—背水坡充灌成马鞍形整体结构，形成面积大、块体重、更适应沉降变形的牢固防护面，使之经受住特大风暴潮的考验。目前在北方的沿海一带，得到更为广泛地应用。天津港的港岛工程是规模比较大的人工半岛；河北唐山新建钢铁码头，工程量和面积都很大，由于土工合成材料技术的综合应用，施工速度均很快。

（五）航道工程中的大型管袋

长江口深水航道治理工程分两期进行，一期工程从 1997 年底开工，到 2000 年底全部结束。修建南北导堤、潜堤、丁坝，疏浚河道 4 千多万方。工程中广泛应用土工合成材料护底和筑堤，共使用土工合成材料达 1000 万 m^2。

上海深水航道整治工程所处的地理位置、气象条件、工程地质和长江入海口的水文状况都表明，这是个设计、施工极其复杂的工程。但是设计者大量使用了土工合成材料；设置了各种大型施工工具，并通过试验，研究编排一整套施工工艺，使一二期工程提前一年完工，为国家节约达 10 亿元以上的资金，是我国近代十分典型的又快又好的海上工程。其所反映出的科技进步如下：

（1）整治工程的建筑物及其周边大范围的地基，采用土工织物软体排，以代替过去大量使用梢料、抛填石料的做法，不仅保证了施工强度的要求，大大减少了自然资源的开采和环境的破坏，同时又增强了整体工程的质量，延长了寿命。

（2）由于使用了排体连锁块专用铺设船和袋装砂充灌专用施工船舶，使连锁块排体和充砂砂肋袋等两种排体的施工速度大大提高。

（3）堤身结构也由过去的抛石、堆石，改为充砂管袋的堤身，混凝土钩连块体护坡。这样不仅使柔性结构适应于柔性地基，同时充砂管袋就地取材，大大节省了外采外购用石量。

（4）二期工程因向外海延伸，水深浪大，地基内有淤泥软层，因此进行了软基处理，并改变堤身结构，在海区打设塑料排水带，这与陆地作业相比存在诸多难题。研发了海上打设排水带专用船，可一次打设12根；采用单层砂被厚60～70cm来替代，间距1m×1.2m平面呈矩形布置。堤身（北导堤）为半圆形混凝土半圆箱形结构，箱内充砂，船舶吊袋。在排水带与沉箱堤身之间有足够厚的砂垫层及堆石护面，这不仅满足了打设排水带后的地基预压排水固结，同时也充分利用了当地资源，减少钢筋混凝土沉箱的高度，增强了上层结构对地基变形的适应性。

（5）由于充灌多为船上（水上）作业，因此包括排体在内，也多用机织和非织造织物的复合体，这不仅使袋内排水沉淀方便，又增加了防止冲（淘）刷的安全度，体现了应用土工织物的这方面的优越性。

（6）制订了各项施工工艺的详细程序，采取了GPS定位，用滚筒铺放排体、船的铰锚移位、自重下滑与吊装相结合等重要手段，连滚筒刹车、边缘检测浮标等都考虑周到，使各项施工作业的准确性得到保证，并利用计算机控制每一块排体的设计位置，让整个工程都处于精密的掌控之下。可以说这是我国应用土工合成材料施工技术最为先进的一次。

（六）公路与铁路工程中的应用

1. 秦沈客运专用铁路

秦沈客运专用铁路位于丘陵区、路堑地下水出露区、辽河冲积平原区和滨海洼地。秦沈高速铁路的关键是控制工后的沉降尽快稳定，并减少沉降差。经过使用土工格栅、土工格室等多种方案的对比试验和动荷载（列车运行状态）作用下的观测，结果表明，应用高强度、高模量的土工合成材料，可使路基结构受力状态大为改善，路基所受动应力的分布更加均匀，尤其对累计变形和动变形的减少，保证轨道几何尺寸的稳定和平顺性十分有益，并能减少运营期的维修。

2. 青藏铁路

青藏铁路位于世界屋脊的青藏高原，是高原干旱区、亚潮润区和亚干旱区，所面临的是海拔高、气压低、空气稀薄、多年冻土、季节性冻土和地下冰层等独特条件，生态环境非常脆弱，关键是要保持路基下冻土层的上限基本稳定不变。采取的主要措施中土工合成材料有重要作用：隔热材料（大部分为EPS）以及加筋防水和防渗等土工合成材料，并同时考虑到路堑边坡及路堤的压实不够与初始温度场的变化，采取了路堤的土工格栅加筋。对高寒冻土区采用的土工格栅是涤纶或玻璃纤维制的经编格栅，双向受力，不受低温的冻融影响。通过多次现场调查和试验工程研究的成果表明，土工合成材料的应用，均取得了一定的预期效果，起到了保护多年冻土及提高了路堤整体的稳定性的作用。

青藏铁路强调了土工网（包括三维网）的植草护坡效果，特别注意到采用复合土工膜对路堤、路床及路基面以下或路堑部位的防水（包括毛细管上升）隔渗作用，这在公路工程中也似乎正在大力推广。

3. 公路沥青路面的抗裂措施

公路沥青路面的抗裂措施，可以采用土工合成材料加筋技术。近10年来，针对这一世界性难题我国公路界的许多人士做了很多研究工作，取得了一定的进展。人们从线弹性断裂力学、疲劳断裂力学等方面来研究沥青路面的抗裂性及机理，并拟订几种加铺层的抗裂设计方法，提出了几种土工合成材料在抗裂措施中的应用。通过一些具体的实践，既肯定了土工织物与经编格栅的有效性，又强调了铺设这些材料的施工要点，特别指出铺设土工织物时的粘结材料和技术，以及铺设格栅时要平直固定，切忌铺垫时天然潮湿或层面有水，这会影响到层面结构的粘结质量及有效性。

目前我国公路建设一直高速进行，除已有大量应用土工合成材料处理路面裂缝外，还有部分新建公路，在使用土工合成材料预防裂缝，延长维修寿命。

十二、岩土设计计算软件建设

随着人们对岩土工程特性了解的加深及计算机技术(硬件及计算技术)的发展，岩土工程设计计算软件在近十年已有长足的发展。

现代的岩土工程设计计算软件不仅是由工具式软件演变成系统软件，而且更重要的是增加了优化、管理、人工智能、专家系统等功能，同时也增加了可视化图形技术(建模、计算过程及结果显示)、数据库与图形的互动技术等，使软件的操作及应用更加容易、灵活、方便、简捷。

十年来，众多的高等院校、研究院所在利用有限元分析、神经元网络分析等通过自主开发或引进国外软件进行边坡稳定分析、天然地基沉降分析、桩基础分析、地下水渗流分析等方面都取得了很多成果；在三维地质建模、三维可视化研究和三维分析计算方面也取得了很大进展；在三峡工程、北京奥运场馆工程、上海金茂大厦等大型工程得到成功应用，有些已经成为商业软件，大大提高了岩土工程行业的技术水平。

(一) 基础沉降与变形计算软件

图形建模的地基基础(包括墩、桩基础)设计计算软件采用地基与基础的协同分析方法。根据基础的情况(天然地基基础及桩基础)分别采用 J. Boussinesq 和 Mindlin 理论计算附加应力，人为干预附加应力的影响范围。空间三维地层的剖分技术，充分考虑地基不同地层厚度分布的变化、透镜体的分布，特别是软硬土分布不均的情况，都得到客观的反应。利用 e-p 曲线或压缩模量按照有限压缩层分层总和方法计算地基的柔度矩阵，形成刚度矩阵，再与基础刚度矩阵叠加，形成矩阵平衡方程，求解该方程，得到基础的变形及内力。软件不仅考虑地基、桩、基础底板、基础梁、地下室的墙体，而且可以考虑上部建筑结构对基础变形、内力的影响。该类软件是地上、地下建筑结构协同设计计算的基础，正在研发采用 e-$\lg p$ 曲线计算沉降的方法，考虑上部结构施工过程，计算任意时刻的沉降，这对基础后浇带的设置及浇注时间的确定具有现实意义。考虑上部结构施工过程刚度、荷载逐渐变化对基础内力、变形的影响，使计算结果更合理，而且基础变形也影响上部结构内力重分布及变形。

北京市勘察设计研究院的建筑工程地基与基础协同作用分析(SFIA)采用地基土单向压剪非线性本构关系模型，在国家大剧院、奥运工程国家体育馆等国家重点工程的地基基础差异沉降分析中取得了良好的效果。

(二) 基坑及支挡结构设计软件

深基坑工程设计计算是一个复杂的系统岩土工程，其分析设计软件从无到有，是发展最快的软件之一。紧、近、深、大、难是当前基坑工程的主要特点。仅仅作为施工组织技术措施已经不能满足基坑工程的安全需要，基坑设计或施工处理不当，很容易发生事故，造成很大损失。基坑工程的特殊性，给基坑工程设计计算带来很大难度，为了配合基坑工程的设计及施工，多个行业及地方均颁布相应的标准，并且开发了许多基坑设计应用软件，其中包括基坑支护结构设计，内支撑结构设计，降、隔、排水设计。

软件主要包括单元设计计算、空间整体计算，单元设计计算类软件包括排桩、地连墙、水泥土墙、土钉、天然放坡、喷锚支护、逆做法等支护构件的内力、位移、配筋计算等，也包括整体稳定、抗隆起、抗倾覆、抗管涌等计算及承压水的抗冲验算；除全量法计算支护构件的内力、位移外，有些软件又研发了增量法；后者考虑了预加力、开挖过程中刚度及荷载的增减变化对支护构件的内力及位移的影响，与实际情况更吻合。虽然单元设计计算软件简单、方便，但是由于没有考虑结构的空间整体作用，使支护构件设计不尽合理，尤其是内支撑的独立设计计算，相对误差就更大一些。空间三维整体协同计算，充分考虑了基坑支护结构与内支撑的空间整体作用；考虑不同土质分布的影响、不同边界条件的影响；考虑施工过程对支护构件位移及内力的影响，使构件(支护构件及内支撑构件)的计算结果(内力、位移)与实际吻合较好。基坑设计计算软件还在发展，对土体的时、空效应、土压力非线性等问题尚在研究中。

挡土墙也是岩土工程大量应用的构筑物之一。挡土墙设计最关键的是土压力的计算，有朗肯理论、库仑理论、静止土压力及极限分析等计算方法。库仑理论应用较广泛。对于任意复杂的边界条件、任意的外加荷载，软件可以快速搜索出最不利土压力所对应的破裂面。尤其是衡重式挡土墙下墙土压力的计算，改变延长墙背法、修正墙背法等存在的缺陷，充分考虑上墙土压力对下墙土压力的影响，使土压力计算结果更合理、挡土墙的设计计算更合理。

（三）堤坝变形与稳定分析软件

软土地基的路堤、堤坝的沉降、稳定计算软件是当前岩土工程应用较多的分析计算软件之一。软件具有多种稳定（圆弧、非圆弧稳定）计算方法，通用条分法、有限元方法等，在分析计算中既可考虑固结对地基土强度提高、也可考虑各种地基处理（包括超载预压、塑料排水板、加固土桩、粒料桩等）及加固等措施（土工布、反压护道等）的影响。采用差分法计算多层地基土的固结度，使稳定计算、沉降计算更合理。软件可以自动补偿由于沉降带来的填土高度的缺损。是在软土地基上建设公路路基、铁路路基、堤坝等构筑物不可缺的软件。上述软件多采用二维固结理论计算固结，而工程实践中要复杂得多。垃圾填埋场等的设计计算，均为三维问题。因此，三维固结计算、渗流固结耦联、多次加载固结准确计算、软土强度的蠕变效应等问题是该类软件继续研发的主要问题。

（四）渗流计算软件

渗流计算软件发展速度也快，从以前主要针对均质坝、简单坝的浸润线、逸出点、比降及流量的计算，到现在在复杂堤坝的渗流计算。非饱和土的理论研发给渗流软件带来新的生机，根据非饱和土理论，采用有限元方法研发的渗流分析计算软件更符合土体流场的实际情况，既可计算稳定流，也可计算非稳定流，可得到任意时刻整个堤、坝内连续变化的孔隙水压力场、压力水头等值线及彩色分布图、任意截面的流量等，并完成堤坝的渗流稳定分析。这类软件正在研发三维渗流问题、防渗膜、防渗墙的设计问题。

（五）工程地质数据库

利用数据库技术开发的工程地质数据库信息系统，将工程地质勘察资料数据与地理信息系统有机的结合起来，既将已有的勘察资料有效地管理起来，又便于勘察人员查询及二次应用，既可完成拟建场区工程地质资料图表的绘制，又可完成拟建场区工程地质的分析评估，液化程度、地基承载力的分析评估、场地的湿陷性、膨胀性的分析评估，并以图文并茂的形式表现结果，直观、快速、形象，深得使用者的好评。地下三维剖分技术，以三维图形表现出拟建场区的地质分布状况，并可任意剖、切、挖洞、格栅剖分，以彩色直观图形表示地层的分布。任意地层的体积计算使得该软件有了广泛的应用前景，是数字城市的基础资料，也是进行区域基础工程地质研究的工具。

十三、规范标准管理、注册制度与再教育

（一）规范与标准的制订与修订

1. 岩土工程标准分级与分类

有关岩土工程和含有岩土工程内容的标准规范，据不完全统计有近700册，绝大多数属于建设标准，少量属于产品标准（岩土工程测试仪具）。各类标准都由国家质量检验检疫总局管理，工程建设标准则由建设部负责制定和管理，具体司职的是建设部标准定额司。

岩土工程标准规范的分级是：国家标准（GB）、行业标准（TB、JGJ、YBJ、DL……）、地方标准（DB）、企业标准，还有中国工程建设标准化委员会制定管理的标准，代号为CECS。

岩土工程分类有强制性标准、推荐性标准、工程建设强制性条文。

2. 岩土工程标准规范的内容

岩土工程标准规范类别齐全，内容丰富，实用性强，完整配套。特别是近十年来，大量规程规范

进行了新编和修编，这部分有 260 册，占全部规范的 65%。其内容包括：

(1) 岩土工程勘察规范

按工程类别分类有：综合性的、冶金、水利水电、铁路、公路、港口、高层建筑、城市规划、火电厂、架空线路、贮灰场、尾矿坝等近 30 册；

按环境条件分类有：湿陷性黄土、膨胀土、软土、冻土、不良地质、特殊土等。

(2) 地基基础规范

包括：设计施工、综合性的、天然地基、箱筏基础、港口地基、施工质量验收，地方的地基基础设计施工规范有近 20 册；桩基础、预制桩、灌注桩、锚杆静压桩、钢管桩、预应力管桩、支盘桩、承台等；地基处理垫层、复合地基、强夯、高压旋喷桩、预压加固、塑料排水板、各类注浆等。

(3) 基坑与地下工程规范

包括开挖支护建筑基坑、地下工程、各类支护设计等。

(4) 路、桥、隧道工程

铁路、公路路基，包括路堤、路堑、特殊条件下的路基、路基支挡、抗滑设计；铁路、公路桥涵，包括扩大基础、桩基础等；铁路、公路隧道，围岩分类、施工设计、支护计算等；地下铁道及轻轨的勘察设计等。

(5) 岩土检测与监测规范

包括变形测量、工程地质现象观测、桩的各种测试(静压桩、高低应变动力测试、抽芯检验)、地下水动态观测等。

(6) 其他规范

包括有：特殊土的评价、设计与处理；房屋加层纠偏加固；设备基础、大型油罐基础；地下防水；土方施工；土工合成材料、粉煤灰、加筋土、抗震工程、岩土工程监理、环境保护(城市垃圾填埋、土壤侵蚀、水土保持等)、名词术语。

3. 我国岩土工程标准规范的七大体系

我国长期实行计划经济管理，更以条条为主，中央各部、各行业都自行建造各自完整的、独立的体系，几十年来自然形成了七大体系。

(1) 建筑工程

这是岩土工程标准中最强大的体系，量大面广，配套齐全，应用面广，权威性强，包括地方标准在内共有 130 多册。

(2) 电力工程

包括火电厂、变电所、送电线路、贮灰场等，以勘察为主的各种方法、手段，规范配套，共有 28 册。

(3) 冶金、有色工程

包括矿山、冶炼厂、选矿厂、高炉、轧钢厂、露天矿边坡、尾矿坝等，内容有勘察测试方法、桩基、地基处理等，共有 45 册。

(4) 水利水电工程

根据水利水电工程的特殊性，全套标准自成体系，包括勘察、岩土试验、土石坝碾压、土工合成材料应用等，共有 40 余册。

(5) 铁路工程

包括路基、桥涵、隧道、特殊土、特殊地质条件下的勘察设计，既包括各种勘察方法及测试规程，也有支挡结构、锚喷支护等，共 33 册。

(6) 公路工程

与铁路内容相似，还包括加筋土、粉煤灰、土工合成材料等，共有 18 册。

(7) 水运工程

包括勘察、港口地基、港口桩基、土工织物、塑料排水板等，共有 11 册。

(二) 岩土工程注册制度与再教育

1. 实施了注册岩土工程师的考试

我国在继实行建筑师与结构工程师注册执业制度之后，紧接着就开始了岩土工程师的注册考试工作。

岩土工程师的注册考试于 1998 年底开始准备，成立了试题设计与评分专家组，召开了第一次会议，讨论了岩土工程专业的定位、命题原则，决定了草拟考试大纲的分工以及起草各种文件，同时开始了命题的各项准备工作。

2001 年，人事部和建设部发布了《勘察设计注册工程师制度总体框架及实施规划》和《全国勘察设计注册工程师管理委员会组成人员名单》，在这个系列中，将岩土工程作为土木工程专业的执业范围之一，其涵盖工程内容为"各类建设工程的岩土工程"。

2002 年，人事部和建设部发布了《注册土木工程师(岩土)执业资格制度暂行规定》和《注册土木工程师(岩土)执业资格考试实施办法》，注册岩土工程师正式定名为注册土木工程师(岩土)。

全国勘察设计注册工程师管理委员会根据上述

文件的精神，批准成立全国勘察设计注册工程师岩土工程专业管理委员会及注册土木工程师(岩土)执业资格考试专家组。

于2002年公布了注册土木工程师(岩土)执业资格考试大纲，正式开始实行第一次考试，至2005年，已考过四年，已经有7000多人取得注册岩土工程师资格。执业注册工作即将开始。

2. 注册岩土工程师考试的内容和影响

在筹备岩土工程师注册考试的过程中，分析了我国的岩土工程被分隔在各个行业领域的现状，提出了"大岩土"的概念。强调岩土工程师不仅需要具有为某个特定行业服务的能力，而且在工作需要时，能够适应其他行业的要求，具备解决各类岩土工程技术问题的能力，因此注册岩土工程师考试不分行业。我国注册土木工程师(岩土)的专业考试之所以考虑设置比较宽的专业面，也是吸取了国际上的经验，与我国扩大专业范围的教育改革要求相适应，同时也为了有利于国际间注册工程师资格的互认。

注册岩土工程师的专业覆盖面包括建筑工程、公路和铁路工程、水利工程、桥梁工程、港口和海洋工程、隧道和地下工程、矿冶工程等不同的行业。

岩土工程是一个全过程服务的工作，包括勘察、设计、治理、监测和监理等不同阶段的工作。

根据专业考试大纲，岩土工程师需要通过8个课目的专业考试，包括"岩土工程勘察"、"浅基础"、"深基础"、"地基处理"、"土工结构、边坡与支挡结构、基坑与地下工程"、"特殊地质条件下的岩土工程"、"地震工程"和"工程经济与管理"。

经过四年的考试，于2005年对全国注册土木工程师(岩土)专业考试大纲进行了一次修订，新的考试大纲将于2007年开始执行。

我国注册土木工程师(岩土)的专业考试在岩土工程界激发了学习的高潮，极大地推动了工程师们的岩土工程知识的总结与学习，各行业之间加强了交流。

3. 岩土工程师的再教育

目前，从事岩土工程工作的多数工程师的专业面是比较窄的，适应能力比较差，这是由于过去学校教育体制的专业面太窄的缘故，为行业之间的沟通和交流造成了障碍，更缺乏跨行业工作的适应能力。

他们的教育背景和实践经历也存在着比较大的差异，从总体来说，他们分别来自地学专业和工程学科专业两类学科群，当然各个学校的学科条件和培养方法也存在不少的差异。一般来说，从地学专业毕业的工程师，由于缺乏工程学科的基础知识和工作训练，对上部结构了解太少，即使从做好勘察工作的要求来衡量还有差距；从工程学科毕业的工程师，虽然比较熟悉设计工作，但由于地学的知识较少，缺乏对地质条件的深刻理解和正确判断的能力。这种现状影响了岩土工程体制的建立与运行，因此如何使这两种教育背景和工作经历的工程师相互靠拢，是专业考试面临的状态和希望解决的问题，也是岩土工程师继续教育需要着力解决的问题。现在的岩土工程研究生培养体制，也正在实践着培养岩土工程人才的这条路线，从工程学科和地学两类学科群的本科毕业生中招生培养岩土工程专业的硕士和博士，效果是显著的。

十四、岩土工程发展趋势与展望

（一）岩土工程与可持续发展

从20世纪80年代以来，我国的土木工程建设得到了突飞猛进的发展，相应地，岩土工程的规模与范围也达到了空前的程度。21世纪初期是我国实现社会主义现代化第三步战略目标的关键时期，在此期间，经济结构将进一步优化，人口持续增长，城市化水平可能更快地提高，生态环境将面临严峻的考验和必须努力得到控制和改善。吸取国外发达国家的历史经验和教训，我国岩土工程除了进行一般的岩土工程设计施工外，也应当注意到环境岩土、岩土与生态环境、岩土与资源及岩土工程的可持续发展方面。我国20多年的空前的岩土工程实践取得了丰富的经验，在岩土理论与工程方面都取得很大成就。但是我国人口众多包括水资源在内的天然资源短缺，环境污染严重，并有进一步加重的趋势。不良的自然地理条件使我国大部分地区生态环境脆弱。近20年来高速发展的土木工程建设，大大促进了岩土工程的发展，提高了我国岩土工程理论和实践的水平。但对于自然环境的干扰和影响也不容忽视。还存在明显的不足。以下的问题是值得注意的：

1. 岩土工程的安全问题亟待解决

随着大规模的经济建设的开展，岩土工程活动的领域和范围越来越广阔，新的项目和新的条件提出新的问题。在技术水平和管理水平方面的不适应，使岩土工程中的事故比较严重。各种矿井的事故频发；深基坑支护结构的倒塌也屡见不鲜；岩土中的地下工程也是事故的多发处；地基的变形影响建筑物的正常使用。这些问题给人民的生命财产和国民经济造成巨大损失。在理论研究、设计方法和施工管理诸方面总结经验，开展研究，努力减少与减轻事故及其损失是极其重要的课题。

2. 地质灾害与岩土环境问题值得重视

由于建设的深度与广度的提高，天然的地质灾害对我们的影响加大了。另一方面人们的活动引发的环境岩土灾害也在加剧：大量地开采深层地下水，使地面普遍下降，引发地裂缝，海水入侵及地下水咸化；废弃物对于土地、空气与地下水的污染；大规模的水利水电工程、高速公路、高速铁路，尤其是在生态环境比较脆弱的西部高寒高纬度地区的工程，可能引发的次生地震、崩塌、滑坡、泥石流、融陷、大面积水土流失等；在膨胀土、湿陷性黄土、多年冻土、盐渍土地区的工程，一方面给工程本身造成困难，另一方面也可能存在生态环境方面的不利影响。

3. 岩土工程在多方面的分散与不一致阻碍了学科发展与工程实践

我国各行业的岩土工程实践积累了大量丰富的岩土方面的信息和资料。大到卫星和航测的地理、灾害、资源的照片，不同目的的地理信息系统资料，大尺度的流域、地区、城市的地理、地质、资源的资料和信息；小到具体的区域、场地的勘察钻探资料、地下水观测资料、构造物和建筑物的长期变形观测资料，不同土层的物理力学指标等，这些资料是我国岩土工程和研究的共同财富，有着极高的价值。可是目前它们大部分都掌握在不同的行业、部门、单位，甚至个人手中，有的逐渐流失。一方面是大量的资料信息未被开发利用，另一方面，许多重复性的勘察、研究、开发还在进行，造成社会财富和资源的巨大浪费。

目前我国相关的行业都制订了各自的岩土工程方面的规范，不计地方规范标准，国标和行标有200多种。内容高度不统一，给技术人员的交流和沟通造成困难，也十分不利于市场经济和国际合作。大部分规范条文规定过细、过死、偏于保守，大大限制了技术人员的积极性的发挥，在不同的情况下，或者造成严重的浪费，或者由于脱离具体实际而发生事故。

为实现岩土工程经济安全地为各种工程领域服务，为保持和改善生态环境，从而支持国民经济的可持续发展，岩土工程努力在城市地下工程、环境岩土工程、西部大开发的岩土工程问题、岩土工程监测与安全评估以及岩土信息、规范标准等方面开展科学研究与技术创新，在以上重大科技问题方面提出战略性的、全局性的研究成果，获得一批原创性的基础研究和应用研究成果，在岩土理论、设计方法、施工管理等方面更新理念，提高水平，使中国的岩土工程科学接近发达国家的水平，实现我国岩土工程研究跨越式的发展。

（二）岩土工程发展的方向与重点

在深入研讨岩土工程科技发展的战略问题的基础上，树立以岩土工程服务于其他工程领域的观念，以岩土工程与环境、资源为主线，从国民经济的全局出发，从宏观、战略的高度提出六个优先发展方向，22个重大科技问题，供国家制订中长期科技发展规划参考，也为岩土工程的发展提供了指南。

1. 城市地下工程中的岩土工程问题

随着现代化城市理念的变化，高楼林立、立交桥、高架路纵横已非现代化城市的良好形象。人们更多地强调回归自然、更开阔的城市空间、更多的绿色景观、更浓厚的历史与文化气息。这就要求城市更多地利用地下空间，城市交通、公共设施、人居空间大量转入地下，这也是城市防护和减灾的要求。有人说：19世纪是大桥的世纪，20世纪是大楼的世纪，21世纪将是地下工程的世纪。积极地进行规划、论证，提高设计施工水平，充分利用地下空间是今后的重要工作。城市地下工程主要为土质地下工程，在沿海城市主要是软黏土中的地下工程，并且其规模会更巨大，形式和布局也更复杂。

其重点包括：

(1) 深基坑和地下结构上的水土压力计算；

(2) 地下水对于基坑和地下结构施工和运用安全的影响及工程对策；

(3) 地下工程施工的时空效应理论及信息化施工；

(4) 地下结构的安全评价与监测。

2. 环境岩土工程问题

我国在这方面的关注和研究相对滞后，国民经济发展水平也不容许我们按照发达国家的标准和方法进行治理和防护。这一方面的问题往往涉及多种学科的交叉；涉及新的监测技术、新的研究路径、新的理论和新的材料的应用（如土工合成材料）；也涉及国家的经济、政策和法规，是一个十分敏感的系统工程。

重大科技问题包括：

(1) 由于地下水超量开采、采矿和开挖等人类活动引起的地面下沉，地表开裂及海水回灌问题及其对策；

(2) 巨型工程施工和运行引发的地震、滑坡、泥石流等地质灾害；

(3) 固体废弃物的安全无害化处理；

(4) 土工合成材料在环境岩土工程中的应用及新材料的开发。

3. 西部大开发中的岩土工程问题及相应的环境生态影响

随着我国西部大开发各工程项目的推进，提出和暴露的岩土工程问题日趋严峻。大量的高速公路和各级道路在西部各省迅速兴建；青藏铁路、西气东输、西电东送等大型工程项目陆续开工；南水北调的西线工程正在论证设计；一些大型的水利水电工程在西南的江河中上游兴建或者计划兴建。这些大型和超大型的工程无疑将推动我国西部经济的发展。它们向岩土工程界提出了严重的挑战；西部地区原始的状态和脆弱的生态环境也面临着严峻的考验。

首先，这些工程项目提出一些前所未有的岩土工程课题。例如在南水北调的西线工程中，在高纬度、高海拔、复杂地质条件和高地震烈度地区进行深达千米的勘察钻孔；穿越世界屋脊—青藏高原的几十公里的长隧洞（总长度240km）；在多年冻土中输水线路的建设。在青藏铁路工程中，同样涉及到在多年冻土、高地震烈度和复杂地质构造等困难复杂的岩土工程条件的岩土工程施工问题。西气东输和西电东送工程跨越几千公里，沿途可能经历湿陷性黄土、膨胀土、盐渍土、活动沙丘、采空区、活动断裂带等复杂的岩土环境。有些是人类历史上从未遇到的问题。

另一问题是这些工程的兴建和运行带来的可预料及不可预料的环境和生态问题及评价。大型水利水电工程可能引起继发地震、滑坡和其他地质灾害，水库库区可能淹没珍贵植物及被保护动物的活动区，截断一些鱼类的回游路线，使一定区域的土地水土流失或者盐碱化。山区大量的高速公路和各级道路的建设则会引起滑坡、水土流失等问题。而多年冻土地区对于扰动十分敏感，工程建设可能引起不可逆的生态环境破坏。因而西部大开发中的岩土工程及其生态环境评价是一个及其重大的课题。

重大科技问题包括：

(1) 西部大开发中岩土工程建设对于生态环境的影响及对策；

(2) 西部大开发中岩土工程的抗震问题；

(3) 非饱和土、原状土及特殊土的结构性研究；

(4) 高寒缺氧条件下的勘察与岩土工程施工；

(5) 在各类工程中多年冻土的保护与应用。

4. 岩土工程的监测与安全评价

(1) 岩土工程的监测

由于岩土工程材料与环境的不确定性，很难通过理论计算分析精确地解决岩土工程问题，尤其是对于没有经验的新的大型工程项目和问题。因而理论导向、经验判断、实时监测、反算分析成为岩土工程中行之有效的工作方法。在岩土工程中，原位测试、现场监测是指导工程实践的不可缺少的手段，也是岩土理论发展的基础。

这方面的工作包括：新的原位测试和现场监测的设备、仪器和手段的研究；高水平的钻探和取原状土样的技术；发展有效的理论模型；充分利用计算机技术和采用高新技术〔如计算机辅助设计（CAD）；地理信息系统（GIS）；卫星遥感与定位系统（GPS）；文件管理系统和决策系统（OA，PDM等）〕。同时利用专家系统、可视化与虚拟现实等提高岩土工程的安全评价和管理决策的水平。

重大科技问题包括：

1) 现场测试和工程监测的基础理论、仪器、方法和结果判释的研究；

2）计算机、3S 系统等现代化技术手段在岩土工程中的应用；

3）重大岩土工程的预警系统和基于风险分析的决策系统；

4）可靠度理论方法在岩土工程中的推广；

5）岩土工程的共享信息平台的建设。

（2）岩土工程的安全性评价

由于岩土工程的复杂性和不确定性，除了传统的计算设计方法（例如单一安全系数法）以外，各种不确定理论和方法可能是解决岩土工程问题的有效方法。例如基于可靠度理论基础的分项系数设计方法。人们也尝试使用数理统计方法、神经网络方法、遗传算法、灰色理论、模糊数学等。这些不确定的理论方法的基础就是有丰富的信息资料、大量的样本。因而，建立全国和不同地区的共享的岩土信息资料平台是功德无量的事业。这一工作除了搜集现有的资料信息以外，还必须进行大量的补充试验、勘探、研究。对于大量的信息资料进行分析处理。建立科学的管理系统。

重大科技问题包括：

1）建立以城市为单元的地理信息系统，完成地质、水文地质的信息集成，在地方信息集成的基础上，建立地方的有关典型岩土的物理力学参考参数，建立可共享访问的信息库；

2）组织专家组，建立不同级别的咨询审查机构。

（3）岩土工程规范标准的统一和改革

有些应当在全国范围内统一，如土的命名，岩石分类，岩土名词术语，基本设计方法（安全系数设计还是可靠度设计），设计施工的基本要求，各级人员的职责，各级工程审批程序等。

委托权威的学术团体制定推荐性的、非强制性的标准和规定，内容可以更具体一些，也可组织有关专家多编制相关的手册，对于设计计算理论公式、采用参数、典型案例、工程经验给予详细的介绍。

重大科技问题包括：

1）建立跨行业的专家组，统一岩土分类、名词术语，尽量与国际接轨。

2）减少和规范现有的国标与行标，委托有关学会编制指导性的标准和手册。

3）进一步发挥注册岩土工程师的责任与职权。对技术人员进行经常性的培训与再教育。

参考文献

[1] 刘金砺，迟铃泉. 桩土变形计算模型和变刚度调平设计[J]. 岩土工程学报. 2000，22(2)

[2] 迟铃泉，刘金砺. 高层建筑地基基础与上部结构共同作用计算中桩土变形计算即工程应用. 岩土工程青年专家学术论坛文集[R]. 1998，北京

[3] 李广信. 关于 Osterberg 试桩法的若干问题. 岩土工程界 1999，2(5)：30～33

[4] 史佩栋，高大钊，钱力航. 高层建筑工程科技发展现状与展望. 21 世纪高层建筑基础工程. （21 世纪高层建筑基础工程学术研讨会论文集，上海。2000）北京：中国建筑工业出版社，2000

[5] 龚晓南主编. 地基处理技术发展与展望. 北京：中国水利水电出版社，2004

[6] 王思敬，黄鼎成主编. 中国工程地质世纪成就. 北京：地质出版社，2004

[7] 杨光华. 深基坑支护结构的实用计算方法及其应用. 北京：地质出版社，2004

[8] 李广信. 基坑支护结构上水土压力的分算与合算. 岩土工程学报. 2000，22(3)：348～352。

[9] 余波. 国家大剧院深基坑工程设计与施工技术. 岩土工程界. 7(3，4，5)2～23，4～18，5～21

[10] 刘国彬，侯学渊，刘建航. 基坑工程的时空效应规律的研究与实践. 见：基坑支护技术进展. （基坑工程学术会议论文集，山东济南，1998）建筑技术. 1998 年增刊：102～106

[11] 张丙印，于玉贞，张建民. 高土石坝的若干关键技术问题. 第九届土力学及岩土工程学术会议论文集，（上册）(特邀报告)北京：清华大学出版社，2003：163～186

[12] 《碾压式土石坝设计规范》(SL 274—2001)，北京：中国水利水电出版社，2001

[13] 蒋国澄，凤家冀，傅志安主编. 混凝土面板坝工程. 武汉：湖北科学技术出版社，1997

[14] 徐泽平. 面板堆石坝应力变形特性研究. 中国水利水电科学研究院博士论文，2005

[15] 李青云. 长江堤防工程安全评价的理论和方法研究[D]. 清华大学博士论文，2002

[16] 任大春. 排水减压井的渗流计算及其应用研究. 武汉：武汉出版社，2003

[17] 陈东平主编. 江河丰碑—中国大中型水电站年，北京：今日中国出版社，中国水利水电出版社，2000

[18] 潘家铮，何璟主编. 中国大坝 50 年. 北京：中国水利水电出版社，2000

[19] 李广信. 第九章 岩土工程. 当代水利科技前沿. 水利部国际合作与科技司编著，2005 年，北京：中国

水利水电出版社.

[20] 陈祖煜, 汪小刚. 岩石高边坡失稳机理和分析方法. 北京: 中国水利水电出版社, 1999

[21] 刘丰收等. 岩体力学参数确定方法探讨. 全国岩土与工程学术大会论文集, 北京: 人民交通出版社, 2003

[22] 朱建业. 水利水电建设中的岩土工程. 全国岩土与工程学术大会论文集. 北京: 人民交通出版社, 2003

[23] 项海帆, 范立础. 中国大桥画册. 北京: 人民交通出版社, 2002

[24] 范立础. 桥梁事故分析——展望设计理论进展. 见: 陈肇元主编. 土建结构工程的安全性与耐久性. 北京: 中国建筑工业出版社, 2003

[25] 王思敬, 黄鼎成主编. 中国工程地质世纪成就. 北京: 工程地质出版社, 2004

[26] 罗国煜等. 区域稳定性优势面稳定分析理论与方法. 岩土工程学报. 1992, 14(6): 10~18

[27] 中交公路规划设计院. 南京长江第二大桥施工图设计文件, 北京: 1997~1998

[28] 罗国煜等. 城市环境岩土工程. 南京: 南京大学出版社, 2000

[29] 高大钊等. 岩土工程的回顾与展望. 北京: 人民交通出版社, 2001

[30] 龚晓南. 21世纪岩土工程发展展望. 中国公路工程地质网(http://roadgeot.myrice.com/)

[31] 中国民航机场建设总公司. 上海浦东国际机场地基处理试验沉降观测报告. 1999

[32] 中国民航机场建设总公司. 敦煌机场盐渍土地基试验研究. 1999

[33] 中国民航机场建设总公司. 四川九寨黄龙机场高填方地基监测及综合分析. 2003

[34] 徐家谟等. 金川矿山边坡岩体工程地质力学. 北京: 地震出版社, 1998

[35] 何满潮等. 中国煤矿软岩巷道支护理论与实践. 北京: 中国矿业大学出版社, 1996

[36] 许延春等. 井壁卸压槽应力变形特性及防治井壁破坏效果分析. 建井技术, 2001, 22(4): 26~28

[37] 陈云敏, 刘松玉, 施建勇, 傅鹤林. 环境岩土工程研究进展与发展方向. 建筑、环境与土木工程学科发展战略研讨会论文集. 主办单位: 国家自然科学基金委员会, 中国北京, 2004

[38] 陈云敏, 唐晓武. 环境岩土工程的进展和展望. 环境岩土工程方面发展水平综述报告. 第九届全国土力学及岩土工程学术会议论文集, 2003

[39] 中华人民共和国建设部. 生活垃圾卫生填埋技术规范(CJJ 17—2004). 北京: 中国建筑工业出版社. 2004

[40] 北京有色冶金设计研究总院, 杭州天子岭废弃物处理总场. 杭州市第二垃圾填埋场可行性研究报告. 杭州, 2001

[41] 冯世进, 陈云敏, 詹良通. 城市固体废弃物剪切强度参数的研究. 浙江大学学报(工学版). 2005, 39(7): 987~991

[42] 浙江大学岩土工程研究所. 天子岭垃圾填埋场堆体稳定分析报告. 杭州, 2003

[43] 陈云敏, 柯瀚. 城市固体废弃物的压缩性及填埋场容量分析. 环境科学学报. 2003(23): 694~699

[44] 邹庐泉, 何品晶, 邵立明, 李国建. 垃圾填埋初期渗滤液循环对其产生量的影响. 上海交通大学学报. 2003, 37(11): 1784~1787

[45] 赵由才, 黄仁华等. 大型填埋场垃圾降解规律研究. 环境科学学报. 2000, 20(6): 736~740

[46] 王旭东等. 敦煌莫高窟围岩的工程特性. 岩石力学与工程学报. 2000, 19(6)

[47] 李最雄等. 古代土建筑遗址保护加固研究新近展. 敦煌研究. 1997(4)

[48] 王殿武等. 土工合成材料在寒区堤岸防护工程中应用研究与实践. 沈阳: 辽宁科学技术出版社

[49] 中国土工合成材料工程协会国际土工合成材料学会中国委员会. 全国第六届土工合成材料学术会议论文集. 北京: 知识出版社

[50] 国家经济贸易委员会主编. 土工合成材料推广应用图集. 北京: 科学普及出版社, 2000

[51] 高大钊等. 岩土工程的回顾与展望. 北京: 人民交通出版社, 2001

[52] 钱七虎. 岩土工程领域若干工程途径底辨正对比思考. 岩土工程界, 2003, 6(10): 20~22

[53] 钱七虎. 岩土工程与我国可持续发展战略. 岩土工程界. 2003, 6(1): 23~26

[54] 李广信执笔. 岩土工程. 见: 周光召主编. 2020中国科学和技术发展研究: 1089~1098, 北京: 中国科学技术出版社, 2004

执笔人: 李广信

其他撰稿人: 张在明、沈小克、陈雷、刘松玉、魏弋锋、陈云敏、王育人、高大钊、卞昭庆、高晓军、介玉新等

中国土木工程学会城市轨道交通技术推广委员会

城市地下空间利用篇

中国土木工程学会城市轨道交通技术推广委员会

目　录

一、前言 …………………………………………………………………………………… 151
二、我国城市地下空间利用的现状 ……………………………………………………… 151
三、我国地下空间利用方面存在的问题 ………………………………………………… 155
四、我国地下空间利用工作的展望 ……………………………………………………… 155
五、地下空间利用案例介绍 ……………………………………………………………… 156

一、前　言

20世纪城市建筑工程发展迅猛，建设成果显著，有效解决了城市容量和城市地上空间资源的利用问题。随着我国城市化水平的不断提高，城市空间拥挤、交通阻塞、环境恶化、资源匮乏等问题愈演愈烈。与此同时，城市地上空间则越来越少，尤其是国内大型城市中心区的地上空间资源已几近枯竭，地上空间利用的成本也越来越高，部分地段的土地利用成本已经高达 2～3 万元/m^2，向地下要空间成为人们更加关注的又一个焦点，地下空间利用逐步成为增强城市功能，改善城市环境的必要手段。借鉴国外城市地下空间开发利用的经验，国内城市地下空间的利用也逐步由原始的"单点建设、单一功能、单独运转"模式向"统一规划、多功能集成、规模化建设"的模式转化。近十几年来，城市地下空间的利用范围越来越宽，城市地下铁道、地下管廊、地下商业、地下交通、地下停车、交通枢纽以及城市防灾工程等建设项目不胜枚举。

中国城市地下空间利用经历了"自由发展"、"有序建设"、"法制化管理"等若干阶段。早期国家对地下空间的利用并没有明确规定，地下土地资源是一块"毛地"，其利用的随意性很大，土地出让条件也不一致，政府在此方面没有明显收益。1997年，建设部颁布了《城市地下空间开发利用管理规定》，对城市地下空间的规划、建设和管理作了规定，使中国地下空间开发利用有了明确的方向。2001年，建设部发布了《建设部关于修改〈城市地下空间开发利用管理规定〉的决定》，更加明确了国家主管部门、地方政府的职责，并明确规定了城市地下空间规划作为城市总体规划的一部分，明确了城市地下空间开发利用规划的主要内容。从此，城市地下空间规划逐步走上了法制化的轨道，使城市地下空间利用在真正意义上成为实现城市可持续发展的重要途径。

国内各主要城市对地下空间利用工作一直非常重视，近年来建设工程逐步增多，已经形成良好的规划、设计、建设局面。目前北京、上海、深圳、南京、西安、青岛、杭州等城市正在或已经编制城市地下空间总体规划。

二、我国城市地下空间利用的现状

我国早期的城市地下工程绝大部分是防护工程，经过多年的建设，城市人防地下工程的规模已经相当巨大，据初步统计，仅平战结合开发利用的人防工程已经达到数千万平方米。1986年之后，随着我国城市轨道交通建设工作的逐步开展，以轨道交通建设为主的地下空间利用占了城市地下空间利用的主导地位，轨道交通建设也带动了沿线地下空间利用的发展。近十年来，随着城市地下空间利用规划工作逐步走向正轨以及城市地上空间资源的日趋紧张，城市其他地下设施的建设发展迅猛，除地铁之外，城市地下商场、地下广场、地下停车场、地下综合体、交通枢纽、综合管廊、地下交通设施等工程比比皆是。

1. 城市地下空间规划工作成绩突出，硕果累累

《城市地下空间开发利用管理规定》明确了各级政府的管理职责和对地下空间利用规划的要求，国内各城市对地下空间利用规划工作非常重视，并着手组织编制地下空间总体规划，以北京、上海、广州、深圳、南京、西安、青岛、杭州等为首的城市地下空间规划工作走在了前头。

北京市为编制地下空间利用规划，对地下空间利用的各个方面分别进行了专题研究，其中包括基础调研、政策研究、规划研究、技术研究等四个专题、共15个子课题，在此基础上，编制了《北京市区中心区地下空间利用总体规划》，根据规划，北京市区中心区远期地下空间开发总量将达到

3000～4000万 m^2。与此同时,北京市对重点地区地下空间实施规划,如北京CBD中心区地下综合开发规划,其地下空间与地铁1号线、14号线结合并连通区域内所有地下空间,规划开发总规模约30万 m^2;在奥运公园中心区地下空间开发规划中,地铁车站与中心区地下商业连接,整个地区地下空间开发面积为52.6万 m^2;另外,对金融街地区、西单地区、王府井地区、中关村地区等也作了详细规划。

初步估计目前上海地下空间开发总面积约440万 m^2。上海市除进行城市地下空间总体规划外,针对中心区和重点地区进行了专项规划,并逐步付诸实施,如上海世博园规划将有五条地铁(M4、M5、M7、M8及L4线)联系世博会园区内外交通,在以轨道交通为核心、公共交通为主体的世博会交通网络中,地下交通枢纽将成为整个交通网络的锚固点,园区内大型展览馆将轨道交通作为其地下部分的延伸,成为展馆的一部分。

至2007年前,上海将重点推进建设"东南西北中"八大地下空间骨干工程:东为世纪大道东方路交通枢纽;南为上海南站;西为静安寺地区、中山公园交通枢纽、宜山路—凯旋路交通枢纽;北为虹口足球场交通枢纽、江湾五角场副中心;中为人民广场综合交通枢纽等。

上海南浦站规划地下空间工作也正在进行中。

广州除以地铁建设作为地下空间利用的骨干,加强地铁沿线地下空间规划外,还采用示范工程的方式开展地下空间利用规划和建设工作,如广州城市新轴线地下空间示范工程;广州大学城综合管廊示范工程;花园酒店城市广场示范工程;金沙洲新型居住小区示范工程等。广州天河体育中心计划开发地下90万 m^2 空间。

南京也规划了多处大规模地下空间开发工程,如将借危房改造之机在北极阁地区的安仁街与北京东路交叉路口处建设一个 $1000m^2$ 的下沉式广场,广场地下是建筑面积4.6万 m^2 的地下空间。规划中的湖南路地下商业街地下空间总面积约5万 m^2。

深圳规划并建设了围绕地铁站的十大地下综合体,其中罗湖交通枢纽规划在国内得到了赞许。深圳还拟在市中心区规划14万 m^2 的地下商业空间。

西安早在1995年就制定了城市地下空间开发利用规划,并初步确定了规划地下空间利用总量。在古城保护和地下空间利用方面,西安市作了有益的探索,钟鼓楼广场地下空间开发工程(世纪金花)已经成功实施。

杭州市对地下空间利用进行了详细规划,其中钱江世纪城地下空间控制性详细规划是全国第一个地下空间规划项目,该规划拟在钱塘江南岸建设容积2245万 m^3 的地下城。

2. 城市地下空间利用成果丰富

1995～2005年,全国地下空间利用取得了大量可喜的成绩,这十年的成果,超过了前30年的总和。

(1) 地铁建设量大面广,成绩突出,带动了地下空间利用的发展

截止到2005年底,我国内地已有北京、上海、天津、广州、长春、大连、武汉、深圳、重庆、南京共10个城市有城市快速轨道交通系统投入运营,运营线路总长度457.6km,其中有约50%以上是地下线路。近10年开通的里程相当于以往几十年总和的3倍多。

作为地下空间利用的"动脉",地下铁道工程串起了沿线地下空间,并结合地铁建设同步建设了多处综合地下空间开发项目,与地铁工程融为一体。

上海地铁2号线杨高路站与车站周围的地下商场、下沉广场、地下汽车库、自行车库、下立交、规划地铁、公交车站等有机地结合,带动开发的地下空间面积达6万 m^2(不含车站本身面积),中山公园站自身以及带动相邻地下空间开发面积达2.5万 m^2。

上海南站站交通枢纽工程将上海地铁1号线既有的上海南站地面站改为地下车站,移至上海铁路南站主站房下方,并同步实施远期轻轨L1线上海南站站的土建预留工程,均为地下车站。南站工程形成了一个多功能的大型综合交通枢纽,汇集有R1、M3和L1三条轨道交通线、长途汽车站、近郊汽车站和公交枢纽站、出租车停车场等交通枢纽设施,通过改造,实现与明珠线、轻轨L1线形成工字形换乘,并实现与上海铁路南站进行"零换乘"。上海南站枢纽地下空间开发面积达15万 m^2。

深圳地铁罗湖车站与罗湖交通枢纽结合,通过建造地铁罗湖站、地下交通层、地下通道、地面高架系统,形成五个层面的立体交通枢纽,解决了乘

客出入境及火车、公交、的士、地铁、长途大巴等运输系统的换乘问题，其地下空间总面积达 4.32 万 m^2。

（2）地下管廊建设项目越来越多

上海市政府为了将浦东建设成为现代化的国际大都市，规划建设了迄今为止中国大陆规模最大的共同沟——浦东新区张杨路共同沟。张杨路共有一条干线共同沟、两条支线共同沟，其中支线共同沟共收纳了给水、电力、信息与煤气四种城市管线，全长 11.13km。

上海松江新城示范性地下共同沟工程（一期）于 2003 年 10 月建成。地下共同沟（一期）长度 323m，高度和宽度各为 2.4m。从上到下依次铺设了粗细不等的 35kV 电力电缆、通信电缆、有线电视光缆、直径 300mm 配水管、直径 600mm 输水管、燃气管等。共同沟内设置了先进的通风和照明系统，所有系统由中央计算机监控系统控制。

2002 年 12 月开始动工兴建的上海嘉定区安亭新镇共同沟是我国首条完整的民用共同沟，共同沟铺设在居住区内。这个共同沟一期总长 5.8km，内设电力、通信、给排水、广播电视、消防等各种管线，燃气管道则置于上方专用空间。

2005 年建成的北京中关村西区地下市政综合管廊，敷设在中关村西区市政道路下，总长度 1900m，总建筑面积 95090m^2。其中，地下一层为环形汽车通道（单向双车道），地下二层为支管廊层、车库及商业开发空间，地下三层为主管廊层，分割为五个平行的、互不相通的小室，分别敷设天然气、电力、上水、中水、冷水、电信和热力七种管线。

广州大学城综合管沟位于小谷围岛中环路中央隔离绿化地下，沿中环路呈环状结构布局，全长约 10km，主要布置供电、供水、供冷、电信、有线电视 5 种管线，预留部分管孔空间以备将来发展所需。该管沟是目前国内距离最长、规模最大、体系最完整的一条共同管沟。

杭州钱江新城共同沟，总长 2100m，2005 年底完工。钱江新城所有的管线，均进入该共同沟。共同沟的建设除了埋设管线外，更有利于保护钱塘江大堤，为规划发展预留了宝贵的地下空间。

佳木斯于 2003 年 8 月建成了我国东北第一条地下综合管廊——鸿宇市政管廊。这条地下管廊总长为 2000m，将自来水、排水、天然气、强电、弱电、供热等市政基础管线科学地整合于一个混凝土框架空间内。

（3）地下商业及交通空间利用

西安钟鼓楼广场地下空间开发工程（世纪金花）于 1998 年建成，其地下空间利用面积约 3.2 万 m^2。该工程是对古城保护和地下空间利用方面所作的有益探索，既保护了工程环境，又充分利用了地下空间，还创造了市民休闲的良好处所，其建设模式值得推广。

北京金融街地下交通工程位于西城区金融街中心地段的地下，东至太平桥大街，西至西二环，北至武定侯街，南至广宁伯街，总建筑面积约 3.01 万 m^2，总长 2378m。金融街地下交通工程主要由地下行车系统和地下人行系统两部分组成。地下行车系统位于地下二层，行车系统通过地下隧道与西二环路和太平桥大街直接相通，连接各已建、在建及拟建地下车库，可为出入西二环路、太平桥大街的社会车辆提供便利条件，高峰时段每小时可疏导约 2000 辆地面交通车辆。

天津小白楼地下空间开发，把地上空间与地下空间充分利用起来，结合区域交通整理，统一规划和建设。建成后的小白楼广场包括音乐厅、地铁小白楼站和广场，同时分为地上一层和地下三层。其中地上建音乐厅（建筑面积为 3500m^2）以及广场，总占地面积为 9503m^2；地下一层和二层为商业广场，地下三层为机动车和非机动车停车场，地下总建筑面积为 31642m^2，地下三层预计有 300 个停车位。

3. 地下空间利用技术较 10 年前有了大幅度的提高

（1）工法的创新突出，工法利用更灵活

传统的浅埋暗挖法仍然体现了其在软土地层中的良好适用性，在轨道交通项目中，暗挖车站施工方法和断面形式在传统浅埋暗挖法的基础上，为不断适应环境条件，有了很多创新工法，如 PBA 工法、平顶直墙法、暗挖逆作法等，这些工法在北京地下空间利用工程上（尤其是地铁工程）得到了广泛应用，暗挖车站的断面也越来越灵活和壮观，以北京地铁五号线为代表的诸多暗挖车站已经成功实施，成绩突出。

铺盖法在地铁工程中越来越显示出其优势，这种工法以其工艺简单、交通影响小和造价经济的优点,已经被应用于部分地下工程,这种工法的标准构件研究也正在进行中。可以预计,在交通影响要求越来越高,而暗挖工法造价居高不下的现实条件下,铺盖法将被广泛应用。

盾构工法已经被大量地应用于北方地区(如北京等)的地铁工程中,盾构法的应用,大大加快了地铁隧道的建设步伐,且施工安全性也得到了改善。在盾构法应用的同时,工程界注重了相关的研究工作,如对盾构隧道在第四纪地层中的受力机理研究,对盾构隧道管片的配筋形式及钢纤维混凝土管片的研究,对盾构隧道扩挖车站的研究等项目正逐步展开,部分项目已经取得初步成果,并拟在实际工程中应用。

隧道超前支护技术和手段在这10年来(尤其是最近5年)大大前进了一步,超前长管棚支护技术和超前预注浆技术都取得了长足的进步,为浅埋暗挖法的应用提供了技术保障。

基坑支护技术的应用范围越来越宽,SMW工法、旋喷注浆支护、LXK工法、土钉墙支护技术等大量地应用在地下空间开发工程中。

新的桩基支护技术越来越多,如十字桩技术、AM桩(旋挖挤扩桩)技术已经被应用在世纪工程中,效果良好。

管幕支护技术应用在重点工程中,取得了良好的效果。

(2) 地下空间开发设计手段和设计方法取得了一定的进步

地下工程设计基本仍沿用以往比较成熟的理论,但在设计手段方面近十年来有了大幅度的提高。

随着地下空间利用规模的增大,工程分析的难度和工作量越来越大,原有的分析方法与实际情况的符合性也越来越差,计算机及软件技术的发展刚好填补了这一空间,目前工程设计计算所采用的软件有了革命性的变化,大型空间有限元分析软件被广泛应用。在地下空间环境分析方面,SES、STESS、CFD等仿真模拟软件较好地解决了问题,同时,也为设计优化和创新提供了条件。

大规模的地下空间,如何解决消防和防灾问题十分关键,消防性能化设计较好地解决了问题,消防性能化设计的应用也越来越多。

地下空间环境控制方面由于设备和计算机水平的提高而得到了大幅度的提升,防灾和环境控制的自动化和综合化已经是主流方向,在地下管廊、地下商业、地铁等方面的应用越来越多。

(3) 地下工程安全风险控制和管理工作有了一定程度的进展

地下工程的施工风险大是其特点,在国内地下工程施工安全事故频发的状况下,国内各主要城市已经着手开展系统的地下工程施工安全风险控制和管理工作。北京、上海和广州等城市都取得了一定的成果。这项工作我们与国外的差距较大,发展前景广阔。

(4) 技术和设备创新带动了地下空间通风空调系统的革命

由北京城建设计研究总院主导提出并获得专利的多项通风空调专利技术得到了广泛的应用,这些新技术包括空气—水空调系统、地铁集成通风空调系统、直接蒸发空调系统、设置屏蔽门的通风空调系统等,与这些技术配套的设备研制也已经完成并在世纪工程中应用。这些技术在改善地下空间环境条件的同时,大大缩小了通风空调系统占用空间的面积,这在地下空间高造价、高投资的现实情况下具有特殊的意义和效益。

地源热泵采暖技术已经在地下空间开发中得以应用(成都地铁)。

(5) 地下空间防水技术日趋成熟

防水材料的更新已经超过了土木工程其他材料的更新速度,防水材料的更新主要基于防水材料本身和防水工艺的考虑,力求更好地保证施工质量和后期补救工作的效果。新材料止水带、膨润土防水毯(板)、各种注浆管、缓膨胀止水膏剂等层出不穷。在防水设计方面,经过实践验证的防水做法得以广泛地应用,取得了良好的效果。

4. 既有人防工程的工程再利用工作前景广阔

国内不少城市早期建设的人防工程仍有较高的利用价值,可以作为地铁工程的一部分加以利用。重庆地铁1号线利用了2.87km的人防洞,且利用人防洞扩建的小什字车站单拱开挖跨度20m,地面覆土6.7m,已经建成。哈尔滨地铁也即将利用5.3km的人防隧道作为地铁区间隧道加以利用。

三、我国地下空间利用方面存在的问题

我国在人口众多、经济相对落后的情况下，城市地下空间利用取得了巨大的成就，对于提高城市防灾救灾能力、发展城市经济、改善城市环境、方便人民生活等方面都起了积极的作用，但与发达国家以及地下空间开发历史悠久的城市比，还有不少差距。

1. 缺乏整体的城市地下空间开发利用发展战略和全面规划

地下空间开发利用是一项系统工程，既要研究地上地下的协调，又要研究资源调查和需求预测，并考虑财力和筹资的可能，是一项决策性很强的工作。当前开发利用中存在很多问题的原因是缺乏科学的整体发展战略和全面规划。另外，规划的严肃性还得不到保证，变化频繁是导致部分项目难以实施的主要原因。

2. 地下空间利用政策的研究工作不足

尽管大规模地下空间开发工作取得了一定的成就，但与发达国家比我们还有较大的差距，如何充分发挥开发企业的积极性，如何确保开发成果（尤其是公益性开发成果）能够得以充分利用，是摆在我们面前的艰巨任务。目前我们面临的形势是政府管理机构条块分割严重，没有明确的职能和职责，这是导致目前已经建成的工程无法正常投入使用的主要原因。

3. 城市地下空间开发利用相关法规和标准欠缺

目前我国除人防工程建设的规划、标准和设计施工规范以外，关于地下空间的所有权、使用权、管理权到地下空间的开发战略、方针、政策、管理体制、建设标准、技术标准、设计施工规程等一系列问题基本都处于无法可依的状态，一定程度上影响了地下空间的发展。技术标准缺乏，某种程度上也加大了工程建设的风险。

4. 没有广开渠道，多种形式解决资金来源

目前已经建设的地下空间利用项目，除建筑附建式地下室外，绝大部分是国有投资的重点工程项目，还停留在计划经济的思维定式中，若要大力发展地下空间利用工程，必须有利调动其他投资的加入，因此，在开发资金的筹措和工程的运营模式方面，还需要作大量的研究。

5. 平战结合处理不当，影响了地下空间开发的积极性

对地下空间作为经济资源和战略资源的认识不足，加上国家人防法对"城市地下交通工程及其他地下工程必须兼顾人民防空需要"的条款没有实施细则，导致认识的不统一，使工程的平战转换处理不当，影响平时使用功能。

6. 地下空间的功能配套比例不协调

近年来商业类的地下空间开发居多，而城市中最缺乏的地下停车场、市政设施等由于经济效益问题而无人问津。单纯追求经济效益，导致地下空间的开发层次不高，造成了地下空间布局上的混乱。

7. 地下空间设计工作缺乏建筑师的参与，现代气息不够，内部环境质量不高，与地面建筑相比有一定的差距。

四、我国地下空间利用工作的展望

1. 随着轨道交通网的形成，城市地下空间将逐步形成规模

国内各主要城市的轨道交通建设步伐不断加快，轨道交通将在近10年内真正意义上建设成网，坚持轨道交通沿线的地下空间开发政策，将在城市中心区形成具有相当规模的地下空间网络。沿线建筑工程也必然同步或超前实施，带动地下空间利用的需求。

2. 城市环境保护和城市绿地建设与地下空间的复合开发将是我国地下空间开发利用的新动向

复合开发是一种很好的综合开发模式，已经在

北京、上海、深圳等大城市得到很好的验证，发展前景广阔。

3. 城市基础设施的建设将形成规模，综合管廊建设将成为城市地下空间利用的主力之一

解决政策和条块分割问题，是发展地下综合管廊的前提。建设综合管廊符合城市设施"集约化、综合化、廊道化"的发展方向，也是建设国际大都市的必要条件。

4. 小汽车发展带动地下车库的建设

大城市停车难的现象非常普遍，停车位极度紧缺也是事实，这一问题，必须依靠建设大量的城市地下停车设施来解决。

5. 地下空间开发相关政策不断完善

政策是前提，政策是引导，着力研究与地下空间开发相关的法律和政策，解决相关资金及运营模式问题，是确保地下空间开发工作平衡、顺利实施的必要条件，此项工作目前非常迫切。

6. 地下空间开发利用技术将得到大力发展

初期地下空间的利用主要集中在较浅层的范围，随着工作的进展，地下空间利用必将朝着大型化、深层化、综合化、复杂化的趋势发展，这将有利于促进相关技术的进步。

五、地下空间利用案例介绍

1. 罗湖交通枢纽

深圳地铁罗湖车站与罗湖交通枢纽结合，通过建造地铁罗湖站、地下交通层、地下通道、地面高架系统，形成五个层面的立体交通枢纽，解决了乘客出入境及火车、公交、的士、地铁、长途大巴等运输系统的换乘问题，其地下空间总面积达4.32万 m^2（图5-1~图5-3）。

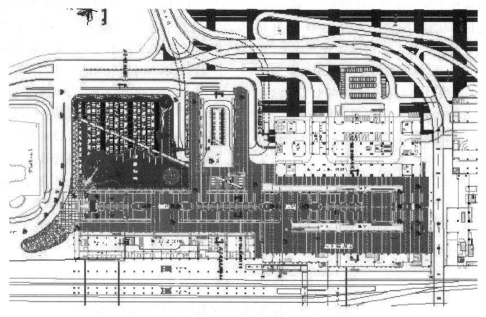

图 5-1　总平面图

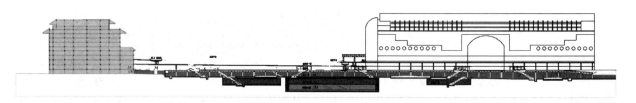

图 5-2　典型剖面图

城市地下空间利用篇   157

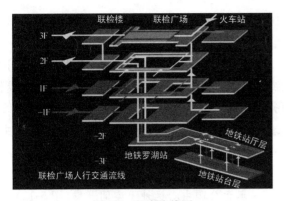

图 5-3　竖向流线图

2. 中关村西区综合管廊

中关村西区是北京中关村科技园区的商务中心区。地铁 4 号线、10 号线分别从地区西侧和南侧外围干道地下穿过,在地区东南角设有换乘站点。地下空间设有立体交通系统,实现人车分流,各建筑物地上、地下均可贯通。地下一层为交通环廊,设有多个出入口与单体建筑地下车库连通。地下二层为开发空间和市政综合管廊的支管廊。地下三层为市政综合管廊的主管廊(图 5-4～图 5-7)。

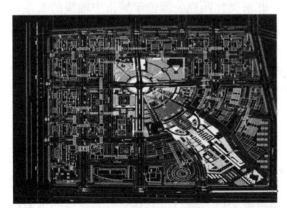

图 5-4　规划总平面图

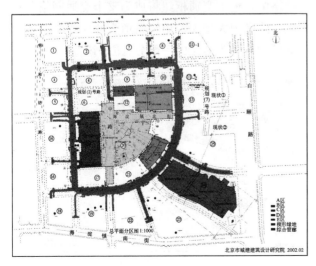

图 5-5　地下空间总图

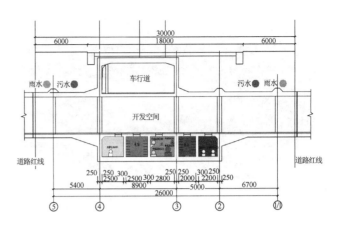

图 5-6　剖面图

图 5-7　管廊结构照片

3. 上海南站地下空间开发

上海南站站交通枢纽工程将上海地铁一号线既有的上海南站地面站改为地下车站,移至上海铁路南站主站房下方,并同步实施远期轻轨 L1 线上海南站站的土建预留工程,均为地下车站。南站工程形成了一个多功能的大型综合交通枢纽,汇集有 R1、M3 和 L1 三条轨道交通线、长途汽车站、近郊汽车站和公交枢纽站、出租车停车场等交通枢纽设施,通过改造,实现与明珠线、轻轨 L1 线形成工字形换乘,并实现与上海铁路南站进行"零换乘"。上海南站枢纽地下空间开发面积达 20 万 m^2,相当于 40 个标准足球场的面积,是地上部分的 2 倍多,建成后将成为目前沪上最大的地下空间(图 5-8～图 5-10)。

4. 北京 CBD 中心区地下综合开发

北京 CBD 地下空间开发包括一轴、一区、两点和三线等四部分内容(图 5-11)。

一轴——地下公共空间发展轴:东三环路南北向地下空间发展轴线。建立地下联系通道联络东西方向主要的地铁线路(1 号线、14 号线)。

一区——地下空间核心开发区域:以地铁国贸换乘枢纽为带动,重点开发建设东三环路两侧、长

图 5-8 南站交通枢纽鸟瞰图

图 5-9 建成后实景

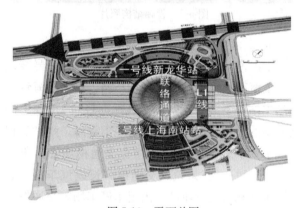

图 5-10 平面总图

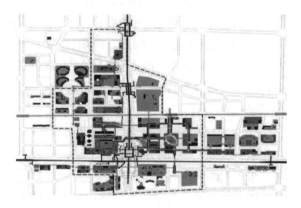

图 5-11 地下空间规划总图

安街与光华路之间的 CBD 核心区与国贸一、二、三期工程下的地下空间。

两点——地下空间主要集散点：地铁 1、10 号线国贸换乘站和地铁 10 号线、14 号线光华路车站（远期有地铁 14 号线光华路车站）。

三线——地下空间主要公共联络线：建国门外大街及建国路地下联络线、光华南路地下联络线和商务中心区东西街地下联络线。通过公共联络线，实现各地块与地下空间发展轴线的连接，形成主、次有序的网络系统。

地下商业开发规模约 30 万 m^2 左右。

5. 奥运公园中心区地下空间开发（图 5-12）

图 5-12 奥运公园鸟瞰图

北京奥林匹克公园位于城市中轴线的北端，是举办 2008 年奥运会的核心区域。地铁奥运支线沿城市中轴线纵贯穿过奥运公园，共设四个车站。车站与中心区地下商业连接，与公交站可直接地下换乘。整个地区地下空间开发面积为 52.6 万 m^2，开发为地下两层，地铁在 $-14.5m$ 以下空间。

6. 上海世博会园区

上海世博园规划将有五条地铁（M4、M5、M7、M8 及 L4 线）联系世博会园区内、外交通，在以轨道交通为核心、公共交通为主体的世博会交通网络中，地下交通枢纽将成为整个交通网络的锚固点，园区内大型展览馆将轨道交通作为其地下部分的延伸，成为展馆的一部分（图 5-13）。

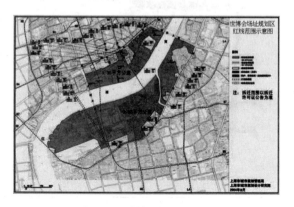

图 5-13 世博园规划总平面

7. 西安钟鼓楼广场（图 5-14～图 5-16）

图 5-14 地下广场夜景

图 5-15 广场地面实景（广场下为地下空间）

图 5-16 地下商场

8. 广州大学城综合管廊

广州大学城综合管廊位于环小谷围岛 8.9km（中环路一圈），另有约 4km 多的支路段管沟，综合管沟内设有电力、电信、中水、热水等管线（图 5-17）。

9. 上海南浦站规划地下空间（图 5-18）

10. 天津小白楼地下空间开发

天津小白楼地下空间开发，把地上空间与地下空间充分利用起来，结合区域交通整理，统一规划

图 5-17 广州大学城综合管廊

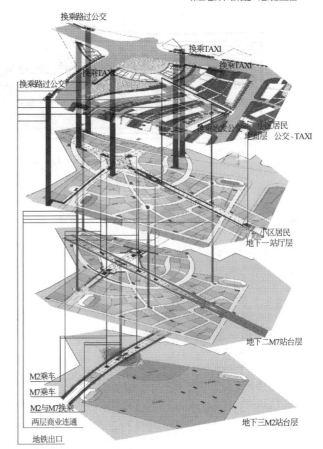

图 5-18 地下空间分层图

和建设。建成后的小白楼广场包括音乐厅、地铁小白楼站和广场，同时分为地上一层和地下三层。其中地上建音乐厅（建筑面积为 3500m²）以及广场，总占地面积为 9503m²；地下一层和二层为商业广场，地下三层为机动车和非机动车停车场，地下总建筑面积为 31642m²，地下三层预计有 300 个停车位（图 5-19）。

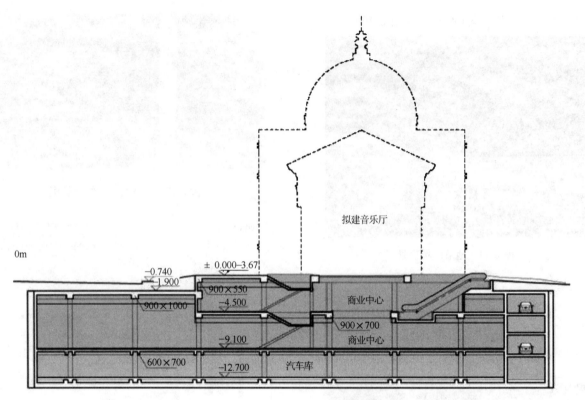

图 5-19 天津小白楼地下空间剖面

执笔人：杨秀仁
其他撰稿人：马维胜、李泽光等

道路工程篇

市政工程分会

目 录

- 一、道路工程建设发展概述 ··· 163
  - (一) 公路建设实现了跨越式发展 ·· 163
  - (二) 城市道路建设取得长足进步 ·· 166
- 二、道路工程建设技术发展成就 ··· 170
  - (一) 道路工程勘察设计水平的提高 ··· 170
  - (二) 施工新技术与新材料的发展 ·· 174
  - (三) 道路施工养护与检测技术日臻完善 ·· 184
- 三、道路工程建设技术发展趋势与展望 ·· 192
  - (一) 目前我国公路与城市道路建设目标 ·· 192
  - (二) 公路技术今后的主要任务和发展趋势 ··· 193
- 四、典型工程图片 ·· 196
  - (一) 国道、省道及高速公路 ··· 196
  - (二) 生态公路 ··· 206
  - (三) 农村道路 ··· 207
  - (四) 城市道路 ··· 208
- 部分参考资料 ·· 214

一、道路工程建设发展概述

(一) 公路建设实现了跨越式发展

1. 公路建设十年发展成就

20世纪90年代,尤其是1998年国家实施积极的财政政策以来,我国(除港澳台地区,以下同)成为全球最大规模的公路建设市场,投资数量和开工项目之多,各国少有。从1990年到2003年的14年内,全国公路建设累计投资近2万亿元。其中,2002年达到3212亿元,2003年达到3715亿元。特别是党的十六大以来,交通发展又迈上一个新的台阶,"十五"时期成为交通发展最快、最好的五年。主要标志是:

1) 基础设施建设速度明显加快。据交通部统计,我国公路,五年新增里程34万km,比"九五"增量增加近10万km,其中新增高速公路1.87万km,比"九五"增量增加4600km。预计到2005年底,公路总里程将达到190万km,其中高速公路超过3.5万km,居世界第二,仅次于美国。二级以上公路达到30万km。

2) 公路运输在综合运输体系中的优势进一步发挥。公路运输持续增长,基础性地位增强。据交通部预计,到2005年,公路运输完成的客运量、旅客周转量、货运量、货物周转量占各种运输方式总运量的比重将分别达到92.6%、58.6%、71.1%和11.9%。

3) 结构调整取得重大进展,突出表现在农村公路建设上。在继续加快国道主干线和西部开发省际公路通道建设的同时,农村公路里程由2000年的103万km将发展到2005年底的155万km,"通达工程"和"通畅工程"都取得巨大进展。通乡、通建制村比例将分别达到99.9%和96%。农村公路沥青和水泥路面里程预计将由2000年的46万km增加到100万km以上,五年超过了建国50年的总和。在投资结构上,农村公路建设投资比重已由2000年的13%提高到2003年的23%,到"十五"末还会继续提高。地区间投资结构也有明显改善,西部地区投资比重已由2000年的24%提高到2003年的30%。

4) 我国高速公路从零起步,跑步进入世界第二,仅仅用了十几年的时间。高速公路建设记录了我国公路建设的发展历程。比如:1995年9月15日,成渝高速公路全线通车。至1999年末,我国高速公路总里程已达11650km,名列世界第三位;山东高速公路总里程率先突破1000km,达1354km,居我国各省区首位,宁夏回族自治区高速公路建设在这一年实现了零的突破。2000年底,我国高速公路通车里程已达1.6万km;京沈、京沪高速公路实现全线贯通。2001年底,我国高速公路通车里程1.9万km,跃居世界第二。2003年3月21日,沈大高速公路进行全线封闭改造,这是我国第一条8车道高速公路。2004年底,我国高速公路通车里程已逾3.4万km,仍列世界第二。

2. 公路建设十年发展重要作用

近几年,我国高速公路蓬勃发展,每年以几千公里的速度递增。现在高速公路建设已成为拉动内需、促进国民经济快速发展的重要因素之一,受到各级政府的高度重视。

公路交通对国民经济制约作用的缓解,为我国现代化建设提供了有力的保证,为新世纪实现跨越式发展奠定了坚实的基础。

公路运输在综合运输中已占主导地位。从公路上流过的不仅仅有人流、物流,而且有商业流、金融流、信息流、文化流。1996年建成的沪宁高速公路、八达岭高速公路以及随后建成的京沪高速公路、京沈高速公路均达到了较高的使用水平,有效改善了地区交通运输条件,促进了沿线经济发展。京津塘高速公路天津段已形成9个高新技术产业园区,京沈高速公路沿路兴起近千个市场。"新丝绸之路"——连云港—霍尔果斯公路沿线,如今正走向兄弟省区,走出国门。

3. 公路总里程不断增长

截止到2005年底,全国公路总里程达到193.05万km。全国公路总里程中,国道132674km、省道233783km、县道494276km、乡道981430km、专用公路 88380km，分别占公路总里程的 6.9%、12.1%、25.6%、50.8%和 4.6%。

截止到 2005 年底，全国等级公路里程 159.18 万 km。其中，二级及二级以上高等级公路里程 32.58 万 km。按公路技术等级分组，各等级公路里程分别为：

高速公路 41005km；
一级公路 38381km；
二级公路 246442km；
三级公路 344671km；
四级公路 921293km；
等外公路 338752km。

按公路路面等级分组，各等级路面里程分别为：

有铺装路面 532679km，其中沥青路面 226075km，水泥路面 306622km；
简易铺装路面 461901km；
未铺装路面 935945km[1]（图 1-1）。

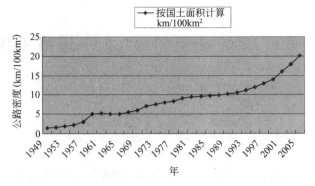

图 1-2 全国公路密度的变化

5. 技术创新带动公路建设发展

据测算，我国每亿元高速公路的建设投资能直接带动社会总产出近 3 亿元。公路的跨越式发展为科技创新提供了机遇。一方面，公路在发展过程中产生巨大的科技需求，需要科技来支撑；另一方面，当今世界科技发展日新月异，人类社会正在经历一场新的科技革命，以信息技术、生物技术、新能源技术、新材料技术和空间技术等为代表的高新技术，对经济发展与社会进步起到巨大的推动作用，也为我国公路科技实现新的跨越创造了条件。

国家实施"科教兴交"战略以来，交通建设行业积极开展科技创新活动，科技水平大幅度提高，一批重大关键技术取得了突破，支撑了公路的跨越式发展。交通建设技术的进步有力保障了基础设施建设的快速发展。从典型公路建设的案例，不难看出技术创新对公路建设发展的贡献。

（1）"神州第一路"——沈大高速公路。20 年前的建设者面对的一个问题是我国该不该修高速公路，能不能修好高速公路。今天他们面对着另一个问题：如何解决高速公路改扩建中的技术难题。在沈大高速公路改扩建中解决了几个关键技术问题，其中有：

1）路基施工采取新老桥路基阶梯式衔接、抛石挤淤、压实强夯、新加路基全部换填优质填料、软基路段采取塑料排水板和打粉喷桩等措施，成功地解决了新老路基不均匀沉降产生纵向裂缝的问题。

2）路面施工在全国首次全线路面上层采用 SMA 路面技术，中、上面层全都使用 SBS 改性沥青。沥青面层厚度达 18cm，极大地提高了路面动稳定度，有效地增强了抗车辙、抗低温开裂的能

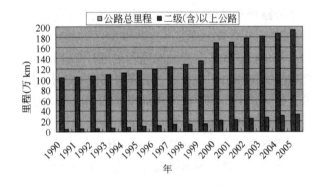

图 1-1 公路总里程及二级（含）以上公路里程的增长

4. 公路网密度逐步提高

基于国道主干线和西部开发省际公路通道建设，逐步形成以大城市为中心、中小城市为支点的路网骨架，打通了西南出海通道，加强了干线路网和农村公路建设。加快了建设"五纵七横"国道主干线的西部路段，全面建成"三纵两横"国道主干线的西部路段。加快了八条西部省际公路通道的建设。国道、省道公路的改造，改善了通地（州）县公路条件。继续实施乡村公路通达工程，打通贫困地区、旅游景区、资源开发区与干线路网的连接，提高路网通达深度和服务水平。加强了国防、边防公路建设。到 2005 年底，我国公路密度为 20.1km/100km²[1]（图 1-2）。

力。路面质量相当于北京首都国际机场跑道的质量。

(2) 国道主干线连霍公路的东龙头段——连徐高速公路。该工程应用的新技术与科技创新有：

1) 液化砂土地基处理技术及软土地基观测和海相软土地基研究。

2) 路面施工中提高了集料、填料、沥青等原材料的部分技术标准及指标；引用国内外先进技术，修建了 Superpave 试验路。

3) 成功铺筑改性乳化沥青下封层近 30km。

(3) 国道主干线京珠国道——湘(潭)耒(阳)高速公路。该项目取得多项技术成果，其中：

1) 红岩地带路基修筑技术研究，红砂岩地区高速公路深切方和边坡稳定试验研究，特别是高分子材料红岩地区小颗粒爆破和边坡光面爆破技术应用研究，其成果达到国内先进水平。

2) 在混凝土路面滑模摊铺控制技术方面也取得了新的成果和经验，滑模摊铺带缩缝传力杆和纵缝拉杆的混凝土路面施工技术已日益成熟并被全面推广。

3) 采用滑模摊铺机连续施工中央分隔带路缘石和中央带防护墙，达到了内实外美的效果。

(4) 京沈高速公路绥中至沈阳段——沈山高速公路。该工程被新技术应用与科技创新成果如下：

1) 开展专项研究课题：针对软土地基处理技术专题研究，利用风积砂进行路基填筑技术研究，节约了大量投资与耕地；公路沥青路面结构专题研究，在全国首次采用三层密实型的沥青面层结构；通过 SBS 改性沥青的研制和沥青玛琦脂碎石混合料应用的专题研究，提高了路面的使用性能；在路网机电设计方面填补了国内空白；高速公路绿化技术专题研究，针对公路建设质量通病治理难题，成功解决了路基不均匀沉陷、桥头、伸缩缝跳车、桥面沥青混凝土早期脱落等问题。

2) 精心设计创建精品工程：在当时缺乏 4 车道以上高速公路设计规范情况下，依据专题研究成果，对部分项目技术指标进行了补充和完善，运营效果良好；全面采用航测、GPS、遥感、CAD 技术，保证了设计质量。

3) 加强环境保护，建设生态工程。

(5) 山西省第一条高速公路——太旧高速公路。该路沿线地形极为复杂，工程条件十分困难，是我国最早进入山岭重丘区的高速公路。在缺乏修建山岭区高速公路的经验、地形地质情况复杂的条件下，太旧高速公路的工程技术人员经过不断思考、探索与实践，成功地解决了：煤炭采空区稳定性问题；桥头跳车防治措施；泥岩、砂岩填筑路基等施工技术难题，并总结了太旧高速公路的经验，编辑出版了《太旧高速公路学术论文集》。

(6) 四川省第一条高速公路——成渝高速公路。该公路建成 10 年来取得多项科技成果，比较突出的有：

开展高等级公路沥青路面机械化施工工艺组织与机械综合作业定额应用研究；为高等级公路沥青路面机械化施工管理、定额管理、提高工效提供了科学依据。该成果指导成渝高等级公路重庆段施工，节省了大量施工费用。

(7) 我国第一条沙漠高速公路——榆靖高速公路。该路填补了我国沙漠高速公路建设的空白。研究出了路基填筑全部采用风积沙的办法；为我国沙漠高速公路的修筑和养护提供了第一手技术资料，积累了宝贵的经验。

(8) 连接四川省两大世界自然文化遗产：九寨沟和黄龙的公路——川九公路。该项目采用山岭重丘区二级公路标准，该项目的工程管理有三：

1) 确保安全。适当改善路线平纵线形，提高道路和行车安全；采取必要的工程处理措施，确保公路结构本身的安全稳定；设置完善和可靠的交通安全设施，确保道路安全。

2) 强调舒适。尽可能改善路线平纵线形，使线形连续、流畅；采用多种方式和形式，美化路基构造物及与周围自然景观相协调，使路容增辉；提高路面等级和平整度，减少车辆颠簸；提高旅游服务水平，设置与旅游功能相匹配的设施。

3) 注重环保。该项目海拔高度变化较大，穿越多个生态区，为与环境协调，绿化方案根据公路所在的不同生态区进行分段设计。最大限度地减少边坡的开挖和保护原有植被。路线布设上尽量使路基不伤及原有边坡。对开挖的边坡采取铺挂植被网和铁丝网进行生态防护或栽种乔木进行掩饰。

该工程成为公路与自然环境相协调的典范，在全国起示范作用。

(二) 城市道路建设取得长足进步

1. 城市道路建设十年发展成就

我国的城市道路建设是随着城市化进程而展开的，是在不断更新设计理念、采用高新技术的过程中发展的。城市道路是城市的骨架，其建设水平与城市的社会生活和经济发展有着密切的关系。城市化进程的加快，成为新一轮城市道路建设的推动力。大型道路工程如雨后春笋，迅速在我国的城市中崛起。从京津沪渝及广州、深圳等市重大道路工程建设历程反映了这种迅速前进的步伐。

(1) 北京市城市道路建设：

2005 年一组最新发布的数字表明，北京每 100km^2 的面积上就有 113.1km 的道路，按人口计算达到 16.55km/万人，全市道路总里程达到了 19009km。在北京市已有的道路总里程中，城市道路达到了 4010km（含 3.5m 以上街坊路），其中城市快速路 165km，主干道 834km，次干道 638km，支路 1622km、街坊路 751km；郊区小城镇道路 527km。北京市道路建设已取得非常好的成绩。重点工程如：

1) 北京市平安大街，该工程于 1999 年 9 月竣工，是继长安街之后，北京市第二条东西方向的交通大动脉。平安大街是明清时代的古街，长 6.9km，全线有 13 处国家、市、区级重点文物保护单位。该路改扩建设计中结合城市景观，调整路线，对沿线古迹进行了保护，规划红线为 70～80m，路面宽 40m，双向 6 车道。

2) 北京市四环路是北京市城区的一条环城快速路，全长 65.3km，主路双向 8 车道、全封闭、全立交。四环路是按照高速公路的标准设计的，这一点在车道宽度、道路标志、紧急停车带、中途加油站和出入口的设计上均得到体现。建成之初的设计车速为 100km/h。后来，由于城市的发展与扩张，四环路承载的交通流量日益增大，北京市遂将四环路的最高行车速度限制为 80km/h，将一条高速公路降为城市快速路使用。截至 2005 年 5 月，这条路仍然是国内标准最高、规模最大的城市快速环路。

3) 北京市五环路是北京市的一条环形快速路，全程 98km，可以在一个小时内按照限速行驶一整圈。五环路与北京市的 8 条放射形高速和多条国道连接，距市中心大约 10km。

(2) 天津市城市道路建设：

天津地处华北平原东北部，东临渤海，北枕燕山。天津又是连接三北——华北、东北、西北地区的交通枢纽。天津市道路四通八达：京塘、京哈、津榆、京福、京淄、京同 6 条国家级公路途经天津，沟通了天津与东北三省、华北大部、浙江、江苏、山东、广东和福建各省区的公路交通往来。市内已建成以 3 条环线，14 条放射线为骨架的城市道路网。天津市在城市道路建设中，积极开发新技术，在多项工程中获得应用与推广。如：

1) 天津市鞍山道是位于天津市南开区的重要路段，长 2608m，宽 40～45m，双向 6 车道。2002 年 12 月竣工通车。该路机动车道结构为：4cm 细粒式沥青混凝土，5cm 中粒式沥青混凝土，6cm 粗粒式沥青混凝土，18cm 粉煤灰碎石，15cm 粉煤灰石灰石和 15cm 石灰石（10%），道路结构总厚度 63cm。施工中，为防止道路面层出现龟裂，在施工的每一结构层搭接时，铺设了土工格栅，在检查井周边进行了细化施工，对施工质量的提高起到较好的作用。该工程获 2003 年度中国市政金杯示范工程奖。

2) 天津市开发区东缘的东海路施工中，在原盐田一级蒸发池的软土地基上，成功地不经过深层加固处理，用土工网和山石或筛分碎石作为填料，填筑了稳固的道路路基。在沥青面层中应用了 SBS 改性沥青混合料，有的路段采用了 SMA，有的路段表面层和中面层都采用了 SBS 改性沥青混合料。

(3) 上海市城市道路建设：

上海地处长江三角洲前缘，东濒东海，南临杭州湾，西接江苏、浙江两省，北界长江入海口，正处于我国南北海岸线的中部。除西南部有少数丘陵山脉外，上海境内全为坦荡低平的平原，是长江三角洲冲积平原的一部分。中心城区建成了"申"字形高架道路、"十字加半环"的轨道交通线和"三横三纵"的地面骨干道路，快速、立体化的综合交通体系初步形成。经过十多年的奋斗，上海市空中"申"字高架路，地面三纵三横道路系统等为改善投资环境、推动上海经济发展，打下了非常好的基础。其市政道路交通建设迈开大步，跃向"枢纽型、功能性、网络化"新台阶。自 1995 年到 2001 年，上海市市政工程行业先后有 123 个工程项目被评为"上海市市政工程金奖",其中有17个项目被推荐获得"中国市政工程金杯奖"。上海市市政设施建设取得突飞猛进的同时,质量水平和养护水平也明显提高。重点工程如:

1) 南北高架路:该路纵贯上海市中心区,全长8.45km,高架道路宽25.5m,6车道;地面道路50m,8车道。南北高架路与内环高架路相连,成为名副其实的南北交通大动脉,形成城市立体交通网络。1995年12月建成通车。

2) 延安高架路:该路东起中山东一路外滩,西至沪青平公路、上海虹桥机场,途经市内4个区。全线设有27条匝道及10条空中立交匝道。高架道路路幅宽25.5m,设双向6车道,设计车速80km/h,地面道路设双向8车道。全线设有交通监控系统、防声板、发光扶手,沿线种植了1.47万m^2绿化。总投资30亿元,1999年9月全面建成通车。延安路高架西段(6.2km),西至上海虹桥机场、外环线和沪青平一级路,东连内高架道路,延安路高架东(2.64km)、中段(5.56km)分别与南北高架路、内环高架路相连,使上海市中心区初步形成立体交通网络。延安高架路中段工程是上海市申字形高架网中最后一段,它的建成使申城高架路更加通畅,选择行驶路线更加灵活。该段高架是在以前高架的基础上完成的,有很多改进和更加先进的地方。该工程经过国内有关专家评审,认为布局合理,棱角清晰,线形流畅,桥面平整,行车平稳,安全可靠,有足够的承载能力和良好的使用性能,经市政质量监督站检测,平整度均方差小于0.72mm,平整度属国内领先,国际先进水平。

3) 上海市世纪大道:是上海市区第一条路幅控制宽度为100m的高标准景观大道,也是上海市的重点工程。世纪大道从延安路隧道浦东出口,至浦东行政中心的世纪公园,全长4.5km,双向8条机动车道外加两条辅路,总造价为5.3亿元,于1999年12月全面贯通。该路建设工程起点高、标准高,在规划设计中创造高质量城市空间环境,以人为本,追求道路设计完美,使道路建设与环境艺术相结合,以体现城市深层的文化内涵。该工程经过我国市政工程协会推荐,作为全国重大市政工程观摩会的主要工程项目之一,受到全国同行的好评。

(4) 重庆市城市道路建设:

成为直辖市以来,重庆通过多种渠道投资融资,不断更新、改造和完善市政基础设施,全面实施了"畅通工程"和"半小时主城"工程,新建和拓宽、改造数十条城市干道。进一步改善了投资环境,促进了社会经济的发展,收到良好的效果。"九五"和"十五"期间,城市面貌发生了显著变化,都市发达经济圈按照建设"三中心、两枢纽、一基地"的要求,基础设施建设全面提速,沙坪坝嘉陵江滨江路等多个项目建成并投入使用。如:

1) 重庆市瓷器口历史街区保护规划设计:该设计获2001年度建设部部级优秀城市规划设计一等奖。

2) 番禹路积水段道路改建工程:淮海西路—延安西路,全长1185m。该段工程是为解决重庆市影城地区积水而设立的市府实事工程。该工程特点是市内道狭窄、地下管繁杂、不断交通、施工难度大,投资1148万元,2001年5月竣工。

3) 江北区嘉陵江滨江路工程:全长11.68km,行车道宽24.5m;总投资115347万元,2002年底石门大桥至江北城11.68km,柔性路面全线贯通。

(5) 广州市城市道路建设:

广州,华南地区最大城市和历史文化名城。在经历了改革开放的洗礼后,宛如涅磐重生的凤凰,焕发出新的生机与活力。广州市道路里程自1995年以平均2.5%的速度递增,2000年增长达4.5%,道路里程已超过2000km。1998年以后,广州持续对城市建设进行了高强度投入,先后完成了160多项重大市政工程建设。广州在"一年一小变,三年一中变,2010年一大变"的要求下,城市环境面貌发生了巨大变化:市内交通快速便捷、畅通无阻,市容整洁,空气清新,山青水秀,处处风景迷人。2003年,广州被授予"国际花园城市"称号。典型道路工程如:

1) 广州市内环路:全长26.7km,双向6车道,环绕广州市中心区一圈。途经市内5个行政区,总投资31亿元。1999年6月开工,1999年12月竣工,为高架快速路。全线低噪声沥青路面,沿路植树绿化,重点路段有隔声屏障和环保墙等设施。广州市内环路的建设,改变了广州市中心区原有的交通格局,从根本上改善了城市交通及环境,对广州在新世纪实现持续、稳定、协调发展,提高市民工作及生活质量,提升广州作为华南中心城市的形象,具有重要意义。

2) 广州市广园快速路:是广州市城区向东发展战略的一个重要的项目,它对解决广州市东北部交通拥挤及加强广州与东莞的联系具有重要意义。该路上面层和中面层采用了性能较稳定的国产成品改性沥青,提高沥青路面抗车辙、抗高温变形及耐高速行车磨耗的能力。桥面防水层采用了新型的YN高分子聚合物防水涂料,以有效防止因路面渗水破坏桥梁结构。在沥青路面的摊铺施工中,首次使用了电子平衡梁进行大规模施工,以尽可能地提高效率、进度和施工质量,特别是路面平整度。该工程在2002年度经广东省建设委员会评为省优良工程。

(6) 深圳市城市道路建设:

深圳是迄今为止人类史上发展最快的城市之一。在经济转型的国际潮流中,深圳处在风口浪尖。随着改革开放和经济的飞速发展,道路建设管理也犹如插上了腾飞的翅膀,日新月异,突飞猛进。到2001年底,深圳市(含宝安、龙岗区)城市道路总长达1098km,实有道路面积23.8km^2,建成了深南路、滨海大道等堪称国际水准的现代化道路。全长达100km的城市环形快速干道系统(东环、南环、北环)也已形成。为了缓解日益增长的交通压力,深圳市从2003年开始到2005年,共投资270亿元新建、改建和扩建高速公路、快速干道和市政道路300km。快速路达439km,深圳将形成"七横十三纵"的高快速路网布局,构筑起覆盖全市的一体化干线道路网络。有影响的工程如:

1) 深圳东环快速路:1997年6月23日开工,同年7月1日启用电脑地价测算系统。宽敞、漂亮的布心路是东环快速干道的重要组成部分。该设计中的"刚性路面修复——柔性罩面技术开发研究"为深圳市建筑业1999年科技成果推广项目。

2) 深圳市深南大道:该路作为国庆50周年献礼及首届高交会在深圳顺利召开而为市民办十件实事的工程,属于旧路改造项目,地上建筑及地下管线密集、复杂、技术难度大、需设计协调解决的问题多。该工程设计精益求精,具有道路等级高、功能齐全、环境景观优美等特点,被誉为深圳第一路。在满足使用功能和城市规划功能前提下,首次在道路设计中将景观设计及城市设计理念一并考虑。设计采用多项新工艺、新材料、新技术、新结构。路面结构采用改性沥青混凝土;新旧路面接缝采用玻纤土工格网加固;全路路口进行渠化设计并绿化,过路管桥采用隐蔽式绿化,人行道板在全国首次采用花岗岩彩色道板铺砌,路灯设计新颖别致,雨水箅美观、耐用;全路段采用最先进的电子监控系统。2000年,荣获深圳市第九届优秀工程勘察设计一等奖;2001年,荣获广东省第十次优秀工程设计二等奖。

2. 城市路网发展概况

2004年末,我国设市城市661个,城市人口34088万人。城市面积394200km^2,其中:建成区面积30300km^2。城市范围内人口密度847人/km^2。拥有城市道路22.2万km、道路面积35.2亿m^2。城市人均道路面积10.3m^2,比1995年增加了近3m^2[2]。

比如:2005年的统计数据表明,北京路网密度位居全国之首。16800km^{2}的京华大地,如今拥有2700条道路织成的庞大路网,路网密度达到83km/100km^2。在如今的北京交通图上,人们可以看到11条国家干线公路呈放射状通往全国,48条市路连接首都的主要城镇,2641条县乡公路突入纵深,一个以高速公路为龙头,干线公路为骨架,县乡公路为支脉的放射状公路网已经形成。北京路网不仅连通京城,还辐射四方:依托三条国道主干线和8条高速公路,北京已形成南至福建,北到大庆,东达延吉,西通银川的辐射全国19个省市区的道路网络,道路运输线路总长达42万km,使北京成为全国最大的客货运输集散地之一。

又如:在城市空间上,珠江三角洲地区已经形成城镇连绵发展,城市经济活动一体化初具规模的都市地区,行政界限在大部分地区已经只是管理上的界限。2001年,珠三角经济区公路通车里程达到29792km;公路密度为71.45km/100km^2,高出广东省平均水平13.1个百分点。珠三角高速公路的密度已经和世界上的发达大都市地区相差不多。

3. 交通量增长促进城市道路快速发展

2004年,全国城市拥有公共交通车辆28.7万标台,比上年增长10.7%。每万人拥有公共交通车辆8.4标台,比上年增加0.7标台。全年运送乘客426.7万亿人次,比上年增加45.4万亿人次。城市出租车辆90.3万辆,与上年基本持平[2]。目前,我国正处在城市经济的高速发展时期,近10

年来机动车辆仍以近20%的年增速度稳定增长，机动车辆的发展，必将带来路网交通量的增加。近年来，全国城市比较注重道路设施的建设，加大了路网骨架的形成，因此，交通需求与道路供给的矛盾正在逐步得到改善。但由于道路的空间是有限的，交通的需求总是在不停地增长，从经济和资源上讲，道路建设不可能完全满足交通需求，因此，实施绿色交通战略，对减少交通需求，减轻交通污染，实现城市与交通的均衡发展具有十分重要的现实意义和长远的战略意义，也是实施城市可持续发展的基本保障。

十年来，我国相继完成一大批技术先进的城市道路工程。城市道路工程方面的技术进步，对推动中国市政工程建设起到了重要作用。例如：

在城市快速交通系统方面，城市立交桥规划及设计、施工技术达到新水平。四层全定向互通式结构的北京四惠立交桥，桥面面积6万m²，建成时是亚洲最大的立交桥；上海建成首条城市高架轻轨铁路。

在城市道路建设方面，北京、上海、天津、广州、沈阳、深圳等城市逐步完善或建立了城市道路网络体系，建起了一批具有国际先进水平的城市快速路。为中国建设一批具有世界水平的国际大都市打下了良好的基础。

4. 公路枢纽城市道路建设成绩斐然

交通发展以需求为动力。工作的出发点放在"人便于行，货畅其流"的基础上开展，让人民群众的出行更安全、更便捷、更舒心，让全社会的物流更快捷、更有效率。目前，我国规划中的45个公路主枢纽城市交通基础设施建设成绩斐然，主要特点：一是加快完善干线路网，以满足经济、社会发展目标的需求为重点，以满足人民群众的多样化出行需求和提高生活质量为着力点，来谋划中心城市的交通事业。二是注重做好城乡公路与城市道路的有效衔接，优化城际公路与城市道路网的布局，避免出现新的交通"瓶颈"。三是进一步完善城郊和近郊区的农村路网，提升农村公路建设的意义。除了前面介绍过的北京、天津、上海、重庆及广州、深圳外，这里再介绍几个有代表性的城市和地区。如：

（1）沈阳是联结我国东北与我国长城以南地区的交通枢纽。截至2003年末，全市道路总长度5330km，路网密度达到40.5km/100km²。市区道路总长度1653.7km，面积28.308km²，已建成大二环城市快速干道，形成了道路功能较完备的城市道路系统。

（2）南京市地处我国华东地区，该市道路建设近年已步入高起点、高速度、超常规发展的新阶段。1996～1998年，在三年城市面貌大变中共完成干线公路改扩建302km，新改建县乡道路达1000km以上，使南京市交通建设取得突破性进展，大交通格局初步形成。2000年以后，一批城市道路骨干工程使南京市城市交通状况得到进一步改善。2005年，主城区城市道路整治出新工作已经圆满完成，共改造6条主干道15.27km，26条主次干道及29条街巷支路共67.62km，整修沪宁连接线、江东南路、栖霞大道等4条进出口区域道路，完成29条道路通信、军警杆线下地及57个交叉路口供电、交管架空杆线下地工程。

（3）西安是我国西北地区的重要枢纽。近年来在城市道路建设方面先后完成了二环路等城市道路拓建改造工程，在部分城市主要干道交叉口增设了立交；另外，还实施了城市次干道及背街小巷整治工程，逐步形成了以一环路、二环路、东西轴线及南北轴线为骨架的城市道路网络。继续完善"米"字形国道主干线和西部大通道建设，提升西安东连西进、辐射全国的主枢纽地位。西安位于陕西省"米"字形主干公路网的中心，又有5条国道汇集在西安。其中西安绕城高速公路北段是目前西北地区建成的第一条双向6车道高速公路。该工程获得第四届詹天佑土木工程大奖。

（4）武汉市地处我国中南地区，城市道路多以水泥混凝土路面为主。近年来，随着城市道路交通的变化及施工技术的完善，武汉市启动了城市道路的"刷黑"工程。越来越多的城市道路被沥青混凝土代替。新建道路的等级也不断提高。以武汉绕城公路建设为例：该工程总投资90亿元，是国家"十五"重点建设项目，也是国家公路网京珠、沪蓉国道主干线和武汉市城市总体规划的重要组成部分，连接武汉市所有进出口公路，全长188km，采用双向4车道全封闭高速公路标准，全封闭、全立交，铺设进口沥青混凝土路面，设计车速120km/h，日通车能力5.5万辆。武汉绕城公路于2000年开建，分三段建设。其中与京珠、沪蓉国道共用的

84km 的西南段已于 2001 年底建成通车。

(5) 目前，泛珠三角地区路网密度是全国平均水平的 2 倍，不仅珠江三角洲城市数目上升很快，而且质量也取得了长足的进步。2002 年末，广州、深圳、珠海三个中心城市的城市化率分别达到了 76%、82.4%、71%，珠三角整体城镇化水平约为 72.7%。同时，城市个数增加到 23 个（包括县级市），小城镇星罗密布，建制镇增加到 386 个，平均每个市县 20 多个建制镇，城镇密度达 98 个/1 万 km^2，城镇间平均距离仅 9.8km，内圈层城镇建区已联成一片，初步形成大都市连绵区雏形，蔚为壮观。以东莞科技大道为例，该路是东莞市具有标志性的城市景观大道，全长 9939m，全路包括两座大型互通立交（107 国道立交及四环立交），三座过河桥梁。该路除道路、桥梁外，还有给排水管道、电力、通信管线、燃气管线、路灯照明、人行过街地道等各种市政设施。全路在满足总体规划的基础上，以满足道路交通功能为前提，依据现状及环境景观的要求，在道路设计中充分体现城市设计及环境理念，使功能、环境、景观有机结合，机动车主线在平面位置及竖向上结合景观及地形要求灵活布局，全线设有较宽绿化带，在设计中对人行道、绿化、自行车道、公交停靠站、电话亭、垃圾箱、灯光夜景等均进行高水准的设计。东莞大道的建设可以充分体现珠三角地区先进的道路设计及建设水平。

二、道路工程建设技术发展成就

(一) 道路工程勘察设计水平的提高

1. 道路工程勘察技术的进步

(1) 空间技术在道路工程中的应用

GPS、航测遥感、公路 CAD 集成系统的应用推广，有效地降低了设计人员的劳动强度，测设效率较以往提高 2~3 倍。通过优化设计，大幅度降低工程造价。如：

1) "Ikonos 卫星图像在西藏墨脱公路勘察设计中的应用研究"紧密依托西藏墨脱公路的勘察设计，采用世界上最先进的对地观测技术——Ikonos 卫星图像，研究了空间信息技术资料获取的方法，发现了众多灾害地质及其分布，填补了区域内大比例尺地形、地质资料的空白，创立了以现代空间信息技术为核心的全新的公路勘察设计技术体系。

2) 1995 年，北京市市政工程设计研究总院测量队首次将数字化地形图技术用于道路平面图，从此开始了道路设计全部计算机化。

3) 1999 年，中南大学科研人员在某高速公路段开展了"路基下采空区雷达探测"工作，目的是为了确定采空区的空间分布范围。

(2) 公路灾害监测与防治技术

与公路有关的主要危害类型有：间歇错落型滑坡和多级牵引式滑坡、雨洪型泥石流、滑坡型泥石流和冰湖溃决型泥石流等，这些都极大地危害着公路建设与交通运营。这些危害主要集中表现在我国的西部地区。公路灾害的监测与防治采用空间技术，大大改善了公路灾害的监测和防治效果。如：

1) 公路地质灾害监测预报技术研究：以贵州省三穗至凯里平溪特大桥滑坡等四个滑坡、川藏公路茶树坪泥石流沟为主要依托工程，针对勘察设计阶段、施工阶段和运营阶段面临的不同工况，从地质灾害区划、崩滑流监测预报技术、基于 GIS 的监测预报系统等三个方面开展岩石（土）体斜坡在降雨、人为活动的诱发下，崩滑流突发性地质灾害的成灾活动规律及其监测预报研究。

2) 灾害防治技术研究：结合西藏公路病害特征，通过空间技术应用与研究编制了西藏干线公路滑坡、泥石流、水毁灾害分布及危险性分区图，补充和完善了现行的路面基础设计、施工规范中关于高原多年冻土地区实施的内容，提出了适合西藏公路实际的路基护坡工程局部冲刷深度计算公式，并在防护工程中得到验证。

2. 设计观念的变化

(1) 对快速路系统的认识提高

快速路要形成路网系统，才能发挥更好的作用。比如：

1) 北京市经过对交通的分析及对交通事故的

分析，在四环路设计中，首次将城市快速路规划分为主路、辅路、地方道路、非机动、行人、公共交通等子系统组成的综合交通体系。立交设计以规划交通量预测、分析为依据，使用流量平衡、车道数平衡、路网系统优化等国内最先进的设计理念与方法，并从整体路网和系统的均衡性方面，合理定位立交功能，创造了多种新立交形式。该项工程获得建设部优秀设计一等奖。

2）北京市二环路是北京市中心区环形快速路之一，也是北京市的形象路之一。二环路改建工程使市中心区快速路和快速公交"双快"系统的建设得以全面实施。该项目设计中，优化和调整了环线主辅路进出口位置和数量；调整了单车道宽度；采取了公交车辆主路行驶设站并配置人行天桥等过街设施，形成环路快速公交系统；在菱形立交桥下路口拓宽渠化，设置三条以上机动车道，以提高路口通行能力；进一步完善了辅路系统，调整后保持两条机动车道和非机动车道，提高了辅路的通行能力，并在主路沥青面层采用 TLA、SBS 复合改性沥青玛琦脂碎石混合料；人行步道采用了防滑型彩色步道砖。其采用的设计技术在上述方面有突出创新，达到国内先进水平。该工程获得了北京市第十一届优秀工程设计评选一等奖。

(2) 生态环保技术研究

1) 在道路设计中体现以人为本、功能齐全合理、尽可能采用高科技手段和具有高科技含量的技术，结合当地生态环境特点进行生态路设计，从建路伊始的环保课题，到建设中的环保投入、管理中的环保措施，我国公路建设正在奏响强劲的环保乐章。如：

① 1995 年后北京市的道路新建、改建中，尽量保留现有的路树。东直门内大街、海淀科技园区等道路，均改变道路横断面形式，以保留现有路树。

② 四川省川主寺至九寨沟公路环保与景观设计关键技术研究，三江源区域环境治理、公路环保与景观设计和秦岭山区生态高速公路建设等关键技术研究，实现了设计理念和方法的创新。在公路设计中引入生态学原理，注重公路功能与自然环境相和谐，保证了交通基础设施的建设与生态建设的协调发展。

③ 广东首条生态环保高速公路——渝湛高速公路粤境段按高标准设计建造，路面结构设计为能有效减弱行车震动、减低噪声、减轻汽车轮胎磨损的沥青混凝土结构。路段种植红花绿树，突出亚热带风光的生态型、环保型的特点，村落旁设置了隔声墙，被誉为广东首条"生态环保高速公路"。

2) 在道路设计中注意对文物古迹的保护，并重视城市景观设计。

道路建设不但考虑生态环境与绿化，同时还要注重沿线文物古迹的保护，尤其像北京等历史名城的保护。这也是贯彻可持续发展的设计原则之一。如：

① 北京市平安大街是明清时代的古街道，长 6.9km，全线有 13 处国家、市、区级重点文物保护单位，如北海公园、孙中山行馆、段祺瑞执政府、僧格林沁祠、保安寺等，设计中结合城市景观，调整路线，对沿线古迹进行了保护。该路 1999 年 9 月竣工，获北京市优秀设计一等奖、建设部二等奖。

② 北京市五环路三期（京沈高速—京津塘高速）工程具有"交通工程、环境景观、文物保护"融为一体的综合设计先进理念，达到了功能合理，环境协调的要求，使得古城楼与立交融为一体，综合效果显著。该工程获得了北京市第十一届优秀工程设计评选一等奖。

3) 引入全寿命周期观念

延长建筑物寿命的根本措施，首先是要有创意的规划设计。我国的道路建设规模的发展同样面临产业效率危机和向节能型（绿色）建筑生命周期模式迅速转变的紧迫而巨大的压力。我国特别是在城市化以及房地产业高速发展的华东地区不失时机地引入 BLM（即工程项目生命周期管理）解决方案对于工程建筑业项目流程中的降低损耗、减少失误和缩短工期等市场竞争需求，均具有可观的技术与经济贡献。国内首家"BLM 技术应用示范单位"在深圳问世，意味着我国市政工程建设将更有效率和安全性，也标志着 BLM 技术在中国建筑业已进入商业应用。

(3) 地下交通的开发

大城市的飞速发展受到城市空间的制约，于是近几年发展地下空间已成为城市扩展的一种方式，地下交通成为最有潜力的基础建设。以北京为例，已建或在建工程有：

1) 北京市金融街地下交通工程位于西城区西二环与太平桥大街之间、金融街中心地段地下 11m 处，全长 2378m，由四条道路组成，路宽 9.5m，净空 3.5m，是由地下步行系统、地下行车系统、地下停车系统三层网络组成。主体结构已于 2005 年 8 月 22 日完工。

2) 根据《北京奥林匹克公园中心区详细规划》，奥林匹克公园中心区地下空间开发主要由以下三部分构成：一是地面建筑配建的地下车库、地铁奥运支线及下沉公交站等；二是地下商业建筑以及下沉花园；三是地下交通联系通道及城市过境交通的隧道，由地下交通联系通道、大屯路隧道、成府路隧道和北辰东路南延隧道组成。地下交通联系通道主体结构布置在南一路、湖边东路、北一路北侧及景观西路的地下，通道主体全长为 4435.8m，与地下一层隧道相连的匝道全长 1713.8m，与地面相连的进出口全长 3719.06m。其中，景观西路及湖边东路下的地下通道位于地下二层，按地下交通联系通道内路面设计标高计算，其相对标高平均约 -13.0m；北一路北侧和南一路下的地下交通联系通道位于地下一层，相对标高平均约 -7.8m。是地面地下相结合的闭合的环形地下联系通道，全线共设有 13 个出口和 12 个入口与城市道路网相连接；35 处进出口与沿线的地下车库相连接(含预留地下车库出入口)。

(4) 公交枢纽

为方便公共交通换乘，设计了大型交通枢纽，解决公交首末站发车、出租汽车站及驻车问题，解决公共汽车、轻轨、地铁、长途汽车之间的换乘问题，已是大城市路网规划设计中不可回避的内容，必须结合交通规划统筹安排。如北京市已建成和即将建成的公交枢纽有：

北京市西直门交通枢纽。作为北京五大交通枢纽之一，将实现国铁、城铁、地铁、公交四位一体，乘客不出大厅便可实现换乘。整个枢纽将成为以轨道交通衔接换乘为主、地面公交衔接换乘为辅的集多种交通体系和综合功能为一体的综合性大型客运交通枢纽，它是联系未来的国家铁路(北京北站)、城市轻轨铁路西直门站、新型公交首末车(14 条线)和新概念的地铁西直门车站(环线、3 号线)、出租车及社会车辆等多种交通方式换乘并集综合商业、办公、商务公寓、酒店等服务设施于一体的综合性枢纽。目前，西线城市铁路的轨道及指挥中心大楼的结构工程已基本完工。西直门交通枢纽的条状换乘大厅通过垂直交通和水平交通的组织，完成这些交通方式的转换。

此外，正在设计的枢纽还有：东直门公交枢纽；一亩园公交枢纽；四惠交通枢纽。

(5) 道路立交建设的技术

20 多年来，我国城市立交的设计理念和技术水平一直在随着城市经济和交通量的迅速增长而更新提高。概念上已从保证主要方向通畅变为确保各个方向顺畅，因而近十年的大型立交枢纽的改建和新建，都采用了"无交织设计"、"定向设计"、"先出后进"等等设计思想。如：

北京市四元立交是四环路、机场高速公路和京顺公路相交的枢纽，设计为苜蓿叶形和定向形组合的立交形式。其特点是为保证四环路与机场方向的交通，布设了自北向机场与自机场向南的定向匝道，解决左转交通运行；定向匝道采用双车道进出主路。四环路设计中，优先定位对整个系统运行起决定作用的枢纽型立交，实现了立交主要方向的无交织设计，从而提高立交的通行能力和系统服务水平。全线有四惠立交等 11 座枢纽型立交，其主要方向采用定向匝道，进出口系统采取了"先出后进"的设置形式，平均距离达到 1.67km，对系统高效、有序的运行起到了重要作用。

3. 设计理论的发展

(1) 交通量预测分析

20 世纪 90 年代初期，我国开始采用四阶段法预测交通量，不仅可以求出各条道路的远景交通量，还可以预测求出每个路口的转向交通量，为道路及立体交叉匝道设计提供较为科学的数据。

为了有效、快速地进行交通分析与计算，北京引用了国外软件 Tranplan，1995 年又引进美国绘图功能较强的 TransCAD 软件。2000 年，北京市市政工程研究设计总院引进了德国某公司开发的软件——"PTV-vision"系统，该软件已应用于中关村地区及奥运场馆附近交通分析。

(2) 路面结构设计的提高

1) 我国是世界上第一个采用弹性层状体系进行路面结构计算的国家，这一点始终处于世界的最先进水平。此外，在面层材料方面，也有长足进步。如在高等级公路或城市道路上，已广泛采用改性沥青和 SMA 结构，以满足更高的路用性能要求；在旧路改造中，尤其是旧水泥路面加铺沥青面层时，已形成了一套较完善的技术措施。例如：

在设计首都机场高速公路时，首次采用由奥地利专用设备生产添加 PE 及 SBS 改性沥青的 SMA 路面，继而在所有高速公路设计中广泛采用；1999 年后，北京市在四环路、五环路、二、三环路加铺等重要城市道路工程中也使用改性沥青路面。

2) 近年来，在路面功能设计、路面结构可靠度设计等方面的研究已经取得明显进展，并不断地在实际工程中得到应用和推广。如：

1997 年颁布的《沥青混凝土路面设计规范》与以前的版本比较，主要特点是以多层体系，双圆荷载图式，水平、垂直荷载综合效应下的应力、位移解析解为基础，以轮隙弯沉、层底拉应力以及面层抗剪强度为设计指标，形成了车辆荷载换算、多层体系等价换算、考虑疲劳效应建立的设计指标，以及整套设计参数。新版沥青混凝土路面设计规范，考虑了结构可靠度设计及结构优化设计。

2000 年，北京市对防噪路面进行了研究，通过现场调查测试和理论分析，研究了路面车辆噪声特性，并根据其特性提出了修建低噪声路面的技术。结合实际工程，确定其材料选配和路面结构，在昌平的北七家汽车城和二环光明桥至劲松桥之间分别铺设，取得了良好的效果，为低噪声路面的推广应用打下了良好的基础，此项技术可降低路面交通噪声 3~5dB 左右。

2001 年，北京市修订《城市道路和建筑物无障碍设计规范》，重点是在人行道处消除立缘石陡坎，设盲道及低栏杆扶手方便轮椅及盲人行走。目前在道路设计中已普遍采取无障碍设计。

2002 年，北京市对二环路旧水泥混凝土路面进行加铺改造设计中，采用引进的反射裂缝应力吸收层，并用特里尼达湖沥青加 SBS 改性沥青混合料作面层，运行三年来基本没有反射开裂，是迄今为止处理旧水泥混凝土路面加铺沥青层卓有成效的方法。

2004 版《公路路基设计规范》在原规范的基础上，针对我国公路工程目前遇到的突出问题，如高填深挖的界限与设计原则、边坡防护、路基压实标准、特殊路基设计等进行重点修改。突出了公路路基设计的系统化理念、水土保持、环境保护、景观协调的设计原则，注重地质、水文条件的调查，强调地基处理、填料选择、路基强度与稳定性、边坡防护、排水系统、关键部位施工等方面的综合设计。

(3) 经济评价

1995 年以后，结合交通量预测水平的不断提高和经济分析工作的不断加强，在学习运用世界银行 HCM-4 及中交公路设计院与 PPK 公司合编"公路可行性研究编制方法"文件的基础上，北京市市政工程设计研究总院编制了道路工程国民经济分析及财务分析计算方法及程序，已在 200 多项工程中得到广泛应用，取得了显著的经济效益。

4. 设计技术(手段)的改进

目前，我国道路设计已经从方案到初步设计、施工图设计，从城市道路到高速公路，均采用计算机。例如：

(1) 2000 年，北京完成了"道路立交与场地工程 CAD 系统"，该系统基于 Windows 的 AutoCAD2000，解决了三维数字地形模型的自动生成与应用，实现了图形交互设计，使立交设计的过程快速而有序，可进一步制作渲染图和电脑动画，为表达设计思想提供了新手段。

北京市五环路工程，全长 106km。该工程采用了动态全景透视图对线形进行检验和调整，达到了线形流畅、平、纵配合合理，视距良好以及与周围景观协调的效果。较好地处理了出京与进京主辅路关系，提高了车辆行驶的舒适性。各种设施完善，标志明确，提高了行车的安全性。在设计中注意采用新材料、新工艺。该工程获得了北京市第十一届优秀工程设计一等奖。

(2) 深圳是我国对外的窗口，在计算机辅助设计 CAD 技术应用较早。1993 年，深圳市市政工程设计院已经基本甩掉图板。近年该院又和 AutoDESK 公司合作，引进了建筑生命周期管理系统 (BLM)，此系统可以实现画图与审图同步进行和员工动态管理，并且可以实现异地连网设计等，技术达到国际先进水平。

(3) 广东省东莞科技大道，长 9939m，由于地质条件复杂和施工单位众多，采用了多种施工工艺和软弱地基处理技术，并通过认真研究设计在不同工艺连接处进行了平稳的过渡和良好的衔接。道路设计使功能环境、景观有机结合，该工程获得深圳市第十届优秀工程设计一等奖。

(二) 施工新技术与新材料的发展

1. 施工技术发展概况

我国公路建设十年成就集中反映在"五纵七横"的国道主干线公路网的主骨架上,这个20世纪90年代的规划,截止到2003年底已经完成82.5%,其中沿"新丝绸之路"的连云港—霍尔果斯公路已全线贯通。

高等级公路以及城市快速路建设的迅猛发展,对道路工程的技术性能提出了新的要求,一方面需要新技术的支撑,另一方面也为新技术的发展提供了平台。一大批技术先进的城市道路、城市快速路及公路路网建设相继完成。

在地基与基础工程方面,我国结合各地工程建设,针对各种特殊土的处理技术进行探索和研究,总结出较完整的工程技术对策,有的已接近或达到国际先进水平。

在路面材料方面,我国研制成功对国产重交通道路沥青改性的道改2号改性剂,可铺筑高等级道路;湖沥青TLA首次用于改性沥青机场跑道,达到国际先进水平;目前,我国城市道路施工工艺水平及沥青混凝土制造工艺已达到国际先进水平。

在道路工程设备方面,我国研制成功具有国际先进水平的便携式、智能化NM-4系列非金属超声检测分析仪;ϕ3630mm加泥式土压平衡盾构机,可在恶劣的砂卵石含水地层中掘进;多功能振动振荡建筑夯,适用于多种条件下土体和路基混合料的压实。CP-4A型路面测平仪精准、坚固、简便、快捷、实用、可靠,适应于道路、广场机场道面等沥青、水泥混凝土面层平整度的检测。

在筑路成套技术方面,我国自1995年建成世界上最长的流动沙漠公路塔里木沙漠公路后,随即拉开了全面研究沙漠筑路技术的序幕。一项名为《沙漠地区筑路成套技术研究》的科技项目,正不断取得成果,许多沙漠筑路难题被攻克,其中多项成果填补了国内外空白。多项研究成果居于世界领先水平。这一系列研究成果的面世,对我国乃至世界建设沙漠公路具有重要的指导和参考价值,其经济、社会与环保效益将不可估量,并对促进我国经济特别是沙漠地区及周边经济发展意义深远。

2. 路基施工技术及新工艺

路基和边坡施工是同施工位置的综合自然条件关系直接而密切的。

我国地域辽阔,自然地质条件复杂。山区与平原相比,地形起伏大,高差变化大,地貌复杂。交通部《公路自然区划分标准》中区划共分三级。其中一级区有7个;在7大道路自然区之下,分为33个二级区,加上二级区的副区19个,共52个;而二级区又可再分为若干三级区。鉴于我国独具的、复杂的自然条件特点,对于纬向的、特别是东部地区的界线,基本上采用气候指标;而对于非纬向的、特别是西部地区的界线,基本上采用大地构造——地貌作为指标,个别地段采用了土质作为标志。如我国沿海和内陆地区的软弱土,西北地区的湿陷性黄土和盐渍土,西南地区红黏土,东北和西南高寒地区的冻土,各地的膨胀土以及城镇杂填土、江、湖、河、海吹填土等等。对这些软弱土和特殊土我国已基本掌握它们的特性,进而制定出相应的勘察、设计、施工规范和规程,至今已有了一套符合我国国情和地域特点的各类地基处理技术,诸如换填、预压(堆载或真空)、振冲、强夯、挤密桩、水泥土搅拌、高压喷射、注浆、固结地基(桩基)等等。

我国大规模的经济建设对地基与基础工程既提出了大量技术难题,又推动了地基基础工程技术的发展,在这一技术领域中取得了巨大的成绩和进步。深基(桩基)工程得到进一步发展,如大直径钻孔混凝土灌注桩、静压锚杆桩、人工挖孔混凝土灌注桩、岩石锚杆、沉管灌注桩、夯扩桩、干取土钻孔混凝土灌注桩、预制钢筋混凝土桩、高强预应力混凝土管桩(PHC桩)、钢管桩以及钢筋混凝土地下连续墙等等,都在工程中得到应用与发展。基桩成桩技术和低应变动力检测技术以及桩静载荷试验等都不断改进和完善,有了很大的提高。

另外我国还存在大量的采空区,特别是华东、华北、东北地区,对采空区路基要进行注浆充填加固处理,以增强路基的承载能力。例如石太高速公路、晋焦高速公路、乌奎高速公路、京福高速公路徐州东绕城段都遇到了该问题。

基坑支护工程。基坑尤其是深基坑开挖已不仅是一项施工技术,在设计理论、支护结构体系、分析计算方法、施工技术、监测控制等方面也出现了很多新问题。近年来，随着工程实践经验的积累和研究工作的进展，我国基坑支护理论研究取得了重大进展。与地基基础工程紧密联系的工程技术也日渐成熟和完善，基坑支护形式基本上分为加固型支护（如水泥搅拌桩、土钉锚喷网混凝土等）和支挡型支护（如稀疏桩排、连续桩排、框架式桩排、带内撑的桩排、地下连续墙等）。基坑阻水、降水、防管涌等采用水泥搅拌桩、压力注浆和深层旋喷桩和轻型井点降水等技术措施也较成熟，各地不少部门、单位都已自行开发编制计算程序。

路基施工技术及工艺繁杂，往往一个施工项目的地基处理就会同时运用几种方法。下面依托具体施工案例介绍典型的技术及工艺。

(1) 黏性土路基处理技术：

我国黏性土的分布较广。北部多年冻土区为棕黏性土土质带，东部温湿季节冻土区的土质带有棕、黑黏土，东南湿热区有黄棕黏性土、红黏性土、砖红黏性土，西南潮暖区有紫黏性土，西北干旱区还有栗黏性土。

在哈同公路新集段和哈双公路施工中，黑龙江省能够用作路基填料的黏性土多为低液限黏土。施工单位在施工前充分分析地理信息和路基填料种类后，采用掺加适量生石灰或 NCS 土壤固化剂的方法来提高土体的强度，确保黏土的 CBR 值具有相应的水平。

(2) 软土路基处理技术

我国东部温润季节冻土区和东南湿热区及青藏高寒区均有软土分布。

大多数沿海地带的城市，即使是内地城市往往是沿河或沿水发展，道路地基免不了要遇到软土。在软土地基上修建道路，首先要提高地基承载力，同时要降低使用期间的沉降。

随着软土地基处理渐趋成熟，轻质路堤已采用高陡边坡的防护和施工机具；高路堤多采用 SNS 安全柔性网系统，土工格栅等，土工格栅用于边坡上、下均可以；填石路堤采用夯击式压路机碾压。同样是软土，但由于其分布地区不同，路基处理技术也是不同的，这里简单介绍几种。

1) 浅层处理技术

作为城市道路、低级公路，路基填料的强度要求相对较低，多数填土不高，地基处理最常用的是换填法。在天津开发区东缘的东海路施工中，在原盐田一级蒸发池的软土地基上，成功地不经过深层加固处理，用国产的聚丙烯土工网和山石或为筛分碎石作为填料，填筑了稳固的道路路基。这种土工网（20 世纪 90 年代中期，改成强度较高的土工格栅）碎石垫层和常用的水泥搅拌桩或石灰桩加固地基相比，造价节省，路基强度均匀，沉降均匀，不会出现复合地基表面的桩与桩间土之间过大的沉降差异。

2) 深层处理技术

高速公路的高填方路段，特别是桥头填土路段，为了解决地基压缩差异沉降造成的跳车现象，必须进行地基的深层加固处理。

① 深层搅拌桩法

最常用的办法是水泥搅拌桩、高压旋喷桩等方法加固土体，既提高承载力，又减小加固深度内的地基沉降，如在天津滨海地区的丹拉高速公路工程中用高压旋喷桩等方法加固土体较多；在津蓟高速公路工程则较多地采用了搅拌桩以及 CFG 桩，取得了行车平顺，造价经济合理的显著效果。

② 塑料板真空加载路基法

受施工条件的约束，当工期比较合理，路基填筑后到路面施工时，其间有地基沉降周期，则大量采用"塑料排水板"来疏排软土地基中的空隙水，增加固结度。加速完成地基沉降，以减少路面竣工后的工后沉降，提高路基路面质量，确保路面平整度。当预压期不足时，常采用复合地基的办法进行地基的深层加固处理。如苏嘉杭高速公路吴淞口段，其中桥头路基段软基厚达 26~35m，通过施工方法的论证后，采用了真空路堤联合预压技术即真空加载路堤法。与一般堆载排水预压相比，明显地具有加载快和抗剪强度增长率高的优点。又如：深圳是典型的海边城市，地基软弱，道路施工一般都要进行软弱地基的处理。其中，滨海大道建设中采用了堆载预压基础，效果良好。而机场跑道主要采用了强夯块石矶技术；另外，还利用过抛石挤淤、爆破、真空预压等联合软基处理技术。

(3) 黄土地区公路修筑技术

我国是世界上黄土分布最广的国家。在公路自然区划上，我国专门划定了黄土高原干湿过渡区。我国从黄土基本物理、力学特性压实性、大孔特性、湿陷性等基本参数入手研究黄土地区路基路面修筑技术，湿陷性黄土路基路面病害防治技术，湿陷性黄土暗穴探测技术。建立了黄土地区地基承载力评价地理信息系统，给出了黄土地区各区域地基承载力的分类推荐值和适用范围，提供了公路工程相应的地基承载力计算公式。高速公路湿陷性黄土地基的处治方法应根据公路的构造部位、地基处治的厚度、施工环境条件、施工工期和当地材料来源，并经技术经济比较确定。

近几年来，在公路湿陷性黄土地基处理方面，传统的土垫层法、重夯法等仍在广泛采用；而新兴的地基处理技术如强夯法、冲击碾压、DDC法等也开始大规模使用，并取得了良好的技术经济效果。其中冲击压实技术应用于大面积湿陷性黄土地基浅层加固处理和黄土路基的补强加固时具有快速高效的技术优势；强夯法则主要用于Ⅲ级以上厚层自重湿陷性黄土地基、非饱和高压缩性新近堆积黄土地基和人工松填黄土（素填黄土）地基的加固处理，有效处理深度一般不大于8m；DDC法则主要适用于加固较大面积的厚层高压缩性湿陷性黄土或厚层饱和湿软黄土地基以及深层有采空洞穴或软弱下卧层的不良地基。

陇西地区是黄土高原黄土湿陷性最强烈、最典型的地区。黄土湿陷具有湿陷层厚度大、湿陷等级高、湿陷性敏感、伴生不良地质现象发育等特征，对公路工程建设的危害和潜在威胁很大。随着西部大开发战略的实施，该地区正陆续修筑一大批高速公路，不少工程在实施过程中出现了不同程度的湿陷破坏事故。高速公路路基及其构造物对沉降变形和差异沉降均具有较高的要求，因此在湿陷性黄土地区的高速公路建设中，为确保公路路基及其构造物的安全和正常使用，黄土地基的湿陷性必须引起高度重视，并科学处治。

如宣大高速公路、郑州至洛阳高速公路黄土地区路基处理基本采用上述方法。

(4) 红层软岩地区公路修建技术

1) 红层软岩地区生态研究依托G318线重庆梁平至长寿高速公路建设，提出了红层软岩地区边坡生态防护技术方法，并应用于工程设计施工中，取得良好的效果；西攀高速公路、云南安楚高速公路等项目部分高边坡工程建设中，结合红层软岩高边坡工程的特点，提出了系统的公路深挖路堑边坡工程动态设计方法，取得了实效。

2) 北京至珠海高速公路湖南境内的一段根据课题研究成果，对红砂岩填筑路基采取"控制填料粒径、控制层铺厚度、控制压实机具吨位"的办法，并制定了具体的质量控制指标和施工工艺。先后编制了《红砂岩路基施工暂行规定》和《红砂岩路基施工与检测规定》，为红砂岩施工提供了科学的依据。对于红砂岩边坡防护，根据科研成果，在确保边坡稳定，保护生态环境的前提下，有针对性地采取骨架护坡、锚喷防护、挂网植草防护。客土喷播草籽、钢筋混凝土锚杆挡墙、锚杆梁及锚杆骨架等多项防护技术和措施。针对红砂岩的多项课题研究，为红砂岩地区公路建设积累了有益经验。

(5) 岩溶路基注浆加固工艺

我国岩溶集中分布在西南潮暖区。该区为东南湿热区向青藏高寒区的过渡区。一些地区因同时受东南和西南季风影响，雨期较长。加之地势较高、蒸发较小、渗透较大，故土基潮湿，石质路基和部分干湿季节分明的地区，土基强度较高。北部和西北新构造强烈，不仅地形高差大、地震病害亦多。其土质为：紫黏性土、红色石灰土、砖红黏性土。

比如：潭邵高速公路位于湖南省湘潭市—邵阳市境内，部分公路穿越湘乡地段岩溶发育区，由于该地段内煤矿采掘抽排地下水，深坑采石改变了地下水活动条件，同时地下水水位季节性变化幅度过大，引起较大范围内地表自然坍陷。对采空区进行注浆充填加固处理，增强路基的承载能力。但是区内岩溶地貌特征为隐伏型，第四系覆盖层薄，厚仅2.8～15m。同时，岩溶发育，顶板过薄，溶洞发育，地下暗河广布，给公路施工及未来安全营运带来巨大隐患。如此复杂的地质条件，需要优化出相应的注浆施工工法。该公路路基岩溶注浆加固为国内为数不多的大规模压浆封堵、封闭基底工程。整个注浆方法、施工、工艺及参数均成为湖南省、广西壮族自治区岩溶路基施工的参考依据。

3. 基层施工技术及新材料

(1) 关于沥青路面的结构形式

我国沥青路面的结构有其自身的特点，这是中国国情决定的，是公路建设发展历史的必然结果。"强基薄面"的半刚性基层沥青路面成为我国沥青路面结构的主要形式，并几乎成为包括高速公路在内的惟一的结构形式，我国现有沥青路面的典型结构见图2-1。我国在努力实现公路路面黑色化的同时，竭力减薄沥青面层的厚度，为满足日益增长的

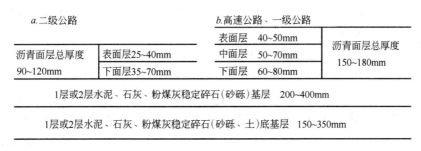

图 2-1 我国现有沥青路面的典型结构

交通荷载的需要，水泥、石灰、粉煤灰等无机结合料稳定粒料成为最普遍的基层结构。

由于半刚性基层的整体强度高、板体性好等优点，使沥青路面具有很高的承载能力。但是随着时代的发展，现在我国对半刚性基层以及薄沥青面层开始产生许多新的看法，发现在优点的另一面，也隐藏着一些严重的弱点，有的甚至是导致沥青路面早期损坏的重要原因。开始对半刚性基层沥青路面形成更客观的认识。近年来，对半刚性基层不能排出水分的问题引起了重视。由于半刚性基层中细粉部分较多，细粉和无机结合料的体积比例很大，基层中的粗集料不可能形成良好的嵌挤，成为一种悬浮密实式的结构，其强度主要依靠无机结合料的胶结能力。而我国的路面厚度设计主要以表面弯沉作为承载能力设计指标，沥青层底部的弯拉应变通常不成为控制性指标。许多路段倾向于提高半刚性基层的强度，以减小路面弯沉。现在，我国已经开始对许多国家普遍采用的以沥青稳定碎石和级配碎石作为基层的柔性基层进行研究，丰富路面结构形式。不少地方铺筑了一些试验段，已经显示出一些好的效果。我国正在研究如何根据不同的情况选择采用柔性基层或半刚性基层的沥青路面及合理的厚度。为了解决柔性基层沥青路面的应用，集中力量研究符合我国国情的典型路面结构形式，研究其设计计算方法、设计指标、设计参数，以丰富沥青路面的结构形式，进一步提高沥青路面的整体水平。

（2）工业废渣在道路基层中的利用

1）粉煤灰：

粉煤灰是一种工业废料，其存储要占用大量的土地资源，并污染水源和自然环境。同时粉煤灰也是可利用的资源，合理利用粉煤灰是我国重要的技术经济政策之一。粉煤灰和石灰（简称二灰）综合稳定粒料作为高等级公路路面的基层，在我国已有一定成熟的经验，京沈高速公路辽宁段、沪宁高速公路、同三高速公路宁波段等均采用了二灰稳定粒料作为路面的基层，取得良好的效果。同时，从城市道路开始基层用结合料予以加固，逐渐推广了粉煤灰作为胶结材料的二灰，二灰砂砾，二灰碎石，二灰钢渣等作为路面基层。在天津的津塘公路扩建工程中，大规模应用了二灰钢渣作为沥青路面的基层，适应了当时的工艺水平和经济能力，路面使用状况良好。对于城市主要干道、二级以上的公路和高速公路路面基层采用了密实级配的二灰碎石混合料。近年来，很多场合二灰碎石已经为水泥稳定级配碎石所替代。

使用掺粉煤灰的粒料作为基层，既能延长沥青路面的使用寿命，又能节省工程造价，同时还具有较好的环境效益和社会效益。粉煤灰不但可以应用于路面的基层结构中，也可以用它作为路基填料应用于软土地基的处理中。

2）钢渣：

钢渣是炼钢厂的工业废料，其大量堆积造成的粉尘污染严重影响周边环境。

路用钢渣是经过一系列工艺处理后得到的性质稳定的材料，一般具有良好的力学特性（高强、耐磨、抗滑等特点）和体积稳定性，是优质的筑路材料，可用于道路的各结构层中。

钢渣可作为集料用于半刚性基层材料，其中二灰钢渣在北京的应用已初具规模，从 1995~1997 年立项以来，北京市市政工程研究院和北京市公路局设计研究院对二灰钢渣的路用性能进行了大量的试验和分析，得出了二灰钢渣的基本性质参数，并对钢渣的质量变异性等因素对二灰钢渣的影响进行了深入的研究，从 1997 年白颐路工程、1998 年北京平安大街工程、1998 年杜家坎收费站改造工程到黄徐路二灰钢渣试验段，二灰钢渣经过试验研究和试验路验证，开始得到大家的认可，从京开高速公路辅路和远大路开始，二灰钢渣以其强度高、易成型等特点在公路和城市道路中得到大量的应用。几年来的应用结果表明，二灰钢渣作为基层材料具有性质稳定、板体性好、强度高等优良性能，可用于高等级公路基层和底基层中。

4. 面层施工技术及新材料

（1）关于改性沥青和 SMA 新技术的研究和应用

与欧洲及许多国家相比，我国修建沥青路面有特别困难的条件。首先是我国的气候条件对沥青材料十分不利，我国的东部和中部较发达的地区处于世界上典型的季风气候地带，夏季太平洋暖流和冬季北冰洋寒流对气候影响极大，夏季炎热，经常能达 40℃ 左右，冬季寒冷，东北和西北地区能达 -35℃ 以下。即使在北京地区，年温差也有 60℃，东北黑龙江地区能达 75℃，四季温差之大在国际上是少有的。这种气候条件对沥青材料十分不利，往往不能同时照顾到沥青路面的高温稳定性和低温抗裂性能。

在交通方面，汽车交通量的发展以高于通车里程增长速度数倍的速度发展，公路建设始终跟不上汽车增长的需要。尤其是我国目前还缺乏健全的运输法律，重载车、超载车的比例很大。我国的标准轴载是 100kN，但在许多高速公路上，轴载经常超过 200kN，双轴超过 400kN。再加上有些车辆的车况不好，满载后行驶速度很慢，几乎不到 10km/h，这对沥青路面造成严重的威胁。为了高速公路的交通安全，我国对沥青路面的抗滑性能要求较高，在规范中提出了构造深度和摩擦系数（横向力系数）的要求。其中构造深度的指标与沥青混合料的空隙率往往形成尖锐的矛盾。

因此，我国多年来一直在研究符合国情，适应于重载交通、残酷气候条件，高温和低温性能都好，既抗滑又耐久密水的低空隙率沥青混合料。并从两个方面作出了很大的努力：一是在结合料方面努力采用聚合物改性沥青结合料，二是在矿料级配方面推广应用 SMA 结构，并取得了明显的效果。

1) 改性沥青的研究及应用：

我国的改性沥青开始使用于 1992 年的北京首都机场高速公路，之后陆续在一些工程中应用。自 1998 年起，应用数量急剧增加，到 2002 年使用量已超过 50 万 t 以上，占总的道路沥青使用量 500 万 t 的 10%。改性剂品种以 SBS 为主，少部分采用 SBR 胶乳及 TLA 天然沥青改性。目前主要用于高速公路的表面层，城市道路主干线，飞机场跑道，桥面铺装等。北京市的高速公路和城市道路主干线的表面层已经全部采用了改性沥青。有一些重载交通道路，考虑到中面层是抵抗车辙变形的重要层次，中面层也采用了改性沥青。

由于大交通量，特别是超载交通的出现，改性沥青混合料在高速公路、城市干道中得到大量应用。目前采用的多数限于 SBS 改性沥青混合料，因为它的技术性能优越，质量稳定可靠。随着对路面力学机理的深入了解，改性沥青混合料已经从表面层扩展到表面层、中面层同时应用。在天津，除早期修建的京津塘高速、唐津高速一期、津滨高速等少数工程外，近十年建设的如京沈高速天津段、丹拉高速天津南段、津蓟高速、津晋高速一期，都在沥青面层中应用了 SBS 改性沥青混合料，有的路段表面层和中面层都采用了 SBS 改性沥青混合料。

2) SMA 路面的研究及应用：

我国最成功的 SMA 铺装是 1996 年在首都机场东跑道和八达岭高速公路上铺筑的，普遍采用聚合物改性沥青，空隙率控制在 4% 以下，车辙试验动稳定度超过 3000 次/mm。铺筑的东跑道道面在经使用 5 年，经 50 万次大型飞机运行考验后，平整、坚实、无泛油、无轮辙、无裂缝、抗滑、耐油，无任何病害。在北京这样的残酷气候条件下裂缝率为零是国际上前所未有的。

我国 SMA 路面的应用，见表 2-1 和表 2-2。

3) 我国对美国 Superpave 成果的跟踪和应用：

我国 Superpave 技术的应用过程大致经历了：引进、消化吸收、研究和工程应用四个阶段。

从 1995 年开始江苏省交通科学研究院率先引进了 Superpave 胶结料试验设备，到 2004 年我国 Superpave 技术的应用已初具规模。

① 引进：为了沪宁路研究课题的需要，江苏省交通科学研究院通过努力获得了有关 Superpave 各种版本的软件（包括规范和试验方法）。

1995 年，重庆公路所出版《美国公路战略研究计划（Superpave）沥青课题专题情报资料》；

1995 年，江苏交科院出版《美国公路战略研究计划（Superpave）文献索引和摘要》；

1997 年，重庆公路所翻译出版《Superpave 水

我国高速公路 SMA 的应用情况　　　　　　　　　　　　　　　　　　　　　　　　表 2-1

工程名称	层次	结构	厚度	粗集料	沥青标号	改性剂	纤维
首都机场高速公路	表面层	SMA-16 沥青玛琋脂碎石混合料	4cm	玄武岩	盘锦 AH-90	PE+SBS	矿物纤维 0.4%
八达岭高速公路(京昌段)	表面层	SMA-16 沥青玛琋脂碎石混合料	4cm	辉绿岩 玄武岩	辽河、大港等 A-100、盘锦 AH-90	PE+SBS	矿物纤维 0.4%
京沈高速公路(北京段)	表面层	SMA-16 沥青玛琋脂碎石混合料	4cm	玄武岩	滨洲、盘锦、秦皇岛 AH-90	SBS	木质素纤维 0.3%
京开高速公路(北京段)	表面层	SMA-16 沥青玛琋脂碎石混合料	4cm	玄武岩	同上	SBS	木质素纤维 0.3%
京承高速公路(一期)	表面层	SMA-16 沥青玛琋脂碎石混合料	4cm	玄武岩	同上	SBS	木质素纤维 0.3%
五环路	表面层	SMA-16 沥青玛琋脂碎石混合料	4cm	玄武岩	同上	SBS	木质素纤维 0.3%
六环路	表面层	SMA-16 沥青玛琋脂碎石混合料	5cm	玄武岩	同上	SBS 和成品改性沥青	木质素纤维 0.3%

北京市城市快速路 SMA 的应用情况　　　　　　　　　　　　　　　　　　　　　　　表 2-2

工程名称	层次	结构	厚度	粗集料	沥青标号	改性剂	纤维
四环路	表面层	SMA-16 沥青玛琋脂碎石混合料	4cm	玄武岩	同上	SBS	木质素纤维 0.3%
三环路	表面层	SMA-13 沥青玛琋脂碎石混合料	4cm	玄武岩	同上	SBS＋湖沥青	木质素纤维 0.3%
二环路	表面层	SMA-13 沥青玛琋脂碎石混合料	4cm	玄武岩	同上	SBS＋湖沥青	木质素纤维 0.3%
平安大街	表面层	SMA-13 沥青玛琋脂碎石混合料	4cm	玄武岩	欢喜岭 AH-90	SBS、道改 2 号	木质素纤维 0.3%

准 I 沥青混合料设计》；

1997 年，重庆公路所翻译出版《性能分级沥青混合料规范和试验》；

2002 年，江苏省交通科学研究院出版《高性能沥青路面 Superpave 实用手册》；

2005 年，人民交通出版社出版《高性能沥青路面(Superpave)基础参考手册》。

② 消化吸收：Superpave 技术是一个全新的概念和体系，1996 年举办了第一次全国范围的 Superpave 技术讲座以后，江苏省交通科学研究院举办了 Superpave 材料、设计与施工的讲座。2001 年，江苏省交通科学研究院组织开展了国内第一次 Superpave 胶结料比对试验，12 个单位参加，试验结果表明大多数单位已达到了生产应用的水平。

③ 研究及工程应用：一些单位或结合工程应用或专门列题对 Superpave 技术进行了专题研究，其中有江苏省交通科学研究院"沪宁高速公路江苏段沥青和沥青混合料路用性能的研究"；重庆公路所"高性能沥青路面设计规范（前期）"；山东"Superpave 沥青混合料应用技术的研究"；湖北"京珠高速公路沥青面层结构优选与组成设计研究"。

美国 Superpave 研究成果及 Superpave 路用性

能规范在我国受到了普遍关注，并带动了我国沥青及沥青混合料、配合比设计理论的研究。我国首先对如何调整沥青标准进行了广泛的研究，提出了一些新的技术指标，它们与Superpave新指标有相当好的相关性。提出了新沥青标准。为了提高沥青混合料的高温、低温稳定性，用传统的指标来衡量沥青性能已经显得不适应要求，而美国的Superpave计划的成果，对沥青指标将针入度、软化点、延度等三大指标改为与路面性能有关的压力老化后的动态剪切流变试验。沥青标号改为以温度分界的PG等级。近五年来，天津市的高速公路建设中，沥青均采用PG分级，混合料配比设计则应用Superpave方法。

全国Superpave混合料铺筑，见图2-2和图2-3。

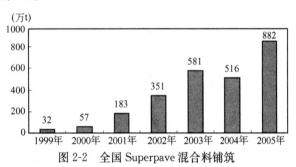

图2-2 全国Superpave混合料铺筑
（按年份，截止到2005年底）

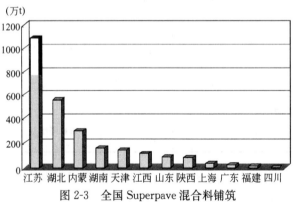

图2-3 全国Superpave混合料铺筑
（按省份，截止到2005年底）

(2) 再生资源在沥青路面中的应用

沥青材料加入添加剂、废旧沥青材料用于铺路，称之为"再生资源"。用作改性剂的PE，已经有再生PE的研究成果。

废旧橡胶粉用于筑路的技术研究：随着我国汽车工业和道路建设的迅速发展，大规模的废旧轮胎将带来巨大的社会环保问题，同时道路的使用性能也需要提高。在不同气候环境的五个省、不同等级的九条公路上修筑了近30km的试验路，进行了施工工艺研究和使用性能评价，提出了橡胶粉沥青混合料设计施工技术指南。比如：广东105国道道簕岗段一级路。近年由于国产胶粉的生产获得发展，废轮胎粉改性沥青混凝土，也已经开始在工程中应用。2005年，天津市在国道立交的地面辅道工程中使用了废轮胎粉改性沥青混凝土，其动稳定度能与SBS改性沥青媲美。胶粉改性沥青混凝土，对于路面降噪也有明显的效果。

新型沥青改性剂的开发伴随沥青材料的研究一直没有间断过，如上节所介绍的，再生PE的利用、废旧轮胎的利用，都已经在改性沥青的应用中占有一席之地。随着国际石油市场涨价不断，国内SBS改性沥青的价格也几度攀高，正推动着新型改性剂的研究与开发。

一种由硫磺发展而来的SEAM颗粒，已经在工程中得到试用，它的高温性能优于SBS，低温性能与SBS相当，价格还低。

(3) 降噪沥青路面技术开发与应用

橡胶粉作为集绿色环保、沥青改性剂为一体的资源再利用材料，从20世纪80年代开始在发达国家得到更广泛的重视和应用。用橡胶粉作为改性剂的改性沥青混合料铺设的公路与传统沥青路面相比较，不但可以延长公路寿命，降低维修成本，而且可以提高汽车行驶安全性，与SBS改性沥青相比较，可以降低道路噪声2～3dB，它表示道路噪声减低30%～40%，相当于减少了30%～40%的车流量。现今，美国、加拿大和欧美等国家已普遍采用橡胶粉作为改性沥青的材料，在我国也已开始这方面的应用研究。

根据2004年北京市交通委员会科研项目《废胎胶粉改性沥青应用研究》的计划安排，北京顺平辅线左堤路至顺密路左幅（共1.45km），作为铺筑橡胶粉沥青及混合料的试验路。本试验路段主要研究的问题之一，就是通过使用橡胶粉改性沥青及混合料降低汽车在路面上的行车噪声。

对试验段进行了噪声测试，测试工作由中科院声学计量测试站完成。测量方法按国标《汽车加速行驶车外噪声限值及测量方法》（GB 1495—2002）机动车辆噪声部分进行，在车速为80km/h时，采用胶粉改性沥青AC-10混合料的路面比采用SBS改性沥青SMA-13混合料的路面噪声降低2dB。

(4) 其他路面新材料新技术

1) 成品改性沥青的应用

工厂化 SBS 成品改性沥青,在生产过程中根据基质沥青的组成,选择改性剂 SBS 和稳定剂,优化沥青与改性剂、稳定剂的配方,生产出的 SBS 改性沥青性能良好、质量稳定。不仅使改性沥青的性能满足了规范的要求,还很好地解决了 SBS 改性沥青储存稳定性的问题。

2003 年,工厂化 SBS 成品改性沥青首次在 110 国道改扩建工程及 108 国道改建工程中使用;2004 年,在北京市南六环、京沈高速公路及八达岭高速公路罩面工程中使用;2005 年,在北京市北六环(西沙屯—寨口)路面工程中使用。

2) 钢渣在道路工程中的综合应用

作为一种优质集料,钢渣具有抗压、耐磨等特点,这些特点也为其在沥青混合料中的应用提供了可能。为了检验钢渣沥青混合料的路用性能并积累适宜的施工工艺,结合北京市公路和城市道路建设工程,2003 年修建了第一条钢渣沥青混合料试验路段。试验路段选在北京市海淀路和双清路,路段总长 800m,路面宽 12m,混合料类型为 AC-13I 沥青混合料。在第一条试验路的基础上,2005 年橡胶沥青钢渣试验段在门头沟南雁路铺筑完成。

3) 抗车辙沥青路面技术在道路建设中的应用

随着汽车保有量的增加和交通量的增长,沥青路面也呈现出不同程度的损坏,其中,车辙病害成为一种主要的破坏形式,在高速公路、城市道路和郊区公路中普遍存在。沥青路面的车辙使路面使用性能降低,影响公路和城市道路运营的安全性和行车的舒适性,并最终导致路面的损坏。抗车辙沥青路面技术能够显著提高沥青路面的抗车辙能力;同时,改善路面的低温性能和抗水损害能力,适用于不同等级公路、城市道路的路口、停车港湾和收费站以及重载路段。

北京市杏石路口是杏石路与西四环的交叉口,该交叉口交通量大且重车较多,路口路面车辙严重,车辙深度已达 10cm,路表呈波浪形,平整度极差。经过对路口路段车辙形态的分析,综合考虑该路口小型车比重大、行车速度慢、起步刹车频繁的交通特点,采用抗车辙技术,2003 年 4 月完成施工的杏石路口改造工程是抗车辙技术的首次工程应用,经过 2 年多的运营,该路面平整,无车辙等病害。这一次成功的运用为该技术的进一步成熟打下了良好的基础。

2005 年,抗车辙沥青路面技术还在北京市东四环大郊亭桥下、南中轴公交专用线、八达岭高速公路市界(康庄)路段沥青路面大修工程以及京津道路路口等地得到应用,效果良好。

4) 高渗透性透层油及 SBS 改性乳化沥青粘层油的应用

透层是为了使沥青路面与非沥青材料基层结合良好,在基层上浇洒石油沥青、煤沥青、液体沥青或乳化沥青而形成的透入基层表面的薄层。沥青路面的级配砂砾、级配碎石基层及半刚性基层上均必须浇洒透层沥青,以保证沥青面层与基层具有良好的结合界面。

粘层是为了加强路面中沥青层与沥青层之间、沥青层与水泥混凝土层之间的粘结而洒布的沥青材料薄层。在水泥混凝土路面、旧沥青路面以及新铺沥青混合料接触的路缘石、雨水进水口、检查井等结构的侧面,均应洒布粘层沥青。对于双层式或三层式热拌热铺沥青混合料路面面层间必须喷洒粘层油。

透层、粘层是沥青路面结构中极其微小的一部分,但是在路面经受车辆交通荷载、风吹日晒等的力学作用和气候作用过程中,它们却起着巨大的作用。我国沥青路面设计理论,以路面各结构层完全连续为前提条件,更加强调了透层、粘层在整个路面结构中的巨大影响力。因此,沥青路面透层、粘层的铺设是一项十分重要和必要的工作,随着我国重载、超载交通的出现,这种重要性显得更加突出,对一些重载道路检测后发现,许多情况下由于透层、粘层没有起到应有的作用,致使路面的早期破坏十分严重。

改性粘层油的种类有:普通乳化沥青和改性乳化沥青。改性乳化沥青是沥青乳化技术与沥青改性技术的结合。它保留着乳化沥青的特性,同时具有改性沥青的优点。与普通乳化沥青相比,改性乳化沥青具有以下优点:提高高温稳定性;低温抗裂性;提高粘结强度;延长使用寿命。SBS 改性乳化沥青的性能优于 SBR 胶乳改性乳化沥青。

SBS 改性乳化沥青粘层于 2003 年首先在北京三环路的改造工程中被大量使用,然后又广泛应用于 110 国道的改扩建工程中,之后又在莲花池西路、京哈高速、京沈高速、八达岭高速、京石高速、鲁谷西路、京沈国道密云段等等高速公路和国省道地方道路中被大量使用，粘结效果十分明显。

高渗透性透层油，2004年在北京六环路北段进行了试喷洒，渗透深度在5mm以上，经现场钻取芯样发现，粘结效果良好。2005年这种透层油在京承高速公路二期工程中使用。

5）应力吸收层的应用

应力吸收层主要应用于沥青路面、沥青混凝土桥面铺装结构、水泥混凝土路面沥青加铺结构中，它主要起防水层、延缓反射裂缝的作用。应力吸收层一般有两种形式，一种是采用高黏度、高弹性沥青制备沥青混合料铺筑于基层之上；另一种是采用高弹性、高黏度沥青洒布于基层之上，同时在沥青上撒布石子，使石子嵌于沥青中形成稳定的结构。

这两种应力吸收层分别应用在北京市二环路路面加铺工程和顺平辅线改建工程中，效果良好。

6）硅藻土沥青混合料等材料的研究

针对西部地区特点，我国开展了硅藻土沥青混合料、柔性纤维混凝土、聚合物水泥混凝土等新材料新工艺的研究。提出了沥青路面专用硅藻土改性技术标准、硅藻土改性沥青路面设计施工指南、硅藻土改性沥青路面施工质量控制与检验指标等一套完整的研究成果。在云南各等级公路上铺筑了600km，验证了不同气候条件下的路用性能和施工工艺。

7）油砾石路面技术开发与研究：

引进芬兰油砾石技术，利用当地材料进行应用研究。在大兴安岭地区修筑了8km试验路，与普通沥青混凝土相比，路面工程造价一般可降低20%～40%，且污染少，易于回收利用，尤其适于北方寒冷气候地区。

5. 道路施工成套技术研究

随着公路建设的飞速发展。我国越来越重视道路施工成套技术的开发与应用，经过我国工程人员与科研人员的共同努力，已形成了依托重大工程的研究成果。

（1）边坡加固成套技术研究

我国建立相对较为完善的路基边坡稳定性评价方法，在边坡的设计理论与方法上取得重要进展；开发出高强锚固灌浆材料、植被混凝土等边坡加固防护新材料，开发出预应力抗滑桩、柔性生态护面墙、土工合成材料护坡等边坡加固防护新结构；形成了与新材料、新结构应用相配套的防护施工工艺，完善了灌浆、锚杆（索）等传统加固技术的施工工艺；掌握了山区高填路堤的沉降变形规律，得出了三种压实技术合理应用的条件。成套技术已在10个工程中得到应用，部分成果已纳入新颁布实施的《公路路基设计规范》中。比如：连霍公路甘肃省内山丹至临泽高速公路戈壁地区，属西北干旱区，由于气候干旱，土基强度和道路水文状况均佳，筑路砂石材料较多，但高山区有风雪流危害，而山区公路通过各垂直自然带，筑路较复杂，其土质多为栗黏性土、砂砾土、碎石土。因此，该路从勘察设计时就充分考虑了不良工程地质和水文地质条件，对当地路基病害进行综合分析，利用开挖排水沟的土方修筑挡水坝。

（2）沙漠地区成套筑路技术

我国沙漠面积为80.89万km^2，约占国土面积的8.43%。其中西部省区有12个流动、半流动、固定型沙漠，沙漠面积达到66万km^2。沙漠及周边地区往往自然环境恶劣，经济欠发达，但却可能是石油、天然气和煤炭等资源的富集区。从我国西部未来交通行业的发展来看，将有越来越多的高等级沙漠公路建设被提上日程。从穿越"死亡之海"的第一条长距离等级公路，到毛乌素固定沙漠的第一条高速公路，沙漠筑路技术日益受到关注。我国于2001年设立了西部交通建设科技项目"沙漠地区筑路成套技术研究"，由新疆、内蒙古等多个省区的公路科研人员，研究沙漠地区公路选线、路基路面设计、施工工艺以及质量控制、防风固沙和养护技术等11个方面对沙漠筑路技术进行全面系统研究。经过几年的努力攻关，目前这一科技项目已纷纷结出硕果，由新疆交通科研院等多家单位合作的"沙漠地区公路路基合理断面型式研究"、"沙漠地区公路选线及线形参数研究"及"沙漠地区风积沙路用性能研究"均通过验收，填补了国内外在这一领域的空白。其中"沙漠地区公路路基施工及质量控制技术研究"和"沙漠地区公路路基压实标准及方法研究"的成果成功地指导了我国沙漠地区第一条高速公路的建设。

比如：结合交通部西部交通建设科技项目，在室内试验研究和理论分析的基础上，通过榆靖沙漠高速公路、陕蒙沙漠高速公路（半幅）及靖王高速公路(沙漠段)试验路及大型室内试槽试验研究成果的基础上,提出了沙漠地区风积沙路基施工压实工艺、方法、压路机的参数等。该研究成果已在陕西几条沙漠高速公路上得到应用,解决了沙漠路基诸多技术难题,为国内沙漠地区公路路基施工规范的编写积累了非常重要的资料,同时也取得了显著的社会效益和经济效益。在榆靖、陕蒙两条公路上所产生的效益累计为2.8亿元。

又如:京沈高速公路K245+300~K261+000为风积砂段(包括高升互通立交区),起点为辽宁省盘山县大荒乡,终点为盘山县高升镇腰楼台村,长1311km,土方量为300万m^3。按照设计规定,该路基填料为风积砂,而高速公路使用风积砂填筑路基,在国内尚无先例,无成功经验可循。为此,在开工前经过认真分析,确定了初步施工方案,并在试验段施工总结经验的基础上,最终确定了用黏性土包边确保风积砂路基稳定的施工方案。

(3) 膨胀土地区公路修筑成套技术:

膨胀土广泛分布于我国各个省区,其对公路工程不利的主要性质是胀缩性,而土中含水量变化是导致膨胀土体积变化的主要原因,即遇水膨胀、失水收缩。膨胀土还因具有多裂隙性、超固结性及易崩解、易风化、强度易衰减等特性而区别于一般黏性土。决定膨胀土胀缩变形的黏土矿物质主要是蒙脱石、伊利石。在膨胀土地区,公路出现的路面变形、开裂、翻浆、沉陷等主要病害,都是由于土基受水影响后,路基土体发生膨胀变形、浸水软化、强度下降所引起的。近几年,我国高速公路建设发展迅猛,不可避免地会遇到膨胀土路基问题:不经处理的膨胀土难以满足高速公路路基填筑要求,但如果弃之不用,则会造成极大的资源浪费和环境污染,同时路面结构层下(土基)膨胀土处理不当,必将导致工程质量的重大隐患。随着我国高速公路向山区、西部地区快速延伸,开展膨胀土地区公路修筑成套技术研究势在必行。其根本目的是提出膨胀土地区公路修筑成套技术,解决西部公路建设中的膨胀土地区地质灾害的关键问题,指导膨胀土地区新建公路的设计与施工,提高工程质量和可靠度,减少膨胀土地区筑路所带来的生态环境破坏和经济损失,确保公路交通的畅通与安全。

比如:襄荆高速公路所经地区大部分路段为弱膨胀土和高液限、高塑指、低强度的中膨胀、非膨胀土,以及少量分布在路线中部几个施工合同段的强膨胀土地段。在膨胀土地区进行工程建设,首先必须正确区分膨胀土与非膨胀土,划分膨胀土的类别和等级,然后确定路基的设计原则及其相应的工程措施,这是一个至关重要的问题。

又如:合肥至徐州高速公路肥东至西泉街段沿线有膨胀土,呈弱膨胀分布。引入膨胀土分析方法,优化路基处理方法,施工实践表明,虽然膨胀土掺石灰使路基增加投资100万元/km左右,但与远距离运土进行路基填料置换相比,仍有其经济优势。可以认为,在高塑性膨胀土大量分布的地区,采用掺拌石灰处理的方法,不但是可行的,而且具有很好的推广价值。

再如:宁夏古王高速公路膨胀土路基处理中使用了改性处理的方法,即利用NCS固化剂及消石灰分别对沿线几种典型的膨胀土进行改性处理,从而消除了土的胀缩性并改善了膨胀土的力学性能,满足了高等级公路对路基的要求。

(4) 多年冻土地区成套筑路技术:

1) 多年冻土在我国分布非常广阔。占我国国土面积的21.5%,约占世界多年冻土总面积的10%,主要分布在我国中西部地区的青藏高原、西部高山和东北大、小兴安岭以及松嫩平原北部,并零星分布在季节冻土内的一些高山上。我国通过对青藏公路路况普查及重点调查、钻探、物探,建立低温及变形测试试验场,修筑试验路,理论分析及室内试验等研究,首次提出了多年冻土地区公路工程分类法;通过路基温度场与变形场的不均匀分布,建立了冻土路基二维非对称水热双向耦合计算模式,给出多年冻土地区路基设计与场地设计原则;提出路基上临界高度概念及上、下临界高度的计算公式;对水泥稳定基层、沥青面层材料低温特性进行研究,提出了基层与面层的混合料配合比多指标设计方法。这些成果总体水平居世界领先。

2) 由于对多年冻土地区病害的单独研究国内外甚少,我国通过1992~2000年对青藏公路进行彻底地整治,运用力、温度、水场耦合数值分析等方法系统分析公路病害的各种机理,采用热棒、EPS板等多种新材料降低道路内外热量交换,改变道路内部温度环境,提出了有效的公路抗病害技术。首次提出高原多年冻土路基在不降低道路服务水平的前提下,通过加强侧向保护,允许冻土上限适量下移的新理论；首次将无机结合料用于高原多年冻土地区的路面结构中；这些研究成果为青藏公路整治工程及其他多年冻土地区道路工程建设提供了必要的依据和资料。

如：藏东南的那昌公路位于历次构造运动强烈、地震活动频繁地区，分布有规模不一的滑坡、崩塌、岩屑堆、古冰川和泥石流堆积，这些堆积体因修建公路受到不同程度的削、切和开挖，在地形、河流、降水等条件下，不断发生新的滑坡、崩塌和泥石流危害。对不同类型的灾害成因进行分析，为公路病害治理提供可靠的资料与可行的措施，指导公路建设和养护工作，保障公路的畅通，从而推动西部地区公路建设和经济可持续发展。如在对滑坡病害的治理中，采取护坡和坡面水流拦截、引排的方法；对泥石流病害治理时，尽可能利用高原荒山草地条件，以人工排导沟、停淤场等拦排方式为主的工程措施；对在泥石流扇形地上开挖路堑导致的泥石流病害，沿扇形地主脊纵坡修排导沟，在路堑上方以渡槽的方式将泥石流排汇到下游地方，可免除每次泥石流淤积路堑之患，达到根治的目的。

再如：加漠公路是黑龙江省内一次性建成的里程最长的公路。该路位于黑龙江省西北部，是大兴安岭地区一条重要的干线公路，全长574km。在大兴安岭这样的高寒地带筑路，首先要考虑的问题就是"冻土"。为了防止岛状冻土地带，路基不稳定，采用乳化沥青补平的办法进行了处理。另外一个困难就是量大而且行踪不定的冰湖。为了防止水漫上路基，在筑路时充分考虑造价等因素后普遍采用修建挡堵墙的方法。

(5) 农村公路修筑技术

我国广大农村特别是偏远山区、贫困地区的交通条件正逐步得到改善。到2005年底，我国基本实现东部地区"油路到村"，中部地区"油路到乡"，西部地区"县与县之间通油路"。

特别是低造价县乡道路——农村公路修筑技术依托内蒙、新疆等县乡道路和农村道路建设，取得了我国西部地区二级区划(组合)的县乡道路路面典型结构、各种地方材料的应用、小交通量道路的设计方法等一系列实用的技术成果，对县乡公路的修建起到了重要指导作用。如：截至2005年底，山东全省行政村基本实现了村村通柏油路，80%实现了通公共汽车；内蒙古自治区锡林郭勒盟共有70个乡(镇、苏木)通了油路，640个行政村(嘎查)通了公路，乡通油路率、村通公路率分别达到60%和76%。

(三) 道路施工养护与检测技术日臻完善

1. 施工技术及筑路养护设备的发展

(1) 道路建设与筑养路机械的发展

1) 道路建设机械化

我国高速公路建设用了10多年时间，走过了发达国家40年才走过的进程。在道路建设方面，机械化程度不断提高。首先是路基路面施工日益实现了机械化、大型化、配套化；其次是路基施工技术配套成龙，从挖掘、爆破、平地、铲运、装载、压实均有机械。而公路施工和养护的机械化是保证和提高公路施工和养护作业质量、速度及效率的重要手段，采用先进的养护机械及施工技术，不断改进和提高施工和养护作业方式，提高机械化的组织与管理水平，加快了我国公路，尤其是高等级公路建设与养护的机械化进程。

2) 筑养路机械制造技术引进

道路建设为交通科技发展提供了广阔空间，催生出一整套道路建设技术，从而为路网的拓展及建设水平、建设质量的提高提供了必要的技术保证。我国道路的发展特别是高等级公路的建设促进了筑养路机械的发展，并对筑养路机械发展提出更高、更多的要求和需求。以高速公路为代表的高等级公路建设对筑养路机械需求增加，而传统的以人工作业为主的施工和养护作业方式已不能适应现代公路交通运输对公路施工和养护工作的要求。

20世纪90年代，我国通过世行贷款等形式引进的国外先进筑路机械在保证施工进度、施工质量和降低工程造价方面起到了不可替代的作用。我国适用于修筑高等级公路的路面机械在技术水平上也踏上了一个新的台阶。比如：西安筑路机械厂引进了英国沥青搅拌设备，同时引进沥青摊铺机；徐州工程机械厂引进了系列轮胎和履带式的沥青摊铺机；陕西建设机械厂引进了ABG铺宽12m的沥青摊铺机。

3) 国产机械发展

受基本建设的拉动，我国工程机械行业在技术水平、品种数量、产品质量、专业化生产程度、生产规模、出口创汇、用户服务和企业组织结构优化等方面均获得了很大进步,在国民经济各个领域建设中正发挥着举足轻重的作用。

工程机械的新产品总是和新工法、新工艺、新的施工技术同步发展。比如2003年11月,建设部从2001~2002年全国各地申报的136项工法中评审出83项国家级工法并进行了公布。为满足道路建设的需求,我国筑养路机械生产企业在吸收国外筑养路机械先进技术的基础上,成功研制出部分具有自主知识产权的筑养路机械品种,筑养路机械行业得到长足发展。

我国路面机械的研制、开发在交通部的重点支持下,路面机械在数量和品种上都有了较大发展,每年生产的路面机械达一万余台套。这些发展使我国修筑一般公路的机械化施工水平有了很大的提高。特别是通过国家"九五"863计划"机器人化工程机械现代集成制造应用工程",研制出新一代铲运机械、压实机械、路面机械,促进了国产工程机械的技术升级换代,攻克了一大批制约工程机械产品研发的关键技术,极大地提高了国产工程机械的市场竞争力。通过国家"十五"863计划项目"机群智能化工程机械",研制开发的智能化路面施工机群在河南焦温高速公路第一标段首次进行了工地作业试验并获得成功。该项目包括智能化摊铺机、拌合站、压路机、装载机、铰接式自装卸车和全路面汽车起重机等6种产品。机群智能化工程机械是指为完成某一具体工程施工项目,通过对各智能化工程机械单机的状态、位置、性能、工作质量和施工进度的在线检测和智能故障诊断,由机群主控站根据施工任务完成机群动态组织、施工动态优化调度和集团管理,以实现最优化资源配置、最优工作效率、最佳工作质量的同步施工智能化工程机械的组合,综合了道路施工、智能控制、智能故障诊断、网络通信、动态优化高度等当今最前沿的先进技术,代表了现代工程机械制造和现代化施工技术的发展方向。

一批国家技术创新项目,对全面提升国产工程机械水平起到极大的推动作用。我国加大研究与开发(R&D)的投入力度,加速高新技术的应用研究,加大重点试验室的建设,已拥有了先进、完善的整机性能及结构特性测试手段,并在研发中得到了广泛应用。与世界500强的合作生产主要产品有工程起重机械、路面机械、压实机械、铲土运输机械、混凝土机械。对于二、三级公路的修筑,机械化施工的设备已经可基本立足于国内,在高等级公路施工机械方面也有了重大的突破。

① 徐工的汽车起重机和装载机产品的外观设计、外观质量及制作工艺已接近国际市场上所认可的水准。在生产制造方面,国内惟一由计算机控制的流水装配线追求产品制造过程的稳定性和一致性。以高新专利技术改造机械装备工业,促使其升级换代至世界一流水准。QAY25全路面汽车起重机是国内第一台自主知识产权的全路面汽车起重机,最大起重量25t,最大起升高度36.6m,最高行驶速度70km/h,适应不同作业环境的需要,在国际同行中也产生很大反响。ZD1245水平定向钻机是徐工集团今年开发的具有世界领先水平的新产品,采用了世界最先进的RD386探测仪,完全的钻杆自动存取和钻杆丝油自动涂抹,电子油门操纵,环保指标达到欧洲三号排放标准。

② 三一重工的混凝土泵车与摊铺机研发,采用专利分析方法,从而掌握其各项关键技术生命周期发展历程。重点分析最新专利技术动态,为产品设计启迪思路,找出差距,寻找突破口,"站在巨人的肩膀上"进行技术创新。这样就提高了研究开发起点,规避了专利侵权。

另外,对于基层、底基层施工机械的两个主要机种:稳定土厂拌设备和路拌设备也形成了一定的系列产品。黑色(沥青)路面施工机械沥青混合料搅拌设备和沥青混凝土摊铺机械已经形成了一定的系列,也有较多的品种和型号可供选择。

(2) 重要筑养路机械的发展

1) 冲击式压路机

冲击式压路机是一种新式压实机械,它是伴随压实技术的最新发展而产生的机械。冲击式压路机采用拖式牵引,利用"三边形"或"五边形"的压实轮在转动前进的过程中对地面产生集中冲击能量,达到压实的目的。冲击式压路机对被压实土壤含水量的要求比较宽,适合多种土壤类型,例如砂质黏土、重黏土、石质填方等土质。冲击式压路机近几年已经在大填方路基施工中得到较广泛的应用。

冲击式压路机突破了传统压路机连续压实的压实方式,由传统的高频率、低振幅的压实方式,改为低频率、高振幅的冲击方式。周期性的低频高振幅的冲击压实土体，产生强烈的冲击波向地下深层传播，其压实深度随压实遍数递增。冲击式压路机的冲击力可以达到200～250t，压实填方厚度可以达到0.4～1.2m，影响深度可以达到5m。

我国应用冲击式压路机是从引进南非兰派公司压路机开始。目前，已有国产冲击式压路机产品。

2) 沥青混合料转运车

20世纪90年代末，随着沥青混合料转运车的引进，连续摊铺概念开始进入我国。沥青混合料转运车容量较大，可以装备二次搅拌设备，向摊铺机卸料可以实现连续、均衡、无冲击，有效地解决了沥青混凝土的骨料和温度离析问题，以及由冲击带来的弊病。因此，有一些高等级道路的业主单位对施工企业要求使用沥青转运车，促进了沥青混合料转运车引进和生产的热潮。

沥青混合料转运车带动了沥青路面施工工艺的变革：

① 消除了运料卡车对摊铺机的碰撞，提高了摊铺路面的质量；

② 能有效保证摊铺机"连续恒定"地工作；

③ 有效改善了沥青混合料在摊铺时存在的温度离析和材料离析；

④ 提高了施工速度，减少了卡车数量；

⑤ 提高了作业质量和路面的使用性能，延长了路面的使用寿命，大大节约了路面的长期养护和维修费用。

鉴于沥青混合料转运车能十分有效地消除现行施工工艺的种种缺陷和弊端，故在施工机群中增加转运车，是我国沥青路面施工工艺改进的必然趋势。河北地区开创了在我国高速公路建设中使用沥青混合料转运车的先河。

我国已经生产出拥有自主知识产权的沥青混合料转运车，并具备了批量生产的能力。徐工集团产品AT1000A型沥青混凝土转运车在研究人员不断努力完善下，技术上又有了新的突破，在温度补偿系统和防落料离析储料仓上又取得了两项专利性的技术突破，填补了国际沥青混凝土转运车技术上的空白，取得了国际上技术领先地位，解决了现场施工过程中的温降现象以及落料离析和过搅拌问题。该产品先后在内蒙、河北、安徽等地进行了现场施工试验，取得了良好的效果。又如：2003年12月，三一重工生产的首台国产沥青混合料转运车在江西新余市昌金高速公路进行了现场比较演示。长沙交通学院公路工程试验检测中心的对比检测报告显示：利用红外传感器每分钟对摊铺机刚摊铺好的路面不同位置的料温进行测量，不使用沥青混合料转运车时，料温差异达到36℃，而使用转运车后，路面最高温度与最低温度的偏差为16℃；没有采用转运车的摊铺面其离析带、局部离析点清晰可见，最大的级配极差为19.88%，而使用转运车施工时，动态的沥青混合料颗粒均匀，摊铺的表面非常均匀，没有颗粒离析的痕迹，最大的级配极差为6.85%，同时，构造深度的均匀性提高了3.92倍，渗透系数的均匀性提高了17.39倍。

3) 稳定材料摊铺机

稳定材料摊铺机的概念最早出现在20世纪90年代后期的中国市场，当时开发的出发点是根据我国公路建设"强基薄面"的设计理念，进行稳定层的施工工艺及设备研究。稳定材料摊铺机在国外几乎没有。我国在稳定层施工机械整机形态、功能论证、传动方式等方面进行了大量的探索性的研发、试制和试验。发现稳定材料摊铺机不仅大大提高了基层施工质量和作业效率，而且可以减少设备添置费用和降低设备使用、维修成本，给施工单位带来可观的经济效益，因此，稳定材料摊铺机在国内道路基层施工中得到广泛推广应用。由于稳定材料摊铺机和沥青混合料摊铺机本身结构没有太大的差异，只是没有加热装置，可以用于二级以下道路的沥青混凝土面层摊铺和RCC及级配碎石等材料的摊铺，可以实现一机多用的功能。于是2000年前后，一种能摊铺多种材料的摊铺机——多功能摊铺机在我国研发成功，并得到用户的广泛认可。

多功能摊铺机作业范围广、抗离析能力强、摊铺厚度大、平整度好、压实度高、生产率高、可靠性好、功率大、传动系统高低速性能稳定、物料摩擦件寿命长。目前，国内生产多功能摊铺机的厂家以徐工、华晨华通、西筑和新筑等为代表有10余家，并都不同程度地向系列化发展。多功能摊铺机经过几年的快速发展，已成为国内公路建设方面的主力军，对整个行业乃至整个市场影响甚大。多功能摊铺机仅适用于高速公路和高等级路面的基层稳定土摊铺，以及二级及二级以下公路的基层和面层的摊铺，但在高速公路和高要求路面的施工中不能体现多功能的特点。

4) 沥青混合料摊铺机

我国沥青摊铺机的发展与高速公路建设同步。在国内已建设成的高等级道路和高速公路中，沥青路面占了绝对优势，而且随着沥青材料的不断发展和改良，沥青路面的比重还将不断得到提高。因此，沥青混合料摊铺机具有广泛的应用和发展空间。

国际上摊铺机一般分为小型（摊铺宽度小于3m）、中型（摊铺宽度4~6m）和大型（摊铺宽度7~9m），主要由施工规范、生产进度、设备配套和技术控制水平所决定。我国进口摊铺机的主要产品有INGERSOLL-RAND公司的ABG系列、德国VOGELE公司系列、瑞典DYNAPAC公司系列。

现代摊铺机的发展特点主要体现在以下几个方面：

① 功率加大。随着沥青路面混合料摊铺厚度、宽度、速度的加大，现代摊铺机配备的发动机功率不断加大，已达到220kW以上；

② 螺旋布料器采用了可调节高度、加大直径、变截面设计、增加部分反向叶片和降低转速等改进措施，随着摊铺部分的改进，明显增加摊铺厚度；

③ 为提高道路建设速度、改善道路结构稳定性，国外已推出磨耗层和基层同时摊铺的摊铺机；

④ 为满足城市街道、庭院和步道摊铺需求，已经出现摊铺宽度1.5m左右的小型摊铺机。

我国摊铺机生产企业以徐州工程机械股份有限公司、陕西工程机械股份有限公司等为代表，徐工产品已基本上实现了系列化，陕建与ABG合作后推出的5款摊铺机技术水平都较高。中联重科、三一重工、南方路机等为代表的一批新型工程机械企业无论是在产品质量、技术水平，还是在营销上都具有一定的竞争力。

5) 双钢轮压路机

双钢轮振动压路机是高等级公路面层压实的主导机型。由于高等级公路施工规范的要求以及业主的要求提高，道路施工单位大量引进双钢轮振动压路机，目前，我国公路施工单位主流双钢轮振动压路机产品有：BOMAG公司BW系列、DYNAPAC公司CC系列、INGERSOLL-RAND公司DD系列。另外还有日本酒井公司SW系列、悍马公司HD系列等产品。国产双钢轮振动压路机主要生产厂家有徐州工程机械集团、洛阳一拖集团、中联集团、三一集团等几十个厂家。

近年来，双钢轮振动压路机的技术进步主要表现为：

① 设计采用多种新结构：前后钢轮驱动侧与振动侧交叉布置，有利于保持压路机直线行驶、提高路面质量、改善铰接专项的受力状态。钢轮驱动侧与振动侧对称布置，使得车架质量呈左右对称，振动轮质量左右对称，保证振动轮轴向振幅均匀，改善压实效果。剖分式驱动及振动钢轮，利用筒体和支撑轴承将左右两个半轮连接成可以相对转动的整体压实轮，可以实现双边驱动、转向时相对差速转动，减小转向阻力，有效防止对路面的搓动，提高路面质量。车架采用蟹行机构设计，提高贴边压实性能，在弯道压实及路缘压实方面可以发挥优势。

② 振动参数优化：采用高频振动。高频率（70Hz）与低振幅（0.2~0.4mm）匹配特别适合双钢轮振动压路机进行面层压实。同时可以提高压实速度，有利于提高压实效率和质量。采用多振幅和无极调幅机构。无极调幅机构已经成为振动压路机振动参数在线自动控制的基础和关键。

③ 自动控制技术：双钢轮振动压路机的自动控制主要包括振动与洒水的启动和停止控制、振动频率的调节、振幅的调节、振动轴旋转方向的调节、振动方式的转换控制和压实力调节等方面。通过自动控制可以根据施工条件的变化及时调整振动参数，改善压实效果。

④ 环保与安全：环保要求体现在严格控制发动机噪声和尾气排放的标准不断推出、维修保养方面已经出现绿色维修等概念。安全要求体现在保护驾驶人员方面有防落物和防滚翻件设施的应用，对压路机制动机保护装置的要求也在不断进步。

6) 轮胎式压路机

轮胎式压路机是利用充气轮胎的特性来进行压实的机械。它除有垂直压实力外，还有水平压实力，这些水平压实力，不但沿行驶方有压实力的作用，而且沿机械的横向也有压实力的作用。由于这些压实力能沿各个方向移动材料粒子，所以可得到最大的压实度。这些力的作用加上橡胶轮胎弹性所产生的一种"揉搓作用"结果就产生了极好的压实效果。轮胎压路机具有良好的柔性压实性能，在使压实对象获得较高表面质量的同时,并不破坏被压实的骨料。另外轮胎压路机还具有可增减配重、改变轮胎充气压力的特点。国际先进水平的轮胎压路机先进性主要集中在三点:产品的可靠性高、具有自动集中充气系统和液压悬浮系统。

目前国内轮胎压路机的生产厂家主要有三家,即徐州工程机械制造厂、洛阳建筑机械厂和德州山东公路机械厂。

徐州工程机械制造厂是我国第一家生产制造轮胎压路机的生产厂家。1995 年该厂设计开发了 YL20 型轮胎压路机;1997 年设计开发了 YL30 液力传动型轮胎压路机;2000 年又相继开发出机械传动的 XP260 和 XP300 两种机型的轮胎压路机产品,并批量投入市场。到目前为止,徐州工程机械制造厂已形成 16t、20t、25t 和 30t 轮胎压路机产品系列。

洛阳建筑机械厂于 1998 年着手开发 YL25 型轮胎压路机,1999 年形成批量投入市场,同年还设计开发 YL16G 液压传动型轮胎压路机。

德州山东公路机械厂在徐州工程机械制造厂提供 YL16 轮胎压路机图纸的基础上开发生产了 20t 级 YL16X20 型轮胎压路机。

近几年轮胎压路机制造技术有了长足的进步,设计造型、整机动态结构分析技术、虚拟装配及制造技术也在产品开发过程中得到了应用,从而提高了轮胎压路机在各种条件下的适应性能,推动了整个轮胎压路机的技术发展。

7) 铣刨机

路面养护和再生设备的主要机种是铣刨机,以铣刨机为主要作业机械的现代化养护方式已成为主要养护装备的模式。铣刨机主要应用于公路、城镇道路、机场、货场、停车场等沥青混凝土面层的开挖翻修,沥青路面拥包、油浪、网纹、车辙等的清除;水泥路面的拉毛及面层错台的铣平。

国外铣刨机经过 50 年的发展,其产品已成系列化,生产效率一般为 150~2000m²/h,铣刨宽度 0.3~4.2m,最大铣刨深度可达 350mm,其机电液一体化技术已趋成熟,铣削深度可通过自动找平系统自动控制,同时为改善作业环境,延长铣削刀具的使用寿命,设计有喷洒水装置和密闭转子罩壳。为了减轻劳动强度,近年来开发的产品都带有回收装置,使铣削物从铣削转子直接输送到运载卡车上。

我国直到进入 20 世纪 90 年代才开始进行自行式铣刨机的研制。目前,以生产铣刨宽度 0.5m 和 1m 的两种轮式铣刨机为主,能生产铣刨宽度 2m 铣刨机的只有徐州工程机械制造厂等少数厂家。近年来,随着道路养护建设的发展,很多企业加入了路面铣刨机的研制队伍。如天津市道路桥梁管理处机械修理厂,新研制开发的 LX1200A 型冷式路面铣刨机,采用了全液压四轮驱动系统,铣刨宽度 1200mm,一次铣刨深度达 100mm,整机重量 13.2t,铣刨鼓内冲注乙二醇液,增设喷水系统,采用压配式车轮,具有良好的外观效果。LX1200A 型铣刨机 2003 年在天津市政局科研技改成果发布会上被评为成果一等奖,目前已经获得两项国家专利,并申报国家科技进步二等奖。LX1200A 型全液压冷式路面铣刨机与上一代铣刨机相比具有效率高、安全可靠的优点,同进口设备相比又有成本低的优势,适用于中小型道路养护维修,是道路养护维修机械的升级换代产品。LX1200A 铣刨机自重上有明显优势,铣刨深度深、速度快,铣刀排布有序,铣刨工作面和立面平整,切口均匀,车体工作时平稳,前进速度均匀,一次铣刨成功率高,避免重复劳动。整机采用静液传动,具有低噪声、功率损失小、工作效率高的特点。新增的喷水系统有效地消除工作时的扬尘,新型的减震座椅增加了操作舒适性。铣刨鼓内冲注乙二醇液有效提高减速机的散热能力。该机外形较小,可边施工边通行,影响交通小,中短途可自行到施工现场。施工单位使用两年,普遍反映该机械在性能上不低于进口设备,工作效率高、工作质量高、低噪声、低粉尘、操作简单、动力强劲、灵活可靠、工作稳定性强,故障率低,结构合理,降低了粉尘和噪声。

8) 稀浆封层机

稀浆封层是一种由乳化沥青、特殊级配料、矿粉、水和添加剂构成,经专用设备搅拌并均匀摊铺在原路面形成新面层的养护技术。其主要作用是提高路面防水、防滑、耐磨性能,延长路面寿命;改性稀浆封层还可用于路面微观校平、填补车辙、特殊路面铺装。

稀浆封层机主要结构包含:底盘系统、发动机、电气系统、液压系统、乳化沥青系统、供水系统、添加剂及添加材料系统、料仓及配比系统、搅拌装置、摊铺箱装置。配比系统保证各种原材料及添加材料按设计比例进入搅拌装置，是保证稀浆封层性能的重要系统，有分散驱动独立控制和集中驱动分散控制两种形式。分散驱动独立控制形式的传动简单、产量固定、配比受发动机转速影响较大；集中驱动分散控制形式可在不改变配比的情况下调节产量。摊铺箱是获得优质稀浆封层的最重要的部分，其作用是输出稀浆混合料并将其均匀摊铺到路面。根据所适应的工艺可分为微表处改性稀浆封层摊铺箱、稀浆封层摊铺箱、车辙摊铺箱和斜坡摊铺箱等。

稀浆封层机的发展趋势有以下几个方面：

① 智能化的控制系统可实现一键开启、即时调节配比、随机故障诊断和系统监控；

② 实现连续上料，连续自行式作业；

③ 摊铺箱可自行找平；

④ 具备更多功能、环保清洁生产。

我国引进稀浆封层机主要有 VSS、Berining、Yang、Bergkamp 等厂家的产品。20 世纪 90 年代，徐州工程机械厂引进德国 WEISIG 公司生产技术；2001 年，北方交通公司仿制德国 20 世纪 90 年代产品；2002 年，西安筑路机械有限公司设计生产了 MS9 型稀浆封层机。

2. 道路检测技术及设备的发展

随着市政、交通事业蓬勃发展，城市道路，公路里程数的逐年增加，准确地控制工程质量，及时评价道路的使用情况，充分节约养护资金，对建设施工的全过程实行科学的管理，具有十分重要的现实意义。

根据国家有关监督管理规定，应完善检测手段，有效地控制道路结构工程质量，使大规模的工程机械化施工能够得到及时、准确的动态的质量控制，在对国内外检测设备进行了广泛调研和技术评估的基础上，我国引入高科技的检测设备，用于市政道路、公路工程的质量控制。这里简单介绍几种：

(1) 落锤式弯沉仪(FWD)

落锤式弯沉仪能够模拟行车作用的冲击荷载进行弯沉检测，计算机自动采集数据，速度快、精度高，已被普遍认为是较理想的弯沉检测设备。由于 FWD 能够快速、准确地测试路面弯沉值，为路面结构层模量反算提供基础，从而能为路面承载力评价、养护决策及补强设计提供重要依据。

比如：天津市市政工程质量监督站于 2000 年 4 月引进了丹麦 Dynatest 8000FWD 系统，对 FWD 的技术特性进行了较全面的研究，考察了设备的精度、稳定性、检测效率等重要指标，并根据我国现行的规范《公路路基路面现场测试规程》(JTJ 059—95)及《公路沥青路面设计规范》(JTJ 014—97)的规定，自 2000 年 5 月至 2001 年 7 月进行对比试验，对不同等级的公路在不同结构层上进行了 FWD 与贝克曼梁对比试验，采集试验点数近 1600 个，获得 3000 多个动、静弯沉数据，建立相关关系。其结果已列为天津市政局 2001 年科研成果，对落锤式弯沉仪的广泛应用具有深远意义。

(2) 路用雷达(GPR)

雷达无损检测是一种高新检测技术，用于公路质量监控的时间不长，但是发展较快。美国是雷达检测技术的发源地，世界上第一个公路用探地雷达(SIR-10H 地质雷达)即于 1994 年在美国发明。雷达检测技术由于具有无损、快速、简易、精确度高的突出优点，因此作为道路工程施工监控，特别是高等级公路施工的质量监控、养护，具有广阔的应用前景。

(3) 手推式断面仪(walking profiler)

引进澳大利亚公路运输研究所生产的手推式断面仪可测量出道路的真实纵断面，该仪器集军工技术与计算机技术于一体，结构小巧轻便，使用方便快捷，测试精度高，实时数据图形功能强，除路面平整度测量外，另可用于测车辙深度、横纵坡度和桥梁荷载弯沉，同时还可标定响应式的平整度仪，特别适合于建设单位及监理单位对路面的平整度进行质量控制。

(4) 车载式颠簸累积仪

交通部公路研究所研制的 ZCD-2000 型平整度测试车，是以国家"七五"科技攻关成果为基础，同时采用了光电式位移传感器及专用下位机，具有自动、高效、高精度等特点，能即时显示，打印和存贮国际平整度指数 IRI、标准差 σ、行驶质量 RQI 及测试速度和距离，广泛适用于城市道路及各等级公路的路面平整度测试，施工现场平整度控制，竣工验收以及为 CPMS 系统进行的量大面广的路面平整度数据采集。本仪器测试精度和测试速度均优于国内外同类产品，并具有很好的数据处理及输出功能。仪器整个系统基于 WINDOWS 平台运行，大大提高了上下位机的通信能力和仪器所测得的距离精度，路段统计长度可为任意长度，数据可自动处理成每百米和每千米的平整度数据。

(5) 旋转压实剪切实验机(GTM)

GTM 为美国工程兵所有。可用于测试一项计划中的沥青混凝土配合比能否达到设计要求；预测已完工道路将来的变形损坏情况；确定最佳的含油量，完全防止出现车辙、泛油、破损等现象；确定路基的最佳级配和最佳的含水量。用常规施工方法完全能够达到由 GTM 试验配合比得来的平衡状态下的密实度。

GTM 已在我国多条高速公路上应用，其中最具代表性的是山西石太高速公路。该路是一条重要山区交通道路，是晋煤外运的主要通道，坡度大、超载车多、汽车行驶速度慢，加之石家庄地区夏季持续高温，使石太高速公路出现了严重的车辙、泛油病害，往往是当年修补的路面，第二年就出现病害，甚至是修复当年就出现病害。在 1998 年的病害修复中，河北省交通研究所利用 GTM 设计沥青混凝土在石太高速公路上应用，室内实验数据各参数明显优于传统马歇尔法设计的沥青混凝土，通车一年后跟踪调查，路面没有出现车辙、变形和裂缝，取得了良好效果。

3. 道路养护技术的发展

(1) 公路养护机械化的发展

我国以高速公路为代表的高等级公路建设对养路机械需求增加，而传统的以人工作业为主的养护作业方式已不能适应现代公路交通运输对公路养护工作的要求。

养护维修机械品种繁多，近年国内一些大中型筑路机械企业也生产了一些具有一定水平的养护维修机械，如沥青路面冷铣刨机、稀浆封层机、多功能工程养护车、车载式和连续式稀浆封层机、综合养护车、系列清扫车等。但从总体上看，我国的养护机械无论从品种、数量还是从质量上都难以满足高等级公路维修养护作业的需要。某些领域的养护机械在国内还是空白，如旧料再生拌合设备、路面再生机组等。养护周期用、大修用养护机械仍以引进制造技术为主。

由于在前面重点设备中已经介绍过部分养护设备，这里就不再赘述。

(2) 养护机械化的内容及新技术

机械化养护涉及养护机械的配备、作业方式组织与管理模式、机械化配备水平的评价、养护机械的分类、养护机械生产率与效率的计算方法等。

随着公路养护体制的改革，机械化养护的内涵从简单的用机械代替人力完成各种养护任务已经延伸到根据养护工程的质量要求、效率要求、安全要求、综合经济效益等因素科学合理地配备和使用机械，使各种机械的技术参数、规格、数量相互协调，能以最高效率安全地完成养护任务并达到养护质量要求。机械化养护水平是一个动态发展的水平，它与社会的总体发展水平同步，随着国民经济的发展与科学技术的进步，机械化养护的水平也在不断的提高。

公路机械化养护主要特点有：效率高，质量好；安全性高，可减轻工人劳动强度；机动性强；对机械设备要求较高。养护机械设备是公路机械化养护的物质基础，其必须具备运行安全可靠、工作效率高、环保符合标准、适合公路的养护作业等特点。只有具备了这些特点才能适应公路养护生产的要求。

1) 路况检测新技术

我国最新研制的道路专用雷达探测车，应用先进的宽带技术，可对高等级公路的浅层、中层和深层结构的裂缝、空穴(缺陷)及铺筑材料结构的均匀性、地下构筑物状况等进行快速、准确无误的探测，是检测和分析公路病害最准确、最快捷的设备。

2) 预防性养护新技术

我国预防性养护技术主要包括：薄雾封层、还原剂封层、石屑封层、稀浆封层、微粒封层等各类封层技术。其中，同步石屑封层技术应用改性乳化沥青稀浆封层和微表处技术是较为前沿的预防性养护技术。

① 同步石屑封层技术

同步石屑封层是对现有石屑封层的一种改进，它将粘结剂的喷洒和集料撒布两道工序集中在一台车辆上同步进行。与普通石屑封层相比，同步石屑封层缩短了喷洒粘结剂与撒布集料之间的时间间隔，使集料颗粒能更好地嵌入粘结剂中，以获得更多的裹覆面积。其更容易保证粘结剂和石屑之间稳定的比例关系，从而提高作业生产率，减少机械配置，降低施工成本。沥青路面经过同步碎石封层后，路面具有更好的防滑和防渗水性能，能有效治愈路面贫油、掉粒、轻微网裂、车辙、沉陷等病害。无论是高等级公路还是普通公路都可以使用此项技术。

20世纪90年代末期，在德国和美国同时出现了计算机控制的沥青洒布和碎石撒布一体化的同步碎石封层车和改性沥青生产设备，设备的沥青喷洒量和碎石撒布量在计算机的控制下随着汽车底盘的行驶速度自动调节，控制精度很高。由于改性沥青和改性乳化沥青的出现以及增强纤维的添加使得该施工工艺适用于不同等级的路面维修。目前，德国赛格玛公司具有系列化的同步碎石封层车，并且已经有少量设备引进到国内。

② 稀浆封层技术

微表处和改性乳化沥青封层技术及第三代稀浆封层技术应用范围扩展到路面结构层的应用，不仅仅是防水、维修收缩裂纹和泛油，而且能用于形成具有一定功能的结构层（增加路面摩擦性能的防滑层和10mm内微观不平的表面校准层），掀起了全世界范围内稀浆封层技术的又一新的发展高潮。

3）再生技术

再生技术主要有就地加热表层再生和就地冷再生两种。就地加热表层再生，主要用于更新浅表层老化沥青和呈脆性的薄层，通过加热软化和翻松表面层，然后添加还原剂或再生剂，加入新沥青混合料进行复拌，最后摊铺成型、压实。此再生工艺需要配备热再生摊铺列车养护设备。就地冷再生是一种较新的养护技术，首先要对旧路面进行常温破碎，然后在再生料中加入乳化沥青、还原剂、水泥或其他添加剂，重新拌合，再压实成型，最后加铺磨耗层。

4）灰渣碾压混凝土用于快速修补路基层技术

此项技术攻克了市政领域的一个大难题，获得了上海市科技进步三等奖。有关专家认为，这项新技术可以在掘路铺设管道、爆管后的路面快速抢修等方面，具有广阔的应用前景。"灰渣碾压混凝土"和传统的基层材料相比，厚度可减少25%，因此相应需要的土方量也随之减少，更节约资源。虽说其价格比传统的基层材料贵10%～20%，但由于可以省去养护机械等设施，减少对交通的影响，因而实际应用价值很高。此外，"灰渣碾压混凝土"使工业废渣起死回生，也不失为一个资源循环利用的好办法。

5）微表处技术及应用

微表处（Micro-Surfacing）技术是一种由聚合物改性乳化沥青、集料、填料、水、外加剂按合理配比拌合铺到原路面上的薄层结构（1cm左右）；其特点是开放交通时间短，使用寿命长（相对于普通微表处）。

① 微表处的应用范围：Ⅰ.旧沥青路面的维修养护；Ⅱ.新铺沥青路面的表面；Ⅲ.水泥混凝土路面和桥面的维修养护。微表处对水泥混凝土具有良好的附着性，当水泥混凝土路面产生裂缝、麻面或轻微不平整时，采用微表处后，可以改善路面外观，提高路面的使用寿命。从2004年津同、103线，2005年津港、疏港等原收费站附近的水泥路面进行微表处后的结果看，白改黑，改善了路面外观，原水泥路面的麻面、裂缝以及与沥青路面接缝处的不平整也得到了改善。在桥梁的行车表面采用微表处可以起到罩面作用，并且基本不增加桥面的自重，该技术在2004年津同线子牙河桥、2005年天津外环线30K+000～47K+000之间的桥梁均得到很好的应用。

② 微表处的作用：Ⅰ.防水作用；Ⅱ.防滑作用；Ⅲ.平整作用；Ⅳ.耐磨作用；Ⅴ.美化路容作用；

③ 微表处的实际应用：微表处技术在辽宁、江浙、河南一带兴起后，有在全国范围迅猛发展之趋势，天津市公路局也正积极推广这种成本低、见效快的施工技术。近两年的实践证明，它是适合于预防性养护的最佳施工方法。比如：天津市公路局从2003年开始研究并应用微表处技术，新津杨、津同公路试验段，2004年完成微表处施工约576000m²。2005年津港、疏港、外环线、103线、芦汉、津沽等一批重要公路干线进行微表处预防性养护。截至2005年9月初，天津市已高质量地完成了以上6条路近140万m²的微表处施工。

三、道路工程建设技术发展趋势与展望

我国公路建设取得了很大的成绩，但同时也存在一些亟待解决的问题，比如资金筹措的问题、还贷压力的问题、运营管理的问题、建设养护的问题、生态环境保护的问题，等等。归根到底，就是如何实现交通全面、协调、可持续发展的问题。为了适应新世纪全面建设小康社会，加快社会主义现代化建设的进程，我国确定了实现交通新的跨越式发展的总体要求，就是要树立"以人为本"，全面、协调、可持续的科学发展观，建立能力充分、组织协调、运行高效、服务优质、安全环保的公路水路运输系统，为人民提供安全、便捷、经济、可靠的运输服务。交通新的跨越式发展，归根到底就是实现交通全面、协调、可持续发展。因此，我们必须以全新的视角、全新的观念来思考和做好交通发展这篇大文章。

（一）目前我国公路与城市道路建设目标

根据国务院常务会议审议通过的《全国农村公路建设规划》，21世纪前20年，我国农村公路建设将全面完成"通达"、"通畅"工程，使农民群众出行更便捷、更安全、更舒适，基本适应全面建设小康社会的总体要求。

交通部提出，到2010年，全国农村公路总里程达到185万km，全面完成农村公路"通达"工程，全国具备条件的乡镇、行政村通公路，通公路行政村班车通达率达到95%，农民出行难的问题得到有效解决；加快推进"通畅"工程，东部地区和中部较发达地区力争基本实现乡镇、行政村通沥青或水泥路，广大中西部地区乡镇、行政村通沥青或水泥路比率明显提高。具备条件的乡镇、行政村通公路率达到100%。到2020年，全面完成农村公路"通畅"工程，基本实现行政村通班车，形成农村便利客运网络。全国农村公路总里程将达到250万km。

《国家高速公路网规划》确定的国家高速公路网采用放射线与纵横网格相结合的布局形态，构成由中心城市向外放射以及横连东西、纵贯南北的公路交通大通道，包括7条首都放射线、9条南北纵向线和18条东西横向线，可以简称为"7-9-18网"，总规模大约为85000km。根据预测，建成这样的网络大体还需要20多年，其中新建路段40000km，静态投资需求约为20000亿元人民币。该网络建成后，可以形成"首都连接省会、省会彼此相通、连接主要地市、覆盖重要县市"的高速公路网络。这个网络能够覆盖10多亿人口，直接服务区域的GDP占全国总量的85%以上。

建设国家高速公路网的主要目标是：连接所有目前城镇人口在20万以上的城市；连接首都与各省会、自治区首府和直辖市；连接各大经济区和相邻省会级城市；完善省会级城市与地市之间、城市群内部的连接；强化长江三角洲、珠江三角洲和环渤海湾三大经济区之间及与其他经济区之间的联系；保障西部地区、东北老工业基地内部高速网络的合理布局和对外连接；加强对国家主要港口、铁路枢纽、公路枢纽、重点机场、著名旅游区和主要公路口岸的连接。

"十一五"期间，我国公路建设的重点是国道主干线、国家重点公路、路网改造、农村公路及客货运枢纽。目前，交通部已经确定了国家重点公路建设规划的13纵、15横，共28条路，规划总里程7.1万km。西部地区的重点是开发省际通道，力争在"十一五"基本建成；中部地区要首先确保西部通道在中部地区的路段于"十一五"内建成，同时重点建设省会到省会、省会到地市之间的通道；东部地区则重点建设长江三角洲、珠江三角洲、环渤海湾地区高速公路网和重点港口的疏港通道，基本形成高速公路骨架网络。

路网改造方面，在东中部地区，省会通达各地市以高速公路为主，地至县的公路达到二级以上标准；西部地区省会城市、地级市通二级以上公路，除西藏外实现地市与县通油路或水泥路。

农村公路建设将进一步扩大县乡公路的覆盖面，重点发展旅游路、资源路、扶贫路和陆岛运输公路。努力改善县乡公路质量，中东部地区以提高

等级为主，进一步提高服务水平；西部地区以强化路面和提高抗灾能力为主，基本解决晴通雨阻问题。

（二）公路技术今后的主要任务和发展趋势

1. 宏观方面

交通事业的发展与进步，一方面要看"修了多少路，架了多少桥"，另一方面更要以能为人们提供什么水准的服务来评判，要把满足人的出行需要作为根本，在工程建设的各个方面注重对人的关怀，体现人性化的需求，实现与自然的和谐统一，为人民群众提供最大限度的出行方便，最大程度地减轻对人类生存环境的破坏。如今的交通不能再走以消耗能源、牺牲环境为代价的发展之路，不能再走所谓"先发展，后治理"的老路。我国人口众多，生态环境脆弱，人们对生态环境的依赖性很强，今后的建设要特别重视生态和环境保护，讲求人与自然的和谐发展，处理好交通发展与资源、环境之间的关系。

要实现交通全面、协调、可持续发展，两个方面很重要：

（1）切实转变观念

在交通建设过程中要注重环境保护，在基础设施建成后要注重生态恢复。发达国家在公路建设过程中，坚持"环保优先"，高度重视环境生态保护，工程中环保的投入占到了10%左右。我们在公路建设过程中，也要尊重自然规律，建立和维护人与自然相对平衡的关系，倍加爱护和保护自然，对自然界不能只讲索取不讲投入，只讲利用不讲建设。当然，增加环保工程，可能会加大建设成本，但带来的长远利益，是很难用经济指标衡量的。要树立"不破坏就是最大的保护"的理念，坚持最大限度地保护、最小程度地损害、最强力度地恢复，使工程建设顺应自然、融入自然。

（2）加强科技创新

要实现交通跨越式发展的新目标，需要大量的投入，包括资金、资源、人力等生产要素，但是，仅仅靠这些投入，还不能够完全满足社会发展对交通的需求，我们仍然面临着巨大的挑战，需求的无限性与资源的有限性的矛盾，交通发展与生态环境的矛盾，自由出行与交通安全的矛盾，各种运输方式协调发展的问题等等。要解决这些问题，关键在于科技创新。当今世界科技发展日新月异，人类社会正在经历一场新的科技革命，以信息技术、生物技术、能源技术、材料技术和空间技术为代表的高新技术，对经济社会的发展与进步起到了巨大的推动作用，也必将为我国公路、城市道路交通科技实现新的跨越创造条件，要充分发挥科技创新对公路、城市道路交通发展的支撑和保障作用，合理利用有限资源，实现人与自然和谐发展。

我国将数字化交通管理技术、特殊地质地理条件下工程建设技术、一体化运输技术、交通决策支持技术以及交通安全保障技术定为中国今后一个时期交通科技发展的战略重点。这五大交通科技战略重点主要是考虑到中国交通跨越式发展目标对交通科技的需求提出的。数字化交通管理技术主要指信息技术、管理技术和计算机技术等在交通系统的集成应用。包括智能交通、电子政务、数字交通信息服务平台、智能公路基础设施、数字交通的传输和识别技术等。通过这些新技术的应用，提高公路、城市道路交通的信息化水平，从而真正实现智能化运输系统、数字化的行业管理、人性化的社会服务。特殊地质地理条件下工程建设技术是指地理、地质、地貌、气候、环境和生态等条件恶劣和条件特殊的工程建造技术，如跨海桥梁建设技术、岩土工程等。一体化运输技术就是要建立运输网络一体化、运输载体一体化、运输装卸一体化、运输场站一体化和运输辅助设施一体化、管理一体化的新型联合运输系统。包括现代物流管理技术、集装箱一体化运输技术、联合运输标准化技术、城乡和城际一体化管理技术等。交通决策支持技术是指能够为交通宏观决策提供支持服务的各项关键技术，主要以管理科学、运筹学、控制论和行为科学为基础，借助计算机技术、仿真技术和信息技术提供决策支持。交通安全保障技术则包括交通防灾抗灾技术、陆运安全技术、基础设施安全与保安技术等。

2. 微观方面

科技是交通发展的羽翼和助推器。新时期交通科技的历史使命是：通过科技创新，突破技术瓶颈，支撑公路交通基础设施建设，充分发挥已有基础设施效能，提高交通系统的供给能力；通过科技创新，发展一体化运输，降低运输成本，提高运输效率，保障出行安全，改善运输服务，提高交通运输的管理能力；通过科技创新，推进洁净运输，打造绿色交通，发展循环经济，缓解资源制约，建立节约型交通行业，提高交通可持续发展能力。

为建设成 300 万 km 公路网络，任务十分艰巨。随着建设的不断推进，公路建设中许多工程不可避免地要在复杂地质条件下展开，建设环境恶劣、难度很大，诸多关键技术需要突破。必须依靠科技进步来实现公路建设的集约式发展，为此需要我们围绕质量、安全、造价、环境等重点方面，进行科技攻关，通过技术创新，形成支持公路建设的成套技术，推进我国公路网实施进程，实现公路交通新的跨越式发展。

我国受到国土、能源、生态、资金与资源等各个方面的越来越严重的制约，同时在讲求回归自然的今天，如何将公路工程融入大自然也是当前急需解决的问题。另外，随着汽车工业的发展和汽车的普及，能源消耗日益严重，污染也不断加重，而国际石油价格的飙升，给我们提出了这样的问题：在建立节约型社会和实现可持续发展已成为国家政策大背景下，公路科学怎样实现可持续发展？由此，我们应该坚持边建设、边治理的理念，重视对资源与资金的集约使用，重视对旧建筑材料的再生利用，重视当前发展与后续发展的关系，重视公路建设与环境保护的协调，促进公路交通建设的可持续发展。

今后，交通的发展将会出现以多种联运为目标的巨大变革。各种运输方式将以枢纽为中心，以信息技术为手段，为社会提供无缝连接的服务系统。公路交通如何与其他交通方式相协调，如何在综合运输体系中发挥应有的作用，将成为重点研究的课题之一。基于此，要从国家社会经济发展总体布局以及与国际联系的层面上，从优化综合运输体系的角度，研究公路交通在包括铁路、航运等在内的综合运输体系中的发展构架和布局。必须创造一个良好的发展环境，科学地作好宏观决策，前瞻性的指导。要加强对战略前瞻性与战略敏感性问题的研究，加强对技术政策、标准规范的研究，以实现公路交通新的跨越式发展。

根据国家规划和研究，21 世纪前 20 年应全面地结合社会、经济发展和环境要求，形成一个系统规划、科学设计、整体建设、综合管理的完备体系，以修建更加安全、便捷、舒适的道路为最终目标。以后若干年内，我国公路交通仍然处于建设的高峰时期，公路建设仍然是基础设施投资的重点之一。为实现公路网的通江达海、通村达乡，东部地区的跨江越海、中西部地区的穿山越岭，给公路建设带来了极大的困难，跨海通道的建设，长大隧道的建设、特殊土质与不良地质地段的公路均是具有挑战性的工程技术问题。如何保证工程质量、提高构造物的耐久性，保证其使用功能与使用寿命是当前在建设中的一个不可回避的问题，为此应该重视工程的结构设计，注重新材料的应用，采用先进的施工装备，改进传统的施工工艺，强化微观决策技术，从设计、施工、养护等各环节做好质量工作。

到 2010 年，形成较为先进的公路建设成套技术，建立公路管理成套技术的雏形。使科技对公路交通事业的发展贡献率提高到 55%；使公路工程全寿命成本降低 3%～5%；使公路运输能耗降低 30%。

到 2020 年，形成我国公路交通先进的工程与管理技术系统。使科技对公路交通事业的发展贡献率提高到 65%；使公路工程全寿命成本降低 10%；使公路交通事故率降低 65%；使公路运输能耗降低 30%。

具体说来，以后公(道)路技术发展会主要侧重于以下几个方面：

(1) 软科学研究

以软科学为主题的宏观决策技术曾在公路交通的发展中发挥了重要作用，今后，公路交通要实现可持续发展，仍必须充分利用软科学所起的作用与优势。要建立公路管理工程技术体系，既要考虑与国际接轨，又要注重对自主知识产权的保护，以提高国际竞争能力。软科学研究还包括道路交通发展战略与规划研究；标准、规范与技术政策研究等。

(2) 道路路基建设技术

根据西部大开发战略方针，西部工程建设规模增大，而西部冻土、沙漠、岩土的道路建设的施工难度大。土质研究方面从以往的集中于对软土、膨胀土的研究，扩展到湿陷性黄土、冻土与盐渍土的问题研究。随着经济的发展，大型综合立体交通枢纽、跨海跨江公路桥梁和通道的建设也越来越多，要求这些工程在复杂的地质条件下施工。针对我国特殊地理地质条件下的工程建设技术，大部分技术难以引进，只能依靠自主力量研发。这方面研究具体包括工程地质勘测和识别技术；岩土工程、地基处理和路基技术；新材料应用技术；由于地质与土质引起的病害产生的机理分析；不良地质、土质路段路基与边坡的处治技术；重点路段的监控与预警技术等。

(3) 路面结构耐久性的研究

在当前的道路建设中一些道路出现不同程度的早期破坏，损坏的原因产生于设计、施工与运营过程中，但对长期车辆荷载与环境作用下，路面性能变化规律和路面破坏过程以及破坏机理缺乏深刻认识，如何根据不同情况选择不同的路面结构，将"永久性路面"的理念提高到战略位置来研究，具有十分重要的意义。

(4) 道路养护技术研究

道路、桥梁、隧道、边坡、排水、交通安全设施均需要正常养护才能保护其良好的服务状态，在未来的道路交通发展中养护的地位会越来越高。应科学地使用好有限的养护经费，准确地制定养护对策，有效地解决病害，保持全路网的通行能力和服务水平。将系统工程的理论和方法用于协调路面养护，形成路面管理系统。路面材料再生技术；检测、养护装备技术；养护新材料应用技术；高等级公路改扩建结构设计与施工技术；道路、桥梁、隧道、边坡等构造物结构性与功能性恢复技术；农村公路养护技术等均为这方面研究的重点。

(5) 交通安全保障技术

交通安全保障技术是指与公路运输安全相关的技术，即事故预防、应急反应和事后处理技术。既包括人身安全，也包括货物安全，不仅涉及到运输全过程的安全，还涉及到运输基础设施和生态安全。

对交通防灾减灾技术的研究包括安全检测与服务信息平台技术；地震对构造物的影响与抗震技术；工程地质与地质灾害防治技术；沙害、雪害的防治技术；灾害预警技术等。对运输安全技术的研究包括公路交通安全设施设置研究；车辆主动与被动安全性能；道路线形、交通安全设计及安全性评价；车辆的导航和跟踪技术等。对交通应急技术的研究包括突发安全事件应急反应系统、交通重大事故预警与应急救助系统等。

(6) 道路工程环境保护技术

公路工程建设沿线发展也会带来一定的负面影响，比如占用土地、破坏沿线的生态平衡、污染周边环境等，因此，必须对环境给予足够重视，要把负面影响降低到最小，给未来留下发展空间。未来还应该坚持边建设边治理的方向；另外，应着手开发替代燃料与新能源，并重视开展节能技术方面的研究；开展公路基础设施的环境影响评价技术研究。在规划、设计、建设过程中融入可持续发展观念，保证公路运输与社会经济的健康发展。

(7) 新材料应用技术研究

如前所述，新材料研究如火如荼，今后也必将趋势明朗，在推动公路科学发展方面作出重要贡献。在新材料的开发应用上，以后将会重视设计理论、分析技术研究，对路用材料以及改性技术全面研究。

(8) 高新技术应用

随着计算机技术、电子信息技术、自动控制技术的广泛应用，道路科学将会从中受益，并不断推进各种新技术的继续发展和推广。目前在道路勘测、设计、施工中高新技术不断涌现，相信高新技术一定会在道路发展中作出更大贡献。

(9) 工程检测技术与质量评价体系

无损检测技术已经在道路行业得到一定程度的应用，随着技术的不断成熟和市场的需要，其在道路中应用与推广前景光明。同时随着人民生活水平提高，会对道路提出更高的要求。因此，发展对路基、路面工程质量的评价检测、破坏控制等技术是大势所趋。

(10) 创新路基路面设计技术

以前公路建设都是基于经验法，后来逐渐发展为力学经验法。随着研究的深入和力学在道路中的应用，力学经验法会不断得以完善，并成为主流方法。但是研究进展比较艰难，技术水平有待提高。可以吸取国外成熟技术，创新路基路面综合设计理论，提高设计水平，改进施工技术，方可解决道路中存在的诸多问题。

四、典型工程图片

（一）国道、省道及高速公路

1. 东北地区（辽宁、吉林、黑龙江）

（1）京沈高速公路（图4-1）：我国国道主干线路网规划中建成的第一条路。京至沈高速公路全长658km，起自北京市东四环路，经河北省廊坊，天津宝坻，河北省唐山、北戴河、秦皇岛、山海关，辽宁省锦州、盘锦、鞍山，终点至沈阳市过境绕城高速公路，于2000年9月全线贯通。该路全线按6车道高速公路标准建设，设计车速为120km/h。这条高速公路将同三（同江至三亚）、京沪（北京至上海）、京珠（北京至珠海）等国道主干线连为一体，是沟通东北与华北的交通运输大动脉。其中绥中至沈阳段（简称沈山高速公路，图4-2、图4-3），西起山海关，东至沈阳，全长361km，全线双向8车道规划，6车道设计。该工程获得2002年度交通部公路优秀设计一等奖，优质工程一等奖，辽宁省优秀工程勘察设计一等奖；单项技术有四项获得辽宁省科技进步三等奖；第三届詹天佑土木工程大奖。该路开展专项研究课题有：针对软土地基处理技术专题研究，利用风积砂进行路基填筑技术研究，节约投资2.8亿元，节约耕地151公顷；公路沥青路面结构专题研究，在全国首次采用三层密实型的沥青面层结构；通过SBS改性沥青的研制和沥青玛蹄脂碎石混合料应用的专题研究，提高了路面的使用性能；在路网机电设计方面填补了国内空白；开展了高速公路绿化技术专题研究，指导全线绿化设计施工与管理；针对公路建设质量通病治理难题，成功解决了路基不均匀沉陷、桥头、伸缩缝跳车、桥面沥青混凝土早期脱落等问题。精心设计创建精品工程：在当时缺乏4车道以上高速公路设计规范情况下，依据专题研究成果，对部分项目技术指标进行了补充和完善，运营效果良好；全面采用航测、GPS、遥感、CAD技术，保证了设计质量；在国内首次采用风积砂填筑高速公路路基，解决了路基材料贫乏地区路基填筑问题。加强环境保护，建设生态工程：加强全线绿化投入，形成景观优美的高速公路绿色长廊。

图4-1　京沈高速公路北京段

图4-2　沈山高速公路

图4-3　沈山高速公路开展"利用风积砂路基填筑技术"研究

(2) 长春至吉林高速公路（图 4-4、图 4-5、图 4-6、图 4-7）：西起长春东郊杨家店，东至吉林西郊虎扭沟，全长 83.555km。1995 年 5 月开工，1997 年 9 月竣工。一期工程按 6 车道布设，路面为 4 车道，全封闭、全立交。该路的设计创新有：勘测中采用 1∶2000 的航测带状地形图及 GPS 定位控制技术与设备，全程采用计算机计算、绘图。在施工中的技术创新有：沥青混凝土路面配合比设计指标为当时国内高速公路先进水平，沥青上面层采用抗滑密实新颖结构，调整优化中、下面层结构类型与孔隙率指标，增强抗冻害及水损害能力；沥青混凝土路面施工工艺上，底面层用自动基准线找平，中、上面层用滑靴式基准线找平，改进了摊铺、碾压及接缝等工序，铺筑均匀、密实，颜色一致，平整度均方差达到当时国内领先水平；路面基层为半刚性二灰碎石，依据吉林省的施工规程和经验，对设计理论、施工工艺进行改进、创新；确定适应东北气温条件的结构形式；采用振动挤压密实的骨架结构原理，适当增加粗料，通过钻芯取样检验控制质量；基层强度高，相对温缩裂缝少，提高了抗冻害能力。交通工程施工采用世界先进的硅管气吹敷设技术，减少了检查人井，提高了质量，加快了进度，降低了造价，此技术为当时国内高速公路施工首创。

图 4-5　长吉高速公路路面平整度指标为国内先进

图 4-6　长吉高速公路 6 车道路基 4 车道路面

图 4-7　长吉高速公路施工采用先进摊铺机

(3) 沈大高速公路全线改造工程（图 4-8）：

图 4-4　长吉高速公路交通工程施工
采用世界先进的硅管气吹敷设技术

图 4-8　沈大高速公路

2003年3月21日，沈大高速公路进行全线封闭改造，总投资72亿元人民币。改扩建工程北起沈阳金宝台，南至大连后盐，总长348km，路基宽度42m，全线采用双向8车道标准，计算行车速度120km/h。改扩建后的沈大高速公路实现了分车行驶，这是我国第一条8车道高速公路，是改扩建前通行能力的近3倍。沈大公路改扩建工程是我国首例里程最长、标准最高的高速公路改扩建工程。新沈大高速公路的诞生，不仅标志着中国高速公路发展历史性的跨越，也显示了沿海地区经济增长和社会进步的活力，昭示着加快振兴东北老工业基地和全面建设小康社会的勃勃生机。其新技术应用及科技创新有：路基施工方面采取新老桥路基阶梯式衔接、抛石挤淤、压实强夯、新加路基全部换填优质填料、软基路段采取塑料排水板和打粉喷桩等措施，成功地解决了新老路基不均匀沉降产生纵向裂缝的问题。路面施工方面在全国首次全线路面上面层采用SMA路面技术，中、上面层全都使用SBS改性沥青。沥青面层厚度达18cm，极大地提高了路面动稳定度和低温弯曲破坏应变，有效地增强了抗车辙、抗低温开裂的能力。路面质量相当于北京首都国际机场跑道的质量。

2. 华北地区（北京、天津、河北、山西、内蒙）

（1）青银高速公路河北段（图4-9）

连接黄海之滨青岛与塞上明珠银川的高速公路是国家高速路网的重要组成部分，全长1610km。青银高速公路东起山东青岛市，西到宁夏银川市，为跨区域公路交通大通道。其中河北段全长182.004km，投资46.2亿元。2003年10月开始修建，2005年底建成通车。该路段东起冀鲁交界的清河县，西至石家庄市石太高速公路鹿泉立交桥，途经邢台、石家庄两市之间的清河、南宫、威县、新河、宁晋、赵县、栾城、元氏、鹿泉等九个县市，设计标准为全封闭，全立交，双向4车道，路基宽28m，设计时速为120km/h。青银高速公路河北段的建成通车，对完善国家和河北省高速路网，加强河北省与山东、山西等省份的经济联系，具有重要意义。该路在河北省高速公路建设中实现了多个第一，如：第一条通过工程建设质量管理体系ISO 9001：2000认证的高速公路；在建工程中，科研项目立项和实施最多的高速公路；第一条全面实行路面施工动态技术质量管理的高速公路；第一条采用低路基、节约土地做法的高速公路；第一条采用冲击压实和搅拌桩处理原地面、液态粉煤灰水泥混合料浇注基坑和台背、超载预压等技术措施综合处治桥头跳车质量通病的高速公路；第一条全面推广振动击实成型法进行基层材料组成设计和施工控制的高速公路；第一条重点推广大粒径LSAM沥青混凝土新型路面结构和柔性基层研究的高速公路，同时也是第一条大规模在全线沥青面层施工中推行GTM设计方法的高速公路；第一条通过专家论证，在建设阶段将防水粘结层设置在表面层和中面层之间的高速公路。同时，也是我国高速公路建设节约土地的典范。

（2）太旧高速公路（图4-10）

山西省第一条高速公路，全长140.678km，起点是太原武宿，终点是与河北省交界的旧关，出省后通过河北省石青高速公路与京石高速公路相接。该路横贯晋中广大腹地，是山西通向环渤海经济区，沟通东西部地区的重要交通干线。山西太原至旧关高速公路路线所经地区为山西黄土高原与太行山脉两大地貌地带，横跨地势平缓的汾河河谷平

图4-9　青银高速公路河北段

图4-10　太旧高速公路

原,穿越冲沟发育、切割严重的重丘区,进入山势陡峻、高差悬殊的山岭区,沿线地形极为复杂,工程条件十分困难,是我国最早进入山岭重丘区的高速公路。它4跨石大铁路线、6跨307国道,有隧道1条、特大桥3座、大中桥61座、小桥13座。其中武宿—要罗段属平微区,路基宽度24.5m,设计行车速度100km/h;要罗—峪口段属重丘区,路基宽度23m,个别困难地段21.5m,设计行车速度60km/h;要罗—旧关段属山岭区,路基宽度23m,设计行车速度60km/h。

在缺乏修建山岭区高速公路的经验,地形地质情况复杂的条件下,太旧高速公路的工程技术人员经过不断思考、探索与实践,成功地解决了①煤炭采空区稳定性问题,②桥头跳车防治措施,③泥岩、砂岩填筑路基等施工技术难题,并总结了太旧高速公路的经验,编辑出版了《太旧高速公路学术论文集》。该论文集收集了参加太旧高速公路勘察、设计、施工、监理的专家和工程技术人员撰写的论文75篇,对全国高速公路建设具有参考价值。

太旧高速公路于1989年开始前期研究,1991年开始勘察设计,先后荣获山西省"优秀工程设计一等奖"、全国第八届"优秀工程设计银奖"。1997年4月,太旧路通过交通部组织的竣工验收,工程质量达优良等级。同年12月获全国建筑行业质量最高奖——鲁班奖。2000年建成通车。

(3)京沪高速公路:2000年底全部建成通车的京沪高速公路是我国公路建设史上的重要里程碑,使我国高速公路总里程达到了16000km,跃居世界第3位。京沪高速公路是我国第一条总长度超千公里的连贯型公路,也是我国高速公路连网"两纵两横"计划中完成的第一条南北大动脉。京沪高速公路北起北京东南部十八里桥,南至上海市莘桥镇,沿途经过6省、直辖市,全长1262km,分20个路段分期建设,进度快、质量好、科技含量高,许多路段达到了国际先进水平。这条公路运输大通道途经北京、天津、河北、山东、江苏、上海,横跨海河、黄河、淮河和长江,进一步将华东、华北、东北3个在我国经济的整体格局中具有重要战略意义的地区纵向贯通,在促进沿线地区的相互经济交往,推动沿渤海经济区、淮海经济圈和长江三角洲的合作与开发,加快东部地区基础设施建设步伐和城镇化进程等方面产生了积极而深远的影响。

(4)京沪高速公路的起始路段——京津塘高速公路(图4-11、图4-12、图4-13):是我国第一条经国务院批准并部分利用世界银行贷款建设的跨省、市的高速公路,全长142.69km。全线采用全封闭、全立交,控制出入口,并设置监控、通信、收费、照明等交通工程和服务设施。京津塘高速公路工程建设期间,共完成了75项大型生产性试验,

图4-11 京津塘高速公路北京段

图4-12 京津塘高速公路天津段

图4-13 京津塘高速公路收费站

16 项科研课题，形成了 12 项关键技术和理论成果。如：论证、制定了我国第一部高速公路工程技术标准；提出高速公路软土地基沉降与稳定双控技术和高质量路面修筑综合控制技术；在国内首次研究并提出跨省市高速公路项目建设管理技术；在国内首次实施业主责任制；在国内首次运用法律、经济和技术手段，开创完整的监理技术；运用现代高新技术，创立全新的公路勘察设计体系等。京津塘高速公路工程于 1996 年获中国建筑工程鲁班奖和交通部科学技术进步特等奖，1997 年获国家科学技术进步一等奖，1999 年获首届詹天佑土木工程大奖。

(5) 丹东至拉萨国道(图 4-14、图 4-15)：是由丹东通往拉萨的一条高速公路，全长 4590km。

图 4-14　丹拉国道银川至兰州段

图 4-15　丹拉国道内蒙古哈(包头市哈德门)磴
(巴彦淖尔市磴口)段

其中丹拉国道八达岭高速公路(二期)(图 4-16、图 4-17)：南起北京昌平西关环岛，北至北京延庆西拔子，全长 28.7km。全线按双向 3 车道设计，计算车速 60～100km/h，其中 2/3 路段建在山区，地势险峻、工程艰苦、设计难度大。其中控制性工程潭峪沟隧道公路长 3455m，主隧道为单向 3 车道，属当时亚洲长大公路隧道之首。其新技术应用

图 4-16　八达岭高速公路下行穿越居庸关

图 4-17　八达岭高速公路与长城交相辉映

与科技创新有：设计选线将上、下行线分开；通过合理布设桥梁和隧道，尽量少挤占河道和破坏植被，取得了良好的环境效果；沿河浸水挡墙大量采用浅基混凝土沉排防护，既减少了施工的挖基工程量，又对防止冲刷沉降有防治效果；对于高填方路基在国内首次采用南非的冲击压实机(25KJT3)进行施工，减少了高路基的工后沉降，提高了路基的稳定性；在路面面层材料选择上表面层采用了耐磨防滑，性能优越的沥青玛琦脂碎石混合料(SMA)，极大地增强了路面的抗滑能力，并具有强度高、防水性能好、温度稳定性好和路面使用寿命长等优

点；另外，潭峪沟隧道设计在当时达到"国际先进、国内领先"水平，施工采用GPS全球卫星定位技术进行精密导线控制测量，确保了隧道贯通精度。还有如导向平缘石、紧急撤离坡道、钢纤维混凝土桥面等新技术、新材料的采用，有效地解决了山区修建高速公路中遇到的技术难题。

3. 华东地区（上海、山东、安徽、浙江、福建、江苏、江西）

(1) 沪宁高速公路：东起上海真北路，迄于南京马群，全长284.7km。其中上海段长25.9km，路幅宽25m，设4个行车道，道路中央为3m宽的绿化分隔带，两侧还各设宽2.5m的紧急停车带，设计行车速度为120km/h，并建有防冲护栏、交通监控等设施，是一条全封闭、全立交的高速公路，1996年10月竣工通车。沪宁高速公路江苏段（图4-18、图4-19）途经南京、镇江、常州、无锡、苏州等市，是人口稠密、经济发达的地区。是江苏省第一条高速公路，主线全长248.21km，镇江连接线（支线）长10.25km。主线按高速公路标准建设，设计行车速度120km/h，路基宽26m，中央分隔带宽3m，双向4车道，每车道宽3.75m，外侧设2.5m宽的紧急停车带。镇江支线按一级汽车专用公路标准建设，设计行车速度100km/h，路基宽度23m，中央分隔带1.5m。全封闭控制出入，有较为完善的收费、监控、通信、照明、安全等交通工程和服务设施，沪宁高速公路建成通车后成为了长江三角洲经济腾飞的黄金通道。沪宁高速公路江苏段在设计创新方面采用CAD和全景复合，确保了布局合理，平纵配合协调，符合环保和节能要求；针对沿线水网软土地基特点，提出了可行性地基处理，路基路面结构设计方案，为我国水网地区修建高速公路积累了有益经验。在施工技术方面首次采用动态沉降速率法控制路堤、路面施工进度，确保了软基段路基稳定、路面一次铺筑成功，成功解决了桥头跳车；采用合理掺灰率和科学有效的施工工艺，突破了过湿土不能填筑高速公路路基的禁区，为我国规模最大的用过湿黏土改性填筑路基的高速公路工程；提出并采用了提高湿热地区高速公路路面结构的热稳性、水稳性和抗滑性的路面面层级配；首次采用高含量密实型集料的路面基层结构，提高了路面强度和抗裂性；首次采用摊铺机铺筑路基，提高了基层平整度等。

该路的水网、软土地基工程质量已达到国际先进水平。

图4-18 沪宁高速公路镇江枢纽

图4-19 沪宁高速公路江苏段

(2) 江苏连云港至新疆霍尔果斯（连霍）公路：横贯我国的东、中、西部，全长4395km。途经6个省，目前有41%的部分为高速公路，其他为一级公路，是中国建设的最长的横向快速陆上交通信道，最终将成为中国高速公路网的横向骨干。连云港至霍尔果斯公路的东龙头段——连徐高速公路（图4-20）：东起连云港市墟沟镇，西至徐州苏皖省界的老山口，全长236.784km，全线按高速公路标准建设，双向4车道。负担着中西部地区出海通道和东西部交往的重任，对改善该地区经济相对落后的状况具有非常深远的意义。工程于2003年6月竣工，它实现了连徐、京沪高速公路的连接互通。该工程获第四届詹天佑土木工程大奖。新技术应用及科技创新有：液化砂土地基处理技术及软土地基观测和海相软土地基研究；路面施工中提高了集料、填料、沥青等原材料的部分技术标准及指标；引用国内外先进技术，修建了 Superpave 试验路；首次在江苏省内成功铺筑改性乳化沥青下封层近30km 等。

图 4-21　昌九高速公路

图 4-20　连徐高速公路 SMA 路段

（3）昌九高速公路（图 4-21）：江西省建成的第一条高速公路。是一条全立交、全封闭的汽车专用公路，它起自南昌市省庄，止于九江市大桥前端。昌九高速公路是赣粤高速公路的始端，是北京至福州国道主干线、105、316 国道的组成部分，北接庐山之麓的"九省通衢"九江，南连鄱阳湖边的"英雄城"南昌，全长 138km。路基宽度 24.5m，设计车速 100km/h，路面面层采用为中粒式沥青混凝土，设计荷载为汽-超 20，挂-120，全封闭、全立交的双向 4 车道。全线设大桥 8 座，中小桥 85 座，大型互通立交 2 处，简易互通立交 11 处，共设管理所 13 个，收费站 16 个。昌九高速公路在建设中借鉴国际通用的管理模式——菲迪克合同条款，采用国际竞争性招标选择队伍。1996 年 1 月，全面建成通车。昌九高速公路的建成打开了江西的北大门，带动了鄱阳湖滨地区、赣江两岸乃至赣北地区经济的发展，并开发了以庐山为中心的旅游区，加快了昌九工业走廊上的经济开发区建设步伐，形成了百里工业园。

（4）京福高速公路（图 4-22、图 4-23）始于北京，经天津、河北、山东、江苏、安徽、湖北和江西，止于福建省福州港，全长 2540km，是沿线内陆省市通往沿海地区的一条快速通道，也是纵贯我国南北的公路运输大动脉。其中三福高速公路（图 4-24）是福州至三明市区间高速公路，西面通江西、湖北、北京，南面抵广州、香港直至海南岛，北可通浙江、上海直至黑龙江，从而构成一幅四通八达

图 4-22　京福高速山东段

图 4-23 京福高速温沙段路面下基础摊铺

图 4-24 三福高速公路

图 4-25 湘(潭)耒(阳)高速公路湖南段

堑和边坡稳定试验研究，特别是高分子材料红岩地区小颗粒爆破和边坡光面爆破技术应用研究，其成果达到国内先进水平。在混凝土路面滑模摊铺控制技术方面也取得了新的成果和经验，滑模摊铺带缩缝传力杆和纵缝拉杆的混凝土路面施工技术已日益成熟并被全面推广。在湖南省首次成功采用滑模摊铺机连续施工中央分隔带路缘石和中央带防护墙，达到了内实外美的效果。

的高速公路网络蓝图。三福高速公路于 2004 年底建成通车，为京福高速公路福建段一期工程。该路主线线路总长约为 216km，另外建连接线为 44km。该路设计为双向 4 车道，设计车速为 80km/h，路基宽度 22.5m。其中，京福高速公路福州段 101.2km、南平段(一期)27.9km、三明段(一期)86.5km。京福高速公路福建段一期工程建成后，对扩大福州"腹地"，促进福州市经济建设具有重要意义。

4. 中南地区(湖北、湖南、河南)

(1) 湘(潭)耒(阳)高速公路(图 4-25)：国家公路交通重点规划建设的"五纵七横"国道主干线北京至珠海高速公路湖南境内的一段，全长 168.84km。该项目的建成对湖南省开放南北两口，内引外联，促进与国内、港澳地区和沿海特区往来，加速湖南经济发展，具有十分深远的意义。新技术应用及科技创新有：京珠高速公路湘耒段红岩地带路基修筑技术研究，红砂岩地区高速公路深路

(2) 新乡至郑州段高速公路：国家公路交通重点规划建设的"五纵七横"国道主干线北京至珠海高速公路河南境内的一段(图 4-26)，全长 81.84km，是京珠国道最后开工建设的一段工程，也是河南省规划的"三纵三横四辐射"路网主骨架的重要路段。该工程起自新乡市堤湾北，接安阳至新乡高速公路，在原阳县西南跨越黄河，止于郑州市谢庄集。其中 32km 采用双向 8 车道标准，路基宽 42.5m，其余路段采用双向 6 车道标准，路基宽 35m。全线设计行车速度 120km/h。共设大中型桥梁 25 座(不含黄河特大桥)，分离式立交 28 座。并有新乡、原阳、刘江、圃田 4 处互通式立交，其中刘江立交桥(图 4-27)为连接京珠国道和连霍国道的特大型立交桥，占地 1539 亩，为亚洲最大的立交桥(2004 年)。它上下三层，像一只翩然翻飞的蝴蝶，五路跨越交通繁忙的连霍高速公路。由于它所处的特殊地理位置，中长期车流量预计可达 6～10 万辆，又因为它的宏伟外观，使它成为了河南省、郑州市新的门户。新郑高速公路施工管理与技术创新有：①管理是高速公路建设的核心。对工程进度和工程质量进行严格控制和细化管理，采取的新措

施、新技术均有详细记载。科学的管理模式体现了精益求精的态度。②质量是高速公路建设的生命。对长407m的路基封顶层全部推开,将下层高含水黏土全部挖除,分层换填砂性土,然后重新铺筑碎石底基层。③创新是高速公路建设的灵魂。新郑高速公路项目的最新技术成果全部汇总于《新乡至郑州高速公路工程管理及专业技术论文集》中。如:"桩间压力注浆软弱地基处治机理研究"、"钢管混凝土劲杆拱桥工程研究"、"以土工格栅处理软土地基研究"、"黄河两岸冲淤积平原区大孔径、厚砂层、长桩技术研究"等成果。

图4-26 京珠高速公路河南段

图4-27 连接连霍和京珠公路的刘江立交

5. 华南地区(广东、广西、海南)

北京至深圳国道:全长2509km,纵贯北京、河北、河南、湖北、湖南、广东5省1市的19个主要城市,是我国南北运输的大通道。该路的宝成段(图4-28)改造工程位于深圳市南头关口、宝安区人口最稠密的中心地段——宝成、西乡段,也是深圳交通最繁忙的对外咽喉通道,日均交通量超过10万辆,该道路原为广深一级公路,随着宝安城市化进程的发展,该路全面改造为城市一级主干道,其地下市政管线、人行通道系统以及市政配套设施极为复杂,设计要求保护现有两侧街区建、构筑物、减少噪声、控制用地、投资,并要求在不影响交通的前提下,10个月完成工程施工。该路设计主道双向8车道,两侧设辅道及人行道、给水、雨水、排洪、防水、电力、照明、交通信号、燃气等各类管线齐全,各类型新建、改造人行天桥9座,汽车跨路桥2座,大型排洪箱涵4座。在现状复杂、交通不中断、投资省、工期紧的特殊情况下,设计针对各类不同实际情况,综合采用了各类型不同结构、材料、技术方法和施工措施。如:在原有水泥混凝土刚性路面上,采用了抗滑、抗磨等综合性能好的先进罩面材料——SMA(沥青玛碲脂碎石混合料)。该工程获深圳市第十届优秀工程设计三等奖。

图4-28 北京至深圳国道宝成段

6. 西南地区(西藏、四川、云南、贵州、重庆)

(1)成渝高速公路(图4-29):四川第一条高速公路——成渝高速公路是四川省与重庆直辖市之间的公路交通大动脉。起于成都五桂桥,止于重庆陈家坪。1995年9月建成通车。公路途经四川盆地腹心地带,连接成都、内江和重庆三大工业城市,途经14个县(市)区,全长340km,设计为全封闭、全立交、设中央分隔带、单向行驶的4车道公路,路基宽度21.5~25m,设计行车时速100km/h。全线工程土石方量为6450万m³。是四川省和重庆

图 4-29 成渝高速公路

市第一条全封闭、全立交的高速公路。它的建成通车，结束了四川省没有高速公路的历史。成渝公路建成 10 年来取得多项科技成果，比较突出的有：高等级公路沥青路面机械化施工工艺组织与机械综合作业定额应用研究；在保证高等级公路沥青路面施工质量符合国家有关技术、质量规范与规定的前提下，完成了高等级公路沥青路面机械化工艺组织动态设计、各机械动态作业定额的制定、沥青混合料在各施工环节的温度变化计算等一整套方法；为高等级公路沥青路面机械化施工管理，定额管理，提高工效，提供了科学依据。该成果指导成渝高等级公路重庆段施工，节省施工费用 106 万元，获重庆市 1995 年度科技进步一等奖。

(2) 安宁至楚雄高速公路(图 4-30)：安楚公路被列为国家西部大开发重点建设项目，它是上海至瑞丽国道主干线云南境内的重要路段，同时也是云南省"十五"计划基础建设的重点项目和云南省规划的"三纵三横"公路主骨架的组成部分。也是昆明市连接缅甸边境重镇木姐市公路的重要路段。安楚高速公路全长 129.93km，从昆明市安宁和平村到楚雄市楚大高速公路起点达连坝，途经安宁、易门、禄丰、楚雄四县(市)，安宁境内有 29.5km，易门境内有 3.7km，禄丰境内有 52.8km，楚雄境内有 44km。安楚公路全线是在原有的二级公路的基础上按双向 4 车道高速公路标准进行建设，公路计算行车速度为 100km/h，路基宽 26m。全线共设大小桥梁 248 座，隧道 11 座，互通式立交 9 处，分离式立交 23 处。安楚高速公路的建成使得云南省高速公路里程由此已达到 1400km。这条公路于 2003 年 2 月开工建设，2005 年 6 月全线贯通。

(3) 西藏拉贡公路(图 4-31、图 4-32)：拉萨至

图 4-30 安楚高速公路

贡嘎机场公路是西藏重要经济干线之一，也是全区公路主骨架"三纵两横、六个通道"的有机组成和重要补充，素有西藏"区门第一路"之称。拉贡公路新改建工程全长 13km，新改建项目于 2005 年 8 月底通车。

图 4-31 拉萨至贡嘎机场公路夜景

图 4-32 拉萨至贡嘎机场公路

7. 西北地区（新疆、青海、宁夏、陕西、甘肃）

吐乌大高速公路（图4-33、图4-34）：吐鲁番—乌鲁木齐—大黄山高等级公路连接3个地、州、市和3条国道线，全长283km，其中一级公路101.3km，二级汽车专用公路182km。总投资30.7亿元人民币，其中利用世界银行贷款1.5亿美元。1995年3月21日公路开工修建，1998年8月20日建成通车。这是新疆利用世界银行贷款建成的第一条长距离高等级公路。

图4-33　吐乌大高速公路（一）

图4-34　吐乌大高速公路（二）

（二）生态公路

（1）榆靖高速公路（图4-35）：我国第一条沙漠高速公路。榆靖高速公路起自陕西榆林市榆阳区芹河乡孙家湾村，止于靖边县新农村乡石家湾村，正线全长115.918km，榆林、横山、靖边三条连接线长18.256km，项目建设里程全长134.174km，公路两旁已基本建成全线绿化、防护林带，这条沙漠公路将成为一条"绿色长廊"。榆林至靖边高速公路2003年8月正式通车。榆靖高速公路的建设，填补了我国沙漠高速公路建设的空白。工程科技人

图4-35　榆靖高速公路

员历时两年，研究出了路基填筑全部采用风积沙的办法：即只须将沙漠表层上的草皮扒去，高削低填，用特殊的压路机压实。同时，根据沙漠冬夏温差较大、路面易造成病害的特点，为防止破损，采取防沙治沙措施。建设者为我国沙漠高速公路的修筑和养护提供了第一手技术资料，积累了宝贵的经验。

（2）川九公路（图4-36）：川主寺至九寨沟公路位于四川省阿坝州境内，起于松潘县境川主寺，止于九寨沟口，该公路连接四川省两大世界自然文化遗产九寨沟和黄龙。该项目采用山岭重丘区二级公路标准，计算行车速度40km/h，路线全长94.139km。工程于2003年9月完工。该路的环保与景观设计，三江源区域环境治理、秦岭山区生态高速公路建设等关键技术研究，实现了设计理念和方法的创新。在公路设计中引入生态学原理，注重公路功能与自然环境相和谐，保证了交通基础设施的建设与生态建设的协调发展。新技术应用及科技创新有：①安全原则。适当改善路线平纵线形，提高道路和行车安全；采取必要的工程处理措施，确保公路结构本身的安全稳定；设置完善和可靠的交通安全设施，确保道路安全。②舒适原则。尽可能改善路线平纵线形，使线形连续、流畅；采用多种方式和形式，美化路基构造物及与周围自然景观相协调，使路容增辉；提高路面等级和平整度，减少车辆颠簸；提高旅游服务水平，设置与旅游功能相匹配的设施。③环保原则。该项目海拔高度变化较大，穿越多个生态区，为与环境协调，绿化方案根据公路所在的不同生态区进行分段设计。最大限度地减少边坡的开挖和保护原有植被。路线布设上尽量使路基不伤及原有边坡。对开挖的边坡采取铺挂植被网和铁丝网进行生态

防护或栽种乔木进行掩饰。④示范原则。成为公路与自然环境相协调的典范,在全国起示范作用。

图 4-36　川九公路

(三) 农村道路

县乡道路和农村道路(图 4-37、图 4-38、图 4-39、图 4-40、图 4-41、图 4-42、图 4-43):我国广大农村特别是偏远山区、贫困地区的交通条件正逐步得到改善。到 2005 年底,我国基本实现东部地区"油路到村",中部地区"油路到乡",西部地区"县与县之间通油路"。农村道路建设取得了我国西部地区二级区划(组合)的县乡道路路面典型结构、各种地方材料的应用、小交通量道路的设计方法等一系列实用的技术成果,对县乡公路的修建有重要指导作用。

图 4-37　新疆田畴景区的盘山公路

图 4-38　河南省焦作县乡公路

图 4-39　海南五指山的盘山公路

图 4-40　内蒙古境内巴彦淖尔市—乡乡通油路

图 4-41　陕西省内通延安上官村的农村公路

图 4-42　贵州黔西南苗族布依族自治州的农村道路

图 4-44　北京四环路首次将城市快速路划分为主路、辅路等子系统的综合交通体系

图 4-43　黔渝公路著名的 72 道拐

图 4-45　北京四环路中关村路堑采用连续壁结构

(四) 城市道路

(1) 北京市四环路(图 4-44、图 4-45、图 4-46、图 4-47、图 4-48、图 4-49)：北京市城区的一条环城快速路，平均距离北京市中心点约 8km。该路全长 65.3km，全线共建大小桥梁 147 座，并设有完善的交通安全设施。主路双向 8 车道，全封闭、全立交，设计车速为 100km/h。全线设有完善的交通安全设施、照明及绿化系统。工程于 2001 年 6 月竣工。截至 2005 年 5 月，这条路仍然是国内标准最高、规模最大的城市快速环路。该路首次将城市快速路划分为主路、辅路、地方道路、非机动车、行人、公共交通等子系统的综合交通体系。立交设计以规划交通量预测、分析为依据，使用流量平衡、车道数平衡、路网系统优化等国内最先进的设计理念与方法，并从整体路网和系统的均衡性方面，合理定位立交功能，创造了多种新立交形式。该项工程获得建设部优秀设计一等奖。建设施工中突破了诸多关键性技术难题，如：东郊编组站最大

图 4-46　北京四环路施工采用现代化施工设备

道路工程篇 209

图 4-47 北京四环路采用非接触式平衡梁自动找平装置，准确控制路面平整度及结构厚度

图 4-48 北京四环路四惠立交

图 4-49 北京市四环路万泉河立交

的顶进箱涵；中关村路堑采用连续壁结构与高压旋喷桩止水帷幕共同形成止水闭圈，墙体采用补偿收缩混凝土，有效防止了地下水对混凝土结构的侵蚀；桥头伸缩缝采用"后嵌法"安装仿毛勒缝，基本解决了桥头跳车问题，桥面系采用 XYPEX（赛柏斯）、YN（橡胶聚合物）等高性能防水材料；采用非接触式平衡梁自动找平装置，准确控制路面平整度及结构厚度。

（2）北京市五环路（图 4-50）：位于北京市的一条环形快速路，于 2003 年 11 月全线建成并通车，全程 98km，共建立交 53 座，其中大型枢纽立交 12 座，基本采用无交织的定向匝道，可以在一个小时内按照限速行驶一整圈。五环路与北京市的 8 条放射形高速公路和多条国道连接，距市中心大约 10km。北京市五环路工程，全长 106km。该工程采用了动态全景透视图对线形进行了检验和调整，达到了线形流畅，平、纵配合合理，视距良好以及与周围景观协调的效果。较好地处理了出京与进京主辅路关系，提高了车辆行驶的舒适性。各种设施完善，标志明确，提高了行车的安全性。在设计中注意采用新材料、新工艺。该工程获得了北京市第十一届优秀工程设计一等奖。

图 4-50 北京市五环路

（3）北京市平安大街（图 4-51、图 4-52）：西起

图 4-51 北京市市政总公司采用现代化设备进行道路施工场面

西二环车公庄立交桥，东至东二环东四十条立交桥，是继长安街之后，北京市第二条东西方向的交通大动脉。平安大街是明清时代的古街道，长6.9km。全线有13处国家、市、区级重点文物保护单位，如北海公园、孙中山行馆、段祺瑞执政府、僧格林沁祠、保安寺等。该路改扩建设计中结合城市景观，调整路线，对沿线古迹进行了保护，规划红线为70～80m，路面宽40m，双向6车道。工程于1999年9月竣工。该路的设计获北京市优秀设计一等奖、建设部二等奖。

图4-54　天津市金钟河大街

图4-52　北京市平安大街

（4）天津市海滨地区道路（图4-53、图4-54、图4-55）施工中，在软土地基上，成功地不经过深层加固处理，用土工网和山石或筛分碎石作为填料，填筑了稳固的道路路基。这种土工网（20世纪90年代中期，改成强度较高的土工格栅）碎石垫层和常用的水泥搅拌桩或石灰桩加固地基相比，造价节省，路基强度均匀，沉降均匀，不会出现复合地基表面的桩与桩间土之间过大的沉降差异，受到了好评。在沥青面层中应用了SBS改性沥青混合料，

图4-55　天津市滨海地区路面施工

有的路段采用了SMA，有的路段表面层和中面层都采用了SBS改性沥青混合料。

（5）上海市南北高架路（图4-56、图4-57）：总投资60亿元的南北高架路纵贯上海市中心区、跨闸北、静安、黄浦、卢湾四区，全长8.45km，高架道路宽25.5m，6车道，地面道路50m，8车道。南北高架路与内环高架路相连，成为名副其实的南北交通大动脉，形成城市立体交通网络。1995年12月建成通车。上海市南北高架道路工程新技术应用与科技创新有：在上海市首次采用匝道纵坡6%，既节省工程投资、减少拆迁，又改善交叉口的交通条件；高架排水纵坡，结合人行过街设施；匝道处和地面道路交通改变了传统的断面布置；高架主线采用斜腹板，大挑臂现浇预应力混凝土简支箱梁，全线梁高统一，外形流畅轻盈；合龙孔采用箱内预应力束单边张拉新工艺，确保了施工安全及进度；匝道落地段采用了柱、承台、箱梁组合结

图4-53　天津市滨海地区SMA路面

图 4-56 上海市南北高架路跨苏州河段

图 4-57 上海市南北高架路夜景

构,彻底解决了软土地基台后填土沉降引起的跳车现象;五层式全定向互通式立交,最大限度改变了地面空间,改善了行车视距等。

(6)上海市延安高架路(图4-58):该路东起中山东一路外滩,西至沪青平公路、上海虹桥机场,途经市内4个区。全线设有27条匝道及10条空中立交匝道。高架道路路幅宽25.5m,设双向6车道,设计车速80km/h,地面道路设双向8车道。全线设有交通监控系统、防音板、发光扶手,沿线种植了14.7万m²绿化。总投资30亿元,1999年9月全面建成通车。延安路高架西段(6.2km),西至上海虹桥机场、外环线和沪青平一级路,东连内高架道路,延安路高架东(2.64km)、中段(5.56km)分别与南北高架路、内环高架路相连,使上海市中心区初步形成立体交通网络。延安高架路中段工程是上海市申字形高架网中最后一段,它的建成使申城高架路更加通畅,选择行驶路线更加灵活。该段高架是在以前高架的基础上完成的,有很多改进和更加先进的地方。该工程经过国内有关专家评审,认为布局合理,棱角清晰,线形流畅,桥面平整,行车平稳,安全可靠,有足够的承载能力和良好的使用性能,经上海市市政质量监督站检测,平整度均方差小于0.72mm,平整度属国内领先、国际先进水平。

图 4-58 流光异彩的上海市延安高架路

(7)上海市世纪大道(图4-59):上海市区第一条路幅控制宽度为100m的高标准景观大道。世纪大道从延安路隧道浦东出口,至浦东行政中心的世纪公园,全长4.5km,双行8条机动车道外加2条辅路。于1999年12月全面贯通。该建设工程起点高、标准高,在规划设计中创造高质量城市空间环

图 4-59 上海市浦东世纪大道

境，以人为本追求道路设计完美，使道路建设与环境艺术相结合，以体现城市深层的文化内涵。该工程经过中国市政工程协会推荐，作为全国重大市政工程观摩会的主要工程项目之一，受到全国同行的好评。

（8）重庆市沙坪坝区嘉陵江滨江路（图4-60）：全长6.6km，宽度32m，双行4车道。1998年12月动工，2002年12月竣工通车。荣获2000年重庆市市政质监站优良工程称号，2002年10月重庆市政工程"金杯奖"。

图4-61　广州市内环路的一段

图4-60　重庆市沙坪坝区嘉陵江滨江路

图4-62　广州市内环路现浇梁的支顶施工

（9）广州市内环路（图4-61、图4-62、图4-63）：全长26.7km，双向6车道，环绕广州市中心区一圈。途经市内5个行政区，总投资31亿元。1999年6月开工，1999年12月竣工。为高架快速路；全线低噪声沥青路面，沿路植树绿化，重点路段有隔声屏障和环保墙等设施。该路的建成使广州市交通条件和人居环境得到同步提高。内环路一些路段科技含量较高，施工难度较大，项目施工中将技术难点一一列出，作为控制质量的重点。如：人民路标段主跨预制梁的悬拼工艺；黄沙大道、省长途汽车站及火车站等异常繁忙地段施工的交通疏散和支顶架；内环路跨东风路、环市路和中山一路的现浇支顶架搭设；南田西标段的软土路基的碎石桩加固及现浇梁的支顶施工等施工技术难点被一一攻克。

图4-63　广州市内环路——神来之笔

（10）广州市广园快速路（图4-64）：广州市城区向东发展战略的一个重要项目，对解决广州市东北部交通拥挤及加强广州与东莞的联系具有重要意义。该路二期沥青路面工程起于丰乐立交，止于增城新塘镇荔新路，全长18.9km，施工自2001年7月开工，至2001年10月全线建成通车，历时85天。该工程中，上面层和中面层采用了性能较稳定

图4-64　广州市广园快速路

的国产成品改性沥青,提高沥青路面抗车辙、抗高温变形及耐高速行车磨耗的能力。桥面防水层采用了新型的YN高分子聚合物防水涂料,以有效防止因路面渗水破坏桥梁结构。沥青路面的摊铺施工中,首次使用了电子平衡梁进行大规模施工,以尽可能地提高效率、进度和施工质量,特别是路面平整度。该工程在2002年度被广东省建设委员会评为省优良工程。

(11) 东莞科技大道(图4-65):东莞市最重要的一条城市主干道,是具有标志性的城市景观大道。该大道南起广深高速公路石鼓立交,北接旗峰公园,全长9939m,全路包括两座大型互通立交(107国道立交及四环立交),3座过河桥梁。道路红线宽103～189m,主线设计车速80km/h。机动车主线双向8车道,两侧各设7m宽辅道,机动车、人行、自行车系统完整。该路除道路、桥梁外,还有给排水管道、电力、通信管线,燃气管线、路灯照明、人行过街地道等各种市政设施。东莞大道设计按高标准、高起点原则进行,采用多项新材料、新工艺、新技术。路面设计采用SMA结构。对改造段(约2.5km长),为有效利用旧有水泥混凝土路面,减少投资,采用复合路面新工艺。全路在满足总体规划的基础上,以满足道路交通功能为前提,依据现状及环境景观的要求,在道路设计中充分体现城市设计及环境理念,使功能环境、景观有机结合,机动车主线在平面位置及竖向上结合景观及地形要求灵活布局,全线设有较宽绿化带,在设计中对人行道、绿化、自行车道、公交停靠站、电话亭、垃圾箱、灯光夜景等均进行高水准的设计。获得东莞市政府及市民一致好评。该工程2001年10月竣工验收,2003年获得深圳市第十届优秀工程设计一等奖。

(12) 深圳市深南大道(图4-66):属于旧路改造项目,地上建筑及地下管线密集、复杂、技术难度大、需设计协调解决的问题多。该工程设计精益求精,具有道路等级高、功能齐全、环境景观优美等特点,被誉为深圳第一路。在满足使用功能和城市规划功能前提下,首次在道路设计中将景观设计及城市设计理念一并考虑。设计采用多项新工艺、新材料、新技术、新结构。路面结构采用改性沥青混凝土;新旧路面接缝采用玻纤土工格网加固。全路路口进行渠化设计并绿化,过路管桥采用隐蔽式绿化,人行道板在全国首次采用花岗岩彩色道板铺砌,全路段采用最先进的电子监控系统,路灯设计新颖别致,雨水箅美观、耐用。2000年,荣获深圳市第九届优秀工程勘察设计一等奖;2001年,荣获广东省第十次优秀工程设计二等奖。

图4-66 深圳市深南大道

(13) 武汉绕城公路(图4-67):总投资90亿元的武汉绕城公路,是国家"十五"重点建设项目,也是国家公路网京珠、沪蓉国道主干线和武汉市城市总体规划的重要组成部分,连接武汉市所有进出口公路,全长188km,采用双向4车道全封闭高速公路标准,全封闭、全立交,铺设进口沥青混凝土路面,设计车速120km/h。武汉绕城公路于2000年开建,分三段建设。贯通东西湖、黄陂、新洲、洪山、江夏、蔡甸6个区,串联沌口、东湖、阳逻、吴家山4大经济开发区,由西南段和东北段组成,与京珠、沪蓉国道共用的84km的西南段已于

图4-65 东莞科技大道

2001年底建成通车。

图 4-67 武汉绕城公路

(14) 西安市二环路(图4-68):是西安建国以来城市建设规模最大,标准最高的市政工程。由东、西、南、北4条干道组成,全长34.04km,路宽50～100m,总投资21亿元。2003年12月竣工。该路将西安高新技术产业区连接起来,构成西安现代化城市的大框架;对西安市社会经济的快速发展起着巨大的促进作用。

图 4-68 西安市二环路夜景

(15) 哈尔滨市二环快速干道(图4-69):是按照城市路桥建设发展的基本规律,参照国内外同等规模城市建设的基本作法,为解决哈市交通紧张状况修建。二环路全长30.36km,全线道路红线最窄处为40m,最宽处为80m,道路贯通市区6个区。其主要功能是截流部分向市中心汇集的车流,汇集疏导车流量,形成市区内的快速交通走廊。

图 4-69 哈尔滨市二环快速干道

部分参考资料

[1] 中华人民共和国交通部规划司《2005年公路水路交通行业发展统计公报》
[2] 中华人民共和国建设部综合财务司《2004年城市建设统计公报》
[3] 中华人民共和国交通部交通成就/西部交通科技成果等
[4] 中华人民共和国建设部建设科技/城市建设等
[5] 中国市政工程金杯奖
[6] "中联重科杯"华夏建设科学技术奖获奖项目名单
[7] 交通部公路工程"三优"评选获奖项目及获奖单位
[8] 建设部部级优秀市政工程设计获奖项目名单
[9] 中文期刊全文数据库等
[10] 中国土木工程学会. 詹天佑土木工程大奖获奖工程集锦. 第1～4届. 北京:中国建筑工业出版社
[11] 中国土木工程学会. 2020中国工程科学和技术发展研究. 中国土木工程科学和技术发展研究
[12] 刘文杰编. 第二届全国公路科技创新高层论坛论文集. 北京:朝华出版社,2004
[13] 上海市市政工程管理局/上海市市政工程行业协会. 经典、传世、佳作、上海市市政工程金奖十周年. 上海:上海画报出版社,2004
[14] 中共广州市建设工作委员会/广州市建设委员会/广州地区企业报协会. 内环风采. 2000
[15] 中国市政工程协会/北京市市政工程总公司/北京市市政工程研究院. 市政技术,2000.1～2005.12
[16] 中国公路学会. 2001年全国公路路面材料及新技术研讨会论文集. 中国公路杂志社,2001
[17] 中国土木工程学会. 2004改性沥青与SMA路面应用技术交流会论文集

执笔人: 张汛、王晓江、王志平、萧岩、李郑
其他撰稿人: 杨玉淮、贾渝、杨树祺、范励修、李福普、柳浩、陈卫权、石中柱、谢产庭、张爱江

大跨空间结构及高层建筑工程篇

桥梁及结构工程分会

目　录

一、大跨及高层结构技术的发展现状 …………………………………………………… 217
（一）大跨度空间结构技术的发展情况 ………………………………………………… 217
（二）高层建筑结构技术的发展情况 …………………………………………………… 217

二、我国大跨及高层结构技术的发展成就 ……………………………………………… 218
（一）我国大跨空间结构技术的发展成就 ……………………………………………… 218
（二）我国高层建筑结构技术的发展成就 ……………………………………………… 218

三、大跨度及高层结构技术的发展趋势 ………………………………………………… 220
（一）大跨度空间结构技术的发展趋势 ………………………………………………… 220
（二）我国高层结构技术的发展趋势 …………………………………………………… 221
（三）大跨及高层建筑结构技术的研发目标与对策 …………………………………… 221

四、大跨及高层建筑结构应用实例 ……………………………………………………… 222
（一）重庆市袁家岗跳水、游泳馆 ……………………………………………………… 222
（二）哈尔滨国际会展体育中心 ………………………………………………………… 224
（三）新疆体育中心 ……………………………………………………………………… 227
（四）广州国际会议展览中心 …………………………………………………………… 229
（五）广州新白云机场 GAMECO 10 号机库 …………………………………………… 231
（六）上海国际赛车场 …………………………………………………………………… 233
（七）广州新白云国际机场 ……………………………………………………………… 236
（八）义乌市会展体育中心体育场 ……………………………………………………… 238
（九）九寨沟甘海子国际会议度假中心 ………………………………………………… 240
（十）上海磁悬浮快速列车龙阳路车站 ………………………………………………… 242
（十一）上海明天广场 …………………………………………………………………… 243
（十二）深圳福建兴业银行大厦 ………………………………………………………… 243
（十三）重庆朝天门滨江广场 …………………………………………………………… 245
（十四）广州名汇商业大厦 ……………………………………………………………… 246
（十五）湖北出版文化城 ………………………………………………………………… 247
（十六）杭州第二长途电信枢纽工程 …………………………………………………… 248
（十七）厦门国际银行大厦 ……………………………………………………………… 249

一、大跨及高层结构技术的发展现状

(一) 大跨度空间结构技术的发展情况

世界上先进国家近10余年来在大跨空间结构方面得到了日新月异的发展，尤其是在欧美、日本等世界上经济发达国家，建造了多个跨度达200m以上的超大跨度的空间结构。如日本1993年建成的直径达220m的福冈体育馆由三块可旋转的扇形网壳组成一个可开合结构；美国亚特兰大1992年建成的为1996年奥运会的佐治亚穹顶，平面形状为准椭圆，长短轴分别为241m和192m，采用张拉整体索膜穹顶结构；1999年底落成的英国伦敦千禧穹顶，直径达320m，12根擎天大柱与索膜构成；日韩为2000年世界杯足球赛建造的20个比赛场馆中绝大部分采用了索膜张拉结构，并有数个场馆采用了开合式结构。这些超大跨度结构的一个共同特点是，跨度越来越大，自重越来越轻，更多地采用新结构体系与轻质高强材料及新技术。设计计算工作越来越仔细周到，包括非线性分析、非线性稳定分析、抗震减震与风振分析，并且施工安装更为快捷简便。设计时首先考虑的是尽可能采用先进的结构体系，在确保工程安全性的前提下注重工程的实用性、经济性，且使建筑与结构和谐统一，而不一味追求所谓的独特建筑外形。这些建筑规模宏大，结构先进，充分反映了这些发达国家的综合国力与先进建筑技术水平。

近十年来，随着我国城市化进程的加快，新一轮城市建设的高潮转向大型交通、文化、体育、会展等公共设施的建设，我国大跨度空间结构广泛应用于城市的体育场馆、展览馆、游乐中心、博物馆、候机候车厅等大跨度公共建筑的建设，并在现代化的大面积单层工业厂房中也有广泛应用。大跨度空间结构在我国的经济发展与工程建设中有着极为重要的地位并起着极为重要的作用。2008年的北京奥运会、2010年的上海世博会、以及机场铁路建设的快速发展，带动了大跨度结构的技术进步和大规模应用。

(二) 高层建筑结构技术的发展情况

近年来，随着我国国民经济持续快速发展，高层建筑也得到了迅速发展。我国内地成为高层建筑发展的中心之一，上海及长三角地区、广州深圳及珠三角地区、京津地区以及以重庆为代表的中西部地区都大量出现各种复杂体型的建筑，高层建筑的重点建设区域由直辖市、省会城市发展到地市县级城市，我国高层建筑的数量及建筑高度均在世界前列。大量高层建筑的设计和建造，推动了我国高层建筑的研究及设计水平的提高。

近十年来，我国高层建筑结构材料技术发展迅速，混凝土仍然是我国高层及超高层结构的主要结构材料，我国混凝土结构的设计和施工技术水平处于世界先进水平，混凝土材料的强度和性能不断提高，目前C60、C80级高强混凝土在高层及超高层结构的柱、墙和筒体中得到应用，C100级混凝土也开始用于高层混凝土结构的竖向构件；水平构件中的梁、板大量采用C30、C40级混凝土，为适应大跨度、大进深要求，减轻楼盖结构重量，后张预应力技术和空心夹芯楼盖技术得到一定量应用，楼盖混凝土强度进一步提高至C40～C50级。

随着我国钢产量的大幅增加，结构用钢技术逐渐提高，高层建筑越来越多地采用钢—混凝土组合构件或混合结构，采用的结构构件有：钢管混凝土柱(型钢混凝土柱或钢柱)、钢梁(型钢混凝土梁或钢筋混凝土梁)、混凝土楼板(压型钢板叠合混凝土楼板等)组合构件框架技术和钢筋混凝土剪力墙(筒)或型钢混凝土剪力墙(筒)形成的混合结构。我国有世界上最高的钢管混凝土柱结构，钢结构框架或巨型框架技术得到越来越多的应用。

近十年来，我国高层建筑结构的规范及设计技术显著提高，《建筑抗震设计规范》(GB 50011—2001)及《高层建筑混凝土结构技术规程》(JGJ 3—2002)的及时更新修订进一步促进了设计水平的提高；精确深化的结构分析设计软件如新版SATWE等的推出，进一步提高了结构分析的精度,提高了设计水平。许多先进的抗震、抗风设计理念和隔振减振技术的应用显著提升了高层及超高层结构的设计水平。

我国高层及超高层结构的施工技术水平进一步提升。滑模技术、爬模技术越来越成熟,超高混凝土泵送技术世界领先,施工垂直运输设备越来越先进,大型构件运输、吊装能力显著提高,超高层建筑施工速度世界领先,超高垂直构件施工控制精度处于世界先进水平,但是我国混凝土楼面和墙面的一次施工平整度技术落后于国外先进水平,导致大量的二次抹砂浆找平,造成工程质量隐患。

二、我国大跨及高层结构技术的发展成就

(一) 我国大跨空间结构技术的发展成就

中国在最近十年来空间结构的研究与应用也有了迅猛发展,跨度超过100m的建筑也开始大量出现。在材料的应用方面向轻质高强发展,大跨度网壳、索杂交结构、索膜张拉结构与张弦梁成为这一时期的主流。

在应用领域方面主要是体育场馆、大跨度机库、会展中心等方面。如1994年建成的天津体育馆采用了净跨直径为108m的球面网壳;1997年建成的长春体育馆,平面形状为桃核形网壳,外围尺寸达146m×191.7m;1998年竣工的上海8万人体育场,其钢结构悬臂桁架跨度最大达73.5m,伞状膜结构的挑篷覆盖面积达37000m^2;2000年竣工的浙江黄龙体育中心采用斜拉网壳,挑篷外挑50m,总覆盖面积达22000m^2;在大型飞机维修库应用最多的是平板型网架,如1995年建成的首都机场150m+150m四机位机库、厦门机场太古155m双机位机库等等;新建的航站楼屋盖中采用较多的是相贯连接的平面曲线钢桁架,如深圳机场二期跨度60m+80m钢桁架,整个屋盖尺寸135m×195m,首都机场新航站楼也采用类似结构;在大型公共建筑展览馆方面,空间钢结构也应用得较多,从1998年上海浦东机场航站楼成功建成跨度达80m的新型张弦梁结构以来,该结构以其结构明快简洁乐于为建筑师采用,分别于2002年、2003年建成的广州与哈尔滨会展中心采用的张弦梁结构其跨度分别达126m与128m;新型索与膜的张拉结构中国已开始起步,近年来陆续建成了如青岛颐中体育场、安徽芜湖体育场、郑州体育场与秦皇岛奥体中心体育场等十来个索膜张拉结构建筑;除了这些大跨度结构以外,国内应用最多、面最广的还是普通平板型网架结构,在中小跨度体育馆,特别在大柱网大面积单层工业厂房及各种公共建筑中都应用了大量的平板网架结构,1995年竣工的云南省玉溪卷烟厂单层厂房网架屋盖面积达13万m^2。

我国的大跨度空间结构与国外水平相比,差距不是很大。在空间网格结构方面,国内的分析设计理论与软件、制造安装与工程实践在国际上绝对领先;对于悬索结构,国内20世纪80年代有多项成功实例,各项技术均成熟,与国际发展水平同步,只是近年工程应用很少;对于膜结构,与国外相比我们刚起步,在理论分析与软件方面已基本完善,并已有专业化公司开始工程实践,多项成功实例为膜结构的推广奠定了很好的基础,但由于膜材生产国内还是空白,完全靠进口,使膜结构的价格优势不明显;而对于张拉整体结构国内还是空白,虽有较多的理论研究,但还没有一项工程实例;对于开合式结构,国内与国际上差距较大,目前国内尚没有工程应用,且需结构、机械、控制等专业综合紧密配合协作;与国外技术创新能力相比,国内对于结构创新意识不强,尤其建筑师与结构工程师沟通不够,结构缺乏新意。

(二) 我国高层建筑结构技术的发展成就

1. 高层建筑持续发展、建筑高度不断提高

近几年,各地建造的高层建筑高度不断增加,涌现出了一批高度在250m以上的高层建筑,其中具代表性的是正在兴建的上海环球金融中心,地上101层,地下3层,高492m,建成后将成为世界上最高的高层建筑之一。

目前,我国内地高层建筑的前3名见表2-1。

内地已建成最高的 3 栋建筑　　　　　　　表 2-1

序号	名　称	地点	±0.00 至屋顶高度(m)	结构层 地上	结构层 地下	体　系	材　料
1	金茂大厦	上海	420	88	3	框架-筒体	M
2	地王大厦	深圳	325	81	3	框架-筒体	M
3	广州中信大厦	广州	322	80	2	框架-筒体	C

其中金茂大厦和地王大厦采用混合结构，中信大厦采用钢筋混凝土结构，结构形式均为筒体-框架。

2. 结构体型日趋复杂

随着国民经济发展，高层建筑除了要满足建筑使用功能的要求，越来越重视建筑个性化的体现。尤其近几年，各种复杂体型及复杂结构体系大量出现。主要表现为：

(1) 大底盘、多塔楼高层建筑；

(2) 各种类型转换层的高层建筑，如北京中银大厦(钢结构转换桁架)、深圳大学科技楼(型钢混凝土空腹转换桁架)、深圳福建兴业银行大厦(搭接柱转换)等；

(3) 带大悬挑及外挑的建筑(上海明天广场)；

(4) 连体建筑及立面开洞建筑(上海证券大厦、深圳大学科技楼)；

(5) 带加强层的高层建筑。

3. 钢-混凝土结构、钢结构得到了较大发展

近几年，随着我国钢产量连续多年超过亿吨，高层建筑中钢结构及混合结构的应用越来越广泛。国外高层、超高层建筑以纯钢结构为主，而根据我国国情，高层、超高层建筑以钢-混凝土的混合结构应用居多。如上海环球金融中心及金茂大厦均为钢筋混凝土核心筒，外框为钢骨混凝土及钢柱，地王大厦为钢筋混凝土核心筒＋外钢框架等。

4. 高层建筑结构规范及设计技术进一步提高

近几年，国内陆续颁布了新修编的设计规范、规程。与高层建筑整体结构方案布置、内力调整、构造措施密切相关的规范、规程有《建筑抗震设计规范》(GB 50011—2001)及《高层建筑混凝土结构技术规程》(JGJ 3—2002)。根据近几年国内外的几次震害经验教训，上述规范及规程特别加强了对结构方案布置的宏观指标控制要求，如结构的规则性要求。对上、下楼层刚度比的要求即是对竖向不规则程度的要求；对扭转周期与平动周期比的要求即是对结构整体扭转性能的要求；对楼层最大位移与平均位移比的要求即是对楼层平面不规则引起的扭转效应的要求。这些都对保证高层建筑的安全起到了很好的作用。

另外，为保证建筑结构的设计质量，对于特殊的超过规范要求的高层建筑(超限高层建筑)由政府部门组织专家成立审查委员会进行专项审查，在审查通过后方可实施。截止目前，已完成对上海环球金融中心(101 层，492m)、大连国贸中心(78 层，420m)、北京电视中心(41 层，200m)、北京新保利大厦(特殊体型)等一批复杂特殊工程的超限审查。

新规范、规程的颁布实施对我国大量的高层建筑的设计起到了很好的指导作用；对超限高层建筑进行专项审查的工作，对保证这些超限、复杂高层建筑的设计安全起到了很好的作用，取得了较好的效果。

5. 高层建筑结构计算分析手段有了很大提高

规范要求，体型复杂、结构布置复杂的高层建筑进行多遇地震作用下的内力与变形分析时，应采用至少两个不同力学模型的软件进行整体计算。目前，除国内商品化的高层建筑分析计算程序外，国际通用程序 ETABS、SAP2000 等在复杂工程计算中已得到较广泛的应用。弹性计算分析时，考虑因素更加全面：用偶然偏心来考虑扭转的不利影响；对体型不规则结构考虑双向地震作用；对竖向地震作用较敏感的结构部位(如连体结构、大悬臂结构等)补充进行竖向地震输入的弹性时程分析；对振动敏感的结构部位进行舒适度验算等。对体型特殊的结构，除进行弹性计算分析外，另外进行弹塑性分析计算，找出结构的薄弱部位采取构造措施进行加强。另外，结合基于性能的设计思路，除进行整体计算分析外，进行其他的一些补充计算，如对关键部位、关键构件进行中震、大震时结构构件内力验算等。

6. 高层建筑结构科研工作取得了一定成果

结合复杂高层建筑的设计工作，国内高层建筑相关的研究工作也有了很大进展。近几年结合实际工程，国内进行了大量的模型振动台试验研究，研究结构抗震性能，对结构相对薄弱部位有针对性地采取加强措施。另外，总结国内外的震害情况，结合振动台试验及模型静力试验，并利用各种计算机分析软件进行计算分析工作，完成了关于转换层、加强层、体型收进、连体结构等复杂高层建筑结构的研究应用；对混合结构开展了系列研究工作，进行了高层混合结构整体模型试验，开展了如何增强混合结构核心筒剪力墙延性的研究，均取得了一定成果。

三、大跨度及高层结构技术的发展趋势

（一）大跨度空间结构技术的发展趋势

按照目前我国的经济增长速度，到2020年我国的人均GDP预计将达3500美元，由小康型向富裕型转型。在继大规模的住宅建设以后，以娱乐、健身、文化与会展为主的大跨度公共建筑的建设将成为下一轮建设的热点。预计一批跨度超过200m、功能综合、绿色环保并达到高科技要求的大跨度公共建筑物将会出现在中国发达地区的大中城市，建筑造型更加美观，结构设计更为新颖合理。张拉整体、膜结构、杂交结构与开合式结构将成为未来这一时期大跨度建筑发展的主体，这对于我们来说是一次难得的机遇与挑战。

根据到2020年国内在大跨度发展方面的迫切需要，必须在一些空白与落后的技术方面迎头赶上。对于大跨度领域的研发要订一个中长期发展对策，我们的定位目标是尽可能接近与赶上世界发达国家，要首先从新型结构材料的研发着手，对大跨度结构的一些理论问题作深入的研究，探索具有独立知识产权的结构体系，创造性地开展新型大跨度结构工程的实践。

1. 新型轻质高强材料的研发

高强度碳纤维索的国产化研发，以用于替代目前常用的高强钢绞线、钢丝束，进一步减轻自重提高强度，同时将大大提高抗腐蚀能力并改善耐久性；

膜结构用材的国产化研发，实现主要几个品种的国内自行生产，以降低成本，扩大应用面；

进行高强结构铝的研发，以使高强结构铝能较多地应用于大跨度空间网格结构。

2. 新型结构体系的研发与大跨度结构的抗风性能的研发

新型张拉整体结构研究，包括索穹顶、弦支穹顶、双向张弦梁等以索为主动控制与主要受力的结构体系的研究；

进一步完善膜结构理论体系的研究，包括找形分析、非线性分析与裁剪分析的研究，完成实用的膜结构分析设计软件；

努力探索新型结构体系，建筑师与结构工程师努力加以沟通，注重技术创新，使结构体系更加丰富多彩；

联合结构工程、机械工程与控制工程等技术领域，开展开合式结构体系的研究，解决结构运动中的变形与振动控制问题；

对超大跨度的网壳开展多点考虑不同相位差多维地震输入动力时程反应的研究，以正确计算超大跨度结构的地震动力反应；

对超大跨度结构体系要开展振动控制技术的研究，一方面是控制与减少地震时的动力反应，同时也用于减小风荷载作用下与日常使用中的振动与变形；

对体型复杂超大跨度的建筑开展数值计算风洞的研究，以分析复杂形体的风载体型系数，正确模拟风的作用；

对于超长悬臂结构、膜结构及以索为主的轻型大跨结构要开展风振的研究，这些结构由于结构自重轻、跨度大，因而风荷载作用下位移与动力反应是一个主要控制因素，必须加以解决。

3. 大跨度结构的制作与施工安装技术

对于格构式结构体系，其节点形式应更加丰富，除了传统的螺栓球节点、空心球节点与钢管相贯节点外，还需研发新的节点形式；

格构式结构体系的制作应研发新的加工工艺与CAM技术，提高自动化水平，保证加工精度；

膜结构的CAD辅助裁剪与拼接技术；

大型格构式结构的计算机模拟预拼装技术；

大跨度网壳的带机构整体顶升安装技术。

（二）我国高层结构技术的发展趋势

我国高层建筑的发展将分化为两种模式：一是对中心城市的大型公共建筑和地方城市的地标建筑，由于建筑功能多样化的要求，该类公共高层建筑的体形越来越多样化，结构更加复杂；二是对高层建筑的主体——高层住宅建筑，本着以人为本的方针，实现环保和可持续发展。

对大型公共建筑及地标性建筑等复杂高层建筑，在新的结构抗震设计理论和方法方面（如基于性态的抗震设计思想和基于位移的抗震设计方法），在复杂结构、特别不规则结构的抗震性能、抗震设计理论和方法方面，在混合结构的抗震性能、抗震设计理论和方法方面，取得有工程实用价值的研究成果，并形成设计标准。由于我国大部分地区为抗震设防地区，而且绝大部分高层建筑未经过地震考验，因此抗震设计与研究非常重要。在抗震试验研究方面，应结合国内新建的大型振动台设备，进一步探索试验研究手段，提高试验研究水平；计算分析方面，分析手段应进一步提高，在弹塑性分析计算方面，取得突破性的进展。此外由于对建筑使用性能要求的提高，人们对工作和居住环境的舒适性要求越来越高，因此对抗风设计理念和隔振减振技术的研究和应用将更加重视。

对大型公共建筑及地标性建筑等复杂高层建筑的建造技术的需求，将带动大型总承包企业设计、施工和集成等综合能力的提高，培养出国际一流的特级总承包企业，同时带动一批技术精湛的专业承包企业的良性发展。此外对复杂高层建筑建造过程的模拟和测控技术的研究和应用将取得进一步成果。

对高层住宅建筑，开发并应用多种耐久、环保、节能、安全、实用的墙体和结构体系，使城、镇住宅达到小康的标准，同时应趋向于标准化、模数化，用标准优化的建筑单元组合形成不同的结构平面布置，力争实现高层住宅的标准化、预制化、工厂化生产，提高节能、节材水平，向住宅建筑的环保和舒适化目标努力。

在材料方面，高层建筑还是以混凝土结构为主，但混凝土材料的性能得到比较大的改变，普遍采用高强混凝土，根据工程需要，可以容易地采用高性能混凝土、掺加纤维的混凝土或自密实混凝土，力争高强钢筋得到普遍应用，预制混凝土构件在高层建筑中有一定的应用。在使用传统建筑材料的同时，强度高、环保、节约能源、具有可持续发展等特点的新材料（例如纤维增强复合材料）的研究及其在高层建筑结构中应用的研究取得突破性的重大进展，并形成一定的生产规模，编制相应的产品标准和结构设计标准，在工程中有一定的应用。

（三）大跨及高层建筑结构技术的研发目标与对策

为实现到2020年中国在大跨度空间结构和高层建筑结构领域接近或赶上世界发达国家的目标，依靠国内的技术为社会提供最完美的大跨公共建筑和高层建筑，我们应通过以下几个方面来加强与保障：

应充分重视与加强我国的研发工作，研发工作应分三个层面：首先是公益性、综合性、关键性大型课题的研发，国家应从政策上予以保证与支持，以原有的科研院所为中心联合高等院校、设计院与施工企业合作攻关，目前的施工企业就层次与能力及自身利益来说是不可能来承担公益性与综合性研发工作的，而仍应以原有的科研院所为基础；其次是针对学科型基础性研究，由高等院校和研究单位进行深层次的研究，在完成基础性课题研究的同时，培养一大批理论功底深厚创新能力强的硕士、博士；最后是对于工程中的具体技术与工艺问题由施工企业会同有关单位研发完成。

应重视高层次工程技术人员的培养，大跨度空间结构和高层建筑结构对于研发与设计人员的素质要求较高，要熟悉包括结构非线性计算分析、整体稳定分析、抗震动力分析、抗风分析及特殊节点的处理等方面，故要求有较强的综合结构概念与解决复杂工程的能力，人才的教育与培养是第一位的。

应加强工程技术人员创新意识的培养，大跨度公共建筑有别于普通建筑，其具有建筑造型的不可重复性与结构的多样性，高层建筑具有结构复杂的特点，这就要求技术人员有创新意识，在确保结构安全的前提下不断追求最合理的结构体系，以促进大跨空间建筑和高层建筑结构工程技术的进步。

要促进国内建筑师与结构工程师的沟通，建筑师应基本了解大跨度空间结构和高层建筑结构体系，结构工程师应在方案期间就主动与建筑师配合与协调，努力使建筑与结构融为一体。

四、大跨及高层建筑结构应用实例

（一）重庆市袁家岗跳水、游泳馆

工程概况：

重庆市袁家岗跳水、游泳馆位于重庆市奥林匹克体育中心，是重庆市新世纪的大型城市基础设施项目之一，建成后，能承接国际国内的游泳、跳水、水球、花样游泳和蹼泳五大比赛，是满足国际泳联标准的场馆。馆内设游泳比赛池、跳水池及训练池。游泳馆、跳水馆可容纳观众（固定坐位）2900人。建筑面积2万多平方米。游泳馆和跳水馆统一在梭形平面的大形体内（图4-1、图4-2），这种"两馆一体"的建筑设计理念，独特新颖的建筑造型，使该建筑成为重庆市的标志性建筑，深受业内人士及社会各界的好评。

本工程屋盖造型新颖，两馆组合平面形状为梭形，在其中部断开使两馆屋盖部分完全独立，各馆屋盖均为一端大悬挑另一端为开口边的部分梭形平面形状（图4-3）。屋脊和屋檐均为圆弧线，屋盖为沿屋脊和屋檐移动的变直径圆弧形成的空间曲面。

图4-1 游泳、跳水馆外貌图（一）

图4-2 游泳、跳水馆外貌图（二）

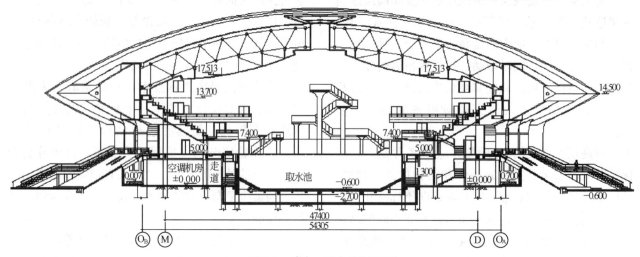

图4-3 游泳、跳水馆剖面图

完整的梭形长轴为 208m，短轴 82m。两馆网壳投影面积分别为 7918m²，4864m²，短向跨度为 66m，两端悬挑长度分别为 32.75m 和 28.80m。屋盖结构采用四角锥焊接空心球节点钢管网壳，下部结构采用钢筋混凝土框架结构，基础采用嵌岩桩，持力层为中风化泥岩。

游泳馆用钢材 323.9t，按屋盖投影面积 7918m² 计算用钢量为 41kg/m²，跳水馆用钢材 187.8t，按屋盖投影面积 4864m² 计算用钢量为 38.6kg/m²。

技术经济指标：

在游泳馆和跳水馆屋盖的两端部，因为建筑造型而设置了大悬挑，长度分别达 32.75m 和 28.8m。如此大的悬挑所需的网壳厚度按常规约需 4.5～5.0m，用钢量指标较高，并且在这个厚度内是无法使用的。如何利用悬挑网壳结构厚度作为建筑使用面积，从而获得经济效益？本设计从建筑造型和悬挑受力特点出发，在下方反向设置了一个 1.5m 厚的网壳，与上方 3m 厚悬挑网壳构成一个组合体，从而大大减小了屋盖两悬挑端部处的挠度，同时也减小了杆件内力。在上下网壳之间所形成的空间作为咖啡厅使用，两端部可增加建筑使用面积分别为 210m² 和 120m²，取得了良好的经济效益。

由于比赛大厅照明需要，为节约能源，考虑尽量利用自然光源，在两馆中部分别设置面积约为 300m² 和 120m² 的采光天窗，建筑美观要求采光天窗范围内无网壳杆件，即局部抽空网壳。壳体这种具有特殊受力特性的结构在其中部开洞是很不利的。怎样做到既满足建筑使用美观要求，抽掉宽度约为 1/4 跨度范围内的杆件，而又能保证壳体压力能有效传递？设计师巧妙利用天窗窗框位置设置了 600mm 宽的矩形空间桁架，并在洞口周围设置水平桁架，有效地保证了壳体压力的传递，也完全满足采光及美观要求。

本设计项目的两馆平面分别为部分梭形平面形状，因此各馆均有一个开口边，形成了三边支承网壳，开口边正好位于最大跨度处且临近中部开洞处，为了保证开口处具有足够的刚度，有利于中部开洞及整个网壳的壳体性能的发挥，设计师在开口处设置了三层网架，并将第三层杆设置成水平杆，以承受部分水平拉力，减小了网壳对下部钢筋混凝土框架的水平推力。

作为支承屋面网壳结构的下部钢筋混凝土框架结构可看成是网壳结构的弹性支座。由于网壳这种结构形式对边缘支承构件相当敏感，支承构件的刚度极大地影响网壳内力分布及力值，在结构计算中必须正确全面地考虑网壳结构与钢筋混凝土框架结构的协同工作。如何考虑协同工作？最好的方法是将屋面网壳结构和下部钢筋混凝土框架结构进行整体计算分析。由于设计当时下部功能、体育工艺未完导致下部结构频繁调整等原因使其整体计算分析工作太复杂、繁琐，工作量太大，不具备可操作性。因此，将屋面网壳结构和下部钢筋混凝土框架结构分开进行计算分析。目前，国内设计一般按此方法。这样，网壳结构支座弹性刚度值的确定对网壳结构和下部钢筋混凝土框架结构的计算分析就尤为重要。我们首先计算出下部各榀钢筋混凝土框架结构的侧移刚度 K 值（此值为弹性刚度），但我们必须考虑到影响下部钢筋混凝土框架结构侧移刚度的诸多因素，如现浇楼板、砌体隔墙等对刚度值的增大影响；钢筋混凝土开裂后刚度降低的影响，因此我们将考虑一个弹性刚度范围值来作为网壳结构的支座刚度计算。为全面了解支座刚度取值对网壳杆件的影响规律，分别采用了 6 种支座弹性刚度值进行网壳内力分析，6 种刚度值分别为 $3K$、K、$1/2K$、$1/3K$、$1/4K$、$1/6K$。计算时考虑的支座约束情况为：除大悬挑外的各支座沿 X 向（纵向）为全约束，Y 向（跨度方向）为弹性约束，Z 向（竖向）为全约束。大悬挑支座沿 X 向为弹性约束，Y 向为全约束，Z 向为全约束。弹性约束的弹性刚度值分别取以上 6 种刚度值。采用中国建筑科学研究院结构所编制的《空间网格结构分析设计软件》MSGS 进行计算，计算结果表明：支座弹性刚度值变化对网壳杆件内力有明显的影响，网壳沿 Y 方向（跨度方向）上弦杆件的压力值随着支座弹性刚度值的增大而减小，下弦杆件的压力值随着支座弹性刚度值的增大而增大。反之上弦杆件的压力值随着支座弹性刚度值的减小而增大，下弦杆件的压力值随着支座弹性刚度值的减小而减小。并且可看出网壳下弦杆件内力值受支座弹性刚度的影响很大。$1/6K$ 与 K 相比较上弦杆内力值最大增加约 15%，$3K$ 与 K 相比较下弦杆内力值最大增加约 20%，这告诉我们，如果下部支承结构的弹性刚度值考虑不正确，则会给工程造成安全隐患或过高的用钢量指标。

许多网壳结构的支承结构是钢筋混凝土，因此要确定刚度值必须考虑混凝土构件开裂后刚度降低的影响，还要考虑现浇楼板、砌体隔墙对刚度值的增大作用。本项目设计对几榀框架考虑设置在不同位置的隔墙及设置的现浇板进行了侧移刚度值的计算，研究布置在不同位置的隔墙对侧移刚度值的影响，为计算网壳时确定支承结构的刚度值提供依据。采用国际通用有限元程序COSMOS计算钢筋混凝土框架侧移刚度。经对布置在不同位置隔墙的框架侧移刚度计算结果显示：当不考虑隔墙作用时，有翼缘板的框架最大侧移刚度值是无翼缘板的1.52倍；当考虑隔墙作用但不考虑翼缘板作用时，有隔墙的框架最大侧移刚度值是无隔墙的2.6倍；当隔墙和翼缘板同时考虑时，有隔墙和翼缘板的框架最大侧移刚度值是两者均无的2.9倍。

网壳结构与钢筋混凝土框架支承结构是协同工作的，框架结构的侧移刚度值越大，计算得出的网壳支座反力值也越大，框架承受较大的网壳推力又会导致框架梁、柱截面及基础材料的增加，经济性、建筑使用功能等都会受到影响。如果将框架结构做得过分柔，其侧移刚度值小，又会增加上部网壳的用钢量。因此，设计一个合理的刚度值对工程的安全和经济至关重要。

对于作为支承结构的相邻框架结构的侧移刚度值相差很大时，网壳内力会出现应力峰值，且集中在刚度值较大处，这时应调整下部框架结构，尽量使其相邻的框架侧移刚度值接近，减小应力峰值，同时也减小了网壳传至框架的推力。

本设计反复调整网壳及框架的刚度，以取得合理的刚度值，达到了安全、经济的设计目的。游泳馆用钢材323.9t，按屋盖投影面积7918m²计算用钢量为41kg/m²（如计入悬挑下方反向部分的投影面积，用钢量为37kg/m²），跳水馆用钢材187.8t，按屋盖投影面积4864m²计算用钢量为38.6kg/m²（如计入悬挑下方反向部分的投影面积，用钢量为34.8kg/m²）。此用钢量在上人使用的大悬挑网壳结构中是比较经济的。如果按展开面积计算用钢量指标还会低些。

主要创新点：

创新点之一：从建筑造型和悬挑受力特点出发，对大悬挑采用了组合体，这不仅大大减小了大悬挑杆件的内力及端部处的挠度值，使其受力得到明显改善，还利用悬挑内部空间作为使用空间，获得经济效益。悬挑长度达32.75m的上人使用网壳在国内外是首次采用。

创新点之二：在具有特殊受力特性的大悬挑、大开口边并存的网壳中，结构巧妙利用建筑构件，采取措施，实现了开大洞设采光天窗（大洞面积内无杆件）的建筑功能及美观要求。据了解，该规模采光天窗的网壳应用文献目前在国内外还未见报道。

创新点之三：研究支座刚度值对网壳杆件内力值的影响规律，研究结果说明，如果下部支承结构的弹性刚度值考虑不正确，则会给工程造成安全隐患或过高的用钢量。这为设计提供了有价值的数据，该内容的研究成果目前在国内外还未见报道。

创新点之四：对支承结构刚度值确定因素的研究，得出了翼缘板和不同位置隔墙对框架结构的侧移刚度值的影响数据，为网壳设计提供具有实用意义的依据。

（二）哈尔滨国际会展体育中心

本工程为哈尔滨国际会展体育中心（图4-4～图4-6），位于哈尔滨市经济技术开发区内，地理位置优越。建设用地西临红旗大街，东临南直路，南为长江路，北为黄河路，泰山路从场地内穿过。由于基地四周均为城市干道，基础设施良好，交通便利、通达。本工程属超大型公共建筑，总用地43.72hm²。建设总规模为：建筑面积321943m²，五万人体育场。本工程集会议、展览、体育训练与比赛功能为一体，建筑群由三部分组成：1号工程为主馆，2500个国际标准展位的国际展览中心、综合训练馆、体育馆。2号工程为国际会议中心、宾馆，含1800座会议厅兼剧场及多种规模的会议厅；38层总高度169.7m的四星级宾馆。3号工程为五万人体育场。

哈尔滨国际会议展览体育中心主馆纵向总长度为618m，横向长度为128m（主跨大厅）+20m（附属玻璃长廊）。建筑纵向两端为附属功能用房，下部为混凝土结构，屋面结构为两片曲面网架。建筑中部

图4-4

图 4-5

图 4-6

由相同的 35 榀 128m 跨的张弦桁架覆盖,桁架间距为 15m,共分成 5 个矩形空间,它们彼此互相独立,左边 3 个矩形空间为单层展览大厅,第 4 与第 5 个矩形空间分别为训练馆和万人体育馆。训练馆和体育馆内部为 2 层结构,内部的楼层为独立的混凝土结构,在传力上与屋盖主体结构不发生关系。这 5 个矩形空间由前端的 20m 宽玻璃长廊连接交通,该玻璃长廊为轻型钢结构体系,整个主馆建筑四周均由玻璃幕墙围合。显而易见,128m 跨的预应力张弦桁架是整个主馆结构设计中的关键内容。

哈尔滨国际会议展览体育中心 3 号工程是一座 5 万人的国际标准综合体育场,体育场沿长轴两边看台上方各有一片罩篷结构,这两片罩篷结构形式完全相同。该罩篷结构为三维曲面造型,纵向长度为 247.5m,横向最大长度 64.2m,每片罩篷面积约 15000m²。

1 号工程主馆用钢量为 67kg/m²,3 号工程体育场用钢量为 114kg/m²。

设计特点:

主馆中央部分的 5 个独立空间单元结构形式是相同的,只是根据建筑功能的要求每个空间单元馆的桁架榀数不同,图 4-7 给出了作为展览大厅的 3 个单元的具体结构布置。每个单元由数榀完全相同的张弦桁架通过支撑系统连接成整体,由于张弦桁架为平面受力构件,跨度大并且刚度较弱,平面外需要有强大的支撑。桁架间的支撑由 5 道均匀布置的纵向刚性支撑和沿单元周边布置的平面交叉支撑组成,其中纵向刚性支撑也为空间桁架形式。

预应力张弦桁架由前端的人字形摇摆柱和后端的刚性柱支承,桁架与刚性柱之间连接为固定铰支座,摇摆柱使桁架与下部结构间形成了理想的可动铰支座,使超大跨度的张弦桁架的整体受力形成理想的简支形式,这样可以很好地释放桁架中的温度应力,同时可以不对下部结构产生较大推力,大大简化下部结构和基础结构的设计。前端的人字柱既可以传递竖向力,又可以为建筑物提供足够强大的纵向刚度,从建筑造型和结构受力上看都是比较理想的。

大厅前立面玻璃幕墙的支撑桁架(抗风柱)上端与张弦桁架连接在一起,并采用了一种专门设计的连接构造,使两者间仅传递水平向力,竖直向不传力,这样近 30m 高的幕墙支撑桁架得到可靠的水平支承,又可以不负担屋面的竖向荷载,使二者的受力都比较明确。

图 4-8 所示张弦桁架上弦杆截面为 $\phi 480 \times 24$,桁架中部下弦杆件截面为 $\phi 480 \times 12$,接近支座处下弦杆件为 $\phi 480 \times 24$,材质为 Q345B,桁架弦杆与腹杆间为相贯焊接连接。张弦桁架拉索选用 439ϕ7,截面面积为 16895mm²,张弦桁架中拉索为高强度低松弛镀锌钢丝束,其抗拉强度为 1570MPa,拉索锚具采用 40Cr 钢。为了受力更合理,将张弦桁架的拉索锚固端节点设置在桁架的形心处,使得拉索中的拉力由相交于一点的 5 根桁架腹杆直接传递到桁架弦杆上,同时也简化了拉索锚固端节点的构造。为了方便施工,张弦桁架与摇摆柱,张弦桁架与纵向支撑间的连接大量采用了销栓式连接。张弦桁架中的一些受力复杂的关键节点采用铸钢件,节点处避免了产生复杂焊接温度应力,如:桁架与索两端的连接节点、索与桁架下弦杆件相交节点、桁架两端支座节点等。

本工程中的罩篷结构设计时,需要满足中标建筑方案的一些具体要求:(1)由于下部钢筋混凝土看台结构出挑较大,不能为罩篷提供支座,罩篷结

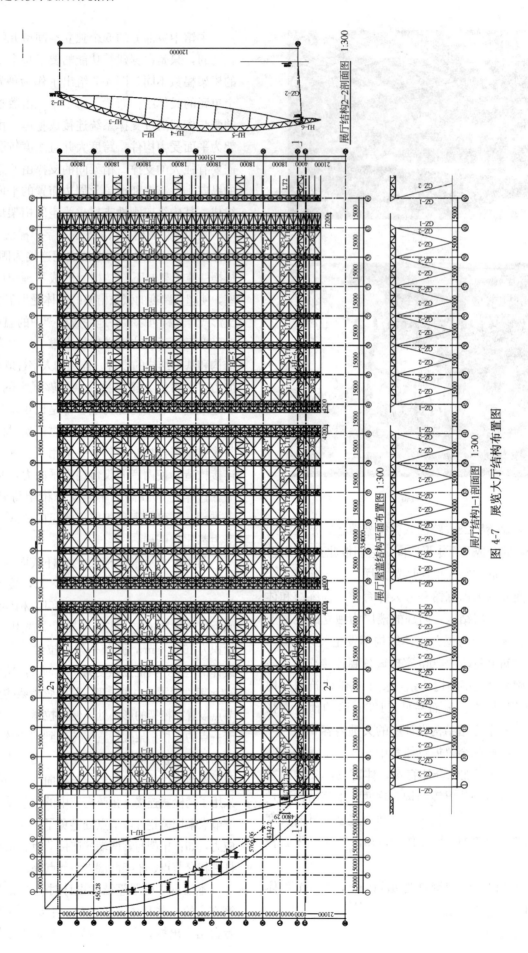

图 4-7 展览大厅结构布置图

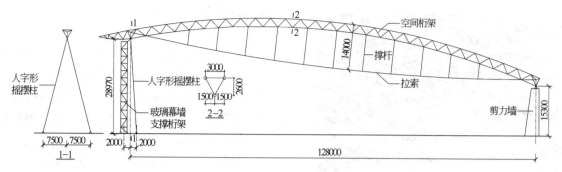

图 4-8 张弦桁架结构简图

构的支承结构要完全独立于看台结构；(2) 建筑效果要求，罩篷支承点越少越好；(3) 罩篷结构外观曲面平滑流畅，具有较强个性，结构构件布置简洁明了，具有较强观赏性等。为了达到以上目的，体育场罩篷结构，由前端边缘变截面抛物线格构式拱与后端边缘变截面空间曲梁形成主体受力构件，前拱与后曲梁间通过 12 道巨型网格空间桁架连成完整的空间受力体系，使得结构受力明确，造型简洁。屋面荷载通过横向桁架传递到前端拱和后端曲梁上，拱与曲梁在拱脚处相交于一点，两者的合力传递给拱脚，曲梁还通过跨中的 4 个支座（水平可滑移）分担一部分荷载，同时也减小了曲梁的跨度。

前拱为典型的两脚拱，跨度 247.5m，矢高 48.4m，矢跨比接近 1/5。该拱倾斜放置，与水平面夹角 65°。拱截面为菱形截面，拱中部截面高为 12m，宽为 7.2m，拱截面由中部沿拱中心线向两边按照平滑的曲线逐渐减小，最终汇合成一点。后端空间曲梁截面同样为菱形，中部高为 9m，宽为 5.4m，曲梁截面也沿中心线向两端逐渐减小，最后与前拱相交。前拱和后部曲梁在建筑造型上十分流畅，具有较强的美感。连接拱和曲梁间的 12 道横向桁架，结构形式一样，为三角形截面的空间桁架，桁架跨度随罩篷的曲线而变化，桁架宽度约 7m，高度随桁架跨度变化，罩篷中间最大跨桁架的高度接近 6m，随着跨度的减小，桁架高度跟随拱和曲梁的截面而变小，这与这些桁架的受力特点相吻合。由于罩篷中拱、曲梁和桁架的截面尺寸均较大，相应的各构件的节间划分尺寸也较大，形成了这种统一的巨型网格划分形式，这也是本罩篷结构的特点之一。

(三) 新疆体育中心

工程概况：

新疆体育中心位于新疆维吾尔自治区乌鲁木齐城市新区的核心部位，总建筑面积 15 万 m^2，其中体育馆 2.5 万 m^2，规模为 6500 座（固定座席 4000 座、活动座席 2500 座）；体育场 7.5 万 m^2，固定座席 40000 座；综合训练馆和其余附属用房共 5 万 m^2（图 4-9）。体育中心建成后可举办国家级及国际级洲际大型体育赛事，提供现代化的全民健身娱乐设施，拥有会展、演出、商业、酒店、餐饮等多项功能，并成为 2005 年新疆自治区成立 50 周年大庆的主会场。

图 4-9 新疆体育中心总平面

新疆体育馆平面由一圆形平面的主馆和一矩形平面的热身馆相连组合而成，主馆地上两层，局部三层，层高分别为 6.0m、4.5m、4.0m，平面主要柱网尺寸为 9m×9m。首层平面尺寸为直径 114m 圆形，中部区域为 45m×70m 的比赛场地（图 4-10），可举办除室内田径以外的所有室内项目，如体操、手球、篮球、排球等，场地周围为运动员、裁判员更衣休息室、会议室、媒体、竞赛功能用房、贵宾休息室等，流程有序而简洁；二层平面主要为观众入口大厅、休息厅等公共空间，宽敞而明亮；三层主要为 VIP 包厢、灯光音响控制室；主馆上空距地 20m 设置曲线造型马道，布置有灯光音响设备。热身馆平面尺寸为 36m×56m，可容纳体操比赛热身和布置三块篮球训练场地，空间净高 8m，柱距 5m。体育馆局部设有地下一层，层高 6.2m。

图 4-10 体育馆室内实景

主馆的屋盖为一直径 120m 跨度的球壳,支撑在 12 根异型大柱上,壳顶高度为 36m,壳体通过变化的结构厚度和不同的围护材料——金属板与玻璃凹凸相间、虚实结合,使其外形呈现为新疆地区各族人民喜爱的雪莲花造型(图 4-11);体育馆外围环绕着交通高架平台,将广场、体育场、室外休闲场所、综合训练馆等与体育馆有机地联系起来形成了整体,人车分流,井然有序,其生动的曲线构图充分展现出新疆地区的民族特色。

图 4-11 结构完工时实景

设计、技术特点:

1. 工程所在地区的主要特点

新疆地区环境条件复杂,与结构设计相关的主要地区特点有:

(1) 抗震设防烈度为 8 度,近震。

(2) 冬季寒冷雪荷载大:按 50 年一遇考虑雪荷载标准值为 $0.8kN/m^2$。

(3) 风荷载较大:按 50 年一遇考虑风荷载标准值为 $0.6kN/m^2$。

(4) 温差大,冬、夏季气象极限温差约达 80℃,设计时屋盖结构考虑 ±30℃ 的温度荷载(假定合拢温度为 10℃)。

2. 结构选型

(1) 对于跨度为 120m 的屋盖,采用了双单层相间的空间钢网壳结构体系,网壳厚度 2~3m,通过双层网壳部分的杆件形成了 12 个网壳的支点将力传至下部结构,结构布置新颖独特,网格划分突出体现新疆地区风格,将屋盖的结构受力与建筑造型完美结合,显现出了强烈的民族艺术特征。

(2) 屋盖中心部分采用了 20m 跨的车辐式悬索结构,巧妙地使花瓣中心隆起,在满足建筑排烟要求的同时构成了花心造型,轻盈美观,艺术感强。

(3) 支撑钢网壳的结构构件采用了空间异形型钢混凝土大柱,其造型按结构受力最合理、建筑使用最方便而确定,充分体现出结构美和体育建筑的特点,稳重大方、气势宏伟、雕塑感强、引人注目。

(4) 钢网壳的节点和支座设计根据各部位不同的连接需要、不同的受力特点、不同的表现效果分别采用了铸钢节点、板式节点、焊接球节点、相贯节点、灌注混凝土球支座、万向球形抗震支座等多种形式,成为大跨度建筑结构的一个全新的尝试,成为本工程的又一个亮点。

(5) 热身馆 36m 跨屋盖结构采用了单跨变截面部分预应力混凝土梁和柱,用较小的结构高度解决了空间使用功能要求。

(6) 下部结构采用了钢筋混凝土框架剪力墙结构体系,提供了较好的抗侧力刚度,主要构件截面尺寸为(mm):柱 500×500,700×700,$\phi800$,700×1200,700×1500~2300;梁 300×800,300×1000,400×2100~2400;剪力墙厚 300。

(7) 整个体育馆结构不设永久性变形缝。

(8) 地基与基础:本工程建筑场地土类别为 II 类;场地土层构成为①层黄土状粉土(厚度 0.4~1.3m)和②层卵石层,基础持力层为卵石层,其承载力标准值 $f_k = 600kPa$;地下水水位大于 20m。基础采用柱下钢筋混凝土独立基础并设置基础系梁和墙下钢筋混凝土条形基础,有地下室部分设置隔水板。

3. 结构设计标准

建筑结构设计使用年限为 50 年;

结构设计基准期为 50 年;

建筑抗震设防类别为乙类;

结构设计安全等级为二级；

抗震设防烈度为 8 度，按近震考虑；

框架和剪力墙的抗震等级均为一级。

4. 科研与专家评审

为更好地完成设计工作，结合屋盖钢网壳结构进行了如下研究：

（1）钢网壳结构的弹塑性极限承载力研究和分析计算。

（2）风工程研究：利用计算流体力学（CFD）技术进行数值模拟计算参考确定建筑物的风荷载体型系数；使用随机振动理论计算了网壳结构的风振力。

（3）铸钢节点的有限元分析和试验；浇筑混凝土球节点的分析研究。

由于本工程屋盖钢网壳跨度大、双单层相间、十二点支撑，不仅通过上述研究和分析计算解决了实际设计问题，为此还进行了专家论证评审，网壳的计算分析和节点构造经多名国内空间结构委员会专家审查通过。

5. 社会与经济效益

（1）采用合理美观的多种结构形式，通过巧妙的布置连接，在有限的高度内将各专业功能有效地结合起来，最大限度地提供了使用空间，达到了经济合理、安全可靠，建筑艺术效果强烈，充分体现出新疆民族特色。

（2）在国内率先在网壳的设计中采用弹塑性极限承载力分析计算法和采用 CFD 技术进行数值模拟计算风荷载体型系数以及使用随机振动理论计算网壳结构的风振力的方法，设计严谨、精细，不仅满足了建筑师的艺术要求，还节约了工程造价，具有开创性。

（3）体育馆建成投入使用后，作为中国篮球CBA 联赛新疆广惠队的主场使用效果极佳，受到了全国各省市业内人士的称赞，提高了新疆地区的声望；同时在体育馆还举办了多场演唱会和自治区特大型会议，成为了新疆地区的标志性建筑。

（四）广州国际会议展览中心

广州国际会议展览中心位于广州市海珠区琶洲岛，是广州市重点建设项目，首期工程用地面积 48.9 万 m^2，总建筑面积 39.6 万 m^2，共有 16 个面积 1 万 m^2 左右的展厅，10700 个标准展位，是目前世界上单体建筑面积最大的展览建筑（图 4-12～图 4-15）。广州国际会议展览中心主要部分为 3 层建筑，包夹层共有 7 层。架空层主要用作车库、展厅和设备用房，首层和四层为展厅，二层为连接各个入口和各个展厅的人行通道，三、五、六层为办公及设备用房。首层的中部和四层的南部各有一条贯通东西的卡车通道，东西两侧各有一条从首层通向四层的卡车坡道，运送展品的集装箱车可直达各个展厅。

图 4-12

图 4-13

图 4-14

图 4-15

技术特点：

1. 成功解决了超长混凝土结构不设温度缝的难题

广州国际会议展览中心楼盖分为10个独立的单元，按建筑要求每个单元不可设缝，其长度和宽度都超过了规范关于温度区间长度的限值，最大单元的面积达90m×163.5m。为解决这个问题采用平面应力计算方法和有限元三维计算方法对楼盖的应力进行了仔细的分析，通过设置后浇带来减少前期温度应力的影响，通过设置预应力梁和在温度应力较大的区域增加配筋的方法来控制和抵抗温度应力。这一做法获得成功，2002年12月建成投入使用至今，主体结构未发现肉眼可见的裂缝。

2. 巧用预应力技术，降低大柱网重荷载的混凝土楼盖的造价

广州国际会议展览中心四层展厅楼面荷载重达15kN/m^2，柱网为30m×30m，整个展厅的平面尺寸达86m×126.6m。该层综合采用了有粘结预应力梁（大跨度框架主梁）、无粘结预应力梁（一级次梁）及在梁中加直线预应力筋（二级次梁及其他需要部位）等多种预应力方式。通过精心设计预应力和非预应力钢筋的比例及预应力张拉控制值，使有效预应力的分布尽量接近理想预应力分布，因而各种材料的性能得到充分的利用，达到了既安全又经济的目的，比外方提出的设计方案节省混凝土32912m^3，节省预应力钢筋2100t，降低造价约3900万元（还未包括节省的普通钢筋的造价）。

3. 成功设计了国内最大跨度的新型钢结构——张弦桁架结构

广州国际会议展览中心四层的5个无柱大展厅的屋盖采用预应力张弦桁架结构。这是一种性能优越的新型大跨度钢结构，其截面的高度很大，因而比同样用钢量的其他钢结构具有更高的承载力，其上部受压，设计为三角形钢管桁架，有很好的稳定性，其下部受拉采用高强钢索，可以充分发挥钢材受拉性能好的优势。

围绕张弦桁架的设计对其强度、刚度、整体稳定性和拉索出平面的稳定进行仔细的分析，对预应力的取值及预应力的施加方法作了认真的考虑，对钢管桁架的相贯节点，索与撑杆的连接节点，桁架端部与预应力索连接的铸钢节点以及弯曲钢管的性能都作了专题研究。精心的设计和研究使这一大跨度结构获得成功，并为这种新型结构的推广打好了基础，积累了经验。张弦桁架每榀重135t，用钢量为71kg/m^2。

4. 在国内首次将结构预警技术应用于建筑工程

结构预警系统是利用传感器和计算机，在重要结构的某些部位安装传感器，测量结构的某些物理量——加速度、速度、位移、应力、应变等，将所测得的这些物理量传至计算机，计算机根据这些物理量推断出结构的工作状态。同时，计算机还可根据测量的历史记录，推断出结构安全储备和结构的剩余使用寿命。当结构的安全储备不足或结构的某些量发生不正常的变化时，系统发出警告，提醒人们对结构进行必要的维修加固或采取其他应急措施以避免结构发生灾难性破坏。

广州国际会议展览中心张弦桁架结构跨度达126.6m，为了保证其安全，尝试在上面安装结构预警系统。该系统由硬件和软件两大部分组成。硬件由三个加速度传感器A1、A2、A3及一个激光测距仪S组成，布置在桁架跨中和跨度的1/4和3/4处。

该系统的所有软件均自主开发，具有如下功能：

（1）实时测取结构的前三个固有频率；

（2）实时测取结构的位移和内力以及结构的安全状态；

（3）定时将测量数据及主要分析结果存盘，形成结构工作的历史记录；

（4）迅速查看结构的工作历史记录。

建筑结构预警系统在国内是首创，在国外也未见报导。该系统的研发开创了建筑结构监控方面的一个新领域，对保障大跨度建筑、高层建筑等重大建筑的安全有极为重大的意义。

5. 推出一种新型的屋面结构体系

广州国际会议展览中心二层展厅和珠江散步道的屋面面积近10万m^2，不仅要求有很好的隔热、防水性能，而且要求有很好的装饰效果。该屋面面积大，为双向弯曲的曲面而排水坡很小，排水路线很长，最长的达79m，因此防水设计的难度很大。

新设计的屋面结构体系由基层、面层和装饰层构成。基层是压型钢板＋聚氨酯发泡板＋三元乙丙聚氨酯防水卷材组成的新型复合板，它本身便有承重、隔热和防水三重功能。和传统的夹芯板相比，

它拼装后的防水性能更好。在它的上面再做一层 3600 咬合的压型钢板面层，保证了整个屋面滴水不漏。在基层上面设计了一种滑动支座，可以让它上面长达 138m 无横向接缝的面层在温度变化时伸缩自如。实践证明这种基层和面层构成的屋面体系施工方便，隔热效果好，防水可靠，可以推广应用到其他工程中。

装饰层是建筑造型特别需要的，通过一个特别的铝夹具固定在面层，这个特别的夹具不需穿破面层，而能承受装饰板传来的施工活荷载和风荷载。

6. 开发一种新的抓点式玻璃幕墙

广州国际会议展览中心有近 7 万 m² 的玻璃幕墙，统一采用竖向预应力钢索承受玻璃自重，水平交叉预应力索承受风荷载的新型索结构体系；采用新型的有良好隔热效果的镀有低辐射膜的中空玻璃。

玻璃的抓点摒弃了常见的四爪抓点，创造了一种崭新的矩形抓点，这种抓点一样可以固定相邻的四块玻璃的角点，可以适应玻璃的变形，也便于安装和更换玻璃，而外形却十分简捷新颖。通过有限元分析，并通过荷载试验，证明这种结点安全可靠。

7. 综合应用各种形式的钢结构，满足现代建筑的造型要求

（1）采用两榀双箱形截面的连续钢拱结构＋三角形断面的连续立体钢管桁架结构，构成会展中心标致性的构筑物——中央车站罩篷；

（2）采用腹板上开椭圆孔的 H 型钢曲梁结构，构成极具韵律感的卡车通道罩篷；

（3）采用立体钢管桁架＋钢管摆柱，构成高大宽敞而轻巧美观的珠江散步道屋盖和幕墙承重体系；

（4）采用不带剪刀撑的钢管柱列＋镂空的水平钢梁及支撑，勾画出会展中心"飘"的外柱廊；

（5）围绕设计开展专项研究，取得一批成果。

广州国际会议展览中心面积大、跨度大、荷载大，特别是屋盖结构的张弦桁架跨度为国内之最，结构设计难度也较大，为了保证结构安全及设计合理、可靠，设计单位与华南理工大学、广州大学、同济大学等单位合作，对一些新技术问题及设计难点问题进行了专门的研究，其中包括：

张弦桁架性能的研究；

空间结构大型铸钢节点的研究；

弯曲钢管性能的研究；

大直径钢管双 K 形相贯节点的研究；

带摇摆柱的钢管桁架屋盖结构抗震性能研究；

结构预警系统的研究。

这些研究包括结构计算分析及模型或实体试验，在各方共同努力下，取得了一批有实际意义的研究成果，并应用于本工程的设计中，不但保证和提高了本工程的设计质量和设计水平，而且对提高我国建筑结构设计水平做出了较大的贡献。

（五）广州新白云机场 GAMECO 10 号机库

工程概况：

本工程由维修机库、喷漆机库、航材库和与之配套的附楼组合而成，其中机库大厅长 350m，进深 100m，分为跨度 100m＋150m 的飞机维修区和跨度 100m 的喷漆区，屋盖下弦标高 29m、局部 18m。机库屋面最大标高为 44m，三连续圆弧拱形屋面和前檐弧形外挑勾勒出优美的建筑轮廓（图 4-16）。该工程机库部分为大跨度建筑，结构特点是高大空旷，屋盖呈三边支撑受力状态，柱顶标高 29m，最大无柱空间的平面尺寸 250m×80m。沿大门一侧 350m 完全开敞，除角柱外仅布置两根边柱，屋盖自由边长度为 100m＋150m＋100m。该机库的另一结构特点是有多种移动维修设备悬挂在屋盖下弦，同时 350m 长机库大门完全悬挂于屋盖

图 4-16

自由边，其悬挂荷载之大为国内机库之首。因此本机库屋盖结构受力状态复杂，对变形控制要求高，结构方案选择须充分考虑结构的受力特性，在满足结构强度、刚度和稳定性的同时，还需满足悬挂设备工作运行和350m长的悬挂大门稳定的要求。场区的抗震设防烈度为6度，机库大厅的安全等级为一级。抗震设防类别为乙类建筑，结构抗震设计构造措施按7度。

机库的南、北、西三面均设有附楼，作为机库的配套设施及辅助用房；机库大厅内部由于生产工艺的需要在大厅尾部设钢筋混凝土平台。附楼及平台为框架结构，层数为二至五层不等（局部六层），主要柱网为8m×8m及8m×12.5m。根据生产性质、建筑立面需要及结构合理伸缩缝间距，以伸缩缝分成10个结构单元。

设计、技术特点：

1. 屋盖结构

该机库屋盖采用多级桁架结构体系，桁架沿纵、横向分级设置，由多层主、次桁架形成空间受力体系。各级桁架按受力状态选择其高度和腹杆布置形式，并在不等高的各级桁架上、下弦平面中分别设置水平支撑构件。多级桁架结构体系受力关系明确、满足变形要求，构造简洁、加工安装方便，且空间杆件少，便于喷漆区屋盖结构中大截面通风管道的穿行布置。另外在主桁架体系之上还设计了屋面支撑系统，以满足建筑立面设计要求（图4-17）。

桁架结构体系中水平支撑系统的设计十分重要。大跨度机库建筑总高一般都超过40m，水平风荷载及地震作用对结构都会产生很大的影响。由于机库特殊功能要求，大门一侧全开敞，整个建筑的抗侧力构件布置极不均匀，因此要求屋盖结构有良好的整体刚度，能够合理、有效地传递和分配水平力。该机库前部大门一侧沿350m长共布置了4根受力柱，后部结合机头、机尾库位置的限制，布置了两列共32根受力柱，柱距从8～45m不等。在屋盖结构体系中，由于主、次各级桁架跨度及承受的竖向荷载差异很大，因此各级桁架设计高度相差也很大，形成了多层上、下弦平面，设计中在各桁架上、下弦平面和高、低弦层相邻的斜平面内，分别设置了水平支撑构件，并将拱形屋面系统最低区域的水平支撑与桁架相连接，加强了屋盖结构的侧向刚度和整体稳定，以保证水平力的有效传递。

同时，为配合建筑师的设计创作，在主桁架体系之上另设计了一套建筑屋面支撑系统，包括钢柱、梁、檩条及钢柱的垂直支撑和沿弧形屋面布置的水平支撑，构建成稳定的3跨连续圆弧拱形屋面；在大门上方还设计了檐口桁架，使檐口呈弧形外挑，勾勒出优美的建筑轮廓，充分满足了建筑立面设计的要求。

大门是机库结构设计的特色之一，除应满足飞机进出空间要求之外，大门还是整个建筑外围护结构的一部分。该机库大门开启长度350m，最大开启高度25.5m。设计选用了在国内民用大跨度机库中未使用过的悬挂上叠式膜材料大门。共17扇门，每扇门最大宽度20.784m。悬挂式大门的优点是轻巧、

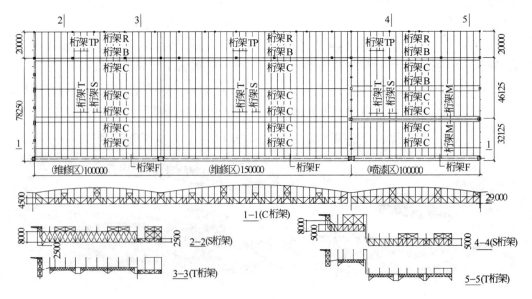

图4-17 屋盖钢桁架结构布置图

美观，无需门库大门可同时完全开启，相邻门扇可对接，减少门占地，可充分利用建筑面积。此外，悬挂式大门使各区段门高可依据大型飞机进出安全高度而设定，在满足使用要求的前提下可控制门高，节约能源，又避免了传统推拉门上部设置小门的做法，简化施工，方便使用。但因其自重悬挂在屋盖前沿，给钢屋盖设计增加了难度，提高了对门口桁架承载力和变形的要求。

2. 基础设计方案

在基础方案的确定过程中，根据机库大厅柱及附楼柱的受力特点和地质条件，对每个钻孔的土、岩层情况进行了认真的分析比较。该机库地处珠江三角洲北部，为亚热带覆盖型岩溶地区，水文地质条件极为复杂。根据勘察报告，南侧多为全风化岩和强风化岩，其下的中风化岩层不连续，微风化岩岩面起伏很大；北侧多为回填土、粉质黏土、粗砂层，其下即为中风化灰岩和微风化灰岩，岩性以砂岩、泥质粉砂岩、炭质页岩、页岩、泥质灰岩、炭质灰岩为主。同时，建设场地分布有大量的溶洞。

整个机库南北长达 400m，从机库到附楼，仅柱底轴力设计值由 59843.3kN 到 400~500kN 变化，桩端(基础)持力层深度从 40 多米到基岩露头，只有经多方案比较并结合不同的受力状况、土层分布采取不同的基础方案，才能取得合理、经济的效果。因此，典型的基础方案如下：

机库大厅柱下的全强、风化岩层厚度分布不均且不连续，中、微风化岩层的岩面起伏大，为保证机库主体结构的安全性，因此确定机库大厅柱下均采用钻(冲)孔灌注桩。6 个主受力柱由于垂直和水平荷载大，为嵌岩端承桩，持力层为微风化岩，桩径为 $\phi1000$ 和 $\phi1200$ 两种，桩进入持力层的深度为 $1.5d$（d 为桩径）。其余机库柱为摩擦端承桩或端承摩擦桩基础，持力层为中风化或微风化岩，桩径为 $\phi800$，桩进入持力层的深度为 500mm。

北附楼及西北附楼由于其下多为粗砂层和粉质黏土层，无可靠的天然地基持力层，因此采取钻(冲)孔灌注桩，为摩擦端承桩或端承摩擦桩基础，持力层为中风化或微风化岩，桩径为 $\phi800$，桩进入持力层的深度为 500mm。

南附楼、西南侧、西侧中部附楼下多为全风化岩和强风化岩层，基础是否可以选用全风化和强风化岩层做持力层？对此做了一些深入细致的工作，进行了方案比较。

但由于该场地的全风化岩、强风化岩有其地区特点，遇水易软化和崩解，当基坑晾晒时间过长时承载力会降低，其压缩模量 E_s 值较低，分别为 7MPa 和 8MPa。根据此值进行独立柱基的沉降计算，如南侧附楼中柱采用天然地基，持力层为强风化岩，计算出的沉降值约为 108mm，而机库柱下为桩基础，几乎没有沉降，两柱相距 8m，沉降差不满足框架结构 0.2‰ 的要求。据此最终也采用钻(冲)孔灌注桩基础。持力层为中风化或微风化岩，桩径为 $\phi800$，桩进入持力层的深度为 500mm。

另外，对中、微风化岩露头和埋深较浅的区域按独立基础设计，36~40 轴间的西北附楼有一层地下室，其下为中风化岩层，采用筏板基础。

由于机库柱底有较大的水平力，因此在桩基础的设计中不仅要考虑竖向承载力，还要考虑水平承载力能否满足上部结构的要求。还由于建设场地的地质情况比较复杂，基岩面坡度较大。为了保证水平力的正常传递和桩抗水平力的安全性，加强基础的整体刚性，增强结构整体的安全，在所有桩基础间设置了基础梁，有柱间支撑的桩基础间设置了钢筋混凝土压杆。

另外，据了解广州地区无单桩水平静载试验方面的经验资料及试验数据，因此将 $\phi1000$ 和 $\phi1200$ 的桩身配筋率控制在 0.65% 以上，使桩的水平承载力设计值满足柱底对桩基础的水平承载力要求。

（六）上海国际赛车场

工程概况：

上海国际赛车场是国际汽车联合会认可的举办国际一级方程式赛车的比赛站点，其 F1 赛车道及整个建筑群都具有鲜明的特色，这一特色使得上海成为中国赛车运动的中心及世界赛车运动的热门站点。

上海国际赛车场总建筑面积为 16.3 万 m^2，是一个具有许多不同功能单体建筑所组成的建筑群。主要包括：主看台建筑群、副看台建筑群、能源中心、急救中心、直升飞机停机坪、车队营地、车队生活区用房、物业管理楼、卡丁车比赛工作楼、垃圾收集场地、雨水泵房等。主看台建筑群有一个能容纳 3 万人座位的主看台、8 层高的比赛控制塔、行政管理塔、比赛工作楼、空中新闻中心及空中餐厅等单体(图4-18)。主看台全长400m,其悬臂顶棚前挑34m,后挑19m,风格简洁,气势宏伟。空中新闻中心及空中餐厅的大跨度梭形钢结构作为连接主看台和比赛控制塔、行政管理塔双塔之间的空中"桥梁"而格外引人注目。与主看台正对的是功能复杂的比赛工作楼,其一层专为赛车在赛事中提供检修、换胎、加油等工作;二层为贵宾观赛室,跨度24m;屋顶可作为赛时专供贵宾之用的露天吧。比赛控制塔为国际汽联及有关人士专用,行政管理塔为业主的办公场所。两个各容纳1万人座位的副看台顶棚则以26个高低错落的椭圆形不对称悬挑索膜结构群组成(图4-19),充分体现了建筑形象美与结构力量美的有机结合。

图4-18 远眺主看台建筑群

图4-19 建成后的副看台全景

1. 主要单体的结构体系:

主看台、副看台——混凝土框架超长结构(部分劲性梁、柱)

主看台挑篷——实腹工字钢悬臂结构

副看台挑篷——索膜结构

行政管理塔及比赛控制塔、1轴至6a轴及46b轴至51轴的主看台——混凝土框架-筒体结构

新闻中心、空中餐厅——大跨度梭形空间钢桁架结构

比赛工作楼——预应力混凝土框架超长结构

2. 主要单体的基础形式:

车队生活用房、其他服务设施——钢筋混凝土预制桩+基础梁

主看台、比赛工作间、副看台——钢筋混凝土预制桩+承台

行政管理塔及比赛控制塔、1轴至6a轴及46b轴至51轴的主看台——钢筋混凝土钻孔灌注桩+筏基

设计、技术特点

由德国TILKE公司创作的建筑方案不仅在功能上充分满足了F1赛车的要求,而且很有特色地表现了建筑物的形象美,但因此亦增加了结构设计的难度。担任此项目从结构方案设计至施工图设计全过程的上海建筑设计研究院有限公司的设计人员认为,合理的结构体系的选择和结构构件的布置亦可体现出一种结构的力量美,如果能将此种结构的力量美与建筑的形象美有机地结合起来,那么整个建筑物的设计将更加完美。本着这一设计理念,结合上海特点的自然条件(风载、地震、温度、地基……),在向预定目标前进的过程中,设计人员遇到了多项关键的技术问题,这些问题有些在国内属于首次遇到,无先例可循。如:大跨度梭型钢桁架的设计;新闻中心及空中餐厅与下部结构的抗震、减震设计;副看台索膜结构顶盖应用技术及复杂体型建筑物群风荷载的考虑等问题。

1. 超长建筑及大跨度建筑的桩基设计

本工程建于软土地基之上,基地原为农田及农村居民区,场地中部有明浜分布。基础设计针对看台建筑超长须控制沉降差、大跨度建筑荷载集中须控制绝对沉降的特点,在满足地基承载力的同时,对不同建筑对沉降的要求,采用了不同的处理方法。

主看台采用桩基+承台,350mm×350mm钢筋混凝土预制方桩,长31m,桩尖进入上海地区⑤-2层黏性土。桩承台间采用基础梁连系。主看台中心计算的最终沉降量控制在11cm以内。由于建筑为阶梯形结构且顶棚荷载作用在后排柱,底层柱的荷载很不均匀,在桩基设计时充分考虑其不均匀性而采用了不同的处理方式。

在主看台两端作为主看台一部分的新闻中心连接塔、空中餐厅连接塔,因有部分地下室且承担的荷载较大,在6轴、46轴设置沉降缝,将其与主看台主体结构分开。新闻中心连接塔与比赛控制塔、空中餐厅连接塔与行政管理塔要分别支承

80000kN左右的91.3m大跨度空中新闻中心、空中餐厅，为防止两幢房屋间明显的沉降差，采用了桩基＋筏基，60m长、φ800钻孔灌注桩进入上海地区⑧-2层土，计算的最终沉降量控制在4cm以内，计算沉降差控制在1cm内。

2. 主看台上部结构设计

结构缝的设置：主看台全长400m，为了解决建筑超长带来的温差变化引起的混凝土伸缩问题，除了在6轴、46轴设置沉降缝外，在21轴、31轴设置了两条伸缩缝。伸缩缝处的基础连成整体。沉降缝、伸缩缝兼作抗震缝。

清水混凝土设计：主体混凝土结构全部暴露而不作表面处理，采用清水混凝土。为了满足施工工艺上的要求，一般梁、柱的钢筋保护层相应地增加到30mm、35mm。

劲性混凝土设计：主看台顶棚向前悬挑34m、向后悬挑19m，其下柱子的受力大而复杂，采用了箱形钢柱锚入混凝土结构的劲性混凝土柱。钢柱下插至2层楼面标高。屋面顶棚悬挑尺寸的不平衡造成箱形钢柱承受很大的不平衡弯矩，并形成与之相连的顶部斜梁内力很大，设计采用劲性梁与劲性柱组成三角架形式的劲性混凝土结构。

清水混凝土预制看台板设计：非预应力清水混凝土预制看台板长8m，采用了T形，使其有良好的刚度，设计活荷载根据国际惯例采用$5kN/m^2$。对看台板进行了静载荷试验，试验结果的强度及刚度均满足设计要求。设计还考虑了其起吊安装时的问题，采用4点水平起吊，起吊孔设在看台板的前沿及背部弯矩最小点处。看台板前沿起吊孔和其对应的看台板背面预留孔内设粗钢筋并灌无收缩水泥砂浆，看台板的两侧设置预留孔，在搁置板的现浇混凝土斜梁上也设预留孔，在孔内设粗钢筋并灌无收缩水泥砂浆，通过4点固定使得看台板在水平地震作用下不会产生侧向移动。

3. 比赛工作楼预应力结构设计

比赛工作楼为2层框架结构，总长318m，在13轴、33轴设两条伸缩缝。2层贵宾厅的横向跨度为24m，大梁设计中采用了预应力技术以减小梁的高度及增加梁的抗裂能力。在屋面板及次梁中设预应力筋以抵抗温差引起的拉应力。

4. 副看台结构设计

结构缝的设置：副看台纵向全长288m，14轴、24轴设置了两条伸缩缝，伸缩缝处的基础连成整体，伸缩缝兼作抗震缝。

清水混凝土梁柱及预制看台板设计：同主看台。

劲性混凝土柱设计：副看台椭圆形顶棚采用钢索膜结构。圆形钢柱作为膜结构的桅杆锚入混凝土结构内。钢柱下插至2层楼面标高。由于屋面顶棚悬挑尺寸的不平衡造成钢柱产生不平衡弯矩，不平衡弯矩再由钢柱传至混凝土结构。

5. 大跨度梭形钢结构桁架设计研究

上海国际赛车场工程中的空中餐厅、空中新闻中心均采用大跨度梭形空间钢结构桁架体系，桁架的高度从跨中向两端逐步减小，这不仅与结构的受力情况相适应，而且由此而形成的建筑外形上的曲线亦非常漂亮。该体系中包括了两榀梭形主桁架，每榀主桁架支座间的跨度为91.30m，两端又各向外侧悬挑26.91m和17.41m，其总长度为135.62m，最大宽度为30.43m，主桁架高度最大处为12.4m；主桁架一端支承在柱子上，另一端支承在转换桁架的悬臂端上，由转换桁架传递主桁架的荷载至比赛控制塔（或行政管理塔）的两根大型柱子上；主桁架和转换桁架的杆件截面均为矩形钢箱梁或圆钢管，矩形钢箱梁内布置通长的纵向加劲肋，节点均采用平面相贯、内部加劲的连接方式；每个支座的竖向力最大达到2500t，且在地震作用下会产生很大的水平力。主桁架的设计研究主要包括了以下三个关键问题：

（1）主桁架上下弦杆与腹杆相贯节点的设计研究；

（2）转换桁架的设计研究；

（3）支座抗震性能及与下部结构的整体分析研究。

6. 副看台索膜结构顶盖设计研究

上海国际赛车场副看台全长288m，其顶盖由26个独立的索膜结构群体组成，白色PTFE膜材张拉在白色钢结构上。建筑师取意于荷花，每个单体结构及形式相同，呈不对称漏斗形。相邻单体落差2.5m，沿副看台高低错落一字排开。单体膜平面投影形状为椭圆，其长轴为31.6m，短轴为27.6m，悬挑长度为24.3m，展开面积约为$720m^2$。承重结构包括主桅杆、上下环及支撑系统、谷索、吊索、膜体和排水系统。其中上环全长94m，重30t，除吊索和谷索之外只用3根刚性撑杆在短悬挑端与主桅杆相连。

设计和施工的难度均开创了行业内的新记录。

7. 复杂体型建筑群的风荷载

在上海国际赛车场平面区域为400m×130m左右的场区内,是由新闻中心、空中餐厅、主看台和副看台等多座建筑物比邻布置而形成的一个建筑群体。其中,主看台长度接近400m,在主看台的两端是空中新闻中心和空中餐厅,空中新闻中心和空中餐厅各采用一个横跨赛道的梭形钢桁架结构,每个梭形钢桁架又分别坐落在两个多层钢筋混凝土结构上(一边为比赛控制塔楼,一边为主看台),建筑物底面最低标高为7.950m,最高处标高为40.950m,桁架高度最大处为13.00m,桁架支座间跨度为91.300m,左右两边各悬挑28.190m和18.690m,结构平面最大宽度30.630m。

由于这些建筑物外形均非常复杂,既包含了类似于高层建筑的塔架等结构,又有上、下表面同时受压的看台挑篷钢结构以及横架在空中的大跨度的新闻中心和餐厅,对此类复杂体型形成的高低错落的建筑物群体,其风荷载是结构工程师们所特别关心的问题,尤其是主看台挑篷钢结构,对风振更为敏感。因此,需要通过风洞试验得到详细的风荷载体型系数分布情况,并根据此资料进行结构设计,以保证结构设计的安全、经济和可靠。

(七) 广州新白云国际机场

工程概况:

广州新白云国际机场是国家重点工程,新机场位于广州北部,广州市白云区人和镇与花都区花东镇交界处,机场总用地15km^2。航站楼首期工程建设规模为35万m^2,包括主楼、东连接楼、西连接楼、东一指廊、东二指廊、西一指廊、西二指廊(图4-20~图4-22)。首期年客运量为2500万人次,高峰小时客运量为9300人。

图4-20 广州新白云国际机场航站楼主立面

图4-21 广州新白云国际机场航站楼夜景

图4-22 广州新白云国际机场连接楼车道

机场当局于1998年组织国际设计竞赛征集航站区方案,由美国PARSONS和URS Greiner两公司联合中标,承担建筑方案和初步设计。施工图设计由广东省建筑设计研究院完成。新机场航站楼工程从2000年8月破土动工,2003年9月土建竣工验收,2004年8月5日正式启用。

设计、技术特点:

本工程的安全等级为一级,抗震设防类别为乙类,抗震设防烈度为6度,抗震措施按7度,场地土类别为Ⅱ类,地基基础设计等级为甲级,风荷载重现期为100年,建筑物的风荷载体型系数、内压力及吸力由风洞试验确定,风振系数由刚性模型动力计算得出。初步设计的计算程序为SAP2000、STAAD、ADAPT、SAFE。施工图阶段钢结构的计算程序为STAAD/CHINA、ANSYS、3D3S;混凝土结构的计算程序为PKPM/SATWE、广厦GSCAD。

结构设计分为基础设计、混凝土结构设计、钢结构设计三部分。

本工程场地为亚热带覆盖型熔岩地区,岩溶发育。在分析了1000多个钻探孔的地质资料后,设计院认为,场区的岩溶主要是小的溶洞及岩溶裂隙,连通的大溶洞不多,大部分基岩埋深为25~35m,施工嵌岩混凝土灌注桩是可行的,其后的施工证实了这个判断。现设计采用的嵌岩冲孔桩基础是最稳妥的方案，受力可靠，沉降小，受其他因素影响小。较为次要的地面层采用静压预应力管桩基础，用后压水泥浆加固，提高了承载力。主体结构采用嵌岩冲孔混凝土灌注桩，桩直径为$\phi 800mm$、$\phi 1000mm$、$\phi 1200mm$、$\phi 1400mm$，总桩数约2000根。每桩均作超前钻，根据超前钻的结果做好穿越岩溶的施工准备工作及确定终孔标高。地面层结构采用静压预应力管桩，桩数约3000根。两类桩的总长度为140km，平均每根桩长度为28m。根据静载试验、抽芯、动测、超声波检测等检测结果，桩的质量良好。

混凝土结构为二层及三层建筑，框架结构。混凝土结构单元长度为84～108m，柱网为18m×18m，梁截面高度为1m，采用单向板结构，次梁跨度为18m，间距为3m，沿结构单元长向布置，利用次梁及框架梁的预应力筋抵抗超长混凝土的伸缩应力，楼板为钢筋混凝土板。框架梁采用后张有粘结预应力混凝土结构，次梁采用后张无粘结预应力混凝土结构，这是一种典型的抗震区后张预应力框架结构体系。设计中采用的不承受水平力的混凝土框架结构是巧妙的设计构思，水平力通过屋盖桁架传至巨型柱，巨型柱与楼盖脱开，直接落地，楼盖不受水平力。后张预应力混凝土梁通常将预应力筋布置成抛物线形状，这样的预应力筋适合承受竖向均布荷载，不适合用于水平荷载。由于正反方向的水平荷载会产生支座处的正负弯矩，一般的做法是用直线形状的非预应力钢筋承受支座处的弯矩，往往造成配筋率较高。如果框架梁不受水平力，这个结构的非预应力钢筋的用量可以降至最低，本工程位于6度区，计算中不考虑水平地震力，楼盖不承受水平风荷载，间距为3m的次梁集中使垂直荷载近似于均布荷载，非常适合采用抛物线形状的后张预应力筋，这种不承受水平力的混凝土框架结构的设计，使大跨度的混凝土框架的用钢量降至最低。

航站楼钢屋盖面积约16.5万m^2。屋盖承重结构为钢管桁架结构，是中国目前已建成的规模较大的空心管钢结构工程。钢管为欧洲标准EN10210的S355J2H热成型高频电焊管，施工结算时确认的总用钢量2.1万t，约127kg/m^2。主楼及指廊采用箱形压型钢板，连接楼采用单层压型钢板，屋面板采用中国标准Q235C镀锌钢板，屋面板用钢量为5500t，约33kg/m^2。主楼长325m，宽235m，其平面由二片反向圆弧形带组成，每片圆弧形带的跨度是76.9m，二片圆弧形带之间是20～50m宽的玻璃纤维张拉膜采光带。主楼屋面桁架跨度为76.9m，倒放近似等边三角形圆钢管桁架结构，桁架高5m，柱距18m，两端铰接支承在人字梭形柱及钢筋混凝土巨型柱上，巨型柱是桁架的不动铰支座，承受全部水平力，人字梭形柱是桁架的可动铰支座，释放温度应力。主桁架之间的屋面结构是14m跨度的箱形压型钢板，主楼屋盖共设置了两道伸缩缝，伸缩缝采用悬挑结构，这时箱形压型钢板悬挑7m。东西连接楼每翼的平面为450m×62m，用两道伸缩缝将屋面分成3段。连接楼屋盖承重结构同样为倒放三角形圆钢管桁架结构，桁架高2.8m，柱距18m，主桁架一端落地，中间支承在钢筋混凝土柱上，另一端铰接支承在人字梭形柱上，跨度为25m+30m，再悬挑7m。连接楼的屋面是有檩体系，屋面板是单层压型钢板，部分屋面为玻璃纤维张拉膜。东一、东二、西一、西二指廊的平面为252～360m×38.8m，柱距12m，屋盖伸缩缝间距为126m，屋面为跨度12m的箱形压型钢板，屋盖伸缩缝处采用屋面板悬挑结构，在伸缩缝处悬挑6m。屋盖桁架为方钢管平面桁架，跨度24m，支承于钢筋混凝土柱子上，两端悬挑7.4m。

屋面12m及14m跨度的箱形压型钢板以及支承钢桁架的三管梭形钢格构人字形柱都是首次在中国应用，都进行了足尺破坏性试验。梭形钢格构柱目前在各国的钢结构规范都无类似构件的计算规定，清华大学结构工程研究所对主楼19m、23m、29m三根梭形钢格构柱用弹塑性大挠度有限元法ANSYS程序分别按无初始偏心及按$L/500$（L为柱高）初始偏心计算，并作了足尺破坏稳定试验研究及缩尺模型试验研究，揭示了这种结构构件S形失稳模态和破坏机理，初步建立了梭形钢管格构柱的设计理论和方法。试验结果与按$L/500$初始偏心计算结果吻合，误差在10%以内。航站楼主楼及指廊约10万m^2屋面采用了无檩式大跨度组合箱形压型钢板，这种箱形压型钢板是冷弯薄壁结构，跨度12m及14m，首次在我国设计及制作，国产箱形压型钢板比进口产品节省投资约4000万元。箱形压型钢板高310mm，钢板厚1.2～2.0mm，分上下两部分轧制成型,再经电阻点焊成箱形,在箱形空腔内加保温吸声材料,亦可按需要在空腔内加型钢,下表面按声学要求开孔,孔径3mm,开孔率8%。这种箱形压型钢板集结构承重、屋盖支撑、建筑吸声、吊顶装饰等要求于一身,简洁美观,是我国目前跨度最大的屋面压型钢板。12m及14m跨度的箱形压型钢板分别在同济大学及天津大学做了足尺破坏性试验,通过试验研究揭示了箱形压型钢板的失稳模态和破坏机理。无檩式大跨度组合箱形压型钢板的成功应用,填补了我国大跨度屋面压型钢板的空白,对大跨度屋盖体系的发展具有深远的影响。本工程是我国规模较大的空心管工程,设计中采用的圆管间隙接头及方管搭接接头是相贯节点有效的构造措施,使圆管的腹杆与弦杆有全周焊接,节点的抗剪承载力高;方管的搭接接头可先焊一次相贯的全周焊缝再安装焊接二次相贯的焊缝,搭接接头刚度大,承载力高。个别受力较大的节点采用了用外加强板,或用内穿心板,或用混凝土填充,这些多种形式的节点为空心管结构提供了丰富的工程实践经验。

广州新白云国际机场航站楼共使用了6万多平方米PTFE玻璃纤维张拉膜,这是我国规模较大的新型张拉膜工程,推动了膜结构工程的应用。

广州新白云国际机场航站楼工程的建设规模大、科技含量高,有多种建筑结构技术是首次在中国应用,效果良好,其设计和建设经验为其他工程提供了有益的参考和借鉴。

(八) 义乌市会展体育中心体育场

工程概况:

义乌市会展体育中心体育场位于义乌市东阳江南岸,宾王桥南侧的文娱、体育、博览、休闲中心区域。体育场占地面积15854.0m²,赛场占地面积21318.0m²,建筑面积34420.49m²。可容纳观众32499人。场地内按国际标准设置8条田径塑胶跑道和天然草坪的足球场;南看台设置了巨型的多媒体显示屏并配备了先进的现场直播、转播的音像和声像设备;东、西看台上空设有全索膜结构的罩篷;从而体育场可全天候进行各种级别的体育比赛和大型的政治、文娱、商业活动。体育场建成以来,成功举办了世界杯女子足球锦标赛,现已成为中国女子足球队训练基地。同时举办了包括"同一首歌走进义乌"在内的近十次大型文艺演出。还是每年一度的"中国小商品博览会"主会场。

体育场主体结构采用全现浇钢筋混凝土柱、梁、看台板的框架体系;基础为人工挖孔桩+钢筋混凝土承台体系;东、西看台上部对称布置了体现20世纪体育建筑优美风格和高科技成果的梭叶状的全索膜结构体系的罩篷(图4-23、图4-24)。

图4-23 义乌市会展体育中心体育场端立面

图4-24 义乌市会展体育中心体育场侧立面

设计特点:

1. 钢筋混凝土主体部分

体育场看台结构在经过多方案的比较、讨论,并借鉴当时国内几个已建成或正在建设的体育场设计、施工的经验及教训,最终确定采用全现浇钢筋混凝土梁、柱体系,并按混凝土规范对露天结构设置温度缝的要求,设置了10道温度缝,将整个体育场看台结构分割为10个结构单元。看台板的结构形式也经过了多方案的讨论并借鉴已有工程的经验教训,确保整体防水及美观实用,确定采用与主体框架一同浇筑的结构形式。

2. 看台罩篷——全索膜部分

本体育场篷盖采用的是当前比较先进、流行的整体张拉膜结构。它最大的设计特点就是要求建筑设计和结构紧密结合，打破了传统的"先建筑、后结构"做法，所有的结构设计成果均展现在人们面前，人们所看到的建筑外观实际就是结构造型。本篷盖工程因为采用的是大跨度、大变位、比较柔性的整体张拉膜结构，对地震作用的效应非常小，所以设计时其控制荷载往往是风荷载。膜结构工程另一个不同于常规结构的设计特点就是其计算分析需要进行找形分析、荷载分析、裁剪分析三个阶段才能完成设计（找形分析就是通过调整膜和钢索内的预应力水平找出结构形状的分析过程；荷载分析就是在上述形态生成后进行的在荷载作用下整体结构的内力分析；裁剪分析就是在预应力状态下的曲面形状上寻求合理的裁剪线位置及其分布）。

张拉膜结构建筑是一种比较新颖、施工周期较短、科技含量高的建筑。其所用膜材料具有重量轻、可透光、自洁、阻燃等特性，所以可建成跨度大、造型独特的建筑，这是常规结构建筑形式无法比拟的，比较适合大型体育场、游泳馆、展览馆、网球馆、游乐场等建筑。

本工程总覆盖面积约 16121m²，膜面展开面积 17575m²；悬挑钢桁架最大悬挑长度 51m，悬挑端标高 38.05m；钢桅杆高达 65m，两根钢桅杆之间的间距为 248m；整个篷盖工程钢结构用量约为 950t。

本篷盖工程由两片沿主看台对称布置的梭形树叶状膜结构体系组成，它们是由钢桁架、钢桅杆、主拉杆（兼马道）和谷索、脊索、拉索、吊索、边索组成的空间张拉膜结构体系（图 4-25）。每片梭形树叶状膜篷盖两端有 2 根钢桅杆，每根钢桅杆顶端各有 3 根拉索向外锚于锚座。中间由 11 榀悬挑钢桁架分割成 10 个脊谷式膜单元，膜单元的脊就是钢桁架，谷由谷索向下压膜形成，10 个脊谷式膜单元外是两个三棱锥形的膜单元。为了控制悬挑端的位移，由 11 根吊索将桁架悬挑端和桅杆顶连接起来，桁架悬挑端之间又用主拉杆（兼马道）连接到钢桅杆，形成整个空间张拉体系。膜片通过谷索施加一定的预应力，使整个体系产生足够的刚度，以抵御外部荷载，并能很好地控制结构体系的位移和变形。整个结构体系与地面及下部土建结构的连接均为铰支连接，没有弯矩传到下部结构，使整个建筑结构显得轻盈飘逸。

3. 技术经济指标

体育场总设计概算值：1.2 亿元（含：土建、运动场设施、索膜罩篷、给排水、空调、强电、弱电）；

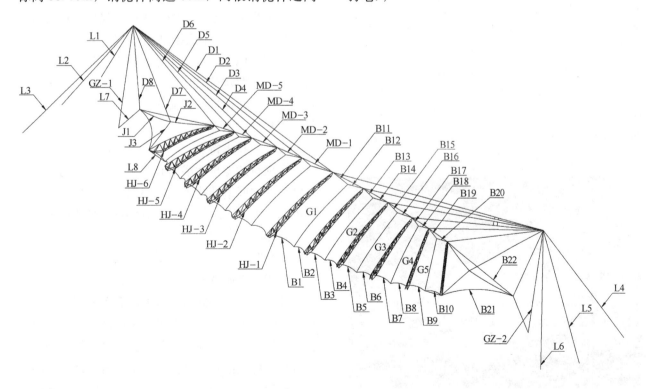

图 4-25 索膜结构轴测示意图

体育场总建筑面积：34420.0m²；

经济技术指标设计概算：3486.0元/m²。

4. 使用现状调查

体育场的主体及罩篷结构经过3年多的使用，经历风、雨、雪和太阳暴晒等自然条件的考验，特别是在2003年遭受强台风，市内最大风力达到11级的袭击，主体及罩篷结构均未受到任何损害，经受住了自然界的考验；主体各结构单元未发现温度裂缝和看台板漏水现象，沉降观测到的变形几乎为零。看台罩篷结构工作状态正常，膜材自洁性良好，洁白如新。吊索及钢桁架经过使用阶段的不断张紧、调整，各部位的工作应力分布趋于均匀，接近设计要求。整个体育场已成为义乌市一道亮丽的风景线，一座标志性建筑物。

（九）九寨沟甘海子国际会议度假中心

工程概况：

九寨沟甘海子国际会议度假中心位于四川省阿坝州松潘县，是一个集会议、度假、旅游、疗养于一体的高标准、综合性度假中心（图4-26）。该中心建筑群包括五星级酒店、国际会议中心、大堂、温泉泳浴中心、宴会厅、展厅等，其中，温泉泳浴中心、大堂、展厅为三个各具特色的空间钢结构工程。温泉泳浴中心建筑外形为一椭球形壳体，基本尺寸为长轴150m，短轴65m，矢高21m（图4-27）；大堂基本呈矩形平面，纵向轴线距离90m，横向（跨度方向）最大轴线距离72m；展厅建筑外形呈椭球体，平面长轴向跨度44m，短轴向跨度31.6m，网壳高度20.771m，分别在网壳内部的4.625m、8.525m标高支承有两层楼面（图4-28）。

图4-26 九寨沟甘海子国际会议度假中心鸟瞰图

图4-27 温泉泳浴中心建成后内景

图4-28 展厅建成后外景一角

本工程坐落于九寨沟风景区，建设单位要求工程的建设不能破坏该地区的原有风貌，三个钢结构工程全部采用玻璃幕墙覆盖，构成轻盈、通透的建筑形态。因此建筑设计要求结构形式简洁，提出弱化结构概念、保持结构通透的要求，这给结构设计带来了相当的难度。

设计、技术特点：

本项目的温泉泳浴中心、大堂和展厅为三个各具特色的空间钢结构工程，根据具体条件采用了不同的结构方案，结构设计各有特点，分述如下。

1. 温泉泳浴中心

（1）设计特点

采用了沿椭球壳短轴方向布置圆形钢拱结构为主要承载构件、拱间沿长轴方向布置矩形钢管作为檩条的结构方案，檩条兼作结构的纵向支撑构件，此外设置了四道横向支撑及周边交叉支撑；采用了一种新颖的上部Ⅱ形截面、下部圆管截面构成的钢拱结构组合截面形式；在结构中部设置一道伸缩缝，调整壳体屈曲前的薄膜应力状态，释放部分温度应力,从而提高结构的整体稳定性。

(2) 技术经济指标

拱间距为6m,共设24榀拱,拱的最大跨度为64.9m,最小跨度25.5m,根据拱的不同跨度采用了三种尺寸的组合截面,经济性好、加工方便;通过1:100木质模型的大气边界层风洞试验确定结构的实际风压分布,为结构的经济设计提供保证;在最不利荷载组合下的结构最大位移10.23cm,约为跨度的1/635,结构整体刚度良好;线性屈曲分析和非线性有限元分析表明结构具有良好的整体稳定性;结构总用钢量715t,折合51.5kg/m²(展开面积)。

(3) 优缺点

横向组合截面钢拱、纵向矩形钢管檩条的结构布置,克服了网壳结构杆件节点稠密的不足,结构简洁通透,从建成后结构的实际效果看,完全达到了预期的理想效果。上部Ⅱ形截面、下部圆管截面的组合截面拱,拱的平面内、外刚度均较好,具有良好的受力性能,同时满足了建筑美观的要求,且加工制作方便。结构总体技术经济指标良好,对65m跨度的大跨结构,51.5kg/m²的用钢量是经济合理的,当然若不考虑建筑要求,采用空间受力更为合理的网壳结构,经济指标可能更好。

2. 大堂

(1) 设计特点

采用了一种新型大跨度结构体系——网格状门式刚架结构。刚架纵向间距为15m,最大跨度为72m,屋脊处最大标高为24m。刚架的立体桁架横梁和格构柱均为约宽3m、高3m的倒三角形断面。网格状刚架中构件均采用圆钢管,立体桁架横梁采用加肋焊接空心球节点,格构柱采用相贯节点。屋面上弦设置拉索横向水平交叉支撑,刚架两端设置立体桁架作为纵向支撑。屋面檩条采用矩形钢管,局部檩条和系杆合一。

(2) 技术经济指标

从工程应用效果来看,采用网格状门式刚架结构很好地满足了建筑设计要求的大空间以及结构简洁性,同时其技术经济指标也是相当可观的。按主体结构的水平投影面积计算,包括立体桁架横梁、格构柱、屋面支撑系统以及屋面檩条在内,用钢量仅为37.3kg/m²;如果按展开面积计算,用钢量小于25kg/m²。

(3) 优缺点

本工程采用的网格状门式刚架结构满足了大空间、大柱距的建筑设计要求。结构非常简洁通透,从建成后结构的实际效果看,完全达到了预期的效果。从结构设计的角度看,体系各向抗力系统完善,传力途径明确,静力性能和抗震性能均克服了建筑设计提出的苛刻要求。同时结构分析计算、构件和节点的加工制作、结构施工安装也基本上可沿用网格结构的成熟技术。较低的技术经济指标也是该结构形式的重要优点之一。

3. 展厅

(1) 设计特点

网壳结构形式为K4-8型单层半椭球网壳,网格均为三角形,除落地节点采用加肋焊接空心球节点外,其余构件均采用焊接空心鼓节点;楼层结构均采用钢结构上铺设组合楼板楼面;楼层荷载均通过鼓节点只传递竖向荷载到网壳结构上。单层椭球网壳结构直接落地,沿周边不同位置开了三个门洞。

考虑到椭球外表面要安装玻璃幕墙和内部的观赏效果,室内节点采用焊接空心鼓节点,有三种规格:$\phi 350 \times 20mm$、$\phi 400 \times 20mm$、$\phi 450 \times 20mm$。鼓节点的设计是在焊接球的基础上进行加工,将上述的三种规格的焊接球用两个平行的平面进行切割,保留中间部分,然后用两块盖板将切割处封住;为增强节点刚度,避免产生局部屈曲,在节点中部加肋,形成鼓节点。

(2) 技术经济指标

展厅钢结构由网壳和两个大开孔的楼层组成,其中网壳作为楼面的支承结构承受了较大的荷载。通过合理的结构选型、结构布置和整体分析计算,在满足规范要求的强度、变形和稳定性指标后,结构总的用钢量为366.4t,其中两层楼面部分用钢量293t,网壳杆件用钢量56.7t,焊接空心球用钢量16.7t。网壳部分按投影面积计算用钢量为36.9kg/m²。

(3) 优缺点

建筑造型和功能要求大开孔的两个楼层支承于网壳结构上。虽然楼层中间有3m×5m的楼梯间本可以作为楼层的支承,但是由于楼层中间存有大孔洞,因此中部的楼梯间不能对楼层提供有效的支承。鉴于建筑的要求,楼层结构布置时,设有放射状的钢梁和洞口边缘的环梁,楼层按照悬臂计算显然不可能。为此,除了洞口边缘的环梁之外,在楼层的放射状钢梁间再加设一道环梁,使得楼层的受力为双向受力计算模型即为周边点支承中间大开孔板的计算模型,有效地解决了楼层设计的计算模型问题。网壳结构采用焊接鼓节点,利于网壳面玻璃屋面的铺设,同时获得了很好的室内视觉效果。

(十) 上海磁悬浮快速列车龙阳路车站

工程概况:

龙阳路车站是我国第一条磁悬浮快速列车示范运营线工程的起点站(图4-29、图4-30),是上海市重点工程,磁悬浮列车龙阳路站位于地铁2号线龙阳路站的南侧,建筑共分地上三层,地面一层为步行街道、商场、VIP贵宾接待用房及设备机房等;地面二层为磁悬浮列车运营控制中心及运营公司的办公用房等;地面三层为磁悬浮列车的站台层。工程设计周期2001年5~8月,施工周期2001年8月至2003年10月。投入运营来,从普通老百姓到国家领导至外国元首,体验到飞的感觉,得到了赞誉,取得了良好的社会效益。

图4-30 车站内景

图4-29 上海磁悬浮列车龙阳路车站

设计特点:

1. 基础

建筑平面长约205m,设置三道伸缩缝兼抗震缝。桩基采用 $\phi 600$ 先张法预应力混凝土预制管桩 (PHC桩),持力层为7-(2)层黄至灰色粉砂,桩长36m,混凝土强度等级C80。计算沉降值为20mm。到目前实测11mm。

2. 上部结构

车站采用混凝土框架结构体系,楼面为钢筋混凝土现浇梁板结构。

车站横向柱网为主线延伸无法形成完整纵向框架,因此二层平面在主线轨道柱两边布置次梁,间接代替横向框架梁。结构构件与磁悬浮线路立柱间均设缝脱开,缝宽度满足抗震缝要求。

三层平面由于轨道贯通,12.8m标高平面不连续,通过梯形大梁使二夹层与三层平面连成整体,且二夹层板在纵向轴线处加厚以传递混凝土以及钢屋面结构的水平力。

3. 钢屋面

主要对钢曲梁进行受力分析和设计。

沿车站纵向设置V形斜向支撑抵抗纵向地震作用,斜向支撑两端均为铸钢件,销钉连接。屋面两端设置水平横向支撑抵抗横向地震作用。

屋面端部向外悬挑18m,设斜向布置的支承构件钢屋架1、2,为减少屋面的变形,增加竖向刚度,钢屋架1、2断面为等高,同时檩条在水平拉杆及斜向支撑处断面加大且刚接,在12.0m、12.25m、12.45m标高处分别设置水平拉杆与屋架1、2、3铰接连接。

屋面外形为不等厚半椭圆状。(1)钢曲梁采用双腹板I字形,跨度为43m,断面 $400 \times 412 - 850$。(2)支承于6.0m标高的钢筋混凝土挑梁端部,为使结构受力合理、提高钢曲梁竖向刚度、减小钢曲梁水平与竖向变形,在12.0m标高处设置水平拉杆。(3)一端穿过楼面梁与柱连接,另一端穿过钢曲梁,两端均为螺栓连接。(4)钢曲梁与钢筋混凝土挑梁、支撑连接均为铰接以减少钢曲梁的弯曲变形。

技术经济指标:

结构总用钢量约 1200t，钢结构面积 15089m²，用钢量为 79.5kg/m²。

(十一) 上海明天广场

工程概况：

该工程总建筑面积 127805m²，总高度 283m，总层数 58 层，地下 3 层。建筑功能 37 层以上为五星级旅馆。7 层至 36 层为酒店式公寓，裙房为旅馆配套设施及商场(图 4-31)。

图 4-31　上海明天广场

该工程由上海建筑研究院设计院有限公司与美国波特曼建筑事务所合作设计。方案具有标志性特征，平面呈方形 37 层处旋转 45°，裙房回绕主楼，主楼与裙房之间通过一弧形中庭相连接。裙房 6 层，底层为酒店及公寓大厅，大厅内有 3 座高速电梯直达 37 层酒店大堂，37 层大堂有 3 层挑空中庭，裙房 2 至 4 层为商场、餐馆，5 层为宴会厅及会议厅，6 层为水吧及健身设施，7 层屋顶为屋顶花园及室内游泳池。

设计、技术特点：

明天广场为全混凝土结构，总高 282m。结构由裙房、塔楼两部分组成。结构设计中有以下特点：

地下室采用无梁楼盖，并采用"逆作法"施工，设计全过程参与了逆作法的设计及配合，逆作法规模在上海堪称最早最大，已著有"明天广场逆作施工的若干问题"论文发表。明天广场塔楼和裙房虽高度、重量相差很大，但地下部分连为一体，为避免互相之间的较大差异及满足逆作法，主楼和裙房之间设置多条转移后浇带，并采用两种不同桩长。

本工程塔楼在三十一层至 39 层处配合建筑外形作了 45°角的转动，是本工程设计的一大特点。为满足建筑这一外形特殊要求，外筒设有 8 根异形大柱，通过异形柱逐渐外伸墙及斜杆，作一巨大外伸桁架，在 7 层高度范围内完成这一过渡，且过渡结束层采取了特殊构造措施，来保证这些外伸桁架的共同作用。

结构顶上有 4 个钢结构塔，每个塔高 52m，从四边斜向中心，且不连在一起。每个塔都是斜向钢塔，承受巨大倾覆力矩，为满足这一要求，塔脚作用在柱墙上，通过巨大的锚栓，把这一倾覆力矩传到主体结构上。

(十二) 深圳福建兴业银行大厦

工程概况：

本工程深圳福建兴业银行大厦，地下 3 层，地上 28 层，总高 106.5m，总建筑面积 45044m²，由深圳大学建筑设计研究院设计，华西企业有限公司施工。该工程 2002 年 11 月结构封顶，2003 年 8 月竣工投入使用(图 4-32)。

本工程地处深圳市福田中心区，深南大道南侧。抗震设防烈度 7 度，Ⅱ 类场地，基本风压 0.77kN/m²，B 类地面粗糙度。桩基采用带扩大头的人工挖孔桩，桩端持力层为中风化花岗岩岩层，有效桩长约 5.8~20.8m。

本工程建筑物主体地面以上总高 99.7m，地面以上主体结构 27 层，上部建筑面积 33079.4m²，东、西两翼连接扩大裙房 2 层，入口大堂 2 层通高，主楼从 4 层楼面起至 27 层为办公楼，其中 11 层、23 层为立面收分层。中央电梯、楼梯间筒体出屋面后升高一层，并在其顶部加设天线。地面下设 3 层扩大的地下室，建筑面积 11428.6m²，地下室东西长约 84m，南北宽 51m，主要作汽车房和设备用房，地下 3 层兼作 6 级人防工事。

为适应建筑立面变化与平面功能需要，主体结

图 4-32 深圳福建兴业银行大厦

构边柱在裙房屋面层和上部收分层创新采用了新颖的上下层框架柱错位搭接转换的扁梁框架-核芯筒结构体系。主要特点为：第3、10、22层为转换层，采用"搭接柱"转换，改变结构框架柱距。3层以上框架柱错位外悬3.3m，采用主动预应力1层搭接转换；10层及22层框架柱错位内收1.65m，采用普通钢筋混凝土1层搭接转换；避免设置转换层、转换大梁，省去了结构转换层转换大梁所占的空间、面积及其造价，大大提高了建筑有效使用功能；同时所有楼层框架柱靠边，室内使用效率大大提高。

结合本工程国内首例搭接柱转换结构实际需要，与中国建筑科学研究院合作开展了该工程整体结构1/25模型振动台试验研究和搭接柱转换结构1/5模型静力试验研究，进行了大量理论计算分析，揭示了搭接柱转换结构的工作机理，把握了实现搭接柱转换的核心技术和重要措施，精心设计施工，获得成功应用。

该工程自结构封顶至今，经历多次台风考验，完好无损；框架柱靠边，室内平面开敞，无遮挡，使用效率大大提高，得到各方面客户的肯定和赞赏。

设计及技术特点：

1. 建筑结构设计有机统一

建筑结构设计从方案构思开始密切配合共同工作，结构选型、布置、设计、构造较好适应建筑功能要求，与建筑立面形象实现有机统一，同时有效提高了建筑平面使用系数和室内使用空间。

2. 结构体系新颖合理经济有效

本工程采用搭接柱转换，适应立面变化，满足平面需要。与传统的梁式转换结构相比，搭接柱转换结构结构体系新颖合理经济有效，主要表现在：

（1）混凝土钢筋用量少，造价低、自重小，也大大方便了施工。

（2）搭接柱转换，上、下层结构刚度突变小，地震作用下框架柱受力均匀、平缓、不突变，尤适宜于地震区中高位转换。

（3）充分利用楼盖刚度和承载力避免设置转换层、转换大梁，省去了结构转换层转换大梁所占的空间、面积及其造价，大大提高了建筑有效使用功能。

（4）上部结构经济指标先进：钢筋76.54kg/m^2，混凝土0.4m^3/m^2，土建成本965.71元/m^2，与深圳地区高层办公综合楼统计成本平均值相比，本工程土建成本节省达1088万元。

3. 科学试验研究与理论计算分析相结合，科研开发与设计施工相结合

本工程搭接转换的框架柱错位大、搭接短且需抗震设防，其复杂困难程度远高于美国工程师设计的马来西亚双塔和上海金茂大厦。本工程科研开发与设计施工相结合，科学试验研究与理论计算分析相结合，揭示了搭接柱转换整体结构的优良抗震性能与薄弱部位，摸清了搭接柱转换结构的受力破坏机理，提出了搭接柱转换结构的设计概念和方法，有理有据，可靠安全，成功应用于实际工程。

4. 创造性地采用主动预应力技术

本工程在理论分析试验研究基础上，针对3层搭接块宽高比较大，创造性地采用主动预应力技术，并精心研究设计、精心施工，出色地解决了主动预应力技术中的关键技术难点，经济、合理、安全、可靠地实现了悬臂3.3m一层搭接转换支托上部25层框架柱这一高难技术问题，全部主动预应力工程成本仅8.35万元人民币。

5. 采取针对性抗震措施

本工程针对试验研究和理论分析揭示的搭接柱转换整体结构抗震薄弱部位——上部体型收进区域框架柱和核心筒适当予以加强，进一步发挥搭接柱转换整体结构的优良抗震性能。

6. 采用抗震设计新理念

本工程在国内首次采用抗震设计新理念，确保搭接柱转换结构中关键部位关键构件极限承载力满足大震组合作用要求、截面设计满足延性要求，为本工程真正实现大震不倒的性能化抗震设计提供可靠的基础条件。

7. 创新采用带柱帽（柱基、承台）倒无梁平底板结合主楼挖孔桩（桩端嵌入中风化花岗岩岩层）、扩大 2 层裙楼 3 层地下室天然地基（花岗岩残积层 $f_k=220$kPa）布置，地下室底板采用带大柱帽（主楼桩承台、裙楼独立桩基）倒无梁连续平板抗水，上覆级配砂石找平，调整满足主动抗浮需要，减小底板受力，同时大大方便了施工。带大柱帽无梁平板受力和配筋构造有别于传统的小柱帽无梁楼盖，取消了实际受力不大的柱间基础梁，经济合理。

（十三）重庆朝天门滨江广场

工程概况：

朝天门滨江广场工程位于重庆市朝天门地区，建筑面积 27.6 万 m^2，包括三幢 53 层塔楼，其中 5 层商用裙房及 3 层地下室，结构总高度 204.8m（图 4-33）。裙房为框架筒体结构，塔楼剪力墙筒体结构，地面以上第 7 层为转换层。原设计转换层是 2.5m 厚板，上部剪力墙很多，刚度大，柱子直径为 1800mm。

在业主的委托下，对该工程做了优化设计。按《高层建筑混凝土结构技术规程》JGJ 3—2002 规定：地面以上转换层位置"7 度不宜超过 5 层，6 度时其层数可适当放宽"。重庆属 6 度区，按 7 度构造设防。设计人员充分理解结构抗震概念，采用和顺刚度、减轻重量和增大延性三大措施，大大突破了 5 层转换的限制。经周密分析研究，使 7 层转换成为可能，并取得了巨大的效益。

设计、技术特点：

1. 调整竖向构件的截面，使竖向刚度变化和顺

（1）将核芯筒内的墙体减薄。芯筒的内墙对抗侧刚度贡献较小，承受的竖向荷载主要是支承墙体本身的重量，可以减薄。原设计芯筒内墙厚度为

图 4-33　重庆朝天门滨江广场

300mm、250mm、200mm 不等，优化设计全部改为 200mm。

（2）减少和缩短剪力墙。转换层上部过多的剪力墙使得结构刚度突变太大，给转换层结构布置造成影响，并使建筑设计受到较大的限制。优化设计将剪力墙长度缩短，但尽量避免出现小墙肢、异形柱及长剪力墙等不利于抗震的情况，控制剪力墙长度一般略大于 8 倍墙厚，剪力墙的平均轴压比控制在 0.6 左右，使之具有较好的延性。

经调整后，竖向刚度变化和缓，转换层上下刚度比从原设计的 2.6：1 改善为 1.4：1（按刚度概念分析约为 1：1）。

2. 尽量减轻上部和转换层结构重量

（1）优化设计按上部结构的需要将平面形状由矩形改为蝴蝶形，拔去一根 ϕ1500 大柱子。由于重量减轻，柱直径相应减小。

（2）转换层结构由 2.5m 厚板改为 2m×3m 的宽梁转换，上部剪力墙尽量支承在宽梁上，有利于抗扭。

3. 充分利用钢管混凝土柱的优点，努力克服其存在的缺点

原初步设计为钢筋混凝土柱，原施工图设计改为外包式钢管混凝土柱。优化设计采用核芯钢管混凝土柱。它的好处是：结构延性好，节点简单，梁的大部分主筋从钢管边直接通过，少量弯入外包混凝土；外包混凝土利于防火，不需另加防火层；用

钢量较小,降低了造价。

4. 优化设计带来巨大的经济效益

和原设计相比,节约混凝土约 2.2 万 m^3,见表 4-1。若按综合造价混凝土 1000 元$/m^3$ 计算,面积按 4000 元$/m^2$,优化方案将节约造价 2550 多万元。

节约混凝土数量　　表 4-1

项　目	节约混凝土	项　目	节约混凝土
转换层以下柱子	1700m^3	转换层以下筒体	930m^3
转换层以上筒体	560m^3	转换层	2200 m^3
转换层以上墙体	16500 m^3		
增加面积	700m^2		

(十四) 广州名汇商业大厦

工程概况:

名汇商业大厦位于广州市旧城区商业繁华地段,是以商场、住宅为主的大底盘多塔楼大型高层建筑(图 4-34)。建筑物设有 4 层地下室、6 层裙楼;主塔楼为三幢 33 层的住宅,总高度为 99.9m,地下室底板板面标高 -17.5m,总建筑面积为 12 万 m^2,其中地下室建筑面积为 2.5 万 m^2。本工程按 7 度抗震设计,场地类型为 II 类。工程由广东省建筑设计研究院设计,广东省基础工程公司施工,于 1998 年 10 月动工,2000 年 12 月裙楼商场开业,2001 年 12 月主体结构封顶,2002 年投入使用。

由于工程建设场地地形复杂不规则,结构布置上采用非正交柱网,结构体系为带空腹钢箱-混凝土组合梁转换的大底盘多塔楼框架-剪力墙结构;地下室及裙楼采用大柱距宽扁梁框架-剪力墙结构体系,三座塔楼均采用外框架短肢剪力墙与中间剪力墙核芯筒的结构体系,各塔楼间设防震缝。为满足裙楼能尽快投入使用的要求,结构设计上采用了多项新技术,其中采用全新支撑结构体系的 4 层地下室全逆作法施工设计及钢-混凝土组合结构新技术的应用具有创新性,取得了良好的社会及经济效益。

设计、技术特点:

结构设计根据建筑功能及业主的要求,经过多方案比较,采用了新的结构技术,解决了结构设计

图 4-34　广州名汇商业大厦立面

中的难题,主要有以下设计特点:

1. 科学合理地采用适应高层多塔楼建筑地下室全逆作法施工的结构设计

建筑物设有 4 层地下室,地下室底板板面标高 -17.5m,其中地下室建筑面积为 2.5 万 m^2,结构设计上采用了新型的全逆作法施工支撑体系。

(1) 圆形钢管混凝土柱、带约束拉杆异形钢管混凝土柱组合剪力墙与钢骨梁组成地下室全逆作法施工的支撑体系,优化的地下室全逆作法施工使总工期缩短 9 个月,地下室结构完成时,塔楼结构已建至 19 层,使业主节省了大量还贷资金,并使大厦取得了可观的前期销售额,取得了良好的经济效益。

(2) 核芯筒剪力墙内预置异形钢管混凝土柱,既充当剪力墙内暗柱钢筋,同时在逆作法地下室施工期间阶段性负荷,后与剪力墙混凝土复合成核芯筒以承受全部荷载。

(3) 大柱距框架-剪力墙核芯筒结构及大跨度十字扁梁楼盖体系,大柱距竖向结构与扁梁楼盖体系的应用满足了逆作法挖土、支撑及结构施工的空间要求,同时又提高了建筑竖向及水平空间的使用效率。

(4) 地下室底板采用带柱帽无梁平板,地下室

底板采用无梁楼盖形式，利用桩台作为柱帽，减小底板下模板支撑的复杂性，大大方便全逆作法施工。

2. 钢-混凝土组合结构新技术的设计及应用

通过理论计算分析和科学试验研究相结合，科研开发与设计施工相结合，本工程结构应用了大量创造性的钢-混凝土组合结构新技术。

(1) 带约束拉杆异形钢管混凝土柱及节点技术的创造性应用，解决了长期影响地下室逆作法工期及效率的剪力墙核心筒的施工难题，同时又提高了钢-混凝土组合结构剪力墙筒体的延性。在裙楼商场位置，设计上利用带约束拉杆异形钢管混凝土柱承载力高及延性好的优点，采用上下部结构平面变异的剪力墙筒体设计，裙楼采用四个角部柱式筒体代替习惯上沿用的整个剪力墙核芯筒，通过转换层再改为普通住宅核芯剪力墙，形成了商场通透大空间。

(2) 新型钢-混凝土组合结构转换层结构，其中伞形斜柱结构及9m双向悬臂托换26层结构的空腹钢箱-混凝土组合梁是设计的突出特点。为降低结构的自重，同时方便与钢管混凝土柱连接，转换层采用新型内置空腹钢箱的钢-混凝土组合梁形式；为减少部分大跨度和悬臂转换梁的计算跨度，结构上在局部钢管混凝土柱上设置了伞形斜柱结构(图4-35)，斜柱采用钢管混凝土结构，受力合理明确，减小了转换梁内力，钢结构的连接处理及浇筑混凝土都很方便，大大减小转换梁高并减少楼层的质量，增大了使用空间并有利于抗震。

(3) 钢管混凝土柱单梁钢-混凝土组合环梁节点技术，在理论分析试验研究基础上，本工程设计上采用新型钢-混凝土组合环梁节点代替以往的钢筋混凝土环梁节点，节点区钢梁与节点区混凝土的组合，组成了劲性结构，大大增加了节点的刚度。这种新型节点很轻巧，环梁宽度仅200mm，对边柱、自动扶梯柱及建筑要求不希望外露节点的地方适合应用。

3. 整体结构的优化及合理设计

(1) 充分结合建筑平面及空间要求的合理的竖向及水平结构布置。

(2) 无粘结集束布索平板预应力技术，塔楼标准层由于建筑功能的要求，需要采用大板的形式，在分析比较的基础上，结构设计采用新型的无粘结集束布索平板预应力技术，方便楼板中自由灵活布置洞口。

4. 重视科学研究，攻克技术难关

针对本工程面对的多项技术难题，设计上对整体结构及复杂的构件及节点进行了多个计算程序的精心计算及对比，并先后进行了一系列的科研试验和监测检验工作，对大厦的成功建设提供了十分有力和宝贵的科学技术依托，完满地解决了多项结构超限问题，主要科学研究工作有如下几项：

(1) 带约束拉杆异形钢管混凝土柱及节点试验研究；

(2) 钢管混凝土柱新型节点抗震性能的试验研究；

(3) 新型内置空腹钢箱的钢-混凝土组合梁抗震性能试验研究；

(4) 地下室全逆作法施工过程基坑变形与大厦变形沉降的动态观测及数值研究。

(十五) 湖北出版文化城

工程概况：

本工程建筑面积约12万m^2，是目前全国最大的图书城。本工程由两栋23层高100m的连体塔楼和4层24m高的裙楼组成(图4-36)。地下两层地下室，地下二层为人防地下室，地下一层至地上四层均为展销大厅，活荷载达10kN/m^2。整个建筑物总长153m，总宽102m。主楼与裙楼之间采用沉降-防震缝分开。主楼基本柱网9m×9m，稀柱-筒体结构，外框与内筒之间采用预应力扁梁。两栋

图4-35 伞形斜柱转换结构

塔楼在 70m 左右高处设有 45m 跨、14.4m 高的钢结构连接体,连接体钢桁架与主楼刚性连接。裙楼基本柱网为 9m×18m,采用双向预应力主次梁体系。

图 4-36　湖北出版文化城

主楼采用大悬挑扩展式预应力箱基,裙楼采用预应力筏基。两栋塔楼弧形屋顶采用钢网壳。

设计、技术特点:

1. 主楼大悬挑扩展式预应力箱基

地下室底板以下为(6)层含砾黏土,$f_k=340kPa$;下卧层为(7)层黏土 $f_k=340kPa$;(7)层以下为普遍分布有串通型溶洞的石灰岩,不宜采用桩基。为避免穿越或处理溶洞且为缩短工期,本工程主楼利用石灰岩上部的(6)层黏土为持力层,采用箱形基础。因下卧层(7)层承载力较小且为调整偏心,箱基三边整体外挑,最大一边外挑 7.15m。为抵抗巨大的整体弯矩,在箱基底板及部分顶板中分段设置预应力直线筋,形成大悬挑扩展式预应力箱基。大悬挑预应力箱基在国内应用较少采用直线束以抵抗整体弯曲,这种设计方法更是第一例。

2. 裙楼预应力筏基中带折线束预应力空腹桁架的应用

裙楼与主楼地下室底板标高相同,为使主楼地基承载力能进行深度修正等原因,裙楼采用梁板式预应力筏基;沿 18m 跨方向将地下二层与地下一层的梁相连,构成带折线束的预应力空腹桁架,这种形式的桁架用于基础构件在国内亦是首例。

3. 45m 跨钢结构连接体

两栋塔楼之间在标高 63.600~78.00m 处设有 45m 跨连接体,高 14.4m,宽 13m,采用两榀 14.4m 高的钢桁架承重,钢桁架两端伸至主楼内筒体与之刚接,相邻楼层柱均采用钢骨柱。钢桁架采用焊接 H 型钢及箱形钢构件,焊接节点,在下部裙楼平台拼装焊接成整体后采用两台桅杆式起重机整体抬吊。

4. 上部预应力结构:

裙楼基本柱网 9m×18m,采用预应力主次梁楼盖,主楼采用预应力扁梁。本工程是湖北省暨武汉市第一栋全面采用预应力技术的工程。

5. 技术经济指标

建筑面积约 12 万 m^2,总投资约 4.5 亿人民币。主楼标准层用钢量 $65kg/m^2$。

优点:采用扩展式预应力箱基后,由于回避了溶洞问题且避免了打桩,明显缩短了工期(至少 2~3 个月),节约了造价。

(十六) 杭州第二长途电信枢纽工程

工程概况:

本工程位于杭州市滨江区,钱江三桥靠市区一侧与富春江路交叉口处,处于由萧山机场进入市区的显要位置,为杭州市重要的标志性建筑之一。该工程性质为电信生产用房,建筑面积为 $67000m^2$,由通信机房楼、营业中心及附属楼三部分组成(图 4-37)。营业楼临三桥路布置,长途电信楼沿富春江路,对内由一、二层平台把两部分连在一起,形成立体交通模式。其中主楼主体部分为:地下 2 层,地上 41 层,檐口高度 169.5m,为超高层建筑。结构体系为钢筋混凝土筒中筒结构,外筒尺寸 37.2m×37.2m,内筒尺寸 19.2m×13.2m。其中 1~36 层为电信生产用房,36 层以上向内筒收进,逐步过渡到中心筒体部分,建筑物顶部为一直

图 4-37　杭州第二长途电信枢纽工程

径20m的球体，球体内设三个结构层，球顶高度209.1m；球顶设钢桅杆，桅杆顶部高度233.1m。基础形式为桩筏基础。根据原邮电部相关文件的规定及该工程的重要性，抗震设防烈度为7度，抗震类别为乙类。

设计、技术特点：

本工程为超高层电信建筑，建筑造型新颖，楼面使用荷载大，一般机房活荷载为$10kN/m^2$，电池电力机房达$16kN/m^2$。为满足使用功能要求及充分体现建筑师的设计意图，在结构设计方面采取了多项技术措施。

1. 桩端后注浆技术

本工程场地属于钱塘江冲积平原。区域构造属华东平原沉积区中的长江三角洲徐缓沉降区。由于上部荷载较大，基底土层承载力不能满足设计要求，根据地基情况和当地基础施工经验，采用钻孔灌注桩。桩径1500mm，桩长约40m，桩身混凝土强度等级C30，桩端持力层为圆砾层。经计算单桩承载力仅能达到14000kN，无法满足工程需要，为此采用了当时较新颖的桩底注浆技术，使单桩承载力得到提高，满足了工程需要。

2. 结构转换技术

为配合建筑设计意图，结构采用了多次转换处理。结构4层以下柱距为6～12m，4层以上柱距为3m，采用深梁转换；30层以上，去掉角柱；36层以上，结构收进，仅剩内筒，为减轻刚度突变的影响，由36层顶设置8道斜撑至38层以上，支撑中心结构；37层为通往顶部球体的电梯井设置转换梁。

3. SRC结构技术

为提高柱抗震性能及减小柱截面尺寸，对底部四层内力较大的外筒柱采用了型钢混凝土柱；经四层深梁结构转换的五层柱由于刚度变化的影响，内力亦较大，也采用了SRC结构。

4. 高度近200m处楼顶设置大型钢网架球体的特殊结构处理技术：建筑顶部设计了直径20m的大型球体网架结构，根据建筑要求，外观上应形成由四角支柱托起球体的造型，球体下部与主体之间应镂空；球体内部具有使用功能，由3层平面构成，拟作为观光休闲场所。球体在高空200m，要有足够的抗震抗风能力。由于当时国内尚无类似工程经验借鉴，技术难度较大。经与中国建筑科学研究院多位专家共同研究分析，确定了结构方案。

(1) 结构体系上应形成可靠的抗水平力体系。原建筑意图的四点支承方案在抗水平力方面，结构刚度强度明显不足，结构水平位移及网架支座无法安全保证，同时在抗震方面缺少第二道防线。根据以上分析，结合功能上的要求，在结构38层设置转换层，并将中间部分结构内筒剪力墙向上延伸，形成一道6.59m×7.8m的钢筋混凝土筒体，作为主要抗侧力构件，在内部布置电梯井和楼梯；周围四个柱子和钢筋混凝土筒体共同承担竖向力；柱子和钢筋混凝土筒体间由三层楼面连接，形成了一个框筒体系，结构受力明确，抗震抗风性能优良，结构安全有保证。

(2) 在三个楼层外周上设置环梁作为网架球壳的支座，这样网架支座由四个点变为多层多个点，支座负担大大减轻，安全性提高。

(3) 经计算分析，内筒墙和框架柱内力均较大，由于截面尺寸限制，均采用SRC结构。

考虑到减轻自重对球体结构抗震更为有利，因此球体三层平台的楼面次梁采用钢梁；而框架梁作为悬挑梁支座、环梁作为网架支座仍然采用钢筋混凝土结构，以求有较好的抗扭刚度和便于网架支座布置。

(十七) 厦门国际银行大厦

工程概况：

厦门国际银行大厦是厦门信基置业有限公司投资建设的一幢超高层建筑。大厦位于厦门金融、商业、旅游人流聚集的繁华路段——鹭江道与中山路交汇处，毗邻海外游轮停靠地之一的厦门港鼓浪屿。大厦建筑面积$55362m^2$，总高度146.5m，是一幢高档次、智能化、全海景的写字楼（图4-38）。

主楼有3层地下室，地面以上有32层办公楼，1层带裙房（图4-39），Ⅱ类场地，7度设防，主楼持力层为微风化花岗岩，裙房持力层为中风化花岗岩。均采用桩基，且一柱一桩。主楼最大桩径$\phi2500mm$，裙房桩径$\phi900mm$，桩长约12m，基础底板（抗水板）厚950mm，兼作桩承台，采用"无缝设计"。计算及构造按倒扣无梁板柱，并在柱间

图 4-38 厦门国际银行大厦

图 4-39 大厦主楼

设暗梁,荷载由水压和人防荷载进行组合。主楼采用全现浇钢筋混凝土框架核芯筒结构,抗震等级二级。

设计、技术特点:

1. 技术特点

因建筑要求 300°全海景,将核芯筒偏于北侧,结构扭转变形较大。属平面扭转不规则结构。由于扭转柱均为计算配筋,顶部轴 P-12 梁超筋,此处板筋上下贯通。为改善结构的受力状态,提高结构的抗侧刚度,经与建筑设计配合,还采取了以下措施:

(1) 筒体北侧弱化,墙厚取 250mm,筒体南侧墙最厚处为 600mm。南侧框架梁加强为 550mm×750mm。

(2) 边、角柱尤其是裙房周边框架设计及扭转影响和地震双向作用,箍筋采用十字筋及螺旋箍。框架柱箍筋采用双筒螺旋箍加复合箍。为增加柱子的约束,提高其延性及抗弯承载力,推迟出现塑性铰,将纵筋的配筋率适当提高约为 2%,配箍率为 1.4%。

(3) 为最大限度地增大建筑净空,降低梁高,部分梁做了有粘结预应力,梁在筒体支座处的锚固构造按图 4-40 进行了改进,增加了突出部分,以改善其在强震时的锚固能力。

厦门地处我国东南沿海,系受西太平洋台风和南海台风共同侵袭影响的多发区。多年平均 6 级以上大风日数 30.2d,最多的大风日数为 53d,最大平均风速是 1959 年 8 月 23 日的 38m/s。大风风向以东北为主,西南次之,与 7 度横向地震作用相比,风荷载常起控制作用。国际银行大厦高度高,有独特的圆弧外形,加之有邻近海滨大厦和海光大厦等建筑物的影响,因而绕大厦的空气流动比较复杂,因此对国际银行大厦进行抗风设计,对其模型进行风洞试验是很必要的,试验在北京大学 2 号大气边界层风洞进行,对比按《高层建筑混凝土结构技术规程》JGJ 3—91 计算所得的风荷载标准值,可以看出,100m 以下风洞试验所得风荷载标准值远小于规范值,例如在 100m 高程处,风洞试验所得的风荷载为 4.50kPa,规范值为 6.670kPa。而 130m 以上的风洞试验荷载值又大于按规范所得的计算值。因此,一律采用风洞试验所得荷载。

结构分析按 7 度地震设防烈度,Ⅱ类场地,采用薄壁理论的三维杆系结构有限元分析软件 TBSA 和壳单元理论的三维组合结构有限元分析软件 SATWE 分别进行计算。计算中注意了以下几点:

(1) 柱轴压比的控制严格执行规范限值,本工程抗震等级为Ⅱ级,轴压比未超过 0.8;

(2) 质心处层间位移角、顶点位移角及边缘构件的最大层间位移等均控制在适当的范围内;

(3) 进行了多方向地震输入计算,每间隔 15°计算一次并考虑弯扭耦合作用;

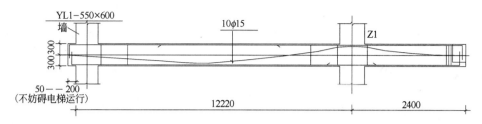

图 4-40 预应力配筋构造大样

(4) 进行与筒体垂直连接的框架梁的计算时分别按铰接和刚接进行了对比计算;

(5) 用福建省地震局提供的 12 条地震波(其中 6 条自然波,6 条人工波)进行时程分析。

另外,地震部门根据场地地质情况提供的场地可能产生的人工地震记录 USER-1,USER-2,其弹性时程分析所得的各项结果均小于考虑耦合影响的 CQC 法的结果。这主要是因为本工程建在地基较好的场地上。本场地周期 0.25s,而结构又具有较好的柔性,主周期在 3.157~0.732s 之间,远离场地的卓越周期,避开了共振放大的影响。

需要注意的是,这个工程是在 1997 年和 1998 年设计的,当时的新规范还没出来,按照新规范的规定,建筑的抗震等级由原来的二级升为一级,根据新规范设计的时程分析结果与原来的分析结果有较大的差异,地震力大于原来的计算结果。

2. 主要技术经济指标(表 4-2)

工 程 统 计 量　　　　　表 4-2

项　目	单　位	数　量
柱混凝土	m³	3396.7
主梁混凝土	m³	5477.6
楼板混凝土	m³	4492.7
剪力墙混凝土	m³	6195.3
钢筋用量		76 kg/m²

执笔人:冯大斌、赵基达、王翠坤

混凝土及预应力混凝土技术篇

混凝土及预应力混凝土分会

目 录

一、混凝土及预应力技术发展概述 ……… 255
（一）混凝土工程技术发展概况 ……… 255
（二）预应力技术发展概述 ……… 255

二、混凝土及预应力技术发展成就 ……… 257
（一）材料技术发展成就 ……… 257
（二）混凝土结构工程基本理论及标准技术发展 ……… 259
（三）混凝土结构施工技术发展 ……… 260
（四）混凝土工程无损检测技术发展 ……… 264
（五）混凝土工程应用技术 ……… 265
（六）预应力技术发展成就 ……… 265

三、混凝土及预应力技术发展趋势 ……… 268
（一）我国混凝土材料技术发展前景 ……… 268
（二）钢筋及预应力筋材料技术发展趋势 ……… 269
（三）钢筋工程施工技术的未来 ……… 269
（四）预制混凝土技术的发展 ……… 269
（五）预应力技术的发展 ……… 270

四、典型工程实例介绍 ……… 271
（一）广州中信广场大厦（超高层纯混凝土结构）……… 271
（二）上海金茂大厦（大体积混凝土和超高泵送施工技术）……… 271
（三）青岛国际金融中心（超高层混凝土及预应力混凝土结构）……… 272
（四）深圳市邮电信息枢纽中心大厦（超高层混凝土及预应力混凝土结构）……… 273
（五）北京动物园公交枢纽（高层预应力混凝土结构）……… 273
（六）深圳威尼斯酒店（高层混凝土及预应力混凝土结构）……… 274
（七）首都国际机场T2航站楼及停车楼（大面积、大跨度预应力混凝土结构）……… 275
（八）北京四惠地铁车辆段（大面积、大跨度预应力混凝土结构）……… 276
（九）唐山会展中心（大面积、大跨度预应力混凝土结构）……… 276
（十）深圳大中华证券交易大厅（大面积、大跨度预应力混凝土结构）……… 277
（十一）杭州新城站综合楼（特种构件、特种结构预应力技术）……… 279
（十二）浙江黄龙体育中心主体育场（特种构件、特种结构预应力技术）……… 279
（十三）田湾核电站预应力混凝土安全壳（特种构件、特种结构预应力技术）……… 280
（十四）中关村软件园软件广场（特种构件、特种结构预应力技术）……… 280
（十五）广东奥林匹克体育场（特种构件、特种结构预应力技术）……… 281

一、混凝土及预应力技术发展概述

(一) 混凝土工程技术发展概况

近 10 年来,在巨大工程建设任务,特别是重点建设项目和大型工程的带动下,我国的混凝土工程技术水平有了很大的提高。目前,我国混凝土的年用量约为 24～30 亿 m^3,用于房屋建筑和土木工程的水利、交通、市政等所有行业,从结构材料类型方面来讲,混凝土结构约占全部工程结构的 90% 以上,混凝土将是现阶段乃至未来 20 年内我国主导的工程结构材料。

围绕结构混凝土技术,我国的材料、设计、施工、理论、教学和标准等部门的工程技术人员,组成了许多学术机构、工作组和研发团队,研究和交流混凝土工程技术的相关问题,可以说我国有世界上最大、最全面、较高水平的混凝土工程技术研发和应用队伍,集聚了极其宝贵的人才。

10 年来,混凝土材料技术的总体发展水平是高强度(C60～C80 级)混凝土得到推广,C100 级混凝土开始应用)、高性能(自密实、补偿收缩、低水化热等高性能混凝土)、多品种(早强、速强、防水、纤维、水下等品种),混凝土平均强度进一步提高,混凝土外加剂技术迅速发展,品种增多,混凝土材性得到较好改善,各种不同功能混凝土不断推出。

混凝土工程技术理论研究进一步深入,相应标准规范全面更新或正在更新。主要有《混凝土结构设计规范》GB 50010—2002、《混凝土结构工程施工质量验收规范》GB 50204—2002、《预拌混凝土》GB/T 14902—2003、《普通混凝土配合比设计规程》JGJ 55—2000(修订中)、《混凝土质量控制标准》GB 50164—92(修订中)、《混凝土强度检验评定标准》GBJ 107—87(修订中)等。

混凝土结构分析设计水平进一步提高,我国自主版权的建筑工程软件如 PKPM 等采用高精度有限元分析设计混凝土结构已得到大量应用,混凝土结构抗震、隔震、减震等新型设计理念在工程中得到应用,混凝土结构耐久性和可持续发展等设计思想开始在工程中体现。

混凝土工程施工技术取得较大进展,预拌混凝土成为东部发达地区的主要配送方式,模板技术水平进一步提高,混凝土搅拌、运输、布料等环节的机械化水平大大提高。特殊构件、特殊部位、特殊技术的混凝土施工形成多种成套技术或工法,如大体积混凝土施工技术、超长混凝土结构设计施工技术、超高混凝土泵送施工技术、钢管混凝土施工技术、型钢混凝土施工技术等。

混凝土结构应用出现超高层、超大跨、超大体积、超大面积、超重荷载等各种行业、各种形状、不同功能的结构物。如建筑工程中的上海金茂大厦(混凝土泵送高度达 382.5m)、广州中信广场(纯混凝土结构,80 层,结构屋面高度达 322m)、深圳赛格大厦(最高的钢管混凝土结构,72 层,结构屋面高度 291.6m)、唐山会展中心(结构跨度达 50m)、深圳大中华证券交易大厅(柱网为 42m×34m);桥梁工程的中小跨公路、铁路和城市桥梁都是混凝土和预应力结构,最大跨度为广东虎门副航道桥达到 270m;特种工程结构如秦山二期、三期、岭澳、田湾核电站,各种污水处理设施结构,各种工业储存结构。其中有不少项目工程体量大、技术复杂、施工难度很大,但由于应用了许多先进技术,不仅保证了工程建设的顺利进行,而且达到了当代国际先进水平,充分显示了我国混凝土工程技术领域具有雄厚实力,普遍达到或接近国际先进水平。

(二) 预应力技术发展概述

1. 我国预应力技术发展历史回顾

预应力混凝土经过 50 年的发展,目前在我国已成为土建工程中一种十分重要的结构材料,应用范围日益扩大,由以往的单层及多层房屋、公路、铁路桥梁、轨枕、电杆、压力水管、储罐、水塔等,现在已扩大到高层建筑、地下建筑、高耸结构、水工建筑、海洋结构、机场跑道、核电站压力容器、大吨位船舶等方面。

2. 房屋建筑中的预应力技术发展历史

20世纪50年代初，大量工业厂房和民用建筑需要兴建，而结构材料，特别是型钢和木材奇缺，由于难以解决厂房钢结构屋盖与钢吊车梁的型钢用料，迫切要求改用预应力混凝土来代替。按照预应力经典理论，生产预应力混凝土必须要用高强钢材（钢丝和钢筋）和高强混凝土，要用专门的张拉千斤顶、锚夹具及其配套的专用机械与零部件，而在我国当年除书本知识外，真是一穷二白，一无所有。要从国外进口，既缺外汇，又受帝国主义封锁，而苏联当时也起步不久，在人力物力上无力对我国援助。正是在这一艰难的时刻，原建筑工程部建筑科学技术研究所（中国建筑科学研究院的前身）接受了国家计委的任务，沿着自力更生、土法上马、走不同于国外的具有中国特色的低强钢材预应力的发展道路，开始了预应力混凝土的研究任务。

从20世纪50年代初至80年代初，我国房屋结构中开发研制了一整套预制预应力构件技术，如屋面梁、屋架、吊车梁、大型屋面板、空心楼板等，其中预应力空心板年产量达到1000万 m^3 以上。这一时期的预应力技术特点是采用中、低强预应力钢材，采用中国特色的预应力张拉锚固工艺技术。

从20世纪80年代中期至21世纪初，房屋建筑中预应力技术得到巨大发展，其显著特点是采用高强预应力钢材及相应工艺技术，对整体结构施加预应力，技术水平接近发达国家先进水平。20年间建设了一大批预应力工程，其中有代表性的工程有63层预应力楼面的广东国际大厦；214m高的青岛中银大厦；单体预应力用量最大、品种最多的首都国际机场2号航站楼；柱网最大的深圳大中华证券交易中心（34m×42m）等。

3. 桥梁结构中的预应力技术发展历史

1955年，铁路部门研制成功我国第一片跨度12m的预应力混凝土铁路桥梁，1956年建成28孔24m跨的新沂河大桥，从而开始了预应力混凝土技术在我国铁路上研究和应用的篇章。50年来，经过铁路系统各方人员的辛勤努力，预应力技术不断扩大，技术水平不断提高，制造架设跨度32m以下预应力混凝土桥梁三万多孔，桥梁跨度不断突破，大跨径桥梁不断涌现，其中有代表性的工程有主跨为168m的攀枝花金沙江铁路预应力混凝土连续刚构桥，杭州钱塘江二桥为顶推法施工的跨度80m预应力混凝土连续箱梁桥，此外在南昆铁路线、京九线和青藏线上新建了一大批各种类型的预应力混凝土铁路桥梁。

1957年，公路部门在北京周口店建造第一座预应力混凝土公路试验桥，为单跨20m简支T梁桥。1959年在兰州建成七里河黄河桥，为7孔主跨37.5m悬臂梁桥。后又建成新城黄河桥，桥型为5孔33m的T形简支梁和1孔66m系杆拱桥，奠定了我国建造预应力混凝土桥的基础。

随着我国交通运输的蓬勃发展，50年来，公路上建造了大量预应力混凝土桥，尤以大跨径桥梁居多。如我国已建成主跨400m以上预应力混凝土斜拉桥多座，预应力混凝土连续刚构桥如虎门大桥和苏通大桥达270m主跨，居世界领先水平，上海东海大桥、杭州湾跨海大桥预应力混凝土简支梁桥跨度达到70m，这些桥型和其他桥型无论在跨度还是在施工方法上都已处于世界先进水平。

城市立交桥中的预应力技术主要是20世纪70年代开始起步的，目前仅北京修建的立交桥就已达200座，其中最早的立交桥是1974年建成的复兴门桥，采用先简支后连续方法施工；层次最多最高的是天宁寺立交桥；北京三环、四环、五环和城市铁路修建了一大批不同类型的桥梁。

4. 特种工程中的预应力技术发展现状

预应力技术在我国各种工程结构领域中均得到广泛应用，其中主要有水利工程中的边坡加固，建筑物基坑开挖的支护等所采用的土层、岩层预应力锚杆技术，代表工程为云南漫湾水电站左岸岩质高边坡加固和北京京城大厦深基坑支护；有竖向超长预应力技术的应用，代表性工程有中央、天津、南京、上海等电视塔的预应力技术；有环形预应力技术的应用，代表性工程有秦山、大亚湾、田湾核电站预应力混凝土安全壳、柴里煤矿煤仓、珠江水泥厂水泥生熟料仓、广东惠阳液化LNG储罐，各种圆形及蛋形污水处理池，东深供水、南水北调大直径预应力混凝土输水管道；有超重、超高物体提升预应力技术，代表性工程有北京西站主站房大跨钢梁提升、上海歌剧院钢屋盖提升、虎门大桥钢箱梁节段提升等。

二、混凝土及预应力技术发展成就

(一) 材料技术发展成就

1. 混凝土材料技术

我国混凝土技术的发展历程，可以大致分为三个阶段：

20世纪50~60年代前半期，当时国内的水泥产量少、生产技术落后，水泥中所含早强矿物(硅酸三钙)少、粉磨细度小；加之在计划经济体制下，水泥厂为了完成产量定额指标，在产品里掺入比例不小的混合材，因此生产供应的水泥活性小、标号低。从经济角度出发，最大限度地节约水泥是当时生产与使用混凝土的重要考虑出发点，所以在配制时，为了满足并不高的设计强度，仍然需要水灰比尽量低；粗骨料的最大粒径越大越好、砂率越小越好，因此从搅拌机出来的拌合物一般都很干涩，即使被称为塑性混凝土的拌合物，也只有20mm左右的坍落度，使运送、浇注和振捣等操作都比较困难。但是，正因为这个时期使用的是干硬性的混凝土拌合物，水泥的早期强度发展缓慢，因此稳定性较好(离析、泌水少)，硬化混凝土的裂缝少，耐久性相对较好。

20世纪70~80年代由于文化大革命期间疏于管理，也因为新施工工艺，尤其是泵送工艺和混凝土路面真空吸水工艺的应用，由于混凝土外加剂，尤其是高效减水剂的应用，以及易于浇捣、加快施工速度、缩短工期的需要，混凝土拌合物逐渐从干硬向塑性转变，坍落度由0~20mm增大到180mm乃至更大。虽然因为减水剂对于水泥较强烈的分散作用，水灰比可以保持不变或有所降低，但拌合物的匀质性和稳定性仍然明显变差，在运输、浇注和振捣过程以及成型后都容易出现离析、沉降、泌水现象，从而在骨料与水泥浆的界面，或者钢筋与混凝土的界面形成薄弱的过渡区，混凝土硬化后，尤其在这一区域，形成大量孔隙与微裂缝。

20世纪90年代以后，由于许多大型结构物，尤其是高层建筑物和大跨桥梁的兴建，混凝土设计等级提高，而大剂量高效减水剂以及矿物掺合料的复合应用，使水灰比(水胶比)可以大幅度降低，配制生产出来的拌合物强度发展迅速，满足了工程施工对高早强混凝土的需求。这一时期，水泥混凝土技术还发生了一系列重大的变化，包括水泥中的硅酸三钙(早强矿物)增多、粉磨细度加大，使活性大幅度提高；以散装运输车大包装方式运送和储存水泥的发展，使水泥进入混凝土搅拌机时的温度明显升高，尤其在炎热的夏季可达90~100℃；混凝土中水泥用量的增大，进一步加剧了水化温升的发展。由于混凝土自身收缩增大，尤其是混凝土早期强度和弹性模量增长迅速，徐变能力很快减小，使早期变形受约束产生的弹性拉应力明显增大，且得不到松弛，因此在外界的荷载和环境条件引起的干缩、温度收缩叠加作用下就容易出现开裂。近年来，随着工程界对耐久性问题的进一步重视，混凝土温升控制、裂缝控制等技术和工艺得到开发，外加剂技术不断改进，混凝土性能进一步提高。

目前，我国混凝土的年用量约为24~30亿m^3，用于房屋建筑和土木工程的水利、交通、市政等行业。总体发展水平是高强度、高性能、多品种，混凝土平均强度进一步提高，混凝土材性得到较好改善，各种不同功能混凝土迅速发展。我国大量应用的混凝土强度级别是C20~C40，平均C30左右，预应力结构中使用的混凝土为C40~C50。C50、C60级高性能混凝土在工程中已有较普遍的应用，少量工程已设计并使用到C80~C100级混凝土，并能泵送施工。随着外加剂技术的发展，满足早强、高强、抗冻、低收缩、泵送等多种性能要求的自密实混凝土、碾压混凝土、纤维混凝土、特种混凝土等不同工艺、不同原料、不同品种的混凝土技术研究与应用发展很快。

2. 钢筋材料技术

我国传统混凝土结构以Ⅱ级钢筋为主导钢筋，Ⅰ级钢筋作箍筋及辅助配筋。国外钢筋强度等级为300MPa、400MPa、500MPa。400MPa级已成为主导受力钢筋，200MPa级趋于淘汰，500MPa级应用已经开始。我国混凝土结构用钢筋的强度等级已明显滞后。

新制订的混凝土结构设计规范将HRB400(Ⅲ)级钢筋作为主导受力钢筋。其设计强度360MPa,强度价格比130MPa·kg/元,高出HRB335(Ⅱ)级钢筋及冷加工钢筋15%以上。采用钒氮工艺后还可进一步降低成本。设计表明,新规范修订以后安全储备提高,用钢量增加10%以上。但以HRB400(Ⅲ)级钢筋为主导受力钢筋后,钢筋价格仅上升5%,具有明显的经济效益。我国混凝土结构使用钢筋的技术水平已达到国际先进水平。

国外注重改善钢筋的综合性能,延性已得到足够的重视。若干国际标准已将钢筋按延性分级:作为受力钢筋的最小均匀伸长率为2%~2.5%;高延性钢筋达5%~9%。我国的HRB400(Ⅲ)级钢筋延性好,均匀伸长率$\delta_{gt} \geqslant 10\%$,强屈比$\sigma_b/\sigma_y \geqslant 1.30$,远高于各种冷加工钢筋。在意外超载、地震及事故条件下绝对不会脆断。完全适用于抗震结构,并可考虑塑性(塑性内力重分布)设计。我国混凝土结构用钢筋的材料生产水平已达到国际先进水平。

目前我国混凝土结构用钢筋年消费量在8000万t以上,约占全世界钢筋用量的1/3以上。钢筋常用品种可分为HPB235(Ⅰ级钢)、HRB335(Ⅱ级钢)、HRB400(Ⅲ级钢)和CRB550(冷轧带肋钢筋)。钢筋强度级别为235MPa(Ⅰ级钢)、335MPa(Ⅱ级钢)、400MPa(Ⅲ级钢)和550MPa(冷轧带肋钢筋),HPB235生产规格为$\phi6.5$和$\phi12.0$,表面光滑不带肋,现场冷拉后可形成不同规格,主要用于制作箍筋和板类构件的受力或分布钢筋。HRB335是目前我国建筑用钢筋的主要品种,已持续使用了三十多年,其规格为Φ12、14、16、18、20、22、25、28、32、36、40,表面带纵肋和月牙形横肋,标准强度为335MPa,主要用于制作结构受力钢筋。HRB400是近几年工程使用的钢筋品种之一,其主要规格为Φ12~50大直径和Φ6.0~12.0小直径品种,该钢筋表面带纵横肋,标准强度为400MPa,Φ12~50直径用作结构受力主筋,Φ6.0~12.0可用于制作箍筋和板中钢筋。CRB550直径为$\phi4$~12,分为三面肋和二面肋,标准强度为550MPa,由Q215或Q235盘条经冷轧制成,主要用于板类构件的配筋,可采用绑扎、焊接骨架或焊接网片形式,也可用作箍筋和构造钢筋。

3. 预应力筋材料技术

我国从20世纪80年代中期开始引进国际上先进的低松弛、高强度预应力钢丝、钢绞线生产线,目前国内共有引进和国产改进的该类生产线40余条。我国高强度低松弛钢材年产量已大于100万t,年使用量约100万t,成为世界第一生产大国和使用大国,高强度低松弛预应力筋成为我国预应力筋的主导品种,这表明目前我国预应力筋的生产技术、生产量和使用技术处于世界先进水平。

预应力筋是一种特殊的钢筋品种,通常我们知道在普通混凝土结构中,钢筋强度只能发挥到400~500MPa,高强度钢筋在普通混凝土结构中不能充分发挥作用,而预应力技术则是在高强钢筋受力前预先在钢筋中建立一定初应力来利用高强钢筋的技术,从这一点上讲,预应力技术就是建立和保存钢筋中初始应力的技术。预应力筋使用的都是高强度钢材,目前工程中常用的预应力钢材品种有以下几种:

(1) 预应力钢绞线,由7根$\phi5$或$\phi4$钢丝扭绞而成,常用直径$\phi15.2$、$\phi12.7$,标准强度1860MPa、1720MPa,低松弛,用于各类预应力结构作为主导预应力筋品种;1×3预应力钢绞线,标准强度1570~1860MPa,用于先张预应力构件,用量较少。

(2) 预应力钢丝,常用直径$\phi4$~$\phi8$,标准强度1570~1860MPa,外表面光圆、螺旋肋或表面刻痕,其中光面钢丝用于后张预应力结构,螺旋肋钢丝和刻痕钢丝用于先张预制预应力构件,用量较大。

(3) CRB650冷轧带肋钢筋,常用直径$\phi4$、$\phi5$、$\phi6$,标准强度650MPa,主要用于先张生产的预制预应力空心板等构件,有一定用量。

(4) 粗直径预应力钢筋,主要有冷拉Ⅱ、Ⅲ级钢筋,热处理Ⅳ级钢筋和精轧螺纹钢筋等,这些预应力钢筋目前用量较少。

4. 预应力筋张拉锚固技术

20世纪60~70年代,我国研究开发了多种中低强预应力筋张拉锚固技术,主要有螺丝端杆锚固技术、高强钢丝镦头锚体系、JM锚体系、弗氏锚体系等。20世纪70年代中期,编制出版了常用预应力锚夹具定型图册。80年代中后期，我国技术人员跟踪国际先进水平，成功地开发了预应力钢绞线群锚张拉锚固体系，较好地解决了预应力施工中的关键技术，特别是大吨位(200～10000kN级)预应力锚具及配套张拉设备。

目前我国预应力钢绞线的锚具用量约5000万标准锚固单元，且基本上为国产自主创新开发的产品，数量居世界第一，在性能指标方面已达到了FIP《后张预应力体系验收建议》的技术要求，达到了国际先进水平。

（二）混凝土结构工程基本理论及标准技术发展

1. 混凝土结构安全性技术

结构安全性是结构防止破坏倒塌的能力，是结构工程最重要的质量指标。结构工程的安全性主要决定于结构的设计与施工水准，也与结构的正确使用(维护、检测)有关，而这些又与土建工程法规和技术标准(规范、规程、条例等)的合理设置及运用相关联。

（1）我国结构设计规范的安全设置水准

对结构工程的设计来说，结构的安全性主要体现在结构构件承载能力的安全性、结构的整体牢固性与结构的耐久性等几个方面。我国建筑物和桥梁等土建结构的设计规范在这些方面的安全设置水准，总体上要比国外同类规范低。

1) 构件承载能力的安全设置水准

与结构构件安全水准关系最大的两个因素是：①规范规定结构需要承受多大的荷载(荷载标准值)，比如办公楼，我国规范为200kg，而美、英则为240kg和250kg；②规范规定的荷载分项系数与材料强度分项系数的大小，前者是计算确定荷载对结构构件的作用时，将荷载标准值加以放大的一个系数；后者是计算确定结构构件固有的承载能力时，将构件材料的强度标准值加以缩小的一个系数。这些用量值表示的系数体现了结构构件在给定标准荷载作用下的安全度。我国建筑结构设计规范规定活荷载与恒载(如结构自重)的分项系数分别为1.4和1.2，而美国则分别为1.7和1.4，英国为1.6和1.4；说明我国规范的安全度水准低于欧美，但不同材料、不同类型的结构在安全设置水准上与国际间的差距并不相同，比如钢结构的差距可能相对小些。

2) 结构的整体牢固性

除了结构构件要有足够承载能力外，结构物还要有整体牢固性。结构的整体牢固性是结构出现某处的局部破坏不至于导致大范围连续破坏倒塌的能力，或者说是结构不应出现与其原因不相称的破坏后果。结构的整体牢固性主要依靠结构能有良好的延性和必要的冗余度，用来对付地震、爆炸等灾害荷载或因人为差错导致的灾难后果，可以减轻灾害损失。目前，我国规范体系对结构整体牢固性规定不明确，主要由结构设计人员根据结构重要性自行确定。

3) 结构的耐久安全性

我国规范规定的与耐久性有关的一些要求，如保护钢筋免遭锈蚀的混凝土保护层最小厚度和混凝土的最低强度等级，都低于国外规范。近年来，结构耐久性问题已引起工程界高度重视，行业内已补充编制了混凝土结构耐久性设计与施工指南，对一些重大工程结构还开展了专项研究，提出设计施工专门要求。

（2）对我国结构安全设置水准的基本评价

我国规范的安全度设置水准尽管不高，但在全面遵守标准规范有关规定，即在正常设计、正常施工和正常使用的"三正常"条件下，据此建成的上百亿平方米的建筑物绝大多数至今仍在安全使用，表明这些规范规定的水准仍然适用；但是理想的"三正常"很难做到，同时为了缩小与先进国际标准的差距以及鉴于可持续发展和提高耐久性的需要，在物质供应条件业已改善的市场经济条件下，结构的安全设置水准应适当提高。这种提高只能适度，因为我国目前尚属发展中国家。

2. 混凝土结构的耐久性技术

结构工程的耐久性与工程的使用寿命相联系，是使用期内结构保持正常功能的能力，这一正常功能包括结构的安全性和结构的适用性，而且更多地体现在适用性上。

大多数土建结构由混凝土建造。混凝土结构的耐久性是当前困扰土建基础设施工程的世界性问题，并非我国所特有，但是至今尚未引起我国政府主管部门和广大设计与施工部门的足够重视。长期以来，人们一直以为混凝土应是非常耐久的材料。直到20世纪70年代末期，发达国家才逐渐发现原先建成的基础设施工程在一些环境下出现过早损坏。发达国家为混凝土结构耐久性投入了大量科研经费并积极采取应对措施，而我国在耐久性技术方面研发较少。

建设部于20世纪80年代的一项调查表明，国内大多数工业建筑物在使用25~30年后即需大修，处于严酷环境下的建筑物使用寿命仅15~20年。民用建筑和公共建筑的使用环境相对较好，一般可维持50年以上，但室外的阳台、雨罩等露天构件的使用寿命通常仅有30~40年。桥梁、港工等基础设施工程的耐久性问题更为严重，由于钢筋的混凝土保护层过薄且密实性差，许多工程建成后几年就出现钢筋锈蚀、混凝土开裂。海港码头一般使用10年左右就因混凝土顺筋开裂和剥落，需要大修。京津地区的城市立交桥由于冬天洒除冰盐及冰冻作用，使用十几年后就出现问题，有的不得不限载、大修或拆除。盐冻也对混凝土路面造成伤害，东北地区一条高等级公路只经过一个冬天就大面积剥蚀。

近年来，在修订规范的耐久性要求上，交通部于2001年颁布的港工混凝土结构防腐蚀技术规范已为其他土建工程行业起到较好的示范作用，中国土木工程学会编制的《混凝土结构耐久性设计与施工指南》对于混凝土结构的耐久性技术水平将会产生较大的促进作用。同时我国在耐久性材料、耐久性设计、施工中的耐久性技术和使用阶段的正常检测与维护技术的研究工作方面已有进展。针对我国的原材料和环境等特定条件，研究耐久性技术是解决我国混凝土结构工程耐久性问题的基本方向。

3. 混凝土工程标准化技术

混凝土是我国结构工程的主要材料，多年来围绕混凝土工程技术，我国工程技术人员开展了大量的材料、设计、施工和标准规范研究。我国混凝土工程技术规范的数量和质量处于世界先进水平，混凝土结构标准体系较为完善。主要规范如《混凝土结构设计规范》GB 50010—2002、《混凝土结构工程施工质量验收规范》GB 50204—2002、《预拌混凝土》GB/T 14902—2003、《普通混凝土配合比设计规程》JGJ 55—2000、《混凝土质量控制标准》GB 50164—92、《混凝土强度检验评定标准》GBJ 107—87等涉及材料、验收、设计、施工、质量控制各方面。

（三）混凝土结构施工技术发展

1. 混凝土工程施工技术

（1）预拌混凝土技术

目前在我国主要大中城市均已建立起规模适当、布局合理的预拌混凝土工厂或专业公司，不少地区充分利用原有混凝土构件生产企业改造成预拌混凝土工厂。北京、上海、天津、大连等地区预拌混凝土供应量达总消费量的80%以上，2004年北京预拌混凝土生产供应量为3623.80万 m^3，而总的设计生产能力已超过7800万 m^3。许多混凝土公司年产量达100万 m^3 以上，在其他地区预拌技术也得到较大发展，预拌混凝土技术的普及改善了现场施工条件，提高了混凝土质量的保证率，节约了水泥，提高了劳动生产率，具有显著的经济和社会效益。

（2）混凝土浇注技术

预拌混凝土技术的发展，带动了混凝土运输和浇注技术的发展，目前在主要大中城市，专供混凝土长距离运输的搅拌运输车和现场机械泵送装置得到普及发展。预拌混凝土技术的发展和大流动性混凝土的采用，推动了泵送混凝土技术的发展。目前我国混凝土最大一次泵送高度，在上海金茂大厦工程达到382.5m，属世界第一。此外预拌混凝土技术的发展也保证了大体积混凝土技术的一次连续浇注，在上海世贸商城基础底板的浇注中，一次连续浇注混凝土36h，浇注混凝土量2.4万 m^3，标志我国混凝土施工技术达到世界先进水平。

（3）混凝土质量控制技术

混凝土不同于钢材等单一组分材料，它需要选配原料，进行配合比设计、试配、搅拌、运输、浇注和养护等多道现场施工工序，每一道工序都需要有严格的质量控制和管理，我国混凝土工程的质量控制技术较完善，保证了我国建筑工程质量。

（4）清水混凝土施工技术

近几年来，国内的清水混凝土发展很快，已广泛应用于高层建筑、公共建筑、市政、桥梁等工程。由于清水混凝土不抹灰、取消了湿作业，清水混凝土成型后的表面不做任何修饰，以混凝土自然状态作为饰面，混凝土表面的明缝、蝉缝和穿墙螺栓孔眼都是建筑装饰效果，因此，清水混凝土在国内将得到更广泛的应用。我国某些大型施工企业已编制了《清水混凝土施工工艺标准》，对清水混凝土的概念及验收标准作出明确的规定，对清水混凝土模板的设计、制作、安装、拆除和产品保护提出了具体的要求。

2. 钢筋工程施工技术

（1）钢筋现场加工技术

钢筋现场加工是指钢筋的调直、冷拉、切断、弯曲等，目前我国大量使用的HPB235级钢是以热轧盘条方式供应的，盘条进场后一般均需调直或冷拉后切断，钢筋的冷拉方法采用控制应力或控制冷拉伸长率的方法进行。钢筋的切断、弯曲由钢筋加工机械完成，也可由人工完成，钢筋的弯钩形状、尺寸等应符合规范的规定。小直径HRB400级钢一般由专门的加工厂进行调直下料、制作，ϕ12以上大直径钢筋一般以直条供应，现场下料加工制作，机械化程度较低。

（2）钢筋的连接与锚固技术

在《混凝土结构设计规范》GB 50010—2002和《混凝土结构工程施工质量验收规范》GB 50204—2002中，小直径钢筋采用搭接连接，大直径钢筋优先采用机械连接，也可采用搭接连接或焊接连接。目前在国内大中城市中，钢筋机械连接比例越来越高，而焊接连接由于多种因素影响，质量稳定性不好，使用量逐年降低。钢筋机械连接技术以直螺纹技术为主，钢筋直螺纹连接分为镦粗直螺纹钢筋连接技术和滚轧直螺纹钢筋连接技术。近几年来，直螺纹钢筋接头在众多的国内工程中大量应用，已占据国内钢筋机械连接市场的主导地位，尤其国家重点工程基本全部采用。

如已应用镦粗直螺纹钢筋接头的国家重点工程有：田湾核电站一期工程（将近60万个）、秦山核电站、大亚湾核电站、三峡水利枢纽工程、润扬长江大桥、苏通长江大桥、杭州湾跨海大桥、上海越江隧道、北京及上海地铁、深圳邮电大厦（54层）、新疆中天大厦（53层）、上海世贸滨江花园（60层）等。在大型桥梁工程中，采用加长丝头型镦粗直螺纹钢筋接头实施钢筋笼的整体对接，是十分理想的产品，仅苏通长江大桥主桥墩基础的钢筋笼就使用了将近30万个40mm直径的镦粗直螺纹钢筋接头。

滚轧直螺纹钢筋接头已应用于国家重点工程有：首都博物馆新馆、国家游泳中心—水立方、国家体育馆—鸟巢、国家大剧院、首都机场改扩建T3航站楼工程、三峡水利枢纽工程、广西龙滩水电站、上海及北京地铁等。

每年我国应用于各种工程的直螺纹钢筋接头数量已达数亿个，其数量居世界第一，我国钢筋连接技术水平处于世界领先水平。

钢筋锚固是通过延长若干倍钢筋直径的锚固长度实现的，在构件端部往往由于锚固的要求导致钢筋排放困难，我国钢筋的锚固技术处于落后水平，机械式锚固技术正在研发中。

（3）钢筋的安装技术

在混凝土结构施工中，模板工程目前已实现板底模大块化，柱模标准化，墙模采用工业化大模板，筒体模板采用整体式筒模或隧道模，墙、筒体还可采用滑模或爬模施工，效率大大提高；混凝土工程已大量采用预拌（商品）混凝土；而钢筋工程则是目前现浇混凝土结构中施工效率最低、工厂化程度最少的工序。目前钢筋工程的安装主要以人工现场绑扎为主，现场工作量大，机械化程度低。

（4）钢筋的工厂化制作

钢筋的工厂化制作在某些大型公司或工程场地紧缺的工地上采用，目前可以实现钢筋配料、制作，钢筋接头预制，箍筋制作，钢筋笼制作等工厂作业，也有工程的板、墙中钢筋采用工厂预制的焊接网片，在施工现场只需铺放定位即可，大大提高施工效率。

国内应用焊接网（含光面钢筋焊接网）的建筑工程，据不完全统计已有数百项。主要用在高层及多层住宅、写字楼、宾馆、学校、商店、仓库和厂房等建筑。使用部位包括楼板、屋面、墙体、地坪、基础、船坞和游泳池等。工程主要用在珠江三角洲、长江三角洲及京津等地。其中较典型的工程有：深圳地王大厦81层，高325m，总建筑面积27万m^2，所有楼板均采用焊接网，钢筋直径为10mm及8mm，网格尺寸均为200mm×200mm，共用各种型号焊接网675t，这是国内较早的在大型高层建筑中使用焊接网。深圳新世纪广场为一幢高185.82m、52层双塔楼多用途综合建筑，总建筑面积19万m^2，在14万m^2的楼板中采用冷轧带肋钢筋焊接网1500t。北京京皇广场26层，高91.2m，总建筑面积9.995万m^2，在7.5万m^2楼板中采用冷轧带肋钢筋焊接网1300t，考虑运输的方便，网片最大尺寸为11.7m×2.0m，钢筋直径为12mm及8mm，网格尺寸为150mm×400mm，这是国内在高层建筑中采用直径最大的冷轧带肋钢筋焊接网工程。广州市中水广场大楼46层，高173.4m，总建筑面积7.8万m^2，从地下室到屋面，所有楼板的底筋为冷轧带肋钢筋手工绑扎，所有楼板负筋和剪力墙的分布筋均为冷轧带肋钢筋焊接网，共用焊接网840t。这是国内将焊接网用在高层剪力墙墙面配筋的最高建筑。在广州的港澳江南中心大厦（54层）、深圳市邮电信息枢纽大厦（46层）及深圳市世贸中心大厦（54层）等工程中，也都大量采用焊接网，取得较好的效果。

焊接网在桥梁、路面上的应用国外已有几十年的历史，目前仍在大量应用。据不完全统计，焊接网在国内的桥梁、路面及构筑物等方面应用的项目已有数百项。比较典型的工程有：江阴长江公路大桥的引路，总共6200m长的桥面及组合T形梁上缘底板配筋均采用冷轧带肋钢筋焊接网。湖北孝感大桥8km长，总面积18.4万m^2的桥面采用直径6mm及6mm、网格尺寸100mm×100mm的冷轧带肋钢筋焊接网800多吨。上海远仙路高架桥桥面采用直径6mm及6mm、网格尺寸200mm×200mm的冷轧带肋钢筋焊接网500多吨。云南省玉溪—沅江高速公路共128座桥，桥梁总长16.4km，总面积12万m^2，采用直径6mm及6mm、网格尺寸100mm×100mm冷轧带肋钢筋焊接网600多吨。南京长江二桥和重庆嘉陵江黄花园大桥的桥墩等均采用了钢筋焊接网。正由于桥面用焊接网尺寸简单、型号少、焊网机可连续批量定型制作，生产效率高，降低成本，因此在国内的桥面和路面工程中大量采用钢筋焊接网。

3. 模板及支架工程施工技术

（1）总体状况

混凝土建筑工程由梁、板、柱、墙和筒体组成，其中水平构件梁、板模板面积约占全部工程模板面积的75%，用量巨大，技术水平较低；竖向构件柱、墙、筒面积不大，但品种多，难度大，技术含量高。目前我国建筑工程梁板模板以防水竹（木）胶合板散装散拆模板为主，技术水平较低，浪费和损坏较严重，板底工具式大模板、塑料模壳等技术使用较少。竖向构件柱、墙、筒等基本采用钢框竹（木）胶合板模板、钢模板、钢或胶合板大模板，特别是大模板、爬模、滑模、筒子模等先进工艺技术与设备得到推广应用，计算机控制的自动提升模板脚手新体系也有应用，对提高现浇混凝土施工工业化水平，具有较大促进作用。我国建筑工程的模板技术落后于国际先进水平。

混凝土桥梁工程模板技术难度大，技术含量高。桥梁工程上部结构一般都是水平节段施工，对中小跨度桥梁（一般在50m以下）可以采用整跨或小节段施工，对大跨桥梁一般只能采用节段式施工技术。桥梁模板技术必须与支撑技术综合考虑，目前城市桥梁模板以满堂支撑的竹（木）胶合板为主，技术水平较低。公路桥模板技术较为先进，有移动模架技术用于厦门高集海峡大桥45m跨整跨施工、青岛胶洲湾女姑山大桥50m跨整跨施工；有悬臂浇注模板技术用于大跨混凝土桥梁的施工，最大跨度达到270m；有移动构件技术用于顶推施工。对城市桥梁的无支架施工技术正引起越来越多的关注。我国桥梁工程的模板技术落后于国际先进水平，桥梁中很多先进的施工技术和模板技术是国外引进的。

特种工程的模板技术一般都是高难度、高技术要求的，特种工程本身的形状特殊性，造成了其模板技术的复杂性，很多模板技术都是针对特种工程的要求开发或引进的，如滑模、爬模、曲面模板等。我国特种工程的模板技术落后于国际先进水平。

（2）大模板技术

大模板分为全钢大模板（图2-1）、木梁（铝梁）胶合板大模板和钢框胶合板模板（图2-2）。北京市的高层建筑、多层建筑全剪力墙结构或框架结构的剪力墙普遍采用全钢大模板。大模板每块面积大，拼缝少，刚度大，模板允许承受混凝土侧压力60kN/m^2；模板板面平整，混凝土表面达到清水效果，内外墙都不抹灰，直接装修；施工安装、调整、拆除方便迅速，对提高工程质量、缩短工期、降低工程成本都取得了良好的经济效益和社会效益，并已积累了丰富的施工经验。全钢大模板主要有定型整体大模板、组拼式大模板，当模板高度不能满足层高需要时，在其上采用组合大模板拼接。全钢大模板同阴角模、阳角模、水平背楞、斜撑、挑架、穿墙螺栓等配件组成了完整的模板体系，在施工实践中能为现场操作人员所掌握。全钢大模板在北京应用很广，外地仅有少数省会大城市采用，其他地方使用很少。主要原因是全钢大模板比较重，必须采用塔吊进行垂直水平吊运安装；模板造价高、一次投入大；还有当地的施工习惯等因素。

图 2-1　全钢大模板在工程中应用

图 2-2　钢框胶合板大模板

（3）早拆模技术

我国早拆模板技术最早应用于 20 世纪 80 年代末，由北新施工技术研究所开发的北新模板体系，采用 SP-70 钢框胶合板模板作面板，箱形钢梁作横梁，承插式支架作垂直支撑，采用滑动式早拆柱头。这种早拆模板技术的特点是装拆简单、工效高、速度快。缺点是由于箱形钢梁高度的限制，通用性差。另外，箱形钢梁的造价也较高。

天津采用的早拆模板技术应用也较早，早拆柱头为螺杆式柱头支架采用扣件式钢管支架，横梁可用钢管或木方，面板采用钢模板或胶合板，其特点是通用性强，可适用于各种模板作面板，支架和横梁都可利用现有的钢管，不需要重新投资，施工成本低。缺点是装拆速度慢、工效低、钢管用量多。

为使早拆模板技术能适用于组合钢模板、竹（木）胶合板和钢框胶合板模板等多种面板，同时要求早拆柱头装拆简便、施工速度快，对早拆柱头作了改进，不少模板公司研制出多功能早拆柱头，其构造一般采用螺杆与滑动结合的柱头。但是，近几年早拆模板技术未能大量推广应用，原因是多方面的，主要问题是宣传力度不够，没有算好经济账。

（4）爬模技术

我国从 20 世纪 70 年代就有爬模，最早是上海的手动爬模，以模板爬架子，以架子爬模板；1980年代中建一局四公司，在北京新万寿宾馆采用 3.5t 液压千斤顶进行模板互爬；1996 年中建柏利公司首次在广东省公安厅 38 层办公楼工程，采用 6t 液压千斤顶、$\phi 48 \times 3.5mm$（壁厚）钢管支承杆和钢框胶合板模板，进行整体液压爬模；1997 年珠海 69 层巨人大厦采用钢模板进行整体液压爬模；1998 年北京国贸中心二期 38 层办公楼又一次采用整体液压爬模，并首次将部分钢管支承杆设在结构体外；2003 年中建一局发展建设公司在北京 LG 大厦采用液压油缸进行核心筒墙体爬模；2004 年江苏省江都揽月机械有限公司试制成功 200kN 和 100kN 液压升降千斤顶，为液压爬模的发展创造了设备条件。爬模施工工艺在桥梁工程、高耸构造物工程中也得到广泛应用。

（5）附着升降脚手架技术

脚手架一直是建筑施工必不可少的施工装备，进入 20 世纪 80 年代中期以来，随着我国经济建设的高速发展，高层、超高层建筑越来越多，搭设传统的落地式脚手架，不但不经济而且很不安全。针对这种高层建筑，广西一建研制了"整体提升脚手架"（图 2-3），上海和江苏地区推出了"管式爬架"（图 2-4）。这种脚手架仅需搭设一定高度并附着于工程结构上，依靠自身的升降设备和装置，结构施工时可随结构施工逐层爬升，装修作业时再逐层下降。

它的出现提高了高层建筑外脚手架的施工技术水平，因为同传统的落地式脚手架相比使用这种脚手架具有巨大的经济效益，因此，此技术一经推出便得到迅速推广，20 世纪 90 年代初我国高层、超高层建筑的急速增加，使这一新技术得到迅速发展。其结构形式和种类越来越多，名称也越来越杂，诸如"整体提（爬）升脚手架"、"附墙爬升脚手架"、"导轨式爬架"等等，因其特点均是"附着"在建筑物的梁或墙上，并且这种脚手架不仅能爬升而且能下降，因此，统称为附着升降脚手架（简称

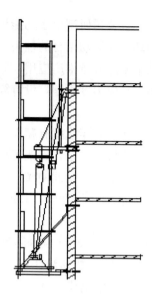

图 2-3 整体提升脚手架

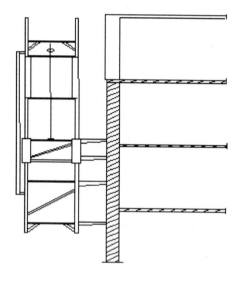

图 2-4 管式爬架

爬架)。

但由于对此技术的研究不够深入,也出现了不少安全事故,1994 年北京星河公司在建设部列项研究推出了导轨式爬架,有效解决了爬架的防倾覆问题和同步性控制,后经各公司和广大科研人员的不断研究,又增加了防坠落控制、荷载控制以及竖向主框架和底部承力桁架等,并且对爬架的设计计算进行了试验研究,确定了计算模式和计算系数等,爬架技术逐渐成熟,爬架种类也增至十余种,至 2000 年完成并颁布了《建筑施工附着升降脚手架管理暂行规定》(建建字〔2000〕230 号文),对爬架的设计计算、结构构造、生产、检测、施工操作、施工管理及监督检查等都进行了明确规定,保证了这一先进技术的健康发展。

国外尤其是欧美一些发达国家近些年因修建的高层建筑很少,因此对爬架几乎没有研究,他们的研究主要集中在爬模上,但现在也已看到他们有的公司将爬模改为爬架。因此,应该说爬架是中国首先研究开发的一项新技术。

(6) 碗扣式脚手架技术

碗扣式脚手架是一项采用国外成熟的先进技术与中国施工技术相结合的专利产品,是一种结构简单、操作方便、搭设省时省力的脚手架体系,具有用途广、安全可靠、承载力高的基本性能,同时具有加工容易、运输方便、管理简单的特点。在民用建筑、交通、水利电力等工程中得以广泛应用,取得了非常好的经济效益,促进了模板脚手架行业的科技进步与发展,同时也促进了建筑施工技术水平的提高。该技术广泛应用于北京东方广场、北京西客站、上海森茂大厦、深圳地王大厦、南京长江二桥、天津海河金刚桥、宁夏银川白鸽立交桥、香港西铁八乡立交桥、南水北调中线滹沱河虹吸工程、长江三峡危岩锚固工程、阿联酋棕榈岛别墅、亚的斯亚贝巴环城高速、香港新机场地铁隧道等工程。

(7) 高支撑技术

高支撑技术在混凝土结构工程的施工中经常采用,目前主要有三种方式,一是采用常规小钢管扣件连接支撑,该方法用量较大,一般由施工企业自行设计、安装,但安全事故较多;二是采用工具式标准支架或组合式工具大钢管支架,该方法应经专门设计计算,安全性较高;三是采用附着式结构或支架,不落地支撑体系,一般应经专门设计。

(四) 混凝土工程无损检测技术发展

1. 检测仪器的发展

由于我国建设工程无损检测技术的普及,带动了检测仪器行业的发展。近年来,国内有关单位对建设工程无损检测仪器不断地进行研究和改进,推陈出新,大幅度提高了检测仪器的整体水平,逐步改变了依赖进口的局面,有的仪器已出口发达国家,取得了长足的进步。在建设工程无损检测技术领域,具有国际先进水平和国际领先水平的检测仪器主要有:回弹仪、超声仪和钢筋探测仪。

2. 标准技术的发展

中国工程建设标准化协会标准《超声回弹综合法检测混凝土强度技术规程》CECS 02：88 完成了修订工作，新版规程可望于近期颁布施行；中国工程建设标准化协会标准《钻芯法检测混凝土强度技术规程》CECS 03：88 正在修订中；中华人民共和国行业标准《混凝土中钢筋检测技术规程》已完成制定工作，可望于近期颁布施行。

3. 问题及发展方向

检测精度不高是制约无损检测技术发展的瓶颈，目前普遍采用非破损检测混凝土强度的方法有：回弹法、超声回弹综合法、拔出法和钻芯法，其精度不能完全满足工程发展需求。

随着高强混凝土的应用越来越普及，高强混凝土强度的现场检测技术亟待发展。目前，有些单位研制了高强混凝土回弹仪，希望能采用非破损方法来检测高强混凝土。对于高强混凝土检测，若检测误差较大，将使检测结果失去意义。

混凝土耐久性的现场检测是一个新问题，当前混凝土中钢筋腐蚀、除冰盐剥蚀、冻融破坏、化学腐蚀、碱骨料反应、干湿循环、碳化等引起混凝土结构的过早破坏，已成为全世界普遍关注并日益突出的一大灾害。迫切需要开发多种现场检测技术，如：

(1) 混凝土抗渗性；
(2) 混凝土抗冻性；
(3) 混凝土抗碳化性；
(4) 混凝土耐钢筋锈蚀；
(5) 混凝土碱骨料反应；
(6) 混凝土抗裂性；
(7) 混凝土抗硫酸盐腐蚀；
(8) 混凝土抗除冰盐剥蚀性；
(9) 混凝土耐磨性。

(五) 混凝土工程应用技术

混凝土结构是我国房屋建筑及土木工程结构的主体，我国水泥用量世界第一，混凝土用量世界第一，钢筋用量世界第一。我国有世界第一高的纯混凝土结构——80层、高度达 322m 的广州中天大厦，世界第一高的钢管混凝土结构——深圳赛格广场，建筑高度世界名列前茅的钢框混凝土筒体结构——上海金茂大厦。我国的混凝土桥梁技术也处于世界先进水平，上海磁悬浮工程高平整度预应力轨道支撑梁的设计、制作和施工安装，证明了我国已有能力设计、生产 36h 龄期强度达 C50，长期徐变系数小于 2，在室外环境温度变化和行车荷载作用下，挠度和反拱均不大于 2mm，满足磁悬浮高速列车行驶要求的高平整度轨道交通用预应力混凝土梁。我国混凝土特种工程结构也如雨后春笋，遍布全国。所有这些成果表明，我国混凝土工程技术已处于世界先进水平。

(六) 预应力技术发展成就

1. 先张预应力技术

先张预应力技术是在构件浇注混凝土前在台座或模板支撑下先张拉预应力筋并保持预应力值，待构件混凝土浇注完成并达到预定强度后，放松预应力筋，由混凝土与预应力筋之间的粘结力传递预应力筋应力，从而使混凝土建立预期应力。目前我国先张预制预应力构件用量逐年减少，先张预应力施工工艺落后，预应力空心板仍使用中低强预应力筋，没有形成利用高强材料的先张成套技术。但在山东等地预制预应力技术正在复苏，新技术、新工艺正在开发应用。

2. 后张有粘结预应力技术

后张有粘结预应力技术是在结构构件制作钢筋笼时，按预应力筋设计位置在钢筋笼内预留成孔材料，浇注混凝土后在构件中形成孔道，待构件混凝土强度符合设计要求时，穿入预应力筋（也可预先放入孔内）并张拉、保持预定的应力值，然后在孔道内浇注水泥浆以保护预应力筋。该技术目前在我国建筑、桥梁、特种结构等工程中广泛应用。使用该技术的建筑最大柱网达到 42m×34m，最大单体建筑面积达 58 万 m^2，最长的环梁达 781m，最高的塔式结构达 450m。目前我国已成功地开发并应用了多种相关技术，如成孔技术、高强材料生产技术、高强材料张拉锚固技术及相关设备、产品等。我国后张有粘结预应力技术总体上达到国际先进水平，当然在施工设备配套系列及施工工艺工法细化方面与国外还有一定差距。

3. 后张无粘结预应力技术

后张无粘结预应力技术，是将预应力钢绞线表面涂以专用油脂并挤塑成型外包套管形成无粘结预应力钢绞线，将此无粘结预应力筋在构件内按设计标高与普通钢筋绑扎成钢筋笼，浇注混凝土后在构件中无粘结预应力筋内钢绞线可自由滑动，待混凝土达到设计要求后，张拉预应力钢绞线并保持预应力值，从而在构件内建立预期的应力值。目前我国已开发并应用了成套无粘结预应力技术，相关标准也已进行了更新，如《无粘结预应力混凝土结构技术规程》、《无粘结预应力钢绞线》和《无粘结预应力筋专用防腐润滑脂》等标准。在工程应用中也取得不少成就，如解决超长结构设计、楼板减轻重量、实现双向大柱网等，目前使用该技术的工程已达数千万平方米。特别是近几年对无粘结筋防腐和耐久性的研究和改进，使该技术可用于二、三类工作环境。我国后张无粘结预应力技术总体上达到国际先进水平。

我国无粘结预应力技术应用的工程很多，其中代表性建筑工程为层数最多的广东国际大厦，63层，199m高；高度最高的青岛中银大厦，246m，58层；单体建筑面积最大、预应力工程量最大、使用部位最多的首都国际机场新航站楼，建筑面积为33万 m^2，预应力筋工程量达3600t，使用部位有基础底板、地下室外墙、无梁楼板、框架梁、柱、屋面钢结构等。

4. 拉索及体外索技术

20世纪50~60年代索结构在我国得到应用，典型工程如北京工人体育馆、浙江省体育馆等，但由于索体材料和防腐及锚固技术不能较好地满足要求，应用范围很小。20世纪80年代中期以后，随着预应力钢绞线、钢丝材料技术及锚固技术的发展，特别是整体拉索防护技术的发展，索结构得到进一步应用。典型工程如吉林滑冰馆、青岛体育馆、潮州体育馆、北京奥体中心游泳馆、综合馆等一批大型体育建筑；特别是在桥梁工程中斜拉索得到广泛应用，我国建起了数十座大跨度斜拉桥，我国斜拉桥建设的数量、跨度和成套技术处于世界领先地位。

进入新世纪以后，随着我国经济发展速度的加快，城市大型交通、体育、文化和会展等设施建设进入新高潮，索结构得到新的发展机遇，一大批新型索结构得到应用。典型工程如：浙江黄龙体育中心主体育场、广州奥体中心体育场、上海浦东国际机场航站楼、哈尔滨会展中心、深圳会展中心、北京新保利大厦吊楼等，其中新保利大厦吊楼最大拉索达199根钢绞线，拉力达5500t，居世界第二。与此同时我国索结构相关技术得到进一步发展，索体材料、安装技术、张拉锚固技术和防护技术达到国际先进水平。

我国于20世纪90年代开始研究体外索技术，目前体外索索体防护技术、张拉锚固技术、转向技术、设计技术等问题已基本解决，在桥梁工程中开始得到一定应用。

5. 预应力技术的应用水平进一步提高

（1）低层大跨度房屋结构

这类建筑主要是商业建筑、工业建筑、物流仓储建筑、航站车站类建筑、会展建筑、文化体育建筑等，这类建筑的特点是需要大跨度、大空间或承受重荷载，用普通混凝土结构建造不经济或根本不能实现，代表性工程如下：

1) 双向大柱网建筑　一般要求柱网在8m×8m至12m×12m，采用预应力无梁楼盖结构或预应力梁板结构，结构高度对无梁楼盖结构可取为$(1/40\sim1/50)L$；对梁板结构中的梁可取为$(1/18\sim1/25)L$，对板可取为$(1/45\sim1/55)L$（L为柱距或跨度）。此类结构的优点是建筑空间大、功能布置灵活，结构占用层高尺寸小，结构构件性能好，抗裂度可控制，楼板挠度小，钢材用量省，模板与钢筋施工速度快，质量易保证。典型工程有首都国际机场新航站楼，建筑面积33万 m^2，柱网9m×9m，12m×12m，采用无粘结预应力无梁楼盖结构，首层顶板厚250mm，地下室顶板厚300mm；珠海机场候机楼，柱网12m×12m，建筑面积9万 m^2，采用预应力框架大平板结构，框架梁高600~650mm，框架梁间采用12m×12m的无粘结预应力平板，板厚220~230mm；北京松下电子部品厂房采用10m×10m预应力框架结构；东莞康佳影视生产基地工业厂房，建筑面积15万 m^2，采用12mm×12m双向有粘结预应力框架主梁和无粘结预应力次梁结构。

2) 双向超大柱网建筑　一般要求柱网在15m×15m至30m×30m，采用双向受力框架结构或采用预应力主次梁结构，采用双向受力体系时，结构高度可取$(1/18\sim1/25)L$，采用主次梁结构体系时，主梁结构高度可取$(1/15\sim1/20)L$，次梁结构高度可取$(1/20\sim1/28)L$。此类结构不施加预应力很难实现或很不合理。典型工程有深圳大中华证券交易中心，柱网 34m×42m；深圳车港，建筑面积 12 万 m²，柱网 25m×16m，采用有粘结预应力框架主次梁结构，沿 16m 方向主梁高 1200mm，跨高比 1/14，沿 25m 方向次梁高 1000mm，跨高比 1/25；沈阳机场候机楼柱网达 24m×18m，采用预应力框架结构；首都机场停车楼柱网为 9m×18m、18m×18m，采用有粘结预应力框架主次梁结构；南京国际展览中心采用 27m×27m 柱网；青岛山东会展中心采用 27m×36m 柱网。

3) 单向大跨度建筑　一般为工业厂房、体育建筑或公共建筑，跨度在 12～36m，柱距为 6～9m，采用单向预应力框架或单向预应力密肋梁结构，框架梁结构高度可取 $(1/15～1/25)L$，单向密肋梁结构高度可取 $(1/25～1/30)L$。典型工程有北京北新建材塑钢车间厂房，跨度 2×27m，有粘结预应力框架梁高 1600～1750mm；北京地铁四惠车辆段检修库，跨度 27m+24m+24m，柱距 6m，有粘结预应力框架梁高 1.75m，其上有 50cm 覆土；唐山会展中心结构跨度达 50m。此类建筑一般楼面采用预应力框架，屋面采用轻钢结构。

(2) 高层建筑结构楼盖

这类建筑主要是写字楼、商住楼、住宅及一些电信、电力大楼等，其特点是需要大空间、承受重荷载，同时建筑师或业主希望在保证使用净空的条件下尽量降低层高，也就是希望有最小的结构高度，其代表性工程如下：

1) 外框内筒或筒中筒结构高层建筑　一般外框架或外筒与内筒的跨度在 8～12m 左右，楼盖采用平板或扁梁跨越，外框用边圈梁形成整体，平板型楼板跨高比采用 1/40～1/50，扁梁楼盖中扁梁跨高比采用 1/20～1/28。典型工程有广东国际大厦，63 层筒中筒结构写字楼，楼面为无粘结预应力平板，板跨 7.0～9.4m，板厚 220mm，该工程是国内层数最多的预应力结构；青岛中银大厦，58 层筒中筒结构写字楼，楼面为无粘结预应力扇形单向板，板跨 8.1～9.83m，板厚 230mm，此工程是国内最高的预应力房屋结构，总高度 241m；济南长途电信枢纽工程，27 层筒中筒预应力平板结构，内外筒间跨度 12m，板厚跨中 270mm，支座 450mm；新上海国际大厦，38 层外框内筒预应力框架扁梁楼盖结构，外框与内筒间跨度 12m，预应力框架扁梁高 450mm。此类建筑采用预应力技术的优点是以最小的结构高度跨越大跨度，在 8～12m 跨范围内平均可节省楼层结构高度 200～400mm，在同样使用净空条件下，可降低建筑层高约 300mm，在限高 100m 的情况下，可比普通混凝土结构增加两个楼层面积，从而显著降低造价。

2) 框架剪力墙结构或板柱剪力墙结构　框架剪力墙结构中框架的柱网在 7.5m×7.5m 以上，采用预应力框架扁梁大平板结构体系，扁梁高 300mm 以上，框架梁间大平板采用无粘结预应力平板或夹芯板，板厚 150mm 以上。板柱剪力墙结构由于受抗震规范限制，在高层建筑中较少采用。典型工程有深圳华民大厦柱网 7.8m×7.8m，北京吉庆里 18 号楼柱网 8.0m×7.8m，北京京都商业中心九号楼柱网 8.5m×7.5m，均为框架剪力墙结构，采用无粘结预应力框架梁板结构或有粘结预应力框架梁板（扁梁）结构。框架剪力墙结构高层建筑，当框架柱网达 10m 以上时，底层柱轴力较大，应采取专门措施减少柱尺寸。

3) 剪力墙结构高层建筑　剪力墙开间在 6.9m 以上，楼面采用无粘结预应力平板，跨高比采用 1/45～1/55，可实现大开间住宅灵活隔断，楼板刚度、抗裂性显著优于普通混凝土结构。典型工程有深圳山东大厦，24 层剪力墙预应力大平板结构公寓，开间 7.8m，板厚 160mm；深圳即达大厦、万达大厦等多幢 30 层左右的高层剪力墙结构住宅采用了大开间预应力平板楼盖技术。

(3) 房屋建筑中的特种构件

在房屋建筑中许多关键结构构件采用预应力技术，如高层建筑中的巨型转换板采用预应力技术分阶段承担上部结构的荷载，或减少厚板中的普通钢筋用量，高层建筑中的巨型转换梁也是如此。有些建筑中的大型悬挑构件也必须采用预应力技术来建造，其他如大跨度的异形板，报告厅顶板也需使用预应力技术。典型工程有杭州新城站综合楼巨型预应力框架转换梁，跨度 33m，托转上面 4 层楼面；中华世纪坛主坛体下环形预应力板，跨度 14.5m，板厚 350mm；新上海国际大厦四个角部挑出的观景区，预应力悬挑梁出长度达 7.5m；深圳会展中心上部结构的预应力悬臂梁出长度达 15m。

(4) 特种工程结构

特种工程结构是预应力混凝土技术应用的重要领域，在筒仓、水池、水管、安全壳等环形或球形结构中，预应力混凝土技术是其重要的实现手段，因为这类结构中存在较大的拉应力，普通混凝土结构建造不能满足抗裂要求及耐久性指标，可以说这些结构必须采用预应力混凝土技术。典型工程有天津大港预应力煤仓，广东珠江水泥厂水泥生料、熟料仓，秦山核电站、田湾核电站预应力混凝土安全壳，杭州四堡无粘结预应力蛋形污水消化池等。

高耸塔桅结构也是预应力混凝土技术的重要应用场所，为提高塔桅结构的抗震抗风能力，预应力混凝土技术被广泛用于中央电视塔、天津电视塔、上海电视塔等超高混凝土塔身中。

(5) 桥梁工程结构

混凝土桥梁工程是预应力混凝土技术应用的主战场，几乎所有20m跨以上的混凝土桥梁都必须采用预应力技术。简支预应力混凝土桥梁我国达到的最大跨度是上海东海大桥的70m，郑州、开封黄河大桥均采用了大量50m跨预应力混凝土简支梁，南京长江二桥北汊桥的预应力混凝土连续梁跨度达到165m，重庆长江大桥的预应力混凝土T形刚构单边悬挑长度达87m，跨度达174m，苏通大桥辅航道桥预应力混凝土连续刚构跨度达270m。北京的五环、六环及城市铁路高架桥都采用了各种类型的预应力混凝土桥梁技术。

三、混凝土及预应力技术发展趋势

(一) 我国混凝土材料技术发展前景

吴中伟先生曾指出：科学技术的任务已从过去"最大限度向自然索取财富"变为合理利用资源，保护环境及保持生态平衡。绿色高性能混凝土将是多少代混凝土工作者的奋斗目标。他指出：绿色高性能混凝土(GHPC)应具有下列特征：(1) 更多地节约熟料水泥，减少环境污染；(2) 更多地掺加工业废渣为主的掺合料；(3) 更大幅度发挥高性能的优势，减少水泥与混凝土用量；(4) 扩大GHPC的应用范围。发展GHPC应体现在以下几个层次：

1. 以混凝土为整体，而不是水泥石

混凝土中，骨料占据70%左右的体积；骨料和硬化水泥浆体之间的过渡区虽然只是骨料颗粒外的一薄层，但其体积也占浆体相当可观的一部分。在孔径分布上，多数硬化水泥浆的毛细孔径为$10\sim100\mu m$，骨料的平均毛细孔径要大于$10\mu m$，而界面过渡区的毛细孔径则常在毫米级，各相差2~3个数量级！很显然，影响混凝土的强度、渗透性程度最大的是过渡区。然而，多数研究者置骨料于不顾，置薄弱的过渡区于不顾，却将重点放在相对均匀得多的水泥石相。发展GHPC，利用大掺量矿物掺合料消纳氢氧化钙、改善过渡区，可大幅度提高后期力学性能，减少早期裂缝，全面改善耐久性。

2. 以混凝土结构，而不是材料为整体

在结构中，不同构件相互制约，受到的荷载作用各异；混凝土的受力性质及其变形受到的约束差异悬殊，影响到它的开裂等重要性能；混凝土与钢筋、波纹管、其他预埋件之间的界面比它体内的过渡区更为薄弱，影响更为显著。这些决定了以结构为整体来考虑发展GHPC的必要性。

3. 以工程所处环境为整体发展GHPC

混凝土是一种工程材料，它的生产制备(指现浇混凝土)与其他多数建筑材料不同，是在许多参数不能严格控制(例如温度、湿度以及它们的反复变化)的条件下进行的，包括原材料堆存、计量、拌和、运送、浇注、捣实、抹面、养护等过程。这种特点决定材料的微结构和性能受结构工程所处环境的影响显著。因此在设计混凝土过程中要充分考虑到与生产制备环境条件相符，并且针对工程施工期内可能发生变化的范围对混凝土相应进行调整。例如在施工过程中气温突然下降，混凝土如何相应变化等，以及工程投入运行环境条件的差异(例如冷热循环、干湿循环等)来决定要从更大范围及工程环境的大视野来设计GHPC。

4. 以可持续发展的大局为整体发展GHPC

中国是世界的硅酸盐水泥生产大国，水泥年产量占世界一半以上，同时中国也是粉煤灰、高炉矿渣等工业废料排放量最大的国家。因此我们在推进混凝土材料和工程技术时,应该更加关注开发研究有效地利用工业废料,减少硅酸盐水泥熟料生产的技术;关注降低单位混凝土水泥用量,利用工业废料有效改善混凝土结构耐久性,延长基础设施使用寿命的技术,以减小地球自然资源的负荷、能源负荷及生态负荷,和经济可持续发展的方向相一致,和人类与大自然和谐发展的趋势相一致。

(二)钢筋及预应力筋材料技术发展趋势

钢筋材料技术的发展趋势是,未来5年内混凝土结构用钢筋将逐步发展成以HRB400钢筋为主,其直径为Φ6～Φ50,可满足分布钢筋、箍筋、纵筋的全面需要。未来10年钢筋还将上一个档次达到HRB500。同时还会延伸一些如低成本的余热处理钢筋、高性能的超细晶粒、高延性的抗震钢筋及耐腐蚀的环氧涂层钢筋等产品。

预应力材料技术的发展从来都是预应力技术革命的先驱,预应力筋除了目前使用的高强度钢材外,未来新型预应力筋应是强度高、自重轻、弹性模量大、耐腐蚀的聚碳纤维、玻璃纤维和聚酯纤维类非金属预应力筋,以及现有高强材料的深加工产品,如:环氧涂层钢绞线等产品。

(三)钢筋工程施工技术的未来

未来10年钢筋工程施工将大量实现工厂化,机械化程度将会大大提高。《混凝土结构设计规范》选定的HRB400钢筋及其连接方法将带动Φ6～12小直径盘条Ⅲ级钢工厂化、机械化开盘调直和焊接网片的大量生产、使用,也将促进Φ16～50粗直径钢筋工厂化接头加工和机械连接的大量使用。粗直径钢筋笼也可实现工厂化制作,机械化操作。钢筋的锚固可采用专用锚板。

从国外的发展趋势看,钢筋焊接网不仅在发达国家得到大量应用,就是在发展中国家也逐渐得到较多的应用,钢筋工程走焊接网方式是世界的潮流。钢筋焊接网这种配筋形式,既是一种新型、高性能结构材料,也是一种高效施工技术,是钢筋工程由手工作业向工厂化、商品化的转变。具有提高工程质量、简化施工、缩短工期、节省钢材等特点,特别适用于大面积混凝土工程。

冷轧带肋钢筋广泛、大量的推广应用为焊接网发展提供了良好的物质基础,焊接网产品标准和使用规程的施行,对于提高产品质量、加速推广应用起了积极促进作用。值得指出的是焊网机国产化问题已得到解决,已能制造符合国情、满足建筑工程对网片规格多变要求的多功能焊网机。

(四)预制混凝土技术的发展

先张法预制预应力混凝土构件具有工厂化规模生产的各种优点,如质量控制水平高,构件耐久性好,模板周转率高,损耗小;与现场浇注的后张法预应力混凝土相比,省去了留管灌浆工序或无粘结束的注油挤塑工序,省去了管道费用、涂包费用和锚具费用。在道路及运输吊装条件较好、运距不太大(200km以内)的情况下,预制构件常常有良好的技术经济指标。先进工业化国家中,预制先张预应力混凝土的比例很高,美国占70%～80%,法国、德国约占60%。现代的预制工业,是一项极具发展潜力的工业。现代化预制厂的主要生产过程均已由计算机控制,高素质的技术工人和高效率施工机械与管理模式保证了产品的高质量,现代预制工业已摆脱了构件品种、规格单一,建筑与结构功能脱节的旧模式。很多工业发达国家的预制构件已能将建筑装饰的复杂、多样性以及保温、隔热、水电管线等多方面的功能,与预制混凝土构件结合起来,满足用户各种要求,又不失工业化规模生产的高效率。我国目前在这方面的差距很大,国内房屋建筑中最大量的预制构件仍是6m跨以下的空心楼板,工业建筑中的屋架、吊车梁、屋面板等。随着大柱网、大开间多层建筑和高层建筑迅猛发展,长跨预应力空心板、T形板、大型预应力墙板等必将逐步兴起,预制梁板现浇柱,或预制梁、板、柱与现浇节点相结合的各种装配整体式建筑结构体系预期会迅速发展,这种结构体系可以把预制与现浇二者的优点结合起来,避免纯装配式建筑对产品尺寸的高精度要求,结构整体性差和节点耗钢量大等缺点,又避免了现浇结构现场湿作业工程量大,受制于现场施工及气候条件,耗用大量模板、支撑等缺点。在材料消耗上,预制也具有显著优点,以8～12m跨度的预应力长跨空心板为例,与无粘结预应力现浇平板相比,一般可节约混凝土30%～40%,节约钢材50%～60%,免去涂包和锚具费用,减轻楼面结构自重10%～15%,节省模板、支撑等,经济效益十分显著。随着人们对预制结构和预制构件认识的深入，预制预应力构件将占有一定的市场份额。

（五）预应力技术的发展

1. 设计理论将有重大进展，预应力混凝土结构的可靠性、耐久性和经济性更为协调一致

我国当前的预应力混凝土房屋建筑设计水平相对还比较低，急待完善与提高，主要表现在：结合预应力混凝土特点对结构的整体布局、概念设计、方案对比、综合技术经济效益的分析研究薄弱，设计理论上过分强调了裂缝对耐久性的危害，对某些预应力结构的抗裂要求过严，造成用钢量显著增加，而对影响耐久性的其他更重要的因素如保护层厚度，以及灌浆质量控制，无粘结束的全长密封，尤其是锚具封端的严格要求则重视不够。结构分析方面，则常常把普通钢筋混凝土结构的设计准则不适当地套用到预应力混凝土高层建筑结构，例如剪力墙框架结构中，由预应力平板与柱构成的等代框架，以及由预应力扁梁、柱构成的框架，由于预应力配筋的方向性以及耗能特点，通常不宜考虑承受过大的地震内力，对这类结构的设计准则应有所区别，但目前有关的规范还都未涉及，有待补充与完善。随着我国预应力混凝土设计队伍的壮大和设计水平的提高，相信在不久的将来，我们将会在一些重大设计理论问题上取得共识，实现可靠性、耐久性和经济性的协调一致。

2. 预应力工艺将进一步完善，专用产品质量提高

尽管我国已能大批量生产高强钢材、锚具和各类预应力混凝土用专用机具，但就其质量的稳定性、耐用性及配套性以及预应力工艺水平而言，与国际先进水平尚有不少差距。预应力混凝土由于其钢材长期处于高应力状态和材料对机械操作或腐蚀的高度敏感，更值得引起我们对产品质量和施工工艺问题的关注。国际上对后张灌浆有粘结预应力混凝土的耐久性以及与保证质量相关的工艺技术均给予高度重视，我国应加强与国际学术界、工程界的交往，广泛吸取他人的有益经验。国外对无粘结筋的防腐蚀要求、全封闭要求和构造细节、质量标准也都很严格，这方面我国还有许多工作要做，质量有待提高。预应力工艺技术的发展目标为：

（1）开发和应用新型高抗腐蚀孔道成型及灌浆技术。

（2）完善无粘结预应力防腐蚀体系。

（3）发展预应力拉索及体外索成套技术。

未来10年内将开发出利用高强材料的先张预应力成套技术。后张有粘结预应力施工技术将开发出更新的成孔材料或工艺，预应力张拉锚固体系将更紧凑，性能更稳定，灌浆技术及质量将更为大家重视，灌浆设备及工艺将进一步完善提高。预应力结构、材料及施工工艺对结构耐久性的影响将成为人们关注的焦点，将会开发出多种耐腐蚀材料及施工工艺。预应力施工技术将与工程结构的施工方法结合形成一整套预应力施工工法或专利。预应力加固施工技术将进一步发展。

3. 应用领域进一步扩大

（1）房屋建筑中使用部位的扩展

预应力技术除用于实现大跨度楼盖结构外，还可用于基础底板形成预应力筏板基础或预应力梁板基础，以承担巨大的基础反力；用于地下室外墙承担水压力、土压力产生的侧向荷载；用于偏心受压柱、拉杆、吊杆、抗浮桩等构件；用于屋面结构形成刚性防水层等。

（2）房屋建筑中使用功能的增加

通常预应力技术被用于抵抗荷载产生的拉应力，但它也可用于抵抗温度、收缩、变形等产生的应力，有时甚至预应力技术是为了保证结构的整体性提高刚度。

（3）房屋建筑中应用于不同的结构材料

预应力技术源自预应力混凝土技术，它是为发挥混凝土结构的优势而开发的，但它的原理同样适用于砌体结构、钢结构、组合结构、木结构等。特别是大跨钢结构、组合结构目前采用预应力技术成为一种趋势，预应力技术既可调整大跨钢结构杆件的内力又能控制其变形。

（4）预制先张与现浇后张组合运用

大跨度大面积多层建筑楼盖，为降低成本加快施工速度，采用预制先张法制作楼板，现浇后张法制作框架，形成楼盖，具有较强的竞争力。

（5）预制先张与钢结构的组合运用

钢结构由于施工速度快，造价便宜，在单层厂房结构中具有较强竞争力，但当用于多层房屋时，由于楼板造价高而缺乏竞争力，采用预制预应力混凝土楼板可提高多层钢结构的竞争力。

(6) 桥梁工程中与施工技术的结合

大跨桥梁结构本身离不开预应力技术，同样大跨桥梁的施工建造也离不开预应力技术，在目前先进的无支架桥梁施工技术中，悬臂拼装（或浇注）必须充分依靠预应力技术，顶推施工、牵引节段、提升节段也是充分利用预应力技术，预制节段拼装施工更是完全依靠预应力技术。

(7) 其他工程领域的创新应用

水利工程中预应力技术可用于大坝加固、水库周边山体加固、船闸闸壁加固、闸门闸墩锚固等，也可用于建造大直径有压输水管、渡槽，大直径泄洪、排砂、发电用管道等。

海洋工程结构是预应力技术应用的一个重要领域，因为预应力混凝土具有良好的耐久性，其耐海水侵蚀的能力优于普通混凝土结构和钢结构，它可用于近海工程结构，制作预应力混凝土码头、栈桥、近海平台、海上机场、堤岸等；也可用于海上工程结构，制作浮船、码头、浮桥、隧道、浮式平台、浮式巨型容器、采油平台、海上储运站等。

地面构筑物如道路路面、赛车跑道、飞机跑道等有高速交通工具运行的地方，为增加耐久性，减少伸缩缝，提高路面质量可施加预应力。地下工程结构，为提高抗渗性能、抗裂性能，增加耐久性可施加预应力。

预应力技术用于工程结构的托换、加固和改造是一种极为合理的手法，因为预应力技术可以让托换或加固的结构与原结构共同受力或主动分担原结构的荷载。

(8) 与其他技术的综合应用

预应力技术是一项极为灵活、实用的结构技术、材料技术和施工技术，但为充分发挥预应力技术的效应，应提倡预应力技术与其他工程结构、材料、工艺技术综合应用，以解决各种工程技术难题。

四、典型工程实例介绍

（一）广州中信广场大厦（超高层纯混凝土结构）

中信广场位于广州市天河区核心地段，于1997年6月底竣工（图4-1）。项目总投资37亿元港币，总建筑面积32万 m^2，共包括1幢80层办公楼、2幢38层附楼、4层商场裙楼及2层地下停车场。主楼塔尖高达391m，屋面高度322m，是广州市标志性建筑，也是世界上最高的纯混凝土结构。该楼在我国第一次使用镦粗直螺纹连接技术。

（二）上海金茂大厦（大体积混凝土和超高泵送施工技术）

上海金茂大厦位于浦东陆家嘴金融贸易中心，其主体建筑地上88层，地下3层，高420.5m，占地面积 $23611m^2$，总建筑面积29万 m^2，是融办公、商务、宾馆等多功能为一体的智能化高档楼宇（图4-2）。其建筑高度居世界前五名。

技术特点：

1. 高强大体积混凝土施工技术

金茂大厦的主楼基础位于-19.6m处，基础承

图4-1 广州中信广场

台长、宽各为64m，厚4m，C50混凝土，总量为 $13500m^3$。本工程设计单位美国SOM设计事务所

图 4-2 上海金茂大厦

要求将承台分为 8 块浇筑,以减少温度应力和控制混凝土裂缝。但这样既拖长了施工工期,也不利于保证混凝土工程质量。上海建工(集团)总公司金茂大厦施工技术研究课题组组织了市建工材料三公司和市建一公司科技人员对这一分课题进行攻关。通过周密计算、配比小试、模拟中试直至实际工程施工所进行的大量研究、分析、比较,并认真落实各项技术组织措施,终于成功地实现了 46.5h 完成 13500m³ C50 商品混凝土的连续浇灌任务。根据 127 个测温点的混凝土温度自动测试记录,搅拌站 68 组、现场 157 组混凝土强度测试报告以及工程中混凝土取芯试验报告表明该基础工程质量良好,施工全过程的组织管理是成功的。

2. 超高层泵送商品混凝土技术

金茂大厦主楼核心筒混凝土泵送高度达 382.5m,如何将商品混凝土输送至如此高度又是一个关键的技术难题。如果采用塔吊吊运,显然无法满足施工需求;如果增设接力泵采用分级泵送,则必定增加施工步骤,多用施工机械,而且排污问题很难解决,故决定采用一次泵送工艺。本着利用现有的生产工艺,通过对原材料资源的合理选择、复合型高性能外加剂的研制和配合比的优化设计及适宜调整以及泵送设备的选配等方面进行了反复试验研究,终于攻克了一次泵送至 382.5m 的技术难题。

(三)青岛国际金融中心(超高层混凝土及预应力混凝土结构)

总建筑面积为 10 万 m²,地下 4 层(含地下金库),地上 54 层,总高度(含桅杆)为 249m,扇形平面,距海 200 多米。结构为钢筋混凝土筒中筒结构体系,隐框弧形大玻璃幕墙,旋转餐厅,空间钢结构屋顶,被誉为齐鲁第一楼(图 4-3)。

图 4-3 青岛国际金融中心

技术特点:

1. 主体结构为钢筋混凝土筒中筒结构体系,楼盖采用预应力钢筋混凝土平板,最大跨度为 11.4m,预应力平板施工进度很快,平均达 3.5 天/层。降低 10 多米建筑高度,节约 400 多万元,混凝土用量节约 6%,钢筋用量节约 28%。

2. 两角为悬臂结构,保证楼板仍为平板;旋转餐厅下的预应力钢筋混凝土悬臂大梁跨度为 10m,国内最大;设三道加强层和一道结构转换层。

3. 排桩围幕+预应力锚杆(基坑深 19.4m)隔水挡土,效果很好,是当时国内最深的桩锚支护基坑之一。

(四) 深圳市邮电信息枢纽中心大厦(超高层混凝土及预应力混凝土结构)

工程概况：

深圳市邮电信息枢纽中心大厦是 20 世纪末邮电部最先进的业务大楼，为国家重点抗震城市的生命线工程，主楼 48 层、高 185m，主要功能为办公及业务用房，出屋面的第 49～51 层为机房、水箱及天线平台，第 51 层顶面标高 199m；附楼 22 层、高 99m，主要是设备用房；裙房共 8 层、高 40m，其中有两层层高 7m 的 32m×40m 大空间演播大厅及会议厅，裙房屋顶设游泳池。主附楼间距为 40m，在主楼 21 层处设有通信电缆天桥连接主附楼。地下室共 3 层，总建筑面积 18 万 m^2。1994 年开始建筑方案竞标，1996 年完成施工图设计，2001 年竣工使用(图 4-4)。

图 4-4 深圳市邮电信息枢纽中心大厦夜景

主楼采用框架-核心筒结构，结构高度超过《高规》JGJ 3—91 限高 120m 的规定，第 32 层以下框架柱采用圆形钢管混凝土柱，第 21 层和第 36 层为建筑避难层，兼作结构加强层，局部荷载较大楼层采用型钢混凝土框架梁。

附楼采用框架-剪力墙结构；主附楼之间的天桥采用钢结构，其连接支座采用橡胶减震支座。

裙房采用框架-剪力墙结构，裙房局部 32m× 40m 大空间转换处，采用型钢混凝土框架结构。

整个结构布置未设抗震缝，为大底盘多塔楼结构，采用人工挖孔灌注桩基础，桩端持力岩层为微风化花岗岩。

设计、技术特点：

1. 本工程主楼单柱轴压力近 70000kN，如采用钢筋混凝土柱，其截面为 2200mm×2200mm，严重影响建筑使用空间。本工程采用圆钢管混凝土柱，其截面直径为 1500mm，较钢筋混凝土柱减小截面约 60%，较型钢混凝土柱减小用钢量约 25%，如此大直径钢管混凝土柱在当时实际工程中还没有先例。如何处理钢管混凝土柱与 RC 梁的连接节点，也是钢管混凝土柱设计中应解决的难题之一，按通常的钢牛腿法、绕梁法等节点做法，既费工费时，又传力不直接。本工程提出钢管预留孔，预留孔直径：钢筋直径＋8mm，梁钢筋直接穿过钢管柱，对钢管截面局部削弱节点处，适当加设加强环和短加劲肋，该处理方法在本工程应用非常成功，不仅大大提高施工速度，而且节省节点处的工程费用。中国钢-混凝土组合结构协会的试验报告证实，该处理方法不影响钢管柱的承载力。

2. 本工程采用 CABR 镦粗直螺纹连接接头 9 万件，较好地解决了本工程钢筋连接的难题。

3. 本工程楼面大量采用了预应力技术。

(五) 北京动物园公交枢纽(高层预应力混凝土结构)

工程概况：

动物园公交枢纽工程位于西直门外大街南侧动物园南门正对面，其南侧为西直门外南路，西侧与北京天文馆相接，东侧为京鼎大厦。工程东西长 215m，南北宽 61.9～31.3m(不含地下室扩出部分)，地下两层，基坑深度－12.5m，局部－14.0m，地上 7～10 层，西部 7 层总高度为 33.45m，东部 8 层为 39.05m，中部 10 层为 47.5m，总建筑面积 100500m^2(图 4-5)。

本工程地下二层为车库、设备用房，层高 4.1m，西侧为六级人防地下室；地下一层为公交换乘大厅和车库，层高为 5.5m；首层为公交车站及站务用房，层高 6.5m，东西两侧各有部分夹层；二层以上为商场、餐饮及办公用房，其中 2～7 层层高为 4.5m，8 层层高为 5.5m，屋面均设屋顶花

图 4-5　北京动物园公交枢纽北立面

园。地下室不设永久变形缝，地面以上在 8 层和 10 层交界处（即 9、10 轴之间）设变形缝，分缝后各段长度分别为 92m 和 123m。采用全现浇钢筋混凝土框架剪力墙结构，其中，框架柱和剪力墙均为钢骨结构，框架梁为有粘结预应力梁，次梁为无粘结预应力梁（图 4-6），柱网尺寸：横向为 11.2～14.4m，纵向为 7.5m、9.0m、13.7m 不等，基础采用梁板式筏形基础。

图 4-6　北京动物园公交枢纽主次梁结构

设计、技术特点：

1. 结合建筑功能的要求，采用框架-剪力墙结构，既满足交通建筑空间高大、开敞的要求，又满足结构位移的要求。

2. 采用钢骨混凝土柱和钢骨混凝土剪力墙，增加了框架柱和剪力墙的延性，提高了结构的抗震能力。

3. 采用了预应力钢筋混凝土梁，减小了结构高度、自重，满足了建筑净空要求和建筑总高度的要求。

4. 采用了主次梁体系的楼盖形式，短跨方向作为主梁，长跨方向设次梁，主梁和次梁高度相同，最大限度地增加了建筑净空。

5. 合理布置梁柱节点钢筋、预应力束、型钢位置，使得既满足设计要求，又方便施工。

6. 采用与施工工期相适应的基础形式，节省工期至少三个月，使得雨季前完成地下室结构施工。

由于本工程有总高度和层高的限制，故楼面框架梁和次梁均采用预应力混凝土，其中：框架主梁为有粘结预应力，次梁为无粘结预应力。沿横向（短方向）设置框架主梁，梁跨度主要为 9.0m、局部跨为 7.5m 和 13.7m 不等，梁截面尺寸为 1000mm×700mm（宽×高，局部较大跨度处为 1000mm×850mm），预应力钢筋采用 $f_{ptk}=1860N/mm^2$ 的高强钢绞线，一般布置为 2 束 $9\phi^s15$，跨度较大处为 4 束 $9\phi^s15$。沿纵向框架梁跨度为 11.2～14.4m，截面尺寸均为 900mm×700mm，预应力钢筋一般布置为 2 束 $6\phi^s15$，跨度较大处为 4 束 $6\phi^s15$；纵向次梁截面尺寸均为 400mm×700mm，预应力钢筋一般布置为 2 束 $4\phi^s15$，跨度较大处为 3 束 $5\phi^s15$。楼面混凝土折算厚度为 240mm，预应力钢绞线总用量约 650t。

（六）深圳威尼斯酒店（高层混凝土及预应力混凝土结构）

工程概况：

威尼斯酒店位于深圳市南山区华侨城西南位置，原名愉悦大厦，南临深南路，与世界之窗景区隔路相望，北面是华侨城的新游乐主题项目欢乐谷，西面是侨城西路，基地是一块略呈三角形的地块。地理位置十分有利于配合华侨城旅游主题特点。它的组成可分为三大部分，后勤及服务停车场等功能处于地下层部分；公共接待大堂及其他宴会厅、中餐厅、健身中心、室内及室外游泳池、会议室等都安排在裙楼，其上有一个庞大的张拉膜，客房部分围绕着游泳池遥望世界之窗景观。基地占地 10200m²，共有豪华客房 378 间，总建筑面积 58600m²，层数地下二层地上二十层，主楼高 78.37m。结构结合建筑平面和功能采用框支剪力墙结构体系（图 4-7）。

设计、技术特点：

1. 威尼斯酒店是中国第一个主题五星级酒店项目，把以水为主题的威尼斯精神引进华侨城。威尼斯酒店充分利用其地理条件及环境优势，在有限的地块上创造了一幢功能优越、主题鲜明、素质和

图 4-7 深圳威尼斯酒店

品味远超于一般五星级的主题酒店。它的规划布置完全利用了基地三角形的特点,把裙楼推至建筑物的红线,争取了每一寸可用的空间,把五星级主题酒店所需的古典园林、水道、特大游泳池布置在裙楼(二层)屋面,并且在其上方设置了一个巨大的张拉膜。而这个庞大的裙楼正是借助于结构工程师的智慧使建筑设计和结构设计相得益彰,完美结合。

2. 特别值得一提的结构设计特点有以下几个方面:首先,二层裙楼屋面高低错落,其下又有多处大跨度大空间,结构设计打破传统设计方法(游泳池、水道、花池和二层结构楼面脱开、相对独立,采用后施工),大胆创新,把二层结构楼面直接用之于游泳池、水道、花池的底板,有效地节省土建所占空间,减轻结构本身自重。其二,大跨度空间采用有粘结预应力大梁,同样减少土建所占的空间,为满足建筑室内净高创造条件。其三是张拉膜的设计,经过多次优化,使张拉膜造型更具特色,而且传力直接。其四是室内恒温游泳池 16m 直径半玻璃球盖的结构设计非常美观轻巧,为威尼斯酒店增色不少。

本工程结构体系设计合理,采用多项先进技术,解决难度较大的结构问题,较好地适应建筑功能要求。技术经济指标良好,地上每平方米实际钢筋用量为 70.8kg,受到业主好评,经过几年的使用取得了良好的经济效果和社会效果。

(七) 首都国际机场 T2 航站楼及停车楼(大面积、大跨度预应力混凝土结构)

首都国际机场 T2 航站楼(图 4-8),建筑面积 33 万 m^2,柱网 9m×9m,12m×12m,采用无粘结预应力无梁楼盖结构,首层顶板厚 250mm,地下室顶板厚 300mm,预应力技术除用于实现大跨度楼盖结构外,还用于基础底板形成预应力筏板基础,以承担巨大的基础反力,用于地下室外墙承担水压力、土压力产生的侧向荷载。

图 4-8 首都国际机场 T2 航站楼

首都国际机场 T2 停车楼位于首都机场 T1 候机楼东侧,T2 航站楼西侧,属于机场扩建工程的第二号单体工程。停车楼平面呈长方形,南北向长 263.9m,东西向宽 134.9m,基础埋深 -15.0m,四个角部设四个螺旋式汽车坡道。停车楼为地下四层地上一层,每层建筑面积 3.4 万 m^2,总建筑面积 17 万 m^2,可停放汽车 5530 辆。

停车楼主体结构为大面积双向大柱网有粘结预应力框架和无粘结预应力单向板楼盖体系;地下室底板和外墙为无粘结预应力平板。整个结构好像一条巨型航空母舰被基础底板下的 1400 多根无粘结预应力抗浮桩牢牢地锚定在地下。停车楼地下室底板、地下四至二层顶板及全部地下室外墙为全封闭结构,未设结构缝,地下一层及首层顶板设两条结构缝。柱网尺寸为 9m×18m,局部 18m×18m。

大面积预应力连续楼盖施工,对墙、柱、筒体、主梁、板分别采用不同的施工流水段,实现水平分段,竖向分层,立体交叉,流水施工。超长有粘结预应力筋采用交叉搭接,预应力筋张拉端在梁面预留张拉槽,采用大吨位变角张拉技术。采用国产预应力筋材料和国产优质预应力张拉锚固体系。根据工期要求,合理组织材料、模板、支撑、劳动力等生产要素,实现主体结构快速施工,203 天完成 17 万 m^2 主体结构。

（八）北京四惠地铁车辆段（大面积、大跨度预应力混凝土结构）

北京四惠地铁车辆段位于东四环东侧，京通高速路北侧，占地面积 30 万 m^2，建筑面积 60 万 m^2，东西方向长 1300m，南北方向宽 230m，为两层框架混凝土及预应力混凝土结构，底层为地铁车辆段，用于地铁停车及检修，二层为夹层，二层顶板为大平台，用于 60 万 m^2 多高层住宅小区开发（图 4-9）。

图 4-9　北京四惠地铁车辆段

技术特点：平台结构为大面积、大跨度预应力混凝土框架，楼面大量采用大跨预应力混凝土转换梁，用于承托上面 30 多栋 6～9 层住宅。地铁检修库为单层大跨度预应力混凝土厂房，跨度 24m＋24m＋27m。

（九）唐山会展中心（大面积、大跨度预应力混凝土结构）

唐山国际会展中心位于唐山市中心区北部，毗邻高新技术开发区，总用地面积 $130079m^2$，是唐山市重点建设的大型会议、展览建筑（图 4-10）。整个工程分为展览中心和配套建设的动力中心两部分，总建筑面积为 $30498m^2$。展览中心横跨规划中的龙富南道，由北展馆、南展馆以及连接两者的过街天桥组成。展馆主体建筑地上一层，柱网为 42m×36m，檐口高度为 21.3m，在其内部局部布置了小型展示中心以及办公、设备用房。展馆西部为地上一层、高度为 6m 的前厅，其屋盖用作露天展示平台，柱网尺寸为 12m×12m，展览中心的建筑平面尺寸达 303.9m×114.3m（图 4-11）。

主要特点：

1. 提出一种新型的巨型框架结构体系，巨型

图 4-10　唐山会展中心

图 4-11　唐山会展中心内部结构

柱采用现浇钢筋混凝土框架形成的筒体，巨型梁采用由二根大跨度现浇混凝土梁形成的箱形截面，是国内目前跨度最大的整体预应力混凝土建筑结构之一。

2. 巨型框架结构体系框架筒体的侧向刚度较小，可以有效地控制温度应力，降低地震作用，结构刚度分布比较均匀，很好地适应了会展建筑对大空间和灵活布置的需求。

3. 大跨度现浇混凝土梁采用箱形截面与后张预应力技术，有效地增加了结构的跨越能力，减轻结构自重。

4. 水、暖、电专业各类管线可以布置在箱形梁截面之中，巨型柱的内部空间可以作为楼梯间、卫生间和设备用房，建筑室内空间简洁明快。

5. 结合后浇带的设置，采用预应力筋连接器，实现了双向、超长预应力筋的分段多次张拉。

6. 提出根据计算确定混凝土楼板应力的方法，通过热传导计算和有限元软件对施工阶段和使用阶段温度变化引起的应力进行定量分析，结合竖向承

载力和裂缝宽度限值要求确定预应力值的大小。

7. 本工程结构用钢量为 117.5kg/m²，预应力筋用钢量 9.18kg/m²。

（十）深圳大中华证券交易大厅（大面积、大跨度预应力混凝土结构）

工程概况：

深圳大中华国际交易广场位于深圳市福田中心区深南路与金田路的交汇处，北靠深圳市中心，南面为深圳会展中心，总建筑面积 36 万 m²，包括两栋五星级酒店及办公、公寓、商务、娱乐为一体的综合性金融大楼（图 4-12），投入使用后将成为世界上最大的证券联交所。该工程建筑平面呈切角矩形（图 4-13），系单体建筑，各部分层数不同。其中，南侧正面部分为 9 层，东南、西南两侧为 25 层，北侧的东西两侧各为 38 层，中间为 46 层，中央为柱网达 34m×42.5m 的大厅，共三层，其中一、二、三层为证券交易大厅（图 4-14），屋顶为花园。

整个建筑的结构为框架-剪力墙结构体系，周边结构共设有 8 个电梯井筒，其余为框架结构。该中央

图 4-12 深圳大中华国际交易广场工程效果图

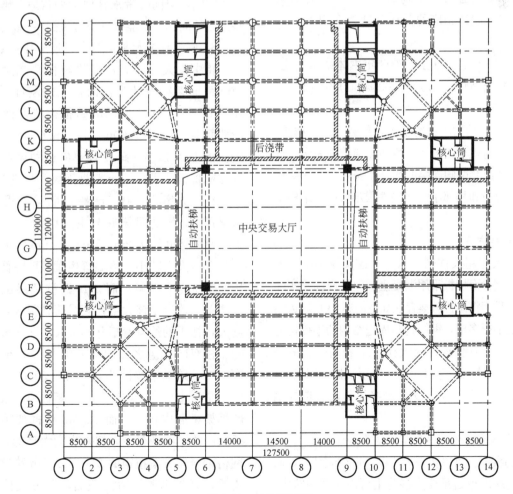

图 4-13 结构平面图

图 4-14 证券交易大厅

大厅仅在四角设有柱子，各层层高分别为 17.3m、10m、15.6m；其中 34m 跨两侧为自动扶梯间，仅屋顶层有格梁与外侧结构相连，而 42.5m 跨南北两侧则与主体结构相连。楼层荷载分别为：一、二层建筑面层及管道吊顶等荷载 $3kN/m^2$，活荷载 $5kN/m^2$，三层屋顶相应的荷载分别为 $6.5kN/m^2$，$1.5kN/m^2$。

该工程于 1996 年开工，2003 年主体结构完工，中央大厅结构自 2002 年 8 月至 2003 年 6 月完工。

结构方案：

该中央大厅结构不仅跨度大，层数多，荷载重，且仅在四角设有柱子，大厅东西两侧与结构完全断开（自动扶梯），南北两侧连接的均是小跨度，大厅结构构件的荷载效应和相邻小跨度构件很难协调，结构十分不合理。

1. 钢结构方案

该中央大厅超大柱网结构可考虑实腹钢结构方案。钢柱、钢梁而楼板采用混凝土。但从现场及实际情况考虑，采用钢结构方案存在如下问题：(1) 周边结构已经施工了很多层，钢结构与周边结构的连接构造比较难处理；(2) 周边结构已经形成，没有合适的吊装空间；(3) 钢结构的造价较高，使用维护费用较高。所以，尽管是个可行的方案，最终还是没有选择钢结构。

2. 刚接预应力混凝土网格梁楼盖结构方案

预应力混凝土可以实现大跨度、重荷载结构，而 40m 左右的跨度也是预应力混凝土可以实现的跨度。$34m \times 42.5m$ 的平面是典型的双向楼盖，所以在设计初期考虑过预应力混凝土网格梁楼盖方案。

大跨度框架结构采用整浇楼盖结构时一般情况下会出现边梁受扭和柱子大偏心受压两大问题，顶层柱子的大偏压尤其突出。该结构柱为双向大偏心受压，问题更为严重。而通过加大柱子截面则由于柱的刚度增大反而柱子弯矩也随之增大，且刚度过大的框架柱对梁的预应力的施加也十分不利，不仅降低了传至梁的预应力，同时因柱子受额外的预加力，会产生巨大的附加弯矩。采用 SAP91、TAT 及美国 PCI 编制的 ADAPT 等软件对该结构进行的分析结果均证明了这一点。虽然尽力设法减轻结构自重，但边梁的扭矩和柱子大偏压问题仍十分严重。尽管施加预应力可以缓解边梁扭转效应及柱子的双向大偏心受压状态，但由于扭矩及双向大偏心受压过于严重，很难有效控制，并且为此需要配置的预应力筋和普通钢筋量过大，配筋构造问题严重。

为解决边梁扭转和柱双向大偏压问题，曾考虑采取若干技术措施，虽能够部分解决扭转或大偏心受压问题，但同时带来其他诸如构造、施工工艺等多方面的问题，不能很好地解决扭转和大偏压问题。

3. 刚性框架加单向简支密肋梁楼盖结构方案

将中央大厅四周框架梁与柱整浇刚接，并把 34m 跨框架梁设计为截面很大的刚性梁 ($b \times h = 1000m \times 5000m$)，42.5m 跨框架梁截面设计为一般截面梁 ($b \times h = 1200m \times 2400m$)。四柱围成的大面积楼盖沿 42.5m 跨设置单向密肋梁，并采用橡胶支座将密肋梁与 34m 跨框架梁间处理为铰接。

在该方案中，42.5m 跨密肋梁是设置于 34m 跨梁顶上，即肋梁梁底与主梁梁顶在同一个标高上，密肋梁间距为 2m。这样 42.5m 跨框架梁因其受荷面积大大减小，梁端弯矩大幅度降低，柱大偏压问题也得到缓解；而 34m 跨框架梁虽然因楼盖荷载单向传递至该大梁，其线荷载很大，但因梁刚度大，柱子的约束弯矩并不很大，从而减小柱子弯矩。柱双向弯矩之和约降低了 50%。至于扭转问题，34m 跨框架梁因为与其相垂直的 42.5m 跨密肋梁是简支梁，无端部约束弯矩，所以没有对 34m 跨框架梁形成扭转；而 42.5m 跨框架梁由于与其垂直的连系梁数量少，扭矩也大大降低，仅为双向网格梁楼盖方案扭矩的 5%。42.5m 跨度的密肋简支梁，只要选取合适的截面，即可设计得安全可靠。至此，原刚接预应力混凝土网格梁楼盖方案难以解决的边梁扭转和柱双向大偏压难题得到有效的解决，采用预应力技术并采取构造措施即可做出合理的设计。同时单向密肋梁方案十分有利于钢筋绑扎和预应力施工。

4. 34m 跨拱架加单向简支密肋梁楼盖结构方案

由于建筑功能的需要，刚接框架加简支密肋梁结构方案中一层34m跨框架梁的截面高度要求限制在1m以内。这样的截面高度无法承受由密肋梁传来的高达500kN/m的重荷载，针对这一难题，本方案巧妙地利用二层层高10m的空间将34m跨一、二层框架梁合并设计为一拱架。该拱架结构由拱圈、下弦拉杆梁、7道竖向腹杆及上承梁组成，拱架的拱脚设在一层梁柱节点上，顶点在二层梁跨中，下弦拉杆梁既作为该拱架的拉杆，又作为一层楼盖的承托梁，其承受的荷载通过腹杆传至拱圈，二层楼盖荷载作用于上承梁再通过竖向腹杆传给拱圈；这样一、二层楼盖的荷载都传递到拱圈，而拱圈主要受压将力传给柱子。这样上承梁与下弦拉杆梁的截面高度仅需800mm，从而解决了截面限高造成的难题。采用拱架结构方案后受力合理明确，拱承受压力，下弦拉杆梁承受拉力，同时使一、二层梁柱节点弯矩大幅减少，且与原刚性梁方案相比减小了材料用量与自重。

（十一）杭州新城站综合楼（特种构件、特种结构预应力技术）

杭州铁路客站及综合楼位于杭州老城站原址，建筑面积66572m²，建筑高度72m，综合楼地上18层（图4-15），其中间为镂空结构，在标高54.85m处的15层为32m跨预应力巨型框架转换梁，为解决框架柱偏心弯矩过大，框架柱也施加了有粘结预应力技术。门洞中人字形屋面下弦为抵抗重力荷载和风荷载产生的拉力，采用了有粘结预应力技术。

（十二）浙江黄龙体育中心主体育场（特种构件、特种结构预应力技术）

浙江省黄龙体育中心主体育场占地面积4.8万m²，建筑面积约8万m²，可容纳观众6万人。主体育场整个建筑平面投影为圆形，直径为244.9m。主体育场东西两侧看台顶棚为斜拉网壳挑篷结构，网壳外侧支承在直径244.9m的圆形预应力混凝土外环梁上，网壳内侧支承在椭圆形钢制内环梁上。外环梁由看台外侧柱及剪力墙支承，内环梁由斜拉索悬吊，斜拉索上端锚固在体育场南北两端约85m高的混凝土吊塔上（图4-16）。

图4-16　浙江黄龙体育中心主体育场

技术特点：

1. 主体育场外环梁为超长、超大断面空间曲线梁，空间连续长度约781m，采用后张预应力混凝土结构，以承担各种荷载下的拉压应力。外环梁截面为箱形，梁高2.2m，梁宽2.8～3.0m，外环梁采用C40混凝土，整根外环梁共用混凝土约3100m³。后浇带内钢筋和预应力筋全部断开，在达到规定时间后，采用专用钢筋接头和预应力筋连接器连接。

2. 体育场南北两端各有一个约85m高的混凝土吊塔，吊塔竖向采用有粘结预应力技术，共布置60束φ7～15.2钢束将吊塔锚固在基础底板上。

3. 屋盖内环梁由预应力拉索悬吊在混凝土塔上，每塔有两个塔肢，每肢9根拉索，共36根拉索，最大拉索为49φ15.2，单索最大破断力1280t，

图4-15　杭州新城站综合楼

最大索长143m。该工程拉索是我国首次采用套管后穿预应力钢绞线工艺的大吨位拉索,解决了体育场馆超大拉索无法运输和安装的难题。

4. 屋盖两侧内外环梁间网壳设有各9根稳定索,以抵抗副风压作用,稳定索从网架上面的檩条中穿过,索体为5φ15.2,索长200m,采用钢管后穿有粘结预应力工艺,锚固于外环梁上。

(十三)田湾核电站预应力混凝土安全壳(特种构件、特种结构预应力技术)

连云港田湾核电站是江苏核电集团采用俄罗斯和芬兰技术建造的2×100万kW核电站(图4-17、图4-18),核岛安全壳为预应力混凝土结构,直径40m,壁厚1m,环向预应力束为55根φ15.2钢绞线,竖向和穿顶钢束连成倒U形,也为55根φ15.2钢绞线,是我国采用的最大后张预应力多根钢绞线体系,单束张拉力为1100t。该工程筒壁竖向和环向钢筋皆为φ40mm粗直径螺纹筋,采用CABR镦粗直螺纹连接技术。

图4-17 田湾核电站

图4-18 田湾核电站预应力混凝土安全壳

(十四)中关村软件园软件广场(特种构件、特种结构预应力技术)

工程概况:

中关村软件园是我国最大的国家级软件开发基地,位于北京海淀区,总占地面积1.43km²,总建筑面积460000m²,整个园区规划限制建筑高度不超过15m(图4-19)。

图4-19 中关村软件园软件广场鸟瞰图

软件广场是软件园的重要标志,位于软件园主入口,建筑面积64000m²,由四个"鼠标"形建筑和一个"光盘"构筑物组成。每个"鼠标"形单体建筑长72m,宽50m,高约15m,分别用于酒店(A楼)、会展(B楼)、办公(C楼)及公寓(D楼),四个"鼠标"形单体建筑由玻璃大堂两两相连成AB、CD座,两座之间为60m宽的广场,广场上设一巨型"光盘"构筑物。

会展中心地上二层(局部有两层夹层),其余均为地上四层,各单体均存在不同形式的错层,建筑物内部设有上下贯通的室内花园,建筑外围结构均为玻璃幕墙,局部附加铝合金百叶,其中花园、大堂部分为点玻幕墙,其余部分为框玻幕墙。地下有一层(局部二层),地下二层为平时车库、战时6级人防物资库。地下二层在AB、CD座之间设有一7.5m宽60m长的汽车、管线通道。

广场中间"光盘"构筑物主体结构为四根悬臂柱悬吊一巨型"光盘"(图4-20),盘面中心标高20.0m,外径84.8m,中间开孔直径18.0m。上下分别采用24根斜拉索和24根风揽索与柱子相连;四根悬臂柱柱距35.0m,柱高35.0m,均为87°角沿径向外倾的斜锥体。

设计特点、技术经济指标、优缺点:

按使用功能及美观要求,本建筑采用多种形

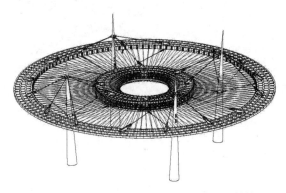

图 4-20　中关村软件园软件广场"光盘"结构图

式：钢筋混凝土结构，钢结构及悬索结构。

主体采用钢筋混凝土框剪结构，外围从下到上均以 4°倾角内倾，外围柱及剪力墙沿轴线以不同角度和方向内倾，屋顶为压型钢板双曲面，以保证建筑"鼠标"外形。

A、C、D 楼花园及 B 楼屋顶采用倒三角形相贯焊接的钢管桁架支撑压型钢板复合屋面，花园屋顶桁架两端与混凝土屋面梁的连接采用耳板插钢销的铰接形式，B 楼屋顶桁架下弦支承于钢筋混凝土柱顶上，为变截面、变弧度的曲线桁架。混凝土结构的屋顶为现浇板，现浇板以梁格为单元分隔成多片折板，拟合整体双曲面，其上另设压型板找出曲面形状，各柱顶标高不同，根据曲面确定。玻璃大堂采用钢管组合结构形式，柱为三根钢管通过横腹杆相贯焊接而成的内倾 4°的变截面梭形柱；屋架采用倒三角形鱼腹式空间桁架，桁架上弦及腹杆均采用钢管相贯焊接，下弦采用实心圆钢，圆钢每节间断开，与屋架腹杆通过节点板采用耳板插钢销的铰接形式。A 楼在 14.0m 宽的室内花园上方有两层通廊，采用 H 型钢焊接的平行弦桁架。

"光盘"盘面结构由内、外组合钢环及中间悬索组成：其中内钢环由 7 个环向钢箱梁、间隔 3°的上下两层径向 I 型钢杆件及竖向腹杆组成空间刚架，外钢环由 4 个变截面环向钢箱梁及间隔 3°的径向杆件组成平面刚架。内外钢环间悬索长约 20m，分上下两层，共 240 根，上下索中部以 $\phi 42$ 撑杆相连，共同支撑上部玻璃采光顶。悬臂柱采用斜锥外形，底部直径约 3m，充分利用内外环的平衡作用，减小柱底内力；基础为高杯口独立基础，地基为 CFG 复合桩基。

（十五）广东奥林匹克体育场（特种构件、特种结构预应力技术）

工程占地 30 万 m^2，建筑总面积 145600m^2（不包括看台），观众席 80012 座，是目前亚洲最大的综合性体育场馆（图 4-21），体现了中华民族传统文化和国际先进建筑技术的完美结合。

技术特点：钢屋盖悬挑 75m，采用大吨位预应力拉索做背索平衡大悬臂（图 4-22）。

图 4-21　广东奥林匹克体育场

图 4-22　背索平衡大悬臂

执笔人：冯大斌

港口工程篇

港口工程分会

目 录

前言	285
一、港口布局体系化	285
（一）港口布局规划体系	285
（二）沿海港口布局	285
（三）内河港口布局	286
二、港口建设发展及创新技术	286
（一）港口建设发展情况	286
（二）港口水工建筑物建设的技术发展	292
（三）港口工程关键技术或成套技术开发与典型工程实例	293
三、港口工程施工新技术	297
（一）施工技术力量的发展壮大	297
（二）港口施工技术及设备的发展	298
（三）港口工程施工技术创新	299
（四）安装技术水平的发展	303
四、港口工程建设标准的发展	303
（一）编制港口工程建设标准的回顾	303
（二）港口工程建设标准的基本情况	303
（三）港口工程建设标准的特点	304
五、港口建设发展展望	305
（一）港口建设发展的特点	305
（二）现代港口建设发展趋势	306
（三）大型专业化码头及港口航道建设展望	307
（四）港口建设发展战略	309
（五）港口工程建设重点及技术发展的研究重点	311
参考文献	312

前　言

我国拥有约 18400km 的大陆海岸线和 6500 多个沿海岛屿，总岸线长度达 32000km。以长江、黄河和珠江等为代表的数十条河流，关联着祖国的内陆与沿海。我国的沿海沿江资源丰富，经济繁荣，是我国生产力最集中最发达的地区，为我国港口建设和水运事业的发展提供了良好的自然条件和优越的社会人文环境。

建国 50 多年来，尤其是近 10 年来，我国港口建设随着国民经济的迅速发展，已基本形成了港口布局合理、专业码头齐全、沿海内河兼顾、配套设施完整、功能完善的现代化港口群。我国港口无论在专业化程度、机械化程度，还是管理水平，都接近或达到国际先进水平。港口的服务体系和质量得到进一步完善和提高，具备相当高的国际竞争力，为促进我国经济建设和对外贸易的快速发展发挥了重要作用。与此同时，我国内河航运建设也在迅速发展，取得了辉煌成就。重点建设了"二横一纵两网"（即长江水系、西江水系、京航运河、长江三角洲航道网和珠江三角洲航道网）中的骨干工程，进行了山区河道的渠化和险滩、浅滩的整治，以及通航建筑物的建设等，通航里程不断延伸，内河航道等级也在提高。同时，在修造船设施的建设及港机的制造方面也取得了辉煌成就。

回顾近 10 年来港口工程建设所取得的成就和所达到的技术水平，以及展望今后的发展方向，必将对我国 21 世纪的港口工程建设在高起点、高水平上持续健康地发展起重要作用，同时便于国内外进行交流，取长补短，促进港口建设技术的发展。

一、港口布局体系化

（一）港口布局规划体系

港口布局规划是根据腹地国民经济发展和对内外贸易增长的需求，在综合运输体系发展规划的基础上，研究提出在较长时期规划区域内港口发展的总体方向，大中小港口间的关系和合理布局，各港在港口群体中的地位与作用，各种专业化码头的发展，港口水陆域资源的合理开发利用等规划方案。

沿海港口布局规划包括全国沿海港口布局规划、区域性港口布局规划、某一港口的总体规划等。为了突出我国港口发展的重点，确保重要物资的运输，明确各港口的地位和作用，我国沿海港口的布局规划又包括主枢纽港布局规划、主要货种专业化码头布局规划、沿海港口分层次布局规划。

（二）沿海港口布局

1. 全国沿海主枢纽港口布局

通过对建国 50 多年来我国港口发展历程、总体格局及其在国民经济发展和综合运输体系中的作用的分析、论证，认为港口主枢纽是水运主通道的支撑，是客货集散中枢，是全国综合运输网的节点，是各种运输方式相互衔接和综合运输的组织管理中心，是发展水运交通的基础设施和组织保证。因此，通过多方面分析比选，将位于水运主通道、公路主骨架、铁路主干线及其他运输方式骨干线路的交汇处，覆盖沿海开放城市和经济特区，符合全国综合运输网布局的需要，对国民经济或区域经济发展有重要作用的能源、外贸物资主要中转港定位为全国沿海港口主枢纽港。确定全国沿海港口主枢纽的布局为：大连、营口、秦皇岛、天津、烟台、青岛、日照、连云港、上海、宁波、温州、福州、厦门、汕头、深圳、广州、珠海、湛江、防城、海口，共计 20 个港口。

2. 主要货种专业化码头布局

国际海运船舶专业化、大型化的发展趋势日益明显，沿海港口必须相应布局、建设一批深水、高效、专业化的码头。在研究确定大型专业化码头的布局时,突破了以内陆腹地运输路径最短为依据的传统思路,应用了系统工程的思想、方法,在更大范围内将货物从生成地到其消费地的全过程中所有运输环节作为一个整体,围绕着与国际海运大型、专业化运输相适应的专业化码头不同选址方案,测算其远洋运输、码头作业、内陆运输至到达用户手中的各运输环节的所有费用,经过综合比较,选择对全社会和主要业主均有利的方案,并据此确定为大型、专业化码头的合理布局,即:煤炭码头布局、原油码头布局、外贸进口铁矿石码头布局、散粮码头布局、散装水泥码头布局、木材码头布局、集装箱码头布局、液化气码头布局、滚装运输码头布局。

3. 区域性沿海港口布局

我国地域广袤,各地间的资源状况、经济发展条件不同,各区域经济发展的特点、产业结构各异,进一步发挥各地区的优势,发展各具特色的优势产业是我国促进区域经济协调发展的重要措施之一。根据我国区域经济特点、综合运输网格局及自然条件,将全国沿海分为八大区域,分别形成与所在区域经济发展相应的分层次港口布局即:东北沿海港口布局、津冀沿海港口布局、山东沿海港口布局、苏沪浙沿海港口布局、福建省沿海港口布局、广东省及珠江三角洲沿海港口布局、广西壮族自治区沿海港口布局、海南省沿海港口布局。

(三)内河港口布局

全国拥有内河港口1302个,生产性泊位30260个。依托我国水资源分布情况,内河港口主要分布在长江水系、珠江水系、淮河水系、京航运河。内河港口完成的吞吐量主要集中在长江水系,约占内河总吞吐量的80%。各水系内河港口分布情况分别为:黑龙江水系34个,淮河水系87个,长江水系763个,京航运河202个,黄河水系18个,珠江水系111个,其他水系87个。

二、港口建设发展及创新技术

(一)港口建设发展情况

1995～2005年是我国"九五"和"十五"规划期,沿海港口在实行两个根本性转变、产业结构全面调整、对外贸易迅速发展的宏观经济环境下,重点建设了集装箱、煤炭、石油化工、散粮、散装水泥、矿石、液化天然气(LNG)等大型专业化泊位,并改造了一批不适应发展需要的陈旧落后的泊位。2005年底全国港口拥有生产用码头泊位35242个,比上年净增134个,其中万吨级及以上泊位1034个,比上年净增90个。

全国沿海港口拥有生产用码头泊位4298个,其中万吨级及以上泊位847个;内河港口拥有生产用码头泊位30944个,其中万吨级及以上泊位187个。内河港口万吨级泊位分布在长江干流、长江支流和珠江水系,分别为179个、4个和4个。

港口码头泊位继续向大型化、专业化方向发展。全国沿海港口万吨级及以上泊位中,1～3万吨级(不含3万吨级)泊位476个、3～5万吨级(不含5万吨级)泊位155个、5～10万吨级(不含10万吨级)泊位167个、10万吨级以上泊位49个。全国内河港口万吨级及以上泊位中,1～3万吨级(不含三万吨级)泊位106个、3～5万吨级(不含5万吨级)泊位51个、5～10万吨级(不含10万吨级)泊位30个。

全国万吨级及以上泊位中,通用件杂货泊位276个、通用散货泊位134个、专业化泊位577个。专业化泊位中,原油泊位55个、成品油及液化气泊位97个、煤炭泊位119个、粮食泊位31个、集装箱泊位175个。

综合性大型枢纽港发展进一步加快。2005年货物吞吐量超过亿吨的港口为11个,其中吞吐量超过2亿t的港口为4个。上海港吞吐量达4.43亿t,其他10个亿t港的完成情况分别为:宁波港2.69亿t、广州港2.50亿t、天津港2.41亿t、青岛港1.87亿t、大连港1.71亿t、秦皇岛港1.69亿t、深圳港1.54亿t、苏州港1.19亿t、上海内河港1.07亿t、南京港1.07亿t。

2005年全国沿海及内河建设完成投资688.77亿元，同比增长68.9%，比"九五"末增长4.1倍。其中沿海建设完成投资576.24亿元，同比增长71.3%；内河建设完成投资112.53亿元，同比增长57.6%。

1. 集装箱码头建设发展

集装箱化运输是现代运输的集中体现，我国沿海港口集装箱吞吐量增长迅猛，不仅外贸物资运输的集装箱化程度迅速提高，国内物资交流采用集装箱运输的势头也越来越强劲。集装箱运输成为沿海港口货物吞吐量的主要增长点，尤其在大连、天津、青岛、上海、宁波、厦门、深圳、广州等港口发展更加迅速，前景十分可观。根据腹地经济和交通发展状况及对各港在国际航线中的优势分析，我国集装箱港口体系的布局已基本形成，大连、天津、青岛、上海、宁波、厦门、深圳、广州等港口将发展成为集装箱干线；营口、秦皇岛、烟台、连云港、南通、南京、张家港、镇江、温州、福州、汕头、珠海、湛江、防城、海口等港口将成为集装箱的支线港；长江三角洲地区将以上海港为核心、与宁波等港口共同形成上海航运中心；珠江三角洲地区将以香港港口为主，与深圳港联手成为香港国际航运中心；渤海湾地区将以青岛、天津、大连等港口为重点，成为北方航运中心。据统计自1995年至2005年底，建成投产万吨级以上集装箱泊位136个，其中5～10万吨级的大型泊位101个，新增能力4678万TEU（标准集装箱）/年。2005年全国港口完成集装箱吞吐量7564万TEU，比上年增长22.8%。其中沿海港口完成7002万TEU，内河港口完成562万TEU。

近10年来，我国专业化集装箱码头建设处于高峰期，到目前已形成20个集装箱枢纽港。各港基本上达到了集装箱运输经济腹地有稳定的货运量和足够的适箱货；公路、铁路、河流集疏运方便，有足够的中转设施；各港码头充分利用有利地形和自然条件，合理布置码头岸线满足船舶作业要求；陆域形成有足够合理的符合规划要求的码头作业区和辅建区，满足水电供应和环保要求；满足港区运营管理；施工容易，投资省，常年营运各项维护费用少，经济效益和财务效益好。

随着世界经济和科学技术的发展，以及海上运输市场的激烈竞争及集装箱运输全球化，我国沿海主要港口已经成为能够接纳3000～8000TEU大型集装箱船、100多条国际干线和国内支线集聚的深水枢纽港，主要集装箱港口吞吐量2000年后均以18%～35%的速度增长。2005年集装箱吞吐量超过100万TEU的港口为9个，上海港完成1808万TEU、深圳港完成1620万TEU、青岛港631万TEU、宁波港521万TEU、天津港480万TEU、广州港468万TEU、厦门港344万TEU、大连港269万TEU、连云港101万TEU。主要集装箱港口的规模和效率已进入高速增长的良性循环状态。

我国集装箱码头正处在科学规划、循序渐进、因地制宜地进行大规模兴建和开发的阶段。对于深水大港，重点提高港口枢纽功能等级，形成规模优势。对于中小港口和支线港，正在加快改扩建和完善港口设施，使我国沿海、内河大中小港口形成合理分工、有机协调、河海互补、内外开放的港口群体和水陆运输网络体系。

近年来我国新建和改造的集装箱码头大多采取长顺岸、宽突堤、多泊位、大纵深布置，对于大中小船舶靠泊作业调度灵活；码头集装箱装卸桥、堆场装卸设备和运输车辆的工作范围扩大，可以机动组合和集中作业；新建码头堆场面积每延米达400m^2以上，功能齐全，满足多泊位集疏运要求；维修设施、进出大门、管理体系等都可以统一集合管理，有效提高设备利用率、泊位利用率和港口管理水平。

各港注重装卸设备技术水平的先进性，依靠科技进步提高集装箱码头装卸效率和经济效益。集装箱装卸设备逐年更新换代，装卸工艺自动化程度逐年提高，设备种类和系统配套逐年完善。主要港口集装箱装卸桥外伸臂由35m增大到70m左右，单机装卸效率由5万TEU/年提高到10～18万TEU/年；轮胎龙门吊由单机3万TEU/年提高到现在6～10万TEU/年；泊位通过能力由原来标定的10万TEU/年提高到目前40～70万TEU/年。

主要集装箱码头实现了计算机管理化。各港集装箱码头装卸公司与一关、三检、船代及外代等实现了集装箱电子数据交换（EDL）系统信息化，提高了作业速度，简化了联检手续。集装箱码头和运输体系信息技术的发展正在使集装箱运输组织与管理技术产生质的飞跃，从而实现为客户提供完善的全球综合物流服务。

目前我国集装箱码头正在向多元化功能发展，即以港口为载体建设临港工业区、出口加工区、保税区、自由贸易区等；以集装箱码头为载体建设集装箱物流配送中心、集装箱中转站和保税仓库等，多方面开拓了集疏运功能新领域和新市场，扩大了港口综合管理与运营功能。

配套建设集装箱集疏运基础设施，其中铁路建设尤为重要。我国将注重加强铁路配套设施建设，提高内陆站点装卸能力；增加内陆铁路物流中心站和中转站，健全运输网络；开发制造专用集装箱车皮和有关装卸设备；建立港、铁、航计算机信息网，实现集装箱和车辆动态管理以及铁路提速和降低铁路运费等。港铁联合全力改善铁路运输环境，是提高我国目前集装箱码头规模优势的重要举措。

图 2-1(a)所示为上海港外高桥港区二、三期集装箱码头工程，图 2-1(b)所示为上海港外高桥港区四、五期集装箱码头工程，图 2-2 所示为宁波港四期集装箱码头工程，图 2-3 所示为宁波港四期集装箱堆场轮台式龙门起重机，图 2-4 所示为上海洋山深水港一期集装箱码头工程，图 2-5 所示青岛前湾港区三期集装箱码头工程。

2. 煤炭码头建设发展

我国煤炭资源丰富，但分布不均匀。通过煤炭运输的系统论证，我国沿海的煤炭运输采用 3~5 万吨级船舶，外贸出口煤炭采用 10 万吨级左右的船舶。沿海港口专业化煤炭装船码头布局在秦皇岛、天津、黄骅、青岛港、日照、连云港、湛江、

图 2-1 上海港外高桥港区集装箱码头工程

图 2-2 宁波港四期集装箱码头工程

图 2-3 宁波港四期集装箱堆场轮台式龙门起重机

图 2-4 上海洋山深水港一期集装箱码头工程

图 2-5 青岛前湾港区三期集装箱码头工程

防城等，建设了 3～5 万吨级的码头泊位，其中秦皇岛港、日照港建设了 10 万吨级装船泊位。自 1995 年至 2005 年底，建成投产的万吨级以上煤炭泊位 79 个，年通过能力 3.3 亿吨。

2006 年 4 月 26 日，我国规模最大、工艺最先进的煤炭码头——秦皇岛港煤五期工程正式投产。煤五期工程共建成 5 万吨级泊位 2 个，10 万吨级泊位 1 个，15 万吨级泊位 1 个，堆场面积 77 万 m^2，堆存能力 400 万 t，码头设计年吞吐能力为 5000 万 t。完全满足大秦铁路扩能改造后对港口煤炭中转能力的需求。煤五期码头配备了 6 条堆料作业线和 5 条取料作业线，堆取系统选用悬臂式取料机、堆料机和带式输送机的组合方案，取料作业线皮带机引用伸缩头工艺，为国内港口首次使用，增大了流程选择性和堆场利用率。为满足港口配煤业务的需要，取料作业线还实行"一线双机"配置，提高了取料作业的可靠性。装船系统选配了 4 台移动伸缩式装船机，效率达每小时 8000t，是目前世界上最大的煤炭装船机，其中位于码头前部的两台装船机还具有回转功能。

图 2-6 所示为神华黄骅港一、二期煤码头工程，图 2-7 所示为汉江余家湖煤码头工程，图 2-8 所示为京杭运河万寨港煤码头工程，图 2-9(a) 所示为京杭运河济宁泗河口煤港一期工程，图 2-9(b) 所示为京杭运河济宁泗河口煤港堆场。

图 2-6 神华黄骅港一、二期煤码头工程

图 2-7 汉江余家湖煤码头工程

图 2-8 京杭运河万寨港煤码头工程

(a)

(b)

图 2-9 京杭运河济宁泗河口煤港
(a)—一期工程；(b)堆场

3. 石油码头建设发展

我国是石油生产大国，也是石油消费大国。我国国产原油已形成"北油南运"的运输大格局，主要采取管道或管、水联运的运输形式。在大连、青岛、南京等输油管端站，港口均布局了专业化的原油装卸船泊位，海轮以 2～5 万吨级泊位为主。为适应国际船舶大型化和我国经济发展的需要，主要

建设了大连 30 万吨级原油码头、天津 10 万吨级原油泊位、宁波大榭岛 25 万吨级原油泊位、湛江 30 万吨级原油泊位。同时大连港正在筹建 50 万吨级的原油码头建设工程。另外，还在舟山港岙山港区建成 30 万吨级原油转运码头。

2005 年全国规模以上港口完成石油天然气及制品货物吞吐量 4.83 亿 t，占全国规模以上港口货物吞吐量的 12.3%。

至 2005 年底，建成专业化原油泊位 55 个、成品油及液化气泊位 97 个，最大泊位为 30 万吨级。完成液体散货吞吐量 5.84 亿 t。

图 2-10 所示为大连港 30 万吨级油码头工程，图 2-11 所示为宁波协和 20 万吨级石油化工码头工程，图 2-12 所示为日照港油码头工程。

4. 矿石码头建设发展

我国的钢铁产量已名列世界前茅，但铁矿石资源品味低、开采成本高，开始越来越多地利用国外进口铁矿石，且外贸进口铁矿石已具相当规模。20 世纪 90 年代以后，特别是 2000 年以后建设的大型矿石卸船码头，其建设条件越来越远离岸、深水化，建设规模趋向大型化，装卸技术现代化。目前，环渤海地区的青岛港、大连港已分别建成投产 20 或 30 万吨级铁矿石接卸专用泊位，宁波北仑港区已建成 20 万吨级矿石中转码头，马迹山宝山钢厂 25 万吨级矿石中转码头，湛江港 20 万吨级卸船码头，目前曹妃甸 25 万吨级矿石码头正在建设。这些都反映了煤矿石散货专用码头建设无论其规模或装卸工艺技术都达到了国际先进水平。

2005 年底全国规模以上港口完成金属矿石货物吞吐量 5.75 亿 t，占全国规模以上港口货物吞吐量的 14.6%。

图 2-13 所示为青岛港 20 万吨级矿石码头，图 2-14 所示为曹妃甸 25 万吨级矿石码头，图 2-15 所示为大连港 30 万吨级矿石码头。

图 2-10　大连港 30 万吨级油码头工程

图 2-11　宁波协和 20 万吨级石油化工码头工程

图 2-13　青岛港 20 万吨级矿石码头

图 2-12　日照港油码头工程

图 2-14　曹妃甸 25 万吨级矿石码头

图 2-15　大连港 30 万吨级矿石码头

5. 散粮码头建设发展

20 世纪 90 年代中期，我国的粮食流通规划为四条走廊，即东北走廊、长江走廊、西南走廊和北京销区。根据各走廊的情况，增建散粮进出口码头，并配套建设筒仓、装卸设备、装卸车系统等；改造铁路运输系统，配备散粮专用车辆；改造现有的收纳库、中转库使其能接纳火车散粮专用车辆；增加仓库，提高仓储能力。上述工程 2000 年前后陆续投入运行，使我国主要的散粮运输走廊实现散装化。

目前国内外散粮出口码头广泛使用的机械连续式装船机有固定式和移动式两种。固定式装船机具有旋转、臂架伸缩、俯仰及垂摆动等功能，使用灵活，可覆盖全船作业，除尘效果好，省去了大车行走部分而重量轻、结构简单、造价低。该机型每泊位设置 3 台以上，即可实现换舱不停机作业。固定式装船机是一种比较好的机型。移动式装船机速度快、效率高、除尘效果好，大车行走，具有横臂伸缩、俯仰、旋转和垂直臂溜管伸缩等功能，使用灵活，适应范围广。每泊位只需 1~2 台即可实现大能力、高效率装船作业，是一种比较好的机型，也是今后广泛采用的机型。大连北良散粮码头出口玉米泊位采用了这种装船机，装船能力为 2000t/h，安装在突堤式码头上，实现一机两侧装船。

从国内外散粮运输发展情况来看，由于吸粮机功率消耗高、噪声大、设备维修量大等诸多不利因素，新建码头基本采用机械连续式卸船机。但吸粮机可用于清舱作业，效率高。因而，一些散粮码头形成了新型机械连续式卸船机和吸粮机联合作业的格局。

当今先进水平的散粮码头控制系统为综合计算机技术、PLC（可编程逻辑控制器）技术及工业网络技术的集散型控制系统，配置多功能的控制软件和管理软件。操作人员在中控室发出控制指令，主 PLC 在接到控制指令后，将按照程序规定的联锁关系控制设备的启动、停止和其他功能，完成整个工艺系统的粮食输送、计量等工作。装卸船机、筒仓系统、装卸车系统分别采用独立的 PLC 控制，通过工业网络和中控室的主 PLE、主控计算机通讯构成集散型控制系统。管理计算机可接收来自工业网络、PLC 及操作人员输入的有关信息，加以整理存储，实现对流程的计算机管理、流程的运行记录、查询并输出重要数据或直接打印出管理报表；彩色图形工作站显示工艺流程图，动态地反映流程、设备的运行状态，操作人员可直观地掌握生产情况。

我国散粮码头一般采用计算机和可编程序控制系统，进行流程自动控制、状态检测及综合管理。通常采用集中管理和分散控制的方式。

图 2-16 所示为大连港 8 万吨级散粮码头及筒仓容量 10 万 t，图 2-17 所示为日照港 7 万吨级散粮码头及筒仓容量 30 万 t。

图 2-16　大连港 8 万吨级散粮码头及筒仓容量 10 万 t

图 2-17　日照港 7 万吨级散粮码头及筒仓容量 30 万 t

6. 内河港口建设发展

内河港口建设也有长足发展，集中力量建设了"两横一纵两网"（长江干流、西江干流、京航运河、长江三角洲航道网和珠江三角洲航道网）的骨干工程，支持中西部地区实施了一批对地方经济发展有重要作用的内河航运建设项目。

内河港口大多地处内陆的中西部欠发达地区，港口基础设施普遍比较落后，码头分布散乱。经过近10年来的发展，内河港口特别是条件比较优越的港口，通过技术改造和基本建设，较大幅度地提高了机械化水平和综合通过能力，已由码头分布散乱的布局开始向核心港区集中，集疏运条件改善，吸引货源的范围进一步扩大。三峡库区港口结合三峡工程库区淹没码头的复建，建成了一批现代化水平较高的港区或码头，初步改变了库区港口落后的面貌，成为地区经济发展的交通枢纽。

在内河港口发展过程中，部分条件优越的内河港口功能得到延伸。杭州港依托京航运河和钱塘江，建立了濮家码头钢材交易中心，并计划进驻海关，引进先进的数字管理与传输系统。港口进一步向仓储、配送、分拨、金融服务等规模化、多功能方向发展。

在长江干线南京以上建设的芜湖、九江、黄石、武汉和城陵矶等港口海轮外贸码头，码头规模已达3000~5000吨级，促进了江海直达运输发展，成为地区经济发展的重要对外窗口；长江南京以下建设了南通港狼山外贸海轮港区、张家港外贸海轮港区、镇江港大港港区、南京港新生圩港区等。上述大型海轮港区的开辟，促进了沿江产业带的形成及外向型经济的发展。

内河逐步形成了以重庆、武汉、南京、南通、张家港、长沙、杭州、无锡、南宁、哈尔滨等港为主的河港运输格局。

总之，港口建设不但朝着大型化、深水化、规模化方向发展，而且港口装卸设备机械化程度和操作工艺已达到世界先进水平；配套的服务功能进一步完善、质量进一步提高并逐步向国际化标准发展；港口大宗货物、能源物资和主要原材料码头，如集装箱、原油、矿石等专业化码头，在科技创新、管理体制、投资体制、规范立法等方面正朝着开放、健康、有序的方向发展。

（二）港口水工建筑物建设的技术发展

从国内外近10年的发展来看，港口水工建筑物的结构形式仍未超越传统的重力式、高桩式和板桩式三大结构类型。但10年来对三大传统结构已有了许多改进和创新，而且开发了一批新的结构形式。与此同时，港口水工建筑物的设计理论、计算方法，试验研究的水平以及施工能力和工艺都取得了长足的进步。

1. 重力式结构

（1）从有掩护水域走向"开敞、深水、大型化"。我国已建成一批10万吨级、20万吨级、30万吨级的泊位，最大水深达30m以上。所用构件趋向于大型化，例如钢筋混凝土沉箱最大已达6600t。

（2）新结构、新材料、新工艺在工程中的广泛应用。格型钢板桩结构、大直径钢筋混凝土薄壁圆筒结构、开孔消浪沉箱、钢筋混凝土半圆体、半圆沉箱等新结构相继出现，并成功地应用于工程。在防波堤建设中应用了各种人工护面块体，其中钩连块体最重已达20t。1996年，在大连北良码头防波堤建设中，首次建成了波浪作用下的动态平衡宽肩台抛石斜坡堤。

特别是近年来，我国的一些海堤、护岸工程，已注意到与城市景观和人们"亲近海洋"的要求相结合。例如在厦门环岛公路直立堤的设计中，应用了造型优美的人工块体；在青岛东部开发区的护岸建设中，设计、建造了一条既是城市护岸，又极具艺术造型的"城市景观"堤。

新型高效混凝土外加剂研制成功并应用于工程；微膨胀收缩补偿混凝土较好地解决了混凝土的开裂问题；粉煤灰大量应用于港工混凝土并制定了应用规程。土工合成材料大量应用于棱体及回填土体的倒滤层、隔离层、基础垫层及地基处理中，仅在长江口深水航道治理一期工程建设中就使用了土工织物1400万 m^2，黄骅港应用了258万 m^2。模袋混凝土也成功地用于护岸等工程。高性能混凝土配制成套技术的开发成功并规范推广应用，开创了提高港工混凝土耐久性的新时期，使建筑物的耐用年限提高到50年以上。

2. 高桩结构

随着港口泊位的大型化、深水化，高桩结构的建设技术也相应地取得了重大发展。

（1）桩型多样化，大截面、长桩发展迅速。近些年来，预应力钢筋混凝土方桩的截面已达到650mm×650mm，桩长达60m；引进开发了钢筋混凝土大管桩，直径已达1400mm，PHC桩（预应力高强混凝土管桩）桩径达 1200mm，管节长 30m；钢管桩直径已达 1500mm，桩长达 80m；海上嵌岩灌注桩直径达 2800mm，桩长达 40m。

（2）采用了提高建筑物耐久性的综合性措施，使其使用年限达到符合结构设计的基准期——50 年的要求。

（3）不断提高高桩结构的预制程度。目前，预制构件的比重已达 70% 以上，其中预应力混凝土构件占全部预制构件的 90% 左右。高性能减水剂的应用、混凝土防腐涂层材料和工艺的进步、环氧涂层钢筋的应用，使混凝土耐冻性、钢筋防锈蚀能力大幅度提高。

（4）桩的质量检测技术有新的发展。已普遍应用高、低应变检测手段对桩的承载力、沉桩后桩身完整性进行大范围的快速检测。已拥有 1000t、2000t 级单桩承载力的静载测试系统，测试数据的采集、计算全部自动化。

3. 板桩结构

近些年来，由于地下连续墙施工技术和装备的开发，地下连续墙结构码头已经付诸实施（如京唐港应用地下连续墙结构已建成 3.5 万吨级码头），这种结构形式扩大了板桩结构的应用领域。遮帘桩结构设计理论和计算方法研究的成功和在工程中的成功应用，对传统板桩码头是一大改进，对旧有板桩码头的浚深改造和建造大水深的板桩码头提供了一种新的技术路线。大型煤码头的翻车机房是个复杂的地下建筑物，采用地下连续墙结构，大大加快了施工进度，秦皇岛港、天津港、黄骅港煤码头翻车机房施工的实践证明，无论是在松散土层中，还是在淤泥质土层中，地下连续墙结构都是可行的。

总之，半个多世纪以来，我国港口水工建筑物建设技术已经发展到了在任何地质条件下，各种复杂的自然环境中，都能成功建设港口。特别是深水航道治理工程，在历经几代人、积 40 余年研究的基础上，仅用 3 年就完成了长江口一期工程，其功能初见成效。这项建国以来规模最大、投资最多的跨世纪水运工程的实施，体现了我国水运工程建设的技术水平和综合实力。

（三）港口工程关键技术或成套技术开发与典型工程实例

在水运工程基础设施建设中，工程的技术含量不断提高。水运工程建设技术取得了一系列重大成果，研究开发了深层水泥搅拌法（CDM）加固软基技术、格型钢板桩码头技术、水下爆破挤淤爆炸夯实技术、大面积粉细砂吹填成陆快速加固技术、半刚性基层沥青铺面结构在集装箱港区道路的应用技术、聚丙烯纤维混凝土在集装箱码头的研究与应用技术、无缝钢轨在集装箱码头的应用技术、带攀梯防冲板鼓型橡胶护舷在集装箱码头的应用技术、港口工程中波浪—结构—地基的相互作用研究、扭王字人工护面块体强度模拟试验研究、灌注桩在港口工程中的应用技术、大直径嵌岩桩的锚固技术、大掺量粉煤灰配制高性能海工混凝土的研究等 500 余项新技术成果，其中 200 多项技术成果通过了部级鉴定，100 多项获交通部科学技术进步奖等奖项。

1. 集装箱码头集成创新技术

"集成创新"是随着科学技术的迅猛发展和市场需要的快速变化而逐渐演化形成的一种新的规模创新模式，它通过技术集成、知识集成和组织集成过程不断升级，把当今世界的许多新知识、新技术创造性地集成起来，在各要素的结合过程中，注入创造性的思维，以满足发展的需要。

本项成果正是在这种背景下开始研究的，在设计、建设中研究创新，在研究创新中设计、建设。上海国际港务集团有限公司和中交水运规划设计院等单位在近 10 年上海外高桥地区集装箱码头群的设计、建设和营运中积累了丰富的经验，为在最短的时间内建设最具现代水平的集装箱码头，联合了众多国内外著名的科研机构和高等院校，组织了技术攻关和创新，发挥了集中指挥、协调的优势和群体强—强联合的力量，在码头竣工投产之时也交出了科技成果的答卷。

本项成果包括总体设计创新、设计手段创新、工程施工技术创新、数字化的生产管理创新、码头装备技术创新和工程建设项目管理创新六大部分。其主要创新点体现在以下方面：

（1）全新的现代集装箱港区功能模块横断面布置模式；

（2）通过能力为 1000 万 TEU 量级集装箱港区的科学布置与港口高效率运行的生产系统能力不平衡模式；

（3）基于外高桥集装箱港区 SWOT（优势、劣势、机会、威胁）宏观分析，确定港区的层次定位、功能定位和发展框架；

（4）"虚拟码头"的实现，使得码头结构建造过程呈现三维动态显示，便于结构设计和建造过程优化；

（5）通过人机交互技术，实现了虚拟环境下码头总体布局的参数化仿真，使方案比选有直接与量化的依据；

（6）仿真与人机交互技术对码头装卸系统优化与瓶颈分析的实现；

（7）应用振动碾压法、无填料振冲法和低能量强夯联合降水法实现软基处理与加固；

（8）应用聚丙烯纤维混凝土解决码头面层的龟裂；

（9）应用半刚性沥青铺面结构道路，满足港区低速重载要求；

（10）发明了带攀梯防冲板鼓型橡胶护舷；

（11）采用智能模糊技术的集装箱机械全场自动智能调度系统；

（12）采用模糊逻辑推理实现智能集装箱堆存及图形化积载策划，实现堆场智能化管理；

（13）实施信息处理技术，实现码头集装箱边装边卸的同倍位装卸技术；

（14）将多级优化决策理论应用于集装箱生产系统的管理；

（15）实现了港口管理的实时阶段优化，突破时空的局限，致使管理者能够让码头作业始终处于理想的受控状态；

（16）首次采用了双40英尺集装箱岸边起重机，创新了与此配套的工艺系统及码头设计；

（17）首先采用了轮胎式龙门起重机八绳防摇技术；

（18）发明了自行式防汛钢闸门；

（19）首先开发了全场起重机状态监测和管理系统，首先开发了雨水泵站、照明、供配电的计算机自动监控管理系统；

（20）在全国港口首先开发了无线数字集群通信系统；

（21）首先开发了大型设备新型防风锚定装置和成套防风技术；

（22）在港口工程管理中开发了项目管理信息系统；

（23）提高了码头施工控制同步流水作业、关键线路目标推进、交叉施工的有机结合组织施工等建设进度管理的新概念和管理办法。

集成技术分别应用在上海港外高桥港区二期、三期、四期、五期工程。

2. 深水防波堤新型结构形式的研究

（1）主要技术内容

本研究课题以大连港大窑湾岛堤方案选择为研究对象，在科研路线上走科技攻关与工程建设相结合，科研、设计单位与施工、管理单位相结合的道路，兼顾了先进性与实用性。课题从大窑湾岛堤多种方案中筛选出梳式结构，并经交通部审定。具体的研究又分为针对性研究和系统性研究两部分。

（2）梳式防波堤结构针对性研究的主要结论

1）胸墙结构受力的优化应以防波堤断面总体受力为准则，胸墙部分受力小不一定断面总体受力小，采用梳式结构适当改变胸墙结构可以明显减小所受的水平波浪力。

2）当允许防波堤有一定越浪时，梳式结构所受波浪水平力及垂直力（总力）由规则波和不规则波所得结果大体相同。

3）翼板波压力结果显示，翼板受动压力作用尚无冲击荷载，其受力特性与沉箱其他部位相同。

4）梳式结构具有反射系数较小的优点，与实体墙相比可明显改善堤前波况。

5）梳式结构可以透流，同时也透浪，在设计高水位与校核高水位时还有部分越浪。

（3）梳式防波堤结构针对性研究中的沉箱翼板为沉箱重要构件，对其结构强度、动力特性和疲劳问题进行了专门研究，其主要结论如下：

1）按立波计算的作用于翼板上的波压力荷载与按模型试验实测的波压力荷载相比，前者偏大，故按立波计算的波压力荷载对翼板配筋是偏于安全的。

2）按薄板理论计算的应力值与按厚板理论计算的应力值相比，前者偏大。

3）当以立波计算的波压力荷载对翼板进行疲劳应力验算时，波峰作用下钢筋的疲劳应力为较大的正值，波谷作用下钢筋的疲劳应力为负值，因而存在疲劳问题。而当以模型试验实测值对翼板进行疲劳应力验算时，波峰作用下钢筋的疲劳应力为较小的正值，波谷作用下钢筋的疲劳应力为负值，不存在疲劳问题。

4) 翼板的自振周期与波浪周期相差甚远，动力反映很小，不会发生共振。

（4）梳式防波堤结构系统性研究的主要成果

1) 由于梳式防波堤结构的特殊性，可以通过调整翼板位置及宽度，达到减小结构上的波浪力的目的，单纯从结构受力角度来看，梳式防波堤结构具有相当好的受力特性。

2) 通过相关分析，给出了试验条件下单宽波浪力系数随周期 T、翼板宽度 a、翼板位置 b、翼板底边缘距海底高度 c、波高 H 变化的经验关系，此经验公式具有良好的相关特性，不仅适用于波峰作用时的最大正向波浪力，同样适用于波谷作用时负向最大波浪力。

3) 通过比较不规则波作用时与规则波作用时的单宽波浪力，发现在相同翼板宽度 a、翼板位置 b、翼板底边缘距海底高度 c 的条件下，当不允许防波堤越浪，若不规则波的平均周期与规则波的周期相同，不规则波的1%大波波高与规则波波高相同时，不规则波的单宽最大波浪力小于规则波的单宽最大波浪力，其平均比值为 0.72；规则波的波浪力结果乘以适当系数可以应用于不规则波的波浪力计算。

4) 梳式结构的波浪反射系数主要与翼板的位置 b 及波长 L 的相对比值（b/L）有关，通过对大量试验数据的分析，给出了反射系数的经验公式，结果表明，通过调整翼板的位置 b 及波长 L 的相对比值（b/L），可以得到较低的反射系数。

（5）应用情况

梳式方案是适应大连港大窑湾特殊条件提出的。为了满足使用功能要求和降低日益增长的防波堤造价，采用的防波堤结构形式必须同时满足 3 个条件，即：为降低口门流速，保障航行安全，在保证掩护的条件下透空；消减波浪力；降低地基应力。梳式结构既能满足以上 3 项要求，又可以结合挖泥消波等，因此减少工程投资 6435 万元（占工程投资的 24.5%）。梳式结构针对性研究为应用于示范工程提供了可靠的科学依据，使科学技术迅速转化为生产力。系统性研究表明，这种结构形式为国内外首创，有推广价值。

3. 软基上新型码头结构与土体相互作用研究

目前我国港口建设已从水文地质条件较好的老港区岸线向外海深水区和淤泥质海岸、大江大河入海口发展。在软基上选取何种经济、可靠的码头结构形式，对提高工程质量、加快建设速度、降低工程造价都起着关键性的作用。

桩基码头作为软基上的主要结构形式，具有省砂石料、造价低等优点，但其缺点也较明显，如耐久性较差、对超载适应性差、岸坡变形易导致后排桩损坏等。而岸坡变形问题则是桩基码头结构的主要问题，主要涉及接岸结构及软基加固技术，其发展趋势是提高接岸结构的稳定性、缩小承台宽度。

本项目以"圆筒型接岸结构桩基码头"及"低桩重力式码头"两种码头结构形式为研究对象，用数值分析结合模型试验的方法，研究圆筒型接岸结构的岸坡稳定性、岸坡变形特性、岸坡与桩的作用、低桩重力式结构桩土相互作用问题等。该项目研究成果，可为软基上的码头结构设计提供依据。圆筒形接岸结构形式的应用，将大大提高桩基码头接岸结构的稳定性，提高桩基的可靠性，对改善桩基码头的性能、缩短工期、降低工程造价都有明显的意义；低桩重力式码头的应用，对提高结构耐久性、对超载和装卸工艺的适应能力具有重要意义。

（1）主要技术内容

本项目以"圆筒型接岸结构桩基码头"及"低桩重力式码头"两种码头结构形式为研究对象，采用数值计算方法与模型试验研究相结合的技术路径，分析研究了码头结构与岸坡土体的相互作用，论证了两种结构形式在外荷载作用下的变形、内力特征及可行性。其中，圆筒型接岸结构桩基码头是由本项目首次提出并进行了研究。

圆筒型接岸结构桩基码头具有施工速度快、稳定性好、可减小承台宽度的优点，弥补了桩基码头抗冲击性差和对超载工艺变化不适应的缺点，并可利用工业废渣和液态渣等作为筒内填充材料，经济效益、环保效益明显。

低桩重力式码头结构由钢筋混凝土灌注桩基础和沉箱共同构成，这种结构在我国应用较少。在软基较厚的情况下，采用这种结构建造重力式码头，与大挖大填的基床重力式及 MDM 深层水泥拌合基础重力式码头相比较为经济。

圆筒型接岸结构桩基码头及低桩重力式码头结构的模型试验与数值计算分析，在结构位移、结构应力分布等方面均能够有较好的吻合。

（2）适用范围

该成果可为软基上的码头结构设计提供依据。

(3) 效益分析

随着国民经济的迅猛发展，交通部中长期水运交通发展规划拟定21世纪初时我国深水泊位要达到1000个左右，建设需求很大。另一方面，由于我国老港区的岸线已基本饱和，为适应船舶大型化的需要，今后港区将向外海深水区发展。而这些区域往往存在着较恶劣的外部环境条件，如地基差、风浪大等。因此，深水码头结构形式还有待发展、更新。本项目正是根据这种市场需求而推出了两种新形的码头结构形式，以改良桩基码头低耐久性、低适宜性的缺点，又避免了大挖大填重力式码头的高成本、长工期，具有明显的优势，在港口工程领域应用前景广阔。

4. 开敞式码头最佳方位的研究

(1) 主要技术内容

开敞式码头最佳方位的确定是开敞式码头设计的主要内容之一，也是最关键的技术问题，它直接影响到开敞式码头设计的合理性、安全性和经济性。其主要技术内容为：通过计算机检索，收集国内外有关开敞式码头设计、研究、试验及实际使用情况的资料，了解开敞式码头研究最新动态；通过调查、收集、归纳国内外已有开敞式码头实际使用情况以及系泊船舶风压力、流压力、波浪力的计算分析和模型试验，确定不同吨级开敞式码头风、浪、流等因素的作业标准；编制计算程序，分别分析实测风、浪、流对码头方位的影响程度，综合确定码头的最佳方位，使船舶安全、顺利地靠离码头；由于开敞式码头及其配套设施的建设，必将对当地的流场和波浪场产生影响，引入流场和波浪场数学模型，对实测浪、流的分布进行调整。

(2) 技术特点和应用效果

1) 综合考虑风、浪、流诸因素对码头的联合作用，可为分析论证开敞式码头方位提供多种比较方案；

2) 使开敞式码头方位选择手段程序化、电算化；

3) 提出开敞式码头作业标准（风、浪、流因素影响）。

鉴定委员会专家认为课题研究具有一定的开创性，填补了开敞式码头布置和方位研究的空白，达到了国际先进水平。

(3) 应用前景和效益分析

本项目着重分析码头最佳方位的选择，综合考虑风、浪、流诸因素对码头的联合作用，使码头作业的有害影响减至最少，为设计人员分析论证开敞式码头方位提供多种比较方案，经综合比较可得出开敞式码头最佳方位，并使设计进度大大加快，必将产生良好的经济效益，可在港口和近海工程设计领域推广应用。

使用本研究成果的工程项目为青岛港原油码头三期工程可行性研究、中国石油福建湄洲湾油库码头工程可行性研究。

5. 山区河流大水位差港口建设关键技术研究

(1) 主要研究内容

1) 山区河流大水位差港口集装箱缆车装卸工艺系统的研究；

2) 散货大倾角装卸工艺系统的研究；

3) 客运码头客运缆车系统的研究（包括三个子题：标准客运缆车，大型客运缆车平稳启、制动，断缆安全保护装置）；

4) 大水位差码头水工结构的研究。

(2) 主要研究目标

1) 解决集装箱缆车装卸工艺系统中单点牵引、大轨距横向缆车上下坡运输过程中因偏载引起的偏心力矩过大而偏摆卡轨的难题；

2) 解决散货大倾角装卸工艺系统解决皮带车平稳过坡顶拐点的问题，满足大倾角斜坡道散货运输需要；

3) 研制不同规模客运码头标准客运缆车系统并对客运缆车的平稳启制动及安全保护装置进行研究，满足客运缆车运行安全、快速、舒适的要求；

4) 使码头水工结构反映西部建港特点。

(3) 主要研究成果

1) 开发研制了万向节联轴式缆车和圆锥车轮集装箱缆车系统，成功地解决了集装箱缆车大轨距单点牵引时由于载荷偏心引起缆车偏移的问题，可将缆车的速度提高约一倍。该项技术已获得了国家专利（专利号：ZL00255997.8）。

2) 研制出适应码头坡度达到1∶2的大倾角散货连续输送设备，突破了山区河流散货泊位设计中带式输送机斜坡道坡度1∶4的限制。该成果已经获得了国家专利（专利号：ZL02228810.4）。

3) 开发研制了弹簧夹轨式和滚轮顶杆式两种断缆锁紧装置,其中滚轮顶杆式断缆锁紧装置已经获得国家专利(专利号 ZL03255108.8)。

4) 对大型客运缆车的控制系统进行了研究,对缆车启停时的加速度进行了优化分析,得出当匀速度达到 2.0m/s 时的启动加速度也能适应对人产生的冲击影响,缩短缆车运行的总时间,开发了计算不同规模客运缆车相关技术参数的仿真软件,为合理确定不同规模客运缆车的技术参数提供了手段。

5) 研究分析了西部内河现有港口码头结构形式,针对客运码头和不同货种的货运码头实际情况,编制完成了《山区河流大水位差码头水工结构图集》,为码头结构选型提供参考。

(4) 推广及应用前景

本项目的研究成果具有广阔的应用情景。

1) 大型斜坡道万向节联轴式缆车的研制成果主要适用于大型斜坡道横向货运缆车的形式。

2) 随着近年来集装箱运输由沿海向长江上游的迅速发展、国家西部大开发战略的全面实施以及三峡库区港口淹没复建项目的紧张进行,集装箱码头建设已成为该地区码头建设的重点,因此万向节联轴式缆车在西部山区河流大水位差码头集装箱装卸工艺系统上的应用前景将非常广阔。

3) 山区河流大水位差港口大倾角装卸作业系统的研制成功,为今后山区大水位散货运输系统设计提供了新思路,具有广阔的推广应用前景;新型具有专利技术的皮带车铰接形式的应用,解决了以往皮带车过坡顶拐点时不能平稳过渡的问题,使用效果良好,具有良好的推广应用价值。

4) 客运缆车作为山区河流大水位差港口旅客和货物的载运工具已成为大家的共识,其快捷、安全、舒适的输送特点已为港口带来了良好的经济效益和社会效益。

5) 目前库区港口人流物流迅猛增长,提高缆车输送系统的安全性和可靠性,保证运输的畅通,增加港口码头的通过能力,配合库区大力发展旅游经济,增强经济活力将具有重大意义。

6) 随着三峡库区淹没复建工程的建设和旅游经济的快速发展,客运缆车车厢的系列化标准化已成为必然,其安全保护装置和平稳起制动系统的应用也具有广泛的前景。

三、港口工程施工新技术

(一) 施工技术力量的发展壮大

据 1949 年 5 月 5 日的统计,当时新港工程局全局筑港员工共 1785 人,其中工人 1546 名,管理和技术干部 239 名。这就是解放初期新中国筑港技术的基础力量。

1950 年 4 月 24 日,新港工程局改属于中央人民政府交通部航务总局领导。1954 年,筑港工程局共有职工 5740 人,其中工程师 34 人,一般技术干部 284 人,技术工人 2092 人,普通工人 1334 人,船员 554 人。

随着水运工程事业的蓬勃发展,施工力量不断发展壮大。到 1999 年末,仅中央直属的水运工程施工力量(包括设计、施工、科研等),总人数已达 70139 人,其中专业技术干部 24482 人,是 1954 年的 77 倍。在这些专业技术干部中,初级职称 11654 人,占 47.6%;中级职称 9211 人,占 37.4%;高级职称 3617 人,占 15%。全行业工程院院士 6 人。随着时间的推移,专业技术队伍的结构不断优化,科技知识不断积累和更新,施工技术水平不断提高,设计、施工、设备制造和安装调试的综合能力不断增强。

中国水运工程建设的主力军包括以从事港口建设为主的中港第一、二、三、四航务工程局和以从事疏浚吹填工程为主的天津、上海、广州航道局。建国以来,中国沿海及长江沿线绝大多数大中型港口基本上是由中港集团设计和建造的。沿海各港口航道的开挖、维护和吹填造地等工程也几乎全部由中港集团承担。

此外,国内其他一些大公司或集团也拥有水运工程建设力量和装备,尤其是沿江沿海各省市拥有一批筑港、疏浚的施工力量和装备,这些都是我国水运工程建设的重要力量。

(二) 港口施工技术及设备的发展

1. 软基上建造了沉箱重力式码头

近10年来，我国持续不断地在基础处理上进行研究，形成了具有我国港口建设特点的基础处理方法——水下夯实和爆破挤淤等方法；成功引进开发了水下深层水泥搅拌法（CDM）加固软土地基的技术和装备，打破了以往在软基上不能采用重力式结构，或者只能大挖大填施工的传统，并成功地用于天津港、烟台港，在软基上建造了沉箱重力式码头。

2. 施工工艺取得了重大发展，一批新工艺相继涌现

在长江口深水航道治理一期工程中，我国成功开发了具有世界领先水平的水下基床抛石整平机械化施工新工艺、软体排铺设新工艺，还开发了大型沉箱从山东石臼至香港的海上远程拖运工艺。在大连中远6万吨级干船坞的建设中，成功开发了"水下预填矿石骨料升浆混凝土湿法施工"新工艺，这是对于船坞"围堰法"施工传统工艺的重大突破。

3. 拥有了现代化的施工装备

这个期间，我国出现水工市场复苏的良好机遇，大型施工船机迅速增加，使施工装备能力快速增强、适应并拉动了生产经营的发展。截止到2005年底，各类工程船舶达到800多艘，陆上施工机械达到560余台套。其中水上大型挖泥船120多艘、打桩船30多艘、起重船近40艘、大型搅拌船26艘、拖轮170余艘、专用沉箱拖运半潜驳4艘、方驳292艘、浮船坞4座。其他主要增加的船机设备有：研制成功了具有国际领先水平的坐底式水下基床抛石整平船"青平一号"、"长建一号"、"打设1号"和一次可铺宽40m、长200m软体排的铺排船，形成了一整套外海基床处理的具有国际先进水平的大型施工船舶；拥有了起重能力为500t、1000t、最大起重量达到2600t的起重船。

其中"长建1号"于2002年建造，该船是第二代基床抛石整平船，船长60m，型宽34m，主体型深6.5m，总型深16m，轻载吃水4m，座底吃水≤14m，中间开口尺寸为45m×22m。船可以在风力≤7级、波高≤1.5m、流速≤2.0m/s时行抛石整平作业，10级以下大风中仍可就地抗浪；该船可使基床抛石、整平和质量检测三道工序合并施工，在对通常规格（1～100kg）块石的抛石、整平时，单船综合效率高达90延米，表面不平整度可控制在±50mm以内，无论是精度还是基床密实度均明显优于传统的人工整平，在中国水运工程史上第一次真正实现了抛石、整平工序的机械化和信息化施工。另外针对外海施工的特点，建造了"安定1号"大型半圆体沉箱定位安装船，该船的建成对半圆体沉箱的定位安装工艺有重大改进，提高了生产效率和施工质量。该船长70.0m、宽25.0m、型深5.5m，塔柱高度10m，轻载吃水4m，满载吃水13.5m。由于该船实现了半圆沉箱安装、充砂和质量检测一体化，将复杂的人工作业转化为水上机械化操作，大大减轻了劳动强度，加上配备的GPS系统可以进行全天候作业，又大大提高了沉箱的安装效率。同时，采用的坐底就位作业方式，提高了船舶的抗风浪能力和沉箱的定位稳定性，采用的先进安装软件有效地提高了海上沉箱的安装精度。此外，根据长江口工程需要，2003年设计建造了"打设1号"塑料排水板打设船。该船长60.0m、宽30.0m、型深5.0m，船体中部两个纵向作业开口，尺寸为32m×1.8m，两个开口中心间距3.6m，各安装了12台打设机。由于该船结构和配备的锚泊能力较强，船舶配备了GPS动态实时相位差分高精度定位系统，定位快速且准确，大大提高了塑料排水板打设的精度。该船是国内目前最大的海上塑料排水板打设专用船舶。

4. 沉桩设备大型化，沉桩技术先进

(1) 目前我国自行建造的打桩船的桩架高达93.5m，已经使用的柴油打桩锤最大的已达到D-160型，最大的液压打桩锤为S-280型。近年来，已采用激光、微波、远红外、自行开发研制了GPS定位系统。

(2) 引进开发了"天威"、"海力"两艘大型全回转打桩船，这种船型抗风浪和大水流速的能力更强，施工效率也很高，引发了外海打桩施工的新工艺。

(3) 开发研制了以"长旭号"为代表的大型平台式打桩船，使海上灌注桩施工能力达到世界先进水平。

5. CDM施工新工艺

在天津港东突堤南侧码头中成功地应用CDM

新工艺施工了新型接岸结构，它比传统的抛石棱体具有明显的技术经济优势。近10年来，我国在基础处理上持续不断的研究，形成了具有我国港口建设特点的基础处理方法——水下夯实和爆破挤淤等方法；成功引进开发了水下深层水泥搅拌法（CDM）加固软土地基的技术和装备，打破了以往在软基上不能采用重力式结构，或者只能大挖大填施工的传统。

6. 开发建造和改造多艘专用沉箱出运半潜驳

"九五"及"十五"期间，为改进沉箱出运工艺，在以往利用浮船坞或简易半潜驳接运沉箱的基础上，研究开发了"箱形船体加四个塔楼"形式的专用半潜驳，接运沉箱分为搭岸和坐底两种形式，利用这种半潜驳可以在船舶的正面或侧面接运沉箱，具有比以往更加安全高效的特点。

目前，专用半潜驳的最大举力达到6000t，随着专用半潜驳的开发建造，我国沉箱出运工艺和船舶装备总体达到国际先进水平。

7. 建造了多艘大型混凝土拌合船

随着我国海上施工项目的增加，大型混凝土搅拌船成为必不可少的施工船舶，到2005年底，共有大型搅拌船26艘，最大的混凝土拌合船生产能力达到1300m³，最大生产效率达到240m³/h。

（三）港口工程施工技术创新

1. 集装箱港区陆域浅层地基处理技术研究及应用

技术研究结合上海港外高桥港区四期工程的地基处理，通过理论分析、室内试验和现场试验，对集装箱港区陆域地基处理技术进行了系统的研究。基于饱和疏松粉细砂的工程特性，对无填料低水压振冲技术在粉细砂地基中的适用性进行了现场试验研究，获得了相应的技术工艺参数，在外高桥四期工程C1区地基处理中得到成功应用；针对传统强夯法的缺陷，提出了可以同时加固上部吹填细砂和下卧扰动软土层的新的低能量强夯施工工艺，并在外高桥四期工程C2区地基处理中得到成功应用。

（1）主要技术内容

1) 结合上海港外高桥港区四期的地基处理，通过弹性有限元和弹塑性有限元对地基承载力及应力分布的计算和沉降分析，为集装箱港区陆域地基浅层处理的原则提供了理论依据。

2) 通过现场试验研究了明沟、塑料盲沟和真空强排水三种排水、降水方案的实践效果，提出将明沟与塑料盲沟相结合排除大面积吹填积水，以利振冲进行行走的有效办法。

3) 通过现场试验系统地研究了不同振动机型、不同碾压遍数对振动碾压加固的效果，明确了12t及18t振动压路机碾压有效加固效果局限于地表以下2m范围内。

4) 基于饱和、疏松细砂层的工程特性，首次提出适用于处理饱和疏松吹填粉细砂的无填料低水压振冲技术，通过现场试验系统地研究出单点振冲、两点共振、三点共振方式及不同振冲间距等对无填料振冲加固效果的影响，并获得了相应的技术工艺参数。

5) 无填料振冲技术参数和施工工艺加固饱和细砂地基在C1区的大面积地基加固工程得到成功应用，对确保施工质量、节约工程造价、缩短工期与降低施工难度等都起到了决定性的作用。

6) 基于C2区下卧扰动软土层的工程特性，提出了可同时加固上部吹填细砂和下卧扰动软土层的新的低能量强夯施工工艺，弥补了强夯法处理软黏土的局限。

7) 井点降水联合低能量强夯法在C2区大面积地基加固工程得到成功应用，有效缩短了工期，确保了加固质量。

技术研究的创新点有两个方面：一是首次提出适用于处理饱和疏松吹填粉细砂的无填料振冲法低水压共振振冲技术，确定了单点振冲、两点共振、三点共振方式及不同振冲间距等有关工艺参数；二是首次提出真空降水联合低能量强夯加固技术对吹填粉细砂和下卧扰动软土层的方法及工艺，拓展了强夯法处理软黏土的新途径。

（2）应用情况

无填料低水压振冲技术已成功应用于外高桥港区四期工程C1区大面积地基处理，质量达到优良；工程真空降水联合低能量强夯加固技术成功应用于外高桥港区四期工程C2区大面积地基处理。

（3）应用推广

技术研究的研究成果可广泛应用于港口、机场和道路等具有类似土质条件的大面积浅层软基处理工程中。近年来在滩地上采用吹填砂方式形成陆域，以解决沿海地区土地资源缺乏问题已成为一种发展趋势，因此本课题的研究成果具有极其广泛的应用前景。

2. 袋装砂斜坡堤堤心充灌工艺与设备研究

(1) 主要技术内容

袋装砂斜坡堤堤心充灌工艺及设备研究成果于1998年7月开始应用于长江口深水航道治理工程一期工程北导堤(N)标工程导堤结构施工中。本课题成果科技含量高、工艺先进、施工质量可靠，经过两年多时间的实际应用，取得了较好的使用效果和经济效益。

(2) 本课题的研究成果及技术特点

1) 研制成功专用施工船舶及其配套设施，突破了传统袋装砂施工工艺对水深条件的限制，使近岸浅水施工拓展到深水施工成为可能。

2) 连体砂袋和复合连体砂袋(连体砂袋加反滤布)新工艺开发和应用成功，减少了施工工序，降低了施工成本，延长了可作业时间，提高了工程质量。

3) 发明了双层反滤袖口，利用砂与水的压力使砂袋充灌自动封闭，确保了砂袋成形质量。

4) "长江口二号"施工专用船舶满足长江口(Ⅲ类海区)6级风、浪高1.2m、最大流速3m/s，作业水深2~8m的自然条件下正常施工作业的需要，并能在8级大风条件下就地锚泊生存，具有抗风力强、吃水浅、两舷同时系靠砂驳、施工效率高等优点。

5) DGPS(差分全球定位系统)新技术的运用，为远离陆岸的海上工程施工定位、施工检测提供了可靠的保证，与传统的方法相比在精度、操作、经济、安全等方面具有明显优势。

6) 长江口地区"GPS"C级控制网的建立，为DGPS全球定位系统在长江口地区的应用奠定了基础。

7) 专用船舶施工监控系统(硬件和软件)的应用，提高了定位精度和作业效率，保证了施工质量，延长了可作业时间，改善了作业环境。

该项成果至今仍在长江口深水航道治理二期工程中应用，并在其他缺少石料地区的护岸筑堤工程中推广。该项成果以其明显的经济效益和社会效益，获得了上海市2001年度科技进步二等奖。

3. 抓斗挖泥船定位定深监控系统

(1) 主要技术内容

本系统实现了对抓斗挖泥船施工作业的三维测量和直观显示、抓斗挖泥船的定深自动控制；首创操作控制回转平台与船舶大平台之间的微波双向实时数据交换；采用GPS信号对抓斗及挖泥船在挖槽中的位置进行检测，使操作人员能清楚地按船舶在挖槽中的实际船位显示快速、准确地移船，并可在船舶大平台上方便地进行监督指导；系统可根据各个不同的斗形参数和挖掘重叠系数，自动在平面显示图上生成前进方向上的抓斗落斗位置，对施工人员控制抓斗落点有较大的指导意义。

系统对施工过程中的主要工况参数进行记录，提高了对挖泥施工过程的监控，便于对过程进行分析、检查，且能够对潮位数据进行自动测算，消除了潮位变化对挖深的影响。

本系统深度测算精度根据所用基础信息的不同分为RTK方式和角度传感器方式两种。处于RTK方式时，采用RTK高程和抓斗钢丝绳放出长度测量作为计算基础，通过换算得到抓斗深度值。影响精度的因素有：

1) RTK高程精度，与GPS-RTK信号接收机所接收的高程精度有关，误差在±2.5cm内。

2) 检测抓斗提升和启闭钢丝绳滚筒正反转脉冲数时产生的误差，经计算钢丝绳长度测算误差为±4.35cm。

3) 因抓斗漂移产生误差，以2°偏移、30m挖深计，深度误差为±1.5cm；处于角度传感器方式时，系统深度检测精度可保持在±10cm以内。定深精度在采用RTK定位方式时，为±18.5cm左右；在采用角度传感器定位方式时，为±20cm以内。

本系统的配置主要包括，垂直角度传感器1套，吃水传感器1个，GPS-RTK 2台，潮位遥报仪1套，光电传感器6个，电气比例转换阀1个(气控)及工业控制计算机2套等。

(2) 应用情况及其效果

本系统已在数艘同类型船舶上应用，并在宁波常洪隧道基槽开挖、上海外环线越(黄浦)江隧道开挖等重大工程中取得满意效果。宁波常洪隧道基槽开挖工程，采用了安装本系统的航扬401号4m³抓斗挖泥船施工，在基槽开挖要求非常高的条件下，高精度地完成工程，有效地控制了超深超宽，减少废方11万m³。在该工程的清淤、抛石中，分别为公司创造产值700万元和200多万元。上述两项工程都是城建大工程，社会效益十分显著。

抓斗挖泥船定位定深监控系统对提高我国抓斗挖泥船的工作效率和施工质量具有极大的实用意义，它可以安装在各类大、中型抓斗挖泥船上，投资费用40万元。

4. 大型半圆形沉箱预制出运安装成套工艺及装备研究

(1) 主要技术内容

1) 沉箱预制。根据沉箱半圆形、全封闭、预制工艺复杂的特点，将半圆形沉箱合理分层预制，芯模采用分级抽芯的方法拆模，大大提高了作业效率。

2) 沉箱移运和下水。在国内首次采用步行式液压顶推系统，将沉箱经过横移和纵移，运到滑道端部，再用"顶升换车"和"倒拉"下水方法沿滑道溜放沉箱。

3) 沉箱接靠和沉箱拖运。常规接靠方法是使用定位方驳和大跨度的锚系，根据潮流多变的特点和实际情况，采用了拖轮直接接靠沉箱工艺。拖运沉箱选择在落潮顺流，主拖轮在沉箱前部牵引，辅助拖轮后部顶推，在安装现场主拖轮转向成逆流拖航。

4) 沉箱安装。研制和建造了专用坐底安装船舶——安定1号，在右舷舷外桁架内设安装导向杆，通过GPS定位控制，调节导向杆位置，使沉箱达到预定轴线，导向杆内套管放下，直至到达基床顶面，核实沉箱位置无误后，沉箱前壁贴导向杆下滑，安放沉箱坐落在基床面上。

(2) 技术适用范围

该项成套施工技术适用于水运工程大型、复杂沉箱的大规模预制、出运和安装施工。

(3) 创新点

1) 整套工艺成熟可靠，工序间衔接顺畅，工效高，施工安全。

2) 沉箱模板结构合理，顶拱内模采用分级抽芯方法解决了封闭式沉箱快速支拆模问题，保证了施工效率。

3) 步行式液压顶推系统出运大型沉箱在国内尚属首次，在安全、经济效益方面与传统工艺相比具有显著的优越性。

4) 对滑道进行了优化设计，结构有一定的创新，可确保滑道高负荷运行，且滑道的建设费用较少，"顶升换车"方法和"倒拉"下水方法都取得了预期的效果。

5) 沉箱安装作业船集安装与施工控制于一体，自动化程度高，适用于在恶劣海况下大批量安装半圆形特殊形状的沉箱。安装作业船一次定位可安装6~8个现有规格的沉箱。

(4) 应用情况

该成套技术已在长江口二期工程中成功应用。半圆形沉箱预制自2002年9月开始，到2004年8月底，共预制完成沉箱402个，在正常施工条件下，日均预制沉箱2~2.5个，单日最高预制沉箱达到4个，日均混凝土浇注强度1000m³，最高浇注强度达到1450m³。沉箱出运从2002年10月开始，其中横移最远距离为107m，最近为31m；纵移最远距离为201m，最近为65m；横移和纵移顶推最大速度为1.5m/min，平均1.0m/min。沉箱下滑距离平均150m左右，下滑及回程速度为3.6m/min，一个工作日可出运3~4个沉箱，单日最多出运6个沉箱，安装船每个工作日也可完成安装3~4个沉箱的要求。各项性能指标均达到和超过了设计能力。

(5) 效益分析

1) 在沉箱预制、出运方面，采取了经济、新颖的工艺，提高沉箱出运效率、缩短滑道长度，每个沉箱节约成本约0.2万元，共节省费用为544×0.2=108.80万元。

2) 在沉箱安装方面，采用定位安装坐底船，提高沉箱的出运安装作业效率，不仅可以适应施工条件恶劣、工期紧的要求，同时在经济方面也具有明显优势。

3) 按照交通部定额并结合施工现场的条件进行核算，起重船安装和半圆形沉箱定位安装坐底船安装两种工艺比较，以1个沉箱安装为单位，其综合造价分别为5.35万元和3.00万元，两者相差2.35万元；采用定位安装坐底船比起重船安装方法共节省费用1278.40万元。以上两项共节省费用1387.20万元。

图3-1所示为半圆沉箱出运，图3-2所示为半圆沉箱安放，图3-3所示为半圆沉箱成堤。

图 3-1 半圆沉箱出运

图 3-2 半圆沉箱安放

图 3-3 半圆沉箱成堤

5. 超大型高性能打桩船关键技术的研究

（1）技术特点

1）超大型打桩船可实现吊龙口打桩，特别是挑龙口打斜桩的功能，目前国内打桩船，特别是大型打桩船还不具备这种功能，尤其是挑龙口打斜桩更是绝无仅有。挑龙口打桩对于跨越桩群障碍，进行远距离打桩具有十分重要的现实意义。龙口采用可挑式"冲霄"型结构，龙口高出桩架 10m，桩架结构相对较低，重心下移，桩锤又能升得较高。不拖水能打直桩、斜桩和长度 75m 的桩，龙口可外挑 15m，可跨越桩群障碍和浅滩远距离打桩。

2）桩架采用大型管桁结构，减轻自重，满足结构的强度、刚度、稳定性，使桩架结构质量减轻 15% 以上。填补了自行研究和建造超大型打桩船的国内空白。

3）运用仿生学原理，在桩架上自行研制一套液压驱动的抱桩机械手，能灵活抱桩和准确定位，适用于多种规格的桩型，减轻了操作工人的劳动强度，提高了生产效率。

4）打桩的桩基定位采用 GPS 测量定位，克服了自然因素和传统的技术手段落后带来的生产效率低和误差大。GPS 测量定位，误差能控制在 2cm 内，工效成倍地提高。

5）在"窜桩"保护方面，为克服"窜桩"这一突发事故，设置可编程控制器，通过信号传递，使吊锤绞车迅速、平稳制动，保证了打桩装备的安全性。

6）计算机监控，采用总线技术、网络技术，把动力系统、电网电站系统、液压系统、打桩工作系统（变幅、起重、移位）、船舶平衡系统、气象、标重系统等联结成网，实现终端监控管理，使操作人员直观掌握各环节的工作状态，提高作业工效。

7）"港工洋山号"打桩船的吊龙口、防窜桩等功能具有创新性，经检索，部分关键技术达到国际先进水平。本课题应用新研究的技术成果，解决了打桩船以前未曾解决的几项难题，使得"港工洋山号"成为目前国内超大型、技术领先的打桩船，已在国家重点工程洋山深水港建设中发挥了不可替代的作用。

8）经与国内、国际文献和数据库检索分析对比，上海科学技术情报研究所水平检索报告：该项目达到国际先进水平，并已申请专利。

（2）性能指标

可在长江中下游及沿海海区安全作业和近海调遣，作业的海况为风力≤7级，在风力 12 级的条件下，可在港内系泊抗风。可打最大桩重 80t、长 70m（不拖水）的各类长桩；还可吊龙口打桩，吊龙口时，桩垂直中心线至船艏距离可达 15m。该打桩船还可进行水上其他的起重作业，距船艏 18.2m 时最大起重量为 150t；在距船艏 26.6m 时最大起重量为 100t；在距船艏 34.2m 时最大起重量为 50t。

（3）技术配套条件

2000 马力拖轮一艘；运桩驳船数艘（视需要定）。

（4）技术适用范围

水工施工，海上及水域范围的打桩和起重安装。

(5) 应用情况

"港工洋山号"高性能打桩船 2003 年起在崎岖列岛海区参与洋山深水港码头建设，期间还参与了东海大桥的打桩和福建罗源码头的建造。共打桩 2525 根，最多一天打 22 根桩。

(6) 效益分析

"港工洋山号"打桩船具有很好的获利能力。本船于 2003 年 1 月正式试用以来，营运收入为 6312.5 万元人民币；成本支出 2725.56 万元人民币；营业税及附加税 320.62 万元人民币；利润为 3266.32 万元人民币。

"港工洋山号"打桩船部分性能达到了国际先进水平，其打桩船关键技术的研究和实施还为填补我国打桩船领域先进科学技术的应用起到了开创性的作用。该课题的研究和实施既提高了我公司在水工建设市场上的竞争能力，同时，为参与和确保国家重点工程——洋山深水港的建设起到了举足轻重的作用。"港工洋山号"打桩船的建成和投入使用，填补了国内超大型打桩船建造的空白。

(四) 安装技术水平的发展

我国水运工程建设的机电设备安装队伍，主要分布在 4 个航务工程局的设备安装公司，设备制造厂商也常参与一些单机设备的安装工作。特别是在市场经济竞争激烈的 10 多年来的大量工程实践，专业安装队伍迅速成长，并取得了丰富的经验，已经完全能适应各类型现代化装卸工艺设备安装调试的要求。

设备安装精度是安装技术水平的重要象征之一。国内安装队伍负责安装调试的煤码头、粮食码头、矿石码头的大型成套设备，均能达到国外相关的技术标准。

四、港口工程建设标准的发展

(一) 编制港口工程建设标准的回顾

建国初期，我国没有港口工程建设标准，主要借用前苏联标准和我国其他部门的一些标准。20 世纪 50 年代后半期筹划酝酿并开始了制定《港口工程设计标准及技术规程》；60 年代陆续出版了港口总体设计、混凝土结构设计和方块码头、沉箱码头施工等规范；70 年代至 80 年代中期，在当时国家建委的统一领导下，交通部组织设计、施工、科研等单位及高等院校的力量，进行老规范的修订和新标准的编制工作，为了使标准更切合我国港口建设实际，并提高其科学合理性，开展了大量的调查分析和试验研究工作。到了 20 世纪 80 年代中期，初步形成了一套系列、完整、符合我国港口建设实际的港口建设技术标准，于 1987 年又在各分册间进行协调，并局部修改后出版了《港口工程技术规范》合订本。

1986 年《港口工程结构可靠度设计统一标准》编写组成立，经大量的统计分析和校核计算工作，1992 年制定完成并颁布实施。继而按照《港口工程结构可靠度设计统一标准》对 10 余册港口工程结构设计标准进行了修改，同时开始了钢板桩码头等若干新标准的编制工作，1998 年交通部将新一轮修订和编制的标准颁布实施。至此，港口工程结构标准实现了从定值设计向概率设计转轨，实现了与国际先进设计方法的接轨。

50 年来，港口工程建设标准的编制工作硕果累累，特别是近 10 年来，港口工程建设标准已形成 8 类、72 册，内容齐全。这些标准不仅使港口工程建设有章可循，而且在保证港口工程设计、施工、建设质量和技术发展等方面，发挥了重要作用。

(二) 港口工程建设标准的基本情况

1. 工程建设标准法律框架及港口工程建设标准的层次和体系

根据《水运工程建设标准编写规定》的规定，港口工程建设标准包括技术标准、技术规范、技术规程和技术规定等。我国工程建设标准的法律框架和港口工程建设标准的层次、体系结构概况如下：

(1) 工程建设标准法律框架

我国工程建设标准法律框架由国家标准、行业标准、地方标准、企业标准构成。港口工程建设标准的绝大多数是属于行业标准类。

(2) 港口工程建设标准层次

港口工程建设标准分为3层，即基础标准、通用标准、专用标准。

(3) 港口工程建设标准体系结构

2. 港口工程建设现行标准的数量和分类

截至2005年，港口工程建设标准的数量已达到72册，其中国家标准3册，交通行业标准84册。有76册是1996年及以后发布实施的，占总数的90%之多，其他还有一些标准正在修订或制订。

根据港口工程建设标准体系结构，港口工程建设现行标准分为基础类标准、综合类标准、勘测类标准、地基与基础类标准、混凝土类标准、港口类标准、航道类标准和通信交管类标准8大类。

为方便工程技术人员使用这些标准，制作了"水运工程建设现行行业标准光盘系统"。同时，为扩大国际间的技术交流，帮助设计和施工企业进入国际市场搭建平台，已将其中的19册主要标准和规范译成英文发行。

这些标准的制定和修订，为保证港口工程建设的健康发展，有效控制工程质量，保证工程安全，进一步提高水运工程建设技术水平，发挥了重要的作用。

(三) 港口工程建设标准的特点

1. 标准采用了先进的可靠度设计理论

20世纪80年代末，港口工程建设标准开始向可靠度方面转轨，通过国际间的技术交流，港口工程建设标准借鉴国际上先进、成熟的技术经验，并参考国际标准化组织颁布的《结构可靠度总原则》(ISO 2394)，采用了以分项系数表达、以概率法为基础的概率极限状态设计的先进方法，即可靠度理论，来修订或制订港口工程建设标准。1992年首次颁布《港口工程结构可靠度设计统一标准》，随后对除通航建筑物（由于水利工程建设标准还没有完全采用可靠度理论，考虑到整个枢纽的统一性，目前没有采用可靠度理论）以外的相关标准，均采用了可靠度理论，并于1998年陆续颁布实施。

2. 标准的系统性、完整性达到了国际领先水平

应该说，新一轮的港口工程建设标准在设计理论上，跟上了当今世界最新潮流，实现了与国际接轨，这是一代港工专家用了近10年的时间，在大量卓有成效的工作的基础上，呕心沥血，克服重重困难完成的。从标准采用先进的可靠度理论和现行标准体系的系统性、完整性来看，可以说，港口工程建设标准在国际港口工程领域处于领先地位，特别是对荷载的统计分析、对风浪参数的统计分析、对地基可靠度的研究以及对土压力的研究，处于国际领先水平。

3. 标准实行动态管理，力求保持其先进性

为尽量避免出现标准滞后的情况，在制定和修订标准的条文时，主要以大中型港口为主，适当考虑小型港口，做到既符合我国的实际情况，又尽量提高有关的技术指标，保持标准的先进性。同时，对有些标准的规定没有限制得太死，对有些指标留有适当的口子，既能够保护标准条文的准确性，又能够保证执行标准的灵活性。为及时吸收新科技成果进入标准，进而修订滞后的、不相适宜的标准，港口工程建设标准的修订工作从1994年开始，改变了以往"五年一大修，三年一小修"的情况，进行动态管理。对于全面修订或新增编的标准成册发布，并废止修订的原标准；对于局部修订的标准，则发布修订的条文并替代原标准的相应条文，并在有关网站和刊物上刊登。

港口工程建设标准的动态管理不仅对已有的标准进行及时修订，同时还根据工程建设的需要，及时制定新标准，并注重实际工程经验的总结，积极采用新的理论方法、新的科技成果。如《海港水文规范》(JTJ 213—1998)中，就及时地采用了"不规则波的理论方法"；在其他修订和制定的标准中分别适时地采用了"GPS全球定位技术"、"爆夯挤淤处理地基新技术"、"大圆筒技术"、"大管桩技术"、"水上深层拌合处理地基新技术"和"半圆形防波堤新结构技术"等科技攻关成果。

五、港口建设发展展望

(一) 港口建设发展的特点

建国以来尤其是改革开放以来，中国港口建设取得了举世瞩目的成就。

综合分析中国港口的建设，主要有如下特点：

1. 集装箱码头建设快速发展

为适应中国对外贸易的发展，近些年来加速了集装箱码头的建设，由2001年的110多个集装箱专用泊位，发展到2005年的208个，泊位通过能力达到5878万TEU/年。在10个年吞吐量超过100万TEU的大陆沿海港口中，有6个进入了世界集装箱港20强行列。其中，上海港跃居世界集装箱港第3位，深圳港跃居第4位，其他各港集装箱吞吐量均以30%左右甚至成倍的速度递增。

2. 深水航道、大型深水泊位和专业泊位建设成效显著

为适应国际航运市场的发展和吞吐量不断增长的需要，近十几年来，重点开挖了珠江口伶仃洋—11.5m、天津港15万吨级、秦皇岛港和湛江港10万吨级及长江口—10.0m的深水航道；陆续建成了一批大型深水泊位和专业泊位，如福建炼油厂及浙江宁波炼油厂等10万吨级油码头，大连港30万吨级油码头，山东青岛和浙江舟山、宁波20万吨级矿石码头，大连港、马迹山25万吨级矿石码头，以及天津、大连、青岛、上海、宁波、厦门、深圳等一批深水集装箱泊位均已投产使用。

3. 按现代物流的理念和标准规划港口建设

随着现代物流业的兴起和蓬勃发展，港口作为物流供应链的重要节点，不再是传统意义上的水陆交通枢纽，它已成为连接世界生产、交换、分配和消费的中心环节。为适应这一发展需要，国内许多港口提出了向现代物流方向发展的战略，并开始投巨资建设具有现代物流功能的物流中心，如上海港建设的外高桥物流基地，天津港建设的南疆散货物流中心及正在着手建设的北疆集装箱物流中心等。

4. 港城格局一体化趋势明显

现代港口已从单一产业向多元功能产业发展，从单一陆向腹地向周边共同腹地扩展，并且向社会经济各系统全方位辐射。港口的发展得到了港口所在城市政府乃至腹地省市的高度重视和支持，很多港口城市为此制定了港城相互促进、共同发展的战略，并采取各种措施积极鼓励和扶持港口的发展。港口不断将原有处于城市中心地带的老港区融入城市发展中，通过土地置换或改造，大力发展临港产业，加快保税区建设，创造良好的游览、商贸等环境，既促进港口自身发展，又带动了城市兴旺。

5. 港口管理信息化进展迅速

港口的现代化程度在很大程度上取决于信息化建设的水平。近些年来，中国各大港口都十分重视管理的信息化建设，宽带网等先进技术已广泛应用于港口生产经营的各个方面。越来越多的港口同海关、检验检疫部门之间，同用户之间，同运输物流企业之间通过先进信息技术实现快捷、高效的沟通，集装箱多式联运和"门到门"运输日益普及，为港口的进一步发展奠定了坚实基础。

6. 投资主体多元化成效显著

改革开放以来，国家对港口建设和经营采取"谁建设谁受益"等鼓励政策，地方政府、工业企业、外资、航运企业乃至民营企业等参与港口建设和经营的积极性越来越高。目前，包括国有交通部门、国有工矿和商贸企业、中外合资企业、民营企业和股份制上市公司在内的港口多种所有制及多种经营管理方式并存的格局已初步形成。例如，随着中国大陆港口国际集装箱运输的蓬勃发展，香港、新加坡等地有实力的跨国港口集团和多家世界著名的大型航运公司纷纷抢滩中国沿海港口集装箱码头业务。沿海大多数重要的集装箱港口都有外资参与建设和经营的集装箱码头，使沿海港口市场的活跃程度大为增强，港口企业的服务意识和经营管理水平也得到进一步提高。

7. 港口现代化管理水平有待提高

随着世界经济的发展，港口的国际竞争越发激

烈。而港口的国际竞争力不仅体现在硬件基础设施上，还体现在港口管理和服务水平等软件方面的创新上。与基础设施等硬件环境相比，软环境的完善程度对未来港口竞争力的决定作用越来越大。目前，中国港口建设重硬件、轻软件，虽然建设了一大批国际一流码头，配备了世界先进设备，但由于缺乏相应的现代化管理，造成中国吞吐量水平与科技投入不匹配。因此，提高港口现代化管理水平是进一步提高中国港口国际竞争力的当务之急。

（二）现代港口建设发展趋势

因为现代港口已成为全球综合运输的核心、现代物流供应链的重要节点，世界各国特别是发达国家的港口当局和政府主管部门，已经或正在对港口进行改革，以适应国际交通运输业新发展的需要，其中包括：重新制定港口发展战略、改革港口规划与管理的立法程序和体制、港口管理机构的改革和重组以及确定港口融资和成本分析方案等。其中与现代港口建设有关的主要趋势为：

1. 现代港口发展的大型化趋势

为适应现代运输技术的发展，尤其是船舶大型化对港口自然条件和设备要求的提高，大力加强港口建设，扩大港口规模，是当前港口发展的显著特点。欧美和日本等国家的一些港口相继投巨资规划建设泊位、航道、装卸场地和内陆集疏运系统。

2. 现代港口发展的集装箱化趋势

随着国际集装箱多式联运的开展，件杂货运输的集装箱化程度越来越高，世界各国也将其主要注意力放到集装箱港口的发展上。集装箱吞吐量已经成为衡量港口作用和地位的主要标志，如今的国际航运中心都是以国际集装箱枢纽港作为核心。随着集装箱船舶大型化的发展，其挂靠的港口越来越少，集装箱的吞吐能力已经成为各港竞争最为重要的组成部分。为了能在未来的全球集装箱运输中占有一席之地，各国纷纷投资集装箱码头的建设和传统件杂货码头的集装箱化改造。

国际集装箱多式联运已成为集装箱运输的发展方向。利用以港口为枢纽，水路、公路、铁路、航空等多种运输方式相结合的运输网络，要求港口必须具备现代多式联运的各种条件，如提供快速、可靠而灵活的服务，完善的集疏运系统，完备的港口信息技术等。

3. 现代港口发展的深水化趋势

船舶大型化趋势对现代港口航道和泊位水深提出了更高要求。随着船舶大型化，散货船大都在15~20万吨级，集装箱船则向超巴拿马型发展，进港航道水深不断加大。由于深水开敞式码头建造技术的广泛应用，已建设了许多15~25万吨级的矿石码头、30~50万吨级的油轮码头、5~10万吨级的集装箱码头。现代港口正朝着深水化的方向发展。

4. 现代港口发展的信息化、网络化趋势

随着港口装卸运输向多样化、协调化、一体化方向发展，港口管理也采用各种先进设备和手段，使管理水平适应现代综合运输的需要。港口普遍采用先进的导航、助航设备和现代化的通信联络技术；电子计算机广泛应用于港口经营管理、数据交换、生产调度、监督控制和装卸操纵自动化等方面。

现代运输技术和经营方式的发展要求有关信息能在各运输环节之间准确、快速地传递。作为综合运输系统的"神经中枢"，港口信息网络化已成为发展趋势。由于海上运输业本身所具有的强烈的国际性，港口信息网络化无疑是提高服务效率的重要手段。港口业信息技术革新的焦点之一是EDI（电子数据交换），EDI信息技术是以港口为节点的现代国际多式联运的重要组成部分，通过它可使港口的计算机系统直接同用户、货主以及其他机构（如"一关二检"）的计算机系统进行通信，实现贸易运输伙伴之间的信息自动交换和自动处理，实现"无纸贸易"。另一方面，随着因特网（Internet）的发展，港口网（Portnet）与因特网的结合也将更好地促进各港之间的交流与合作。

5. 现代港口向物流服务中心转化的趋势

如今的国际运输业经营人正在向综合物流服务的提供者转化，它们的服务范围从原来的"门到门"向货架到货架转化，服务内容也从原来单纯的运输服务转变为除提供运输服务外，还提供诸如包装、储存、配送等增值服务，这就对处于综合运输系统中心地位的现代港口功能转变提出了新的要求，使港口的功能向更广泛的意义上发展。为适应这种发展趋势，现代港口应在以下几个方面进行努力：

（1）码头经营模式的转化。通过与运输经营人之间进行的码头租赁合作，投资建设码头合作等模式，转变码头经营方式，以适应航运发展趋势。

（2）加强场站建设，完善集疏运网络。港口要拥有相当能力的堆场、良好的集疏运条件，要建设与国际运输相配套的内陆中转货运站网络，保证集疏运系统的畅通，为开展海陆、海铁、海空联运创造条件。

（3）改进装卸工艺和提高装卸效率。配备能适应船舶大型化的装卸工艺设备以及前方堆场设施，加强装卸组织，提高管理水平，达到作业过程合理化、自动化和快速化。

（4）提供信息服务的各种条件，增强港口流通功能和信息服务功能。

6. 现代港口普遍重视环保的趋势

环境是人类生存的依靠，环境保护已经成为人类非常关心的主题。随着现代运输技术的发展，人们对于港口周围环境的保护也提出了高要求。港口的污染不仅涉及水域和陆域，而且涉及到空气的污染和噪声污染，现代港口的建设已将环保列为重要项目。

可以预见，随着现代运输技术和经营方式对港口要求的不断提高，未来港口的竞争焦点，将集中在集装箱运输、国际多式联运及信息技术的开发利用上。而这些领域正好代表港口技术和现代化的整体水平。未来港口的发展必须建立在可持续发展的基础上，这样港口才能立于不败之地。

（三）大型专业化码头及港口航道建设展望

1. 集装箱码头建设展望

随着集装箱运输的全球化和集装箱船舶的大型化发展，集装箱枢纽港建设将继续成为我国"十一五"期间港口发展的重要战略措施。我国今后10年应随着全球航线的调整，在沿海大力建设多个国际集装箱枢纽港和一批国际集装箱干线港，增加建设15～18m大型深水泊位，以及装备吊重60t以上、外伸70m以上的集装箱装卸桥。在主干线上积极与各大公司合作，增加班轮航线和航班数量，尽快将经营的主流船型从目前的3000～6000TEU级向8000TEU级船发展，积极参加国际集装箱运输干线化的竞争，力争2～3年内基本上使单个集装箱专业泊位的年吞吐量达到60万TEU以上，5年内使我国集装箱枢纽港有一批泊位年吞吐量达到70～80万TEU，使其规模和效率进入高速增长的良性循环状态。

预计到2010年，运输船舶、港口基本设施及技术设备基本实现标准化和现代化，我国前5大集装箱港口吞吐量进入世界集装箱港排名榜前10名。

2. 矿石码头建设展望

我国钢铁工业发展迅速，自1989年突破6000万吨以来，一直以稳定的速度保持增长势头，1996年钢产量突破1亿t，从而跃居世界第一位；至2005年，钢产量达到3.52亿t。铁矿石是钢铁工业的主要原料。我国铁矿石资源丰富（储量超过460亿t），占世界第4位，但矿石平均品位只有37%，居世界第6位。因此，铁矿石自给率仅为50%左右，每年需要从国外进口大量高品位铁矿石。世界贸易与海运的发展密切相关，随着世界范围的铁矿石运量的增长，海上运输船舶将进一步向大型化和专业化方向发展。从世界散货船队船型发展看，近10年来，10～15万吨级船增长9.8%，15～20万吨级船增长164%，20～30万吨级增长36%，说明近洋运输采用的5～10万吨级、远洋运输采用的15～30万吨级船增长较快。据预测，今后5～10年，为降低运输成本，我国矿石码头建设，近洋将向5～7万吨级、远洋向15～25万吨级发展；10年以后将进一步向10万吨级和30万吨级发展。码头卸船设备型式，将更多采用桥式抓斗卸船机或桥式连续卸船机，其能力将达到2000～3000t/h。陆上堆存能力也将进一步扩大，堆取作业设备机械化程度也会明显提高。

3. 油气品码头建设展望

估计今后10～20年间，国内对油气品和化工原料的需求将有较大增长，据有关部门预测，到2010年将进口原油达1.6～1.9亿t左右，汽油、煤油、柴油、化工轻油等的消费量将翻一番。

据统计，世界油船总数为7565艘，总载重吨约为3.18亿t，其中6万吨级以下的油船数量已发展到80%，但只占总载重吨的21%；而12.5万吨级以上油船数量虽约占10%，占总载重吨的比例却达54%。说明今后10～20年内，大型油船仍是原油运输的主力船型。我国进口的原油多来自中东、北非、西非，按照运量和运距从航运经济分析，15万吨级比10万吨级运费省23.5%～26%；25万吨级比15万吨级运费省10%～22.8%。因此，根据我国港口的具体情况，对有条件的河口港采用 10 万吨级油船运输，对于沿海有条件的港口采用 20～30 万吨级油船运输是最经济的船型。油船专用码头的建设，今后将离岸向外海深水发展；原油码头，将向码头吨级大型化和装卸工艺流程自动化发展。采用接力泵与船泵的"串联顺序输油加压"方式，可降低能耗，提高输油效率，同时今后也将对陆域罐区、输油泵、码头作业等进行全过程监控，实现机泵自动联锁，保证安全输油作业的要求。

其他油气品及化工码头的主要发展趋势是：吨级大型化、货种多样化、装卸专业化、工艺流程自动化。随着成品油、液体化工和液化气需求量逐年增长，沿海和沿江建设的码头将逐渐增多。例如液化石油气(LPG)码头的建设，今后的发展将是"南方起步，沿海北上，江河蓄势，逆流西进"。目前 LPG 主要为民用燃料，随着公交系统和电厂、供热锅炉等煤改气和油改气的变化，LPG 专用码头在我国南北方将很快增多。另外，由于液化天然气(LNG)是洁净、高效、方便、安全的理想能源，国家能源开发部门已开展了山东、广东、福建和华东四地的港址比选和建设的前期工作，其发展势头也很强劲。

4. 其他类型专业码头建设展望

(1) 煤炭码头

我国已初步形成西煤东运、北煤南运的格局。由于世界油料市场的波动，使我国煤炭出口抬头，这是今后煤炭码头建设中应考虑的因素。从国内煤炭南运来说，北方煤炭出口港仍将以 5～10 万吨级为发展方向，进口煤以 10～15 万吨级为主。

(2) 粮食码头和散装水泥码头

今后 10 年内将维持目前的水平，也就是粮食码头维持在 8 万吨级以下，水泥码头在 5 万吨级以下。

(3) 旅游及游艇码头

由于旅游业在我国大发展，客运量在迅速增加，其建设将构成我国今后一段时间内港口建设的新内容。国际大型观光客轮已经在开辟我国航线，港口设施势必将增加适应旅游观光的内容。同时汽车、火车轮渡港的建设也将得到发展。

5. 航道建设展望

"十一五"期间，我国水运基本建设的重点之一是：要大力改善主要大江大河出海航道及主要枢纽港的通航条件，以适应海运船舶大型化的发展形势。

"十一五"及其以后较长时间内，内河航道建设的重点是推进"两横一纵两网"建设，依靠科技进步提高内河航道建设技术水平。

(1) 沿海港口航道建设

长江口航道建设是"十一五"期间水运基本建设的重点项目，在二期建设长江口水深达到 -10.0 m 的基础上，在动态管理的条件下，顺应长江口河势的变化，通过三期工程建设达到 -12.5 m 水深。

近年来天津港迅猛发展，几年间已经从淤泥质海滩建起的人工港变成了国际性深水港口，至"十五"末期，天津港航道水深已达 -17.40 m，15 万吨级船舶可以随时进港，20 万吨级船舶可以乘潮进港。天津港将进一步加大港口基本建设投资力度，实施超前建设，不断扩大规模，提高航道等级，在原有 15 万吨级航道的基础上进行疏浚，使通航水深分别达到 -18.1 m 和 -19.1 m，届时可满足 20 万吨级货船自由进出港口。该工程的建设将对完善港口功能，提升港口等级，创建世界一流大港具有十分重要的意义。

在研究疏浚航道的同时要重点研究不同水深、不同地质条件下的稳定边坡，减少超深、超宽挖泥数量，充分注意土方的综合利用和外抛土方抛泥地点的研究。

为了适应改善大江大河出海航道和主要枢纽港的通航条件，土方数量增多，水深增大，但挖泥船尤其大型挖泥船数量不足，因此适当增置大能量耙吸式挖泥船是非常必要的，使我国航道疏浚水平提高到一个新的高度。

(2) 内河航道要逐步实现"两横一纵两网"建设目标

"十一五"期间继续完善"两横一纵两网"的基础设施建设，抓好、建好"十五"期间有待完善的内河航道整治工程和港口设施，使其建成一条则发挥一条河道建设的整体效益。

在继续完善"两横一纵两网"建设基础上，渠化通航河流，建设与其相连的高等级航道，并向货源生成地区延伸，建设高等级航道网络，以提高内河干支直达、江海联运的通航能力；结合西部大开发，加大水资源综合开发力度，渠化航道，渠化时必须航电结合，进一步发展以电养航，提高内河航道建设可持续发展的能力；强化主枢纽港口建设，形成水陆联运网络。

重点抓好主通道中几条效益较好的河流开发建设，逐步形成标准统一、全线贯通的"两横一纵两网"。

长江干线下游，结合水利河势控制工程，适时对主要碍航河段进行治理；中游，实施综合治理和控导工程，加大对主要碍航河段的治理力度；上游，结合三峡水库蓄水至156m、175m，治理库尾航道。对重庆以上航道进行整治。

实施西江航运干线扩容工程，提高长洲枢纽、桂平枢纽船闸通航标准和能力。

实施京杭运河江南段"四改三"改造工程；继续实施苏北运河"三改二"改造工程；结合南水北调东线工程，实施济宁以北部分航段建设工程。

按三级航道标准建设长江三角洲高等级航道网，重点是通往上海国际航运中心主要集装箱港区的内河集装箱运输通道的建设。

珠江三角洲通过实施航道整治工程，基本建成珠江三角洲高等级航道网。

加快淮河水系主要支流航道建设步伐。

(四) 港口建设发展战略

1. 港口建设发展定位

未来一段时期，中国港口的发展定位是：

(1) 港口是经济全球化过程中国家十分宝贵的战略性资源，是在全球范围内调动资源的现代物流平台；

(2) 港口是促进国民经济发展和优化产业布局，保持国民经济高速增长，提高中国在经济全球化中竞争力的重要基础；

(3) 港口是中国进一步扩大对外开放，发展外向型经济，实施利用国内外两个市场和两种资源战略，保证国家经济和国防安全的基本保障；

(4) 港口是综合运输体系的重要枢纽，是现代物流供应链的重要节点。

根据以上定位，港口发展的战略总目标是：适应经济全球化和科技进步的发展趋势，满足国家现代化建设需要，以国际、国内航运市场为导向，建成结构合理、层次分明、功能完善、信息畅通、优质安全、便捷高效、文明环保的现代化港口。

2. 港口建设发展目标

(1) 沿海港口建设发展目标

结合经济发展分阶段实施及我国港口发展的实际情况，确定沿海港口分阶段的发展目标为：

2006~2010年，增强沿海港口基础设施建设力度，在发展中调整港口结构，以结构调整促港口发展，进一步优化港口布局，加快老港区城市化改造步伐，完成港口管理体制改革，建立规范的港口运输市场。

到2010年，沿海港口万吨级以上泊位达到1760个，较"十五"新增650个；年通过能力达到50亿t，新增21亿t。基本适应国民经济发展的需要，满足经济全球化对沿海港口的需求，吞吐能力与吞吐量的比值达到1.15；结构调整取得明显成效，大型专业化的原油、铁矿石码头建设布局基本形成，95%的外贸进口原油、90%的铁矿石采用15万吨级以上大型船舶运输；集装箱干线、支线、喂给港系统布局基本形成，外贸集装箱远洋直达率达到80%；专业化的石油液化产品、木材、粮食、汽车运输等码头布局基本形成；主要港口现代化信息网络基本建成；沿海主要港口技术状态与国际水平接轨，重点港口基本实现现代化。

2011~2020年，继续完善大型深水专业化码头布局，重点拓展和增强港口的功能，形成高效率的管理和经营运作机制，为用户提供优质服务，提高港口的国际竞争力，沿海港口基本实现现代化。

到2020年，沿海港口总体能力适度超前国民经济发展要求，吞吐能力与吞吐量的比值达到1.25；满足主要货类运输对大型深水专业化码头和航道的需求；临港工业和商贸活动成为沿海港口的重要功能，重点港口物流中心作用明显；沿海主要港口在基础设施能力、技术装备水平、管理体制和市场运作机制、功能拓展和服务质量等各方面达到国际先进水平；港口与城市协调发展，在国家现代化进程中发挥巨大的推动作用；充分体现港口在全球资源配置中的竞争优势；沿海港口基本实现现代化。

(2) 内河港口建设发展目标

根据公路水路交通发展三阶段的主要目标，结合内河航运发展分阶段目标及内河枢纽港口的实际情况，提出内河港口未来发展的总体目标及不同阶段的发展目标如下：

1）总体目标

为适应社会主义市场经济发展，在未来 20～30 年的时间内，以港口基础设施建设为重点，相应加强港口管理、服务等软环境建设，形成与内河航运发展和综合运输体系布局相协调的、布局合理的内河港口格局，港口设施完备、管理先进、服务优质高效，基本实现现代化。内河港口将一改落后的面貌，极大地促进国民经济的发展。

2）分阶段实施目标

2006～2010 年，建设内河港口泊位 340 个，新增年吞吐能力 6400 万 t。重点加强港口基础设施建设，加大结构调整和技术改造的力度，大幅度提高港口机械化水平；以港口建设为核心，基本建立适应能源、原材料和集装箱等运输需求的运输系统；具备条件的港口要拓展港口功能，大大提高运输、装卸、仓储、配送一体化水平；提高港口管理水平，全面改变内河港口的落后状况，基本适应区域经济发展的需求。

2011～2020 年，在继续加强港口基础设施建设的基础上，着重提高港口管理水平，基本实现港口现代化，其中东部地区港口率先实现现代化；强化内河港口在能源、原材料、集装箱等运输系统中的作用，提高内河港口在国民经济发展及综合运输体系中的地位；进一步拓展其功能，适应区域经济发展的需求。

3. 优化港口布局

从 20 世纪 70 年代的老港扩张，到改革开放的深水新港址选择，再到 90 年代以主枢纽港为重点，按合理运输系统的要求建设专业化码头的宏观布局发展战略，使中国港口建设基本健康有序发展。但近年来，以集装箱运输方式为代表的现代化运输体系的出现，使得各港口的竞争日趋激烈，各港口分层次布局和运输系统布局尚未完成，全国各港尚未形成各具特色的合理定位。因此，我们必须从适应未来发展的角度重新审视港口的总体布局。一是继续实施"三主一支持"的交通发展战略，适时调整主枢纽港的总体布局规划，重点发展沿海主枢纽港。二是充分发挥集装箱枢纽港在区域经济、贸易、金融活动中的作用，在环渤海、长江三角洲、珠江三角洲尽快建立起能拉动经济发展的航运中心。三是强化综合运输大通道与主枢纽港的衔接，在把陆路运输骨干线路引入港口的同时，注意场站的建设布局与港口相协调，以实现安全、快速、准时、可靠的客货换装运输。

4. 着力提高港口生产和管理现代化科技应用水平

港口要在现代物流中起到重要节点和核心作用，必须满足现代物流各方面主要标准的要求。为此，港口要积极开发和广泛应用现代科学技术，使港口装卸工艺合理化、装卸机械设备自动化与电气化、管理手段现代化。采用计算机控制系统完成生产和管理各个环节的作业和监控。

5. 加快港口信息化和网络化的进程

信息化和网络化开发与应用程度是港口先进与否的重要标志，也是港口是否有竞争力的关键之所在。要完善 EDI 系统，通过 EDI 使港口计算机系统直接与用户、货主以及"一关二检"单位之间进行通信联系和信息处理，实现"无纸贸易"。建立港口信息中心和控制中心，该中心不但与局域网联网，而且与因特网联网，从而实现信息采集、处理、传递、咨询、配载服务、车船调度以及跟踪等的信息化与网络化。

6. 加快传统港口向现代物流中心转化的步伐

目前中国港口多数尚属于传统类型，主要表现为：服务范围窄、服务功能单一、服务质量低、信息传递不及时及管理水平落后，存在效率不高、成本上升等问题。为解决这些问题，要从以下几方面入手：

（1）按现代物流中心的标准，制定港口发展战略；

（2）从原来的单纯装卸、仓储服务向制造商和销售商延伸，提供全方位的服务；

（3）以港口为核心，建立多式联运体系，实现货物运输一体化；

（4）改变服务观念和经营模式，树立为客户服务思想，变被动服务为主动服务；

（5）按前述要求，加强信息化网络化建设；

（6）建立科学的管理机构，采用现代化管理手段，提高现代化管理水平。

7. 重视环境保护，保证港口可持续发展

环境保护是中国的基本国策，同时也是国际先进港口的重要标志之一。因此，现代港口规划建设已把环境保护列为重要因素，在港口规划建设中必须同时考虑周边的绿化，排除水上、陆上的空气污染和噪声污染等问题。

要增强港口可持续发展的能力，一是要合理利用港口岸线和深水资源；二是要利用现代科学技术，不断开发新资源；三是对港口资源利用要作出中长期规划，从而为港口可持续发展奠定良好的基础。

（五）港口工程建设重点及技术发展的研究重点

1. 重点建设集装箱码头

当今世界上，集装箱吞吐量已经成为衡量港口作用和地位的主要标志，国际航运中心也是以集装箱枢纽港为核心。为了适应航运事业发展的需要，今后10年内，中国港口要把集装箱码头建设作为重点，建设集装箱干线港的大型集装箱码头，同时以新建和改造相结合，相应建设支线港和喂给港的集装箱码头，使集装箱干线、支线和喂给港的布局更加合理；加大现有8大主要集装箱港口扩建和完善的力度，新建和改建一批能停靠第5～6代集装箱船的码头；有更多的港口集装箱吞吐量进入世界前20名行列；集装箱枢纽港实现远洋集装箱船直达率超过80%。

2. 有计划地建设一批大型深水专业化码头

为适应船舶大型化和专业化的需要，除重点建设集装箱码头外，还要在沿海部分港口分别建设一批20万吨级以上的进口原油、进口矿石等大型专业化码头，增加港口在国际航运市场上的竞争力。

3. 重点建设部分港口的深水航道

港口进出口航道的等级标准直接制约港口的通过能力，航道建设必须与港口建设相匹配。"十一五"期间乃至今后，将重点建设长江口深水航道三期工程，使其水深达到12.5m；在天津港建成20万吨级及25万吨级深水航道。

4. 内河港口建设重点

内河港口现状基础设施较沿海港口落后，码头布局分散，基本处于发展的初期阶段。根据内河港口的现状及发展目标，为与内河航运和综合运输体系的发展相协调，内河港口将逐步实现正规化、规模化、现代化。因此，内河港口的近期建设重点是加强规模化、现代化港区的建设，提高港口的现代化水平，同时，加大港口结构调整力度，注重发展大宗散货、集装箱、滚装等专业化码头。

经过20～30年时间的发展，我国内河港口布局将更趋合理，将形成以28个内河主要港口为重点、其他中小型内河港口共同发展的格局。

长江水系港口将形成合理的煤炭、原油、矿石、汽车滚装、集装箱运输系统；淮河水系、京杭运河将围绕煤炭运输，形成合理的能源运输系统；珠江水系港口针对香港、深圳的集装箱运输，形成合理的集装箱及散货运输系统；黑龙江水系港口主要针对俄罗斯及东亚地区，开展外贸运输。

5. 码头结构设计与施工技术研究

（1）重力式码头新型结构设计与施工技术研究主要包括：沉入式大直径圆筒结构；浅置式大直径钢圆筒结构；重力式码头概率极限状态设计方法；重力式码头的地基处理技术；新型土工合成材料在重力式码头中的应用。

（2）大型嵌岩钢管桩码头成套技术研究主要包括：风化岩地基高承载力钢管桩沉桩规律研究；桩内嵌岩技术研究；聚丙烯纤维高性能混凝土性能研究；透水模板研制及应用；嵌岩桩稳定性研究。

（3）粉砂质或淤泥粉砂质海岸建港的泥沙淤积问题研究：需要进一步对泥沙特性、泥沙运动形态、淤积规律、淤积强度和淤积量计算、数学和物理模拟方法、疏浚工艺以及整治措施和整治建筑物布置原则等，结合实际工程开展基础和应用研究。

（4）"亲水性"港工建筑物研究：随着滨海旅游的发展，对滨海生态环境保护意识的提高，以及为满足人们亲近海洋的要求，对于港口和海岸建筑物的设计，必须逐渐增加消浪、景观和"亲水性"的内容，这也需要加强研究与开发。

（5）结合交通部编制新一轮港工结构可靠度规范，进一步研究和完善各类港工建筑物的概率极限状态设计方法。

6. 深水防波堤技术研究

（1）开发防波堤的新结构和护面块体新形式，开展不规则波对直立堤和斜波堤作用的研究，外海深水软土地基上建设防波堤的研究，开发波浪计算与新型防波堤结构的应用软件和CAD系统，研制适合于外海施工的专用作业船舶，如专用抛石船；信息化施工。

（2）对于外海深水防波堤，研究深水防波堤的设计波浪标准、深水防波堤的结构形式。

(3) 研究波浪—基础—地基的相互作用，包括在波浪作用下防波堤结构的动力响应及设计方法，以及对建造在动力弱化土地基上的结构物整体稳定计算方法等。

7. 超重构件的预制、出运、安装成套技术研究

1) 滑升模板混凝土施工工艺；

2) 滑框倒模混凝土施工工艺；

3) 超重构件出运技术。

8. 深水航道整治技术研究

深水航道粉砂质海岸或粉砂淤泥质海岸的洄淤研究。

9. 海工混凝土结构耐久性研究

1) 新建海工混凝土结构的寿命预测，腐蚀控制措施，即海工混凝土结构评估与维修加固对策；

2) 海工混凝土结构耐久性设计，包括寿命预测、维修加固、技术创新和突破。

10. 海工高性能混凝土技术研究

1) 研制开发不同于传统高效减水剂和引气剂的新型化学外加剂；

2) 多品种海工高性能混凝土技术研究。

11. 保障措施与对策研究

1) 建立国家级港口工程技术研究中心，组成设计、科研院所、高校、施工单位联合攻关组，开展深入细致的科研和方案论证工作；

2) 采取理论联系实际、洋为中用的方针，以依托工程为背景，分阶段完成攻关任务；

3) 加强国家自然科学基金在港口工程方面的基础研究，培植一支工程创新研究队伍。

参考文献

［1］中国土木工程学会主编. 2020 年中国工程科学和技术发展研究、中国土木工程科学和技术发展研究

［2］交通部水运司. 中国水运工程建设技术. 北京：人民交通出版社，2003

［3］中国交通报

［4］中国水运报

执笔人：袁永华

中国土木工程学会防灾减灾技术推广委员会

城市防灾减灾工程篇

中国土木工程学会防灾减灾技术推广委员会

目　录

一、城市防灾减灾事业发展概述 … 315
（一）提高城市防灾减灾能力的战略意义 … 315
（二）城市防灾减灾能力建设取得显著成效 … 317

二、城市防灾减灾事业发展成就 … 321
（一）工程抗震减灾 … 321
（二）防洪能力建设 … 327
（三）城市消防建设 … 330
（四）工程抗风能力建设 … 332
（五）地质灾害防御 … 335

三、发展趋势与展望 … 342
（一）国际城市防灾减灾发展现状 … 342
（二）我国城市防灾减灾能力与发达国家的差距 … 343
（三）未来发展目标与展望 … 345
（四）城市防灾减灾关键技术 … 350
（五）保障措施与对策 … 351

四、典型工程案例 … 352
（一）防震减灾工程 … 352
（二）防洪工程 … 356
（三）防火工程 … 358
（四）抗风工程 … 359
（五）地质工程 … 362

参考文献 … 363

一、城市防灾减灾事业发展概述

（一）提高城市防灾减灾能力的战略意义

1. 各种灾害频繁，防灾形势严峻

我国是世界上自然灾害最严重的国家之一。全国有74%的省会城市以及62%的地级以上城市位于地震烈度7度以上危险地区，70%以上的大城市、半数以上的人口、75%以上的工农业产值地位于灾害频发区。全国660多座城市，大多都面临着洪水、地震、地质、台风等多项自然灾害的威胁。建设部1997年公布的"城市建设综合防灾技术政策"纲要把地震、火灾、洪水、气象灾害、地质破坏五大灾种列为导致我国城市灾害的主要灾害源。对我国大多数城市来说，地震、洪水、火灾是最主要的灾种。近年来，随着城市建设的加快，高层、超高层、高耸、大跨度建筑物抗风问题日益突出，城市地质灾害问题也相当严重。

（1）地震活动加剧。自20世纪90年代以来，我国地震活动在经历了10年平静期之后又进入了第Ⅴ个活跃期，地震活动频率明显增长，地震震害日趋加重。据统计[1]，1990～2000年的十年间，我国大陆地区共发生5级以上地震265次，其中成灾事件达126次，造成5万余人伤亡，直接经济损失126.92亿元，约为上个十年地震灾害总经济损失的3倍（如表1-1所示）。刚刚过去的2005年，我国境内共发生5级以上地震22次，大陆地区有11次地震成灾事件，约208.4万人受灾，受灾面积约15039.7km²；死亡15人、重伤90人、轻伤777人；造成房屋3457153m²毁坏，543515m²严重破坏，9916280m²中等破坏，10624541m²轻微破坏；地震灾害总的直接经济损失约26.3亿元[2]。

（2）洪涝灾害不断。"十五"时期，我国洪涝灾害频繁发生[3]。2003年淮河发生超过1991年的流域性大洪水，2005年珠江流域西江发生超过百年一遇的特大洪水，辽河流域发生近十多年来的最大洪水，2003年和2005年汉江、渭河发生严重秋汛。一些中小河流发生超过历史纪录的特大洪水。部分地区发生严重的山洪灾害，平均每年洪涝受灾面积1.92亿亩。"十五"期间，我国因洪涝受灾人口1.61亿人，死亡1510人，直接经济损失1006亿元。

1990～2000年主要震害统计数据　　表1-1

年　度	死亡人数/人	受伤人数/人	直接经济损失/亿元
1990	127	2187	6.74
1991	3	554	4.42
1992	5	480	1.60
1993	9	381	2.84
1994	4	1378	3.29
1995	85	15024	11.64
1996	365	17956	46.03
1997	21	150	12.52
1998	59	13631	18.42
1999	3	137	4.74
2000	10	2977	14.68
1990～2000	691	54855	126.92
1980～1989	1112	12402	49.81

（3）防火形势不容乐观。"八五"初期，我国特大火灾增多，群死群伤火灾时有发生。"九五"以来，城市特大火灾的起数、损失、伤亡人数均有所下降，但火灾损失总体呈上升趋势。2002年，我国共发生258315起火灾（未包括香港、澳门特别行政区和台湾地区的火灾，也不包括森林火灾、草原火灾、军事和地下煤矿火灾），造成直接财产损失15.4亿元，死亡2393人，受伤3414人。比2001年火灾起数增加了19.2%，直接财产损失增加了9.7%。2005年，全国发生火灾235941起，死亡2496人，受伤2506人，直接财产损失13.6亿元[4]。图1-1和图1-2分别为"八五"、"九五"和"十五"期间我国特大火灾起数、经济损失及伤亡人数的基本对比情况[5]。

（4）气象灾害损失日趋严重。1995年我国因风灾造成的直接经济损失超过1000亿元；1998年超过2998亿元。2004年，浙江遭遇48年最大强度台风"云娜"袭击，164人遇难，直接损失181亿

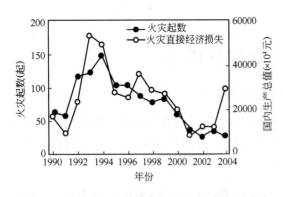

图 1-1 "八五"、"九五"和"十五"期间特大火灾起数与经济损失对比

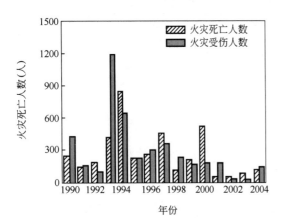

图 1-2 "八五"、"九五"和"十五"期间特大火灾伤亡人数对比

元;2005 年,东南沿海多次遭受强台风和热带风暴的袭击,其中 5 号"海棠"、8 号"天鹰"、9 号"麦莎"、10 号"珊瑚"4 个登陆台风共造成 4612 万人受灾,死亡 42 人,失踪 6 人,直接经济损失达到 327.6 亿元;第 13 号台风"泰利"造成浙江、安徽、福建、江西、河南、湖北等 6 省 1930.1 万人不同程度受灾,因灾死亡 124 人,失踪 31 人,直接经济损失 154.2 亿元。据统计,1993～2003 年的十年间气象灾害给我国国民经济带来直接经济损失达 21146 亿元[6]。

(5) 地质灾害种类繁多,分布面广。我国是世界上地质灾害最为严重的国家之一,遍布全国 30 个省、市、自治区。全国有特大型崩塌 51 处、滑坡 140 处、泥石流 149 处;较大型崩塌 3000 多处、滑坡 2000 多处、泥石流 2000 多处。西部地区尤其是西南、西北地区如云南、四川、贵州、陕西、甘肃、宁夏等省(区),崩、滑、流发育强烈,由于自然地理因素和地质构造条件复杂,加之人类工程活动加剧,这些省(区)每年都会发生崩塌、滑坡、泥石流等地质灾害。据统计,自 20 世纪 90 年代中期以来,每年造成近 1000 人死亡,经济损失高达 200 多亿元,而且损失呈逐年上升的趋势。

据不完全统计,近十年来,我国每年因自然灾害造成的直接经济损失都在 1000 亿元以上,每年因灾害造成的直接经济损失,约占国民生产总值的 3%～6%。近五年来我国因自然灾害造成的人员伤亡和经济损失统计见表 1-2。

2001～2005 中国自然灾害灾情统计　　表 1-2

年份	死亡人口(人)	紧急转移安置人口(万人)	倒塌房屋(万间)	直接经济损失(亿元)
2005 年	2475	1570.3	226.4	2042.1
2004 年	2250	563.3	155.0	1602.3
2003 年	2259	707.3	343.0	1884.2
2002 年	2384	471.8	189.5	1637.2
2001 年	2538	211.1	92.2	1942.2

自然灾害严重地威胁着国家的经济建设和可持续发展,已成为制约国民经济持续稳定发展的主要因素之一。同时,世界发展的历史证明,在工业化社会之前,除了特大自然灾害和疫病之外,由于生产集约化和城市化水平较低,致灾因素较为单一,灾害所造成的损失及规模有限,而到工业化、城市化高速发展的阶段,伴随着灾害事故的高发时期,各种致灾因子增加并不断衍生,多种致灾因子耦联,致使灾害破坏机理复杂,灾害损失加重。然而,我国目前正处于社会发展的转型时期,社会主义现代化建设空前繁荣与兴旺,经济建设快速、稳步、健康发展,城镇化建设步伐不断加快,从而使得城市防灾减灾工作压力巨大,形势异常严峻。

2. 提高城市防灾减灾能力是一项国家战略决策

城市是国家和一定区域的经济、政治、文化、科技中心,具有人口集中、产业集中、财富集中、社会活动高度集中的特点,在国家工业化发展和现代化建设进程中占据着非常重要的地位。然而,也正是由于城市的这一特殊地位,使得一旦发生灾害,所造成的灾害损失和后果极其严重。因此,切实提高城市防灾减灾能力,确保城市的安全,是国家防灾减灾工作的重点,是保障国家经济稳步发展的战略决策。我国政府历来重视防灾减灾工作,在中共中央和国务院的多次重要会议和决议中均提出要切实加强城市防灾减灾能力建设,并将其提高到国家战略的高度加以贯彻执行。

1989年4月，国务院成立了由28个部门组成的"中国国际减灾十年委员会"，草拟了《中国国际减灾活动纲要》，确立了以防为主，防、抗、救相结合的方针，建立了自然灾害综合防治体系。各级地方政府也相应建立了减灾综合协调机构。

2001年3月，九届全国人大四次会议审议通过的《国民经济和社会发展第十个五年计划纲要》，明确写入了"加强防御各种灾害的安全网建设，建立灾害预报预防、灾情监测和紧急救援体系，提高防灾减灾能力"。

2002年4月，中华人民共和国民政部国家减灾中心正式成立，减灾中心是中国政府对各类自然灾害进行信息服务和辅助决策的专业机构，通过灾害信息的收集与分析、灾害现场的紧急救援和灾情的快速评估，借助卫星遥感（RS, Remote Sensing）等先进技术手段，进行灾害分析和科学研究，为灾害管理部门提供决策参考，为中国的综合减灾事业提供技术支持。

2004年9月，十六届四中全会《决定》明确提出："建立健全社会预警体系，形成统一指挥、功能齐全、反应灵敏、运转高效的应急机制，提高保障公共安全和处置突发事件的能力。"

2005年1月，经国务院批准，中国国际减灾委员会更名为国家减灾委员会，其主要任务是：研究制定国家减灾工作的方针、政策和规划，协调开展重大减灾活动，指导地方开展减灾工作，推进减灾国际交流与合作。同时，国家减灾委员会专家委员会成立，专家委员会委员的职责是对国家减灾工作的重大决策提供政策咨询和建议，对我国的重大减灾项目进行评审和评估，研究我国减灾工作的发展思路等。专家委员会专家的职责是为各成员单位部门提供减灾领域的政策咨询和技术支持。

2005年3月，温家宝总理在十届全国人大三次会议上的《政府工作报告》中再次提出，"提高保障公共安全和处置突发事件的能力，减少自然灾害、事故灾难等突发事件造成的损失"。

2006年1月9日，我国《国家突发公共事件总体应急预案》正式出台，1月22日，9项事故灾难类突发公共事件专项应急预案相继发布。105项专项和部门应急预案已编制完成，即将陆续发布，全国灾害应急预案框架基本形成。

2006年3月，十届全国人大四次会议审议通过的《国民经济和社会发展第十一个五年计划纲要》再次强调"增强防灾减灾能力"，并将其单列为一节，重点指出："加强防洪减灾薄弱环节建设，重点加强大江大河综合治理、病险水库除险加固、蓄滞洪区建设和城市防洪，增强沿海地区防台风、风暴潮、海啸的能力。加强对滑坡、泥石流和森林、草原火灾的防治。提高防洪减灾预警和指挥能力，建立洪水等灾害风险管理制度和防洪减灾保障制度。加强对三峡库区等重点地区地质灾害的防治。完善大中型水库移民后期扶持政策。加强城市群和大城市地震安全基础工作，加强数字地震台网、震情、灾情信息快速传输系统建设，实行预测、预防、救助综合管理，提高地震综合防御能力。"充分表明了党和国家对做好防灾减灾事业的重视和决心。

防灾减灾是一个社会问题，同时也是一个关系人类生存与发展的问题，是一个国家的问题，同时也是一个全球的问题。如何面对日益严峻的城市灾害形势，有效地将城市灾害损失降低到最低限度，全面提高国家综合减灾能力，是政府部门的责任，但更为重要的是全社会的共同努力。

"居安思危，思则有备，备则无患。"做好城市防灾减灾，关系国计民生，是一项充分体现人民利益高于一切的公益性事业，是国家安全与社会稳定的基石，是坚持以人为本，全面、协调、可持续发展的重要组成部分，也是全面实现小康社会的重要保障。

（二）城市防灾减灾能力建设取得显著成效

1990年以来，在"国际减灾十年"活动的推动下，我国城市防灾减灾能力建设取得显著成效。

1. 城市防震减灾能力显著提高

在城市抗震减灾的研究方面，主要包括城市地震危险性研究、承灾体的抗震易损性或抗震能力研究以及城市抗震规划的研究。我国学者针对不同承灾体在城市中对地震灾害的制约程度发展了一系列城市灾害的评估方法，如对建（构）筑物的易损性评价、基础设施（生命线工程）评价和网络功能分析等，初步建立了城市抗震防灾技术体系。我国不少城市还进行了土地利用、总体布局、老城改造、能源、交通、通信等生命线工程和房屋建筑的新建设防和现有建筑的抗震加固、防止次生灾害、避震疏散、应急准备等抗震规划。此外，通过近二十多年的研究和实践，以及近年来多次城市附近地震灾害的启示，我国已提出了一套符合我国国情的减轻城市地震灾害的做法。

"九五"期间，新建工程抗震设防、现有工程的抗震鉴定与加固以及城市和区域的抗震防灾工作得到了全面的发展。抗震防灾工作的法规建设有所突破；很多地区建立和完善了新建工程的抗震设防审查、抽查制度；全国重点工程和首都圈中央国家机关行政事业单位工程的抗震加固已基本完成；抗震设防区划和抗震防灾规划的编制与实施工作不断深入。"九五"期间，我国的云南丽江、内蒙古包头、新疆伽师、河北张北等地发生强烈的地震，证明了历年来开展我国的抗震设防和加固工作是卓有成效的。

"十五"期间党中央、国务院大力推进地震监测预报、震灾预防和紧急救援三大工作体系建设。中央和地方各级组成了统一领导、分工负责的防震减灾领导指挥体系；由国家法律、行政法规、地方法规、部门规章和地方政府规章组成的防震减灾法律框架初步形成，防震减灾行政执法逐步开展，法制监督与行政监督得到加强；组建了集中统一的现代地震防御和研究机构体系。防震减灾基础设施不断改善，50%左右的地震台站实施了数字化改造，具有较高的地震监测精度、地震速报和前兆信息检测能力，可监测3.0级地震的区域占国土面积90%，地震速报的时间缩短为10分钟；地震预测实践方面居国际领先地位，对一些特定类型的地震作出了近20次成功的预测；编制了《中国地震动参数区划图》，并在各类抗震设计规范中得到应用。工程建设的抗震设防监管得到加强，大部分省区地震安全性评价达到应评价项目的70%~80%，绝大多数省市抗震设防要求管理进入了政府行政审批大厅，城市和重大工程设施抗震设防能力有所提高；建立了各级地震应急指挥技术系统，全国各省区和重点监视防御区的所有市县编制了破坏性地震应急预案，重大地震灾害事件发生后，在当地政府组织领导下，各部门密切配合，实施有序、高效的应急处置，组建了国家救援队和部分省级救援队并实施境内外地震应急搜救。防震减灾的科普宣传和法制宣传进入社区。多项重大基础科学工程完成并投入应用。

2. 城市防洪工程建设成绩斐然

过去的十年，是我国水利建设史上成就不凡的十年。中央高度重视水利工程建设，水利建设投资力度和规模空前。十年间，全国共完成水利建设累计完成固定资产投资5758亿元，其中中央投资2901亿元，地方投资为2857亿元，特别是"十五"期间，全国水利建设固定资产投资达3625亿元，相当于1949~2000年全国水利固定资产投资的总量。这些投资中，防洪工程建设投资为2854亿元，约占50%。大江大河防洪能力显著提高，以大江大河堤防为重点的防洪工程建设取得突破性进展。

"九五"期间[7]，共开工建设堤防约3万km，完成堤防断面达标16000多公里，其中大江大河干支流Ⅰ、Ⅱ级堤防达标1万多公里。长江完成主要堤防断面达标6100km，占需达标长度的52%，其中Ⅰ、Ⅱ级堤防达标率为63%；黄河干流Ⅰ、Ⅱ级堤防达标1260km，占需达标长度的57%，下游欠高1m以上的堤段已全部完成加固任务；松辽流域完成Ⅰ、Ⅱ级堤防断面达标1840km，占需达标长度的46%。淮河、海河、珠江等其他河流的治理工作也相应加快。已建成达标海堤近6000km，占海堤总长度的44%。全国共有236座城市达到国家防洪标准，达标城市由"九五"初的31%，提高到37%。有25座水利枢纽竣工投入使用，增加防洪库容约60亿m³；80多座大中型病险水库得到除险加固，恢复兴利库容58亿m³。万家寨、江垭、飞来峡、王甫洲等重点水利枢纽工程已完成主体工程，小浪底、乌鲁瓦提等工程按计划完成了建设目标，治淮、治太工程有很大进展。

"十五"期间[8]，大规模水利投资取得明显成效，重点水利工程建设稳步推进，特别是大江大河治理成就卓然。全国累计堤防长度达到27.8万km，其中新增堤防长度8676km，主要堤防达标长度增加2.23万km，其中一、二级堤防达标长度增加1.13万km；重要城市和重点地区的防洪标准得到较大提高。长江干堤加固工程基本完工，竣工验收准备工作正在抓紧进行，其中长江重要堤防隐蔽工程已于2005年10月顺利通过竣工验收，长江干堤防洪能力大幅度提高。黄河干流Ⅰ、Ⅱ级堤防达标2242km，占需达标长度的72%，下游欠高1m

以上的堤段已全部完成加固任务。松辽流域完成Ⅰ、Ⅱ级堤防断面达标1840km，占需达标长度的46%。治理淮河骨干工程五年安排中央投资137亿元，6项已竣工、2项基本完成、10项正在抓紧实施。治太湖一期工程全部完成。海河、珠江等其他河流的治理工作也相应加快。已建成达标海堤近6000km，占海堤总长度的44%。

在加大大江大河堤防建设的同时，重要控制性枢纽工程建设取得重大进展。万家寨和江垭水利枢纽分别于2002年9月和2003年1月竣工投产运行，发挥了防洪、发电等综合效益；小浪底水利枢纽工程全面完工，并于2002年12月完成竣工初步验收工作，工程在黄河防洪、调沙减淤及发电等方面的综合效益已充分显现；沙坡头水利枢纽和临淮岗洪水控制工程主体工程已基本完工，正在进行竣工初步验收准备工作，即将投产运营；百色、尼尔基和紫坪铺分别于2005年8月下旬、9月中旬和下旬实现下闸蓄水的建设目标；治淮19项骨干工程除沙颍河近期治理工程1项尚未正式开工以外，其他18项工程已累计完成投资223.33亿元，占总投资的49.96%；皂市水利枢纽和西霞院反调节水库等进展顺利。

1686座水库除险，病险水库除险加固进展顺利。2001年和2004年，国家先后分两批将3259座病险水库的除险加固工程列入中央补助计划。"十五"期间，中央累计投资约186亿元，共安排了1686座病险水库的除险加固建设。为做好病险水库除险加固项目建设管理工作，水利部在建立责任制、制定项目建设管理办法、加强前期工作、推动建管措施的落实、强化监督检查等方面做了大量工作，确保了病险水库除险加固工作的顺利推进。病险水库除险加固，具有十分显著的社会效益，同时也具有很大的经济效益。据不完全统计，全国大型和重点中型病险水库除险加固后，可恢复防洪库容约54.6亿m^3，恢复兴利库容约67.44亿m^3，年增城镇供水能力43.36亿m^3。

城市防洪标准有了较大提高。我国现有城市668座（不包括港澳台地区），其中96%有防洪任务。到"九五"末，全国639座有防洪任务的城市中已有236座达到规定的防洪标准，北京、哈尔滨、沈阳等重点防洪城市的防洪标准达到100年一遇以上。1998年6月下旬，特大洪水再次袭击了梧州，但是新建的防洪堤成功地抗御了超标准洪水，减少损失18.5亿元。在2000年的"6·12"洪水中，柳州市新建的防洪堤，也成功地护卫了堤内的7.2km^2地区，使6.88万人免受洪灾之苦，减少直接经济损失1.96亿元。

1998年长江特大洪水以来，我国对防洪工作进行了战略性调整：将防洪策略由被动抗争转变为主动防御和疏导；将控制洪水转变为统一调度，科学防控；将单纯依靠行政措施转变为依法建立防汛指挥体系和补偿机制。在充分利用多年建立起来的防洪减灾体系，依法防洪，科学防洪，强化社会管理的基础上，目前防汛抗洪工作实现了紧张有序、科学调度，竭尽全力保障人民群众的生命安全，最大限度地减轻洪涝灾害损失。"十五"时期，全国每年洪涝受灾面积、受灾人口和直接经济损失均比20世纪90年代平均水平有所降低，其中死亡人数降低了58.9%。

3. 城市防火减灾技术飞跃发展[5]

近年来，我国消防科学技术得到了迅速发展，从基础研究到应用技术的各个领域都取得了令人瞩目的成就。特别是"九五"、"十五"计划期间，建立了多套建筑构件耐火试验和防火建筑材料燃烧性能试验手段，建成了高层建筑火灾实验塔、火灾综合实验馆、大空间火灾实验厅、地下商业一条街等一大批大型实验手段，开展了建筑火灾特性、火灾数学模化、火灾烟气特性、烟气流动规律等多项重大课题的研究，取得了一大批先进的科学技术成果。

"八五"期间，针对国内高层建筑的发展状况，确定了以"高层建筑的火灾预防与控制技术"为我国消防科技的重点主攻方向。通过5年的攻关研究，成功开发一系列具有较高技术水平的高层建筑防火、自动报警、自动灭火设备和适合消防部队扑救高层建筑火灾的特种消防技术装备。此外，还开展了大量的基础研究和应用基础研究。例如，运用模拟方法进行了室内家具组件火灾特性和实验技术的研究以及地下民用建筑火灾烟气流动特性的研究；运用激光全息和电子测重技术成功地解决了大水粒三维空间分布与测重的关键技术，开展了消防装置喷雾水粒流场特性试验的研究；开展了高层建筑楼梯间送风排烟技术的研究、粉尘爆炸及泄压的研究、承重柱和梁板耐火性能试验装置的研制等。

这些基础研究及其成果，为我国有关技术法规的制订和实施，提供了科学依据和技术手段。

"九五"以来，针对地下建筑和大空间建筑的火灾预防与扑救技术，以国家科技攻关项目为龙头，公安部的4个部属专业消防研究所、中国科技大学火灾科学国家重点实验室、中国建筑科学研究院建筑防火研究所等单位开展了多层次、多学科交叉的联合攻关研究，在探索地下建筑与大空间建筑的火灾规律、开发高新技术的火灾探测报警、自动灭火、防排烟设备和消防部队灭火救援装备等方面，取得了一批重要科研成果。并且建成了大空间火灾试验馆、高层建筑火灾试验塔、固定灭火系统综合试验馆等一批具有一定国际水平的试验装置。

据不完全统计，改革开放以来，我国共取得消防科研成果800余项，其中点型感烟火灾探测器和火灾报警控制器的标准及其检测设备、民用住宅耐火性能的评价研究、承重墙耐火性能中试装置、消防装备喷雾水粒子流场特性试验方法、LB钢结构膨胀防火涂料、高层建筑楼梯间正压送风机械排烟技术的研究等20多项成果获得国家级科技成果奖励。

同时，我国的消防工程技术产品生产行业蓬勃发展，消防产品的性能和质量不断提高。以火灾探测报警设备行业为例，由原来的一片空白发展到现在全国已有110多家生产企业，年产值超过12亿元。自动灭火设备、建筑防火材料、建筑耐火构件与配件、消防部队的灭火救援装备等领域，均已形成了具有相当规模的产业。基本上改变了过去我国消防产品主要依靠进口的落后局面。

在消防工程技术与产品的标准化方面，经过十多年的努力，目前，已制订各类消防国家标准和行业标准200多项；消防工程技术规范的体系越来越完善。建成了4个国家级的消防产品质量监督检验中心，建立了一套比较完整的消防产品质量监督管理制度。

4. 工程抗风关键技术取得突破性进展

近年来，随着我国城市建设规模和基础建设投资力度的逐步提升，象征现代都市高度与地标的高层、超高层、高耸、大跨度结构不断涌现，一大批结构新颖、技术复杂、设计和施工难度大、现代化品位和科技含量高的超高层建筑、高耸塔桅结构、大跨径斜拉桥、悬索桥、拱桥、PC连续刚构桥在中华大地上崛起，而高柔、大跨的特性成为建筑结构风振效应控制技术的一个关键。"九五"以来，我国对预防风灾的能力建设加大了投入，在科学理论研究、科学实验技术与工程应用实践方面取得许多突破性成果，积累了丰富经验，如同济大学土木工程防灾国家重点实验室风洞试验室，近年来承担桥梁结构抗风技术及试验研究项目近60余项（图1-3为南京长江二桥模型风洞试验），承担高层、超高层建筑结构抗风技术研究项目近30余项（图1-4为上海金帆大厦模型风洞测试试验），其中的"大跨桥梁风致振动及控制理论研究"获1995年国家自然科学四等奖与1994年国家教委科技进步一等奖，"上海南浦大桥工程"获国家科技进步一等奖，"黄浦江南浦、杨浦大桥抗风性能研究"获1994年上海市科技进步一等奖。在近地风特征及大气边界层的风洞模拟；大跨桥梁、高耸塔桅结构及高层建筑等抗风性能和风载识别；桥梁颤振、抖振分析理论；全桥气动弹性模型试验研究以及桥梁风振控制理论等方面均取得了创造性的成果，受到国际同行的高度评价，确立了我国桥梁抗风研究在国际学术界的地位。

图1-3 南京长江二桥模型风洞试验

图1-4 上海金帆大厦模型风洞测试试验

在国家自然科学基金"九五"重大项目"大型复杂结构体系的关键科学问题及设计理论研究"的资助下,全国16所高校和科研单位、近200名副高以上研究人员经过4年的协作努力,按期完成预期计划,于2003年通过国家验收,评语是"特优",该研究为我国独立掌握各类设计自主权提供了理论基础和技术准备。该项目形成了城市冠层及近地面水平风场理论、数值模拟方法和风洞实验技术,大型复杂钢结构的抗风分析理论和设计新方法,大跨度桥梁风工程分析理论体系和抗风设计方法,高桥墩桥梁减震控制方法等成果,解决了我国许多重大工程中的关键科学和技术问题,这些成果代表了该领域我国最高水平,多数也进入世界先进行列。多项成果被编入国家和地方规范,其中《悬索桥抗风设计指南》已成为我国工程设计的指导性文件。

目前,我国已形成了桥梁结构、高层高耸结构、大跨屋盖结构的抗风能力建设体系。尤其是在桥梁结构抗风技术方面,对桥梁的风致振动机理、风振可靠性分析、桥梁的气弹性数值模拟等进行了深入的研究,提出了桥梁的气动控制措施,使我国桥梁结构的抗风能力建设迈向新的台阶,达到世界先进国家水平,为推进改革开放和现代化建设事业作出了卓越的贡献。

5. 地质灾害防御能力建设迈上新台阶

"九五"期间,在党中央、国务院的正确领导和各级党委、政府的大力支持下,依靠各级地矿行政主管部门和全国地质勘查科技队伍的共同努力,地质灾害调查监测、预报治理和监督管理得到明显加强,取得了比较显著成绩,为今后进一步做好这项工作打下了较好的基础。25个省区市完成了1∶50万的环境地质调查,初步掌握了全国地质灾害分布规律。地质灾害防治取得了实效,实施了200多项地质灾害勘查项目和100多处重大地质灾害治理工程,经济、社会和环境效益明显,特别是对长江三峡链子崖危岩体和黄腊石滑坡灾害实施整治,取得了很好的减灾效益,提高了地质灾害防治科技水平。初步建立起全国地质环境监测网,对一些危害较大的滑坡、危岩、地面沉降、地面塌陷、地裂缝等开展了专门的监测预报。

"十五"期间,截至2005年已完成全国700个县市的地质灾害调查,建立了县、乡、村三级责任制的群测群防预警体系,建立了江西、四川雅安地质灾害监测预警示范区。2003年开始在中央电视台播出地质灾害气象预警预报,社会效益显著。围绕西气东输、南水北调、青藏铁路、滇藏铁路等重大工程建设,开展区域地壳稳定性调查评价,为国家重大工程决策和工程建设提供了科学依据。开展全国重点地区地面沉降调查与监控,长江三角洲地区已进入地面沉降控制和风险管理新阶段,华北平原地面沉降现状调查全面完成,汾渭地区地裂缝与地面沉降调查稳步推进。

2002年3月26日启动的"三峡市库区灾害监测预警工程"是国家在三峡库区实施的一项重大减灾工程。截至2005年底,专业监测系统已成功监测预警滑坡28处,使受威胁的6911人紧急撤离。群测群防监测系统已成功预警了千将坪等72处滑坡,使15213人的生命财产得到了有效保护。

此外,一大批病险水库得到了除险加固。我国现有8万多座各类水库中,约有40%的大中型水库工程存在不同程度的隐患。过去十年里,病险水库的除险加固工作取得很大成绩,1000余座病险水库得到除险加固。病险水库除险加固后,发挥出了其应有的效益,在抗洪减灾中做出了贡献。

二、城市防灾减灾事业发展成就

(一)工程抗震减灾

经过前几个五年计划特别是"九五"、"十五"计划的实施,我国防震减灾科技总体水平与世界先进水平的差距进一步缩小。防震减灾科技发展工作运行机制和管理体制继续完善;防震减灾科技发展走上法制化管理的轨道;长期影响和制约防震减灾科技发展的技术系统和装备质量落后状况有了一定程度的改善；地震预测预报水平进一步提高并继续保持世界领先地位；防震减灾科学基础和应用研究有较大进展；防震减灾实用技术研究不断发展；全社会的防震减灾意识和对地震灾害的心理承受能力有所增强；防震减灾科技队伍结构和整体科研实力得到进一步发展，科研成果转化得到加强；国际交流与合作取得显著成效。具体表现在以下几个方面：

1. 地震监测技术水平大大提高

"九五"期间，中国地震局实施了中国地壳运动观测网络、地震台网数字化改造、前兆台网数字化改造、长江三峡水库工程触发地震监测系统建设等一批重大建设项目。用于地震系统信息化建设的累计投资约4亿元，主要包括台站建设、各个省局网络中心的建设和中国地震局防震减灾中心技术系统的建设。到"九五"末，国家和省级地震台网中近一半的地震观测台站完成了数字化改造，建立了由47个国家台、30个区域台和12个遥测台网组成的中国数字化地震观测系统；地震前兆台网中近1/3测项完成了综合化和数字化技术改造，其中完成国家基本地震前兆台站改造118个、区域前兆台站改造70个；建立了由120台数字强震仪组成的强震数字地震观测系统。这些项目的完成，使我国的地震观测技术系统实现了由模拟向数字化的技术换代。数字化技术的改造和各种地震监测基础设施的建设，使我国地震监测装备质量和水平显著提高。以往地震观测资料精度低、信息不丰富、传递速度慢和服务领域窄的状况得到明显改善，地震观测系统由模拟向数字化的技术换代，有力地推动了地震监测预报能力和水平以及地震科学技术研究的发展。数字地震观测系统不仅开始发挥效益，而且表现出明显的优越性。

(1) 投资总额超过5000万元的国家防震减灾中心系统已在"十五"期间全面投入使用。这套系统包括七部分：计算机网络中心是防震减灾中心技术系统的计算机局域网控制中心，也是全国地震系统广域网的管理中心；卫星通信中心通过卫星的对外连接实现防震减灾中心技术系统；国家数字地震台网中心负责地震数据收集和台网管理以及与国家数字台网分中心进行数据交换等；全国地震前兆台网中心从"区域前兆台网中心"接收、整理和汇总全国基本台网的地震前兆信息数据，建立地震前兆数据库，实现数据管理、维护、更新、查询等数据库基本功能；中国地壳运动观测网络数据中心担负地壳运动观测网络的运行管理、常规数据处理和分析工作，直接服务于地震监测预报，还担负中国地壳运动信息的交换、管理和数据服务任务。最后，应急指挥中心进行地震应急响应处理、震害评估和应急对策的快速响应。

国家防震减灾中心系统的建立，填补了我国在防震减灾信息化系统建设方面的空白。与世界其他国家相比，这套系统无论是设备还是技术，都是世界最先进的。今后，这里将成为国务院防震减灾指挥部，负责进行国家防震减灾的指挥工作。

(2) 2002年，国家投入2100万元科研经费，开展强地震短期预测及救灾技术项目研究，2004年1月2日项目通过验收。该项目在地震监测预报和灾害应急救助方面取得重要成果。自主研制了性能优越、易于便携的8种前兆观测仪器；总结了具有区域特点的地震孕育短期特征及成组和单发地震的短期前兆差异；提出了多种短期预测方法；提高了地磁低点位移地点预报效能。编制了基于地理信息系统(GIS, Geographical Information System)的短期预测软件；研究了数字化前兆资料处理技术，探讨了数字地震波的应用，编制了部分区域的"新参数地震目录"；提出了川滇地区"强震连发"的一种力学机制；对国家抗震救灾指挥决策技术进行了研究，完成了地震应急指挥动态分析技术；提出了地震致灾过程的应急评估方法；建立了应急技术综合集成平台；研制出用于生命搜索与定位的3种救生仪器(光学探生仪、声波/振动探生仪、红外热像仪)，探索了搜索理论在城市地震灾害救助现场的应用，完成了《国家级地震应急指挥技术体系工作标准与规范》等3种规范讨论稿。

本项目在下述2个方面取得了较大效益[9]：

1) 地震短期预测水平逐步提高。"在边研究、边应用、边实践"原则的指导下，对2001年4月12日云南施甸5.9级地震、2001年10月27日云南永胜6.0级地震、2003年2月24日新疆巴楚2伽师6.8级地震、2003年7月21日云南大姚6.2级地震、2003年10月16日云南大姚6.1级地震、2003年10月25日甘肃民乐6.1级和5.8级地震实现了具有减灾实效的地震短临预报。

2) 利用区域台网地震记录进行中小地震的矩

张量反演的方法和相关软件已在兰州数字地震台网和北京数字地震台网推广使用。中小地震震源参数计算的程序和利用体波初动和振幅比资料计算震源机制解的程序，通过中国地震局分析预报中心数字地震资料应用实验室已在云南等15个地震局推广使用；高精度全球定位系统(GPS, Global Position System)数据处理原则和方法已经在云南省地震局、四川省地震局、福建省地震局、新疆地震局的形变监测中得到推广利用，为获取可靠的 GPS 计算结果提供了保障，同时，该原则和方法还可以用于大坝形变监测、滑坡等地质灾害监测，具有一定的社会和经济价值。

通过科技攻关和基础研究项目的实施，带动了整个地震预测预报水平的提高，防震减灾科研能力也得到进一步加强，地震中短期预报社会效果日益显著。从1996年下半年到2000年，成功地实现了18次具有减灾实效的中短期地震预报，显著减轻了地震灾害造成的损失，取得了较好的社会经济效益。实现到"九五"末，地震年度预测准确率由"九五"开始的20%~25%之间，提升到35%左右，地震危险区半径缩小到100km左右，震级误差缩小到±0.5级。为"十五"开展强地震短期预测及救灾技术攻关研究奠定了坚实的基础。

(3) 各地数字化地震台网建设情况如下：

1) 广东数字化地震台网是广东省人民政府和中国地震局共同投资建设的广东省区域地震台网。于1997年开始建设，1999年底验收(一期工程)正式运行。广东数字化地震台网由1个数据处理中心和16个数字地震台站(二期工程完成后将增加到约50个台站)组成，下设16个台站，包括梅州、龙川、新丰江、汕尾、连南、阳江、信宜、肇庆、珠海和台山10个短周期地震台；汕头、湛江、韶关、深圳、花都5个宽频带地震台站，还有甚宽频带地震台——广州国家基本台。这些台站组成的台网可以监测省内绝大部分地区发生的 $M_L \geqslant 2.0$ 级以上的地震，重点监视区可达到 $M_L \geqslant 1.5$ 级，$M_L \geqslant 2.5$ 级以上地震监测区覆盖全省所有地区，对沿海近海海域及邻省接壤地区可达到 $M_L \geqslant 3.0$ 级以上(部分 $M_L \geqslant 3.0$ 级监测区属台网边缘区，定位精度会存在一定的误差)。

截至2000年11月1日，台网自投入运行以来，记录省内发生的2.0级以上及国内外重大地震事件279次，记录到省内最大地震事件为1999年8月20日发生在新丰江水库库区的 $M_L 4.9$ 级的地震，记录到最大地震事件为1999年9月21日1时47分台湾集集 $M_L 7.6$ 级地震，所有地震事件记录均无出现波形限幅失真、零点漂移现象，获得高精度的完整纪录，并且分析处理及时准确，很好地完成了监测任务，充分显示了台网高灵敏度、大动态范围、高分辨率及先进的计算机处理系统等特点。

2) 沈阳遥测台网于1975年开始筹建，1980年建成，1984年通过国家地震局组织的验收，并投入正式使用。所使用的设备都是我国自己研制的768设备。1998年根据"九五"项目要求进行数字化改造，1999年9月份完成一个中心和15个子台的数字化改造任务，结束了模拟仪器在沈阳台网的观测。2000年9月通过中国地震局组织的验收和辽宁省科技厅组织的鉴定，同时将沈阳遥测台网更名为辽宁数字遥测地震台网。

辽宁数字遥测地震台网由分布在全省范围内的15个遥测台、4个中继站(兼遥测台)和一个台网中心构成。15个遥测台中有一个甚宽频带地震计、2个宽频带地震计和12个短周期地震计。通过合理配置，可以监测沈阳市周围 $M_L \geqslant 1.5$ 级、辽宁省大部分地区 $M_L \geqslant 2.0$、全省 $M_L \geqslant 2.5$、本省及邻近地区 $M_L \geqslant 3.0$ 地震。

辽宁数字遥测地震台网自建成以来，监测到大量国内外地震，特别是1999年11月29日岫岩—海城5.4级地震，获得了大量的前震、主震和余震资料，发挥了台网应有的功能。为减轻地震灾害、迅速稳定社会做出了积极贡献，得到了政府和社会各界的高度评价。

3) 福建省数字遥测地震台网中心于1998年10月通过国家地震局专家组正式验收并投入试运行，台网由23个数字地震台、2个无线中继站、2个有线中断站、台网中心计算机网络数据汇集与处理系统、台站和中心间的数据通信链路等组成，是全国首家(除台湾省外)的全省规模的数字台网，监测能力由 $M_L 2.6$ 级提高到了 $M_L 2.0$ 级，闽南和沿海部分地区可达 $M_L 1.5$ 级以上，数字技术大大提高了地震速报和资料处理能力。自验收以来该台网的运行率达到了95%以上，保留了完整的台网运行日志与地震数据等，为大震速报、分析预报地震和地震科研提供了准确的地震数据，也为福建省的防震减灾和闽台地震科技交流做出了重要贡献。实现了台湾"9.21"地震后几分钟的速报，产生了很好的社会效果。

2. 防震减灾管理体系更加规范

（1）全国各级防震减灾管理体系框架基本形成，党中央、国务院关于将防震减灾工作纳入各级国民经济和社会发展计划和长远规划的要求得到落实，"九五"期间，在各级科技发展计划中均不同层次和深度得以体现。初步建立了中央和地方防震减灾计划体制和相应经费渠道，中央和地方合理分担防震减灾的科技投入予以明确。各级政府对防震减灾科技工作的领导得到加强，政府领导、统一管理、分级分部门负责的防震减灾科技工作运行机制和管理体制进一步完善，地震部门行业科技管理意识和水平普遍得到提高。

"九五"、"十五"期间，建设部先后印发了《关于加强建设工程抗震设防管理工作的通知》、《关于充分发挥建设行政主管部门的综合职能，加强工程建设、城乡建设抗震防灾工作的通知》、《抗震防灾"十五"计划》、《建设部2004年抗震防灾工作总结及进一步加强抗震防灾工作的意见》等文件，对建设系统抗震防灾工作进行了全面部署，起到了很好的指导作用。地方建设主管部门也相应地制定了大量的符合地方实际情况的行政法规和技术政策，用于指导地方工程抗震建设。

（2）防震减灾科技发展步入法制化管理的轨道，《中华人民共和国防震减灾法》于1998年3月1日颁布施行。与《中华人民共和国防震减灾法》相应的《地震预报管理条例》、《地震监测设施和地震观测环境保护条例》、《破坏性地震应急条例》和5个部门规章相继出台。地方立法工作得到了各级地方人民代表大会和人民政府的高度重视，取得显著进展。地震科技标准化工作取得一定进展，已发布施行了7项中华人民共和国国家标准和6项地震行业标准。各项法律法规的出台和颁布实施，为防震减灾科技的进一步发展提供了法律保障。

建设部依据《防震减灾法》、《建筑法》、《城市规划法》以及《建设工程质量管理条例》、《勘察设计管理条例》，颁布了《建设工程抗御地震灾害管理规定》，"九五"期间颁布了《超限高层建筑抗震设防管理规定》、"十五"期间颁布了《城市抗震防灾规划管理规定》，《房屋建筑工程抗震设防管理规定》已于2005年12月31日经建设部第83次常务会议讨论通过，自2006年4月1日起施行。这些部门规章从规划、勘察、设计、施工、监理各个环节，对建设主管部门、建设、规划、设计、监理企业等相关单位的责任和强制性要求以及必须执行的技术标准等都做出了明确和严格的规定。为了提升这些规定的强制性和法律地位，正在组织开展《建设工程抗御地震灾害管理条例》的调研工作。地方法规建设也有较大进展，江苏、河北、陕西、吉林、宁夏等省（区）都颁布了一系列地方性法规规定。如《江苏省防震减灾条例》、《河北省建设工程抗震管理条例》等[10]。

为给贯彻执行上述有关行政法规提供技术依据，建设部根据我国的实际情况提出了抗震设防的三个水准目标：小震不坏，中震可修，大震不倒。依此，"九五"期间，建设部编制和修订了抗震设防标准规范40余项，如《建筑抗震设计规范》、《建筑抗震鉴定标准》、《构筑物抗震设计规范》、《市政设施抗震设计规范》等国家强制性标准。特别是1998年以来，建设部组织专家总结、研讨我国云南丽江、内蒙古包头、河北张北、台湾集集、新疆伽师和土耳其等破坏性地震对工程设施造成的破坏情况和工程震害经验，重新修订了一系列工程设计规范，并注意及时将成熟的抗震新结构、新工艺、新材料纳入工程抗震防灾的技术标准体系，以保证技术标准的先进性。其中新修订的《建筑抗震设计规范》于2002年开始执行，使我国建筑的抗震设防水平有所提高。新修订的《建筑抗震设防分类标准》，提高了幼儿园、小学等建筑的设防类别，更加体现了以人为本的原则。此外，各地方、各行业也相应出台了一些地方标准和行业标准，基本满足了工程抗震设防的需要。实践证明，凡是按照抗震设防法规和规范合理设计，严格施工，就可以达到理想的抗震效果。

（3）抗震防灾规划体系更加完善，为抗震防灾做好空间安排。抗震防灾规划是城市总体规划的一个重要组成部分，"九五"期间，我国在工程建设、城市建设中全面贯彻了我国的《防震减灾法》。实现了抗震工作重点从加固向新建设防和城市抗震防灾规划的编制和实施方面的转变。我国抗震设防区城市新建工程抗震设防的比例已达95%以上，基本实现了预期的目标。到2005年为止，全国共编制完成市、县抗震防灾规划近700项。其中，仅

"九五"期间全国大中城市就编制完成或修订城市抗震防灾规划 200 余项。城市抗震设防区划近 30 项，区域抗震防灾规划和综合防御体系 1 项，所有重点抗震城市都完成了规划审批。苏鲁皖地区、内蒙古和新疆自治区等地还编制了抗震防灾综合防御体系。山东、云南、内蒙、江苏、陕西、吉林、安徽、四川等省(区)的抗震防灾规划编制工作覆盖面广，成绩明显。西安、合肥等城市还将抗震防灾规划的实施与新建工程抗震设防管理紧密结合起来，为城市建设和工程建设的抗震设防提供了更加科学合理的依据。

(4) 建设系统破坏性地震应急预案编制工作取得重要进展。2002 年按照国办要求，建设部重新修订发布了《建设部破坏性地震应急预案》(建抗 [2002] 112 号)。各省也积极响应建设部要求修订了建设系统破坏性地震应急预案，如河北省于 2002 年 7 月颁布实施了修订后的《河北省建设系统破坏性地震应急预案》[10]。

2004 年，按照《国务院关于实施国家突发公共事件总体应急预案的决定》要求，建设部编制和颁布了《建设系统破坏性地震应急预案》。新的预案更加紧密地结合了建设系统的特点，加强了系统内各部门的协调，明确了各自的责任，提高了可操作性。为了保证一旦发生地震灾害，应急预案规定的各项工作能够有效落实。2005 年，建设部重点完成了预案中各项保障措施的落实工作。陕西省建设厅于 2005 年 11 月颁布实施了《陕西省建设系统破坏性地震应急预案》。各部门地震破坏应急预案，如《铁路破坏性地震应急预案》、《三峡葛洲坝梯级枢纽破坏性地震应急预案》等也将陆续发布实施。

3. 防震减灾科技成果丰硕

近年来，国家积极支持高等院校、科研和勘察设计单位开展科技创新，加大对工程抗震领域的科研投入，推出科技成果，积极支持社会力量开展抗震防灾工作。在新结构体系抗震性能研究、高层建筑抗震设计、抗震加固的新技术、新方法、新材料、隔震减震技术等方面，一批具有国际先进水平的科研成果已经得到了应用。科研成果的应用推广和转化得到进一步加强。

(1) "八五"期间，国家自然科学基金重大项目"城市与工程减灾基础研究"在城市与重大工程场地灾害危险性分析与损伤评估理论、灾害荷载作用下工程结构的可靠度与优化设计、典型中等城市综合防灾对策示范、铁路工程示范路段综合防灾对策和城市洪涝灾害对策等方面的研究取得了较为系统的研究成果。原国家科委资助的"八五"科技攻关项目：城市建筑和生命线工程抗震新技术的研究，在供水管网、砌体结构和中高层钢筋混凝土结构的房屋隔震减振技术方面开展了攻关研究。在"减灾十年"活动期间，中国"国际减灾十年委员会"还专门组织了"地震、地质灾害及城市减灾重大技术研究"及"城市抗震减灾规划及城市综合减灾工程研究"以及中国 21 世纪议程优先项目 8-8B"浦东新区防灾救灾示范工程"等研究项目[11]。

(2) "九五"期间，国家自然科学基金重大项目"大型复杂结构体系的关键科学问题及设计理论研究"(资助经费 680 万元人民币)发展和完善了各种不同大型复杂结构的设计荷载理论及各类典型复杂结构体系的线性和非线性分析计算和设计理论，形成了基于性态的抗震设防标准理论和工程应用办法、高桥墩桥梁抗震的振动台模型试验技术与减震控制方法等成果，形成的成果解决了上海卢浦大桥等世界级特大桥梁、北京商务中心等超高层建筑、广州航站楼等大跨度空间建设中诸多技术难题。国家"973 科技计划"项目"大陆强震机理与预测"的研究工作于 1999 年上半年启动，在近 5 年的研究中，项目全体参加人员围绕活动地块动力学假说、强震发生机理、10 年尺度强震危险性预测等重要科学目标开展了多学科的综合研究，取得了丰硕成果，并在地震分析预报、国家抗震救灾指挥技术系统和《首都圈防震减灾示范工程》等领域中得以应用。项目研究中还取得了全国活动断裂分布图、活动地块划分图、深部结构特征图、现今地壳运动图等一批重要图件成果；项目在系统研究中国大陆晚第四纪至现代构造变形的基础上，提出现今构造形变以地块运行为特征的科学认识，给出了我国大陆活动地块的划分结果，揭示了活动地块对大陆强震的控制作用；项目从板块运动、活动地块运动变形、深浅构造关系、断层破裂失稳及其相互影响四个层次研究了大陆强震的成因和机理，初步阐明了大陆强震孕育发生的过程；以活动地块对大陆强震控制作用的科学思想为基础，结合我国几十年地震预测经验，提出了大陆强震预测的科学思想，发展了中长期强震预测的方法，并给出了未来 10

年强震危险区预测结果；系统研究了现代地震灾害的发展趋势，建立了重要经济区震灾定量化预测模型、方法和技术途径，给出了首都圈未来10年地震灾害预测结果。"大陆强震机理与预测（973）"项目的实施，对地震孕育、发生过程有了新的认识，使中国大陆活动构造定量研究向前推进一大步。

（3）"十五"期间，"强地震中短期（一年尺度）的预报技术研究"项目完成攻关研究，在"中短期前兆识别准则和评价研究、中短期前兆观测仪器的研制、强震孕育中短期预报物理基础、判断地震危险区的动态场方法、中短期预报区防震减灾示范、地质灾害监测预报防治技术、新疆伽师强震群成因及强震预测"等方面取得一批重要成果。科技部资助了"强地震短期预测及救灾技术研究"，"重大工业事故与大城市火灾防范及应急技术研究"等项目，使我国在城市防灾减灾工程技术的研究中进一步运用了3S（RS，GIS，GPS）技术、计算机网络技术、机器人技术等高新技术。

（4）新的国家地震区划图即中国地震动参数区划图已于2001年8月正式出版。该地震区划图包括峰值加速度区划图和反应谱特征周期区划图，区划图风险水平为50年超越概率0.1，比例尺为1：400万，并且该区划图已经作为国家标准颁布。新的国家地震区划图也可用于国土利用规划、社会发展规划和重大工程的初步选址工作。

中国地震动参数区划图的编制、部分城市大比例尺震害预测与防震减灾对策示范研究的开展，对提高地震重点监视防御区特别是城市综合防震减灾能力起到了积极作用。形成了初具规模的地震安全性评价技术方法体系，对一些新建重大工程开展了地震安全性评价工作；科学、客观地对40余次破坏性地震进行了灾害损失评估工作，为国务院和当地政府实施救灾提供了可靠依据。

（5）建筑抗震设计理论与方法得到进一步完善。在充分吸取近年来国内外大地震震害、工程抗震科研新成果和工程设计经验的基础上，完成了对《建筑抗震设计规范》（GBJ 11—89）的修订工作，新的《建筑抗震设计规范》（GB 50011—2001）[12]结合我国国情，提高了建筑结构的抗震安全度，抗震设计方法得到进一步提高，具有较好的可操作性，总体水平达到抗震规范的国际先进水平。建筑结构性能设计方法取得阶段性成果，作为国家"九五"重大项目"大型复杂结构体系的关键科学问题和设计理论"研究成果之一，《建筑工程抗震性态设计通则》（试用）（CECS 160：2004）[13]在国内首次以设计通则的形式提出了抗震性态设计的概念。

（6）隔震与耗能减震技术首次被纳入我国新的抗震设计规范（GB 50011—2001），标志着我国结构控制技术正式走向工程应用阶段。以叠层橡胶隔震支座和摩擦滑移隔震支座为主流的隔震工程技术发展迅速。我国已初步建立了隔震橡胶支座生产中心和实验检测中心，为我国和世界各国推广采用隔震技术提供产品；初步形成了专门的设计规程《叠层橡胶支座隔震技术规程》（CECS 126：2001）[14]和产品标准《建筑橡胶隔震支座》（JG 118—2000）[15]；工程应用由试点走向推广，已在广东、福建、上海、陕西、北京、辽宁、新疆、云南、台湾等16个省、市、自治区设计建成以叠层橡胶支座和摩擦滑移支座为主流的隔震建筑工程近500幢。建筑类型包括医院、指挥中心、邮电通讯楼等生命线工程和住宅、办公楼等一般工业与民用建筑。隔震技术还在桥梁工程、大型储罐及复杂工程及已有工程加固项目中得到一定的应用。建筑耗能减震技术标准已由建设部立项编制，耗能减震技术在新建工程和已有工程加固中得到一定数量的应用。主动、半主动、混合控制及智能控制技术得到一定程度的发展，并在高耸、大跨度结构抗震、抗风工程中得到试点应用。结构减震控制技术的发展为工程抗震防灾开辟了一条新的途径，是提高我国城市各类建筑物抗震安全性的有效对策之一。

（7）生命线工程抗震研究取得重要进展[16]。提出了新的随机地震动模型。发展了随机波动分析理论，实现了大范围内随机地震动场的物理模拟与数值分析；建立了结构反应的密度演化分析方法，首次揭示了结构地震响应的概率密度演化特征。发展了面向一般生命线工程结构的抗震可靠性分析技术；提出了大规模工程网络系统抗震可靠度分析的概率解析算法——递推分解法。有效地实现了在系统单元相关失效条件下的大型复杂生命线工程系统的抗震可靠性分析；提出了大规模工程网络系统基于抗震功能可靠度的系统优化设计方法，为实现城市与区域生命线工程系统的抗震设计与抗震改造提供了理论与技术基础；在生命线工程复合系统的地震灾害反应仿真研究中取得了开创性研究成果。

(8) 抗震设防区建筑抗震加固工作取得了显著成效。1998~2000 年国家集中安排国债资金 13.1 亿元，用于首都圈中央国家机关行政事业单位建筑工程的抗震加固[17]。包括国家博物馆、农业展览馆、清华大学主楼、协和医院等 357 个项目，用于首都圈防震减灾示范区系统工程总投资 23550 万元，其中，中央财政预算内专项资金 15600 万元，地方配套资金 7950 万元。首都圈防震减灾是经国务院批准，由中国地震局和北京市人民政府、天津市人民政府、河北省人民政府共同组织实施的国家重大基本建设工程，也是目前国内投资规模最大、科技含量最高、综合性最强的防震减灾工程。首都圈工程从建设内容、建设目标到工程组织形式都体现了国务院对首都圈防震减灾示范区建设的基本要求。首都圈工程的全面建设完成，增强了首都圈地区防震减灾的综合能力，促进了防震减灾三大工作体系建设，拓展了防震减灾事业的发展空间。

各地也通过对现有工程抗震能力的普查、鉴定，结合城市的发展，制定抗震加固计划。积极落实资金，相继完成了一批重点工程、城市生命线工程和有安全隐患的工程的抗震加固工作。特别是云南丽江地区 1996 年地震，检验了工程抗震的加固成果。

4. 全社会的防震减灾意识有所增强

"九五"期间，加强在全国开展防震减灾方针、政策法规和科普宣传活动。2002 年 3 月在北京召开了全国防震减灾宣传工作会议，会议提出了最近一段时期防震减灾宣传工作的总要求：认真贯彻"主动、慎重、科学、有效"的防震减灾宣传工作方针，以震灾预防为重点，适度、稳妥地开展好防震减灾宣传工作，增强全社会防震减灾意识和法制观念，使社会公众积极参与防震减灾行动，以保障经济建设和社会发展。通过防震减灾方针、政策法规和防震减灾科学知识的普及和宣传，尤其在地震重点监视防御区，通过多种形式的强化宣传，社会公众对防震减灾科学知识的了解和防震、减灾、救灾的意识得到明显加强，防震减灾这项社会公益性事业越来越受到全社会的关心和支持。

防震减灾宣传工作的内容主要有：介绍和宣传有关防震减灾的政策、法规和综合防御的工作思路；国家防震减灾十年目标；发布地震预报的有关规定，尤其是北京地区地震预报的审批程序和发布方法；地震震级、烈度，影响地震的因素，地震的破坏程度，地震造成的直接和次生灾害等地震知识；识别地震谣传的方法；防震抗震知识，以及地震中的自防、自救、互救技能等。防震减灾宣传工作的重点主要有两个：一是各级政府部门及容易产生地震次生灾害的生命线工程部门；二是以中小学生为主的广大青少年。此宣传工作体现了标准高、力度大、内容广泛、重点突出、形式多样、程度适当和效果明显的特点，受到了各级政府和广大人民群众的好评和欢迎，有效地提高了各级政府的防震抗震能力，极大地增强了全市人民群众的防震减灾意识，明显地改善了广大群众抵御地震谣传的能力，较好地锻炼了广大群众震时的自救互救能力，全面提高了全市防震减灾工作的总体水平。

5. 国际交流与合作取得显著成效

我国对外地震科技交流与合作不断扩大，"九五"末，国家地震局已与二十多个国家建立了官方或对口合作关系，与四十多个国家有着合作关系，多层次、多渠道、全方位的对外交流与合作的局面已经形成，我国防震减灾科技发展在国际上的影响进一步提高。与香港、澳门特别行政区及台湾地区的地震科技交流与合作取得显著成效，特别是为中央政府及时妥当处置台湾地区"9·21 地震"发挥了应有的作用，对智利等国地震台援建工作，为第三世界政府间地震科技交流作出了积极贡献。

建设部也一直非常重视在工程抗震领域的国际合作。多次发起、支持有关科研单位举办各种主题的国际研讨会。例如，中日美生命线地震工程研讨会、中日美基础设施研讨会、中美新世纪地震工程研讨会等，2004 年，还与中国地震局联合成功申办了 2008 年第十四届世界地震工程会议。这些活动交流了工程抗震与城市防灾领域的最新研究成果，直接促进了我国工程抗震科研水平的提高。

（二）防洪能力建设

我国城市防洪减灾主要包括工程措施和非工程措施。工程措施一般是在上游山区兴建控制性的水库，拦蓄洪水，削减洪峰；在中下游平原进行河道整治、加固堤防、开辟蓄滞洪区，调整和扩大洪水出路，使其形成一个完整的防洪工程体系。非工程措施包括政策、法规制定与实施，雨情、水情、工情测报系统，洪水预报预警系统，防洪决策支持系统，抢险救灾系统，防洪基金和防洪保险等。

1. 科学防洪管理体系和机制建设逐步完善

"九五"期间，不但防洪工程体系建设突飞猛进，法规、政策、体制、投入、管理、科学技术等防洪保障体系建设也大大加强，防汛指挥调度通信系统、洪水预警报、洪泛区管理、蓄滞洪区管理、洪水保险、防洪抢险和救灾预案、洪灾救济等防洪非工程措施建设也取得了显著进展，为减轻洪水灾害损失发挥了重要作用。初步形成了全国防汛指挥调度系统，形成了水文站网和预报系统。"九五"末，全国已有水文站2万余处，报汛站点8000多个。同时，大江大河、重点地区、重要防洪工程等各类防汛调度预案得到完善。

我国防洪能力建设法律法规、应急体系逐步完备，建立了防洪法制体系。1998年1月1日起《中华人民共和国防洪法》正式施行，这标志着我国的防洪事业走上依法防洪的新阶段。2000年5月，针对蓄滞洪区运用难的问题，国务院还发布了《蓄滞洪区运用补偿办法》。各级地方人民政府也根据国家有关防洪的法律法规，制定了本地区的有关配套法规，初步形成了国家和地方防洪法制体系，使我国的防洪管理和洪水调度，逐步规范化、制度化、法制化。

开发了城市防洪应急指挥决策支持系统。该系统是一个集信息采集、信息查询、信息管理、汛情监视、GIS操作、城市防洪和调度指挥为一体的全新理念防汛指挥系统，便于专家和领导进行会商和决策指挥。该系统可以加强各部门之间的协调运作，群策群力，有利于搞好城市的防洪抗洪工作，从而最大限度地减少人民群众的生命财产损失，保障社会经济可持续稳定发展。

开发了中小流域防汛指挥决策支持系统。该系统以网络数据库作为防汛各类信息的存储仓库，以地理信息系统作为可视化平台，以洪水预报数学模型为核心，根据防汛商决策的业务流程，采用Client/Server系统构造应用系统，满足业务人员进行信息查询、分析、处理的需要。该系统探索形成了防汛决策支持系统的基本技术框架，通过多学科多专业技术集成，实现洪水仿真、预报，防汛回商智能化，为中小流域防汛指挥提供了极大的便利，保障了决策的科学性。

2. 科学研究和工程技术取得长足进步

国家自然科学基金"九五"重大项目"洪水特性与减灾方法研究"，以长江流域为对象，研究揭示了局部河段洪水水位略有增高的机理，论证了长江中下游河床近期总体是稳定的，预测了三峡水利枢纽运行后长江中下游河段河势变化对防洪的影响并提出了相应对策。

"十五"时期，水资源合理配置、生态用水标准、洪水资源化研究等方面取得了一系列重要成果，建成了一些业务信息应用系统，水文现代化得到加强，水利信息化基础设施初具规模。江河治理技术、防洪减灾技术、坝工技术等领域取得一批国际领先水平成果。共取得较为重大的水利创新成果200余项，近30项水利水电类科技成果获得国家科技进步奖。科研体制改革取得了实质性进展，科技投入有了较大增长，科技创新能力逐步提高。水利技术标准化和计量认证等工作取得成效。

目前防洪体系中已逐渐广泛应用的新兴技术有[11]：

（1）现代通讯技术。有光缆通讯、微波通讯、卫星通讯、移动通讯、计算机网络通讯等，为快速掌握雨情、水情、工情、险情、灾情信息，传达与反馈防汛抢险信息提供了先进的手段。

（2）水情预报技术。随着雷达测雨、卫星云图、全球气象数值模型等新技术的应用，降雨预报的预见期逐渐加长，精度不断提高。由于现代计算机技术的迅速发展，河道洪水演进，即洪水预报以及洪水灾情预报技术都有很大提高。流域产汇流模型、水文学预报模型、水力学预报模型、人工神经网络预报模型等都在不断完善。

（3）信息管理技术。地理信息系统、卫星定位系统、数据库、互联网与多媒体等新技术在防洪减灾信息管理中广泛地得到了应用。

（4）遥感监测技术。利用卫星遥感、机载遥感影像，对洪水进行实时监测，结合社会经济数据库，可以对灾情进行快速的评估。

（5）筑坝技术。成功地发展了碾压混凝土筑坝技术、面板堆石坝技术和无纺布防渗土石坝施工等技术，并达到了国际先进水平。

（6）堤坝防渗技术。成功地开发了堤防劈裂灌浆、在打设连续混凝土防渗墙等方面取得多项技术成果。此外在防洪抢险中应用土工布、模袋混凝土等新材料防冲防渗也都在防洪中发挥了重要作用。

3. 重点工程建设取得举世瞩目成就[3,18]

过去十年里，重点水利工程建设进展顺利，成就卓然。三峡工程实现二期工程蓄水、通航、发电三大目标，小浪底工程建成发挥了巨大的防洪、发电、供水和生态效益，万家寨、江垭、乌鲁瓦提、飞来峡等工程投产运行，沙坡头、临淮岗等主体工程基本完工，尼尔基、百色、紫坪铺等工程已经下闸蓄水，皂市、西霞院等工程建设进展顺利。

（1）百色水利枢纽工程：百色水利枢纽于2001年10月主体工程正式开工，2002年10月大江截流，2005年8月下闸蓄水，2005年10月第一台机组并网发电，全部主体工程于2006年全面完工。

（2）尼尔基水利枢纽：尼尔基水利枢纽2001年11月大江截流，2002年7月工程正式开工，2004年9月二期截流，2005年8月通过蓄水阶段（工程部分）验收，同年9月8日通过库底清理（正常蓄水位以下高程）验收，9月11日水库下闸蓄水。主体工程于2005年12月底前全面完工。

（3）紫坪铺水利枢纽：紫坪铺水利枢纽2001年3月29日正式开工建设，2002年11月23日实现大江截流，2005年9月10日通过蓄水阶段验收，9月30日下闸蓄水。2005年11月首批两发电机组并网发电，整个工程2006年12月全部竣工投产运营。目前工程已经完成投资约58.11亿元，占总投资83.3%。

（4）沙坡头水利枢纽：该工程2002年4月主体工程正式开工；2001年11月黄河截流；2004年3月枢纽下闸蓄水、首台机组发电，到2005年上半年，沙坡头水利枢纽已完成剩余机组的安装并投产发电，主体工程建设基本完工。工程已累计完成投资为11.26亿元。

（5）治淮骨干工程：治淮19项骨干工程除沙颍河近期治理工程1项尚未正式开工以外，其他18项工程已累计完成投资223.33亿元，占总投资的49.96%。入江水道巩固、分淮入沂续建、洪泽湖大堤加固和包浍河初步治理、怀洪新河续建等5项已通过竣工验收并发挥效益；淮河入海水道近期、汾泉河初步治理等2项工程已基本完成，正在进行总体竣工验收准备；淮河干流上中游河道整治及堤防加固、淮河流域行蓄洪区安全建设、淮河中游临淮岗洪水控制工程、防洪水库、沂沭泗河洪水东调南下工程、大型病险水库加固工程、涡河近期治理工程、奎濉河近期治理工程、洪汝河近期治理工程、湖洼及支流治理工程、其他工程等11项在建工程进展顺利。

（6）临淮岗洪水控制工程：临淮岗主体工程2001年12月2日正式开工，2003年11月23日提前一年实施淮河截流。目前全部主体工程已基本完工，正在进行竣工初步验收的准备工作。工程累计完成投资20.38亿元，占总投资的90%。49孔浅孔闸加固改造工程、12孔深孔闸工程和姜唐湖进洪闸工程已全部完成并通过投入使用验收；临淮岗船闸、城西湖船闸下闸首加固工程及上下游引河工程基本完成；主坝截渗墙及坝体填筑全部完成。占地拆迁及移民安置工程基本完成。

（7）皂市水利枢纽：皂市水利枢纽于2004年2月正式开工，2004年9月长江委、湖南省人民政府主持通过截流前阶段验收，实施河床截流；2005年6月底全面完成"一枯"进度目标。目前，工程已完成投资13.12亿元，占总投资40.36%。

（8）西霞院反调节水库：西霞院反调节水库主体工程于2004年1月10日正式开工建设，目前已完成投资约8.81亿元。工程建设按计划进展顺利。

（9）病险水库除险加固工程：我国现有8万多座各类水库中，约有40%的大中型水库工程存在不同程度的隐患。过去十年里，病险水库的除险加固工作取得很大成绩，1000余座病险水库得到除险加固。病险水库除险加固后，发挥出了其应有的效益，在抗洪减灾中做出了贡献。

4. 防洪策略的转变

（1）由被动抗争转变到主动防御和疏导上来，根据洪水的成因和特点，科学、主动、适时、果断地运用工程和非工程措施调控洪水，从容应对，忙而不乱，紧张有序，体现了以人为本、尊重自然规律，人与自然和谐相处的新理念；

（2）由控制洪水转变到统一调度、科学防控上来，按照"上控、下泄、保中畅"的战略思路，运用防洪工程、行蓄洪区和重点水库，适时控制洪水，实现洪水资源化；

（3）由单纯依靠行政措施转变到依法建立防汛指挥体系和补偿机制，保证了统一指挥、统一调度的实施，在整个防汛抗洪过程中，充分体现依法行政和政府有效的社会管理。

(三) 城市消防建设[5]

1. 各大火灾试验室相继落成并投入使用

"九五"期间,建在四川省都江堰市的火灾试验塔投入使用,此塔是当时世界最高最先进的火灾试验塔,是世界上惟一集高层、地下建筑于一体的实体高层火灾实验塔,它标志着我国高层建筑火灾研究已处于世界领先水平。该塔是以机械防排烟系统为核心,以开展全方位实体火灾试验研究为目的的火灾实验设施。在塔内,可联合进行"火灾"发生、烟火蔓延、自动报警、防排烟调控、避难疏散、自动喷淋、灭火救生等多方面的消防试验研究工作,亦可进行建筑构件、建筑材料内、外装修、装饰的防火灭火试验研究,同时,也为消防院校学习实习和消防部队灭火救生训练提供了较为理想的场地。该研究所还设有地下商业一条街防火试验室,进行关于地下商业建筑的火灾烟气运动规律及防排烟技术,自动喷水灭火技术、建筑防火保护的新材料和新技术等的研究。

1995年11月,中国科技大学火灾科学国家重点实验室通过国家验收,此实验室分设建筑火灾、城市与森林火灾、工业火灾、火灾化学、火灾监测监控、清洁高效灭火、火灾风险评价、计算机模拟与理论分析八个研究室,在火灾科学基础理论研究、林火和草原火蔓延规律研究以及开发智能化高科技消防技术、新产品等方面做了大量的工作。近年来,该实验室以火灾动力学演化与模拟仿真、火灾防治原理及技术基础、火灾安全工程理论及方法学为主要研究方向,开展了一系列的科学研究工作。

除公安部所属的专业消防科研机构和中国科学技术大学火灾科学国家重点实验室外,有关部门和高等院校也投入了大量的人力物力开展防火科学研究工作,如北京理工大学建立了爆炸科学与技术国家重点实验室和阻燃材料研究重点学科专业实验室,交通部国家船舶检验局建立了远东防火试验中心。清华大学、中国人民武装警察部队学院、浙江大学、香港理工大学、香港城市大学、天津大学、同济大学、南开大学、吉林工业大学、中国矿业大学、重庆大学、沈阳航空工业学院、中南大学、台湾成功大学、西南交通大学、南京工业大学和华中理工大学等许多高等院校,都设置了消防科研机构或专业实验室,集中了一些专家、学者开展消防火灾科学研究工作,这是我国消防火灾科学研究与开发技术体系中的一支重要力量。

2. 火灾探测报警与灭火技术

火灾探测报警方面主要开展了吸气式高灵敏早期火灾探测、高可靠性能的复合式感温感烟探测、拉曼散射和光时域反射的光纤感温探测、线性可燃气体探测,以及大空间火灾隐患诊断和早期定位等多种火灾探测报警技术的研究。我国的专家学者通过分析不同条件下应用背景信息和火灾参数的变化规律,提出并实现了火灾探测算法评估的三种考核方式、系列试验方法和综合评估数学模型,开发了油罐火灾沸溢喷溅的前兆噪声监测预报方法。开发的图像式多重模式识别型火灾探测、空间定位与联动控制技术实现了大空间火灾早期快速可靠报警和防火防盗监控一体化,是对现行的接触式和强度型大空间火灾探测技术的重大创新,有效地解决了大空间火灾探测中严重误报、迟报和漏报这一世界性难题。开发的激光图像感烟火灾探测技术采用激光多角散射和CCD成像等新技术,实现了对不同燃烧物或相同燃烧物的明火和阴燃烟雾有相同的敏感度的目标,在准确识别出灰尘等非火灾因素干扰的同时,使火灾感烟探测具有极高的灵敏度。无论是洁净空间还是恶劣、复杂的场所,均可在火灾早期灵敏、快速、可靠的自动探测报警。开发的电气火灾隐患与运行设备故障隐患在线诊断技术通过热成像的方式获取线缆或热力设备的表面温度场,进一步建立起红外温度场与运行状况的数学模型,判断其危险程度,最终实现了对火险隐患的分析与诊断。这是对传统的接触型、点式、定性检测技术的重大创新。

灭火技术方面开展了自动灭火抑爆系统动力学性能、设计计算方法、灭火效能与机理、使用环境的影响、系统的集成优化以及工作可靠性等方面的研究。运用激光全息和电子测重技术成功地解决了大水滴三维空间分布与测重的关键技术,进行了细水雾流场特性对灭火效能影响和消防装置喷雾水滴流场特性试验的研究,初步建立了不同水滴流场与灭火效能之间的关系;以实体灭火实验为依据分析并确定了成雾原理、灭火机理、灭火效能及雾束耐电压性能,提出了系统典型应用场所、保护对象及工程应用参数和设计方法,开发出了高层建筑火灾智能探测报警系统、快速反应自动喷水灭火系统、循环启闭自动喷水灭火系统、远控消防泡沫（水）炮、中低压消防泵系列、消防员火场防护技术参数及热防护试验装置、系列消防机器人、卫星通信消防指挥系统等消防系统和装备器材。

3. 建筑耐火性能与防火技术

建筑耐火性能与防火技术方面的研究主要包括：建筑构（配）件耐火性能和建筑结构抗火失效过程的理论计算与实验分析、建筑火灾烟气毒性和火场防排烟技术以及防火阻燃技术等。在材料产烟毒性试验方法方面，开发了以材料充分产烟且无火焰情况下进行小鼠30min染毒并观察3d的简化评价，以及简易的按等比级数划分材料产烟毒性危险级别的方法，建立了"火灾毒性烟气制取方法"、"材料产烟毒性分级"和"评价火灾烟气毒性危险的动物试验方法"等标准。在防火阻燃技术领域，以纳米Mg-Al-LDHs为阻燃剂、APP为协效阻燃剂，采用混炼技术制备了阻燃性聚苯乙烯/Mg-Al型LDHs系列纳米复合材料，开发了SWB和SWH室外钢结构防火涂料、环保型隧道防火涂料、环保型隧道防火板材、FIM喷射无机纤维防火护层材料、GF有机防火涂料和SF无机防火涂料等产品。在火灾原因调查技术上，运用火灾动力学理论和火灾现场痕迹的形成规律自主开发了线性法、迎火面法和锥形法等火灾原因判定技术。

4. 火灾模化技术及性能化消防安全设计

20世纪80年代中期以来，性能化消防设计作为一种新型的工程设计方法得到了迅速发展。我国"九五"以来逐步开展了材料与组件的火灾特性、测试方法和燃烧机理方面的研究，并对普通建筑、中庭建筑大空间建筑和地下建筑的火灾蔓延规律、烟气流动特性及其计算机模拟技术、人员疏散安全评估技术等进行了一些探索性研究，初步建立了大型复杂建筑火灾蔓延模型、烟气流动模型和人员疏散模型。这些研究成果为进一步开展建筑物消防安全性能化设计的研究奠定了基础。在大空间建筑火灾及性能化消防安全设计研究方面，香港理工大学与内地的消防科研院所开展了卓有成效的合作研究。在火灾烟气流动研究中，我国的专家学者提出并发展了场—区—网模型理论，重点研究和解决了三种模拟方式界面的处理，并建立了体现浮力影响、碳黑的生成与输运、湍流及热辐射相互作用的综合理论模型。2003年和2004年分别在天津和澳门举办了建筑物性能化防火设计方法研讨会。目前，我国已对几十个超大型工程项目采用性能化方法进行了消防安全设计。

5. 城市消防规划与灭火救援技术

近年来，我国开展了城市公共安全规划与应急预案编制及其关键技术方面的研究。"城市区域火灾风险评估与消防规划技术"的研究成果，提出了我国城市消防规划的内容、技术指标要求和编制规划的流程与方法，得出了扑救城市居住区、商业区、商业与居住混合区一次火灾的消防水流量；提出城市消防给水系统应具备的供水能力和优化的配置与布局方法；运用城市区域火灾风险评估技术和消防资源的优化配置方法，完成了《城市消防规划技术指南》的编制。在城市灭火救援力量优化布局方法与技术研究方面，我国的专家采用离散定位—分配模型（DiscreteLocation-AllocationModel），利用集合覆盖法（Setcovering）、最大覆盖法（Maximalcovering）以及P中值法（P-me-866dian），提出了基于城市区域火灾风险等级的城市消防站优化布局方法和区域灭火救援装备及人员优化配置方法；通过引入最不利火灾规划场景（WCPS, WorCase-PlanningScenarios）的概念，提出了区域灭火救援装备及人员需求模型，并开发了城市灭火救援力量优化布局实用软件。城市火灾与其他灾害事故等级划分方法和灭火救援力量出动方案编制技术的研究，首次对城市火灾和其他灾害事故进行了分类分级，建立了灭火救援力量等级出动概念。

6. 消防标准化技术

"九五"以来，我国的消防标准化工作有了长足的发展，大量的研究成果已经成为标准和规范制定的科学依据。目前，已制定各类消防标准和行业标准289项，主要包括：消防行业基础技术标准、工程建设消防专业通用标准、消防产品专业通用标准和消防管理专业通用标准等。已编制、实施消防技术规范28项，包括：建筑工程防火设计和各类消防设施设计、施工及验收等规范。由同济大学主编的上海市工程建设规范《建筑钢结构防火技术规程》（DG/TJ 08—008—2000）于2000年颁布实施，该规程及其编制原理等科技成果获2001年上海市科技进步二等奖。2005年9月，沈阳消防研究所编制的《消防联动控制标准》作为新标准项目列入了ISO/TC21/SC3技术委员会的建议草案。中国工程建设标准化协会标准《钢结构防火技术规程》正在编制中。

7. 火灾动力学演化与防治基础研究

为了对火灾现象有更深入的理解并促进消防安全设计、管理和灭火技术的改进与发展，2002年4月中国科学技术大学、公安部四川消防研究所、沈阳消防研究所、上海消防研究所和清华大学、浙江大学、香港理工大学、中国林业科学研究院，共同承担了国家重点基础发展规划项目"火灾动力学演化与防治基础"的研究工作。该项目重点解决可燃物表面及空间火灾的发生与蔓延、火灾烟气及其毒害物质的生成与释放、基于火灾动力学与统计理论耦合的火灾风险评估方法、综合性能优化的清洁高效阻燃新技术原理、火灾早期的多信号感知与智能识别和物理化学复合作用下的清洁高效灭火原理等六个方面的关键技术问题。目前，该项目已完成了大量用于火灾特性参数测量的实验设备研制与建造，并取得了初步的研究成果。

（四）工程抗风能力建设

1. 大型风洞试验室相继建立

风洞试验室是用高科技手段在室内模拟各种自然风现象的实验场所。风洞的大风扇将模拟出各种风力，通过蜂窝状的导流管，均匀地或者模拟自然风吹到被试验的模型上，从而为研究高层、高耸结构及大跨度结构等建（构）筑物在风载激励下的振动特性提供参考，为建（构）筑物的抗风设计提供科学依据。目前利用风洞试验技术研究建筑结构风致振动的途径主要有：①采用气动弹性模型试验直接获得建筑物动力响应信息；②利用高频底座力天平技术确定建筑整体动态气动力，再计算结构动力响应；③利用电子扫描阀的多通道测量系统，测试建筑表面的瞬时风压来确定结构的气动力和动力响应。

"九五"以来，随着我国风工程研究的深入和风洞试验技术的成熟，风洞试验室如雨后春笋般在全国各高校及省市科研所建立起来：1996年11月，汕头大学风洞实验室（图2-1）正式通过验收，是国内同类风洞中最早使用进口高速电子扫描阀和进口高频底座天平等仪器的研究单位之一，技术设备达到国际先进水平；2004年6月，长安大学风洞实验室在交通部和教育部"211工程"基金项目

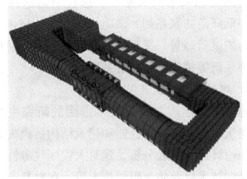

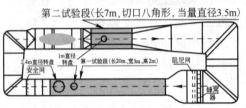

图2-1 风洞模型及简图（汕头大学）

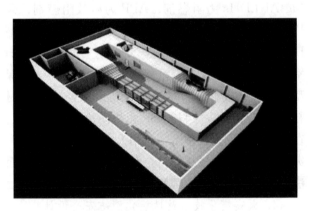

图2-2 湖南大学风洞模型图

的资助下建成；2004年10月，湖南大学风工程研究中心试验室（图2-2）建成，是该校"十五"、"211工程"重点建设的四个公共试验平台之一，其风洞高速试验段和低速试验段的横截面尺寸，目前在国内中型边界层风洞中排名第一。

风洞试验室的建立及使用，极大促进了我国风工程事业的发展，为各种柔性结构（如高层、高耸、大跨度结构等）的安全设计提供了可靠保障。同时，各风洞试验室还承担了许多大型国家及省市攻关项目，对结构抗风技术的发展起到了积极的不可替代的推动作用。

2. 数值风洞技术的发展[19]

现代结构的发展趋势是高、大、柔，结构风荷载的敏感性逐渐增强，使得抗风设计成为很多重大工程项目设计中的首要问题。

20世纪90年代以来，随着现代计算机技术和

计算流体技术的飞速发展，应用"数值风洞"技术对结构周围的风场进行模拟已成为可能，结构抗风研究逐渐走向精细化。在国家自然科学基金（科研项目"大型复杂结构的关键科学问题及设计理论研究"，1998～2002年）的支持下，同济大学、哈尔滨工业大学和北京大学分别从不同的角度提出要应用计算流体动力学（CFD，Computational Fluid Dynamics）技术来解决结构风工程问题。可以讲，"数值风洞"技术存在巨大的研究前景，是结构风工程具有重要战略意义的研究方向之一。

近十年来，我国数值风洞的研究取得了丰硕的成果，具体介绍如下：

（1）数值风洞的可行性研究

2003年，在国家自然科学基金项目（59895410）的资助下，我国学者利用经典湍流模型——雷诺应力模型（RSM，Renault Stress Model），对20多个涉及独立墙体、悬空广告牌、柱体和两个高层建筑静风荷载干扰效应流场进行了算例分析，并将计算结果与相关的风洞试验或现场实测结果进行比较，验证了数值风洞模拟结构静力风荷载的可行性；利用标准k-ε紊流封闭模型，对开敞式叉筒网壳在多角度风场作用下结构表面的风压分布进行了数值模拟，获得了该类网壳的净风压体型系数，证明了采用数值风洞技术对复杂形体结构的流场进行计算机数值模拟的可行性。

（2）网格生成技术的进步

网格生成对CFD至关重要，直接关系到CFD计算问题的成败。网格生成技术的研究始于20世纪80年代，孕育于90年代。近十年来，网格生成技术呈现出蓬勃发展的繁荣局面，提出了许多简洁、方便实用、精度高的新方法，如非结构三角形网格方法、自适应笛卡儿网格方法等。

（3）数值风洞软件的逐渐成熟

数值风洞是CFD技术与数据可视化技术、网络技术、数据库技术相结合的产物。前置几何处理及CFD求解器、CFD数据可视化、图形用户界面（GUI，Graphical User Interface）以及相关的网络通信和数据库是数值风洞软件系统的核心技术。目前，数值风洞比较全面而且比较流行的软件有CFX10.0和FLUENT，当然还有其他的软件，如ADINA、ANSYS10.0、DVMFLOW等。

3. 桥梁结构抗风技术的发展[20]

"九五"以来，随着现代科技的巨大发展，桥梁跨度不断增加，桥梁结构变得越来越柔，对风的敏感性也就越来越强，因此，抗风问题已成为决定建造现代大跨度桥梁成功与否的关键问题之一。

（1）桥梁颤振机理研究的深入

20世纪90年代以来，对桥梁颤振机理的研究主要集中于第二、第三层次。第二层次是以二维颤振分析方法为手段，重点研究桥梁颤振的驱动机理、颤振形态，即自由度参与程度和各种断面的气动性能；第三层次是以三维振动分析方法为手段，重点研究桥梁颤振发生的模态参与作用，即考虑两个或两个以上振型参与颤振的可能性，以提高桥梁颤振分析的精度。

（2）桥梁颤振气动参数识别方法的成熟

目前，对钝体桥梁断面气动参数（包括气动导数和气动导纳）的风洞试验识别理论和技术方法的研究，已成为大跨度桥梁抗风性能研究中的一个关键环节，气动参数的识别精度将对大跨桥梁颤振稳定性能和抖振性能的预测结果的可靠性产生显著影响。近十年来，在国内学者的潜心研究下，提出了许多气动参数识别的有效方法，如迭代法、加权整体最小二乘法、总体最小二乘法、随机子空间法等。

（3）桥梁风振可靠性分析的完善

20世纪九十年代，特别是"九五"以来，大跨度桥梁向着更长、更大、更柔的方向发展，桥梁在气动力作用下的安全性、稳定性越来越受到人们的重视，风振可靠性分析也越发成为国内学者竞相研究的热门课题之一。

桥梁风振可靠性分析的理论成果近年来有了巨大的进展，不仅提出了桥梁抖振可靠性的分析模型、分析过程，还建立了桥梁颤振稳定性的概率分析方法，同时对国内重大桥梁进行了评价。例如，江阴长江大桥为悬索桥结构，1999年建成。主跨1385m，采用门式钢筋混凝土塔柱，柱高197m，中设横梁三道。为目前世界第四、中国第一大桥，荣获国际桥梁大奖"尤金—菲戈奖"。考虑桥梁在风致振动中的安全性能，对其进行了非线性静风稳定性分析、三维颤振非线性分析。

（4）桥梁风振控制技术的进步

在大跨桥梁的设计中，必须确保其设计临界风速高于桥址处的最大检验风速,以避免灾难性的桥梁失稳现象的发生。然而在许多情况下,由于各种条件的限值,难以对桥梁的基本断面形式进行较大的调整,而设计临界风速又不能达到要求时,采用控制措施就成为惟一可行的方案。

近十年来,桥梁的风振控制技术发展快速,技术手段不断创新,制振效果成绩斐然,为工程运用带来了巨大的社会效益和经济效益。典型的控制措施和工程应用如:

1) 气动控制措施:青州闽江大桥于 2001 年建成,是一座主跨 605m、主梁宽 29m 的世界级迭合梁斜拉桥。该桥位于台风频袭地区福建沿海,因原设计无法满足大桥抗风稳定性即颤振检验风速 70m/s 的要求,最后选定在主梁两侧各增设宽 1m、高 1m 的倒"L"型导流板,使大桥的颤振临界风速提高到 74m/s,解决了关系到设计方案成败的抗风稳定性问题,获得了良好的经济效益,节省造价 6500 万元。此外,该桥成功经受了 2000 年"碧利斯"台风和 2001 年"飞燕"台风的正面袭击。

东营黄河大桥于 2005 年建成,是一座主跨为 288m 钢斜拉桥,主梁采用两个分离矩形钢箱,断面比较钝化。风洞试验表明在强风作用下出现竖向弯曲涡振现象,但在栏杆上安装长度为 0.8 倍栏杆高度、10°仰角的抑流板后,涡振振幅减少 16%;而且当将抑流板的长度加长到栏杆高度的 1.2 倍,振幅可减小 50%。

2) 被动控制措施:铜陵长江大桥于 1996 年建成,主桥是一座 7 孔连续的混凝土斜拉桥,采用肋板式断面梁。1998 年实际观测表明,起初设计用于减震控制的阻尼圈对长索基本不起作用,桥梁发生涡流激振、雨振和抖振。经多方面分析研究,决定在栏杆外侧加设黏性剪切阻尼器(VSD,Viscosity Shear Damper),利用黏性液体间的剪切力增大斜拉索的阻尼,抑制振动。结果表明,设置的 VSD 有效抑制了斜拉索的风致振动。

4. 高层、高耸结构抗风技术的发展

高强、轻质材料的广泛使用,加速了现代高层建筑和高耸结构向着更高、更柔的方向发展,使得建筑物的固有频率更加接近强风的卓越频率,风激振动的响应进一步加剧。在非地震区,风荷载成为建筑结构设计(特别是柔性很大的高耸结构)的主要水平荷载,也是结构破坏的主要控制荷载。因此,在高层、高耸结构作为主流方向的今天,其抗风设计已成为设计人员面临的急待解决的重要课题。

近十年来,高层、高耸结构的抗风设计取得了巨大的进展,风洞试验技术的进步为保证其在强风荷载作用下的稳定性研究提供了全新的舞台[21~24],计算机仿真模拟技术的应用更加精确地反应了其在各种边界层条件下的风振响应[25~27],城市群体高层建筑风荷载干扰效应的研究为建筑风工程的发展开辟了新的道路[28,29],各种控制技术理论的不断成熟给我国的抗风事业注入了蓬勃的生机[30~33]。重要研究成果及典型工程介绍如下:

(1) 高层、高耸结构风洞试验研究的深入

1) 通过风洞试验,成功研究了在不同类型场地、不同来流风向作用下的高层建筑结构的风荷载体型系数的分布情况,提出了各种体型结构最不利风荷载攻角的确定途径,阐释了风荷载沿建筑高度的变化并非按规范中的规律分布,而是中上部大、两端小。

2) 2000 年,我国首次对桅杆结构进行了风洞试验[24],记录了格构式和单筒式桅杆模型的自振特性和风振响应测试结果。研究表明:桅杆结构的非线性程度随风速的增大而增强;桅杆结构在风振计算中应考虑多阶振型的影响,随着风速的加大,高振型的贡献增加;在顺风荷载作用下,桅杆结构可能出现横风共振和混沌现象。

(2) 高层、高耸结构风荷载仿真技术的进步

近年来,随着计算机技术的日益发展,人工模拟结构的随机输入得到了广泛应用。人工模拟风荷载考虑了场地、风谱特征、建筑物特点等条件的任意性,模拟结果更加接近结构实际受到的风荷载作用。如:

1) 1999 年,利用线性滤波器中的自回归模型及其参数识别技术,考虑高层建筑风速谱随高度变化的特点,成功模拟了其具有空间相关性的脉动风荷载。

2) 2000 年,根据随机振动理论,分别按照星谷胜和 M.Shinozuka 方法,成功地对合肥电视塔顺风向脉动风荷载进行了模拟[26]。

(3) 高层、高耸结构风振控制技术的完善

高层、高耸建筑结构质量小、刚度小、柔度大,对风荷载作用十分敏感,按常规的方法进行抗风设计,往往很难满足结构承载能力和人体舒适度的要求。因此,对高层高耸建筑结构的抗风设计采用振动控制是非常必要的。

近年来,振动控制技术在高层高耸结构的风振控制中逐渐为设计人员和使用者所接受,分析方法趋向合理化,设计方法趋向精细化。各种控制技术竞相出现,如被动控制、主动控制、半主动控制以及混合控制等。大量的分析计算表明,在高层高耸结构中设置控制措施,其减振效果是十分明显的,能有效地减小顺风向和横风向的风振加速度,抑制风振幅值,提高结构的人体舒适度性能。如:

1) 1999年,对合肥电视塔安装调谐质量阻尼器(TMD, Tuned Mass Damper)的风振控制进行了研究[30],并优化设置了TMD的参数,结果表明:具有优化参数的TMD可以显著提高电视塔的人体舒适度性能,使上塔楼的加速度响应降低49%。

2) 2001年,对设置防晃水箱的高层减振钢结构进行了研究[31],对其顺风向和横风向风载进行了时程模拟,结果表明:结构顺风向的最大加速度和位移响应分别减小了33%和29%,横风向的最大加速度和位移响应分别减小了24%和17%,有效提高了建筑物居住的舒适性和安全性。

3) 2005年,利用磁流变阻尼器研究了巨-子型控制结构体系的风振反应,并利用随机振动理论对脉动风荷载进行了计算机模拟[32],分析结果表明:采用磁流变阻尼器对巨—子型控制结构体系进行半主动控制后,主结构顶层位移和加速度控制的减振率V_{AR}分别为29.65%和68.09%,第2个子结构和第3个子结构顶层加速度控制的减振率V_{AR}分别为40.18%和70.05%,有效地减小了结构体系的风振反应。

5. 大跨屋盖结构抗风技术的发展

自20世纪90年代以来,随着生活水平的提高,人们对体育馆、影剧院、航空港等大型公共建筑的需求日益增大,这类结构具有自重轻、跨度大、柔度大和阻尼小等特点,风荷载是其结构设计的主要控制荷载之一。在强风的作用下,由于结构与风力的气动耦合作用,大跨屋盖结构可能产生一种失稳式振动——驰振。因此,为避免驰振现象导致的结构失稳破坏,在风洞试验和计算机仿真模拟技术不断成熟的前提下,国内许多专家学者在这方面做了大量的研究工作,如风振响应分析、风振系数的选取、空气动力失稳分析以及风压分布特性等[34~38]。下面对近十年来大跨屋盖结构的研究成果作简要的讲述:

(1) 大型屋面结构的风洞试验研究:2001年,对大跨平屋面结构在四周封闭、四周敞开、有女儿墙、无女儿墙、墙体突然开孔各种不同情况下的刚性模型和气动弹性模型进行了风洞试验研究,提出了考虑弗劳德数等一系列相似参数模拟的大跨度平屋面气动弹性模型的设计制作方法,获得了大跨度平屋面结构在各种不同情况下的屋面风压分布规律及加速度风振响应特性[34]。

(2) 考虑多阶模态贡献的大跨屋盖结构风振响应分析:2004年,在考虑脉动风荷载的空间相关性的基础上,推导出各阶模态的模态贡献系数及模态组合的累积模态贡献系数计算公式,指出目前通过比较前若干阶模态的相对误差或仅考虑补偿模态的模态组合选取方法的不合理性,建议合理的模态组合应包含绝大部分主要贡献模态,以满足累积模态贡献系数大于0.9的要求。

(3) 大型屋面风洞试验通用数据处理软件的开发:2001年,在Windows平台的基础上,开发了大跨曲面屋盖结构风洞试验数据处理的可视化通用分析软件,提出了针对脉动风压测试过程中的信号畸变处理方法、风压试验数据的表示形式、积分计算整体和局部气动力系数、软件的界面设计、基本的使用功能以及针对具体结构类型所采用的一些提高试验效率简化试验过程的措施,还采用神经网络方法对已测的风压系数数据进行精细化处理以准确地求取整个屋盖结构风荷载的完整特性。所开发的软件已经受多个大跨屋盖建筑物风洞试验的检验,在该类结构物风洞试验中发挥着非常重要的作用[36]。

(4) 计算机仿真技术的应用:2003年,在CFX 5.5软件平台的基础上,利用雷诺应力湍流模型(RSM),对处于大气边界层中的上海铁路南站屋盖结构的平均风压进行了数值模拟。计算结果与测压模型风洞试验数据的对比结果表明,数值计算不仅可以更加准确地模拟实际结构的平均风荷载,而且还能得到复杂结构的平均风荷载分布情况,对大跨屋盖结构的设计具有重要的指导意义[37]。

(五)地质灾害防御

1. 防治地质灾害管理体系和机制建设逐步完善

在"九五"和"十五"期间,我国加快了在地质领域的灾害管理体系和机制建设,从应急机构、应急队伍、应急救援体系和应急平台建设等方面着手,进一步整合各类应急资源,加快建立和健全指挥统一、功能齐全、反应灵敏、运转高效的应急机制。抓紧建立和完善应急管理工作的领导机构及办事机构。突出抓好各类应急专业队伍建设,以公安、消防等骨干队伍为主体,整合现有专业救援力量,加强应急处置能力培训,加快形成统一高效的应急救援专业体系。依托现有电子政务平台,加强应急信息平台建设,保障信息灵敏、通畅。

北京市已经初步形成了全市应急预案体系——成立了应急管理机构。在2005年4月,北京市根据"党委统一领导下的行政领导责任制"的要求,正式成立了由市长任主任的突发公共事件应急委员会,负责统一领导全市突发公共事件的应对工作,并在市政府办公厅设置了应急委办公室。全市18个区县也相应成立了应急委员会和专职办公机构。搭建了市应急指挥平台。按照"设备先进、功能齐全、服务领导、方便指挥"的要求,北京通过整合、利用、盘活大量已经建成的信息化基础资源,迅速建立起了以图像监控、无线指挥调度、有线通信、计算机网络应用和综合保障五大技术系统为依托的指挥平台,并连通了18个区县和13个专项应急指挥部。北京应急管理体系建设将从注重应急处置向注重预防、处置和恢复全过程转变,打破部门分割的单灾种管理体制,实现组织、资源、信息的有机整合,形成市—区(县)—街(乡镇)—社区(村)四级信息网络和规划、信息、指挥、物资和新闻发布五个方面协调的应急管理机制,最终建立起全市统一的应急管理体系。

2. 颁布了一系列应对地质灾害的法律法规、应急预案

(1) 制定了应对地质灾害的法律法规

在"九五"和"十五"期间,我国颁布了一系列的应对地质灾害的法律法规,涵盖防治地质灾害的规划、选址、施工、设计、监理、灾害信息管理等各方面。

为加强对地质遗迹的管理,使其得到有效的保护及合理利用,当时的地质矿产部于1995年5月4日颁布了《地质遗迹保护管理规定》。

为了加强对地质灾害防治工程承担单位的资格管理,规范各级资格管理部门的行为,当时的地质矿产部于1995年8月1日起施行《地质灾害防治工程勘查、设计、监理、施工单位资格管理办法实施细则(暂行)》。

为预防和治理地质灾害,减轻地质灾害造成的损失,维护人民生命和财产安全,保障社会主义现代化建设顺利进行。国土资源部于1999年3月2日颁布了《地质灾害防治管理办法》。

1999年11月1日,国土资源部印发了《建设用地地质灾害危险性评估技术要求》(试行),规定了建设用地地质灾害危险性评估的原则,不同阶段地质灾害危险性评估的内容、要求、方法和程序。

为查明我国地质灾害严重县(市)的地质灾害隐患,圈定地质灾害易发区和危险区,建立地质灾害信息系统,建立健全群专结合的监测网络,有计划地开展地质灾害防治,减少灾害损失,保护人民生命财产安全,国土资源部于2000年3月印发了《县(市)地质灾害调查与区划基本要求》。

为加强地质灾害防治工程施工单位的资质管理,确保防治工程质量,保障人民生命财产安全,促进地质灾害防治工程技术进步,国土资源部于2000年1月27日颁布了《地质灾害防治工程施工单位资质管理办法》。

为适应我国社会发展和国民经济建设的需要,国土资源部于2001年3月印发了《地质灾害防治工作规划纲要》,规划到2015年建立起相对完善的以群测群防为基础,现代化专业监测为主导的覆盖全国的地质灾害监测预报网络。

为保障国家在国土资源领域实施可持续发展战略,贯彻中央关于人口资源环境的基本国策,促进资源合理利用,有效保护生态环境,国土资源部于2001年5月印发了《十五国土资源生态建设和环境保护规划》,明确提出,要稳步推进国土综合整治,逐步改善土地生态环境、矿山生态环境、地质环境和海洋生态环境,实现国土资源开发与生态建设和环境保护的协调发展。

在2001年5月,我国大部分地区逐渐进入汛期,部分地区进入地质灾害易发期,山体滑坡等地质灾害时有发生。为切实做好当前地质灾害防治工作,减少地质灾害造成的损失,国务院办公厅于5月12日转发了《关于加强地质灾害防治工作的意见》。

2001年10月,完成了《三峡库区地质灾害防治总体规划》并于2002年1月由国务院批复,2002年2月印发湖北省和重庆市国土资源部门落实。

为了防治地质灾害,避免和减轻地质灾害造成

的损失，维护人民生命和财产安全，促进经济和社会的可持续发展，2003年11月24日，国务院总理温家宝签署第394号国务院令，公布《地质灾害防治条例》，自2004年3月1日起施行。

为了满足我国社会和经济发展对地质灾害防治工作的需求，针对我国地质灾害现状、地质灾害发展趋势、地质灾害防治进展及地质灾害防治面临的形势，《全国地质灾害防治规划》于2004年4月29日通过了国土资源部组织的专家评审。《全国地质灾害防治规划》明确了2004~2020年我国地质灾害防治的总体目标，划分了地质灾害易发区和重点防治区，提出了实施地质灾害防灾减灾工程的内容和保障措施。

(2) 制订了应对地质灾害的应急预案

为了应对各种突发性的地质灾害，避免和减轻地质灾害造成的损失，维护人民群众生命财产安全和社会稳定，有必要制订应对特发性的地质灾害的应急预案。在过去的十年里，我国很多部门和省份根据《地质灾害防治条例》，制订了部门专向应急预案和适合各地实际情况的应急预案。如《铁路地质灾害应急预案》、《广东省突发性地质灾害应急预案》等。地质灾害应急预案按地质灾害的危险程度把地质灾害分成特大型、大型、中型、小型四个等级；明确了各组织机构和部门在地质灾害中的职责；铺设了监测和预警预报体系；对不同等级的地质灾害开展不同的应急处理工作；对应急保障工作等作出明确的规定，确保应急保障工作落实到底。

3. 监测和预报手段不断提高

(1) 监测技术不断提高

在地质环境与地质灾害研究领域，开展了地质灾害过程模拟和过程控制研究，开发了以GPS技术、声发射技术、激光技术为核心的地质灾害监测预报技术。

全球卫星定位系统(GPS)的定位精度可达毫米级，完全可用于崩塌、滑坡的位移监测。利用GPS可以准确地监测地质灾害体的形变与蠕动情况，从卫星遥感图像上可实时或准时地反映灾时的具体情况，监测重点灾害点的发展演化趋势，增强地质灾害发生的预见性。

十年期间，研制了分布式声发射监测系统与相应的声发射信号处理和声发射位置反演技术。声发射监测系统采用分布式，整个系统有12道分布下挂式单体采集器，通过RS-485串行通讯接口与主机(PCI控机)连接。布设在监测目标体不同位置的任一道传感器，在接收到声发射信号后，即触发所有采集器同步采样，以全波形式，连续监控声发射事件。该成果突破了以表征参数监测为主的模式，首次应用声发射源定位技术，能够更有效地掌握破坏区的空间分布及其从无序到有序的转化规律，为地质灾害提供了一种新的监测技术。通过室内和野外模拟试验，定位精度优于15%。

先进的激光技术，解决了精度与测程之间的矛盾，研制了适合于地质灾害监测的激光光源、光学系统和CCD面阵激光信号检测和处理系统。通过对俄罗斯产MC3M-5CA型摄像望远镜头改造，即在主镜头和CCD之间串接倍焦镜头，研制成长焦距(总焦距达1000mm)高倍率望远镜系统，实现了观测距离200m的预定目标。该成果在相对位移监测方面摆脱了接触方式，代之以激光非接触式，促进了监测技术的进步。

(2) 灾害信息发报手段越来越先进

随着现代通讯工具的发展，特别是手机的广泛普及，发报地质灾害信息的手段也越来越方便、快捷，从报纸到广播、电视到互联网，再到手机，一种方式比一种方式快捷。

据统计，2001年突发性地质灾害分类统计表明，持续降雨诱发地质灾害占总发生量的65%左右，其中，局地暴雨诱发者约占总发生量的43%。为了提示人们加强对气象因素引起的地质灾害的防范，减少地质灾害导致的人员伤亡和财产损失，国土资源部和中国气象局于2003年4月7日签订了《关于联合开展地质灾害预报预警工作协议》。在两部门的不懈努力和精心准备下，从2003年6~9月，汛期地质灾害预报预警开始在中央电视台和中国地质环境信息网上发布，受到社会的广泛关注，取得了良好效果和社会效益，得到了国务院领导和国土资源部领导的肯定。根据2003年6月26日《国土资源部和中国气象局联合开展汛期地质灾害预报预警工作的通知》的要求，辽宁、湖南、四川、北京、广西、浙江、新疆、甘肃、山东等省(区、市)的地质灾害预报预警工作已相继启动。

手机短信作为新兴的信息传播手段，具有大范围内快速传递信息的优势，能够将气象、灾害等警报信息及时准确地在公众范围内传递，以降低灾害影响。以最短时间、在最大范围内将灾害预警信息传递到社会公众和各级领导,这是防灾救灾的关键,也是短信预警系统与传统方式相比最具优势之处。如 2005 年 6 月底,甘肃庆阳、天水、陇南、定西、临夏等市普降暴雨,并出现大面积塌方、泥石流、落石等地质灾害。但以上 6 市 30 余万手机用户在灾害前已收到警报信息,有关单位根据预报信息迅速启动"抢险救灾紧急预案",采取多项防范疏导措施,使多年不遇的暴雨没有造成明显的车辆损失和人员伤亡。

如今,短信等移动通信技术的预警应用也引起了各部委重视。据民政部透露,我国已经在一些地区尝试通过短信进行灾害预警。民政部、信息产业部、国家气象局三部委也在甘肃、安徽、湖南三省展开调研,考察当地手机短信预警机制的情况,并计划在全国推广和健全手机短信预警预报机制。

(3) 地质环境监测网络和地质环境信息系统日趋完善

我国的地质环境监测网络和地质环境信息系统日趋完善。目前已建成 1 个国家级监测总站(中国地质环境监测院)、31 个省级监测总站、237 个地(市)级监测站的地质环境监测系统;实现了国家与省级总站之间计算机联网及监测数据网上传输。"中国地质环境信息网"每年定期发布全国地下水情预报、通报和地质灾害通报,为地质环境保护和国民经济建设及时提供地质环境基础信息。初步建成长江三角洲地面沉降监测网络。环境监测院、方法所、宜昌所和工艺所等单位利用国际先进技术和自主开发新技术,建设了三峡库区等重点地区地质灾害监测预警示范工程。县(市)地质灾害调查进展顺利,圈定了重要地质灾害隐患点 5050 处,初步建立地质灾害群测群防三级网络。对威胁重要工程设施的主要灾害点布设专业监测系统,及时开展预报和预防。

三峡二期地质灾害治理工程对库区的 129 处重大崩塌滑坡体实施了专业监测,初步建成了库区地质灾害全球卫星定位系统三级监测网。对地处农村的 1216 个崩塌滑坡建立了群测群防监测网,并提前启动了三期 1939 处崩塌滑坡群测群防监测点建设。由湖北库区 4 区县地质环境监测站组成的局域网已建成,实现了全库区 20 个区县地质灾害监测数据网络化传输。空间基础地理数据库、地质灾害点数据库、基础工程地质和水文数据库等相继建成,三峡库区工程治理、搬迁避让、监测预警、地质安全评价等信息网络管理初步实现。

(4) 建成了专业监测和群测群防相结合的体系

由于我国幅员辽阔,地质灾害种类繁多,分布面广,并且主要是分布在广大的农村,因此每年发生的地质灾害 90% 以上都不在政府专业管理部门的管理视线之内,所以群测群防是当前防治地质灾害的重要手段和方法。只有发动群众保护自己的家园,我们才能早发现、早预防、早治理,使人员伤亡和财产损失降到最低点。

"九五"期间,我国已建立专门进行地质灾害监测预报的中国地质环境监测院和省、地、县级分站,在地质灾害监测方面,主要开展了重点地区的地质灾害巡回监测和定点监测。在上海、宁波、天津建成了地面沉降专业监测网,在西安设立了部分地裂缝监测点;在部分省区地质灾害严重的地区开展了突发性地质灾害群防群测工作;在三峡库区建立了地质灾害监测中心站,建成了库首地区 GPS 监测网及巴东县城滑坡单体监测网。通过专业监测与群众性监测相结合,成功地预报了十多处地质灾害,避免了数千人的伤亡和数亿元的经济损失。如 1998 年汛期,成功地预报了重庆巴南麻柳嘴滑坡,避免了 350 户 1450 人的伤亡;2000 年 2 月 28 日,成功地预报了湖北秭归秦家坪滑坡,避免了 250 人的伤亡。同时,由于地质灾害知识的宣传普及,公众的防灾减灾意识和自救能力明显提高。

"十五"期间,在地质灾害调查方面,截至 2005 年已完成全国 700 个县市的地质灾害调查,建立了县、乡、村三级责任制的群测群防预警体系,建立了江西、四川雅安地质灾害监测预警示范区。这种群专结合的体系取得了具大的成功,如在 2001 年 7 月 7 日,贵州省的大方县大山乡河坝村肖家寨于 22 时 30 分发生山体滑坡,但因预报及时,无一人受伤。又如在 2003 年 7 月 10 日凌晨,湖南慈利县杉木桥镇枫垭村山体发生大规模滑动,造成 40 栋房屋倒塌,但事先成功预报使人们及时撤离,滑坡影响范围内的 73 户 156 人无一伤亡。

2002 年 3 月 26 日启动的"三峡市库区灾害监测预警工程"是国灾在三峡库区实施的一项重大减灾工程,国土资源部将实施这一工程作为新世纪加强三峡库区地质灾害防治中的首要和紧迫工作。这项工程包括国家统一组织的控制重大地质灾害专业监测体系和各级政府行政指导下的群测群防体系，分别由以综合监测手段获取重大地质灾害现场信息为核心的地质灾害专业监测系统，以全库区驻地地质灾害巡查为主的群测群防系统，以分布式数据采集、数据库管理、网络化信息处理、交换、传输、发布为核心的地质灾害分级管理系统，以基于地理信息系统减灾防灾决策支持为核心的预警系统组成。截至 2005 年底，专业监测系统已成功监测预警滑坡 28 处，使受威胁的 6911 人紧急撤离。群测群防监测系统已成功预警了千将坪等 72 处滑坡，使 15213 人的生命财产得到了有效保护(图 2-3)。

（5）地质灾害预警系统建设得到加强

地质灾害预警关键技术方法研究与示范是基于研究地质灾害预警关键技术方法的研究。通过自主研究开发和引进先进技术相结合，立足于国际先进水平，建立了基于钻孔倾斜仪深部位移监测、GPS 地表变形监测、时间域反射技术(TDR，Time Domain

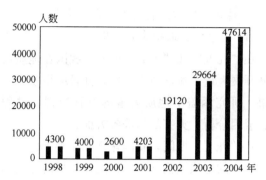

图 2-3 群测群防成功预报地质灾害所转移人员情况[39]

Reflectomery)、孔隙水压力监测等监测手段和方法的示范站；通过地质灾害监测优化集成方案、数据格式的标准统一、多媒体网络远程传输(GPRS，General Packet Radio Service)、监测信息互联网实时发布等预警关键技术的研究、示范运行，实现了地质灾害监测数据的自动采集、处理、分析、实时发布和授权访问(图 2-4)。

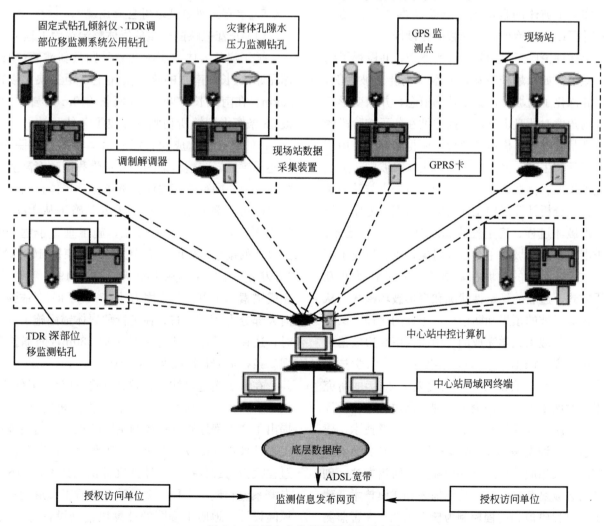

图 2-4 地质灾害监测预警系统示意图

4. 科学研究和工程技术取得长足进步

(1) 科学研究取得丰硕成果

在"九五"和"十五"期间,我国在地质灾害领域开展大量了科学研究工作,并且取得了丰硕的成果。研究涵盖了地质灾害的过程模拟、过程控制、成因分析、灾害防治等各方面。

在"九五"期间,我国建立和完善了针对复杂地质结构的地质模型和岩体稳定性分析的理论与方法,并分别针对二维边坡地质模型的建立与稳定性分析、三维节理岩体建模与稳定性分析以及复杂地质结构三维可视化等问题,开发了三套计算机软件系统。建立和发展了地质灾害过程模拟与过程控制的理论与方法。开发了"边坡二维建模及治理方案计算机辅助设计系统(Slope _ CAD version 1.0)"。该系统具有交互式地质建模功能,可以利用系统所提供的功能强大的建模工具箱,方便、直观地建立任意复杂的二维地质模型。该系统采用特殊的算法,实现了坡体的自动条分和条块参数的自动采集;并可以实现治理方案的智能化设计。

上述理论已经应用到工程实践中,并取得了明显的效果,如以攀枝花矿山营盘山高陡边坡为例,提出和深化了边坡变形稳定性的概念,并从变形稳定性的角度对营盘山高陡开挖边坡在各开挖阶段的稳定性状况进行了模拟和评价,所得结论已应用于矿山设计和生产。又如在康定白土坎滑坡中,重点研究了边坡岩体在地震条件下的动力响应与动力失稳过程,分析计算了白土坎滑坡在地震动力作用下的变形破坏过程、稳定性状况以及整治处理措施。以香港深基座滑坡为主要研究对象,重点研究了不同水文地质结构的边坡在暴雨条件下的水-力相互作用方式、边坡的稳定性状况和变形破坏模式。从而为这类滑坡的预报和防治提供了新的途径。

由成都理工大学完成的《中国西南高边坡稳定性评价及灾害防治》于 2005 年度获国家科学技术进步奖一等奖,该项目经过三代人近 20 年的研究积累,发展了以变形理论为基础的高边坡稳定性评价和灾害防止理论体系,形成了三大支撑技术,建立了包括 5 种类型和 12 种模式的高边坡变形破坏机理模型及相应的稳定性评价和灾害防治方法;创新了高边坡复杂岩体结构精细描述和建模技术,建立了以过程模拟和过程控制为核心的地质灾害监测预测和防治技术体系。这一成果不仅理论上更符合西南地区高边坡的实际,较传统理论可以节省大量的灾害防治经费;在这一地区地质环境保护与灾害防治、资源开发、交通基础设施建设等领域的数十项工程中得到推广应用。尤其在四川丹巴县城滑坡治理九寨黄龙机场岷江紫坪铺水利枢纽和小湾水电工程建设等十余个大型项目中的实施效果特别显著,避免了重大人员伤亡和财产损失,产生了重大社会效益和经济效益。

(2) 工程技术取得了长足的进步

"九五"期间,对地质灾害防治理论和技术方法进行了研究,特别是对地质灾害设计的基本理论和方法进行了系统总结,初步开发了地质灾害防治工程设计支持系统(GEOHZD),所开发的 GEO-HZD 系统中的抗滑桩子系统、预应力锚固工程子系统、排水工程子系统、抗滑挡墙子系统等,已在十多项国家重点地质灾害防治工程中推广应用,取得了良好的社会、经济和环境效益。

5. 重点工程建设取得巨大成就

(1) 长江三峡链子崖危岩体整治锚固工程

链子崖危岩体位于湖北省秭归县新滩镇(现改称屈原镇)长江南岸的临江陡崖上,距三峡大坝仅 25km。在南北长 700m、东西长 210m 的岩体上,被 58 条宽大裂缝所切割,形成了总体积达 300 多万 m^3 的危岩体,成为长江航道咽喉的严重隐患,故链子崖危岩体整治锚固工程备受我国政府高度重视和国内外同行密切关注。链子崖危岩体整治锚固工程由两大部分组成,"七千方"施工从 1995 年 11 月开工,1996 年 3 月竣工,施工垂直于危岩体到母体的锚索 33 束,实际锁定力每束达 1000kN。"五万方"锚固工程从 1996 年 3 月到 1997 年 8 月,完成锚索 151 束,总锚固力达 23.1 万 kN,锚固方向大部分为 210°左右。在进行危岩体锚固施工的同时,还在链子崖建成地表排水渠 530m,防崩拦石坝 2 条,危岩挂网喷浆 4300m^2。

在链子崖危岩体整治锚固工程的设计工作中,技术人员在充分研究、勘查和计算分析的基础上,提出了"工程地质过程控制论"的观点,运用地质工程计算机辅助设计系统中的工程地质体变形破坏过程模拟与过程控制、计算机可视化技术、GIS 与专家系统和地质工程反馈设计、地质工程最优化和风险设计、地质工程图的计算机辅助设计等方法,提出了治理方案。即对采空区做承重阻滑键,由它来承受链子崖巨大的山体实力和阻止它进一步倾斜与开裂；对开裂的山体进行预应力锚固加索，像串糖葫芦一样用200多根锚索把它们串在一起再固定到山体上。

链子崖危岩体主体锚固是我国目前高陡边坡危岩防治工程难度最大的地质工程，施工中搭设了82.6m的高质量施工排架。锚固钻孔的保直防斜、堵漏，钢绞线防腐蚀均采用了先进的技术和工艺。自行研制了反喷清孔技术，采用孔内电视监视、钻孔声波测试等先进技术保证施工质量，质量一次合格率达到100%。为掌握崩滑体变形动态，指导防治工程施工，检验防治工程效果，在链子崖危岩体防治工程中布设了较为完整的三维变形监测体系，包括绝对位移（大地形变法和小角法、GPS法）、相对位移（裂缝位移计、水平孔多点位移计）、岩体应力（承重阻滑工程顶板压力计、锚固工程中的锚索测力计）、地下（钻孔中）倾斜变化、气象要素等监测项目，基本上实现了自动化监测和计算机数据处理。链子崖危岩体整治锚固工程于1999年8月全面竣工，在经过了4个水文年的效果监测和三峡水库坝前135～139m蓄水2年检验后，运行效果良好。链子崖危岩体整治锚固工程于2005年5月27日通过了竣工最终验收。

(2) 长江三峡黄腊石滑坡防治工程

黄腊石滑坡是长江三峡沿岸规模最大的滑坡之一，位于三峡航道咽喉之地巫峡出口巴东县城北岸，如滑坡体的八分之一滑入江中，将占据长江过水断面的45%～85%，严重阻碍或阻断航道，并直接危及巴东县城。黄腊石滑坡防治工程以大石板滑坡为防治重点，防治措施以排水工程为主，共建成地表排水渠7003m，地下排水廊道340m，排水孔总深1115m，形成了地表与地下结合的立体排水系统。在黄腊石滑坡防治工程中，为掌握崩滑体变形动态，指导防治工程施工，检验防治工程效果，故布设了较为完整的三维变形监测体系，包括绝对位移（大地形变法、GPS法）、相对位移（滑带位移计、裂缝变化）、地下水（钻孔水位、泉水流量等）动态变化、沟渠和平洞流量、气象要素等监测项目。黄腊石滑坡防治工程于1994年2月开工，1996年7月30日竣工。工程运行正常，效果明显。黄腊石滑坡防治工程于2005年5月27日通过了竣工最终验收。

(3) 三峡库区二期地质灾害防治工程

从2001年6月至2003年6月，我国投入了40亿专项资金对三峡库区二期蓄水所涉及的地质灾害进行防治，到2004年10月，二期地质灾害规划的167个崩塌滑坡体治理、75段库岸塌岸防护、135处高边坡与高切坡整治、218个居民点搬迁避让等工程基本竣工，并顺利通过国家级竣工初步验收，在试运行一个水文年以上之后，在2006年1月14日通过了国家的最终验收。二期防治工程对库区的129处重大崩塌滑坡体实施了专业监测，初步建成了库区地灾全球定位系统三级监测网。通过建立库区1∶5万三维动态飞行平台，实现了库区地灾监控与数据检索。对地处农村的1216处崩塌滑坡体建立了群测群防监测网，实现了库区20个区（县）地质灾害监测数据网络化传输。三峡库区二期地质灾害防治工程取得了以下的效果：

1) 满足了三峡工程二期蓄水要求。三峡库区二期地灾防治的崩塌滑坡和库岸经受了两年多考验，工程效果良好，使受三峡水库135m、139m水位蓄水影响的崩塌滑坡及库岸得以稳定，移民迁建区的地质条件得以改善，库区移民迁建工作顺利完成，保证了135m和139m水位按期蓄水。

2) 提高了库区的地质安全程度。因三峡库区地质、地形条件复杂，规划用地有限，部分新建移民城镇受到崩塌滑坡的严重威胁。二期地灾防治工程一定程度上提高了这些新建移民城镇的地质安全程度，有的地区还增加了建设用地面积。其中，重庆市万州区增加建设用地3000多亩，云阳县增加城市用地1000余亩，湖北省秭归县增加建设用地400亩。

3) 提高了崩滑地灾防治水平。在总结库区崩滑地灾防治经验基础上，已推出崩滑地灾防治的地质勘查、变形监测、工程设计和施工、工程竣工验收以及监理和管理等系列技术标准和规定，填补了地区性乃至全国性崩滑地灾防治专业技术标准化的空白，同时还培养了崩滑地灾防治勘查、设计、施工专业队伍。

4) 此外，二期地灾防治工程使受地灾威胁的港口、码头和道路得到保护。秭归县聚集坊崩塌危岩治理工程，保证了秭归—巴东沿江公路和长江航道的安全畅通；兴山县游峡石峡段崩塌滑坡治理工程，保证了兴山—秭归和兴山—宜昌公路交通畅通。重庆市27个项目结合市政和移民迁建、复建工程实施综合治理，不但美化了库区环境，而且提高了综合效益。

三、发展趋势与展望

（一）国际城市防灾减灾发展现状[11]

防灾减灾是一个社会化的问题，也是一个国际化的问题。一个时期以来，城市防灾减灾成为国际社会高度关切的一件大事。世界各国对城市防灾减灾的研究都给予了极大的重视。联合国发起的"国际减灾十年（1990～2000年）"促进了全球联合的高科技减灾行动，160个国家分别成立了国家减灾委员会。近10年来，国际组织和各国减灾委员会设立了诸如"联合国全球灾害网络"、"欧洲尤里卡计划"、"日本灾害应急计划"、"全球分大区的台风监测计划"以及"美国飓风、洪水预报及减轻自然灾害研究"等数以百计的防灾减灾研究项目，取得了许多重要的研究成果，为21世纪防灾减灾的深入研究奠定了基础。

在自然灾害危险性评估方面，发达国家多从工程角度出发研究各类灾害危险性的评估方法，建立了相应的信息库。在防灾减灾工程技术方面，美国、日本、加拿大、英国、澳大利亚等国家走在前面，但这些研究大多只考虑单一灾种，没有同时考虑地震、洪水、火灾等灾害的综合危险性分析和损伤评估。

目前，包括生命线系统在内的城市防灾在国际上受到普遍重视，国际工程地质学会向国际科学联合会和联合国"国际减灾十年"科技委员会建议以洛杉矶、拉巴斯、莫斯科、东京等城市综合防灾作为示范研究，然后把管理模式、控制环境恶化的模式、费用效益分析方法、预防措施和加固方法等成果再推广应用到第二批城市。

在地震方面，从工程角度出发，主要关心地震动的作用，地震危险性分析，结构的抗震、耗能、隔震技术；从灾害角度出发，则涉及震灾要素、成灾机理、成灾条件、地震灾害的类型划分等课题；从灾害对策的角度，则主要研究减灾投入的效益，防震减震规划等。

在洪水方面，对洪水成灾的研究，洪水发生时空分布规划，洪水的预测预报，防洪设防标准的研究，洪水造成经济损失的预测，洪水淹没过程的数值模拟，洪水发展的水力学模型，防洪应急的对策研究等均取得了不少成果。

城市防火研究也是城市防灾的重要课题。目前国内外的主要发展趋势是：在研究火灾探测和扑救设备的同时，重视对火灾发生、发展和防治的机理和规律的研究，在火场观测和模拟研究两种方式中，更加重视火灾过程的模拟研究以及现代高新技术在火灾防治上的应用等。

20世纪80年代以来，美国（洛杉矶、纽约、旧金山、休斯敦）、日本（东京、大阪）、新加坡、瑞典、挪威等国家都先后建设或建成了城市救灾、防灾中心。这些防灾救灾中心都配置了大屏幕图像显示（包括城市基本面貌、灾情分布、应急救援效果等）、多媒体通信手段、大型数据库和地理信息系统（GIS）以及计算机决策支持系统等初步的数字化减灾系统。伴随着数字风洞、数字地震、数字振动台等概念的出现，数字减灾系统将综合利用数值模拟与仿真技术、多维虚拟现实技术、网络技术、遥感技术、全球定位系统和地理信息系统，大规模地再现灾象和灾势的成因与机理、灾害的传播与破坏过程以及社会对灾害的应急反应与效果。

2001年美国"9·11"事件以来，反恐和减少恐怖主义袭击对城市造成的危害，是国际上城市防灾减灾领域的又一重要研究方向，包括爆炸引起的次生灾害的研究；灾害的模拟研究；公共建筑防恐怖主义袭击的工程措施和手段等，在很多国家被列入政府及相关单位的重要工作任务中。

近年来，灾害事故的发展还表现出一些新的特点和趋势：城市重大自然、人为灾害和事故隐患加剧，一些新的致灾隐患不断出现（恐怖袭击、流行性疾病传播等）；原有的致灾隐患的内涵和外延可能不断扩展、激化，灾害连锁效应日趋严重；人为事故造成的灾害影响在不断攀升。无论是从灾害事故产生的根源、表现形式、危害对象及灾损程度的层面，还是从防灾减灾科学技术及灾后快速重建的角度，均可以看出灾害与人、社会、自然、技术、经济系统交织于一体，使得任何单一的、局限于某一领域的行政与技术手段都无法应对。因此，综合防灾减灾的理念越来越受到世界各国的广泛认同。当前国际上的指导理念，已转向资源的全方位整合和加强灾害事故的预警和应急体系建设，更多地应用系统论的视角和可持续发展的观念，从体制设计、机制健全、法律保障、政策支持、能力提升、资源供给进行全过程、全方位管理，从而大大提高政府和全民抗危机能力。

(二) 我国城市防灾减灾能力与发达国家的差距

1. 存在的问题[11]

城市防灾减灾是一项极其复杂的系统工程，与发达国家相比，在整体上我国的城市防灾减灾技术还比较落后、相关的科学研究还远不能适应现代化经济建设的需要，我国在城市防灾减灾方面存在的主要问题是：

(1) 城市发展潜伏较高风险。在城市中，1989年以前建造的建筑物还占有相当的比例，这些建筑物大多未考虑抗震设防或抗震能力不足。由农村集镇扩大建成的新兴城市抗震设防问题更为严重。近年来，高层建筑和重大工程设施等新型工程结构大量涌现，一些抗震技术和措施尚未经受大地震的检验。随着城镇化发展速度的加快，城市人口总量增多，人口密度与建筑密度增大，防护间距相应较小，增大了城市防灾减灾的难度。

(2) 城市市政基础设施状况差。我国大多数城市的基础设施建设落后于经济发展速度，设施配套不齐，设备陈旧落后，资料残缺不全；特别是给排水、电力、电信等生命线工程的防护措施相当薄弱，抵御灾害的能力低。

(3) 城市设防标准低，实际设防设施不足。受社会和经济发展阶段的限制，我国城市地震灾害防御能力总体较低。依据不同时期的抗震设计规范和地震区划图建造的建筑和基础设施，其抗震能力差异明显。在防火、防洪、防涝方面的设防标准普遍偏低，经对我国57个城市的普查结果表明，实建消火栓数仅占应建消火栓数的42%，实建消防站数仅占应建消防站数的36%，远未达到国家规定的7000m责任区的标准。又如，按照国家防洪标准，我国一般城镇防洪标准应为20～50年一遇，但实际上大多数城镇的防洪设防标准在20年一遇以下。

(4) 灾害预报预警能力较差，短临预报水平较低。近年来，我国在地震监测预报、气象灾害、洪水监测预警、地质灾害监测方面取得了较大的发展。但是实践证明，地震预报目前仍然处于经验性预测阶段，无论是对地震孕育机理的研究，还是对前兆复杂性等方面的认识都是初步的，大多数破坏性地震没能做出预报，距离地震准确预测还有很大距离，需要长时间的不懈努力，才有可能取得地震预报的突破。气象预报在短时预报的精确性方面还有待进一步提高，在中长期预报方面还要走更长的路。

(5) 科技支撑力度不够，城市应急技术整体水平低。没有充分应用现代计算机、通讯、网络、卫星、遥感、地理信息、生物技术等高新科技，灾害信息与防灾减灾指挥系统建设滞后。城市防灾减灾中高新技术的研究和应用与发达国家相比还有较大差距。如美国及欧盟建立了多级抗灾遥感计算机网络和抗灾救灾决策系统；欧盟国家已将卫星遥感应用到灾害形成过程、预警、减灾、灾害评估与管理中；澳大利亚的灾害遥感系统已在国家的防灾规划及管理中发挥了重大作用。而我国在整体上还未建立起完善的基于遥感和计算机网络的防灾减灾系统。

(6) 公共服务能力薄弱，管理体制亟待改进，政府职能亟待转变。一些城市，计划经济体制下形成的分部门、分灾种的单一城市灾害管理模式还没有根本改变，造成城市缺乏统一有力的应急管理指挥系统，在面对群灾齐发的复杂局面时，既不能形成应对极端事件的统一力量，也不能及时有效配置分散在各个部门的救灾资源，造成反应慢、效率低、成效差的落后局面。

(7) 防灾教育严重滞后，宣传教育不够，社会的警觉性差。社会公众缺乏防灾减灾的基本知识，易轻信地震谣言，缺乏主动防灾意识，对自身居住地的灾害安全问题重视不够；不能积极参与防灾减灾行动；灾害心理承受能力总体较差，受灾后束手无策,坐等救援的现象仍然存在;缺乏自我防护与自救技能的训练,自救互救能力差;对政府防灾减灾工作缺少主动监督意识。

2. 亟待解决的问题[11]

面对我国城市防灾减灾工作的严峻形势,防灾减灾工程的任务就更加繁重了。在城市防灾减灾工程技术方面我们还有以下问题需要解决:

(1) 我国的城市防灾规划尚缺乏系统的理论依据和科学手段。因此,建立基于 GIS 和基础数据库的城市风险评价体系和应急救灾决策支持系统对提高城市防灾规划的先进性和科学性尤为重要。

(2) 我国还有大量未经抗震设防或设防标准不高的建筑,这些建筑可能是未来城市地震灾害的薄弱环节,因此需要开发新一代的非破损检测技术和完善已有的检测技术,其中包括利用超声光导纤维、压电和磁致伸缩效应、X 射线等方法进行检测和评估。发展实用新型的补强材料和机具,提高检测、鉴定、评估和加固补强的效果,为建立专业化的高技术队伍提供技术支撑。由于技术和经济方面的原因,目前的城市抗震设计只能保障结构在大震条件下不发生致命的破坏。随着结构和设施功能的多样化和复杂化,各国学者已普遍认识到这种设计思想不能满足现代城市与工程的防灾减灾要求,将被正在发展中的性能设计方法所取代。新方法将针对不同的结构特点和性能要求,综合考虑和应用设计参数、结构体系、构造措施和减震装置来保障结构及其所在系统的抗震可靠度。目前,我国在针对城市承灾体抗震的特点开展结构抗震的性能化设计方面还有很多工作要做。

(3) 我国的现行防火设计规范规定了建筑设施的结构要求、耐火要求、机械系统、电气系统、消防系统等,即规定了防火设计必须满足的各项设计参数指标,而对具体建筑物要达到的总的安全目标是不明确的。也就是说,按现行规范所做的设计,缺乏可靠性和科学性论证,安全性不能量化。我国现行的防火设计规范是单构件体系,而建筑结构是一个整体,特别是通过衡阳大火造成火场上建筑整体坍塌事故的教训和启示,需要开展建筑结构整体防火计算体系的研究,以利于判定建筑物在正常荷载(或超正常荷载)和各种火灾荷载条件同时作用下的极限承载能力,从而科学地预测火场中建筑物的安全救火时限,以保障灭火指战员选择正确的灭火战术和保护自身的生命安全。随着城市建设的飞速发展,我国城市建筑中可燃物的类型已发生了很大的变化,而我国对基本材料的抗火基础研究还很欠缺,新的耐火混凝土和耐火钢有待进一步开发与研制。

(4) 我国目前的城市防洪水平还比较低,和国际水平相比差距还比较大。我国所有有防洪任务的城市中,80% 的城市防洪标准不足 50 年一遇,65% 的城市不足 20 年一遇,有的城市甚至根本没有设防。城市防洪基础设施薄弱,而且由于自然和人为因素的影响,相当一部分已有防洪工程存在着设计不够科学,超龄服役,严重老化等问题,使城市的防洪能力不断下降,防洪标准不断降低。有的城市水资源不足,过量超采地下水,导致地面沉降,不仅造成了城市中建筑物的安全隐患,也给防洪工作带来了新问题。此外,"小流量、高水位"、"小水大灾"的问题近年来日趋突出,洪水预报及调度理论面临许多挑战,表明洪水灾害逐渐向水沙灾害,甚至泥沙灾害方向转化,泥沙已成为洪水灾害研究中的一个不可或缺的重要影响因素。

(5) 21 世纪结构长大化、高耸化以及外形复杂化的需求,给结构风工程的研究带来了新的机遇与挑战,需要进一步对现行的设计理论和方法进行精细化的改进和发展,开展有效风振控制新方法的研究。当前,我国正进入建设跨海联岛工程的新时期。我国正在实施的五纵七横的骨干公路网建设中将规划建设跨越长江、黄河和珠江等大河以及跨越沿海海湾、海峡的特大跨径桥梁,特别是在沿太平洋海岸的南北公路干线——同上三线将依次修建跨越渤海湾、长江口、杭州湾、珠江口以及琼州海峡的特大跨径桥梁,此外舟山与本土、青岛至黄岛甚至是大陆与台湾等联岛工程中也将规划建设特大跨径桥梁。这些沿海区域经常遭受强台风的侵袭,在台风多发的区域建造柔性的特大跨径桥梁,抗风安全将是最重要的控制因素,这给桥梁风工程的研究带来了全新的挑战[40]。

此外,有的城市由于过量开采地下矿藏,引发了地面塌陷等严重的地质灾害。我国还没有开展城市应对恐怖主义袭击工程技术措施的研究。城市,特别是城市的公用建筑在各种恐怖主义袭击下显得十分脆弱。

(三) 未来发展目标与展望

2020年我国城市防灾减灾发展的总体目标是[11]：建立与城市经济社会发展相适应的城市灾害综合防治体系和科学的防灾减灾规划，综合运用工程技术及法律、行政、经济、教育等手段，提高城市的综合防灾减灾能力，为城市的可持续发展提供保障。

1. 抗震减灾的目标

2020年城市抗震减灾的目标是：提高抗震设防水准，特别是8度及8度以上设防地区在遭受抗震设防烈度地震后城市一般功能及生命线系统应能基本保持正常运行；全国基本上达到抗御6级地震的能力；抗震减灾工程技术要为达到这一目标提供可靠的技术保障，并在研究水平上达到世界先进或领先水平。

为实现2020年全国基本上达到抗御6级地震能力的防震减灾奋斗目标，国家在"十一五"期间将着力开展以下五个方面的工作：

(1) 把大城市和城市群作为防震减灾的重中之重。目前，中国城市化进程已进入"加速阶段"，为此，今后将把大城市和城市群作为防震减灾工作的重中之重，实施重点监测，周密设防。力争用比较短的时间，使全国大中城市和城市群防震减灾能力提高到一个新的水平。

(2) 试点并推广地震紧急处置技术，减轻重大基础设施和生命线工程可能遭受的地震灾害损失。"十一五"期间，国家在进一步加强重大工程地震安全性评价，严格执行设防标准的基础上，积极研究、开发地震紧急自动处置技术，选择城市轨道交通与燃气系统、高速铁路等，建设地震紧急处置示范工程，并尽快加以推广，为重大基础设施和生命线工程的地震安全提供保障。

(3) 建设地震监测预报实验场，全面提升科技创新能力，保持地震预报世界领先。中国地震预报水平虽处于世界领先水平，但地震预报能力仍然很低。"十一五"期间，国家将在首都圈、川滇等地区建立地震监测预报实验场，建设立体地震观测网络，建立面向国内外专家的开放、流动机制，力争通过多手段、多学科努力，进一步提高地震监测预报水平。

(4) 实施强震应急响应与联动工程。灾情获取能力薄弱、应急救援技术保障缺乏、相关部门之间的联动协调能力薄弱是中国目前制约地震应急工作的主要瓶颈，因此，地震应急必须走向联动协同，各级地震应急指挥机构要与同级政府公共应急平台建立衔接和协调关系，并实现多部门之间的协同应对。今后，国家将建设强震灾情应急监控系统、地震灾害应急联动协同系统和地震紧急救援技术系统，实现多部门协同联动的国家公共应急新格局。

地震灾害严重是中国经济和社会发展不可回避的客观现实。要构建和谐社会，实现全面小康，就必须把防震减灾作为国家公共安全的重要内容，动员全社会力量，进一步加强防震减灾能力建设。

2. 城市防洪目标

2020年城市防洪减灾的目标是：提高城市防洪标准，建设更加科学与合理的城市防洪设施，应用新技术、新材料、新结构，提高城市防洪工程的科学技术水平，达到城市防洪与生态建设与环境保护的和谐发展。为实现上述目标，在城市防洪发展技术方面将会侧重于以下几个方面的工作[11]：

(1) 遥感遥测技术。在洪水发生时，对洪水的举动、灾情等实行大范围的监测是十分必要的。目前，利用卫星遥感、机载遥感对灾情进行实时监测已取得十分重要的成果，实现了在多云、阴天、夜间的成功监测，监测的画面可从现场直接向观测部门及防汛指挥部门传送，不仅可准确判断淹没范围，还可以判断淹没水深，以及淹没农田的减产幅度等。此外与地理信息系统相结合还可以准确地判断洪水灾害所造成的经济损失及受灾人口等。

(2) 现代通讯技术。在防洪抢险中，洪水预报、水情及灾情的迅速传达是十分重要的环节。直到20世纪80年代，大部分防洪信息还要靠电话、电报、对讲机来传达。通讯速度慢，可靠性差，服务范围小，一遇汛期恶劣天气，常造成通讯中断。随着现代通讯技术的进步，光缆通讯、微波通讯、卫星通讯、移动通讯、流星追踪通讯等广泛在防洪中应用，保证了信息的及时传递。

(3) 信息管理技术。在防洪决策过程中，将会涉及大量水文、气象、工程、社会经济等方面的信息。我国目前已初步形成了与国家防汛抗旱总指挥部办公室联网的信息管理系统，由水利部信息中心负责信息管理。在信息管理中还广泛地应用了地理信息系统、卫星定位系统、多媒体等新技术。各地防汛部门可以及时获得各地的水情、灾情及有关的各类信息。

(4) 防洪决策技术。集通讯、信息管理、洪水预报、灾害监测、洪水优化调度等新兴技术为一体的防洪决策支持系统已在各大流域内逐渐形成,黄河、长江、淮河等都已初具规模,并日益发挥着重要的作用。随着计算机及网络通讯技术的飞速发展,城市防洪决策支持系统的建立和应用已成为一个必然的趋势。

(5) 洪灾风险分析技术。利用数值模拟技术可以准确地预见各江河遭遇超标准洪水或工程失事情况下可能发生的洪涝灾害,包括可能发生的淹没范围、水深、持续时间、洪水流速等。据此可推断各地域遭遇洪涝灾害的危险程度。以此为依据,可制定各地的土地开发利用规划、确定防洪标准、洪水保险收费标准、堤防保护范围等,对洪涝灾害实行有效的风险管理。

(6) 防洪抢险技术。现代工程建设材料和抢险设备的不断出新,使得城市防洪抢险方法更为有效。近年来我国成功地开发了堤防劈裂灌浆、打设连续混凝土防渗墙等多项技术成果。此外在防洪抢险中应用土工布、模袋混凝土等新材料防冲防渗也都发挥了重要作用。在土石坝方面成功地应用了面板堆石坝技术和无纺布防渗土坝施工技术,都达到了国际先进水平。

(7) 现代预报技术。随着雷达测雨、卫星云图、全球气象数值模型等新技术的应用,降雨预报的预见期逐渐加长,精度不断提高。在雨情预报的基础上,由于现代计算机技术的迅速发展,洪水预报以及洪水灾情预报技术都有很大提高。流域产汇流模型、水文学预报模型、水力学预报模型、人工神经网络预报模型等都在不断完善。

(8) 水文计算模型。随着计算机普及应用及众多的计算软件的开发,城市水文计算技术也得到迅速发展,尤其是基于计算机程序的水文数学模型的开发应用,如管道水力模型、河道非恒定流模型、城市雨洪模型等。这些模型有利于更好地模拟城市洪涝灾害的发生、发展、过程及后果,分析各种防洪减灾对策和措施的作用,降低可能洪涝灾害的损失后果。

(9) 生态治理技术。包括在城市建设中铺砌透水地面,增加城市下渗能力;采用生态地面,将不透水面积改变为兼容绿地的地面,有利于地面生态水文效应;建设生态河道,在一定程度上恢复自然河道风貌等。

3. 城市防火减灾目标

2020年城市防火减灾的目标是:采用先进的阻燃材料和防灭火技术,提高建筑单体的防火能力;建立可靠的城市整体防灭火体系,防止或减少特大火灾的发生。与此相应,建筑防火要在耐火建筑材料和建筑防火安全设计上有新的突破,争取在防灭火工程技术上达到世界先进水平。在工程技术方面将重点开展以下几个方面的工作[5]:

(1) 建筑设计防火规范向性能化规范发展

所谓"性能化防火规范"是对"以性能为基础的防火规范"的简称,它是传统的建筑设计防火规范发展进化的必然结果。我国传统的建筑设计防火规范主要有《建筑设计防火规范》、《高层民用建筑设计防火规范》等。这些规范中对建筑设计的各个环节的防火要求,从技术指标到具体作法都作了具体的规定。但针对具体建筑物要达到的总的安全目标则不予要求,也不进行评估。社会在不断的进步,建筑在不断的发展,随着日益增强的建筑形式的多样化、建筑物综合功能要求的复杂化、建筑物管理运行智能化以及超高层建筑、群体建筑的发展,传统的规则化规范越来越难于适应建筑设计的需要,发展性能化防火规范,应该作为新世纪建筑防火领域里的重要课题。

(2) 深入开展建筑结构耐火性能评价研究

为了有效避免火灾中建筑物坍塌所造成的人员伤亡,需要开展建筑结构耐火性能评价与抗火设计技术的研究。主要内容包括:热与力综合作用下建筑结构受损坍塌的模拟预测,提高建筑结构耐火性能的方法和建筑结构耐火性能的评价方法;建立钢结构防火保护系统评估方法,防火涂料的安全性能评估方法,新型结构、构件的耐火性能研究;大跨度空间钢结构建筑火灾升温模型与抗火设计方法研究;建筑结构火灾灾难性坍塌的机理及规律研究。

(3) 注重火灾动力学和火灾风险理论的研究与应用

消防安全是一个复杂的系统,火灾的复杂性和燃烧理论的不完善使得消防科技还处于一种有待走向成熟的状态。20世纪70年代以来燃烧理论、科学计算技术、非线性动力学理论、系统安全原理、宏观与小尺度动态测量技术、信息技术的迅速发展，为系统地研究复杂的火灾问题提供了理论支持和技术手段。我们将深入开展火灾机理、火灾动力学理论和火灾风险评价方法的研究，把可燃物热解动力学与火灾早期特性的研究、复合材料与阻燃材料火灾特性的研究、轰燃与回燃等特殊火行为的机理研究、阴燃及其向明火转化机理的研究、单一房间与复杂特殊环境下火灾蔓延与烟气流动的动力学演化模型及理论研究系统化；开发拥有自主知识产权的火灾模化技术，建立符合我国国情的可靠火灾风险评估体系；通过对公众聚集场所、大型公共建筑、易燃易爆危险品单位、地铁及城市交通隧道等高风险场所火灾烟气排放与控制技术、烟气优化管理技术、烟气危险性评估方法与人员疏散技术的研究，开发火灾风险评估技术和工程工具，将其应用于人员安全疏散设计、消防安全管理和公众教育中，以改善建(构)筑物的消防安全状况，减少火灾中的人员伤亡，最大限度地预防和遏制群死群伤火灾的发生；以建筑火灾虚拟现实和仿真技术应用研究，推动对火灾科学试验新手段的开发，为火灾基础理论研究、复杂或常规条件下的火灾过程计算、消防指挥决策、灾害后果分析消防队员训练、公民安全意识教育等提供先进的手段和技术条件。

(4) 推进城市区域火灾风险和消防安全保障能力评估技术研究

对城市防治重特大火灾和其他灾害事故的能力进行整体规划、系统研究，引入并发展火灾动力学理论和火灾风险理论。对城市区域火灾危险性、重大危险源火灾危险性、重特大火灾和化学事故进行研究和评估，并与城市消防供水、站点、人员、装备等相关因子耦合，开展城市消防规划、安全布局、消防供水、消防响应时间和消防力量等的优化配置研究，提高城市防控火灾的整体水平。

4. 结构抗风技术发展展望[40、41]

21 世纪结构工程长大化、高耸化以及外形复杂化的发展趋势使工程研究面临新的挑战。为了解决在复杂城市环境下大型复杂形体结构的风载和风振问题，需要对现行的理论和方法进行精细化的改进和发展。

(1) 近地紊流风特性研究

风特性研究是风工程的一项基础工作。自 A. G. Davenport 于 20 世纪 60 年代提出了风振理论以来，风的紊流特性及其有关参数已日益受到人们的重视。通过对大量数据的统计分析已建立了各种参数的取值范围和经验公式供设计使用。然而，由于气象台站都设立在空旷地区，而城市地貌变化很快，同一气象站的历史记录包含着不同时期的地面粗糙度，造成统计上的困难和误差。这些数据所提供的规律是否适用于粗糙度日益增大的城市中心地区是有疑问的。此外，对于大跨高耸结构的紊流风响应分析，其空间相关性对响应十分敏感，而实测数据又很少，也影响了分析结果的可靠性。

(2) 结构风振理论的精细化

建筑钝体在紊流风场中的振动响应是确定结构动力风载、评定舒适度以及计算疲劳可靠度的重要依据。1993 年 R. H. Scanlan 总结了用频域方法进行颤抖振联合分析问题，指明了气动导数、气动导纳及其内在关系，同时强调指出水平相关系数的取值对抖振响应的重要性。但基于线性叠加的频域分析方法是按振型逐个计算模态响应，然后再组合起来。对于更加柔性的大跨度非线性结构，需要发展时域分析的方法。此外，气动导数的识别方法也需要改进，以提高其精度。

随着高层建筑的密集化和外形复杂化(如双塔楼式、弧形平面、门洞式立面等)，需要考虑复杂钝体的气动特性和邻近建筑的气动弹性干扰效应。为了进一步弄清紊流对气动参数的影响，需要改进风洞的边界层模拟技术。常用的被动模拟方式所得到的积分尺度，一般都低于实际大气边界层的情况，需要进一步发展主动紊流发生器的装置，以实现比较真实的边界层风洞模拟。对于较流线形的断面，缩尺模型的雷诺数效应可能使气动参数不真实，其气动等效性需要进一步证实。

目前通用的包含气动导数的自激力和准定常形式的抖振力是忽略了非线性项的线性表达式。由 Scanlan 和 Davenport 于 20 世纪 60 年代建立的桥梁风振理论框架是基于非变形结构和线性气动力模型的线性确定性模态分析方法，在颤振分析中一般都不考虑紊流的影响，也不考虑风载引起的结构变形和附加攻角的作用。随着结构跨度、高度的增加，结构的变形和振幅都达到了米的量级，是否需要建立更加精确的气动力表达式是值得考虑的。特别是用现有理论分析抖振响应和实测结果有较大的误差，而且跨度愈大误差也愈大。因此可能要抛开机翼颤振和抖振的理论框架，寻找更为适合柔性的超大跨度桥梁风和结构相互作用及其非线性气动力表达式，使理论分析和实测达到一致，以便为实现精确的时域分析、数值风洞和更进一步的虚拟现实（VR）奠定更科学和坚实的理论基础。

(3) 结构风振机理研究

在1990年，即美国Tacoma大桥风毁50周年之际，英国Wyatt著文指出：平板的古典耦合颤振和钝体断面的扭转颤振是两种不同的机制，尽管通过风洞试验能保证安全的抗风设计，但流体和结构的相互作用机理仍是不清楚的。

20世纪90年代，日本Matsumoto对各种桥梁断面进行了仔细的流态和颤振形态的研究，分析了弯扭耦合的不同比例及其对颤振的影响，在实验中发现了涡的形成和沿桥面的漂移过程。丹麦larsen利用所开发的DVMFLOW软件，用数值模拟方法揭示了Tacoma桥断面流体和结构相互作用的全过程。研究表明：卡门涡街不能对扭转振动的发散负责，但涡流沿桥面的漂移却会使升力的作用点同时漂移，造成升力矩从正向负转化，当涡的间距和桥面宽度达到一定配合关系将激起发散的扭转振动，这也正是扭转阻尼从正变负的原因。可以说，这一新研究为Tacoma桥风毁提供了更科学和微观的解释。

对风致振动的机理研究一般都滞后于控制风振有效对策的研究，如上述的颤振机理、拉索的参数振动和雨振等。然而弄清风振的激振机理是结构风工程研究的重要任务，只有机理研究清楚了，才有可能建立起从平板到钝体断面统一的风振理论。对于处于中间状态的各种桥梁断面以及添加了各种导流制振措施的复杂断面有一个连续的、无矛盾的处理方法。为此目的，还要继续努力，不断改进现有的理论框架，以逐步弄清桥梁的各种风振机理。

(4) 计算流体动力学（CFD）的应用

20世纪90年代初，从航空领域引入土木结构的计算流体动力学（CFD）技术已取得了初步的进展。丹麦的Walther和Larsen率先开发了基于离散涡法的DVMFLOW软件，用于大海带桥的风振分析获得成功；随后，同济大学也开发了基于有限元法的空气弹性力学分析软件，对江阴长江大桥、南京长江一桥和润扬长江大桥等进行了气动选型、气动参数识别和风振分析，并与风洞试验作了对比，取得了比较满意的结果。实践表明：CFD技术对于初步设计阶段的气动选型、设计独立审核工作、风振机理研究以及今后过渡到"数值风洞"都是十分有效的工具和重要的过程。

对于"数值风洞"的前景尚有不同的看法：一方面用于数值分析的钝体气动力模型还不够精确和完善，气动参数的识别也存在着不确定性，需要继续改进，完全依靠数值模拟来获得必需的结构气动参数还有困难；另一方面，风洞试验技术的进步使试验周期和费用相对于"数值风洞"仍具有竞争力，对结果的可信度也并不逊色。因此，在今后的一定时期内，可能仍以风洞试验为主要手段，辅以"数值风洞"的适当作用。

随着钝体空气动力学在理论和算法上的不断进步，大容量的并行计算机更为普及，"数值风洞"，甚至更为先进的虚拟现实技术有可能替代风洞试验方法成为结构抗风设计的主要手段，人们将在屏幕上预见大桥在灾害气候条件下的振动景象，并据此判断结构的抗风安全。不管怎样，数值模拟是信息时代的主要特征，数值风洞的发展前景是毋庸置疑的，应该积极努力地推动这一技术的进步。

(5) 气动参数识别的改进

自从1971年Scanlan和Tomco发表了《机翼和桥面气动导数》的著名论文以来，桥梁气动导数识别的试验技术和识别算法都有了许多创新和改进，但从实践中人们仍感到有许多不确定性，影响到参数的精度，缺少有力的验证是重要的原因。除了平板的气动导数有理论解可以作为实测的验证外，对于其余的桥梁断面的气动导数，无法估计其误差，只能通过全桥气弹模型试验的结果来间接地检验利用实测气动导数得出的颤振分析结果，但前者也有风洞模拟、模型制作和相似等方面的问题，难以作为精确的准绳。气动导纳函数是一个和抖振分析密切相关的重要参数，然而除了少数几个探索性的研究外，对于抖振响应的分析仍是一种估算，停留在1962年Davenport建立的用Sears函数（liepmann表达式）考虑气动导纳修正的最初框架上，至今没有实用性的成果，这确实是难以想象的一种状况。

现场实测的抖振响应已多次提醒：按现行方法进行抖振分析的结果存在较大的误差，除了加紧研究气动导纳函数，提出便于实用的合理的参数值外，也许还应当用审慎的眼光对待建立在准定常理论基础上的抖振力表达式，探索更为精确的包含非线性项非定常的抖振力表达式，使理论分析和实测结果达到一致，以满足超大跨度桥梁对风振分析提出的更高要求。

(6) 结构风振控制研究

与地震响应不同，风振响应在很大程度上取决于风对结构的相互作用，而且这一作用和结构的外形密切相关。当风振响应超过可接受的程度时，采用气动措施改变结构的外形（如切角、开透风槽、加风嘴等）或增设一些导流设施（如导流板、抑流板、稳定板等）以改变结构周围的流态往往是最积极主动而又经济合理的途径，应该优先加以考虑。迄今为止，已通过风洞试验证实了许多气动措施的有效性。然而，其减振机理的空气动力学解释却是十分困难的课题，有待于今后研究解决。

各种被动的、主动的和半主动的机械措施对抑制风振也是有效的，可以作为第二层次的减振措施加以适当的应用。有时，为在施工阶段提高大跨度桥梁的颤振临界风速或减小主梁悬臂状态的抖振响应，可以设置临时的被动阻尼器（如 TMD、TLD 等）以避免采用其他妨碍通航的风缆措施。

拉索风振的控制有多种方式：

对于高阶小振幅的涡激振动，一般都采用在拉索两端安装阻尼橡胶垫圈的方式进行减振控制。然而，当拉索较粗大时，这种简易的措施就显得能力不足，采用类似于汽车避震器的油阻尼器是更为有效的方式。国外也有设置垂直于拉索方向抗风系缆，利用干扰效应进行减振控制。

对于并排拉索同样可以设置横向系扣，利用前排不振的拉索来抑制后排发生尾流驰振的拉索。随着拉索吨位的增大，这种并排的拉索将被单根粗索所替代。

对于拉索的雨振，通过在拉索表面上加平行的突出条纹的方式可以隐蔽水道，保持圆断面外形，从而破坏这种激振机制。此外，采用抗风系缆的方式也是有效的。

应当说，在风致振动及各种有效振动控制措施的空气动力学机理尚未完全弄清楚之前，风工程学科还只能算是一种半技术、半科学的知识。从感性的技术上升为理性的科学正是我们的科学研究任务。

(7) 超大跨度桥梁的抗风对策

随着跨度的增大，桥梁对风的敏感程度将不断提高。实践表明，对于斜拉桥这种刚性较好的体系，即使跨度超过千米，只要采用斜索面和闭口箱梁断面，成桥以后都可获得足够的稳定性。和斜拉桥相比，悬索桥的刚度要小得多，1600m 以上的悬索桥，如采用常规的箱形断面，如大海带桥那样，临界风速将降到 70m/s 以下，在强台风地区将不能满足要求，如香港青龙大桥就必须采用中央开槽的分离桥面才能解决。

21世纪的跨海大桥工程提出了建造 2000m 以上悬索桥的要求，中央开槽的分体桥面方案对提高抗风稳定性是十分有效的措施，但过宽的中央槽将使横梁跨度增大，使桥梁造价增大，过宽的桥面还造成桥塔宽高比的失调，影响桥梁的美观。因此，采用其他措施，如中央稳定板，导流板的配合是值得考虑的。曾经有人研究过如同航空器中采用的主动控制技术，但由于土木结构体型庞大，能源的供应和日常维护是一个难题。因此，无能源的自适应控制系统对超大跨度悬索桥应该是一个有前景的振动控制方法。

此外，利用斜拉桥刚度好的有利条件，继续克服斜拉-悬索协作体系在结合部附近吊杆疲劳问题，充分发挥两种体系的优点，协作体系将减少斜拉桥长悬臂施工的风险，同时又可增大桥梁的抗风稳定性，尤其在有软土覆盖层的沿海地区，锚碇的减小将会带来经济效益。相信协作体系在 1200～1500m 的跨度范围应该是一种有竞争力的桥型。

5. 城市地质灾害减灾发展战略[42~45]

从辩证的角度上讲，任何事物的发展都会带来正负的两面。城市化是世界各国发展的共同趋势，是人类文明和进步的标志，但伴随而来的人口剧增和许多大型工程的城市化建设，人类社会将会面临土地资源枯竭、水资源短缺、地质灾害频繁以及生态环境的污染等一系列问题的挑战。如何解决这些问题也是地质工程所面临的问题和难题。

(1) 我国地质灾害减灾战略目标研究

本世纪初我国地质灾害减灾战略目标应包括：地质灾害风险区划、提高监测预报水平、加强法律法规和技术规程建设、提高灾害应急快速反应能力和综合减灾水平等几个方面。力争到 2010 年，建立起相对完善的地质灾害防治法规和技术标准体系，严格控制人为诱发地质灾害的发生，建立减灾科学体系，加强综合减灾能力建设；全面建成地面沉降等缓变地质灾害现代化监测控制网络；对本世纪全面实施的中国城市化进程与都市圈建设、中国西部大开发、中国小城镇建设、重大生命线工程等推动中华民族社会经济进程的关键战略，分层次进行全面的综合减灾对策战略研究、减灾规划和减灾措施的实施等，保证21世纪真正成为一个安全少灾的新世纪；建立综合型救援专家技术型队伍，加大地质灾害应急处置技术指导的力度；提高民众防灾自护文化意识及技能，使我国地质灾害的发生率和损失量有明显降低。

(2) 建立群专结合的地质灾害预警系统

2010年以前，在进一步完善群测群防网络的同时，重点加强站网式监测体系建设，利用高新技术，提高自动化水平，加强监测数据的实时采集、自动分析、自动预警和预报示范区建设；对长江三角洲、华北平原、汾渭盆地等地面沉降和地裂缝严重区进行全面监控，建成以GPS、基岩标、分层标相结合的全国缓变地质灾害立体监测网络。2020年前，开展重点地区大中比例尺地质灾害风险区划，完成全国范围内大中比例尺地质灾害风险区划图，并作为地灾减灾强制性技术标准加以实施；在重点地区实现地质灾害实时监测预警；在长江三角洲等重点地区开展以控制地面沉降为目标的含水层修复工程；加快三峡库区地质灾害预警系统的建设，避免135m水库蓄水后突发新灾害，对2009年后175m高程水位运行期间库区灾害进行系统监控。

加强"西部大开发"和山区城镇建设中崩滑流灾害防治，西部地区是我国生态地质环境脆弱区，随着西部大开发战略实施，人类工程活动力度将大大增加，不可避免地会诱发更多的崩滑流灾害。

(3) 依靠科技全面提高我国地质灾害综合减灾能力

建立系统完整的地质灾害调查识别技术和标准化的地质灾害风险评估方法，提高灾害风险、损失等方面的评估效率和应急决策能力。推广适用经济的监测和防灾新技术新方法，充分发挥现代计算机技术、遥感技术、地理信息技术、机关监测技术以及高精度全球定位系统等自动化数据采集、存储、分析预警现代设备的功能，建立地质灾害减灾信息共享服务系统，有效实现建设各部门通力合作、信息共享、综合减灾。

工程防灾的最高理念就是把工程与自然巧妙地结合起来，"将工程植于自然"。工程防灾的发展不仅需要自然科学、工程技术和社会科学的结合，更需要科学精神与人文精神的融合。只有尊重和顺应自然，人类才能与自然和谐共处，创造人类社会的美好未来。

(四) 城市防灾减灾关键技术[11]

总的来说，防灾减灾的高新技术化、智能化和数字化是当前国际上的重要发展趋势。针对我国的经济发展水平和城市发展现状，其城市防灾减灾的关键技术主要包括：

(1) 城市综合防灾减灾决策支持技术：建筑物及生命线系统的抗灾能力评估；各灾种在城市综合防灾减灾决策中的权重确定；城市防灾减灾的应急决策准则；城市综合防灾减灾系统中的决策技术等。

(2) 城市综合防灾规划制定技术：城市中区域灾害危险性评估；建设用地灾害危险性评估；分灾种防灾规划综合技术等。

(3) 数字减灾系统开发技术：灾害发生机理数字系统；灾害作用下建(构)筑物损坏的数字模拟；虚拟城市应急反应与救灾系统等。

(4) 城市强震地面运动及其破坏效应的防治技术：强震地面运动特性与设计参数的确定；场地条件对震害与地震动的影响；地基失效模式、破坏机理分析和加固处理；桩基和天然地基的抗震措施和设计计算方法；发震断裂的工程鉴定和避让措施等。

(5) 城市现有建筑加固改造综合技术研究：现有房屋缺陷的现代检测技术研究；已有建筑抗震性能诊断和监控技术；加固补强施工专用机具和技术；建筑检测、鉴定、加固和改造工程的软件开发；震损建筑承载能力的快速评估和加固维修技术等。

(6) 城市基础设施抗震减灾集成化技术，其中包括：城市基础设施的抗震设防标准；地震灾害作用下城市基础设施的系统可靠性分析；生命线工程中关键要害部位的实时监控和评估；工业和高科技设备的抗震减灾实用技术措施；城市基础设施的抗震耐久性研究；城市抗震减灾对策的社会经济效益分析模型等。

(7) 运用火灾科学的基本原理和计算机模拟技术对建筑物在正常荷载和火灾荷载共同作用下的结构承载能力进行分析，显示出火灾发生发展的过程、建筑物的破损程度和建筑结构局部倒塌或整体坍塌的临界状态，并为后续火场灾情分析、建筑结构承载极限临界预兆的判定和灭火指挥员救火的安全保障奠定基础。

(8) 建筑结构在火灾荷载下的结构整体计算方法。火灾发生后燃烧状态的评估与修复技术。

(9) 基本材料的抗火性能研究和新型耐火混凝土和耐火钢的开发与研制。

(10) 城市洪水预报技术，包括降雨的气象预报模型、城市河道洪水演进模型、城市分布式流域产汇流模型等。

(11) 城市雨洪调蓄工程技术，包括城市雨洪调蓄空间的利用、堤防建设与维护、河道疏浚与整治、泵站建设与运用等。

(12) 城市洪涝灾害实时监测与评估技术，包括城市洪涝灾害动态实时监测技术研究、城市洪涝灾害遥感评估技术等。

(13) 防洪抢险技术，包括处理管涌、决口的新技术、遇险人员的救援技术等。

(14) 城市公用建筑应对化学、生物、放射性恐怖主义袭击的工程技术。

(五) 保障措施与对策

城市防灾减灾是一项复杂的社会行为，涉及国家的各级政府部门以及企业、社团和个人，它是需要政府部门和社会各界共同来推进的公益性事业。政府部门的正确决策、管理与监督是实现2020年城市防灾减灾目标的有力保障。要从城市的综合利益和长远利益出发，把防灾减灾工作和城市建设发展同步规划、设计和实施，与经济建设同步，提高城市防灾减灾能力。要加强城市的防灾减灾整体系统的建设。建立能应对各种城市灾害的统一指挥、协同工作的城市防灾减灾整体系统（包括监测、预报、防护、抗御、救援和灾后恢复重建等各部分子系统）是应对城市灾害的重要措施。为实现2020年城市防灾减灾目标，工程技术方面应采取以下对策与措施[11]：

(1) 开展对城市灾害规律的研究，提高对城市灾害产生与发展过程的认识，建立城市灾害信息系统和防灾救灾的决策体系，加强国家有关职能部门、城市之间灾害信息的交流与管理，建立相应的数据库，提高城市防灾决策的科学性和准确性。

(2) 发展综合防灾技术，运用系统工程的理论与方法，协调城市防洪、抗震、抗风、防火、防地质灾害、反恐怖主义袭击等多方面的防灾要求，实现防灾资源的合理配置，发挥各种防灾减灾措施的综合减灾效果，建立完善的城市综合防灾减灾体系。

(3) 通过多学科、多领域学术交叉与合作，运用3S（GIS、GPS、RS）、虚拟现实技术（VR，Virtual Reality）和计算机网络等高新技术，研究和开发与我国数字城市战略发展目标相适应的数字城市减灾系统。

(4) 抗震方面要适度提高大中城市的抗震设防要求。对可能产生地震次生灾害及其他连锁反应的建筑物、构筑物和设备，人员集中的公共和居住建筑以及可能造成严重经济损失和社会影响的工程设施，制定特别的抗震防灾措施，其中包括应用经济、先进的隔振、减振措施以确保安全。在地震活动频度较高的地区选择若干城镇作为抗震新技术推广应用的示范和试点区，以便检验其抗震性能和积累观测资料，作为进一步推广的依据。

(5) 防火方面要建立火灾风险评估理论和模型，研究基于不完全样本的统计分析方法，运用模糊数学、灰色理论、信息扩散理论等理论建立合理的量化火灾风险评价体系。通过大量研究工作和工程实践，逐步完善性能化设计方法和性能化规范体系，使消防设计更加经济、安全、合理。此外，还要深入研究计算机火灾模化技术和模拟技术，运用工程计算和计算机模拟的方法，对不同空间和环境条件下火灾的发展和蔓延进行模拟和预测；并根据设定的火灾场景，测算各种建筑构件、材料和组件、消防设备以及空间内的火灾特性参数，为火灾调查、防火设计和消防安全评估提供科学依据。

(6) 防洪方面要研究城市防洪工程与城市其他功能的综合技术，使防洪、交通、文物保护、城市建设与环境美化等多功能融为一体，充分发挥工程的综合效益。开展防洪工程加固与应急抢险技术研究，其中包括：堤防安全评价及应急抢险工程措施研究；堤防快速堵口及各类险情处理的新技术、新材料、新设备的研究，如防渗成墙设备、铺膜机、适应大变形的高抗渗塑性混凝土等。

（7）地质灾害方面要对城市中危险性较高的边坡和挡墙综合采用工程措施（抗滑桩及锚索支护、坡顶卸载、坡脚压载、坡脚坑穴填埋、建造防护网、地面排水等）及非工程措施（增加植被）尽快予以治理。建立城市地质灾害空间数据库和城市地质灾害管理与决策支持系统。

（8）反恐方面要开展城市减少恐怖主义袭击灾害的工程技术研究；化学、生物、放射性恐怖主义袭击对城市大型公用建筑危害的研究；化学、生物、放射性物质在城市大型公用建筑中扩散规律的研究；城市大型公用建筑应对化学、生物、放射性恐怖主义袭击的工程技术研究。

四、典型工程案例

（一）防震减灾工程

我国第一栋夹层橡胶垫隔震住宅楼（图4-1）：钢筋混凝土框架结构，8层，建筑面积3136m²，于1993年在汕头建成，是由联合国工业发展组织（UNIDO）与中国国家自然科学基金会联合资助建设的国际房屋隔震抗震试验项目。1994年9月16日台湾海峡地震，震级7.3，汕头市距震中240km，地震烈度近6度。地震时各类房屋严重摇晃，部分房屋出现裂缝、倾斜或不同程度的损坏，人们惊慌逃跑，造成伤亡100多人。震后人们不敢入屋，对社会生活、生产造成严重影响。传统抗震房屋中的人，感觉到房屋剧烈晃动，人站立不稳，水桶中的水溅出约1/3，人们情绪紧张，惊慌万分。但隔震房屋中的人却无任何震感，地震后听邻楼和街上人们叫喊声，下楼外出，才听说发生了地震。

山西太原市高层隔震建筑（图4-2）：钢筋混凝土框架结构，19层，2000年在山西太原市建成，为目前我国最高隔震建筑，是我国隔震技术在高层建筑中的一次大胆尝试。

南疆铁路布谷孜铁路隔震桥（图4-3）：全桥共9孔，桥孔跨度均为32m，2000年建成通车，我国

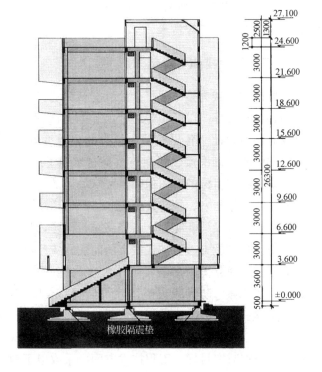

图4-1 我国第一栋夹层橡胶垫隔震住宅楼

图 4-4 石家庄石津渠中桥的公路隔震桥

图 4-2 我国最高高层隔震(19 层)

图 4-5 采用隔震技术的宿迁市文体综合馆

图 4-3 南疆铁路布谷孜铁路隔震桥

第一座铁路隔震桥梁。2003年2月24日,新疆伽师地区发生6.2级地震,该桥距震中50km,地震后完好无损,救灾物资从该桥源源不断地运往灾区。

石家庄石津渠中桥的公路隔震桥(图4-4):全桥共3孔,桥孔跨度均为14m,于2001建成通车,我国第一座公路隔震桥梁。

宿迁市文体综合馆(图4-5):该工程主体为钢筋混凝土框架结构,屋面为空间结构,设置4500座位。由于该工程考虑9度抗震设防,在设计时采用了隔震减震技术,隔震层由橡胶隔震支座、滑移支座、粘滞阻尼器组成,较好地解决了降低上部结构地震作用和限制大震下隔震层位移的矛盾,产生了显著的技术经济效益。

潮汕星河大厦(图4-6):位于汕头市金环路东侧,是一座集停车、购物、展览及商务办公于一体的综合性高层建筑。该建筑为钢筋混凝土框架-核心筒结构,地下1层,地上25层,建筑结构总高度98.70m,总建筑面积27976.8m²。该工程原设计主楼为地上22层,当施工至十二层时,业主提出主楼增加三层,但加层后,结构计算不能满足现行《建筑抗震设计规范》和《高层建筑混凝土结构技术规程》的要求,而采用设置耗能减震控制装置后,使得这一矛盾得到了合理解决。该工程的建成为我国高层建筑结构利用耗能减震控制技术合理解决抗震问题提供了较好的范例。

云南省大理州洱源县受助兴建民族中学教学办公楼(图4-7):由于该地区地震设防烈度为大于等于9度、处于Ⅲ类场地且为单跨框架等不利因素,横向框架无法在建筑要求的结构布置和尺寸的条件下满足建筑抗震要求。并且,该地区为民族自治地区,经济发展水平偏低。因此,由云南省设计院、哈尔滨工业大学、云南省橡胶研究所和当时的云南工业大学共同进行该民族中学的设计和新型抗震措施的工程试点应用,采用低造价耗能支撑体系解决建筑抗震能力不足问题。该工程于2000年的新学期开学时正式投入使用。

北京展览馆(图4-8):建于20世纪50年代,为混凝土框架结构,由原中央人民政府建筑工程部设计院和原苏联专家设计,建筑面积近5万m²,原建筑未考虑北京8度抗震设防的要求。北京展览馆中的中央大厅、工业馆及莫斯科餐厅加固采用了

图4-7 采用低造价摩擦耗能支撑的云南省大理州洱源县民族中学教学办公楼

图4-6 采用耗能减震装置的潮汕星河大厦

图4-8 北京展览馆

图 4-9 采用黏滞阻尼支撑的宿迁市建设大厦

图 4-10 采用主动控制技术的南京电视塔

消能减震加固技术。消能器采用国产液体粘滞阻尼器，安装在钢支撑中。采用消能减震加固后的建筑，抗震能力大大提高，保证建筑满足北京 8 度抗震设防的要求。

该工程属于首都圈防震减灾示范区系统工程加固项目之一。此次首都圈防震减灾重点加固工程中采用耗能减震技术的工程项目还有北京饭店、北京京西宾馆西楼、北京火车站、中国农业展览馆、建设部办公大楼等。首都圈防震减灾示范区系统工程是经国务院批准，由中国地震局和北京市人民政府、天津市人民政府、河北省人民政府共同组织实施的国家重大基本建设工程，也是目前国内投资规模最大、科技含量最高、综合性最强的防震减灾工程。首都圈工程从建设内容、建设目标到工程组织形式都体现了国务院对首都圈防震减灾示范区建设的基本要求。首都圈工程的全面建设完成，增强了首都圈地区防震减灾的综合能力，促进了防震减灾三大工作体系建设，拓展了防震减灾事业的发展空间。

首都圈大型公共建筑抗震加固改造综合技术研发与工程实践项目中提出"抗震概念鉴定"与"抗震概念加固"的观点，以结构综合抗震能力指数作为抗震鉴定与加固的依据，基于性能的抗震设计理念在现有建筑的抗震鉴定与加固设计中得以体现。经国家主管部门鉴定验收，其鉴定结论为：研究成果总体上达到 20 世纪末、21 世纪初的国际先进水平，部分研究成果达到国际领先水平，在我国地震区推广价值很大。

宿迁市建设大厦（图 4-9）：该工程为钢筋混凝土框架-抗震墙结构，主体结构地上 21 层，8 度（0.3g）抗震设防。该工程抗震墙根据概念设计原则布置，相对比较经济、合理，但结构存在薄弱层。若采用加大抗震墙厚度，将会导致建筑结构地震作用加大，无法达到经济、合理的目标。本工程选择了在薄弱层设置黏滞阻尼支撑，通过提高其附加阻尼来降低薄弱层位移的设计思路，取得了理想的技术经济效益。

南京电视塔（图 4-10）：南京电视塔是一座以广播电视发射为主、兼顾旅游观光等功能的混凝土高耸结构物，塔高 310.1m，总质量 30.852×10^3 t。电视塔属于高耸建筑，并且电视塔质量很大一部分集中在结构的顶部，头重脚轻，对抗震极为不利。在地震来临时，电视塔作为主要的媒体传播工具，需要保证其正常使用功能，因此，高耸电视塔结构抗震问题成为工程界的一个研究热点。"九五"期间，中美两国专家首次在南京电视塔上实施了结构抗震的主动控制。该工程是我国第一个在电视塔结构中应用主动控制技术的项目。

上海延安东路东海商业中心（图 4-11）：提高钢筋

图 4-11 采用"分体柱"抗震技术的
上海延安东路东海商业中心

混凝土高层建筑抗震性能的分体柱技术是由天津市科技发展计划和北京市规划委员会科技项目共同资助，该项目成果包括钢筋混凝土高层建筑抗震分体柱的承载力和抗震性能、分体柱框架梁柱节点的抗震性能、分体柱框架的抗震性能以及设计和施工建议等系统理论、试验和应用研究。创新成果表明，分体柱会使柱的抗弯承载力稍有降低，抗剪承载力保持不变，而变形能力和延性显著提高，且柱的破坏形态由剪切型转变为弯曲型，实现变短柱为"长"柱，从而从根本上改善钢筋混凝土短柱的抗震性能，提高钢筋混凝土高层建筑结构的抗震安全性。该项目成果为钢筋混凝土高层建筑结构抗震分体柱技术的工程应用提供了可靠的理论基础、试验依据和工程实例。

图 4-12　长江三峡水利枢纽工程

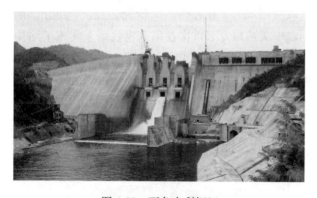

图 4-13　百色水利枢纽

图 4-14　尼尔基水利枢纽

（二）防洪工程

长江三峡水利枢纽工程（图 4-12）：当今世界上最大的水利枢纽工程，位于长江西陵峡中段，坝址在湖北省宜昌市三斗坪，下距葛洲坝工程 38km，是一座具有防洪、发电、航运、养殖、供水等巨大综合利用效益的特大型水利工程。三峡工程由拦江大坝，水电站和通航建筑物等部分组成，大坝为混凝土重力坝，全长 23095m。坝顶高程 185m，最大坝高 181m。1994 年 12 月 14 日正式开工，预期 2009 年竣工。工程建成后，荆江河段两岸地区的防洪标准将由目前的不足 10 年一遇提高到百年一遇，减轻长江中下游洪水淹没造成的损失和对武汉市的威胁，并为洞庭湖区的根本治理创造条件。

百色水利枢纽（图 4-13）：郁江上游右江干流上一座以防洪为主，兼顾发电、灌溉、航运、供水等综合利用效益的大型水利工程，也是治理和开发郁江的关键工程。工程自 1997 年 10 月正式开工，预计 2007 年投产发挥效益。该枢纽建成后，水库总库容为 56.6 亿 m^3，预留防洪库容为 26.4 亿 m^3，结合可防御 20 年一遇洪水标准的南宁市防洪堤，可使南宁市防洪标准由 20 年一遇提高到 50 年一遇，远期与下游老口水利枢纽联合调度，可提高到 100 年一遇；百色市及沿江城镇防洪标准达到 20~50 年一遇。枢纽水电站年发电量 70% 为调峰电量，可以缓解广西电网峰谷矛盾和电力供需矛盾。同时，该枢纽还为灌溉和航运创造了良好条件，并可为下游沿岸城镇及工矿企业的生产和生活用水提供水量和水质保障。

尼尔基水利枢纽（图 4-14）：国家"十五"重点建设项目，西部大开发标志性工程之一。位于黑龙江省与内蒙古自治区交界的嫩江干流上，坝址右岸为内蒙古自治区莫力达瓦达斡尔族自治旗，左岸为黑龙江省讷河市，下游距齐齐哈尔市约 130km。尼尔基水利枢纽为一等工程，主要建筑物有挡水坝、溢洪道、发电厂房等，地震设防烈度为 7 度。主副坝全长 7245.25m（含厂房、溢洪道长度），最大坝高 40.55m；河床式电站厂房，4 台机组发电；开敞式岸坡溢洪道，总宽度 200m 宽、11 孔泄洪。工程建成后，可使枢纽至齐齐哈尔河段的防洪标准由 20 年一遇提高到 50 年一遇，齐齐哈尔市防洪标准由 50 年一遇提高到 100 年一遇，齐齐哈尔以下到大费段的防洪标准由 35 年一遇提高到 50 年一遇。

岷江紫坪铺水利枢纽(图 4-15)：岷江上游，都江堰城西北 9km 处的大(Ⅰ)型水利枢纽工程。正常蓄水位 877.00m，相应库容 9.98 亿 m³，校核洪水位 883.10m，总库容量 11.12 亿 m³，是多功能开发、综合利用岷江水资源的大型水利工程。其主要建筑物等级为 I 级，工程按 1000 年一遇洪水设计，洪峰流量为 12700m³/s。工程建成后，可将岷江上游的洪峰流量由 6030m³/s 削减至 3760m³/s 下泄，防洪标准从 10 年一遇提高到 100 年一遇，基本解除金马河洪水对川西平原的威胁。

临淮岗洪水控制工程(图 4-16)：治淮 19 项重点骨干工程之一，也是淮河防洪体系的重要组成部分。2003 年 11 月 23 日，工程提前一年顺利实现淮河截流。该工程的主要任务是当淮河上、中游发生 50 年一遇以上洪水时，配合现有水库、河道堤防和行蓄洪区，调蓄洪水，削减洪峰，使淮河中游正阳关以下主要防洪保护区防洪标准提高到 100 年一遇，确保淮北大堤和沿淮重要工矿、城市等安全。临淮岗洪水控制工程按淮干中游正阳关发生 100 年一遇洪水标准设计，滞洪库容 85.6 亿 m³，下泄流量 7362m³/s。校核标准为 1000 年一遇，滞洪库容 121.3 亿 m³，下泄流量 17965m³/s。

皂市水利枢纽工程(图 4-17)：湖南省石门县境内澧水流域的一级支流渫水上的大(Ⅰ)型规模水库。水库正常蓄水位 140m，总库容 14.4 亿 m³，防洪库容 7.83 亿 m³。工程主要建筑物设计洪水标准为 500 年一遇，校核洪水标准为 5000 年一遇；大坝消能防冲建筑物洪水标准为 100 年一遇；电站厂房设计洪水标准为 100 年一遇，校核洪水标准为 200 年一遇。任务以防洪为主，兼顾发电、灌溉、航运等综合利用。皂市水库与江垭水库(已建)、宜冲桥水库(拟建)联合调度，以配合澧水流域整体防洪，可使石门以下松澧地区防洪标准近期提高到 20 年一遇，远期达到 50 年一遇，石门以上地区防洪标准达到 50 年一遇。

西霞院反调节水库工程(图 4-18)：黄河小浪底水利枢纽下游新建配套工程，位于小浪底坝址下游 16km 处的黄河干流上，下距郑州市 116km。由于小浪底水电站是调峰发电，下泄水流不均匀，容易对下游河道和堤防造成危害，该水库通过对小浪底水电站调峰发电的不稳定流进行再调节，使下泄水流均匀稳定，减少下游河床的摆动，减轻对下游堤防等防护工程的冲刷。

东西苕溪防洪工程(图 4-19)：治太骨干工程之一，位于太湖流域西南山丘区。东苕溪东临杭嘉湖平原，自余杭至德清的东岸堤防，即西险大塘，是

图 4-15 岷江紫坪铺水利枢纽

图 4-16 临淮岗洪水控制工程

图 4-17 皂市水利枢纽工程

图 4-18 西霞院反调节水库工程

杭州市西北的防洪屏障。东西苕溪防洪工程西险大塘按100年一遇防洪标准设计，导流港东堤和环城河东堤按50年一遇防洪标准设计，尾闾段堤防同环湖东堤的设计标准，按50年一遇设防，堤顶高程自13.5m渐降至7.0m与环湖大堤衔接。其余堤段按20年一遇防洪标准设计；西苕溪防洪工程均按20年一遇防洪标准设计。总工程包括：东苕溪的西险大塘续建，导流港河道及堤防，环城河河道及堤防，庞儿港、长兜港二期河道拓浚，西苕溪干河河道裁弯疏浚及长兴分洪道工程等。工程可研估算投资为7.05亿元。

（三）防火工程

深圳会展中心（图4-20）：是深圳有史以来最大单体房屋工程，占地面积22万 m^2，总建筑面积达28万 m^2，有9个大型展厅，计6000个国际标准展位，7个可容纳300~3000人的多功能厅和会议厅，总投资计划为30.7亿元。

会展中心进行火灾风险评估和性能化防火设计不仅解决了依据现有国家规范无法解决的技术难题，而且节省和优化消防投资数千万元。采用了4种消防设备，分别是水幕、水炮、喷淋和消防栓，仅消防管道便长达14万m。会展中心内共安装有消防水炮100门，主要分布在各展厅以及展厅顶端平台。消防水炮安装有红外探测器，能根据温度自动探测到火源，并自动启动，迅速将信息反馈给控制中心。操控人员可根据相关信息调动消防水炮，对火点进行灭火。消防水炮喷水时的最大射程为50m，旋转角度超过340°。展厅内还设有相应的设备箱，在自动消防系统发生意外时，可手动启动消防水炮。

人民大会堂（图4-21）：人民大会堂火灾监测系统应用了"LN-主要安全监控系统"和"LIAN-GN型光截面图像感烟探测器"。实现了对不同燃烧物或相同燃烧物的明火和阴燃烟雾有相同的敏感度的目标，在准确识别出灰尘等非火灾因素干扰的同时，使火灾感烟探测具有极高的灵敏度，可在火灾早期灵敏、快速、可靠地自动探测报警。

外交部办公大楼（图4-22）：位于北京市朝阳门立交桥的东南角，主楼面对朝阳门立交桥，两翼分别平行于朝阳门南大街和朝阳门外大街。占地面积3.6万 m^2，总建筑面积近12万 m^2。主楼地上19层，配楼地上12层和4层，地下2层。建筑高度75.4m，设计总人数3500人，整个建筑分为4段，是目前国内规模最大、装修标准最高、最重要的办公建筑之一。该建筑按《高层民用建筑设计防火规范》一类一级建筑设计，设有消防给水和气体灭火系统：室内、外消火栓系统，自动喷水灭火系统，气体灭火系统，部分保护区域内设置有烟感探测器或观感探测器，确保安全使用。

图4-19 东西苕溪防洪工程

图4-21 人民大会堂

图4-20 深圳会展中心

图4-22 外交部办公大楼

中国银行总部大厦(图 4-23)：位于北京复兴门内大街与西单北大街交叉口的西北角，2001 年 5 月建成投入使用。这是一个大型、高智能现代化的办公大厦，地下 4 层，地上 15 层，中间有一个 4000m² 的中庭兼营业厅，地下室深度达 22m，为金库、车库、机房、餐厅及会议厅。

为了防止火灾发生及一旦发生火情时能及时控制火势，大厦设有下列措施：自动灭火系统，消防自动报警系统，烟感、温感、红外线探测系统，由设于大楼首层的消防控制中心进行监控和指挥。

(四) 抗风工程

南京长江二桥(图 4-24)：位于南京长江大桥下游 11km 处，全长 21.197km，桥面宽 32m，是全封闭双向 6 车道、每小时 100km 的高速公路大桥，设计日通行汽车 6 万辆。该桥为大跨度悬索桥，设计时，为减小该桥的拉索风致振动，在每根拉索上安置两个油阻尼器，以控制其面内和面外振动。

南京长江二桥是国家"九五"重点建设项目，工程总投资 33.5 亿元。该项目于 2002 年 6 月通过国家竣工验收，国家交通部赞誉："二桥的工程质量和建设管理代表着我国公路基础设施建设的新水平，在我国桥梁史上树起了一座新的丰碑。"

岳阳洞庭湖大桥(图 4-25)：位于洞庭湖与长江交汇处，路桥全长 10173.82m，其中桥长 5747.82m，是国内目前最长的内河公路桥，大桥总投资 80564 万元。主桥为我国首座三塔预应力混凝土斜拉桥，设计时，为减小桥梁的风雨激振，保证安全使用性能，安置了磁流变阻尼器。经分析证明磁流变阻尼器使拉索的模态阻尼比增加了 3～6 倍，风雨激振时加速度响应幅值减小了 20～30 倍。该工程是世界上第一个采用磁流变阻尼器控制桥梁风振的项目。

上海卢浦大桥(图 4-26)：卢浦大桥是"十五"期间第一批面向社会公开招商的市政重点工程之一，为黄浦江上的第五座大桥，全长 8.7km，主跨 550m，宽 41m，于 2003 年 6 月 28 日建成通车。主桥系超大跨度中承式全钢结构拱梁组合体系，其钢拱桥结构主跨为 550m(居世界第一)，2 个边跨各 100m，主拱肋矢跨比 1：5.5，拱高 100m。加劲梁采用正交异形桥面板全焊钢箱梁，通过吊杆或立柱支承于拱肋之上；加劲梁宽 40m，设 6 车道。主桥两边跨端横梁之间布置强大的水平拉索，以平衡中跨拱肋的水平推力。整个全钢拱梁组合体系由钢箱拱肋、正交异形桥面、倾斜钢吊杆、拱上钢立柱、一字形和 K 形风撑、水平拉索等主要构件组成。无论是拱式结构的跨径还是拱高都处于国际同类桥梁的领先水平，拥有"中国十最"及"世界第一拱桥"之美誉，它的建成将使浦西到浦东以及到浦东国际机场更为快捷。

图 4-23 中国银行总部大厦

图 4-24 南京长江二桥

图 4-25 岳阳洞庭湖大桥

图 4-26 上海卢浦大桥

斜拉索，属少见的大型混凝土构造物。为控制桥梁在风荷载作用下的风致振动，满足其在设计年限内的安全性能要求，在桥梁上采用了磁流变阻尼器控制技术。

该桥还创造了我国建桥史上的5个第一：一是黄河上最深的钻孔灌注桩，达120m；二是中塔高达125m，为黄河桥梁之最；三是大桥桥塔梁固结的设计方案在全国斜拉桥中为首例；四是按设计尺寸所做的主梁节段与塔柱节段工程实验为目前国内首次；五是采取了目前国内最先进的液压爬模技术，它是国内最宽的预应力混凝土箱形桥梁。

图4-27 山东黄河滨州大桥

图4-28 西堠门大桥效果图

由于上海处于沿海城市，受到夏季台风和冬季寒潮引起的大风的影响，因此，在设计时结合上海地区的风环境特点，对其进行了风荷载及抗风稳定性的风洞试验研究，确保其在施工和运营后的抗风稳定性、安全性和适用性。

山东黄河滨州大桥（图4-27）：山东黄河滨州大桥是国家和山东省"十五"重点建设项目，也是黄河上第一座三塔斜拉桥，于2004年7月建成。主桥长768m，主梁宽32.8m，整座桥梁共用200根

图4-29 黑龙江电视塔

西堠门大桥(图4-28)：舟山连岛工程西堠门大桥是2005年浙江省重点建设A类项目，也是具有国际先进水平的特大型跨海建设项目。该桥为舟山大陆连岛工程第4座特大跨径桥梁，东起册子岛，跨西堠门水道至金塘岛，总投资10亿元，全长约5.3km，其中跨海大桥长约2.6km，跨径布置为578＋1650＋485，主跨长度位列中国第一，世界第二。

为保证桥梁在风荷载作用下的安全运作，在桥梁的初步设计阶段，针对加劲梁钢箱梁断面的外形进行了气动优化，采用开槽宽为6.0m的气动断面。

黑龙江电视塔(图4-29)：黑龙江广播电视塔，又被称为龙塔，坐落在哈尔滨高新技术开发区，总高336m，为正八边形抛物线型钢管塔，其高度在钢塔中居世界第二，亚洲第一。该塔为多功能钢结构电视塔，兼具广播与电视发射、旅游观光、电信、科普教育等多项功能，成为素有"东方莫斯科"美誉的北国名城哈尔滨市乃至黑龙江省新的标志性景观，被誉为建筑中的"精品"。

塔楼标高从181～214m，分8层，建筑面积3600m²。其井道为封闭式圆筒形，直径8.5m，内设3台电梯、2座消防楼梯、4个设备管道井。塔座共5层，地下1层，地上4层，为球冠形钢筋混凝土结构，建筑面积13000m²。其内部有直径40m、高27m的圆形共享大厅，十分壮观。

为控制电视塔在风荷载作用下的风振响应，增加结构阻尼比，加速结构振动的衰减，分别在标高为206.30m和199.0m处设置了悬挂水箱阻尼器和粘弹性阻尼器。

合肥翡翠电视塔(图4-30)：位于合肥市城区西北角环境美丽幽雅且别具特色的杏花公园内，是一座集广播电视发射、旅游观光、餐饮、娱乐、住宿于一体的新型多功能钢结构电视塔。塔高339m，是中国第一、世界第五高钢塔；总建筑面积28350m²，其建筑规模堪称世界钢塔第一。

为控制电视塔在强风作用下风振响应，满足人体舒适度的性能要求，利用塔上60t的生活、消防用水作为调频质量阻尼器，以抑制结构的风致振动。

汕头跳水游泳馆(图4-31)：位于汕头市南滨路中段，占地面积300亩(含二期建设用地)、总建筑

图4-30　合肥翡翠电视塔

图4-31　汕头跳水游泳馆

图4-32　浙江省黄龙体育中心主体育场

面积2.5万 m^2，绿化面积约5万 m^2，可容纳观众2701人，总投资3.5亿元，于2002年6月1日正式开馆并对外开放，可承担国际性的游泳、跳水、花样游泳、水球等项目的比赛，被指定为第九届全运会跳水项目的比赛场馆。九运会比赛后，被称为"目前国内最好、世界一流"的游泳跳水馆，现已被国家跳水队正式定为跳水训练基地。

汕头市属于台风多发地区，因此有必要对该游泳馆进行风洞试验模拟。

浙江黄龙体育中心主体育场(图4-32)：浙江省黄龙体育中心位于杭州市黄龙洞风景区以北，是国内超大型体育设施之一。该主体育场底部为半径150m的圆形，比赛场地为南北向长轴、东西向短轴的椭圆形，主体育场内设400m环形跑道、标准足球场，观众座席数为53600座。观众席顶部设有挑篷，挑篷覆盖座席的覆盖率超过90%，挑篷东西向中点标高39m，低处标高31.8m，南北塔楼最高点标高85m。挑篷采用斜拉网壳空间结构，将斜拉索网壳、巨型吊塔与外圈斜框架柱结合在一起。

杭州市处于我国台风区，为保证体育场在强风荷载作用下的安全性能，控制结构的风致振动，对主体育场挑篷结构进行了风洞模拟试验，以准确确定主体育场挑篷结构的风荷载体型系数。使用大气边界层风洞进行风洞实验，实验段的射流截面为2000mm×3000mm，其中32m长的风洞试验段可以使大气边界层充分发展，在模型处达到所要求的剪切速度剖面及其相当的湍流度。

南宁国际会展中心(图4-33)：南宁国际会展中心是广西南宁市标志性建筑之一，多功能厅的穹顶造型由12片花瓣组成，宛如南宁市市花——朱槿花。中心总投资6.5亿元，占地6.5万 m^2，建筑面积约10万 m^2，由多功能厅、圆桌会议厅、阶梯国际报告厅、新闻中心以及各种规模的会议室组成。

会展中心入口多功能大厅上方的穹顶，底部直径72m，高47m，主体结构为旋转双曲面网壳钢结构，由12个相同的变截面圆弧形空间钢桁架环环相扣连接形成，其底部外径70m，顶部外径20m，支承于设置在多功能大厅屋面环梁的12个球形铰支座上。穹顶内外覆盖半透明的PTFE张拉膜结构封闭，内层薄膜支承固定在主结构上，而主结构上另设有一附属结构，用以支撑固定外层薄膜。

考虑到会展中心的重要性，确定风荷载时除根据规范的有关规定取值外，还专门对其进行了风洞试验，以确定穹顶的体形系数。

(五) 地质工程

链子崖危岩体整治锚固工程(图4-34)：链子崖危岩体位于湖北省秭归县新滩镇(现改称屈原镇)长江南岸的临江陡崖上，距三峡大坝仅25km。在南北长700m，东西长210m的岩体上，被58条宽大裂缝所切割，形成了总体积达300多万平方米的危岩体。1964年以来，山上时常有滚石入江，给航运构成严重威胁，成为长江航道咽喉的严重隐患。

该工程从1995年11月开工，1999年8月全面竣工，施工中搭设了82.6m的高质量施工排架。锚固钻孔的保直防斜、堵漏、钢绞线防腐蚀均采用了先进的技术和工艺。自行研制了反喷清孔技术，采用孔内电视监视、钻孔声波测试等先进技术保证施工质量，质量一次合格率达到100%。在经过了

图4-33 南宁国际会展中心全景

图4-34 已被锚固的链子崖

图 4-35 三峡库区二期地质灾害治理工程经受住蓄水考验

图 4-36 湖北省秭归县三峡库区二期地质灾害防治工程

4个水文年的效果监测和三峡水库坝前 135~139m 蓄水 2 年检验后，运行效果良好。链子崖危岩体整治锚固工程于 2005 年 5 月 27 日通过了竣工最终验收。

整治后的链子崖已开放成为独特风景区，吸引了大批游人参观和考察。链子崖向人们展示人类近代文明和科学技术水平，让游人从认识自然到战胜自然的过程中进一步体会自然的神奇和人类的伟大。

三峡库区二期地质灾害治理工程（图 4-35）：从 2001 年 6 月至 2003 年 6 月，我国投入了 40 亿专项资金对三峡库区二期蓄水所涉及的地质灾害进行防治。到 2004 年 10 月，二期地质灾害规划的 167 个崩塌滑坡体治理、75 段库岸塌岸防护、135 处高边坡与高切坡整治、218 个居民点搬迁避让等工程基本竣工，并顺利通过国家级竣工初步验收，试运行一个水文年之后，在 2006 年 1 月 14 日通过了国家的最终验收。

湖北省秭归县三峡库区地质灾害防治二期工程（图 4-36）：经过两年的努力整治，湖北省秭归县三峡库区二期地质灾害防治工程已显现出巨大的综合效益。两年来，该工程通过对 5km 库岸的截弯取直治理，不但节省了大量的人力、物力和财力，还增加了近 400 亩的可利用土地。现在库岸沿江公路边坡遍布灌木、草坪，环境优美，构成了一道靓丽的风景线。

参考文献

[1] 中国地震局监测预报司编. 中国大陆地震灾害损失评估汇编（1996~2000）. 北京：地震出版社，2001

[2] 中国地震局震灾应急救援司. 2005 年中国大陆地震灾害损失述评. http://www.csi.ac.cn/

[3] 汪恕诚. 坚持以科学发展观为统领 全面做好"十一五"水利工作——在 2005 年全国水利厅局长会议上的讲话，2005.12

[4] 中华人民共和国国家统计局. 2005 年全国安全生产各类伤亡事故情况表（统计数）

[5] 郭铁男. 我国火灾形势与消防科技的发展. 消防科学技术，2005，24(6)

[6] 谭庆琏. 提高综合减灾能力，保障城市公共安全——在城市公共安全与应急体系高层论坛上的讲话. 2005

[7] 汪恕诚. 认真贯彻落实党的十五届五中全会精神，努力开创新世纪水利工作的新局面——在全国水利厅局长会议上的讲话. 2001.1

[8] 数字看发展——水利"十五"硕果累累. http://www.cws.net.cn/

[9] 张晓东，张永仙. "强地震短期预测及救灾技术研究"项目概述. 国际地震动态，2004，(1)

[10] 王铁宏. 在 2005 年全国抗震办主任座谈会上的讲话

[11] 中国土木工程学会主编. 2020 年中国土木工程科学与技术发展研究，2005

[12] 中华人民共和国国家标准. 建筑抗震设计规范（GB 50011—2001），2001

[13] 中国工程建设标准化协会标准. 建筑工程抗震性态设计通则(试用)（CECS 160：2004），2004

[14] 中国工程建设标准化协会标准. 叠层橡胶支座隔震技术规程（CECS 126：2001），2001

[15] 中华人民共和国建筑工业行业标准. 建筑橡胶隔震支座（JG 118—2000），2000

[16] 李杰. 生命线工程研究的基本进展与发展趋势. 建筑、环境与土木工程学科发展战略研讨会论文集，2004

[17] 首都圈工程管理中心. 筑减灾基业——首都圈防震减灾示范区系统工程巡礼. 北京：地震出版社，2003

[18] 辉煌"十五". 中国水利, 2005, (24)
[19] 中华钢结构论坛. http://www.okok.org/
[20] 项海帆等著. 现代桥梁抗风理论与实践. 北京：人民交通出版社, 2005
[21] 石启印, 李爱群, 杜东升等. 高耸塔台结构抗风试验研究. 试验力学, 2003, 18(1)
[22] 贾彬, 王汝恒, 王钦华. 巨型框架结构风荷载特性的风洞试验研究. 工业建筑, 2004, 34(8)
[23] 王春刚, 张耀春, 秦云. 巨型高层开洞建筑刚性模型风洞试验研究. 哈尔滨工业大学学报, 2004, 36(11)
[24] 王肇民, 何艳丽, 马星等. 桅杆结构风洞试验研究. 建筑结构学报, 2000, 21(6)
[25] 蔡丹绎, 李爱群, 张志强等. 高耸电视塔脉动风荷载仿真及结构风振响应分析. 工业建筑, 2001, 31(4)
[26] 张志强, 李爱群, 蔡丹绎等. 合肥电视塔人造脉动风荷载的仿真计算. 东南大学学报, 2001, 31(1)
[27] 楼文娟, 孙炳楠, 唐锦春. 高耸格构式结构风振数值分析及风洞试验. 振动工程学报, 1996, 9(3)
[28] 顾明, 黄鹏. 群体高层建筑风荷载干扰的研究现状及展望. 同济大学学报, 2003, 31(7)
[29] 刘辉志, 姜瑜君, 梁彬等. 城市高大建筑群周围风环境研究. 地球科学, 2005, 35(增刊Ⅰ)
[30] 蔡丹绎, 徐幼麟, 李爱群, 张志强. 合肥电视塔TMD风振控制的响应分析. 工程力学, 2001, 18(3)
[31] 梁波, 何华, 唐家祥. 防晃水箱控制高层建筑风振响应研究. 噪音与振动控制, 2001, (8)
[32] 张洵安, 谢霄, 连夜达. 巨-子型控制结构体系风振的半主动控制研究. 郑州大学学报(工学版), 2005, 26(4)
[33] 李爱群, 瞿伟廉等. 南京电视塔风振的混合振动控制研究. 建筑结构学报, 1996, 17(3)
[34] 陆锋, 楼文娟, 孙炳楠. 大跨度平屋面结构风洞试验研究. 建筑结构学报, 2001, 22(6)
[35] 楼文娟, 杨毅, 庞振钱. 刚性模型风洞试验确定大跨屋盖结构风振系数的多阶模态力法. 空气动力学学报, 2005, 23(2)
[36] 谢壮宁, 倪振华, 傅继阳, 石碧青. 大跨曲面屋盖风洞试验通用数据处理软件的开发. 同济大学学报, 2002, 30(5)
[37] 顾明, 杨伟, 傅钦华, 周建龙. 上海铁路南站屋盖结构平均风荷载的数值模拟. 同济大学学报, 2004, 32(2)
[38] 王吉民, 孙炳楠, 楼文娟. 双坡屋面薄膜结构模型风压系数的风洞试验研究. 工业建筑, 2002, 32(4)
[39] 国土资源部, 2004年中国国土资源公报. 国土资源通讯. 2005, (9)
[40] 项海帆. 结构风工程研究的现状和展望. 振动工程学报, 1997, 10(3)
[41] 项海帆. 进入21世纪的桥梁风工程研究. 同济大学学报, 2002, 30(5)
[42] 张樑. 21世纪中国地质灾害防治形势与减灾战略思考. 中国地质灾害与防治学报, 2004, 15(2)
[43] 殷跃平. 中国地质灾害减灾战略初步研究. 中国地质灾害与防治学报, 2004, 15(2)
[44] 周平根. 中国地质灾害早期预警体系建设与展望. 地质通报, 2003, 22(7)
[45] 吴树仁, 周平根, 雷伟志, 马军. 地质灾害防治领域重大科技问题讨论. 地质力学学报, 2004, 10(1)

执笔人：周　云　郭永恒

住宅小区工程篇

中国土木工程学会住宅工程指导工作委员会

目 录

一、住宅建设突飞猛进的十年(综述) ············ 367
  (一)住宅建设规模空前、新建住宅数量
     连年刷新纪录 ······························· 367
  (二)住宅建设综合质量水平稳步提高 ········ 368
  (三)住宅商品化的发展对住宅建设的影响 ······ 369
  (四)科技进步引导住宅建设的健康发展 ······ 371
  (五)新的技术规范、标准、技术导
     则等的制定和实施 ······················· 373

二、规划设计 ·· 375
  (一)规划设计的环境意识进一步加强 ········ 375
  (二)从强调彻底的封闭式管理到提倡
     公共空间对外开放 ······················· 375
  (三)空间形态向中高层和高层发展 ············ 378
  (四)行车存车成为住区规划的重点问题 ······ 378
  (五)景观绿化强调均好性和功能性 ············ 381
  (六)科技手段在小区规划中的运用 ············ 382
  (七)公建配套进一步适应现代社区生活 ······ 382
  (八)市政配套有了新的内容 ······················ 383

三、住宅建筑设计 ······································ 384
  (一)更注重居住的适用性 ·························· 384
  (二)提供多样化的套型 ····························· 384
  (三)厨卫空间的综合设计 ·························· 384

  (四)营造宜人的交往空间 ·························· 385
  (五)关注节地节能 ···································· 385
  (六)提高室内空间的灵活可改性 ················ 387
  (七)实施无障碍设计 ································· 387
  (八)塑造引人注目的建筑风格 ··················· 388
  (九)推行新型住宅建筑体系 ······················ 388

四、住宅工程科技进步 ······························· 390
  (一)科技进步引导住宅建设健康发展 ········ 390
  (二)科技创新实例 ···································· 392

五、住宅工程施工质量 ······························· 405
  (一)近十年中,住宅工程施工质量动态 ······ 405
  (二)当前住宅工程施工质量存在的问题 ······ 408

六、住宅工程建设的发展和展望 ··················· 410
  (一)适应建设资源节约型社会要求,
     大力发展节省地型住宅 ··············· 410
  (二)继续发展环保、健康的住宅和住区 ······ 410
  (三)住宅设计的创新与发展 ······················ 411
  (四)继续努力提高居住环境的综合质量水平 ······ 411
  (五)村镇建设的发展水平将进一步提高 ······ 411
  (六)展望我国住宅建设的前景 ··················· 411

参考资料 ·· 412

一、住宅建设突飞猛进的十年（综述）

上世纪末至本世纪初的十年，是我国住宅建设规模、数量接连刷新纪录，综合质量水平稳步提高的十年；是楼盘概念更替纷繁、建设理念逐步提升的十年。同时，又是住宅建设科技进步加速发展、人居环境水平不断提高的十年。

（一）住宅建设规模空前、新建住宅数量连年刷新纪录

上世纪末，我国住宅建设在接连创下历史新高的情况下又不断刷新纪录，发展势头迅猛。就改革开放以来的发展情况作比较，1978年，全国城市住宅的累计总拥有量仅仅是5.3亿 m^2，而此后的二十年间，新建城市住宅达到52亿 m^2，增长了近十倍。年均新建住宅2.5亿 m^2。尤其是上世纪最后五年，每年新建住宅由1996年的3.95亿 m^2 发展到2000年的5.6亿 m^2，包括农村的住宅建设，全国每年新建住宅都以12～14亿 m^2 的规模推进，建设规模雄踞世界之首。本世纪初，按"十五计划"，预计五年间将新建城镇住宅28亿 m^2，实际上2001年新建的城镇住宅达5.75亿 m^2，已突破规划所预期的5.6亿 m^2 的平均指标，这样的发展规模和速度，不仅在我国的住宅建设史上没有先例，在世界的住宅建设史上也是绝无仅有，我国已成了全球名副其实的住宅建设王国（图1-1～图1-4）。

图1-1 1995～2004全国城镇新建住宅面积（亿 m^2）

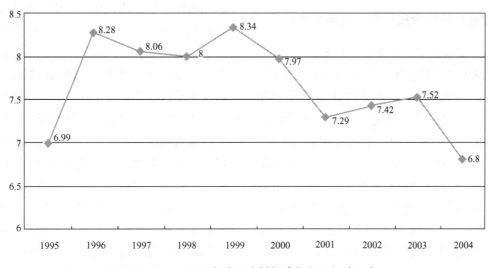

图1-2 1995～2004年全国农村新建住宅面积（亿 m^2）

图1-3　1995～2005全国城镇人均住宅建筑面积(m²)

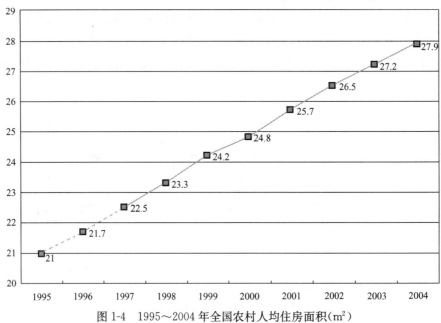

图1-4　1995～2004年全国农村人均住房面积(m²)

(二) 住宅建设综合质量水平稳步提高

1. 从单纯追求数量到数量质量并重

住宅建设规模迅速扩大，施工队伍超常发展，导致管理水平、技术水平不能适应建设工作的要求，上世纪80年代，全国住宅工程的施工质量跌至历史的低谷。人们意识到，单纯数量上的发展，并不能满足人民解决居住困难的需求。"没有质量就没有数量"，充斥不合格品的住宅产品，数量越大，给社会带来的危害越大，所造成的浪费越大。抓好住宅工程的施工质量已成为当务之急，从国家主管部门到住宅开发单位，逐步形成数量与质量并重的住宅建设新的指导思想。在这个过程中，建设部城市住宅小区建设试点工作，发挥了关键性的推动作用。在1989年对全国三个实验小区建设成果的总结中，实验小区抓管理、上质量的经验和成果令人信服，令人鼓舞。在随后的第二批、第三批城市住宅小区建设试点工作中，又使抓好工程施工质量的工作进一步深化，不仅形成了一整套抓质量管理的有效制度，又总结出一系列保证施工质量、创优质工程的管理办法和操作方法，总结了从管理、工艺、操作、材料到消除工程质量通病的一整套方法，有效提高了控制住宅工程施工质量的管理水平和技术水平。在推广试点经验的同时，建设部和有关部门通过健全管理制度，建立完善的质量控制体系，强化规划设计审批制度，进一步加强施工组织管理等，推动全国住宅工程的质量管理工作水平迅速提高，至上世纪最后的五年，我国住宅工程的施工质量水平达到一个新的高峰。

2. 全面提高住宅建设的综合质量水平

20世纪90年代以前的一二十年间，全国住宅建设虽然在数量上有很大的发展，但当时这种发展一个重要的出发点是出于加快解决大量城乡人民缺房的困难问题，即以解困为重点，而作为解困的要求，就是解决住房的有无问题。因此，当时的住宅建设大多是只管多建住房，而居住环境与功能还有工程施工质量这些根本性的问题，并没引起人们的重视。结果是，在新的城市住宅小区建成后，普遍存在因公建设施配套不足或建设不同步而给居民带来存车难、购物难、出行难、通邮难、小孩入托难、上学难以及缺少休闲、运动、游戏、娱乐活动场所等等一系列新问题。为寻找解决这类问题的有效办法，建设部在80年代后期开始的实验小区建设和90年代的城市住宅小区建设试点工作中，从小区的规划设计、建筑设计入手，首先提出树立"以人为本"的指导思想，认真解决和满足人民居住生活和交往、休闲、娱乐、健身等活动的需求问题，以改善、提高人民的居住生活质量为目标，从解决和提高住房内外环境的功能开始，把提高工程施工质量、功能质量、环境质量和建成后的管理服务质量，即全面解决和提高住宅建设的综合质量作为住宅建设的根本性要求。

由城市住宅小区建设试点提倡的"以人为本"的指导思想和提高综合质量水平的要求和办法逐步深入人心，20世纪90年代后期开始，全国大部分住宅建设的综合质量水平明显提高。在以后的一些住宅建设创优工作中，如建设部重点推出的"康居示范工程"，把保证综合质量的各项要求用定性、定量的办法确定下来，指标化。

（三）住宅商品化的发展对住宅建设的影响

20世纪末，我国的住房制度和供应体制发生了根本性的变化，延续数十年的福利分房制度逐步退出历史舞台，住房商品化随之迅速发展，面向购房者需求、由市场调节的商品住宅，在全国的住房建设中逐步占据了主导地位。1996～2005这十年间，住房商品市场从幼稚到逐渐成熟，走过了一个重要的发展阶段。

住房供应制度的变革，催发了住房商品化的发展，其中一个重要的作用是进一步促进了住宅建设从技术到指导思想各方面的重大变化。1985年至2000年的十几年时间，在建设部领导下开展的城市住宅小区建设试点(1985～2000)、"小康示范工程"(1995～2000)及"康居示范工程"(1998～)等一系列优秀住宅小区样板建设工作的推进，逐步从根本上改变了我国住宅建设的面貌，将全国的住宅建设从管理到技术和总体质量推上一个新的水平、新的台阶。如城市住宅小区建设试点工作，在关键性的时刻，大幅度地提升了住宅建设的理念、思路、方法和技术水平，被誉为"我国住宅建设的一个里程碑"。但是，上述一系列"样板工程"的工作，在规模、数量和地区的影响面上始终存在较大的局限，而真正把这些试验成果推向全国，推向大部分住宅建设工程的，却是依靠住房商品化发展这一重要的助力。

住宅小区环境与功能的发展变化见图1-5～图1-12。

图1-5、图1-6　1990年前建成的住宅小区

图 1-7 1996 年后建成的住宅小区

图 1-8 1996 年后建成的住宅小区

图 1-9 1990 年前普通住宅卫生间状况

图 1-10 1990 年前普通住宅厨房状况

图 1-11 1996 年以后新建住宅卫生间设施

图 1-12 1996 年以后新建住宅的室内设施

1. 购房选择权的扩大促进住房产品的多样化

从按统一的规定分级分配住房到按经济能力和需求相对自由地选购住房，既促进了经济体制的改革，也使住房生产方式发生根本性变化。在这种变化的影响下，由于购房者对住房产品选择权的相对扩大，要求住房生产必须适应市场需求，按照购房者的选择要求，决定住房产品的类型、规格、档次、品位、价格等等。最终促成了住房产品的进一步多样化，更重要的是引发了住房商品的销售竞争，激发了住房设计工作的活力，规划和建筑设计进入一个空前活跃的时期。

图1-13～图1-19为多姿多彩的住宅建筑（1996年以来部分新建住宅）。

2. 商品房市场竞争初步阶段的概念炒作

经济发展和人民生活水平的提高，是我国住宅建设迅猛发展的重要基础，同时也为住宅商品市场的发育提供了强大的动力。数亿城乡人民迫切要求改善居住条件，一部分先富起来的人还想从提高居住水平上来表现其不凡的社会地位。种种原因汇成的购房热情，给商品房市场的升温提供了强大的推动力。

1995年前后，随着商品房市场竞争的开始，策划工作在住房建设工作中的地位日渐提升，"包装楼盘"很快成为房地产经营的一种重要手段。为了争夺市场，为了楼盘的促销，房产经营者们针对当时大部分购房群体的浮躁心理，在住房商品包装上做足文章，用种种概念去迎合购房者的心理要求，从风格到品位，从"欧陆"到"皇家"，尽显策划者的想像力，把购房者的兴趣抬到了九重天外。不着边际的概念炒作，已经偏离了住宅建设的根本——对住宅综合质量和居住环境品质应有的追求。另一方面是建筑文化遭遇到西洋文化空前的冲击，在建设部领导的试点工作中刚刚有起色的"创作具有地方特色并体现时代风貌的建筑风格"的成果和弘扬优秀建筑文化的思想一时间被排挤出竞争市场。

"楼盘概念炒作"实际上也是商品化市场竞争初期不可避免的一种现象、一个过程。随着人们购房心理的逐步平静和成熟，购房者的心理从感性冲动转向理性的选择，某些低俗概念的炒作很快失去了市场。最早的如上海等市场化发育较快的城市，越来越多的购房者已"不相信广告"。

3. 从概念到理念

实质上，商品房包装、炒作过程也包含了住宅建设理念的逐渐提升和走上科学化的过程，而购房者的成熟和理智，正是推动这种转化的重要原因。

当许多住宅经营者热衷于概念炒作的时候，住房产品被忽视的一些根本性问题，提醒购房者必然理智地对待所要购买的商品。含有毒气体的建材酿成的悲剧，成了这种转变的第一响警钟，环境保护意识的深入人心，对居住安全与健康生活的要求，将商品房促销的重点和楼盘包装的概念转向了实际。"绿色"、"生态"、"阳光"、"山水"、"环保"、"健康"之类的楼盘纷纷面市。这种转变不论其实践程度如何，还是反映了住宅建设指导思想的一种进步，反映出我国的住宅建设又向前迈出了可喜的一步。

人们经历了近10年的商品房市场的洗礼，城乡购房人群的追求逐渐注重实际，对住房和居住环境品质的判别力已经提高，越来越多的人把居住生活的最高追求定位为方便、舒适、安全、健康。另一方面，保护生态环境、保护地球、节约能源、节约土地等重大社会责任，已经落到住宅建设行业的肩上。这一切都已成了21世纪之初提高住宅建设思想和提升经营理念的强大推动力。

（四）科技进步引导住宅建设的健康发展

1. 规划设计和建筑设计繁荣的十年

进入上世纪90年代，由于城乡住房建设进一步大发展，住宅小区规划和建筑设计进入一个繁荣的新时期。尤其在住房商品市场竞争的发展过程中，设计人员的创作欲望得到释放，才智得以施展。另一方面，设计市场也开始进入激烈的竞争时期，设计人员的创作压力日益加重。尤其国外设计力量的引进，带入了新的设计思想，又进一步激化了设计市场的竞争。这一切给我国住宅设计的进步与发展注入了极大的动力。住宅区、住宅小区的规划设计，从完全摆脱"闭门造车"到重视"因地制宜"；从解决自行车存放到处理小汽车的停泊问题；从"以人为本"到"保护生态环境"；从凭借"创作灵感"到依靠调查和科研成果；从单纯追求视觉效果到注重提高居住环境的功能质量……；住宅建筑设计的发展也经历了曲折而又丰富多彩的历程，首先在落实"以人为本"指导思想的问题上，几经

图 1-13～图 1-19　多姿多彩的住宅建筑（1996 年以来部分新建住宅）

磨砺，终于在保证居住者身、心健康的高度上找到落脚点；多数设计者还经历了从"抄袭"、"克隆"别人和外国作品的"生产图纸"逐步转变到创作自己作品的"设计图纸"的过程。在推动住宅产业化进程、寻求新的建筑体系以及在贯彻节能省地方针等方面，住宅建筑设计工作者们正在付出艰辛的劳动。

世纪之交的几年间，计算机辅助设计技术的发展、提升及迅速推广、普及，推动了我国工程设计领域最重大的技术进步和划时代的变革。在住宅工程中，规划设计、建筑设计、环境与景观设计，都在计算机的辅助技术发展、提升的支持下，大大提高了设计工作的效率和科学水平。这些新的计算机应用技术不仅使大批设计人员更快地提高设计工作能力，提高工作效率和方案表达能力，更重要的是借助这种新的技术，有效地推动了设计新经验、新思路、新方法以及优秀创作成果的传播和交流，从而大大提高了我国住宅工程设计的总体水平。

图 1-20～图 1-26 为住宅建筑设计作品。

2. 推进住宅产业现代化

为了加快住宅建设从粗放型向集约型转变，推进住宅产业现代化，提高住宅建设的劳动生产率和住宅质量，促进住宅建设成为新的经济增长点，1999 年 7 月 5 日国务院办公厅转发建设部、国家计委、国家经贸委、财政部、科技部等八个部委"关于推进住宅产业现代化提高住宅质量的若干意见"的通知（即 72 号文）。

72 号文的指导思想是，(1) 提高居住区规划、设计水平，改善居住区环境和住房的居住功能，合理安排住房空间，力求在较小的空间内创造较高的居住生活舒适度；(2) 坚持综合开发，配套建设的社会化大生产方式，提高住宅建设的经济效益、社会效益和环境效益；(3) 以经济适用住房建设为重点，建设小套型住房；(4) 加快科技进步，鼓励技术创新，重视技术推广，积极开发和大力推广先进、成熟的新材料、新技术、新设备、新工艺，提高科技成果的转化率；(5) 促进住宅建材、部品集约化、标准化生产，加快住宅产业发展；(6) 坚持可持续发展战略，新建住宅要贯彻节约用地、节约能源的方针；(7) 加强和改善宏观调控。

72 号文提出了至 2005 年和 2010 年，住宅建筑节能、产业化、科技贡献率等方面应达到的目标，并要求加强基础技术和关键技术的研究，建立住宅技术保障体系，开发和推广新材料、新技术，完善住宅的建筑和部品体系。同时还对住宅建设工作提出健全管理制度，建立完善的质量控制体系的要求。

3. 依靠科技进步提升住宅品质

为提高住宅的安全防范能力，上世纪 90 年代开始萌发了使用"智能产品"的动机，在开头短短的几年间，从防盗门装置发展到小区及住宅的防卫报警系统、"三表"数据自动传送系统等等；从厨房排油烟管道系统到住宅室内空气流动净化系统；从新型散热器、空调机到集中空调、地板采暖再到恒温恒湿技术的应用；围护结构隔热、保温性能要求的不断提高引导着新型墙体材料和新型门窗产品技术性能的进步、提高；太阳能、地热等的应用，更为住宅建设提高节能、环保水平开辟了广阔的天地。

(五) 新的技术规范、标准、技术导则等的制定和实施

1. 《城市居住区规划设计规范》于 1999 年发布后，2002 年又进行了修订，增补了老年人设施和停车设施等内容，调整了分级控制规模、指标体系和部分公共服务设施的内容，完善了住宅日照间距的有关规定。

2. 1999 年对《城市建筑设计规范》进行了修订，并更名为《住宅设计规范》，修订了住宅套型分类及各种房间最小使用面积和技术经济指标，扩展了室内环境和建筑设备的内容，适当提高了住宅标准和质量要求。

3. 在节能方面，除原有寒冷地区的《民用建筑节能设计标准（采暖居住建筑部分）》外，2001 年又新制定了《夏热冬冷地区居住建筑节能设计标准》，2003 年南方炎热地区又制定了《夏热冬暖地区居住建筑节能设计标准》，进一步推动了住宅建设的节能工作。

4. 建设部科技司编制了《2000 年小康型城乡住宅科技产业工程城市示范小区规划设计导则》作为指导小康住宅示范小区的指导文件。

5. 2001 年，建设部科技司又编制了《绿色生态住宅小区建设要点与技术导则》。

6. 国家住宅与居住环境工程中心，从 2001 年开始推出《健康住宅技术要点》，随后逐年出版修

图 1-20～图 1-26　住宅建筑设计作品

订版，对健康的人居环境和健康住宅提出了明确、具体的指标要求。

7. 建设部住宅产业化促进中心编制了《商品住宅性能评定办法和指标体系》，从适用性、安全性、耐久性、环境性和经济性各方面规定了全面评价住宅质量的指标及分级标准。

二、规 划 设 计

十年来，随着我国经济和社会环境的发展变化，人们对住区规划设计新理念和新手法的探索一刻也没有停止过。规划结构、空间形态、交通组织、景观绿化、公建配套和市政设施等的规划思路、方法以及技术手段都发生了许多重要的变化。

（一）规划设计的环境意识进一步加强

为了维护良好的人居环境，人们在住区的规划设计中开始关注环境的健康性和对自然生态的保护。许多小区在规划初期就注意保护和利用原有生态资源，如自然的地形、地貌、山体、水系和原生树木等，因地制宜，与自然的融汇已成为住区规划的常识，依坡就势，巧用地形已是常见的规划手法（图2-1～图2-6）。同时，环境绿化注重加大植物种植的覆盖面积和保持足够的绿量。一些药用植物被引入小区，以改善空气质量。在植物品种的选择上，许多小区注意利用适合当地气候的花草和树木，以保证植物的成活率和降低成本。在环境设计的内容方面，注意增加生态步行系统的建设，如贯穿小区的散步大道和小型的运动场地，以满足居民健康生活的需求。

（二）从强调彻底的封闭式管理到提倡公共空间对外开放

图 2-1、图 2-2 小区建设中城市水系和两岸的原生植物完好地保留下来

图 2-3 小区内保留了成片的原生树木

20世纪90年代初建设部颁布了《城市新建住宅小区管理办法》，进入新世纪之后，国务院又颁布了《物业管理条例》，小区物业管理就在中国大陆从无到有，并以法律的形式确立下来。在这个过程中，小区的封闭式物业管理，为人们创造了安全、舒适、整洁、优雅的社区环境，逐渐受到居民的欢迎。初期的物业管理，封闭范围是与开发项目规模完全等同的，开发项目的范围确定了，物业管理封闭的单元就随之确定下来。

在小区规模较小时，封闭范围与小区一致还是

图 2-4～图 2-6　小区规划尊重原有地形、地貌

基本适用的。随着开发项目规模的日趋扩大，问题就逐渐显现出来。大范围的封闭式管理给小区内外居民都造成了极大的不便，使各类公共资源难以充分利用。人们逐步意识到，通过修正小区规划设计的理念和方法，采用以街坊、组团，甚至单栋楼宇作为较小封闭单元，改变那种大范围封闭的做法，有利于把社区公共空间对外开放，与区外居民共同享用。这种做法在方便社区居民的同时，可以使配套公共设施获得更多的营业额，使社区和城市的关系更加和谐，有利于增强城市的活力和营造多姿多彩的公共生活空间，从而进一步提高居民的生活品质。例如，深圳的万科四季花城、沿海集团近期在北京建设的塞洛城、上海的金地格林世界，都是比较成功的案例。

例一　深圳万科四季花城（图 2-7）

深圳万科四季花城比较早地推出小区半开放的设计理念，使人们对原有生活方式的认识产生了较大的转变。它的管理分两级，小区大范围的管理和院落的分级管理。把安全设防设在院落一级，其他的社区服务项目覆盖整个小区。这一管理方式导致了小区规划结构的更新，突出了院落的格局，每一个相对封闭的院落私密性大大加强了，增加了居民的安全感。而公共空间如会所、步行商业街、托幼等公共服务设施的开放性提高了，有利于居民的交往和公共设施的利用，使人们生活的品质有了很大的提高。

例二　北京塞洛城（图 2-8、图 2-9）

北京塞洛城位于北京东四环，小区用地约 25 公顷。规划用地被城市道路和城市绿地分隔成四部分。塞洛城的规划比深圳万科四季花城的设计理念又进了一步，它的开放空间不局限于小区内部，而是面向城市。具体做法是，在保留原有城市道路的前提下，又增加了区内南北方向的城市支路，起到进一步缓解城市交通压力的作用。为了营造丰富多彩的城市公共空间，还在小区用地的南北对角线方向规划了贯通全区的下沉式步行公共绿地系统，对市民开放。沿着绿地两侧布置了城市级的大型商业与娱乐设施。这一做法，使得原来小区封闭管理的概念转变成开放社区的概念，加大了对城市的开放程度，而把物业管理的封闭单元缩小到街区。邻里单元的缩小，对于促进居民之间的亲密关系和安全防范起着重要作用。而开放的城市空间，则有利于丰富城市的现代文化生活。

例三　上海金地格林世界（图 2-10）

上海金地格林世界的规划设计，对城市开放的意图更加明显。规划师在关注社区居住质量的同时，也十分关注城市范围的人居环境质量。因此，小区规划从城市全局出发，在尊重城市路网格局的

图 2-7　深圳万科四季花城

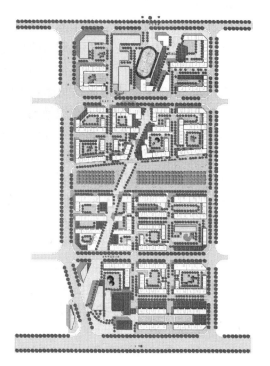

图 2-8、图 2-9　北京塞洛城

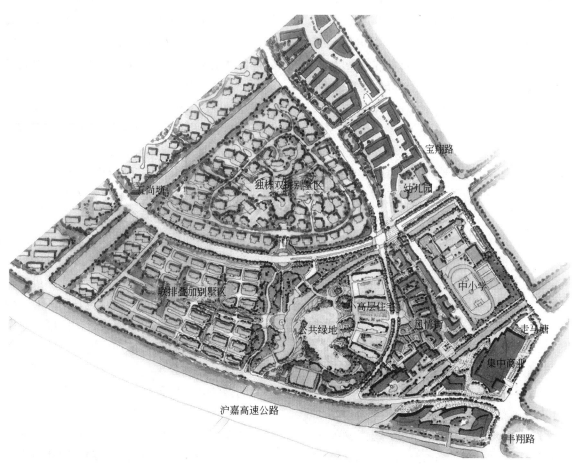

图 2-10　上海金地格林世界

前提下，把最具景观价值的空间留给城市。在城市水系的两岸规划了城市公园、大型商业中心和特色风情街，强调了城市空间的重要性和公众性，使城市资源发挥出更大的社会价值。小区居住单元的划分和规划，则是根据城市道路和河流的走向以及公共空间的布局进行统筹考虑。金地格林世界的规划给人们以新的启示。

(三) 空间形态向中高层和高层发展

十年来，随着土地价格的上升和高层住宅建造技术的日臻成熟，中高层和高层住宅成为我国大中城市住区规划的主要空间形态。在北京和上海，每年大约有3/4的新建住宅为中高层或高层。在中等城市和特大城市的周边地区，层数11层或11跃12层的中高层住宅这些年备受青睐，究其原因，一是按照我国规范规定，此类住宅每单元可只设一部电梯，建安造价和设备费用较层数更多的高层住宅低；二是中高层住宅与高层住宅相比，建筑尺度相对亲切，更易被消费者接受；三是中高层住宅比高层住宅施工周期短，有利于开发商缩短资金周转期，提高资金利用率；四是中高层住宅与多层和低层住宅相比，能够获得较高的容积率和较低的建筑密度，既能营造较宽敞的绿化空间，又可相对降低住宅造价中的土地成本。这些年优秀的中高层住宅开发项目有深圳百仕达花园、广州的星河湾等（图2-11～图2-14）。新建的中高层小区中，板式住宅因其具有良好的通风和日照环境，比塔式住宅更受到人们的青睐。

(四) 行车存车成为住区规划的重点问题

十年来，伴随着国民经济的持续快速增长和居民收入水平的不断提高，私人小汽车已经开始大量进入寻常百姓家庭。妥善解决小汽车的行驶路线和停放位置，尽量减少小汽车对居民造成的交通安全威胁和废气、噪声、灯光干扰，成为我国城市住区规划设计重点考虑的问题。

在小汽车停车位的设置数量方面，除了国家的相关规范之外，各地陆续作出了地方性的规定。

停车方式，按停放位置划分，有地面停车（图2-15）、半地下和地下停车（图2-16、图2-17）、立体车库停车和混合停车等不同方式；按是否采用机械来划分，有机械停车和非机械停车两种方式。为了增加单位面积的停车数量，近来采用机械停车的做法日趋增多。

在住区道路系统规划方面，为了减少机动车对行人的干扰，许多方案规划了沿小区周边的环行机动车道，而在小区中部规划了供居民使用的枝状步行道路系统，如2000年建成的北京龙泽苑小区一期工程。也有的小区采用立体交通组织做到人车分流，例如2001年建成的北京北潞春绿色生态小区将人行步道全部架空，2003年建成的北京万科星园工程将所有机动车道全部布置在地下空间内，地面的机动车交通，采用宅前停车、宅后活动的方式，达到人、车分流的目的等。小区交通系统的组织，在小区规模较小时，人、车分流容易做到，当小区规模较大时，就不再追求纯粹的人、车分流，而是利用多种设计手段做到既保证居民交通的安全，又方便车辆出行。在十年的建设实践中，对此已有多方面的成功实例。

例一 北京龙泽苑小区（图2-18）

北京龙泽苑规划较早地采用了人车分流的交通组织方式。小区的周边设置了机动车道和停车场，使机动车一般不进入小区内部（消防、救护或搬家车辆除外）。步行人群进入小区后，通过绿地系统到达各功能空间。人车分流，使得小区内人员的活动不受车辆干扰。

这种周边停车的交通组织方式，其优点一是利用建筑的退距停放车辆，二是方便居民就近停车，三是降低工程造价。一般停车率可以达到20%～30%。

例二 北京北潞春小区（图2-19、图2-20）

北潞春小区根据地形原有高差的特点，采用了立体人、车分流的交通组织方式。利用高架的人行平台系统组织小区的人流，人们的出行和区内各公共空间的联系都借用四通八达的高架系统来完成。机动车道和消防系统则在地面上解决。机动车辆停放在高架平台下的空间，以避免日晒雨淋。但该种做法工程造价较高，无障碍设计的问题较复杂。

例三 杭州南都·德加公寓（图2-21）

南都·德加公寓的交通组织是采用部分人、车分流的做法，小区环路主干道人、车混行，另外设置步行系统，减少汽车干扰。机动车库和环路相连，使车辆在行驶的过程中，就近进入地库，以尽量减少车流量。人车混行的路段，要注意人行便道的设置，以保证行人的安全。

例四 北京万科星园（图2-22）

图 2-11～图 2-14　近年来开发的优秀中高层住宅

图 2-15　地面停车方式

图 2-16　半地下停车方式

图 2-17　地下停车方式

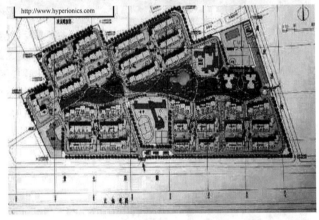

图 2-18　北京龙泽苑小区

图 2-19　北京北潞春小区

图 2-20　北京北潞春小区

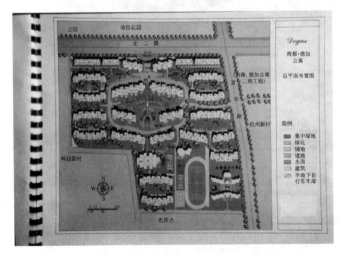

图 2-21　杭州南都·德加公寓

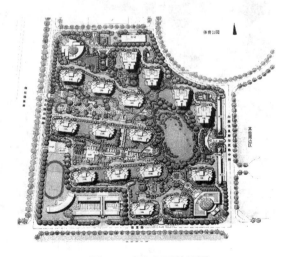

图 2-22　北京万科星园

万科星园采用全部地下停车的方式。地面上考虑来访客人的停车,道路系统采用周边加尽端式。宅前设停车位,宅后为人的室外活动场所,达到人车的局部分流。

(五)景观绿化强调均好性和功能性

在住房福利分配时代,大部分商品住宅在建成后是由单位出面成批购买,再由单位分配给职工居住。在这种情况下,单位对小区景观绿化的注意力,都是侧重于它的整体效果,而不在乎每套住房的景观环境。于是开发商把营造大的中心绿地作为小区的主要卖点,甚至把城市景观设计的一些手法运用到小区中来,修建与居住区性格不协调的大型喷泉和雕塑。

停止福利分房以后,城市职工真正需要亲自选购自己中意的住房了。相对于小区的公共景观绿化环境来说,消费者更为关心的,是自己购买的那套房子究竟有没有良好的景观视野?自己能够直接贴近的绿化环境到底有多少?开发商要使每套住房都有景观绿化方面的卖点,就必然要求规划师们充分利用所有景观绿化资源,努力做到户户均好。于是,在规划设计中,均好性成为近年来的一项重要原则。

随着生活水平的提高和生活品质的需求,人们开始关注环境的功能性和近人的空间尺度,注意营造社区多功能温馨的生活环境。比如许多小区出现了各种形式的室内或室外的商业街、小型的文化广场等公共交往场所,深受居民的喜爱。在院落环境设计方面更加追求安静、舒适的生活气氛和场所感,见图 2-23～图 2-26。

图 2-23 围合的院落空间和环境小品更增加了院落的安谧气氛

图 2-25 花台、流水、草坪、铺地多种景观元素穿插布置丰富了院落空间,同时满足多种功能

图 2-24 小区内尺度宜人的温馨小广场

图 2-26 院落中的环境小品,营造了尺度宜人的交往空间,具有较强的领域感和私密性

图 2-27 应用计算技术绘制日照分析图

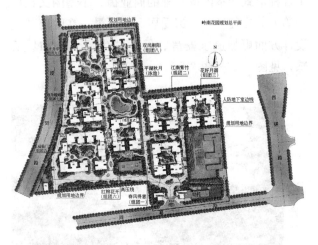

图 2-28 岭南花园规划总平面

图 2-29 岭南花园院落图

(六) 科技手段在小区规划中的运用

计算机技术的进一步普及，极大地提高了规划设计的效率，同时也有利于提高规划工作的技术水平。从规划方案的构思过程到设计资料的制作，电脑和其他新技术手段都发挥了积极作用，主要表现，一是大幅度缩短了设计周期；二是提高了设计

图 2-30 奥林匹克小区会所内的室内攀岩设施

资料的质量和表达水平；三是规划师等设计人员可以借助这些现代化科技手段，运用更多、更丰富的信息，提高构思、创作能力；四是利用现代化手段提高规划设计中处理实际问题的科学依据。

例一： 应用计算机技术绘制日照分析图，见图 2-27。

例二： 广州岭南花园小区的规划设计立足于科学实验和调查工作的基础上，通过对华南地区居住模式的发展进行全面的调查研究，分析了岭南民居传统布局的精华，再在日照和空间视觉分析、自然通风、风洞模型试验以及居民的居住心理研究、温湿度测试的基础上，做出了"围合式布局"的选择，有效改善了小区的居住环境品质，见图 2-28 和图 2-29。

(七) 公建配套进一步适应现代社区生活

十年来，人们的生活水平迅速提升，生活方式也随之发生了很大的变化。小区公建的规划设计，仅仅参照规定的千人指标，已经不能够满足现代社区生活的需要了。

由于近年来住区普遍实行了物业管理，物业管理公司用房成为小区居民日常最熟悉，也是最重要的办事场所。小区智能化系统的控制中心和机房，是规划设计中又一个需要。

近年来建设的住宅小区，多数设有小区会所，作为社区居民聚会活动的综合性场所，一般包括多功能厅、老年人活动室、儿童活动室、餐厅、茶社、健身房、音像厅、游艺室、棋牌室，有的还设有教室、小客房、桑拿房、室内或室外游泳池等。不同的小区，会所的主题也不尽相同，一般以奥林匹克命名的会所，都是以运动为主题(图 2-30)。以文化为主题的会所一般都设有较大的图书阅览室等。

在商业和服务业方面，与千人指标对照，新建小区大多增设了小型超市，其他如快餐店、洗衣店、鲜花店、公交车候车室、保洁公司和家政服务公司等几乎也成了社区内必不可少的商业和服务业网点(图 2-31、图 2-32)。

由于学龄儿童的减少，小学校已不是每个小区必备的设施，可以两个或三个小区共同使用一所小学。

(八) 市政配套有了新的内容

十年间，伴随着我国人民生活水准的提升和政府关于节约资源、保护环境政策措施的陆续出台，居住小区的市政配套设施建设也发生了很多改变。

随着各类家用电器的日益增多，尤其是家用空调器在大中城市的普及，小区的用电容量较十年前大幅度提升。而箱式变压器在住宅小区的广泛采用，却节省了建造配电室的土地和建筑面积。

我国是淡水资源严重缺乏的国家，人均淡水资源占有量仅为全球人均数的1/4。据统计，我国城市用水的32%是在住宅中消耗的，因此提倡在住宅小区内采用各种节水技术，对减少水资源消耗具有重要意义。十年来，居住区水质和水压保障技术、节水器具利用技术、中水回用技术、雨水收集和利用技术、分质供水技术、生活废水和污水分流技术、游泳池水循环处理技术等在我国住区建设中得到大力推广，规划中也必须对相应的管网和设施进行合理安排。

十年来，我国城市生活燃气普及率大幅提升，绝大多数新建住区用上了天然气、管道煤气或液化石油气。在住区规划中能否合理布置煤气调压站和燃气输送管道，关系到居民的人身安全。

为满足居民追求更高生活品质的愿望，实行冬季集中供暖的住宅小区已从以往的黄河以北地区发展到长江中下游地区，例如武汉等地。对于这些地区的新建住宅小区来说，室外采暖管网的规划是一个新的课题。

与十年前相比，居住区智能化系统的出现和在新建住区中的迅速普及，是近十年来居住区建设的最突出变化。以安全防范子系统、设备管理与监控子系统、信息网络子系统组成的居住区智能化系统，使居民切身感受到了信息社会带来的各种方便，并通过国际互联网把住区内的所有家庭与整个世界联系起来。

为了保护生态环境，十年来居住区的垃圾收集、运输、处理方式也发生了许多变化，如上海等地近年来所推广的有机垃圾生化处理技术，就实现了生活垃圾的减量化、无害化和资源化。这一改变也必然反映在住宅小区的规划设计中。

此外，近年来可再生能源在居住区中得到了日益广泛的应用。如集中式太阳能热水系统应用技术、太阳能光伏电池照明技术、水源热泵应用技术、地源热泵应用技术、生物能利用技术等，也对住区规划设计提出了各种新的要求。

图 2-31　室内步行商业街

图 2-32　室外步行商业街

三、住宅建筑设计

进入20世纪90年代以来,由于住宅供需体制由福利分配向商品化转化,以及国民经济持续稳定地增长和城乡人民生活水平的不断提高,我国城乡住宅建设进入了前所未有的发展时期。住宅建设与千家万户息息相关,多建房、建好房这一市场的需求推动着住宅建筑和人居环境的建设向更大跨度和更高水平迈进,数量和质量并重发展,以适应新时期的要求。

近10年来,我国住宅面积标准由控制到放开,住宅类型从单纯居室的限定到多种类型的提供;平面布置从简单安排卧室、厨房到合理功能分区;住宅层数从低层、多层到中高层和高层的兴起;结构形式从砖混结构到研究大空间结构体系的应用;住宅建筑技术从忽视室内环境到重视声、光、热、空气质量环境,建筑师们在"以人为本"的思想指导下,不断更新理念,开拓思路,创造功能合理、经济实用、安全舒适、环境优美、节能节地、有利于持续发展的住宅设计方案来满足市场的要求。

近10年来,我国住宅建筑的舒适性、安全性、耐久性、环境性和经济性都有了很大提高。

(一)更注重居住的适用性

面积指标的放开,使各空间的面积得以适度扩大,但更主要的是使住宅内部布局更为合理,室内公私分区,动静分区,洁污分区更趋明确,各个功能空间的尺度也更为恰当。一些优秀的设计,不是盲目追求厅、卧面积增大,而是根据使用功能的需要,设置了独立餐厅、学习室、工人用房、家务室、可入式衣帽间、多个卫生间等,洗衣机和冰箱有了固定的位置。有的还设置家庭厅,电脑工作室,从而使住宅套型与现代生活方式相适应。

(二)提供多样化的套型

住宅作为商品,首先以多样化适应了市场的需求,针对不同经济收入、不同结构类型、不同生活模式、不同职业及不同文化层次、不同社会地位的家庭,提供了相应的住宅套型。除了深受大家欢迎的一梯两户的单元组合式住宅,还出现了叠拼住宅,低层联排住宅及独立式花园住宅,尤其是利用坡屋顶下的空间组成的跃层住宅套型及由上下两层组成的复式住宅套型,其丰富变化的室内空间,使得住在这普通的住宅楼里也能享受到别墅样的感觉。"老少居"的形式使几代人组成的大家庭实现了住在一起既能享受天伦之乐,便于互相照顾,又能分别住,老、小家庭各自有成套的独立空间的愿望。而单身人士同样能选择到专门为他们设计的面积不大但设施齐全的适合自己的小套型住宅。

此外,为居住困难、中低收入家庭提供的经济适用房平面布置紧凑,面积不大功能全,设备齐全造价低,住得下,分得开,因经济实惠而深受欢迎。

(三)厨卫空间的综合设计

厨卫是住宅的核心,功能要求复杂,管线及设备众多,使用最频繁,因而也成为住宅内最为关注的部位。在住宅设计的演变过程中,厨卫的进步最为明显,首先是面积的扩大。厨房的使用面积大多在 $5m^2$ 以上,按洗、切、烧炊事操作流程需要,操作面净长度都能保证在 2.10m 以上;卫生间内至少可设置便器、洗浴器(浴缸或喷淋)、洗面器等三件卫生洁具,并且根据套型的需要,除了设置公共卫生间外,还设了专用卫生间,并安排了洗衣机的位置。厨卫的形式也多样化了,除了传统的布置形式,还出现了餐厨合一的DK式厨房、中西餐分设和开敞式等等的厨房;单个卫生间考虑洁具分室设置,即将洗面器设于前室,使用更合理了,也可避免卫生间的门直接开向起居室或餐厅等而引起的"视线干扰"及"不卫生"等缺点。

图 3-1~图 3-5 是比较经典的厨卫设计实例。

管线综合优化设计,集中而隐蔽布置,是使厨卫能达到整体性效果的重要措施。计量表出户或户外电子计量,使住户不再因查表而受干扰;管线集中设置,利于装修隐蔽,节约空间,室内环境也更为整齐美观了。

图 3-1~图 3-5 比较经典的厨卫设计实例

近年来，厨卫家具已逐步趋向成套化、产品化、工厂化，不但缩短了装修工期，减少了污染，提高了品质，同时也推动了相关产业的发展。

现今的厨卫，已不仅是功能的需要，还是一种文化的展示，一种追求的体现。

（四）营造宜人的交往空间

实践表明，住在单元集合住宅内的居民之间感情淡漠，缺乏相互帮助和关心。近年来为了改变这种情况，在住宅楼内开始设置交往空间，创造居民相识环境，以增进邻里生活融洽。诸如：

在住宅楼栋内扩大单元入口门厅，适当放大公共楼梯间平台，局部扩大外廊，组织空中叠层庭院，底层架空，顶部南向或北向退层，或隔层设空中花园等，为邻里交往提供了多种宜人的场所。由于气候不同，北方多以室内为主，南方则以室外为多。为了使这些空间更具实用价值，大都设置桌椅、种植绿化、配备游乐设施，使居民感受到温暖祥和的气氛，从而增进了邻里的情谊，见图 3-6~图 3-12。

（五）关注节地节能

土地与能源是两大社会财富，节地节能已成为国策，是住宅设计中必须考虑的问题。目前在住宅设计

图 3-6 内景场所（一）

图 3-7 内景场所（二）

图 3-8 屋顶花园

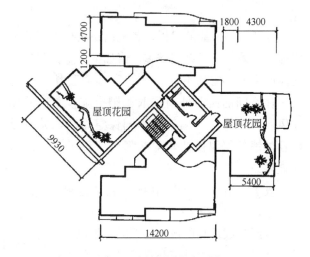

图 3-9 屋顶花园平面图

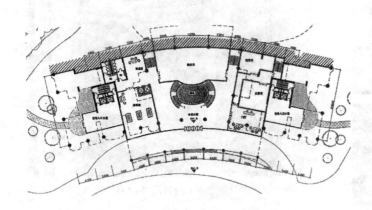

图 3-10 重庆阳光华庭平面图

图 3-11 底层空间架

图 3-12 住宅外景

中，适当加大进深、减小面宽、采用北向退台或坡屋顶形式以缩小日照间距，对节约用地起到了一定作用，在实际工程中被广泛运用（图 3-13、图 3-14）。其实，节约用地最易行、最有效的措施莫过于严格禁止使用黏土砖和适度控制每套住宅的建筑面积标准，这两项措施已被列入国家政策，正在实施中。

为了达到节能的目标，各地已在执行不同的节能标准，采取了一系列措施，诸如：注意控制建筑的体形系数；控制不同朝向的窗墙面积比；对主要居住空间的西向外窗采取遮阳措施；屋顶采用通风屋面构造；外墙采用不同保温做法，尤其是推荐外墙外保温做法等等，都已获得了良好的节能效果。

废水、雨水的回收利用也引起了重视，并已开始实施。

日照时数长和质量高的地区也重视太阳能的利用，并考虑太阳能设施与建筑一体化的设计。

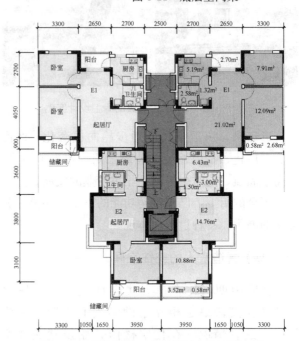

图 3-13 天津瑞景、瑞秀花园中小面积套型

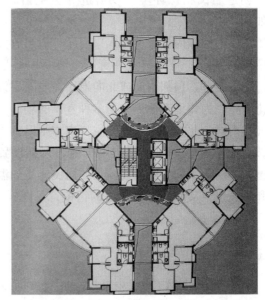

图 3-14 广州中海名都花园（8户）

(六) 提高室内空间的灵活可改性

随着生活水平的不断提高，建材市场的繁荣和快速发展的现代生活方式，住宅的室内空间分隔布局不再"一劳永逸"。人们希望"自己的爱屋"能随着家庭规模、结构和居住模式的变化而灵活可变，希望"自己的爱屋"更具个性，因此住宅具有可改性是客观的需要。近年来，大柱网的框架结构和板柱结构，大开间的剪力墙结构形式的应用（图3-15、图3-16），为住宅营造了大空间，除了管线较集中又有防水要求的卫生间及部分厨房以外，可实现大空间的再分隔，为住户参与设计，进行再改造提供了必要条件。人们可以不买新房也能住上新的套型，这也为住宅的可持续发展创造了条件。

(七) 实施无障碍设计

住宅建筑的无障碍设施，已是住宅建筑的主要内容之一，无障碍设计已得到普遍重视。在住宅单元的公共入口处设置了无障碍坡道，不仅为残疾人提供了安全和方便，同时也为老年人、推孩子车的母亲、伤病患者以及携带重物者都带来了方便；在有条件的情况下，还设置了无障碍电梯；在无电梯

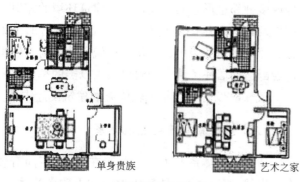
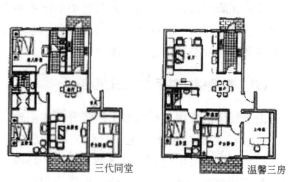

图 3-15　上海汇丽集团示范住宅

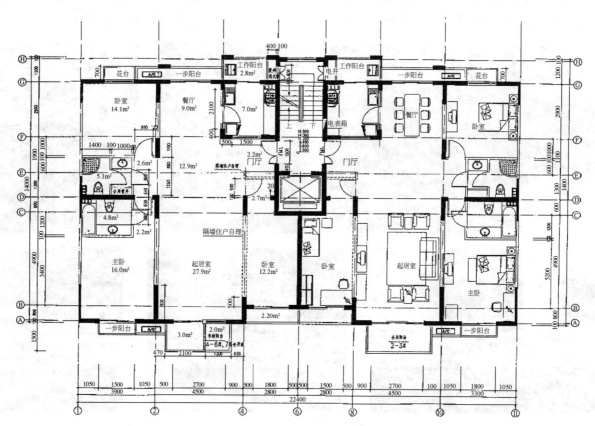

图 3-16　北京金地格林小镇

设施的多层、低层住宅中，尽可能布置经坡道能直接到达的套型，而在复式、联排住宅、花园住宅等套内有楼层的低层住宅内，则每套首层至少布置一个卧室及卫生间以备老人居住；曾一度因空间变化丰富而受欢迎的错层式住宅，由于其套内台阶的设置不利于无障碍使用，其建造的数量也已逐步下降。虽然无障碍套型建得尚少，但已考虑了某些套型的可改造性，例如把门洞预留大些、卫生间面积适当放大、降低厨房操作台等。由于无障碍设计与住宅建筑设计同步进行，可做到不增加或极少增加投资。

实施无障碍设计，使残疾人与行动不便者对于住房的选择和居住享有同样的机会和权利，有利于人们的和谐和社会的稳定，见图 3-17～图 3-22。

（八）塑造引人注目的建筑风格

由于经济的发展，居住水平的提升，住宅建筑已不仅只满足于以功能为主了，住宅的造型、立面、细部、色彩等的处理也越来越丰富了。环境美了，飘窗和落地窗被引入了住宅，以扩大视野，提高人与自然、人与环境的亲和性；面积有所扩大而形式多样的阳台，已不再仅供晾晒衣物，还是户内休闲、锻炼的空间，同时也成为美化建筑立面的重要元素；空调室外机已被有序地隐蔽安装，它们和太阳能集热器一样，作为一个部件，在住宅建筑的整体效果中起着积极的点缀作用。

住宅大面积的开发，其建筑风格同样引起关注和重视。建筑风格是功能与艺术相结合的创作成果，需要充分考虑当地的文化传统、居民习俗、地理气象等因素，因为它和住宅建筑所处的自然、人文、生活和文化有着直接联系。近年来，各地出现了许多优秀的作品，他们寻找当地建筑文化的内涵，吸取合理的建筑装饰节点符号与色彩，采用延续历史文脉的多元化民居建筑形式，以围合的组群构成多种邻里形态的空间，追求建筑环境的相对整体性及其与自然的有机结合。他们映照出那个地方、那个城市的历史、文化及风貌，他们为人们提供着舒适的居住条件，同时也给人以美的享受。图 3-23～图 3-26 是近几年比较优秀的建筑设计作品。

（九）推行新型住宅建筑体系

住宅建筑体系的扩大与改善在近 10 年间有较大的发展，其目的一是替代常用黏土砖砌筑体系；二是为了灵活可改室内功能空间；三是减少环境污染，将建材可循环使用；四是促进住宅产业化。

可推广且技术可靠的建筑体系：

图 3-17～图 3-22　无障碍设计实景

图 3-23～图 3-26 优秀建筑设计作品

1. 混凝土空心砌块体系

编制了体系的技术规程，保证其工程质量，加快砌筑进度，砌块主要为单孔型，少数有双排孔型。砌块模数为 100mm 进位。还解决了砌筑技术。有些地方利用地方材料制造火山灰混凝土空心砌块。主要用于低层、多层住宅主体结构，也有用于中高层填充墙。

2. 工业废料混凝土砖砌筑体系

主要以工业废料代替黏土砖，应用技术与黏土实心砖相同。

3. 短肢剪力墙体系

属框架体系，比剪力墙体系布置自由，可用于中高层和高层住宅。

4. 异型柱框架体系

可将主体框架与墙体结合并不显露，室内效果好，但施工难度较大。

5. 钢结构体系

又分纯钢结构、钢-混凝土结构，前者适用于低层和高层，后者适用于中高层与高层。钢结构体系施工方便，自重轻，废料可回用，构件标准化定型化生产，可推进产业化。

6. 木结构体系

主要用于低层住宅，目前多采用引入体系，此体系需标准化、装配化才有发展前途。

7. 加气混凝土砌体体系

有粉煤灰、铝粉发泡加气混凝土砌体体系，是轻质结构，但限用于低、多层住宅。

8. 帝枇模网体系

属钢筋混凝土现浇体系，与保温隔热材料可同时浇筑，但造价偏高。

四、住宅工程科技进步

（一）科技进步引导住宅建设健康发展

国务院办公厅1999年转发的"关于推进住宅产业现代化提高住宅质量若干意见的通知"（即72号文）明确提出"加快科技进步、鼓励技术创新、重视技术推广"，"坚持可持续发展战略，新建住宅要贯彻节约用地，节约能源方针"。十年来特别是近五年来，住宅科技取得很大的发展，成绩斐然。

为了推进住宅产业现代化，在建设部科技司领导下，城市住宅小区建设试点办公室，于1995年着手组织专家就住宅产业化问题进行调查研究，1999年建设部将原来的"城市住宅小区建设试点（1989—2000年）"和"小康示范工程（1995—2000年）"合并组建更名为"国家康居示范工程"，由"住宅建设促进中心"组织实施。

康居工程的目标是在多个方面推进住宅科技的发展：

(1) 住宅科研转向系统的创新研究和开发；
(2) 住宅技术转向成套技术的优化、集成、推广和应用；
(3) 住宅部品转向标准化设计、系列化开发、集约化生产、商品化供应；
(4) 住宅建造转向工业化生产、装配化施工；
(5) 住宅综合质量转向规范化系统控制管理；
(6) 住宅性能转向指标化科学认定；
(7) 住宅物业管理转向智能化信息管理。

康居工程在技术要点中的"住宅成套技术体系"的内容与要求，包括以下8个方面：

(1) 建筑与结构技术；
(2) 节能与新能源开发利用技术；
(3) 住宅厨卫成套技术；
(4) 住宅管线成套技术；
(5) 住宅智能化技术；
(6) 居住区环境及其保障技术；
(7) 住宅施工、建造技术；
(8) 其他形式住宅建筑成套技术。

康居示范工程开展至今，全国已批准百余个项目，验收逾30个，如上海奥林匹克花园（图4-1）、武汉绿景苑（图4-2）、平湖梅兰苑（图4-3）等。

20世纪70～80年代世界石油出现问题，产生能源危机，90年代后地球气候异常，地球环境快速破坏，为此，1972年联合国在斯德哥尔摩召开大会，1981年的《华沙宣言》，1992年的《里约宣言》，2000年荷兰举行的"SB2000"可持续发展大会和健康建筑研讨会，提出了全球共同开创未来地球可持续发展和健康舒适居住条件的时代。根据世界卫生组织的建议，"健康住宅"的标准包括：

图4-1　上海奥林匹克花园

图4-2　武汉绿景苑小区

图 4-3 平湖梅兰苑小区

（1）不使用有毒的建筑装饰材料；

（2）室内二氧化碳浓度低于 1000ppm，粉尘浓度低于 $0.15mg/m^3$；

（3）室内气温保持在 17～27℃，相对湿度保持在 40%～70%；

（4）噪声级小于 50dB；

（5）一天日照要确保 3 小时以上；

（6）有足够的照明设备，有良好的换气设备；

（7）有足够的人均建筑面积并确保私密性；

（8）有足够的抗自然灾害能力；

（9）住宅要便于护理老人和残疾人。

"国家住宅与居住环境工程技术研究中心"于 2000 年在广泛调查研究我国住宅现状及国外住宅建设经验的基础上，结合我国的国情提出了"健康住宅"的课题，组建工作扩展跨行业，除有关建设部门外，增加中国疾病预防控制中心，中国环境监测总站，卫生部老年医学研究所，北京预防医学研究中心，北京市民用产品安全健康质量监督检验站，中国建筑科学研究院建筑物理研究所，北京体育大学，以及资深的房地产开发商共同研究"健康住宅"，于 2001 年编制并发布《健康住宅建设技术要点》（2001 年版），随后经修编为 2002 年版、2004 年版，具有很强的指导性。

健康住宅的三大体系：即"健康住宅评估体系"、"健康住宅技术体系"和"健康住宅建筑体系"构成完整的系统工程。

三大体系中的"健康住宅技术体系"是三大体系中的支撑体，它能保证健康住宅性能指标落实，以及健康住宅建设方案的集成和整合。技术体系由一系列应用技术及相关材料和部品组成。它具有技术先进适用性和技术成套性。

日前，编制了"健康住宅建设应用技术"（70 项），应用技术由 10 个方面归纳 70 个子项：①住区环境；②住宅空间；③空气环境；④热环境；⑤声环境；⑥光环境；⑦水环境；⑧绿化环境；⑨环境卫生；⑩社会环境。每项技术指导性、可操作性强。

作为研究产品还建立了实验室为之提供各种实验数据及测试报告，"健康住宅"目前已有 10 个城市 13 个试点项目。经验收项目，如北京奥林匹克花园(图 4-4)、兰州鸿运润园(图 4-5)建设成果有特色，很优秀。"健康住宅"认真执行国务院"72 号文"，对推进住宅产业现代化起到推动示范作用。

图 4-4 北京奥林匹克花园

图 4-5 兰州鸿运润园

(二) 科技创新实例

1. 可再生能源利用技术

(1) 地热资源利用

在有地热资源的地区，根据所在地区地质实际，进行勘探后，可选择浅层或深层地热源。

例：东丽湖用地处于地热异常区，地热资源丰富，现已打一口地热井，自流45t/h，出水温度达97℃，供热采用地热梯度利用方式，即，使地下97℃的水经高温换热器，温度由97℃降至67℃，当中换出的热量用于公建部分采暖，高温换热器中的67℃水再经过一个低温换热器，降至37℃，换出的热量用于住宅部分采暖，之后37℃水经铺设在草坪及滑冰赛道底部的地表下的管道可起冬季化冰作用，最后回灌至地下，如图4-6所示。

(2) 太阳能利用

1) 太阳能灯：不少小区应用太阳能庭院灯和草坪灯。采用了先进的太阳能光电板、蓄电池系统，保证了夜间照明供电需要，见图4-7。

2) 太阳能热水器：太阳能热水器应用较为普遍，特别在昆明、江浙一带，太阳能集热系统由集热器、贮热水箱、管道、控制器等组成。太阳能热

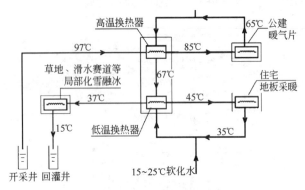

图4-6 地热资源梯度利用

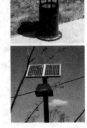

图4-7 太阳能灯利用

图4-8 浙江平湖梅兰苑太阳能集热器与建筑立面一体化

水系统与其他能源（电、煤气）组合，提供符合给排水设计规范要求的生活热水。其设计、安装应与建筑设计统筹考虑，达到"一体化"，正如浙江平湖梅兰苑小区，见图4-8。

2. 节水技术

节约用水是实现水资源可持续发展，改善住区生态环境的首要环节。

(1) 中水回用

缺水地区建筑面积大于5万 m^2 或回收量大于 $150m^3/d$ 或综合污水量大于等于 $750m^3/d$ 的居住小区，都应采用中水回用技术，将住区生活废水、污水集中起来，经过处理达到中水水质标准后再回用于住区绿化浇灌、冲洗车辆、道路，以及入户冲厕，达到节水目的，节水率约30%。有条件的住区，污水及中水可纳入市政管网。没条件的住区，可自建"区内污水处理站"，见表4-1和图4-9。

(2) 雨水收集利用

缺水地区可将住宅内屋面、路面的雨水，有组织的收集，收集后经过滤、沉淀、消毒处理，可用作景观补水、冲洗车辆等，见图4-10。

(3) 人工湿地

主要对区内水景、人工湖用水进行水质净化，见图4-11。

人工湿地系统水质净化效果明显，人工湖水质已经从劣五类稳定为三类水标准，符合景观用水标准，见表4-2。

3. 墙体材料

建材工业是对天然资源和能源消耗最高、破坏土地最多、对大气污染最严重的行业之一。大部分

处理后中水水质　　　　　　　　　　　　　　　　表 4-1

类　别	原水水质 （mg/L）	处理出水 （mg/L）	国家一级排放标准 （GB 8978—1996）	生活杂用水水质标准 CJ 25.1—89	
				冲厕，绿化	洗车，扫除
BOD_5(mg/L)	150～250	<10	20	10	10
COD(mg/L)	200～400	<50	100	50	50
SS(mg/L)	150～250	<10	70	10	5
$NH_3\text{-}N$(mg/L)	10～35	<10	15	20	10

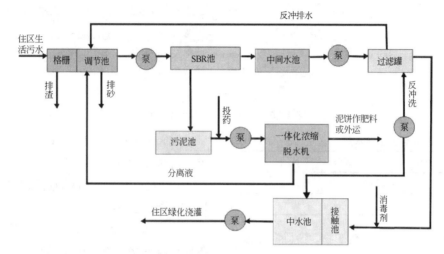

图 4-9　东丽湖中水站工艺流程图

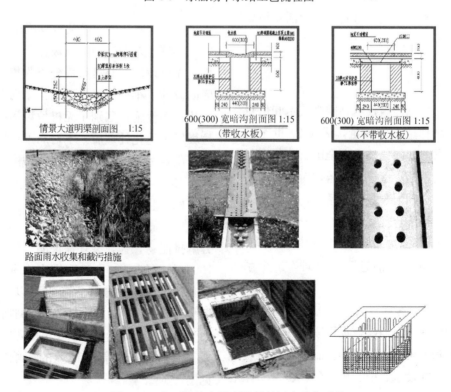

图 4-10　东丽湖结合景观效果的雨水收集明渠

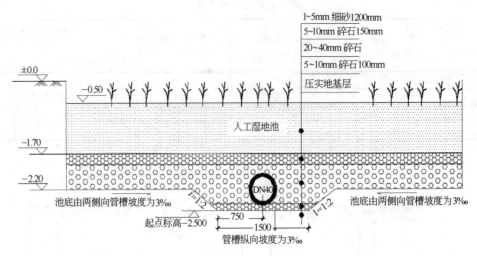

图 4-11　东丽湖人工湿地剖面图

净化后人工湖水质　　表 4-2

	pH	SS	COD_{Mn}	BOD_5	T-N	T-P
进水水质	7.73	33	15.76	11.93	7.67	0.70
出水水质	6.74	4.0	3.26	1.12	1.10	0.03

的建材原料来自不可再生的天然矿物。废除黏土实心砖，研发新型砌块是当务之急。目前在经济发达地区，大城市在这方面进展较快，采用工业废渣，如粉煤灰、矿渣、煤矸石、淤泥、各种尾矿废弃物、建筑垃圾，制作墙体材料，取代黏土砖，如加气混凝土砌块，混凝土空心砌块、煤矸石砖、页岩砖、伊通板、黄河淤泥乃至上海研发的生活垃圾砖等等，作为各类住宅建筑体系中承重墙体或填充墙体。

4. 智能化技术

通过采用现代信息传输技术、网络技术和信息集成技术，以提高住宅功能质量，适应 21 世纪现代居住生活的需求。智能化技术在全国新建住区得到普遍应用。为使不同类型、不同居住对象、不同建设标准的住区，合理配置智能化系统，按其功能要求、技术含量、经济合理等因素，划分为一星级（普通级）、二星级（提高级）、三星级（超前型）。设置系统一般为"安防"、"信息"、"管理"三个系统，基本要求：

（1）户内：卧室、客厅设置有线电视插座，卧室、书房、客厅设置信息插座，设置紧急呼叫求救按钮及访客对讲和大楼出入口门锁控制装置。厨房设燃气报警装置。并设水、电、燃气（暖气）自动计量、远传装置。

（2）住宅小区：根据住区规模、档次及管理要求，可选设"安防"、"信息"、"管理"内容。

1）安防系统：小区周边防范报警，访客对讲，110 报警，电视监控。

2）信息系统：有线电视，卫星接收，语音和数据传输网络，网上电子信息服务等。

3）管理系统：水、电、燃气、暖气远程自动计量，停车库管理，小区背景音乐，电梯运行状态监视，小区公共照明，给排水等设备自动控制以及住户管理，设备维护管理等。

5. 环保措施

（1）垃圾分类处理及对有机垃圾生化处理

实例：东丽湖设立垃圾分类收集箱，将有机垃圾、无机垃圾、有害垃圾分类收集，分别处理，小区内设计了小型垃圾转运站，站内设计了有机垃圾生化处理设施，区别于无机垃圾和有害垃圾，有机垃圾经过生化处理后，不对周围环境造成污染，并能产出高效有机肥料，可直接用于小区绿化，见图 4-12。

（2）生态厕所

生态厕所区别于传统厕所，利用生物菌剂处理分解排泄物，为新型环保产品。生态厕所能达到近 100% 的分解率，分解后排出水和二氧化碳气体，无其他排出物。分解后的水可以回用于冲厕，二氧化碳自然排放，降低了传统厕所对水资源的极大浪费。高效的生物处理方式省却了传统厕所的人工清运，把对周围环境的影响降到最低限度，见图 4-13。

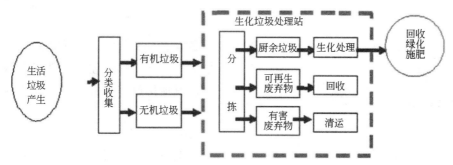

图 4-12 东丽湖垃圾分类及处理

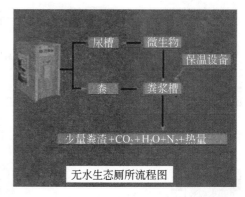

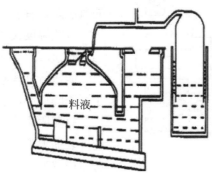

图 4-13 东丽湖生态厕所

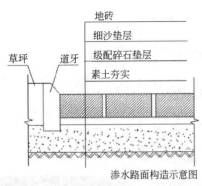

渗水路面构造示意图

图 4-14　东丽湖渗水路面

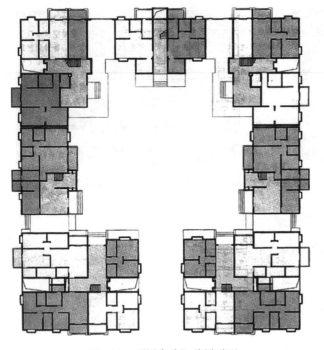

图 4-15　"围合院"首层平面

（3）渗水路面

是指路面强度等性能在满足要求的同时，使路面保持良好的透水性，雨水能及时透过路面渗入地下土壤，达到快速排水目的的路面。有利于生态和环保，可防止雨天路面积水和夜间反光，改善行走的舒适性与行车的安全性；提高土壤的透气、透水性，改善土壤湿度、盐度，改善城市地表植物和土壤微生物的生存环境；可降低地表温度，调节居住区气候，缓解居住区"热岛"现象；地表水分散、就地排放，可减轻城市排水设施的负担，见图 4-14。

6. 实例

例一：岭南花园

岭南花园根据地理气候条件和通过科学研究与技术创新，结合岭南地区文化特色，开创科技型本土化住宅小区开发新模式。

（1）围合式布局研究

组织科研单位对华南地区居住模式的发展进行研究并深入分析。研究岭南民区传统布局的精华。通过日照和空间视觉的分析，自然通风风洞模型试验及居住心理分析，在各种情况下对温度、湿度对比测试的基础上，发现了围合式布局比半围合式、行列式具有更高的舒适度，为继承我国居住文脉提供了实测数据和理论分析的科学依据。

围合院住宅为 6 层。内庭东西向宽 32m，南北向宽 29m。在夏季主导风向南边开口宽度为 8m。围合院首层（图 4-15），除南边中间全开口处在围合组团的东、西两侧及北侧，选择适当位置局部架空成通风平台，促使庭院内部形成穿庭风。

对围合的综合评价：

1）有利自然通风：由广东省建科院对围合院和行列式两种布局作了自然通风风洞试验。围合院在自然通风方面比行列式布局有明显的优势，组团内外的相对封闭，在一定程度上可以形成组团内外的风压差，有利于通风。

有关温度实测值和整体评价见表 4-3 和表 4-4。

2）形成大面积的阴影，达到阴凉效果。"围合院"能比行列式布局增加阴影面积一倍左右，有利于夏季降低小区室外的环境温度，改善小区的热环境。日照阴影覆盖到建筑物外墙表面，可降低外墙的外表面温度，减少通过外墙传入室内的热量，改善室内热环境和空调节能。

3）舒适的空间尺度：围合院东西向宽 32m，南北向宽 29m，其宽度距离与建筑高度之比（D/H）分别为 1.8 和 1.6，均居最佳值范围。人们在平地既能看天空，又不觉疏远感，是亲切的空间尺度。

有关视觉分析和日照阴影曲线见图 4-16 和图 4-17。

各测点的温度实测值(℃) 表4-3

测量时刻	6月29日					6月30日				
	空气温度	阴影下草地地表	阴影下硬地地表	阳光下草地地表	阳光下硬地地表	空气温度	阴影下草地地表	阴影下硬地地表	阳光下草地地表	阳光下硬地地表
9:00	29.88	28.69	29.38	31.02	35.67	31.07	29.04	29.38	31.26	35.22
10:00	30.27	29.09	29.88	31.81	38.24	31.51	29.24	29.98	32.40	37.20
11:00	31.81	29.38	30.77	34.04	40.57	32.06	29.63	30.82	34.33	39.18
12:00	32.90	30.03	30.97	34.33	40.91	32.60	29.98	31.46	35.12	43.19
13:00	32.95	30.72	31.31	34.48	40.62	32.65	30.03	32.06	35.42	43.83
14:00	33.54	30.82	31.71	35.17	42.05	33.79	30.87	32.45	35.52	44.43
15:00	34.09	30.92	32.06	35.32	41.66	33.94	31.02	32.65	34.43	40.87
16:00	33.44	31.26	31.96	34.23	40.87	33.84	30.62	32.45	34.28	41.71
17:00	32.75	30.67	31.46	33.10	39.28	32.16	31.07	32.50	33.79	38.94
18:00	32.55	30.47	31.41	32.70	37.60	33.54	31.12	32.30	33.44	38.59

表4-4

布局形式	通风较好部分所占的比例(%)			整体评价
	正南风	东南风	正东风	
围合式布局	50	75	50	背风面的住宅较少,而且整体通风较好
行列式布局	25	62.5	25	除迎风面部分住宅,其余通风效果较差

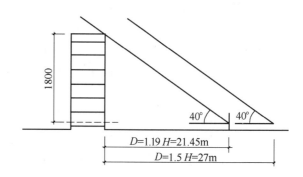

图4-16 "围合院"空间的视觉分析

(2) 生态绿地研究

组织科研、设计、园林等单位进行"生态绿地规划"的研究。通过对该区生物量的计量,降温效应测量,噪声环境测量,空气清洁度环境分析,取得大量实测数据,为居住区的绿化提供了量化的科学依据。

住宅区生态绿地强调在绿地生态功能规划的基础上,结合住宅区的功能、空间、景观、色彩等要求进行绿地规划。

广东省林业局于2002年4月2日在广东大厦主持召开了"广州岭南花园住宅生态绿地规划的研究"成果鉴定会。

成果经鉴定认为该项研究瞄准国际的生态民居和生态社区发展的新趋势,首创并建立我国住宅区

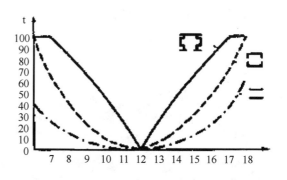

图4-17 夏至日照阴影变化曲线

生态绿地规划的理论、程序和方法,并在广州岭南花园住宅区作出了示范。该项研究总体达到国际水平,在国内居领先地位。

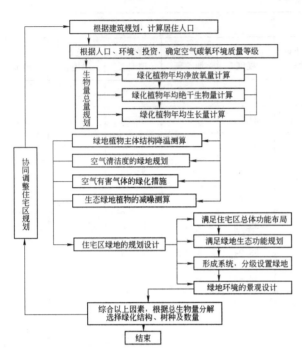

例二：天津蓝水假期

蓝水假期项目成功之处，在于做好"水境住区"、"水体保护"、"分质供水"和"中水回用"。项目针对性强，成效明显，经验切实，对于天津这个严重缺水的北方大城市起到示范推动作用。

蓝水假期保留了 2.85hm² 的水面（图 4-18），平均水深 2m，水源为"中水"。湖水采用了动力循环和一整套先进的净化方式，最大程度地保证了水质的清洁。

（1）水动力循环系统——通过管线将整个湖面连接，在动力电的带动下使整个湖水循环起来，在循环中不断给水体充氧，做到"流水不腐"，见图 4-19。

图 4-18 蓝水假期 I 期鸟瞰图

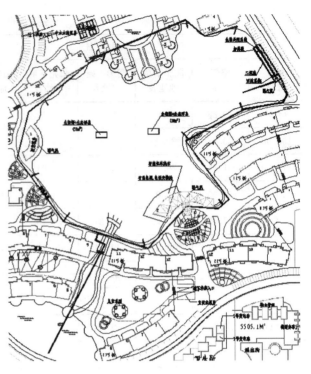

图 4-19 水动力循环系统图

（2）生态净化措施

1）种植水生植物——水生植物在生长过程中吸收水体中的氮和磷，可以有效防止水体的富营养化，见图 4-20。

2）生物栅与生态浮岛——生物栅是一种为参与污染物净化的生物提供生长条件的设施，通过生物吸收和降解水中的污染物，见图 4-21 及图 4-22。

3）水生动物——放养适量的鱼类可以控制水中的浮游动物、原生动物、藻类的生长，保持水生生态系统的平衡。

4）水体充氧——水体充氧可以抑制厌氧生物的生长，达到水质保持的目的，见图 4-23。

图 4-20 水生植物岸带（夏季）

图 4-21 植物浮岛

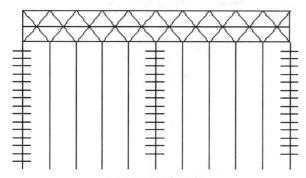

图 4-22 浮岛示意

图 4-23 表面推流曝气机

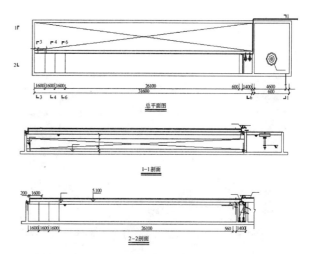

图 4-24 生物接触氧化段平剖面

图 4-25 生物接触氧化设施

(3) 生物接触氧化——其原理是在接触氧化设施中设置生物载体材料形成生物膜,当污染水体与生物膜接触时,水质中的有机物、氮、磷被生物膜上的生物降解,使水体得以净化,见图 4-24～图 4-26。

(4) 加药沉淀——当湖水因管理不善,引起水质恶化时,可以采用相应的应急处理措施,通过在加药点加适量的化学物质,杀死藻类及引起水质恶化的微生物,达到水质清洁。

经过三年有余的时间,蓝水假期的湖水水质一直保持着良好状态。

例三:重庆北碚天奇花园

该项目为国家"九五"科技攻关项目——建筑节能示范小区。见图 4-27～图 4-30。

重庆地处夏热冬冷地区。该项目对住宅通风作深入研究与分析,提出多种方式以达到"被动式"通风效果。结合地域条件,设置主体绿化,包括屋顶蓄水种植,西山墙通风防晒以及阳台绿化等,建成了夏热冬冷地区节能 50% 的示范小区,对上海、湖北、湖南、江苏等省市节能改善居住室内热环境起到借鉴作用。综合热环境质量达到夏季 PMV<0.76,冬季 PMV>0.5。夏季干球温度≤28℃,冬季干球温度≥18℃。全年采暖能耗≤38kWh/m²,节能 50%。

图 4-26 清澈的湖水

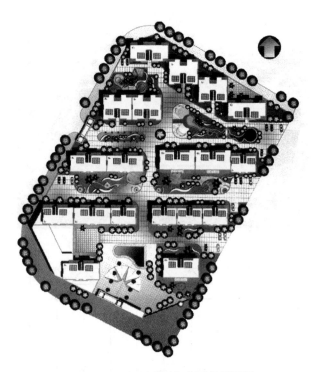

图 4-27 重庆北碚天奇花园总平面图

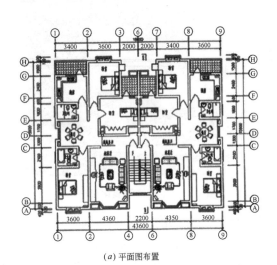

(a) 平面图布置

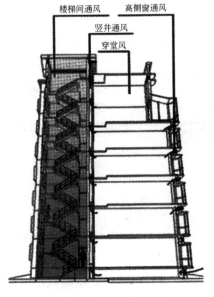

(b) 被动式立体通风系统示意图

(c) 楼梯间顶部出风口

(d) 楼梯间实景

(e) 楼梯间通风示意图

图 4-28 楼梯间通风

住宅小区工程篇 401

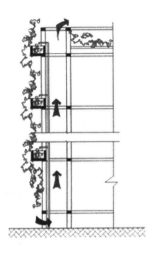

西墙通风绿化实景

冬季西墙实景

施工实景

夏季西墙实景

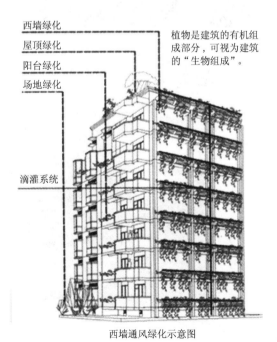

西墙绿化
屋顶绿化
阳台绿化
场地绿化

滴灌系统

植物是建筑的有机组成部分，可视为建筑的"生物组成"。

西墙通风绿化示意图

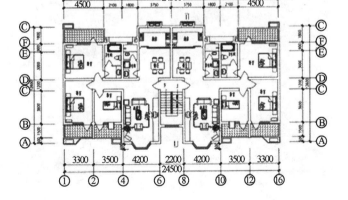

图 4-29 西山墙通风防晒

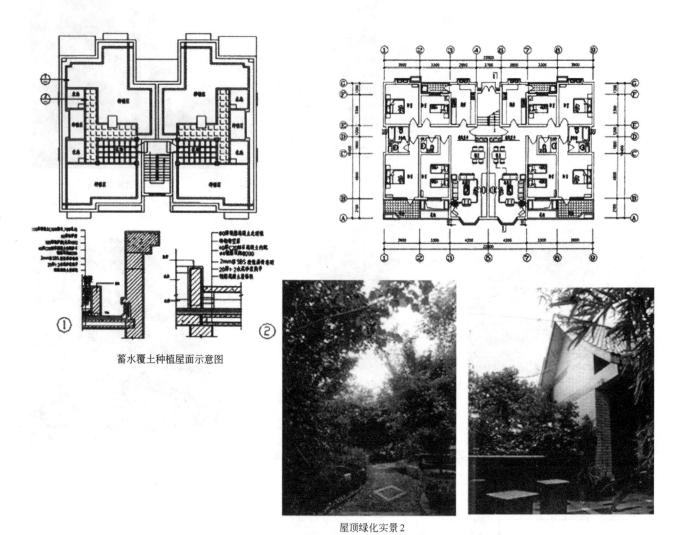

蓄水覆土种植屋面示意图

屋顶绿化实景2

屋顶绿化实景1

屋顶绿化实景3

图 4-30　屋顶绿化

例四：北京锋尚国际公寓

(1) 外墙系统

采用欧洲标准四层外墙防护技术，总厚度 420～520mm；严密阻止冷热辐射和传导：干挂砖幕墙"遮阳伞"功能，保护外保温板的不受雨雪侵蚀，可以抵挡辐射；外保温方式防止冷热桥产生，优于内保温；流动空气层挥发保温板水汽，永久保持保温板的干燥及保温效果；传热系数低至 0.2～0.3(北京规范 0.9～1.16)，见图 4-31。

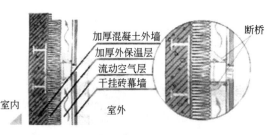

图 4-31 外墙保温截面

(2) 外窗子系统

采用德国 SOHUCO(旭格)断热铝合金窗框结构；双面胶条咬口，窗框内、外铝皮间有硬尼龙断热层；窗框与窗洞间采用美国欧文斯科宁保温板隔热处理；低辐射 LOW-E 玻璃，充氩气、镀银膜；留住冬季阳光，阻挡夏季室外辐射，双向阻热；德国 ALULUX(阿鲁鲁克斯)铝合金外遮阳卷帘，内部填充聚氨酯阻热材料；阻挡 80%以上的太阳辐射；配意大利进口隐性卷轴纱窗，传热系数低至 2.00，见图 4-32。

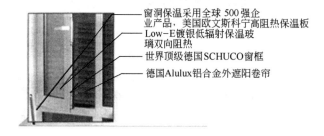

图 4-32 窗洞保温示意

(3) 屋面及地下系统

屋顶保温板加厚到 20cm，是北京市节能规范的 4 倍；保温板向上延伸，包裹到整个屋顶和女儿墙；地下保温板深入到地下 1.5m，在北京的冻土层(0.8m)以下；根除地冷对建筑物渗透、防止屋顶暴晒；顶层和首层将不复存在冬冷夏热问题，与其他楼层一样可以冬暖夏凉，见图 4-33。

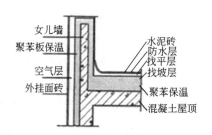

图 4-33 屋顶剖面示意图

(4) 混凝土采暖制冷系统

由于采用了先进的保温隔热"外围护系统"(外墙、窗、屋顶及地下)，因而避免了室内遭受室外恶劣气候的影响，但为了应对极端的酷冷酷热，又采用了先进的"混凝土制冷采暖"温控技术。

它依靠低温辐射而非对流方式营造舒适温度，即温度范围在 20～26℃间无燥热，本质区别于地板采暖。温度分布均匀、无风感噪声、不占面积；预埋 PB 管道，与建筑同寿命、免维护，见图 4-34。

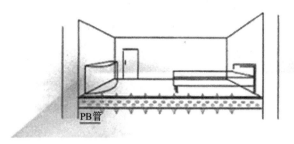

依靠循环水调节楼板的温度——从而调节房间温度

图 4-34 预埋 PB 管道示意图

(5) 健康新风系统

凭借先进的外围护密闭、保温性能，得以允许采用最符合生理科学的"下送上回"低速送风方式；使得保证新风和废气的分离和控制室内空气流动方向成为可能；经预处理后的新鲜空气比室温略低；自然沉积在下方形成"新风湖"淹没人体；新鲜空气顺着人体上升，经呼吸后变为热(废)空气从上部排风口排出；人体 24 小时 100%呼吸新鲜空气；对人体健康十分有益；低速送风，无噪声、无气流感、无扬尘；楼顶设冷/热能量回收装置，回收排出室外的冷/热能量，见图 4-35。

(6) 防噪声子系统

锋尚国际公寓全面阻断住宅噪声的 3 个来源：第一，总厚度 420～520mm 的加厚外墙及高阻噪德国 SCHUCO 窗框，6mm+12mm+6mm 厚的中空

图 4-35

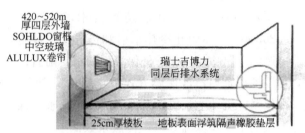

图 4-36 锋尚国际公寓杜绝 3 种噪声来源的方式

Low-E 玻璃及 ALULUX 外卷帘，隔绝室外噪声；第二，总厚度 250mm 的楼板及浮筑隔声垫层技术隔绝楼层间固体传声；第三，瑞士吉博力隐蔽水箱及同层后排水技术，摈弃传统水封弯头；避免邻里间排水噪声，消除水流撞击管壁噪声，见图 4-36。

（7）水处理子系统

中水处理：地下设中水处理系统，将洗浴、洗衣等生活用水回收处理，用于浇灌绿地、冲洗道路、洗车、补充人工湖水，降低物业费用（图 4-37）。同层后排水：锋尚国际公寓采用瑞士 GEBERIT 同层后排水技术马桶污水在同层后排入隐蔽在墙体里的立管中，立管中双路排水，避免楼间排水噪声，无漏水、无串味，摈弃传统水封弯头；不占用下层空间。中央热水：双管道全循环供水方式，与传统主管道+支管道供水方式不同；没有支管道，热水 24 小时循环；锅炉采用德国布鲁德斯（BUDERUS）高效锅炉。地下车库防水：锋尚国际公寓地下车库采用加拿大 XYPEX 防水技术材料，该材料成功应用于悉尼奥运会场馆、中国银行总行地下金库、中华世纪坛等。锋尚国际公寓采用瑞士吉博力虹吸式屋面雨水排放系统，屋面雨水斗及高密度聚乙烯排水管道完全隔绝空气，只允许雨水进入，利用重力形成局部真空产生虹吸现象，比传统的重力式雨水排放方式减少大量雨水斗和立管，不需要任何坡度快速彻底排清屋面积水。

（8）垃圾处理系统

中央吸尘：吸尘软管插入吸尘孔，自动启动，地下主机产生负压；室内灰尘直接进入地下，避免使用普通吸尘器的二次污染。食物垃圾处理器：食物性垃圾直接粉碎后随水流入化粪池；可消除 80% 的生活垃圾；避免室内及小区蚊蝇污染、减轻家务负担、降低保洁费。用置换式垃圾周转箱：直接和清运车所载周转箱置换，无须二次转运垃圾，便于垃圾分类回收，避免二次污染，无气味，见图 4-38。

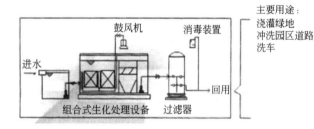

图 4-37 中水处理示意图

图 4-38 垃圾处理示意

五、住宅工程施工质量

多年来，我国住宅工程质量一直是社会上最为关切的一个问题，近十年（1995～2005）住宅工程的施工质量虽有提高，但仍不能满足经济发展和广大居住者的要求。建设部有关主管部门紧紧围绕推进城镇化和改善人民居住环境这一中心工作，紧紧抓住工程质量和安全生产这一关系人民群众切身利益的重点工作，通过完善法规和制度建设，改进和加强对工程建设各环节的监督管理，促进工程建设各方主体质量安全意识、人员素质和技术水平的提高，确保了整体质量水平和安全生产水平的提高。特别是 2000 年《建设工程质量管理条例》颁布以来，质量安全状况明显好转，总体上看稳中有升，结构安全有基本保证，事故和投诉明显减少，一些长期影响使用功能的质量通病基本消除。

（一）近十年中，住宅工程施工质量动态

1. 近十年住宅工程的建设量大幅度提高，施工队伍也相应迅速发展，使整个行业施工人员的素质有所降低。因此对住宅工程的施工质量必然带来一定影响。

在上个世纪 80 年代中，我国住宅工程质量是比较低的，为了提高住宅工程质量，建设部一是对住宅工程质量严格地进行监督检查；二是从 1986 年开始组织城市住宅小区建设试点，并由点到面，通过试点小区的示范与推动（试点小区虽对住宅规划、设计、施工、环保等质量均有要求，但对工程质量的要求是占较大比重的，因此试点小区对全国住宅工程质量的提高起到了示范和推动作用），使住宅工程质量有明显提高。不少住宅小区由于工程质量优秀而获"住宅工程试点小区"金奖。建设部在 1988 年对住宅工程质量进行检查后，在 1991、1994 和 1996 三年中对住宅工程质量进行了抽查，这三年的住宅工程质量均有较大的提高，见表 5-1。

在进入 21 世纪后，住宅工程的施工质量从总体上看是有喜有忧，因为近几年由于强化住宅工程结构质量的监管，住宅工程的结构安全得到了保证。令人担忧的是，由于住宅工程建设市场的不规

表 5-1

年度	抽出工程数	合格率（%）	备注
1988	667	48.7	主要在省会所在地及另一人城市抽查
1991	450	71.5	主要在省会所在地抽布
1994	462	81.8	同 上
1996	348	84.2	同 上
1999		95.0	
2001		95.3	

范和监控不严，在有的地区中，住宅工程出现较多质量问题，对住宅工程质量的投诉也多了，因此对住宅工程质量的监管仍不可丝毫松懈。

2. 以往的住宅工程都是在全部完成后方可交付使用。但近十年的一段时间内，住宅工程一般只完成主体和外装饰，而将大量的内装饰和安装工程交给住户自己去完成。这种方式往往会发生破坏工程的主体结构和防水层等工程质量问题，近几年有的地区和有关部门大力推动向"装饰到位商品房"转变，在住宅工程质量评优中，规定"毛坯房"不允许申报。因此近几年"装饰到位房"的比率不断扩大。

3. 自 2001 年开始，我国修订了建筑安装工程质量验收标准和规范，新的国家验收标准与规范比原标准规范有更高更严的要求，如允许偏差值有限量；其合格率要达到 80% 以上；技术资料要求完整（原标准规范要求齐全或基本齐全均可）；为了保证房屋建筑工程的质量安全，2000 年和 2002 年先后发布了两版上述标准与规范中的强制性条文，这些强制性条文不仅对房屋建筑工程的设计有强制要求，而且对施工质量也提出了强制要求，特别是对住宅工程提出了更具体的要求，这对住宅工程的质量保证具有很大的作用。除了上述新的标准规范外，还针对住宅工程制订了一些专业标准与规范。特别是自推广应用节能保温技术后，已有不少省市编制了地区有关节能规范标准，如北京市编制了《北京市居住建筑节能保温工程施工质量验收

规程》。

4. 工程施工大量推广应用新技术。为了提高住宅工程的施工技术水平和质量水平，消除质量通病，近十年全行业在住宅工程施工中，不仅加强质量管理和严格质量控制，而且还推广应用建设部的"十项新技术"，主要有深基坑支护、高效钢筋、高性能混凝土、新型模板、轻质墙体、保温节能墙体、轻钢结构、新型防水材料、保温密闭门窗、无污染环保油漆涂料、复合管道等。上述新技术的推广应用，对保证和提高住宅工程质量发挥了很大的作用。如住宅工程屋面的防水，自采用新型防水材料后，使用的年限增加了，渗漏的情况减少了，当前住宅工程虽还没有根除渗漏，但它在很多地区已不再是建筑施工的质量通病，而是存在的一个质量问题。再如自推广应用新型模板后，混凝土结构的质量有了很大的提高，混凝土构件一般均能达到内实外光，不少工程的混凝土构件，由于其平整度与截面尺寸偏差和垂直度等控制得好，使构件达到清水混凝土的要求，因此就无需再进行抹灰，而直接在混凝土表面批腻子、刷涂料，既省工省料，又可避免抹灰的空鼓开裂，见图5-1及图5-2。

5. 住宅工程施工质量的内涵更加广泛。近十年住宅工程的施工质量不仅仅要保证结构的安全，而且还要保证居住的安全和舒适，因此也就不仅仅是保证地基基础工程、主体工程、屋面工程、装饰装修工程和安装工程的质量，而且还要保证各种设施安全与室内污染物浓度的控制，为此，住宅工程在施工中不仅检验所用材料的物理性能质量，而且还要控制化学性能质量，特别是污染物浓度的控制。十年前，住宅工程的室内环境质量是得不到保证的，许多新居由于室内环境污染物的浓度超标，室内散发的有害气体使人难以忍受，造成对人体健康的伤害。

自2001年发布了《民用建筑工程室内环境污染控制规范》（GB 50325—2001）国家标准以来，住宅工程在竣工时，必须对室内环境污染物的浓度进行检测，符合规范限量要求方能验收，见表5-2。

图5-1、图5-2 住宅工程清水混凝土外墙板

表 5-2

污染物	Ⅰ类民用建筑工程	Ⅱ类民用建筑工程
氡(Bq/m³)	≤200	≤200
游离甲醛(mg/m³)	≤0.08	≤0.12
苯(mg/m³)	≤0.09	≤0.09
氨(mg/m³)	≤0.20	≤0.50
TVOC(mg/m³)	≤0.50	≤0.60

当前已有不少地区针对装饰装修的施工和材料存在的问题，制订了地方装饰装修验收标准，如天津市已将"室内空气质量"列入强检，室内空气质量验收全部合格后才能交付使用。当前由于检测面还不能全部覆盖，因此有些地区的住宅工程的室内空气还不能控制。但在大、中城市的竣工验收与备案中和申报质量大奖的住宅工程都必须具备室内空气质量的检测报告。

为了改善居住环境的安全、卫生，提高环境保护水平，近几年住宅小区建设相继提出了"绿色住宅"、"生态住宅"、"健康住宅"等新的概念。

6. 住宅工程形成商品后，住户对工程质量要求更高。但是有些工程质量问题并不是在购房时发现，而是在使用中才发现，此时往往找不到责任单位。为此，工程实行保险，特别是住宅工程实行保险更为迫切。90年代在行业内开始研讨这个问题，进入21世纪后也与有关部门商讨此问题。但由于有的问题尚不具备条件，因此住宅工程实行质量保险还需要等待一段时间，但工程实行保险(特别是质量保险)也是人们关注的一个问题。

7. 住宅工程的施工质量通病有所缓解。十年前，渗漏与裂缝可说是住宅工程最令人困扰的质量通病。十年中，由于认真治理工程质量通病，使以往一些质量通病或有所缓解，或明显改善。

如渗漏问题，在上个世纪80年代及90年代初是十分严重的问题(见表5-3)，1994年虽比前五年有很大的好转，但2.83%仍可说是个不小的数字。因此，近十年各地区一直对住宅工程的渗漏质量通

表 5-3

年 度	抽查栋数	不同程度渗漏的栋数	%	备 注
1989~1990	1078	342(仅屋面)	31.7	建设部组织检查统计数
1994	636	18	2.83	同 上

病进行认真治理，有的地区达到了基本根除，有的地区有明显改善。

由于当前我国住宅工程年建设量的基数很大(7亿 m²)，即使有0.5%的渗漏率，也就会出现350万 m² 的住宅工程是"漏房子"，它将给数万人家带来很大的困扰。治理住宅工程的渗漏，一般在技术上并没有很大的难度，建设部的"城市住宅试点小区"就全部是"无渗漏小区"。近几年很多住宅小区开始建设时就向社会承诺要建成"无渗漏小区"。上海市从1999年开展新建住宅工程创"无渗漏"小区以来，到2000年全市参加创"无渗漏"住宅试点的基地发展到150个，这些新建住宅都能经得起各种严峻气候的考验。2002年的上半年，上海市又决定用两年的时间攻克住宅工程渗漏的质量通病，仅2002年就有1600万 m² 的住宅工程纳入创建"无渗漏住宅工程"，见图5-3及图5-4。

再如裂缝问题，它也是住宅工程的一个质量通病。最为常见的裂缝一是墙体裂缝；二是楼板(预制楼板的接缝)裂缝；三是墙面与顶棚抹灰层裂缝；四是水泥砂浆地面裂缝。由于裂缝造成楼板渗漏、墙面抹灰层脱落和地面空鼓起壳，不仅影响建筑物的使用功能，也影响建筑物的安全。十年来，对质量通病的治理，收到明显的效果。由于住宅工程墙体施工质量的提高，特别是高层住宅的墙体材料多采用混凝土，加上有些地区对混凝土构件标准的提高和采用新型模板，使混凝土墙体达到清水混凝土的要求而无需再进行抹灰(只批腻子和刷涂料)，因此，这类住宅工程的墙面裂缝问题已不存在。但目前还有不少高层住宅工程的混凝土墙体，由于未能达到清水混凝土的要求而仍要抹灰的，其墙体的裂缝问题还会发生；再如砌块墙体，由于施工工艺的改进和企业标准的提高，砌体的平整度和强度均有很大地提高，因而控制了抹灰层的厚度，墙体的裂缝也有了明显的好转，见图5-5及图5-6。

8. 不少住宅工程获得了国家奖(行业大奖)。在1995年以前，住宅工程质量获得国家奖(行业大奖)是很少的，1987~1994年的8年中，仅有4个住宅小区和3个单体住宅工程获得了"中国建筑工程鲁班奖(国家优质工程)"；而1995—2004年的9年中，就有42个住宅小区和46个单体或群体住宅工程获得了"中国建筑工程鲁班奖(国家优质工程)"，其中有很多住宅小区还获得"建设部城市试

图 5-3、图 5-4　反映住宅工程质量水平屋面与地下室质量水平

图 5-5、图 5-6　当前住宅工程主体工程质量明显好转

点住宅小区金奖"。此外,还有 4 个住宅小区由于规划、设计、施工的出众而分别获得 2003 年度和 2004 年度的"詹天佑大奖"。这些获大奖的住宅小区深受住户的青睐,据住户反映:居住在这些获大奖的住宅工程中,不仅因质量优异不受质量问题(或质量通病)的困扰,而且感到十分放心。因此,一些获奖的住宅工程,虽然售价较高,但销售情况是非常好的。当然很多开发商认识到保证住宅优质,不仅提高企业品牌,也给企业带来很好的经济效益。

9. 住宅工程的智能化在不断提高。智能化是住宅工程技术发展的一个新内容,当前住宅工程的智能化虽然处在一个初级阶段,但能保证居住者的安全,也为居住者带来很大的方便。

10. 高层住宅工程的施工难度也在增多增高。近几年的住宅工程中,有的不仅体量大,而且地面以上的层数增多(有的多达 30 多层),地面以下的深度也在增加(有的住宅工程地下 3 层),还有不少住宅工程线角多、线型复杂,因此有的住宅工程施工难度还是很高的。但由于施工企业的重视,强化技术与管理工作,因此不少这类超高层住宅工程的质量还是比较好的,有些工程获得了地区或国家的质量奖,见图 5-7 及图 5-8。

(二) 当前住宅工程施工质量存在的问题

1. 住宅工程质量仍令人担忧

近十年,住宅工程质量虽有所提高,但在一些地区或企业的住宅工程中,还存有不少质量问题(或质量通病),当前住宅工程的质量问题主要是裂缝和渗漏两大方面。

图 5-7、图 5-8　住宅工程施工技术水平

2. 住宅工程建设市场不规范

近几年，住宅工程的建设量很大，但住宅工程的建设市场仍不规范，首先是住宅工程的标价比其他工程压得更为突出，在招标中低价定标；再就是承建住宅工程的施工单位要首先垫资，有的在竣工后还要拖欠工程款；此外，由于开发商为了缩短建设周期，而对进度非常重视，对住宅工程的质量只要符合标准和能予售出即可，因此有的开发商提供的材料、部件和器具往往不能符合质量要求；有的还将工程直接肢解分包，使名为总承包的施工企业控制不了分包单位的行为，特别是工程质量。由于住宅工程建设市场的不规范，致使很多承建住宅工程的施工企业，想创优质住宅工程却很难创出来。

3. 住宅工程的产业化程度低

在一些经济发达的国家中，住宅工程产业化的程度很高，住宅工程的所有构件部件及设备均在工厂内生产，然后在现场安装，因此在现场仅有很少安装人员在安装。我国的住宅工程产业化在近几年是有发展的，但仍未能改变手工操作、现场操作为主的状况。由于现场作业多、手工操作多、材料品种多、施工周期长等因素，因此工程质量难以控制。为此，要提高住宅工程的质量水平，发展住宅工程产业化，尽快提高住宅工程的产业化程度也是一项很有效的措施。

4. 住宅工程的施工质量要重视美观

住宅工程的建设方针是"安全、适用、经济、美观"。近几年对住宅工程的质量在安全与主要功能方面强调多了一些，而对美观的要求淡化了。因此，近几年的住宅工程的主体质量是有提高，甚至有的地区或企业认为住宅工程只要保证安全适用即可，而对住宅工程的美观没有引起重视。因此，今后的住宅工程不仅是要满足居住的要求，而且还要使居住者感到舒适。

5. 住宅工程的质量验收要强化监管

按我国建筑安装工程施工质量验收标准规定，住宅工程的质量验收是由参与建设的各方组织验收，由于一些开发商急于验收，因此出现有的住宅工程质量不符标准要求而验收，从而造成住户与物业公司的纠纷；住户与开发商的纠纷；开发商与物业公司的纠纷。其中最大的受害者是住户，因为很多住户是在入住后才发现质量缺陷和质量问题，而要解决这些问题往往要花去很多时间，甚至有时还得不到解决，不得不通过法律进行解决。上述问题的出现，也要求在今后的住宅工程质量验收中还要强化监管。图 5-9 及图 5-10 反映当前住宅工程对厨卫间的质量要求。

图 5-9、图 5-10　当前住宅工程厨房与卫生间质量水平

六、住宅工程建设的发展和展望

从上个世纪80年代开始,我国住宅建设一直保持着快速增长的态势,至上个世纪末,全国城乡住宅的年竣工量已突破10亿 m^2。在全世界面前,中国已成为住宅建设的"大国"。进入新世纪,城乡人民对住房的需求依然处于发展、增长的阶段,同时,我国还面临小城镇的建设发展时期。这就决定着我国的住宅建设至少在今后一个较长时间内将继续处于稳定发展的强势状态。若单纯从完成新建住宅的数量任务指标这个方面来看,我国住宅建设的能力完全可以胜任。但是,我国的住宅建设从整体上看,水平虽然在逐步提高,但工程施工质量、劳动生产率、能源消耗水平等等方面尤其是科技的贡献率依然在世界上处于比较落后的地位。住宅建设还没摆脱"效率底、工期长、能耗大、质量问题多"的状态,与能源问题日趋尖锐的现时代,与建设节约型社会的要求完全不相适应。因此,在今后一个发展阶段,我国的住宅建设应当加大力度进一步推进节能省地工作,加强"四新"科技的开发、应用,认真提高产品、材料、制品的质量水平,加快向产业化推进的步伐。

推进住宅建设节能、省地、环保和可持续发展为中心的科技创新与发展是"十一五"时期及今后一、二十年我国住宅科技工作的重要方向。

(一) 适应建设资源节约型社会要求,大力发展节能省地型住宅

建设部制定的《关于发展节能省地住宅和公共建筑的指导意见》为"十一五"时期及今后一个阶段的建筑节能确定了工作思路和任务。《意见》中提出:组织实施国家十大节能工程之一的"建筑节能工程",在部分地区试行节能65%的地方标准,并逐步成为国家标准;进行可再生能源规模化应用于建筑的示范,推进可再生能源与建筑结合配套技术的研究开发;大力开展科技创新,支撑和引领行业发展。对既有建筑节能改造成套技术、可再生能源建筑应用技术、低能耗大型公建技术、高效集中供热热源和输配系统技术、高效热泵采暖制冷技术等加快进行科技攻关,推动以节能、节地、节水、节材等建筑技术的发展。《意见》还提出,以节能建筑的发展带动墙体材料的革新,推进建筑节能技术体系和新型墙体材料技术产品的发展,增加技术产品可选择性。重视农村建房中的节能工作,加大推进可再生能源在农村的应用,按照循环经济的方式,研究发展太阳能光热、光电的应用和风力发电、沼气等经济适用技术。这些意见为我国的住宅科技发展指明了主攻方向。因此,在"十一五"时期和近一、二十年时间,节能、节地、节水、节材等,特别是可再生能源利用的科技研发,必将是推进住宅建设科技的中心任务和发展方向。

节能、节地、节水、节材建筑的基础性和关键技术与设备的研究开发,将有力推动现代住宅建筑技术自身的创新与发展。以可持续发展为目标的住宅建筑设计、结构设计理论作为重要的研究方向,包括同建筑节能密切相联系的围护结构保温隔热相关材料、技术的研发,特别是推进这些技术、材料、制品、设备的国产化;减轻建筑物自重的新型结构材料及构件模块化、循环再生材料的利用等等方面的研究,同样是住宅建筑技术创新的内容。

(二) 继续发展环保、健康的住宅和住区

充分尊重自然、保护和利用自然给予的条件,建设环保、健康、亲和自然的住宅和居住环境,是住宅建设的长期目标。建造环保、健康、亲和自然的住宅不仅是形势的需要,也是正在不断深入人心的追求。多年来我国住宅建设尤其是景观环境营造中存在追求豪华、西洋化,以及唯美的倾向,所带来的不良后果越来越为人们所认识。因此,住宅设计、环境设计向亲和自然的回归,将逐渐成为住宅建设者们的努力方向。建造环保、健康的住宅将成为不可逆转的发展趋势。

建设环保、健康的住宅所包含的科学技术问题,对材料、制品、建筑构配件等的要求将越来越高。如真正符合要求的"绿色建材"的开发、研究和生产还有一段路要走;建筑防潮、防噪问题的解

决也需要继续努力；室内空气的卫生要求对今后建筑设计、设施配置等问题也有待深入研究；室外环境中如何保证环保的达标，保持健康、卫生水平以及利用地方资源等等，既是一种观念的改变，也包括不少科学和技术问题。

（三）住宅设计的创新与发展

近十年来，我国住宅设计的进步比较明显，但也存在不少新问题，比较突出的是受"以销售为中心"的概念抄作所左右；抄袭、崇洋媚外；楼盘策划说了算，什么好卖的户型就照着抄，照着造。这种种现象虽不属多数，但对我国住宅设计的创新发展已造成不小的负面影响。从住宅建筑的节能省地要求、环保健康和安全的要求出发，住宅设计，包括住区的规划、环境设计等等，都需要在科学理念上有所提高，技术上有所发展。如近年来已经表现十分突出的飘窗、飘顶、大面积落地玻璃窗等违背建筑节能要求的设计，单纯追求形式而加大体形系数的设计等等，都应当改变。应当从节能、省地、节材和安全健康的要求中去提高住宅设计的水平。

另一方面，要在规划设计中努力探寻地方建筑优秀传统的科学内涵，努力发掘大自然可给予的有利条件，研究最佳的组团和院落结构、住宅排列和最佳朝向，提高规划和建筑设计的节能、节地效果。从充分利用自然条件上去挖掘建筑节能和提高住宅宜居性的潜力。

为了加快住宅建设的现代化、产业化步伐，住宅设计、结构设计如何向统一模数化、标准化、工厂化过渡，形成新的建筑体系和结构体系，是今后住宅建设科技发展的一个重要而艰巨的课题。在今后的住宅建设中，应当重视推广集成系统技术，以加快住宅产业现代化的进程。

（四）继续努力提高居住环境的综合质量水平

居住环境的综合质量包含住宅室内外环境的质量、工程施工质量、使用功能的质量以及建成后管理服务工作的质量，其中工程施工质量还包括了建筑材料、构配件和设备制品等的质量。上述一系列质量是保证居住环境安全、舒适、方便和健康等要求不可或缺的方面，任何一方面的不足，都可能给居住者带来不便、不适、不安全甚至重大的损失。这本是对住宅建设和居住环境建设最基本的质量要求，但长期以来这方面所存在的问题还没有完全解决。在建设资源节约型社会和构建社会主义和谐社会的任务中，全面提高住宅和居住环境建设的综合质量水平，是十分重要的任务。

为了全面提高住宅和居住环境的综合质量水平，必须从规划和建筑设计开始，包括建材、构配件和设备的质量控制，建筑安装工程施工质量的监督等等，不断提高科技水平，改善技术手段，以及加强管理制度和法律法规的建设和管理。健全质量管理，依然是我国住宅建设中任重道远的工作。

（五）村镇建设的发展水平将进一步提高

在过去的几年间，我国的村镇建设，特别是小城镇建设在国家社会经济发展中的地位不断提升，一方面村镇住宅建设稳定发展，质量和水平明显提高，每年住宅竣工面积保持在 6 亿 m^2 以上。另一方面，也是更重要的方面，村镇住宅建设已经从单纯追求数量，逐步转变到注重质量和功能上来，而且楼房的比重逐年增长，至今已超过平房的建设量。

从总体上，我国村镇住宅建设的水平逐年随着规划设计水平的提高而提高，村镇规划设计的调控和指导作用逐步增强。全国累计已有 90% 以上的乡镇完成了乡镇域规划，81% 的小城镇和 62% 的村庄编制了建设规划，这将对今后的乡镇住宅建设提供更为良好的基础条件。

村镇住宅建设，尤其是小城镇建设的发展形势和步伐在下一个十年将进一步加强、加大，但现实中存在的不容忽视的问题，是今后乡镇住宅建设需要加紧解决的问题，主要是：①进一步增强节能、省地的意识，继续提高规划设计水平；②努力开发生产建材的"土特产品"和新型的、经济的"四节"材料，进一步开发和研究太阳能、风能、地热、沼气等的利用；③重视住宅建设相应的公建配套设施的建设；④保持村镇住宅建筑的地方特色和环境特色，防止住宅建设的崇洋、抄袭风格在村镇住宅建设中重演。

（六）展望我国住宅建设的前景

随着推进节能省地建筑这项工作的深入发展，由建筑节能、节地、节水、节材和环保要求而带动的住宅科技工作，必将进入一个新的发展阶段。而人们对住宅和居住环境日益科学、理性的追求和人民经济生活条件不断提高而促进人们生活层次的更高需求，都对住宅和居住环境的功能质量提出更多的、更新的要求。许多业内人士已经感受到，当前与今后的住房质量和品位的提升，将越来越多地依靠科技的进步。因此，大力推进住宅科技工作，依靠科技含量的提升来带动住宅建设水平的发展与提高，已成为越来越多人士的共识。

"节能、舒适、健康和文化"将是继"安全、方便、适用、卫生"之后，人们对住宅和居住环境更高层次的追求。

提倡"优质、经济、适用"和有个性特色的住宅建筑设计和住区规划设计，将同推进住宅建筑的节能、节地、节水、节材和环境保护的工作并肩前进，相得益彰。

参考资料

[1] 本文所举实例有关内容均摘自相应工程项目参赛申报资料
[2] 《2003～2004 中国建筑业年鉴》
[3] 《2004 中国统计年鉴》
[4] 《中国建设报》
[5] 《建设科技》杂志

执笔人：

高拯、韩秀琦、赵冠谦、胡璧、张菲菲、何建安、开彦、朱昌廉、王芳芳

城市给水排水工程篇

水工业分会

目　录

- 一、概述 ··· 415
- 二、城市给水排水技术发展评述（1995～2004 年） ··· 417
  - （一）城市给水 ·· 417
  - （二）城市排水 ·· 424
  - （三）城市污水回用 ··· 431
- 三、城市给水排水技术发展展望 ·· 432
  - （一）城市水环境面临的问题与挑战 ··· 432
  - （二）城市给水排水技术发展展望 ··· 433
- 参考文献 ·· 433

一、概　述

1995~2004年，随着改革开放的深入，我国城市化进程加快，城市基础设施建设呈现出前所未有的速度，市政工程投资呈现出前所未有的规模，为城市给水排水工程建设注入了空前的动力，为城市给水排水工程建设技术的发展提供了广阔的空间，城市给水排水工程建设超常发展：供水综合生产能力由1995年的19250万 m^3/d 提高到2004年的24753万 m^3/d，增长28%；污水厂处理能力由1995年的713万 m^3/d 提高到2004年的4912万 m^3/d，增长589%（表1-1）。

《中华人民共和国水法》是规范水资源开发、利用、节约、保护、管理以及水害防治工作和行为的法律，于1998年1月21日发布、2002年8月29日修订、2002年10月起实施。其后，建设部颁布了一系列相关标准、规范和规定，保证了城市给水排水工程建设健康有序的发展。

建设部等部门组织力量，编制了《城市供水行业技术进步发展规划》、《污水处理技术政策》和《污水处理工程规划》，确定了重点流域城市污水处理建设计划和项目，提出了供水与污水处理设备的发展规划目标、实施方式和对策建议。在"七五"实施"城市污水土地处理系统"和"城市污水资源化"、"八五"实施"污水净化与资源化技术"等课题研究的基础上，"九五"期间实施了"污水处理与水工业关键技术研究"，在技术上开始注意工艺技术的集成性和水工业设备的研制开发，"十五"期间开展了"水安全保障技术研究"，极大地促进了城市给水排水技术的发展与进步。

为准确反映我国城市给水排水工艺技术的发展、贯彻科学发展观、带动全行业的技术进步，2002年起，对1997年局部修订、1986年发布的《室外给水设计规范》(GBJ 13—86)和1987年发布的《室外排水设计规范》(GBJ 14—87)进行了全面修订、重新编制。在编制过程中，开展了专题研究，广泛征求意见，总结了近年来给水排水工程的设计建设经验。新规范于2006年6月1日起实施。新的《室外给水设计规范》(GBJ 50013—2006)修订的主要技术内容有：补充制定规范的目的，体现贯彻国家法律、法规；增加给水工程系统设计有关内容；增加预处理、臭氧净水、活性炭吸附、水质稳定等有关内容；增加净水厂排泥水处理；增加检测与控制；将网格絮凝、气水反冲、含氟水处理、低温低浊水处理推荐性标准中的主要内容纳入本规范；删去悬浮澄清池、穿孔旋流絮凝池、移动冲洗罩

全国城市给水排水工程设施水平数据表 表1-1

年份	供水综合生产能力（万 m^3/d）	供水管道长度（km）	供水总量（万 m^3）	人均日生活用水量(L)	排水管道长度（km）	污水厂处理能力（万 m^3/d）	污水年处理量（万 m^3）	污水处理率(%)
1995	19250.4	138701	4815663	195.4	110293	713.8	689686	19.6
1996	19990.0	202613	4660652	208.1	112812	751.16	833446	23.62
1997	20565.8	215587	4767788	213.5	119739	1043.58	907928	25.84
1998	20991.8	225361	4704732	214.1	125943	1166.72	1053342	29.56
1999	21551.9	238001	4675076	217.5	134486	1308.61	1135532	31.93
2000	21842.0	254561	4689838	220.2	141758	1723.79	1135608	34.25
2001	22900.0	289338	4661194	216.0	158128	3106.3	1196960	36.43
2002	23546.0	312605	4664235	213.2	173042	3578.46	1349377	39.97
2003	23967.1	333289	4752548	210.9	198645	4253.61	1479932	42.39
2004	24753.0	358410	4902755	210.8	218880	4912.1	1627966	45.67

注：此表数据选自建设部综合计财司年报。

滤池的有关内容；结合水质的提高，调整了各净水构筑物的设计指标和参数；补充和修改了管道水力计算公式。新的《室外排水设计规范》（GBJ 50014—2006）修订的主要技术内容有：增加水资源利用（包括再生水回用和雨水收集利用）、术语和符号、非开挖技术和敷设双管、防沉降、截流井、再生水管道和饮用水管道交叉、除臭、生物脱氮除磷、序批式活性污泥法、曝气生物滤池、污水深度处理和回用、污泥处置、检测和控制的内容；调整综合径流系数、生活污水中每人每日的污染物产量、检查井在直线管段的间距、土地处理等内容；补充塑料管的粗糙系数、水泵节能、氧化沟的内容；删除双层沉淀池。

对与给水排水工艺技术密切相关的给水排水工程结构的设计规范，也进行了全面修订，于2003年3月1日实施。原规范GBJ 69—84内容过于综合，不利于促进技术进步。我国实行改革以来，通过交流和引进国外先进技术，在科学技术领域有了长足进步，这就需要对原标准、规范不断进行修订或增补。由于原规范的内容过于综合，往往造成不能及时将行之有效的先进技术反映进去，从而降低了它应有的指导作用。在这次修订GBJ 69—84时，原则上是尽量减少综合性，以利于及时更新和完善。为此将原规范分割为国家标准和中国工程建设标准化协会标准两部分，共10本标准：《给水排水工程构筑物结构设计规范》（GB 50069—2002）；《给水排水工程管道结构设计规范》（GB 50332—2002）；《给水排水工程钢筋混凝土水池结构设计规程》（CECS 138：2002）；《给水排水工程水塔结构设计规程》（CECS 139：2002）；《给水排水工程钢筋混凝土沉井结构设计规程》（CECS 137：2002）；《给水排水工程埋地钢管管道结构设计规程》（CECS 141：2002）；《给水排水工程埋地铸铁管管道结构设计规程》（CECS 142：2002）；《给水排水工程埋地预制混凝土圆形管管道结构设计规程》（CECS 143：2002）；《给水排水工程埋地管芯缠丝预应力混凝土管和预应力钢筒混凝土管管道结构设计规程》（CECS 140：2002）；《给水排水工程埋地矩形管管道结构设计规程》（CECS 145：2002）。新规范的结构设计模式规定结构设计均采用以概率理论为基础的极限状态设计方法、规定应同时满足承载力和正常使用两种极限状态，替代原规范采用的单一安全系数极限状态设计方法。计算理论基础的更新使新的规范做到了真正与国际接轨，达到了新的水平。

在促进我国城市给水排水工艺技术进步方面，除了标准规范的引领和推动作用外，给水排水工程机械和电气自动化的快速发展也起到了比翼双飞、共同促进的作用。水处理工艺快速发展，新型工艺和技术的不断推出，要求水处理设备向高效、节能、轻质高强、耐久性好、操作运转灵活可靠、机电一体化方向发展，并将高技术（如程序控制刚性反馈调节、微机管理等）渗入到水处理机械运转中，这不仅满足了水处理工艺的要求，还给工艺的创新和变革提供了新的可能和保证。水处理仪器仪表不仅包括各种各样的检测、转换、显示、调节、执行等部件，还要达到转换程序控制、连锁保护、信息传输、遥测遥控、数据处理、计算机控制以及自寻故障诊断功能。水处理设备和仪器仪表向多品种、多元化、标准化、系列化、配套化发展。自20世纪80年代以来，建设部、原机械部、原化工部、国家环保总局等都制定了水处理设备行业标准，仅建设部的水处理设备和器材的行业标准已达到160多项，这为推动我国水工业设备的发展和水处理工艺技术进步起到了积极的作用。

改革开放以来，随着我国开放了城市基础设施建设，引进了不少国外技术与设备，带动了一大批现代化水厂的污水处理厂的建设。已建成的城市给排水工程地域分布广，采用的工艺路线和技术方案多种多样，既有传统技术又有不少具有国际先进水平的技术，不少水处理厂装备了功能完备的化验监测设备，整体技术及管理水平大为提高。

目前，我国城市给水排水工程建设的整体状况是：城市供水设施不足的矛盾得到进一步缓解，居民用水质量得到明显的改善与提高；城市污水处理进入快速发展期，"十五"计划确定的"城市污水处理率达到45%"及"新增污水处理能力2600万m^3/d"的目标提前实现，形成了基本适合我国国情的污水处理技术路线和管理模式。

二、城市给水排水技术发展评述(1995～2004年)

(一) 城市给水

20世纪90年代，是我国给水事业大发展、大提高的辉煌时期。随着改革开放的不断深化，国家进一步扩大与放宽了引进外资政策，促进了国外给水技术与处理设施的不断引进与消化吸收，我国给水工程的系统优化和自控水平有了很大提高。经过"九五"计划给水技术重点科技攻关的实施，进一步强化了对给水工程系统化、集成化技术的研究力度，探索了对各类水源水质(包括微污染水，受污染高浊度水和低温、低浊度水，受污染高含藻水库、湖泊水等)的有效处理手段。为得到较好的水源，在这段时期内，相继建成一批城市给水长距离引水工程。与此同时，为实现水资源共享与合理分配，在江苏、山东、广东、浙江、四川等地也都开始兴建和实现大面积区域供水新格局。20世纪90年代是我国给水工程建设走向成熟、走向现代化的阶段。在这段时期内，我国先后设计并建成了一大批具有时代特色的大、中型给水工程。

进入21世纪初，我国给水工作者面临着新的形势，需要解决由于水资源短缺和水质污染加剧所造成的对国家经济发展的制约以及对保持水资源可持续发展所产生的不利效应。由此而引发出来的新课题是如何依靠符合我国国情的给水工程新技术，进一步推进我国水资源可持续发展战略的实施，实现我国给水工程供水水质、水量和供水安全度的全面提高。在这段时期内，我国给水工程延续了20世纪90年代的发展势头，先后设计并建成投产了一些具有代表性的工程。

1. 技术与工艺

(1) 助凝剂

人工合成高分子聚合物用作絮凝剂的主要是聚丙烯酰胺(PAM)，多作为高浊度水的预沉和低温、低浊水助凝剂使用。

1998年颁布了国家标准《水处理药剂——聚丙烯酰胺》(GB 17514—1998)，为安全使用PAM絮凝剂起到保证作用。中国市政工程西北设计研究院与兰州自来水公司对PAM絮凝剂做了许多研究工作。重庆九龙坡水厂(20万m^3/d)、成都水厂(45.3万m^3/d)、兰州西固一水厂(160万m^3/d)等都将PAM用于高浊度水预处理。

20世纪90年代后期，我国成功研发了新型高锰酸盐和高铁酸盐复合药剂及其成套技术。该技术是将高锰酸钾或高铁酸钾与某些无机盐有机复合，在水处理过程中形成具有很强氧化能力的中间产物，具有强化去除水中有机污染物，强化除味、除色和除藻等综合净化效能。目前，在哈尔滨、大庆、包头、郑州、合肥、胜利油田等水厂应用，取得良好的效果。

(2) 沉淀、气浮

21世纪初，在法国技术基础上，上海市政工程设计研究院对高密度沉淀池处理黄浦江水作了适应性试验研究。高密度沉淀池的特点是澄清与絮凝一体化结合，絮体由絮凝区低速传输至澄清区，在澄清区下部的浓缩区将部分新鲜浓缩絮体通过外部回流至絮凝区，采用有机高效絮凝剂以及在澄清部分设置斜管。试验结果表明，该池型适用于黄浦江原水的处理，高效、占地少、排泥浓度高、可直接脱水是其突出的优点，在上海南市水厂、杨树浦水厂新一轮改造工程中设计应用。南市水厂的设计规模为50万m^3/d。新疆乌鲁木齐20万m^3/d城市供水项目也采用了高密度沉淀池。

(3) 均质过滤

中国市政工程中南设计研究院于1985～1990年研究试验了均粒石英砂滤料过滤技术，在进行模型试验后，1987年与宜昌市、黄石市自来水公司合作，在国内首先建成了均粒石英砂滤料滤池。当单用水冲洗时，采用石英砂粒径为0.8～1.0mm、厚度900mm；当采用气水冲洗时，采用粒径为1～1.25mm、厚度1100mm或粒径1.25～1.4mm、厚度1400mm。

北京市市政工程设计研究总院于1992～1997年开展了无烟煤均质滤层过滤技术试验研究，此项目为建设部科技研究项目。研究成果首先应用于北京市第九水厂二期(及三期)工程。无烟煤滤料粒径范围 1.0~2.0mm，$d_{10}=1.1$mm，$K_{60}=1.3$，滤料厚度 1.5m，采用不膨胀三段式气水反冲洗。

(4) 微污染水处理技术

随着国家经济的发展，尤其是有机化工、石油化工、医药、农药等生产工业的迅速增长，各种生产废水和生活污水未达标就直接排放，对地表水源造成极大污染，使江河湖泊水质急剧下降。由于水污染的日趋严重，许多饮用水处理厂的水源也受到不同程度的污染。

面对水源水质的恶化，常用净水技术已显得力不从心，受污染水源水用常规沉淀过滤工艺只能去除 20%~30% 的水中有机物，且对浊度去除效果亦明显下降。

早在 20 世纪 70 年代，上海市政工程设计研究院、同济大学和上海自来水公司等进行了采用生物降解工艺处理微污染原水的试验，开展了塔滤和生物流化床等项研究。北京市市政工程设计研究总院开展了臭氧活性炭深度处理技术研究。

上海周家渡水厂建于 20 世纪 60 年代，水源受污染，色度、嗅味、铁锰等超标严重。20 世纪 80 年代起即进行了臭氧预处理。现该厂水源已改为黄浦江上游引水，1998 年开始进行改造，建成为深度处理工艺研究与应用的试验基地。

中国市政工程中南市政设计院负责国家"八五"科技攻关专题"富营养化湖泊水源水净化技术"研究，"九五"攻关专题"受污染水源水净化集成技术与设备"研究，都取得了显著成果。其代表性设计是深圳东湖水厂，在常规净水技术前采用预臭氧设施，设计规模为 35 万 m³/d。深圳梅林水厂，设计规模近期 60 万 m³/d，远期 90 万 m³/d，在常规净水技术前加预臭氧，后加臭氧生物活性炭吸附。

近年来，清华大学对微污染水源水处理技术作了大量试验研究，在理论和实践两方面取得了显著的成果。其代表性项目有：蚌埠二水厂(设计规模 5 万 m³/d，实际运行为 3 万 m³/d)，在原有常规净水技术处理之前加设生物陶粒滤池，取得去除氨氮 70%~90%(曝气时)及 48.6%~71.4%(不曝气)的效果；北京城子水厂，规模 4.3 万 m³/d，针对现有澄清、砂滤、活性炭的净水工艺将砂滤池改造成生物陶粒滤池，利用生物陶粒中的微生物对水中有机物进行氧化分解，有效控制水中有机污染物和减缓氯化消毒所带来的副作用，达到改善出水水质的目的。

同济大学等对弹性填料生物接触氧化技术进行了大量研究，1996 年在宁波梅林水厂改造中得到应用，1998 年应用于东深供水工程的弹性填料生物接触氧化池。东深供水工程是向香港、深圳及东莞沿线供应原水。20 世纪 90 年代以来，东江水质受到不同程度的污染，主要污染物为氮、磷及有机物。为改善东深供水水质，在 1994 年和 1997 年对东深原水作了小试和中试，结果表明生物接触氧化工艺是可行的。生物处理工程建于深圳水库库尾，设计规模 400 万 m³/d，是目前世界上同类工程中规模最大的。工程于 1998 年底建成投产。原水先经粗、细格栅沉砂后进入生物处理池，然后进入深圳水库。投产以来，证明对氨氮、BOD_5、高锰酸钾指数的平均去除率分别为 66.7%、31.1% 和 12.7%，其他铁、锰、藻类等都有不同程度的去除，有效地改善了向香港、深圳及东莞的供水水质，收到了明显的效果。

20 世纪 90 年代末建成投产的上海惠南水厂，设计规模 24 万 m³/d，分两期建设，一期 12 万 m³/d，取用水源为大治河，水中氨氮、色度、耗氧量等偏高。污染严重时，氨氮高达 4~5mg/L，色度 60~70 度。设计采用了在常规水处理技术之前加设生物接触氧化预处理工艺的净化技术。近 5 年来的运转表明，处理效果稳定，氨氮去除率达 85% 以上，COD_{Mn} 去除率可达 20% 以上。生物预处理后沉淀池内水质清澈，呈淡绿色，水深能见度高，异味和浮油消失，总体感官性状指标大为改善，出厂水口感良好。

21 世纪初上海市政工程设计研究院开发了 BIOSMEDI 生物滤池处理微污染原水工艺。滤池以轻质颗粒滤料为过滤介质，滤池上部设置有出水滤头的钢筋混凝土板，抵制滤料的浮力及运行阻力，滤池下部用钢筋混凝土板分隔，在冲洗时形成气垫层的空气室。运行时为上向流，反冲采用独特的脉冲方式，不需专门的反冲泵，是一种高效、低能耗的反冲方式。试验结果对氨氮去除率达 80%，对锰的去除率为 61%。7 万 m³/d 的徐径水厂采用该工艺，已于 2002 年建成投产，效果良好。

对于微污染原水，一般情况下，采用在常规净水技术前设生物预处理，如水源水质有机污染较重、要求水质更高时则在常规净水技术之后再设置活性炭吸附或生物活性炭吸附技术。

(5) 臭氧-活性炭

臭氧的应用是从游泳池、医院等水处理中发展起来的，以后逐步应用于饮用水处理。在城市水厂中使用臭氧，大都结合深度处理或预处理。

1985 年北京田村山水厂采用臭氧-活性炭深度处理工艺，臭氧投加量 2mg/L，接触时间 10min，达到饮用水卫生标准。

昆明五水厂，引进瑞士设备，采用臭氧-活性炭处理工艺，对滇池富营养化和含藻的水进行深度处理，使水质得到较大改善。

上海周家渡水厂，20 世纪 80 年代起即进行臭氧化处理，由于原水改用黄浦江上游原水，自 1998 年起改建成深度处理工艺。

深圳梅林水厂，2005 年 1 月在原有常规处理工艺基础上增加了预臭氧化和臭氧生物活性炭深度处理工艺。

21 世纪初，上海南市水厂、杨树浦水厂的改造中亦设计了臭氧-活性炭深度处理工艺。

(6) 净水厂排泥水处置

我国自 20 世纪 80 年代开始将净水厂排泥水处理和污泥处置提上议事日程。

1996～1998 年，上海自来水公司、同济大学和上海环保研究所合作，针对上海闵行一水厂的排泥水开展了浓缩、脱水试验研究，取得了较好的成果。

1996～1998 年，石家庄润石水厂、北京第九水厂、上海闵行一水厂和深圳梅林水厂相继建成排泥水处理工程。

石家庄润石水厂，水源取自黄壁庄水库，设计规模 30 万 m^3/d，最大干泥量 12t/d。排泥水处理流程为：沉淀池和滤池排泥水进调节池，经高速污泥浓缩池浓缩后采用带式压滤机脱水。

北京第九水厂的水源为密云水库、怀柔水库水，设计规模 150 万 m^3/d。最大干泥量按进水平均浊度的 4 倍与混凝剂投加量之和设计为 39t/d。净水厂排泥水送入排泥池，其上清液提升回流至进水重复使用，其底部出泥提升至浓缩池，浓缩池底泥自流进入脱水机房进行污泥脱水。脱水机采用英国隔膜挤压全自动板框压滤机。

上海闵行一水厂，水源取自黄浦江，设计规模 7.2 万 m^3/d，最大干泥量为 12.06t/d，其处理流程为排泥截留池、排泥浓缩池、污泥平衡池、离心脱水机。脱水后污泥含固率大于等于 25%。浓缩池中 Lamella 沉淀装置和离心脱水机均为瑞典引进。

深圳梅林水厂，水源取自深圳水库，设计规模 60 万 m^3/d，排泥水处理系统按原水浊度 50NTU 进行设计。其处理流程是，沉淀池和滤池排泥水进入回收截留调节池，再提升至回收水沉淀池，其上清液回流至水厂进水配水井回用，回收水沉淀池排泥水排入浓缩池，浓缩后的污泥提送入配泥缸，经投加 PAM 和石灰絮凝沉淀后，上清液溢流排放，沉泥送至板框式自动隔膜挤压压滤机进行脱水。脱水后污泥含水率 65%～70%。

随着上述四厂污泥处理系统的建成投产，环保要求的提高，近年来国内大中型水厂都有建设污泥处理系统的趋势。南海第二水厂，水源为北江干流，设计规模 50 万 m^3/d，干泥量 26.5t/d，采用辐流式浓缩池、离心脱水机脱水。2002 年杭州祥符桥水厂排泥水处理系统建成投产。近期建成的无锡梅园水厂的污泥处理工程，上海长桥水厂的污泥处理工程也即将投入运行。随着各地污泥处理系统的不断建设，对于不同原水，不同净水工艺所产生的排泥水中的干泥数量、性质及其合适的处理工艺、脱水方式等都将是进一步研究的课题。

2. 工程实例

(1) 北京市第九水厂

北京第九水厂(图 2-1)总规模 150 万 m^3/d，分三期建设，每期设计供水规模均为 50 万 m^3/d，分别建于 1989 年、1995 年和 2000 年。水源采自怀柔水库和密云水库。由密云水库取水引至怀柔水库泵站，除利用原有明渠外，还设 $DN2600mm$、长 33km 球墨铸铁管道一条。由怀柔水库至净配水厂建 $DN2200mm$、长 41.4km 钢管道三条。管道输水方式部分为自流，部分为压力流输送。

一期工程由怀柔水库取水，按 50 万 m^3/d 规模敷设一条输水管道，留有从密云水库直接取水的条件。出厂水水质除符合当时国家生活饮用水卫生标准(GB 5749—85)外，结合首都用水要求，浊度一般达到 0.5NTU，个别时间不超过 2 度；色度不超过 5 度；嗅阈值不大于 4。这在当时是我国水厂

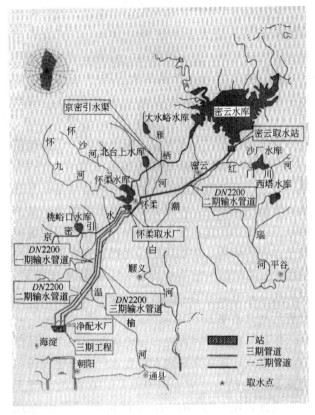

图 2-1 北京市第九水厂工程

超前的净化标准。净水工艺为混合井—机械加速澄清池—煤砂滤池—活性炭吸附滤池—消毒。

二期工程设计主要特点：1)设计选择取水保证率较高的潮河库区取水，采用新建专用取水口取水方案，以提高供水安全度，并可选择水质好的水深设计取水口高程。2)借密云水库水位经输水管重力输水到净配水厂，为保证输水管道正常工作压力，并进行流量调节，取水厂设计首次采用国外引进的关键性设备直径 1600mm 密闭式调流阀。3)输水管道成功设计。用日产管径 2600mm 特大型球墨铸铁管，设计先后对管身结构计算及砂垫层问题进行研究，并向日方提出减小管壁厚度及修改砂垫层施工要求，使之保证了工程质量，降低了造价。4)净水工艺设计仍用一期工程采用的常规处理和颗粒活性炭吸附处理工艺，但净水构筑物形式采用了多项国外及该院开发的先进技术，包括双浆快速轴流式机械混合器、大波纹板填料反应池、侧向流波形斜板沉淀池、厚床单层均质煤滤料、微膨胀气水联合冲洗滤地等。5)将混合、反应沉淀、过滤、炭吸附等净水构筑物连成一体，连同其机电设备采用密集型集团式布置，全部设置在一座明亮简洁的大厅内，布置紧凑、流程快捷、管理方便，并大量节省占地，为水厂再扩建创造了有利条件。

三期工程净水工艺设计在总结一、二期工程设计经验基础上，作了如下改进：1)大波形板填料反应池和侧向流波形斜板沉淀池在板材材质和板箱结构上有较大修改，使板组结构更加牢固，便于安装，水流条件改善。2)回流水池与回流泵房为合建形式，回流泵选用无堵塞潜水离心泵，在回流池不同高度安装，有上清液回流泵、下部装污泥回流泵。3)优化加药系统设计，加大投药液浓度，相应减少溶药池容积及加药泵流量，节省了土建设备费及运转费。4)吸水井内管道布置及加氯系统设计亦作了改进。

三期工程设计同时，完成了 150 万 m^3/d 净水能力的沉淀设施排泥水处理工程设计，日处理干污泥量约 40t/d。处理设施包括调节、浓缩、脱水及处置 4 道工序。脱水机设计采用英国产隔脱挤压全自动板框压滤机。处理后上清液可均匀回流复用，泥饼脱水后含水率不大于 70%，经过处置可避免对环境的污染。

北京市第九水厂工程由北京市市政工程设计研究总院设计，一期工程获国家优秀工程设计银奖、建设部优秀工程设计一等奖，三期工程获全国第十届优秀工程设计金奖、建设部优秀工程设计一等奖，二、三期工程获 2002 年詹天佑土木工程大奖。

(2) 上海市黄浦江上游引水工程(图 2-2)

黄浦江上游引水一期工程 1987 年投入运行，取黄浦江中游水源，规模为 230 万 m^3/d。1987 年一期工程投产以来，运行正常。二期工程取黄浦江上游水源，取水规模为 540 万 m^3/d，1997 年 12 月建成部分送水，1998 年 6 月完成 540 万 m^3/d 规模试验性运行。系统达到设计要求，性能良好。

二期工程是在总体规划的基础上，根据一期工

图 2-2 上海黄浦江引水二期

程实施和运行的经验，经方案的优化，节省了540万 m^3/d 规模的增压泵站1座和近十米高的溢流井1座；设计的大桥泵站设备先进，自动化程度高；为防止不均匀沉降，渠道设计在一期工程的经验基础上于渠道下底板设置了盆口，渠道两侧设置了防止地震水平错位的限位；利用顶管工作井建提升泵房，解决了规划用地的矛盾；过江管采用盾构施工薄钢板注浆内衬，解决了施工难度，获得了较大的过水断面；取水泵房采用2座49m×37.4m沉井，间距10.65m，上设96.65m长的泵房，保证了沉井的安全施工；利用调压池空间设置了曝气系统，在水源溶解氧偏低时充氧曝气，有利于水质改善；大桥泵站3.5kV/6.3kV降压站设2台16000kVA主变。系统35kV侧按全桥接线方式设计，6kV采用自动切换保证正常安全供电。高压电气系统采用先进的计算机管理监控系统与中控室互联。不仅保证了供电的可靠，也大大提高了自动化管理水平。

由于设计先进，效益明显，一期和二期均获建设部优秀设计奖、全国优秀设计银质奖。本工程由上海市政工程设计研究院设计。

(3) 成都市第六自来水厂(图2-3)

本工程分五期建设，一期规模20万 m^3/d；二期规模20万 m^3/d；三期规模20万 m^3/d；四期规模40万 m^3/d(BOT项目)；一至四期工程分别在1990年、1992年、1996年、2002年建成。五期规模40万 m^3/d，已完成初步设计。

工程的技术特色与创新如下：

1) 选址合理。厂址三道堰位于成都西郊郫县境内，距成都市区约25km，地处柏条河和徐堰河之间，此二河水源，水量充足，水质优良。利用成都西高东低的特点，厂区地面高程为567m左右，高出市区60余米，因此引源水和输净水都全为重力流，是一座完全意义上的节能型水厂。

2) 布局合理。①取水枢纽位于厂区上游1.9km处，在徐堰河和柏条河布置取水口，通过汇流井进行两河取水的切换，其下游布置溢流井，用以进行切换和控制注入净水厂的流量。②取水枢布置紧凑，管理方便，既能保证取水安全，又能满足水利部门每年枯季对河流交替断水"岁修"的需要。③输水暗渠在取水枢纽和净水厂间，以减少污染和少占农田。④净水厂根据地面范围和允许征地的先后情况，按规划总规模分期合并排布置，布局合理，管理方便，因地制宜。

3) 工艺先进。根据岷江水系丰水期、枯水期不同水质特点和水质标准不断提高和水处理技术的发展，一、二期工程采用的斜管沉砂、斜管沉淀、移动罩滤池的工艺流程，三期工程采用了气水反冲滤池的工艺流程，四期工程引进了法国OTV公司几项专利技术：絮凝池采用原档机械搅拌器，提高了絮凝效果；沉淀池采用不等边形断面斜管，提高了液面水力负荷；滤池采用了单格面积大、配水均匀、均质石英砂、厚层滤料，滤速高达17.2～19.7m/h。建成投产运行后一、二、三期工程出水水质均优于现行国家生活饮用水有关标准，其中出水浊度低于0.5NTU，四期(BOT)工程出水水质达到欧共体生活饮用水水质标准。

4) 自动化程度高。厂内设有中央控制系统并设有电视监控系统对全厂生产系统进行监控。

5) 环境优美。水六厂建筑造型简洁明快，美观大方。管理方便，绿化率高，环境优美，是一座现代化的花园式制水工厂。

六水厂工程总制水能力已达100万 m^3/d，占成都市总供水量的80%以上。由于是全重力流水厂，每年可节约电能8140万 $kW·h$，同时本厂水质好，提高了成都人民生活用水质量。

成都六水厂一、二期工程获1994年全国优秀设计铜质奖。设计单位为中国市政工程西南设计研究院。

(4) 上海市闵行三水厂(图2-4)

上海闵行三水厂设计规模为40万 m^3/d，自1997年投入运行以来效果很好，经过多年连续生产运行的检验证明，该厂设计工艺先进、运行可靠、自动化程度高、经济合理、管理科学。

取水：沉井取水头部→自流管→格栅→矩形半

图2-3 成都市第六水厂

图 2-4 上海市闵行三水厂

地下式取水泵房。其取水头部在黄浦江内，采用预制钢筋混凝土沉箱结构，分三节下沉安装，引水管采用顶管。

净水厂：源水→计量→前加氯、投加絮凝剂→管道混合器→折板絮凝平流沉淀池→V型均质滤料滤池→后加氯氨→地下式清水库→送水泵房及计量→配水。

黄浦江闵行段属Ⅲ类水体，有一定的有机污染，为确保成品水质，采用前加氯，预留投加石灰设施（比例投加），处理后氯氨消毒，絮凝剂以PAC为主、辅以投加助凝剂设施。加氯、加氨及絮凝剂投加系统为自动控制，确保制水质量，制水标准按照行业一级水司制水标准设计，出水浊度<0.5NTU。

折板絮凝平流沉淀池稳定可靠，管理方便。V型均质滤料滤池，含污能力大，自动化气水反冲洗，能耗低耗水少，保证了制水质量。滤池反冲洗排水进行回收，沉淀池排泥根据污泥浓度界面排水，大大减少了水厂的自用水量，节省能耗，降低了制水成本。

利用国外政府贷款，主要购置水泵类节能设备、保证净水厂在低能耗中运行。选购国外先进控制及运行关键设备，使水厂安全生产得到了有力保障。全厂进行集中监控，设5个PLC子站，集散形控制系统，控制及管理水平达到20世纪90年代国际水平，国内先进水平。

厂区平面按功能，构筑物组团进行布置，净水构筑物及辅助建筑功能分区明确，集中紧凑，管理方便，提高了工作效益。高程选择合理，清水池置于地下，形成大面积绿化场地与组团布置建筑物立面设计相结合，充分利用场地边角地建立厂内水体，既作厂内雨水调节，又作绿化水系，使水厂整体效果非常优美，被誉为上海市花园式工厂。

本项目被定为上海市对外行业窗口工程，并作为行业外宾参观水厂。工程获第九届全国优秀工程设计铜奖，由中国市政工程西南设计研究院设计。

(5) 深圳市东湖水厂改造工程（图2-5）

东湖水厂规模由原30万 m^3/d，后扩建至35万 m^3/d。废弃原有6.0万 m^3/d老系统，用来布置新建的35万 m^3/d 网格反应、斜管沉淀池，13万 m^3/d 的气水反冲滤池及20000m^3 的清水池。

深圳水库原水属低浊、多藻富营养化的微污染水，又是低碱度的非稳定性、有腐蚀性水，针对这一水质特点，将现有微絮凝直接过滤工艺改造为：生物接触氧化后的水库水→臭氧氧化预处理→网格絮凝、斜管沉淀→气水反冲滤→加氯消毒→管网，辅以投加石灰，提高碱度和稳定性，降低腐蚀性，并在高藻期间间歇投加粉末活性炭去除臭味。

常规处理前采用臭氧氧化预处理，能够强化絮凝沉淀效率、节约碱铝投量，可以将大分子有机物氧化为小分子有机物、增强生物可降解性，能提高水中溶解氧、强化石英砂滤池的生物作用，能有效去除原水中三氯甲烷母体物，能有效地杀灭藻类。

为节约用地，设计中采用双层叠加布置的网格絮凝、斜管沉淀池和清水池，为便于操作管理，将新、旧滤池反冲洗系统合建在一起。反应沉淀池与清水池结构采用叠层池形式，上层为反应沉淀池，下层为清水池。为防止反应沉淀池底板开裂渗水，用变形缝将反应沉淀池分为四段，每一段下部为结构相对独立的清水池，其变形缝将沉降缝、伸缩缝及抗震缝合为一体，用内埋式橡胶止水带止水。为满足反应、沉淀池与清水池的抗浮要求，设计中采

图 2-5 深圳东湖水厂

图 2-6 东深供水生物预处理工程

用了带扩大头的抗浮土锚杆,使用表明,该技术先进、适用、安全、经济。

本工程获 2002 年全国第十届优秀工程设计项目铜奖。设计单位为中国市政工程中南设计研究院,合作设计单位为深圳市利源供水设计咨询公司。

(6) 东深供水工程(图 2-6)

东深供水工程始建于 1964 年 2 月,当时是为解决香港食用淡水困难而建的跨流域大型引水工程。工程北起东莞市桥头镇的东江,南至与香港接壤的深圳河,输水全长 83km。1965 年 3 月 1 日工程建成并正式向香港供水。40 年来,为了不断满足香港、深圳的用水需求,分别于 20 世纪 70 年代、80 年代和 90 年代进行了三次规模一次比一次大的工程扩建,耗资共 20 亿人民币。供水规模从最初的 600 多万 t/a 增加到 17.43 亿 t/a。供水总量约 200 亿 t,其中供香港 130 多亿 t,占香港淡水供应量的 70%以上。为改善水质,于 1998 年在深圳水库库尾修建日处理源水 400 万 t 的原水生物处理工程,该工程是目前世界上同类工程中规模最大的。2000 年,又投资 49 亿元对供水工程进行全线改造,全程缩短至 68km,减少了输水损耗量。摒弃原有利用开天然河道输水的办法,采用隧洞、涵管、渡槽等多种方式,建设全封闭式专用输水管道,避免取自东江源的水受沿线污染,以改善供水终端水质。改造工程全长 51.7km,供水规模达到 24.23 亿 t/a,其中供香港 11 亿 t、深圳特区 8.73 亿 t、东莞沿线乡镇 4 亿 t。实现输水清、污分流,全密封拒污染。

20 世纪 90 年代以来,东江水质受到不同程度的污染,主要污染物为氮、磷及有机物。为改善东深供水水质,建设了东深供水原水生物处理工程。处理工程位于深圳水库库尾,包括进水沉砂区,泄洪闸,生物处理池,鼓风机房,生物处理进、出水闸门及拦污清污设施,出水沉淀区,中控室及变电站 7 部分。

工程规模日处理原水 400 万 m^3,按 24h 连续运行计算,设计流量为 46.3m^3/s。采用 YDT 型弹性立体填料,填料丝用亲水性的聚丙烯为主的材料制成,丝表面呈波纹状,填料丝直径:断面近似椭圆状 0.5mm×0.7mm;填料布置为并列式,中心绳的间距为 200mm;填料丝的密度为中密度,平均每 10mm 长度的填料丝不少于 23 根,平均每米长度填料的表面积不少于 0.82m^2。6 条生物处理池共安装弹性立体填料 10.5 万 m^3,占生物处理有效容积 68.2%,原水与填料的有效接触时间为 37.8min。设计气水比为 1:1,实际运行气水比为 1.2:1 至 1.4:1。有效水深 3.8m,其中填料上部淹没区 0.2m,填料下部净空区 0.6m。设计曝气强度 4.22m^3/(m^2h),实际运行曝气强度 5.1m^3/(m^2h)。

处理目标:进水(处理前)水质:NH_3-N=2,COD_{Mn}=5,BOD_5=4。出水(处理后)水质:NH_3-N≤0.5,当 NH_3-N 进水浓度为 2~4 时,其去除率应达到 75%~50%;当 NH_3-N 进水浓度为 4~6 时,其去除率应达到 50%;COD_{Mn}≤4,当 COD_{Mn} 进水浓度大于 5 时,其 COD_{Mn} 去除总量应不小于 COD_{Mn} 进水浓度为 5 时的去除量;BOD_5≤3,当 BOD_5 进水浓度大于 4 时,其 BOD_5 去除总量应不小于 BOD_5 进水浓度为 4 时的去除量。

(7) 长春市引松入长城区供水工程(图 2-7)

图 2-7 长春市引松入长城区供水工程

项目设计规模47万m^3/d，投资7.7亿元，是长春市引松入长供水与环境工程的重要组成部分，是吉林省及长春市利用世界银行贷款的重点建设项目，于1998年末竣工。

1) 工程内容

项目由石头口门水库、新立城水库两个水源的供水系统组成，其中石头口门水库是引松原水的调节水库。主要工程内容包括2座水源取水泵站、1座输水加压泵站、67km输水管线、1座净水厂、1座原水配水泵房及66km市区配水管线。

石头口门水库水源供水系统，设计规模25万m^3/d。取水工程为在原有取水泵房内增加5套水泵机组、新建换路间1座；新建放牛沟加压站1座；水源至第一净水厂预应力钢筋混凝土管输水管线40.55km，管径DN1600及DN1400；新建第一净水厂原水配水泵房1座。

新立城水库水源供水系统，设计规模为22万m^3/d，水源工程包括取水头部、自流输水管、取水泵加压站；至净水厂预应力钢筋混凝土管输水管线13.76km（双线），管径DN1200及DN1000。

新建净水厂1座（第三水厂），采用常规工艺流程。上下翻腾隔板反应池反应时间为35min，平均速度梯度为$46.30s^{-1}$，GT值为10^5；斜管沉淀池清水区上升流速为1.40mm/s；双层滤料普通快滤池滤速为10m/h，反冲洗强度为$14l/s·m^2$，表面水冲洗强度$2.5l/s·m^2$；硫酸铝混凝剂投加量为20.0～70.0mg/L，水玻璃助凝剂投加量为4.0～14.0mg/L，碳酸钠助凝剂投加量7.0～22.0mg/L；消毒加氯量1～3mg/L。

市区配水，新建市区配水管线66km，配水加压站1座，设计能力为8万m^3/d。

2) 项目特点

结合引松水源及现有水源位置，多方案优化工程总体规划系统布局，实现了城区分区分压配水；净水工艺流程及设计参数适合原水水质特点，出厂水质达到了设计要求；通过国际招标引进了自动控制止回阀及真空排气阀结合的输水管线水锤消除措施、快速机械管式混合器、自动加氯加药系统、塑料滤砖滤池配水系统、变频调速装置及电机、监测仪表及计算机控制系统等先进水处理设备与技术。

该工程设计获2000年度建设部优秀工程设计二等奖、全国优秀工程设计银奖，中国市政工程东北设计研究院设计。

(二) 城市排水

20世纪90年代，随着国家改革开放政策不断深入、城市基础设施建设力度的加大，以及推广文明城市、卫生城市建设，排水工程作为环境项目之一，越来越受到人们重视。

大中型城市普遍完善城市排水体系，相继敷设污水干管、污水截流管，下雨淤积、道路不畅的局面初步得到改善。管材方面，近年来，排水科技发展很快，排水管道材质发生显著变化，过去单一的混凝土管、陶土管等已发展到化学建材类。塑料管道与承插口钢筋混凝土管、球墨铸铁管等一样得到大面积应用。塑料管材具有重量轻、耐腐蚀、内壁光滑、输水能力大等特点。塑料管环刚度可设计，接口密封性能好，管道系统不渗漏，可防止地下水的污染。包括高密度聚氯乙烯（HDPE）管，硬聚氯乙烯（PVC-U）管，玻璃钢夹砂管（GRP）等。而口径小于500mm的平口、企口混凝土排水管已被建设部明令在雨污水管道系统中限制使用，灰口铸铁管材、管件在污水处理厂、排水泵站及市政排水管网的压力管线中被限制使用，冷镀锌钢管、砂模铸造铸铁排水管不得用于住宅建筑。这些规定为塑料管材发展提供了有利条件。施工技术方面。顶管技术、盾构施工技术以及隧洞输水技术得到发展，可扩大检查井间距、使改善环卫工人操作环境的机械化清通工具得到推广。近年来出现的城市地下管线工程非开挖技术，对传统管道维修是一次变革，可以检测、检查、修复、更新和铺设管道，减少地下管线施工对城市交通的干扰和破坏，已在国内的一些项目中应用。

进入20世纪90年代后，国家实施积极的财政政策，加大对城市基础设施的投入。通过国债和外贷资金确保了一批污水处理设施建成并投入运行，加大了污染治理力度，这对于改善城市环境发挥了重要作用。"九五"期间，各级政府对城市污水处理的投入累计达到602.7亿元，比"八五"期间多投入442.8亿元，20世纪90年代后期是历史上城市污水处理厂建设发展最快的时期。

国家"七五"、"八五"、"九五"科技攻关课题的建立，使我国污水处理新技术、污泥处理新技术、污水再生利用新技术都取得了可喜的科研成果，某些项目达到国际先进水平，开始向污水脱氮除磷、污泥机械脱水以及机械化、自动化方面发展。污水处理设施建设中，开始并不断引进国外污水处理新技术、新工艺、新设备。在传统活性污泥法应用的同时，AB 法、A/O 法、A/A/O 法、SBR 法及各种变种、曝气生物滤池、氧化沟法及各种改型和高科技的膜处理法也在污水处理厂的建设中得到应用。国外一些先进高效的污水处理专用设备进入了我国污水处理行业市场，如格栅机、潜水泵、除砂装置、刮泥机、曝气器、鼓风机、污泥泵、脱水机、沼气发电机、沼气锅炉、污泥消化控制系统等大型设备。一批大型污水处理厂相继建成投产，如我国 20 世纪最大的污水处理厂——北京高碑店污水处理厂规模 100 万 m^3/d，天津东郊污水处理厂、杭州四堡污水厂、沈阳北郊污水厂、郑州王新庄污水厂处理规模都在 40 万 m^3/d，这些大型污水处理厂的建设标志着我国污水处理事业的不断壮大，标志着污水处理技术在我国发展到一个崭新的阶段。这期间，中小城镇污水处理厂开始兴建。

进入 21 世纪，我国城市人居环境建设进入了一个更重要的发展阶段，城市排水和污水处理事业对改善城市生态环境具有重大意义，广大设计人员坚持可持续发展原则，依靠科技进步，在新时期必将继续作出更大贡献。

1. 技术与工艺

(1) 排水系统

污水系统，全面规划、分期实施、进行分散或集中处理多方案比较；合流制系统，研究污水截流倍数以及截流井位置的选择；雨水系统，按重力流与压力流排放进行比较；在管材选取方面，从最初的砖砌拱管、混凝土管和钢筋混凝土管、低压现浇钢筋混凝土箱涵，到大型压力流钢筋混凝土双孔箱涵、钢筒预应力混凝土管、特殊设计的过江倒虹钢筋混凝土管及钢管。其他新型管材如 UPVC 管、PE 管、玻璃钢夹砂管、缠绕式双壁塑料管等也在工程中得到应用。

(2) 排水泵站

20 世纪 80 年代，随着改革开放，排水工程建设中引进了一些高效低耗水泵，例如潜水泵、混流式蜗壳泵、抽芯式轴流泵、变频调速泵等。进入 20 世纪 90 年代，泵站设计有新的改进与提高。

雨水泵站，一般都是为道路立交排除雨水。泵房形式全部为自灌合建式。按照功能有三种情况，一为只抽升排除雨水，二为兼排地下水，三为临时兼排污水。

雨水泵站的仪表监控系统，与污水泵站一起，同步由现场手动控制、检测，改进提高标准，改微机集中控制，并可通过摄像头监视道路立交低洼处积水情况，从而保证道路立交低洼点的雨水能够及时排除，避免发生积水，保证道路通畅行驶。

上海成都路合流泵站，规模 $26m^3/s$，选用 14 台潜水泵，沿圆周布置，直径 26m，中间设出水井，初期雨水 $3.2m^3/s$，提升后进截流总管，雨水排入苏州河，整个泵站用地仅 $3.36hm^2$。上海复兴东路泵站布置与此相同，在泵站上部建设 15 层办公大楼，并设脱臭设施。

深圳罗湖地区雨水泵站，规模 $48m^3/s$，设 6 台轴流泵，每台流量 $8m^3/s$，扬程 6m，功率 630kW，矩形布置，上部建设 10 层办公楼。

厦门筼筜湖排涝泵站，规模 $37m^3/s$，采用 9 台潜水泵，单泵流量 $4.12m^3/s$，扬程 $4\sim6.2m$，功率 420kW，该泵能提升含盐海水，水泵材质能防海水腐蚀，泵房矩形布置。

在山东青岛东部排水系统泵站设计中，在泵站前设有旋流式除砂设施，减少水泵磨损，延长水泵使用年限。

在大型雨水或合流污水泵站设计中，经水力模型试验，并依照水力模型试验结果，在泵房前池加设整流板或导流设施。上海合流污水一期出口泵站，规模 $45m^3/s$，前池设整流板，改进水力条件。上海合流污水二期工程 SA 泵站，规模 $18.43m^3/s$，SB 泵站规模 $31.28m^3/s$，前池均设肘形整流板，改善进水条件。上海合流污水二期出口泵站，规模 $29.67m^3/s$，采用 6 台抽芯式变叶片调节泵，适应流量变化。

上述大型泵站均设有自动监控装置，包括水位显示、水泵自动开停、过负荷报警等，有关参数通过数据传输送至集控中心，也可采用远程监控。此外，位于上海市区的合流泵房及污水泵房，已开始设置污染气体收集及脱臭设施，满足环保要求。

(3) 二级污水处理

进入 20 世纪 90 年代，随着建筑市场的进一步开放，世行、亚行以及各国政府贷款项目日益增多，我国工程技术人员与国外咨询专家交流更加密切，一方面学习到较多的新知识，另一方面结合中国国情，吸收消化多项国外新技术。虽然活性污泥法仍然是污水处理的基础，但污水处理工艺技术呈现百花齐放、多姿多彩的新局面。

1) 缺氧/好氧(A/O法)活性污泥法

曝气池设置前置缺氧段，形成缺氧/好氧(A/O法)活性污泥法。主要目的是制止"污泥膨胀"，改善污泥沉降性能，减少二沉池污泥上浮现象，另外又可适当去除部分氨氮。

采用此工艺的有北京高碑店污水处理厂，1997年建设的苏州工业园区污水处理厂，2003年建成的哈尔滨文昌污水处理厂，2004年9月建成的四平污水处理厂等。

2) 厌氧/缺氧/好氧(A^2/O)活性污泥法

A) 厌氧/缺氧/好氧(A^2/O)

曝气区分设厌氧池、缺氧池、好氧池，形成厌氧/缺氧/好氧工艺。在自控技术和仪表设备不断发展的情况下，厌氧/缺氧/好氧工艺又出现多种不同参数组合的改良形式，以满足不同进水或出水水质要求。采用此工艺的有1996年建设的昆明市第二污水处理厂，2001年设计建设的茂名市第一污水处理厂(OCO)、北京市肖家河污水处理厂、杭州七格污水处理厂，2002年建设的北京市小红门污水处理厂、重庆鸡冠石污水处理厂、桂林市第四污水处理厂、洛阳市涧西污水处理厂，2003年建设的昆明市第五污水处理厂，2004年建设的成都市第二污水处理厂、成都市第四污水处理厂、昆明市第六污水处理厂等。

B) 倒置缺氧段、生物脱氮、除磷

2000年建设的北京市清河污水处理厂(一期工程)，特点是倒置的缺氧池设置在厌氧池前面，使回流污泥和部分污水进入该池，进行反硝化脱氮反应，消除回流污泥中化合态氧对后续厌氧池的不利影响，保证厌氧池的稳定性和生物除磷效果。在厌氧池中利用部分原污水作为碳源，去除部分有机物，充分释放出大量磷。混合流进入好氧区进行延时曝气，继续去除碳源污染物，氨氮硝化，为聚磷菌吸收磷创造最佳的除磷环境，最大限度的吸附磷，达到高效除磷。另外采用延时曝气。

采用此工艺的还有2001年建设的南阳污水处理厂，2002年建设的青海省格尔木污水处理厂工程等。

C) 改良倒置式生物脱氮、除磷

2002年设计建设的北京市卢沟桥污水处理厂，与倒置缺氧段生物脱氮除磷活性污泥法工艺相比较，增加了一段缺氧区和好氧区，从而增加了脱氮效果，降低了硝酸盐浓度，以加强生物除磷和有利于沉淀池的正常运转。采用此工艺的还有2004年建设的成都市第三污水处理厂。

3) 生物接触氧化法

2000年建设的马拦河污水处理厂，应用曝气生物滤池技术。

采用此工艺的还有2000年建设的河南省舞钢市污水处理厂，河南省荥阳市污水处理厂等。

4) 氧化沟

氧化沟工艺的变种多种多样。

A) 普通氧化沟

普通单沟环路氧化沟即普通氧化沟。例如1997年建设的许昌市城市污水处理厂，1999年建设的云南省潞西市城市污水处理厂和云南省瑞丽市城市污水处理厂。

B) 交替式氧化沟

变单沟为二沟三沟，交替式运行，称交替式氧化沟。采用此工艺的有1995年建设的唐山东郊污水处理厂，1996年建设的深圳滨河污水处理厂三期，1997年建设的上海石化污水处理厂，1998年建设的江苏省新沂市污水处理厂等。

C) 前置选择池、厌氧池单沟氧化沟

例如1997年建设的北京市酒仙桥污水处理厂，特点是每组氧化沟由选择池、厌氧池和单沟氧化沟组成，为一体化构筑物。采用此工艺的还有1998年建设的新疆昌吉市第二污水处理厂，1999年建设的汕头市东区污水处理厂等。

D) "OOC"型氧化沟

广西省南宁市琅东污水处理厂一期工程，池型呈圆形，池体从里往外分为两圈、里圈为高负荷好氧区，外圈为好氧、缺氧交替低负荷区。特点是在里圈装有水下橡胶膜片微孔曝气器，只曝气不搅拌。外圈除装有微孔曝气器外，还配置水下搅拌器，保持沟内以不沉淀速流动。在水质很淡时，能保证生物反应池不发生沉淀，还能减少曝气量。

E) 卡罗塞尔(Carrousel)氧化沟

特点是在多沟串联系统氧化沟前，设置选择池及厌氧池。二沉池的回流污泥进入选择池，再与厌氧池的原污水一块进入氧化沟的缺氧区，可在提高脱氮效果的同时，得到较高的除磷效率。

1997年建设的江苏省武进市污水处理厂、福州洋里污水处理厂，1999年建设的河北省满城县污水处理厂、云南省楚雄市程家坝污水处理厂、唐山南堡污水处理厂，2001年建设的上海青浦第二污水处理厂、北京市昌平区污水处理厂、合肥王小郢污水处理厂、长沙市第一污水处理厂扩建工程、宁波开发区污水处理厂、藁城污水处理厂及藁城高新技术开发区污水处理厂，2002年建设的哈密市污水处理厂，2004年建设的兰州市七里河安宁区污水处理厂等采用此工艺。

F) 奥贝尔(Orbal)氧化沟

典型的奥贝尔氧化沟为一个具有三条同心渠道的构筑物，整体呈圆形或椭圆形。污水一般从外沟进入，依次流向中沟和内沟，由内沟引出至沉淀池。整体系统相当于三个完全混合反应器串联在一起。

采用此工艺的有1999年9月建设的河北省辛集市污水处理厂，2000年建设的河北省清苑县污水处理厂，2004年建设的昆明兰花沟污水处理厂二期采用此工艺，还有北京黄村污水处理厂，山东文登市污水处理厂，温州杨府山污水处理厂，南川污水处理厂，渝北污水处理厂，山东潍坊污水处理厂，青岛莱西县污水处理厂等。

G) 前置厌氧池"底曝氧化沟"

2000年建设的东莞市市区污水处理厂（一期工程），特点是在生物反应池内安装有水下搅拌器和水下橡胶膜片式曝气器。解决了生物反应池搅拌混合曝气充氧相互辅助的作用。由于在生物反应池前部，设置了厌氧池，又可达到除磷效果。

5) 序批式活性污泥法(SBR)

序批式活性污泥法是一种间歇式活性污泥法，将曝气沉淀等污水处理工序在一个反应池内按时间顺序完成并反复进行。与氧化沟一样，序批式活性污泥法工艺的变种多种多样。

A) 常规序批式活性污泥法(SBR)

采用此工艺的有1997年建设的辽宁葫芦岛新区污水处理厂，1999年建设的云南省石屏县污水处理厂、云南省祥云县污水处理厂，2002年建设的贵阳市小河污水处理厂，2003年建设的阜阳市污水处理厂等。

B) 周期循环延时曝气活性污泥法(ICEAS)

周期循环延时曝气活性污泥法是在SBR池内前端增加生物选择器，连续进水，间歇排水，周期循环运行。采用此工艺的有1997年建设的昆明市第三污水处理厂、昆明市第四污水处理厂，1999年建设的云南省中甸县城市污水处理厂、福州金山污水处理厂，2000年建设的云南省阳宗海污水处理厂，2001年建设的云南省景洪市江南污水处理厂、云南省思茅市城市污水处理厂，2004年建设的瓦房店污水处理厂。

C) 周期循环曝气活性污泥法(CASS)

周期循环曝气活性污泥法与ICEAS在工艺流程上差别不大，只是污泥负荷不同。

采用此工艺的有1996年建设的北京航天城污水处理厂，2000年建设的浙江省湖州市碧浪污水处理厂，2003年建设的成都市西区高新技术开发区污水处理厂。

D) 循环式序批活性污泥法(CAST)

循环式序批活性污泥法保留了SBR工艺的许多特点，如间歇操作、完全静止沉淀等，又有自身特点，如设置选择池、实现同时硝化反硝化等，较多地被应用于大中型污水处理厂。

采用此工艺的有湖州市东郊污水处理厂，2001年建设的潮州市东郊污水处理厂，2002年建设的银川市第一污水处理厂等。

E) DAT-IAT工艺

DAT-IAT系统工艺是SBR工艺完善和发展。DAT-IAT系统的主体是由一个连续曝气池和一个间歇曝气池串联而成。

采用此工艺的有1996年建设的抚顺三宝屯污水处理厂、辽宁本溪污水处理厂，1999年建设的天津经济技术开发区污水处理厂。

F) C-TECH序批式活性污泥法

采用此工艺的有2000年建设的北京经济开发区（亦庄）污水处理厂，其特点是在生物反应池的首部设有生物选择器，增加除磷效果。相继建设的还有北京市吴家村污水处理厂(2002年)。

6) 交替式生物处理池(UNITANK)工艺

是结合传统活性污泥法和序批式活性污泥法的优点形成的一种新型活性污泥处理工艺，其池型为矩形，运行方式类似三沟式氧化沟。1998年建设的石家庄高新技术开发区污水处理厂采用此工艺。

7) 生物吸附—氧化(AB)法

取消初沉池设置两个顺序曝气池，前池采取低氧状态，充分利用短世代微生物的吸附能力，后池按低负荷活性污泥法运行。采用此工艺的有1996年建设的乌鲁木齐市河东污水处理厂，1999年建设的河北迁安市污水处理厂，2003年建设的齐齐哈尔市中心城区污水处理厂等。

8) 一级强化处理

2001年建设的上海白龙港污水处理厂，设计规模为120万 m^3/d。

2. 工程实例

(1) 北京高碑店污水处理厂工程(图2-8)

高碑店污水处理厂是目前国内最大的城市二级污水处理厂，处理规模为100万 m^3/d。流域面积约96.6km^2，服务人口约244万。处理的污水量占北京市污水总量的40%，从而使北京市的城市污水处理率提高到46%，对改善北京的环境卫生及东郊地区通惠河水系的污染起了重要作用。

工程建设分二期进行，各为50万 m^3/d。一期工程初步设计概算总计5.58亿元，于1993年12月竣工投产；二期工程总投资7.89亿元，1999年9月竣工通水。原污水中生活污水和工业废水分别占50%，设计进水水质为BOD_5为200mg/L，SS为250mg/L，pH值6~9，设计出水水质为BOD_5≤20mg/L，SS≤30mg/L，达到《污水综合排放标准》(GB 8978—88)的二级标准。污水处理工艺采用传统活性污泥二级处理，污泥处理工艺采用中温两级消化，消化过程产生的沼气全部用于发电，并与市电并网。一期工程处理构筑物24座，建筑物40余座，建筑面积3.9万 m^2，机械设备50余种，设备总台数400余台，设有一座11万V变电站，各类管道总长60km；绿地面积达5.9万 m^2。二期工程在总结一期工程运行的经验基础上，为贯彻水资源化的方针，在第四系列中选用A/O脱氮新工艺，运行效果优于设计标准，为水回收利用创造了条件。在污泥厌氧处理沼气发电、充氧设施等方面优化了工艺及设备选型，达到减少占地、节约投资、降低电耗、简化操作，提高出水水质的目的。本设计采用了多项新工艺、新技术、新设备、新材料，有突出创新，取得了节能省地的效果。建成后极大地改善了下游水体的环境，为二次回用创造良好条件，工程取得了明显的经济效益、环境效益和社会效益。

工程设计获建设部优秀工程设计一等奖、全国优秀工程设计银奖，一期工程还获詹天佑土木工程大奖。本工程由北京市市政工程设计研究总院设计。

(2) 北京市酒仙桥污水处理厂(图2-9)

酒仙桥污水处理厂是北京市大型污水厂之一，处理规模一期工程为20万 m^3/d，远期总处理规模35万 m^3/d。该厂位于北京市东北郊朝阳区，总流域面积86km^2，服务人口80万人。一期工程总投资5.4亿元。2000年8月竣工。投产后运行良好，使上游亮马河、坝河还清，使下游河道污染得以控制，水环境得到改善，并为社会提供再生水资源。

厂区占地24公顷，分厂前区、污水、污泥处理区和预留用地，绿化面积约占全厂总面积的32%。处理的原污水中生活污水占61%，工业与农业废水占26%及农业地区污水量13%。设计进水水质BOD_5为200mg/L、COD为350mg/L，SS为250mg/L，TN 40mg/L，设计出水水质BOD_5为20mg/L，COD为60mg/L，SS 20mg/L，TN 10mg/L，达到国家标准《污水综合排放标准》(GB 8978—1996)规定的一级标准。处理工艺采用成熟的氧化沟

图2-8 北京市高碑店污水处理厂

图2-9 北京市酒仙桥污水处理厂

活性污泥法，池内设有选择、厌氧、缺氧及好氧等各种功能的区段，不仅有效去除污水中的有机物、硝化进行完全、污泥稳定，而且可以满足除磷脱氮的要求，出水水质稳定，是北京第一座具有除磷脱氮能力的城市污水处理厂。污泥采用重力浓缩、带式脱水、脱水后污泥外运填埋，并预留污泥深度和污水深度处理用地，设计中采用多种新技术、新设备，如在氧化沟内部分区域设置了双速转刷，形成好氧、缺氧段，提高脱氮能力，并具有自动调节功能和节能效益，工程中采用先进的计算机测控系统，控制生产正常运行。运行至今，出水达标率100%，且能耐冲击负荷，曾出现进水浓度超过设计指标2.5～3倍的情况，水质仍然合格。该厂设计工艺选择稳妥可靠、技术先进、设备选型合理、操作管理方便、自动化程度高，是一座高水平的污水处理厂。

工程获全国优秀工程设计铜奖，詹天佑土木工程大奖。设计单位为北京市市政工程设计研究总院。

(3) 上海市污水治理二期工程(图2-10、图2-11)

图2-10 上海市污水治理二期工程

图2-11 上海市污水治理工程预处理厂出水池

上海污水治理二期工程是上海市的重大的市政工程，主要解决市区南部黄浦江及其支流的污染问题，服务面积271km²，服务人口336万人，工程总投资48亿人民币，其中世行贷款2.5亿美元，工程主要包括污水截流系统、输送系统、预处理及污水排放工程，SA泵站规模18.43m³/s，SB泵站规模31.28m³/s，出口泵站规模29.67m³/s，浦西截留总管$\phi1.6\sim\phi2.7m$，总长8.5km，浦东总管为2.7m×2.7m，3.3m×3.3m双孔箱涵，$\phi3.6m$ PCCP管，总长22km。

设计因地制宜，在繁华的市中心敷设截流干管，采用三维曲线长距离顶管，减少了工作井，避开了地下障碍物；黄浦江倒虹井，深度达30m，井内首次采用流槽，减少水头损失，避免砂的沉积，输送箱涵设计在一期工程的基础上进行较大的优化改进，采用上下企口式，限制了相对变位，采用新型的钢板橡胶止水带及填缝材料，大大优于一期工程及其他相关工程，全线2144条接缝无一条出现渗漏现象；长距离压力输送管道的设计中，根据透气井数学模型结果，减少了透气井数量并首次采用了自动排气阀，效果良好；泵站设计中使用了多项新工艺、新技术及新设备，主要有SA、SB泵站采用了先进综合整流技术，泵站效率提高了4%；设置变频、调整装置，以适应近远期及雨旱季的流量变化，保证泵的高效及正常运行；水泵和电动机的连接首次采用了万向节及钢片联轴器，便于水泵的维修、拆装及补偿轴系偏移；出口泵站自流通道首次采用拍门代替常规设计的闸门，真正做到自动，大大增加了自流机会，节省能量。出口水泵采用抽芯式变叶片调节泵，方便维修，并可根据要求工况自动调节叶轮角度。泵房结构设计巧妙的设置十字墙及T字底梁，控制沉井下沉速率；将综合楼、汽车车库等设在沉井上部，既可抑制沉井上浮又以沉井为基础节省了土建造价并减少了泵站的占地；出水高位井首次采用无粘结预应力钢筋混凝土技术，解决了混凝土温度产生的裂缝问题，提高了防渗防腐性能。

工程获2002年度全国优秀工程设计银奖，由上海市政工程设计研究院设计。

(4) 洛阳市涧西污水处理厂(图2-12)

本工程总规模30万m³/d，一期建设20万m³/d，总投资38776万元人民币。本工程自竣工投产以

图 2-12 洛阳市涧西污水处理厂

来,处理效果稳定,能耗仅为 $0.22(kW \cdot h)/m^3$,出水水质达到国家一级排放标准。污水处理工艺选用 A^2/O 生物处理系统处理城市污水,不设初沉池,流程简洁,主要生产构筑物有:粗格栅及原水提升泵房、细格栅及旋流沉砂池、A^2/O 生物池、鼓风机房、污泥泵房、二沉池及浓缩脱水车间。其工程特点如下:

1)"节能型" A^2/O 生物池。在国内率先设计了鼓风微孔曝气循环流式 A^2/O 生物池,利用氧化沟循环流的水力特性,省去了混合液回流的提升,其结构集厌氧池、缺氧池、好氧池于一体,占地小,工程费用低,充氧量由计算机智能化调节单级离心鼓风机及空气调节蝶阀控制,处理效果好,效率高(BOD_5、NH_3-N 及 TP 去除率分别达 95%、85% 及 70% 以上),能耗低,该生物处理系统较常规 A^2/O 工艺降低能耗约 $0.045(kW \cdot h)/m^3$,达到了处理厂安全经济运行的目的。

2)"环保型"污泥浓缩脱水车间。在国内率先采用了离心浓缩脱水一体化机械处理,处理时间短,高分子絮凝剂用量少,磷的去除率高,产出污泥体积小,污泥含固率高,避免了磷的二次污染,降低了污泥的处理、处置费用。污泥脱水车间采用双层设置,是国内第一座由一台螺旋输送机的一个出口出泥、设有室内多斗污泥仓储间的"环保型"大型车间,污泥传输仅按动电钮即可装车外运,无需人工,泥的处理及传输过程处于"全封闭"状态,劳动生产力高,生产环境优良,有推广应用的价值。

3)"安全经济型"粗格栅间及原水提升泵房。本工程污水截流干管需穿越 30m 宽河道,为确保污水管道的畅通无阻,设计将原水提升泵房建于厂外跨河道管道上游,原水采用 2 根压力倒虹吸管过河。针对北方冬季长、风沙大的特点,设计了地下式粗格栅间及原水提升泵房,既避免了截留栅渣在室外"随风飘荡"造成的二次污染,满足其周边生活小区及水体景观要求,又降低了工程造价。该泵房及管道投产运行至今状况良好,确保了污水厂的安全运行。

工程 2002 年获建设部优秀工程设计一等奖、全国第十届优秀设计银质奖。设计单位中国市政工程中南设计研究院。

(5) 杭州四堡污水处理厂扩建工程(图 2-13、图 2-14)

本工程分两步实施,第一步是先将原有的 40 万 m^3/d 一级处理扩建成二级处理,随着城市管网的逐步建设、完善,再扩大到 60 万 m^3/d。于 1999 年 6 月竣工,工程总投资 39314 万元(其中利用德国政府赠款 2300 万马克)。设计主要特点如下:

1)由于四堡污水处理厂扩建工程是在原有一级处理的基础上扩建成二级处理及相配套的污泥处理设施,并改造一级处理的构筑物。同时仍要维持原有一级处理部分正常运行,因此本工程的实施难度较大。为了合理地衔接新、老工程,并从竖向设计和平面布置上考虑工程的可行性,根据该厂的进水水质和处理后出水水质的要求,本设计选择管理

图 2-13 杭州四堡污水处理厂扩建工程 1

图 2-14 杭州四堡污水处理厂扩建工程 2

可靠、运行成本较低的前置厌氧活性污泥法污水处理工艺——AO法工艺。

2）污泥处理采用厌氧中温消化，消化池采用卵形消化池。卵形消化池具有搅拌流态好、没有死角、池体散热面积小、操作方便、外形美观等特点。在卵形消化池上采用沼气搅拌，搅拌效果好，并利用了消化池产生的沼气，充分利用能源，节省电耗，降低运行费用。卵形消化池单池容积为11000m³，共3座。在结构设计中，采用了后张无粘结预应力新技术，经济合理，节约钢材，施工简单。池体为光滑曲面，没有弯折点，应力分布均匀，结构受力合理，力学性能好，可以连续施工，是非常理想的池形。

该工程获全国第八届优秀工程设计铜奖，由中国市政工程华北设计研究院设计。

（6）青岛市李村河污水处理工程（一期）（图2-15）

污水处理厂总规模17万 m³/d，一期工程规模8万 m³/d，于1997年12月31日竣工。投资28883万元（其中亚行贷款2000万美元，其中实际利用外资6611万元）。设计主要特点如下：

1）李村河污水处理厂进水水质水量构成复杂，水质浓度极高、变化幅度大，但取得了稳定、优异的处理效果，处理指标达到或优于国家标准。

2）工艺及参数选择基于长时间的现场水质试验研究及国际水质协会活性污泥数学模型理论，保证了工艺路线的先进性、经济性、可靠性和合理性。

3）通过巧妙的构筑物布置、工艺设计与设备选择，将国际上先进的UCTVIP和A/O除磷脱氮工艺同时结合到污水工艺流程中，工艺运行调节非常灵活，能可靠地按多种模式运行，属于有针对性的集成型生物除磷脱氮处理系统。

图2-15 青岛市李村河污水处理工程

4）采用多种先进、高效、节能新技术及自控系统，优化工艺运行，大幅度降低能耗。

5）通过厂内污水回用，节约大量新鲜用水，降低处理厂运行成本。

6）通过优化结构设计，大型生物池采用了扶壁式结构方案，池底板采用池壁下为受力底板、池中心为构造底板的方案，地基处理采用碎石桩排水加强夯方案，节省了大量土建投资。

7）立足无人值守运行，所设计的自控系统设计先进、完善。通过借鉴国外污水厂的先进管理模式，吸收成熟自控系统的经验，将系统设计定位在无人值守运行的高度。采用集—散型控制系统，硬件选用性价比高、质量可靠的PLC，并从优化管理、节能降耗为出发点，详尽给出了设备的控制要求，为系统集成和开发商创造了极为便利的条件。实际运行效果证明了该套自控系统是完善的、先进的。

8）属于第一批亚行贷款污水处理项目，对国内首次编制该类型符合国际规模的设备标书工作高度重视，保证了处理厂技术设备的先进、可靠和优质。

该工程获全国第九届优秀工程设计铜奖，由中国市政工程华北设计研究院设计。

（三）城市污水回用

《中华人民共和国水法》规定：加强城市污水集中处理，鼓励使用再生水，提高污水再生利用率。

2000年国务院召开节水会议后，建设部相继完成并发布实施下列系列国家规范标准：《污水再生利用工程设计规范》、《建筑再生水设计规范》、《城市污水再生利用 分类》、《城市污水再生利用 城市杂用水水质》、《城市污水再生利用 景观环境用水水质》、《城市污水再生利用 补充水源水质》、《城市污水再生利用 工业用水水质》、《城市污水再生利用 农业用水水质》。

上述规范标准提供了污水回用工程设计的基本依据和必须执行的强制性条文规定，包括再生水水质标准、污水回用整体规划、处理工艺选择、具体构筑物设计参数、系统组成和合理配置、运行管理注意事项和安全措施等规定，规范标准的发布对促进污水资源化有着重大意义。

污水再生利用典型工程

1999年北京市高碑店污水处理厂生物二级处理后的部分（47万 m^3/d）出水，经过新建泵站提升后，用两条压力管，分别送到通惠河中的高碑店湖和东南郊工业区的水源六厂。送至高碑店湖的处理水供第一热电厂用水及补充河道景观用水。送至水源六厂的处理水，在该厂利用现有的处理设施进行深度处理后，一部分通过水源六厂现有供水系统供给东郊工业区和焦化厂，一部分通过新建再生水管网，输送到东便门、左安门和广安门等地作为市政杂用水。工程总规模为47万 m^3/d，其中送至高碑店湖的处理水为30万 m^3/d，供水源六厂为17万 m^3/d。新建再生水管道总长27km，管径为 $\phi800\sim\phi2000mm$，总耗资3.2亿元。作为陶然亭、大观园、龙潭湖、天坛等公园的绿化用水和东城、西城、宣武、朝阳区部分地区环卫清洁用水。

北京市酒仙桥污水处理厂2003年设计了一座规模为6万 m^3/d 的再生水处理站，同时铺设了市政再生水管道，向东四环路沿线供应再生水，用于园林绿化和环卫洒水降尘等。

2004年结合修建北京市清河污水处理厂二期工程，设计了一座规模较大的再生水处理站，是将生物脱氮除磷及化学除磷补充处理后的出水，经超滤处理后，再经紫外线消毒，进入活性炭过滤池，主要为奥运公园提供景观用水及市政杂用水，处理规模为8万 m^3/d。

2004年北京市北小河污水处理厂6万 m^3/d 出水用膜生物反应器MBR法处理，其中5万 m^3 消毒后送入市政再生水管网作为市政杂用水，另外的1万 m^3 再经反渗透及消毒直接向奥运中心区提供优质景观用水，这是一座高水准的污水回用项目。

2004年北京市吴家村污水处理厂（8万 m^3/d）设计了一座再生水处理站，规模为4万 m^3/d。将序批式活性污泥法（SBR）处理后的二级出水，经加药混凝、V型滤池过滤及消毒后提供景观用水。

截止到2004年北京市共设计了7座再生水厂，总规模为85.68万 m^3/d，设计了205km再生水干管，一些居住小区已经接通市政再生水管网。

天津开发区采用连续流微滤（CMF）处理2.9万 m^3/d 和反渗透（RO）处理1万 m^3/d 再生水，作为景观和工业用水。

天津纪庄子污水回用工程新建5万 m^3/d 再生水厂，其中2万 m^3/d 采用连续流微滤（CMF）加臭氧工艺供居民区杂用，3万 m^3/d 采用传统工艺供工业区陈塘庄热电厂作冷却用水。

青岛市目前已建成海泊河污水厂、李村河污水处理厂、团岛污水处理厂、麦岛污水处理厂4座，总处理规模36万 m^3/d。海泊河污水厂4万 m^3/d 的深度处理装置出水用于工业、建筑、景观、绿化、卫生等回用目的，解决周围5km范围内约20个单位非饮用水的用水问题，还形成海泊河水上公园。

城市污水再生利用已成为解决城市水资源紧缺问题的措施之一，随着人们对水环境和水循环认识的深入，城市污水再生利用在我国北方缺水城市会有更大的发展。

三、城市给水排水技术发展展望

（一）城市水环境面临的问题与挑战

回首十年，我国城市给水排水建设事业取得了长足的进步，但是，我国人口众多、水资源相对不足、生态环境较为脆弱。主要表现为：

1. 城市饮用水综合生产能力虽然基本满足要求，但供水安全保障面临严峻挑战。面对水源污染的加剧和供水水质要求的提高，传统的水处理技术不能去除部分有害物质。自建供水设施和二次供水管理薄弱，影响了供水安全。2004年10月建设部组织对全国30个重点城市进行的供水水质监测表明，采集的634个水样中，全分析样品公共供水合格率90.11%，二次供水合格率80.83%，自建设施供水合格率45.12%。另外，随着大规模长距离甚至跨流域调水输水工程的实施，受水城市的供水安全保障更为艰巨。

2. 城市的水环境污染日益加剧的局面尚未得到扭转，污水处理设施总量不足。2004年全国有监测数据的745个水体断面中（其中河流断面489个，湖泊水库点位256个），Ⅰ类占3.8%，Ⅱ类占 16.9%，Ⅲ类占 17.0%，Ⅳ类占 20.5%，Ⅴ类占 13.6%，劣Ⅴ类(失去直接利用价值)占 28.2%。至 2004 年底，全国建制市污水排放总量约为 356 亿 m³，污水处理率仅为 45.7%；661 个城市中还有 297 个城市没有污水处理厂。据环保部门对 118 个大中城市的调查，地下水严重污染的城市占 64%，轻污染的占 33%。

3. 城镇水系生态正在逐步退化。不少城镇污水排放和农业面污染超过了当地水系生态自我修复的极限能力。这种严峻的形势，一方面是城市化高速发展中大量占用自然水系所致，另一方面是先污染后治理的错误思想所造成的。水系生态平衡一旦破坏，修复的代价极为昂贵。

(二) 城市给水排水技术发展展望

党中央、国务院非常重视水的问题。温家宝总理在 20 世纪末曾经指出："我国水的问题很复杂，主要是洪涝灾害、水资源紧缺和水污染严重三大问题。这三大问题是当前乃至下个世纪制约我国经济和社会发展的重要因素。"温总理从可持续发展的战略高度，深刻阐述了水的重要性，指明了城市给水排水技术发展的方向。

根据 21 世纪新的城市供水水质标准和城市水环境质量要求，针对关键性、基础性和适用性新技术开发的需求，围绕水资源保护、安全饮用水、污水处理与再利用等重要环节，追踪国际发展趋势，开展新理论、新工艺、新技术的研究，以保持城市给水排水事业的持续发展。

1. 研发安全饮用水的净化与输配技术。包括能够去除污染物的水质净化工艺技术、饮用水安全输配供给技术、受污染水源水净化工艺技术、安全无害的消毒新技术等。

2. 研发城市污水处理高效率低能耗成套工艺、技术与设备。包括适用于新排放标准的城市污水处理新技术、新工艺；含较高比例工业废水或低碳氮比的城市污水处理新技术；以城市污水再生利用为目的的深度处理技术、工艺；污水处理厂污泥处理、处置与利用新技术等。

3. 研发适合小城镇特点的污水处理技术与设备。包括小城镇污水收集、输送与预处理技术；强化一级处理技术；生物塘、土地处理技术等。

4. 研发城市供水水源的保护与修复。包括地下水污染控制技术、地下水含水层储水与恢复技术、雨洪利用技术、城市污水处理后回灌技术、湿地保护与修复技术、水系的流域管理与综合利用技术等。

据悉，到 2010 年，城市供水建设约需投资 2000 亿元，污水处理工程约需投资 2500 亿元，水务市场具有广阔的发展空间。只要我们坚持科学发展观，将城市给水排水事业融入建设"资源节约型、环境友好型"社会的大视野，我国城市给水排水技术的发展前景就一定会更加灿烂辉煌。

参考文献

[1] 中国勘察设计协会市政工程设计分会编写的"中国市政工程设计五十年"
[2] 中国土木工程学会编写的"中国土木工程科学和技术发展研究"
[3] 仇保兴文章"城市水环境的形势 挑战 对策"

执笔人： 阮如新

城市公共交通工程篇

城市公共交通分会

目　录

一、城市公共交通基础设施建设发展概述 …… 437
（一）政府加大对城市交通规划和建设力度 …… 437
（二）城市公共交通道路建设成就 …… 437
（三）城市公共交通场站建设成就 …… 437
（四）城市公共交通专用道建设成就 …… 437
（五）城市公共交通枢纽站建设成就 …… 438
（六）城市巴士快速交通建设成就 …… 438

二、城市公共交通基础设施建设技术发展成就 …… 438
（一）公交基础设施建设新材料应用 …… 438
（二）公交基础设施建设新工艺应用 …… 438
（三）公交基础设施建设智能交通应用 …… 439

三、城市公共交通基础设施建设典型工程介绍 …… 439
（一）上海公交漕宝多层停车场概况 …… 439
（二）上海公交停车场"航空港"管理运营模式 …… 439
（三）北京动物园公交枢纽概况 …… 441
（四）武汉市公交螃蟹甲多层停车保养场概况 …… 442
（五）柳州公交基础设施建设工程概况 …… 444
（六）昆明快速公交专用道工程概况 …… 446
（七）贵阳"智能公交"系统工程概况 …… 446
（八）深圳地铁罗湖站及综合交通枢纽工程概况 …… 452

四、城市巴士快速交通（BRT）典型工程介绍 …… 458
（一）BRT线路的规划设计要点 …… 458
（二）北京巴士快速交通（南中轴路BRT）示范工程概况 …… 461
（三）北京巴士快速交通（南中轴BRT）智能系统工程概况 …… 462
（四）杭州市BRT一号线工程概况 …… 465

五、我国城市公共交通基础设施建设存在的问题 …… 466
（一）对公共交通基础设施建设投入不足 …… 466
（二）传统的公交场站建设模式单一 …… 466

六、我国城市公共交通基础设施建设发展趋势 …… 466
（一）"公交优先"国策将确保城市公共交通基础设施建设的健康发展 …… 466
（二）各级建设行政主管部门将加强监督管理 …… 466
（三）基础设施坚持国有性质，由国有资本主导投资建设 …… 467
（四）城市公交场站将不断完善"航空港"管理模式 …… 467
（五）大中城市发展巴士快速交通（BRT）将掀起高潮 …… 468

一、城市公共交通基础设施建设发展概述

1995~2005年是我国城市公共交通事业取得突破性进展的10年。在这10年中，由于国家明确了城市公共交通事业在我国城市可持续发展战略中的优先地位，特别是2004年，温家宝总理和曾培炎副总理分别作出重要批示：优先发展城市公共交通；2004年，建设部、国家发改委、科技部、公安部、财政部、国土资源部6部委联合发文《关于优先发展城市公共交通的意见》，更是给全国各地城市公共交通事业的发展带来了千载难逢的历史机遇。在这样的大背景下，我国城市公共交通基础设施建设，如场站、客车保养厂、枢纽站、公交专用道、巴士快速交通以及站点、站亭建设等方面也取得了巨大成就。具体表现在：

（一）政府加大对城市交通规划和建设力度

全国各地城市坚决贯彻国务院领导和6部委精神。至2004年底，各城市纷纷编制了城市交通综合规划和城市公共交通专业规划，出台了《城市公共交通发展规划》。在规划中纳入了公交场站设施和公交枢纽站用地规划，规定已划定的公交场站、枢纽站、站点和站亭等用地不得侵占，不得随意改变用途。明确先建的居住小区、大型的厂矿企业、大型的交通集散点都要配套建设公交的首末站，同步规划、同步建设、同步实施。

（二）城市公共交通道路建设成就

10年来，我国政府不断加大城市道路、市政设施和公共交通等建设的投资力度，划拨专用资金，为从根本上改善城市交通状况打下了坚实的物质基础。特别是进入21世纪之后的3年即2001~2003年，各地城市共投资3297多亿元，新建和改造城市道路12153条，其中2002年的投资就达1973多亿元，新建和改造城市道路5202条。

（三）城市公共交通场站建设成就

10年中，全国城市数以亿计的资金用于公交场站的建设。特别是进入新世纪，各地政府在财政相对比较困难的情况下，仍然拿出GDP的1‰左右资金用于公交基础设施建设。据不完全统计，从2001年起，截止2005年底，全国各地城市公交的场站建设共投入4000多亿元。仅2001~2003年这3年中，全国公交系统共有401个城市投资2170多亿元用于新建公交场站，2002年就有305个城市新建了公交场站，投资达500多亿元。全国目前的多层停车库，从二层至五层，共计20多座。近3年来郑州投资2.7亿元打造公交场站，截止2005年，郑州市政府已完成公交场站规划选址54个，其中24个公交场站已规划定界，19个公交场站的建设规划许可证已办理完毕，9个公交场站已交付使用，7个公交场站正在加紧建设之中。按照规划，郑州市公交场站建设规划投资额约为8.4亿元，8个公交场站已经确定规划选址。济南公交场站等基础设施建设得到加强。1998~2005年共建设公交场站30余处，12万 m^2，新增站点2000余个，在市区基本实现了每500m设置一个公交站台。一些公交候车廊、亭还安装了公交车运行监控和来车预报系统，便于人们及时准确地了解公交车运营信息。目前，济南公交正在谋划建设市立五院和北园立交桥大型公交枢纽，其建成后将大大改善人们出行和换乘条件。

（四）城市公共交通专用道建设成就

10年中，全国各地城市对公交营运线路、站点设置等布局进行了调整，优化了公交线网，调整了交通结构。各大中城市自实施畅通工程以来，坚持公交优先发展战略，共有220个城市陆续开设了1050条公交专用道。仅2002年就有151个城市新辟公交专用道64条。昆明开创的全国首条标准公交专用车道发挥着强大的示范和引导作用；北京、杭州已开通巴士快速交通专用道（BRT）；济南、成都、天津、沈阳等10多座城市正在建设巴士快速交通。大部分城市还设置了港湾式公交站台和公交信号优先系统，提高了公交车营运车速和服务质量，方便了市民出行，缓解了城市交通拥堵状况。

（五）城市公共交通枢纽站建设成就

10年中，全国各地城市建立了以公共交通网络节点为主的规划理念，加强了交通换乘枢纽的建设，强化了公交车站的功能设施。公交车站按接纳和疏散客流能力的大小可分为首末站、中途站和枢纽站。各大城市，特别是北京、上海、天津、重庆、广州等城市陆续建设了百余座零距离换乘枢纽站，连接着地铁、轻轨、地面公共汽电车、出租车站点的换乘，反映了公交服务的新理念，以最短最方便的换乘距离、最短的时间为老百姓提供最优质的服务。如昆明公交加快枢纽场站建设步伐：2005年3月北市区大型场站（占地面积86.97亩）已完成建设，正式投入使用；西市区岷山车场（占地面积62.31亩）也将建成投入使用；南市区广福路车场（占地面积83亩）的规划与建设正在实施之中；城市东部经济技术开发区、西部高新技术开发区、南部"世纪新城"、呈贡新城区的公交场站建设也已启动。

（六）城市巴士快速交通建设成就

目前，中国已有10多座城市建设完成了巴士快速交通系统（BRT）的规划和设计。北京已完成200km快速公交系统的网络规划，今后10年内将陆续得以建设。北京市第一条大容量快速公交线路南中轴路已经运营。上海、天津、重庆、沈阳、杭州、成都、西安、昆明、济南、石家庄、南京、武汉、福州、宁波等城市都在有序地推进快速公交的规划工作或建设工作。预计今后5年快速公交系统的总长度可以达到300～500km，日客流量达到200万～400万人次。上海市政府十分重视快速公交系统的项目研究，2003年11月启动了上海快速公交系统的国际合作项目。2004年1月14日，上海市市委书记陈良宇作了"上海应强力推行适合上海市情的快速公交系统"的批示。目前，BRT项目课题组已完成了《上海快速公交系统（BRT）概念性报告》。上海将进一步优化公交线网配置，对过于集中或重复的线路进行调整或精简，发挥公交车潜能，并在此基础上启动建设BRT的快速公交系统。2003年12月的"重庆巴士快速交通发展战略研讨会"促进了重庆主城巴士快速交通线路的可行性研究。杭州市规划局编制的《杭州城市大容量快速公交专项规划》把巴士快速交通系统与轨道交通系统一并作为大容量快速交通方式列入城市规划，并已于2005年底初步建成了公交一号线，由黄龙—下沙高教东区，全长28km，2006年4月下旬试运营。济南快速公交系统道路建设也于2005年度破土动工。

二、城市公共交通基础设施建设技术发展成就

（一）公交基础设施建设新材料应用

10年中，全国各地城市公共交通的基础设施建设纷纷应用新材料、新工艺，在以人为本的设计理念上，在造型新颖、构造别致等方面都做出了大胆的探索，出现了一批颇具现代气息的公交场站和保养厂。不少城市公交对市区公交站亭、站牌进行新建和改造，利用优质不锈钢和高强度PC材料，建成样式新、标准高的站台和国际标准的景观候车亭，美化、亮化了城市，提升了城市品位。

（二）公交基础设施建设新工艺应用

各城市在建设公交基础设施过程中，纷纷运用当前先进的施工工艺，既提高了施工效率，又保证了建设质量。如武汉市公交集团在建造螃蟹甲多层停车场过程中，为了满足双层停车场伸缩变形的要求，并确保屋面不漏水，在楼面和屋面的伸缩缝上采用了公路桥的施工方法，保证了建筑物的质量要求；在电瓶间的施工过程中，由于硫酸主要是与花岗石中的铁发生化学反应，而密度大的黑色花岗石含铁量较少，所以选用了黑色花岗石作为电瓶间防腐的主要建筑材料。另外，为延长花岗石使用年限，还采取了如下辅助手段：一是在电瓶台的上方安装喷淋管，对电瓶溢出的硫酸进行稀释；二是增加电瓶台的台面和地面部分花岗石的厚度，以提高使用年限；三是沿电瓶台设置一条排水沟，及时将

水排出室外。

(三) 公交基础设施建设智能交通应用

各城市公交纷纷加大对公共交通行业的科研投入，实现公共交通优先发展的科技支撑，积极推广应用先进科技成果，满足优先发展公共交通的技术需要。同时，各城市公交充分利用新技术和数字网络技术，加大公交场站、保养厂、枢纽中心、巴士快速交通和候车亭等服务设施的科技含量，加快推进公交智能化调度系统，设立公交电子站牌和营运查询系统。新建或配备现代化的调度指挥设施或调度站，实现微机临控调频对讲系统操作；实现信息共享的网络管理及办公自动化管理。

在已实施巴士快速交通的北京、杭州等城市公交企业还积极配合相关部门在市区交叉道口设置公交优先信号，实施路权优先。

三、城市公共交通基础设施建设典型工程介绍

(一) 上海公交漕宝多层停车场概况

该停车场位于上海西南地区的闵行区七宝镇境内，占地面积约合 188 亩，投资约 2 亿元人民币。备有地面停车场和五层停车库，停车能力为 1200 辆左右；有 3000m² 的办公用房和可保养 1000 辆车的修理厂房等设施。目前为国内最大的多层停车库(图 3-1)。

(二) 上海公交停车场"航空港"管理运营模式

长期以来，上海公交各停车场设施大都由使用单位独家拥有产权并独家占用，使城市静态交通资源不能充分有效地得到利用，客观上阻碍了城市交通的整体发展，对经济社会的进步也带来了消极的影响。改变这种状况的惟一办法，就是实行城市静态交通的市场化运营，探索"多家停车、一家管理"的类似于"航空港"式的经营管理模式。

1. 上海公交场站概况

上海交通投资(集团)有限公司根据上海国资委授权，按照区域分布与资产规模分块的原则，集约化经营与规划化管理的思路，划清产权责任关系，成立了四个场站资产管理公司(以下简称场站公司)，承担场站资产经营管理，实现国有资产保值增值。

至 2004 年底，上海公交场站占地面积 1423579m²（合 2137.5 亩），建筑面积 598220m²，原值 117587 万元，土地价值 27497 万元。其中：(1)停车、保养场 21 座，占地面积 1118161m²，建筑面积 485738m²，资产原值 91255 万元，土地价值 27497 万元；(2)枢纽站 14 座，占地面积 72233m²，建筑面积 15890m²，资产原值 9616 万元；(3)汽车站 25 座，占地面积 176784m²，建筑面积 50057m²，资产原值 8695 万元；(4)始末站车队用房 145 座，占地面积 46555m²，建筑面积 30915m²，资产原值 6082 万元。

2. 上海公交场站运营管理模式

目前上海公交场站管理主要采用两种模式：

(1) 契约式委托管理。目前大部分场站资产分别由四个场站公司实行"一对一"的管理。场站公司采取租赁合同的方法，低价租赁给公共交通车辆运营公司使用。收费标准为按 35 年折旧加税费。其资产的日常管理由公交营运企业负责，以书面合同来明确租赁各方的权利与义务，规范和约束租赁各方的行为；通过不断的监督和检查，保证资产的完好性和可用性。

(2) "航空港"式直接管理。漕宝路停车场、

图 3-1 上海交通投资(集团)有限公司漕宝停车场

南桥汽车站及蕰川路、长江西路、吴淞码头三个枢纽站采用场站公司直接负责的"航空港"式管理，探索"多家停车、一家管理"的管理理念和方法。场站资产对全行业及社会开放，实现资源的社会共享。租赁费按政府"低价有偿"原则，适用于全行业。这一方式的实行，以公交运营公司为主体的客户得到了安全、高效、方便、快捷、经济、优质、社会化的完善服务；充分调动了资产所有者的积极主动性，国有场站资产得到良好的维护，实现了国有资产的保值增值，得到政府赞同和公交营运企业的高度评价。

3. 上海公交场站"航空港"运营管理模式

(1) 漕溪路公交枢纽站。漕溪路公交枢纽站地处徐家汇，那里是上海西南地区最大的商贸中心，也是上海公交线路最为集中的枢纽地之一。20世纪90年代前，由于缺少规划和统一管理，多家公交运营公司各自为政、划地为站，造成徐家汇地区人车混杂、乘客换乘困难，交通秩序极为混乱，交通安全隐患环生。为此，当时的上海公用事业管理局、公交控股公司在中山南二路漕溪路建立了漕溪路公交枢纽站，将附近的公交站点归并于一体，实行了集约化经营管理。这既改变了徐家汇地区交通混乱无序的局面，又实现了乘客的"零换乘"和公交站点资源的社会共享，也使有限的土地资源得到了充分利用。

(2) 青浦盈江公交客运站。青浦盈江公交客运站的前身是上海青浦汽车站，原址位于上海青浦的中心区，占地面积13亩，只供上海大众公交公司独家使用，其他公交公司只能在其周边自行设站，造成当地交通秩序混乱，也给市民带来了诸多不便。2002年，由于青浦区对城区进行重新规划，需将青浦汽车站搬迁。区政府和上海交通投资(集团)公司联手，通过社会融资，于2004年初，在青浦盈江新建了占地100余亩的大型公交客运站，并实行了统一管理、资源共享，青浦所有公交单位均可使用，从而大大改善了青浦地区公交客运落后和秩序混乱状况。

(3) 上海交通投资(集团)公司漕宝停车场。漕宝停车场建于1996年，地处上海西南的七宝。漕宝停车场计划停车1200辆，并设有一家保养能力1000辆/年的修理厂。建成后的停车场由巴士四汽公司独家使用，停车仅为300辆，资源大量闲置。

2001年，上海交通投资(集团)公司为了适应公交改革的需要，为公交运营经营权的竞争创造公平条件，实行资源共享，建立了"一家管理、多家停车"的"航空港"经营管理模式的场站管理公司，让停车场为上海所有公交公司提供服务。目前，该停车场已为5家营运公司、30多条路线、1000辆车辆提供停车等服务，为各公交营运公司公平竞争经营权创造了条件，同时也充分利用了紧缺的土地资源，实现了资源共享，收到了较好的社会效应。

以上三个公交停车场市场化运作的案例有一个显著的共性，这就是实行"多家停车、一家管理"、类同于"航空港"模式的经营管理体制。

实践证明，城市公交场站只要实行专职分工管理的市场化运作，在推动城市交通建设和管理方面就可获得以下五大优化效应：

1) 规划建设科学化。以公交行业为例，公交实行"三制"改革后，投资主体发生了变化。公交分成客运和场站两大板块(行业称"动态公交"和"静态公交")。客运板块形成多元投资、多家经营，打破了原公交独家经营的垄断局面；而场站板块则是国有独家资产。两大板块资产所有权和行业服务职能相分离，但两者相辅相成。目前，客运市场已形成多家经营的格局，那么，场站经营管理模式就必须与之相匹配。原"一区、一厂、一场"的配置显然已与公交的新体制不相适应。只有"一家管理、多家使用"的"航空港"模式才能满足客运市场的需求，使上海公交车辆停放均衡，各停车场的功能也能充分发挥。同时，"航空港"模式为今后停车场的建设和改造，在计划上提供了依据。也就是说，停车场的选址和规模应围绕线网、运能进行布局。这样，就能较好地解决停车场资源利用率不均衡的矛盾，使场站投资更趋经济、合理。

2) 特许经营市场化。目前，公交客运市场已形成多家经营的格局。线路经营权已不能靠吃"大锅饭"和平均分配取得，必须按照市场运作的规律，实行优胜劣汰，这种机制为客运市场注入了生机。通过招投标，经过公平竞争，优胜者获得经营权，打破了铁饭碗和区域垄断经营的老框框。要实施客运市场公平竞争的机制，关键要解决取得经营权的客运单位能选择线网就近的公交停车场、保证低成本经营的难题。而"航空港"模式的公交停车场正是解决这个难题的最佳选择。

3）业内分工合理化。市场经济遵循的原则是"谁投资、谁得益"，"谁经营、谁负责"。经营者只对自己的股东和董事会负责，不可能对其他人的资产负责。因此，各公交营运公司的经营者，主要精力集中在如何搞好自己的主营业务，为自己的股东和董事会创造最大的投资回报率和最好的社会效益。场站资产不是他们的股东所有，管好与管坏与之没有利害关系。因此，公交停车场只有由产权部门授权的场站管理公司进行专职管理，才能管得好，其理由是不言而喻的。城市交通行业改革根据资产所有权划分，已经形成了"客运"和"场站"两大板块，虽然分工不同，但目标一致。那么，只有各自围绕自己的主营业务，集中精力搞好经营管理、互相配合、互惠互利、优势互补、形成合力，才能实现建设上海一流交通客运市场的共同目标。

4）设施利用最大化。对停车场实行"航空港"式的经营管理，打破了原"一区、一厂、一场"对资源的垄断和闲置浪费的局面，停车场可根据停车高峰和低谷的时段不同，对停车场地错时利用，提高资源的利用率，使资源的分配和利用更加充分合理。

5）资产保值制度化。对静态公交实行"一家停车、多家管理"的"航空港"模式和专业分工的市场化运作，不但适应了城市交通行业改革的需要，而且有利于国有资产的保值增值。对目前由营运公司使用、管理的场站，若能收回经营管理权，将使产权更加明确、清晰。一方面可将多余的站点设施进行储备开发，为今后营运需要开发新站点起好调节和增值作用，另一方面又可将资产存量进行改革盘活、统一开发，把流失的资产收回，具有可观的利润空间，为场站建设积累资金。由产权代表方管理场站，还能保证资源按期进行必要的维修保养，保证不透支使用，并能确保收益安全回笼，杜绝渗漏和转移。

（三）北京动物园公交枢纽概况

北京动物园地区是北京市重要的公交客流集散地，26条公交线路交汇于此。动物园公交枢纽于2004年7月5日正式启用，作为北京市规划建设的客运交通枢纽之一，该枢纽被市政府列入重点工程，其建设运营对缓解动物园地区公交线路多，路面负荷重、压力大的局面发挥了重要的作用。同时，作为集智能化运营调度、多条公共汽车线路中转、商业批发零售、餐饮娱乐、写字间为一体的现代化公共交通枢纽中心，该枢纽的建设运营已成为我国大中城市规划、建设相关枢纽具有参照价值的工程。

1. 北京动物园枢纽设计突出"以人为本"原则

合理衔接布设各种交通方式，联络通道与行人指示系统设计方便，保证实现无缝换乘，最大限度满足乘客便捷、安全、舒适换乘的需求；同时实现人流与车流的行驶路线严格分开，保证行人的安全和车辆行驶不受干扰，客流在枢纽区有限的空间里能够进行换乘，不发生滞留和过分拥挤现象。

2. 该枢纽控制用地面积，充分利用立体空间

考虑各种交通方式的运行特征，紧密结合枢纽周边用地特征与环境条件，通过合理优化的内部布设及便捷的立体布设，实现空间的充分利用与各种交通方式设施的协调配合，并考虑与周边建筑等结合布置，注重通过加强各空间层面的联系实现枢纽功能。同时，确保实现功能整合：通过一体化枢纽的换乘，在充分整合的条件下最大限度地发挥枢纽内部各种交通方式的功能，提高整个换乘系统以及交通运行系统的效率；通过考察枢纽的服务能力（包括涵盖的交通方式、换乘效率、集散能力等）进行规模定位。

3. 动物园公交枢纽主要有四个功能层面

地下二层建有供400辆机动车停放的大型停车场；地下一层为换乘周转层，为人流集散中心，同时设有容量为3000辆的自行车存车处；地面一层是公交站台层，常规公共交通以此为起、终点，公交车乘客乘降均在这一层实现；2～6层是商业层，包括商场、储蓄所、餐饮场所等。其中地下一层即换乘周转层，进出地铁站台（建设中）的乘客、公交线路之间换乘的乘客、由步行换乘公交或由枢纽向外疏解的乘客等都必须先到此层，然后分流到各目的地，本层目前开通一条横穿西直门外大街通往动物园一侧的地下过街通道。

功能层面的设计对各种方式的换乘有不同的侧重作用，如表3-1所示。

表 3-1

公交客流换乘		行人	自行车	公交	地铁
舒适性	描述	有保护、恒温	有保护、恒温	有保护、恒温	有保护、恒温
	评定	优	优	良	优
安全性	描述	人车分离	人车分离	人车分离	人车分离
	评定	优	优	优	优
可靠性	描述	有照明	有照明	有照明	有照明
	评定	优	优	优	优
经济性	描述	步行距离长	需跨层推行	换乘有周折	步行距离较长
	评定	中	中	中	良
综合评定		中	中	中	良

4. 动物园公交枢纽站台层平面结构颇具特色

东西方向依次排列设置 10 个站台，如图 3-2 所示。目前每个站台对应 1 条线路的公交车辆，每个站台通过自动扶梯或楼梯与地下一层换乘大厅相联系，每个站台一侧设有两车道的行驶及停放空间。此空间约可容纳 2 个车长的公交车同时停放，供乘客乘降。公交车依顺序进出站台，通过 4 个出入口进出枢纽。

动物园枢纽内部行人导向系统较为先进，设置得当，其盲道的铺设考虑周全，能够较好地发挥作用。

动物园枢纽区域内涉及的交通方式主要是地铁 4 号线和常规公交。各种交通方式有其特定的服务区范围：行人、自行车的服务区可认为是在枢纽附近的一个范围，主要解决动物园、西直门周边街道市民等的日常出行；常规公共交通主要是为其沿线市民的出行提供服务；地铁服务范围主要是地铁 4 号线由马家堡至北宫门沿线。另外，该枢纽提供 400 个车位的机动车停车场，缓解了换乘停车和社会停车的压力。

（四）武汉市公交螃蟹甲多层停车保养场概况

武汉市素有"九省通衢"之称，长江、汉水穿城而过，形成武昌、汉口、汉阳三镇鼎立之势。随着城市社会经济的发展，公共交通车辆逐年增加，原有车辆保养场的建设规模已不能满足需要，特别是在 20 世纪 90 年代中期的武昌地区矛盾更为突出。武昌地区原有的老停车保养场靠近武昌火车站，始建于 20 世纪 60 年代，当时设计能力仅为 150 标台，场地狭小且车辆保养设施不足。而 1995 年武昌地区有 49 条公交线路，拥有大小车辆 558 台，其中列车 140 台，双层客车 30 台，单车 388 台，折合标台 683 台，保养设施的规模仅为实际需要的 20%，车辆夜间停放车位也严重不足。为缓解武昌地区公交车辆保养、维修、夜间停放与现有设施存在的矛盾，1996 年武汉市城乡建设管理委员会下达投资计划，决定在武昌螃蟹甲区域新建保养 500 标台、停车 300 标台的综合停车保养场。

螃蟹甲停车保养场的选址位于武汉市武昌螃蟹甲沙湖巷内，整个场区为一东临武大铁路干线、西临友谊大道，长约 322m、平均纵深约 98m 的狭长

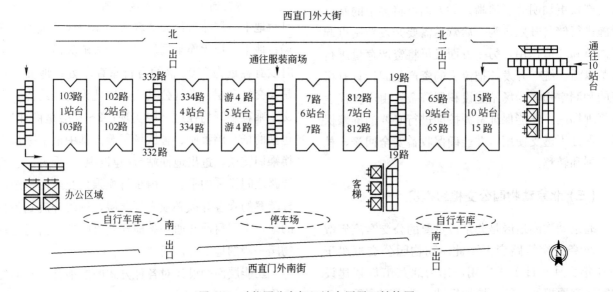

图 3-2 动物园公交枢纽站台层平面结构图

区域。根据国家建设规范，500 标台保养规模的停车场应占地 200 亩，但由于建设地点规划控制，主管部门划定红线范围内用地面积为 80.78 亩，扣除代征地及高压走廊用地 32.76 亩，其有效用地仅为 48.02 亩。若按常规采用保养车间与停车区分离的设计，显然不可能达到 500 标台保养及 300 标台停车的要求，为此提出尝试向空间发展，建成多层停车保养场，以弥补用地的不足。

然而，既要满足车辆保养及停车能力，又要考虑资金及用地不足的实际情况，建设方案怎样才能更为合适呢？当时，做了两个方案：第一方案为建两层（即一层保养、二层停车），可保养 500 标台、停车 160 标台，工程造价 2400 万元；第二方案为建三层高架停车场（即一层保养、二层及三层停车），可保养 500 标台、停车 300 标台，工程造价 3700 万元。经过反复比较，选定了第二种方案，其理由是方案二尽管较方案一多投入 1300 万元资金，但可多停车 140 标台车，与另建一座 140 标台停车场相比，可节省部分土地费及建设费，更重要的是能尽快缓解武昌地区当时车辆保养、停放严重不足的状况。

方案确定后，依据用地状况及功能需要，将场区设计分为办公及生活区、场前区、多层停车保养车间及场区停车坪四个部分，设置多层停车保养车间及综合楼、锅炉房、食堂、电瓶间、加油站等，总建筑面积约 60000m²。考虑街景效果，在场区以南、规划临街道上布置 19 层综合楼，集办公、商业用房为一体，以满足使用功能需要；场前区设在场区以北，加油站、值班室设在车辆进出口主要道路上，视野开阔、车辆由北门进入，通过例行检查，进洗车台冲洗干净，驶到停车坪就位，出场时通过加油站加油驶出场区进入营运；多层停车保养车间位于保养场北部，19 层综合楼在南部，中间通过加油站将两建筑物有机的分开，高耸于空中的 19 层综合办公楼与体形巨大的多层停车保养车间相互照应，浑然一体。场区主要技术经济指标如表 3-2 所示。

多层停车保养车间集保养、停车为一体，车间层高 6m，车库层高 5.5m。车库网柱为 12m×15m、15m×15m、14m×14m，空间组合灵活，布局合理。停车保养车间设有南、北两个车库，通过天桥连接，可合可分，使用管理灵活。车辆出入处

场区主要技术经济指标　　表 3-2

指标名称	指标值	备注
规划用地	53800m²	
规划道路用地	11500m²	
实际用地	42300m²	
高压走廊	10320m²	
建筑占地面积	17725m²	
道路、广场及停车场面积	17000m²	
绿化面积	7500m²	场地绿化
绿化覆盖率	30%	包括竖向绿化
建筑系数	41.5%	
建筑面积	60000m²	包括屋面停车坪面积

留有 15m 通道有利于采光、通风、排烟、排毒，满足消防疏散要求。顶部设有采光天窗，以满足采光通风需要。

多层停车保养车间建筑总长 204m，宽 73.4m，高 11m，建筑面积 30027m²。其中：一层建筑面积 14450m²，二层建筑面积 15577m²，三层停车面积 15577m²。该建筑呈"吕"字形，中间由一通道连接，两个 30m×12m 采光井既是室内光线不足的补充，也是室内空气循环的出口之处，其双向环状的道路为车辆的及时疏散提供了便利条件。车间分为 A、B、C、D 四个区，A 区为：X 向 1~10 轴，Y 向 A~D 轴；B 区为 X 向 1~10 轴，Y 向 E~H 轴；C 区为：X 向 11~20 轴，Y 向 A~D 轴；D 区为 X 向 11~20 轴，Y 向 E~H 轴。室内 15m×15m 的柱网为车辆的保修和迁移提供了充足的空间。底层设置保养车间、车身车间、发电机房、胎工间、锻工间、变配电房、烤漆房、清洗间、卫生间等，东部为底盘修理区域，设有 5 条地沟，西部主要为车身修理区域；二层东面局部为总成车间，西面局部为车间办公区域，其余部分用作交通组织和停车之用，一层与二层之间设置两部货梯，便于车辆配件的垂直运输；屋顶全部用于停车。在布局上严格按照规范，考虑防火、卫生必要的间距，合理组织供热、供电，考虑自然采光、人工照明、机械通风等有机结合。

多层停车保养车间采用密肋梁板结构，密肋梁间距 2.0m×2.0m，次肋梁截面 400mm×1000mm，主肋梁截面 600mm×1400mm，现浇板厚 150mm，柱截面 800mm×800mm，混凝土强度等级 C45。

基础采用独立承台，预制板截面采用 450mm×450mm，柱长 27m，单桩承载力 2000kN，桩端持力层为粉细砂层，独立承台厚 1800mm 左右。

多层停车保养车间室内设置消火栓箱，厂内设消防水柱股数为 2，能保证相邻两个消火栓的水柱充实，水柱同时达到室内任何部分。消火栓之间的距离小于 50m，栓口距地面 1.1m，室内停车场设自动喷淋设备。

场区总变电所设在车间的第一层，安装 800kVA 变压器 1 台，供场区生产车间使用。变配电和发电机组用一接地体，接地体利用建筑物基础内钢筋构成，接地电阻不大于 4Ω。

生产车间根据工艺要求和排放废气性质的不同分别设置送、排风系统。位于车间中部、通风换气不便的生产房间设通风系统。设有送、排风系统的房间有轮胎解体、烘房、发动机试车工位、电瓶间、喷漆间、发电机房等。一般通风房间的通风量按 3~6 次/h 计算通风量。对易产生有害气体和物质的房间按 12~25 次/h 计算通风量。

根据环保法"三同时"的要求，停车保养场含有油污的水必须经过治理方可排放，工程设计时同时进行了环保设计。污水处理量 40m³/d，污水排放至市政下水管网。污水处理后达到国家排放标准：即 GB 8978—1996 二级标准（新扩改）。除斜管隔油池、清水池和废油池在地下外，其他设备均在控制室内。本场区设置的污水处理能力为 40m³/d，采用一班制，设计小时处理量为 5m³。水质指标：处理前 pH：4.5~10，COD：120~160mg/L，石油类：60~80mg/L；处理后 pH：6~9，COD：150mg/L；石油类：<5mg/L。污水处理流程：污水中和沉淀池→斜管隔油池→废油池→过渡池→提升泵→气阀过滤泵→回用或排放。主要参数：中和沉淀池停留时间 1h，斜管隔油池停留时间 2.5h，气浮设备池总流速为 10mm/s，停留时间 $T=30$min。提升泵和过滤泵采用液位控制装置。斜管隔油池中浮油可通过集油管收集到废油池中。1998 年 1 月武汉市环境保护技术开发中心对该工程进行环境影响评价工作。通过预测、分析和评价，认为此工程建设符合"环境效益、社会效益、经济效益同步增长"的原则，建设规模可行，通过验收。

在场区的设计中特别考虑了以下两点建筑施工的处理措施：第一，为了满足双层停车场伸缩变形的要求，并确保屋面不漏水，在楼面和屋面的伸缩缝上采用了公路桥的施工方法，保证了建筑物的质量要求；第二，在电瓶间的施工过程中，由于硫酸主要是与花岗石中的铁发生化学反应，而密度大的黑色花岗石含铁量较少，所以选用黑色花岗石作为电瓶间防腐的主要建筑材料。另外，为延长花岗石使用年限，还采取了如下辅助手段：一是在电瓶台的上方安装喷淋管，对电瓶溢出的硫酸进行稀释；二是增加电瓶台的台面和地面部分花岗石的厚度，以提高使用年限；三是沿电瓶台设置一条排水沟，及时将水排出室外。

螃蟹甲停车保养场自 1998 年建成投产以来，基本解决了武昌地区公交车辆保养能力不足和夜间马路停放的问题，促进了公交营运生产的发展，方便了市民的出行。

在当今土地资源越来越稀少，土地费用越来越昂贵的情况下，从螃蟹甲多层停车保养场建设的有益尝试来看，在条件适合的城市区域建设多层公交停车保养场不失为一种较好的选择。

（五）柳州公交基础设施建设工程概况

1995~2005 年，是柳州公交基本建设发展速度最快的 10 年。这 10 年里，柳州公交的场站建设、车间厂房建设、线路站点建设、公交大厦建设、员工住房建设、庭院绿化建设等全面开花，并取得了辉煌的成果。特别是自 1995 年以来，公司的基本建设发展更为突出，其中柳州公交大厦和大修厂建设工程分别荣获广西柳州市第十一届建筑质量龙城杯奖和柳州市 2001 年度优秀工程设计一等奖，大修厂建设工程还荣获 2001 年度广西优秀工程勘察设计三等奖。

1. 柳州公交大厦（图 3-3）

柳州公交大厦投资 2000 万元，于 1998 年 1 月 12 日开工，2000 年 4 月 21 日竣工验收，2000 年 9 月 9 日投入使用。大厦占地 960m²，总建筑面积 9383m²，地下 1 层，主楼 13 层。大厦建筑特点是将中国古典建筑艺术和现代建筑风格完美地融为一体，造型新颖美观，内外装饰材料的选用和色彩搭配十分得体，整个建筑显得庄重、协调。在主楼的坡屋面屋顶耸立着一个 18m 高的发射塔，它由 3 个直径不同的不锈钢螺栓球网架形成。

图 3-3　柳州公交大厦

该大厦前院有约 900m² 的绿地，种有三十多种名贵花草树木。西南角草坪中立起一座高 8m，名为《奔向新世纪》的大型雕塑，以抽象的方式，表现为一个展翅奋飞的"大鹏"形态，并采用中国传统的大红色，象征着吉祥、欢庆，给人以热烈、祥和的气氛。大厦、"大鹏"、绿地、蓝天与周边高架桥融为一体，互相衬托、交相辉映，构成了柳州市城市道路上的一处亮丽景观。

该大厦功能齐全，内设有先进的自动报警消防系统、通信系统、声像监控系统、空调系统、防雷系统、供电供水系统、公交车辆多媒体视听及 GPS 智能调度系统、IC 卡管理系统、公交企业资源计划管理系统（ERP）和计算机网络化办公管理系统等信息化应用平台，公司借助这些平台对传统的管理模式进行改革、提升，并在行政办公、车辆调度、财务管理、技术物资管理等领域，全面实现计算机网络化管理。大厦建成后，公司的各项行政命令、重大决策、生产调度等都是集中在公交大厦来指挥完成的，它是一座现代化的智能调度指挥中心。

2. 柳州公交大修厂（图 3-4）

柳州公交大修厂投资 4000 万元，于 1998 年 12 月 28 日开工，2000 年 7 月 28 日通过了由广西壮族自治区建设工程质量监督站组织的工程验收，2000 年 12 月 28 日投入使用。大修厂占地 18562m²，总建筑面积 19449m²，绿地面积 8900m²。

大修厂整个建筑呈凹形布局，南北为相距 20m 的两座各长 128m、宽 54m、高 11m 的车间厂房，西面为长 128m、宽 12m 的三层厂部办公楼将两个车间连成一体，从西面看，是一座现代化的综合大楼，从南面看，是一座宏大的、具有独特风格的现代化厂房；厂房屋面采用当今国际流行的螺栓球网架、彩板结构新技术，每个厂房屋面设置 24 条 1m×15m 的采光带，车间地坪为本色水磨石地面，人行通道采用具有高度防滑功能的绿色环氧树脂喷涂，生产区用黄线隔离以保证生产安全、方便清洁；4 万多平方米的厂区线路通过地下电缆沟送到各处。

大修厂的设计能力每年可以同时满足 1000 辆运营公共汽车的高级维护和发动机、底盘大修，车身大中修，车身喷烤漆，大事故车辆修理及承接外来车辆修理等需求。生产车间严格按汽车维修工艺流程设置工位，15 台吊车在网架上行走自如；压力气管连接至每个工位，全面实现了机件装卸气动化；15 台起动设备投入使用，实现了整个生产区内物流运输机械化；引进了广西目前最为先进的喷烤合一的烤漆房和专用打磨间，保障了车厢修理喷漆质量，改变了过去喷化生产造成烤漆污染的现象；车厢车间长 78m、宽 12m 的地面轨道运输车与两侧 17 条工位轨道小车连接，将待修整车方便快捷地从一处工位搬移到另一处工位；高级维护车

图 3-4　柳州公交大修厂

间9条车沟为气动顶升装置,可根据车型不同而随意调节举升位置;总成车间配置有发动机自动测功检验台和底盘总成检测台、车辆小总成修理作业台;高级轿车维修车间配置有激光四轮定位仪、电脑发动机不解体诊断仪、车桥矫正器、电脑调漆设备等高新设备,可以满足各类高级轿车的维修。大修厂的建成投产,基本实现了车辆维修拆装气动化、物流运输机械化、总成维修台架化、小总成维修检测仪表化、车辆维修过程和物资管理信息化,是一座集高、中档综合汽车维修,汽车装配,新产品开发的基本具备现代化管理功能的大型汽车维修中心。

(六) 昆明快速公交专用道工程概况

20世纪90年代末,昆明—苏黎世国际交通规划合作奠定了昆明"公交优先"交通政策的基石。自1999年开通了我国第一条真正意义的"现代公交专用道"以来,已建成20多公里的专用道路网,取得良好效果,得到了社会各界的广泛认同。

1. 昆明市公交专用道规划建设情况

规划了总长约40km的"井"字形公交专用道路网,它可为城市中心区75%以上地区提供公共交通服务。

自1999年北京路公交专用道建成后,2002年和2003年又建成人民路和金碧路公交专用道,每千米综合造价控制在400万至500万元的水平,体现了良好的经济性。昆明公交专用道的技术特点是:第一,公交专用道设在内侧机动车道;第二,公交站点设置在干道交叉口;第三,采用舒适的宽大站台。

2. 实施效果

中心区专用道公交车速由不到10km/h提升到15km/h;公交车在站点的停靠时间由56s减少到23s;专用道上的公交运送能力增加近50%,达到每个方向8000人次/h;城市的公交日客运量由1999年的50万人次/d,增加到2004年的100万人次/d,公交出行比例由8%提高到约14%。

3. 公众态度

市民意见调查表明:1999年公众对公交专用道的总支持率仅为79%,2001年支持率上升到96%。昆明"公交优先"战略得到广泛的认同和支持。

4. 综合评价

城市交通时空资源得以更合理和公正的分配;公共交通效率和服务水平明显提高;削减了专用道沿线的车辆交通量,交通污染减少;改善了公众特别是低收入者的交通出行质量,体现了对人的尊重和关怀;公交优先政策得到各方面的广泛接受。

(七) 贵阳"智能公交"系统工程概况

近年来,贵阳公交坚定不移地实施"智能公交"系统工程,大大改变了城市公交传统管理模式,提高了管理水平、服务水平和工作效率,为公交企业现代化和未来城市智能交通系统(ITS)、快速公交系统(BRT)的发展奠定了良好的技术基础。所谓"智能公交"系统指的是集当今最先进的GPS定位技术、GPRS通信技术、GIS地理电子信息技术、网络技术、计算机技术、自动控制技术,软件技术为一体的公交企业实现营运生产调度信息化、自动化、智能化的高科技管理平台。

1. 建立"智能公交系统"的必要性

2004年底贵阳公交已完成了企业信息化一期工作,建成了局域网、综合管理网、刷卡路签、刷卡加油、刷卡领料、刷卡乘车、刷卡考勤、热线服务、人事劳资、财务核算等十余个子系统,基本实现了办公无纸化、数字电子化、报表计算机化。虽然贵阳公交运营管理已实现了刷卡路签,解决了运营生产统计分析,但城市公共交通的运营生产流动分散、点多面广、运营时间长、交通拥堵、劳动密集程度高,而且难以解决传统公交运营管理模式和管理手段一直沿用管理人员与生产工人面对面的粗放型、经验型、静态管理的问题。调度员只管得了车辆到站和离站情况,却无法监控和调度车辆途中运行。原始数据全靠人工记录,难免出现人情数字、虚假数据,线路调整延伸和生产计划全凭经验,数据统计重复劳动多,不能共享。汇总分析滞后,不能即时指导生产,降低安全隐患,提高服务质量和车辆利用率。2005年初,贵阳公交与珠海亿达研发了集定位技术、网络技术、通信技术、软件技术和计算机技术为一体的"智能公交"系统,现已在四条线路78辆车上安装试用,初步显现了能改变城市公交现有管理模式和手段、降低人车比、提高企业核心竞争力和社会经济效益的作用。

2."智能公交系统"示意图(图3-5)

3."智能公交系统"功能

(1) 营运调度功能

1) 根据贵阳公交规模设立总调度中心,实行一级调度,每个调度员可同时调度3~4条线路车辆,根据电子地图显示的运行状况,完成自动和机动调度工作。

2) 系统根据营运现场的实时状态和行车计划自动编排发车表,最大限度实现调度工作自动化、智能化,也可通过无线网络发布调度指令,驾驶员根据发车显示屏或车载机显示屏显示的时刻和语音准时出车,见图3-6、图3-7、图3-8。

3) 调度员对车辆超速、越界、报警、运行间隔不合理,可发出指令要求驾驶员进行纠正。

4) 调度员可通过超载报警或人次计数器发送回来的车上客员状况随时调整发车密度。

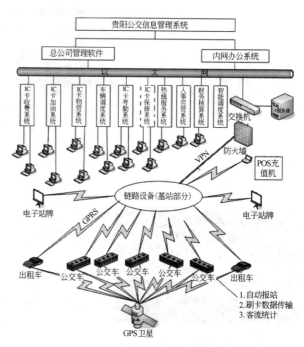

图3-5 "智能公交"系统

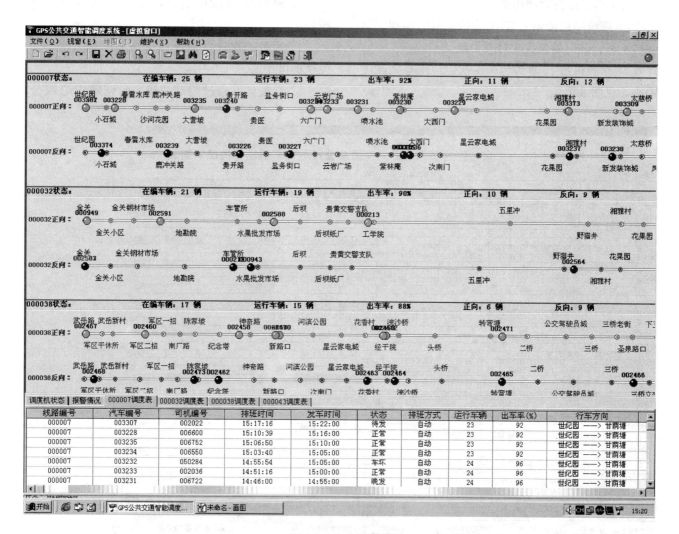

图3-6 自动排班表

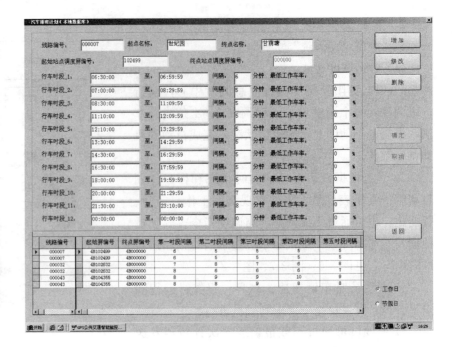

图 3-7　发车显示屏

图 3-8　发车计划表

（2）车辆运行管理功能

1）系统能识读职工 IC 卡中的车号、路别、驾驶员工号，随时确定人车对应关系。

2）车载机每 10 秒钟传递 1 次定位信号到调度中心，见图 3-9。

3）根据线路地理信息，实现公交车全自动报站。

4）通过人次计数器统计每站上下车人次，并发送调度中心。

5）驾驶员可通过隐蔽按钮，向调度中心或公

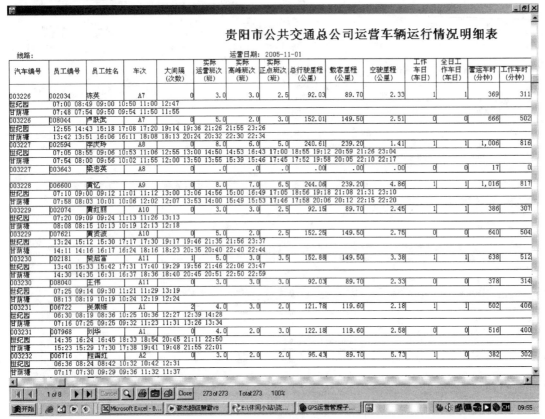

图 3-9　运营车辆运行情况明细表

交分局报告突发治安案件。

6）驾驶员可通过按键、短消息、通话与调度中心实现信息交流。

（3）营运管理功能

1）实现营运管理工作数字化，通过客流统计分析报表，为制定中长期运力规划提供科学依据。

2）系统根据车辆到、发始末站信息，形成营运管理各种报表，见图3-10。

3）系统能区分营运里程和非营运里程，营运时间和非营运时间，提取其他系统信息进行单车核算。

4）系统根据总行驶里程和各级维护间隔里程形成车辆保养维修计划。

（4）地理信息采集和维护功能

1）地理信息采集器可进行线路测绘，采集线路站点、停车场、维修车间、加油站等地理信息数据，见图3-11。

2）系统根据地理信息生成电子地图和供调度员进行调度的虚拟线路图（线路站点直线图），见图3-12、图3-13。

3）根据线路、站点变化，随时修改电子线路地图。

（5）乘客服务功能

系统通过电子站牌发布线路始末站发车车号、发车时间、线路各站车辆到达信息，见图3-14。

（6）企业管理功能

1）为公交办公自动化提供各类管理数据。

2）系统能实时传送IC卡消费信息，下载黑名单，实现IC卡收费系统的数据采集自动化。

3）大大拉近了一线员工与管理层的距离，大大加强对营运现场的控制和管理，减少中间管理环节，为减员增效，实行扁平管理创造条件。

4）回放功能可提高安全管理水平，杜绝超速违章行为。系统对驾驶员全程监控，凡超速违章自动进行警告和记录，有利于事故分析。见图3-15。

5）系统大大提高劳动生产率、服务水平和车辆利用率以及企业社会经济效益。

4. 系统技术关键

"智能公交系统"是贵阳公交信息化工作的升级和完善，是GPS智能调度系统取代原有的刷卡路签系统。因此，"智能公交系统"与原有信息平台的可兼容性将是系统成败的技术关键。经考察，目前国内研究"智能公交系统"的机构不计其数，多数研发机构不熟悉城市公交管理情况，研发的产品实用性差，价格偏高，难以被艰难度日的城市公交所接受。所以，系统集成商的能力和熟悉公交营运程度十分重要，特别是IC卡消费信息的自动传输无一丢失将是衡量系统集成商能力高低的重要标准，也是系统可靠性、实用性和先进性的重要保证。

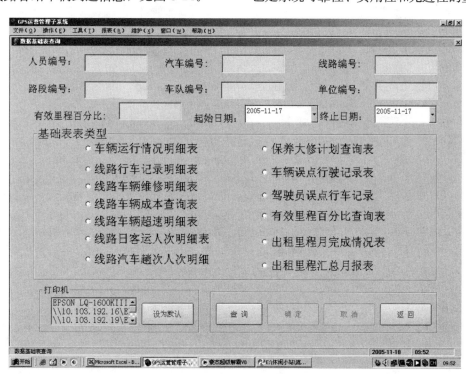

图3-10　运营生产报表

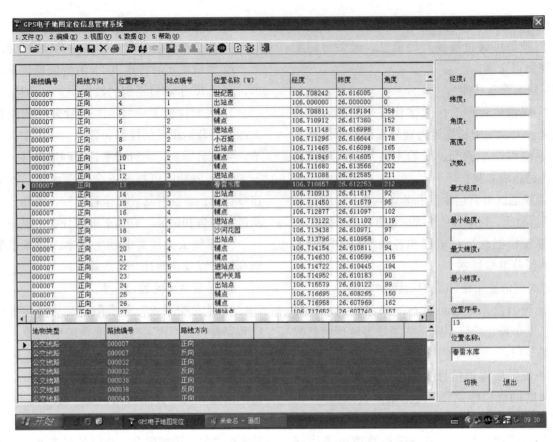

图 3-11　电子地图定位表

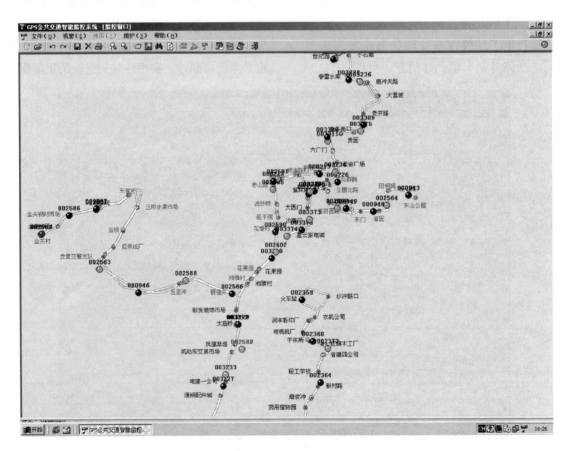

图 3-12　电子地图

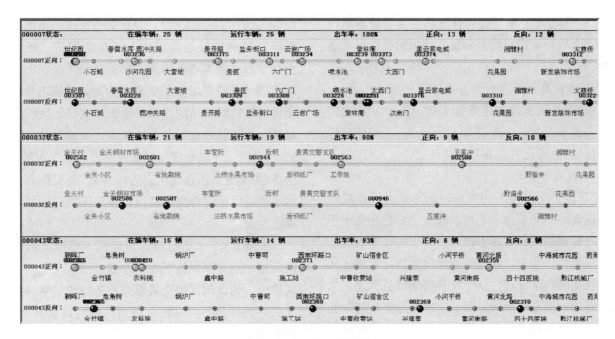

图 3-13 虚拟电子地图

图 3-14 电子站牌

图 3-15 限速设置表

5. 多种安全措施确保智能公交系统正常运行

（1）由贵州移动通信公司按准军用通信提供数据传输服务。

（2）为确保供电正常，调度中心和信息中心配备三个 10kVA 3h 双备份 UPS 电源和 50kW 柴油发电机组一台。

（3）各线路发车显示屏配备了可供电 20h 的 UPS 电源。

（4）根据车辆数和信息保存时间，系统信息存储量按 600GB 配置。

（5）数据存储服务器、通信服务器、磁盘陈列、中心交换机、路由器、数据传输光缆均采用冗余配置，自动接管工作方式。

（6）网络安全采用防火墙、杀毒软件、VPN 技术、访问控制、权限密码设置、入侵检测、日志下载、自动备份。

（7）系统机房设备和调度终端均采用重复接地防雷击。

(8) 调度中心信号线和强电均按多点集群布设并采用金属桥架进行物理隔离，确保通信信号不受干扰。

6. 系统费用估算和资金来源

按 2000 辆车计算需资金 1200 万元，6 年内广告收入 800 万元，企业自筹 400 万元。系统信息传输费每年 70 万元由企业管理费开支。

7. 效益分析

"智能公交系统"的实施，从本质上讲是城市公交企业的一场革命，它可以改变公交企业几十年的传统管理模式和管理手段，是用现代技术改造传统公交企业，实现以粗放型管理向集约化管理，从经验管理向科学管理，从定性管理向定量管理，从静态管理向动态管理的转变。"智能公交系统"能优化公交管理模式，极大提高现有公交企业管理水平和营运效果，降低企业管理成本和营运成本，降低车辆消耗和安全隐患，提高运输能力和调度时效性，为公交企业降低人车比，实行扁平管理创造条件。仅开通的 4 条线路 78 辆车 8 月份试运行情况分析，在营运班次和总行驶里程未增加的情况下，因均衡发车、等距运行、可视管理，票款收入比 1~7 月平均收入增加 9.1%，准点发车率提高 31%，工作车率提高 3.5%，杜绝了行车事故，取消了线路调度员 6 人。如贵阳公交全面实施"智能公交系统"预计每年增加票款收入 500 万元，每年可节约管理人员 200 人，降低人工成本 450 万元，一年半可收回投资。贵阳公交计划 2005 年底前再安装四条线路 40 辆车，完成调度中心建设。2006 年完成全部营运车辆车载终端机和部分电子站牌的安装工作，以求整体社会效益和经济效益的提高。

（八）深圳地铁罗湖站及综合交通枢纽工程概况

1. 工程概况

罗湖口岸/火车站地区是深圳市最大的人流集散地、重要的区域性交通枢纽、深圳通往香港及亚太地区的重要门户，是深圳市城市形象的标志性地区。其中罗湖口岸是深圳市四个一线口岸（罗湖、皇岗、文锦渡、沙头角）中，历史最悠久、地位最重要的一个，是目前国内外客流量最大的陆路口岸地区。近 20 多年来，世界各地经香港由罗湖口岸进入深圳的旅客增量较快（目前罗湖口岸/火车站地区日均进出入客流约达 49 万人次，节假日高峰日均客流约达 60 万人次），原有交通设施已不能满足经济和社会的发展需求，人流车流拥挤，环境较差，令过往旅客极不满意，严重制约了深圳市实现现代国际化花园城市的形象。为此，深圳市政府希望通过地铁罗湖站的建设，尽快改变该地区的交通环境，改变制约发展的不良状况，并通过地铁罗湖站及口岸/火车站地区综合交通建设，使其达到以人为本（集交通、信息、生态为一体），具有国际一流水平的现代化综合交通枢纽，体现深圳花园城市的标志性窗口。

罗湖口岸/火车站地区是地铁一号线一期工程的起止站点。罗湖站所在地地铁的引入及罗湖站点的建设，为该地区的交通综合改造与规划建设提供了良好的机会，同时将对该地区的道路交通组织、用地功能布局以及城市环境的改善等产生积极的作用。

2. 规划目标、原则及策略

（1）规划目标

深圳地铁罗湖站建设引发了该地区全方位的规划整治。市政府要求将罗湖口岸/火车站地区建成现代化、国际一流水平的立体化综合交通枢纽，体现深圳市花园城市的标志性窗口地区，建立以轨道交通为骨干，人行、公交等多元交通方式相结合的立体化、多层面的交通枢纽。

1）创建高效、通达的"十"字环状（内部十字轴与外围环状）的综合交通模式（详见图 3-16）。沿联检广场形成南北向的人行主轴换乘空间，东西向为人行副换乘空间，外围形成环状分布的各种车行交通设施。

图 3-16 "十"字环状交通模式图

2) 创建以山、水、城、绿、文为核心，形成深港一体化的城市自然生态。罗湖口岸紧邻香港的青山、绿水，作为城市生态要素的山、水、城、绿、文应是一个有机的整体，相互渗透，形成绿岛形的口岸和以国贸为中心的内城式商贸区。

3) 创建城市"门厅"。随着经济发展，深港两地出入境人员大量增加，创造从口岸到东门文化商业街的完整外部空间，使口岸地区不仅成为一个交通枢纽，而且也是罗湖文化商业核心区的起点(详见图3-17)。

(2) 规划原则

1) 周边城区规划原则：

① 深港一体化，重振罗湖商业核心区。将口岸地区与人民南路进行环境一体化改造，使罗湖商业既辐射香港，又服务深圳，强化深港的商贸往来所需的良好空间环境。

② 分化交通方式有序共生。将各种交通方式进行分类渠化，在提高交通效率前提下，优化城市的交通结构，减化交通复杂度，增强城市路网可识别性，形成罗湖口岸及火车站地区的良好交通秩序。

③ 园、林、河开敞空间系统化。将该地区内公园、林带、河流进行重整，形成流畅的开敞空间体系。

2) 口岸地区发展原则：

① 有序高效接驳的一体化综合空间体系。将多元交通方式合理组织，形成立体化、多层面的交通换乘枢纽。

② 人行优先、公交优先。关注公众利益，体现以人为本的交通原则和贯彻发展公交的城市交通政策。

③ 建设生态化环保型的开敞空间。在口岸地区应建立节能、环保的城市空间，维护一个低能耗的小生态结构。

④ 创建标志性城市景观区。口岸地区应充分体现深圳的门户和窗口概念和相应的城市环境品质，形成深圳的标志性城市地区。

(3) 规划策略

1) 合理配置交通资源，优化地区路网结构，明确道路功能，完善和平路、沿河路的快速集散功能，强化建设路向北疏散的功能，人民南路主要承担公交走廊与商业步行街功能，形成合理城市结构及交通模式。

2) 开辟人行走廊、公交专用道(步行街)，突出地铁核心地位，净化进入口岸和火车站的交通分布方式，实现不同交通方式，不同目的、方向人车流组织的"管道化"。

3) 与国贸商圈进行环境一体化改造，创建生态化、园林化的开敞空间，形成人工与自然交融的绿色景观系统。

4) 地铁罗湖站采取"两岛一侧"地下三层方案，将联检广场作为换乘的枢纽，使各种交通方式以其为轴心呈环状顺序布局，以有利于和其他交通方式的综合换乘。

5) 整合建筑空间环境，进行优美、宜人的场地环境设计。

6) 进行城市用地调整，产业置换，控制土地开发强度，减少交通需求，完善口岸地区的土地利用结构。

3. 综合交通规划

规划设计的地铁罗湖站及综合交通枢纽是以地铁罗湖站和上部地下人行交通层为主体，将深圳火车站、公交大巴、中巴、出租汽车、长途客车场站等公共交通连为一个无缝接驳整体(详见图3-18)。其中地铁站由北向南经人民南路，斜穿深圳火车站广场下方，与罗湖口岸联检大楼地下室相连接，设计布局为地下3层，地面2层。由下至上分别为地下三层(-3F)、地下二层(-2F)、地下一层(-1F)、地面层(GF)、地上一层(1F)(详见图3-19)。

该工程总建筑面积约5.1万 m^2。人行交通层作为整个罗湖口岸/火车站地区公共换乘空间枢纽，

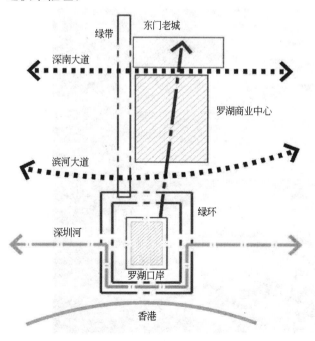

图3-17 绿岛、内城及城市门厅概念图

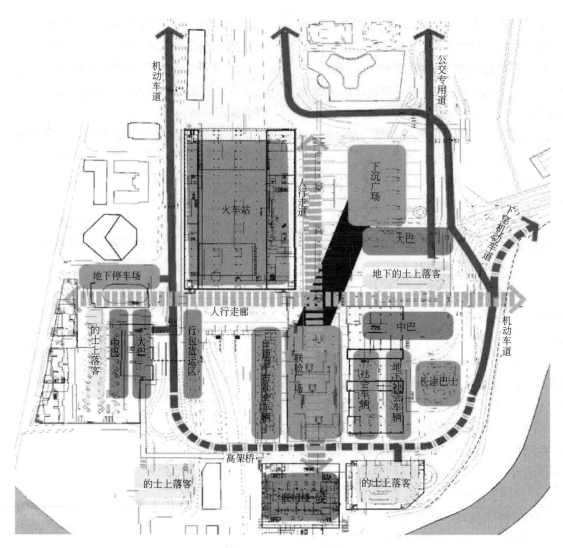

图 3-18 规划设计总平面图

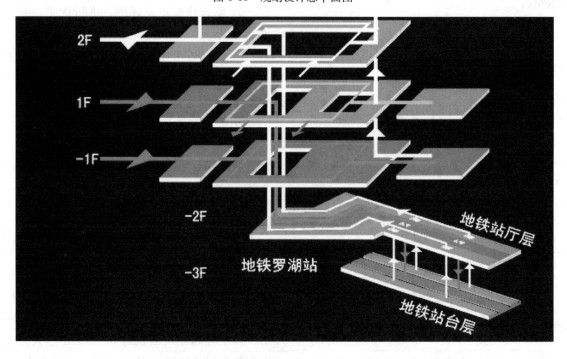

图 3-19 空间结构示意图

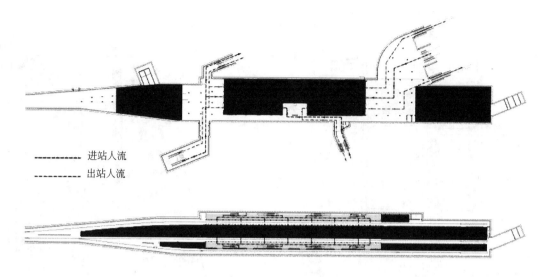

图 3-20　站台、站厅层人行组织图

将这五个层面有机的组织在一起，其空间立体结构见图 3-19。

(1) 地下三层(-3F)为地铁站台层，布局为两岛一侧、三线四跨结构。

(2) 地下二层(-2F)为地铁站厅层，采用大跨距等柱结构。

(3) 地下一层(-1F)为人行交通层和绿化休闲广场及出租车场站。

(4) 地面层(GF)为地面人行广场和公交场站。

(5) 地上一层(1F)为高架人行平台层，包括联检楼一层平台和皮带廊一层。

4. 综合交通枢纽空间功能配置及人行和交通组织

(1) 人行空间

人行空间通过"十"字通廊来体现，由联检楼至火车站形成一条南北向的人行主轴换乘空间，由车站西侧的交通枢纽到东广场的巴士站形成一条东西向的人行副轴换乘空间。具体人行组织如下：

1) 地铁车站站台、站厅层人行组织实行管道化(详见图 3-20)，站台层通过规划设计的两岛一侧、三线四跨结构布局来实现人行管道化功能，上车和下车人流互不干扰。

2) 联检楼通关方式实现真正意义上的两进两出功能。规划罗湖口岸/火车站地区的入关人流由联检楼的地下一层(-1F)和地面层(GF)入境后向下直接进入地铁站厅层(-2F)和站台层(-3F)乘地铁，入关人流也可以经地下一层(-1F)和地面层(GF)直接进入火车站站台。出关人流由地铁站台层(-3F)和站厅层乘自动扶梯到达地上一层(1F)联检平台进入联检楼出境，同时出关人流可以由火车站地下一层(-1F)和地面层(GF)乘自动扶梯到达地上一层(1F)联检平台进入联检楼出境。地面层(GF)作为缓冲层面适当混流，在节假日人流高峰期间，可作为出关人流集聚的缓冲空间。规划后的空间交通流程，利用了新增加的不同标高楼层和平面分区的组织手法作为交通资源，形成了"管道化"的多目标人流交通的秩序化。

(2) 车行空间

车行道路成开放形的环状空间围绕在"十"字通廊周围，其主要位于地面层(GF)和地下一层(-1F)。车行设施主要分布在"十"字通廊的 4 个象限内。具体交通组织如下：

1) 公交巴士(详见图 3-21)。场站规模为 14 条大巴线路，21 条中巴线路，采用人车完全分离的转弯式场站布局，不与其他车辆混行。

2) 长途巴士(详见图 3-22)。场站规模为 7 条长途线路，16 个划线车位，将原有广州方向的线路调整到竹子林长途客运站，通过地铁一号线实现换乘。

3) 出租汽车(详见图 3-23)。场站规模为的士 40 个下车泊位和 25 个上车车位，立体的空间设计，既节约了空间，又避免了车辆占道。

4) 社会车辆(详见图 3-24)。在不影响公共交通的前提下，保留原有建筑物下各处地下停车场站。

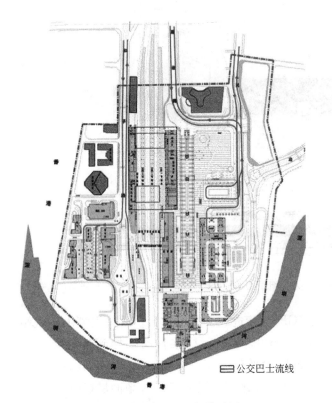

图 3-21 公交巴士运行线路图

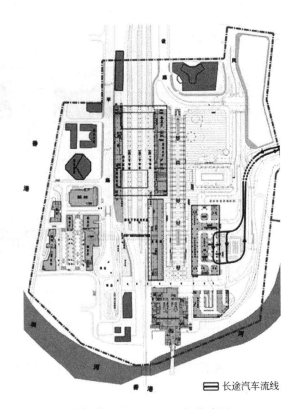

图 3-22 长途巴士运行线路图

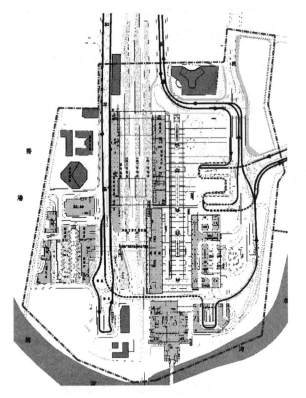

图 3-23 出租汽车运行线路图

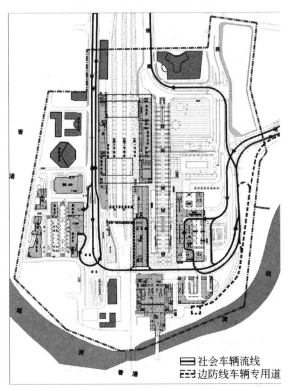

图 3-24 社会车辆运行线路图

5. 交通枢纽建设规模预测

(1) 客流量情况

罗湖口岸及火车站地区综合交通枢纽规划范围约 37.5hm^2，人流主要通道位于规划区的南北两端，南端为罗湖口岸联检大楼，北端通过四条城市干道及广深铁路出入。现状进出规划区的人流量由以下四部分客流组成：一是罗湖口岸出入境客流；二是火车站铁路国内到发客流；三是罗湖和侨社长途汽车客运站国内到发客流；四是规划区内相关居民的出行人流。罗湖口岸/火车站地区客流情况见表3-3。

罗湖口岸/火车站地区人流量（单位：万人·次） 表3-3

	过境客流量	铁路国内到发量	长途客车国内到发量	公共交通及市民出行量	合计（万人·次）
高峰日	40	7.2～9	3.5～4.6	5.2～6	55.9～59.6
平常日	24	3.5～5	2.5～3.5	3.5～5.2	33.5～37.7

（2）交通设施建设规模预测

综合交通设施规模预测是依据该地区的人流量，根据统计预测，罗湖口岸出入境日单向客流量约24万人，选择交通方式现状与预测的结构比例情况见表3-4。

罗湖口岸出入境人流选择交通方式的结构比例 表3-4

交通方式	公交大巴	出租汽车	社会车辆	步行	火车	长途汽车	地铁	合计
现状结构	30%	25%	10%	3%	14%	18%	0	100%
预测结构	20%	20%	5%	3%	15%	4%	33%	100%

铁路旅客市内日单向客流量约4万人，选择交通方式预测结构比例情况详见表3-5。

铁路旅客选择交通方式预测结构比例 表3-5

交通方式	公交大中巴	出租汽车	社会车辆	步行	地铁	合计
结构比例	45%	20%	6%	2%	27%	100%

市区内居民进出入该区域的日单向设计客流量约2.5万人，选择交通方式预测结构比例详见表3-6。

步行客流选择交通方式预测结构比例 表3-6

交通方式	公共汽车	出租汽车	社会车辆	步行	地铁	合计
结构比例	34%	6%	20%	20%	20%	100%

经以上预测，罗湖口岸/火车站规划区交通设施规划预测合计情况见表3-7。

经现状统计和设计预测，规划区内的综合交通组织建设规划指导思路为：①建立高效综合空间体系，合理组织多元交通方式，形成便捷、安全、可靠、舒适、通畅的立体交通枢纽；②优先建立以地

罗湖口岸/火车站规划区交通设施规划预测合计 表3-7

交通方式	公交大巴	公交中巴	出租汽车	长途客车	社会车辆	地铁
单向客运量（人）	6062	3263	7634	1032	2009	8593
配车标准（人/车）	30	8	1.7	40	2.3	1866
需车数（辆）	202	408	4490	26	1308	19
需要的设施规模	14条大巴到发候车线位	21个中巴到发候车线位	40个下车泊位 25个上车泊位	8个候客泊位	913个停车位，16个下车泊位	一个罗湖地铁站

铁为骨干的公共交通体系，实现地铁与其他公共交通间的无缝接驳；③在口岸/火车站地区建设以地铁为骨干、与其他公共交通紧密相接的综合交通系统，实现人车分流，各类机动车分流的管道化交通枢纽。

6. 综合交通枢纽工程建设实施

（1）建设工期

地铁罗湖站及地下人行交通层等建设工期计划需57个月，其中前期准备工程拆迁、管线迁改、交通疏解分四个阶段交叉进行，施工工期为8个月，土建工程(车站、交通层、公交场站等主体施工)26个月，配套市政土建工程12个月；车站设备安装、装修及系统调试13个月。其中土建、设备安装、装修、绿化等工程招标8个月。该工程2001年12月开工，实际工期只有36个月，要求2004年年底与地铁一期工程同步建成开通运行。

因该工程受罗湖口岸/火车站地区整体规划设计建设要求，实际工期比原计划工期压减了21个月，给庞大而复杂的地铁罗湖站及综合交通枢纽工程建设增加了巨大的困难以及技术难度和管理难度。

（2）工程建设管理体制的确定

针对深圳地铁罗湖站交通枢纽工程诸多技术、施工困难和影响因素，解决问题的核心是选择先进高效的工程项目制管理体制。深圳地铁罗湖站交通枢纽工程建设管理借鉴国内外先进的工程建设管理理念，采用工程项目制管理。该种管理制度的特点主要有以下几点：

1）工程建设采用项目管理，从工程建设管理体制上进行了创新。

2）对项目建设管理经理，采取公开招聘竞争上岗，完不成责任目标解聘下岗。

3) 明确项目经理的责和权，负责土建工程施工招标、评标、合同澄清工作，并担任评标委员会副主任，负责安装、装修、绿化等合同澄清工作。

4) 对工期、设计、拆迁、交通疏解、施工质量、施工安全、文明施工、工程投资采取项目经理目标责任管理。

5) 项目部管理采取成员由项目经理组合，人员少、管理面宽，实施小业主大社会的精简高效管理理念。

7. 结束语

地铁罗湖站综合交通枢纽的规划设计，将"以人为本"作为规划设计理念，结合深圳市的社会经济发展、土地利用布局和交通发展实际，提出以地铁为主导地位，沿"十"字空间结构组织人流车流交通，将该地区的人车分流，使多目标的人流组织程序化，使各种不同类型的车辆各行其道，方便快捷，从而实现各种交通方式的"管道化"无缝接驳，最大限度地节省了空间资源，使目前世界上最复杂的综合改造交通枢纽变得简单，具有一定的创新价值，为国际大型综合交通枢纽的规划设计研究提供了理论和方法论依据。

四、城市巴士快速交通(BRT)典型工程介绍

(一) BRT 线路的规划设计要点

快速公交系统(BRT)是一种介于城市轨道交通与常规公共汽车之间的特殊而又新颖的客运模式。BRT 充分运用轨道交通运营理念，将大功率、豪华型的公共汽车与先进的智能交通技术巧妙地结合起来，开辟封闭、独立的公交车专用路，建设同一平台上下客的收费公交车站，为广大市民提供快速、大容量、优质舒适的客运服务。因此，世界上将 BRT 称为"轨道型公交车"（"Think rail, use bus"）。

近20多年来，BRT 在世界范围的不少城市中得到了应用，特别是在南美洲，取得了很好的效果。北美洲和欧洲一些发达国家也都规划建设了 BRT。国内一些大城市，也都在积极推进 BRT 规划设计和建设、运营。

BRT 作为一种客运方式的新理念，就不可能形成千篇一律的刻板的形式。很多城市的实践表明，只要 BRT 产生与轻轨类似的运营效果，不管何种形式，都是成功的。在规划与设计 BRT 系统过程中，需要考虑以下几方面的问题。

1. 系统综合地规划 BRT 通道网络

和轨道交通一样，BRT 系统的规划也必须从长远和系统的角度进行考虑，选择合适的客流走廊、条件良好的道路以及采取全面的优先政策。这些都是进行 BRT 系统规划过程中必须考虑的要素。

(1) 选择合适的客流走廊

BRT 系统作为一种大容量、集约化的公共交通方式，其规划线路的选取原则应尽量选择布设在公交客运走廊，满足运输的最高效率，同时，兼顾既有和潜在的客运走廊。一般而言，可以选择单向高峰小时断面公交客流达到 5000 乘次以上，并预测客流将进一步增加的客运主通道。

BRT 通道的选择还要考虑引导城市的有序扩展，连接城市中心与新城或作为新城公交的骨干系统。在 BRT 系统进行规划选线时，既要考虑选择当前客流条件较好的通道走廊，还应充分考虑未来城市人口、就业等因素的发展，以"放射状"路线连接市区外围至市中心就业人口，服务卫星城镇、大学城、医疗中心或大型吸引点，充分应用 TOD (Transit Oriented Development)的规划理念。巴西的库里蒂巴是最具有代表性的 BRT 引导城市拓展的典范，可以说是依靠 BRT 系统的引导发展起来的一座优美城市。

(2) 选择可行的道路

BRT 通道的选取应当尽量选择条件较好的道路布设，实现公交车辆的专用路权，尽量不影响或少影响普通车辆的通行。在市区范围内，BRT 尽量选择布设在机动车道较多的城市干道上；而在城市外围地区或郊区，可以考虑选择高速公路或者新辟 BRT 专用通道。一般情况下在道路一侧方向布置 BRT 时应至少要求单向有 3 个机动车道(特殊情况下，在公交客流比较大的只有单向 2 个机动车道的道路也可以考虑布置或可以考虑公交专用路形

式），以避免对其他机动车辆运行时由于道路容量减少而带来的拥堵；充分考虑依托主干路上的公交专用道和全封闭的快速路系统。

2004年12月，北京第一条投入使用的南中轴BRT线路就是利用了一段良好的道路资源进行设计施工的。这条BRT线位于南中轴路上，采用中央封闭式的专用公交车道，双向两车道，车道宽度在5m左右；车体宽3.5m，为大容量低底板的铰接式客车，可容纳200乘客（包括51+1个座位）。建设为专用道的道路原本为联络北京快速环线的放射型快速联络线，两边分别还有机动车快速路和辅道，提供了非常适合BRT运行的道路条件。

(3) 选定公交优先措施

BRT系统的发展也需要依靠许多公共交通发展政策的支持。通过整合设施，确保服务的舒适和长久性，提升BRT车辆的速度、可靠度与形象，尽可能运用轨道交通的特色，包含专用或优先路权、具竞争力的车站（结合车外付费系统）、高度可及性、环境兼容性、低底盘多车门车辆、ITS科技、快速频繁之服务等。因此，在进行BRT系统规划时，必须体现公交优先政策，其中包含公共交通引导土地发展、市中心停车政策、郊区停车—换乘设施、公共交通路权预留等方面规划措施。

2. 因地制宜规划城市BRT专用道

BRT的服务档次，在道路上专用道的规划分为三种模式考虑：公交专用路（Bus way）、公交专用道（Bus Lane）及与合乘车（HOV）共用车道。

(1) 规划公交专用路

BRT公交专用路采取车道与周边车道及人行道全封闭式完全隔离。全封闭的形式多样，可以依赖物理设施与周边完全隔离（如库里蒂巴），也可以设置高架或地下专用道路（如西雅图），还可以是地面专用路。全封闭式具有与轨道交通运行接近的优点，由于不受其他车辆干扰，公交通行能力高（一般每车道运送300辆标台以上，组织完善的全封闭式采用列车式发车可以运送360辆双铰接车）、运送速度快（一般车速在30km/h左右，渥太华BRT可以达到60km/h）。全封闭式可以适用于任何条件比较好的道路或新建专用道路。对公交客流较大的走廊应考虑设置全封闭式。

BRT专用路断面设计要按客流需求进行。车道数应配合需求量以及路线营运方式设计，一般建议在路段采用双向2车道。站区可视需要增设进出站车道，以供直达线路通过。为降低公交车高速会车的风阻，车道宽度建议3.5~4m，并设置路肩1.6~2.5m。

(2) 规划公交专用道

第一种是集中设置在道路中央。公交专用道集中设置在道路中央，是国内外公交专用道布设最普遍的形式。根据需要可实行划线隔离或物理隔离，车辆行驶方向也可根据需要实行逆向行驶。第二种是集中设置在道路一侧。公交专用道集中设置在道路一侧，是一种主要在国外得到应用的公交专用道形式。第三种是分别设置在道路外侧。公交车专用道分别设置在道路外侧车道，在我国一些城市得到一定应用。

还有一种形式是在不同行驶方向设置。公车专用道按行驶方向可分为顺向式、逆向式两种，两种方式各自具有优缺点。一般而言，建议双向行车道路布设顺向式公交车专用道，配合彩色铺面以减少违规行驶。

(3) 规划合乘车辆（HOV）专用道

与HOV共用的专用车道适合设置于交通拥堵明显的交通走廊，并且专用车道的设置道路应当具有实施共乘的客流潜力。专用车道的设置不应过度影响其他车道正常车流的运行。专用车道上的平均行程时间比一般车道要节省，并要维持合理的道路服务水平。

高速公路主线HOV专用车道最高标准为100km/h，最低标准为80km/h，必要时降低设计速率至65km/h。HOV专用道的布设形式主要有四种，包括最外侧车道布设方式、最内侧车道布设方式、中央分隔带范围布设高乘载车辆专用道以及外侧路肩布设方式。

3. 灵活多样地规划设计BRT车站

对于能否沿着BRT提供足够容量来说，车站是个关键因素。对BRT系统的标识和形象来说，车站也是个重要因素。车站设计应为高峰时刻可能的车流提供足够容量。

一般来说，BRT的车站要提供多个上下车的地方。沿着公交专用道路的车站往往有超车道，这样快车就可超过停在车站的车辆。有时候车站还应有设施来防止行人穿越。行人和汽车到车站以及支线公共汽车服务的安全入口，对于实现载客量的目标来说非常重要。应用环境敏感型设计以及社区参与将既有助于实施，同时也鼓励围绕交通而进行的土地开发。无论是简单的街边天棚型还是公共汽车专用结构型，车站设计均应能吸引人,同时又要独特。主要的 BRT 车站应尽可能像重轨或通勤轨道车站一样的舒适。

根据车站的设置分类,包括侧式站台和岛式站台两种。侧式站台比较多地应用于公交专用路。两侧型的公交专用道和 HOV 专用车道也往往采用这种形式,通过设置行人天桥、电扶梯等过街设施进行连通。库里蒂巴、渥太华等城市都是采用这种站台形式。

岛式站台一般应用于设置标准比较高的公交专用道。中央式的公交专用道和 HOV 专用车道也采用这种形式。岛式站台通常用于轨道交通。在 BRT 系统中使用的话,对车道的专用性和车辆选择的要求比较高,往往需要 BRT 车辆在左侧或两侧设有车门。这样不仅会提高 BRT 的车辆成本,而且会限制 BRT 车辆在城市一般道路上的运行和在普通车站上的停靠。只有哥伦比亚波哥大 BRT、英国剑桥的无轨电车等是采用这种站台形式。

车站的高度一般也分为高站台与低站台两种,站台高度直接与 BRT 车辆的设计和制造,以及乘客上下车方面有着直接关联。波哥大、库里蒂巴和基多是实行车外预付费的高站台式车站。这些设计减少了乘客服务时间。但这在 BRT 延伸至公共汽车专用道路范围之外的美国和加拿大并不常见。若实现车外付费,并通过多门来实现多流上车,车站容量则得到加强。

4. 精心选择适宜的 BRT 专用车辆

在设计和选择 BRT 车辆时,需要考虑的因素包括足够的容量、乘客上下的方便度、舒适度、低噪声和少污染等。车辆可以通过颜色或设计来清楚地传达交通系统的标识和形象。

(1) 选择容量较大的车型

准备在 BRT 通道上投入运营的最好是采用服务专用车辆,往往采用现代化的铰接式车辆,站立面积达到 100~300 人/车,每小时单方向乘客人数可达 1~2 万,比常规公交车高出 2~4 倍。由于单一尺寸并不能完全适合所有条件或需求,车辆的配置应当能符合 BRT 的具体应用范围。根据客流需求和道路通行条件的要求,BRT 系统的车辆通常采用标准车型包括单节车、单铰接车和双铰接车三种类型。例如,迈阿密在其专用道路上运行着不同大小的车辆。公共汽车新技术在投入使用之前应加以小心测试。

(2) 选择性能可靠的车辆

1) 车辆运行速度保证。一般在市中心运营的 BRT 车辆最高运行车速 70~80km/h 左右,而用于连接市郊或在郊区高速公路上运营的 BRT 车辆最高时速应该能够达到 100km/h,以确保市郊之间的快速联系。

2) 上下车设施方便快捷。根据国际标准,BRT 车辆采用高地板(地板离地 95cm)、低地板(地板离地 35cm)和部分低地板。高地板的车辆应用于在高速公路行驶的线路,对要求绝对高载客量和座位数多的 BRT 而言较好,但上下车时间较长,需要装有和车站高月台配套使用的快速展开的坡台或桥板。这在厄瓜多尔首都基多、巴西的库里蒂巴和哥伦比亚波哥大应用比较普遍。低地板的车辆最大优点是乘客上下车方便,缩短上下车时间,和高地板车辆相比上下车可以减少 20% 左右的时间。

3) BRT 系统一般使用环保、造型优美的车辆。目前欧美国家 BRT 很多采用了压缩天然气和电力系统的"双动力"清洁能源车辆作为运营车辆,车辆尾气污染程度都已达到了比较良好的水平。美国西雅图中央商务区公共交通走廊上就是使用的 18m 铰接双动力车型。同时,车辆的外观形状也可吸引乘客,提升 BRT 市场竞争力。如美国波士顿的 MBTA 银线、洛杉矶的快速 Metro Rapidh 和澳大利亚布里斯班的 South East Busway 都成功地使用了非常好看的车型(图 4-1)。

图 4-1 公共交通改善城市交通状况

(二) 北京巴士快速交通（南中轴路 BRT）示范工程概况

1. 线路概况

前门大街及其南延线（南中轴路）是北京南城地区的重要交通干道，其主要路段交通流量很大。目前有常规公交线路 18 条，高峰小时单向断面客流达到 8000 人次，由于交通量大，交通拥堵严重，高峰时段，平均车速只有 15km/h。

南中轴路是地铁 8 号线的规划路由，但该线未纳入近中期建设计划。为了缓解这一地区的交通拥堵状况，市政府决定对南中轴路进行改造，红线宽度 80m，双向 6~8 车道，在中间预留 18~23m 的绿化带作为地铁 8 号线的用地，地铁建设前，利用该路由建设 BRT 示范工程。

最终确定的南中轴 BRT 线路北起前门，南至德茂庄，全长 16km，沿途经过前门商业区，并与二、三、四、五环交叉。

全线设 16 个站，其中 5 个换乘枢纽站，重点考虑与现有交通方式及干道交通的衔接换乘。

示范工程力求以人为本，突出交通功能，充分考虑乘客的需求与方便，同时又要节俭实用，降低成本（图 4-2、图 4-3）。

2. 设施配置

（1）道路：采用设置于道路中央的专用车道，与社会车辆物理隔离。站间上下行各一条车道，车站处单向双车道，以便超车。

（2）车站：封闭的岛式站台，公交车停靠左侧开门，站台高度与车底板同高，实现水平登降，候车区与车辆之间设置可自动开启的上下车门安全防护栏。

（3）车辆：采用 18m 单铰接左开门客车，具有大容量、低底板、装备空调、电子化、低排放的特点。最高设计运行时速 80km/h。

3. 运营方案

南中轴 BRT 线路计划运营时间为早 5：00 至晚 23：00。配车 50 部，运送速度 30~35km/h。高峰发车间隔 2~3min，平峰 4~5min，小时单向运力 6000 人次，日客运能力 21 万人次。必要时可采用编组开行直达车或快车，提高运输能力。

4. 建设模式

政府投资与市场运作相结合，由政府负责道路、桥梁等基础设施建设，由 BRT 运营企业负责车辆、站台及相关运营管理设施建设，目前已组建了北京市畅达通有限责任公司，作为 BRT 项目业主单位。

5. 建设进度计划

南中轴路 BRT 示范工程计划已于 2004 年底前局部通车试运行，2005 年全部建成。

6. 预期效果

预计整个工程完成后将调整撤并公交线路 14 条，占现有线路的 73%。快速公交线路运送速度比常规线路提高 30%~50%。南中轴路交通状况将有很大改观，乘客出行时间显著减少。

智能公交是现代化的快速公交系统（BRT）成功运行的关键要素之一。北京市南中轴路 BRT 示范工程成功地设计、开发和实现了智能公交系统。该系统包括 BRT 公交运营的智能化组织和管理，人、车、站、道一体化的调度和监控，BRT 信息的网络传输，交叉路口的公交优先技术，BRT 站台智能系统，乘客信息服务系统以及智能系统的集成技术。

7. BRT 的智能化系统

智能交通系统是实现 BRT 高效运行、高效服务的重要保证，按照成熟、实用、可操作的要求，考虑智能化系统主要有以下内容：

（1）路口信号优先：为保证 BRT 车辆的连续、快速运行，实施路口优先通过是非常重要的，主要方式为以车辆实际通过路口时的本地优先为主，尽可能照顾公交车辆优先通过，同时兼顾社会车辆运行。

图 4-2 北京巴士快速交通（南中轴路 BRT）

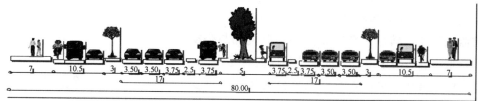

图 4-3 南中轴 BRT 线路横断面方案图

(2) 乘客信息服务：利用BRT运行准点率高、具有独立封闭站台的优势，在车站安装电子站牌及其他信息服务设施，为乘客候车及查询提供方便。

(3) 站台售检票：采用市政交通一卡通系统，实现自动和人工售检票相结合。

(4) 运营调度监控：采用计算机辅助编制行车计划和劳动配班计划，通过实时GPS车辆定位、无线通信、电视摄像等监控BRT车辆，进行优化调度；对日常运营的中间过程和数据进行采集、处理和分析，反馈计划编制部门。

(5) 站台安全保护：为确保运营和乘客的安全，在站台与车辆间安装防护栏，安全门与车门同时开启、关闭。

（三）北京巴士快速交通（南中轴BRT）智能系统工程概况

1. 北京巴士快速交通（BRT）智能系统的总体设计需求

(1) 采用网络、通信、控制、计算机、信息处理及其他智能交通系统技术，通过集成设计，实现BRT"人—车—站—道"一体化调度、管理、监控和服务，将公交优先、合理调度、快速上下、安全舒适、人性化服务的功能发挥出来。

(2) 通过自动信息采集手段，满足BRT现代化运营所需的"业务—资金—信息"三位一体的现代化业务调度要求，达到优化运行、优质服务、规范管理的目标。

(3) 采用动态信息获取及可视化手段，对车辆进行实时动态定位，对停车场、BRT车站进行可视监控。

(4) 实现运营作业计划和劳动配班计划的计算机编制，对BRT运营业务实行计算机辅助调度。

(5) 根据BRT的运行要求，实现各路口的公交信号优先控制。

(6) 建立集成的、综合利用的信息传输网络，满足BRT目前的多媒体信息传输、业务调度、实时监控需要，满足未来扩展、BRT联网和与公交大系统集成、与城市ITS大系统集成的需要。

(7) 建立先进的，符合北京公交运营管理要求，符合BRT运行需要的售票、检票系统，为乘客提供快捷、方便的服务。

(8) 通过各种手段，为BRT乘客和其他出行者提供准确、方便、有吸引力的BRT和公交信息服务。

(9) 在达到各项设计功能和性能的同时，节省投资，得到较高的性能价格比。

2. 基于光纤传输的IP网络

高可靠性、宽带、低成本的通信链路和自主的专用网络，是实现BRT线路上"人—车—站—道"的一体化调度、管理、监控和服务的基础。采用专有光纤通道来实现BRT信息传输，成为性价比最高的技术方案。由于在建设BRT时，要进行专用道、车站、停车场改造，在进行道路下管线综合设计时，应该为BRT通信建设或预留光纤通道，并连接各个车站、路口、停车场和调度中心。此项设计工作应该在BRT的总体方案中明确提出，并与其他工程设计同步进行。

近年来千兆以太网技术的广泛应用，使得它的设备、管理和运营成本要明显优于SDH、ATM及其他城域网方案。由于BRT线路的工程特点，单条线路宜于采用星形拓扑结构，区域或BRT线网则可扩展为大型星形、环形或星加环形拓扑结构。在光纤敷设工程中，可采用从BRT调度中心开始，向BRT两端铺设大对数单模光纤，光纤芯数逐站递减（图4-4）。

IP融合技术（即"数据—语音—视频"三网合一），是近年来网络技术发展的趋势。在BRT IP网络上融合传输运营管理数据、调度电话语音、场站监控图像，将大大方便管理和服务，节省运营成本。

(1) 场站调度IP电话

IP电话是Voice Over IP的缩写，这种技术通过对语音信号进行编码数字化、压缩处理成压缩帧，然后转换为IP数据包在IP网络上进行传输，从而达到了在IP网络上进行语音通信的目的，并且大大降低了通信的费用。BRT企业各场站间有

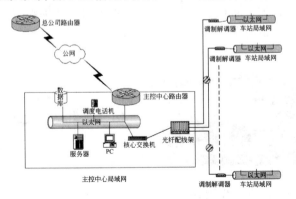

图4-4 南中轴路信息系统网络结构图

高带宽的光纤连接，场站内都有以太局域网，在此网络环境下花费较小的代价安装 IP 电话系统能够取得很好的效果。

IP 电话网关设置在调度总站，其设备可以安装在调度总站机房的标准机架上；各停车场、车站再配置相应语音网关，即可组建 BRT 线路、网内的 IP 电话系统。

(2) 场站 IP 视频监控

BRT 的 IP 网络监控系统由前端监控点子系统和后端的监控中心子系统组成，两个子系统通过网络进行数据传输。其中，前端监控点通过摄像机和网络视频编码器将采集到的多路视频信息数字化，并通过网络发送到监控中心；监控中心通过计算机视频服务器，将各前端监控点传输过来的网络视频数据进行有效的管理组织，并为监控人员提供查看、控制和管理监控点图像的界面。监控中心设备包括：网络视频服务器、监控工作站（用于图像监控、系统管理和配置）。此外安装有投影仪和投影屏幕，能更好地显示监控图像。

(3) IP 网络的对外连接

当一些站点不具备光纤连接条件时，可考虑采用租用线路来连接。考虑到性价比和可用性，2Mb/s 的 DDN 数字专线（HDSL），或者 512 k b/s 或 1Mb/s 的 ADSL Internet 连接都是可考虑的选项。常见的外部连接包括：由于施工限制光纤无法铺设到的 BRT 车站；与公交总公司的连接；与移动通信服务商的 SMS 短信网关/GPRS 网关的连接；与电子售检票"一卡通"公司的连接等。

3. BRT 站台智能系统

与普通公交站台不同，BRT 站台必须实现车下售检票及封闭式候车。为配合车站管理和服务，在车站要实现调度电话、电子检票、售票、进出站识别、电子候车提示、广播、乘客信息查询、视频监控、站台屏蔽门控制等功能。

(1) 车辆进出站识别

通过对进出 BRT 车站的车辆进行准确识别，既可以为运营调度系统提供定位信息，还可以用来控制站台屏蔽门的自动开关，并触发电子显示屏、站台服务广播来为乘客提供信息服务。通过在进站口、出站口道路上埋设线圈，采用带智能身份识别的低频无线识别装置，可以自动识别出车辆的身份。IC 卡读卡器的信息，与站台控制计算机实现了有机集成。

当站台的线圈埋设位置离交叉路口不太远时，还可与交通信号灯控制器进行连接，作为公交优先的识别装置（图 4-5）。

(2) IC 卡售检票

各城市大力推广的 IC 卡售检票系统（"一卡通"），为 BRT 的车下售票提供了有力支持。由于有了站台局域网环境，BRT 的车站电子售检票，可以像轨道交通那样做到实时、在线、联网。图 4-6 示意了售票终端和读卡器。通过在进站口和出站口都设置读卡器，可以支持全线单一票价或分段计价的票制。实时采集的读卡信息，还可作为客流采集的信息源。

(3) 电子信息显示屏

通过将电子信息显示屏、广播与普通站牌的有机结合，可以为乘客提供全面的换乘、预报、及时提示等个性化的乘客信息服务。由于有了站台局域网，电子站牌的信息发布、设置，都可以联网实时进行（图 4-7）。

(4) 站台屏蔽门

采用封闭式站台后，站台围栏的门只有在车辆到达后才开启，在车辆离开后迅速关闭，以便维持良好的候车秩序，确保乘车安全。通过车辆进出站自动识别装置，可以实现站台屏蔽门的自动开启控制（图 4-8）。

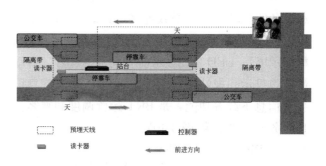

图 4-5 电子显示屏

图 4-6 售票终端和读卡器

图 4-8 站台屏蔽门

图 4-7 电子站牌　　图 4-9 智能 BRT 站台控制器

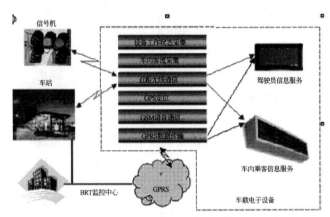

图 4-10 GPS 车辆定位和通信（车载电子设备）

（5）站台设备的集成控制

在北京市南中轴路 BRT 线上实现的站台智能系统中，站台网络连接了 IP 电话、IP 视频摄像机、智能型车辆进出站识别装置、LED 电子站牌、自动广播、屏蔽门控制器等。为了实现它们的连接和控制，我们研制了一套智能 BRT 站台控制器，可由站台售票员操作，监视、控制站台上的各类设备，必要时实施人工干预（如开启屏蔽门），其装置见图 4-9。

4．GPS 车辆定位和通信（车载电子设备）

通过集成设计的 BRT 车载电子设备，利用车载设备的智能 CPU，总线连接，具备了 GPS 车辆定位、GSM GPRS 通信、乘客上下车电视监控（司机显示屏）、LED 自动显示前方到站（条屏）、自动站节牌显示、报站器自动报站、LED 动态信息服务及信息下载等功能，是 BRT 运营调度和乘客信息服务的重要支撑（图 4-10）。

5．BRT 运营调度平台

运营调度管理平台实现了 BRT 人员劳动配班、车辆自动调度、动态监控、劳动生产统计等功能，可实现多条线路人、车集中分配、管理，统一编制行车计划和劳动配班，提高资源效率和管理效率（图 4-11）。

运营调度软件的主要功能包括计算机自动编制行车计划和劳动配班计划、实时优化调度、运营统计分析。

6．公交信号优先

BRT 路口公交信号优先系统的作用是提高公交车辆行驶速度，充分发挥 BRT 系统的快速优势，吸引更多的乘客（图 4-12）。

车辆检测方式：采用具备车辆身份识别（IC 卡）感应线圈方式检测即将达到路口的公交车辆。

优先策略：以形成专用道绿波和高优先级作为优先策略的基本出发点。

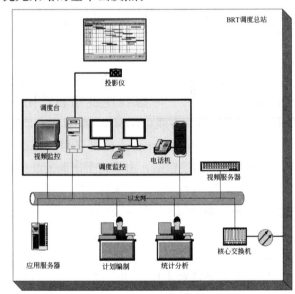

图 4-11 BRT 运营调度平台

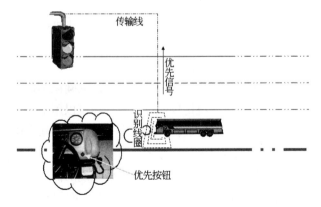

图 4-12 公交信号优先

优先方式：系统控制下的优先（为远期实现目标）；本地优先：感应线圈识别 BRT 车辆，本地无条件优先。

7. BRT 智能系统的集成

为了让 BRT 各子系统协调一致工作，需要将 BRT 的各个智能子系统进行有机集成。我们采用了自主开发的消息中间件、GSM 网关、数据库、Web 应用服务器、BRT 站台控制器等多种技术，实现了有线/无线网络、数据—语音—视频、各类电子设备、人—车—站—道（路口）的一体化监控和调度、企业业务—资金—数据三流合一的有机集成。图 4-13 示意了各个子系统集成的关系和它们之间的数据流向。

（四）杭州市 BRT 一号线工程概况

1. 线路长度及运输能力

杭州快速公交一号线：黄龙—下沙高教东区全长约 28km，设计运力 1 万人次/h/方向。

2. 区间运行速度

初期——西段区间车速基本要求达到 18km/h，力争达到 20km/h，东段（新塘路—终点）达到 25km/h。近、远期——西段达到 22～25km/h，东段保持 25km/h 以上。

3. 站点布置

远期设站 23 座，平均站距 1.27km；近期设站 19 个，平均站距 1.56km。

4. 主要技术指标

（1）快速公交专用车道宽度：3.5m（划线分隔），4.0m（设施隔离，即硬隔离）。

（2）车站。站台：岛式站台宽度不小于 5m，侧式站台宽度不小于 3m。有效站台长度不小于 40m。设置无障碍设施。

（3）行车组织。列车编组：根据设计年度客流量和运输需要确定编组方式。

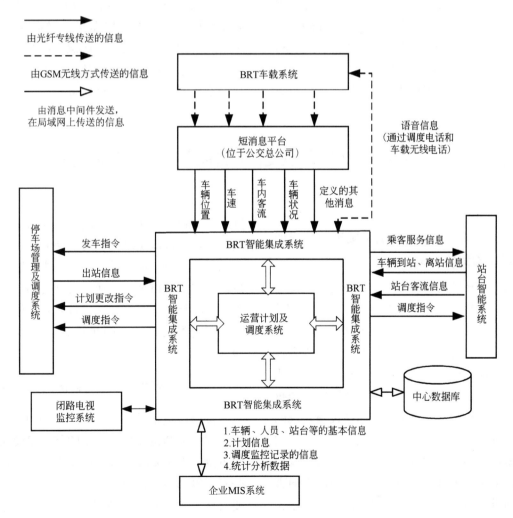

图 4-13 BRT 智能子系统之间的关系

五、我国城市公共交通基础设施建设存在的问题

（一）对公共交通基础设施建设投入不足

城市公交在保障城市交通畅通，城市经济、社会健康发展和保护环境方面有不可替代的作用。但是目前，仍然有些城市的领导对这个问题没有足够的认识，导致对城市公共交通的投入普遍不足。许多城市公交场地建设严重不足，马路停车现象十分普遍。在保证场站用地方面，没有落实公交用地政策，要求公交企业与一般经营性企业一样以市场价格购买土地使用权。不少城市公交换乘枢纽设施建设滞后，线网密度、场站覆盖率、车辆配置等基础设施与经济发展水平不相协调，不能满足市民日益增长的出行需求。尤其是在一些地方，公交专用道建设步伐缓慢，港湾式停靠设置比例、优先路段比例、优先路口比例等公交优先通行措施指标低下，严重制约了公交优先战略的推进。

公共交通基础设施短缺的主要原因，就是道路交通投资总量不足，结构不合理，以及公共交通的规划建设、政策优先、信号优先、道路优先等没有很好地落实。从投入方面来看，例如2002年全国城市公共交通和道路桥梁固定资产实际投资达到了1476亿元，而所有的城建资金叠加起来也只有366亿元，也只是此项建设资金的零头，绝大多数资金来源要靠银行贷款和社会化筹资。在已完成的城市道路交通投资中，公交投资不到20%。投资结构不合理，资金不足，已经成为阻碍城市公交基础设施建设发展的根本性问题。

（二）传统的公交场站建设模式单一

一些大城市特别是省会城市，在场站建设中，较少建设两层以上的停车场，对提高土地使用价值、节约用地还缺乏足够认识。在形态上为一次性投资的固态消耗形式，场站功能单一，仅为夜间停放公交车及提供生产辅助服务。

六、我国城市公共交通基础设施建设发展趋势

（一）"公交优先"国策将确保城市公共交通基础设施建设的健康发展

根据国务院转发的六部委精神，各地政府将按照"统一规划、统一管理、政府主导、市场运作"的原则，进一步加大城市公交场站等基础设施的建设力度，积极拓展建设资金渠道，鼓励社会资金投资建设公共交通设施，加大城市公交建设的投入比例，城市公交建设资金占城市道路交通固定资产投资的比重，要逐步增加。对于公交场站设施建设的用地需求，各地将严格按照国家有关政策，实行划拨，保证城市公共交通发展建设用地。大力建设综合性公交换乘枢纽等基础设施，以缩短不同交通方式之间的换乘距离和时间，方便群众出行，对已投入使用的公交保养厂、停车场、首末站等场站设施，通过地方立法，不得随意改变用途。建设港湾式停车站，以满足城市交通发展的要求和方便居民的出行。机场、火车站、客运码头、居住小区、开发区、卫星城市公共交通、大型公共活动场所等重大建设项目，应将公共交通首末站或停靠站建设作为项目的配套设施，同步设计、同步建设、同步竣工。

（二）各级建设行政主管部门将加强监督管理

按照建设部［2004］38号文件的要求，对于不按规定配套建设公交场站的重大建设项目一律不予审批，不予验收。各城市建设行政主管部门要与公安交警部门密切配合，根据实际需要，在城市主要交通走廊设置公交专用道，形成公交专用道网络。公共交通专用车道要配置完善的标志、标线等

标识系统，做到清晰、直观。特别要加强公交专用道的监控，真正做到"专道专用"，提高公共交通车辆的运行速度和准点率。各地将根据自己的道路特点、交通流动规律以及车辆特性，优化交通信号配时，科学合理地设置公共交通车辆优先通行信号管理系统，减少公交车辆在道路交叉路口的停留时间，确保快速通过路口。

（三）基础设施坚持国有性质，由国有资本主导投资建设

同时，对部分场站设施实行综合开发，吸引社会资金参与建设。为了减轻政府的财政压力，吸引多方社会资本参与公交基础设施建设，实行场站设施的综合开发是一条可行的途径。这方面，北京、香港、新加坡已经有成功的经验可以借鉴。例如土地拍卖的时候绑定场站建设的义务，场站的上层建设购物中心等。这方面需要城市规划给予相关的配套政策，主要是容积率的分配。在场站设计时，对场地所处的位置特点注意"一地多用"或"一站两用"，尽量提高土地的使用价值，变单一服务型为经营服务型，变单纯"消耗"为"不断造血"，使之成为企业效益新的增长点。如南昌公交目前所建的占地较大的停车场都基本上采取同步建设带有创收性质的经营项目，从而使场站既满足城市公共交通所需的功能，又通过对社会服务产生经济效益，逐步收回购置土地及建设所用的资金，让企业的投资得以回报，实现其可持续发展。

（四）城市公交场站将不断完善"航空港"管理模式

随着我国城市公共交通停车场的迅速发展，改革公交场站目前的租赁管理体制，建立和不断完善面向行业的专业化"航空港"管理模式，应对城市布局调整、公交企业整合和公交线网调整的需要，强化公交场站存量资产与增量资产的调整配置功能，更好地发挥公交场站资源的最大效能，并逐步形成面向公交全行业服务的格局已势在必行。

1. 切实重视和加强公交发展规划工作，充分发挥规划调控作用

一是政府要高度重视公交发展规划，"公交优先"作为城市战略发展政策，最重要的是"公交规划优先"，交通规划应当作为城市总体规划重要组成部分；二是切实加强对公交业态和形态发展规划工作的领导，形成科学完整的交通综合体系规划和公共交通专项规划；三是建立健全公交规划的法律法规和标准体系。建立以公共交通为导向的城市发展和土地配置模式，提高公共交通规划的权威性和强制性，研究和确定公交基础设施建设规模的重要指标，如车辆总数、线网布局、建设技术标准和经济政策。

2. 集中力量突破公交规划建设重点和难点问题，提高建设投资的社会效益和效率

一是切实解决轨道与公交换乘枢纽站同步规划和建设存在的问题，提高公共交通整体效能；二是提高政府项目市场化运作水平，建立和完善公交场站综合开发的相关政策，提高政府项目投资效益和效率；三是重视研究和制定公交信息智能化标准和发展规划，以达到政府、企业和社会公交信息资源共享，场站、车辆、经营与服务信息智能技术联动开发同步运行。

3. 落实公交优先，加大政策扶持力度，增加政府对公交场站建设的投资

一是落实"城市公用事业附加费、基础设施配套费等政府性基金要用于城市交通建设，并向公交交通倾斜"的要求；二是充分发挥政府投资公司的作用，继续通过盘活存量资产，增加银行贷款和发行债券等，努力筹措建设资金；三是形成建设资金筹措、投资和偿债的可持续发展机制，用于公交基础设施建设的贷款，应当纳入政府性资金偿债计划范围。

总之，我国城市公交场站运营管理必须走"市场化运营、股份化投资、社会化共享、有偿化使用、集约化管理、人性化服务"之路，做到：（1）公交场站的资产实行国家独有或绝对控股；实行有偿的全社会共享，彻底打破单位、地区和行业垄断的传统格局。（2）公交场站经营与管理，可由投资方或资产代表方直接参加；也可以由专门机构向投资方或资产代表方租赁承包，进行服务于全社会的经营与管理。（3）公交场站经营与管理者的确定，应根据设施投融资性质分别而定：可由独家投资方派遣；可由多家合资的董事会委派；也可以由地区建设单位向社会公开招聘

产生。

(五) 大中城市发展巴士快速交通(BRT)将掀起高潮

虽然，快速公交系统在中国刚起步，但已经得到了中央领导以及有关部门的高度重视，快速公交系统在中国的发展前景十分广阔。在今后5年内，中国将有10座以上的城市建设完成快速公交系统，预计快速公交系统的总长度可以达到300~500km，日客流量达到200~400万人次。

另外西部地区和东北部地区的一些大城市，虽然有计划建设城市的轨道交通，但是由于目前中国宏观经济调控，轨道建设项目近期难以得到批准，快速公交系统的低投资和建设速度快的优势，同样得到了这些城市决策者的重视。西安已完成了快速公交近期发展规划，正在准备相关的实施计划。成都刚完成二环路的综合改建计划，其中包括在全线28km的路段上实施快速公交系统。部分路段的设计招标工作已经开始，预计项目将在两年以后建成通车。此外，天津、重庆、沈阳、南京、武汉、福州等城市正在进行快速公交的规划工作。

目前，我国由于技术、管理和营运等多方面原因，公交专用道还只是BRT的一个雏形，与国际上快速公交近似轨道交通的运输效率相比，还有很大差距。加之近年来快速汽车化和财政资金的巨大压力，我国大中城市必将走巴士快速交通(BRT)之路。如昆明公交专用道虽然已达到单向8000人次/h运力，但远低于国际上BRT高达20000~30000人次/h的水平，容量提升是昆明BRT发展中需要解决的核心问题。目前昆明已建成的公交专用道仅只有城区的20km，不能达到理想的覆盖率，特别是连接城市中心区和外围地区的放射轴线上缺乏大运量公交通道。公交线网中缺乏高效率的大运量公交骨干线，低水平的线路多，公交重复布线与公交死角并存，线路间换乘不便，一票投币制更使线网不能以一个系统为市民提供服务。为此，昆明市已制定了快速BRT发展策略，将为我国大中城市发展巴士快速交通(BRT)提供示范效应。

执笔人：袁建光

城市燃气分会

城市燃气工程篇

城市燃气分会

目 录

一、城市燃气工程技术发展概述 … 471
(一) 燃气输配技术 … 472
(二) 燃气应用技术 … 474
(三) 燃气安全技术 … 474
(四) 信息化管理技术 … 475
(五) 新设备和新材料的研制和应用 … 475

二、城市燃气工程技术发展水平 … 475
(一) 我国城市燃气工程的发展格局发生重大变化 … 475
(二) 城市燃气作为居民的生活用气已达到相当高的水平 … 475
(三) 全国天然气输气管网网络初步形成 … 476
(四) 满足城市居民炊事用热和热水供应的工程技术和设施已基本配套 … 476
(五) 城市燃气工程规范及标准化建设初具规模 … 476
(六) 燃气工程的信息化建设有了较大的发展，工程管理水平进一步提高 … 476

三、10 年来我国城市燃气工程的主要技术进展 … 476
(一) "西气东输"长距离输气管线全线投产 … 476
(二) 城市天然气的转换技术日趋成熟 … 479
(三) 城市天然气利用市场得到很大的开拓，应用领域不断扩大 … 480
(四) 液化天然气供应技术不断发展 … 482
(五) 人工制气技术取得新进展 … 483
(六) 法规标准体系进一步完善，燃气行业安全管理体制逐步建立 … 485
(七) 城市燃气新材料和新设备不断发展 … 486

四、国内外燃气科技水平比较和发展趋势 … 489
(一) 国内外燃气科技水平比较 … 489
(二) 城市燃气技术发展趋势 … 490
(三) 对今后的建议 … 491

五、典型工程案例 … 492
(一) 北京市引进陕甘宁天然气市内工程小屯储配站工程 … 492
(二) 天津市陕京天然气集输工程高压储罐站工程 … 493
(三) 南京市 50 万 m^3/d 轻油制气厂新建工程 … 493
(四) 上海吴淞煤气制气有限公司天然气改制和掺混工程 … 494

一、城市燃气工程技术发展概述

改革开放以来，在国家加快发展城市燃气和节能政策的指导下，城市燃气得到了很大的发展。改革开放后的城市燃气走过了三个阶段。第一是确定了以多种气源、多种途径、因地制宜发展城市燃气的方针。合理利用能源、改善城市大气环境和提高人民生活水平的要求促进了城市燃气较快的发展，建成了一批以余气利用为主的节能项目。第二是20世纪90年代初期，由于实行进一步对外开放的政策，国家准许进口液化石油气并且无配额的限制。在广东等沿海经济发达和缺能地区首先使用进口液化石油气。1999年用于城镇的进口液化石油气超过500万t。国内和国外两个液化石油气资源均得到了充分的利用，成为城市燃气的主要气源。第三是20世纪90年代末期，以陕气进京为代表的天然气供应，拉开了发展城市燃气新的序幕。"西气东输"、近海天然气的利用和进口液化天然气等项目，开始逐步改变我国城市燃气发展的面貌，使城市燃气的发展开始走上与世界各国城市燃气相同的发展道路，技术进步也有了坚实的基础。我国天然气资源的开发、建设和利用，使城市燃气的发展将进入一个新的发展时期。

到2004年，全国人工煤气供应总量213.7亿m^3，天然气供应总量169.4亿m^3，液化气供应总量1122.4万t。城市用气人口27785万人，燃气普及率81.5%。我国城市燃气管网也取得了很大的发展，据2004年统计，燃气管道长度达到147949km，其中，天然气管道总长度71411km，人工煤气管道总长度56420km，液化石油气管道总长20118km。许多城市的输配系统仍基于与低压的人工煤气相匹配。天然气大规模供应城市后，原先供应人工煤气和液化石油气的城市燃气输配系统和燃气用具，需要进行转换。城市输配系统的天然气转换是近期部分城市天然气进入后所面临的重大工程内容。

人工制气（包括煤制气和油制气）是我国城市燃气现阶段的组成部分之一。现有人工制气的气源设施主要有焦炉、直立炉、水煤气型两段炉、水煤气炉、重油制气炉、压力气化鲁奇炉以及轻油制气炉。上述人工制气装置中，除焦炉生产焦炭旺销，经济效益较好，焦化厂还在不断兴建和发展之外，其他制气方式由于环保要求较严格，同时原料价较高，经济效益下降，它们的发展均受到影响。以2000年计，人工制气的销售气量为152亿m^3/年，占各种燃气的用气比例（以热量计）为22.3%，人工制气占管道燃气的比例为54%。

全国焦炉企业共有百余家，在20世纪80年代受"余气利用"政策的影响，很大一部分焦化厂的燃气转供城市，近年也有不少扩建或新建的焦炉，焦炉制气成为人工制气中较为主要的气源装置。20世纪80年代经技术改进后，相应建设了天津、南京、杭州、武汉、长沙等十余个城市的直立炉气源厂。我国的水煤气型两段炉制气技术，是在1988年从辽宁阜新由波兰引进奥地利两段炉技术之后，经过消化吸收并结合我国情况，在上海安亭、秦皇岛、保定、威海、白银等地建设了十余个城市气源制气厂。20世纪80年代，由于重油原料市场的开放，以及城市调峰机动气源的需要，促使了重油制气技术和装置得到了较大的发展。在上海、天津、北京、广州、青岛等地均建设了重油制气装置。

近年来，环保条件较好的轻油制气技术有了很大的发展，在上海、大连、南京、广州等地相继建设了轻油制气装置。轻油制气装置除采用轻油、液化石油气生产燃气之外，还可将天然气"改质"作为天然气向城市发展过程中的过渡性气源，在城市天然气利用初期阶段将得到发展。

天然气从20世纪60年代开始陆续向城市供应，先后从大庆、辽河、中原、大港、华北、胜利及四川气田向重庆、成都、沈阳、郑州、鞍山、北京、天津、安阳等城市供应城市燃气。1997年建成陕甘宁气田向北京、天津供气的陕气进京，拉开了天然气大规模向城市供气的序幕。1999年上海的浦东地区开始接收东海平湖天然气作为城市居民用气。目前，"西气东输"、"川气东输"等工程已全面启动，广东、福建引进液化天然气工程也进入实施阶段，我国城市燃气正处于天然气快速发展的时期。许多中小城市开始利用液化天然气或压缩天然气供应城市。

经过 4 年多的规划建设，线路总长约 4000km 的西气东输工程，于 2004 年 12 月 30 日全线正式商业运营。2005 年计划供气 120 亿 m^3，实现盈利；2006 年计划供气 180 亿 m^3。中国石油已累计与下游 40 家天然气用户签订《天然气销售协议》，西气东输初步设计 120 亿 m^3 的输气合同全部签署完毕。按西气东输年输天然气 120 亿 m^3 计算，每年可替代 1600 万 t 标准煤，减少排放 27 万 t 粉尘，使我国一次能源结构中天然气消耗增幅达 50%。天然气的热效率远远高于煤炭，如果按 120 亿 m^3 测算，比利用煤炭可节约能源 437 万 t 标准煤。每吨标准煤按 300 元计算，则每年可节约燃料价值 13 亿多元。西气东输工程主干线西起新疆塔里木油田轮南，途经新疆、甘肃、宁夏、陕西、山西、河南、安徽、江苏、浙江和上海，最终到达上海市白鹤镇，是我国自行设计、建设的第一条世界级天然气管道工程，是国务院决策的西部大开发的标志性工程。2000 年 2 月工程正式启动，2002 年 7 月正式开工，2004 年 10 月 1 日全线建成投产。据全国最新一轮油气资源评价，西气东输的主力气源地塔里木盆地，天然气资源量为 7.96 万亿 m^3，完全可以实现稳定供气 30 年。西气东输工程的顺利实施提高了我国天然气管网建设水平，为形成全国天然气管网奠定了基础。

在液化石油气方面，近 10 年来随着我国经济的进一步发展，尤其是沿海地区对能源提出的需求，促使液化石油气市场空前活跃。目前有大量的城市和占全国用气人口的 63% 居民在使用液化石油气，液化石油气推动了我国城市气化率迅速提高。同时随着居民生活水平的改善以及城市建设速度的加快，除了瓶装供应之外，许多城市建设了液化石油气气化管道供气装置。此外还有不少城市把液化石油气气化作为调峰、事故或掺混增热的机动气源。

从以上数据看出，这 10 年中我国城市燃气事业得到了长足的发展，相应地其工程技术也得到了较大的发展（图 1-1～图 1-4、表 1-1）。主要表现在以下方面。

（一）燃气输配技术

从 20 世纪 90 年代末天然气大规模供应后，燃气输配技术的发展主要是天然气输配技术的发展。由人工煤气向天然气转换的工作量较大，储气方式除常规人工煤气与液化石油气的储存已基本配套外，地下储气仅大庆与大港两处；长输管道储气除哈-伊输气管线已有应用外，尚未形成成熟的经验。由于我国天然气大规模供应刚刚开始，其技术的发展侧重在国际先进技术的消化吸收上，侧重在解决

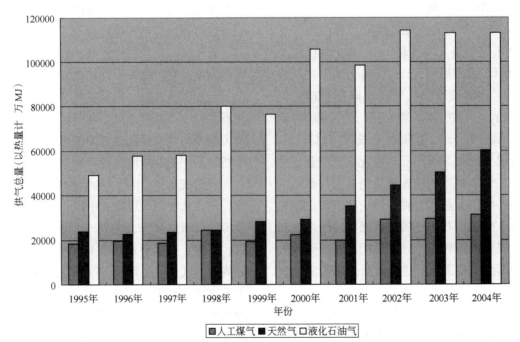

图 1-1　1995～2004 年我国城镇燃气供气总量表

天然气利用工程中(包括中、下游结合点处)存在的突出的、急待解决的重点技术问题上。主要包括下列内容：

(1) 管道的施工、维修和更新改造技术。
(2) 设计、运行和管理技术。
(3) 向天然气转换中管道的改造方案研究。

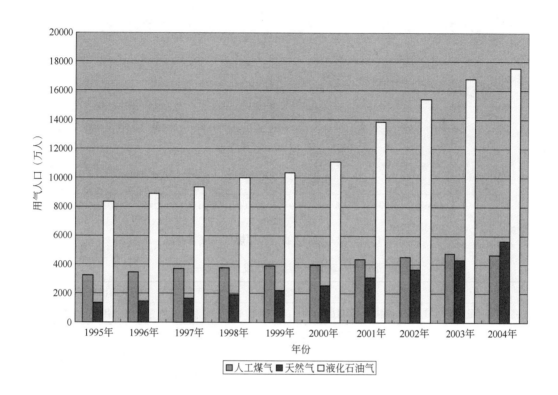

图 1-2　1995～2004 年我国城镇燃气用气人口表

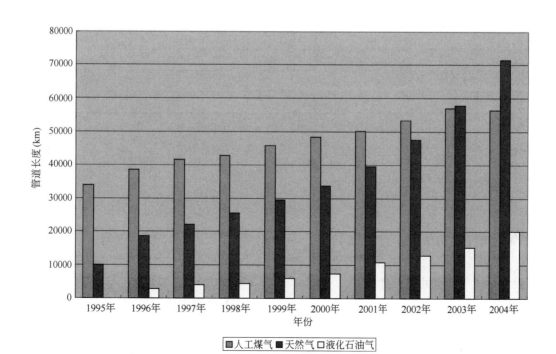

图 1-3　1995～2004 年我国城镇燃气管道长度表

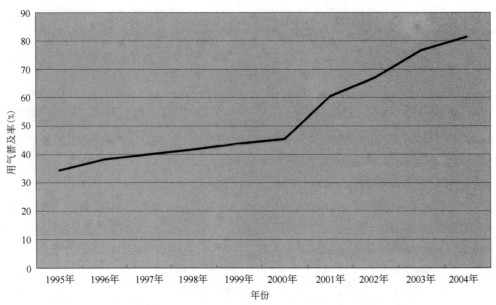

图 1-4　1995～2004 年我国城镇燃气用气普及率

我国 1995～2004 年城镇燃气发展情况一览表　　　　表 1-1

指标	人工煤气				天然气				液化石油气				用气普及率（%）
	供气总量	家庭用量	用气人口	管道长度	供气总量	家庭用量	用气人口	管道长度	供气总量	家庭用量	用气人口	管道长度	
1995 年	1266894	456585	3253	33890	673354	163788	1349	10110	4886528	3701504	8355		34.30
1996 年	1348076	472904	3490	38486	637832	138018	1470	18752	5758374	3943604	8864	2762	38.20
1997 年	1268944	535412	3735	41475	663001	177121	1656	22203	5786023	4370979	9350	4086	40.00
1998 年	1675571	480734	3746	42725	688255	195778	1908	25429	7972947	5478535	9995	4458	41.80
1999 年	1320925	494001	3918	45856	800556	215006	2225	29510	7612684	4990636	10336	6116	43.80
2000 年	1523615	630937	3944	48384	821476	247580	2581	33655	10537147	5322828	11107	7419	45.40
2001 年	1369144	494191	4349	50114	995197	247543	3127	39556	9818313	5583497	13875	10809	60.42
2002 年	1989196	490258	4541	53383	1259334	350479	3686	47652	11363884	6561738	15431	12788	67.17
2003 年	2020883	583884	4792	57017	1416415	374986	4320	57845	11263475	7817094	16834	15349	76.74
2004 年	2137000	512000	4654	56420	1694000	454248	5628	71411	11267120	7041351	17559	20118	81.50

注：供气总量、家庭用量单位：人工煤气、天然气为万 m^3，液化气为 t；用气人口单位为万人；管道长度单位为 km。

（4）燃气管网的可靠性分析和风险评估研究。

（5）地下气库运行参数分析研究。

（6）西气东输工程地下储气库研究。

（7）现有长输管线储气的运行参数分析。

（8）长输管线末段储气的不稳定性计算。

（9）球罐、管束等储气方式的技术经济分析。

（10）不稳定性燃气管道的设计计算。

（二）燃气应用技术

在目前我国城市燃气的发展水平下，燃气的应用技术与国外的差距较小。我国天然气大规模供应后，应用技术也发生了根本的变化，除常规燃具的性能改进外，研究的重点已转移到急待解决的关键技术上。主要燃气应用新技术发展有以下内容：

（1）低污染新型燃具。

（2）燃气采暖与空调。

（3）低污染燃气工业炉窑。

（4）小型冷、热、电联产装置。

（5）CNG 汽车及加气站。

（6）燃烧方法的研究。

（7）燃具智能化研究。

（三）燃气安全技术

燃气是易燃、易爆气体，当供气规模扩大后，安全管理的技术进步已日益重要。作为城市生命线工程的城市供配气系统，安全管理应包含在设计、施工、验收和运行的各个阶段中。除与安全管理有关的法令、法规、规范和标准建设外，燃气安全技术发展主要有以下内容：

(1) 安全供、配气技术研究。
(2) 应用于不同条件的燃气检漏技术。
(3) 防灾系统和抢修技术。

(四) 信息化管理技术

伴随着计算机的普及和现代企业管理制度的建立，信息化系统的建设也成为城市燃气企业管理的重要组成部分。虽然，我国城市燃气企业由于地区性的经济发展水平不同，信息化系统的发展程度有一定的差别，但很多燃气公司已将信息化系统的建设纳入到重点发展的日程。10年来，信息化系统已成为建立在 Intranet 体系下的一个结构完整、功能相对完善、合理规范、数据安全、运行稳定可靠，以计算机技术和自动化技术为主的管理信息化系统。

信息化系统的建设，结合燃气行业的特点，借鉴国外的经验，开发实用软件，提高企业的管理水平，取得了经济效益。信息化系统为设计、施工、运行和防灾服务，通过先进的手段，取得明显的效益，避免决策中的盲目性和与行业技术进步不协调的倾向。主要成果如下：

(1) 城市燃气设计、运行数据库的建设及软件开发。
(2) 自动查表和收费系统。
(3) 完善 SCADA 和 GIS 系统。
(4) 城市燃气信息化系统建设。

(五) 新设备和新材料的研制和应用

任何行业的技术进步，离不开新设备、新工艺和新材料的研制和应用，燃气行业也不例外。由于科学技术的迅猛发展，燃气行业在这一领域也已进入一个新的阶段。取得的主要成果为：

(1) PE 管、球铁管等新管材的应用技术。
(2) 钢管道的防腐技术。
(3) 具有监控和安全系统的高性能调压装置开发研究。
(4) 适用于不同压力的大流量计量装置开发研究。
(5) 高可靠性阀门的开发研究。

二、城市燃气工程技术发展水平

(一) 我国城市燃气工程的发展格局发生重大变化

北京、上海、天津和西安等城市大量引进天然气，开始改变我国城市燃气传统的发展格局。供气范围将不再限于家庭炊事和少量的热水供应，采暖、工业等将成为主要用户。"西气东输"为主的天然气利用规划，将使我国的城市燃气开始步入世界燃气工业共同发展的轨道，开始进入"天然气来到之后"的时期。燃气的转换技术也已提到议事日程上来。作为"西气东输"工程的上游——中国石油，已累计与下游40家天然气用户签订《天然气销售协议》，西气东输初步设计120亿 m^3 的输气合同全部签署完毕。燃气电厂是天然气稳定长期的大用户，它对开拓和培育天然气市场，尽快发挥管道的经济效益等都将起到积极作用。随着西气东输工程的实施，我国已在下游部署了10座共600万 kW 燃气电厂。

(二) 城市燃气作为居民的生活用气已达到相当高的水平

2001年开始，城市燃气供应结构发生变化。根据建设部城市建设统计年报，2001年，人工煤气供应总量137亿 m^3，比上年减少15亿 m^3；天然气供应总量100亿 m^3，比上年增加24亿 m^3；液化气供应总量980万 t，比上年减少80万 t。城市用气人口21530.44万人，燃气普及率60.42%。2002年，人工煤气供应总量199亿 m^3，比上年增加62亿 m^3；天然气供应总量126亿 m^3，比上年增加26亿 m^3；液化气供应总量1136万 t，比上年增加154万 t。城市用气人口23654.1万人，燃气普及率67.17%，比上年增加6.75个百分点。

2003年城市燃气供应结构继续调整。2003年，人工煤气供应总量202亿 m³，比上年增加3亿 m³；天然气供应总量142亿 m³，比上年增加16亿 m³；液化气供应总量1126万 t，比上年减少11万 t。城市用气人口25929万人，燃气普及率76.74%，比上年增加了9.5个百分点。到2004年，全国人工煤气供应总量213.7亿 m³，天然气供应总量169.4亿 m³，液化气供应总量1126.4万 t。城市用气人口27785万人，燃气普及率81.5%。

(三) 全国天然气输气管网网络初步形成

我国以西气东输工程建设为契机，统筹考虑东中西部、海上和陆上天然气资源，积极实施"走出去"战略，引进国外天然气资源，进一步完善我国天然气管网发展规划，加快干线管道、储气库、增压站和相关支线的建设，构建覆盖全国的五横两纵天然气基干管网，逐步形成西气东输、北气南下、就近外供、海气登陆的供气格局，最终形成以轮南至上海、长庆至北京为主干线的西气东输、陕京线和陕京二线，以及川渝、京津冀鲁晋、长江三角洲、西北、两湖地区为主的地区性天然气管网，最终实现全国天然气资源多元化、供应网络化和市场规模化。

(四) 满足城市居民炊事用热和热水供应的工程技术和设施已基本配套

我国各类城市燃气管道的总长已超过15万km，满足供配气需要的管材、调压设备和燃气表等生产厂已具有一定的规模。每个用气家庭都拥有1台以上的燃气灶具。城镇居民每百户拥有燃气热水器已超过40%。液化石油气钢瓶、角阀和调压器、灌装设备、气化混气设备等的生产已配套。由于家用燃烧器具直接与市场连接，竞争激烈，不少是引进国外技术，因而在城市燃气行业中是与国际技术水平差距最小的一个部分。今后应侧重在提高技术含量和减少污染物的排放量等方面。

(五) 城市燃气工程规范及标准化建设初具规模

城市燃气工程的标准、规范建设为我国城市燃气的发展提供了技术和法律依据，为城市燃气科学技术逐步与国际接轨创造了条件。建设部设有城镇燃气标准技术归口单位。到2004年底，已颁布的标准、规范有80余项，正在编制的有10余项。

(六) 燃气工程的信息化建设有了较大的发展，工程管理水平进一步提高

随着计算机的普及、现代企业管理制度的建立以及信息技术的发展，信息化系统在燃气行业的发展相当迅速。其中，城市管网的 SCADA 系统及 GIS 系统发展更快。近年来，以 Web、Java 为中心的 Internet 技术结构又上了更高的层次。

三、10年来我国城市燃气工程的主要技术进展

(一) "西气东输"长距离输气管线全线投产

经过4年多的建设，线路总长约4000km的西气东输工程，于2004年12月30日全线正式商业运营。西气东输工程主干线西起新疆塔里木油田轮南，途经新疆、甘肃、宁夏、陕西、山西、河南、安徽、江苏、浙江和上海，最终到达上海市白鹤镇，是我国自行设计、建设的第一条世界级天然气管道工程，是国务院决策的西部大开发的标志性工程。2000年2月工程正式启动，2002年7月正式开工，2004年10月1日全线建成投产。西气东输工程的顺利实施提高了我国天然气管网建设水平，为形成全国天然气管网奠定了基础。一大批新技术、新工艺在西气东输工程上成功应用。主要有以下几个方面。

1. 遥感技术

遥感技术是集航空航天测控技术、卫星技术、光谱传感技术以及光学、地质学、测量学、地理学、图像处理学于一体的多科学综合应用技术。遥感图像不仅体现可见光，而且体现红外和远红外等肉眼看不到的、十分丰富有用的物理信息，从而高视角地体现地物宏观和微观的几何体系，提供城

市、农村、水体、道路、耕地、森林、冲沟等有用的地物信息，可以准确地勾画最新城市轮廓及市政建设现状；清晰查明山谷居民点分布及土地利用情况；可以有效规划地貌单元。遥感技术已成为工程规划、前期设计论证、建立地理信息系统、提供高品质的设计成果的重要手段。

遥感技术在西气东输管道工程上的应用包括管道沿线遥感综合解译、郑州—上海段输气管道地形图修测、管线穿越南京长江地段遥感精细解译、RS~GIS信息服务系统、管道三维立体显示复杂地形地貌管线等几个方面。

2. 敷设技术及水工保护

管道通过地质灾害段敷设技术：西气东输管道通过采空区或岩溶时，敷设于采空区或岩溶顶板较稳定地段，同时还在内部采取适当的支撑措施，如设置柱墙等；通过非全新活动断裂，采用增加刚度等级和钢管壁厚的方式敷设；通过规模不大的滑坡地段，选择适当部位以跨越或沟埋敷设方式，并先对滑坡进行一定的治理，如设置挡墙、截排水沟、减重反压等措施；通过崩塌、危岩区，先进行卸荷处理，采取支挡、拦石等措施后沟埋敷设；泥石流通过区通常采用跨越方式。

黄土地区水工保护：黄土地区水工保护主要采取了间接水工保护措施与直接水工保护措施并举，刚性结构与柔性结构并举，安全与环保并举的综合治理措施。

戈壁地段水工保护：戈壁地段水工保护措施是在沟（河）道较深处设置地下防冲墙，防止管沟回填土的流失，防冲墙不得高于沟床床底，以免引发河流改道。采用干砌石护底可以有效防止沟床下降。

风沙防护：极旱荒漠、沙漠地带风沙防护措施主要从两方面入手：一是降低风速，减弱风力；二是直接保护地表易揭露流失的物质。两者可以任选其一，也可同时采用。

3. 大口径管线的穿（跨）越

西气东输管道3次穿（跨）越黄河，分别是在宁夏中卫沙坡头、陕西延水关和郑州黄河，在南京三江口穿越了长江。以上穿（跨）越设计无论从设计方案、施工方案和穿（跨）越点都有其各自的特点。

中卫黄河跨越，根据地形地貌和地质情况设计采用桁架跨越方式，如此大口径跨越还是第一次；延水关黄河穿越，根据地质情况选用隧道穿越方案，这是管道穿越黄河首次选用隧道穿越方案；郑州黄河穿越，采取两岸做定向钻，中间主河槽用顶钢套管穿越方式，目前管道设计上也是首次。

长江穿越根据其穿越点处于长江下游，河面宽，水流急，河床相对稳定，但地质变化大的特点，首次采用目前较为先进的盾构技术，目前为我国管道建设史上的首创。

西气东输管道还大胆地对大江大河和江南河流密集地区采取定向钻穿越方案，经过陡峭及植被茂密的山体、湿陷性最为严重的陕北及山西黄土高原时，采用了隧道穿越方式。

4. 大型长输管道压气站设置

西气东输管道设计中通过系统优化比选确定了全线设10座压气站，采用了1.4~1.5站压比的工艺输送方案。压气站的设置主要考虑了以下几个方面。

燃气轮机的功率等级：燃气轮机的特点是定型产品，对于每一种型号其标定功率是一定的，不能根据用户的需求任意生产所需功率的燃气轮机，西气东输管道在设置压气站时，结合现有成熟的燃气轮机功率等级以及现场高程、气候条件进行了多压比方案的比选。

不能局限于自然条件的限制：在压气站设置方案比选之时，对局部增大压比完全沙漠无人区的跨越方案做了计算分析，局部增大压比后，将在管道输送能力上形成"瓶颈"段，降低了管道对输量变化的适应性，限制了输送能力的提高。考虑到无人压气站在管理上的困难远小于"瓶颈"段对管道造成的困难，西气东输管道采用了有两座压气站在无人区内输送方案。

适应输量台阶的要求：西气东输管道的输量从2003~2008年逐年递增，2008年达到设计输量，压气站的设置必须适应这一输量台阶的变化，根据不同输量确定各压气站的投产年限，做到近远期相结合。

适应"照付不议"协议所需补提气量的要求：要满足"照付不议"协议补提气量，管道系统的输送能力必须具有一定弹性，西气东输管道设计在压气站的设置、设备选型和储气库的计算中考虑了这一因素。

增输预留：随着经济的发展，管道下游用户用气量成增长趋势，作为西气东输如此浩大的管道工程，在压气站的设置和站场的设计中，考虑了适当的预留措施，为后期的管道增输提供了可能性。

5. 大型压缩机组设计

机组备用方式选择：压气站的机组备用方式主要有全线机组备用、功率备用、隔站备用、主机备用等。根据我国国情及西气东输管道工程实际情况，经压缩机站失效工况校核计算，所有压气站都采用了机组备用配置方式。

压缩机组配置：压气站的机组配置不仅要满足各输量台阶下的正常输送要求，保持较高的运行效率，还要考虑机组对低输量启输以及管道输量连续递增的适应性。经过对大小机组配置的技术经济比较，西气东输工程推荐采用了25MW以上的大机组。

驱动方式选择：天然气长输管道大功率压缩机主要采用燃气轮机和变频电机驱动。从运行管理角度看，电机驱动与燃气轮机驱动相比，具有运行可靠、管理简单、维护工作量小、维护费用低等优点。通过具备电驱条件站的驱动方式技术经济比选，确定山丹、中卫、蒲县、郑州分输压气站采取电驱方案，其他站均为燃驱。

6. 单气源多用户输气管道工艺

西气东输工程为单气源多用户系统，有用气意向的用户多达60余家，各用户的用气性质各不相同，对压力、流量的需求差别很大。西气东输管道气源距用户3000km以上，如此单气源、单根管道要满足这么多用户的用气及调峰要求，目前在世界上尚未有过。西气东输承诺调峰范围为民用气的月峰，电厂用户的小时峰，要满足西气东输的用户调峰只能采取管道末端储气与储气库相结合的方式。设计根据可能出现的用户组合的数据，反复进行分析计算，并且采用了调整末端压气站的位置、加大支线管径等方法，提高末端储气量，以尽量满足用户调峰要求。同时，根据构造的全年数据计算储气库的容量及注采强度，指导配套储气库的建设。

7. 先进的通信系统

西气东输管道采用VSAT卫星通信作为主用通信方式，依托电信公网作为备用通信方式；随天然气管道同沟敷设硅芯管道，作为预留的光缆套管资源。

VSAT卫星通信作为西气东输管道的主用通信方式，为SCADA数据、生产调度、工业电视等业务提供可靠的传输信道。根据管道工艺站场的分布，西气东输管道工程VSAT卫星通信网将建设1个主站和100多个端站。VSAT主站位于上海调度控制中心，端站分别设在管道干线和支干线的首站、压气站、分输站、清管站、末站、阀室和操作区等。

全线有人站场均设有备用通信电路，可以最大限度地克服影响卫星通信质量的因素，使通信系统的总体可靠性得以保证。

8. SCADA系统

西气东输管道工程采用以计算机为核心的全线数据采集和监控系统SCADA。全线设调度控制中心和后备控制中心各1座，调度控制中心位于上海市，后备控制中心位于北京市。在管道沿线的轮南、武威、临汾、郑州、南京等5座操作区管理处分别设有SCADA系统远方只读监视终端，以便于区域管理部门掌握本区域及了解全线的运行工况，保证对本区域管线与工艺站场的管理和维护。管道沿线有人值守的工艺站场设SCADA站控系统(SCS)；中间清管站、阀室等无人值守站设SCADA系统远程终端装置(RTU)。

在正常情况下，由上海调度控制中心对全线进行监视与管理，操作人员在上海调度控制中心通过SCADA系统操作员工作站完成对全线的监视、操作与管理。当上海调度控制中心SCADA系统发生故障时，由北京后备控制中心接管其监视与控制任务。通常情况下，沿线各站控制无需人工干预，各工艺站场的SCS和RTU在调度控制中心的统一指挥下完成各自的监控工作。控制权限由调度控制中心确定，经调度控制中心授权后，才允许操作人员通过SCS或RTU对该站进行授权范围内的操作。当数据通信系统发生故障时，SCS和RTU可自动独立完成对本站的监视控制。当进行设备检修或紧急停车时，可采用就地控制方式。与其他管线的SCADA系统相比，本工程最新应用了管理信息系统(MIS)和信息网络安全系统，以建成一个符合目前发展潮流、以"知识管理"为核心、有安全保障、满足企业需求的信息管理与办公自动化系统。

9. 变频调速技术

进入20世纪90年代后，随着计算机技术和电力电子技术的发展，通用变频器得到了迅猛发展。特别是近几年来，大规模集成电路32位数据处理器和矢量控制理论的应用,使得通用变频器的性能得到了很大提高,正在逐步取代直流调速器,而成为传动系统的主流。西气东输管道工程 10 座压气站中有 4 座压气站采用了负载换相(LCI)大功率变频调速系统驱动离心式压缩机,国内目前尚无使用先例,处于领先地位。

10. 减阻内涂技术

西气东输管道在国内长输管道上首次采用减阻内涂层技术,这样可以减少气体流动的阻力。管内壁加上内涂层之后,可节省 3 座压气站,减去涂层的费用,一次性投资就可节约资金约 7 亿元。每年可节约运行费 1.55 亿元左右。上内涂层后,还可产生其他的经济效益,如减少清管次数、缩短管道干燥时间、减少管壁上物质沉积、确保气体介质纯度、减少污染等。

(二) 城市天然气的转换技术日趋成熟

天然气作为一种高效、清洁的优质燃料,10 年间我国天然气的利用已经成倍提高,特别是其对环境保护所起的作用已越来越受到人们的重视。以前,全国城市燃气的气源主要包括人工煤气、天然气和液化石油气,随着"西气东输"等天然气工程的建成供气,全国城市燃气的气源结构已发生很大变化,天然气已逐步取代人工煤气和液化石油气而成为城市的主导气源。

天然气与人工煤气、液化石油气是不可互换的可燃性气体。首先,天然气一般是干气、基本不含杂质,输送压力较高;人工煤气中含有水份、煤焦油等杂质,输送压力较低;液化石油气以瓶装供应为主,部分地区采用小区气化集中供应。其次,天然气的热值比人工煤气高、比液化石油气低,华白数的燃烧势也不同,同一种燃具不可能同时适应两种气体。这些特性的差异决定了原有城市燃气输配系统和燃气用具,当转换为使用天然气时,必须经过适宜的改造和调整。

天然气转换工程主要包括输配系统的转换和燃具转换两部分。转换的原则为:

(1) 全面分析现有输配系统中存在的问题,采用更新改造和加强巡查相结合的方法,消除事故隐患。

(2) 最大限度的利用现有管网、设备、燃具,既考虑转换的安全性又严格控制转换投资。

(3) 尽量减少转换对燃气用户的干扰,确保安全转换、社会安定。

以北京市和上海市浦东地区天然气转换为例。

自 1987 年华北油田开始为北京市输送天然气以来,北京的管道气供应既有天然气又有人工煤气。北京市的转换实施分为区域调整和大规模转换两个阶段。区域调整阶段主要是调整天然气、煤气两个供应区域,并为下一阶段做好气源、管网以及置换方法的准备,1997 年以前进行的 18 次小规模的转换均在天然气与煤气供应区的交界处进行。大规模转换阶段从 1997 年开始,无论是从转换规模还是转换密度都大幅度提高,是转换的实质性实施阶段。

北京的天然气转换工作主要包括制定转换方案、入户调查、入户刷胶、更换羊皮膜表、转换前用户整改、现场咨询、燃气用具改造等。整个转换工程由天然气公司和煤气公司组织实施,各设备生产厂家参与燃气设备的改造。管网置换前,先将用户灶具的左边火眼的喷嘴和灶盖更换为天然气零件,同时拆掉热水器的煤气连接管,加装丝堵。管网置换当天为用户更换右火眼零件,并在两周内完成热水器的改造。

上海浦东天然气转换工程自 1999 年 4 月开始,到 2000 年 9 月底结束,共转换人工煤气用户 32 万户,转换内容包括管网改造及燃具改造两部分。管网改造内容主要包括承插式铸铁管改造成 PE 管、原输送人工煤气的高压管上水井割除、高压桥管两侧补偿器拆除、调压器加装切断阀和过滤器、用户内管接头刷胶。燃具改造主要包括开关、喷嘴、燃烧器的调换。小区转换周期为 7d,隔周转换,管网天然气置换日为星期六。除单位用户的特殊要求,民用灶具、热水器转换从管网转换日开始,灶具的两个燃烧器同时完成改装,改装时间一般为 3~4d。为不影响居民正常生活,备有天然气单眼灶供用户租借。

可以看出,天然气转换是一项复杂的系统工程,主要包括资料收集、区域划分、用户宣传、输配系统的新建和改造、燃气用气设备的改造、燃气计量器具的调整等。其主要技术如下所述。

1. 原有输配系统的优化利用

(1) 压力级制的选择

合理确定城市天然气的压力级制,不仅可以降低工程费用，而且有利于日常的输配运行管理。各城市应根据现有输配系统的情况合理选择压力级制。如果原有输配系统规模较小，而天然气到来后，城市燃气将有大规模的发展，则可重建压力级制，充分利用天然气的压能；如果原有输配系统规模庞大，则可选择多种压力级制，即新区新级制，老区老级制，逐步过渡到统一。中压到户已被实践证明是一种节省投资的输配模式，天然气到来后逐步推广应用。

(2) 铸铁管道的利用

铸铁管管材分为灰口铸铁管和球墨铸铁管两种；铸铁管连接方式分为承插式和机械接口两种，其中，承插式铸铁管的密封材料采用水泥麻丝、铅麻丝、橡胶圈和青铅，机械接口铸铁管的密封材料采用橡胶垫圈。如果原有输配系统所输送的是湿燃气，则当输送干天然气后，便会发生承插铸铁管道接口漏气问题。水泥麻丝和铅麻丝承插式铸铁管接口的第一道密封材料为麻丝，遇湿会发生膨胀，一旦输送净化脱水的天然气时，原来在潮湿燃气中已充分膨胀的填料，将很快变干收缩，发生管道接口漏气。

对于输送干天然气后可能漏气的铸铁管道，采取了对天然气进行加湿处理或按天然气要求改造原有管道的技术措施。

(3) 调压器的改造

原来输送湿燃气的管道内壁，由于施工时管内不够清洁，灰尘及铁锈，粘附于管底。而转换后，由于天然气的干燥作用，这些铁锈和施工时带入的泥沙逐渐干燥，随着燃气的流动在管道内飞扬，其结果便是这些尘土堆积于阀门，调压器，储配站设备及管道弯头等处，造成设备的损坏和管道阻塞。

对天然气在管内运行后会使原附着于管内壁或管内的杂质、煤焦油等干燥脱落后随天然气进入调压器，造成主调压器关闭不严而使低压压力升高。为防止此类事故发生，在每个调压器前加装过滤器和超压安全切断阀。

(4) 低压湿式储气罐优化利用

许多城市都建有低压湿式储气罐用于城市燃气的时调峰。转换成天然气后，这些储气设施的优化利用主要解决两方面的问题：一是湿式柜的隔湿问题，二是如何利用天然气的压能问题。由于低压湿式储气罐，密封水面积很大，天然气进入后将很快被增湿，在输送过程中可能会有冷凝水产生，影响天然气输配系统的正常运行，因此，研究解决天然气进入湿式储气柜后如何保持干燥的问题是关键。实践证明，采用塑料浮球隔湿，具有一定的效果。

2. 用气系统的改造

由于天然气与人工煤气、液化石油气在组分上的差异，其热值、华白数、燃烧势等燃烧特性都截然不同。例如人工煤气中氢气的含量较高，燃烧速度快，易于回火；而天然气以甲烷为主，燃烧速度慢，易于离焰。上述燃气在同一燃具上得出的燃烧特性曲线是不同的，也就是说人工煤气、液化石油气与天然气不具有互换性。因此，只能通过燃具的改造适应天然气的要求。要使燃具达到应有的热负荷，需要更换原来的喷嘴，按天然气确定喷嘴的孔径，同时要确保良好的燃烧工况，就应按天然气设计火孔强度，调换燃烧器或火盖，改变一次空气吸入量，这样才能获得正常的火焰和稳定燃烧，所以根据各类用户的不同燃具，分别设计和制造了替换用的喷嘴和燃烧器。

3. 计量系统的调整和改造

由于天然气热值比人工煤气高，人工煤气计量表具用于天然气计量后，将一直处于小量程内使用，准确性差。同时由于天然气热值比液化石油气低，液化石油气计量表具用于天然气计量后，将一直处于大量程内使用，并且可能超出量程而损坏计量表具。因此，天然气转换的同时，进行了原有燃气计量表具的调整和改造，使其处于合理的量程范围内，保证燃气计量准确，维护好企业和用户的利益。由于羊皮膜表不能适应天然气的要求，全部更换成合成橡胶膜煤气表。

(三) 城市天然气利用市场得到很大的开拓，应用领域不断扩大

随着西气东输工程的投产，我国城市燃气供应发生前所未有的重大变化，主要表现在由以解决民用燃料气化为主转变为以最清洁的矿物燃料天然气来优化城镇的能源消费结构；由卖方市场转变为买方市场；由垄断转变为竞争；由计划购销转变为市场营销。大力开拓城市天然气利用市场，治理大气污染，提高能源利用率，促进社会经济发展，提高人民生活质量，是城市燃气经营企业责无旁贷的任务，也是企业得以生存的基本条件。

1. 巩固发展居民及公建用气市场

随着人民收入水平的不断提高及完善的社会服务体系的建立，人们购买更多的半制成品、制成品食物，在餐厅就餐。因此，家庭炊事用气量会有所下降，但生活质量的提高，人们在家庭中会消费更多的能源。首先是热水和采暖，各种形式的燃气热水器向人们提供不同用途的热水及冬季的采暖，同时燃气空调、燃气干衣机、洗衣机、洗碗机等也进入家庭。

公建炊事用气也是城市燃气的传统市场，在炒、蒸、炸、煮、烤等加工工艺过程中都已成功地使用了燃气。随着第三产业的发展，公建用气量有较大幅度的增长。燃气具有价格低廉、升温快、火焰温度高等优势。燃气要巩固发展自己的传统市场，除切实提高服务质量外，还需要不断提高燃气用具的质量水平。首先是要确保使用中的安全，如高可靠性的火焰监测与熄火保护装置；在提高热效率的同时要进一步降低烟气中的有害成分 CO、NO_X 等。为此，应将微电子技术应用到燃具的控制系统，提供智能化燃气用具；应用工业设计使燃气用具的造型更具现代意识。

2. 开发燃气采暖市场

使用天然气采暖是历史发展的必然趋势。将天然气转换成热能供居民、公建采暖的方式有：大型燃气热电站，通过城市热网实现集中供热，这是北方大型城市应优先考虑的方式；燃气锅炉房，实现小区供热，环境效益好，但占地较大；楼栋式燃气锅炉，将小型燃气锅炉设在楼内或楼顶，不占地、无热网、投资低；壁挂式双功能热水器，每个家庭独立采暖并提供生活热水，方便灵活，便于收费，节约能源；直燃机采暖，夏季制冷，冬季采暖，占地少，热效率高，年利用率高，但投资也高；厂房、体育馆等大空间建筑可采用燃气红外线采暖，节能、投资低。

3. 全方位开拓生产工艺用气市场

生产工艺用气是城市燃气重要组成部分。工业企业生产用能除作为动力外，凡需要热量的工艺过程其热能来源有燃气、电能、油、煤四大类。直接使用燃气，比电能转换成热能具有明显的节能效果（水电除外），因此，从一次能源利用角度讲，用气比用电更合理。用气与用油、用煤相比更具有节约能源、减少污染、提高工艺技术水平与产品质量等一系列优越性。过去受燃气资源的制约或受燃气价格的制约，工业用气发展不快，甚至出现用气量下滑的局面。10 年间在天然气供应量大幅增长的情况下，贯彻优化能源消费结构，有效治理大气污染的方针，实现社会经济可持续发展的目标，努力扩大工业用气，使用气水平得到很大提高。

燃气工业炉窑与电气炉窑的最大差距就是自控水平，为提高产品质量与降低损耗，对炉温的控制及炉膛气氛的控制要求越来越高。为此，将迅速发展的电子与控制技术应用到燃气工业炉上，实现了智能化燃气炉窑，使燃烧器实现机电一体化，而且要能精确检测炉中及烟气参数，并据此自动调整燃烧器工作状态，使燃气工业炉始终保持最佳工况。

4. 开发燃气空调市场

燃气空调是城市燃气新的重要市场。据统计，历年来我国建筑能耗（含热水、采暖、制冷、照明等）占总能耗的 19%～20%，其中用于暖通空调的占建筑能耗的 85%，制冷用能约占该部分的 60%，采暖用能约占 40%，可见空调用能是非常多的。电力是空调的传统市场，但夏季的电力高峰负荷已成为供收系统的沉重负担，空调装机容量的增加与电力设备年运行效率的降低，不仅使国家投资效益下降，也直接影响到电力部门的收益，发展下去必然导致电价上扬，这一发展趋势为开发燃气空调市场创造了良好的外部环境，燃气空调不仅可以削掉电力的高峰，而且可以填平燃气的低谷，对社会能源供应体系的平稳运行非常有利，同时彻底解决了传统制冷的氟污染问题，这一新的、重要的燃气市场因此得到开发。

目前，我国直燃式溴化锂吸收式冷热水机组的制造处于国际先进水平，因此，基本使用该型式的燃气空调。

燃气空调的服务对象基本可划分成 4 种类型：一是区域空调，这是以燃气为主要能源，区域配置，向一定范围内的楼宇提供冷水、热水（蒸气），随着城市楼宇密度的增加及环境要求的提高，区域空调的优势已越来越突出；二是较大规模（如 1 万 m^2 以上）的集中燃气空调；三是小型公共建筑的燃气空调；四是居民家庭的燃气中央空调。显然，目前我国的燃气空调品种不能适应如此广泛的应用范围，应在研究、引进、开发新的燃气空调上进行探索。

5. 推广汽车用气

天然气目前是解决汽车污染的最好替代燃料。交通车辆污染的持续增长，已成为全球共同关心的问题，我国北京、上海、重庆、杭州等大城市汽车尾气污染，已成为仅次于燃煤污染的第二大空气污染源，为了解决铅对神经系统的毒害，我国已停止生产含铅汽油，但并未解决汽车尾气污染的根本问题。汽车尾气污染物可分为两大类：一是直接有毒有害物质，这就是常规检测的 CO、NO_X、微粒及由非烷类碳氢化合物与 NO_X 经光化学反应生成的臭氧(O_3)；另一类是长期有毒有害的物质如多环芳香烃类(PAH)苯—甲苯—二甲苯类(BTX)及 3 种低级醛类(甲醛、乙醛、丙烯醛)，人们长期接触可以致癌。因此，改进现有汽车的燃料就成为需要尽快解决的问题，目前采用电喷发动机及三元催化的汽油与带氧化催化剂及涡轮增压器的柴油汽车虽可大幅度的降低有害尾气的排放量，但仍无法从根本上解决长期有害物的排放问题，于是天然气、液化石油气等替代燃料得到广泛研究和应用。

(四) 液化天然气供应技术不断发展

1. 我国大型液化天然气接收站在沿海多个城市建设，液化天然气进口步伐加快

我国首个液化天然气站线项目(广东 LNG 项目)开始建设，将在 2006 年正式运营。广东 LNG 项目位于广东省深圳市东面的大鹏村附近，供气能力为 370 万 t，输气干线长 370km。供气电厂包括了惠州电厂、前湾电厂、珠江电厂、美视电厂以及香港电灯公司在香港的电厂。城市燃气公司则包括深圳市燃气集团有限公司、广州市煤气公司、东莞燃料工业总公司、佛山/南海燃气总公司以及香港中华煤气有限公司的一个城市燃气项目。另外，福建 LNG(液化天然气)接收站项目(一期建设规模 250 万 t，2007 年投产)、浙江 LNG 接收站项目(一期建设规模 300 万 t/年，预计 2008 年建成投产)、上海 LNG 项目(建设规模 600 万 t/年，预计 2010 年建成投产)和海南液化天然气项目(一期建设规模 200 万 t/年，预计 2009 年建成投产)也在加紧进行项目前期工作。

2. 液化天然气(LNG)气源系统技术取得初步成果

由中原油田绿能高科有限责任公司开发的液化天然气(LNG)系统技术取得了初步成果，该成果将使我国建设小型、节能型的 LNG 工厂变为现实。为提高天然气的附加值，扩大天然气的应用领域，中原绿能高科有限责任公司开发了液化天然气(LNG)系统技术，先后攻克了高压天然气净化工艺、高压天然气液化工艺、天然气微量苯低温高压脱除技术、低温液态天然气带压储存技术等技术难题，最终采用复迭式制冷工艺对天然气进行液化处理。通过对液化天然气系统技术的不断吸收、消化和创新，中原绿能高科有限责任公司已开发出橇装式 LNG 汽化站、LNG 柴油汽车等多项新产品，改装成功国内第一辆 LNG 汽车，在北京建成我国第一座 LNG 汽车加气站并获得了自冷式液化天然气储罐、液化天然气储运罐等多项国家专利。

3. 广汇液化天然气工程投产，促进我国中小城镇的燃气发展

广汇液化天然气工程全面引进国外先进的技术和生产设备，一期工程于 2004 年投产，可达到日处理 150 万 m^3 的生产能力，是中国西气东输工程的有益补充。新疆广汇液化天然气发展有限责任公司将针对液化天然气运输、储存效率高，汽化使用方便，市场适应性强，生产、运输、使用安全性好，可普遍用于工业燃气、民用气、城市调峰、以及汽车燃气等特点，利用汽车、火车等运输工具把液化天然气输送到国内能源紧缺地区(图 3-1)，占领"西气东输"主干管网以外的市场。目前，广汇液化天然气工程已在福建闽清县、德化县、晋江市，广东潮州市，湖北武汉市，新疆哈密市、伊宁市，甘肃，江苏等地区与政府和相关企业达成了商务合作和供气协议。

图 3-1 汽车运输液化天然气

图 3-2　天然气压缩、液化及运输

4. 中小城镇利用液化天然气 LNG 和压缩天然气 CNG 供应技术实现燃气化

随着我国天然气事业的不断发展，一些离输气管线有一定距离的中小城镇利用压缩天然气 CNG 供应技术和液化天然气 LNG 供应技术成功地实现了城镇燃气化(图 3-2)。该项技术是把天然气压缩或液化后利用方便的公路运输进行输送，到达城镇后再进行气化供应用户。这对于用气量不大、利用管道输送不经济的中小城镇是适用的。短短几年，利用压缩天然气 CNG 供应技术的城市约 20 座，利用液化天然气 LNG 供应技术的城市约 15 座，都收到了较好的效果。

(五) 人工制气技术取得新进展

1. 原有人工制气设施本身的环保治理及 CO 含量的控制

人工制气装置大多以煤、焦炭或重油作原料，采用的工艺路线包括干馏、气化、催化裂解等，所用的制气炉型有焦炉、直立炉、机械发生炉、重油催化裂解炉等。在这些复杂的工艺过程中，会产生一定量的不可忽视的环境污染。它包括"废水"、"废气"、"烟尘"、"废渣"、"噪声"等污染。

(1) 废水治理技术

人工制气厂中废水所含需处理的有害物质主要为氨、酚、氰、硫、油以及用 COD 来代表的其他物质。治理时，分别对浓度高的某项物质进行单独处理，或在一种工艺方法中同时处理。例如用溶剂萃取法脱除水中的酚即是单独处理方法，活性污泥是同时除去几种有害物质的方法。

当废水经过除氨、除氰、脱酚和除油后或者高浓度的废水在经过较大比例的稀释后，才能利用生物处理法进行处理。生物处理法有好气性和厌气性两大类。通常采用的活性污泥法即是一种好气性生物处理法。目前采用的设备主要有两种，即再生吸附传统曝气系统(鼓风或射流)和合建式完全混合的加速表面曝气系统。前者因吸附和再生在独立的池子中进行，因此对负荷变化的适应性较强；后者因回流污泥不用特殊设备而操作简便。这两种系统 BOD 的去除率均可达 80%～90%。

为了能完全达到排放标准，对生化处理后的排放水再进行处理。这种处理可以分为两种，即"后处理"和"三级处理"。"后处理"工艺有混凝加过滤法、氧化塘和水葫芦氧化塘(又称水草塘)。处理后的指标可达到或接近达到排放标准。氧化塘的采用受到厂区余地和自然条件的很大限制。"三级处理"是指"活性炭法"，"臭氧氧化法"以及"废水浓缩焚烧"、"膜分离"、"离子交换"、"电渗析"等方法，使处理后的水质达到排放的要求。这些方法投资和运行费用均较高。

(2) 烟尘的治理技术

对于不同的粉尘源可采用不同的除尘技术来处理，例如煤和焦的运输可采用全封闭的带式机运输廊；装煤和推焦的粉尘用布袋除尘器；储煤场可改用筒仓贮存，煤粉碎采用泡沫除尘器；熄焦塔排出的粉尘采用二级折流板，锅炉排烟采用水膜式除尘器；而水煤气排烟以采用湿式旋流板除尘为宜。总之，对于粉尘的去除虽然技术的难度较低，但要有足够的资金建成有效的集尘系统和选用合适的除尘设备。

(3) CO 含量的控制

目前，有一些人工制气厂选择水煤气、发生炉煤气、两段炉煤气等 CO 含量较高的燃气作为城镇燃气的气源或掺混气源。但人工制气中的 CO 含量必须加以控制。因为 CO 含量对人体的危害非常严重，城市燃气的 CO 含量宜控制在 10% 以下。对于 CO 含量较高的燃气已有一些厂家采用变换措施使 CO 含量低于 10%，再作为城市燃气向居民供气。

2. 轻油与液化石油气改制工艺技术的发展

人工制气装置在现有技术的水平上无论怎样改进，很难从根本上改变对环境产生的严重影响，如果将制气原料煤或重油改为轻油，所产生的废气和废水对环境所产生的危害程度将大大减少。我国近年来轻油制气技术已经有了很大的发展，无论是高压连续式或低压循环式都已在我国建厂。上海石洞口煤气厂的高压连续式催化裂解轻油制气装置和南京轻油制气厂石脑油低压间歇循环催化裂解制气装置在近几年相继投产。另外大连市煤气厂采用LPG低压间歇循环催化裂解制气装置也已投产。3个厂投产后的"三废"均能达标排放，这说明改变制气原料，改变制气工艺路线是改变人工制气环保治理难的有效办法之一。

以轻油为原料的制气装置在国外已普遍采用，技术比较成熟，受以前原料政策的限制，国内一直未得以发展。轻油制气按工艺不同分为高压连续催化裂解法和低压间歇催化裂解法。近年来，我国轻油制气技术取得了很大进展。

(1) 高压连续制气工艺：上海石洞口煤气制气公司的3条生产线已建成投产，可以日产煤气210万 m^3。

(2) 低压间歇循环催化裂解制气工艺：南京市已从意大利引进三系列以轻质石脑油为主要制气原料、液化石油气为备用制气原料的改质装置，生产规模为日产煤气75万 m^3。大连市已经从奥地利引进二系列以液化石油气为制气原料的改制装置，生产规模为日产煤气35万 m^3。

(3) 石脑油制气：一般进口的轻质石脑油其终馏点均小于130~140℃，以往的实践经验证明在使用上毫无问题，国产石脑油终馏点一般较高，经过努力已经采用国产石脑油作为原料。

(4) 催化剂研制：国内目前已由上海吴淞煤气制气有限公司于2002年自行研制出用于以石脑油为原料制取城市燃气的催化剂。

3. 天然气"改质"工艺技术发展

天然气大量供应，城市燃气结构将面临调整，但是对于一些供应煤制气和重油制气已有悠久历史的城市来说，城市燃气管网系统中很多还是旧管道，很难适应天然气的直接供应，因而需要投入巨资改造旧管网系统及燃具，由于资金、时间和交通等原因，会与接纳大量天然气的要求形成矛盾。于是上海市提出了采用天然气"改质"作为"过渡气源"，这种转换过程以前在欧洲的一些国家经历过，有的也经历了10多年时间。我国在近几年建立轻油制气装置并掌握了该项技术后，上海市提出了天然气"改质"方案，决定在上海吴淞煤气制气有限公司改造两台原重油制气炉，以天然气为原料的改质气能满足上海市城市燃气质量要求，于2001年初建成，已投入使用。

对天然气进行"改质"也就是将天然气改制成符合目前城市煤气供气要求的燃气所进行的加工过程。经加工后，1m^3天然气可以改制成符合上海市城市燃气热值标准15.89MJ/m^3（高热值）的燃气2.2m^3，设备采用经过改造的重油制气炉。

这种改制过程的特点为，工艺流程简单，热效率高，可以达到90％；符合环保要求，排出的废气与废水不需另行处理，均能达到国家排放标准；投资小，只需花费少量改造费用；成本低。与煤制气和重油制气相比，单位燃气的成本可略减一些；产生的燃气符合城市燃气使用要求，燃气中的CO含量＜15％。

上海吴淞煤气制气有限公司对2台重油制气炉进行改造，处理天然气30万 m^3/日，产生改质气（$Q_{高}$＝15.89MJ/m^3）约66万 m^3/日。天然气改质工艺流程基本上是在重油制气工艺流程基础上简化而来。取消了整套净化、化产回收车间及繁杂的污水处理系统，同重油制气工艺最大不同之处在于制气炉体有些变动。制气工艺采用低压间歇循环催化裂解工艺，生产燃气的催化反应是指天然气与水蒸气反应转化成氢、一氧化碳、二氧化碳的反应，即所谓水蒸气转化反应。其中反应过程以吸热反应为主，其热量由天然气燃烧产生的高温烟气提供。制气炉生产过程主要由加热及制气两大部分组成。制气系统主体工艺设备是双筒式间歇循环催化蓄热裂解制气炉，由燃烧室、反应室组成。整个制气过程主要分鼓风加热期和制气期循环交替进行。在加热期和制气期之间设有空气吹扫和蒸气吹扫阶段，两台制气炉联锁运行，即第一台炉处于加热阶段时，第二台炉正处于制气阶段。根据工艺操作可选择适合循环时间及操作阶段。一般取3~4min一个循环。天然气改质可以选用氧化铝和氧化硅为载体的镍催化剂，并已能国产化供应。

4. 鲁奇炉煤制气工艺及联产化工产品的技术开发

鲁奇炉加压气化工艺是一种非常成熟的工业化技术，且非常适合于劣质煤的气化。目前在南非建有世界上最大的加压气化装置，就是采用的鲁奇炉加压气化技术。在国内也有多家厂用此技术生产城市煤气，同时联产甲醇、合成氨及其他化工产品。

如我国山西化肥厂、兰州煤气厂、哈尔滨气化厂和河南义马煤气厂均采用该工艺。

随着我国城市能源政策大趋势向天然气开发利用方面的过渡，采用鲁奇炉供气的区域范围会逐步缩小，因此利用原设备进行更大规模的化式联产已经提到日程上来。例如哈尔滨气化厂，在最初联产甲醇设计规模4万t/年基础上，对现有的甲醇装置进行改造，目前产量已达6万t/年，同时正在进一步开发其他化工产品，以甲醇开始，开发甲醛、胶料、中密度板、醋酸、聚甲醛、碳酸二甲酯、双氧水等，同时该厂的副产品焦油、中油、粗酚、轻油拟继续加工用以合成汽油、柴油和精酚，对鲁奇炉进行化工产品开发是迎接天然气来到的重要准备工作。

（六）法规标准体系进一步完善，燃气行业安全管理体制逐步建立

1. 建设部发布建设事业技术政策纲要，对城市燃气工程的技术发展具有指导作用

为推动建设事业技术进步，并为国民经济和社会发展创造良好的基础设施和环境条件，建设部发布了《建设事业技术政策纲要》。目的是指导建设事业的科学技术活动符合当代科学技术的发展规律，顺应发展趋势，为很好地利用现代科学技术成果解决现阶段建设事业发展中遇到的"热点"和"难点"问题提供技术手段和方法，推动建设事业获得新进展，取得新成绩。

《建设事业技术政策纲要》指出，城市燃气建设要坚持"多种气源、多种途径、因地制宜、合理利用能源"的方针，积极利用天然气、液化石油气等洁净气源作为城市燃气气源。结合西气东输工程的实施，城市要加快利用天然气的步伐。城市燃气建设必须遵循安全、稳定、可靠的原则，保障供应。

2. 完成"十五"国家科技攻关课题"城市埋地燃气管道安全保障关键技术研究"

"城市埋地燃气管道安全保障关键技术研究"是"十五"国家科技攻关课题。该课题由国家质量监督检验检疫总局科技司主持，中国特种设备检测研究中心负责。其研究目的是针对城市埋地燃气管道长期、普遍存在的突出、共性、关键和紧迫性技术难题，在"八五"、"九五"国家科技攻关课题成果的基础上，组织国内优势力量，开展联合攻关研究，为政府安全监察和企业安全管理提供科学的理论、方法和手段，保障生产生活安全，促进国民经济建设。

经过3年多的工作，按照"一个中心、两条主线、三个方面"的总体思路和"继承、创新、超前"相结合的指导思想，以控制设备事故率这一课题总体目标为中心，重点围绕不开挖监测、在线监测和安全评定、风险评估两条主线开展联合攻关，在埋地燃气管道、工业压力管道和高温压力容器3个方面实现了关键技术的重大突破和研究成果的综合集成。

课题研究成果已经在中石化、中石油和燃气行业40多家企业的管线和设备中得到成功的应用，解决了一系列重大工程技术难题。成果的初步应用已经取得了2.15亿元的经济效益和巨大的社会效益。本研究成果的推广应用对保障我国特种设备安全，促进经济建设将发挥重要作用。

3. 《城镇燃气设计规范》修订工作全面完成

历时3年的《城镇燃气设计规范》修订工作全面完成，即将发布执行。《城镇燃气设计规范》是我国城镇燃气行业工程建设重要的通用性标准，内容丰富，政策性、技术性、综合性强，与城镇燃气的生产、输配和应用的安全关系密切，随着我国城镇燃气特别是天然气的迅速发展，出现许多新情况和新技术，给《城镇燃气设计规范》的修订增加了复杂性和紧迫性。

《城镇燃气设计规范》的修订是在收集和吸纳国外标准、吸收国内生产的实践经验的基础上，通过多次研讨会并广泛征求意见以后完成的。《城镇燃气设计规范》技术上达到了国内城镇燃气行业的领先水平，适应我国城镇燃气工程建设的需要，对促进我国城镇燃气工程建设技术发展和保证工程安全质量具有重要意义。

4. 燃气行业安全管理新体制逐步建立

（1）组建比较精干高效的专业检漏、抢修队伍

各燃气公司已设置专业的检漏、维修、抢修队伍，负责所辖管网的检漏、抢修、维修工作。将管道检测与风险评估有机地结合起来，集管道检测、评估、维修于一体，形成产业化队伍，以广阔的市场需求带动检测技术、抢修技术向前发展。积极向"综合管理体制"过渡。根据管网运行的实际情况，制定年度检漏计划，分区分片进行。对运行时间较

长或发现问题较多的管线要优先进行检测。对现有检漏人员进行岗位培训，配备适宜的一整套检漏设备，如管网检漏车等，在正确的理论指导下按照检漏计划进行"主动检漏"，使燃气管网的检漏作业达到预防、安全、精确、高效。抢修方面随着主动检漏工作的不断完善，随时发现漏点随时抢修，直到经过评估判定相关管线进行内衬修复或更新为止。

建立了一支跟踪检测风险评估的专家队伍。管道的跟踪检测和风险评估是一项新生事物，燃气企业必须建立胜任这项工作的专家队伍，这支队伍是未来管线管理的行为中枢，是企业主管的参谋和决策依据。建立这样一支专家队伍，必须选择那些经过专业培训的具有综合技术素质人员，同时配备适合本企业实际需要的国内外先进的技术设备。

（2）建立管线综合安全管理体制的基本框架

就在线管道而言，10年来很多城市抓紧完成燃气管网的全面普查、测绘、建档工作。对我国燃气行业而言，构筑综合管理体制的基本框架，首先面临的问题是地下燃气管线的普查建档，彻底改变管线资料不全、不准、无据可查造成的被动局面，这是一次技术性强、涉及面广、动用人力物力较大的系统工程，需要以长远的目光进行资金投入。目前，燃气管线的普查工作已经具备技术支持，国内开发了许多用于管网普查的软件，不但能用计算机绘制出较准确的各系统管网图，而且可以储存大量地下管线的有关信息，以尽可能与风险评估和跟踪检测结合起来。就新管线而言，已基本上进行了"基线"检测。基线检测就是对新建管道进行的内检测，目的在于作为管道施工验收的依据，为管道运行、预测提供基础数据。此外，由于新建管道存在缺陷、刮痕等建设缺陷，作了基线检测将来可以区分腐蚀和建设缺陷，等于一个参照物，避免不必要的维修损失。

周期性地对管道实施检测，掌握管道腐蚀的分布规律。燃气管道因其材质、地理环境及防腐状况不同，各个管道都具有其独特的腐蚀规律。要掌握其腐蚀规律，惟有定期反复进行检测，从而对管道可能发生的事故做出科学预测，使管道维护建立在科学基础上，真正摆脱对管道事故盲目应付的被动局面。近年来已将在线管道"计划性修复"提到议事日程，国内一些大型燃气企业开发并应用了一些旧管道修复技术对在线管道进行更新改造。

（七）城市燃气新材料和新设备不断发展

1. 城市燃气用气设备

10年来特别是民用燃气用具有较大普及与提高。品种增多，款式新颖，安全措施增强，材质、功能和性能等均有所改善。在生产质量和可靠性，工艺水平，自动化和智能化程度，性能指标的先进性，节能和环保，安全使用等方面虽有所改善，但与国外产品相比仍有差距。西部大开发战略布署和西气东输工程为天然气大发展提供机遇及发展空间。加入WTO为参加国际技术交流与合作，参与国际竞争创造了条件，但也带来了挑战与压力。

城市燃气应用设备技术发展的指导思想与原则是：扩大天然气应用范围，增加天然气消耗量，促进天然气工业大发展；发展实用性强的城市燃气应用高新技术和产品，用高新技术与产品改造传统设备，实现安全、节能、低污染燃气应用；建立符合产业政策的，具有独立自主知识产权的品牌，以具有专、精、特、新的产品与设备满足市场需求，参与国际竞争；鼓励主业突出、核心能力强的企业和厂家与高校、科研机构合作，组成联合体，从事多学科综合研究，提高城市燃气应用技术水平及设备质量。

在不同应用领域城市燃气应用技术及设备发展的主要内容如下。

（1）民用燃气用具

燃气灶具是伴随着燃气在居民家庭中的普及程度而发展的，作为燃气进入居民家庭的必选产品，凡有气源条件的家庭，都拥有一台以上燃气灶具。随着天然气普及程度的提高，燃气灶具的普及率会有一个非常大的提高。我国居民家庭用的燃气灶多属单眼或双眼灶，灶体材料基本上淘汰了铸铁。不锈钢面板、表面喷涂不粘油涂层材料、钢化玻璃面板等在灶具中占有重要地位，产品款式方面有台式灶和嵌入式灶，特别是嵌入式灶适应了目前厨房装修的美化需求，成为新兴的快速发展的款式。产品功能方面有压电陶磁点火、电脉冲点火的点火方式，有防止意外熄火漏气的自动保护功能，也有小部分技术水平比较高的产品具有煎、炒、煮、炸多种功能。国家标准规定燃气灶具的热效率要大于55%，CO的含量要小于5×10^{-4}，一般正规较大的生产厂家基本能达到性能要求,对烟气中的 NO_X,较好的产品基本上可以达到低于 $15×10^{-5}$。

从技术的发展趋势看,整机和零部件的生产质量和可靠性将得到提高。通过提高加工工艺水平,采用先进的制造技术手段,提高零部件生产质量,通过严格的质量保证体系,对整机的生产进行监控,促进家用燃气灶具质量的提高。推广使用具有熄火保护装置的燃气灶具。上海等大城市已经制定了地方法规,市内销售的燃气灶具必须有熄火保护装置。在"十五"期间,普遍推广使用具有熄火保护装置的燃气灶具。研制开发新的燃气燃烧和控制技术,提高燃气灶具的性能指标。开展燃气燃烧方式的深入研究,进一步提高燃气灶具的热效率,降低 CO 和 NO_X 的排放量,使我国的燃气灶具性能指标达到或接近国外先进水平,适时修订国家标准,将 NO_X 排放量限制指标列入标准。促进微电子技术在燃气灶具控制上的应用,研制开发智能灶具、自动控制、无人职守灶具,提高灶具的操作方便性。积极采用新材料,提高产品的质量档次。关注国内外新材料应用技术的发展,不失时机地用新的、性能好的、生产工艺先进的材料代替落后的、性能差的材料,以促进产品的质量不断提高。

燃气热水器在我国出现已有近 20 年的历史,其发展非常迅速,目前已经进入稳步发展阶段。有关部门统计表明,我国城镇居民每百户拥有燃气热水器已经超过 40 台,随着天然气应用的推广,燃气热水器的普及率有了更大的提高。

燃气热水器按加热方式分为快速式和容积式两大类。我国和日本等国大多使用快速式,而欧美一些国家,特别是美国则以容积式为主,随着我国居民住房面积的扩大,预计容积式热水器也会在我国拥有一定的市场。目前快速式燃气热水器的发展趋势是,5L/min 机的市场在减少,大容量的燃气热水器数量在增加;在烟气排放方面,烟道式燃气热水器由于采用自然无动力排烟方式排烟,要做到彻底将烟气排出室外非常困难,存在安全上的隐患;强制排气式和强制给排气式燃气热水器,由于采用了动力排烟和进气,彻底解决了将烟气与人隔离的问题,因此,此种燃气热水器的市场占有量在快速增长,显示了很强的生命力和很好的发展前途;在控制方面,目前,市场上主要以水控自动点火方式为主。近年来,由于微电子技术在燃气热水器上应用的发展,已经出现了具有自动恒温控制、自动显示温度和自动故障诊断功能的自动恒温控制燃气热水器。近几年,欧洲、南韩的壁挂式燃气采暖/热水两用型热水器也进入中国市场,国内已有一些院校和厂家在研制和生产两用型热水器,或购买国外零部件进行组装。

燃气热水器的发展方向是以市场为手段,通过竞争提高燃气热水器行业的技术水平,走集约化的发展道路。技术上进一步改善强制排气式燃气热水器的性能和质量,促进该种产品的普及和发展。进一步促进微电子技术在燃气热水器上的应用,开发出多种具有自动恒温等功能的燃气热水器,并积极探讨燃气热水器智能化和信息化的发展道路。推动燃气燃烧和换热新技术在燃气热水器上的应用,开发出全预混燃烧方式、具有冷凝换热方式的燃气热水器,提高热效率,降低 CO 和 NO_X 的排放量。积极开发推广燃气采暖/热水两用热水器、太阳能和燃气联合加热方式的热水器产品,促进清洁能源在采暖和供热水上的广泛应用,改善我们的生存环境。积极开发技术含量高的燃气热水器的关键零部件,例如微电子应用技术中的单片机开发、自动恒温燃气热水器的电控比例阀、燃气空气比例调节阀等。

(2) 商用燃具

商用燃具种类较多,常用的有中餐炒菜灶、大锅灶、蒸箱、铁板灶、炸锅灶、砂锅灶、西餐灶、饼炉、烤鸭炉、烤猪炉、饭煲、沸水器、茶浴炉、咖啡灶、燃气消毒器、快速热水器等。

近几年技术发展的主要成果为开发低污染的燃具新产品,减少 CO、NO_X 等有害气体及 CO_2 等温室气体的排放量。加强了燃气应用设备中换热过程的研究,以提高燃具的热效率。根据中国食品加工特点,逐步形成了适用于食品加工业的产品系列化设计和生产。提高了燃具安全控制与自动控制水平。加强了产品标准的制定和修订工作。

(3) 燃气采暖与空调设备

我国建筑耗能约占总能耗的 20%,其中约 80% 用于采暖与空调,它是城镇生活用能的主体。在大量使用天然气之前,采暖以煤为主要燃料,其主要供热形式有热电联产供热、区域锅炉房供热、分散锅炉供热及小煤炉供热。随着燃料结构调整、城市天然气供应量将逐渐增大,采暖方式也应随之改变。可能采用的采暖形式有区域锅炉房或将分散锅炉供热集中至小区实行燃气——蒸汽联合循环热电冷联供系统；自备热源一家一户自成系统的采暖方式，如燃气热水器（壁挂炉、落地式容积热水器），可同时采暖或供应生活热水；微型燃气轮机热（冷）电联供系统，可同时发电、采暖、空调；热风采暖；燃气热泵；以集成式燃气锅炉为热源进行小型区域式（一栋楼或几栋楼）供热。

对适用不同建筑类型的经济、实用燃气采暖方式进行了研究。研制、开发与生产了新型采暖空调设备。直燃机（吸收式制冷）进一步得以推广应用。目前我国直燃机的性能和质量已进入世界先进行列，生产规模和数量已上升为世界第二位，具备推广应用的条件。

大连三洋制冷有限公司生产面积 $5000m^2$、生产能力 10000 台/年的 GHP 燃气商用/家用中央空调新工厂及新生产线建设工程正式竣工。这是我国第一条大规模的 GHP 燃气热泵空调生产线。在今天中国能源变革的新时代，环保、能源短缺、电力短缺、国家能源的战略发展、安全性及能源利用的经济性等问题引起了国人的广泛关注。大连三洋制冷在国内率先推出以燃气发动机为动力装置的 GHP 燃气热泵，首次将汽车技术引入空调领域。燃气热泵（Gas Engine Heat Pump，简称 GHP），以天然气、液化石油气等燃气清洁能源为热源，是以燃气发动机驱动压缩机，使冷媒循环反复进行物理相变的过程，完成热量的不断交换传递，并通过四通阀使机组实现夏季制冷和冬季采暖。可广泛应用于中小型商场、宾馆、办公楼、娱乐场所、医院、集体宿舍、家庭、学校等需要冷暖空调的场所。

2. 燃气管材

燃气用管材是城镇燃气工程的重要组成部分。燃气事业的快速发展也带动了燃气管道的新材料、新设备及新技术的进步与发展。天然气西气东输、液化天然气引进等工程的实施，必然全面带动燃气管材技术的发展。

目前，我国城市燃气管网常用管材主要是钢管、球墨铸铁管以及聚乙烯管（PE）。各个城市根据燃气介质及压力情况，从安全性和经济性两个方面综合考虑，对管材进行选择。高压和中压 A 级燃气管网普遍采用钢管，部分中压 A 级采用球墨铸铁管和聚乙烯管。中压 B 级和低压管道采用钢管、球墨铸铁管和聚乙烯管。户内输气管线主要采用镀锌钢管，少数城市开始使用铜管、衬塑铝合金管等。

城市燃气管网中常用的钢管有直缝和螺旋缝焊接钢管及无缝钢管。钢管的优点在于其抗拉强度、承压能力及对温度变化的适应能力大于 PE 管，焊口的严密和牢固性比铸铁管、PE 管更可靠，因此目前钢管在燃气长输管线和城市高压管网中仍是无可替代的管材。如靖边至北京、至西安、至银川的天然气管线，永清至琉璃河、至天津、至沧州的天然气管线，涩北至西宁的天然气长输管线，以及城市内 0.6MPa 以上的输气干线等均采用钢管。从我国目前的使用情况看，钢管在我国城市燃气管材的比例中仍居首位。钢管的缺点是其耐腐蚀性差，防腐工艺复杂，除管体外表面需做防腐层外，还需要对管线采取电极保护措施。钢管的寿命比球墨铸铁管和塑料管短。

球墨铸铁管是我国城市燃气中低压管网常用的管材。20 世纪 80 年代以前，由于我国尚未开发球墨铸铁管，城市燃气中低压管网大量采用灰口铸铁管。我国从 80 年代开始引进球墨铸铁管生产技术，管材及接口材料的生产逐渐成熟，1991 年颁布了球墨铸铁管的国家标准 GB 13295—91《离心铸造球墨铸铁管》和 GB 13294—91《球墨铸铁管件》，此后，球墨铸铁管逐渐在煤气、天然气管道上得到推广应用。在中低压管网球墨铸铁管具有运行安全可靠、破损率低；施工维修方便、快捷；防腐性能优异等优点。此外，球墨铸铁管的综合造价比钢管低，口径在 $D150$ 以上时比塑料管低，因此在近几年球墨铸铁管得到了快速发展，在上海、杭州、济南、沈阳等十多个城市煤气工程中应用了 S 型和 N1 型接口球墨铸铁管。如 1997~1999 年，沈阳市煤气公司使用 N1 型 $D150$~$D400$ 球铁管 100km 以上；1996~1997 年济南市管道煤气公司使用球铁管 80km 以上，到目前为止运行状况良好；2000 年 9 月上海市外环线中压 A 级天然气管道工程采用了球墨铸铁管；2000 年 2 月武汉市天然气的输气管网也采用了球墨铸铁管，其使用压力为 0.4MPa，标志着球墨铸铁管将可应用在燃气中压 A 级管网中。

我国燃气系统使用的塑料管主要是聚乙烯

(PE)管。我国从开始开发和试用聚乙烯燃气管至今，使用 PE 管的城市越来越多，由最初的北京、上海、哈尔滨等城市发展到成都、重庆、广州、深圳、无锡、安阳、南京、大连、三亚、锦州、南阳等地，这些地区均在中低压燃气管网中不同程度地采用了 D150 以下口径聚乙烯管，迄今为止燃气管网运行状况都很好。

根据国内燃气管材的发展状况，我国今后燃气管网使用的管材应主要是钢管、球墨铸铁管和聚乙烯管，禁止在新建、改建和扩建工程中敷设灰口铸铁管。由于钢管具有其他管材不可比拟的承压强度高等特点，钢管仍然将是高压和中压 A 级管网的首选管材，而球墨铸铁管和聚乙烯管材在中压 B 级及低压燃气管网中比钢管更有优势。球墨铸铁管和聚乙烯管的生产和施工技术业已成熟，产品标准和设计施工验收规程已经完备，并且积累了许多实践经验，因此具备了推广普及的必要条件。

此外，为了节约金属材料，减少能源消耗和因钢铁生产造成的环境污染，国家在"十五"期间城市燃气中低压管道中大力推广应用塑料管。

四、国内外燃气科技水平比较和发展趋势

（一）国内外燃气科技水平比较

从世界城市燃气的发展规律看，燃气的利用规模决定着行业的科技水平和经济效益。长期以来，我国城市燃气以居民生活炊事用气为主，近 10 年来，虽然家用燃气热水器发展迅速，家用燃气已不再限于炊事，但人均耗热量仍增长缓慢。家用电器的迅速发展，已成为城市燃气民用户的主要竞争对手。因此，应积极发展除民用户以外的其他用户，如发电、工业、采暖、制冷和燃气汽车等，扩大用气范围，城市燃气才能得到更快的发展。

我国天然气工业发展和市场开发比较晚，天然气消费在一次能源消费结构中的比例远低于世界平均水平 23.2%。2001 年，欧洲一些国家和日本的天然气在一次能源中的比重为：奥地利 24%，比利时 23%，捷克 20%，丹麦 23%，芬兰 11%，法国 14%，德国 22%，英国 40%，匈牙利 42%，爱尔兰 24%，意大利 33%，日本 13%，荷兰 48%，葡萄牙 8%，西班牙 13%，瑞士 9%。我国仅为 3.4%，也低于亚洲的印度、泰国、巴基斯坦和韩国（表 4-1）。

对于用气普及率，国际上通常用全国用气人口的普及率为指标，而我国则按城市人口计。如按全国人口计，2001 年约为 16% 左右。而且用气范围小，尚未形成全国性的供气网络。我国天然气市场潜力非常大，消费量的低速发展，不是社会需求量低，而是天然气市场发展受制约因素较多，生产、运输和消费等各个环节存在诸多矛盾和问题，致使天然气消费和生产都处于抑制状态。我国能源消费总量中，天然气占 2.8%，约 280 亿 m^3，供城市使用的仅 82.2 亿 m^3（2000 年）。城市燃气包括人工气、液化石油气和天然气在内，2000 年的总销售量为 $999.8 \times 10^{12} kJ$，约合天然气 281 亿 m^3，低于日本。长期以来，我国城市燃气只能以居民生活炊事和少量热水供应为主，规模较小。规划中到 2015 年，天然气在一次能源中的比重为 7.1%，煤炭占 62.6%，煤炭仍是主要能源。目前世界先进国家利用燃气在一次能源中的比重较高，如法国

我国与亚洲一些国家一次能源消费结构比较 （单位：%） 表 4-1

国　家	中　国	印　度	泰　国	巴基斯坦	韩　国	世　界
石　油	23.5	31.9	64.1	46.5	60.5	39.9
天然气	3.4	8.5	20.0	40.3	8.5	23.2
煤　炭	67.0	56.3	15.0	6.5	19.4	27.0
核　能	0.4	1.0	—	0.3	11.4	7.3
水　电	6.4	2.4	1.0	6.5	0.3	2.7

14%，英国 40%，意大利 33%，我国城市燃气与先进国家在规模上和用气结构上的差距甚大。一定的用气规模反映一定的技术进步水平。只有扩大城市燃气的用量和应用范围，才能缩小与先进国家技术进步的差距。

在计划经济条件下，我国城市燃气长期以来一直坚持保本微利，带有福利性质，实际执行的情况是成本高，亏损严重，不利于科技进步，不利于企业的生存和发展。2000 年以前，我国城市燃气一直处于全面亏损状态。2001 年，虽然天然气已开始扭亏为盈，但人工气与液化石油气仍处于严重的亏损状态。亏损的原因很多，主要是劳动生产率低下，只能靠政府补贴维持。亏损不能靠简单的提价来解决，要考虑到燃气与其他可替代能源的比价关系。必须依靠深化改革、技术进步，使亏损得到逐步的解决，获得相应的投资回报率。就劳动生产率而言，据文献介绍，美国燃气工业的从业人员共 36.5 万人，年处理天然气 6000 亿 m^3，人均处理 164 万 m^3/年。首都华盛顿，年处理燃气量 37.6 亿 m^3，经营收入 7.46 亿美元，成本 3.52 亿美元，净收入 3.94 亿美元，从业人员 2724 人，人均处理 138 万 m^3/年。再以日本为例，东京燃气年销售量约合天然气 94.2 亿 m^3，从业人员 12383 人，人均处理 74.6 万 m^3/年；大阪燃气年销售量约合天然气 83.54 亿 m^3，从业人员 10062 人，人均处理 83 万 m^3/年；东邦燃气年销售量约合天然气 20.46 亿 m^3，从业人员 3491 人，人均处理 58.6 万 m^3/年。日本人均处理量比美国低，燃气的成本也较高。

从欧洲天然气工业发展的经验来看，天然气工业发展的关键在于市场的开发，从市场的开拓到成熟需要相当长的时期。从美国到英国，都有现成的例子可说明。当进入第二阶段即市场的成熟期，市场的开放是可能的。如跳过第一阶段直接进入开放市场，从理论上是可行的，但需要有力的调控机制或经验，并且调控机制的形成或经验的积累都需要时间。而且，在其他能源已占有市场的情况下，天然气市场的不明确也将给庞大的投资带来风险。

随着城市燃气的发展，供气范围的不断扩大，用户的增加，安全问题日益突出，事故屡有发生。事故的发生率已成为检验安全程度和技术管理水平的一个标志。虽然世界各国均不断有燃气爆炸、中毒等伤亡事故的报导，但程度上有很大的差异。我国的燃气事故是较多的。据上海燃气管理处的不完全统计，1999 年上海因燃气泄漏造成死亡的人数为 106 人，2000 年有所下降，但仍有 102 人，已成为继公交、工伤之后的第三位伤亡事故。

我国城市燃气中的许多重要技术尚未与国际接轨，设备陈旧落后。但科学技术的国际接轨，不是简单地引进国外先进设备，而是应在市场经济的前提下，结合本国情况，通过科技的进步，使整个燃气系统取得与先进国家相类似的经济效益。因此，科技接轨应该是一个广义的概念，它包括政策、经济、建设和管理等各个方面。科技接轨的当前任务，首先应反映在规范、规程和标准的国际接轨上，其内容和体系应符合我国加入 WTO 后，贸易技术壁垒协议（WTO/TBT）的要求。

总之，我国城市燃气与国际先进水平的差距较大，主要反映在三个方面：一是规模小（以居民生活用气为主）；二是成本高、劳动生产率低，经济效益差，亏损严重；三是重要技术与国际水平有一定差距。

（二）城市燃气技术发展趋势

国际上普遍认为，天然气是 21 世纪的主要能源，在世界一次能源中的比重将升到第一位。天然气是环境友好燃料，它将成为促进未来生态平衡的催化剂，是过渡到可持续发展能源的桥梁。发展天然气是解决大气污染，改善生态环境的重要手段之一。1997 年《京都议定书》规定，到 2008 年，最迟到 2012 年，全世界温室气体排放量必须比 1990 年的排放量减少至少 5.2%，其中美国占 1/4，欧盟占 1/7。我国 CO_2 排放量已占全球总量的 13.6%，达到 30.06 亿 t/年，仅次于美国。

天然气的国际贸易发展迅速。2001 年世界天然气的开采量为 $2461×10^9 m^3$，15 个主要产气国的产量为 $2062.2×10^9 m^3$，占总生产量的 83.8%。因此，只有发展天然气国际贸易，通过管道运输或液化天然气的海上运输，才能解决短缺国家的天然气需求。

中国燃气市场的高速扩张期正在到来，天然气资源的开发、建设和利用，使城市燃气的发展进入一个新的发展时期。燃气使用范围日益扩大，供气的重点已转向发电、工业以及采暖、空调和汽车燃料等。

根据预测，2010年我国天然气产量可以达到700亿 m^3，如果天然气管网建设能够跟上，产量有望达到750亿 m^3。2020年我国天然气产量可以达到1000亿 m^3，如果管网建设和市场需求有较大发展，产量有可能达到1500亿 m^3 的高峰。

预计2005年，全国新增天然气90亿 m^3/年、液化石油气340万 t/年，燃气普及率达到92%，人工煤气日生产能力897万 m^3，天然气储气能力达到823万 m^3。

今后20年是我国天然气需求增长较快的时期。预计2005年全国天然气需求将增长到600亿～700亿 m^3。2005年天然气在一次能源消费结构中所占的比例将逐步增加到5%。东部将是天然气需求增长最快的地区，其需求量占全国的比例将由63%增加到65%。东部市场的重点是华东地区和东南沿海地区。预计2005年上海、浙江等地区可以利用天然气120亿 m^3 左右，广东、福建可以利用天然气50亿～60亿 m^3。预计2010年和2020年城市燃气需求量将达到220亿 m^3 和500亿 m^3。

2004年，外资大举进入城市燃气市场，但是由于政策限制和缺乏气源，目前竞争优势还不明显。随着各种股权背景下的燃气公司在全国圈地争夺的日趋激烈，燃气分销领域的竞争格局将逐渐由垄断转向激烈的市场竞争；品牌竞争今后将逐渐受到重视；从长远看拥有燃气开采权的燃气公司将会胜出。细分市场中，天然气将成为未来城市燃气发展的主要方向，煤气将会逐渐退出，LPG还有一定的市场发展空间，尤其在天然气涉及不到的地方。

从今后几年的技术发展看，我国城市燃气将在液化天然气供应技术、输配管网的安全管理、信息化建设、低污染燃具、标准规范编制和新型材料的应用等方面取得新的进展。目标是以改善城市大气污染和节能为目的，按照市场经济的规律，积极使用清洁能源，压缩城市的烧煤量，扩大天然气和液化石油气的使用范围，优化城市的能源结构，逐步形成城市天然气的供配气网络和储气等配套设施。提高气体燃料在能源构成中所占的比重，围绕天然气的发展和利用，选择生产实践中的急需课题，按"有所为，有所不为"的原则，开展科研活动，务求实效。加强国外先进技术的消化吸收，保证安全供气，降低供气成本。经过10～15年的努力，分阶段使我国城市燃气的科技水平总体上进入世界先进的行列。

从技术发展方针和政策上，城市燃气建设继续执行"多种气源、多种途径、因地制宜、合理利用能源"的方针。积极利用天然气、液化石油气、焦炉净化煤气、轻油（或液化石油气）制气等洁净气源作为城市燃气气源。以西气东输为开端的大规模天然气开发利用工程实施后，城市燃气事业的技术进步应围绕加快城市能源结构的调整，实行清洁能源战略。城市燃气建设必须遵循"安全、稳定、可靠"的基本原则，切实保障供应。加强管道等输配设施建设，充分利用天然气管道输送压力，提高城市天然气管道输气能力和压力级制。加强储气和调峰设施的建设，特大城市和重要城市宜考虑应急供气措施，提高抗故障能力。积极研究旧管道的各种修复技术，充分利用现有城市燃气旧管网系统、储气设施、户内表具和燃器具。条件合适的城市可采用"天然气"改质制气技术，改制后的"人工气"应和原管道燃气具有互换性，可作为"过渡气源"。扩大燃气用气领域，重视城市燃气应用技术及设备的发展，实现安全、节能、低污染应用。推广和发展现代化信息技术、控制技术和检漏技术，改造和装备城市燃气系统，提高运行效率和供气水平。逐步建立"跟踪监测-风险评估-计划性修复"的燃气管网综合管理机制，提高安全管理水平，降低管网事故发生率。根据我国城市燃气发展的实际情况，积极推进城市燃气技术设备的产业化工作。

（三）对今后的建议

1. 加强领导，改革管理体制

在天然气到来之前，城市燃气常以城市为独立经营单位，集气源、输配和应用为一体。天然气到来之后，城市燃气属于整个天然气系统的下游部分。上、中、下游之间属于商业关系。上、中游对下游有"照付不议"的要求，下游对上、中游也有"照供不谈"的要求。由于调峰设施往往涉及若干个城市，纵的和横的各方关系较为复杂，因此，管理体制应相应的改革。建立地区性的燃气集团是改革的方向之一。

建立参与燃气经济（Gas Economy）各投资方之间的对话制度。在高的商业运作风险中，参加经营的各方常发生为各自利益的争议。因此，燃气发展政策的形成应在涉及燃气经济的各投资方之间，建立照顾各方利益的对话制度。对话的目的是使参与方在各自的利益上取得一致的意见。

2. 加快城市燃气建设立法

城市燃气系统建设需要大量的资金。在计划经济时期，常靠向用户集资或以初装费形式征集，各地极不统一。实际上初装费已包括了所有城市管网的建设费，很不合理。因此，对初装费的收取应该立法，确立收费的法律依据、确定收费标准和收费后对用户的优惠条件等，做到公平、公正、合理，防止腐败现象发生。

城市燃气管网作为城市的重要基础设施，应采用多种渠道筹集资金。国外常用的方法是发行债券或股票。我国已批准城市公用事业可以引进外资，应积极推行，加快建立相应的法律细则，做到有法可依。

3. 加强规范、标准、法规的建设和人才的培养

我国"入世"后，法规和标准必将符合贸易技术壁垒协议(WTO/TBT)的原则，其中之一是采用国际标准，即在有关国际标准已经存在或即将完成的情况下，各成员国在制定本国标准或技术法规时应以其为基础。我国标准、法规的建设应尽快为采用国际标准创造条件，加快人才培养，增强内生能力(Endogenous capacity)的建设。

4. 发挥优势，协同攻关

涉及重大技术进步的攻关课题，由国家主管部门牵头，组织跨行业专家合作研讨攻关；属主要技术进步发展课题，由燃气行业主管或燃气学会和协会牵头组织，进行开发研究，燃气行业有关单位要大力支持，共同实施；对一般技术进步发展课题和技改项目，要根据各自的需要，由单位自行组织，落实科研经费，明确科研项目，专人负责，予以落实。协会和学会要发挥其人才、组织的优势，利用会刊、汇编资料，介绍国内外有关技术发展信息，刊登各地实施规划进展情况。对燃气界共同关心的技术问题，定期组织交流，发挥行业协会和学会的桥梁、纽带作用。

五、典型工程案例

（一）北京市引进陕甘宁天然气市内工程小屯储配站工程

设计单位：中国市政工程华北设计研究院

建设规模：总储气量 40 万 m^3，日供气 120 万 m^3

竣工时间：2000 年 9 月

图 5-1 北京市引进陕甘宁天然气市内工程小屯储配站工程

主要特点：

（1）本储配站接收北京市衙门口门站高压管线来的天然气，完成 2.5MPa 天然气高压管线和 1.0MPa、0.4MPa 管网的联结和调度。通过集中控制和自动化系统进行天然气的储存、调峰、计量和调压。在目前已建的城市天然气储配站中，从总储存量、输气规模、压力级制和单个球罐容积等方面均属国内最大型的、技术较复杂的天然气储配站。

（2）设计过程中，查阅、参考了国内外大量天然气储罐站和设备的资料，并与日本、法国专业公司进行了多次技术交流。按照亚行贷款建议，本工程工艺和球罐方案须经国际工程咨询公司咨询，并给予附加贷款。本工程设计方案及 10000m^3 球罐技术方案经过日本东京瓦斯国际工程咨询公司的技术咨询，对工程设计方案、设备选型、球罐设计和招标技术文件给予了肯定和好评。

（3）工艺流程设计充分满足了三级管网之间的配气调节，具有很好的灵活性和适应性。采用了全

面的测控和运行安全保护方案,确保系统在不同工况下的安全运行和事故的预防。

(4) 在天然气球罐的储气和排气过程中,采用V形节流阀,避免在储气和排气压差过大时产生噪声和振动,防止压力波动过大,保证球罐的平稳调度。

(5) 全部采用招标方式引进国外设备,包括调压器、流量计、电动阀门、球罐、控制系统等。采购过程中,技术文件的编制、技术信息的交流、采用的技术标准,做到与国际接轨,保证了引进设备的质量和技术先进。

(6) $10000m^3$ 球罐的引进过程中,对法国CODAP标准"非直接火压力容器建造规范"进行了消化吸收。并最先采用有限元法进行了分析校核,保证了引进设备的质量。

(7) 在罐区消防设计中最先采用固定式水枪,既满足了规范中消防水量的要求,也满足了球罐高度的要求。

(二) 天津市陕京天然气集输工程高压储罐站工程

设计单位:中国市政工程华北设计研究院
　　　　　天津市燃气工程设计院
建设规模:储气量30万 m^3,日供气110万 m^3
竣工时间:1999年9月
主要特点:

(1) 本工程设计根据天津实际情况,综合国内外储罐站建设经验,经过多方案的技术经济比较,采用5台 $5000m^3$ 球形储罐,引进日本材质WELTEN610-CF球壳板在国内组装的方案。

(2) 在设计中做到与国际接轨。通过设计计算寻求相关物理量之间的制约关系,以及高压储罐中球罐选择的规律,对今后设计具有指导意义。

(3) 工艺设计中,在完全满足由储罐向高、中压管网分别补气的工艺流程前提下,充分考虑安全可靠运行原则,首次在我国实现天然气进、出储罐工艺系统全自动控制;首次在我国采用储罐进气调节阀,以保证球罐安全,降低噪声。该储罐还设置了完善的安全排放系统。

(4) 在国内首次运用异地卫星通讯技术,并将其与无线通讯技术、计算机网络通讯技术有机结合,使门站、67km输气管线、配气站、储罐作为整体进行数据采集与控制,技术先进,达到国内领先水平。

(5) 在储罐防腐设计中,本工程在我国首次采用与生产单位共同研究开发的丙烯酸聚氨脂防腐涂料配方,取得了国内同类储存容器最好的防腐效果。

(6) 总图、工艺、水、电、仪表的布置受场地与原有设施限制,在充分利用原有设备原则下,精心设计,巧妙安排,各专业设计均满足了规范要求,取得了满意效果。

(三) 南京市50万 m^3/d 轻油制气厂新建工程

设计单位:中国市政工程华北设计研究院
建设规模:日产轻油制气50万 m^3
竣工时间:1999年12月
主要特点:

(1) 本工程是近年来我国城市燃气领域人工气源发展的规模最大的工程,公称规模为50万 m^3/d,

图5-2 天津市陕京天然气集输工程高压储罐站工程

图5-3 南京市50万 m^3/d 轻油制气厂新建工程

实际规模为75万 m^3/d，总投资为2.33亿元。

(2) 本工程设计方案论证中，对南京市当时各种燃气气源方案进行了对比分析。包括液化石油气、煤制气、轻油制气等方案，在技术上和经济上进行比较对照，最终选择了洁净能源轻油；该方案的选择开创了我国燃气气源新领域；特别是厂区环保，废水、废气的排出，不需处理就能达到国家要求，既改善了环境，又节省了投资，同时，洁净气源使燃气管网又减少了清理要求，使管道畅通。

(3) 本工程燃气分类指标为5R，新建气源和南京市其他各气源厂的管道燃气能达到互换要求。这种兼容要求，使用户的燃具不需作任意变动。

(4) 轻油原料可通过几种渠道从国外进口，其价格低于国产油价格。如果原料轻油发生困难，本工程还准备了2个1500m^3的LPG球罐，LPG可作为辅助原料。

(5) 本工程场地面积7.258hm^2，在最紧凑的土地面积上对各种压力容器设备、轻油库（2×5000m^3）、液化石油气库（2×1500m^3）、10万m^3储气柜、三条生产线的炉区等进行了合理布置，各设备之间的安全距离及民用建筑的距离均达到规范的要求。

(6) 对轻油制气车间的主要设备和主要控制仪表采用进口设备，但对国内已有生产，且质量符合要求者尽量选用国内设备，以减少外汇支出。进口的主要设备为$\phi 800\sim \phi 1200$的一些大型液压循环阀和DCS计算机控制系统。本工程设计中能充分吸收消化国外设备和技术，投产十分顺利。

(7) 仪表自控技术采用计算机系统，制气车间外的DCS系统由国内自行设计，并汇集于中央控制室；计算机控制均达到国外90年代后期自控水平。

(8) 本工程投产两年来，系统进行了多次经济成本测算，在轻油价格2200元/t的情况下，成品燃气（4100kcal/m^3高热值）的成本价一般为1.05～1.10元/m^3之间，当轻油价格降低到2000元/t时，成本价格仅1.0～1.05元/m^3。与煤制气相比可以降低制气成本10%～15%。因此，南京市煤气公司每年可以减亏3000万元，除了替代煤制气厂用户12万户外，还可以新增管道气用户14万户。

(9) 轻油制气厂在人工制气装置中最大的特点是环保好，所排出的废气和排出的废水均能符合目前国家规定的排放要求，不需再建废气或废水处理装置，是目前人工煤气制气装置中环境保护性能最佳的装置之一。本工程实施后对改善城市大气环境质量起到明显作用，每年可以减少SO_2排放量8000t。

(10) 在2003～2004年以后等西气东输天然气到来后，根据天然气利用规划，2004～2008年该厂将作为天然气的改制装置，满足南京市"用早、用足、用好"天然气的政策，以缓解城市天然气管网的改造时间和资金，2009年以后该装置仍可以作为代用天然气生产装置，成为天然气发生紧急事故时的备用气源。

（四）上海吴淞煤气制气有限公司天然气改制和掺混工程

设计单位：中国市政工程华北设计研究院

建设规模：日产城市燃气66万m^3

竣工时间：2001年3月

图5-4　上海吴淞煤气制气有限公司天然气改制和掺混工程

主要特点：

(1) 本工程设计技术采用低压间歇催化改制天然气制气方案，采用天然气为原料，在间歇循环条件下进行加热和制气，在催化剂作用下，以蒸气为气化剂进行催化改制，制造燃气。这是我国首次采用天然气改制技术生产合格的城市燃气，本工程未经中间试验、工程示范试验，直接进入大型工程设计，这是对该技术结合国内外信息进行充分分析研究后的成功之举，克服了炉子设计、国产催化剂研制等重大难点。

(2) 天然气改制工艺的生成气中不含有焦油、苯、萘等副产品，硫化氢含量低于20mg/m^3，取消了整套煤气净化、化产回收和复杂的焦油废水处理系统；工艺产生的污水可直接外排，不需处理。废水中 COD、BOD 等有关指标，均低于国家标准和地方标准。

（3）天然气制气炉体简单，制气反应平稳。蒸气自给率 100%，装置热效率大为提高。装置总气化效率达到 88%。工艺生产设有安全保护装置，若出现熄火，计算机自动保护系统将自动停炉，恢复到安全状态。

（4）本工程设计水平达到国外同类工艺先进水平，在国内处于领先地位，DCS 系统的国产设计软件使工艺操作效率有了较大的提高。制气催化剂的试验成功，使工艺技术的发展跃上一个新台阶，达到国外同类催化剂水平，且国产催化剂价格仅为国外进口价格的 25%，使制气成本降低。该工程的成功投运，不但具有巨大的社会效益，可使 100 万户用户的用气质量提高，而且工厂生产采用洁净原料，环境大为改善，具有十分良好的环境效益。采用天然气改制技术后，今后可逐步对管网改造投入资金，延长旧管道使用寿命和家用燃具的使用寿命，因此也具有良好的经济效益。

执笔人：徐良、李颜强

计算机应用与信息化篇

计算机应用分会

目　录

前言 …… 499

一、计算机应用的发展 …… 499
（一）工程设计的技术进步成绩显著 …… 499
（二）制定相关政策，强化行业指导 …… 501
（三）国家科技攻关项目及与计算机应用相关的标准、规范 …… 503

二、重视计算机应用提高企业核心竞争力 …… 504
（一）铁路勘测设计一体化、智能化技术得到应用 …… 504
（二）电力勘测设计向国际先进水平看齐 …… 505
（三）应对市场挑战，促进建筑设计信息化 …… 505
（四）计算机在公路桥梁建设中的应用 …… 506
（五）混凝土高坝全过程仿真分析与温度应力的应用 …… 507
（六）信息技术在石化行业的工程总承包项目中的应用 …… 507
（七）化工设计企业的信息化建设 …… 509
（八）市政工程设计院信息管理集成应用系统的进展 …… 509
（九）以数据库为核心的工程勘察计算机全面应用 …… 510
（十）企业信息标准化建设 …… 510
（十一）施工企业计算机应用进展 …… 511
（十二）建筑业电子政务及行业管理信息化 …… 513

三、市场健康发展，产品日趋成熟 …… 513
（一）建立在自主版权图形平台上的专业设计软件系统——PKPM …… 514
（二）产业化软件示范研发基地与理正系列软件 …… 514
（三）以设计院背景研发的软件系统——广厦建筑结构CAD …… 515
（四）行业项目管理软件的精品——《梦龙项目管理系统》 …… 515
（五）技术为本，产品立身，服务立业的北京广联达软件 …… 515
（六）工程管理解决方案——eFIDIC系统 …… 516
（七）最早引进并国产化的结构分析软件——SAP84 …… 516
（八）具有开放式体系结构的国外大型有限元分析软件——ANSYS …… 517

四、与国际先进水平的差距 …… 517
（一）总体差距 …… 517
（二）在自主软件开发方面的差距 …… 518
（三）行业管理信息化方面的差距 …… 519
（四）信息化标准方面的差距 …… 519
（五）项目管理模式方面差距 …… 520
（六）基于互联网技术平台的深层应用方面的差距 …… 520
（七）虚拟现实技术在工程应用方面的差距 …… 521

五、计算机应用与信息化建设近期进展 …… 521
（一）电子政务办公已具雏形 …… 522
（二）行业信息化建设有了高速、健康发展的基础 …… 522
（三）未来行业计算机应用与信息化建设发展模式 …… 522
（四）行业信息化建设近期的工作重点 …… 523

参考文献 …… 526

前　言

以信息化带动工业化是加快实现工业化和现代化的必然选择，这就要求我们坚持以高新技术和先进适用技术改造传统产业，走出一条新型工业化道路。信息技术的应用势必成为改造提升传统建筑业的突破口，也必将带来建筑业的振兴，并塑造一批与国际接轨的顶级工程建设公司。我国要在21世纪的头20年，集中力量，全面建设惠及十几亿人口的更高水平的小康社会，这为建筑业提供了更为广阔的舞台。

勘察设计是工程建设行业信息化建设起步早、发展快、效益高的领域。2000年全行业CAD出图率就已达到95%以上，设计效率提高十几倍，甚至几十倍，缩短了设计周期，提高了设计质量。

在建筑施工中已开始应用计算机进行施工组织管理、工程概预算、人工及材料管理，提高了建筑施工的效率、技术与安全水平。在一些专业施工中应用了计算机信息处理和自动控制等先进技术，如大体积混凝土施工质量控制、超高层建筑垂直度控制等。一些施工中应用的控制技术已达到国际领先水平。

我国大型工程建设企业在计算机应用方面经历了起步、普及、网络化阶段，正步入集成化阶段。多数企业已建成企业的计算机平台体系，实现了资源共享与远程通信，硬件装备有的已达到了国际中等工程公司水平；计算机应用由单机、单项向系统化、集成化发展，初步形成了全过程、全方位的计算机应用体系。在铁路、石化、电力、公路等领域，由于引进、开发并推广了一批采用国际标准和国际通用工作模式的软件，在三维设计技术的应用及利用计算机进行方案优化的能力居于国内领先水平的同时，也促进了本企业的信息资源标准化，并发展成为工程建设企业与国际接轨的成功模式。

在建设行业电子政务方面，建设部已建成3个涵盖业务管理和为公众服务的网站：中国工程建设信息网、全国住宅与房地产信息网和全国建设信息网。覆盖工程建设全行业的动态数据库已逐步建立，可满足管理部门日常管理与决策所需的信息支持。建筑市场监督管理信息系统建设工作已于近年全面铺开。

一、计算机应用的发展

（一）工程设计的技术进步成绩显著

《中共中央关于国有企业改革和发展若干重大问题的决定》中指出："技术进步和产业升级的主体是企业，要形成以企业为中心的技术创新体系"。在工程设计行业中推广计算机应用是形成以企业为中心的技术创新体系的一个重要措施。正如建设部原部长叶如棠在1996年设计工作会议上讲话指出，CAD技术在工程设计中的应用，大幅度提高了劳动生产率，创造了巨大的工程效益，充分显示了CAD技术是人类有史以来最具有生产潜力的一项先进技术。给工程设计带来一场深刻的革命。工程设计CAD技术的应用与发展，已经成为衡量工程设计部门技术水平现代化的一个重要标志；我国工程设计要闯入世界市场，参与世界竞争，不掌握CAD技术，寸步难行；CAD技术已成为各设计单位提高质量、提高水平的关键技术手段。

在建设部发布的《全国工程勘察设计行业"九五"期间CAD技术发展规划纲要》的指导下，我国工程设计行业以CAD技术为重点的计算机应用工程得到进一步发展，提高了工程勘察设计的质量和管理水平，并取得了明显的经济效益。建筑、市政、电力、铁道、公路、钢铁、有色、石油化工等行业都已具备了用CAD技术进行勘察设计的能力。许多单位和某些地区提前2~3年实现了"九五"发展纲要中提出的主要目标，已实现人手一机，CAD出图率已达到或接近100%。

CAD技术在工程设计中广泛应用，取得了沿用传统人工设计所无法比拟的巨大效果，不仅能够大大提高设计质量，加快设计进度（提高设计效率几倍到十几倍以上），而且通过多方案的比选优化，一般可节约基建投资3%～5%。如中国石化公司北京设计院由于采用CAD技术优化设计方案，对几百亿元基建投资项目的设计方案进行优化，节约投资5%左右。又如西北电力设计院在CAD系统上建立的渭河电厂主厂房三维模型，对该厂原设计方案自动校验，共查出多处隐藏在图纸中的错误，当即进行修改，避免了损失，提高了质量。中国寰球化学工程公司应用CAD技术，在盘锦乙烯装置工程中，进行碰撞检查后，使95%以上错误得以纠正；其由于设计精确，在施工完成后，管道总长20多万米，而所剩无几。在钢结构压缩机厂房10万个钉孔中，不对中的钉孔还不到10个，这样的效果在人工设计时是绝对办不到的。

CAD技术的广泛、深入应用提高了人们处理复杂工程问题的能力。例如，在大型、复杂结构的设计中，由于计算机的应用，人们不仅可以高效地进行设计计算、施工图绘制，而且可以进行复杂结构的弹塑性分析等，以便更好地把握设计的可靠度，实现安全性和经济性兼顾的原则。又如，得益于计算机在施工中的成功应用，一些工程难题，例如大体积混凝土施工中的温度控制监测、大型隧道、边坡施工监测与快速分析、大型桥梁时域模态识别、大型桥梁损伤识别及最优监测点布置等，都得到了很好的解决。随着社会发展和技术进步，工程变得更加复杂化和大型化，因此，技术方面的信息化已成为工程建设的必要条件。

近年来，发展较快的单位、地区或领域，在发展以数据库为中心、以网络为支撑的设计与信息管理的集成系统方面已取得了长足进展。CAD技术应用在开拓市场，提高设计质量，缩短设计工期，提高经济效益与社会效益方面显示了巨大作用。部分大型设计院或专业工程公司正在开发建设集成应用系统，逐步与国际水平接轨。重视工程项目管理，三维工程设计系统，运用先进集成化技术将整个工程设计过程集成于基于网络环境的关系型数据库中，提高设计质量和速度。

10年来，我国工程设计行业自主版权的软件产品开发有了很大的发展。特别是建筑设计类，CAD技术已覆盖了建筑、结构、电气、给排水、采暖通风与概预算等专业。自主开发的工程勘察设计应用软件产品符合我国建筑工程有关标准规范，实用可靠，且有的采用自主版权的图形支撑平台。这为我国工程勘察设计CAD应用作出了很大的贡献。

截至1998年，我国共有勘察设计咨询机构12418家，1998年全行业完成初步设计投资额11460亿元，完成施工图投资额15256亿元，而20世纪80年代之前，全行业年均完成的勘察设计投资额仅为300多亿元。据2003年统计，我国共有勘察设计机构11495家，全行业完成初步设计投资额12172亿元，完成施工图设计投资额18663亿元，实现勘察设计总收入931亿元。显然，技术进步提升了勘察设计的质量、数量和水平。

工程建设行业CAD技术应用一直位于国家在CAD示范工程项目榜首，实施期间全国共建立了600多个CAD应用示范企业，累计培训CAD技术应用人员50多万人，在全国33个部门、省、市大面积推广应用，使工程设计行业应用CAD技术的普及率达到了90%，超过国内其他行业中普及率最高的两倍还要多，年创造经济效益达百亿元以上。工程设计行业在CAD技术推广应用工作较有成效后，在技术上确实有了很大的提高，但与国际先进水平相比，仍然存在着相当大的差距，如何继续前进和发展是一个重要的课题。另一方面，在工程建设行业中设计与施工单位在计算机应用方面存在着很大的差距，因此在推动设计企业继续前进的同时，势必更要重视施工单位在计算机应用方面的提高。

工程施工的信息化虽然起步较晚，但在近年也有了较大的发展。其主要标志是，信息技术已在一些大型工程中取得了较好的应用效果。例如，在当时为中国第一、亚洲第二、世界第三高楼的上海金茂大厦（建筑物顶端高度为420.5m）的施工过程中，为了控制基础承台大体积混凝土施工中的温度，采用了计算机控制内部通水降温的方法，取得了较好效果；在自升模板体系中，通过采用计算机控制系统，保证了施工平台的匀速水平上升。又如，为了保证三峡工程的顺利实施，专门开发了三峡工程建设管理系统，该系统的使用已经带来了巨大效益。

目前，在大中型施工企业中，投标报价、网络计划管理、材料管理等专项应用软件的使用已经较为普遍，成为企业不可缺少的工具；建筑企业信息化管理系统和项目信息化管理系统也已开始得到应用。

工程维护的信息化是近年来兴起的，目前信息技术已被应用在各种工程的维护和管理中，包括城市道路、桥梁、小区物业等的维护和管理。以城市道路的管理为例，GIS（地理信息系统）被用于管理道路的信息，并提供非常方便的信息维护功能，从而便于道路的管理者进行优化决策。特别是，近年来"数字城市"的概念被提出以来，集成化的综合性工程维护与管理系统得到开发和利用。例如，深圳市道桥处利用 GIS 等技术开发了深圳市道路维护信息化管理系统；又如，北京市石景山区目前正在开发集房屋和土地管理、市政管线以及城市规划"三位"为"一体"的城市信息化管理系统。

（二）制定相关政策，强化行业指导

《建设部关于加速科学技术进步的决定》（建科[1995] 562 号）要求促进新兴产业和高新技术产业的形成与发展。具体提出推广计算机信息技术，促进软件产业与信息产业的形成。组织专业软件开发队伍，建立行业软件开发基地，按照软件工程理论开发商品化应用软件。集中优势力量，研制开发自主版权的支撑软件，逐步形成适合国情的配套的支撑软件、应用软件系列。

要制定行业信息发展规划，加强信息分类、编码等基础性研究，提高信息资源共享水平。"九五"期间，要选择 1~2 个基础好的行业建立信息网络，推动信息产业的发展。开发信息高速公路、智能化建筑发展战略研究，加强宏观指导。特别对规划、设计和标准化的科技进步工作，要求积极推进遥感信息技术、计算机技术的开发应用，在大中城市要建立城市地理信息系统，以现代技术手段存储和使用各类信息数据资料，提高城市规划设计和管理的科学性。普遍应用全球卫星定位系统技术，进行城市控制网改造，并应用数字化成网技术。要求人们更新设计观念，提高设计水平。工程设计单位要大力推广普及工程 CAD 技术。积极开展集成化、网络化、智能化技术、多媒体技术和专家系统的研究开发，优化设计，降低工程造价，缩短设计周期，提高经济效益。到 20 世纪末，工程设计单位全部采用计算机进行辅助设计与绘图，实现设计现代化。

《全国工程勘察设计行业"九五"期间 CAD 技术发展规划纲要》制定的指导思想为：面向经济建设，推动勘察设计技术进步，形成工程勘察设计行业 CAD 技术的软件产业，到 20 世纪末"甩掉图板"，实现勘察设计现代化。而对发展的目标则规定为：到 2000 年完成勘察设计的技术手段从传统的手工方法向现代化 CAD 技术的转变。提高 CAD 技术应用和管理水平，加快与国际技术接轨的步伐，到"九五"末期达到 20 世纪 90 年代初、中期的国际先进水平。

对于"九五"期间 CAD 技术的发展重点，建设部规定为：首先要求应用水平必须在深度及广度和高度上有所突破。要求在"八五"基础上，充分发挥 CAD 技术的作用，将其潜在的生产力转化成现实的生产力。其应用应以可行性研究和方案设计，特别是以多方案比选或优化为重点。推广网络技术，加强管理信息系统在勘察设计、工程项目管理及辅助决策中的作用。工厂设计 CAD 要与 CAM 和工艺流程自动化管理有机结合，以提高工厂设计水平。建设部制定了到 2000 年要求达到的具体指标是：在出图率方面：甲级勘察单位岩土工程专业为 100%，乙级勘察单位岩土工程专业为 80%；甲、乙级勘察单位工程测量专业为 100%；甲级设计单位施工图为 100%，乙级设计单位施工图为 100%。在可行性研究方面：甲级设计单位为 90%，乙级设计单位为 80%。在方案优化方面：甲级设计单位为 90%，乙级设计单位为 80%。建设部要求勘察单位应建立计算机工程数据采集、处理及分析系统。

各勘察设计单位均需建立计算机文件管理及图档存储系统。大、中型工程勘察设计单位都要积极应用工程项目管理软件系统，逐步实现工程项目的计算机管理，并达到一定水平。

甲、乙级勘察设计单位都应有完善的计算机网络管理系统，以提高生产、决策的科学管理水平。

建设部还提出进一步培育和完善软件市场。发展软件产业，提高软件水平。对有共性的支撑软件、数据库系统和通用应用软件，要集中行业内外的力量进行开发，并适当引进国际先进技术，避免低水平重复，侧重开发方案比选，设计优化软件，

建立相应的数据库和专家系统。建设部进一步要求深化CAD技术的培训和普及，要求在1998年前达到"技术人员人人会上机设计，领导干部人人会上机工作"。以此带动勘察设计队伍整体素质和技术水平的提高。

根据我国《国民经济和社会发展第十个五年计划科技教育发展专项规划》的总体部署，科技部制定了《"十五"国家科技攻关计划实施纲要》。其中关于制造业信息化关键技术攻关及应用工程指出：以"九五"期间开展的CAD/CIMS应用示范工程的工作为基础，在全国范围内重点推广应用以CAD为代表的单元技术和以CIMS为代表的集成技术，从关键技术攻关、推广应用、技术服务等多方面建设我国制造业信息化的发展体系与环境，以促进信息技术改造传统制造业，加强企业的技术创新能力和市场竞争能力，实现信息化带动工业化和我国制造业跨越式发展。据此建设部制定了《全国工程勘察设计行业2000~2005年计算机应用工程及信息化发展规划纲要》、《2003~2008年全国建筑业信息化发展规划纲要》、《建设事业技术政策纲要》（2004年版）等。

《全国工程勘察设计行业2000~2005年计算机应用工程及信息化发展规划纲要》（以下简称《纲要》）提出："示范试点单位于2002年，其他勘察设计单位于2005年建成以网络为支撑，专业CAD技术应用为基础，工程信息管理为核心，工程项目管理为主线，使设计与管理初步实现一体化的集成应用系统"。按照国务院关于全国政府系统政务信息化建设的要求，建立政府机关内部办公业务网、办公业务资源网、以互联网为依托的公众信息服务网、建筑业的电子信息资源库。在"三网一库"的基础上，建设应用系统。实现部分业务网上对外办公。建立建筑市场综合监管和企业信用档案等信息系统，强化政府对建筑市场的监管职能和提高政府宏观调控的科学性。实现建筑业质量管理、安全管理和企业管理的信息化。

《建设事业技术政策纲要》（2004年版）中要求："企业要积极采用综合业务集成技术。勘察、规划、设计企业要在现有CAD技术等技术应用基础上，建成以网络为支撑的工程协同设计项目管理系统，实现设计与管理集成；施工企业要在商务、合同、风险、财务、造价、投标、设备与物资采购及工程项目管理等方面形成全流程业务管理系统，实现企业经营与技术管理的集成；房地产企业要在项目开发、交易、物业管理和服务业务方面形成一体化管理系统，实现开发与服务的集成"。同时还要求："积极推动企业实现多技术集成。企业应从单项信息化技术应用阶段逐步向多技术集成应用阶段发展。将建设事业单项应用趋于成熟的管理信息系统（MIS）技术、CAD技术、数据库管理系统（DBMS）技术、自动控制（AC）技术等进行面向应用主体的有机集成，尝试采用ERP(Enterprise Resource Planning企业资源计划)等技术，提高企业管理一体化、可视化和网络化水平。"

在发达国家，工程勘察设计领域集成化技术应用是一种新的趋势。这些企业设备先进，建立了以工程项目管理为中心的将CAD、MIS、GIS等技术密切结合到工程建设与管理的应用集成系统。我国与发达国家相比，在集成应用水平和科学管理方法上仍有相当的差距。因此，《纲要》要求：发展的重点是现代集成应用系统。应用系统集成的目的是借助于计算机技术，综合运用现代管理技术，CAD、MIS、GIS等技术将工程勘察设计企业中的人、技术、管理三要素，以及信息流、物流、价值流有机集成，并优化运行。可以看出其主导思想是以取得了很大成绩的CAD应用为基础，进一步扩展为集成应用系统，同时要逐步建成建筑设计全程信息化的体系，从而以信息技术改造建筑设计这一传统行业。

勘察设计企业信息化建设，将使整个设计企业生产的全过程、全方位实现信息化，实现信息与资源的共享与整合，全面提高管理效率和管理水平。在现有CAD技术应用的基础上，进一步实现以网络集成技术为支撑的工程协同设计项目管理信息系统，将项目的设计流程与管理工作结合起来，实现设计与管理的一体化，建成一批具有国际水平和竞争力的现代化的大集团。

建筑业企业首先要在企业财务管理、造价管理、投标管理、合同管理、项目管理等方面实现信息化，逐步实现生产进度控制、现场管理、材料选购和调配等方面的信息化，最终达到利用信息技术实现企业的优化管理和科学决策的目标。

建筑业信息化的根本目标是，将信息技术、现代管理技术与传统的建筑技术相结合，带动设计、施工生产过程和方法的创新、企业管理模式的创新、企业间协作关系的创新，实现建筑业信息化，从而全面提升我国建筑业的竞争力，提高管理水平和生产效率。

（三）国家科技攻关项目及与计算机应用相关的标准、规范

自"六五"以来，国家和建设部不断安排重大科技攻关项目，以突破行业计算机应用与信息化的关键技术。"十五"期间的重大科技攻关项目有：《城市规划、建设、管理与服务的数字化工程》和《建筑业信息化关键技术研究》。

《城市规划、建设、管理与服务的数字化工程》项目是适应信息技术发展要求和实现我国城市规划、建设、管理与服务现代化的一项城市数字化工程的科技攻关项目。随着计算机信息技术的飞速发展，传统的城市规划、建设和管理方式急需提高现代化水平；建设行业急需应用信息技术提升改造传统产业；以 GIS 为核心的国产软件急需通过城市应用来带动其发展；我国急需完善城市的信息基础设施建设和企业信息化建设，以加速国际化进程。这就要求加快信息技术在建设行业的应用，借以提高全行业的科技水平，促进产业技术升级。该项目利用国家公用数据通讯平台，以计算机、数据库、网络通信、GIS 等技术为基础，构建一个集城市规划、建设、管理与服务功能于一体的系统，实现全国范围内城市规划、建设与管理工作的信息共享与业务应用，为国家各级行政主管部门、企业、公众提供及时、准确、有效和权威的信息服务。积极运用高新技术改造传统产业，促进产业的升级换代，提高建设行业的技术创新能力和科技对经济增长的贡献率，促进城市经济、社会、环境、科技的协调发展和人民生活质量的提高。

该项目的总体目标是建设适合我国城市规划、建设与管理工作的数字化应用系统，并进行应用示范，推动城市规划、建设与管理部门和相关企业的信息化建设，大力提高我国城市管理的现代化水平，推动数字城市的发展，并带动相关信息产品和产业的发展。项目下设 11 个课题：城市数字化标准规范研究、城市数字化工程发展战略与政策研究、城市数字化系统集成关键技术研究、城市规划综合信息管理系统、市政公用业务管理系统、建筑市场与交易管理信息系统、住宅与房地产管理系统、建筑业企业信息化应用软件开发、建设领域应用软件测评、城市数字化示范应用工程研究、风景名胜区保护监管信息系统。

该项目立足于集成和创新，结合我国建设行业信息技术的实际应用状况和国际上信息技术的发展趋势，确定了城市数字化标准规范、城市数字化信息集成关键技术、城市数字化应用软件开发与商品化为重点研究课题，并选择不同区域、不同类型、不同级别的城市、企业和居民住宅社区进行多元的综合性示范。在项目实施过程中，充分发挥各级政府、企业和科研院所、大专院校等各方面的积极性，采取已有成果推广与重点应用关键技术攻关研究相结合、政府支持与市场运作相结合、重点领域突破与全行业各层面应用相结合等多种方式推动城市数字化工程的顺利开展。

《建筑业信息化关键技术研究》是适应世界信息技术发展和实现我国建筑业跨越式发展要求的一项综合型科技攻关项目。下设 5 个课题：建筑业信息化发展战略及对策研究、基于国际标准 IFC 的建筑设计及施工管理系统研究、电子商务环境下建筑业供应链管理研究、建筑工程网络协同工作平台研究、建筑业信息化应用示范研究。这 5 个课题覆盖了行业、企业、项目等不同层次，设计、施工等不同领域，以及单方和多方等不同组织，并将先进管理模式、信息标准与信息系统研制结合起来，形成一个有机的整体。本项目的总体目标是研究建筑业信息化中的关键技术，包括研究信息技术的应用、确立先进管理模式及建立相关标准体系等，并在此基础上进行示范应用，以便推进我国建筑业的观念创新、机制创新和技术创新。

为促进建设行业信息化建设的健康发展，建立统一的技术标准、统一的数据来源、统一的编码和统一的数据交换格式，为行业集成应用系统软件的可移植性、可互操作性、可伸缩性提供通用的环境，建设部已组织制定了如下的标准或规范：

1.《房屋建筑 CAD 制图统一规则》；
2.《工程建设地理信息系统软件通用标准》；
3.《建设企业管理信息系统软件通用标准》；
4.《建设信息平台数据通用标准》；
5.《城市基础地理信息系统技术规范》；
6.《建设领域应用软件测评通用规范》。

二、重视计算机应用提高企业核心竞争力

坚持"抓应用、促发展、见效益"的方针，始终将计算机应用与信息化建设的规划、实施与单位体制改革和增强技术创新能力结合。这是对企业创新能力的提高及增强核心竞争力提出的新的要求。

对信息化建设而言，需求是动力，应用出效益。企业成功的信息化规划，必须以管理和生产的实际需求与发展目标为依据，在考虑系统先进性的同时，与管理和生产中的实际问题紧密结合，扎扎实实地遵循着"建设—应用—完善—再应用—再完善"的过程，逐步发挥信息化的实效。还要坚持利用成熟技术，将自主创新与技术引进相结合。信息技术的发展日新月异，最新、最高、最先进的技术并不一定适合本单位的实际需要。规划和实施都要以务实、有效为原则，现有成熟技术能解决的问题，尽量采用成熟技术，以便利于实施、减少风险、方便维护，尽快发挥信息化的作用。以应用促发展本身就要求信息化建设要与企业体制改革和技术改造相结合。企业信息化并不是让计算机代替或辅助人处理和完成原有的业务流程，而是依靠信息技术特有的、能够超越时空限制的、强大的信息采集、传输和利用的能力，从而极大地提高企业生产经营管理的效率和对外竞争能力。它突破了传统的手工作业和经验式管理的方式，对原有的企业经营管理体制产生了极大的冲击。因而，企业信息化只有与现代企业管理思想紧密结合，才能充分发挥信息化的作用。从某种意义上讲，信息化建设就是对企业的人、财、物资源及产、供、销环节在信息处理、工作方式、管理机制和人们的思想观念、习惯等方面进行一次大的创新和变革。原国家科委常务副主任朱丽兰曾讲到："要甩掉图板，首先要甩掉传统的思维方式和工作方式。"计算机应用不能只看作是一种应用工具的改变，从生产角度，从管理角度讲是一种振兴的哲学思想。信息化建设不仅是技术变革，而且是管理创新、思想创新。只有将企业的信息化与体制改革互动，以信息化推动新管理体制的建立，才能达到企业信息化的目的。

企业信息化建设也是企业技术进步的一个极其重要的组成部分。随着经济全球化和现代信息技术的飞速普及，企业的生存和竞争环境发生了根本变化。因此，企业要把信息化建设列为技术进步的首要内容，特别是企业在进行基本建设和技术改造时，充分考虑信息化的要求，使企业的整体技术水平提高同时，推动企业信息化建设上一个新台阶。行业十年的计算机应用与信息化建设的历史告诉我们，信息化建设是企业提高效率、获取竞争优势的最终选择。

(一) 铁路勘测设计一体化、智能化技术得到应用[1][2]

铁路勘测设计一体化、智能化旨在建立以数字化信息为基础，以计算机应用贯穿勘测设计全过程为主要特征的新的生产作业模式。该系统应将使用各种勘察手段所采集的铁路线路及其相关的地形、地貌、地质、水文等资料加工成数字化信息，通过接口进行信息处理并传输到工程数据库中。覆盖各专业CAD终端的计算机网络，确保各专业在集成化设计环境下共享工程数据库的信息，完成本专业设计，并输出数字化和可视化的设计成果，供后序专业应用。设计完成后，全部CAD设计电子文件通过网络直接归档，从而实现铁路勘测设计一体化。实现勘测设计一体化的过程就是从以非数字化为基础的传统作业模式向以数字化为基础的新的作业模式转化的过程。其成功应用需要解决新模式带来的一系列技术层面和管理层面的问题。

铁路勘测设计一体化的研究包括铁路勘测设计一体化的生产作业模式研究、铁路勘测设计工程数据库的应用、站前专业CAD设计集成化系统、站后专业CAD设计集成化系统及计算机档案管理系统研究等13个子课题。其主要研究内容及相关技术如下。

勘测设计资料数字化是铁路勘测设计一体化的基础。为此要充分开发利用航测、全站仪及各种遥感设备的数字化功能，并建立与数字化勘测相适应的装备水平、劳动组织、作业内容和管理制度。

铁路勘测设计一体化要求各专业间共享的数据都必须通过数据库存取，且数据库将保存与管理所有设计成果。为此提出了新型的工程数据库模型；开发了实用的工作流程管理系统；制定了《铁路勘测设计一体化数据格式标准》。

铁路勘测设计一体化要求全部设计工作均在集成化设计环境下进行。集成化设计环境是以计算机网络为平台，工程数据库为核心，流程管理为主线的计算机集成应用体系。为此：根据站前与站后专业具有不同设计特点的情况，分别研制站前专业集成化设计环境和站后专业集成化设计环境；开发新的线路初步设计方案比选系统；开发新的站场平面辅助设计系统；接口设计。

计算机档案管理系统是技术档案管理的重大革新。计算机档案管理可实现在网络环境下直接检索、查询、浏览和下载电子档案文件，并为电子设计文件重复利用提供了极大的方便。开发中利用软件平台技术实现管理型软件的通用化；利用OLE技术，实现各种格式电子文件的快速浏览。

勘测设计一体化实现了从勘测、设计到文件归档的勘测设计全过程中，用计算机技术完成所有专业的设计工作，形成在网络环境下，用数据库存储和管理勘测设计数据流，从而实现以数字化为基础的新的勘测设计一体化的作业模式。在国外有一些功能很强的公路勘测设计软件，如美国的InRoad、英国的Moss、德国的CARD/1，但都只是公路线路设计方面的单项设计软件，而不是多专业集成化的软件。

系统在应用中效果良好，如1999年西安南京线西安至南阳段420km技术设计，按传统生产作业模式组织设计，至少需要半年。应用本系统时，全部设计工作用了不到4个月时间，缩短设计周期2个多月。又如青藏线格拉段南山口至望昆65km，由于采用本系统，仅用1个月时间就完成了定测初步设计，比传统模式缩短1个月左右。

（二）电力勘测设计向国际先进水平看齐

1998年，国家电力公司提出"电力勘测设计要向国际先进水平看齐"和开展设计革命的要求，此后决定加快集成系统建设步伐：引进三维设计系统核心软件，请国外有经验的同类型工程公司做技术咨询，依靠自己的力量开展本地化工作和建立数据库。

电力设计行业共引进了三种类型的三维设计核心软件：Intergraph的PDS、CADCenter的PDMS和Bently的PlantSbase。在做好引进的三维设计软件本地化工作的基础上，以这些软件为核心，开发后续软件或软件接口，把自行开发或购买的第三方软件，如管道应力分析计算软件、支吊架设计软件、电缆敷设软件等，与引进的核心软件进行应用集成。

不少电力设计单位在综合管理信息系统建设方面也取得了重大进展。该系统除了能满足常规的管理业务工作的需要外，重点在于工程项目和设计流程管理，主要包括：合同管理、任务下达、人员组织、任务计划、资料互提、成品较审和会签、出版、归档以及相关统计等。

完成了数据库的规划与设计，电力行业通用标准和各种规程、规范，如元件库、阀门库、钢结构库、混凝土结构库、电缆桥架库、支吊架库等，已全部录入计算机。

计算机网络覆盖了本单位各主要生产和管理部门，并与施工现场相连接，以支持远程信息传送和设计。

CAD和MIS各专业的基础应用软件基本涵盖了电力规划研究、勘测设计和设计院内部管理的主要工作。

大部分电力设计单位已初步建成以数据库为中心、以网络为支撑的三维设计和信息管理集成系统，从总体上说，已基本具备在计算机网络上开展多专业协同设计和多部门协同管理的技术能力。

（三）应对市场挑战，促进建筑设计信息化

上海现代建筑设计（集团）有限公司是一家以建筑设计为主的现代科技型企业，在建设部1999、2000年度全国勘察设计单位综合实力测评的前100名中跻身于前3名，2000年被美国ENR《工程新闻记录》列入世界最大200家国际工程设计公司之一。

1. 可持续发展的信息化建设战略

集团把工程设计企业信息化作为一项战略性、持续性的管理工程来考虑。首先从集团最高管理层起制定总体规划，确定蓝图，从管理需求的角度，对现有的管理体系、技术体系、人员素质、业务合

作体系及未来发展目标进行总体分析和评估，并有针对性地初步确定"信息化"的目标，设计整体信息系统方案和拟定阶段实施计划。同时建立持续"信息化"的内部支持体系。并按照总体规划、分步实施、突出实用、先易后难、逐步优化、狠抓效果的原则。

2. 建设实用、先进的CAD一体化设计平台

在信息化建设实施中，集团始终把创新与务实结合起来，使集团信息网络系统满足以下要求，即：实用、先进、经济、可扩展、安全保密、可靠。

集团信息化建设的网络平台包括：局域网、广域网、网站、邮件FTP服务器、视频会议系统等。基础信息平台建设包括：财务监控、办公自动化管理（简称"OA系统"）、生产经营管理、组织人事管理、技术发展管理、数字图书馆、技术信息资源共享等系统。

实现CAD一体化网络平台的特性与INTERNET网络环境结合，代替工程设计人员的一些烦琐的、重复性的工作，提高工程设计的技术含量和生产效率是上海现代建筑设计集团追求的目标。集团制定了满足工程设计企业要求的四个统一标准，即统一技术措施、统一出图深度、统一CAD绘图标准，统一图库资料。上海现代建筑设计集团承接愈来愈多在上海市以外的工程项目，这就必须建立一套完整的协同设计环境，包括建筑设计人员、工程施工单位、设备材料供应商、房产开发商之间交流的信息。为此，集团网络平台把过去各子、分公司的局域网通过中心交换机集成为广域网，实现了在Internet环境下整个集团的信息资源的共享。工程设计人员根据工程设计的需要随时把开发积累的建筑、结构、水、暖、电等具有企业技术特色的CAD详图和各类设计标准样板在Web环境下发布，加强了整个设计和各个专业工种之间的协作。工程设计人员可方便获得从建筑设计到工程施工、土地开发、生产、电信、公共设施和政府等广泛领域的资讯。同时还可将设计、施工与建筑图档管理各个阶段连接起来，整个项目在可靠的Internet协同设计环境下管理并共享信息资源。

上海现代建筑设计集团特别重视CAD一体化设计解决方案，基于Web实时的多媒体环境中完成整个工程项目的设计。集团首先对各专业软件进行分析比较，从中选择适合要求的专业软件加以集成，实施建筑工程CAD一体化设计完整解决方案，彻底解决各专业在CAD网络平台上集成设计问题。

3. 应用计算机新技术提高建筑设计技术含量

上海现代建筑设计集团，不断应用计算机新技术来提高建筑设计技术含量。近几年，在计算机模拟和仿真技术的应用、大空间结构优化设计、高层建筑弹塑性时程分析等方面取得了突破性的研究成果，并且把研究成果应用到集团承担的大型工程设计中，解决了工程设计中大量技术难点问题，积累了技术经验，并且在集团范围内逐步构造起计算机新技术应用平台。

集团信息化建设下一步的任务是通过基础信息平台的建立，加强集团公司管理与服务意识，尽快实现信息资源共享，促进集团公司管理的精细化，从效益的目标出发，挖掘基础信息平台、CAD一体化设计平台、计算机新技术应用平台效益功能，发挥信息系统在工程设计降低成本过程中的作用。进而提升集团管理综合层次，提高集团公司综合竞争能力。

（四）计算机在公路桥梁建设中的应用[6][7]

桥梁结构的计算分析是桥梁设计、施工、荷载试验、运营监控的重要内容。过去，桥梁结构的计算分析深度受到局限，不能很好地掌握桥梁施工运营全过程受力状态。近年来随着计算机技术和软件开发技术的发展，桥梁结构的计算分析技术也在向纵深发展。交通部公路科学研究所开发了一系列桥梁结构设计、施工控制及桥梁荷载试验用的结构分析软件。

公路桥梁结构设计系统GQJS适用于多种桥梁结构形式，包括简支梁、连续梁、钢桁架桥、T形刚构、连续刚构、拱桥和斜拉桥等的设计计算，可以考虑顶推法、简支变连续、悬臂装配、悬臂现浇、整体装配或整体现浇等方法在施工全过程中对结构受力状态的影响。GQJS系统能进行桥梁结构施工全过程分析及其运营阶段设计活载影响线加载分析，并可在原有平面杆系有限元计算数据基础上适当扩充空间力系几何材料信息，建立空间梁格或三维实体有限元模型，并导入到ANSYS或JFDJ程序中进行结构空间动静力分析。悬索桥施工过程

结构分析系统 SBCC 用广义非线性有限元法分析悬索桥大位移几何非线性问题。系统深入地研究了模拟悬索桥施工过程的结构行为，在国内首次较系统的解决了悬索桥施工过程的结构分析，为国内大跨悬索桥设计和施工控制提供了适用工具。可用于悬索桥结构初始位置分析，确定主缆、吊杆等部件的下料长度，还可对悬索桥结构施工实时跟踪分析。SBCC 在虎门悬索桥施工中得到实际应用，计算结果与 1/80 静力模型试验实测结果及实桥各主要控制阶段结构实测结果均较吻合。在虎门悬索桥空缆初始位置确定、主缆和吊索无应力索长计算、钢箱梁梁段吊装过程中主缆和加劲梁的线形分析、通车验收试验活载加载方案计算中发挥了重要作用。

桥梁检测分析系统 QLJC 是为桥梁荷载试验开发的检测分析软件。荷载试验检测的是试验荷载加载前后结构的变化情况，该系统试验荷载包括集中荷载和汽车荷载两部分。该系统提供了荷载效率计算模块，系统可根据试验荷载信息和设计荷载信息计算试验荷载效率。根据桥梁试验相关规范，试验荷载效率值应在 $0.95\sim1.05$ 之间。用户可根据试算结果调整试验荷载参数确定最佳试验方案。系统可记录测点类型和布置信息，以便从计算结果中提取各测点应力、应变和位移值。系统可根据测点计算结果列表，并绘截面变形图。系统可按任意视角及变形比例浏览结构变形图。目前，QLJC 已在山东、北京等地一些桥梁试验中使用，效果较好。

Bridge3D 软件是基于构件特征的参数化桥梁三维造型软件，设计者能够在计算机上直观地形成桥梁构件参数，有助于改善桥梁设计过程的可视化程度，进一步提高桥梁设计工作质量、效率和水平。设计人员可用它生成桥梁三维透视渲染图，直观地审视桥梁的美学效果，有助于大型桥梁的设计者和业主比选桥型方案。利用 Bridge3D 建立的桥梁三维几何模型和有限元计算程序结合起来，实现弯箱梁全桥结构的三维仿真分析。

（五）混凝土高坝全过程仿真分析与温度应力的应用

"混凝土高坝全过程仿真分析与温度应力的研究与应用"项目由中国水利水电科学院结构所朱伯芳院士等人完成。该项研究的主要特点和成果如下。

（1）首次提出了一整套混凝土高坝仿真计算新方法，包括仿真并层算法、并层坝块接缝单元、应力场和温度场的分区异步长解法、考虑水管冷却的等效热传导方程等，是混凝土坝应力分析方法的重大创新，具有广阔的应用前景。

（2）首次系统地研究了通仓浇筑重力坝和碾压混凝土重力坝温度应力的特点和规律。碾压混凝土重力坝在基础温差、上下层温差、内外温差和劈头裂缝等方面与常规柱状浇筑重力坝有重大差别。对通仓浇筑重力坝和碾压混凝土重力坝的设计和施工有重要指导意义。

（3）首次提出了碾压混凝土拱坝温度荷载计算方法、温度控制和接缝设计的原则以及接缝构造形式，对碾压混凝土拱坝设计有重要意义。

（4）对三峡大坝通仓浇筑、碾压混凝土浇筑、分缝浇筑三种施工方案进行了系统的仿真计算，提出了三种施工方案所必须采取的施工措施，研究成果为三峡总公司采纳。

（5）东风拱坝曾在右中孔出现了一条大裂缝，该课题组通过对东风拱坝进行仿真分析，找出了裂缝成因，并进行了裂缝危害性分析，得出裂缝影响局限于孔口附近，对拱坝整体安全性无影响的结论。据乌江开发公司分析，减少经济损失 800 万元/年。

（六）信息技术在石化行业的工程总承包项目中的应用[5]

中国石化工程建设公司现已在工厂设计和施工中的整个项目控制和管理中广泛应用信息技术。在工程项目的执行过程中，逐步建立的项目信息技术系统，已应用于十余个项目，产生了巨大的经济效益和社会效益。该公司采用引进和开发相结合的方法，并结合工程总承包项目的执行，逐步建立了公司的集成项目信息技术系统，以确保在多个地点从事同一个项目的成员能够协同工作，以提高工作效率和管理水平。

SEI 集成项目信息技术系统是项目执行策略的一个重要组成部分，主要由平台系统（网络通信系统），工程设计集成系统（包括工艺集成系统，工程数据库系统，3D 工厂设计系统），项目管理系统（主要包括综合项目管理系统，材料控制与采购管理系统，施工管理系统等），项目电子文档管理系统，以及项目管理信息协同工作平台等多个系统组成。

1. 建立具有国际水平的平台系统

在工程总承包项目中不断建立和完善起来的将公司本部、分部、分包商、项目现场、业主、供货商、施工单位联于一体的网络系统，达到了国际工程公司的水平。这一系统的建立有力地支持了工程数据库系统、三维模型设计、项目管理系统的广泛应用，为异地办公打下良好的基础。该系统是一个真正以本部为中心的广域网系统，实现所有从事项目的人员的远程通信和信息共享。网络系统包括：局域网、广域网、特殊的项目网络、视频会议系统。

视频会议系统——在工程总承包项目中，可召开电视会议实现异地多媒体信息的实时传递；可异地实时电子文档交互修改，进行异地实时技术研讨，实现多媒体异地协同工作；同时配置实物投影仪，实现异地图纸交底。该系统进一步改善了异地办公环境，可大大节约成本，增强异地沟通的实时性，从而提高工作效率。

2. 建立项目管理协同工作平台实现异地办公

项目管理协同工作平台为项目提供了现代化的信息传递和交换手段，可及时、灵活、广泛地共享项目信息，且具备了实时异地交互讨论的环境。在建立广域网的基础上，在工程总承包项目中大力推行群件产品——Notes，为此，在现场安装 Notes 服务，并开发现场管理专用的台面，使之与公司总部保持同步。已建成的办公自动化系统的主要功能有：(1)信息发布、浏览、查询、存贮公司与各部门的各种管理与技术手册、样图等；(2)文档管理、电子邮件的 Notes 服务，存贮会议纪要、简报、通知、行政等公告信息及共享文档、个人文档、讨论信息和管理信息；(3)领导查询和机关管理的人事、财务、培训、行政等管理信息服务。

3. 基于工程数据库和三维模型设计的集成化设计技术及三维软模型应用

在多年的实践和认真研究后，确立了以惟一的工作模型贯穿设计全过程的集成化的设计思想。在此思想的指导下，重新组织了设计工作流程，探索新的工作方法和组织设计活动。建立的集成化二维协同设计环境可覆盖工艺、仪表、设备等专业；集成化三维设计环境可覆盖配管、结构、建筑、电气、仪表、水道等专业；同时已将二维和三维集成起来，实现工程设计全过程的集成化，材料统计进一步细化和准确。已在 50 多个工程项目中使用 PDS 进行了三维配管和钢结构设计。工厂设计系统是一个集多个专业设计活动的集成系统，并且能使项目控制和管理系统对项目的管理与监控与设计系统保持同步。

三维 CAD 系统有效地采用三维模型设计技术，所建立的三维软模型具有数据库的支持，可通过可视化工具操纵及显示。设计审核软件提供的审核功能，能在模型中漫游、任意改变视点、视向、视角，能够随意放大或缩小，以便得到指定区域的视图；可从工艺、施工、可操作性、安全性和可维护性的角度，对三维模型进行审核；也可用来研究施工阶段的施工方案，观察未来施工装置状况；以及提取设备、管道、管线、钢结构等元件或部件的信息或特性，为施工提供有效的服务。利用可视化的进度审核工具，将设计产生的三维软模型与项目进度资源数据库相连，从项目进度资源数据库抽取信息，可展现和分析项目管理的各种状态。在施工阶段，可显示特定单元的施工情况，或显示项目某一天的施工情况，管线的重复焊接工作可由常规设计的 12%～14% 降低到 3%～5%。客户可在任何时候对三维模型进行访问、浏览和审核。

4. 综合项目管理

项目管理系统是一个开放的、集成的、覆盖全过程的综合管理系统，其核心是数据库，可实现定量、动态、系统化的管理与控制。项目控制中首先考虑按时完成进度计划，同时所有费用必须不超过批准的预算，并按批准的进度使用。费用控制的重点是设计阶段和施工阶段的人工时，以及采购阶段材料及设备的资金需求。质量控制在按照公司的质量体系要求实施的同时，还要把质量控制点的确认和质量评定纳入控制流程。材料控制和采购管理的重点是跟踪采购进度和费用的执行状况，并全程跟踪检测预算中的材料量。合同管理是动态跟踪检测合同执行状态。项目财务是合理控制资金安排与支付。

5. 建立项目信息技术组织，规范项目信息技术运作

从上海金山 PP 工程总承包项目开始，已将信息技术设置为项目执行中的一个专业，设立信息技术工程师，建立项目信息技术组织，规范项目信息技术运作。结合项目的执行编制了《项目信息技术

管理手册》、《项目信息技术执行手册》及《项目信息技术操作手册》，规定项目信息技术工程师的职责，工作程序化、规范化。同时，定义项目信息技术应用体系框架，指导项目信息技术管理和应用的实施，在 EPC 执行过程中有效利用信息技术提高了工作效率。

信息技术中心是公司的常设信息技术管理和执行机构。对具体项目需成立项目信息技术组，项目信息技术组由网络小组、运行小组、应用开发小组构成，由信息技术工程师领导。信息技术中心对项目信息技术管理与执行给予技术和人力支持。

（七）化工设计企业的信息化建设[4]

中国华陆工程公司参照"十五"纲要，把发展目标定位在国际接轨型上。力争在 2005 年以前，建成以公司局域网为支撑，各专业 CAD 应用为基础，初步实现一体化的集成应用系统。实现"十五"纲要要求，通过实现企业信息化，达到或接近国际水平。

1. 网络拓展及推进网络应用

2003 年更换网络高端交换机，提升局域网主干带宽，构成千兆以太网，将现有的楼层网络带宽提升到 100/1000M，桌面达到独享 10/100M。在采用关系数据库管理大量的结构化数据、方便信息分析与决策的同时，又采用文档数据库管理非结构化的数据，两种数据库的共同优点可以覆盖公司信息系统的绝大部分功能点。

2. 建立信息代码和数据库

公司范围内各部门、各专业所用代码和编码，由信息管理中心、技术部及项目部统一规划，并组织制定代码和编码统一规定。各有关部室按照统一规定的规则和分配的字段编制代码和编码。主要的代码和编码如下：公司各级机构编码、员工代码、文书档案代码、图纸及设计文件代码、公司标准工作分解结构编码、工程材料编码、公司供应品统一代码、公司网络、数据库应用标准代码。要建立或完善的数据库：工程项目综合管理数据 IPMS、工程资料档案库、工程建设标准规范库、公司标准文件范本库、公司标准定额库、商务情报资料库、物性数据库、管道数据库、建筑标准图库、专有技术及专利数据库、合格供应商档案库、商情价格数据库、工程承包商档案库、文书档案库、财务管理数据库、人事管理信息库。

3. 开发建设集成应用系统

集成应用系统的建设重点是软件系统，各主要软件都做到统一选型，以外购商业软件为主。其中开发、培训、维护、更新均由专业的计算机厂商负责，既能保证系统的进度和质量，也可节省费用。

4. PDM 系统的构建

公司已开始建设以工程数据管理为重点的企业网络系统，将工程设计一体化作为集成应用系统的核心，并利用近几年计算机技术的发展，全面规划，逐步调整、扩展网络结构。通过构建 PDM 框架结构，提高信息集成应用水平。

由于工程公司的主要生产过程就是集工程项目设计、采购、施工和管理为一体的过程，主要产品就是工程图纸、文档以及采购、施工、管理文件，在生产过程中由各种计算机辅助工具产生出大量的中间数据、图形、文档资料以及管理文件、合同文件等。为了保证设计前后一致，方便查询检索，必须按产品结构配置的思想，对数据、文档、工作流、版本等进行全局的管理与控制。从支持工具的角度来看，PDM 是一种工具，它能够提供一种结构化的方法，有效地、有规则地存取、集成、管理、控制产品数据和数据的使用流程。

5. 三维设计工作站的应用

通过购买有关专业网络版软件，增加三维设计工作站装机台数，形成公司主要的生产力。广泛推广 INTERGRAPH 工作站的应用，提高各专业三维设计能力。同时，组织人员对 PDS 等软件深入地进行工程实用性开发乃至二次开发，以满足公司工程设计及 CAD 网络的应用，逐步实现工程设计的系统集成化，提高工程设计 CAD 集成化水平，最终目标是将三维 CAD 技术运用于 EPC（工程设计、采购、施工）全过程。应用系统的集成和三维设计技术的广泛采用，可促进了机构重组或业务重组，改善管理机制，对设计流程、专业分工进行合理的变更，减少设计环节，实现并行设计，达到降低工程造价、缩短工程建设周期、减人增效、节省设计成本、增强竞争实力的目的，全面与国际接轨。

（八）市政工程设计院信息管理集成应用系统的进展[3]

"九五"期间，中国市政工程西北、西南、中南、东北、华北设计研究院，以及北京、上海、天津、深圳等市政设计院都已基本实现计算机网络化，许多工程设计应用CAD软件也已网络集成化。在此基础上，许多大、中、小型市政工程设计院都在积极筹备和建立信息管理集成应用系统。深圳市政院的"设计信息管理集成系统"从2001年开始投入使用，效果良好。上海市政院实现了企业网络（Intranet），并实施了经营管理项目、CAD设计管理项目和图档资料信息管理项目。天津市政院从2000年开始运行CAD图文档案管理系统、CAD网络设计信息管理系统使电子文档、图形、数据等得到了充分利用和实现了安全保密。北京市政院已基本完成CAD设计与图档信息资料管理项目，经营管理项目和工程设计流程控制项目均在实施中。

ISO 9000质量管理要求记录在设计过程中产生的全部信息。这就要求建立信息集成平台，将数据采集、项目管理、工作流程控制动态地链接在一起，以便能记录不断变化的过程数据，并对整个设计项目的生命周期内的数据进行统一管理。从而使所有参与创建、交流、维护设计的人，均能自由共享和传递与项目有关的所有异构数据，并保证数据的一致性，达到控制信息全方位集成的目的。为此华北市政院建立了"华北院工程设计信息管理集成应用系统"。这个信息管理集成平台将信息技术与现代管理制度及质量管理体系相结合，以工程项目管理为核心，以设计进度控制为主线，以个人工作任务为界面设计依据，严格按照ISO质量体系的原则采集信息，对设计工作全过程进行控制与管理，且要做到流程设计与监控管理、工作流程规范管理这两个功能。流程设计与监控管理采用动态配置技术使用户可随时任意定义流程结构和具体的流程，克服了传统PDM系统固定流程的缺陷，而流程监控技术可以在网络上随时监控流程的进展情况、控制和监视流程的进程。工作流程规范管理，即在流程中程序会自动提示需要留下质量记录的控制点，完全符合ISO工作要求，同时ISO质量文件规范可以通过流程来开展工作，将ISO质量控制规范融入工作流程管理中。真正将ISO9000和2000系列的思想贯彻到设计生产活动中，所有设计过程和记录自动完成，图纸备份存档自动生成，办公文件和信息的传递更加方便、快捷准确。该院借助于现代信息技术，建立全新管理工作环境，完成了现代企业的现代化管理模式转化，成为现代化科技型设计企业。

（九）以数据库为核心的工程勘察计算机全面应用[14]

北京市勘察设计研究院经过多年的开发，建立了多个应用系统：北京工程地质信息系统BEGIS、城市建设工程勘察信息系统GEIS、北京市区浅层地下水信息管理系统GWIMCS、北京市区地震场地区划及浅层地下水分区的GIS系统、工程勘察计算机辅助系统GECAS。这些系统均可独立运行，有较好的使用效果，同时也考虑到集成应用的需要。已在以上系统的基础上建成了岩土工程专家系统GEES，该系统能根据场区邻近的资料和拟建物的结构特点，用模糊分析和人工神经元网络方法判定场区的复杂性，确定钻探方案所需的参数。

这些系统均以数据库为核心，系统建设中录入工程平面图、地层剖面图、物理力学参数、试验曲线和报告文字等工程勘察报告5千余份，深井资料2千余份；还录入了区域性普查、详查资料及压桩和荷载试验资料、沉降观测资料等。在建立专家系统时应用了地理信息系统，该系统以武汉地质大学的MAPGIS为平台。其空间数据库为1/50000的北京市地图，专业层包括：钻孔位置、深井位置、水文分区、水位等值线分区，及相关的拓扑数据等。在建立地理信息系统时，引进和建立了多个数据库：工程钻孔数据库、深井数据库及地铁普查钻孔数据库。建立的这些数据库将多年积累的工作成果有效地转化为工作资源，从而在资源比较丰富的地区可以减少钻孔。

（十）企业信息标准化建设[4]

中国电子工程设计院率先在企业信息化建设初期就制定了本企业的信息分类编码编制计划，并着手制定企业信息分类编码标准和工程协同设计系统中的CAD绘图标准。

1. 信息分类编码标准

企业资源管理是对企业"供方—企业—客户"整个供应链的管理，即对供应链的人流、物流、信息流、资金流进行统一的管理和评价。要管理目标首先必须识别目标，即对人流、物流、信息流、资金流进行统一编码。

（1）人流分类编码

为进行企业人力资源协同管理，在信息化建设初期编制了《院人员编码规则》，已实现人事、财务、医疗、保卫、服务、信息等管理部门对每位员工使用专一编码，即一人一码。使企业今后可通过人力资源管理系统，及时掌握每位员工的技术专长、工作能力、身体条件、工资成本及与企业之间发生的各种财、物借贷等情况，进行数据统计和测算，实现企业人力资源的优化使用和对决策管理的支持。

（2）物流分类编码

物流编码的制定是设备材料采购和库存管理数据库建设的基础。由于物流贯穿于整个供应链，所以应尽可能引用国家或行业的分类编码标准，以适应电子商务技术的应用，便于物流信息资源的流通和共享。工程公司应在建立采购数据库之前，根据《建筑产品分类编码标准》及企业实际情况制定《物流分类编码规则》。

（3）信息流分类编码

信息流包括各种业务文件和数据。根据本行业业务特点，分别建立工程图纸和文件的编码规则，为"文档与设计成品管理系统"和"工程项目管理系统"的建设奠定基础。

（4）资金流分类编码

企业资金流包括：应收款管理、应付款管理、现金管理、固定资产管理、工资管理等，资金流分类编码可按财政部和行业的有关财务账目编码要求编制。

2. CAD标准手册

依据国家《房屋建筑CAD制图统一规则》、《房屋建筑制图统一标准》、《CAD通用技术规范》等有关标准，编制了适合本企业协同设计系统要求的CAD制图标准。其主要内容：

（1）通用计算机标准：用户安全与口令、软件安全与病毒防护、计算机维护等。

（2）设计文件编码与命名规则：设计文件编码与命名原则、图纸编号与CAD图形文件编码及命名规则、设计说明和附表电子文件编码及命名规则等。

（3）CAD制图标准：图纸幅面及格式、绘图比例、字体、图线、图层、尺寸标注、CAD制图符号、绘图输出等规定。

（4）设计文件存储与归档标准：设计文件存储、归档、管理及使用等规定。

（5）工程设计标准图例：各专业通用图例及系统、设备命名规则等。

（十一）施工企业计算机应用进展

目前国内工程造价软件、招投标软件等，一般已具有多种图纸录入实现工程量计算，根据三维建筑模型自动套定额、按不同地区的规则实现工程量计算、完成钢筋统计、输出全套概预算书。在建筑施工中已开始探索应用计算机辅助管理进行施工组织管理、工程概预算以及材料和人工管理软件的应用，有效地提高了建筑施工的工作效率、技术水平和安全水平。在一些专业施工中应用了计算机信息处理和自动控制等先进技术，如大体积混凝土施工质量控制、超高层建筑垂直度控制、预拌混凝土上料自动控制、采用同步提升技术进行大型构件和设备的整体安装、整体爬升脚手架的提升、幕墙的生产与加工、建筑物沉降观测和工程测量、建筑材料检测数据采集等。

施工过程中使用虚拟仿真技术，可显现建筑物建造中及建成后的环境，在计算机上完成了模拟各种构件装配、吊装方案的安装演示，从而可预知最优的设计方案，通过视觉和听觉实现用户与虚拟环境进行交互对话，并及时纠正该设计方案在施工中出现的问题。如中建在国内首次将计算机虚拟仿真技术应用于工程施工，在上海正大商业广场工程施工中各构件全部一次性吊装成功；焊缝质量经超声波探伤检测一次性合格率100%。中建在上海环球大厦、北京中央电视台新楼等工程投标中，采用虚拟仿真技术，其投标方案通过三维逼真的效果展示，力压群雄，受到建设投资方和评标专家的高度评价，特别是上海环球大厦业主日方高度赞誉——"即使在日本这么好的技术展示方案也不多见"。传感技术、分析计算以及控制技术用于大体积混凝土施工中的温度控制监测，大型隧道、边坡施工监测与快速分析，预应力混凝土斜拉桥拉索式长挂篮臂施工控制，大型桥梁时域模态识别、大型桥梁损伤识别及最优监测点布置，混凝土中氯离子扩散系数的快速测定，正常大气环境下混凝土中钢筋锈蚀的预测，高拱坝有无限地基动力相互作用的时域分析,高拱坝横隧结构非线性响应分析及横裂控制等。在上述应用中,某些方面已经达到国际领先水平。

1. 因地制宜,自主开发,效益显著

中国建筑工程总公司在工程投标、工程概预算、工程成本、物资材料管理、财务管理、人事管理、结构计算、建筑设计、日常文字处理等方面都应用了计算机技术且取得了很好的效果。其设计单位在CAD应用和日常业务管理工作中取得理想效果,部分先进单位自主开发出了一系列应用软件系统,这些单位的信息化应用正逐步走向软件集成化、数据资料动态化、办公信息网络化。网络信息技术的应用已经成为经营管理的重要技术手段。计算机应用已经在中国建筑工程总公司的经营管理领域中发挥了重要作用。

由中国建筑工程总公司开发的SCN94钢结构辅助设计系统,在香港投标近400亿、中标额已达150亿的E921工程投标报价系统,都为企业带来了巨大的经济效益和社会效益。2000年投资近千万,建成完善的网络系统,实现了高速互联网访问及对外网站系统,并建成了上海、深圳、长沙、武汉、成都、西安、沈阳与北京总部相连的虚拟广域网系统,并利用这套网络应用基于互联网的视频会议系统。中国建筑工程总公司将以项目管理、财务管理为核心全面带动企业信息化建设。

2. 钢结构施工控制技术领先发展

近年来随着城市建设的发展和建筑科学的进步,各种高、重、大、特殊钢结构不断涌现,传统的结构安装施工工艺与设备往往难以胜任,上海市机械施工公司通过科技开发与技术创新,采用计算机、信息处理、自动控制、液压控制等高新技术与结构吊装技术相结合,开发了大型结构整体提升计算机控制技术,研制了计算机控制的大型结构整体提升系统,完成了一系列重大工程,取得较好的经济效益和社会效益。同时也发展了我国钢结构施工技术,并使企业在国内钢结构施工领域处于领先地位。

3. 充分利用广域网,实现虚拟协同办公

中国建筑第八工程局通过与中国建筑工程总公司建立虚拟广域网,开通了点对点、点对中心的视频会议系统,现在已可通过该系统召开工作会议、专业会议、培训教育等,解决了异地的交流问题。通过搭建信息管理平台,实现全局的网络信息交流与通畅,并将平台接入互联网实现全局资源共享。现在平台设置用户700余个,设置栏目近百个,访问量达400人次/日。已实现了信息发布、公文流转、内部邮箱、流程管理、公司管理、企业论坛均在网上运行。自行开发的远程项目信息系统,在全局30%的项目上得到了应用,系统实现二级数据库,收集项目信息,实现远程监控,并汇总36类表格。远程编标技术与商务标可以通过网络实现,由微软提供的Netmeeting音视频的交流和共享桌面、白板,进行方案的讨论交流,同时通过虚拟广域网建立局域网,利用集成软件实现文件共享和标书的集成。

4. 量化分析,科学决策,控制成本,提高质量

"工程动态管理系统"是具有ERP功能的服务于企业进行国际工程承包业务管理全过程的信息化处理软件,该系统是中国建筑工程总公司承担的国家"十五"重点科技攻关课题中的一部分。此系统创建了"5+3"工程管理模式系统模型。系统实施几年来在11个工程公司中应用,实现了5亿港元以上的经济效益,同时也使该公司在香港的承包工程市场占有率由10%提高到30%,形成对香港承包工程市场占有的绝对优势。

香港迪斯尼乐园土木与基础设施工程项目,在工程规模大、工期紧、合约要求苛刻(拖延一天罚款292万港元)、工程技术难度高等条件下,预计可能拖延150天,由于是低价中标,本就没有什么利润,这将面临4.38亿巨额亏损。为此,该项目科学而严格地按"5+3"工程管理模式管理,使数据流通快速、准确,致使各种风险可以提前预测、预控、化解和转化。该工程按期完工交付使用,没有遭到罚款,工程有可观的盈利,达到预期目标[17]。

中国建筑第三工程局建筑施工企业所构建的企业网络信息系统是一个局域网与广域网相结合的网络信息系统,网络的拓扑结构与企业的组织结构相适应。中国建筑第三工程局近几年在企业网络信息系统的建设方面进行了有益的探索,目前已建立起了比较完善的企业网络信息系统。中建三局已在重点工程武汉"销品贸"项目上进行了"工程项目集成管理系统"运行,运行状况及效果良好。他们利用"工程项目集成管理系统",适时地记录全部施工数据,并将这些数据加以分析,以支持决策,控

制成本，提高质量。改变了以往的人工管理模式，加速了信息流通的的速度，提高了办公效率，降低了成本。

（十二）建筑业电子政务及行业管理信息化

工程建设行业信息网络建设对沟通建筑市场信息、规范市场秩序起到了积极的作用。建设部已建成3个涵盖业务管理和为公众服务的网站：中国工程建设信息网、全国住宅与房地产信息网和全国建设信息网。中国工程建设信息网开设了政策法规、企业信息、工程信息、行业统计等6大类、20多个栏目，还实现了建筑企业资质网上申报。全国住宅与房地产信息网在网上发布房地产业政策法规、行业动态、企业资讯、市场分析等信息，并提供网上投诉服务。全国建设信息网是一个涵盖建设系统各行业的综合性网站，该网已与150多个省、市的建设行政主管部门互联，基本实现了建设部所发文件以及地方文件、信息的电子化双向快速传递。另外，各地方政府相关部门纷纷建立了有形建筑市场的信息化管理系统，提供了网上招投标等方便的功能，将建筑市场监管的信息化向前推进了一步。

工程信息资源的开发利用是工程信息化的一个重要组成部分。目前覆盖工程建设全行业的动态数据库已初步建立，毫无疑问，充分积累的工程信息将会成为行业最有价值的资源。例如，对于企业来讲，过去工程项目的信息积累，不仅可以构成技术知识库，也可以构成经营管理知识库。对行业来讲，可辅助建设部及各级地方行业管理部门动态管理企业、设计项目、从业人员；动态发布行业信息；满足管理部门日常管理与决策所需的信息支持，为企业提供合同、项目执行、人员、图文档等内部管理功能，实现企业年报信息、资质审查数据、单位年检等基础信息的自动收集与上报。

建筑市场监督管理信息系统建设工作已于近年全面铺开了。目的就是要运用现代信息技术手段加强建筑市场监管，综合利用信息网络资源，实现数据互联互通，信息资源共享和政府宏观管理、宏观决策的科学化，形成规范运行的建筑市场，促进建筑业的健康发展，提高政府的管理效率和管理水平。同时，建立并完善建筑市场有关企业和专业技术人员信用档案，使之成为社会信用体系建设的一个重要组成部分。建筑市场监管信息系统以其实时监管功能，实现对全国建筑市场全面、及时、有效的监管。

三、市场健康发展，产品日趋成熟

建设部原部长叶如棠同志在1999年工程勘察设计计算机应用工作研讨会上的讲话中要求加快工程勘察设计行业软件产业建设。指出：加快工程勘察设计行业软件开发是一项重要工作。我们要采取有效措施，营造有利于技术创新和发展高科技，实现产业化的政策环境。提出软件的开发与商品化要根据工程勘察设计行业软件管理的有关办法和规定，纳入发展规划，要逐步形成全行业的软件支持体系。

建设部2001年《关于加快建设系统信息化进程的若干意见》中明确，要扶持一批以面向建设行业服务为主的科技型软件企业的发展，要按照创新产业化的要求，建立行业技术创新体系，为信息化建设提供技术保证。

《全国工程勘察设计行业2000~2005年计算机应用工程及信息化发展规划纲要》中也提出：对于有共性、关键性、前沿性行业计算机的应用技术，要集中力量进行开发，逐步形成全行业的软件支持体系。

计算机应用提高了建筑工程建设的技术水平，同时也提高了工程质量和工作效率、节省投资，促进了建筑业技术进步。CAD技术已被设计人员广泛应用，从而提高了工程设计单位的生产力，建筑业商品软件开发与应用已遍及建筑领域的各方面。除了工程设计与施工外，在建设信息系统、市政公用事业、住宅产业、房地产业、城市规划与管理、城市档案管理、科技管理、情报图书检索和建筑机械等均在开发适用的商品软件。在20世纪80年代，我国引进了一批工作站和基于工作站的软件，国产软件的应用率不到50%。到了20世纪90年代，国产软件的应用率大幅度提高，除少数超高超限建筑和外资建筑可能使用国外分析软件外，我国每年大量的建筑工程设计绝大部分采用国产软件。

与工程设计领域相比，建筑施工企业的计算机应用起步较晚，应用水平参差不齐。在施工领域中，施工项目管理及施工技术又落后于工程造价的计算机应用。但施工企业的计算机应用也已涉及施工企业各个层面，包括预算、投标报价、合同管理、计划与统计、工程项目管理、网络计划、技术管理（标准、计量、技术档案、图书资料等）、施工技术、质量与安全的评定分析、人事工资管理、材料设备管理、机械设备管理、财务会计管理、数值计算（结构、土方、设备起吊计算、钢筋放样）等，并在这些方面开发了不少软件产品。

（一）建立在自主版权图形平台上的专业设计软件系统——PKPM

PKPM系列建筑工程软件由中国建筑科学研究院开发，经过十几年的努力，形成了行业内的知名品牌。该系列软件在提供专业软件的同时，也给用户提供图形平台。其功能包括建筑业所需的三维和二维绘图功能、造型渲染功能等，同时还不断跟踪国外软件逐步改进，总体水平已接近国际主流产品。

PKPM在国内结构设计软件领域有较高的市场占有率。该系列建筑工程软件已满足了国内建筑设计单位的需要，并已打入国际CAD软件市场，如PKPM系列CAD软件在新加坡、马来西亚、韩国、越南和香港等东南亚国家和地区已有一批用户。目前该系统已基本覆盖了建筑工程设计的各领域，从结构设计，到建筑、设备、施工、概预算、规划等，均已实现集成化及信息共享，避免了各专业间的重复劳动，不仅提高了效率，且减少了各专业间信息交流中的人为失误，实现了高效的设计、绘图一体化。该系统可以完成从模型输入、专业的设计分析计算、引入专业设计技术条件、自动生成部分或大部分施工图，大大缩短了设计周期。

PKPM系列近年开发了建筑施工软件集成系统，实现了设计、工程造价、施工管理和施工技术的集成和数据共享。

PKPM系列的工程造价软件具有提供多种图纸录入手段实现工程量计算、根据三维建筑模型自动套定额、按不同地区的计算规则计算工程量；直接读取钢筋设计结果，还可依据图纸的建筑构件属性完成钢筋统计；套用全国各省、市定额，打印输出全套概预算书，提供多种投标报价模式；具备完善的定额数据库管理、取费计算、差价分析、工料分析、汇总打印等各项功能。PKPM系列的建筑施工企业的项目管理系统是依据《建设工程施工项目管理规范》，基于互联网（Intranet）网络平台，针对不同企业管理模式进行定制开发的企业级施工项目管理信息系统，为企业信息化提供全面解决方案。可完成企业招标、施工进度、成本计划的编制，施工过程中进度、成本，质量、安全动态控制以及合同、资源、现场、信息管理。可实现施工企业内部、外部的信息交换及公司对项目部的远程控制。施工技术软件目标是为解决施工过程中常见工程技术问题，从而使施工在科学、安全、经济方面建立在可靠的技术基础上。PKPM系列软件包括了深基坑支护、钢筋统计与翻样、模板设计、冬季施工、混凝土配合比、大体积混凝土、脚手架设计以及施工常用计算工具箱（连续梁、框架、桁架、井架、楼板等）等模块。

（二）产业化软件示范研发基地与理正系列软件

北京理正软件设计研究院是经北京市科委认定的股份制高新技术企业；是建设部"产业化软件示范研发基地"。长期的软件产业化实践，锻造了理正人的"三大核心能力"。依靠"源源不断地形成核心技术的能力"投入信息化的基础研发，形成了"管理信息系统通用平台"、"地理信息系统通用平台"、"专业CAD应用集成平台"三大自主核心技术并迅速转化为商品化软件和一个又一个典型应用案例。

北京理正软件设计研究院具有开发设计院CAD软件的丰富经验，熟悉设计院管理流程，其软件产品现已形成9大系列60多个类别。包括建筑、电气、给排水、暖通、设备等建筑专业设计软件；基础、桩基、同济—理正桩基优化设计、理正人防工程结构设计、工程工具箱等建筑结构系列软件；工程地质勘察CAD、勘察工作量统计及概预算、工程地质勘察水利版、工程地质勘察电力版、地质大师、工程地质数据库信息系统（地质GIS）、土工试验处理等地质 GIS 及岩土工程地质勘察系列软件；深基坑支护结构设计、降水沉降分析、超级土钉支护设计、渗流分析、边坡稳定分析、岩质边坡稳定分析、抗滑桩（挡墙）设计、软土地基路堤、堤坝设计、边坡滑塌抢修设计、挡土墙设计、地基处理设计、工程水力学计算、重力坝设计、隧道衬砌计算、弹性地基梁分析等岩土工程系列软件；道路集成 CAD 系统公路版、路基通用 CAD 系统铁路版、公路工程地质勘察 CAD、铁路工程地质勘察 CAD、地形图编辑之星、横断面测量、桥梁三维造型、桥型布置 CAD、公路桥梁结构设计、桥梁结构检测分析等勘察设计一体化系统。设计院管理信息系统覆盖了设计院的综合办公管理、项目管理、经营计划管理、设计流程与质量管理、图档管理、科技管理等业务。

理正坚持不断为用户提供高层次、高品质的服务，提倡"用户需求创新"，追求"源于用户，又高于用户"的质量标准。

（三）以设计院背景研发的软件系统——广厦建筑结构 CAD

广厦钢筋混凝土结构 CAD 是一个面向民用建筑的多高层结构 CAD，在容柏生院士的指导下由广东省建筑设计研究院和深圳市广厦软件有限公司联合开发。

以设计院背景研发的广厦建筑结构 CAD 技术先进可靠，可以完成从建模、计算和施工图自动生成及处理一体化设计，具有出图快的特点。该系统达到快速而且可靠地自动出图，对于模型比较简单的厂房和住宅类型的工程，一天就可以出完所有的图，同时满足计算、规范和施工习惯的要求。易学易用，输入方便。可以任意输入无穷级别的次梁；方案修改时相关的墙柱梁板几何尺寸和荷载自动处理；半天可以学会使用。钢筋用量最省，柱的配筋计算时，先准确布置钢筋，再双向验算；计算梁柱重叠刚域，减少梁端弯矩和剪力；既满足计算和规范的要求，又达到钢筋用量最省的目的。该系统的异形柱计算准确、可靠，自 20 世纪 80 年代开始大规模使用，是国内最早和最可靠的异形柱程序，包括内力、配筋和节点验算，已成为国内许多省的异形柱工程计算和设计的标准。此外，其砖混、底框和内框结构的设计，不需分榀，考虑空间作用，近似人工导荷载，经过数万栋实际工程的考验，是国内最早完成复杂砖混结构设计的程序。

广厦设计网站提供 CAD 网上租用和服务，每个工程师可成为广厦网会员，人人可以拥有正版的 CAD 软件。该系统以其设计院的背景与依托所具有的实用、可靠、易于掌握、方便使用，深受市场欢迎。

（四）行业项目管理软件的精品——《梦龙项目管理系统》

《梦龙项目管理系统》是行业项目管理软件的精品，由北京梦龙科技有限公司开发。该公司作为北京市高新技术企业，拥有一支高水平的专业软件开发与信息服务队伍。多年来，该公司致力于软件产品开发与应用推广工作。产品业已从单一的行业软件发展到现在的多品种、系列化的软件系统。产品涉及全方位的项目管理系统、企事业单位办公系统、企业招投标系统、网络系统集成、网站建设与技术开发、企业信息情报处理系统等领域。

《梦龙项目管理系统》已成功应用在亚运会工程、三峡工程、"神舟号"宇宙实验飞船的研制与发射、秦山核电站、伊朗德黑兰地铁、亚洲最大的阳城火电厂、西安飞机制造厂及某些大型军事演习等重点项目。梦龙公司也成功策划并实施了众多应用项目，如国家大剧院电子演示系统等。

（五）技术为本，产品立身，服务立业的北京广联达软件

北京广联达慧中软件技术有限公司是一家为建设领域广大企业提供软件产品及技术服务，推动建设行业的信息技术与管理进步的民营高科技企业。公司以"技术为本，产品立身，服务立业"为发展战略，以"高质量的产品，高水平的服务，高品质的信誉"为经营宗旨，不断开发并推出新产品。公司自行开发并形成了三大系列十余个产品。其工程造价管理系统是一个以工程概预算为起点，贯穿整个工程造价工作过程，同时延伸到整个施工过程中的管理平台系统，为建设领域的各类企业提供完整的配套解决方案。系统可方便地进行各种方式的概算、预算、结算，使繁琐的工作简单化。其工程项目管理系统是以工作分解结构（WBS）为基础，以进

度控制为主线，以成本管理为核心，以先进的计算机技术为保障，实现工程项目全面集成化的管理系统。系统可对施工项目当中最繁琐的材料、预结算、合同等，进行系统、严谨、高效的信息化管理。不但能够提高当前项目的管理水平，还能将已完项目的原始数据合理保存，以便于进一步的分析和重复利用。该公司的数字建筑网（www.bitaec.com）是一个为建设领域的各类企业及专业人士提供深层专业应用的服务平台。该公司在全国主要省级地区建立20个直属客户服务分支机构；在全国各地举办6000场义务软件培训班，培训造价管理人员电算化基础知识达300000人次。为全国建筑设计、施工、审计、咨询、监理、房产开发等各行业，财政审计、石油化工、邮电、电力、银行审计等各系统的用户提供优质服务。

（六）工程管理解决方案——eFIDIC系统

北京豪力海文科技发展有限公司推出的面向政府行业管理部门、工程企业、工程项目的信息化工程管理解决方案eFIDIC系统。其中包括ECS（建筑行业管理信息化解决方案）、ECM（工程企业管理信息化解决方案）、CPM（建筑工程项目管理系统）。

ECS是建筑规范与建筑工程信息化管理相结合的解决方案，实现建筑工程中各项业务的信息流转和管理规范，使各经营主体的工程项目计划、组织、指挥、协调和控制更为高效和有序，为提高建设工程质量，缩短建设工期和节约建设资金提供了保障。ECS服务于建筑工程行业内政府管理部门、业主、大型集团性承包商，涉及建筑行业中立项、招标、工程造价、建设管理、交竣工、工程运营等业务流程，通过先进的软、硬件技术及信息技术服务的结合，实现用户在经营和管理方面的信息化、标准化、规范化和国际化。

ECM是一套专业化、系统化、网络化、集成化的工程企业管理应用平台，是工程建设领域所需要的层次更高、质量更好、功能更全的信息化解决方案，更好的将应用软件和网络融合，构建企业网络管理系统。它建立了企业内部和外部的管理、交流、协调机制，包括系统管理、报表管理、软件数据交互、视频会议系统、远程电子签名、信息交流、组织及用户管理、局域网通信、互联网传输等功能模块。

CPM是针对施工企业项目管理的信息化集成管理系统。实现工程项目全过程的动态综合信息管理。权限设置、流程控制、成本管理、成本分析、进度控制、质量控制、安全控制、资金管理于一体，为解决企业组织结构的协同工作、统筹管理施工过程中的各种资源（包括人工、材料、设备、时间、资金等）以及施工过程中对目标（包括进度、质量、成本、安全等）的全面计划、控制、优化和决策分析提供了先进有效的手段。

该系统可广泛应用于建筑、公路、桥梁、市政、铁路、水利等工程施工管理领域。

（七）最早引进并国产化的结构分析软件——SAP84

SAP84是国内最受欢迎的微机结构分析通用程序之一，由北京大学力学与工程科学系结构工程软件中心引进并国产化。它具有力学模型合理、使用方便、功能强、结果准确等优点，国内已有数千个工程项目使用SAP84进行了计算。其中最典型的应用有：长江三峡大坝的初步设计、黄河小浪底枢纽工程抗震分析、北京西客站主体结构的计算、秦山核电站安全壳抗震分析、湖北郧县汉江斜拉桥、上海大剧院钢屋顶、上海浦东机场候机厅悬索屋顶、中华世纪坛[8]、北京植物园展览温室和厦门国际展览中心等重大工程。

SAP84适用于土建、水利、电力、交通、机械、航空、矿冶、铁路、石化等工程领域大型复杂结构的静力和动力分析。该程序采用了计算力学、数值方法和程序设计方面的一些最新成果，开发了丰富的单元库和先进的求解器。SAP84尤其适用于大型、特种、复杂、具有不规则结构形式的土建结构，如多层和高层建筑、多塔楼高层建筑、具有大开洞、错层、转换层等各种特殊构造的大型建筑物以及大型网架等，具有一般专用软件所达不到的计算能力。SAP84还开发了适用于多种单元的图形输入系统GIS，使SAP84的使用得到极大的简化。将图形输入系统GIS、集成运行环境SAPGUIDE、结果查看图形程序SAPOUT以及平面结构输入系统PlanIn集成在一起后，SAP84的绝大部分计算模型都可以在GIS内完成建模、计算、结果分析等功能。在采用了细胞稀疏求解器以后，SAP84 实现了快速施工模拟分析。

（八）具有开放式体系结构的国外大型有限元分析软件——ANSYS

适当引进一些先进的国际上公认的应用软件，是对国产化软件相对不足的有力补充。事实上，对于大型专业设计院的某些特殊需求以及与国际上公认的先进软件相比，我国的软件产品的水平仍有相当差距。另一方面，很多国际竞标项目，往往应业主的要求限定所用设备及软件，因此与国际接轨的企业就有必要配备国际上的主流设备与软件。

ANSYS[9][10][11]是 SASI 开发的在国际上著名的大型通用有限元分析软件。ANSYS 的通用性极强，可求解结构分析、热力学、流体力学、电磁学、声学等问题，几乎有限元能求解的问题均可适用。ANSYS 的单元库有一百多种单元，所建的物理模型能较好地反映问题的实际工作状态。其前处理模块提供了实用有效的实体建模功能及多种网格划分工具，可方便地构造数字模型及有限元模型。其后处理功能包括分析结果的彩色等值线显示、梯度显示、矢量显示、等值面、粒子流迹显示、立体切片、透明显示、变形量及各种动画显示；计算结果的排序、检索、列表及再组合；可查询光标所指结点的相关数据；钢筋混凝土单元可显示单元内的钢筋、开裂情况及压碎部位。ANSYS 的 APDL 参数化设计语言可以把前、后处理的各种命令组合起来，将有限元模型的某些物理量取为参数，从而可通过调整参数来改变模型（设计方案）。该软件在上海世贸大厦、F1 赛车场、东方艺术中心、深圳会展中心等大型、超大型工程的结构优化及弹塑性时程分析中得到应用。

为满足用户的特殊要求，ANSYS 建立了开放的体系结构，向用户提供了一系列二次开发接口。例如，用户可编写自己所需的 FORTRAN 代码并将它连到 ANSYS 中去，代码中还可调用所提供的子程序，读或写 ANSYS 内部数据库中的数据。

四、与国际先进水平的差距

（一）总体差距[15][16]

美国哈佛大学教授理查德·诺兰于 20 世纪 80 年代提出的企业信息系统的阶段划分理论（"诺兰模型"），将企业信息系统发展分为初始、扩展、控制、同一、信息管理、成熟等六个阶段。借鉴诺兰模型，我国的工程建设计算机应用与信息化建设可大致分为如下若干阶段：

- 初始阶段：企业引进计算机，主要用来承担生产领域的计算、分析，以及管理领域的一些报表统计。
- 扩展阶段：企业对计算机应用规律有了初步了解，应用领域有所增加，但出现盲目扩大计算机应用规模、低水平自主开发软件的现象。计算机应用缺少规划，总体应用水平仍很低。
- 理性阶段：企业通过投入/产出的分析，看到计算机的应用，并未带来高效与效益，甚至花钱多、效益少，所以开始对计算机的使用进行控制。计算机应用发展走向理性，既有长远规划，又有短期目标，在用好现有资源的基础上，有计划、有步骤地发展。
- 平台阶段：网络与计算机的迅速发展，为企业的信息资源共享创造了条件。企业开始打破一个个"信息孤岛"，为进一步的信息化建设进行企业过程重组，理顺控制关系，完善企业计算机应用与信息化建设的统一平台。
- 效益阶段：企业建立并积累了信息，而且完成了信息管理体系的建设和信息管理办法，真正做到对整个企业的数据进行统一的规划和与利用，使其成为企业生产要素的重要组成。
- 成熟阶段：企业真正把计算机应用与企业管理过程结合起来，充分利用机构内部、外部的信息资源，为机构的规划、管理和决策服务。应用信息化提升企业的核心竞争力。

目前，国内工程勘察设计普遍处于平台或信息管理阶段，施工领域发展尤为不平衡，一般停留在初始或扩展阶段，少量进入理性或平台阶段，极少量进入信息管理，开始迈向成熟阶段。国内尚有不少建筑企业普遍存在业务规模与信息化程度不匹配，表现在企业业务发展及其规模呈现良好势头，但其信息化程度非常低，不少中小建筑企业管理不规范，企业信息化人才匮乏，基本处于信息化空白期。

从总体上看，在工程信息化方面我国与发达国家相比还存在较大的差距：

1. 信息化程度较低

其外在体现为计算机硬件和软件装备水平较低以及网络的可访问程度低；内在表现为，信息共享和信息集成程度都很低。例如，在日本，大的总承包企业的员工人均计算机台数超过1台；而在我国，即使在特级施工企业中，不少企业也只达到2～3人共用1台。又如，在工程的各参与方之间，甚至在同一方内部(例如施工方内部)仍然基于纸介质来传递信息；而在发达国家，工程的各参与方之间已经采用电子介质或基于网络来共享信息。再如，目前往往只是在工程的局部过程中使用计算机，在其他的一些过程中则仍然使用传统的管理方法；而在发达国家，主要企业内部目前均已形成了集成化的信息系统，工作效率因此得到大幅度提高。

2. 缺乏具有自主知识产权的骨干型信息化应用系统

近年来，虽然国内开发了大量工程信息化应用系统，但是骨干型信息化应用系统还很欠缺。例如，在设计中，我们不得不大量使用国外的平台软件；在工程项目管理中，我们还没有可以和国际上成熟系统相媲美的软件；在企业信息化管理中，我们也缺乏较为完善的ERP(企业资源计划)软件。一方面，这些骨干型信息化应用系统在工程信息化中至关重要；另一方面，由于没有相应的自主产权软件，只能购买国外公司的产品，企业往往会因为价格太高望而却步。例如，导入一个ERP软件，价格一般以数百万甚至数千万计，对于绝大多数设计和施工企业来讲，这是很难接受的。

3. 尚未建立工程信息化体系

工程信息化是一个系统工程，需要有计划、有步骤、系统地推进。发达国家在工程信息化方面都采取了一系列的措施，包括制定相应的法规和标准，建立基础性的信息系统等。建设部于2001年初发布了《建设领域信息化工作基本要点》，明确了"用信息技术等高新技术改造和提升建设领域"的方针，并已在组织实施相应的国家科技攻关项目。但是，可以说建立工程信息化体系的工作在我国还刚刚开始。

4. 信息化建设投入远低于国际上发达国家的水平

发达国家和地区在建立建筑市场和建筑产品管理信息系统方面，针对所采取的各种措施，都有较高的投入。国内企业信息化投入力度远小于国外大企业，发达国家大企业的信息化投入占总资产的比例一般在5%以上。我国建筑企业信息化基础条件，如装备、人员素质还较低。行业缺乏具有较强实力的信息化企业，研发力量分散，大量存在低水平重复劳动。信息化支撑配套环境还没有形成，建筑企业信息化的社会环境，包括互联网普及率及上网速率、电子商务、安全机制、法律环境等均有待于提高。企业信息化缺乏统一规范、统一标准。

(二) 在自主软件开发方面的差距

信息化专业人才匮乏，据有关部门统计，就全国信息化产业而言，真正从事软件开发的人员占整个从业人员的比例仅为10%左右，远低于发达国家水平。高层次的智力资源严重短缺，尤其缺少既熟悉信息技术同时又了解、熟悉建设领域各个专业的复合型技术骨干。同时，资金投入不足，知识产权保护不力，国内的软件开发企业很难与国外的大公司相抗衡，结果是除CAD软件领域外，建设系统支撑平台、开发工具、数据库等软件都以国外产品为主。我国缺乏具有自主知识产权的关键、核心技术，由于没有建立起自己的具有自主知识产权的基础平台软件，因而不得不花大量的资金从国外购买。

目前，建筑业计算机软硬件平台，特别是图形支撑和数据库软件、集成框架等以国外产品为主，我国还不能完全掌握某些关键技术，而产品更新换代速度又十分迅速，影响我国建筑业计算机软件的开发与应用。

我国建筑业计算机应用的标准化水平较低，尚未制定建筑业计算机开发与应用的标准体系。因此，从不同开发商和制造商引进的软硬件产品往往不兼容，阻碍了集成应用系统的发展和造成低水平重复开发。

(三) 行业管理信息化方面的差距

在"信息高速公路"的五个应用领域中,"电子政务"被列为第一位,其他四个领域分别是电子商务、远程教育、远程医疗、电子娱乐。发达国家或地区强化行业管理的信息化建设的目的都是想通过建立信息系统来提高政府建设主管部门的效率,增加公共工程的透明度,提高工程质量,降低工程成本。而目前我国电子政务系统的建设还处于起步阶段。

日本的"公共工程综合信息系统"是发达国家中规模最大、投资额最高的政府建筑业市场和建筑产品管理信息系统。从2004年起,项目参与各方在可行性分析、项目设计准备、设计、招投标、材料供应、施工、验收中的信息沟通和资料传输如招投标文件、图纸、合同文本等都必须通过计算机网络或电子介质进行,并且必须符合有关的格式标准,才能在互联网上实现。预期目标是到2010年全部公共建设项目实现信息化。从项目的招投标,建设过程的管理,直到竣工验收,全过程采用信息技术,以提高工作效率,加强对项目的监控。该系统的应用,对提高公共工程实施效率、保证和提高公共工程质量、降低成本将起到重要作用。

德国有两个与建筑有关的网:建筑网(BauNetz)和建筑信息网(BauNet)。其中"建筑网"以政府和建筑企业等建筑业参与者为主,政府主管部门如德国区域规划、城市建设和住宅部的网址就设在这里,建筑业的行业政策、政府部门的工作重点都可在此网找到;"建筑信息网"以信息服务为主,提供包括建筑规范、标准合同文本、建筑法规、咨询服务等在内的各种服务。在组织形式上,两个网模拟德国的建筑业运行机制:由国家法规体系、规范和标准构成建筑业的基础,由专业学会和行业协会进行从业人员和机构的行业管理,在政府的服务和引导下进行建筑产品的生产和交易活动;层次清晰,易于获取信息。

1986年,新加坡启动"国家信息技术计划",建筑业在信息技术应用计划板块中包括三个战略:

(1) 建造强大的信息基础设施以强化信息技术的应用;

(2) 将信息技术作为提高企业生产率和竞争力的手段加以推广;

(3) 推广政府部门计算机化计划,带动企业的计算机化进程。

虽然目前新加坡建筑业信息化过程滞后于其他产业,但是其潜能巨大。新政府正在启动新加坡土地数据共享网络,该网络支持所有的土地管理方案。在新加坡"国家信息技术计划"的执行项目之一"信息技术2000项目"中,也有关于建筑和房地产部门的研究,即建筑和房地产网络。这是指包括信息服务和电子资料交换的文本和图像资料的交换机制。建筑和房地产的"信息技术2000"报告也包括建筑和房地产综合系统和商务系统的推荐措施。

新加坡经验表明,通过信息技术可以打破以前孤立的单个开发活动造成的信息孤岛现象。另外,这些计划的实施,使很多开发活动从关心利用计算机化或自动化当前的手工劳动转变为从战略和过程分析的角度考虑信息技术提供的提高产业效率的机会。

美国政府委托斯坦福大学研究政府项目招投标系统(类似于日本的"公共工程综合信息系统");英国为提高工程维修行业的服务质量拟开通"承包商数据库",让大众可通过互联网查询建筑企业的历史记录。

(四) 信息化标准方面的差距

发达国家在项目管理、工程设计、工程施工、房地产交易管理、市政公用等各个领域,已逐步建立较为完善的标准体系,能有效地引导、规范、整合信息化的过程,达到事半功倍的目的。我国在这方面的工作刚刚起步,严重滞后于信息化的实际进程。由于缺乏数据标准,已有的信息不能得到充分应用,如目前我国建筑设计企业已基本实现了电脑出图,但这些设计图的电子文档并未或很少能在其后的建筑施工、建设监理、物业管理中得到利用,许多基础工作在各个建设管理环节不断重复。

新加坡政府正在组织实施建筑工程信息标准化,其目标是:设计单位将设计方案的数据通过互联网传递给设计监理单位和政府审批部门;通过审查后,将相同的数据传递给施工单位和材料供应商,他们在此基础上进行施工组织管理设计、安排材料供应计划、组织人力和施工设备;竣工后,城市管理和物业管理部门可在此基础上实现高效率的管理。

目前,我国建筑业信息化标准体系基本空白。表现出来的主要问题有:标准覆盖面不广,供应不足；标准体系不健全，标准项目的提出有一定的随意性，缺少统一规划。

我国的建筑企业，特别是大中型设计企业和施工企业，都拥有众多的建筑专业应用软件。在一个工程项目中，往往会应用多个软件。因此，需要建立一个企业专业应用平台，集成来自各方的软件，而信息标准是其中不可或缺的组成部分。随着社会进步和信息技术的广泛应用，在政府部门之间、政府部门与企业之间以及企业之间存在大量不规范的信息交换和应用，造成大量的信息孤岛，也造成了管理的低效率。

为了推动信息化和数字化的研究和应用，各国都制定了各自的标准。在工程实践中发现，信息的交换和共享是提高工程人员之间、企业之间协作能力的重要手段，也是提高工程效益和效率的重要途径，而实现信息交换和共享的前提是标准化。为此，成立了国际行业组织，其主要任务是通过定义、扩展和发布一套跨建筑专业和应用领域的技术规范。这个技术规范支持建筑工程项目全生命周期的数据需求。IAI（International Alliance for Interoperability）组织就是为此目的成立的建筑业最重要的组织之一。

基于互联网的在线项目管理和协作正逐渐成为工程建设新的组织形式。工程建设项目是一个复杂的、综合的活动，参与者涉及众多专业，生命周期长达几十年、上百年，所以工程信息交换与共享是工程项目的主要活动内容之一。互联网技术及其环境正是支持工程项目信息交换与共享的理想技术平台。国外已开发了基于互联网的协同工作平台，并朝着标准化的方向迈进。

为了提高工程设计的效率和信息的可靠性，避免低质的建筑产品和严重的失误，国外的研究机构开始制定协同设计的信息标准，使业主、建筑师、工程师、建筑产品提供商等在建筑设计的初期就参与到工程中来，协调一致，力求达到最好的综合效果。这个信息标准支持跨企业界、跨国界的协同工作，必将产生巨大的社会效益。

国际协作联盟 IAI 制定的国际工业标准 IFC（Industry Foundation Classes）是目前建筑产品数据交换的事实标准。在建筑规划、建筑设计、工程施工、电子政务等领域都有广泛应用。不久前，IFC 标准已被批准成为 ISO 的标准的组成部分。

在行业信息标准化方面，我国目前已形成了与信息技术国际标准化组织相互配套的技术机构，标准化工作与信息化工程建设和应用系统开发紧密配合，大大加快了我国国民经济信息化的进程。相对而言，建设领域信息技术应用的标准化工作则滞后很多。在相当长的时间里，建设领域有关信息技术应用的标准几乎为空白，个别领域的标准化工作不足以产生明显的社会和经济效益。

（五）项目管理模式方面差距

国际上，发达国家已非常重视项目管理，如美国学者 David Cleland 称："在应付全球化的市场变动中，战略管理和项目管理将起到关键性的作用"。发达国家对于项目管理的研究与开发仍然占据主导地位，投入大量人力和物力来研究项目管理的基本原理、方法及软件产品。

国外的工程项目管理软件充分体现先进的管理理念，目前国际上流行的工程项目管理软件较为著名的有美国 PrimaveraSystems. Ins 的 P3 和微软开发的小型项目管理软件。项目管理软件可以完成对一个工程项目的作业流程，对所有任务作出精确的时间安排，对任务所需要的材料、劳务、设计和投资进行分析和比较，对任务作出合理的工期、人力、物力、机具等资源的安排。项目管理软件具有动态管理和控制工程进度的功能，并通过软件进行网络计划的优化。

工程项目管理要重视计划，从软件还可以看出总进度计划的细度国内外差别悬殊，国外的计划往往事无巨细，成千上万道工序是常见的事。从国外的项目管理软件中可以明显地看出，其管理思想的最大特点是重视整体经济效益。

信息技术以及它支持的现代管理技术在发达国家已大量应用于企业信息化，支持企业过程重组，建立起现代企业制度，增强了企业竞争力，这方面已有不少成功案例。我国建筑企业对此已引起重视，但由于企业产权关系不清晰或效益太差还不具备企业信息化条件，这方面成功案例很少。

（六）基于互联网技术平台的深层应用方面的差距

目前国内好的建筑企业已建立局域网，运用了项目管理系统，但信息主要在项目经理部间或工地现场流动，因此带来的效果不明显。而发达国家已经立足于互联网，在策划、立项与设计阶段，利用互联网进行业主、咨询设计之间的信息交流与沟通，在招投标阶段，业主和咨询单位利用互联网进行招标，施工单位通过互联网投标报价，在施工阶段，承包商、建筑师、顾问咨询工程师利用以互联网为平台的项目管理信息系统和专项技术软件实现施工过程信息化管理，在竣工验收阶段，各类竣工资料自动生成储存。

目前，美国超过95％的大型企业都通过不同的方式在一个或多个方面使用电子商务，发展电子商务已成为当代各个行业以及各个企业发展的新趋势，建筑行业也不例外。要提高建筑企业的竞争力，不仅要协调企业内部运营的各个环节，还要与包括供应商等在内的上下游企业紧密配合，实现企业的供应链管理。这就要利用互联网，整合企业的上下游产业，构成一个电子商务供应链网络，并使企业供应链上的所有参与者可通过网络实现资料互换、信息共享，整合资源，消除整个供应链网络上不必要的动作和消耗。

根据建筑在线网(www.build-online.com)的调查结果显示，通常由于丢失文件和缺乏沟通使施工成本增加20％～30％，而由于工程项目协同建设网站的使用英国建筑市场每年可以节约大量资金，同时施工工期缩短15％。美国的招标网站(www.bidcom.com)和建造网(www.Buildnet.com)都宣称通过将建筑市场带入互联网可以节约30％～35％的项目成本。

我国建筑业已开始重视国际上的这方面的发展趋势，但在基础建设，如电子商务、产品供应链、基于互联网协同建设等方面的差距大。

（七）虚拟现实技术在工程应用方面的差距[13]

德国最早将虚拟现实技术应用到建筑设计行业。从1991年开始，德国多家研究所和公司就探索将计算机辅助设计升级到具有交互效果的"虚拟设计"。例如，在全世界建筑设计软件领域居领先地位的慕尼黑内梅切克公司，研制出了由个人电脑、投影设备、立体眼镜和传感器组成的"虚拟设计"系统。它不仅可以让建筑师看到甚至"摸"到自己的设计成果，还能简化设计流程，缩短设计时间，而且便于随时修改。汉诺威世界博览会德国馆的建筑，就是用虚拟现实技术设计的。我国有关单位已开发出了"虚拟建筑"设计软件，但应用还仅仅处于开始阶段。

英国近些年来已经把虚拟现实应用到建筑业的不同领域。在施工现场首选的应用是开发漫游系统，现场外形和计划、施工过程的计划和管理、施工方案的预算。Glasgow Strathclyde 大学信息科学和土木工程系开发一种共享协同施工过程的可视计划。这个研究包括一个虚拟现实接口，它允许对模拟项目的进程进行可视监控并与其交互，以及允许用户：1）交互地以协同方式调查研究几种不同的施工顺序和现场组织；2）验证和优化施工计划，动态地把施工过程与现场活动和设备集成起来。

在 Dundee 大学进行的称做 Naives 的研究项目，能让工程师很快地提取出构件的合理的临界点和参数的临界值。研究者们相信他们可以允许设计者在结构中漫游，观察某种作用的样子，并通过模拟来评估设计的可建筑性，它使得在概念设计阶段就为施工过程做一些考虑成为可能。

集成已经是建筑业中研究工作的焦点。它分两个级别：使系统（或工具集）在设计过程中和施工过程中各自能够集成；进而两个过程的集成。虚拟现实在两个级别中都将扮演重要角色。它将是设计和施工两者的测试和模型的载体（手段）。另外，在荷兰已建立了虚拟培训中心，该中心由虚拟建筑场地和工作间组成，用于培训项目经理和技术工人。国内在施工领域已开展这方面的应用，但应用深度与广度和发达国家相比差距较大。

五、计算机应用与信息化建设近期进展

如果说"九五"是以CAD技术应用作为计算机应用普及的突破口实现了勘察设计的技术进步，那

么"十五"则是努力推进全行业、全过程的信息化来全面提升建筑行业的技术和管理水平,并逐步与国际接轨。"十五"以来,在"以信息化带动工业化,发挥后发优势,实现社会生产力的跨越式发展"的国家总方针指引下,建设部提出了全国建设行业信息化建设工作的总体思路,并于2001年初颁布了《建设领域信息化工作的基本要点》。此后,建设行业信息技术应用工作由各单位自发应用、单领域应用、单事务层面应用步入行业领导、规范有序的发展轨道,建设领域信息化取得了很大的进展[12]。

(一) 电子政务办公已具雏形

1. 建设行业的电子政务系统将覆盖31个省、市、自治区,662个城市的数千个主管部门,10多万家建筑施工企业,1万多家勘察设计企业和3万多家房地产企业。各地建设部门以办公自动化、政务公开、便民服务为重点,积极推进城市管理信息化建设,建设领域信息技术的普及应用程度有了显著提高。

2. 行业信息网络建设初具规模,在行业信息汇集、处理、发布等方面起着日益重要的作用。"中国建设工程网"和"中国住宅与房地产网"已逐步成为行业普遍认可的业务信息处理通道。网络的完善,极大地提高了部机关的工作效率及为行业、企业和居民服务的效率。

3. 具有行业特色的关键业务监管系统建设已初见成效。目前,"全国住房公积金监督管理信息系统"、"全国建筑市场监督管理信息系统"、"全国城市规划监督管理信息系统"、"国家重点风景名胜区监督管理信息系统",已开始启用并发挥着行业监管作用。

(二) 行业信息化建设有了高速、健康发展的基础

(1) 信息技术应用得到推广。针对国家、省、地区三级建设主管部门的随机抽样调查结果显示,在计算机配备方面,约38.7%的政府部门实现了"一人一机",32.3%达到"平均两人共用一机",16.1%为"平均三人共用一机",其余则仅达到"多人(超过三人)共用一机"的水平。由于在设计院和大型建筑企业中55.7%的企业已经达到了"一人一机"的水平,被调查者中67.7%拥有自己的局域网;19.4%可以访问互联网;16.7%则仍然没有安装任何网络。在使用软件系统方面,67.0%大中型设计院和建筑企业已经在使用办公自动化软件。

(2) 在信息化的规划与组织体系方面,49.4%的大中型设计院和建筑企业已制定了相应的战略规划。12.9%的调查对象认为实施信息化的总体效果很好;54.8%的调查对象认为实施信息化的总体效果较好;32.2%认为实施信息化的总体效果一般。很明显,应用信息化所带来的效果已经为绝大多数政府部门所认可。

(3) 在企业自身的信息化建设方面,信息技术在建筑业得到广泛应用。勘察设计行业CAD技术应用得到普及,甲、乙级设计单位计算机出图率达到100%;计算机辅助施工技术已在建筑施工领域得到应用;房地产交易、工程招投标、造价、质量检测等行业,普遍实现了计算机管理,并向网络化迈进。建筑业企业"以工程信息管理为核心,工程项目管理为主线"仍存在瓶颈,总体成效欠缺。如果在人均产值和人均利润这两个指标上能逐步逼近国外先进企业,那么信息化技术应用所产生的技术进步效益就更说明了其第一生产力的重要作用。

(三) 未来行业计算机应用与信息化建设发展模式

1. 机遇与挑战并存

我国全面建设小康社会的宏伟目标,必然会加速我国城镇化的进程,而城镇化的加速离不开城市基础设施、工业设施和包括住宅在内的民用设施的大发展。可以预计,在未来两三个五年规划期间,工程建设的规模还会变得更大。由于我国已完成工程的基数很大,相应的工程维护工作的规模也会很大。因此,工程领域面临着前所未有的良好机遇,但也同样面临来自两个方面挑战。一方面是来自内部,即可持续发展带来的挑战。可持续发展是21世纪全球面临的焦点问题之一,我国党和政府果断地提出了可持续发展战略,并指出"在社会主义现代化建设中,必须把贯彻实施可持续发展战略始终作为一件大事来抓"。按照可持续发展战略的要求,在进行工程设计时,需要考虑节约用地少占农田,例如在城市建设中不仅要向高层发展,而且还要充分利用地下空间。在工程施工过程中,需要尽量采

取减轻地球负荷的施工手段,例如尽量减少施工中建筑材料的损坏率、建筑工地的垃圾排除量、水电的使用量等。工程信息化不仅可以使企业获得满足可持续发展要求的设计工具,而且能使企业获得先进的管理工具来更好地进行资源的管理和优化配置,从而成为企业可持续发展的重要手段。另一方面来自外部,即市场竞争带来的挑战,特别是,随着我国对 WTO(世界贸易组织)开放建筑市场承诺期限的日益临近,提高企业竞争力的问题在当前显得尤为突出。如果我国建筑企业不能及时地培育出可与国外实力强大的企业相抗衡的竞争力,就会造成将我国极其诱人的建筑市场拱手让给国外企业的严重后果。很明显,充分地利用包括信息技术在内的高新技术,增强企业的管理能力和技术手段,是提高我国建筑企业竞争力的关键所在。

2. 发展模式定位

基于上述情形,关于工程信息化的发展道路,可以有两种不同的选择。一种是走常规发展道路,另外一种是走超常规发展道路。我国政府关于国民经济和社会的信息化,制定了"用信息化带动工业化,以工业化促进信息化,实现跨越式发展"的方针,这个方针尤其适用于信息化技术在工程建设行业的发展。特别是"十一五"时期,国家将大力推进经济增长方式转变,鼓励支持以自主创新带动产业结构优化升级,对信息技术的研究开发、推广应用会更加受到全社会的重视,将为行业的信息化发展创造更好的条件。也就是说,在行业的工程信息化方面,通过超常规的发展,朝着领先世界水平的方向去努力是可能的。

(四) 行业信息化建设近期的工作重点

运用信息技术,全面提升建筑业。提高政府和建筑业主管部门的管理、决策和服务水平;全面提升企业管理水平和核心竞争能力;促进建筑业软件产业化。以发达国家相应行业现有的水平为背景,加快与国际先进技术接轨的步伐,使之涌现出一批具有国际水平的现代化建筑企业。

1. 建筑业信息化基础建设

(1) 标准化是一个产业从成长走向成熟的必由之路。实现标准化的一种方式是具有竞争优势的公司通过市场占有率的提高,其产品规格逐步成为事实上的标准。众所周知就是微软的 Windows 和 Office 软件。另一种方式是通过民间组织发起或政府参与推动的标准化工作,但这种工作如果与企业的商业利益相冲突,则会遇到企业的抵制或不积极配合。在 CAD 技术领域,现在的发展趋势是,各大 CAD 公司开放并出售自己的几何造型平台,希望在几何平台上形成方便的数据转化,形成你中有我,我中有你的局面。但在解决特征造型过程的直接转换方面还没有很好的解决方案。如何使国内具有自主版权的 CAD 公司之间的数据实现自由转换也是一个面临的问题,随着企业对 CAD 集成环境的需求增加,问题会越来越突出。这也为行业组织力量,一方面跟踪国外标准化的发展趋势,指导国内企业的引进与消化,一方面引导国内企业的标准化工作提供了机遇和需求。

积极地组织工程信息化标准和应用研究方面的科研攻关,及时制定工程信息化应用规程。工程信息化标准是工程信息化的基础,而工程信息化应用研究是实现超常规发展的保证。对于这两方面的工作,有必要重点投入,集中力量,联合攻关。在组织上,应该结合产、学、研各方面,形成联合攻关的优势队伍;在投入上,应该保证资金落实,避免采用徒有形式的"配套资金"的方式,使投入足以支持攻关的实施。另外,工程信息化不需要一步到位,但需要逐步形成应用的规则,即形成工程信息化应用规程。这样形成的规程反过来也会影响其他工程。而且,随着时间的推移,工程信息化应用规程会逐步趋于完善。

结合建筑业现有的基础,提高信息技术应用的标准化水平,制定信息化标准规范体系与编码体系;制定信息技术应用与信息安全的管理制度。

1) 建立、健全建设事业有关信息化技术应用标准体系,制定各类信息的数据标准、分类标准、描述标准、存储标准及传输标准等。

2) 制定有关数据生产、采集、交换的标准规范和规章制度,建立数据生产和交换管理机制,加强数据生产管理,确保数据的质量。

3) 继续加强信息化基础工作的研究,尤其在数据共享、数据交换及数据通信等技术标准的建设方面重点研究、制定各类信息的数据标准、存储标准、交换标准等。

4) 实现重大工程有关文档和图纸的电子提交和存储。

5) 对于电子招投标等重要的建设环节，推进全国共用数据标准，建立集约化系统。

（2）建立中国建筑业数据库，逐步实施电子商务。如建立建筑材料与设备信息库、工程造价信息库、施工工法信息库、建筑新技术、新工艺、新产品信息库等信息资源数据库，建立相应网站，开展网上信息服务与工程招投标业务等。

（3）加强人才建设和咨询机构建设。工程信息化需要既懂信息技术又懂业务的复合型人才，这样的人才目前还十分缺乏。另外，工程信息化要想取得实效，不仅需要充分利用信息技术，而且需要管理创新。因此，需要强有力的咨询机构来提供有力的支持。

2. 电子政务建设

毫无疑义，政府有关部门同样也是实施工程信息化的主体。而且政府部门的信息化具有带动作用。政府部门应该带头来推动工程信息化的实施，作为领导应该着力推动本部门的信息化，并将其作为一个指标去衡量下属工作人员的业绩。对于企业，政府应该在市场准入、工程招投标、工程奖项评选等方面对企业信息化提出要求并形成政策，促进企业推进信息化建设和信息化水平的提高。按照《国务院关于全国政府系统政务信息化建设的要求》，建立政府机关内部办公业务网、办公业务资源网、以互联网为依托的公众信息服务网、建筑业的电子信息资源库。在"三网一库"基本架构的基础上，建设应用系统，实现部分业务网上对外办公。建立建筑市场综合监管和企业信用档案、不良纪录等信息系统，以企业、执业个人、建筑与公共事业产品信用体系的建立和社会服务为基础和应用对象，建立建筑产品与服务代码体系和工程管理数据库，形成跨部门协同工作的共享数据和技术服务平台。强化政府对建筑市场的监管职能和提高政府宏观调控的科学性。实现建筑业质量管理、安全管理和企业管理等行业管理的信息化，提高建筑业管理信息化水平。

城市工程建设数字化监管与服务平台是实现上述要求的必要保证。该平台旨在把工程建设中政府管理部门（建委）、监督机构（质监站、安监站）和服务机构（造价站、招投标中心）三个方面、五个机构各个独立的业务应用系统、相应数据库、政务信息服务网站等集成到统一环境中，形成跨部门的共享数据和技术服务平台，提升工程建设监督管理水平、效率和行业服务功能。

具体目标是研究工程建设数字化监管与服务协同工作模式和数据整合模式，以及相应标准；搭建工程建设数字化监管与服务信息平台；通过示范应用，建立基于平台和共享数据的工程质量、安全、造价与招投标等各项业务监督与管理信息系统，以及工程建设信息发布与行业信息服务网站，为决策部门、有关企业和个人提供工程建设信息检索、查询、统计分析服务。实现部、省、市三级工程建设数据分布式管理，政府管理部门（建委）、监督机构（质监站、安监站）和服务机构（造价站、招投标中心）三个方面、五个机构间信息共享、协同工作、标准化管理，并强化五个机构的行业服务功能。

该平台的建设应首先突破工程建设数字化监管与服务协同工作模式和数据整合模式。针对工程建设三个方面、五个机构之间业务的协同工作模式，以及在目前各机构单项业务信息化管理基础上的业务数据整合模式、工程数据分布式管理策略和共享机制开展研究，为平台的建立和信息共享奠定基础。

3. 建筑企业信息化建设

（1）以基于互联网协同建造的应用系统为主线，不断提高建筑企业信息化水平。

（2）工程总承包类建筑企业中的先进单位基本实现企业信息化，达到国际水平或国内建筑行业领先水平；多数单位实现《纲要》的一般要求，为企业信息化奠定较好的基础。

（3）施工总承包类建筑企业的信息化应用达到《纲要》对各级资质规定的要求，由于资质评级将与信息化水平相关，因此将推动企业运用信息技术提升企业核心竞争力。

4. 解决建设事业信息化发展的共性技术问题

建设行业现有各类业务管理信息系统的业务流程渐趋稳定合理，研究和应用成果逐渐积累，从而为实现信息化奠定基础。随着行业从业人员对信息标准的重要性的认识不断提高，基础信息标准的研究及编制进度加快。信息化发展中的共性问题将通过重点攻关研究等措施逐一解决。随着关键技术的突破，使得全行业的信息化建设的规模、质量及速度不断提高，信息化建设将逐步进入良性循环。

共性技术攻关项目重点：

(1) 具有自主知识产权的骨干型应用系统。其中包括：

1) 通用绘图软件、进度计划管理软件等在内的基本软件系统。这样的软件通常具有高度的独立性，可以用作系统的平台，或者应用在管理工程中的一个具体的过程中。

2) 新一代工程 CAD 系统。它可以全面支持设计企业内部异地的、数字化的、采用不同设计方法的工程设计，实现设计工作的集成化、网络化和智能化。

3) 先进且适用的 ERP 系统。它将施工企业内部的人力、财务、设备等资源管理与工程项目管理集成到一个计算机系统中，使各个部门之间实现信息共享和交流；它能够报告当前的项目进展情况、资源利用情况，预测将来的资源需求，从而达到合理利用资源、降低项目成本和提高企业利润的目的。

(2) 高水平的集成化协同工作平台。高水平的集成化协同工作平台可以使工程项目施工的诸多参与方（包括施工企业、设计企业等）在平台上进行高效协同工作。它应该具有完备的数字化工程模型的定义以及工程数据管理和过程管理功能，使无纸设计和施工一体化成为可能；同时，它应该能够充分利用电子商务手段，以便高效地进行参与方之间的经济支付。

(3) 虚拟工程系统。虚拟现实技术为工程师们设计和评价工程设计提供了新的技术手段，将更有助于设计者了解形体、空间、色彩、光照，乃至声学效果并给出相应的评价。对于施工者来说，针对新的施工方法和实施方案，事先在虚拟世界进行试验以求证其可行性，可以发现一些在方案制定中被忽略的问题，从而减少或避免在实际施工时由此所导致的损失，缩短从方案到应用所需的研究时间，并提高工作效率。

(4) 全生命周期的分析和决策支持系统。任何工程都经历包含设计、施工、使用、维护、废弃等阶段在内的生命周期。通过集成工程科学的分析和预测技术，借助于信息化的手段，可以做到在任何时候对各阶段的建筑物或设施的服务状况和所需的费用进行分析和预测，并以此来支持决策。例如，在设计阶段，针对不同的方案，可以定量地评价其全生命周期的成本，而不像现在那样，只是定量评价施工阶段的成本；从而通过选择来得到真正的优化设计方案。又如，在使用和维护阶段，在实际情形相对于设计情形发生变化的情况下，可以定量地评价不同的使用和维护方案，从而优化使用和维护方案。

5. 技术创新与突破

技术创新与突破是超常规发展的保证。未来上述研究开发应瞄准以下几方面取得技术创新和突破。

(1) 工程信息化理论与方法。成功的实践离不开理论的指导。然而，自 20 世纪 60 年代计算机应用在工程中，虽然工程信息化取得了很大的发展，但一直没有形成相应的理论和方法。工程信息化理论与方法应该成为一个科学体系，即应具有如下特征：首先，应该具有独到的思想，具有跨越前人的创造性；其次，应该有一个所要解决的中心问题或根本理论问题，各个观点和方法都围绕解决一个理论、技术或应用的重大问题；第三，形成一系列有内在联系的观点和方法。这样的理论和方法对于工程信息化的发展来讲无疑是非常重要的。

(2) 工程信息资源的开发利用机制。工程信息化发展的必然结果是可以积累越来越多的电子化信息。通过对既有工程信息资源的开发利用，可以更好地把握工程进展的规律，从而可以更好地进行工程设计，更精确地进行工程施工的管理，更有效地进行建筑物或设施的维护。一句话，工程信息资源的开发利用可以帮助我们避免工程的低水平重复，实现工程水平的不断提升。工程信息资源的开发利用不仅要求用户自身积累信息，而且要求公开公共信息；它将涉及大型工程数据库的建立和管理，需要形成一套有效的机制。

(3) 工程全生命周期数字化模型。它是关于全生命周期的分析和决策支持系统研究开发的必然结果，因为它是该类系统的基础。其重要性在于，它将工程建模、耐久性分析、工程检测、力学分析、经济分析等相关知识集成在一起，通过信息技术手段，不仅可以制定出更好的工程设计方案，使工程投资效益最大化；而且可以实现对工程的所有主要方面的动态预测和分析，使人们能够十分方便地把握每个具体工程的状况及其发展趋势，从而便于业主及时作出最优决策。

6. 软件开发企业的产业化发展

在市场经济条件下，工程信息化最终需要通过市场化运作来实现，需要工程建设的信息化产业来支撑。

行业的软件开发企业应善于调整在现代企业建设方面的战略思路。一是坚持自主创新的发展道路。自主创新包括原始创新、集成创新和引进、吸收再创新。全球化潮流的影响使产品与技术的国家概念越来越模糊了。但毋容置疑的是，谁掌握了最先进的技术，谁就能获得最大的商业利益。经过十年国家与行业对国内计算机应用开发商的扶持与产业化政策调整，建筑业的计算机应用软件开发商得到了很大的发展，但在工程建设计算机应用众多领域，还少有涉足占有最大销售额和利润的高端软件市场。目前在专业设计、高层次管理及低层支持领域国外软件显然比国产软件具有更大的竞争优势。要迅速提高我们的技术水平与应用水平，力求原始创新与吸收、引进创新有机结合。这一方面需要国内的企业放开思路，不要片面理解自主版权等概念，应直接利用国外先进的成熟技术，在弱势领域和全球的营销服务方面尽快赶上国外的先进水平。另一方面需要政府的引导和制定政策，要求国外公司更多的开放他们的技术，并在市场及产业政策上给国内开发商以更多的扶持。学习韩国、印度和爱尔兰的经验，在不太长的时间里培育出一些年软件销售额达到几十亿到上百亿的具有竞争力的大型软件企业，提高他们的资质和水平。

二是在产品营销的主导模式上向提供整体解决方案靠拢。就目前的发展而言，工程建设应用软件市场应该说具有强劲的需求态势与巨大的延伸空间。信息产业是一种服务，为用户和行业提供深层次的服务是当前的迫切需要。所谓深层次的服务，在技术应用层面，软件开发商和客户的合作随着技术的发展和应用的深化也应不断深入。即从产品营销的主导模式转变为提供个性化增值解决方案的主导模式。

CAD、CAM、MIS等单项信息化技术，是从企业生产和管理的各个侧面来提高效率的。如果仅使用这些单项技术，则其效果是相当有限的，企业要从整体上提高效率、改进技术、优化管理、降低成本，必须在计算机网络上将各种计算机辅助技术集成起来运用。用信息技术将企业的生产要素的组织和生产关系的调整结合，把客户的CAD、CAM、MIS等子系统集成在一个统一的平台上。通过网络和计算机系统对企业产、供、销和人、财、物等资源的优化组合，提高产品的附加价值，在这个基础上进而使企业有条件更好地利用外部资源，使企业的信息平台向交易平台升级。行业的软件开发企业要看到，并理解需要企业级信息集成系统的广泛推广应用，着眼于开发企业级信息集成系统，真正帮助企业以计算机与信息化技术的全面应用创造企业新的经济增长点和竞争力。

参考文献

[1] 孟存喜等. 铁路勘测设计一体化、智能化的研究与开发. 计算机技术在工程建设中的应用. 北京：知识产权出版社，2004

[2] 李华良等. CAD电子签名软件系统的研制·加快勘察设计企业信息化建设增强核心竞争力. 勘察设计企业信息化建设研讨会资料汇编，2003

[3] 张新兰. 建立工程设计信息管理集成应用系统的探讨. 计算机技术在工程建设中的应用. 北京：知识产权出版社，2004

[4] 谢卫等. 企业信息化建设项目的管理. 计算机技术在工程建设中的应用. 北京：知识产权出版社，2004

[5] 高学武. 工程总承包项目中实施全过程的计算机应用. 计算机技术在工程建设中的应用. 北京：知识产权出版社，2004

[6] 吕建鸣. 计算机在桥梁结构分析领域的应用. 计算机技术在工程建设中的应用. 北京：知识产权出版社，2004

[7] 吕建鸣. 弯箱梁桥三维仿真分析. 交通土建及结构工程计算机应用学术研讨会论文集. 四川成都，2000.5

[8] 陈斌等. 中华世纪坛旋转圆坛主体钢结构的计算分析. 工程勘察设计计算机应用工作研讨会资料汇编，1999

[9] 苏波等. ANSYS程序在水电站结构分析中的应用. 工程勘察设计计算机应用工作研讨会资料汇编，1999

[10] 王国俭等. ANSYS软件在上海浦东二十一世纪中心大厦中应用. 工程勘察设计计算机应用工作研讨会资料汇编，1999

[11] 熊海贝等. 利用ANSYS对不规则结构的分析计算. 计算机技术在工程建设中的应用. 北京：知识产权出版社，2004

[12] 中国土木工程学会. 2020年中国工程科学和技术发展研究，2003

[13] 北京北航海尔软件有限公司. CAD技术和应用发展

趋势研究，2001

[14] 张在明. 计算机在工程勘察行业的应用. 工程勘察设计计算机应用工作研讨会资料汇编，1999

[15] 李云贵，张凯. 我国建设行业信息化现状与思考. 第十一届全国工程设计计算机应用学术交流会论文集. 浙江温州，2002

[16] 方天培. 我国建筑业信息技术应用现状与国外差距. 建筑业技术进步与应用信息技术改造建筑业（建设部课题）课题报告，2004

[17] 刘锦章，毛志兵. 实现"一最两跨"，打造"数字化中建"，信息化是保障——中建总公司十五信息化整体建设情况. 见：本书编委会编. 第九届建筑业企业信息化应用发展研讨会论文集. 南宁：2005. 中国建筑工业出版社，2005

执笔人：张凯、李云贵、王道堂